Proceedings of the Fourth China International UGS Science & Technology Innovation and Industry Development Academic Forum

第四届中国储气库
科技创新与产业发展
国际学术论坛论文集

中国石油学会天然气专业委员会
Natural Gas Committee of Chinese Petroleum Society
中国石油学会石油储运专业委员会 编
Petroleum Storage & Transportation Committee of Chinese Petroleum Society
储气库专业标准化技术委员会
Gas Storage Standardization committee

中国石化出版社
·北京·

图书在版编目（CIP）数据

第四届中国储气库科技创新与产业发展国际学术论坛论文集 / 中国石油学会天然气专业委员会，中国石油学会石油储运专业委员会，储气库专业标准化技术委员会编．北京：中国石化出版社，2024. 11. -- ISBN 978-7-5114-7700-2

Ⅰ. TE972-53

中国国家版本馆 CIP 数据核字第 2024T800C6 号

中国石化出版社出版发行

地址：北京市东城区安定门外大街 58 号

邮编：100011 电话：（010）57512500

发行部电话：（010）57512575

http：//www. sinopec-press. com

E-mail：press@ sinopec. com

宝蕾元仁浩（天津）印刷有限公司印刷

全国各地新华书店经销

*

880 毫米 ×1230 毫米 16 开本 44 印张 1332 千字

2024 年 11 月第 1 版　2024 年 11 月第 1 次印刷

定价：699. 00 元

《第四届中国储气库科技创新与产业发展国际学术论坛论文集》

编 委 会

序

新世纪以来，我国天然气消费爆发式增长，天然气安全供应事关能源安全，涉及千家万户，建设地下储气库可持续提升我国天然气储备能力和调峰能力，是保障能源安全的国家战略。近年来，随着“双碳”战略实施，能源供给安全和行业绿色低碳转型升级成为当前重大迫切需求，给我国储气库工业和油气与新能源融合发展带来了黄金发展机遇期。

该论文集共分地质与气藏工程技术篇、钻采工程技术篇、地面工艺与经济评价技术篇三部分，作为第四届中国储气库科技创新与产业发展国际学术论坛的智慧结晶，全面总结了国内外储气库最新建库技术、管理经验及新型商业化运营模式等创新成果，深入探讨了新能源融合需求下储气库选库、建库技术发展方向，不仅是对近年来行业技术创新与实践探索的一次全面梳理与总结，更是对未来发展趋势的一次深刻洞察与前瞻布局。地质与气藏工程技术篇重点探讨了复杂气藏建库地质评价及选址、库容及达容、提压扩容、注采方案优化设计等技术，深入剖析了油藏气驱协同储气库建设数值模拟、排液协同扩容等技术，提升了地下储气库库址筛选、井位部署、注采设计水平及准确性。钻采工程技术篇重点探讨了地下储气库大尺寸及水平井钻完井工艺、钻井液及储层保护、固井及测井等技术，深入剖析了老井封堵、井筒泄漏检测及治理、注采管柱设计等技术，探索了盐穴储气库水平井及天然气阻溶造腔、复杂老腔改建地下储气库等快速建库技术，不仅有效提高储气库井工程质量，同时有效缩短了储气库建库速度。地面工艺与经济评价技术篇重点探讨了地下储气库注采气工艺优化等地面工艺，阐述了我国储气库核心设备离心式注气压缩机应用现状与国产化进程，深入剖析了储气库管道检测及评价、完整性管理及实践成果，提升了储气库生产运营效率与安全性。

此外，该论文集还关注了储气库新功能拓展及数字化、智能化建设，探索了地下含水层压缩空气储能、盐穴地下储氢等建库新技术，为我国储能技术发展及应用探索了新方向；重点探讨了储气库一体化管理平台与数字孪生技术及实践成果，提升了储气库运行效率及智能化水平，有效降低了因人工操作带来的安全风险。

该书内容丰富且系统，注重多学科交叉，理论联系实际，图文并茂，汇聚了行业顶尖专家、学者的深邃思考与宝贵经验，通过多角度、多层次的探讨与分析，为我们呈现了一幅储气库建设技术在油气行业中蓬勃发展的壮丽画卷。最后，我们期待与各位同仁一道继续深化交流与合作，加快构建储气库多元化体系，共同推动储气库建设技术的创新与发展，为我国储气库产业高效发展贡献更多智慧与力量。

中国工程院院士

2024 年 11 月

Foreword

Since the beginning of the 21st century, China's natural gas consumption has exploded. Safe supply of natural gas is a matter of energy security for thousands of households. Building underground gas storages (UGSs) is a national strategy to safeguard energy security as it can sustainably enhance China's natural gas reserve capacity and peak shaving capacity. In recent years, with the implementation of the "dual carbon" strategy, the security of energy supply and the industry's green and low – carbon transition and upgrading have become urgent and important tasks, which brings a golden opportunity for the development of China's gas storage industry and the integration of oil & gas and new energies.

The collection of papers is divided into three parts: Geology and Gas Reservoir Engineering, Drilling and Production Engineering, and Ground Technology and Economic Evaluation, as the result of the Fourth China International UGS Science & Technology Innovation and Industry Development Academic Forum. It comprehensively summarizes the latest innovations in gas storage construction technologies, management experience and new commercialized operation models at home and abroad, and delves into the development directions of gas storage site selection and construction technology in a context of new energies integration. It gives a comprehensive review of the industry's technological innovations and practical exploration in recent years, and also provides a profound insight into future development trends. The part on Geology and Gas Reservoir Engineering focuses on the geological evaluation and site selection for building gas storages in complex gas reservoirs, designed capacity and established capacity, boosting pressure for expanding capacity, optimizing the design of injection and production schemes and other techniques. It probes deeply into the numerical simulation of reservoir gas flooding coordinated with gas storage construction, drainage coordinated with capacity expansion and other techniques, which improve the level and accuracy of gas storage site selection, well deployment, injection and recovery design. The part on Drilling and Production Engineering focuses on the drilling and completion techniques for large – diameter wells and horizontal wells of underground gas storages, drilling fluids and reservoir protection, cementing and logging techniques, etc. It describes techniques for old well plugging, wellbore leakage detection and treatment, injection and production string design, etc., and explores rapid gas storage construction techniques such as horizontal wells of salt cavern gas storages, natural gas dissolution for cavity building, and complex old cavity reconstruction of underground gas storages. These techniques effectively improve the quality of gas storage well engineering and shorten the speed of gas storage construction. The part on Ground Engineering and Economic Evaluation focuses on the optimization of gas injection and extraction for underground gas storages and other ground techniques. It describes the application status and localization process of centrifugal gas injection compressors, the core equipment of China's gas storages, and deeply analyzes the inspection and evaluation, integrity management and practical results of gas storage pipelines, which improve the efficiency and safety of gas storage production and operations.

Additionally, the papers are concerned about the expansion of new functions and the digital and intelligent construction of gas storages, and explores new techniques for the construction of compressed air energy storage in aquifers (CAESA) and underground hydrogen storage (UHS) in salt caverns, presenting a new direction for the development and application of energy storage technology in China. It also focuses on the integrated management platform for gas storages as well as digital twin technology and practical results, which improve the operating efficiency and intelligence level of gas storages and effectively reduce the safety risks caused by manual operations.

This book is content – rich and provides a systematic summary of deep thoughts and valuable experience of the industry's leading experts and scholars. Emphasizing multidisciplinary intersections, theories and practices, the book is richly illustrated, and presents a magnificent picture of the thriving of gas storage construction technology in the oil and gas industry, through multi – faceted and multi – level discussions and analysis. We look forward to working with all of you to continue to deepen exchanges and cooperation, accelerate the construction of a diversified system for gas storages, jointly boost innovations and development of gas storage construction technology, and contribute more wisdom and strength to the efficient development of China's gas storage industry.

Academician of the Chinese Academy of Engineering

November 2024

前 言

近年来，中国储气库建设持续提速，截至2023年已建成30座地下储气库（群），形成调峰能力230亿立方米，占天然气消费量的5.8%，为中国天然气安全保供发挥了重要作用。为进一步贯彻落实党的二十届三中全会和中央经济工作会议精神，持续提升我国天然气储备和调峰能力，同时给广大储气库科技工作者、建设者和管理者提供一个深入沟通交流的平台，助力储气库行业成为国家新质生产力重要策源地，由中国石油学会天然气专业委员会、中国石油学会石油储运专业委员会、石油工业标准化技术委员会储气库专业标准化委员会、中国石油集团储气库有限公司、中国石油化工股份有限公司天然气分公司、国家管网集团储能技术有限公司和国家能源地下储气库研发中心在上海市联合主办“第四届中国储气库科技创新与产业发展国际学术论坛”。本届论坛以“加快构建储气库多元化体系，助力国家储气中心高效发展”为主题，旨在探讨我国及全球储气库技术最新成果和水平，反映国内外储气库前沿技术与发展方向。本届大会分设储气库地质与气藏关键技术、储气库工程建设与装备技术、储气库智能化与新功能拓展技术三个分论坛。

本届论坛得到了国内外各相关单位和广大储气库相关从业者的积极响应和大力支持。大会征集论文共计200余篇，经专家评审择优收入论文94篇辑册成集并公开出版发行，专业涉及地质与气藏工程、钻采工程和地面工艺与经济评价三大类，内容涵盖“国家相关政策解读及储气库行业发展趋势、油气藏型地下储气库建设与技术、盐穴地下储气库建设与技术、储气库调峰方案优化与技术、储气库安全运行与环境保护、储气库新功能拓展”等，总体反映了近年来储气库理论技术创新成果，充分展示了储气库行业快速发展取得的新成就，有力支持了国内储气库的大规模建设与转型发展，全面提升了储气库调峰保供能力和运营效率，为我国能源行业高质量发展及国家能源安全新战略作出重要贡献。

由于时间仓促，编者水平有限，若有疏编，敬请谅解。

本书编委会

2024年11月

前言

Preface

In recent years, China's gas storage construction has continued to accelerate. As of 2023, 30 underground gas storages (clusters) have been built up, with a peak shaving capacity of 23 billion cubic meters, 5.8% of the country's total natural gas consumption, playing an important role in securing natural gas supply in China. In order to further implement the spirits of the Third Plenary Session of the 20th Central Committee of the Communist Party of China and the Central Economic Work Conference, continuously increase China's natural gas reserves and peak shaving capacity, provide a platform for in – depth communication and exchanges for science & technology workers, builders and managers in the gas storage sector and help the sector become an important source of the country's new quality productive forces, the Fourth China International UGS Science & Technology Innovation and Industry Development Academic Forum was held in Shanghai. Organizers include the Natural Gas Committee of Chinese Petroleum Society, the Petroleum Storage & Transportation Committee of Chinese Petroleum Society, China Gas Storage Standardization Technical Committee, CNPC Gas Storage Co., Ltd., Sinopec Natural Gas Company, PipeChina Energy Storage Technology Co., Ltd., and the State R&D Center for Energy and Underground Gas Storage. Themed "Accelerating the construction of a diversified gas storage system for the efficient development of China's gas storage centers", the forum aims to discuss the latest achievements and progress of gas storage technologies in China and the world, and present cutting – edge technologies and development directions in the gas storage sector. It had three sub – forums: key technologies for geology and gas reservoirs, engineering construction and equipment technologies, and intelligence and new functions expansion technologies.

The forum received positive responses and strong support from relevant organizations and gas storage – related players at home and abroad. More than 200 papers were collected, of which 94 were selected and published as a collection after expert review. These papers cover three categories: Geology and Gas Reservoir Engineering, Drilling and Production Engineering, and Ground Technology and Economic Evaluation. Their contents include: interpretation of relevant national policies and the development trend of gas storage industry, construction of reservoir - type underground gas storages and technologies, construction of underground gas storages in salt caverns and technologies, optimization of gas storage peak - shaving schemes and technologies, safe operation of gas storages and environmental protection, and expansion of new functions of gas storages, etc. These papers reflect theoretical and technological innovations in gas storage in recent years, and fully demonstrate new achievements made in the rapid development of the gas storage sector, providing strong support for the large - scale construction and transformational development of domestic gas storages, comprehensively enhancing the peak - shaving and supply - protecting capacity and operational efficiency, and making important contributions to the high - quality energy development and the new strategy for national energy security.

The Editorial Board

November 2024

目　　录

第一篇　地质与气藏工程技术篇

第二篇　钻采工程技术篇

第三篇 地面工艺与经济评价技术篇

Contents

Part 1 Geology and Gas Reservoir Engineering

Part 2 Drilling and Production Engineering

Part 3 Ground Technology and Economic Evaluation

第一篇　地质与气藏工程技术篇

Part 1　Geology and Gas Reservoir Engineering

地质与气藏工程主要是研究储气库的库址筛选、地质体密封性、储气库建库参数设计等方面的内容。近年来，我国储气库选址目标，已从枯竭气藏、岩穴等，向油藏、含水层等方向发展；储存介质从储天然气，向储氢、储氦、储空气等介质转变。本篇论文已基本配套形成地质体动态密封性研究技术，建库动态参数设计技术，储气库动静态监测技术，地上地下全生命周期完整性评价技术，注气提高采收率与地下储气库协同等技术系列。为储气库快速建成提供了强有力的技术支撑。

This part focuses on gas storage site selection, tightness of geological bodies, and design of gas storage construction parameters. In recent years, the sites selected for building gas storages in China have been from depleted gas reservoirs and caverns to oil reservoirs and aquifers; and storage medium from natural gas to hydrogen, helium, and air. Papers in this part have basically formed a series of technologies for studying the dynamic tightness of geological bodies, design of dynamic parameters for gas storage construction, dynamic and static monitoring of gas storages, ground and underground integrity LCA evaluation, and gas injection for EOR coordinated with underground gas storages, providing strong technical support for the rapid completion of gas storages.

中国地下储气库智能化升级与功能拓展

完颜祺琪[1,2,3]　王　云[1,2,3]　苏云河[1,2,3]　胥洪成[1,2,3]　李　康[1,2,3]

（1. 中国石油勘探开发研究院；2. 国家能源地下储气库研发中心；
3. 中国石油集团油气地下储库工程重点实验室）

摘　要　我国天然气对外依存度一直居于高位，持续提升储气库调峰保供能力是确保中国天然气安全的必然选择。针对气藏断裂系统发育、储层埋藏深、非均质强、油气水分布复杂等特点，经过30余年持续攻关，我国储气库走出了具有中国特色的自主创新之路，在气藏型和盐穴型储气库建设与运行领域取得突破。数智化技术在储气库减少事故发生率、降低运维成本、提升储气能力利用率等高效运维中发挥了重要作用。在能源安全保障和“双碳”战略目标等新形势下，拓展储气库功能领域势在必行。笔者总结了中国地下储气库理论技术进展，提出了数智化储气库关键核心技术，处理了储气库功能拓展现状，提出了不同类型储气库库容高效动用与安全智慧运行、不同浓度氢气存储地质体密封性及注采渗流机理、储氢库选址设计与一体化安全监测、储能库选址与能量转换效率提升、大规模CO_2注入运移机理与长效埋存监测等发展方向。结论认为：我国复杂气藏储气库建库技术体系已经建立，智能化升级和功能拓展是储气库的必然选择，储氢、储氦、储能以及储碳等新功能领域与国外存在较大差距，建议在开展专项技术攻关，形成配套技术体系助推我国能源结构转型。

关键词　储气库；智能化；储能库；储氢库；储氦库；储碳库

Intelligent Upgrade and Functional Expansion of Underground Gas Storage in China

WAN Yanqiqi, WANG Yun, SU Yunhe, XU Hongcheng, LI Kang

(1. China Petroleum Exploration and Development Research Institute; 2. National Energy Underground Storage Research and Development Center; 3. China Petroleum & Chemical Corporation Key Laboratory of Underground Oil & Gas Storage Engineering)

Abstract: China's dependence on imported natural gas has remained high, and continuously enhancing the peak - shaving and supply - ensuring capabilities of underground gas storage is an inevitable choice to ensure China's natural gas security. In response to the characteristics of developed fault systems in gas reservoirs, deep burial depths of reservoirs, strong heterogeneity, and complex distributions of oil, gas, and water, China's underground gas storage facilities have taken an independent innovation path with Chinese characteristics through more than 30 years of continuous research, achieving breakthroughs in the construction and operation of gas reservoir - type and salt cavern - type underground gas storage facilities. Digital and intelligent technologies have played a significant role in efficient operations and maintenance of underground gas storage facilities, such as reducing accident rates, lowering operation and maintenance costs, and improving storage capacity utilization. Under the new situations of energy security and the "dual carbon" strategic goals, it is imperative to expand the functional areas of underground gas storage facilities. The authors summarize the theoretical and technological advancements in China's underground gas storage facilities, propose key core technologies for intelligent underground gas storage, address the current status of functional expansion of underground gas storage facilities, and put forward development directions such as efficient utilization and safe and intelligent operation of different types of underground gas storage facilities, sealing properties and injection - production seepage mechanisms of geological bodies for storing helium of different concentrations, site selection and design and integrated safety monitoring of hydrogen storage facilities, site selection and energy conversion efficiency improvement of energy storage facilities, and large - scale CO2 injection migration mechanisms and long - term storage monitoring. The conclusion is that China's technical system for constructing underground gas storage facilities in complex gas reservoirs has been established, and intelligent upgrades and functional expansions are inevitable choices for underground gas storage facilities. There is a significant gap compared to foreign countries in new functional areas such as hydrogen storage, helium storage, energy storage, and carbon storage. It is recommended to carry out special technological research and form a supporting technological system to promote the transformation of China's energy structure.

Key words: Underground Gas Storage, Intelligentization, Compressed Air Energy Storage, Underground Hydrogen Storage, Underground Helium Storage, Underground Carbon Storage

1　中国地下储气库技术现状

经过30余年持续攻关，我国在库址筛选与评价、库容设计与评估、井筒质量控制、大排量注采设计等方面取得诸多理论和技术突破，中国储气库高效建设与安全运行系列技术基本形成。

1.1　库址筛选与评价技术

创新发展了储气地质体动态密封理论，实现密封性评价由定性到定量、静态到动态质的飞跃。以“实验－地质－地质力学－数模”一体化为手段，建立了以盖层“动态突破、交变疲劳”、断层“柔性连接、剪切滑移”为核心的动态密封理论体系，提出了盖层突破压力、累计塑性变形、剪切安全指数、断层正应力、断层滑移指数5项关键指标，实现了选址评价由静态定性到动态定量的根本转变。

1.2　库容设计与评估技术

建立了以储气空间为核心的库容参数设计技术和标准体系，丰富和发展了库容参数设计理论基础。针对储气库在既定的压力区间、注采周期内高速有限供流特性，通过气液多轮互驱相渗和多周期库存动用评价揭示了空间分区差异动用内在机制，明确了储层性质、流体分布、应力特性、原油溶解等主控因素。创建了库容参数设计技术和标准体系，利用空间定量表征实现了从储层到地质体、储量到空间、原始状态到建库始点的三项重大转变，实际注采动态表明库容技术指标符合率提升20%以上。

1.3　井筒质量控制技术

创新复杂气藏型储气库防漏堵漏技术，解决了深层枯竭低压气藏建库钻井一次堵漏成功率低的突出难题。研制了高强度膨胀防漏堵漏剂和井下交联堵漏剂，创新适用于超低压地层的一次施工、分段挤注的防漏堵漏施工工艺，一次堵漏成功率由40%提高到80%以上。成功研制抗200℃晶须纳米材料高强低弹韧性水泥浆体系，有效解决了超深、超高温储气库固井难题，大大提高了固井质量，为高速交替注采条件下井筒密封提供了保障，大幅提高了井筒的注采安全。

1.4　大排量注采设计技术

针对国内储气库埋藏深、温度压力高等特点，创新形成了交变载荷条件下大排量注采优化设计技术，大幅提升单井注采气能力。创新了多因素临界冲蚀流量计算新方法。针对常规冲蚀流量计算保守问题，建立复杂工况下临界冲蚀模拟方法，首创了多因素冲蚀系数图版，突破了传统设计对管柱注采能力的约束。呼图壁等储气库在不改变管柱的条件下，井筒注采能力可提高50%。建立了交变载荷工况临界出砂压差预测方法。创新了考虑高强度交变载荷和塑性变形的出砂压差预测模型和实验方法，最大限度发挥地层短期高速采气能力；为充分发挥储气库调峰能力奠定坚实基础。

未来，我国在役储气库数量将不断增加，提高储气库运行效率、降低运行风险将成为重大挑战，数智化技术可提供有效解决方案；随着世界能源结构转型，国外已开展地下储氢、储氦、压缩空气储能以及储碳（CCS）等研究与现场应用，进一步拓展了储气库功能领域。

2　地下储气库数智化的关键核心技术

数智化技术在储气库减少事故发生率、降低运维成本、提升储气能力利用率等高效运维中发挥了重要作用。地下储气库数智化的关键核心技术主要包括多源异构数据融合共享技术、气藏－井筒－地面耦合协同优化技术和全系统全周期智能决策及预警技术。

2.1　多源异构数据融合共享技术

数据是关键生产要素和决策基础，多源异构数据融合共享技术是指在不同来源、格式、性质的数据之间进行整合、处理和分析的技术，通过数据质控手段，确保多源数据满足真实性、准确性、唯一性、完整性、一致性、关联性和及时性等七性关系，夯实储气库数字化智能化的决策基础。特别是对于地下储气库，包含地质气藏数据、井筒数据、地面数据、管道数据、市场数据等，数据类型各异、来源多样。同时，受仪器类型、软件类型、专业人员处理习惯、数据更新不及时/不全面等因素的影响，数据标准/格式不规范、不统一，存在数据壁垒/孤岛，制约数据质量。亟需采用多源异构数据融合共享技术，获取支撑数智化储气库的“金数据”。

（1）技术目标

将不同来源、格式、类型的数据按照数据7性关系和EPDM2.0标准，结合来自不同数据源的信息，进行统一处理，打破数据孤岛，为数据能够在不同部门、系统之间高效流通，提供数智化储气库的“金数据”。

（2）技术方法与关键步骤

①数据预处理：结合现代产量递减图版、压力产量一致性分析、大数据等手段，按照数据7性关系和EPDM2.0标准，对多源数据进行清洗、分类、归一化等处理，为数据融合做准备。②数据集成：使用中间件、数据库、数据云等计算机技术，实现多源数据的物理或逻辑集中。③数据融合算法：包括相似性分析、模式识别、机器学习等方法，分区分类整合不同数据源信息。④数据映射：构建动静态、井与井间、单库、库群等数据之间的语义关系，解决语义异构问题。⑤共享机制：结合需求、功能、用户权限等，制定数据共享的策略、标准和协议。

2.2　气藏－井筒－地面耦合协同优化技术

气藏－井筒－地面耦合协同是数智化的核心和大脑，该技术是将气藏工程、井筒工程和地面工程作为一个整体系统、系统工程统筹考虑，通过多学科交叉和多种技术的综合应用，实现储气库整个系统的最优化运行，为多用户、多专业、多储层的气藏－井筒－地面耦合协同优化决策提供手段。

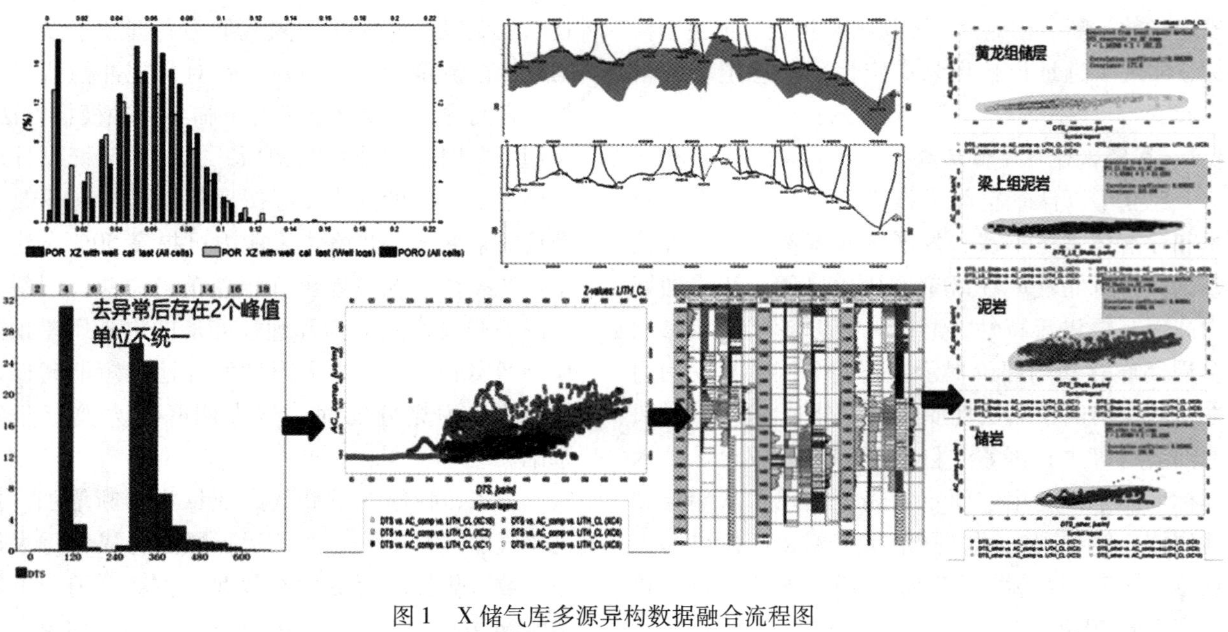

图1　X储气库多源异构数据融合流程图

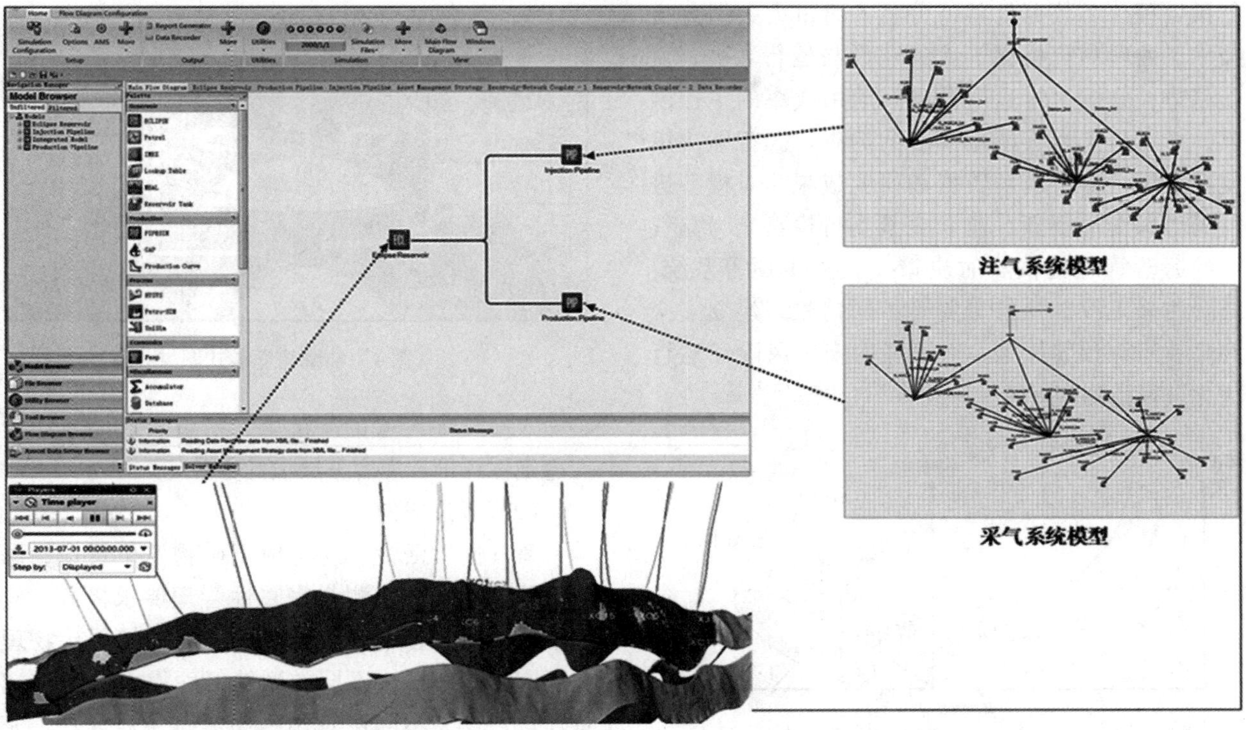

图 2　基于斯伦贝谢 IPM 软件的 X 储气库气藏 - 井筒 - 地面耦合流程图

（1）技术特点

将气藏、井筒和地面设施视为一个相互作用的整体，分析渗流场、应力场、温度场的相互作用，在考虑整个系统耦合效应的基础上，通过优化算法对气藏开发方案、井筒设计、地面设施配置等进行综合优化。

①系统性：考虑从储气地质体到井筒再到地面的整个过程，实现全流程的优化。②动态性：不仅考虑空间的配置优化，还考虑随时间变化的动态调整。③多目标：在优化过程中，以市场需求、地层压力、流体分布、构造位置等为约束条件，形成调峰能力、经济效益、安全等多目标优化的库群 - 单库 - 单井的协同调峰和高效安全运行。

（2）技术方法与关键步骤

①一体化模型：建立气藏、井筒和地面设施的模型，通过计算机模拟库群 - 单库 - 单井整个系统的行为。②数据集成：对市场、管道、地质气藏、井筒、地面等数据，通过多源异构数据融合共享技术进行质控和治理，为一体化模型提供输入。同时，把不同情景下的模型运行运算结果，回存到数据库或云上。③优化算法：结合库群 - 单库 - 单井的历史拟合结果，以调峰能力、经济效益、安全等为目标，运用遗传算法、粒子群优化等智能优化算法，寻找最优解。④不确定性分析：考虑地质参数、工程参数、市场波动等不确定性因素，根据各参数的不确定区间，设置各参数的先验概率，采用蒙特卡洛等方法，进行风险评估，给出各参数的后验概率及评估结果的影响区间。

2.3　储气库全系统全周期智能决策及预警技术

地下储气库全系统全周期智能决策及预警是储气库高效安全运行的保障，该技术贯穿于地下储气库选址设计、运行维护等各个阶段，对不同情景或工况条件下气藏、井筒和地面等随交变注采的进行优化和决策，以确保储气库的安全、高效和可靠运行。

（1）技术特点

①正向决策：以单库调峰能力和单井采气能力为基础，综合考虑市场变化、地层压力、流体分布、构造位置等因素，分类分级设置调峰属性，根据注采气需求，形成多目标优化条件下的决策方案，并提出预警。②逆向决策：根据优化目标，比如调峰能力最大、安全性最高、效益最大等，反推井、库、库群，在不同实践的注采气能力和工作制度等，计算运行界限。③智能决策：采用数字孪生或气藏 - 井筒 - 地面耦合协同优化技术，实现分阶段决策、实时决策和高效决策。

（2）技术方法与关键步骤

①数据整理：将动态监测、静态分析、一体化模型等数据，进行分区分类，为决策和预警进

行预处理。②数据处理与分析：通过大数据分析技术，处理和解析储气库的建设与运行数据、变化趋势，分析达容达产及空间动用效率的主控因素，并以此作为一体化模型的约束。③智能决策支持系统：基于最新数据和研究成果，对模型进行局部和全局更新，建立决策支持模型，为储气库的运营管理提供实时决策支持。④预警系统：结合注采工况、井位布置等不同情景，建立安全和高效运行预警模型，对可能的安全风险和运行优化进行预测和报警。

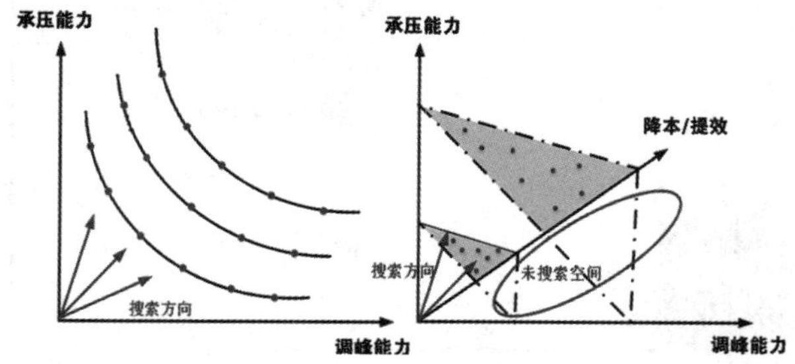

图3 多目标优化决策示意图

3 地下储气库功能拓展发展方向

加大天然气、氦气储备能力是保障国家能源安全重要举措，加大氢气、压缩空气储能以及碳埋存事关国家绿色发展、美丽中国建设。面对新形势新要求，拓展储气库功能，加大能源储备能力建设，提升能源保障能力势在必行。

3.1 新类型储气库

（1）技术现状

中国在复杂断块气藏选址评价、建库技术方面已达到国际领先水平，但在油藏、水层、矿坑等新类型建库技术处于探索阶段。

（2）发展方向

面对储气库库址资源劣质化、多样化日益严重的形势，应揭示复杂气藏、油藏、水层等不同类型储气库库容高效动用机理，逐步推进油藏、水层、矿坑类型储气库高效建设，创建上中下游协同优化与高效配置模式，突破低渗气藏储气库提高单井产能可控微压裂改造和非烃气体置换垫气等制约效益建库与运行的关键技术瓶颈，实现在役库达容、安全风险受控等目标，持续引领储气库技术发展方向。

3.2 储氢库

（1）技术现状

我国在地下储氢库领域开展研究较少，在借

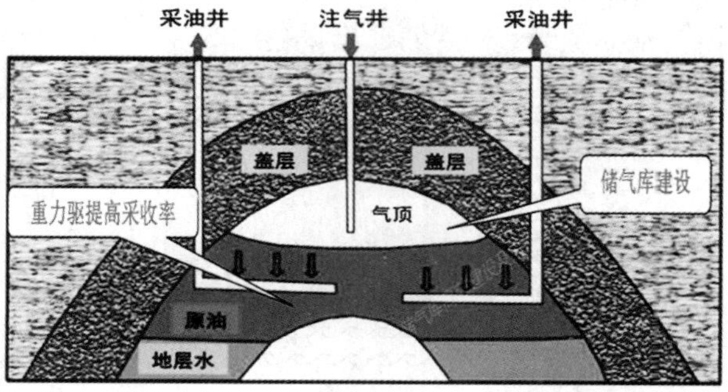

图4 油藏建库模式图

鉴盐穴储气库经验的基础上，初步形成储氢库盐腔稳定性评价及库容参数设计方法。

（2）发展方向

氢气性质活泼、易与地下矿物发生反应，爆炸范围宽、安全监测与完整性管理要求极高；应揭示地质密封性与泄漏机理、氢气与储层矿物理化反应机理，加快不同类型储氢库潜力分析与选址评价，攻关不同掺氢比例储氢库参数设计、完整性管理与安全运行监测等技术，研发钻采和地面关键装备，创建储氢库设计建设技术体系，实现地质体密封、科学设计与安全管控等目标，填补我国地下储氢空白。

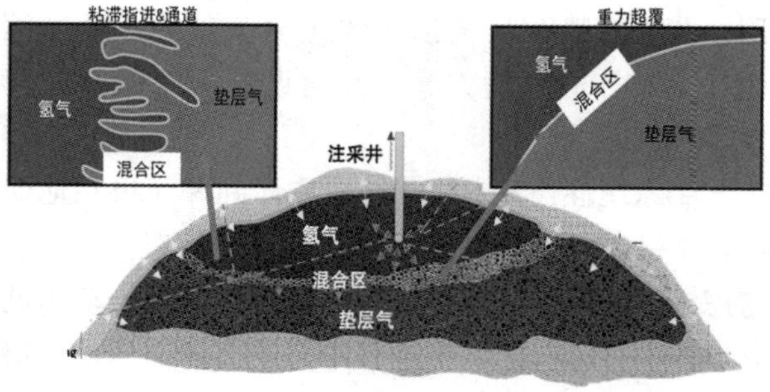

图5 储氢库氢气渗流机理示意图

3.3 储氦库

（1）技术现状

我国初步形成了气藏和盐穴氦气地质密封性评价技术与井筒密封设计工艺，建立了储氦库库址筛选标准体系。总体来讲，我国利用枯竭油气藏或盐穴等地下空间实施大规模氦气战略储备相关理论和技术研究工作尚未开展，尚不具备实现氦气规模存储的技术手段。

（2）发展方向

我国氦气储量、产量低，价格居高不下，分子量小，易发生扩散泄漏；最大限度提高氦气回采效率是储氦库追求的重要目标；应攻关储氦库高精度库存设计与评价，创建储氦库选址、设计、建设技术标准体系。

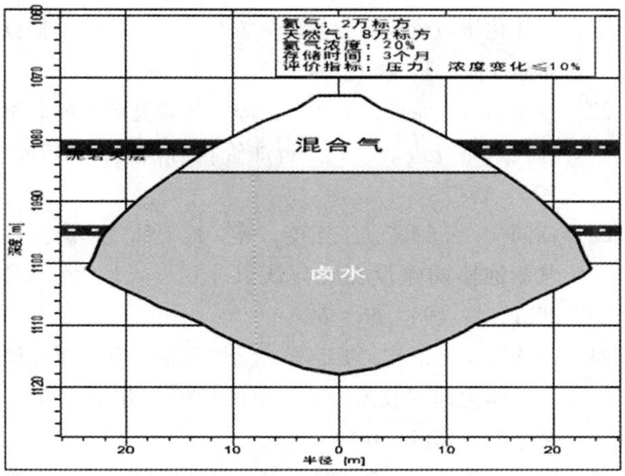

图 6　盐穴储 XAI 库中试方案示意图

3.4　储能库

（1）技术现状

我国形成了盐穴压缩空气储能选址与设计技术，研发了非补燃储能配套工艺，转换效率达60%；在压缩空气储能系统、发电透平系统的技术研发及设备制造水平均处于全球领先地位，设备已全部实现国产化。

（2）发展方向

压缩空气储能库运行频率更高，甚至达到小时级，提高能效转换率是储能库永恒追求目标；应攻关提高空气压缩储能系统效率技术，创建储能库科学选址与高效运行技术系列，实现油气与新能源产业有机融合，提升综合建库运行效益。

3.5　储碳库

（1）技术现状

我国尚未开展大规模、长井段碳埋存，仅处于先导试验阶段，初步建立了储碳库选址评价方法与地质封存潜力评价技术。

（2）发展方向

针对碳埋存需求，应加快深部咸水层碳埋存地质体库容评价及选址进程，创建以埋存潜力评价、智能分层注入、低成本安全监测为代表的高效碳埋存技术体系，实现大规模永久埋存，助力我国绿色低碳发展。

4　结论与建议

（1）通过30余年持续攻关，针对复杂的建库地质条件，中国在库址筛选与评价、库容设计与评估、井筒质量控制、大排量注采设计以等领域取得突破并形成系列技术，支撑了储气库高质量发展。

（2）数智化储气库可减少事故发生率、降低运维成本、提升储气能力，关键核心技术主要包括多源异构数据融合共享技术、气藏 - 井筒 - 地面耦合协同优化技术和全系统全周期智能决策及预警技术。

（3）我国地下储能、地下储氢、储碳等领域开展现场先导试验，地下储氢仍处于探索阶段，建议进一步拓展储气库功能领域，开展专项攻关，推动中国储气库跨越式发展，助推我国能源结构转型。

参考文献

[1] 马新华，郑得文，申瑞臣，等．中国复杂地质条件气藏型储气库建库关键技术与实践［J］．石油勘探与开发，2018，45（3）：489 - 499.

[2] 马新华，郑得文，魏国齐，等．中国天然气地下储气库重大科学理论技术发展方向［J］．天然气工业，2022，42（5）：93 - 99.

[3] 丁国生，魏欢．中国地下储气库建设20年回顾与展望［J］．油气储运，2020，39（1）：25 - 31.

[4] 丁国生，李春，王皆明，等．中国地下储气库现状及技术发展方向［J］．天然气工业，2015，35（11）：107 - 112.

[5] 曾大乾，张广权，张俊法，等．中石化地下储气库建设成就与发展展望［J］．天然气工业，2021，41（9）：125 - 134.

[6] 张福强，曾平，周立坚，等．国内外地下储气库研究现状与应用展望［J］．中国煤炭地质，2021，33（10）：39 - 42.

[7] 张刚雄，陈建军，郑得文，等．中国储气库建设与发展策略思考［J］．国际石油经济，2016，24（12）：28 - 33.

[8] 魏欢，田静，李波，等．中国天然气储气调峰方式研究［J］．天然气工业，2016，36（8）：145 - 150.

[9] 丁国生，丁一宸，李洋，等．碳中和战略下的中国地下储气库发展前景［J］．油气储运，2022，41（1）：1 - 9.

[10] 邱小松，郑雅丽，叶颖，等．含水层储气库库址筛选及关键指标评价方法——以苏北盆地白驹含水层为例［J］．中国石油勘探，2021，26（5）：140 - 148.

[11] 郑得文，胥洪成，王皆明，等．气藏型储气库建库评价关键技术［J］．石油勘探与开发，2017，44（5）：794 - 801.

[12] 赵昱超，罗瑜，李隆新，等．地下储气库地应力模拟研究与地质完整性评估——以相国寺为例［J］．地质力学学报，2022，28（4）：523 - 536.

[13] 郑雅丽，孙军昌，邱小松，等．油气藏型储气库地质体完整性内涵与评价技术［J］．天然气工业，2020，40（5）：94－103.

[14] 魏国齐，郑雅丽，邱小松，等．中国地下储气库地质理论与应用［J］．石油学报，2019，40（12）：1519－1530.

[15] 周军，彭井宏，罗莎，等．考虑安全稳定运行的大型枯竭气藏储气库注采优化［J］．特种油气藏，2021，28（6）：76－82.

[16] 刘晓旭，周源，王霞，等．气藏型储气库注气期试井分析探讨［J］．特种油气藏，2021，28（2）：139－143.

[17] 袁光杰，夏焱，金根泰，等．国内外地下储库现状及工程技术发展趋势［J］．石油钻探技术，2017，45（4）：8－14.

[18] 袁光杰，张弘，金根泰，等．我国地下储气库钻井完井技术现状与发展建议［J］．石油钻探技术，2020，48（3）：1－7.

[19] 谭宾．相国寺储气库安全快速钻完井技术集成应用［J］．钻采工艺，2022，45（1）：11－20.

[20] 王云，张建军．地下储气库注采井临界冲蚀流量优化计算方法［J］．天然气工业，2019，39（11）：74－80.

[21] 刘慧，丁心鲁，张士杰，等．地下储气库注气过程一体化压力及地层参数计算方法［J］．石油钻探技术，2022，50（6）：64－71.

[22] 罗金恒，李丽锋，王建军，等．气藏型储气库完整性技术研究进展［J］．石油管材与仪器，2019，5（2）：1－7.

[23] 江同文，王锦芳，王正茂，等．地下储气库与天然气驱油协同建设实践与认识［J］．天然气工业，2021，41（9）：66－74.

[24] 江同文，王正茂，王锦芳．天然气顶部重力驱油储气一体化建库技术［J］．石油勘探与开发，2021，48（5）：1061－1068.

[25] 廖伟，刘国良，李欣潞，等．呼图壁储气库边底水水侵前缘动用及注采风险评价［J］．新疆石油地质，2022，43（1）：66－71.

[26] 殷富国，程时清，黄兰，等．气驱协同型储气库建库不同阶段产能预测［J］．新疆石油地质，2022，43（5）：600－605.

[27] GORYL L. Triennium work reports June 2018. 27th World gasconference［R］. Washington，D. C.：International Gas Union，2018.

油藏型储气库有效库容量设计方法研究

——以东河1石炭系油藏为例

周代余[1,2,3] 张 亮[1,2,3] 伍藏原[1,2,3] 邵光强[1,2,3] 孙海航[1,2,3] 欧阳国强[1,2,3] 李 杨[1,2,3] 樊 瑾[1,2,3]

（1. 中国石油塔里木油田分公司勘探开发研究院；2. 中国石油超深层复杂油气藏勘探开发技术研发中心；
3. 新疆维吾尔自治区超深层复杂油气藏勘探开发工程研究中心）

摘 要 油藏型储气库是近期发展起来的新型储气方式，探索油藏改建储气库库容量设计方法，精准预测建库规模，对丰富地下储气库建库技术意义重大。针对东河1石炭系油藏型储气库建设，结合其油藏地质特征和开采规律，在容积法总体评价的基础上，开展建库有效孔隙体积影响因素分析，主要表现为“三减一增”：“三减”即注气未波及体积、储层应力敏感、往复注采后残余油饱和度所引起的库容有效孔隙体积减小；“一增”即储层油转气后可动用孔隙度增加，所引起的库容有效孔隙体积增加。研究表明东河1石炭系油藏第一期储气库建设有效库容量为 $15.0\times10^8m^3$。该方法实现了油藏型储气库有效库容量准确评价，为油藏型储气库建设提供可靠依据，具有良好的推广优势。

关键词 油藏型储气库；库容量设计；含气孔隙体积；东河1石炭系

Study on Effective Storage Capacity Design Method of Oil Reservoir Type Gas Storage—Taking Donghe 1 Carboniferous Reservoir as an Example

ZHOU Daiyu, ZHANG Liang, WU Zangyuan, SHAN Guangqiang, SUN Haiyang,
OUYANG Guoqiang, LI Yang, FAN Jin
(Research Institute of Exploration and Development in Tarim Oilfield Company)

Abstract: The Oil Reservoir type gas storage is a new type of gas storage that will be developed soon. It is of great significance to enrich the underground gas reservoir construction technology to explore the reservoir reconstruction and gas reservoir capacity design methods and accurately predict the scale of reservoir construction. In view of the construction of Donghe 1 Carboniferous reservoir type gas storage, combined with its reservoir geological characteristics and production laws, and based on the overall evaluation of the volume method, the analysis of the factors affecting the effective pore volume of the reservoir is carried out, which is mainly manifested as “three reductions and one increase”: “three reductions”, that is, the reduction of the effective pore volume of the reservoir caused by the unswept volume of gas injection, the sensitivity of reservoir stress, and the residual oil saturation after reciprocating injection and production; “One increase” refers to the increase of reservoir capacity and effective pore volume caused by the increase of available porosity after oil is converted to gas. The research shows that the effective capacity of the first phase gas storage of Donghe 1 Carboniferous reservoiris $15.0\times10^8m^3$. This method realizes the accurate evaluation of the effective storage capacity of the oil reservoir type gas storage, provides a reliable basis for the construction of the oil reservoir type gas storage, and has a good promotion advantage.

Key words: Oilreservoir type gas storage; Storage capacity design; Gas - bearingporevolume; Donghe 1 Carboniferous reservoir

储气库具备区域调峰和战略保供的功能，对国家发展、人民生活都起着至关重要的作用。截至2024年，我国已建成34座储气库，设计总库容超$600\times10^8m^3$，形成调峰能力$230\times10^8m^3$，发展迅速。

油藏型储气库是即将发展起来的新型储气方式，合理的库容量设计是优选建库地址、判断气库状态的重要参数。目前国内油藏改建储气库技术基本处于起步阶段，技术尚不完善，经验较为缺乏。受复杂地质条件和技术经验限制，油藏改建储气库时，未完全考虑注气驱油过程中主要参数变化对有效库容的影响。因此，开展油藏改建储气库库容量设计方法研究，精准预测建库规模，可丰富国内在役油气藏储气库技术序列，对提高地下储气库建库技术水平具有重大意义。

1　油藏概况

东河1石炭系油藏顶面构造为较完整的不对称短轴背斜油藏，长轴为北东－南西向。油藏类型为巨厚块状底水砂岩油藏。储层孔隙类型以粒间孔－微孔型为主，溶蚀孔次之。储层中部埋深超5000m，原始地层压力60MPa以上，原始地层温度140℃，属正常温压系统。原油具有低黏度、低凝固点、低含硫和中密度、中含蜡的特点。

东河1石炭系油藏1994年全面投入开发，1995年转注水开发，2008年开始以来，注水开发效果逐年变差，层间矛盾突出，产量递减很快。自2014年7月转为注天然气辅助重力驱开发，将构造线－4775m以上范围作为注气开发试验区（图1），截至目前累计注气$9.1\times10^8m^3$，原油产量止跌企稳，阶段产油112×10^4t，取得了较好的效果。该油藏注气开发试验已基本结束，气顶已经初具规模，现有存气量$5.3\times10^8m^3$，具备一定的基础垫气量，目前正在开展储气库先导试验研究，其有效库容量的设计极为关键。

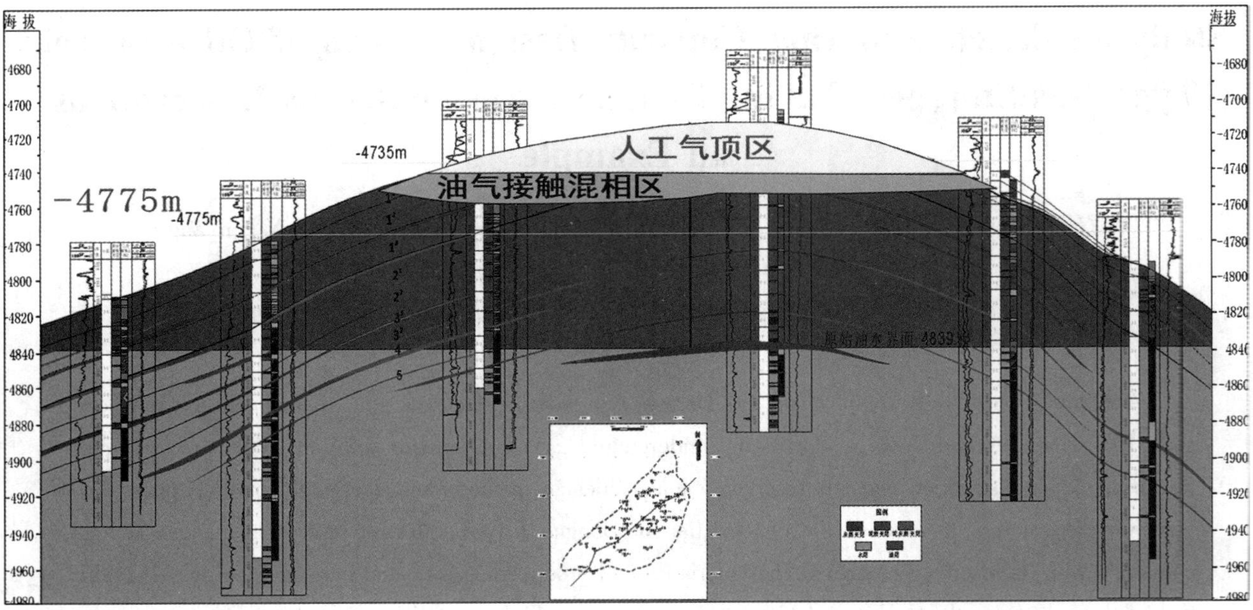

图1　东河1石炭系油藏注气开发试验区目前油藏剖面示意图

2　库容量设计方法

针对东河1石炭系油藏型储气库建设，结合其油藏地质特征和开采规律，在容积法总体评价的基础上，开展建库有效孔隙体积影响因素分析，主要表现为“三减一增”：“三减”即注气未波及体积、储层应力敏感、往复注采后残余油饱和度所引起的库容有效含气孔隙体积减小；“一增”即储层油转气后可动用孔隙度增加，所引起的库容有效含气孔隙体积增加。

其中，注气未波及区孔隙体积由经验统计法、数值模拟法得出；储层应力敏感减小的孔隙体积根据覆压孔渗实验结果得出；残余油饱和度影响含气孔隙体积根据细管实验和长岩心驱替实验结果综合取值；储层流体由油转气后可动用孔隙度增加体积，先由核磁共振实验确定气驱可动的孔喉半径下限，再根据孔隙度和孔喉半径拟合关系曲线，得出气驱孔隙度下限。

2.1　静态库容量评价

受隔夹层影响，东河1石炭系储层纵向上分为CIII1、CIII2、CIII3、CIII4、CIII5共5个流动单元。第一期储气库建设设计在海拔 -4775m 以上范围，主要包括CIII1、CIII2共2个流动单元，计算原始地下烃类孔隙体积HCPV为 $639\times10^4\ m^3$（V_i），按照100%充满，在上限压力56MPa下，第一期静态库容为 $20.2\times10^8m^3$，其中CIII1为 $6.4\times10^8m^3$，CIII2为 $13.8\times10^8m^3$（表1）。

表1　东河1石炭系油藏静态库容计算

区域	流动单元	HCPV	库容量
		10^4m^3	10^8m^3
第一期（-4775m）	CIII1	203	6.4
	CIII2	436	13.8
	小计	639	20.2

2.2　有效库容量设计

根据“三减一增”的建库有效含气孔隙体积影响因素（图2），建立东河1石炭系油藏型储气库建设有效地下孔隙体积（V_{gm}）计算方法：

$$V_{gm}=V_i-\Delta V_{nw}-\Delta V_s-V_r+V_p \qquad (1)$$

式中：V_{gm}—建库有效孔隙体积，10^4m^3；V_i—原始烃类孔隙体积，10^4m^3；V_{nw}—注气未波及区孔隙体积，10^4m^3；V_s—储层应力敏感减小的孔隙体积，10^4m^3；V_r—往复注采后残余油饱和度影响含气孔隙体积，10^4m^3；V_p—储层油变气后孔隙度下限降低所增加含气孔隙体积，10^4m^3。

减量1：注气未波及区孔隙体积 ΔV_{nw}

国内外调研表明，油藏注气驱油波及系数一般达到80%左右；由数值模拟法可得：注采井网较为完善的情况下，CIII1注气体积波及系数平均为86%，CIII2注气体积波及系数平均为75%。CIII1、CIII2未驱替到的剩余原油孔隙体积占比分别为14%、25%，对应减小的建库孔隙体积分别为 $28.42\times10^4\ m^3$、$109.00\times10^4\ m^3$，合计 $137.42\times10^4m^3$（表2）。

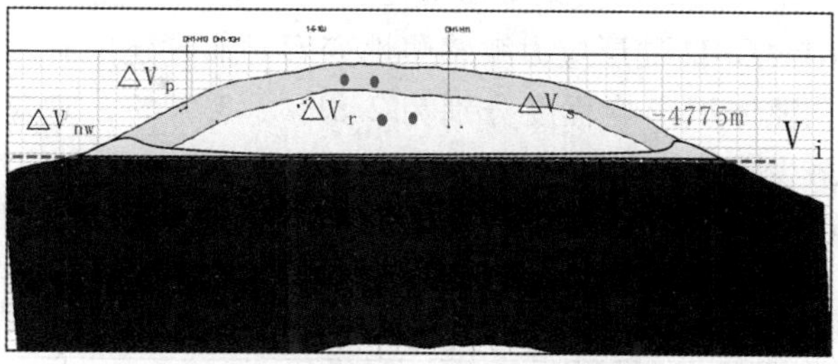

图2　第一期建库有效含气孔隙体积影响因素分区示意图

表2　注气未波及区影响建库孔隙体积计算

流动单元	HCPV	体积波及系数	未波及区体积占比	ΔV_{nw}
	10^4m^3	%	%	10^4m^3
CIII1	203	86%	14%	28.42
CIII2	436	75%	25%	109.00
合计	639	78%	22%	137.42

减量2：储层应力敏感减小的孔隙体积 ΔV_s

对于应力敏感的储层，当储层压力降低时有效应力增加，导致孔隙体积减少。根据覆压孔渗实验结果（图3），评价孔隙度的变化过程，结果

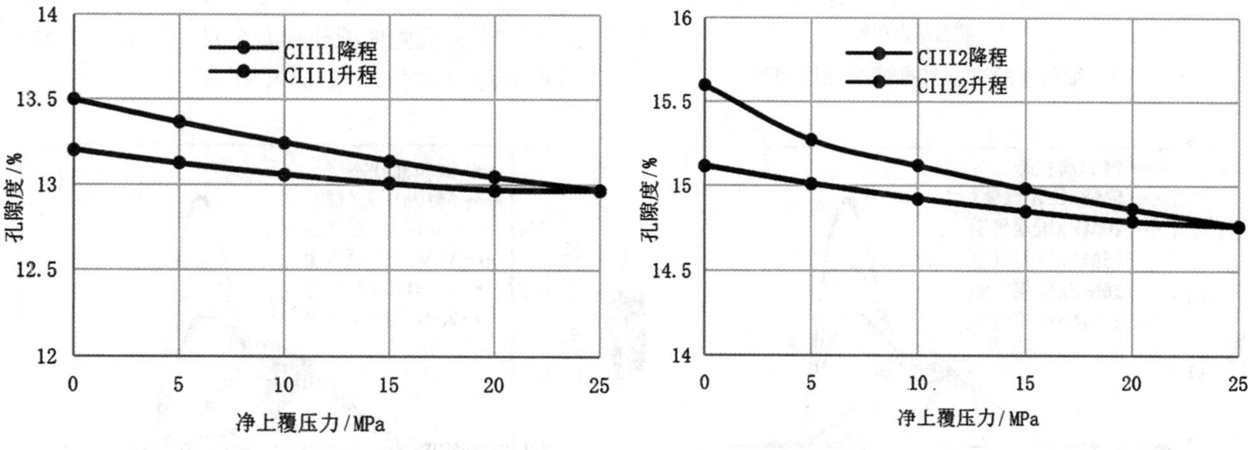

图3　覆压下岩石孔隙度变化曲线

显示东河 1 石炭系油藏储层应力敏感性不强，CIII1、CIII2 储层应力敏感塑性变形对油藏建库有效孔隙体积影响程度分别为 2.81%、3.78%，对应减少孔隙体积分别为 $4.91\times10^4m^3$、$12.36\times10^4m^3$（表 3），合计 $17.27\times10^4m^3$。

表 3　应力敏感塑性变形影响建库孔隙体积计算

流动单元	净上覆压力	原始孔隙度	升程孔隙度	孔隙度减少	减少百分数	ΔV_s
	MPa	%	%	%	%	10^4m^3
CIII1	5	13.50	13.12	0.38	2.81	4.91
CIII2	5	15.60	15.01	0.59	3.78	12.36
合计						17.27

减量 3：往复注采后残余油饱和度影响含气孔隙体积 ΔV_r

根据细管实验和长岩心驱替实验结果，东河 1 石炭系油藏往复注采后残余油饱和度为 5%（图 4、图 5），CIII1、CIII2 统一取值残余油饱和度为 5%，对应减少建库含气孔隙体积分别为 $8.73\times10^4m^3$、$16.35\times10^4m^3$（表 4），合计 $25.08\times10^4m^3$。

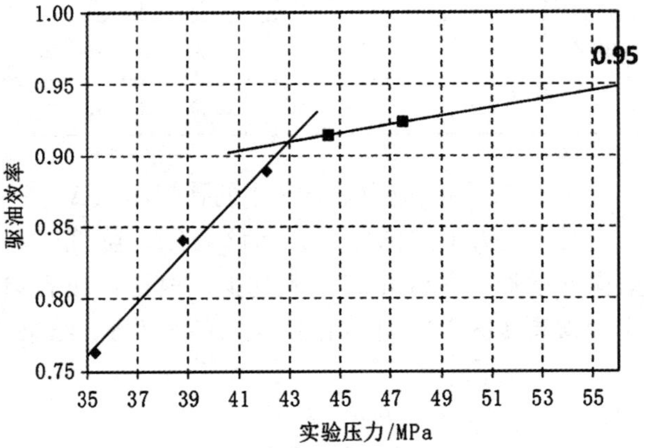

图 4　细管实验试验外推残余油饱和度

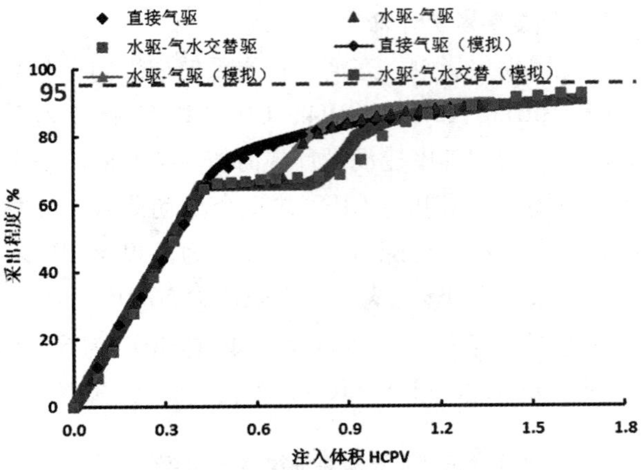

图 5　长岩心驱替评价残余油饱和度

表 4　残余油饱和度影响建库含气孔隙体积计算

流动单元	HCPV	波及体积系数	残余油饱和度	ΔV_r
	10^4m^3	（%）	（%）	10^4m^3
CIII1	203	86%	5	3.73
CIII2	436	75%	5	16.35
合计	639			25.08

增量 1：储层油变气后孔隙度下限降低新增加含气孔隙体积 ΔV_p

根据东河 1 石炭系油藏核磁试验（图 6），随着注入压差的增大（5～25MPa），气驱可动孔隙的孔喉下限逐步下降，其中 CIII1 孔喉下限由 1.3μm 降至 0.67μm，CIII2 孔喉下限由 1.41μm 降至 0.73μm。即驱替压差 25MPa 时，CIII1 主流喉道半径大于 0.67μm 的岩心、CIII2 主流喉道半径大于 0.73μm 的岩心均具有较好的渗流能力。根据孔隙度和孔喉半径拟合关系曲线（图 7），计算 CIII1 气驱孔隙度下限为 5.4%（表 5），比原水驱孔隙度下限 9.0% 降低了 3.5%；CIII2 气驱孔隙度下限为 6.6%，比原水驱孔隙度下限 9.0% 降低了 2.3%；对应增加建库孔隙体积分别为 $6.11\times10^4m^3$、$7.52\times10^4m^3$（表 6），合计 $13.63\times10^4m^3$。

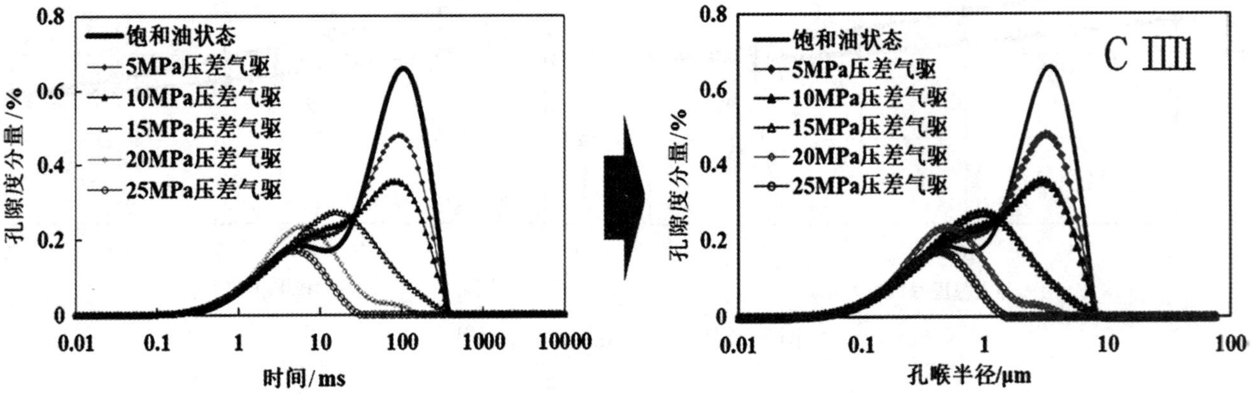

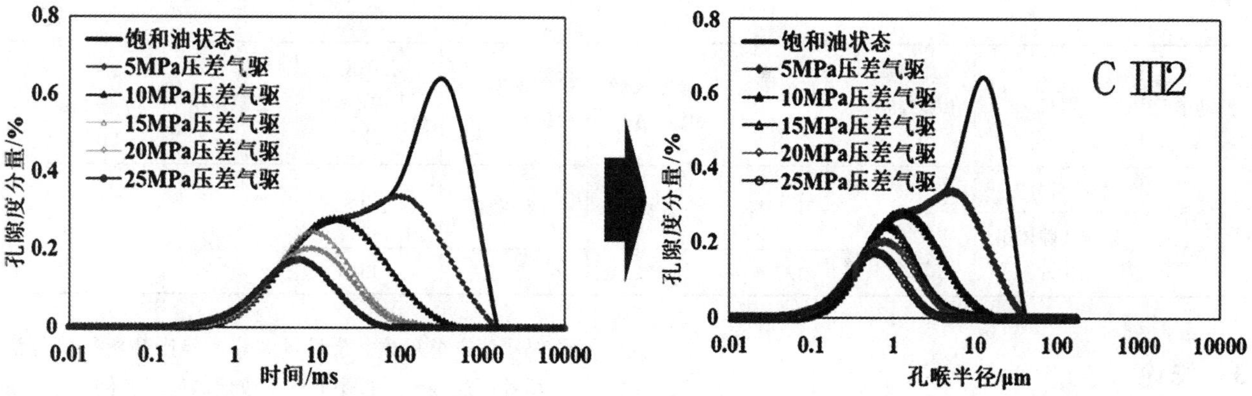

图6　东河1石炭系油藏核磁试验结果

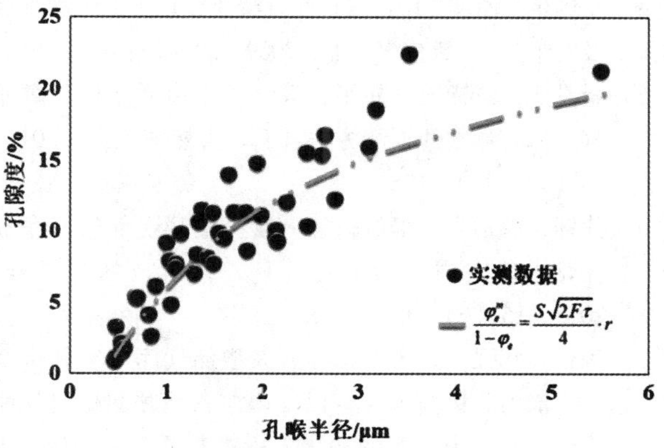

图7　东河1石炭系油藏孔隙度和孔喉半径拟合关系曲线

表5　不同注入压差下的喉道半径与孔隙度下限

注入压差 MPa	CⅢ1			CⅢ2		
	T2 ms	半径下限 μm	孔隙度下限%	T2 ms	半径下限 μm	孔隙度下限%
5	16.32	1.30	8.4	18.19	1.41	8.3
10	13.13	1.10	7.5	14.63	1.20	7.8
15	10.56	0.93	6.7	11.77	1.02	7.4
20	8.49	0.79	6.0	9.47	0.86	7.0
25	6.83	0.67	5.4	7.62	0.73	6.6

表6　孔隙度下限降低所增加建库有效孔隙体积

流动单元	HCPV	波及系数	水驱孔隙度下限	气驱孔隙度下限	增加百分数	ΔV_p
	10^4m^3	%	%	%	%	10^4m^3
CⅢ1	203	86%	9.0	5.4	3.5	6.11
CⅢ2	436	75%	9.0	6.6	2.3	7.52
合计	639					13.63

综合以上研究，考虑注气未波及体积、残余油、应力敏感和储层油转气后孔隙度下限变化等多种因素，结果表明东河1石炭系油藏第一期储气库建设（−4775m以上范围）有效含气孔隙体积V_{gm}为$472.8\times10^4m^3$，相对原始含烃孔隙体积V_i占比74.0%。按上限压力56MPa下天然气体积系数$0.00316m^3/m^3$计算，一期储气库有效库容量$15.0\times10^8m^3$（表7），其中CⅢ1有效库容量$5.3\times10^8m^3$，CⅢ2有效库容量$9.7\times10^8m^3$。

表7　东河1石炭系第一期储气库有效含气孔隙体积及库容量计算

流动单元	项目	原始含烃孔隙体积 V_i	未波及体积 ΔV_{nw}	应力敏感影响 ΔV_s	残余油饱和度影响 ΔV_r	孔隙度下限影响 ΔV_p	建库有效孔隙体积 ΔV_{gm}	一期库容量（10^8m^3）
CⅢ1	影响百分数	203	−14.00%	−2.81%	−5.00%	+3.50%	167.1	5.3
	影响孔隙体积（10^4m^3）		−28.4	−4.9	−8.7	+6.1		
CⅢ2	影响百分数	436	−25.00%	−3.78%	−5.00%	+2.30%	305.7	9.7
	影响孔隙体积（10^4m^3）		−109.0	−12.4	−16.4	+7.5		

续表

流动单元	项目	原始含烃孔隙体积 V_i	未波及体积 ΔV_{nw}	应力敏感影响 ΔV_s	残余油饱和度影响 ΔV_r	孔隙度下限影响 ΔV_p	建库有效孔隙体积 ΔV_{gm}	一期库容量（10^8m^3）
合计/平均	影响百分数	639	-21.51%	-3.46%	-5.00%	+2.49%	472.8	15.0
	影响孔隙体积（10^4m^3）		-137.4	-17.3	-25.1	+13.6		

3　结论

（1）针对油藏型储气库建设，结合东河1石炭系油藏地质特征和开采规律，分析建库有效孔隙体积影响因素分析，建立了"三减一增"有效库容量设计方法，包括注气未波及库容量、储层应力敏感影响库容量、往复注采后残余油饱和度变化库容量以及气驱后有效含气孔隙下限变化库容量。

（2）"三减一增"库容量设计方法实现了油藏在注气驱油过程中进行储气库建设的有效库容量准确评价，丰富了国内在役油气藏储气库技术序列，对油藏型储气库有较好的适用性，具有良好的推广优势。

（3）研究表明东河1石炭系油藏第一期储气库建设（-4775m以上范围）有效含气孔隙体积为$472.8\times10^4m^3$，有效库容量$15.0\times10^8m^3$。

参　考　文　献

[1] 陆争光．中国地下储气库主要进展、存在问题及对策建议［J］．中外能源，2016，21（6）：15-19.

[2] 马小明，赵平起．地下储气库设计实用技术［M］．北京石油工业出版社，2011：22-44.

[3] 马小明，李东林，余贝贝，等．停产凝析气藏复活增效新途径——板中北气藏改建储气库实例［J］．录井工程，2019，30（3）：32-38.

[4] 丁国生，谢萍．中低渗枯竭气藏改建地下储气库难点及对策［J］．天然气工业，2009，29（2）：105-107.

[5] 胥洪成，王皆明，屈平，等．复杂地质条件气藏储气库库容参数的预测方法［J］．天然气工业，2015，35（1）：103-108.

[6] 熊钰，徐宏光，李辉，等．废弃油藏建储气库库容变化机理室内实验研究［J］．科学技术与工程，2015，15（6）：173-176.

[7] 廖伟，郑强，张赟新，等．大型储气库库容评价及注采能力分析技术--以准噶尔盆地呼图壁储气库为例［J］．中国石油和化工标准与质量，2019，39（8）：82-83.

[8] 徐俊杰，王起京，陶卫方．陕京管道系统配套储气库库容评价［J］．油气储运，2019，38（11）：1240-1244.

[9] 高涛．底水火山岩储气库库容和工作气量主控影响因素定量评价［J］．特种油气藏，2021，28（3）：87-93.

[10] 张俊法，曾大乾，张广权．超高压气藏改建储气库注采能力及库容评价——以川东北清溪储气库为例［J］．断块油气田，2021，28（6）：775-780.

油藏改建储气库关键技术问题及研究进展

朱华银[1,2]　李　春[1,2]　王皆明[1,2]　刘冰冰[1,2]　郝爱胜[1,2]　商　琳[3]　伍藏原[4]
闵忠顺[5]　屠　坤[1,2]　何海燕[3]　刘　洁[5]　石　磊[1,2]

（1. 国家能源地下储气库研发中心；2. 中国石油勘探开发研究院；3. 中国石油冀东油田分公司；
4. 中国石油塔里木油田分公司；5. 中国石油辽河油田分公司）

摘　要　“十四五”是储气库从单一气藏型向多类型发展的重要转型时期，面对我国中东部库址资源匮乏的问题，以油藏为代表的新类型储气库成为建库目标之一。通过系统分析油藏改建储气库的特殊性与差异性，提出了油藏建库面临的关键难题，从地质评价、渗流机理、建库模式等方面，全面总结了油藏储气库近年取得的研究进展，并提出了油藏储气库未来攻关方向与发展建议。研究表明，油藏储气库具有无原生气顶、油气水分布复杂等特征，空间动用机理、库容形成等与气藏建库存在显著差异，亟需攻关动态密封性评价、气液交互滚动排驱效率、次生气顶稳定形成与高效排液扩容工艺等核心技术，通过完善油藏建库筛选标准与库址评价、加快先导试验库建设节奏、加强瓶颈技术攻关研究等，能快速提升油藏储气库调峰能力、降低安全风险。研究认识为充分挖掘油藏储气库库址潜力、指导建库方案科学设计提供了重要依据。

关键词　油藏储气库；库址筛选；协同建库；交互注采；多相渗流；采收率；储气空间

Key Technical Issues and Research Progress of UGS Rebuilt from Oil Reservoirs in China

ZHU Huayin[1,2], LI Chun[1,2], WANG Jieming[1,2], LIU Bingbing[1,2], HAO Aisheng[1,2], SHANG Lin[3],
WU Zangyuan[4], SHUN Zhongmin[5], TU Kun[1,2], HE Haiyan[3], LIU Jie[5], SHI Lei[1,2]

(1. National Energy Underground Gas Storage Research and Development Center;
2. PetroChina Research Institute of Petroleum Exploration & Development;
3. Jidong Oilfield Company of PetroChina; 4. Tarim Oilfield Company of PetroChina;
5. Liaohe Oilfield Company of PetroChina)

Abstract: The “14th Five – Year Plan” signifies a pivotal transition period for underground gas storage facilities, evolving from a predominantly single – type gas reservoir to a diverse array of types. Given the scarcity of resources in gas storage facilities across China's central and eastern regions, new types of gas storage, particularly those utilizing oil reservoirs, have increasingly emerged as primary construction objectives. This research conducts a systematic analysis of the unique characteristics and distinctions involved in the conversion of oil reservoirs into gas storage systems, delineating the critical challenges that this transformation entails. Through a comprehensive review of recent advancements in oil reservoir gas storage research which include encompassing geological evaluation, flow mechanisms, and construction modalities—this research aims to outline potential future research trajectories and development recommendations. The recent findings suggest that oil reservoir gas storage facilities exhibit distinctive attributes, such as the absence of native gas caps and intricate distributions of oil, gas, and water. The mechanisms underlying spatial utilization and reservoir capacity formation differ markedly from those characterizing traditional gas reservoirs. Consequently, it is essential to address core technological challenges, including dynamic sealing assessments, gas – liquid interaction efficiency in displacement processes, stabilization of secondary gas caps, and the implementation of effective liquid drainage and expansion methodologies. By refining the criteria for selecting appropriate oil reservoir sites and advancing site evaluations, expediting pilot test constructions, and intensifying research efforts on technological bottlenecks, there is potential to significantly enhance the peak – shaving capabilities of oil reservoir gas storage facilities while concurrently mitigating safety risks. This research provides a robust theoretical framework and practical reference for optimizing the utilization of oil reservoir gas storage sites and guiding the scientifically sound design of construction methodologies.

Key words: Oil – reservoir UGS; Site selection for gasstorage; Synergistic construction of gasstorage; Interactive injection and extraction processes; Multiphase fluid flow; Recovery efficiency; Gas storage capacity

地下储气库（以下简称储气库）是集季节调峰、应急保供、战略储备功能于一体的重大能源基础设施，也是目前主要的储气调峰设施。经过20余年的发展，我国已基本形成六大储气基地，截止2023年底具备调峰能力230亿方，最大日调峰量超过2.6亿方。但随着天然气消费量的不断增加和对外依存度的持续攀升，天然气调峰保供需求快速增加，尤其在我国碳达峰碳中和及能源转型发展的大背景下，储气能力不足与天然气安全平稳供应之间的矛盾进一步加剧。根据国家储气库发展规划，2030年调峰能力需求超400亿方，年均增量（30亿方）是过去十年的3倍，远期需求将达到1000亿方。早期我国储气库建设类型以枯竭气藏为主，目前建库条件较好的气藏库址资源较少，新建库地质条件更加复杂，无法满足中长期调峰能力快速增长的需求。因此，扩大选址建库领域、探索新型储气库建设势在必行。

储气库一般划分为气藏、油藏、盐穴、水层和矿坑等5种类型；截至2023年底，全球共有698座储气库，总的工作气量达$4165\times10^8m^3$，约占天然气年消费量的11%。油藏作为一种重要的储气库类型，已纳入我国“十四五”储气库业务发展规划。前期与油藏水驱、注气二次开发相结合，在环渤海湾、中西部等地区筛选出一批地质条件相对优越的油藏库址资源，具备建设中到大型储气库的潜力。同时油藏勘探程度高、地质认识清楚，可有效缩短建库周期，且矿场大量老井可再利用辅助采气、排液和监测，节省建库投资并协同提高原油采收率，有效增加老油田的开发效益。

国外油藏储气库地质条件以海相沉积、高渗储层为主，围绕由单向气驱向注采交互滚动驱模式转变，形成了气驱排液和次生气顶形成与控制配套技术，实现调峰能力稳步提升和原油协同提采的双重效益，如德国Reitbrook储气库经历水驱开发、注气二次开发、建库排液扩容三阶段，库容量由2.2亿方增至5.3亿方，原油采收率提高24%；Pecorade储气库模拟预测运行40年，原油采收率提高15.6%～17.4%。国内针对常规中高渗背斜气藏改建储气库，在地质气藏、钻采工程等方面已形成一套成熟的技术手段和方法，建立了库容多因素分区预测、有限时率井网设计等方法，但我国尚无油藏储气库建成实例，目前仍处于前期评价与试验探索阶段，基础理论、配套技术和现场经验十分缺乏，亟需加强瓶颈技术攻关，着力破解油藏建库基础理论技术难题，加快推动油藏储气库科学规模化建设。

1　油藏改建储气库的特殊性与关键技术问题

1.1　油藏改建储气库的特殊性

油藏型储气库是利用已开发油藏的地下构造，将天然气注入油层形成次生气顶而改建的储气库，由于地质开发特征差异大，决定了油藏与气藏建库机理和方式的不同。油藏建库地质体的油密封性是可靠的，但无原生气顶、气密封性未知，且周期注采交变应力扰动下盖层、断层的动态密封性评价更难；油藏储气库存在油气水多相流体，储层渗流机理复杂、空间动用规律不清；且注入干气与原位原油存在相间传质作用，需要考虑流体性质变化、二次溶解饱和气量及其对库容参数的影响；运行压力设计需考虑超过原始压力形成次生气顶且边底部排液降压，后期运行跟踪优化需平衡调峰能力和提高原油采收率。

1.1.1　油藏与气藏建库库容形成机理具有本质差别

气藏建库库容形成为气驱扩容，周期相对较短，主控因素为储层的非均质性和气驱效率；而油藏建库为气驱采油腾空增容，扩容周期较长，主控医素为交互驱油效率、混相传质等复杂因素。由于油藏建库没有气顶或脱气仅形成小规模局部气泡，储层一般赋存油、气、水三相，需通过气驱油和水扩容、注气混相驱油增加储气空间。库容形成主控因素复杂，涉及储层非均质性、流体性质、气驱油/水效率、混相条件及相平衡特征等因素（表1）。

表1　油藏与气藏建库库容形成方式对比

对比特征	气藏建库	油藏建库
建库前流体分布	具有较大规模气顶 储层赋存气、水两相	没有气顶或脱气仅形成小规模局部气泡 储层一般赋存油、气、水三相
循环注气建库机理	气驱渗流－扩散或气驱水扩容	气驱油水扩容、注气混相驱油增加储气空间
库容形成主控因素	储层非均质性 气驱效率	储层非均质性、流体性质 气驱油/水效率、混相条件及相平衡特征

1.1.2　油藏协同建库与单纯气驱采油具有显著差异，注采速率与方向不同

油藏气驱采油协同建库是指将注气驱开发油藏与储气库建设两项工程协同起来，进行一体化建设，向油藏顶部注入天然气，次生气顶逐步形成、扩大并具备调峰能力；同时利用天然气驱与原油重力作用，使地层剩余油重新富集并被驱出，实现储气能力建设与原油采收率提高的双重目标，需兼顾原油提采和库容最大化、合理控制气油与油水界面，多数超压注气、注采强度高。而气驱采油是以提高原油采收率为核心，高压单向注气，注气强度温和，气窜风险低，压力振幅小。

1.1.3　油藏建库指标设计影响因素更多，气藏建库

气藏建库设计可参考开发时期采气资料，动态储量一般准确落实，在考虑不可动孔隙空间后采用物质平衡方法设计库容量并用 IPR 修正方法设计关键指标。油藏建库一般缺乏采气动态资料，库容设计需考虑驱油腾空、注气溶解等因素，由于油藏储层的气相渗流能力未知，储气库井产能设计无法借鉴油藏开发 IPR 方程，需强化交互驱替机理与基础参数的取值评价研究。因此油藏建库指标设计影响因素相对气藏建库更为复杂，建库方案设计需重点关注储气地质体密封性评价、气驱液/油效率、原油协同提高采收率预测、气井注采气能力评价、次生气顶形成过程及控制方法等因素。

1.2　油藏改建储气库的关键技术问题

根据国外油藏建库实践，常规单向气驱向储气库交互滚动驱过渡存在重大技术转换。改建储气库的油藏基本处于开发后期，采出程度高，地层流体分布复杂，需要加强现场试验和技术攻关，深入研究微观渗流和空间动用机理、动态响应、库容形成控制等，从地质与油气藏工程角度来说，我国开展油藏建库目前亟需攻关以下五大关键技术问题。

1.2.1　复杂油藏储气地质体地质力学建模与动态密封性评价

油藏开发建立地质模型较小，通常未建立满足储气地质体动态密封性评价的大尺度三维精细地质模型，不适用于储气库数值模拟计算。尤其我国东部油藏断层发育，断层组合关系复杂，高速交变注采地应力扰动可能影响断层动态密封性。建立圈闭动态密封性评价技术是复杂地质条件油藏储气库选址需解决的首要问题，需重点考虑油藏建库后周期注采交变地应力下盖层弹塑性变形、断层滑移错动等对其动态密封性的影响。

1.2.2　不同类型油藏流体周期注采驱替效率评价

油藏流体周期注采驱替效率评价主要难点为多相流体驱替效率、储气空间动用能力、交互注采油气相行为和多组分相间传质机理等。目前，交互滚动驱油气水渗流特征模拟方法缺乏，大尺度物理模拟方法不健全，交互滚动驱储气空间动用机理认识不清，空间动用效率评价方法待完善。同时，缺乏储气库工况下的周期注采对提高原油采收率的量化评价方法，注采全过程油气体系相行为特征模拟方法不完善，影响因素待深入评价。

1.2.3　周期注采过程中次生气顶稳定扩展的有效控制技术

油藏协同建库不同于气驱采油、常规气藏建库，协同过程中涉及转换时机、临界参数、转换模式等技术评价，还涉及协同边界经济效益、敏感性因素等经济界限。油藏改建储气库交互注采

过程中，地层流体饱和度、相渗透率持续变化，缺乏有效的监测方法，需建立合理注采气速度、注－排井网等次生气顶形成与控制调控优化方法。

1.2.4　不同类型复杂油藏建库库容参数设计方法

高含水油藏建库气液交互滚动排驱与相间传质等作用机理复杂，储气空间动用效率量化评价技术缺乏，考虑多因素耦合的有效储气空间、库容参数预测模型尚未建立，以气驱有效孔隙体积为核心的库容预测模型需要充分考虑相间传质等特殊因素。油藏建库无注采运行工况下的气井产能评价资料，交互注采过程中气井产能随不同部位和含气饱和度等变化，采用常规气藏经验法、采气指数法、类比法等导致井产能预测误差大。

1.2.5　高含水油藏建库高效排液扩容方式

高含水油藏建库高效排液扩容难点主要为高气液比举升及检测工艺时率低，防气窜高效排液工艺不成熟，交变工况出砂机理不清，固相沉积治理对策缺乏，产能评价缺乏依据等。目前因尺寸受限，电泵下入成功率不足70%，高气液比举升及检测需要频繁检管调整制度，需探索大排量小尺寸电泵排水、杆式泵－多级/柱塞气举联作、老井井筒电动试压及找漏等工艺。另外，强水淹储层注采井出砂风险高，出砂机理和交互驱替有机固相沉积机理及影响因素不清，缺乏注采过程出砂和固相沉积治理对策。

2　我国油藏改建储气库技术研究进展

国内目前尚无油藏储气库建成实例，近年来针对以塔中4、东河塘、马19和堡古2等具有典型地质开发特征的油藏，开展了气驱采油协同建库先导试验与前期评价研究，在库址筛选标准、建库机理与库容参数等方面，取得了相关技术进展。

2.1　初步建立油藏目标库址筛选评价指标体系

结合国外油藏建库和国内地质特点，初步提出油藏建库选址评价指标体系，包含盖层密封性、断层密封性、构造特征、储层特征、原油特征、建库规模和水驱开发特征等7个对象，指导油藏建库库址资源筛选。其中盖层、断层密封性是油藏建库的否决因素，要求盖层厚度大于25m，突破压力大于5MPa，边界断层少，稳定性强。储层物性好，孔隙度砂岩＞15%、碳酸盐岩＞5%，渗透率100mD以上；具有一定库容规模，储量规模大于500万吨，详细筛选评价指标见表2。

表2　油藏建库筛选评价指标体系表

评价特征参数		关键指标参数值
盖层密封性（否决因素）	岩性	泥岩、膏岩、盐岩
	厚度	大于25m
	突破压力	大于5MPa
断层密封性（否决因素）	数量	边界断层少
	稳定性	稳定性强
构造特征	圈闭类型	构造圈闭，完整性好
	圈闭面积	圈闭面积大，一般大于1km2
	圈闭幅度	圈闭幅度大，一般大于100m
	埋藏深度	1000～3500m为宜
储层特征	岩性	砂岩、裂缝性碳酸盐岩
	厚度	5～40m
	孔隙度	砂岩＞15%，碳酸盐岩＞5%
	渗透率	大于100mD
原油特征	密度	＜0.88
	黏度	＜8mPa·s
	组成	轻烃组分（C1～C6）含量高
规模	注采能力	大于10万方/天
	储量规模	大于500万吨
水驱开发特征	水驱效率	大于60%
	波及体积	大于40%
	水驱采收率	大于25%

2.2　交互驱替孔隙空间动用机理与相行为特征研究

围绕复杂油藏建库瓶颈理论技术目标，采油物理模拟和数值模拟手段，通过气液多轮互驱相渗特征、交互滚动驱长岩心仿真模拟、周期注采流体组分与相平衡等研究，揭示了油藏建库气液交互滚动驱扩容效率、储气空间动用机理与周期注采相行为特征，为库容参数设计优化提供基础。

2.2.1　气液多轮互驱相渗曲线测试与渗流特征

气水互驱相渗实验结果表明：随气水互驱次数增加，残余气饱和度呈上升趋势，束缚水饱和度则有所下降，且变化幅度逐渐减小，随注采周期的增加储气库库容也有所增加。可动含气饱和度略有增加，含气空间利用率则略有减少；渗透率越高，可动含气饱和度、含气空间利用率也越高。气油互驱相渗实验结果表明随气油互驱次数增加，Kro降低，Krg升高，等渗点向左下方偏移。随气油互驱次数增加，残余油饱和度、含气空间利用率呈下降趋势，残余气饱和度、可动含气饱和度则有所上升（图1）。

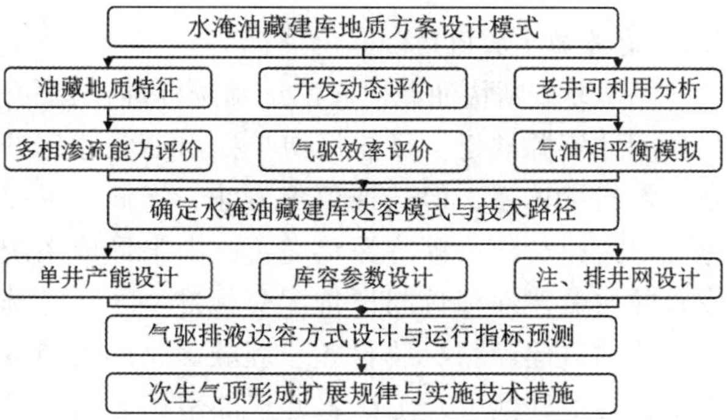

图1 气油多轮互驱饱和度随驱替周期变化

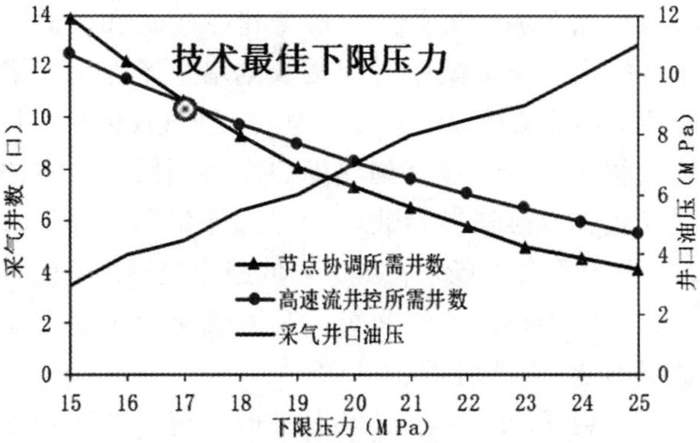

图2 多次注采滚动驱替模拟结果

2.2.2 气液高速交互滚动排驱仿真模拟与评价

建立高温高压长岩心注采吞吐与滚动驱替物理模拟方法，针对水淹油藏建库以“顶部注气驱液、交互注采运行”特殊工况，采用真实流体模拟地层温压条件，依次实施“单向气驱—关井平衡—反向回采—再次气驱”等多轮过程。实验结果显示：多周期注采吞吐抽提提高原油采收率约4.8%，前三轮次采出气重组分增加较明显；注采滚动驱替8轮次提高采收率约8.8%（图2），不同轮次采出气组成有所差异。储气库工况下的周期注采具有较好驱油提采效果，但针对不同类型储层和流体特征需要进一步开展实验研究。

2.2.3 多周期注采流体组分变化与相行为特征

建立多周期油藏储气库多周期交互注采流体相平衡模拟实验分析方法，主要开展储气库原始地层流体样品复配及检验、气顶气衰竭开发及多周期注采相态测试和油藏交互注采地层流体相平衡测试系列实验。实验结果显示：多周期交互注采过程中，油逐步被蒸发抽提（多组分相间传质）采出，蒸发抽提作用使采出气的中间烃含量相对较高。注气过程液相逐步蒸发，衰竭采气时出现反凝析，随注采周期增加相包络线向左下方移动，露点压力逐步下降（图3）。

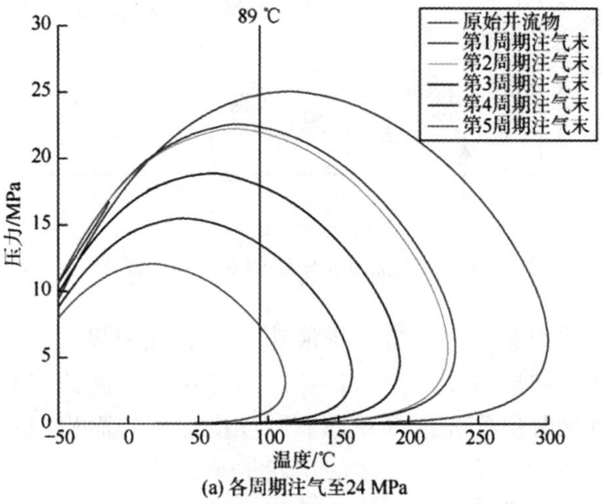

图3 模拟储气库注气不同周期流体相包络线

2.2.4 油藏建库储气空间动用与库容形成评价

气液相渗表明，随互驱次数的增加，残余油/水饱和度下降，残余气饱和度少量增加，可动含气饱和度有所上升，储气空间动用提高，且储层渗透率越高，可动含气空间及其利用率越大。长岩心仿真实验表明，周期注采原油采收率提高，进一步排出孔隙内液体，含气饱和度增加，库容量逐步增大。同时油藏建库初期随注气地层压力升高，储层中已脱出自由气反溶、原油膨胀，总体分为纯油带和水淹残余油带，注气驱替效率不同。多轮交互注采注入干气与挥发油持续发生相间传质，尤其纯油带（气油直接接触区）剩余油显著收缩，附加增加库容。

2.3 油藏建库地质方案设计模式与关键参数设计

一是建立了水淹油藏建库地质方案设计模式。水淹油藏建库面临气油水三相流体复杂、次生气顶形成控制难度大、注－排气窜风险高、达容周期长等难题，滚动气驱“空间置换”库容形成机理与气藏具有本质差别。围绕次生气顶稳定形成与高效排液，提出油藏建库地质方案设计模式（图4）。

二是提出了不同类型水淹油藏气驱排液建库达容方式。针对厚层块状、纵向多层等不同地质和流体特征，提出顶部重力驱、单向转面积驱、立体交叉排驱三种建库达容实施方式，即对于块状油藏，纵向厚度大连通性好，采用高注低采顶

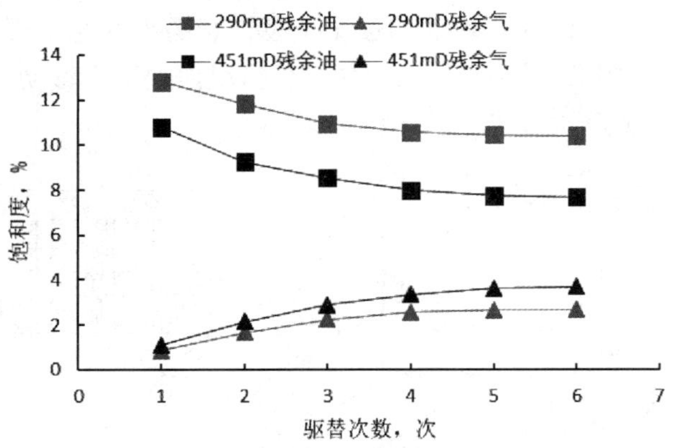

图4　水淹油藏建库地质方案设计模式

部重力驱优化注气、排液速度控制气液界面。对于纵向层系少的层状油藏，选择相对高部位或脱气区分层优先注气单向驱，逐步过渡到面积交互驱；对于纵向层系多的层状油藏，总体合层接续排液，局部分层分批实施提高动用。以自由气库容量、工作气量、累积排液量和采油量等为量化对比指标，兼顾建库周期，优选达容方式，实现高效建库与原油提采“双收益”最大化。

三是建立了基于等效渗流理论次生气顶形成过程气井注采能力设计方法。针对油藏无气井采气资料、建库气驱排液渗流条件（Sg）动态变化复杂等难题，提出了考虑应力敏感、气油相渗等效转换的地层有效渗流能力预测方法，从而建立气驱排液不同含气饱和度产能预测方程，评价次生气顶形成过程单井注采气能力。

四是形成了基于高速有限供流和协调外输双约束的下限压力与注采井网设计方法。以高速流井控和节点协调井数为依据，通过交汇曲线确定技术最佳下限压力方法，预测同时满足有限时率库容控制和井口外输的下限压力及对应注采井网（图5）；并进一步优化单高月调峰模式下限压力，充分发挥地质体供气潜力，解决了常规方法井控不足、动用效率低或井数富余、经济效益较低等问题。

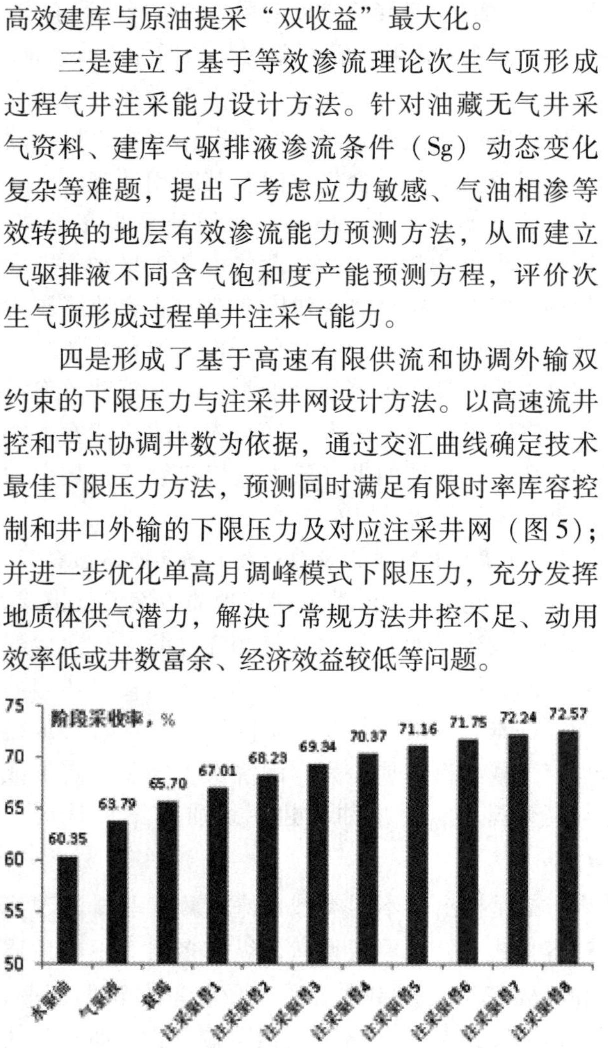

图5　PG2储气库中部核心区下限压力交会图

3　我国油藏改建储气库存在的主要问题及发展方向

3.1　存在的主要问题

一是复杂断块油藏建库库址筛选标准未建立，后备库址资源缺乏。目前仅初步提出油藏建库选址评价指标体系，但选址评价方法、指标体系完整性、指标量化值等待深化完善，尚未形成系统完善的油藏建库筛选与评价配套标准。导致筛选的部分油藏建库目标物性差、埋藏深、远离消费市场，后备目标少，尤其靠近东部市场区的库址缺乏。

二是当前的几个油藏建库先导试验进展缓慢，运行仍以气驱采油为主，矿场建库模式和经验需加强探索。西部试验时间较长的塔里木东河、塔中402等油藏仍以气驱提采为主、注气规模小，目前气驱采油均未过渡到建库注采协同阶段，对协同模式、转换临界参数等待深入评价，东部堡古2、马19等复杂断块油藏，协同建库先导试验区有限，注气规模小、时间短，对油藏建库协同相关认识不全、经验不足。

三是复杂断块油藏建库机理不清，设计理念方法与建设模式不明确，经济政策不配套。国内近年来初步探索油藏建库注采渗流特征、建库扩容模式等，而油藏气液交互滚动排驱扩容模拟手段缺乏、注采机理不清，储气空间动用效率、提高原油采收率等尚未形成量化评价方法。油藏建库不同构造部位含气饱和度和气相有效渗透率差异大，并随交互注采周期而发生变化，导致气藏建库井产能评价方法失效，采用同一套产能方程设计将会出现较大误差。在经济评价方面，将储气库建设运营与原油生产分为两个主体，缺乏统一协调，长期效益评价与经济政策不明确。

3.2　我国油藏储气库建设下步攻关方向

3.2.1　持续完善油藏库址筛选评价标准，强化库址资源筛选

基于前期研究成果，针对油藏储气库筛选评价指标体系进一步系统化和完整化，提出各评价指标量化分值，最终制定油藏储气库选址评价配套标准，指导全国油藏储气库库址筛选评价。以东部环渤海地区主要消费市场为重点，持续开展复杂断块、高含水、潜山等不同类型油藏目标库址筛选与评价，按评价体系进行量化排序，提出未来油藏建库规划目标。

3.2.2　加快油藏储气库试验建设节奏，强化注气排液和动态监测，逐步探索总结油藏建库经验

针对已纳入前期评价库址和新筛选目标库址，进一步强化建库储层条件、静态密封性、气井产能、库容规模等评价研究，对储层条件好、靠近市场的库址及时开展先导试验，并进行可行性方案研究等。矿场探索大排量小尺寸电泵排水、杆式泵－多级/柱塞气举联作、老井井筒电动试压及找漏等工艺，解决现有排液工艺尺寸受限、时率低的难题，形成防气窜高效排液技术，促进现场试验强度与进度。室内加强开展交变注采工况出砂与固相沉积模拟实验研究，揭示交变工况出砂与固相沉积的机理、主控因素，结合现场测试，探索出砂控制和防止固相沉积的技术政策与方法，合理提高气井注气强度。同时强化先导试验区矿场动态监测与资料录取工作，为编制高质量建库方案提供第一手资料，尤其流体饱和度测试方法与矿场测试，需要及时跟踪评价，明确全程流体动态变化规律，积极探索注采气量、排液量以及注排方式等，逐步形成控制气液前缘稳定扩展行之有效方法。

3.2.3　加强瓶颈技术攻关研究，解决复杂油藏建库机理不清和设计方法缺乏的难题。

一是加强水淹油藏建库气油水三相交互注采机理研究，奠定油藏建库基础理论，开展气液滚动排驱仿真模拟、周期注采油气体系相行为模拟，以及微观气液多相交互渗流模拟、宏观流体运动规律数值模拟等研究，揭示高速注采交变工况下油气复杂相间传质和三相交互渗流机理，量化评价油藏建库交互驱替效率、提高原油采收率、储气空间动用能力等，为库容参数、气井产能等参数设计提供科学依据。

二是深化复杂油藏以库容参数、气井产能、注排井网为核心的建库方案设计方法研究，结合室内气液交互滚动驱机理、注入干气与地层原油周期注采相行为特征认识，建立考虑排驱扩容－相间传质耦合的储气体积与库存量、不同部位不同周期气井产能等指标设计的数学模型，进一步深化复杂水淹油藏建库地质方案设计模式与排液建库达容方式，提高油藏建库方案编制水平。

三是矿场深化攻关流体饱和度、气液界面等测试解释工艺，指导矿场排液扩容注采制度优化。针对油藏建库饱和度和气液界面变化大且快的问题，对比优选流体饱和度、气液界面动态监测工艺方法，不断简化测试工艺，改进解释方法，进一步提高监测的实时性和准确性。结合宏观流体运动规律数值模拟研究，有针对性地开展流体饱和度和气液界面变化分析研究，掌握油藏建库库容形成规律，提出调整优化注气速度、排液强度、注－排井网等技术措施。

4　结束语

油藏储气库具有无原生气顶、油气水分布复杂等特征，储气空间动用机理、库容形成等与气藏建库存在显著差异。油藏建库主控因素为交互驱油效率、混相传质等，而气藏为储层非均质性和气驱效率；油藏建库以提高储气空间动用为主、提高采收率为辅，而气驱采油以提高原油采收率为核心。

油藏建库气液交互滚动驱实验模拟表明，随交互驱次数增加，可动含气饱和度上升、储气空间动用提高，且储层渗透率越高，可动含气空间及其利用率越大；周期注采原油采收率提高，有效储气空间进一步增加，且多轮交互注采注入干气与原位原油发生相间传质，纯油带（气油直接接触区）剩余油显著收缩，间接增加库容量。

我国油藏建库尚处于探索试验阶段，亟需攻关动态密封性评价、气液交互滚动排驱效率、次生气顶稳定形成与高效排液扩容工艺等核心技术。建议进一步完善油藏建库筛选标准与库址评价，加快先导试验库建设节奏，加强瓶颈技术攻关研究等，快速提升油藏储气库调峰能力。

参 考 文 献

[1] 郑雅丽，丁国生，张云峰，等. 天然气地下储气库工程概论 [M]. 北京：石油工业出版社，2021：1－10.

[2] 丁国生，李春，王皆明，等. 中国地下储气库现状及技术发展方向 [J]. 天然气工业，2015，35 (11)：107－112.

[3] 廖璐璐，李根生，宋先知，等. 我国脱碳路径与油公司能源转型策略研究 [J]. 石油钻探技术，2023，51 (01)：115－122.

[4] 丁国生，丁一宸，李洋，等. 碳中和战略下的中国地下储气库发展前景 [J]. 油气储运，2022，41 (01)：1－9.

[5] STORAGE COMMITTEE. UGS Database [R]. Daegu, Korea：Korea Gas Union，2022.

[6] 郑得文，王皆明，丁国生，等. 气藏型储气库注采

运行优化技术［M］. 北京：石油工业出版社，2018.

［7］郑得文，张刚雄，魏欢，等. 中国天然气调峰保供的策略与建议［J］. 天然气工业，2018，38（4）：153－160.

［8］马新华，郑得文，魏国齐，等. 中国天然气地下储气库重大科学理论技术发展方向［J］. 天然气工业，2022，42（05）：93－99.

［9］马新华，郑得文，申瑞臣，等. 中国复杂地质条件气藏型储气库建库关键技术与实践［J］. 石油勘探与开发，2018，45（03）：489－499.

［10］孙军昌，胥洪成，王皆明，等. 气藏型地下储气库建库注采机理与评价关键技术［J］. 天然气工业，2018，38（04）：138－144.

［11］曾大乾，张俊法，张广权，等. 中石化地下储气库建库关键技术研究进展［J］. 天然气工业，2020，40（6）：9.

［12］陈显学. 底水气藏型储气库注采渗流规律实验［J］. 特种油气藏，2022，29（04）：101－106.

［13］唐立根，王皆明，白凤娟，等. 基于修正后的物质平衡方程预测储气库库存量［J］. 石油勘探与开发，2014，41（4）：480－484.

［14］胥洪成，王皆明，屈平，等. 复杂地质条件气藏储气库库容参数的预测方法［J］. 天然气工业，2015，35（1）：103－108.

［15］王皆明，李春，孙军昌，等. 气藏型储气库注采动态不稳定流分析方法［J］. 石油勘探与开发，2022，49（01）：156－165.

［16］刘慧，丁心鲁，张士杰，等. 地下储气库注气过程一体化压力及地层参数计算方法［J］. 石油钻探技术，2022，50（06）：64－71.

［17］王容，李隆新，刘晓旭，等. 深层碳酸盐岩气藏改建储气库注采能力预测方法及应用［J］. 特种油气藏，2023，30（01）：126－133.

［18］江同文，王正茂，王锦芳. 天然气顶部重力驱油储气一体化建库技术［J］. 石油勘探与开发，2021，48（05）：1061－1068.

［19］高广亮，刘伟，李聪，等. 油藏改建地下储气库库容量计算方法［J］. 天然气工业，2023，43（10）：132－140.

［20］徐东，唐国强. 中国储气库投资建设与运营管理的政策沿革及研究进展［J］. 油气储运，2020，39（05）：481－491.

［21］张刚雄，李彬，郑得文，等. 中国地下储气库业务面临的挑战及对策建议［J］. 天然气工业，2017，37（01）：153－159.

国家“双碳”目标背景下油藏改建储气库方案设计研究与应用

商　琳　高广亮　何海燕　张　扬　辛春彦

（中国石油冀东油田公司）

摘　要　“双碳”目标和新型能源体系背景下，我国天然气需求快速增长，储气能力不足仍然是产业链短板，储气库类型亟需新的突破。油藏型储气库是向开发的油藏注入天然气，利用天然气驱油提采逐步形成储气库的一种建库新模式，国内尚无油藏建库达容达产实例，油藏和气藏流体性质、开发特征差异大，决定了油藏与气藏建库机理和达容方式存在重大差别，油藏建库圈闭有效性需要深入评价，油藏气液交互滚动排驱过程储气空间动用时效变化规律、气驱空间动用和次生气顶形成控制、建库与提高原油采收率协同等缺乏明确定量的控制与评价手段。项目团队围绕油藏改建储气库核心问题，探索形成以“油藏建库地质体密封性评价”、“油藏建库库容参数设计”、“多周期注采气能力评价”、“气驱排液扩容建库模式设计”“排采技术政策”“动态监测部署”为核心的油藏改建储气库方案设计流程，有力支撑了国内首座海上储气库方案设计与建设。本成果有力支撑南堡1号、堡古2储气库方案研究及建设，开辟了海上复杂地质条件与特殊地理环境建库新路径，实现了“当年建库、当年调峰”目标，助推国内建库领域由陆上到海上、由气藏到油藏的拓展与延伸。

关键词　“双碳”战略；天然气；油藏改建储气库；海上储气库

Research and Application of Reservoir Reconstruction and Gas Storage Scheme Design Under the Background of National “Dual Carbon” Strategy

SHANG Lin, GAO Guangliang, HE Haiyan, ZHANG Yang, XIN Chunyan

(Petro China Jidong Oilfield Company)

Abstract: Against the backdrop of the “dual carbon” strategy and the new energy system, China's demand for natural gas is growing rapidly, and insufficient gas storage capacity remains a weak link in the industry chain. New breakthroughs are urgently needed in the types of gas storage facilities. Reservoir type gas storage is a new model of reservoir construction that injects natural gas into the developed reservoir and gradually forms a gas storage through the use of natural gas for oil displacement and extraction. There are no examples of reservoir construction reaching capacity and production in China, and the differences in fluid properties and development characteristics between reservoirs and gas reservoirs determine significant differences in the mechanism and method of reservoir construction. The effectiveness of reservoir construction traps needs to be evaluated in depth, and there is a lack of clear and quantitative control and evaluation methods for the timing changes of gas storage space utilization during the gas – liquid interaction rolling displacement process of reservoirs, the control of gas drive space utilization and secondary gas cap formation, and the synergy between reservoir construction and improving crude oil recovery. The project team focused on the core issues of reservoir reconstruction and gas storage, exploring and forming a design process for reservoir reconstruction and gas storage plans with “geological body sealing evaluation”, “reservoir construction and storage capacity parameter design”, “multi cycle gas injection and production capacity evaluation”, “gas drive and drainage expansion and storage model design”, “drainage and production technology policies”, and “dynamic monitoring deployment” as the core, which effectively supported the design and construction of China's first offshore gas storage plan. This achievement provides strong support for the research and construction of the Nanbao 1 and Baogu 2 gas storage plans, opening up a new path for building reservoirs under complex geological conditions and special geographical environments at sea, achieving the goal of "building reservoirs in the same year and peak shaving in the same year", and promoting the expansion and extension of the domestic reservoir construction field from onshore to offshore, and from gas reservoirs to oil reservoirs.

Key words: "Dual Carbon" Strategy; natural gas; Reconstruction of oil reservoirs into gas storage facilities; Offshore gas storage facility

随着国家“双碳”目标的实施，我国天然气需求快速增长，我国天然气安全供应形势严峻，储气库建设已成为保障天然气安全稳定供应的重大民生工程。习总书记做出重要批示指示：“把天然气产供储销体系建设当做一个重点工作抓好”，国家发改委、能源局也陆续发文，要求加快储气库建设，中国石油积极响应。国内优质气藏建库资源稀缺，十四五期间储气库库址逐渐向复杂断块群、复杂油藏等领域拓展，建库地质条件更加复杂，难度进一步加大，以常规气藏为主的建库技术无法满足新增储气能力建设的需要。

冀东油田地处“京津冀”和“环渤海”经济区，地理位置优越，是国内首个开展油藏建库的油田。近年来按照“建设一批、评价一批、筛选一批”总体思路，立足天然气驱与储气库建设协同，坚持“效益优先，总体部署、分批实施，先易后难、气藏和挥发性油藏优先建设”的原则，稳步有序推进储气库建设。

1　油藏建库关键技术

油藏改建储气库与气藏型、盐穴型储气库不同，油藏建库能大幅度提高原油收率，实现油气协同发展。但是油藏和气藏流体性质、开发特征差异大，决定了油藏与气藏建库机理和达容方式存在重大差别，油藏建库存在“库址筛选、圈闭时效、库容参数、调峰能力、扩容达产”几大难题，面临建库类型特殊、地质条件复杂、油藏建库技术不成熟等诸多技术难点。通过近3年技术攻关，初步探索形成了库址筛选、圈闭密封性评价、注采气能力评价、库容参数设计、地质气藏工程设计等地质气藏工程技术体系。详见图1。

1.1　油藏多指标库址筛选技术

目前国内库址筛选主要以气藏型为主，2021年发布的行业标准《储气库选址评价推荐做法》包含了气藏、水层、盐穴库址筛选，也未包含油藏型储气库库址筛选；冀东油田南堡凹陷是富油气凹陷，具有复式成藏的聚集特点，发育构造、构造-岩性等多种油气藏类型，哪些油藏适合优先建库需要明确。对标气藏型储气库库址筛选评价，立足油藏特征，从地质、技术、环保和经济效益等4方面开展库址筛选，建立复杂断块油藏改建储气库库址筛选9类23项评价指标体系。采用专家打分实现库址定量评价，确定最优库址目标。油藏改建储气库库址筛选评价指标体系详见图2。

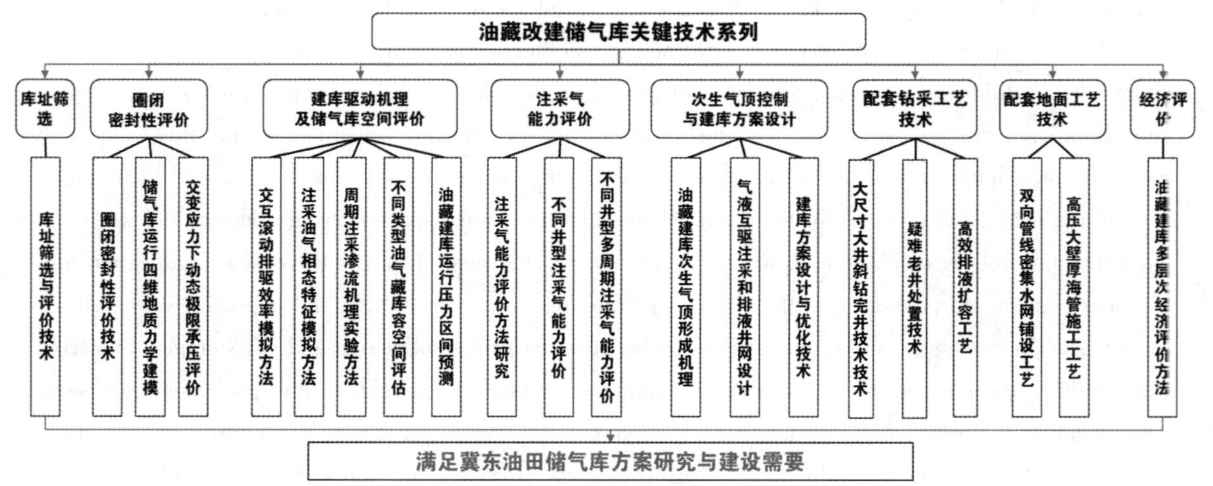

图1　油藏改建储气库关键技术系列流程图

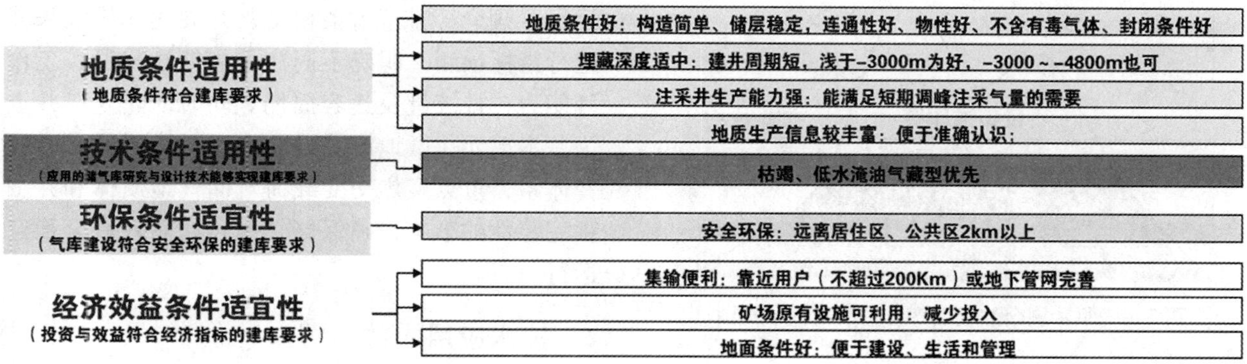

图2　油藏改建储气库库址筛选评价指标体系

1.2　复杂断块油藏建库地质体密封性评价技术

油藏地质体密封性是储气库安全运行的重要保障。南堡凹陷整体表现为复杂断陷，应力机制多变，断裂复杂，结构多样，存在圈闭封油是否可以有效封气、多周期注采运行地质体长效密封需深入研究。

为解决这一难题，在静态密封性评价基础上，以储气圈闭为基本评价单元，引入地质力学与动态突破压力，宏观地质、微观实验与矿场地应力测试相互补充，建立储层渗流－圈闭地应力耦合模型，探索多维度圈闭密封性综合评价技术。基于盖层顶面构造精细刻画、断层精细解释，采用室内实验与理论分析、矿场原位地应力测试与区域应力场模拟、宏观与微观、静态与动态研究相结合的方法，探索形成了“基于储气地质体静态封闭性为基础，四维地质力学模拟定量评价动态封闭性”为核心的油藏建库圈闭密封性综合评价技术，支撑国内首座超压设计及油藏改建储气库可行性研究。详见图3。

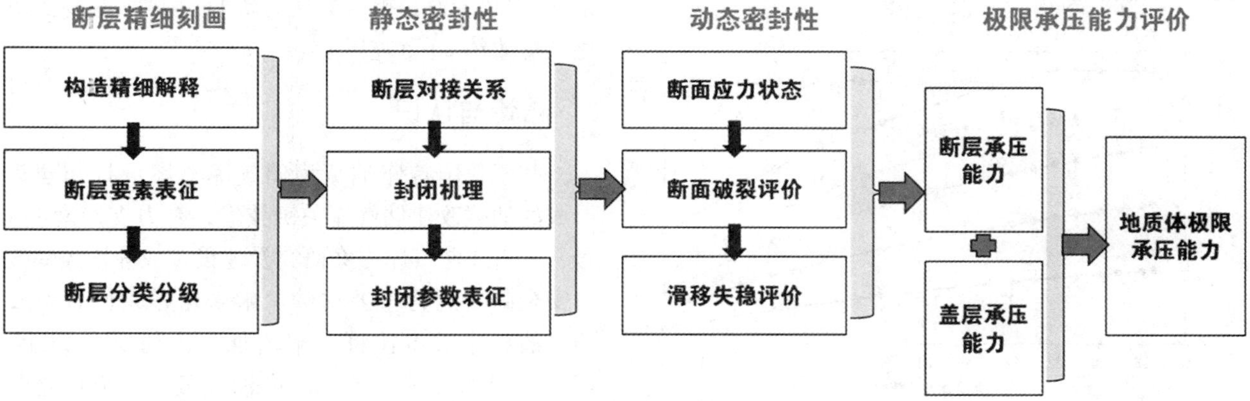

图3　断层密封性评价方法

1.3　油藏改建储气库库容参数设计

油藏建库库容形成机理与气藏建库具有本质差别，库容形成为气驱油、气驱水，且存在组分交换、相间传质等相态特征及剩余油显著收缩附加库容。油藏开发后，由于地层压力下降会脱出一定规模自由气，同时注水开发后，油层受到不同程度水淹，因此可将油藏细分为三个带：自由气富集带、纯油带（水驱未波及区）、水淹残余油带，建库注气过程中，存在顶部气驱油、底部气驱液（油、水）两种库容形成过程，气驱效率、波及系数具有差异性，需分区带差异化计算库容空间。建库运行过程挥发油与干气长期接触传质后原油收缩、性质趋于稳定，基于有效建库孔隙体积及建库注气驱油排液采出溶解气、最终剩余油溶解气量，预测储气库总库容量。详见图4。

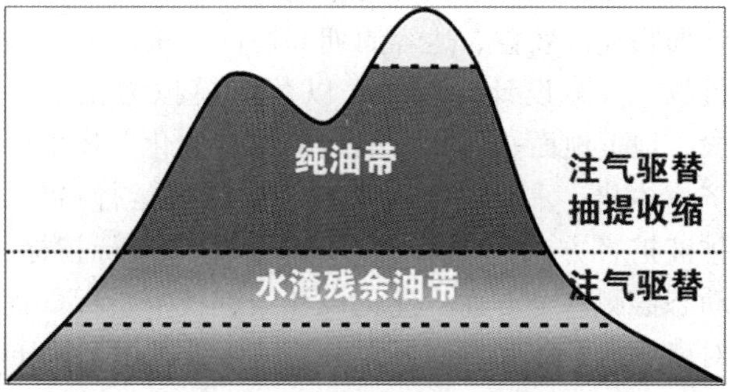

图4　注气原油膨胀后储层流体分布示意图

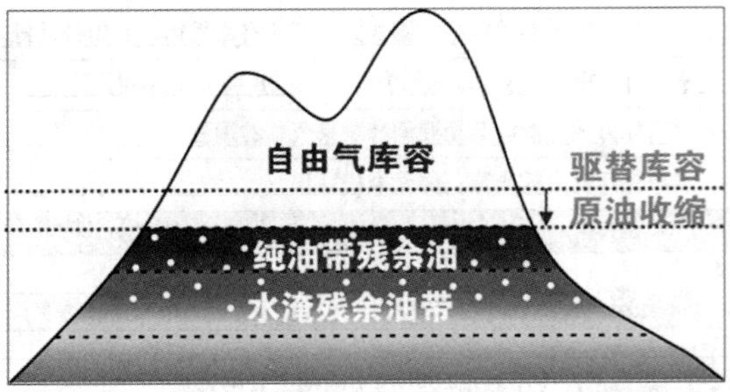

图5 气驱+剩余油收缩库容形成机理示意图

1.4 多周期单井注采气能力评价技术

油藏开发阶段缺乏产能试井、不稳定试井资料；同时油藏建库油气水三相渗流机理复杂，储气库交变注采工况下，不同流体饱和度条件下注采气能力差异大，不同井型多周期注采气能力需深入评价。基于稳态或拟稳态渗流方程，以达西渗流理论为基础，创新采用多相流等效渗流理论，预测气相有效渗流能力；以流入和流出动态曲线为基础，采用节点分析法，确定节点协调产能，综合考虑临界出砂压差、临界携液和冲蚀流量约束，探索建立了油藏改建储气库多周期注采气能力预测图版。详见图5。

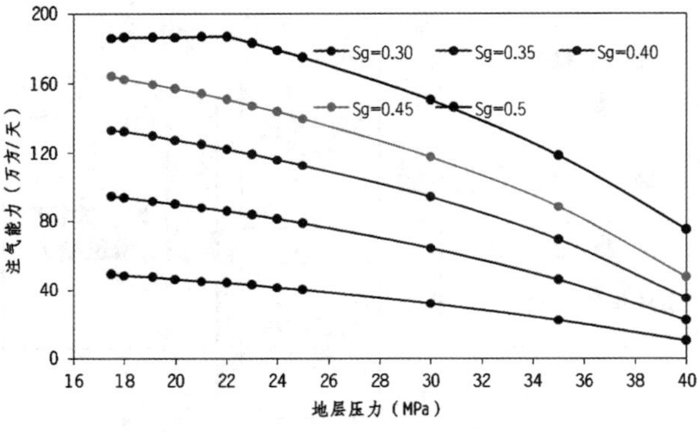

图5 不同储层含气饱和度单井注气能力关系图

1.5 油藏改建储气库地质与气藏工程技术篇篇方案设计

建库方案设计是储气库建设方案研究的核心，以复杂断块水淹油藏为对象的建库目标，方案设计面临经济效益、达容周期和协同提采三大严峻挑战。方案设计过程中，以数值模拟为主要手段，地下地面一体化、地质工程一体化、技术经济一体化，重点针对注采井网、注采运行指标、排液扩容方式、排采技术政策、排采运行指标、动态监测六个方面，优化设计关键技术指标。针对南堡1号储气库创新提出了“逐级提压、超压运行”理念，基于数值模拟，开展建库排液采油运行指标预测，明确不同注采周期注气量、工作气能力、排液量及达容周期。同时，建立以井点为基本单元、微地震三维立体监测协同的实时预警体系，重点聚焦交变载荷对储气地质体和井工程完整性的影响，确保储气库长期高效完全稳定运行。

2 技术应用成效

2022年冬季南堡1号储气库实现了“当年建库、当年调峰”目标，首轮采气期日采气量40万方，累计采气901万方，标志着国内第一座海上储气库正式参与调峰，提升了京津冀地区天然气保供能力，得到了集团公司和兄弟单位的高度认可，同时也获得了河北电视台、新华社等国内众多知名和主流媒体的高度关注。

自2021年4月29日首口试验井实现顺利注气，累计注气5.7亿方（南堡1号储气库4.25亿方，堡古2储气库1.45亿方），2023年形成工作气量2.2亿方以上，连续第二年参与调峰，本周期采气6100万方，折合标煤约8.11万吨，减少二氧化碳排放约20万吨以上。

3 结论与认识

基于我国首座油藏型储气库方案设计与建设形成的油藏改建储气库关键技术，有力支撑南堡1号、堡古2储气库方案研究及建设，成为该类储气库安全高效运行重要保障。未来建库条件日益复杂，油藏建库占比将大幅增加，达到30%以上，项目形成的关键技术在国内油气藏建库方面将起到示范引领作用，应用前景广阔。

参考文献

[1] 丁国生，李文阳，DingGuosheng，等．国内外地下储气库现状与发展趋势［J］．国际石油经济，2002，10（6）：23－26．
[2] 丁国生，李春，王皆明，等．中国地下储气库现状及技术发展方向［J］．天然气工业，2015，35（11）：6．
[3] 阳小平．中国地下储气库建设需求与关键技术发展方向［J］．油气储运，2023，42（10）：1100－1106．
[4] 刘伟，王群一，孙彦春，等．基于多轮次注采渗流实验分析的挥发性油藏储气库建库可行性评价［J］．天然气工业，2022，42（12）：65－71．

淮安盐盆连通井盐穴综合利用技术与张兴储气库工程建设

刘正友 王晓明 胡 超 张 健

（江苏国能石油天然气有限公司）

摘 要 在能源储存需求日益增长的背景下，淮安盐盆连通井盐穴储气库技术展现出巨大潜力。本文主要围绕淮安盐盆连通井盐穴储气库原创技术及张兴储气库工程建设展开。淮安盐盆地区岩盐资源具有品位低、夹层多等特点，给储气库建设带来挑战。苏盐井神基于前期盐穴综合利用成果深入研发连通井盐穴储气库技术，形成了一系列技术体系和自主知识产权。该技术在老井改造、注气排卤方式、采气方式等方面具有独特优势，目前张兴储气库项目建设已取得阶段性成果。

关键词 张兴储气库；连通井盐穴储气库；原创技术；盐穴综合利用；盐穴储油储气

Huai'an Salt Basin Connecting Well Salt Cavern Comprehensive Utilization Technology and the Construction of Zhangxing Gas Storage

LIU Zhengyou, WANG Xiaoming, HU Chao, ZHANG Jian

(Jiangsu Guoneng Petroleum and Natural Gas Co. , Ltd.)

Abstract: In the context of increasing demand for energy storage, the technology of connected well salt cavern gas storage in Huai'an salt basin has shown great potential. This article mainly focuses on the original technology of the connected well salt cavern gas storage in the Huai'an salt basin and the construction of the Zhangxing gas storage project. The rock salt resources in the Huai'an salt basin area are characterized by low grade and multiple interlayers, which pose challenges for the construction of gas storage facilities. Based on the previous comprehensive utilization of salt caverns, Jiangsu Suyan Jingshen Co. , Ltd has conducted in – depth research and development of connected well salt cavern gas storage technology, forming a series of technical systems and independent intellectual property rights. This technology has unique advantages in old well reconstruction, gas injection and brine discharge methods, and gas production methods. Currently, the construction of the Zhangxing gas storage project has achieved phased results.

Key words: Zhangxing gas storage; Connecting the well salt cavern gas storage; Original technology; Comprehensive utilization of salt caverns; Salt caverns store oil and gas

1 前言

在全球能源需求不断增长、能源安全形势日益严峻的背景下，寻找高效、安全的能源储存方式成为当务之急。盐穴作为一种独特的地下空间资源，具有容量大、密封性好、安全性高等优势，在能源储存领域具有巨大的潜力。我国井矿盐绝大部分为层状盐层，与国外井矿盐相比，具有品位较低、盐层较薄、夹层多。井矿盐开采方法主要是利用盐易溶于水的特性，进行水溶法开采。随着井矿盐资源的不断开采，会形成地下盐穴空间。目前，我国盐穴空间体积已超过 2 亿方，其中，在淮安地区，已形成盐穴地下空间约 6000 万方，并且每年新增 300 万方。丰富的盐穴资源为盐穴综合利用提供了基础。通过连通井盐穴综合利用技术和张兴储气库示范工程建设，为我国能源储备和资源综合利用开辟了新的途径。

2　淮安盐盆岩盐资源开采

2.1　淮安盐盆岩盐资源特点

淮安地处长三角经济腹地和我国东部经济发达地区，地理位置优越，区域优势明显，交通便利。岩盐是淮安的主要优势矿产资源，储量约1300亿吨，位居华东地区首位，淮安岩盐盆及洪泽岩盐、芒硝盆地分布在多个乡镇境内。淮安地区从上世纪90年代初开采岩盐，至今已有30多年历史，开采石盐、芒硝的生产加工企业共有20家，目前规模最大为“江苏苏盐井神股份有限公司”。

淮安盐盆地区位于东部沿海，地质构造复杂，经过长期地质演化形成丰富的岩盐资源。岩盐层主要分布在地下一定深度范围内，厚度较大且具有连续性。以张兴盐矿为例，含盐地层厚度约1000m，尤其是II－8、III－9盐群，厚度大、品位高、层位稳定，目前作为主要造腔建库层段利用。然而，该地区岩盐资源品位相对较低，含有较多杂质和夹层，这给盐穴开发利用带来技术难度。但厚度较大也为盐穴综合利用提供了充足空间资源，可通过合理规划和设计充分利用其空间优势实现多种资源综合利用。

2.2　连通井盐穴的特点

淮安盐盆的岩盐主要通过连通井水溶开采法进行采盐，采出岩盐后会形成地下连通井盐穴。这种连通井盐穴是运用定向对接连通对流法，在地下盐矿中构建出的地下空间体。连通井由至少两口盐井组成，相邻两口盐井井口间距通常为200－300m。连通井盐穴底部设有连通通道，通道内存在着岩盐矿床中的不溶物或难溶物等固体颗粒，这些固体颗粒之间有空隙，且被卤水充填。此外，相邻连通井盐穴底部相互连通，具备一定的水力联系。

2.3　典型盐企概况

江苏苏盐井神股份有限公司是省属国有企业苏盐集团控股的主板上市公司，拥有国家级企业技术中心、江苏省院士工作站等研发平台。

苏盐井神自2000年以后全部采用对接连通对流法，目前已形成1700万方以上盐穴。其首创盐碱钙循环经济产业链，形成了“钙液采卤、碱渣注井、盐钙联产、全卤制碱”循环生产工艺，相关技术荣获中国轻工业联合会科技进步一等奖；“井下循环制纯碱技术”被国家发改委认定为绿色工艺并列入工信部鼓励推广技术目录。从2008年开始，苏盐井神致力于连通井盐穴地下空间综合利用研究，组建专业人才团队，购置并开发核心检测、试验设备，相继创建了连通井充填式开采技术、储库造腔技术、连通井腔体检测技术等多项专利技术，研发了连通井盐穴固体充填、纯碱钙液回收利用、连通井盐穴储油储气等一系列盐穴利用方法，并建成了相关工程化示范项目。

3　连通井盐穴固体充填技术

3.1　技术特点

苏盐井神自主研发的“岩盐溶腔固结式填充方法”具有显著的技术创新性。该方法利用氨碱废液将碱渣、盐泥、脱硫石膏调制成浆状物注入岩盐溶腔，在助凝剂作用下固结。在采空盐穴内，随着固体废渣充填增多、时间增长，固体充填物在重力及挤压的作用下沉降、凝结、密实，其体积模量和剪切模量不断增大，形成一定强度的充填体，支撑盐穴底板和侧壁，将上覆岩层应力传递到侧壁和底部岩层，改善盐穴的应力环境，阻止上覆岩层变形。此项技术能够有效地控制盐穴腔体收缩，对防止岩盐矿区地质塌陷、地面沉降等灾害的发生起到关键作用，有力地保障了地面构筑物的安全性（图1）。

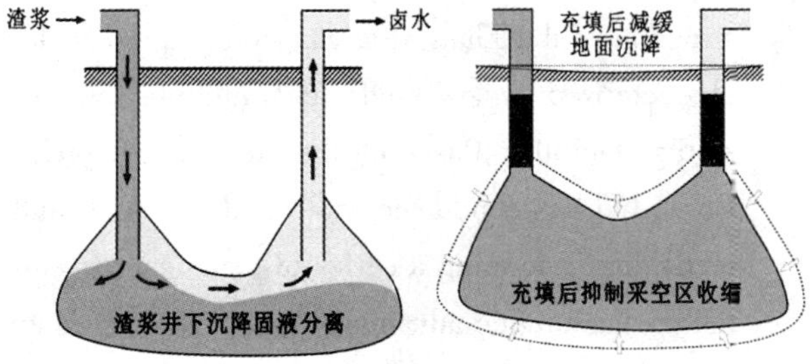

图1　充填开采（治理）原理示意图

3.2　研发历程

苏盐井神先后有序开展了岩盐溶腔容积研究、碱渣井下沉降研究以及碱渣注井工艺技术研究，并积极进行碱渣注井中试以及对工艺参数进行优化。此外，为进一步验证连通井盐穴的充填效果，苏盐井神委托中科院岩土力学研究所进行充填效果研究，结果证实了连通井盐穴充填效果极为显著。同时，苏盐井神成功建成“安1－2－4－5连通井群”充填示范工程。该工程采用先进的充填设备和工艺，将约400万吨固体废渣注入盐穴，切实有效减缓了矿区地表沉降，有力地预防了地质灾害，为盐穴综合利用及矿区地质环境保护提供了成功范例。

3.3 相关成果及荣誉

目前，在连通井盐穴固体充填领域，苏盐井神取得显著成果。已获4项授权发明专利成果及2项专有技术，且获得多项荣誉与权威认可。2018年经江苏省矿业协会专家论证，该技术填补国内空白，处于国内领先水平。2019年被列入淮安市节能环保新技术推广目录，同年12月入选国家自然资源部《矿产资源节约和综合利用先进适用技术目录（2019版）》。2020年10月相关工程成为“江苏省矿地融合示范工程”。2021年1月“岩盐水溶法充填开采技术”在江苏省科技厅完成应用技术科技成果登记，2021年9月相关技术纳入江苏省自然资源厅地勘资金支持项目并获批100万元。2022年8月再次入选国家自然资源部《矿产资源节约和综合利用先进适用技术目录（2022版）》。

4 纯碱钙液回收利用技术

4.1 技术特点

纯碱生产多采用氨碱法，会产生碱渣与大量钙液，通常每生产1吨纯碱产生8－10m^{3}钙液，其主要成分为$CaCl_2$、NaCl，一般外排处理，既造成环境污染，又浪费资源。苏盐井神基于淮安地区连通井盐穴特点，研发利用纯碱钙液进行井矿盐资源开采技术，实现连通井盐穴装置化应用及伴生钙芒硝资源综合利用，解决岩盐伴生钙芒硝资源淡水开采难题，实现制碱钙液资源化利用转变为生产原料。

4.2 研发历程

苏盐井神先后开展钙液资源化利用研究、钙废液溶解盐矿岩芯及蒸发析盐试验，委托天津科技大学进行钙液脱硝及盐钙联产工艺技术研究，委托太原理工大学进行岩盐伴生性钙芒硝矿资源转化开采利用研究。此外，苏盐井神实现纯碱钙液回收利用研发成果大规模工程化应用，相关矿区于2011年改用纯碱钙液采卤技术，目前每年资源化利用制碱钙液600万方以上，回收氯化钙约50万吨、氯化钠约30万吨。同时，纯碱钙液回收利用等专利技术对外推广，授权许可国内同行使用，取得显著效果，两套工程化装置产能超1000万吨，完成投资约70亿元，成为绿色工厂示范企业。

4.3 相关成果及荣誉

目前，在利用连通井盐穴回收纯碱钙液方面，苏盐井神已取得显著成果。其拥有4项授权发明专利成果，并获得多项荣誉。2013年，经中国轻工业联合会组织专家鉴定，“井矿盐碱钙循环生产工艺及工程化应用”技术为国内首创，总体技术达国际先进水平。2014年，“基于岩盐溶腔地下装置化利用的盐碱钙联合循环生产新技术”荣获中国轻工业联合会科技进步一等奖。2023年，相关技术又荣获江苏省轻工协会“科学技术奖励技术进步奖二等奖”。

5 连通井盐穴储气库原创技术

我国由于缺少具备建库条件的盐丘资源，所以只能选择在层状岩盐中建造盐穴储库，其建库的地质条件相对比较复杂。淮安盐盆地区的岩盐资源具有品位低、夹层多、厚度大等特点，这给储气库建设带来了诸多技术瓶颈。苏盐井神基于连通井盐穴固体充填、装置化利用钙液采卤等研发成果，进一步深入开展连通井盐穴综合利用技术研发，研发了连通井盐穴储油储气原创技术，实现了在层状岩盐中建造盐穴储库，目前已经实现了工程化应用。

5.1 研发历程

自2011年开始，苏盐井神委托中国科学院武汉岩土力学研究所、中国石油集团工程技术研究院有限公司等，开展了连通井盐穴储油储气技术研发工作，先后编制了《张兴矿区储气库地质预可研》《江苏盐业井神储气库先导井组储气可行性研究报告》《张兴矿区已有溶腔可用性评价报告》等多个研究报告，并开展了腔体密封性检测和储气库运行模拟试验，率先在淮安蒋南盐矿老井开展连通盐穴建库试验研究，形成了“两注一排”“一注一排”和“单注单排”的技术系列。2018年12月，苏盐井神组织召开了院士工作站研发成果发布会，罗平亚院士、杨春和院士团队发布了连通井储气库重大研发成果，与会专家认为利用连通井盐穴储气突破了高杂质盐矿不能建设储气库的技术瓶颈，为连通井盐穴注采气提供了工程实践参考和理论支持。成果发布会的成功召开标志着连通井盐穴储油储气技术开发任务已经完成。在连通井盐穴储油储气方面，苏盐井神已取得8项专利成果（均已授权），构建了连通井储库造腔、连通井腔体检测、连通井腔体控制、连通井储库注气排卤、连通井储气库注采气等一系列技术体系，形成了连通井盐穴储油储气自主知识产权。

2022年1月，江苏苏盐井神公司和中石油储气库分公司合作创立合资公司，在江苏淮安张兴矿区利用连通井盐穴建设盐穴储气库。

5.2 技术主要内容

在利用这些连通井盐穴进行储气库的建设时，除了需要筛选出符合条件的腔体外，老井的处理和改造问题也很关键。此外，对于由连通井盐穴建设的储气库，注气排卤、采气等运行方式的选择也是关注的重点。

5.2.1 老井改造技术

盐矿采卤钻井的目的与建设储气库有着本质的不同，其井身结构、套管封固质量、套管的密封性等许多方面都达不到储气库的要求，再加上部分采盐井已工作了许多年，一些井已出现了严重的套管腐蚀、水泥环老化等问题，使其直接转化为注采气井有可能存在很多潜在风险，所以必须要对原有采卤井进行改造，合格后才能使用。

由于盐穴储气库井在运行过程中，注采周期较长，井内压力交替变化，高压、高频次的天然气持续冲刷井筒，因此改造后的井筒必须具备较高的封固质量，实现腔体、井筒、地层三者间的有效密封，以满足注采气过程的密封性，确保运行安全。经过多次研究对比后提出了“封堵两口老井＋钻新井”的老井改造方案。

5.2.2 注气排卤方式

在老腔改造方案的基础上，结合连通井盐穴的特点和地下地质情况，提出了两种注气排卤方案，即“一注一排”和“两注一排”。一注一排技术工艺（图2）指的是封堵原有两口采卤井，新钻两口定向井，分别钻穿两个腔顶，一口井作为注采气井，另一口井作为排卤井。“一注一排”方案的优点有：①注气腔内、中间通道的气体可部分排出，残渣孔隙体积得到部分利用，储气量增大；②排卤管距离残渣保留安全距离，排卤末期气体不容易泄漏，安全性高。

两注一排技术工艺（图3）指的是封堵原有两口老井并新钻两口定向井作为注采气井，同时在井组之间新钻排卤井，该方法中注采气井应钻穿腔顶，排卤井应钻至对接井连通道中间部位以下。“两注一排”方案的优点有：①腔体及通道内残渣孔隙内卤水可有效排出，排卤体积大，作业后的

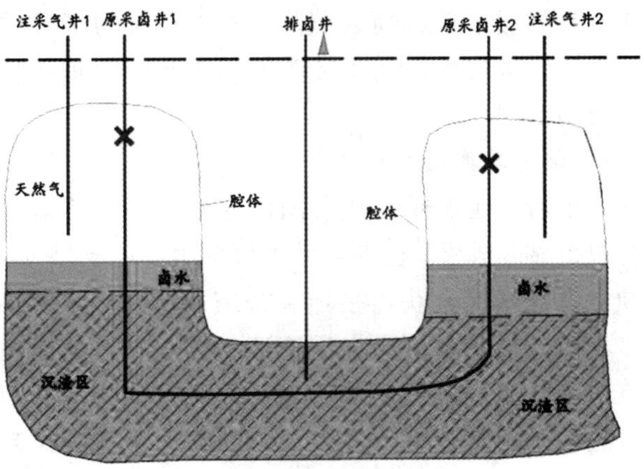

图2 一注一排技术工艺示意图

腔体储气量大；②两口井用于注气，且排卤管径大，大大提高注气排卤速度，缩短排卤周期，降低时间周期成本。

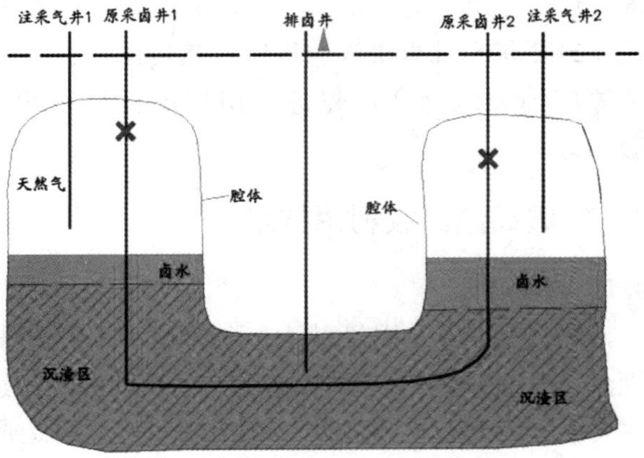

图3 两注一排技术工艺示意图

5.2.3 采气方式

连通井储气库采气过程可分为以下三个阶段。第一阶段为常规采气。在连通井组中，由于注采井压力较高，此时可直接从注采井进行采气，直至排卤井压力降至特定值时，切换至第二阶段。

第二阶段为排卤井空管采气。若直接参照单井采气方案继续采气，可能会使排卤井出现负压。为避免这种情况，可采取以下措施：其一，打开排卤井破真空阀门，该阀门组提前安装单向逆止阀，负压时打开与大气连通，确保排卤井不会出现真空状态，且井筒内液柱随注采井压力降低同步下降；其二，在排卤井井筒内提前注入一定量的氮气。在第二阶段期间，可以采气到库容气量的50%，控制溶腔压力大于运行值下限。

第三阶段为注水采气。通过向排卤井注入饱和卤水，注水量为溶腔水立方体积的一定比例，可将采气量进一步提高，同时保证溶腔压力高于

储气库运行下限压力。如此循环往复操作，可实现垫底气降至20%的目标。

5.3　技术特点

利用连通井建造盐穴储油储气库具有卤水产量大、造腔速度快，卤水浓度高，以及造腔排卤方式灵活，适合大规模快速建设等技术优势。卤水产量大。连通井组采卤造腔常规卤水生产能力250方/小时，单井100方/小时；卤水浓度高。连通井组卤水氯化钠含量超过300克/升，而单井卤水氯化钠含量285克/升；造腔速度快。单腔40万方体积的溶腔，单井需要8年，连通井需要4年。

建成投用后，可实现保压运行，降低储气库的垫底气占比，提高盐穴储气库的使用效率。另外，利用卤水参与驱替天然气（注气排卤，注卤采气），可以保证盐穴的安全稳定，避免收缩垮塌。

5.4　示范工程建设

苏盐井神与中石油储气库公司合资合作成立江苏国能石油天然气有限公司，共同推进张兴储气库项目建设，展现出跨行业、跨领域深度融合优势，为传统岩盐加工企业向综合能源服务企业转型及央企与地方国企合作提供了成功范例。

张兴储气库作为连通井盐穴储气示范工程，于2019年1月20日获江苏省发改委备案，计划总投资65.1亿元，设计总库容31.26亿立方米，工作气量18.5亿立方米，占江苏省城燃配套储气设施的61%。目前一期工程建设中，建成后将形成库容10.35亿方、工作气6.31亿方。

2023年10月，ZXK19－A投入注气排卤试生产，标志一注一排连通井原创技术成功实现工程化应用。2024年8月20日，ZXK4－B投入注气排卤试生产，张兴储气库一期（二阶段）顺利完成72小时试生产运行。截至2024年10月23日，已累计注气7343万方，日注气能力超140万立方米，表明连通井原创技术步入产业化、规模化阶段。目前已有两组井成功投入运行，ZXK19井组被誉为连通井盐穴储气“第一井”，实现技术从“0”到“1”的跨越；ZXK4井组作为连通井“两注一排”“第一井”，验证了连通井技术的先进性和可复制性，展现良好商业前景。

2024年5月，双方签署战略合作协议，计划以张兴储气库为基础打造“淮安盐盆百亿库群”，在“十五五”规划框架下推进，打造以张兴储气库为核心的“安全、环保、智能、高效”储气库产业集群，并建设生产调度指挥中心和技术研发中心，推动地下储气库产业集群发展，提升地区经济活力。未来，张兴储气库项目总体工程将于2029年完成建设，实现工作气量超过18亿方，成为全国最大的盐穴储气库。此外，连通井盐穴储油已完成小试，正在开展300万方盐穴储油可行性研究报告等前期工作，争取尽快开工建设，填补我国盐穴储油的空白。

6　结束语

淮安盐盆连通井盐穴储气库技术的成功研发与应用，为我国能源储存提供了新的解决方案。通过不断攻克技术难题，在层状岩盐中实现了盐穴储气库的建设，突破了高杂质盐矿不能建设储气库的技术瓶颈。未来，将续推进该技术的优化与创新，提高储气库的安全性和使用效率。同时，加强与相关领域的合作与交流，共同推动我国能源储存事业的发展。

参考文献

[1] 宋茜茜，刘凯，付星辉．岩盐资源充填式水溶开采新技术［J］．中国井矿盐，2019，50（1）：19－21.

[2] 宋茜茜，刘凯，何卉，郭云云．岩盐伴生性钙芒硝的转化开采技术［J］．中国井矿盐，2019，50（4）：12－15.

[3] 杨春和，李银平，陈锋．层状盐岩力学理论与工程［M］．北京：科学出版社，2009.

[4] 付星辉，胡超，程文波，等．层状岩盐连通井水溶开采腔体发育特征分析［J］．中国井矿盐，2023，54（02）：7－9.

[5] 垢艳侠，完颜祺琪，罗天宝，等．层状盐岩建库技术难点与对策［J］．盐科学与化工，2017，46（11）：1－5.

[6] 垢艳侠，完颜琪琪，丁国生，等．高效利用复杂连通老腔新方法与效果分析［J］．科技创新导报，2019，16（29）：89－93＋97.

基于流－固耦合模拟的储气库地质体封闭性评价

赵昱超[1]　赵梓寒[1]　张连进[1]　李力民[2]　罗　瑜[1]

（1. 中国石油西南油气田公司勘探开发研究院；2. 中国石油西南油气田公司重庆相国寺储气库有限公司）

摘　要　地下储气库（以下简称储气库）运行具有多周期高强度交变注采的特点，使得地层压力变化幅度大，可能导致地应力变化而造成储气库地质体完整性失效，而发生气体泄漏甚至库址报废。目前，对储气库地质体的封闭性评价多局限于室内岩石的密封性实验、岩石力学参数测试、矿场试验以及单井上的静态特征描述，不适用于储气库注采运行方式，缺乏对储气库地质体封闭性的动态评价。通过在相国寺储气库的成功实践，本文采用基于流－固耦合模拟的动态封闭性评价技术进一步完善了储气库地质体封闭性评价体系。通过建立7个层系的岩石力学参数动静态转换数学模型，实现了相国寺多层系一维地应力模型，在此基础上结合地震解释成果，实现一维地质力学模型的有限元三维拓展。将储气库数值模拟模型与地质力学模型相结合，考虑渗流场与应力场的相互作用，实现渗流场－应力场的耦合四维地质力学模型，分析与预测储气库注采过程中孔压变化引起的地应力动态变化规律，综合已经形成的静态认识和评价结果明确储气库安全运行的力学界限，进一步指导和优化储气库安全高效运行。支撑了相国寺储气库扩压增量工程的成功实施，工作气量提升3亿方，最大调峰提升至3800万方/天，成效显著。

关键词　地下储气库；相国寺储气库；交变注采；多层系；流－固耦合；四维地质力学模型；地质体封闭性评价

Evaluation of Geological Sealing Integrity Based on Fluid – Solid Coupling Simulation of Gas Storage Facility

ZHAO Yuchao[1], ZHAO Zihan[1], ZHANG Lianjin[1], LI Limin[2], LUO Yu[1]

(1. Exploration and Development Research Institute of Southwest Oil & Gas Field Company (CNPC);
2. Xiangguosi Gas Storage Company, PetroChina Southwest Oil & Gas Field Company)

Abstract: Underground gas storage facilities (referred to as gas storage facilities in this paper) operate with multi – cycle, high – intensity cyclic injection and withdrawal, which results in large changes in reservoir pressure, which may cause changes in geostress and lead to failure of the geological body's integrity, resulting in gas leakage and even the abandonment of the gas storage site. Currently, the evaluation of the geological body's impermeability for gas storage facilities is mostly limited to indoor rock sealing experiments, rock mechanics parameter testing, field tests, and static feature descriptions on individual wells, which are not suitable for the injection and withdrawal operation mode of gas storage facilities and lack dynamic evaluation of the geological body's impermeability. By successfully practicing it at Xiaguogushi gas storage facility, this paper uses the dynamic impermeability evaluation technology based on fluid – solid coupling simulation to further improve the impermeability evaluation system for gas storage facilities. By establishing dynamic and static conversion mathematical models of rock mechanics parameters for seven layers, a one – dimensional geostress model of Xiaguogushi multi – layer system was achieved. Based on this, the one – dimensional geomechanical model was expanded to three dimensions through seismic interpretation results. The fluid flow field and stress field were coupled through the combination of the numerical simulation model of the gas storage facility and the geomechanical model, and the coupled four－dimensional geomechanical model was achieved to analyze and predict the dynamic change 规律 of the reservoir pressure－induced geostress. The comprehensive understanding and evaluation results obtained through static knowledge and evaluation were used to clarify the mechanical limits for safe operation of the gas storage facility, further guiding and optimizing the safe and efficient operation of the gas storage facility. This work supported the successful implementation of the Xiaguogushi gas storage facility expansion and increase project, increasing the working gas volume by 300 million cubic meters and the maximum peak to 38 million cubic meters per day, with significant results.

Key words: Underground gas storage; Xiangguo Temple gas storage; Alternating injection and production; multilayer system; Fluid－solid coupling; Four－dimensional geomechanical model; Evaluation of geological body closure

地下储气库（以下简称储气库）建设与运行事关我国能源战略储备、工业与民用天然气供给、冬季调峰、应急供气等重大国计民生问题，意义重大，得到了我国以及国家各大石油公司的高度重视。截止2021年底，全国范围内已建成28座储气库，同时正积极推动不同类型的新库建设。中国石油规划在“十四五”、“十五五”，将扩容在役的10座储气库（群），新建23座储气库，逐步形成东北、华北、中西部、西北、西南、中东部六大区域储气中心，以充分应对逐年递增的天然气需求量以及瞬息万变的国际局势。

与常规油气田开发相比，储气库的运行具有多周期、短时间、高强度双向交变注采的特有机制，可能引起储气库的地面设备设施、井筒以及地质体的完整性被破坏，储气库的安全管理远大于常规油气田开发的难度。为了进一步保障储气库高效安全的建设与运行，需要对储气库的全生命周期的安全管理提出更高的要求。截止目前，储气库的安全管理在地面和井筒方面相对全面和成熟，而对地质安全因素的研究及管理因其复杂性和缺乏相应的监测技术与手段还相对滞后。2022年郑雅丽等在《气藏型地下储气库地质体注采运行风险分级与管控》一文中详细阐述了全球范围内地下储气库发生的事故类型及原因，强调了对地质方面的安全问题应高度重视。有必要深化和加强对储气库地质体安全评价研究，保障储气库的安全高效运行。

对于储气库地质体来说，每经历一次注采运行，意味着地应力场的分布就发生一次变化。利用地质力学的手段与方法可以有效评价因地应力场变化诱发的盖层、断层、底托层的封闭性失效风险，但地质力学相关技术与方法多应用于常规气藏开发、储层改造等领域，在储气库领域起步较晚且多局限于室内的岩心实验评价或单井的力学特征分析，通过建立三维地质力学模型开地应力模拟的方式对储气库盖层、断层的动态封闭性进行整体评价的相关研究受到高度重视。目前国内已经有少数储气库开展了相应的技术攻关并取得了一定成果。如2021年廖伟等，通过单项耦合的方式模拟计算地应力场的变化，分析了呼图壁储气库盖层的力学完整性、断层力学稳定性与漏失风险评价，开展了不确定性分析并给出了储气库动态监测调整建议；2022年赵昱超等，通过地应力模拟的方法，评估相国寺储气库地质体力学完整性，综合分析了相国寺储气库承压上限，为储气库扩大压力区间运行提高工作气量工程提供了有效的技术支撑。本文继续以西南相国寺储气库这一成功的实践案例为例，进一步阐述全层系四维地质力学建模资料需求、流程与模拟评价方法，总结该技术在储气库领域的应用范围、相关成效及重要意义，希望能够对全国范围内储气库地质体安全科学管理有借鉴作用。

1　相国寺储气库建设运行概况

1.1　建设历程

相国寺储气库是出于国家重大战略以及中石油自身发展需求，在西南地区建设的首座地下储气库，是我国首座碳酸盐岩大型储气库，也是中国石油建设的第六座储气库。相国寺储气库经过多轮次科学评价，库址筛选最终落址在重庆相国寺气田，其位于重庆两江新区境内，区内为山区地形，地形北高南低，地表的高差大，海拔一般在400～820m，最高达1000m。气藏构造形态为狭长背斜，长轴22.5km，短轴1.24km，闭合面积25.2km^2（图1），改建储气库前采出程度达91%。相国寺储气库自2010年开工建设起经历了逐步达容、扩容达产阶段，正处于扩压增量与智能化转型升级的优化运行阶段，进一步挖掘储气库潜力，发挥相国寺储气库的更大价值。

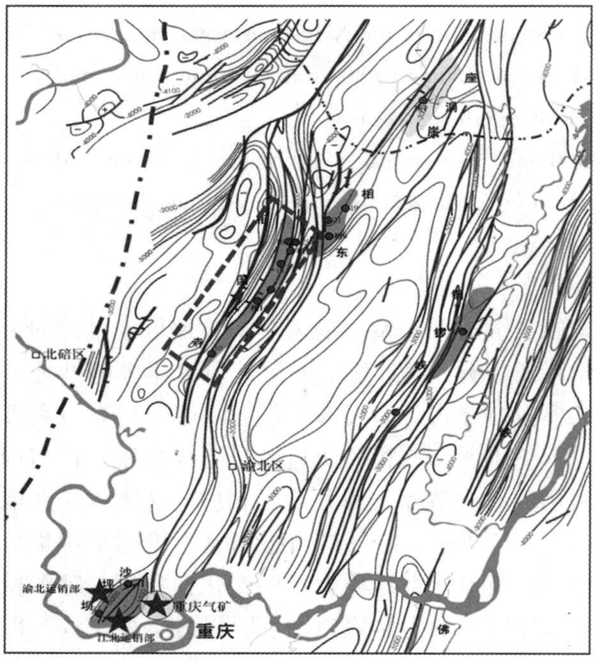

图 1　相国寺构造区域构造位置图

1.2　运行现状

截止到 2024 年 3 月，相国寺储气库历经“十一注十采”，累计注气 170.44×10^8 m^3，全国调峰采气 150.4×10^8 m^3。单井最大采气能力 500 万方/天，连续 7 天最大采气能力 3100 万方/天，调峰能力 25 亿方。2023 年第 11 注气期注满库容后地层压力将首次超过原始地层压力（28.7MPa）达 30MPa，达到扩压增量工程设计最大采气能力 3800 万方/天，调峰气量 26 亿方。其中基于流－固耦合模拟的地质体力学封闭性评价技术对指导相国寺储气库提高运行上限压力起到了重要的支撑作用。

2　多层系四维地质力学建模

一个完整的地质力学模型一般由三个主应力、孔隙压力以及岩石力学性质等部分构成。三个主应力为垂向应力 Sv（通常称作上覆地层压力）；最大水平主应力 S_{Hmax}；以及最小水平主应力 S_{hmin}。岩石力学性质包含岩石弹性属性和强度属性：如单轴抗压强度（UCS）、内摩擦系数（μ）、杨氏模量（E）、泊松比（ν）以及 $Biot$ 系数（α）等。四维地质力学模型是对气藏开发以及储气库注采所引起的建库层位孔隙压力的动态变化进行计算模拟，获取动态的地应力变化，从而分析储气库现行注采制度是否存在力学风险以及储气库潜力进一步挖掘的可能。

2.1　建模资料需求与流程

储气库四维地质力学模型的研究对象主要包括了上覆盖层、储层、底托层以及断层，这与普遍应用于页岩气等领域进行储层改造相关研究的地质力学模型不同，储气库地质力学模型除了考虑平面的非均质性变化外，还应考虑纵向上岩性变化对地质力学建模带来的影响，同时数值模拟模型研究对象也不再是常规气藏开发而是高速、多周期注采的储气库。因此在前人力学相关研究的基础上，总结出储气库领域地质力学建模与模拟的所需资料和建模流程。

资料需求可归纳为：录井数据、钻井数据、测井数据、室内实验及测试数据、三维地震数据以及气藏生产与储气库注采＋监测数据等六类数据（表 1）；建模流程可以归纳为四个模型的搭建，首先是两个基本模型分别为一维地质力学模型与全层系三维地质力学模型，两个计算模型分别为精细数值模拟模型和渗流场－应力场耦合模型（图 1）。

2.2　一维地质力学模型

一维地质力学建模是综合井上钻井资料、测井资料、岩心实验资料、矿场试验资料对井周的地质力学特征进行刻画。本文根据相国寺储气库的资料条件，有针对性的对储气库底托层、储层、直接盖层、间接盖层以及上覆的亏空层进行了研究，建立了一维地质力学模型。

（1）标定岩石力学参数

岩石弹性参数是地质力学、地层破破裂以及人工裂缝形态模拟的基础，通过综合工区以及四川盆地不同层位岩心的纵/横波资料，拟合作为主要计算数据的纵波数据需要通过测井资料计算出动态岩石力学参数，结合由实验室测得的不同层位岩性的岩心静态力学参数进行标定（图 3），建立两者“动静转换”数学模型。

（2）建立地应力剖面

首先是对上覆岩层压力（Sv）的求取，本文采用的是较为常规的密度积分法，获取上覆岩层压力系数为 2.67～2.70；孔隙压力（Pp）是基于伊顿法进行估算，以老井、注采井井史与早期生产井原始压力作为约束条件，分别对相国寺储气

表1　储气库全层系四维地质力学建模资料需求

序号	资料类别	条目明细	相关用途	备注
1	录井数据	a. 岩性数据＊；b. 取心数据＊；c. 井上分层＊；d. 钻时数据＊；e. 气测数据	1. 单井分层 2. 层面建模约束 3. 岩相建模	
2	钻井数据	a. 钻井轨迹＊；b. 井身结构＊；c. 钻井复杂事件日志＊；d 漏失试验数据＊；e. 钻井液资料	1. 地应力计算 2. 孔压计算 3. 一维模型检验	
3	测井数据	a. 常规测井＊；b. 成像测井＊；c. 多臂井径＊；d. 倾角测井；e. 阵列声波	1. 岩石力学参数属性建模（一维、三维） 2. 孔隙度属性建模 3. 裂缝建模	加“＊”必备资料：能够支撑储气库全层系地质模型、地质力学模型、数值模拟模型的搭建与耦合模拟
4	三维地震数据	a. 区域层位数据＊；b. 断层数据＊；c. 密度反演数据体＊；d. 纵/横波阻抗反演数据体＊；e. 孔隙度、渗透率等反演数据体；f. 蚂蚁体数据	1. 全层系构造建模 2. 断层建模 3. 岩石力学属性体建模约束 4. 地质属性建模约束	
5	室内实验及测试数据	a. 岩石基础物性测试＊；b. 单轴/三轴抗压实验数据＊；c. 巴西抗拉实验数据＊；d. 岩石疲劳实验数据＊；e. 地应力实验数据（kaiser 等）＊；f. MDT 矿场微压测试；g. 真三轴实验数据；h. 岩石声波测试数据	1 静态地质力学特征分析 2. 建立力学动静态关系 3. 岩石力学参数三维属性	不加“＊”补充资料：进一步提高多个模型的精度，加强模型计算准确度
6	气藏生产、储气库注采及监测数据	a. 老井生产数据＊；b. 全气藏关井测压＊；c. 动态储量与累积产量＊；d. 储气库井注采数据＊；e. 封堵井监测数据＊；f. 储气库库容复核数据＊；g. 微地震监测数据	1. 数值模拟气藏生产历史拟合 2. 数值模拟储气库阶段注采历史拟合	

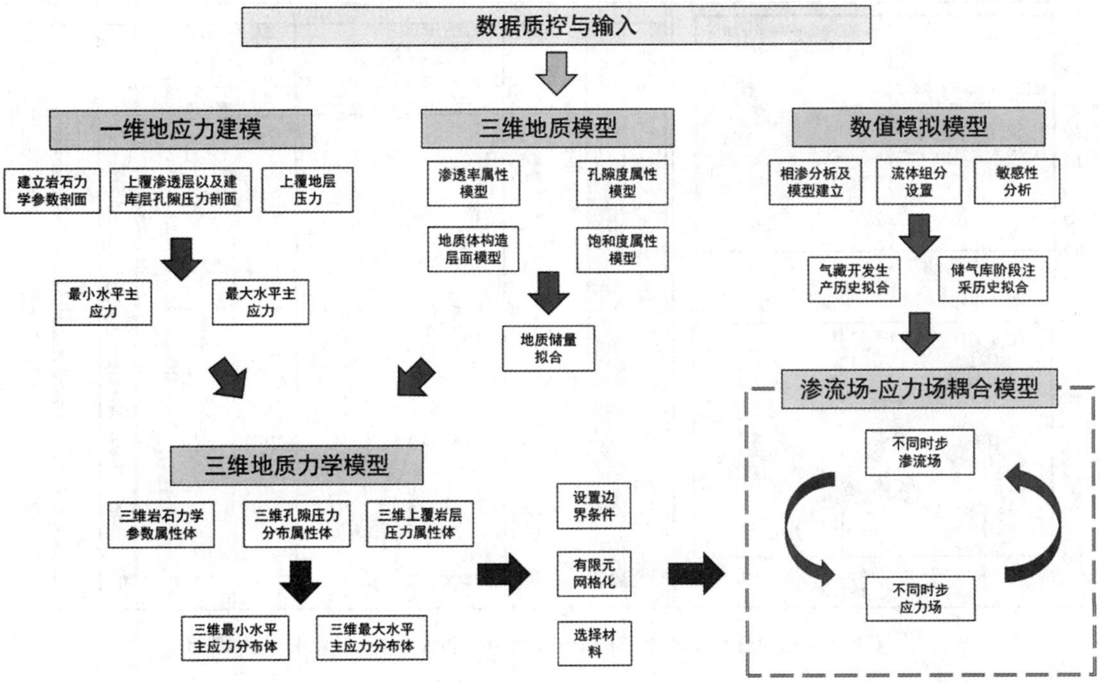

图2　储气库全层系四维地质力学建模流程

层位与岩性	Vs/km/s	静态杨氏模量/GPa	静态泊松比	单轴抗压强度/MPa	内摩擦系数
上部砂岩	$0.804\times V_P-0.856$	$0.0293\times pow(E_{dyn}^2)+0.4533E_{dyn}$	PR_{dyn}	$185165\times e^{(-0.037\times DTCO)}$	$\tan(asin((V_P-1)/(V_P+1))))$
上覆云岩	$0.3739\times V_P+0.7672$	$0.9\times E_{dyn}$	PR_{dyn}	$0.0018\times e^{(3.7938\times RHOB)}$	$\tan(18.532\times 0.5148V_P)$
龙潭组泥/页岩	$0.5037\times V_P+0.0521$	$0.45\times E_{dyn}$	$0.65\times Pr_{dyn}$	$0.221\times E_{sta}0.712$	$\tan(asin((V_P-1)/(V_P+1))))\times 0.7$
上覆灰岩	$-0.019\times V_P^2+0.693\times V_P-0.416$	$0.9\times E_{dyn}$	PR_{dyn}	$0.0018\times e^{(3.7938\times RHOB)}$	$\tan(18.532\times 0.5148V_P)$
梁山组泥/页岩	$0.5037\times V_P+0.0521$	$0.45\times E_{dyn}$	$0.65\times Pr_{dyn}$	$1.65\times E_{sta}0.89$	$\tan(asin((V_P-1)/(V_P+1))))\times 0.7$
黄龙组云岩	$0.3696\times V_P+1.1682$	$0.9\times E_{dyn}$	PR_{dyn}	$96.62\times e^{(-0.94\ PHI)}$	$\tan(18.532\times 0.5148V_P)$
韩家店泥/页岩	$0.5037\times V_P+0.0521$	$0.45\times E_{dyn}$	$0.65\times Pr_{dyn}$	$0.221\times E_{sta}0.712$	$\tan(asin((V_P-1)/(V_P+1))))\times 0.7$

图3　相国寺储气库岩石力学参数“动静转换”数学模型

库上覆开采层位长兴、茅口以及建库层位黄龙组储层进行了分析，其中黄龙组气藏孔隙压力系数约为1.28。

$$ESR_{Shmin/SHmax} = \frac{S_{hmin/Hmax} - P_P}{S_V - P_P} \quad 式（1）$$

式中：P_P—孔隙压力，MPa；S_V—上覆岩层垂向压力，MPa。；S_{hmin}—最小水平主应力，MPa；S_{Hmax}—最大水平主应力，MPa。

对最大/最小水平主应力的计算是采用的有效应力比的方法（公式1），其中最小水平主应力是综合不同层位的地层承压试验结果与地层漏失压力试验结果，以矿场MDT微压裂数据为约束，获得不同纵向地层最小水平主应力有效应力比范围；最大水平主应力则是基于井上成像测井显示的井壁崩落特征，结合不同层位岩石力学参数、孔隙压力以及上覆岩层压力数据通过应力多边形计算，反演得到不同层位最大水平主应力有效应力比范围，为了进一步减小其不确定性，通过数学统计方法建立交会图，计算得出泥页岩地层 ESR_{Shmin} 与 ESR_{SHmax} 分别为0.525与1.18，碳酸盐岩地层 ESR_{Shmin} 与 ESR_{SHmax} 分别为0.7与1.3（图4－*a*）。由此建立工区一维地应力模型（图4－*b*）。

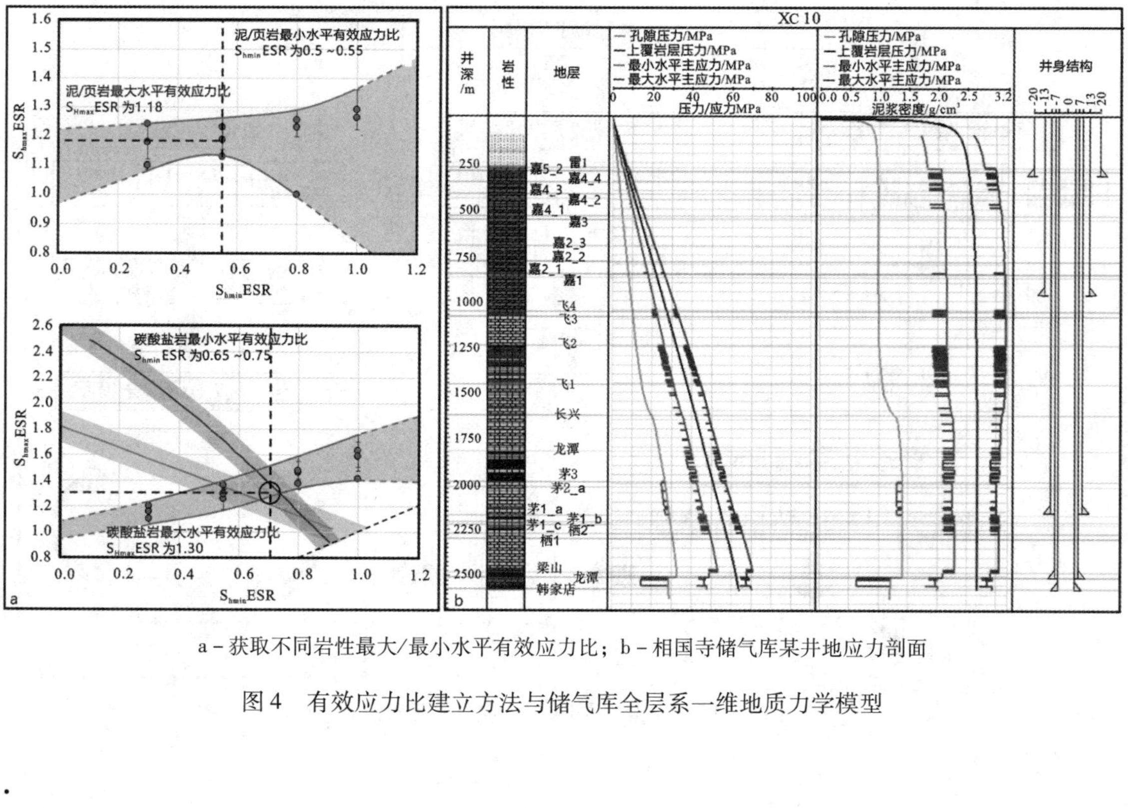

a－获取不同岩性最大/最小水平有效应力比；b－相国寺储气库某井地应力剖面

图4　有效应力比建立方法与储气库全层系一维地质力学模型

2.3 三维地质力学模型

（1）多层系三维地质模型

考虑到构造形态以断层产状对地应力分布的影响，综合丰富的录井资料以及三维地震解释成果构建相国寺储气库多层系构造模型，其平面面积为 345km^2、共计 60 条规模不一的断层，建模范围在纵向上是由地表-底托层韩家店组，共计 168 小层。包含了上覆亏空层长兴和茅口组、间接盖层龙潭组、直接盖层梁山组以及储层黄龙组。平面上精度设置考虑后模型精度与计算效率之间的平衡，将非注采层段设为 100m×100m，注采层段则为 50m×50m，总网格数控制在 2100 万左右（图5）。岩相建模与属性建模是采用“井插值+地震约束”的方式实现的，确保地质模型的可靠性。

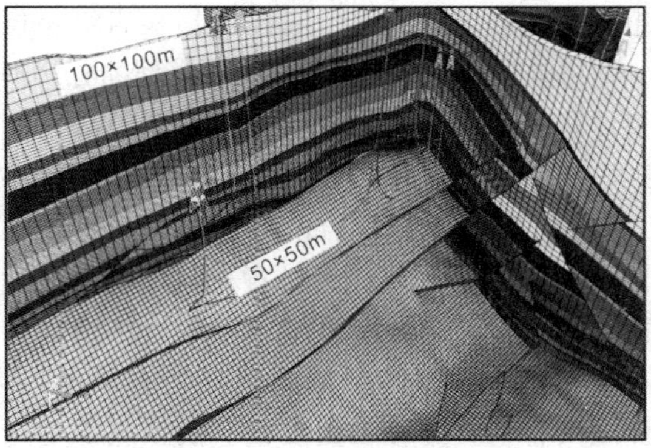

图5　相国寺储气库全层系三维地质模型网格设置

（2）储气库三维地质力学模型

静态三维地质力学模型是对工区某一状态下的力学属性在三维空间中定量表征，赋予了体的概念从而对整体进行相关的评价。相国寺储气库三维地质力学模型是将一维地质力学模型结合岩相模型进行三维插值，以三维地震波阻抗数据以及密度数据为约束建立的。包括：杨氏模量、泊松比、内摩擦系数等岩石参数属性和上覆岩层压力、孔隙压力等应力属性。通过建立气藏原始状态静态地质力学模型，获取了气藏未开发时原地应力三维分布及方向。模型显示，黄龙组储层最大水平主应力在构造高部位较低，范围为 62.5～81.1MPa，方向总体垂直于断层走向，为 N100～110°，从北到南有 10°左右的顺时针旋转。

2.4 四维地质力学模型

（1）考虑多重效应的数值模拟模型

储气库的运行有别于常规的气藏开发，一方面在高速的交变注采过程中，构造高部位的井可以观察到明显的温降漏斗且流速越快，温度降低越明显，这会导致流体和岩石力学性质相应的变化从而影响对地应力的精细刻画。通过井筒实测数据与经验值理论建立相国寺储气库温降半径，并设置 100% 热传导效率并只发生在传热半径内，建立最大温降与黄龙组最大注气速率/地层真厚度比值相关性（图7），确定不同注采过程温降幅度，进一步评价温度变化对地应力的影响。另一方面考虑到储气库应力敏感性这一因素在储气库注采过程中对渗流场的动态影响，同样也会影响在地应力模拟中的准确性。

相国寺储气库数值模拟模型以黄龙组储层为目标层系，建立 500×65×10 个单元共计 32.5 万

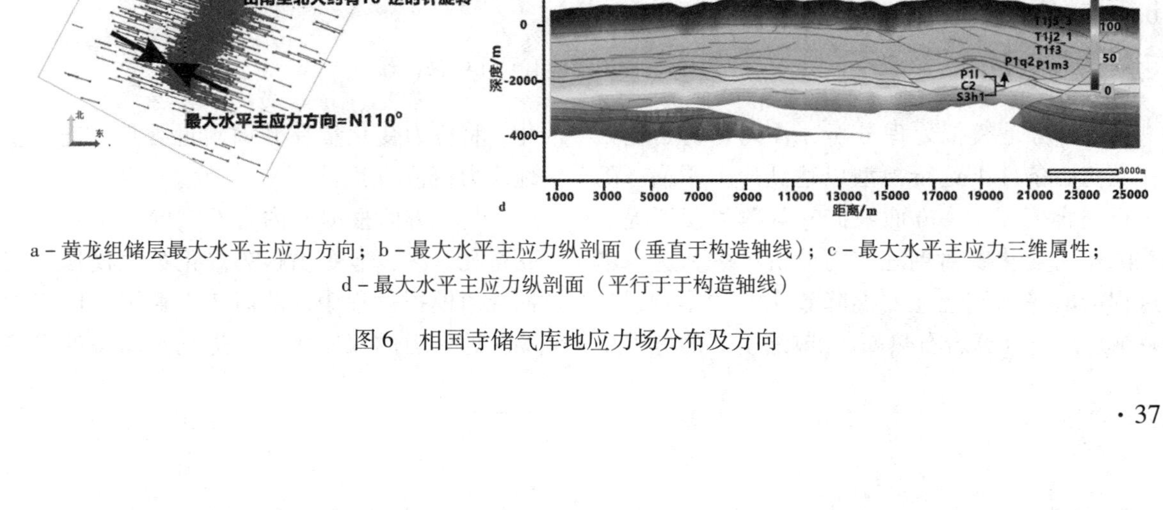

a-黄龙组储层最大水平主应力方向；b-最大水平主应力纵剖面（垂直于构造轴线）；c-最大水平主应力三维属性；d-最大水平主应力纵剖面（平行于于构造轴线）

图6　相国寺储气库地应力场分布及方向

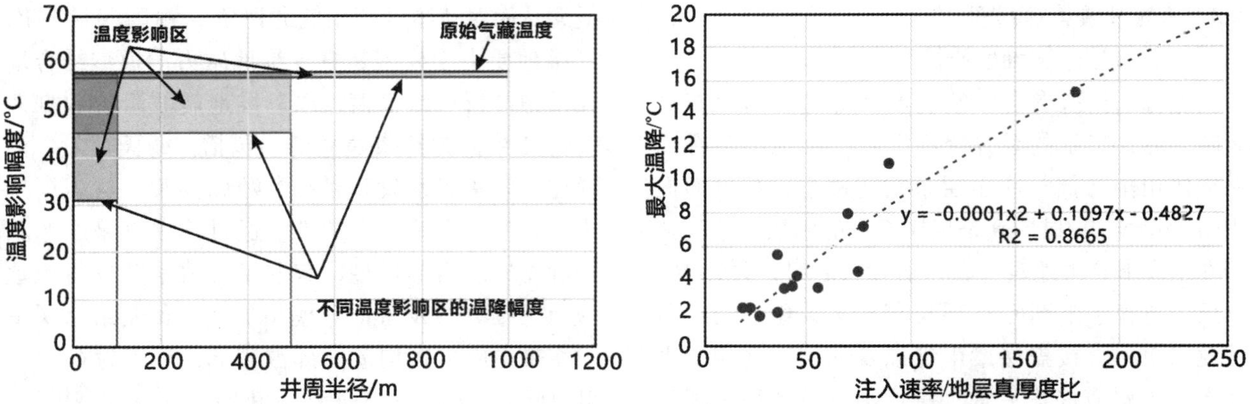

图 7　相国寺储气库温降区域（左）及最大温降与注气速率/地层真厚度比相关性（右）

个动态模拟模型，通过室内相渗实验获取相渗曲线，综合丰富的取样数据确认流体性质，气藏初始压力为 28.73MPa。

（2）渗流场 - 地应力场耦合模型

一维地质力学建模只能分析已钻井位置处的地质力学状态，三维地质力学可以分析储层特定地层压力条件下的地应力状态。开展四维地质力学模拟和研究，将储层流动模型与精细的有限元模型耦合，精细模拟计算储层开发过程中不同时期的地应力状态的变化和分布规律，并以此为基础进行相关的地质力学分析评价。相国寺储气库四维地质力学模型是通过将渗流场与地应力场进行双向耦合计算来实现的。

包含两个部分，首先是预处理：将模型进行离散成有限元网格（四面体网格），垂向上为了准确捕获工区重点研究层位的应力变化，将储层黄龙组、直接盖层梁山组、底托层韩家店组层位细化，网格纵向精度小于 1 m，兼顾模型的分辨率和模拟计算效率，为消除边界效应对重点研究区域的影响，将三维地质力学模型向外横向拓展约 5000m（图 8）。设置耦合的孔压单元，将相关的属性赋值到网格中。定义岩石材料模型，最后设置模型的边界条件为：①自由面（如模型顶部）没有位移约束；②模型侧向边界处有侧向约束，即侧面仅有垂直位移自由度；③模型底部是全固定的，即约束了所有的位移自由度。

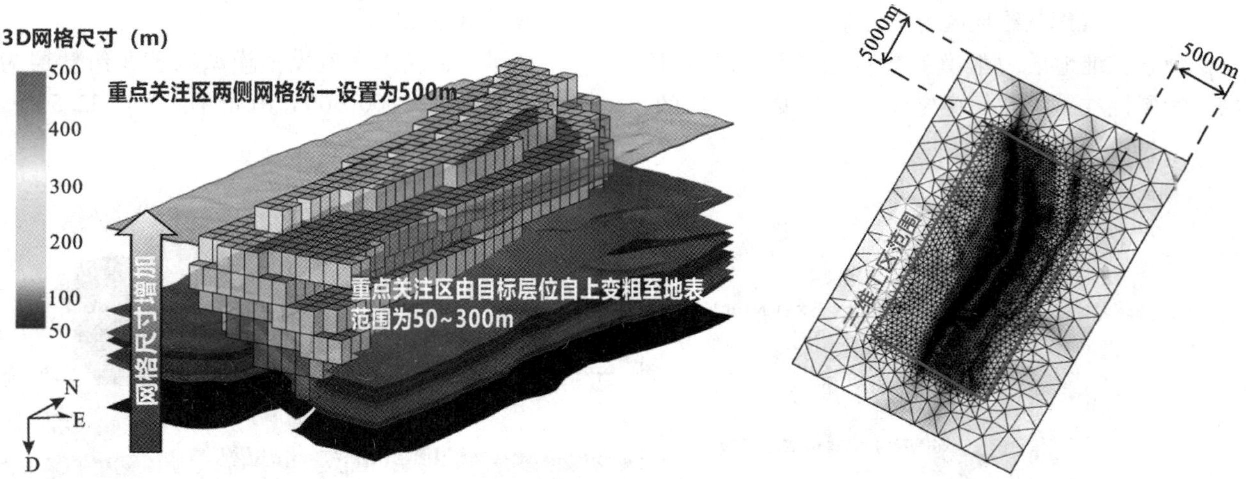

图 8　储气库地质体有限元网格设置

第二部分是模拟处理分析，首先是初始化处理：在初始条件下运行模型以达到应力平衡。随后进行耦合模拟，一方面根据气藏数值模拟提供的孔隙压力变化映射到地应力分析中去，这一耦合过程同时考虑到上述“温降效应”的影响，基于热弹性理论计算岩石热膨胀/收缩引起的应力变化，将应力变化量在井周附近叠加，进一步提高地应力模拟精度。

另一方面根据室内岩石实验与生产动态数据获得孔、渗、饱变化趋势修正数值模拟模型并返回数值模拟过程中，从而实现相国寺储气库渗流场 - 地应力的双向耦合。达到了动态的准确的描述储气库气藏开发过程、储气库运行过程以及后续运行预测地应力场变化的目的（图9）。

3　地质体储气库封闭性评价

为了能够准确描述相国寺储气库地质体在"十一注十采"过程中的地质体封闭性以及精准预测储气库扩压增量后的安全运行边界。本文基于以流－固耦合的地应力动态模拟为核心，在储气库静态定性、定量封闭性评价的基础上进一步完善了储气库地质体封闭性评价体系（图10）。

对于盖层而言的静态封闭性评价是指利用孔隙度、渗透率、扩散系数、气体突破压力等室内实验结果，应结合盖层岩性、厚度、分布范围、空间展布等宏观特征，以及现场测试的破裂压力等工程资料，定性或定量评价盖层的静态密封性，动态则是指根据实际地应力和设计的压力区间开展岩心交变载荷疲劳损伤实验，获取周期注采后盖层岩心临界突破压力，确定盖层动态毛管密封承压极限以及通过动态模拟获取储气库断层的拉张和剪切破坏风险。

对于断层而言的静态封闭性评价是指从区域占比、两侧岩性对置关系定性认识以及通过泥岩涂抹系数等方法定量评价，而动态则是通过流－固耦合模拟评价储气库断层在交变注采气过程中的剪切滑移风险。

实现了兼顾储气库宏观微观、静动态、定量定性以及可视化的储气库地质体封闭性评价。识别储气库运行过程中的封闭性风险点，同时可以设置不同情景预测储气库的力学风险界限，指导储气库安全高效运行。

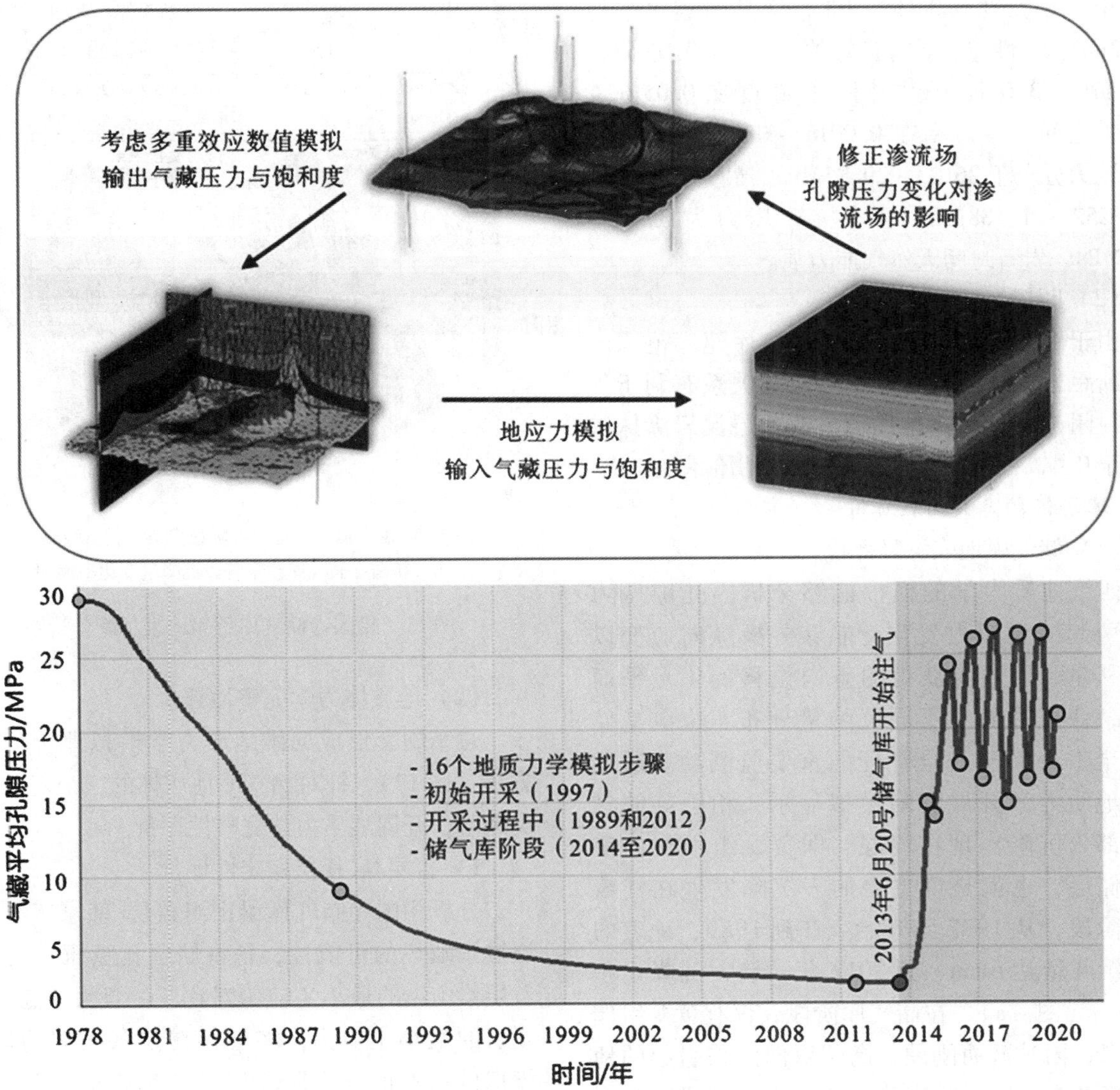

图9　流－固耦合模拟过程（上）与时间步示意图（下）

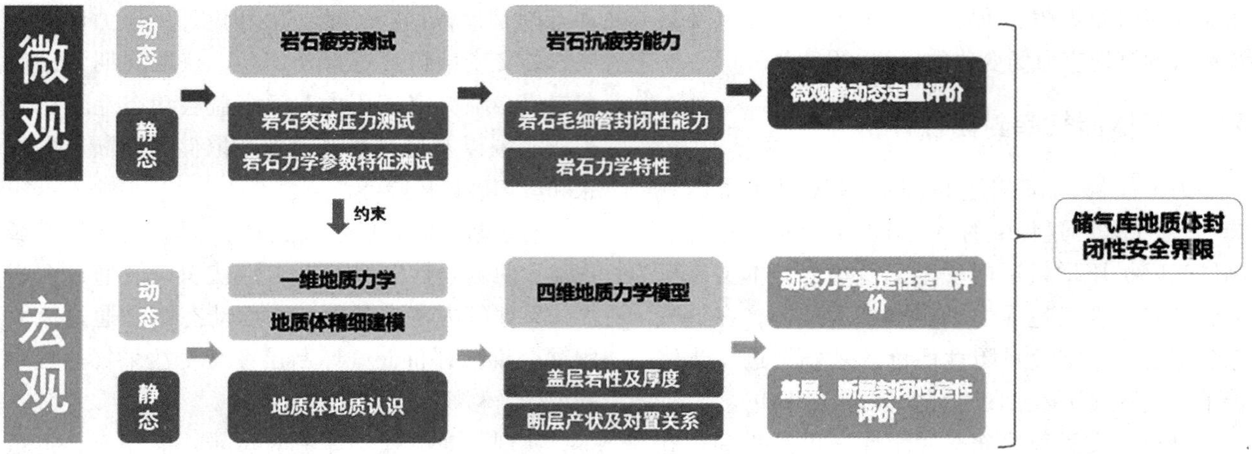

图10　储气库地质体封闭性评价技术路径

3.1　地质体静态封闭性评价

（1）梁山组盖层

上覆梁山组直接盖层以铝土质泥岩为主，发育稳定，孔隙度0.08%～1%，样品渗透率平均0.002mD，物性差，具有良好的密封性。比表面积在2.129～3.691m^2/g之间，孔隙度在0.05%～0.63%之间，渗透率在0.0016～0.004mD之间，排驱压力分布于26.23～29.85MPa，最大孔喉半径在0.252～1.188μm，静态突破压力为32.4－37.6MPa，岩石封闭天然气能力强。

（2）断层

由于储层较薄，且相国寺储气库建库范围内断层断距较大，储层与盖层的对接关系有利于气藏的封闭，通过计算直接盖层的断层泥岩涂抹系数大于0.4，相国寺储气库断层的封闭性良好。

3.2　地质体动态封闭性评价

（1）储气库地表沉降评价

四维地质力学的模拟能够分析因孔隙压力变化引起的地应力变化，能够分析纵向应变以及位移量，通过将获得的垂向位移变化量平面叠加，获得平面上不同沉降量分布。这也是储气库全生命周期安全管理的重要监测项。通过四维地质力学开展沉降模拟显示，相国寺储气库大部分沉降出现在浅层，即黄龙组上覆的茅口组储层，也就是说主要的表沉降发生在气藏开发阶段，从1977年开始生产到1989，地表的最大沉降量达6mm，到2012年，最大沉降累积达7mm（图－a）。在储气库阶段，仅有黄龙组储层生产，因其薄而刚硬，高速双向注采引起的地表沉降非常有限，其变化量小于1mm（图－b）。地表沉降的风险小。

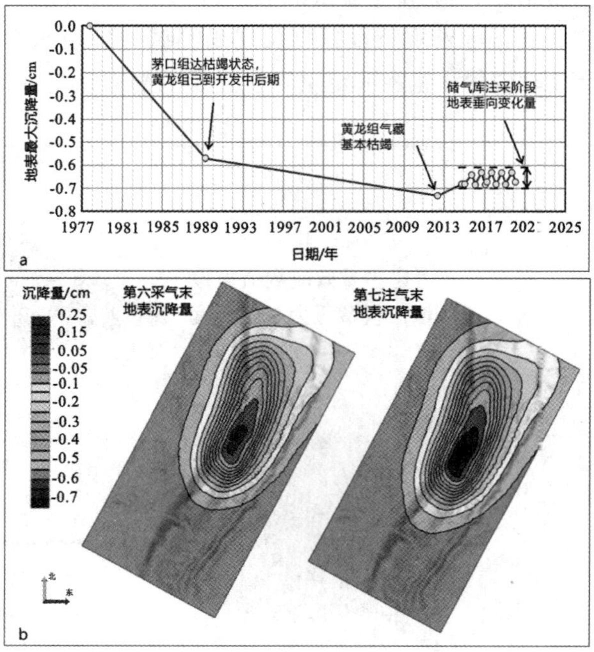

a－相国寺储气库地表沉降最大值变化折线图；
b－相国寺储气库注采阶段沉降量变化平面图

图11　相国寺储气库历年地表沉降分析图

（2）地质体力学完整性评价

总结配套形成四维地质力学模拟评价范围与方法（图12），针对储气库地质体的三个对象、三类风险，开展地质力学完整性评价。

1）盖层/底托层稳定性评价

分析相国寺储气库梁山组盖层/韩家店组底托层拉张破坏的可能性，是将储层孔隙压力与上覆盖层梁山组的最小主应力对比，一旦大于盖层/底托层的最小主应力，将会存在拉张破坏的风险。模拟显示气田开发阶段以及储气库运行阶段中，储层压力均低于气藏原始压力28.7 MPa之下，不存在拉张破坏的风险，储气库的实际运行过程中

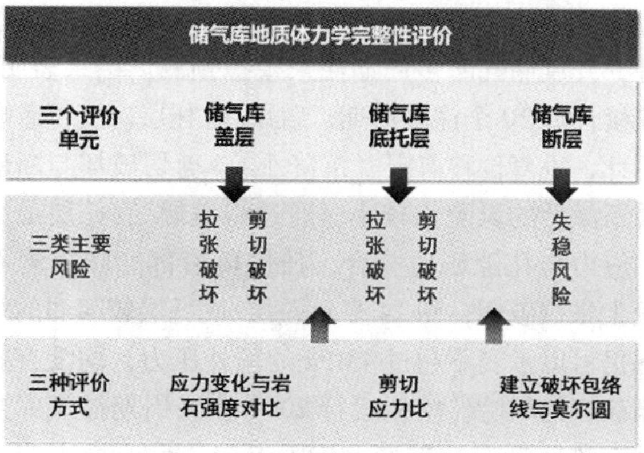

图 12　四维地质力学模型完整性评价范围与方法

也未发现有气体漏失、压力异常等情况。对设置不同超压运行的生产制度（超过原始地层压力 3MPa、6MPa、9MPa、12MPa）进行模拟计算显示，相国寺储气库盖层/底托层在储层孔隙压力达 34MPa 即超过原始地层压力 6MPa 时，相国寺储气库盖层/底托层将存在拉张破坏风险。

针对盖层/底托层剪切破坏的可能性，采用有效应力比的方法评价某一位置是否存在应力临界状态，当剪切应力比≥1 时（式 3），盖层/底托层可能发生剪切风险。

$$Tau - \mu \times (S_n - Pp) \geq 0 \qquad 式（2）$$

$$Tau\ 比: \frac{Tau}{\mu \times (S_n - P_p)} \geq 1 \qquad 式（3）$$

式中：Tau—剪切应力，MPa；μ—摩擦系数；S_n—正压应力，MPa；Pp—孔隙压力，MPa。

模拟计算表明，在气田开发与储气库阶段模拟认为，整个过程未超过原始气藏孔隙压力，均不存在剪切破坏的风险。在不同超压运行的生产制度（超过原始地层压力 3MPa、6MPa、9MPa）进行模拟计算显示，盖层/底托层的剪切应力比（Tau 比值）变化不明显且值均小于 0.5。整体发生剪切破坏的风险小。

2）断层稳定性评价

根据 Mohr-Coulomb 准则，断层是否稳定取决于断层面所受的正压应力、剪切应力与摩擦系数之间的相互关系，而断层的摩擦系数由于取样困难以及代表性等问题，行业内在进行断层稳定性/活动性时对天然裂缝（断层）的摩擦系数取值，主要参考 Byerlee 开展的不同岩石类型与粗糙程度的天然裂缝、三轴压缩实验中引起的断层和人工断层实验结论，他指出天然断裂的摩擦系数在 0.6~1.0 这个范围以内。相国寺储气库四维地质力学模拟充分考虑了断层和天然裂缝力学性质的不确定性，选用摩擦系数为 0.6 的同时增设更加保守的判别条件（假设内聚力为 0，断层面的摩擦系数选用 0.4）。

模拟计算表明，在压降过程（气藏开发阶段），五条主要控藏断层（F1-F5）在相国寺石炭系气藏以及上覆茅口组气藏的过去数十年生产运行中，所有断层面显示的 Tau 比值均小于 0.5。均没有重新激活故障的风险（图 13-a）。

对于模拟不同超压运行的生产制度（超过原始地层压力 3MPa、6MPa、9MPa）而言，由于黄龙组储层薄（20m 左右），为了能够更直观准确的评估断层稳定性，通过不同区域的应力摩尔圆（C Ix，1976）与断层和天然裂缝的破坏包络线进行比较。只要整个应力摩尔圆都在破坏包络线之内，

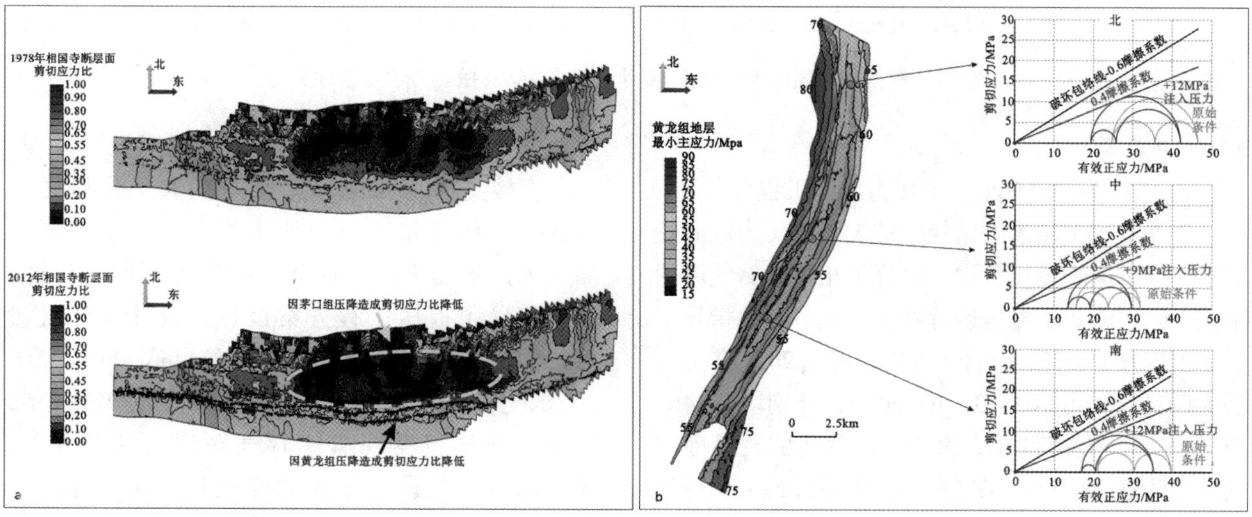

a-生产阶段主控断层稳定性分析；b-模拟不同注采阶段黄龙组不同位置断层稳定性分析

图 13　储气库断层稳定性分析

就不会有断层或天然裂缝在激活的危险。模拟显示，当注气压力超过原始地层压力约9MPa时的莫尔圆接触0.4摩擦系数的破坏包络线，在此条件下达断层活动的临界条件，但仍远低于摩擦系数为0.6的破坏包络线（图13－b），断层稳定性强。

（3）储气库多周期注采影响评价

通过对每个注采循环过程进行四维地质力学模拟，分析评价多周期注采的对储气库安全运行的影响。相国寺储气库计划于2023年第十一注气期末满库容状态下，储层孔隙压力达30MPa即超过气藏开发原始孔隙压力1.3MPa，因此以储气库运行上限压力30MPa、下限压力10MPa为模拟条件，开展储气库多周期注采模拟预测。结果表明，连续计算20个注采周期，盖层/底托层应变可忽略不计，垂直位移有限（沉降小），剪切破坏与断层重新激活的风险均较小。通过将盖层/底托层最小主应力与孔隙压力叠合，任何负值都意味着岩石发生张拉破坏，图14显示盖层/底托层较薄弱的中部仍可以承受不超过4MPa的额外压力，均没有拉张破坏的风险。模拟运行20个注采周期储气库力学完整性没有被破坏，相国寺储气库安全生产的受到多周期注采的影响较小。

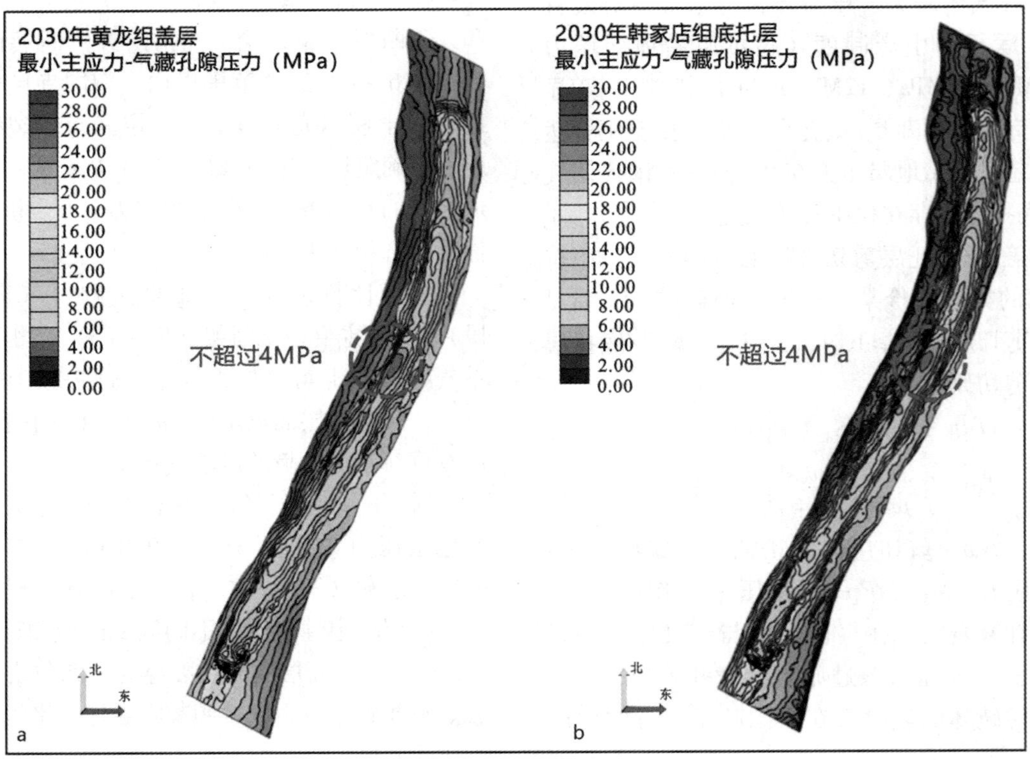

a－2030年盖层可承受额外施加的最大储层压力；b－2030年底托层能承受额外施加的最大储层压力。

图14　相国寺储气库模拟注采10个周期盖层/底托层力学完整性分析

3.3 应用成效

（1）支撑国内首个扩大压力区间工程

直接支撑了相国寺储气库扩大工作压力区间提高工作气量逐步提压工程，评价了相国寺储气库的承压上限，论证了提压运行的可行性，有效指导了提压工程方案设计，设计工作气量可达26×10^8 m^3，最大调峰气量可达3800×10^4 m^3/d，分别增长14%与24.8%。在2023年，第十一注气将实现满库容气藏压力达30MPa，采气期将达到设计最大调峰气量。相国寺储气库也成为国内首个达容的储气库，更是国内的标杆储气库。

（2）指导西南储气中心其他库址建设

直接支撑了相国寺储气库扩大工作压力区间提高工作气量逐步提压工程，评价了相国寺储气库的承压上限，论证了提压运行的可行性，有效指导了提压工程方案设计，设计工作气量可达26×10^8 m^3，最大调峰气量可达3800×10^4 m^3/d，分别增长14%与24.8%。在2023年，第十一注气将实现满库容气藏压力达30MPa，采气期将达到设计最大调峰气量。相国寺储气库也成为国内首个达容的储气库，更是国内的标杆储气库。

（3）完善储气库监测体系

四维地质力学模型相关技术的形成填补了储气库领域在封闭性研究由点到面到体的空白，实现了从岩心尺度到三维尺度的跨越，即实现了实时的力学完整性评估，也实现了多周期注采以及不同优化方案的预测。通过与微地震技术相结合，可以有效的监测储气库地质体完整性。同时相国寺储气库也将成为我国首个数字化智能化升级标杆储气库，四维地质力学模拟也作为智能化升级重要模块，进一步完善了储气库的监测体系。

4 结论

（1）通过在相国寺储气库四维地质力学模型技术的探索与研究，形成了储气库四维地质力学建模资料需求与流程，针对储气库地质体的三个基本单元建立了储气库一维地质力学模型、由地表至底托层全层系三维地质力学模型、精细数值模型以及渗流场与地应力场耦合模型，实现四维计算模拟。能够计算任意时步的三维应力场分布，可以归纳为三个部分，分别为气藏开发阶段、储气库运行阶段以及预测不同生产制度的地应力模拟。

（2）成果能够有效支撑储气库的安全科学管理，具有三维可视化动态定量评价的优势，能够应用于储气库地表沉降分析与监测；储气库地质体力学完整性管理，如盖层/底托层拉张破坏风险识别、盖层/底托层剪切破坏风险识别以及储气库断层稳定性分析；能够评价储气库多周期注采的影响，进一步指导储气库注采运行。

（3）基于流-固耦合模拟的储气库封闭性评价技术将成为今后我国储气库建设运行必不可少的一部分，总体表现在两方面。首先，能够指导储气库优化运行，从地质体力学完整性的角度出发，评估地质体高速注采工况下的承压极限，支撑储气库潜力进一步挖掘。另一方面，进一步完善了储气库的安全管理体系，特别是地质体完整性管理，也将作为重要的一环，紧跟全球智能化浪潮，为储气库智能化监测体系添砖加瓦。

参考文献

[1] 马新华，丁国生．中国天然气地下储气库［M］．北京：石油工业出版社，2018：1-22.

[2] 丁国生，谢萍．中国地下储气库现状与发展展望［J］．天然气工业，2006（06）：111-113+170.

[3] 丁国生．中国地下储气库的需求与挑战［J］．天然气工业，2011b，31（12）：90-93+131.

[4] 张刚雄，李彬，郑得文，等．中国地下储气库业务面临的挑战及对策建议［J］．天然气工业，2017，037（001）：153-159.

[5] 董绍华，张行．石油及天然气储备库安全保障技术现状及展望［J］．油气储运，2018，037（003）：241-247.

[6] 丁国生，魏欢．中国地下储气库建设20年回顾与展望［J］．油气储运，2020，39（01）：25-31.

[7] 杨义，陈进殿，王露，等．中国储气库业务发展前景及运营模式发展路径探析［J］．油气与新能源，2021，33（04）：11-15+38.

[8] 李建君．中国地下储气库发展现状及展望［J］．油气储运，2022，41（07）：780-786.

[9] 马新华，窦立荣，王红岩，等．天然气驱动可持续发展的未来：第28届世界天然气大会综述［J］．天然气工业，2022，42（7）：1-6.

[10] 丁国生，丁一宸，李洋，等．碳中和战略下的中国地下储气库发展前景［J］．油气储运，2022，41（1）：1-9.

[11] 班凡生，高树生，王皆明．枯竭油藏改建储气库注采运行机理研究［J］．天然气地球科学，2009，20（06）：1005-1008.

[12] 曾大乾，张俊法，张广权，糜利栋．中石化地下储气库建库关键技术研究进展［J］．天然气工业，2020，40（06）：115-123.

[13] 马新华，郑得文，魏国齐，等．中国天然气地下储气库重大科学理论技术发展方向［J］．天然气工业，2022，42（05）：93-99.

[14] 马新华，郑得文，申瑞臣，等．中国复杂地质条件气藏型储气库建库关键技术与实践［J］．石油勘探与开发，2018，45（3）：489-499.

[15] 马新华，郑得文，丁国生，等．复杂地质条件储气库“极限动用”理论与实践［J］．石油勘探与开发，2023，50（02）：373-383.

[16] 罗金恒，李丽锋，王建军，等．气藏型储气库完整性技术研究进展［J］．石油管材与仪器，2019，5（02）：1-7.

[17] 魏国齐，郑雅丽，邱小松，等．中国地下储气库地质理论与应用［J］．石油学报，2019，40（12）：1519-1530.

[18] 蔡克，罗金恒，赵新伟，等．风险评分法在储气库集输管道上的应用［J］．焊管，2011，34（4）：53-57.

[19] 钱成文，侯铜瑞，刘广文，等．管道的完整性评价技术［J］．油气储运，2000，19（7）：11-15.

[20] 张媛，顾为敏．输气站场管道完整性检测评价技术体系［J］．管道技术与装备，2016（2）：47-50.

[21] 董绍华，韩忠晨，费凡，等．输油气站场完整性管理与关键技术应用研究［J］．天然气工业，2013，

33（12）：117－123.

[22] 张刚雄，郭凯，丁国生，等．气藏型储气库井安全风险及其应对措施［J］．油气储运，2016，35（12）：1290－1295.

[23] 杜安琪，蒋建勋．枯竭型油气藏储气库井筒完整性研究综述［J］．石化技术，2016（4）：119.

[24] 杨海军，李建君，任众鑫．盐穴储气库井注采外环空带压问题探讨［J］．石油化工应用，2016，35（7）：140－142.

[25] 刘文忠．相国寺储气库注采井完整性技术探索与实践［J］．钻采工艺，2017，40（2）：27－30.

[26] 王兆会，陈俊，李军鹏，等．储气库井环空带压相对风险评估［J］．钻采工艺，2018，41（5）：38－41.

[27] 郑雅丽，邱小松，赖欣，等．气藏型地下储气库地质体注采运行风险分级与管控［J］．天然气工业，2022，41（3）：114－119.

[28] 罗金恒，李丽锋，王建军，等．气藏型储气库完整性技术研究进展［J］．石油管材与仪器，2019，5（2）：1－7.

[29] 陈凤喜，闫志强，伍勇，等．岩性气藏型储气库封闭性评价技术研究——以长庆靖边气田 SH224 储气库区为例［J］．非常规油气，2015，2（3）：58－64.

[30] 郑雅丽，孙军昌，邱小松，等．油气藏型储气库地质体完整性内涵与评价技术［J］．天然气工业，2020，40（5）：94－103.

[31] 李力民，姚泳汐，蒋华全等．浅析相国寺储气库地质风险及管控措施［J］．石油管材与仪器，2019，5（02）：54－58.

[32] MD Zoback. Reservoir Geomechanics［M］. Cambridge University Press，2007.

[33] 江同文，张辉，王海应，等．塔里木盆地克拉 2 气田断裂地质力学活动性对水侵的影响［J］．天然气地球科学，2017，28（11）：1735－1744.

[34] 江同文，张辉，徐珂，等．克深气田储层地质力学特征及其对开发的影响［J］．西南石油大学学报（自然科学版），2020，42（04）：1－12.

[35] 周长所，耿亚楠，雷杨，等．渤中 19－6 复杂断块构造地应力分布规律试验研究［J］．石油化工应用，2020，39（1）：84－89.

[36] 刘敬寿，丁文龙，杨海盟，等．鄂尔多斯盆地华庆地区天然裂缝与岩石力学层演化——基于数值模拟的定量分析［J/OL］．地球科学：1－19［2023－04－24］. http：//kns. cnki. net/kcms/detail/42. 1874. P. 20220711. 0942. 004. html

[37] 刘文俊，刘伟，邓九涛，等．低渗致密储层三维地质力学建模与压裂工程甜点优选方法［J］．科学技术与工程，2022，22（25）：10985－10991.

[38] 蔡文军，邓金根，冯永存，等．泥页岩地层区域三维地质力学建模与应用［J］．钻采工艺，2023，46（01）：8－14.

[39] 游利军，邵佳新，高新平，等．储气库注采过程中有效应力变化模拟试验［J］．石油钻探技术，2020，48（6）：104－108.

[40] 王成虎，高桂云，贾晋，等．H 储气库注采诱发应力场及断层滑动趋势变化［J］．天然气工业，2020，40（10）：76－85.

[41] SHAO Jiaxin，YOU Lijun，KANG Yili，et al. Experimental study on stress sensitivity of underground gas storage［J］. Journal of Petroleum Science and Engineering，2020，195：107577.

[42] SUN Junchang，WANG Jieming，ZHENG Dewen，et al. Regional scale 3D geomechanical modeling for evaluating caprock integrity and fault leakage potential during underground gas storage operations in a produced field［R］. SPE 186053－MS，2017.

[43] 付晓飞，吴桐，吕延防，等．油气藏盖层封闭性研究现状及未来发展趋势［J］．石油与天然气地质，2018，39（3）：454－471.

[44] 廖伟，刘国良，陈如鹤，等．气藏型地下储气库动态密封性评价：以新疆 H 地下储气库为例［J］．天然气工业，2022，43（3）：133－141.

[45] 赵昱超，罗瑜，李隆新，等．地下储气库地应力模拟研究与地质完整性评估：以相国寺为例［J］．地质力学学报，2022，28（4）：523－536.

[46] 吴建发，熊燕莉，孔玲，等．相国寺石炭系气藏改建储气库风险评价［J］．天然气勘探与开发，2007（01）：60－62＋71＋81.

[47] 吴建发，钟兵，冯曦，等．相国寺石炭系气藏改建地下储气库运行参数设计［J］．天然气工业，2012，32（02）：91－94＋121－122.

[48] 毛川勤，郑州宇．川渝地区相国寺地下储气库库址选择［J］．天然气工业，2010，30（08）：72－75＋119.

[49] HU Xiuzhang，Wang Xiujun，LI Yongchi. A Wellbore Stability Numerical Approach for Complex Geologic Condition［C］// Progress in Safety Science and Technology Vol. 3 Pt. B. Department of Modem Mechanics，University of Science and Technology of China，Hefei 230027，Anhui，China，2002.

[50] 黄继新，彭仕宓，王小军，等．成像测井资料在裂缝和地应力研究中的应用［J］．石油学报，2006，27（6）：65－69.

[51] C Ix. Fundamentals of rock mechanics［M］. Chapman and Hall，1976.

[52] Byerlee J. Friction of rocks［J］. Pure & Applied Geophysics，1978，116（4－5）：615－626.

强非均质碳酸盐岩气藏型储气库渗流滞后效应定量表征方法研究

王梦雨　李隆新　周　源　张连进　赵梓寒　朱昭颖

（中国石油西南油气田分公司勘探开发研究院）

摘　要　为支撑川渝千亿方级“气大庆”建设，有效应对天然气需求的快速增长，保障国家能源安全，中国石油积极推进“西南储气中心”建设。而四川盆地碳酸盐岩气藏具有缝洞发育、基质低渗的强非均质性特点，储气库高速注采条件下，高渗缝洞和低渗基质间的渗流机理尚不明确，为国内牟家坪、老翁场首座缝洞型储气库群的建设带来挑战。因此，以牟家坪、老翁场茅口组气藏缝洞型储气库为例，基于地震、露头、岩心分析等数据资料，设计了典型缝洞组合三维数字岩心模型开展多尺度数值仿真模拟，定量认识高速注采过程中缝洞-基质中流体微观渗流机理。研究结果表明：①首次定义高渗缝洞区达到拟稳态与低渗基质区达到拟稳态的时间差称为“渗流滞后效应”，该效应会导致气井初期高产但难稳产、试井压力恢复具有不同阶段差异性、压降曲线的分段特征及缝洞-基质间明显的“压力滞后”现象；②三种典型的缝洞概念模型结果表明，缝洞规模和缝洞搭配是渗流滞后的主控因素，即缝洞发育的规模（储容比）决定了渗流滞后影响的范围，规模越小滞后效应越明显，缝洞搭配影响缝洞与基质的渗透率级差，级差越大（窜流系数越小）渗流滞后效应越明显；③基于理论研究结果，首次定义并推导了“渗流滞后效应特征参数”定量表征流体在高渗缝洞区和低渗基质间的渗流滞后效应，该参数表达式显示其与缝洞储层的储容比和窜流系数强相关。该研究成果创新揭示缝洞型储层高速注采渗流滞后效应，并首次建立了渗流滞后定量表征方法，为缝洞型储气库科学、高效设计提供渗流理论基础。

关键词　缝洞型储气库；高速注采；渗流机理；数字岩心；储容比；窜流系数

Quantitative Characterization Method for the Seepage Hysteresis Effect in Highly Heterogeneous Carbonate Gas Reservoirs

WANG Mengyu, LI Longxin, ZHOU Yuan, ZHANG Lianjin, ZHAO Zihan, ZHU Zhaoying

(Exploration and Development Research Institute, PetroChina Southwest Oil & Gasfield Company)

Abstract: To support the construction of the “Gas Daqing” initiative in the Sichuan – Chongqing region, which aims to effectively address the rapid increase in natural gas demand and ensure national energy security, PetroChina is actively advancing the development of the “Southwest Gas Storage Center.” The carbonate gas reservoirs in the Sichuan Basin are characterized by strong heterogeneity, featuring well – developed fracture – cave systems and low – permeability matrix. The flow mechanisms between high – permeability fractures and low – permeability matrix under high – rate injection and production conditions remain poorly understood, presenting significant challenges for the establishment of the first fracture – cave type gas storage reservoir cluster in the domestic Muping and Laowengchang areas.

This study focuses on the fracture – cave type gas storage reservoir within the Maokou Formation in the Muping and Laowengchang regions. Utilizing data from seismic surveys, outcrop examinations, and core analyses, we designed a three – dimensional digital core model representing typical fracture – cave configurations to perform multi – scale numerical simulations. This approach enables a quantitative investigation into the microscopic fluid flow mechanisms within the fractures and matrix during high – rate injection and production.

The findings reveal the following: (1) For the first time, we define the time differential for the high－permeability fracture zone to achieve pseudo－steady－state compared to the low－permeability matrix zone as the "Seepage hysteresis effect." This phenomenon results in initially high production rates from gas wells, but challenges in maintaining stable production, variability in pressure recovery during well testing, segmented characteristics of pressure decline curves, and a pronounced "pressure lag" phenomenon between fractures and matrix. (2) Results from three representative fracture conceptual models indicate that the scale of fractures and their spatial configuration are the primary controlling factors influencing Seepage hysteresis. Specifically, the scale of fracture development (storage capacity ratio) dictates the extent of the lag effect, with smaller scales exhibiting more pronounced lag characteristics. The arrangement of fractures affects the permeability gradient between fractures and matrix, where a larger gradient (corresponding to a smaller crossflow coefficient) leads to a more significant Seepage hysteresis effect. (3) Based on theoretical insights, we have defined and derived the "characteristic parameters of Seepage hysteresis effect," which quantitatively represent the lag in fluid flow between high－permeability fracture zones and low－permeability matrix. The expression of this parameter demonstrates a strong correlation with the storage capacity ratio and crossflow coefficient of the fracture reservoir.

This innovative research elucidates the Seepage hysteresis effect in high－rate injection and production scenarios within fracture－type reservoirs and establishes a quantitative characterization methodology for Seepage hysteresis. This work provides a theoretical foundation for the scientific and efficient design of fracture－type gas storage reservoirs.

Key words: Fracture－type gas storage reservoir, High－rate injection and production, Fluid flow mechanisms, Digital core, Storage capacity ratio, Crossflow coefficient

储气库是保障天然气安全供应和解决调峰问题的重要基础设施。近年来为了解决天然气供应紧张的问题，国家发展改革委员会和国家能源局提出了关于加快储气设施建设的要求，中国石油天然气集团有限公司也大力发展建立区域储气中心来加快推进储气库的建设。中国石油西南油气田公司积极响应国家号召，快速推进建设西南储气中心，截止 2023 年，已建成投产储气库 1 座，在建储气库 5 座，公司规划到 2025 年形成 43.8 亿工作气量，实现工作气量较十三五期间翻倍的目标，"十四五～十五五"期间，设计牟家坪和老翁场这两座新建储气库工作气量将超过 30 亿方，占新增气量 38%，这两座储气库均为蜀南茅口组气藏改建，为常温、常压、定容封闭、弹性气驱、低含硫的缝洞型气藏，是国内首座缝洞型气藏改建储气库。而缝洞储层具有显著的多重介质渗流特征，储气库高速注采进一步加剧了流动复杂性，流动规律的定量认识尚不清晰，需要进一步探索高速注采下多重介质渗流机理，支撑缝洞型气藏建库参数优化设计，因此本文将以牟家坪、老翁场储气库为例，基于多尺度数字岩心流动模拟技术，开展不同缝洞搭配模型数值模拟研究，定量化认识缝洞型储层高速注采过程中的流体流动规律，为缝洞型储气库的科学高效设计提供理论支撑。

1　缝洞型储层特点

牟家坪、老翁场储气库由蜀南茅口组碳酸盐岩气藏改建，和视均质气藏相比，茅口组缝洞型气藏表现出了 5 个方面的显著差异。首先在静态特征上（图 1），(1) 茅老缝洞型储层的岩心观察及钻井过程中均表现除了多重介质结构，据统计储层段的洞密度为 6.2，缝密度为 1.7，钻井井漏占比可达 72%，放空占比 28%，缝洞规模以中小尺度缝洞为主；(2) 蜀南地区茅口组孔渗关系总体具有裂缝型、裂缝～孔洞型储层两种分布特征，岩心孔隙度平均为 1.43%，岩心渗透率小于 0.01mD 的占 82.41%，缝洞发育段渗透率可达 100mD 以上，总体反映储层物性基质低孔、低渗，局部裂缝发育段表现为高渗特征；其次在生产动态特征上（图 2），(3) 茅老的生产井生产曲线表现出初期产能高但稳产期短的特点，如产能超 100 万方/天气井，平均稳产期仅 2 年；(4) 试井曲线具有双重介质或者强非均质的径向流动特征，不同介质或近远井区渗透极差可达5个量级；（5）储层的压降储量曲线表现显著的两段式特点，低渗补给段占比达30%以上，而视均质储层的低渗补给段仅在5%以内，所以缝洞型储层具有明显的流动滞后现象。

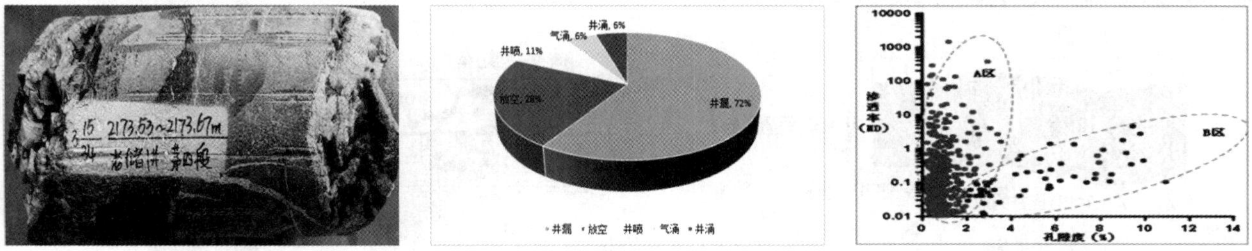

a 岩心观察　　b 钻井显示　　c 孔渗关系

图1　蜀南茅口组缝洞型储层静态特征

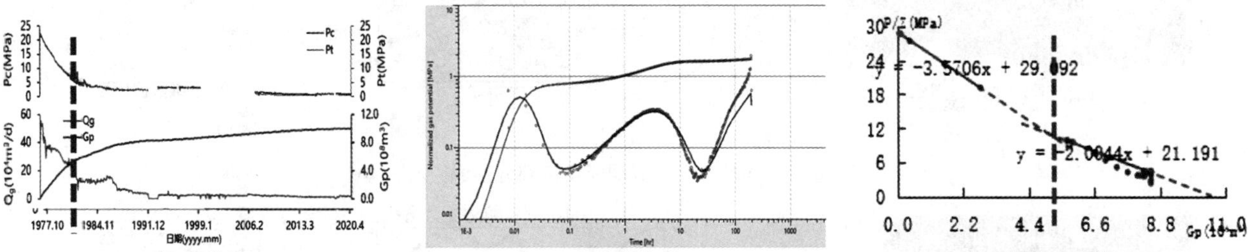

a 生产曲线　　b 试井曲线　　c 储量压降曲线

图2　蜀南茅口组缝洞型储层生产动态显示

2　模型的建立

2.1　多尺度渗流模拟理论

为进行岩芯尺度3维数据体数值模拟计算，模拟多重介质中的气体流动特征，采用了可以描述多尺度渗流问题的Brinkman模型，在同时考虑基质、缝洞的情况下，通过修正N－S方程开展数值模拟，所用方程如下：

$$\frac{\partial}{\partial t}(\varepsilon_p\rho)+\nabla\cdot(\rho\boldsymbol{u})=Q_m \tag{1}$$

$$\frac{\rho}{\varepsilon_p}\left[\frac{\partial \boldsymbol{u}}{\partial t}+(\boldsymbol{u}\cdot\nabla)\frac{\boldsymbol{u}}{\varepsilon_p}\right]=\nabla p+\nabla\cdot\left[\frac{1}{\varepsilon_p}\left\{\mu(\nabla\boldsymbol{u}+(\nabla\boldsymbol{u})^T)-\frac{2}{3}\mu(\nabla\cdot\boldsymbol{u})I\right\}\right]-\left(\kappa^1\mu+\frac{Q_m}{\varepsilon_p^2}\right)\boldsymbol{u}+F \tag{2}$$

公式（1）是基于质量守恒所建立的方程，公式（2）是基于动量守恒所建立的方程，上述方程中，式（1）中ε_p表示孔隙度；ρ表示流体密度，单位g/cm^3；Q_m表示质量源，单位$g/(cm^3\cdot s)$；$\boldsymbol{u}$表示速度矢量，单位m/s；式（2）中ρ表示压力，单位MPa；μ表示流体的黏度，单位mPa·s；k表示基质部分的渗透率，单位mD；F表示作用力，单位$g/(cm^2\cdot s^2)$。

在给定初始条件、边界条件和流体粘性等参数后，可简化上述公式，开展储层渗流滞后效应和库容动用特征的数值模拟，求解时采用的是格子玻尔兹曼方法（Lattice Boltzmann Method，LBM），所用方程如下：

$$\nabla\cdot\boldsymbol{u}=0 \tag{3}$$

$$\partial_t\boldsymbol{u}+(\boldsymbol{u}\cdot\nabla)\left(\frac{\boldsymbol{u}}{\varepsilon_p}\right)=-\frac{1}{\rho}\nabla(\varepsilon_p\rho)+\frac{\mu}{\rho}\Delta\boldsymbol{u}-\frac{\varepsilon_p\mu}{\kappa\rho}\boldsymbol{u} \tag{4}$$

2.2　数字岩心模型

为了准确模拟地下储气库注采渗流特征，根据相似性原则，基于岩芯观察、露头分析、地震解释、生产数据分析，开展了对储层典型缝洞的描绘，设计了两类岩芯模型，包括仿真模型和概念模型。模型的生成首先设计好二维缝洞方案，之后利用3次样条插值和欧式距离生成三维缝洞数据模型。三维数字岩芯模型长度均设为50mm，宽度设为25mm，高度设为25mm，模拟过程中，模型设定内部初始压力为1.0，衰竭开采开口端压力为0.95，基质部分的孔隙度为2%、渗透率为0.1mD。数值模拟时间的迭代区间为0～280×10^4步，开始阶段迭代间隔小，中间阶段到结束迭代间隔递增。

为了探究缝洞型储层开发过程中存在的流动滞后现象的本质原因，根据茅口组地震蚂蚁体形态和露头缝洞发育特征，还原构建了三类不同缝洞发育模式的三维数值模型（图3），一类是缝洞规模发育连通性好的模型，二类是缝洞规模发育部分连通的模型，三类是缝洞局部发育弱连通的模型。

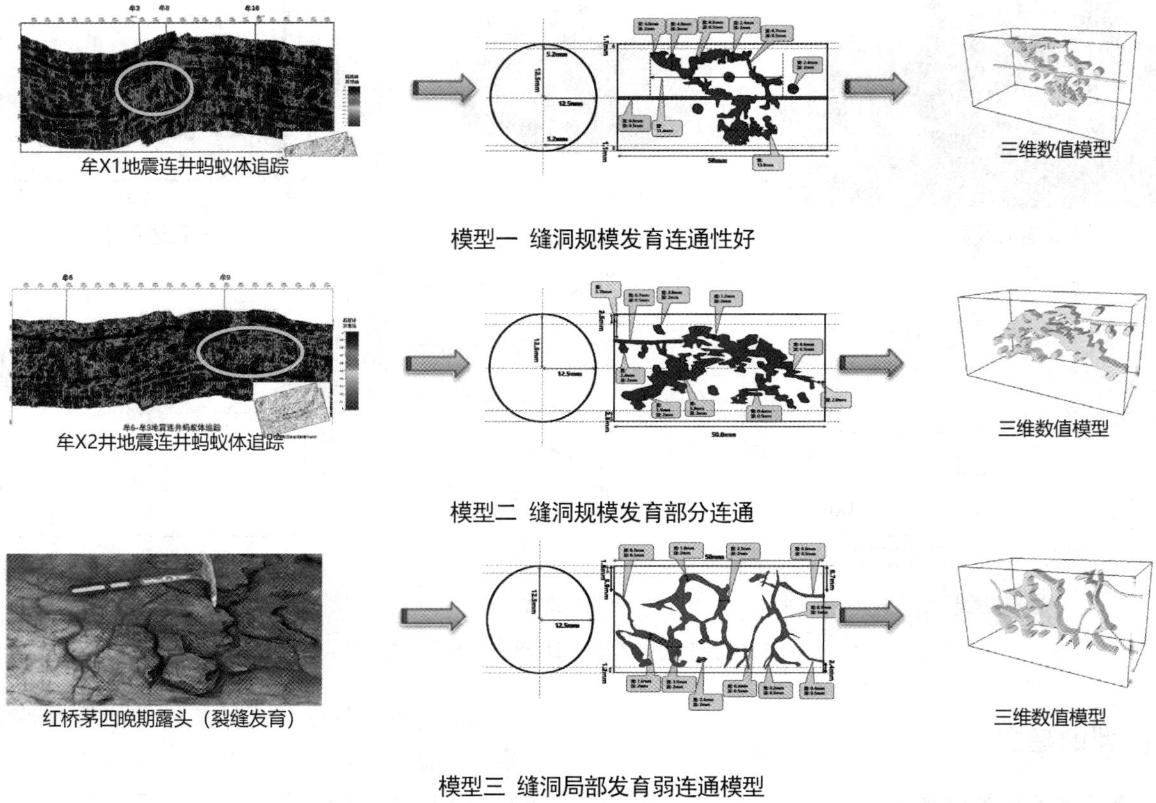

图3　数字岩心仿真模型设计示意图

为了进一步对渗流特征进行定量化研究，根据蜀南茅口组岩心、储层薄片、成像测井等资料，抽提构建三种典型缝洞搭配数字岩心概念模型（图4），概念模型设计为3个物性级别递增的缝洞模型（表1），依次为模式一为大缝洞型是厘米级洞搭配毫米级缝的模型，代表以井漏放空段为主的储层；模式二为中缝洞型是毫米级洞搭配毫米级缝模型，代表缝洞较为发育储层；模式三为小缝洞型是毫米级洞搭配微米级缝模型，代表缝洞欠发育储层。

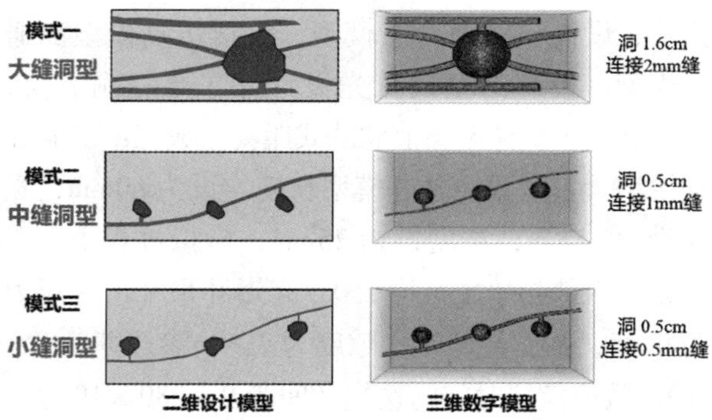

图4　数字岩心概念模型设计示意图

表1　概念模型缝洞及物性参数表

模型	孔洞直径/cm	裂缝开度/cm	裂缝宽度/cm	缝洞占比	渗透率/D	渗透率数量级
大缝洞型	1.6	0.20	0.4	36.21%	1927	10^3
中缝洞型	0.5	0.10	0.2	11.34%	76	10^2
小缝洞型	0.5	0.05	0.1	5.78%	8	10

3　数值模拟结果与分析

3.1　仿真模型数值模拟

缝洞规模发育部分连通的注采模型中，模型整体的压力降低速度较小，模拟终点时降低至约0.994（图8），基质压力下降速度略慢于整体，模拟终点时降低至约0.995，缝洞系统压力降低速度快于基质部分，特别是在初始 50×10^4 步内压力下降速度快，之后下降逐渐变慢，模拟终点时降低至约0.958。缝洞系统离开口端较近的位置，点1、2、3，压力下降速度快，且离开口端越近压力下降速度越快，压力下降的速度随时间增加逐渐变慢，离开口端相对较远的缝洞中的点 4、5、6 压力下降速度非常接近，慢于离开口端较近的缝洞位置。

仿真模型的数值模拟条件为模型内部给定初始压力 1.0，开口端压力 0.95，基质孔隙度为 2%，基质渗透率为 0.1 mD。数值模拟时间的迭代区间为 $0\sim320\times10^4$ 步。3 种仿真模型分别为连通性好注采模型、部分连通注采模型和弱连通注采模型，其中前两者是根据地震蚂蚁体追踪解释设计，后者根据露头形态设计，具体形态如图 8 所示，浅蓝色代表由二维截面向两侧延展的宽度为 1mm 的裂缝，深蓝色代表宽度为 4mm 的缝洞。对 3 种仿真模型开展了数值模拟计算，数值模拟方法也是基于 N－S 方程的变形 Brinkman 方程进行计算分析。模拟过程中统计和对比分析了模型的整体、基质、缝洞系统以及缝洞系统内 6 个位置的压力和气体流速的变化情况，获得的相关结果总结如下。

缝洞规模发育部分连通性好的注采模型中，模型整体的压力降低速度慢，模拟终点时降低至约 0.995（图 8），基质部分压力下降慢于模型整体，模拟终点时降低至约 0.996，缝洞系统压力降低速度快，特别在时间初始 50×10^4 步下降速度非常快，而后逐渐变慢，模拟终点时降低至约 0.958。缝洞系统内 6 个点的压力都呈快速下降的趋势，点 1 位于贯穿裂缝上且离开口端较近，它的压力下降最快且程度最大，位于贯穿缝另一端的点 2，它的压力下降较点 1 慢。点 4、5、6 压力下降的速度接近。点 3 位于不连通的洞中，压力到时间 50×10^4 步才开始逐步下降且下降速度远慢于其他点，与基质压力下降速度相似。

缝洞局部发育弱连通注采模型中，整个模型的压力降低速度小，模拟终点时降低至约 0.996（图 8），基质部分压力下降速度略慢于整体，缝洞系统压力降低速度快，特别在时间初始 50×10^4 步内降低速度快，后期降低速度逐渐变慢，模拟终点时降低至约 0.975。缝洞系统压力下降程度比前两个模型的小，主要原因是缝洞体内存在 1 个裂缝狭窄点（图 8），狭窄点导致其左侧缝洞系统压力下降滞后于右侧。缝洞系统内各点压力都呈快速下降趋势。狭窄点右侧离开口端较近的点 1、2、3 压力下降趋势相似，位置离开口端越近下降速度越快，都具有初始阶段压力快速下降然后下降速度变缓的特征。狭窄点左侧离开口端较远的点 4、5、6 具有相近的下降速度，下降速度明显慢于狭窄点右侧的点 1、2、3。

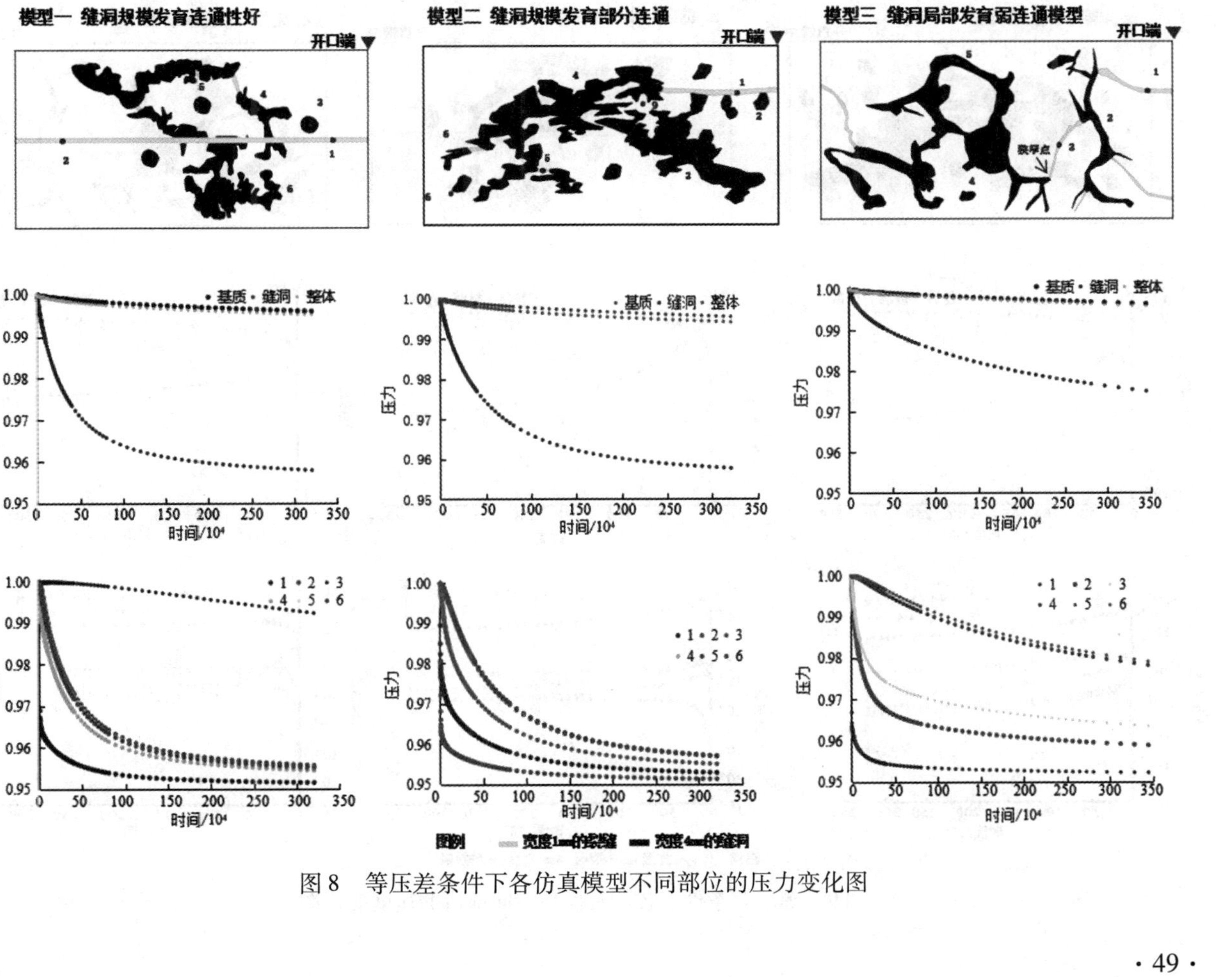

图 8　等压差条件下各仿真模型不同部位的压力变化图

缝洞规模发育部分连通性好注采模型中，模型整体的气体流速随时间的增加为上升趋势（图9），基质部分气体流速上升趋势和模型整体相似，基质部分气体流速上升速度略快于模型整体，缝洞系统气体流速在最初始时快速提升到最高值且高于基质部分，之后呈下降趋势，在时间 16×10^4 步缝洞系统中气体流速开始低于基质部分气体流速。模型中有一贯穿裂缝，裂缝宽度较小。位于贯穿缝上且离开口端较近的点1气体流速的初始值最高，虽然随时间增加呈下降趋势，但一直保持较高值。同样位于贯穿缝上的点2离开口端最远，在初始阶段气体流速快速提升到最高然后缓慢下降并低于点1。点4、5、6位于连通的洞内，气体流速曲线具有相似的特征，在初始时间都迅速提升到最高值然后随时间增加而减慢。点3位于不连通的洞中，初期气体流速快速提升并伴有震荡的情况，之后呈缓慢上升趋势并逐渐与点6气体流速接近，在时间为 280×10^4 步时逐渐超过点6。

缝洞规模发育部分连通注采模型中，模型整体的气体流速为上升趋势（图9），基质部分气体流速上升趋势和整体相似，略快于整体，缝洞系统中气体流速在最初始时刻快速提升且高于基质中气体流速，之后呈下降趋势，在时间 8×10^4 步左右气体流速开始低于基质中气体流速。缝洞系统靠近开口端的点1位于宽度较小的裂缝中，其初始速度最高，虽然呈下降趋势，但一直保持为6个点中的最高值。点4、5、6气体流速随时间变化的曲线形态相似。点5位于宽度较小的裂缝内，初始阶段气体流速提升快且数值大，之后呈下降趋势但一直保持较高值，仅低于点1。离开口端更近的点4初始阶段气体流速较点6提升快且提升的数值大。离开口端近点2和3气体流速初始值很高，从初始时间到 8×10^4 步快速下降，后期气体流速缓慢下降。

缝洞局部发育弱连通注采模型中，模型整体的气体流速随时间的增加而加快，但加快的趋势比较平缓（图9），基质部分气体流速上升趋势和模型整体的气体流速相似，缝洞系统中的气体流速在最初始时快速提升到最高值但并没有高于基质气体流速，之后呈随时间增加而降低且趋势越来越平缓。缝洞系统中的气体流速一直低于基质中的气体流速。离开口端较近的点1的气体流速，在初始时间数值在在统计的6个点中最高，虽然随时间增加呈下降趋势，但一直保持最高。点3位置

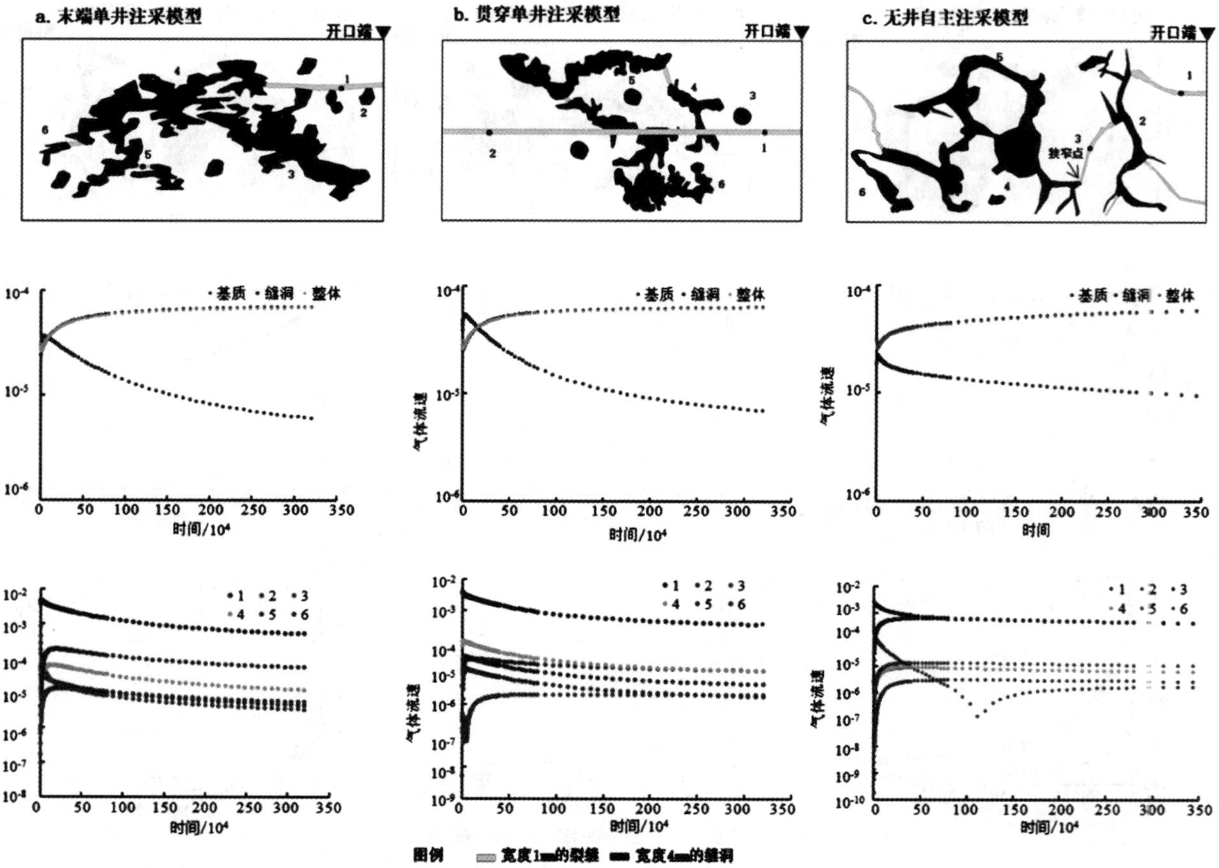

图9　等压差条件下各仿真模型不同部位的速度变化图

的气体流速在初始阶段快速提升，然后缓慢降低，在时间到达 50×10^4 步之后与点 1 的气体流速曲线几乎重合。点 1 和点 3 都位于宽度较小的裂缝内。开口端有两个裂缝，点 2 位于连接这两个裂缝的通道中，该位置的气体流速在初始值仅低于点 1，随后快速下降到 110×10^4 步左右时达到最低值，之后又呈上升趋势但数值在 6 个监测点中处于最低。点 4、5、6 位于狭窄点的左侧，气体流速的初始值显著的低于位于狭窄点右侧的点 1、2、3，气体流速曲线具有相似趋势，都是在初始阶段快速提升，然后缓慢下降，点 5 的气体流速最快、点 4 次之、点 6 最慢。

3 个仿真模型的基质部分占比都较高，导致模型整体压力下降与基质部分压力下降趋势相似（图 8）。3 个模型缝洞系统内压力变化对比，连通性较好的模型一和模型二注采模型压力下降最快，弱连通模型由于狭窄点的存在压力下降最慢，后者较前两者有明显的压力下降滞后。3 个模型的气体流速对比，缝洞局部发育弱连通模型注采模型最慢，缝洞规模发育部分连通性好和缝洞规模发育部分连通注采模型较快（图 10）。3 个模型采出气量对比，在初始阶段 3 个模型采出气量都从 0 快速增长随后增长速度减缓，弱连通模型注采模型采出气量最少，连通性较好的模型一和模型二注采模型采出气量最多。模拟结束时，末端单井注采模型的采出气量与无井自主注采模型的比值为 1.786，贯穿单井注采模型与无井自主注采模型比值为 1.513。

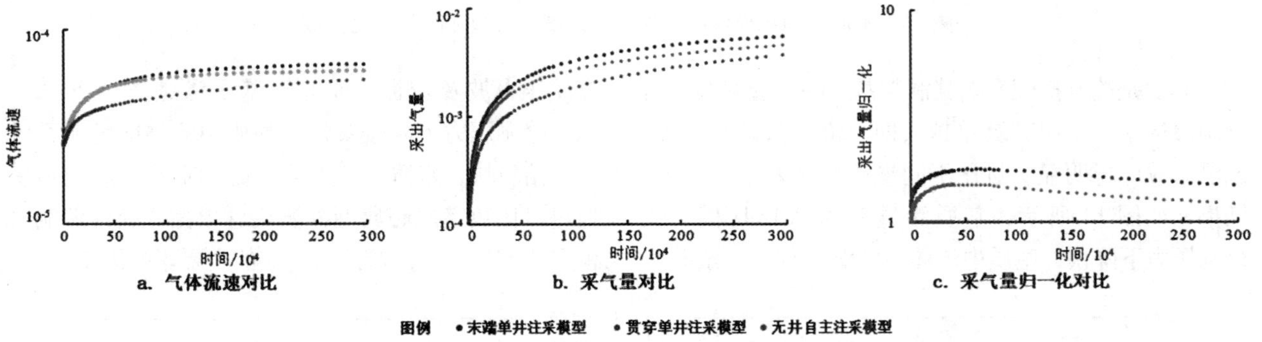

图 10　多模型增压差模拟气体流速及采气量对比图

通过仿真模型模拟结果发现压差恒定条件下流体向缝洞系统中汇聚明显，压降传播至缝洞边界，基质不能及时补给，导致出口流量降低，从模拟结果中分析得出缝洞与基质中流体的流速差异可达 14 – 40 倍，缝洞系统中最大压降速率是基质的 17 – 35 倍，导致了流动不均衡现象，并且流体流动过程中存在两个阶段拟稳态的流动，包括压降传播至缝洞边界后缝洞系统中流体达到拟稳态，以及压力向基质中传递后最终整体流动系统达到拟稳态，因此低渗基质向高渗缝洞补给不及时导致了流动滞后现象，鉴于此本文首次提出了渗流滞后效应。

4　“渗流滞后效应”的定量表征

4.1　“渗流滞后效应”定义

矿场实践和上述数字岩心仿真模型模拟结果均表明，对于缝洞型储层，高速注采条件下会导致明显的流动滞后现象，为了定量化研究该现象，首次定义高渗缝洞区达到拟稳态与低渗基质区达到拟稳态的时间差称为“渗流滞后效应”，它的物理意义是流体在不同介质中流态、流速差异，叠加缝洞搭配多样性，导致流动特征随压降传播不连续，它会导致气井初期高产但难稳产、试井压力恢复具有不同阶段差异性、压降曲线的分段特征及缝洞 – 基质间明显的“压力滞后”现象，“压力滞后”为注采期末缝洞和基质间的压力差。

4.2　“渗流滞后效应”影响因素

根据图 4 所示建立的三种典型缝洞概念模型模拟结果，发现缝洞规模和缝洞搭配是渗流滞后效应的主控因素。首先缝洞发育的规模，即储容比决定了渗流滞后效应影响的范围和强弱。如图 11 所示：对于大缝洞模型，缝洞占比达 58%，从气体流动速度 – 对数随时间变化图版中可以看出缝洞系统初期采速为模型中最高，基质补给速度最快，模型计算步数为 3000 步时基质中流速超过缝洞，2 万步时缝洞基质中流速趋于稳定；中缝洞模型缝洞占比 28%，计算步数为 1.2 万步时基质中流体流速超过缝洞体中流速，基质成为供给主体，在2.6万步时缝洞基质中流速趋于稳定；小缝洞模型，缝洞占比17%，2万步时，基质供给流速才缓慢超过缝洞中流速，4.8万步时缝洞基质中流速趋于稳定。因此缝洞规模越小，基质补给越慢，渗流滞后效应越明显。

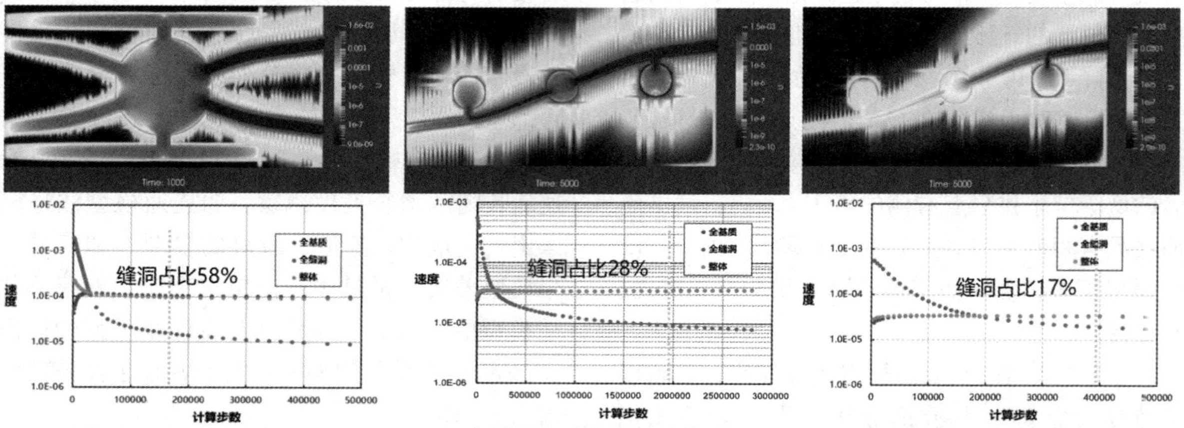

大缝洞型（厘米洞+毫米缝）　中缝洞型（毫米洞+毫米缝）　小缝洞型（毫米洞+微米缝）

图11　不同缝洞规模模型气体流动速度－对数随时间变化图版

其次是缝洞搭配影响缝洞与基质的渗透率级差，缝洞渗透率一定时，级差越大即窜流系数越小，渗流滞后效应越明显。对比不同渗透率级差模型模拟结果，如图12所示，基质渗透率为0.1mD模型：缝洞压力下降快，基质中流体向缝洞系统中补给差，基质压力波及较慢，而对于基质渗透率100mD模型，缝洞压力下降较缓慢，基质中流体向缝河系统中补给较快，基质中各点压力波及时间迅速。因此，通过对比数字岩心典型缝洞概念模型，获得缝洞规模和缝洞搭配是渗流滞后效应的主要影响因素。

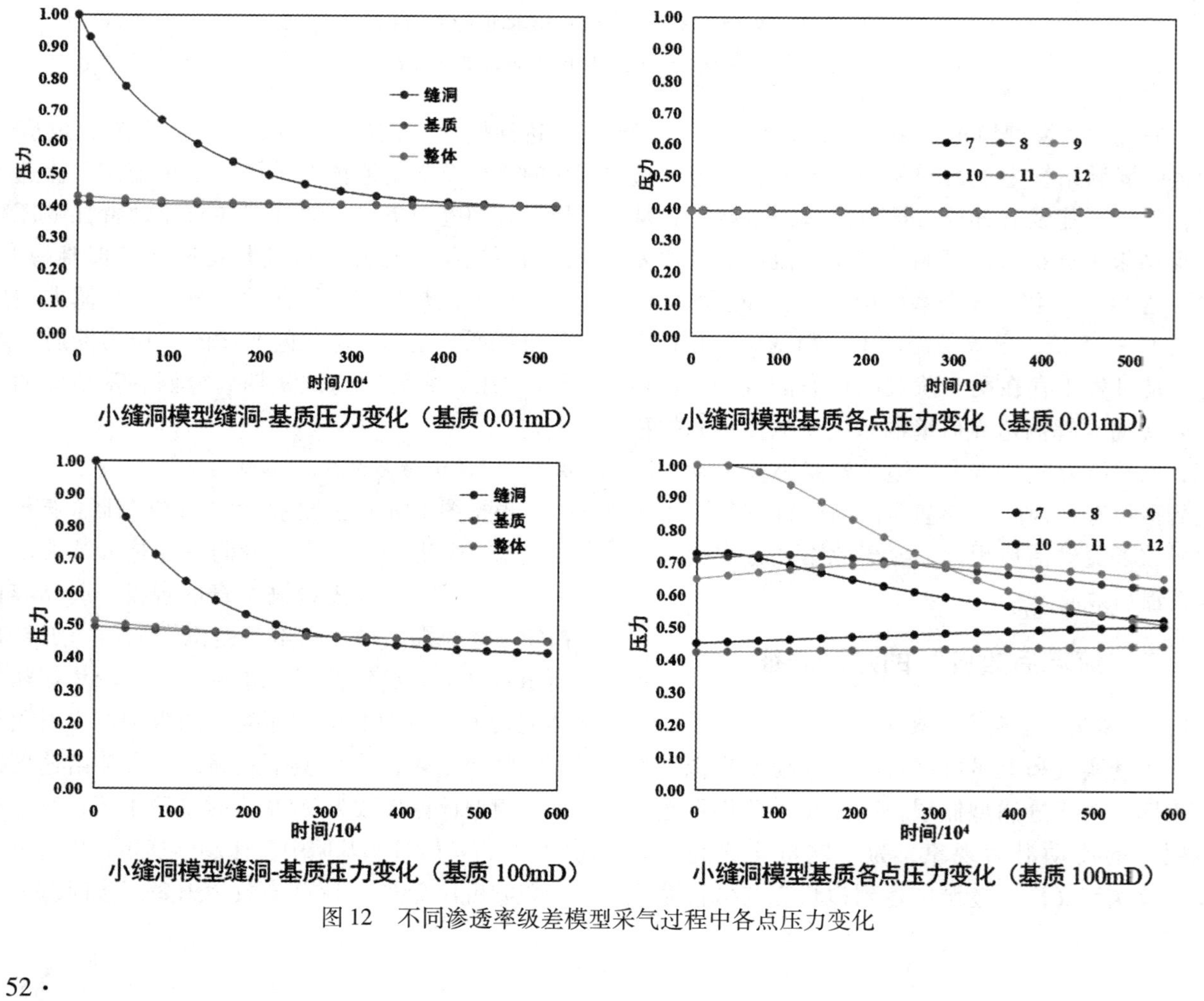

小缝洞模型缝洞-基质压力变化（基质0.01mD）　小缝洞模型基质各点压力变化（基质0.01mD）

小缝洞模型缝洞-基质压力变化（基质100mD）　小缝洞模型基质各点压力变化（基质100mD）

图12　不同渗透率级差模型采气过程中各点压力变化

4.3 “渗流滞后效应”定量表征

基于数字岩心模拟和理论研究结果，首次定义“渗流滞后特征参数”$W_{滞后}$定量表征流体在高渗缝洞区和低渗基质件间的渗流滞后效应，从示意图13中可以直观的看出，“渗流滞后效应特征参数”为缝洞体中渗流达到拟稳态时的时间t_1与压降漏斗进一步向基质传递后整个流动系统达到拟稳态的时间t_2的比值，基于渗流理论方程推导获得“渗流滞后效应特征参数”$W_{滞后}$的表达式（5），从表达式中也进一步说明渗流滞后与缝洞储层的储容比和窜流系数强相关，且当$W_{滞后}$趋于0，表明非均质越强，渗流滞后效应显著，$W_{滞后}$趋于1，表明储层趋于均质，渗流滞后效应消失。之后建立大量不同孔洞缝搭配数字岩心模型，形成不同缝洞占比（储容比）储层下窜流系数三元图版（图14），通过这一图版，我们可以定量化的计算不同缝洞搭配的“渗流滞后效应特征参数”，从而评价缝洞储层的渗流滞后特征和影响。

$$W_{滞后}=\frac{t_1}{t_2}=\frac{\phi_1\mu Ct\,r_1^2}{3.795^2\,K_1}\Big/\frac{\phi_2\mu Ct\,r_2^2}{3.795^2\,K_2}=\frac{\omega\lambda}{a\,r_W^2}\qquad(5)$$

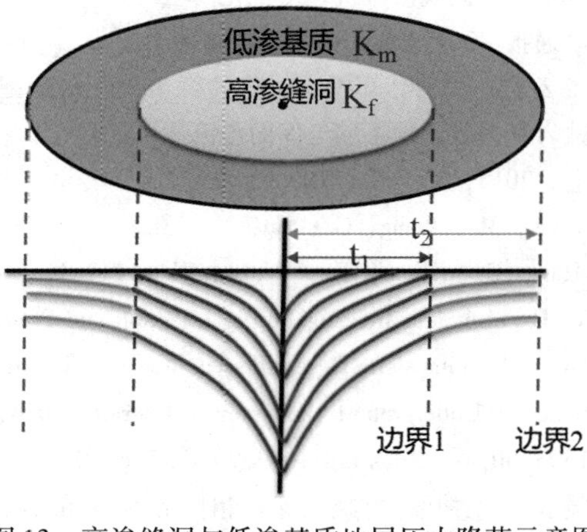

图13　高渗缝洞与低渗基质地层压力降落示意图

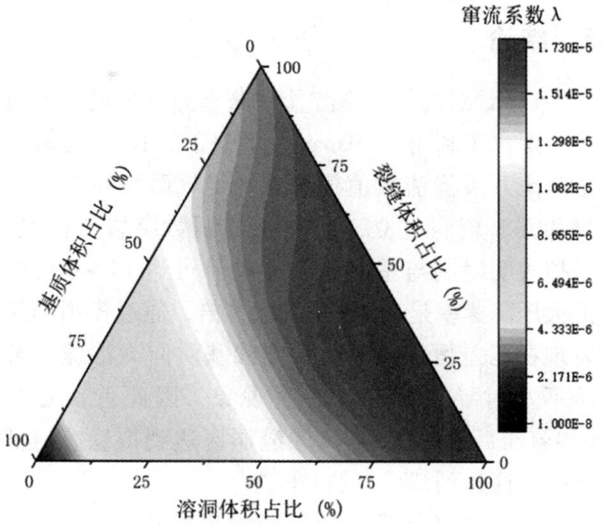

图14　不同缝洞－基质占比下窜流系数三元图版

4.4 模型应用

以牟家坪茅口组气藏为例，根据已建立的缝洞储层渗流滞后定量表征模型，分别计算牟家坪不同井区的储层渗流滞后效应特征参数，评价不同井区的渗流滞后特征。选择牟家坪牟9高产井区和牟7、牟8中产井区，通过三个井的压降储量图（图15），可以大致获得缝洞储层高渗区与低渗区的占比，近似获得每个井区的储容比，同时根据三个井区的压降试井曲线，为了计算方便，利用复合模型获得了三个井区的高渗和低渗的渗透率级差，带入到渗流滞后特征参数表达式中，计算结果：牟9高产井区$W_{滞后}$为0.03，牟8井$W_{滞后}$为0.003，牟7井区$W_{滞后}$为0.005。计算结果中牟家坪高产井区渗流滞后效应特征参数比中产井区高一个数量级，表明牟9高产井区渗流滞后效应弱于牟8、牟7中产井区，说明牟9井区低渗区补给更加及时。

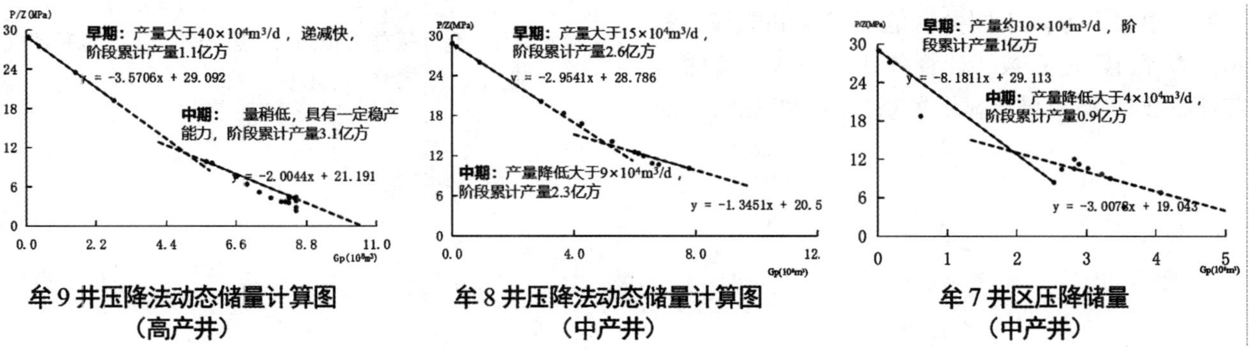

图15　牟家坪茅口组气藏不同井区压降储量图

5 结论

1）针对缝洞型碳酸盐气藏型储气库的渗流特征，提出了利用Brinkman模型修正的N－S方程的方法来开展渗流数值模拟。基于气藏地震解释结果和露头资料建立三维复杂缝洞数字岩心模型，模拟表明缝洞与基质的流速差异可达14－40倍，最大压降速率是基质的17－35倍，通过模拟结果发现在压差恒定条件下，低渗基质向高渗缝洞补给不及时导致了流动滞后现象，因此首次定义“渗流滞后效应”，即高渗缝洞区达到拟稳态与低渗基质区达到拟稳态的时间差。

2）“渗流滞后效应”的物理意义是流体在不同介质中流态、流速差异，叠加缝洞搭配多样性，导致流动特征随压降传播不连续，在生产中表现为气井初期高产但难稳产、试井压力恢复具有不同阶段差异性、压降曲线的分段特征及缝洞－基质间明显的“压力滞后”现象。

3）根据蜀南茅口组储层特征建立三种典型缝洞搭配的数字岩心概念模型，分别为厘米级洞搭配毫米级缝的模型、毫米级洞搭配毫米级缝模型、毫米级洞搭配微米级缝模型，通过对比模拟结果表明缝洞发育的规模（储容比）决定了渗流滞后影响的范围，规模越小滞后效应越明显，缝洞搭配影响缝洞与基质的渗透率级差，级差越大（窜流系数越小）渗流滞后效应越明显。

4）基于理论研究结果，定义“渗流滞后效应特征参数”定量表征流体在高渗缝洞区和低渗基质间的渗流滞后效应，并根据数字岩心机理模拟与渗流理论方程推导获得该参数与缝洞储层的储容比和窜流系数强相关。

5）结合大量不同孔洞缝搭配数字岩心模型，形成不同缝洞占比（储容比）储层窜流系数三元图版，根据牟家坪不同井区缝洞搭配和规模，利用图版评价窜流系数，计算各井区的“渗流滞后特征参数”，计算结果显示牟家坪高产井区渗流滞后效应特征参数比中产井区高一个数量级，表明高产井区渗流滞后效应弱于中产井区，高渗井区低渗区补给更加及时，与实际情况相匹配。

参考文献

[1] 胡昊，许国明，高峰，等．四川盆地西部茅口组多类型储集层成因与启示［J］．新疆石油地质，2016，37（5）：512－518.

[2] 李隆新，王梦雨，胡勇，等．缝洞型碳酸盐岩地下储气库高速注采渗流特征及库容动用机理［J］．天然气工业，2023，43（10）：73－82.

[3] 胡勇，王梦雨，罗瑜，等，“中国西南储气能力”建设的技术基础与发展思考［J］．天然气工业，2024，44（02）：1－13.

[4] 孙军昌，胥洪成，王皆明，等．气藏型地下储气库建库注采机理与评价关键技术［J］．天然气工业，2018，38（4）：138－144.

[5] 马新华，郑得文，魏国齐，等．中国天然气地下储气库重大科学理论技术发展方向［J］．天然气工业，2022，42（5）：93－99.

[6] 王璐，杨胜来，刘义成，等．缝洞型碳酸盐岩储层气水两相微观渗流机理可视化实验研究［J］．石油科学通报，2017，2（3）：364－376.

[7] 丁云宏，张倩，郑得文，等．微裂缝—孔隙型碳酸盐岩气藏改建地下储气库的渗流规律［J］．天然气工业，2015，35（1）：109－114.

[8] Wang, M.; Wang, G.; Hu, Y.; Zhou, Y.; Li, W.; Han, D.; Zhao, Z.; Wang, X.; Li, L.; Long, W. Experimental Investigation of Injection and Production Cycles for Limestone Reservoirs via Micro－CT: Implications for Underground Gas Storage. Energies 2024, 17, 1503. https://doi.org/10.3390/en17061503

[9] 吴建发，钟兵，冯曦，等．相国寺石炭系气藏改建地下储气库运行参数设计［J］．天然气工业，2012，32（2）：91－94.

[10] 王容，李隆新，刘晓旭，等．深层碳酸盐岩气藏改建储气库注采能力预测方法及应用［J］．特种油气藏，2023，30（1）：126－133.

设计参数对硬岩储气库稳定性影响规律研究

周小松[1,2]　黄康康[2]　闫　磊[2]　王颖蛟[2]　刘　卫[2]

（1. 西安理工大学岩土工程研究所；2. 机械工业勘察设计研究院有限公司）

摘　要　围岩等级、埋深、洞径是影响人工开挖洞室围岩稳定性的主要设计参数。采用 MIDAS GTS NX 软件建立模型，从应力、位移、塑性区多个角度研究了围岩等级、埋深以及洞径对洞室围岩稳定性的影响规律。研究表明：储气压力为 16MPa 时，衬砌的顶部和底部均出现受拉破坏；随着围岩等级的降低，洞室围岩的位移量和塑性区面积不断增大；随埋深的增加，在开挖完成后，各关键点位移不断增大。在运行期间，各关键点先向外部发生位移，位移量逐渐减小，之后向部发生位移，位移量逐渐增大，洞室围岩塑性区面积不断减小；随洞径的增加，各关键点位移和洞室围岩塑性区面积不断增大。经过分析得到，储气库布置在围岩等级为Ⅰ～Ⅱ级、埋深为 300～600m、洞径为 5～25m 范围时，具有较好的稳定性。

关键词　洞室围岩；围岩等级；埋深；洞径；稳定性

Study on the Influence of Design Parameters on the Stability of Hard Rock Gas Storage

ZHOU Xiaosong[1,2], HUANG Kangkang[2], YAN Lei[2], WANG Yingjiao[2], LIU Wei[2]

(1. China Jikan Research Institute of Engineering Investigations and Design, Co., Ltd;
2. China Jikan Research Institute of Engineering Investigations and Design Co., Ltd)

Abstract: The surrounding rock grade, buried depth and hole diameter are the main design parameters that affect the stability of the surrounding rock of the artificial excavation chamber. Using MIDAS GTS NX software to establish a model and studies the influence of surrounding rock grade, burial depth, and tunnel diameter on the stability of tunnel surrounding rock from multiple perspectives of stress, displacement, and plastic zone. The study shows that when the gas storage pressure is 16MPa, the top and bottom of the displacement of the surrounding rock and the plastic area of the surrounding rock are increasing. With the increase of buried depth, the displacement of each key point is increasing after the excavation. During operation, key points first shift outward, with a gradual decrease in displacement, and then shift inward, with an increase in displacement and a continuous decrease in the plastic zone area of the surrounding rock of the tunnel; As the diameter of the tunnel increases, the displacement of each key point and the plastic zone area of the surrounding rock of the tunnel continuously increase. After analysis, it is found that the gas storage layout has good stability when the surrounding rock grade is Ⅰ ~ Ⅱ grade, the buried depth is 300 ~ 600m, and the hole diameter is 5 ~ 25m.

Key words: cave surrounding rock; surrounding rock grade; buried depth; hole diameter; stability

压缩空气储能是一种将电能转化为空气压力势能和储热介质热能进行储存，在需要时又将其转换为电能的长时储能技术。由于大型压缩空气储能电站需要较大的储气空间，而地上储气罐价格昂贵，现阶段在建、已投产项目多采用地下储气库，即地下盐穴、人工开挖洞室、废弃矿洞等 3 种形式。人工开挖洞室具有不受特定地质条件限制、存储压力大、气密条件好、循环效率高的特点，使其成为在压缩空气储能电站储气库建造时优先考虑的方案。特别是越来越多的化工、钢铁冶金等用电大户，每天近千万度电的外购成本，成为其沉重的负担。在用户侧建设人工开挖洞室压缩空气储能电站，可以充分利用当地的波谷电价差、共享储能容量补贴、电网服务等收益，极大降低企业用电成本，提高企业的生成竞争力。

目前，国外已有两座正在商业化运行的大型压缩空气储能电站，分别是德国 Huntoyf 290MW 级电站、美国 Mcintosh 110MW 级电站。国内压缩空气储能电站也发展迅速，相继建成了芜湖 0.5MW 级电站、金坛 60MW 级电站、张北 100MW 级电站等，其中张北压缩空气储能电站利用硬岩储气库进行储气。硬岩储气库洞室稳定性是压缩空气储能系统安全运行的关键，因此国内外学者对人工开挖储气库洞室进行了大量的研究。Zimmels 等利用 FLAC 软件研究了隧道式洞室在不同气压、间距下围岩塑性区的分布状态，并对储气库容量进行了计算。Perazzelli 等根据岩体变形破坏准则，研究了内衬式岩洞在不同地质条件下开挖的可能性。Pornhasem 等对含有孔洞的岩石样品施压空气压力，通过物理试验的方法研究了围岩在空气压力作用下的破坏特征。王其宽采用 ABAQUS 软件，以关键点的位移以及围岩塑性区为评价指标，研究了洞室间距、埋深及内径对围岩变形和塑性区的影响规律。夏才初等利用 ABAQUS、COMSOL 有限元软件，研究了不同截面形状、尺寸、埋深的洞室在 10MPa 气压作用下围岩受到的应力、变形以及塑性区发展状况。朱荣华通过建立不同围岩条件、高跨比、埋深的洞室数值模型，研究了开挖后围岩的稳定性特征，得到了洞室围岩的变化规律。蒋中明等基于 FLAC3D 软件平台，研究了储气库截面形式、洞室埋深和运行压力对储气库围岩累计损伤特征的影响。由以上研究可知，储气库运行压力、围岩等级、埋深、洞径对其自身稳定性有着重要的影响。因此

本文采用 MIDAS GTS NX 软件在花岗岩岩体中建立容积为 18 万 m^3 的圆形隧道式储气库二维模型，分析衬砌厚度为 0.5m、混凝土等级为 C40、储气压力为 16 MPa 时，不同围岩等级、埋深、洞径条件下，洞室围岩的受力特征以及塑性区变化状态，从而获得合理的设计参数，为将来地下储气库的工程建设提供参考。

1 储气库有限元模型

1.1 数值模型建立

圆形隧道式储气库的长度远大于洞径，为计算简便，将其简化为二维模型。为了避免边界效应影响，保证洞室距模型上下、左右边界的距离大于 3 倍洞径，模型尺寸设置为 400 × 800m。采用“四边形 + 三角形”组合形式单元进行网格划分，以洞室为中心向四周扩展，网格逐渐稀疏，最大单元尺寸控制为 5m，单元总数为 28658 个。模型的初始应力为自重应力，左右边界以及底部边界受到法向位移约束，上部边界不受任何约良。模型示意图如图 1 所示。

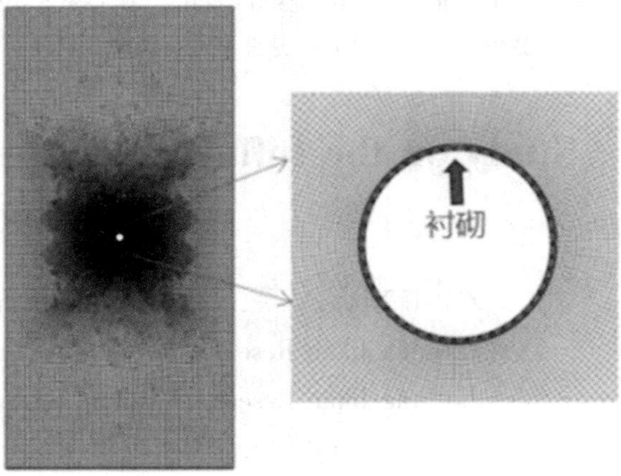

图 1 模型示意图

1.2 力学模型及其参数

在数值模拟过程中，将围岩假定为理想弹塑性材料，采用摩尔 - 库仑屈服准则。剪切破坏与拉伸破坏函数分别为：

$$F_s = \sigma_1 - N_\varphi \sigma_3 + 2c\sqrt{N_\varphi} \tag{1}$$

$$F_t = \sigma_3 - \sigma_t \tag{2}$$

式中：σ_1 为最大主应力，MPa；$N_\varphi = (1 + \sin\varphi)/(1 - \sin\varphi)$，$\varphi$ 为岩石的内摩擦角（°）；σ_3 为最小主应力，MPa；c 为岩石的黏聚力，MPa；σ_t 为岩石的抗拉强度，MPa。

围岩的剪切破坏势函数采用不相关联流动法则，拉伸破坏势函数采用相关联流动法则，其表达式分别为：

$$g_s = \sigma_1 - \sigma_3 N_\psi \tag{3}$$

$$g_t = -\sigma_3 \tag{4}$$

式中，$N_\psi = (1 + \sin\psi)/(1 - \sin\psi)$，$\psi$ 为岩石的膨胀角（°）。

表1　材料参数表

材料类别		弹性模量 E/GPa	泊松比 μ	重度 γ/ kN·m^{-3}	黏聚力 c/MPa	内摩擦角 φ/°	抗拉强度/ MPa
围岩	Ⅰ级	33	0.15	27	2.1	60	8
	Ⅱ级	20	0.2	26	1.5	50	2
	Ⅲ级	10	0.25	24	1	40	1.5
C40 混凝土		32.5	0.2	24.4			1.71

衬砌假定为弹性材料，采用 C40 混凝土，厚度为0.5m。材料参数取值参考《工程岩体分级标准》（GB/T 50218—2014）和《混凝土结构设计规范》（GB 50010—2010），详见表1。

1.3　数值模拟方案

在模型计算过程中，主要考虑围岩等级、埋深、洞径三个影响因素。围岩级别分别设置为Ⅰ级、Ⅱ级、Ⅲ级，埋深分别设置为100m、200m、300m、400m、500m、600m、700m，洞径分别设置为5m、15m、25m、35m、45m，各工况下圆形隧道式储气库数值模拟方案表2。计算时，首先初始地应力平衡，位移清零；然后开挖洞室，使得应力重分布；最后，浇筑混凝土，施加16MPa储气压力。

表2　数值模拟方案

影响因素	圆形隧道式储气库	基本方案
围岩等级	Ⅰ级、Ⅱ级、Ⅲ级	Ⅱ级
埋深	100m、200m、300m、400m、500m、600m、700m	400m
洞径	5m、15m、25m、35m、45m	15m

2　计算结果分析

2.1 围岩等级对储气库稳定性的影响

储气压力为16MPa、埋深为400m、洞径为15m的圆形隧道式储气库在不同围岩等级条件下，衬砌受到的第一主应力云图如图2所示。

从图中可以看到，Ⅰ级、Ⅱ级、Ⅲ级围岩条件下，衬砌受力状态分布相同，均处于受拉状态，沿拱腰向拱顶、拱底方向，衬砌受到的拉应力逐渐增大。衬砌拱腰处受到的拉应力分别为12.39MPa、24.80MPa、53.02MPa，衬砌受到的最大拉应力分别为37.45MPa、49.52MPa、73.04MPa。随着围岩等

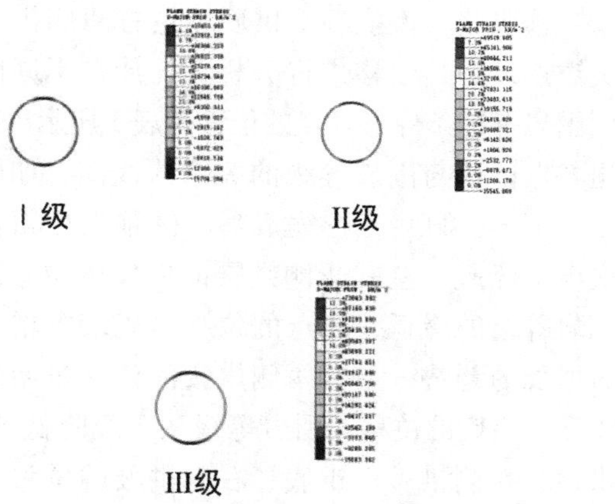

图2　衬砌第一主应力云图

级的降低，衬砌受到的主应力逐渐增加，且衬砌受到的拉应力远大于混凝土的抗拉强度，表明衬砌会产生整体性张拉破坏。

不同围岩等级条件下，洞室在开挖完成后和储气压力为16MPa时，围岩受到的最大拉应力曲线图如图3所示。从图中可以看到，不同工况下，围岩受到的最大拉应力均小于其抗拉强度，表明围岩不会出现张拉破坏。

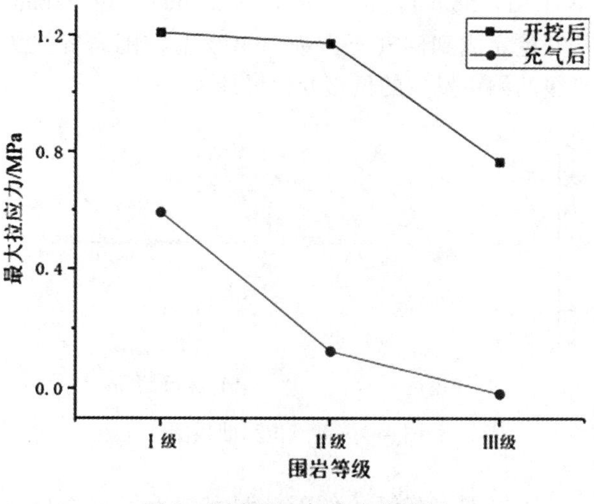

图3　围岩最大拉应力曲线图

表3　各关键点位移

	围岩等级	拱顶位移/mm	左侧拱腰位移/mm	拱底位移/mm	右侧拱腰位移/mm
开挖后	Ⅰ级	-4.84	5.30	4.89	-5.34
	Ⅱ级	-7.61	9.75	7.65	-9.78
	Ⅲ级	-15.83	49.38	15.53	-49.63
运行期间	Ⅰ级	-0.72	0.20	1.35	0.20
	Ⅱ级	-0.41	1.44	1.40	-1.47
	Ⅲ级	1.75	35.27	3.23	-35.41

选取储气库拱顶、拱底、左右两侧拱腰四个关键点，对其位移进行分析。统计在不同阶段不同围岩等级条件下各点的位移如表3所示，并绘制出各点位移与围岩等级的关系曲线图，如图4所示。可知：洞室开挖完成后，拱顶发生沉降，拱底向上隆起，左右两侧拱腰向内发生位移。随着围岩等级的降低，各点的位移呈先缓慢增加后显著增加的趋势，左右两侧拱腰的位移量始终大于拱顶、拱底的位移。围岩等级从Ⅰ级降低到Ⅱ级，拱顶、左侧拱腰、拱底、右侧拱腰的位移分别增加了2. 77mm、4. 45mm、2. 76mm、4. 44mm；围岩等级从Ⅱ级降低到Ⅲ级，四点的位移分别增加了8. 22mm、39. 63mm、7. 88mm、39. 85mm。与Ⅰ级、Ⅱ级围岩条件相比，Ⅲ级围岩条件下洞室的位移量显著大。当储气压力为16MPa时，洞室变形受到抑制。与开挖完成后相比，围岩等级为Ⅰ级时，四点的位移分别减小了4. 12mm、5. 5mm、3. 54mm、5. 54mm；围岩等级为Ⅱ级时，四点的位移分别减小了7. 2mm、8. 31mm、6. 25mm、8. 31mm；围岩等级为Ⅲ级时，四点的位移分别减小了17. 58mm、14. 11mm、12. 3mm、14. 22mm。从开挖完成到储气压力为16MPa时，围岩等级为Ⅲ级的洞室发生的位移变化量最大。

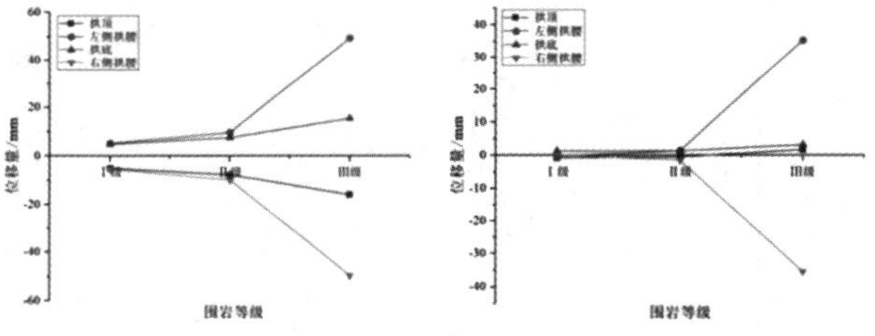

(a) 开挖后　　(b) 运行期间

图4　关键点位移曲线图

不同围岩等级条件下，洞室塑性区分布状况如图5所示。从图中可知：在洞室开挖完成后，围岩等级为Ⅰ级时，洞室围岩基本不产生塑性区；围岩等级为Ⅱ级时，在洞室的左右两侧产生部分塑性区，塑性区面积占比5%；围岩等级为Ⅲ级时，洞室左右两侧的塑性区面积显著增大，塑性区面积为18%。在16MPa压力运行期间，围岩等级为Ⅰ级时，在拱顶和拱底区域产生小部分塑性区，塑型区面积占比约为5. 5%；围岩等级为Ⅱ级、Ⅲ级时，洞室产生的塑性区面积逐渐增大，塑性区面积占比分别为9%、20%。分析可知，洞室在开挖完成后，围岩等级越差，其自稳能力越弱，产生的塑性变形越大。储气压力为16MPa时，空气压力大于自重压力，导致在拱顶和拱底区域产生新的塑性区，Ⅲ级围岩产生的塑性区远大于Ⅰ级、Ⅱ级围岩。

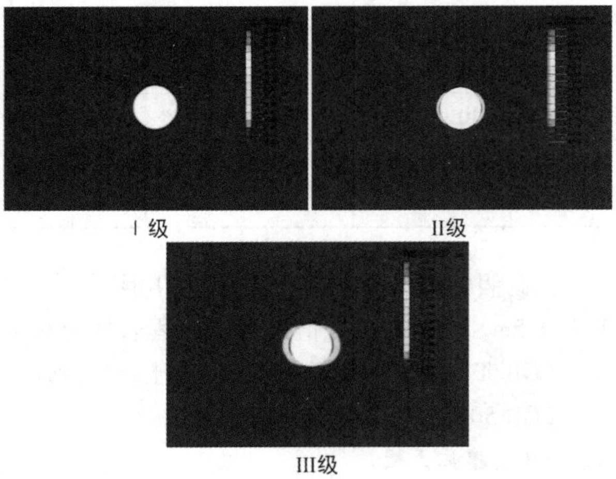

(a) 开挖后

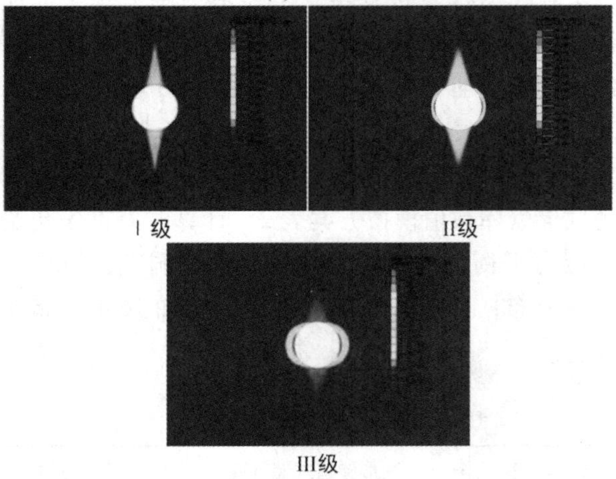

(b) 运行期间

图5　围岩塑性区云图

2.2　埋深对储气库稳定性的影响

储气压力为16MPa、围岩等级为Ⅱ级、洞径为15m的圆形隧道式储气库在不同埋深条件下，衬砌受到的第一主应力云图如图6所示。可以看到，洞室在不同埋深下，衬砌受力状态分布相同，拉应力均分布在衬砌的顶部和底部区域；受到的最大拉应力分别为54. 15MPa、53. 97MPa、51. 71MPa、49. 52MPa、47. 30MPa、44. 86MPa、42. 52MPa，远大于混凝土的抗拉强度，表明在衬砌的顶部和底部会产生张拉破坏。随着洞室埋深的增加，衬砌受到的最大拉应力逐渐减小，这是因为埋深增加，衬砌受到的围岩压力增大，与储气压力的差值逐渐减小，使得衬砌受到的拉应力减小。

图7为不同埋深条件下，洞室开挖完成后和储气压力为16MPa时，围岩受到的最大拉应力曲线

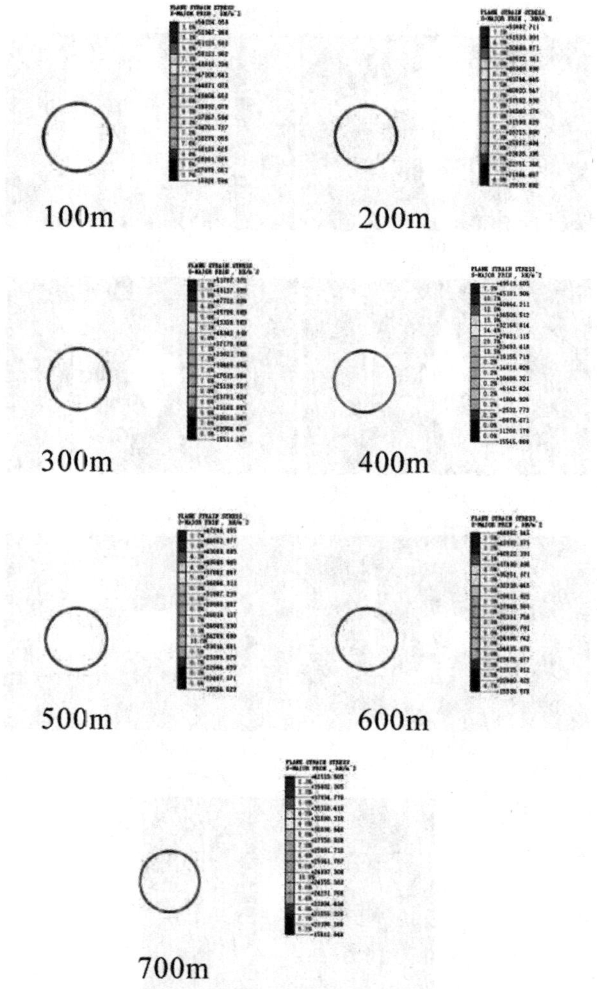

图6　衬砌第一主应力云图

图。可以看到，埋深在100m至600m时，围岩受到的最大拉应力均小于其抗拉强度；埋深为700mm时，洞室开挖后围岩受到的最大拉应力为4.11MPa，大于其抗拉强度2MPa，表明此时的洞室围岩会出现张拉破坏。

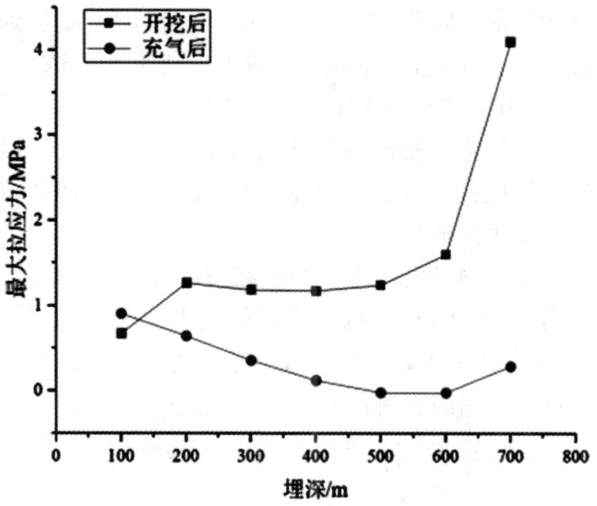

图7　围岩最大拉应力曲线图

表4　各关键点位移

	埋深/m	拱顶位移/mm	左侧拱腰位移/mm	拱底位移/mm	右侧拱腰位移/mm
开挖后	100	-1.40	0.25	2.23	-0.25
	200	-3.34	0.422	3.95	-0.402
	300	-5.42	3.76	5.76	-3.7
	400	-7.61	9.75	7.65	-9.78
	500	-9.91	19.1	9.63	-19.2
	600	-12.31	31.01	11.65	-31.01
	700	-14.89	44.3	13.35	-44.45
运行期间	100	8.45	-10.96	-5.63	10.97
	200	4.66	-9.16	-2.90	9.17
	300	2.05	-5.05	-0.69	5.04
	400	-0.41	1.44	1.40	-1.47
	500	-2.81	11.18	3.44	-11.21
	600	-5.28	23.39	5.51	-23.38
	700	-7.81	36.86	7.30	-37.05

在不同阶段不同埋深下，洞室各关键点的位移如表4所示，各关键点的位移与埋深的关系曲线图如图8所示。结合图表可知，随着洞室埋深的增加，拱顶的沉降量呈线性增大，拱底的隆起量呈线性增大，左右拱腰处向内发生的位移量呈指数增加。埋深在100m至400m范围时，拱顶、拱底的位移大于左右拱腰的位移；埋深大于400m时，拱顶、拱底的位移小于左右拱腰的位移。储气压力为16MPa时，洞室变形受到内压的作用，埋深从100m增加至300m时，拱顶向上拱起，拱底向下沉降，左右拱腰向外发生位移，各点位移量随埋深的增加逐渐减小。随着埋深的增加，围岩的自重应力不断增大，洞室埋深在400m时，自重应力与储气压力大致处于平衡状态，四点的位移分别为 -0.41mm、1.44mm、1.40mm、 -1.47mm。埋深从400m增加至700m时，自重应力大于储气压力，且压力差不断增大，使得各点向内发生的位移逐渐增加。

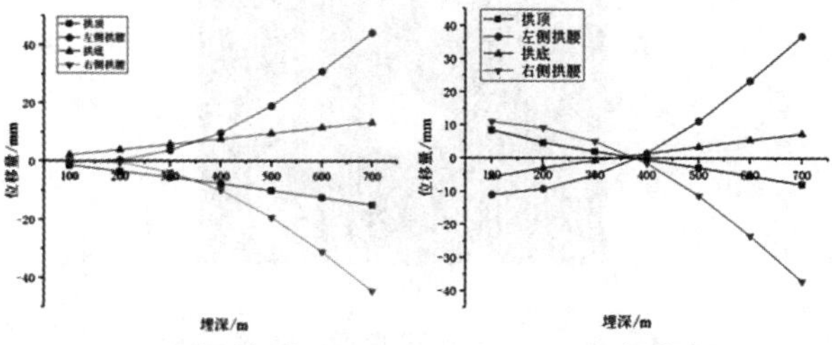

(a) 开挖后　　(b) 运行期间

图8　关键点位移曲线图

不同埋深条件下，洞室塑性区分布如图9所示，从图中可以看到，洞室从100m增加至700m，在开挖完成后，洞室围岩产生的塑性区面积占比分别为0、1%、4%、5%、7%、8.5%、10.5%；储气压力为16MPa时，洞室围岩产生的塑性区面积分别为32%、24%、10%、9%、10%、10%、11%；塑性区面积占比分别增加了32%、23%、6%、4%、3%、2.5%、0.5%。通过分析可知，洞室埋深越大，其所承受的自重应力越大，产生的变形量越大，导致在开挖完成后围岩产生的塑性区面积逐渐增大。洞室储气压力为16MPa时，当其埋深为100m、200m时，其所承受的自重应力远小于运行压力，导致围岩产生大量的塑性区；之后随埋深的增加，其所承受的自重应力由略小于储气压力增加至远大于储气压力，储气压力对围岩的作用影响减小，使得围岩产生的新的塑性区面积逐渐减小。

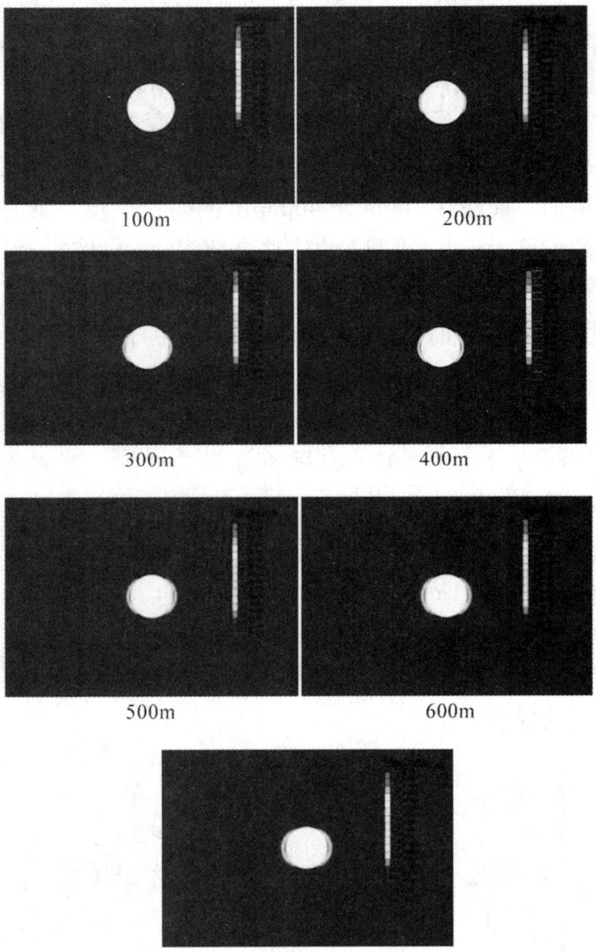

(a) 开挖后

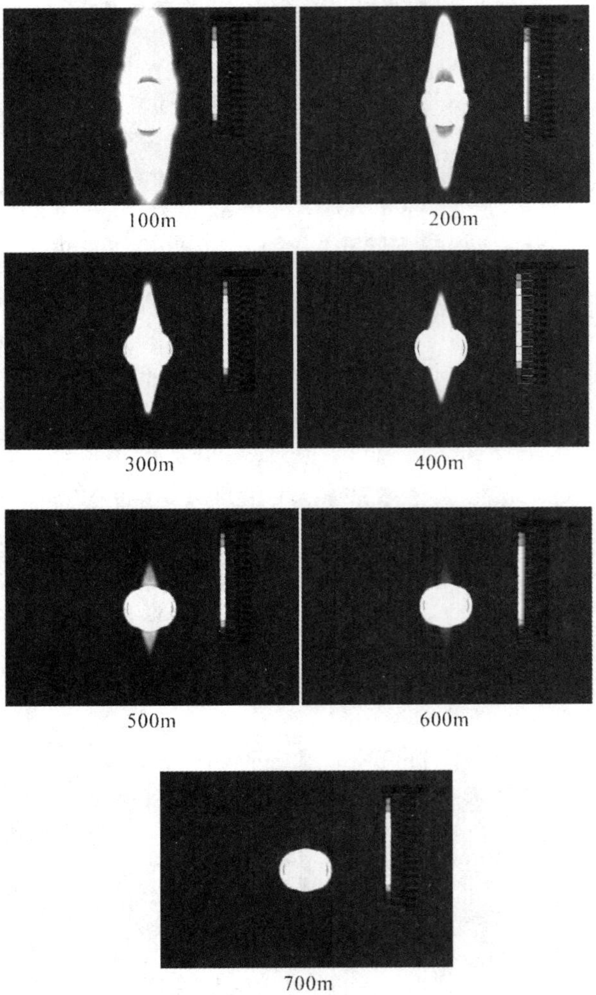

(b) 运行期间

图9　围岩塑性区云图

2.3　洞径对储气库稳定性的影响

储气压力为16MPa、围岩等级为Ⅱ级、埋深为400m的圆形隧道式储气库在不同洞径条件下，衬砌受到的第一主应力云图如图10所示。衬砌的顶部和底部区域受到拉应力作用，洞径从5m增加到45m时，衬砌受到的最大拉应力分别为30.13MPa、49.52MPa、58.80MPa、63.50MPa、65.58MPa。衬砌最大拉应力随洞径的增加而增大，且远大于混凝土的抗拉强度，表明在衬砌的顶部和底部区域会产生张拉破坏。

不同洞径条件下，洞室在开挖完成后和储气压力为16MPa时，围岩受到的最大拉应力曲线如图11所示。围岩受到的最大拉应力均小于其抗拉强度，表明洞室围岩不会出现张拉破坏。

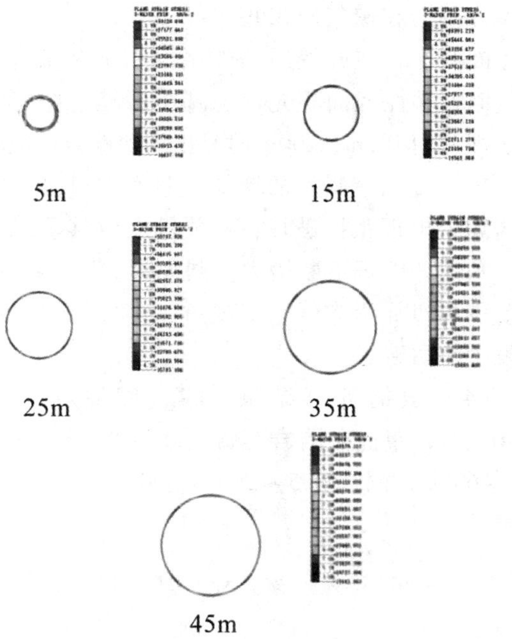

图 10　衬砌第一主应力云图

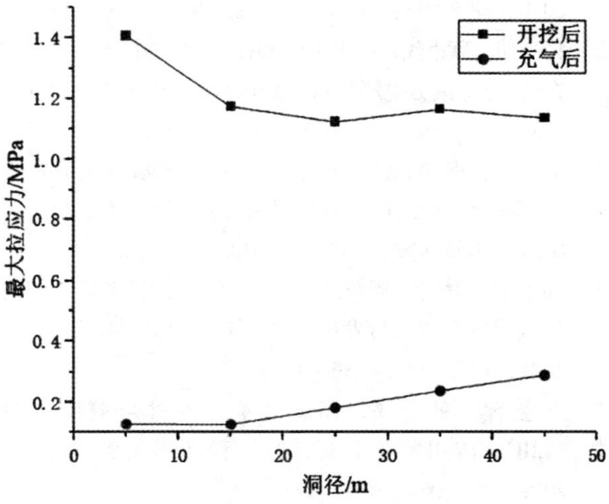

图 11　围岩最大拉应力曲线图

表 5　各关键点位移

	洞径/m	拱顶位移/mm	左侧拱腰位移/mm	拱底位移/mm	右侧拱腰位移/mm
开挖后	5	−2.72	1.82	2.73	−1.76
	15	−7.61	9.75	7.65	−9.78
	25	−12.48	18.47	12.49	−18.47
	35	−17.40	26.43	17.26	−26.43
	45	−22.39	34.55	21.94	−34.56
运行期间	5	−0.93	−0.14	1.01	0.19
	15	−0.41	1.44	1.40	−1.47
	25	0.85	3.43	1.92	−3.46
	35	2.64	5.10	2.71	−5.10
	45	4.97	7.41	3.65	−7.34

不同阶段不同洞径条件下，洞室各关键点的位移如表 5 所示，各关键点的位移与洞径的关系曲线图，如图 12 所示。在洞室开挖完成后，各关键点向洞室内部发生位移，且位移量随洞径的增加线性增大；左右拱腰处的位移始终大于拱顶、拱底的位移。储气压力为 16MPa 时，各关键点位移与开挖完成后相比，当洞径为 5m 时，拱顶、左侧拱腰、拱底、右侧拱腰的位移分别减小了 1.79mm、1.96mm、1.72mm、1.95mm；当洞径为 25m 时，四点的位移分别减小了 13.33mm、15.04mm、10.57mm、15.01mm；当洞径为 45m 时，四点的位移分别减小了 27.36mm、27.14mm、18.29mm、27.22mm。可以得到，洞径越大，从开挖完成到储气压力为 16MPa 时，洞室围岩产生的位移变化越大。

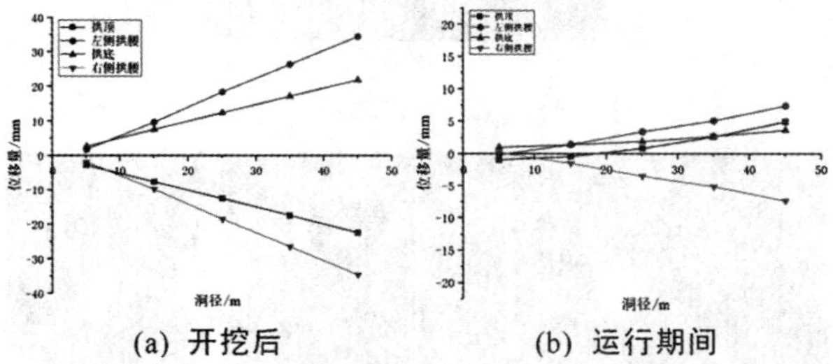

图 12　关键点位移曲线图

不同洞径条件下，洞室塑性区分布云图如图 13 所示。在洞室开挖完成后，洞室的左右拱腰区域产生塑性区，洞径从 5m 增加到 45m，洞室围岩塑性区面积占比分别为 1.5%、5%、12%、17.5%、23%，呈逐渐增大的趋势。储气压力为 16MPa 时，在围岩拱顶和拱底处产生新的塑性区，产生的塑性区面积占比分别为 2.5%、9%、17%、30%、37%，与洞室开挖后相比，塑性区面积增加了 1%、4%、5%、12.5%、14%，洞径为 35m、45m 时，塑性区面积变化量远大于其它洞径。这是因为洞径越大，洞室越容易发生变形，从而产生的塑性区面积越大。由以上分析可知，当洞径在 5m 至 25m 范围时，洞室处于较稳定状态。

3　结论

通过利用 MIDAS GTS NX 软件建立二维圆形隧道式储气库模型，从衬砌第一主应力、洞室围岩最大拉应力、关键点位移以及塑性区的角度，研究了开挖后以及储气压力为 16MPa 时不同围岩等级、埋深、洞径条件对储气库洞室围岩稳定性的影响。得到以下结论：

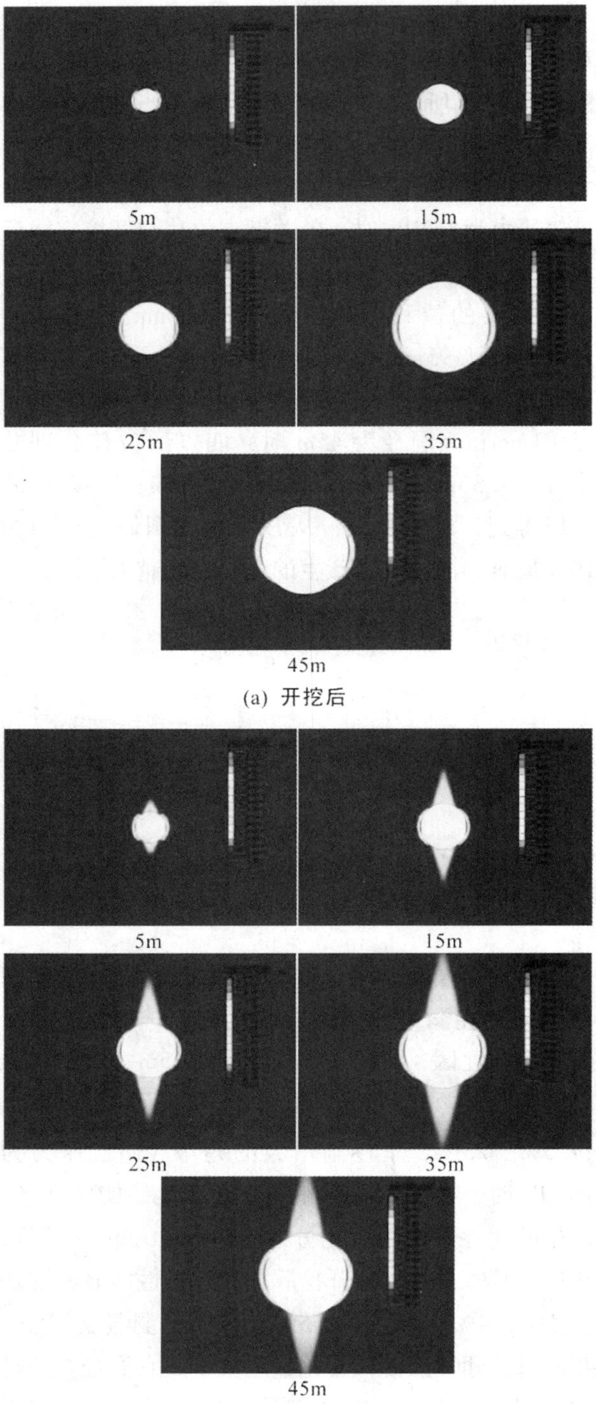

(a) 开挖后

(b) 运行期间

图 13　围岩塑性区云图

（1）随围岩等级的降低，洞室中衬砌的顶部和底部在储气时出现张拉破坏；洞室围岩在开挖后和储气时均未出现张拉破坏；各关键点位移呈先缓慢增加后显著增加的趋势；塑性区面积不断增大。围岩等级为Ⅰ级、Ⅱ级时，洞室处于较稳定状态。

（2）随洞室埋深的增加，洞室中衬砌的顶部和底部在储气时出现张拉破坏；仅埋深为 700m 的洞室的围岩在储气时出现张拉破坏；各关键点位移不断减小；在开挖后塑性区面积不断增大，在储气时，塑性区面积先快速减小后趋于稳定的趋势。埋深为 100m、200m 时易出现塑性剪切破坏。

（3）随洞室洞径的增加，洞室中衬砌和洞室围岩均未出现张拉破坏；各关键点位移呈线性增加，塑性区面积不断增大。洞径为 35m、45m 时，洞室围岩变形量较大，产生的塑性区面积较大，易发生剪切破坏。

（4）根据计算结果，储气库储气压力为 16MPa 时，布置在围岩等级为Ⅰ～Ⅱ级，埋深为 300～600m，洞径为 5～25m 范围时，具有较好的稳定性。

参　考　文　献

[1] 梅生伟，李瑞，陈来军，等．先进绝热压缩空气储能技术研究进展及展望［J］．中国电机工程学报，2018，38（10）：2893－2907＋3140.

[2] 梅生伟，薛小代，陈来军．压缩空气储能技术及其应用探讨［J］．南方电网技术，2016，10（03）：11－15＋31＋3.

[3] 徐新桥，杨春和，李银平．国外压气蓄能发电技术及其在湖北应用的可行性研究［J］．岩石力学与工程学报，2006（S2）：3987－3992.

[4] 郭丁彰，尹钊，周学志，等．压缩空气储能系统储气装置研究现状与发展趋势［J］．储能科学与技术，2021，10（05）：1486－1493.

[5] 张筱萍，王金昌，杨森，等．内衬岩洞储气库（LRC）应用前景分析［J］．青岛理工大学学报，2009，30（06）：107－111.

[6] 付兴，袁光杰，金根泰，等．盐穴压缩空气储能库建设现状及工程难点分析［J］．中国井矿盐，2017，48（03）：14－18.

[7] 王富强，王汉斌，武明鑫，等．压缩空气储能技术与发展［J］．水力发电，2022，48（11）：10－15.

[8] ZimmelsY，KirzhnerF，KrasovitskiB. DesignCriteria for Compressed Air Storage in Hard Rock［J］. Energy & Environment，2002，13（6）.

[9] PerazzelliP，AnagnostouG. Design issues for compressed air energy storage in sealed underground cavities［J］. Journal of Rock Mechanics and Geotechnical Engineering，2016，8（03）：314－328.

[10] Jongpradist P，TunsakulJ，KongkitkulW，et al. High internal pressure induced fracture patterns in rock masses surrounding caverns：Experimental study using physical model tests［J］. Engineering Geology，2015，197.

[11] 王其宽，张彬，王汉勋，等．内衬式高压储气库群

布局参数优化及稳定性分析［J］. 工程地质学报，2020，28（05）：1123－1131.

［12］夏才初，张平阳，周舒威，等. 大规模压气储能洞室稳定性和洞周应变分析［J］. 岩土力学，2014，35（05）：1391－1398.

［13］夏才初，赵海斌，梅松华，等. 埋深对压气储能内衬洞室稳定性影响的定量分析［J］. 绍兴文理学院学报（自然科学），2016，36（03）：1－7.

［14］周舒威，夏才初，张平阳，等. 地下压气储能圆形内衬洞室内压和温度引起应力计算［J］. 岩土工程学报，2014，36（11）：2025－2035.

［15］周瑜，夏才初，周舒威，等. 压气储能内衬洞室高分子密封层的气密与力学特性［J］. 岩石力学与工程学报，2018，37（12）：2685－2696.

［16］朱荣强，丁浩，江星宏，等. 地下储气库洞室结构形式对围岩稳定性的影响［J］. 油气储运，2022，41（09）：1052－1060.

［17］蒋中明，秦双专，唐栋. 压气储能地下储气库围岩累积损伤特性数值研究［J］. 岩土工程学报，2020，42（02）：230－238.

［18］蒋中明，唐栋，李鹏，等. 压气储能地下储气库选型选址研究［J］. 南方能源建设，2019，6（03）：6－16.

［19］蒋中明，李小刚，万发，等. 压气储能遂昌地下储气库结构应力变形特性数值研究［J］. 长沙理工大学学报（自然科学版），2021，18（03）：79－86.

［20］蒋中明，黄毓成，刘澜婷，等. 平江浅埋地下储气实验库力学响应数值分析［J］. 水利水电科技进展，2019，39（06）：37－43.

砂岩油藏改建储气库次生气顶形成机理及影响因素研究

马晓丽 蒋明洁 顾 潇 耿文爽 李晓青

（中国石油冀东油田分公司勘探开发研究院）

摘 要 室内实验及矿场实践表明，天然气驱油与储气相辅相成、加合增效，用统筹的、一体化的思维将储气库与油田开发充分融合的建库新模式，可实现油气协同发展。砂岩油藏改建储气库过程中是否能够形成次生气顶，次生气顶能否稳定运移，最大限度的实现驱液扩容的关键、也是由低速注气向高速注采转变的重要时机，关系着储气库能否最终达容。针对砂岩油藏的典型特征，研究了油藏改建储气库过程中次生气顶形成机理，明确了以含气饱和度和压力平衡点的形成界限作为次生气顶的形成条件，同时结合油藏工程方法与油藏数值模拟技术，评价了影响次生气顶形成的主控因素，明确了注采井网、地层倾角、储层非均质性为主控因素，为气驱驱油扩容阶段技术政策的研究奠定了基础。

关键词 砂岩油藏；储气库；次生气顶；机理；影响因素

Study on Formation Mechanism and Influencing Factors of Secondary Gas Cap in Reconstructed Gas Storage of Sandstone Reservoir

MA Xiaoli，JIANG Mingjie，GU Xiao，GENG Wenshuang，LI Xiaoqing

（Exploration & Development Research Institute，Jidong Oilfield Company，Petro China）

Abstract：Laboratory experiments and field practice show that natural gas drive and gas storage complement each other and increase efficiency，and the new model of reservoir construction that fully integrates gas storage and oil field development with the overall and integrated thinking can realize the coordinated development of oil and gas. Whether the secondary gas cap can be formed and whether the secondary gas cap can move stably during the reconstruction of the gas storage in the sandstone reservoir is the key to realizing the liquid displacement and expansion to the maximum extent，and it is also an important opportunity to change from low－speed gas injection to high－speed gas injection and production，which is related to the ultimate capacity of the gas storage. According to the typical characteristics of sandstone reservoirs，the formation mechanism of secondary gas cap in the process of reservoir reconstruction is studied，and the formation condition of secondary gas cap is defined as the formation limit of the equilibrium point of gas saturation and pressure. At the same time，the main controlling factors affecting the formation of secondary gas cap are evaluated by combining reservoir engineering methods and reservoir numerical simulation technology. The main controlling factors of injection and production pattern，formation dip Angle and reservoir heterogeneity are clarified，which lays a foundation for the research of technical policy in gas drive and oil expansion stage.

Key words：sandstone reservoir，gas storage，secondary gas cap，mechanism，influencing factors

我国东部地区天然气需求大、市场发育，储气库缺口最大，但以东部地区油藏为主，室内实验及矿场实践表明，天然气驱油与储气相辅相成、加合增效，用统筹的、一体化的思维将储气库与油田开发充分融合的建库新模式，可实现油气协同发展。因此，利用油藏建库势在必行。

研究表明，油藏建库既能够使老油田再次焕发青春，又有效提升了储气库生产调峰和战略保供能力，可实现油气全产业链效益最大化。与气藏建库不同，油藏建库存在气油（水）高速交互驱替过程，砂岩油藏改建储气库过程中是否能够形成次生气顶，次生气顶能否稳定运移，最大限度的实现驱液扩容的关键、也是由低速注气向高速注采转变的重要时机，关系着储气库能否最终达容。国内外对于注气开发过程中次生气顶形成的机理和影响因素已经有了一定程度的认识，并且在许多区块和试验区已经成功实施；但对储气库协同气驱过程中次生气顶形成机理及影响因素研究较少，也缺乏成功的油藏案例。因此，开展砂岩油藏改建储气库条件下次生气顶形成机理研究具有重大意义。为此，笔者针对砂岩油藏，评价了改建储气库次生气顶的形成条件、过程及影响因素，以达到高效提采与扩容建库协同目的，从而为砂岩油藏改建储气库提供技术支撑。

1　砂岩油藏改建储气库次生气顶形成机理研究

1.1　次生气顶形成机理

砂岩油藏改建储气库的过程中，通过向油藏顶部注入大量天然气，注入气首先溶解到地层原油中，溶解度随压力的增高而增大，饱和压力随之升高，但是随着注气量的增加，地层油状态由油溶解气渐变为气溶解油，泡点转为露点，此后，继续注入的气体在地层中呈自由气状态存在，通过油气重力分异作用逐步形成次生气顶。次生气顶形成需满足两个基本条件，一是油藏顶部形成连续的自由相气体，含气饱和度达到可动气的界限；二是形成相对稳定的油气界面，即油藏顶部达到泡点压力与露点压力平衡的界限。

油藏建库过程中，利用注入的天然气形成具有一定能量和规模的次生气顶，次生气顶在油藏条件下不断扩大，可将油藏高部位的阁楼油驱向低部位，气油界面、油水界面也会随之下降。在油藏温度和压力下，部分天然气溶解于原油使得原油黏度下降，有利于原油的流动；注入天然气后，油气界面张力远小于油水界面张力，油气密度差又大于油水密度差，从而减小了毛管压力的作用；最终达到气驱提采及同步扩容的目的。详见图1。

1.2　次生气顶规模计算方法

基于砂岩油藏改建储气库次生气顶形成机理，

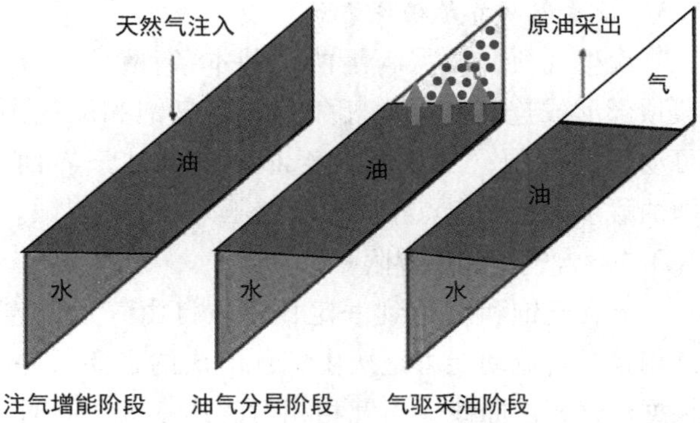

图1　次生气顶驱油过程示意图

给出三个假设条件，一是地层岩石、油相和水相均不可压缩；二是气驱油和油驱水的渗流过程均为垂向上的一维流动，天然气注入过程中，油气界面和油水界面均匀运移；三是天然气在原油中的溶解迅速完成，且天然气不溶于地层水。

根据假设，在天然气注采单个周期内，次生气顶形成过程可简化为气驱油和油驱水 2 个阶段，在此过程中油气界面和油水界面均有所下降。基于物质平衡原理，可得到次生气顶形成条件的物质平衡方程。

第 i 个注气周期时，t 时刻的物质平衡关系为：

$$n = n_i - n_p - n_{op} - n_{or} \tag{1}$$

目前地层内天然气的物质的量：

$$n = \frac{pV}{ZRT} \tag{2}$$

累计注入地层的天然气的物质的量：

$$n_i = \frac{p_{sc} V_{sc}}{Z_{sc} R T_{sc}} \tag{3}$$

累计采出的天然气的物质的量：

$$n_p = \frac{p_{sc}}{Z_{sc} R T_{sc}} G_{psc} \tag{4}$$

产出油中溶解的天然气的物质的量

$$n_{op} = \frac{p_{sc}}{Z_{sc} R T_{sc}} N_p (R_s - R_{ssc}) \tag{5}$$

溶解于剩余油中的天然气的物质的量

$$n_{or} = \frac{p_{sc}}{Z_{sc} R T_{sc}} V_{nf} \cdot \phi \cdot S_{org} (R_s - R_{ssc}) \tag{6}$$

目前油藏条件下自由气的体积等于累计注入天然气所占据的地层孔隙体积，则次生气顶体积为：

$$V = \frac{\frac{ZT}{p} \times \frac{p_{sc}}{Z_{sc} R T_{sc}} [V_{isc} - G_{psc} - N_p (R_s - R_{ssc})](1 - S_{wi} - S_{org})}{(1 - S_{wi} - S_{org}) + \frac{ZT}{p} \times \frac{D_{sc}}{Z_{sc} R T_{sc}} S_{org} (R_s - R_{ssc})} \tag{7}$$

1.3 次生气顶界限确定方法

次生气顶形成需满足两个基本条件，一是油藏顶部形成连续的自由相气体，含气饱和度达到可动气的界限；二是形成相对稳定的油气界面，即油藏顶部达到泡点压力与露点压力平衡的界限。

1.3.1 含气饱和度界限

当含气饱和度达到一定比例，自由气形成连续相且具备流动能力是次生气顶形成的必要条件。根据油气相渗曲线，当气相相对渗透率大于0时，气相开始具备流动能力，油藏内部形成连续的自由相气体，地层条件下游离气开始自由流动，此时对应的含气饱和度为次生气顶形成的临界含气饱和度，该临界饱和度即为次生气顶形成的初始条件。图2为南堡油田典型建库区油气相渗曲线，其临界含气饱和度分别为37%、25%。

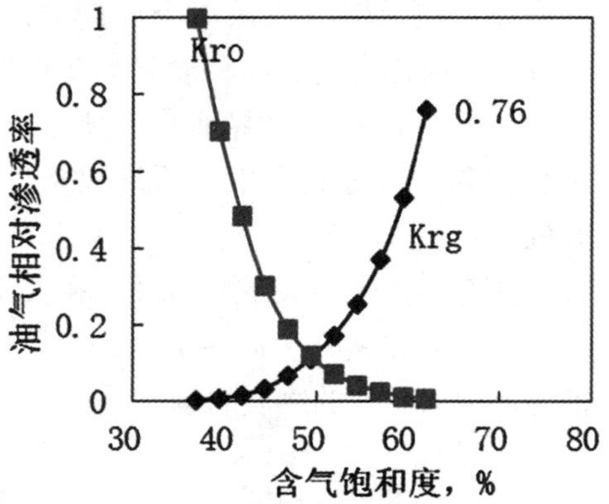

(a) 南堡1-5区

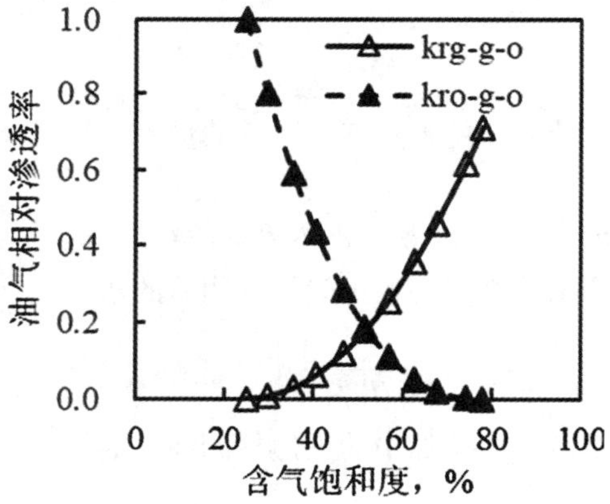

(b) 堡古2

图2 南堡油田建库区油气相渗曲线

1.3.2 压力界限

在油藏温度和压力条件下，注气后油气体系在上限压力条件点处于P－T相图和注气P－X相图的两相区；压力低于饱和压力时，注入气以游离气形态逐步运移至油藏顶部，随着压力上升，注入气部分溶解于原油中，随着溶解气量达到上限，游离气再次大幅增加，顶部含气饱和度达到一定界限后即认为次生气顶形成。对于饱和油藏，注气即开始形成游离气，仅提升压力后部分气体溶解进入原油；对于未饱和油藏，初期注入气在原油中溶解，注气量增加，气油比增加，形成游离气。

因此，形成相对稳定的油气界面，即油藏中出现泡点压力与露点压力平衡的界面，油气界面达到露点压力水平。是一个动态但相对稳定的油气共存状态，这个状态下油气界面的位置以及整个系统的压力分布保持在一个较为恒定的水平上。图3为南堡油田典型建库区块P－X相图，绘制饱和压力与摩尔组分百分比相关曲线，曲线拐点对应压力即为油气界面保持相对稳定的压力界限。

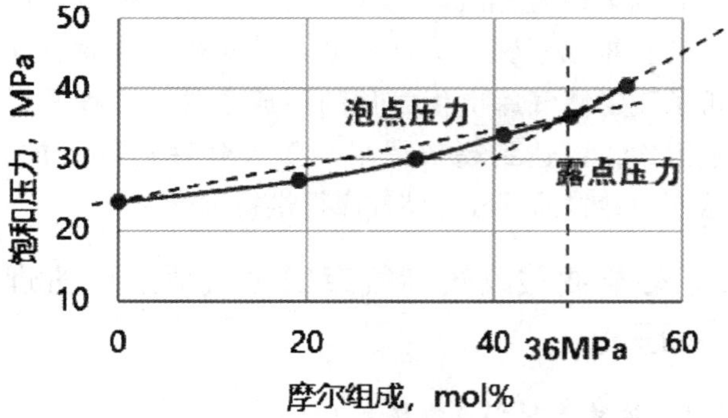

(a) 堡古2

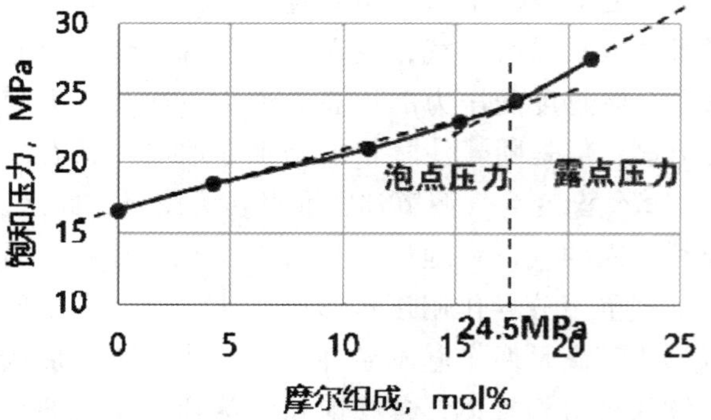

(b) 南堡1-5区

图3 注入气体－地层原油P－X相图

2 砂岩油藏改建储气库次生气顶形成影响因素研究

基于次生气顶的形成条件，针对建库油藏的储层和生产条件，结合注采参数研究及现场经验，影响次生气顶形成的主要因素包括天然气溶解能力、地层倾角、储层非均质性、注采井网、采液速度等。

2.1 单因素评价

2.1.1 天然气溶解能力

天然气溶解能力对次生气顶的影响主要体现在溶解气油比的变化上，天然气在地层原油中的溶解能力较强，溶解气油比越大，地层中能够溶解的天然气量则越多，不利于驱替过程中地层能量的保持。同时，地层原油体积系数受天然气溶解能力的影响较大，依据南堡油田建库区块 PVT 测试数据，建立了溶解气油比与体积系数的关系式：

$$B_o = C_1 \times R_s^2 + C_2 \times R_s + 1.056316 \qquad (8)$$

由（8）可知，地层原油体积系数与溶解气油比的变化呈正相关。基于次生气顶形成条件，建立溶解气油比与气顶指数关系曲线（图 4），气顶指数随溶解气油比的增加而降低，且降幅逐渐变缓。当溶解气油比较大时，注入天然气易溶解于原油中，地层内剩余的自由气则相应减少；而溶解气油比较低时，地层内自由气较为充足，易于在构造高部位处聚集形成次生气顶。

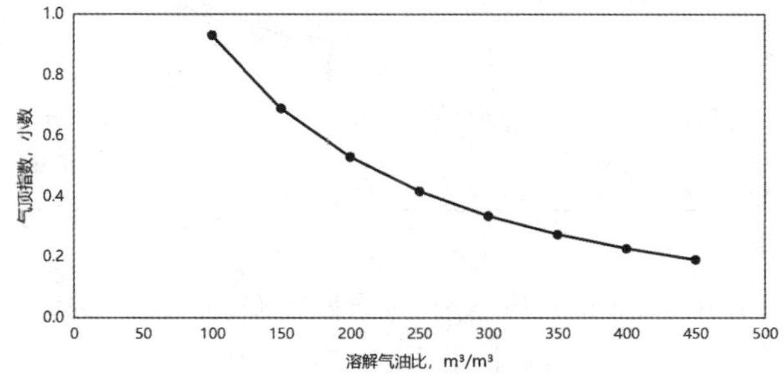

图 4　气顶指数与溶解气油比的关系

2.1.2　地层倾角

地层倾角是能否实现重力驱的关键因素，也是影响次生气顶形成的重要条件。分别建立地层倾角为 10°、20°、40°的油藏模型（图 5），模拟次生气顶形成过程，在注气量相同条件下，地层倾角越大，更有利于油气重力分异作用，次生气顶形成速度越快，形成次生气顶的规模越大。

2.1.3　储层非均质性

储层非均质性对油气运移的均衡性影响较大。建立渗透率级差为 1 ~ 11 的油藏模型，保持其他参数一直，模拟次生气顶形成过程。由图 6 可知，随着渗透率级差的增大，相同注气量下气顶指数逐渐减小，级差控制在 5 以内时，则可大幅提升气驱波及系数及气顶指数。

2.1.4　注采井网

建立不同注采模式下注采井网的数值模型，气顶驱模式下考虑对直排状、交错排状井网，面积驱模式下考虑五点面积井网、反七点面积井网，保持其它参数一致，模拟次生气顶形成过程。由图 7 可知，经过 20 年的评价期，气顶驱交错排状

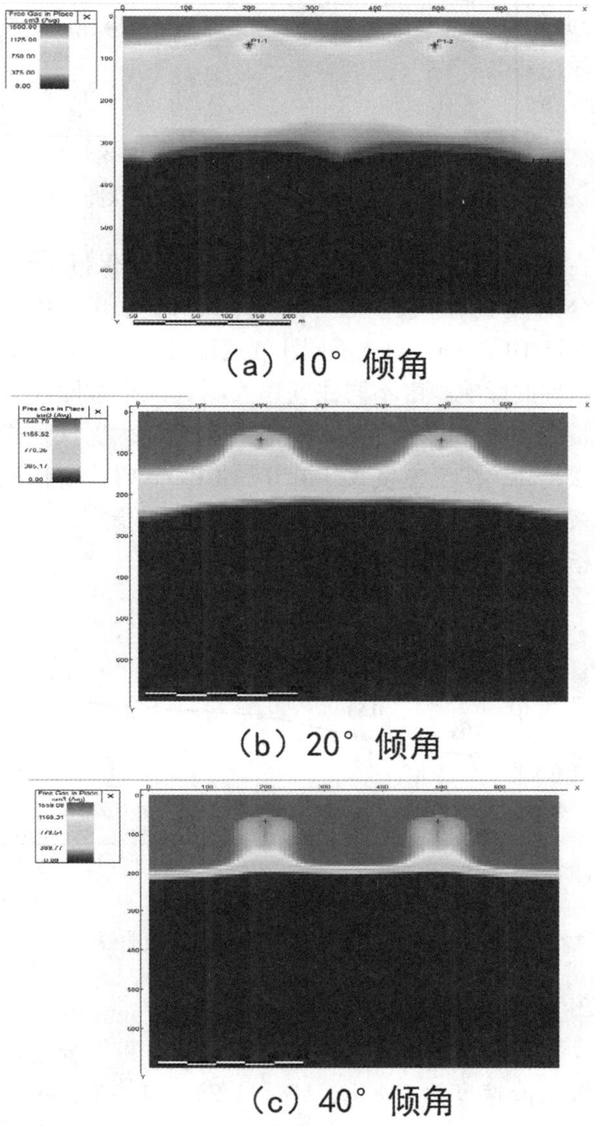

图 5　相同累计注汽量下不同地层倾角油藏自由气饱和度分布

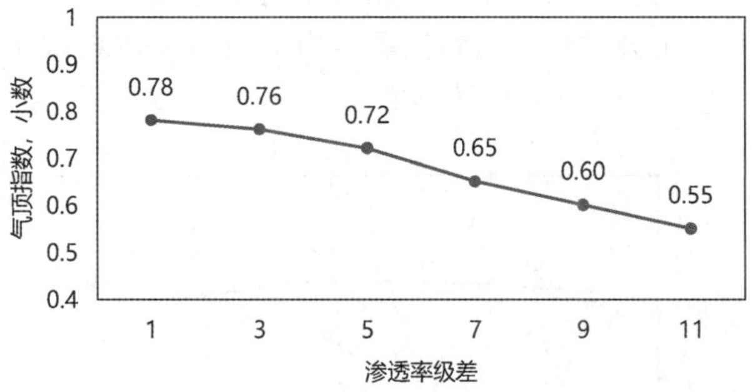

图 6　不同渗透率级差对应气顶指数曲线

注采井网的气顶指数是最高的，对应的阶段采出程度也最优。

2.1.5　注气速度

注采参数对次生气顶的形成的影响主要体现

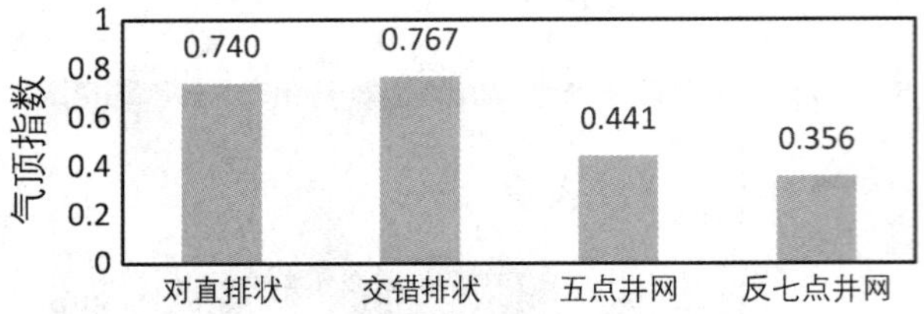

图7　不同注采井网对应气顶指数柱状图

在注采比上，固定采液速度，其余参数保持一致，分别设置注气速度为0.03、0.05、0.07、0.1、0.15 HCPV/a，对比不同注气速度对次生气顶形成条件的影响。由不同注气速度下气顶指数随注入量变化曲线可知（图8），注气速度越大，气顶指数越高，注气速度大于0.07 HCPV/a时，增幅减缓；当注气速度过低时，气驱前缘不稳定，气顶指数较小。

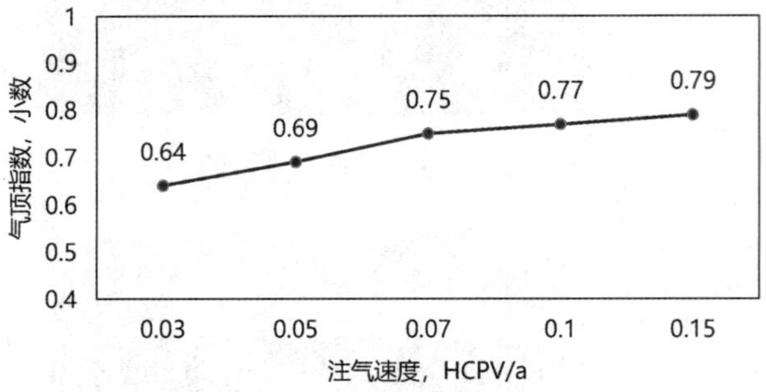

图8　不同注气速度对应气顶指数曲线

2.1.6　采液速度

固定注气速度，其余参数保持一致，分别设置采液速度为0.8%、1%、1.2%、1.5%，对比不同采液速度对次生气顶形成条件的影响。由不同采液速度下气顶指数随注入量变化曲线可知（图9），最优采液速度为0.12。当采液速度过大时，易快速发生气窜；当采液速度过低时，油藏压力上升过快，达到油藏压力上限后气体难以注入，不利于气顶快速形成。

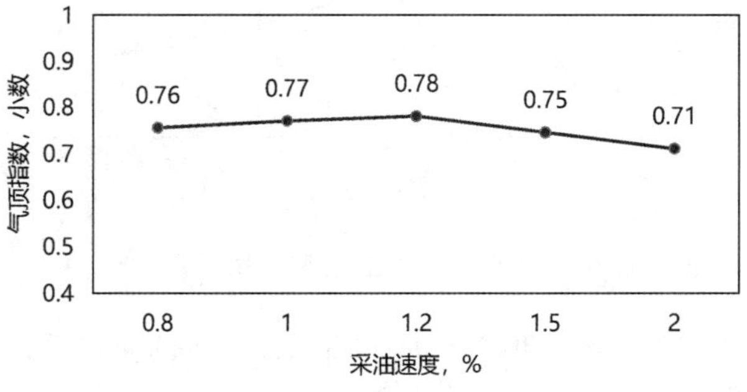

图9　不同采液速度对应气顶指数曲线

2.1.7　地层压力

地层压力对次生气顶形成条件的影响主要体现在溶解气油比、地层原油体积系数及地层条件下天然气体积系数三个方面。当天然气气注入量相同时，气顶指数随地层压力的升高呈降低趋势（图10）。当地层压力较低时，气顶指数随天然气注入量的增加而迅速增大，能够较早地积聚次生气顶驱所需的能量；当地层压力较高时，气顶指数随天然气注入量的增加而增大，但增幅变缓，这是因为，注入的天然气在地层中的流动阻力增大，难以形成有效聚集，不利于次生气顶的形成。说明地层压力对次生气顶的形成条件有着较为重要的影响。

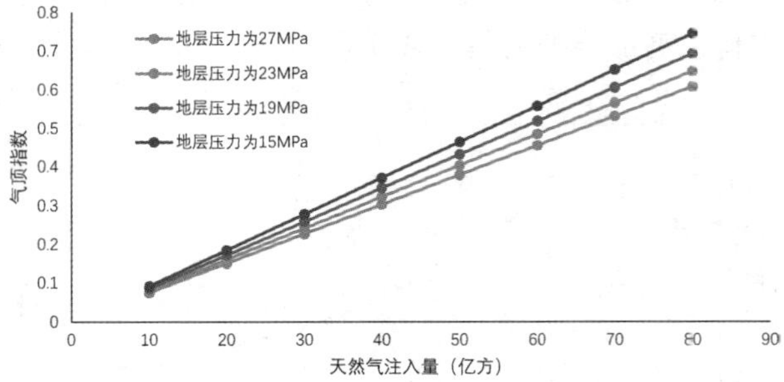

图10　不同地层压力下气顶指数与氮气注入量的关系

2.2　主控因素分析

2.2.1　主控因素评价

综合影响气顶指数的关键因素，应用敏感参数分析法，认为砂岩油藏改建储气库影响次生气顶形成的主控因素有天然气溶解能力、注采井网、地层倾角三个主要因素（表1）。

2.2.2　合理技术政策优化

基于影响砂岩油藏改建储气库主控影响因素分析结果，针对不同主控因素进行合理技术政策优化论证。

引入气顶稳定指数作为气顶稳定性表征参数。定义气顶稳定指数为总自由气相同时，实际气顶与稳定时气顶的比值。与残余油水饱和度，计算完全稳定气顶波及体积，并基于该稳定气顶波及范围得到有效自由气量，将有效自由气量除以总自由气量及为气顶稳定指数。图11为油藏内相同自由气在稳定前后的形态对比示意图，当气顶稳定指数为1时，气顶达到完全稳定，即实际气顶体积等于稳定气顶体积。

表 1　气顶指数主控因素评价表

影响因素	影响因素取值		气顶指数			敏感性权重（%）
	最小	最大	最小	最大	差值	
天然气溶解能力（m^3/m^3）	100	450	0.2	0.9	0.7	35.5
地层倾角（°）	10	40	0.5	0.8	0.2	15.2
非均质性（级差）	1	11	0.55	0.78	0.23	11.7
注采井网	面积驱	气顶驱	0.36	0.77	0.41	20.8
注气速度（HCPV/a）	0.03	0.15	0.64	0.79	0.15	7.6
采液速度（%）	0.8	2	0.71	0.76	0.05	2.5
地层压力（MPa）	15	27	0.61	0.74	0.13	6.6

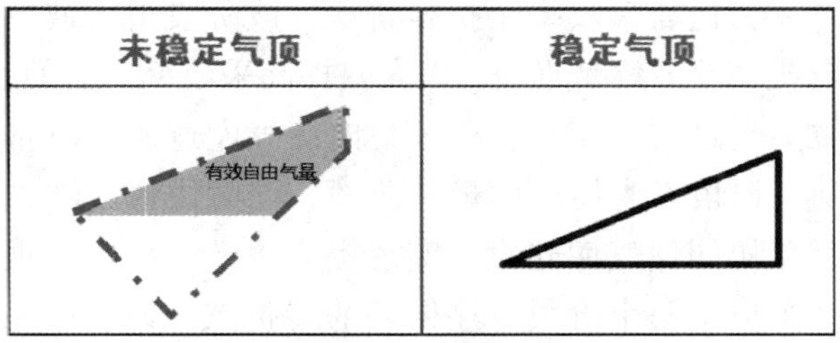

图 11　气顶稳定前后形态对比

应用数值模拟方法，明确注采井网与油藏构造及储层非均质性的匹配关系。针对注采井网与地层倾角的双重影响，分别建立不同地层倾角（5°、15°）下面积注气、顶部注气注采井网机理模型，保持其他参数一致，模拟气驱过程。根据模拟结果可知（图 12），当地层倾角较小时，注采井网对采出程度影响较小；当地层倾角较大时，顶部注气最终采收率较高，阶段采出程度比面积注气高 7.6 个百分点。因此，不同油藏建库，需充分考虑地层倾角的影响。

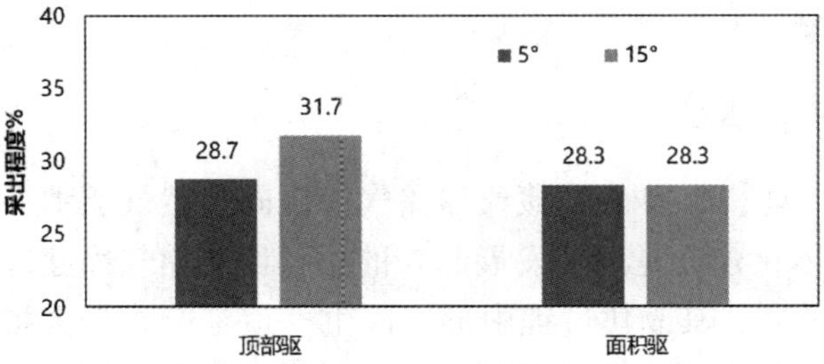

图 12　不同倾角不同注采井网气驱 10 年后采出程度柱状图

为研究注采井网与储层非均质特征的适应性，建立相同渗透率级差下不同注采井网油藏模型（图 13），模拟气驱过程，验证注采井位于不同物性级差位置时，对驱油效果的影响。阶段末 1 注 2 采井网（高渗区注气低渗区采油）最终采出程度最高（图 14），而井网中注采井同时位于位于高渗条带时，该井组较早发生气窜，导致油藏整体采收率偏低；另外，对于同一井网形式，储层渗透率级差越大，阶段采出程度越低。

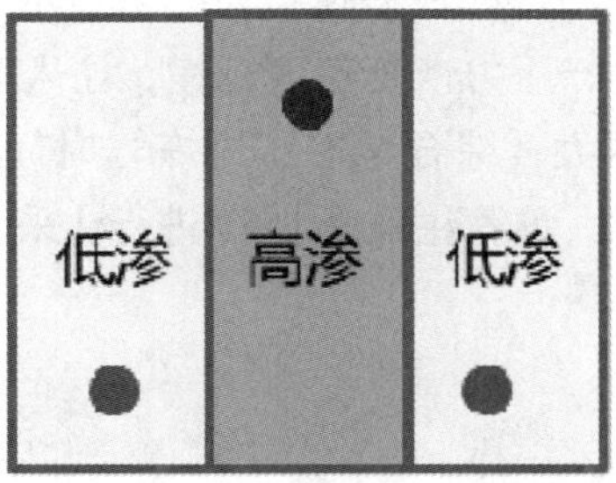

（a）高渗注低渗采

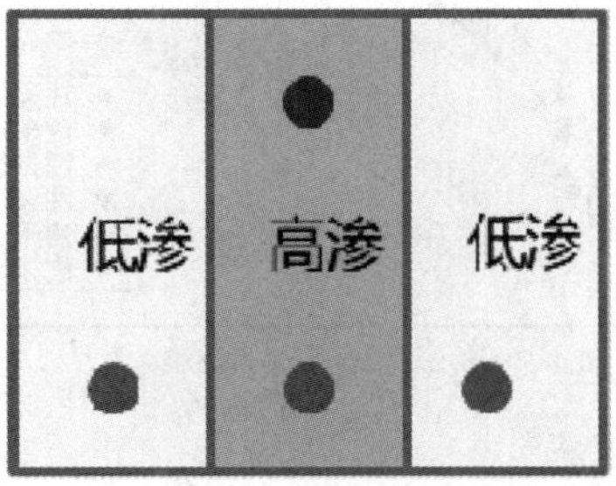

（b）高渗注高低渗采

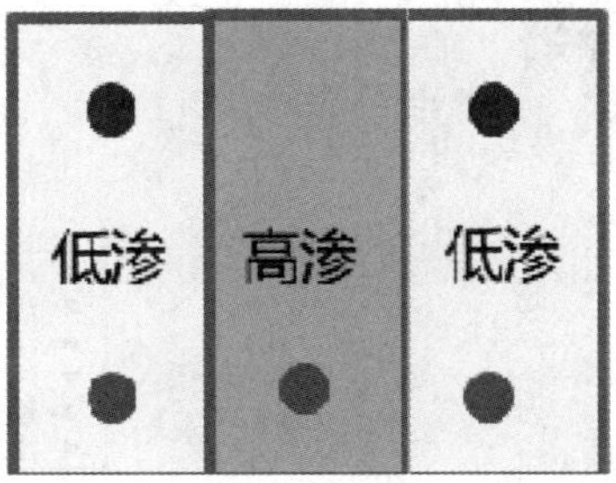

（c）低渗注高低渗注采

图 13　相同累计注汽量下不同地层倾角油藏自由气饱和度分布

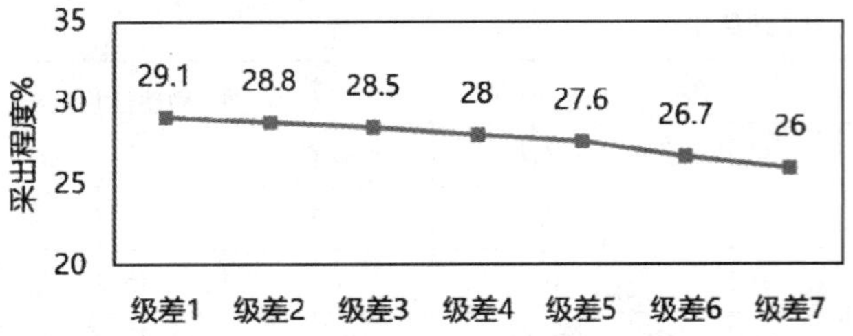

图 14　不同井网不同不同渗透率极差采出程度对比图

考虑注气速度与采液速度对气顶形成均有较大影响，针对注采比进行合理技术政策优化论证。在注气速度一定的条件下，注采比越大，即排液速度小，气顶越稳定，但排液速度越小，达容周期越长，因此注采比的合理取值要综合考虑气顶稳定与达容周期两项地质需求的协同。维持注入速度 0.1HCPV/a 不变，分别设置压力恢复阶段注采比为为 3.33、2.50、2.00、1.57、1.43、1.25，应用机理模型进行注采模拟。结果显示（图 15），注采比越小，压力恢复速度越慢，注入时间越长，气顶规模越大；综合考虑压力恢复时间与老井排液扩容需求，推荐注采比 1.57 进行注采。

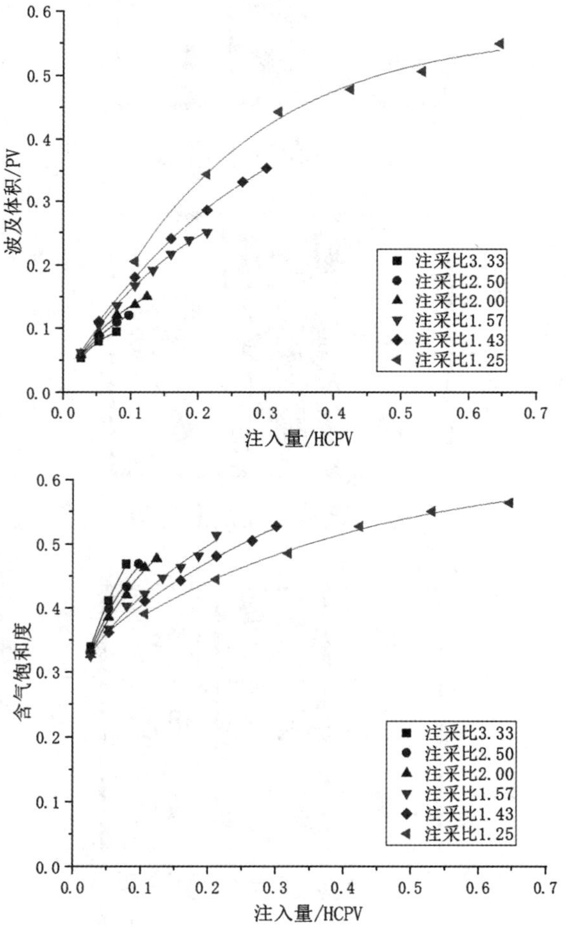

图 15　不同注采比对应气驱波及体积与含气饱和度变化曲线

3　矿场实践

L 油藏动用地质储量 382 万吨，储集层以扇三角洲河道砂体为主，平均孔隙度为 19.1%、渗透率为 232.0mD，地层倾角大（30 - 50°）、砂体连通性好、储层物性好，早期采用注水开发，目前处于特高含水低采油速度状态，为了进一步改善开发效果，结合储气库建设有利契机，开展油藏改建储气库，驱油提采与扩容建库结合，既提高采收率、又发挥建库调峰作用。

基于油藏建库次生气顶研究成果，系统设计了 L 油藏储气库建设模式，分两个阶段开发。阶段一为提高采收率 + 扩容阶段，该阶段扩大波及与提高驱油效率兼顾，以大幅提高采收率为目的，同时通过排液实现扩容，为向储气库过渡打下基础；阶段二为储气库模式阶段，该阶段通过注气提采协同储气库建设，实现提质增效。次生气顶的形成是两个阶段有序衔接的转折点，为了确保次生气顶的快速平稳形成，结合影响次生气顶形成的主控因素研究成果，指定了第一阶段的注采井网及注采参数：采用一套层系开发，高注低采交错井网、采油井与注气井高差不小于 60 米、注采井距为 100m ~ 200m，连续注采、注气速度为 0.07HCPV/a、采液速度为 6%，随着注气量的增加，油气界面逐步下移，当油气界面达到一线井附近时（注入六年），此时气顶指数为 0.28，初步具备了更进一步储气库调峰保供能力。数值模拟论证认为此时转入第二阶段，有利于增加累产油量、工作气量及库容，最终可提高油藏采收率 23 个百分点，建成库容 7.4 亿方、工作气 2.7 亿方的储气库。

4　结论

（1）砂岩油藏改建储气库协同天然气驱油一体化建设是近年发展起来的一种新的储气库建库模式，其改建过程中形成次生气顶是能否最大限度的实现驱液扩容的关键、也是由低速注气向高速注采转变的重要时机，关系着储气库能否最终达容。

（2）次生气顶形成需满足两个基本条件，一是油藏顶部形成连续的自由相气体，含气饱和度达到可动气的界限；二是形成相对稳定的油气界面，即油藏顶部达到泡点压力与露点压力平衡的界限。

（3）砂岩油藏改建储气库次生气顶的形成受动静态多重因素影响，但天然气溶解能力、注采井网、地层倾角是影响其形成的主控因素，需要建库过程中予以重视并加强论证。

参　考　文　献

[1] 张宇航，汤良杰．塔里木盆地麦盖提斜坡东段构造特征与油气聚集关系［J］. 石油实验地质，2017，39（2）：222－229.

[2] 田中敬，赵隆顺，高广亮，等．复杂断块底水油藏含水上升规律［J］. 大庆石油地质与开发，2017，36（3）：56－59.

[3] 王鹏，赵凤兰，侯吉瑞，等．氮气泡沫吞吐抑制潜山底水油藏水平井底水锥进实验研究［J］. 油气地质与采收率，2018，5（5）：110－115.

[4] 张艳玉，吴晓东，李洪君，等．复杂小断块油藏氮气吞吐数值模拟［J］. 中国石油大学学报：自然科学版，2009，33（1）：83－86，92.

[5] 孙永鹏，杨胜来，徐君，等．低渗油藏单井 N2 吞吐效果影响因素实验研究［J］. 断块油气田，2011，18（1）：83－86.

[6] YU Yang，SHENG James J. An experimental investigation of theeffect of pressure depletion rate on oil recovery from shale coresby cyclic N2 injection［C］. SPE 2144010，2015.

[7] 吕铁．缝洞型油藏注氮气吞吐参数优化研究［J］. 特种油气藏，2018，25（5）：119－124.

[8] 梁淑贤，周炜，张建东．顶部注气稳定重力驱技术有效应用探讨［J］. 西南石油大学学报：自然科学版，2014，36（4）：86－92.

[9] 马铨峥，杨胜来，韩伟，等．准噶尔盆地吉木萨尔凹陷芦草沟组致密油储层氮气吞吐物理模拟实验研究［J］. 油气地质与采收率，2018，25（1）：113－116.

[10] 熊钰，孙良田，孙雷，等．倾斜多层油藏注 N2 非混相驱合理注气速度研究［J］. 西南石油学院学报，2002，24（5）：34－36

基于多库联动大尺度模型的圈闭密封性评价技术及应用

王　淼　段　彬　吴海涛　盖长城　张　扬

（中国石油冀东油田分公司勘探开发研究院）

摘　要　为有效指导油气藏储气库运行上限压力设计，同时保障储气库安全高效运行，亟需开展储气库地质体完整性评价，通过引入多尺度地质力学模型进行模拟，以南堡1号储气库为例，利用地质、测井和岩心实验等建立三维地应力模型，首次进行多库联动大尺度地应力模型建立，模拟不同孔隙压力下四维应力场分布，进一步分析断层和盖层的应力变化和稳定性，基于多维度多指标评价地质体完整性，进而部署全系统监测体系。研究结果表明：Ng盖层在储气库运行过程中产生的地层形变量小；1条控藏断层在储气库前期运行没有断层活化风险；模拟储气库注入压力高于原始气藏压力6MPa时，储气库地质体完整性存在失稳风险。由不同维度模型得到的盖层拉张破坏、盖层剪切破坏和断层滑移激活临界压力综合确定运行上限压力为27.2MPa，研究成果精细定量化评估了储气库在动态应力场影响下的运行安全，科学指导运行上限压力和监测体系优化设计，对优化同类型油藏储气库运行方案具有重要的指导意义。

关键词　三维模型；大尺度地应力模型；四维地质力学模拟；多维极限承压；全系统监测

Evaluation Technique and Application of Trap Tightness Based on Multi – Reservoir Linkage Large – Scale Model

WANG Miao, DUAN Bin, WU Haitao, GAI Changcheng , ZHANG Yang

(Research Institute of Exploration and Development, Jidong Oilfield Company, petrochina)

Abstract: In order to effectively guide the design of the upper operating pressure of the gas reservoir and ensure the safe and efficient operation of the gas reservoir, it is urgent to carry out the geological integrity evaluation of the gas reservoir. Multi – scale geomechanical model is introduced for simulation. Taking Nanpu 1 Hao gas reservoir as an example, a three – dimensional geostress model is established by using geology, logging and core experiments. For the first time, multi – reservoir linkage large – scale geostress model was established to simulate the four – dimensional stress field distribution under different pore pressures, further analyze the stress variation and stability of fault and cap layer, evaluate the geological integrity based on multi – dimensional and multi – index, and then deploy the whole system monitoring system. The results show that the formation shape variable of Ng cap layer is small during the operation of gas storage. There is no fault activation risk in the operation of 1 reservoir controlling fault in the early stage of gas storage. When the injection pressure of the simulated gas reservoir is higher than 6MPa of the original gas reservoir, there is a risk of instability of the geologic integrity of the gas reservoir. Based on the critical pressure of cap tension failure, cap shear failure and fault slip activation obtained by different dimensional models, the upper operating pressure is determined to be 27.2MPa. The research results accurately and quantitatively evaluate the operational safety of gas storage under the influence of dynamic stress field, and scientifically guide the optimal design of the upper operating pressure and monitoring system. It has important guiding significance to optimize the operation scheme of gas storage in the same type reservoir.

Key words: three – dimensional model; Large – scale geostress model, four – dimensional geomechanical simulation, multi – dimensional limit pressure, whole system monitoring

天然气需求增加和对外依存度上升为能源安全保障体系带来较大的挑战，对地下储气库需求更加迫切，中国储气库进入黄金发展时期[1-3]。随着国内优质气藏建库资源稀缺，复杂断块群等油藏建库势在必行，由于储气库多周期大流量强注强采的运行方式导致地层应力交变，给储气库地质体造成损伤乃至失效。储气库地质体完整性是在储气库运行生命周期内，保证储气库安全运行，其核心是在储气库运行生命周期内保持天然气存储的可靠性、安全性和经济性的程度。由于储气库交变载荷的影响，应增加地质力学和相应动态模拟的预测研究。因此复杂断块油藏储气库对地质体完整性评价提出了更高的要求。

根据地质力学原理，储气地质体完整性评价核心是研究交变应力作用下储盖层岩石和断层弹塑性变形等特征，以南堡1号储气库为例，通过四维地质力学模拟，预测油气藏初始应力状态以及开发中注入导致的应力增加以及采出导致的应力减小。综合多维度地质力学模型结果，采用多指标综合评价储气地质体极限承压能力。

1　南堡1号储气库地质概况

南堡1号储气库位于渤海湾经济圈，地理位置优越、具有海陆多气源优势，原有的地面设施与管网便利的条件。南堡1号储气库位于南堡凹陷1号构造西南部，背斜构造较完整，建库目的层 NgⅣ②，储层平均厚度38.8米，有效厚度24.0米，平均孔隙度27.1%，平均渗透率620毫达西，储层物性好，埋藏适中，建库类型为气藏、气顶油藏，具有一定的储量规模，为层状岩性构造油气藏。作为油气藏改建储气库其圈闭动态密封性评价是油气藏建库的根本保障，是关系储气库安全运行及效益提升的关键，文章在静态密封性基础上开展多尺度地质力学模型评价盖层、断层稳定性，确保储气库高效安全运行。

2　南堡1号储气库三维地质力学建模

2.1　一维岩石力学参数和三维岩石力学参数模型

动态法和静态法是获得岩石力学参数的主要方法。岩石的动态力学参数是指岩石在各种动载荷或同期变化载荷作用下所表现出的力学性质参数，用声波测井资料计算的是动态力学参数；用静载荷作用下测得的是静态力学参数，开展6井次单轴压缩实验、6井次三轴压缩实验和6井次断层摩擦滑移实验，得到弹性模量和泊松比，泥岩摩擦系数约为0.6（表1）。通过线性回归建立它们间的相互关系，实现由动态力学参数到静态力学参数的转换。利用岩心测定的杨氏模量、泊松比、抗压强度、抗拉强度、内聚力、内摩擦角等参数，对测井解释的力学参数进行校正，建立单井岩石力学参数剖面模型。进而建立杨氏模量、泊松比、抗压强度等三维岩石力学参数模型。

2.2　三维地质力学模型

针对南堡1号储气库实际地质特点尤其是周边断层发育情况，以储气地质体为对象，建模范围涵盖储层、直接和区域盖层、上覆和下伏地层以及周边断层，精细刻画以储层为核心区域地质体构造和属性展布，模型范围是常规油田气开发地质模型的3~5倍。储气地质体三维精细地质模型及其剖面图如图1所示。利用测井密度积分法计算垂向主应力，利用测井解释、岩心样品测试等方法确定最大、最小水平主应力及其方向，宜利用原位地应力测试结果校正最小水平主应力方向和大小，以地应力测试资料为基础，建立储气地质体三维精细地质模型，由一维井点到三维空间，反演区域地应力场并开展模拟研究，将构造模型、三维岩石力学参数模型转换为有限元网格模型，设置力学边界条件，模拟任意点地应力场，建立三维地应力模型，描述地质力学参数和原场应力在油气藏纵向和横向的分布。

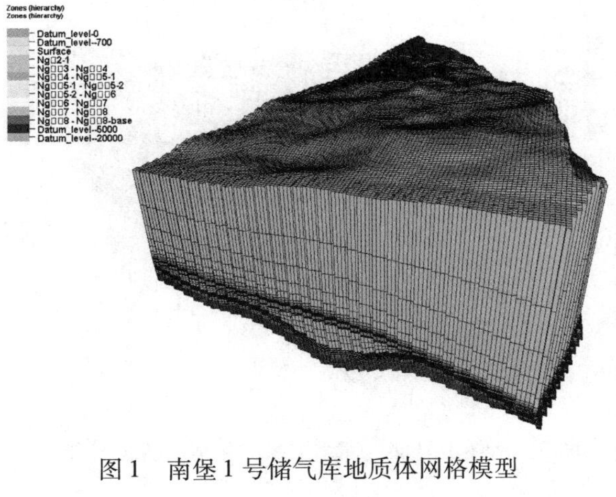

图1　南堡1号储气库地质体网格模型

在建立三维地质力学模型时，为减小边界效应对储层内部核心区地应力精度计算结果的影响，进一步在地质模型基础上，平面网格尺寸以1.5倍的步长由储层内部逐渐扩大平面范围，使得模型平面上成为规则边界，模型方向与目前的解释的水平主应力方向一致。

在纵向上，重点是根据研究对象和目的的差异，由储、盖层向上、下平滑过渡延展，网格尺寸平滑过渡在减小网格总数提高计算效率的同时，也尽量减小由于网格尺寸突变引起的计算误差。最终将模型向上延伸至地面，通过与油气藏数值模拟模型耦合，即可计算获得油气藏开发和储气库注采过程中地面变形。三维地质力学模型如图2、图3所示。南堡1号储气库初始地应力分布与埋藏深度、构造形态和断层发育均有一定的关系。

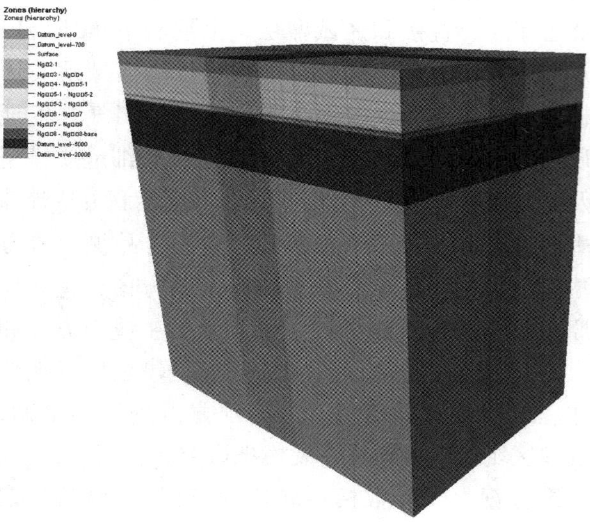

图2　南堡1号储气库地质体三维地质力学网格模型

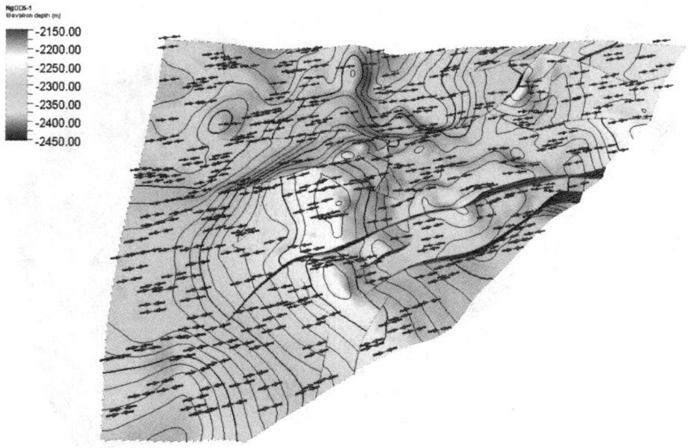

图3　南堡1号储气库水平最大主应力方向分布图

表1　地质力学模型参数表

对象	杨氏模量（GPa）	泊松比	密度（g/cm^3）	摩擦角（°）	单轴抗压强度（MPa）	抗拉强度（MPa）
区域盖层	45	0.19	2.6	37	67	6
直接盖层	12	0.2	2.4	35	20	1.5
储层	5.5	0.25	2	30	15	1

3　四维地质力学数值模拟

三维精细地质模型是刻画复杂构造、沉积相、物性等常规地质属性三维分布的模型。三维地质力学模型是刻画某一时刻（地层压力）岩石力学属性和地应力分布的模型，而四维地质力学模型是在三维地质力学建模和渗流数值模拟模型基础上，通过将二者耦合，建立起动态地质力学模型，以刻画注采扰动地层压力任意动态变化条件下三维地应力场分布，又称“圈闭地应力－储层渗流耦合模型”。

基于室内实验测得的岩石力学参数和矿场地应力实测的地应力参数，开展了大尺度四维地质力学模拟研究，在建立四维地质力学模型过程中，初始地应力取值（模型中地应力边界条件）对数值模拟反演三维地应力场精度有重要影响。在南堡1号储气库四维地质力学建模研究过程中，初始地应力取值重点依据现场在A井开展的储、盖和下伏地层地应力实际测试和解释结果。现场实际测试获得水平最小主应力梯度为1.505MPa/100m，根据密度测井和室内岩心分析确定上覆岩石密度为0.022g/cm^3。

描述油气藏参数、地质力学参数和原场应力的动态变化。生产开发改变储层压力，这些改变触发复杂的耦合地质力学流体相互作用，导致可能得断层和盖层破坏（图4）。

通过模拟从气藏开发到储气库注采地层压力，开展不同时间阶段的地应力耦合数值模拟分析，同时开展储气库运行过程中不同压力系数条件地应力反演敏感性分析，包括采气末、注气末两个时间阶段及注气末压力系数分别为1.0、1.1、1.2、1.3和1.4，5个压力系数开展研究。

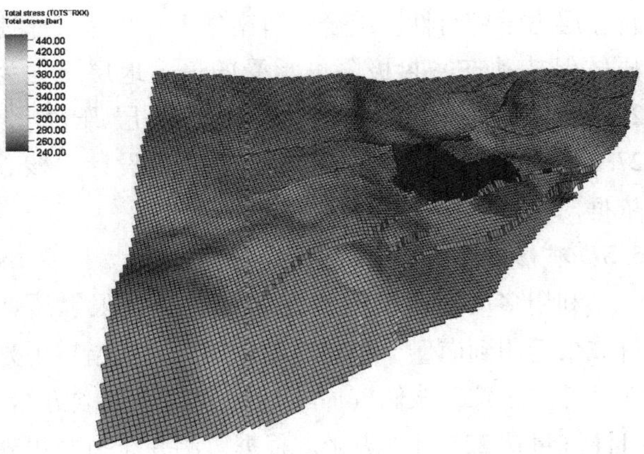

图4　南堡1号储气库采气末（地层压力平均11MPa）X方向（水平东西方向）地应力分布图

4　多维多尺度完整性评价

南堡1号储气库处于1号储气库群，为确保储气地质体长效密封，在南堡凹陷尺度三维地质力学建模基础上，开展大尺度多库联动四维地质力学模拟，进一步评价地下储气库群的动态完整性。

以南堡凹陷尺度三维地质力学模型为基础，为四维模型赋予区域应力场参数。从南堡凹陷尺度研究储气库多库联动注采对边界断层、内部断层，邻近构造带与非邻近构造带造成的影响。1号储气库群模型中主要包含南堡1号储气库，南堡东储气库和南堡1－32储气库（图5），应用python子程序衔接abaqus虚拟拓扑面技术，采用楔形网格单元体，更好的实现流固耦合计算，基于ANN神经网络协助网格计算过程，适当的进行网格的粗化与细化保证网格的成功赋予与优质网格的数目占比，优质网格数达总网格的96%，以保证更好的收敛性和准确性。

1号储气库群模型模拟注气周期，地层压力由13MPa提升到27MPa，南堡1号构造带上安全系数）最大值为0.756，断层处于稳定状态，地层压力继续提升至32.4MPa，安全系数达到1.0，因此南堡1号构造极限承压32.4MPa。南堡1号储气库、南堡1－32储气库与南堡东储气库注采对南堡1号构造带造成应力扰动，其流体对应力场的影响范围约为储层边界外0.6公里，注采影响的为边界断层和临近断块，对非相邻断块影响较小，安全系数的影响约为±0.08。

5　全系统监测保障与应用

通过开展不同尺度模型数值模拟对储气地质体动态密封性进行评价，进一步明确储气库在高速注采条件下盖层和断层稳定性，明确断层滑移失稳临界值，从而得到多因素多指标综合评价圈闭极限承压，使储气库上限压力更准确。针对数值模拟预测的盖层和断层薄弱位置，部署微地震监测。

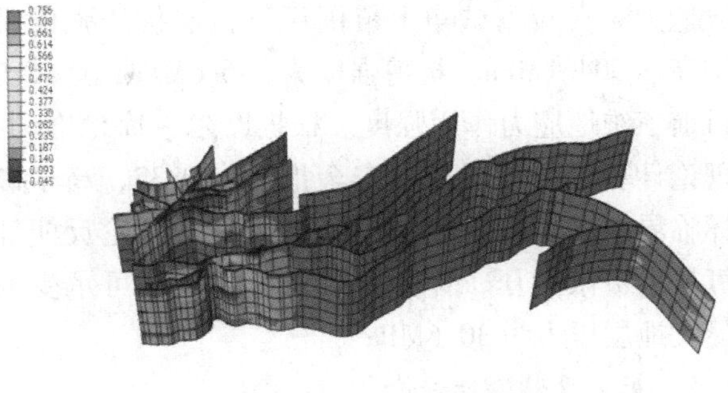

(a) 南堡一号断裂带安全系数空间展布

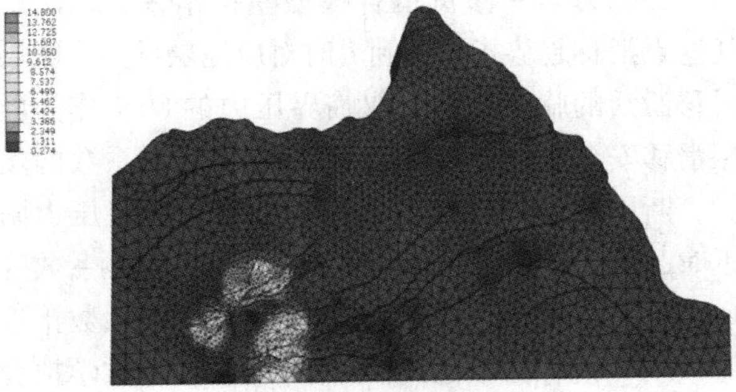

(b) 流体应力响应范围

图5　凹陷尺度多库联动四维地质力学模拟结果

5.1　盖层拉张破坏评价

针对南堡A井矿场实施的地应力测试，得到该区块最小水平主应力梯度平均为1.505MPa/100m，则根据储盖层埋深计算得到储层顶面最小水平主应力为34.2MPa，这与南堡凹陷区域地应力解释结果基本吻合。参照国外常用设计标准，取最小水平主应力的80%作为安全界限，用以评价盖层抗拉张破坏能力。因此，基于矿场地应力实测结果和南堡区域地应力统计图版，评价得到盖层不发生拉张破坏可承受的最大安全注气上限压力为27.2MPa。

5.2　盖层剪切破坏评价

根据力学－渗流耦合模型模拟结果，以盖层任意点剪切指数达到1时对应地层压力为盖层剪切破坏的临界压力，取临界压力的80%作为盖层剪切安全压力。最经典的盖层剪切破坏风险评价方法是基于岩石力学中的库伦－摩尔准则，以该准则为基础计算盖层安全因子，显然，当 等于0时发生剪切破坏。在工程实际应用评价时，为安全起见，参照盖层拉张破坏评价方法，将剪切安全指数下限取为0.2，以此为标准评价盖层抗剪切破坏能力。实验测试净上覆围压下盖层抗压强度平均高达304.1MPa，抗剪强度为136.6MPa，远高于目前三维地应力作用强度。根据摩尔－库伦准则，理论计算得到盖层剪切安全指数为0.37，高于破坏临界值（一般0.2）。基于有效应力理论反演计算最大极限承压，计算盖层拉剪切破坏可承受的最大地层压力为30.6MPa。

5.3　断层滑移激活评价

根据力学－渗流耦合模型模拟结果，以断层任意点滑移趋势指数达到1时对应地层压力为断层滑移激活的临界压力，取临界压力的80%作为断层滑移安全压力（图6）。随着地层压力系数的增大，断层滑移指数持续增加。在原始地层压力附近时，断层滑移指数小于0.8，当地层压力系数为1.10时，滑移指数超过0.8。当地层压力系数接近1.25时，滑移指数达到临界值1.0。通过数学拟合准确求解，此时获得的极限承压能力为34.5MPa，在此基础上，进一步考虑80%的安全系数，计算得到滑移风险最高的NPF1断层安全最大注气压力为27.6MPa，安全注气压力对应的地层压力系数为1.23。

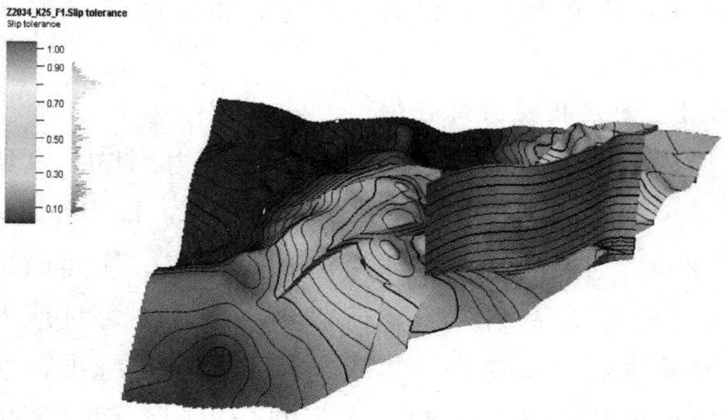

图6　F1断层滑移指数模拟图

5.4　综合评价

取上述预测计算的安全压力最小值作为安全压力上限值，结合实际运行情况对储气库动态密封性进行综合评判。

储气库强注强采过程中，盖层可能会发生毛细管密封失效、剪切破坏、拉张破坏和长期疲劳破坏，因此需从微观和力学两个方面进行盖层动态密封性评价。基于地质和测井等资料，采用多种室内实验方法，获取盖层岩石的微观密封性参数，利用岩石力学性质实验结果，分析盖层岩石的突破压力等参数，并通过岩石力学实验模拟计算，分析盖层发生破坏或气体泄漏风险，综合评价盖层力学密封性。综合评价南堡1－29储气库地质体保持动态密封极限可承受的最大地层压力为29.3MPa，可承受的最大安全地层压力为27.2MPa，以此作为建库运行上限压力设计的核心依据。

5.5　矿场应用

利用多尺度模型模拟方法开展的极限承压评价成果运用到南堡1号储气库矿场，有效指导了方案设计和跟踪，该储气库累计注气超7亿立方米，日注气量达225万立方米。根据监测井压力变化分析断层、盖层密封性，得到南堡1号储气库圈闭密封性好。

6　结论

（1）在一维单井岩石力学参数剖面模型基础上建立三维岩石力学参数模型，利用岩心测试和地应力矿场实测将构造模型、三维岩石力学参数模型转换为有限元模型，设置力学边界条件，模拟任意点地应力场，建立三维地应力模型。

（2）在三维地应力模型基础上，耦合不同时间的地层压力场进行四维地质力学模拟，预测不同时间力学参数和地应力场。

（3）首次开展凹陷尺度多库联动地质力学模型建立，对不同尺度模型进行注采模拟，储气库地质体多维多尺度极限承压能力评价通过盖层拉张破坏27.2MPa、剪切破坏30.6MPa、断层滑移激活27.6MPa来定量评价，综合大尺度地应力模型结果从而得到多维多指标综合评价圈闭极限承压，使储气库上限压力更准确。

（4）Ng盖层在储气库运行过程中产生的地层形变量小；1条控藏断层在储气库前期运行及现今注采条件下没有断层活化风险；模拟储气库注入压力高于原始气藏压力4.7MPa时，储气库地质体完整性存在失稳风险，依据薄弱位置进而部署全系统监测方案，研究成果精细定量化评估了储气库在动态应力场影响下的运行安全，对优化储气库运行方案具有重要的指导意义。

参　考　文　献

[1] 丁国生．中国地下储气库的需求与挑战［J］．天然气工业，2011.31（12）：90－93.

[2] 丁国生，魏欢．中国地下储气库建设20年回顾与展望［J］．油气储运，2020，39（1）：26－29.

[3] 郑雅丽，孙军昌，邱小松，等．油气藏型储气库地

质体完整性内涵与评价技术［J］. 天然气工业，2020，40（5）：95-96.
［4］魏国齐，郑雅丽. 等. 中国地下储气库地质理论与应用［J］. 石油学报，2019，40（12）：25-29.
［5］曾大乾，张俊法，张广权，等. 中石化地下储气库建库关键技术研究进展［J］. 天然气工业，2020，40（6）：115-123.
［6］江同文，王正茂，王锦芳. 天然气顶部重力驱储气一体化建库技术［J］. 石油勘探与开发，2021，48（5）：1061-1068.
［7］杨俊丰，罗敏，彭海军，等. 注气提采与战略储气库协同建设经济评价—以塔里木油田A油藏为例［J］. 天然气技术与经济，2020，14（6）.
［8］胥洪成，朱卫平，李彬，等. 复杂气藏型储气库先导试验方案设计方法［J］. 天然气工业，2020，40（6）：124-127.
［9］赵树栋，王皆明. 天然气地下储气库注采技术［M］. 北京：石油工业出版社，2000.
［10］王皆明，郭平，姜凤光. 含水层储气库气驱多相渗流机理物理模拟研究［J］. 天然气地球科学，2006，17（4）：597-599.

水淹油藏建库高效排液扩容技术探索与实践

胡彩云　杨智斌　何海燕　李　聪　王　扬

（中国石油冀东油田公司）

摘　要　渤海湾未来储气库建设需求大，优质气藏建库资源匮乏，油藏建库是后续储气能力增长点，水淹油藏改建储气库作为一种有效的储气方式，通过气驱排液技术实现扩容，不仅可以提高储气库的调峰能力，还能提高油藏的经济价值，但排液扩容过程中油气水三相交互驱替，渗透机理复杂，为提高水淹油藏采收率并加快储气库建设，开展了周期注采孔隙空间动用模拟实验及数值模拟，对水淹油藏的建库空间动用规律进行了研究，建立了“差异化建库模式、层系井网精细调整技术、气驱前缘运移规律与控制对策”等配套气驱排液扩容技术，并进行了矿场实践。研究表明：①不同类型油藏实施差异性井网设计效果好，块状油藏大倾角，气顶重力驱排液效果好，层状油藏小倾角适合面积驱。②注采参数对孔隙空间动用影响较大，通过强化气驱前缘运移规律与控制对策研究，优化注采两端生产压差、优化注气速度、控制上下限压力，可提高排液效率。③实施差异性排液扩容，流体分区分带管理、分井分层同步注采＋顺序关停，累增油2.7万吨，排液形成库容3.9亿方。④排液强度达到方案设计，建库核心参数观波及系数、气驱液效率与室内试验基本吻合，排液扩容效果初显。

关键词　储气库；排液扩容；孔隙空间动用效率

Exploration and Practice of Efficient Drainage and Expansion Technology for Building Reservoirs in Water Flooded Reservoirs

HU Caiyun，YANG Zhibin，HE Haiyan，LI Cong，WANG Yang

（Jidong Oilfield Company，Petro China，Tangshan，China）

Abstract：Bohai Bay has a large demand for future gas storage construction，and there is a scarcity of high – quality gas reservoir construction resources，and oil reservoir construction is the subsequent growth point of gas storage capacity，and the water – flooded reservoir reconstruction storage reservoir as an effective way of gas storage，and the expansion of the capacity through the gas – driven drainage technology can not only improve the peak – adjusting capacity of the storage reservoir but also increase the economic value of the reservoir，but the drainage and expansion of the capacity of the process of the three – phase oil，gas，and water interactive repulsion，the permeability mechanism is complex，in order to In order to improve the recovery rate of water – flooded reservoirs and accelerate the construction of gas storage reservoirs，we have carried out simulation experiments and numerical simulations of the pore space utilization of periodic injection and extraction，studied the space utilization law of reservoir construction in water – flooded reservoirs，and established such supporting gas – driven drainage and expansion technologies as “differentiated reservoir construction mode，fine adjustment technology of well network of layer system，and law of gas – driven leading – edge transportation and control countermeasures”，and carried out a study of the gas – driven drainage and expansion technology. The gas drive drainage and expansion technology has been established and practiced in the field. The study shows that：① the implementation of different types of reservoirs with different well network design is effective，block reservoirs with large inclination，gas top gravity drive drainage effect is good，stratified reservoirs with small inclination is suitable for area drive. ②Injection and extraction parameters have a greater impact on pore space utilization, through strengthening the study of gas drive leading edge transport laws and control measures, optimize the production pressure difference between the two ends of the injection and extraction, optimize the injection rate, control the upper and lower pressure limits, can improve the efficiency of liquid discharge. ③Differentiated drainage expansion is implemented, with fluid zoning management, synchronized injection and extraction by wells and layers + sequential shutdown, accumulating 27, 000 tons of oil, and 390 million cubic meters of reservoir capacity is formed by draining fluids. ④The intensity of fluid drainage reaches the program design, and the core parameters of reservoir construction, such as wave coefficient and gas drive fluid efficiency, reach the program design, and the effect of fluid drainage and expansion is beginning to be realized.

Key words: gas storage reservoir, liquid discharge expansion, pore space utilization efficiency

1　引言

随着全球天然气需求的快速增长，储气库在天然气工业中扮演着越来越重要的角色。储气库不仅是调峰保供的重要手段，也是战略储备和市场调节的关键。渤海湾区域作为天然气消费大区，其调峰需求量巨大，预计2025年和2030年的缺口分别为88.6亿方和92.6亿方。面对优质气藏建库资源的稀缺，建库空间评价和扩容达产效率成为储气库建设的核心。特别是水淹油藏在传统开采中剩余油开采难度大、经济效益差，但通过气驱排液技术，可以充分利用其剩余储层空间，实现天然气的大规模存储和调峰。

国内储气库在气驱排液扩容技术方面已有一定的研究和应用。糜利栋等在带油环凝析气藏注气提采协同储气库建设研究中，明确了注气提采协同储气机理，包括注气保压提高凝析油采收率机理，夏注冬采提高采收率协同储气调峰机理和排液扩容兼顾提高油环采收率机理。郭泽萍等在未注水气顶油藏改建储气库S6储气库的研究中，通过注采渗流规律的研究，明确了剩余油流动的饱和度下限，并利用相渗滞后数值模拟重点研究了剩余油分布区域，建立了C1/C2皮克斯勒图版优化射孔井段，以保障采油效果，并通过相平衡机理研究量化了原油的采收率。但目前国内尚无水淹油藏建成的储气库，建库空间影响因素不明，气驱排液扩容技术属于空白状态，2021年，冀东油田针对两种不同油藏类型—层状油藏和块状油藏，依托油藏建库协同提采的先导性试验项目开始了水淹油藏建库气驱排液技术探索。对比层状与块状油藏在气驱排液扩容过程中的差异性，精准地优化技术参数，分析水淹油藏建库注采孔隙空间动用效率主要受油藏类型、储层非均质性、层系井网部署、注采参数等因素的影响，通过“差异化建库模式、层系井网精细调整技术、气驱前缘运移规律与控制对策”等配套气驱排液扩容技术提升油藏的排液效率和扩容效果。这不仅为油藏的高效开发提供了新的技术路径，也为油气行业在类似复杂油藏条件下建库提供了宝贵的经验。

2　高效排液扩容影响因素分析

2.1　储层非均质性

通过四管并联实验模拟多周期注采，发现非均质性对储层孔隙空间动用效果有显著影响。高渗透率岩心的孔隙空间动用效果比低渗透率岩心高出13%。多轮次注采能有效动用岩心束缚水，降低束缚水饱和度26%～38%，且渗透率越高，动用效果越好。但是，非均质性强的岩心在注采模式下会导致驱动能量损耗，影响采液能力，从而降低储层孔隙空间的动用效果。试验结果提示，气驱排液过程中，尽量细分层系，减少层间干扰。

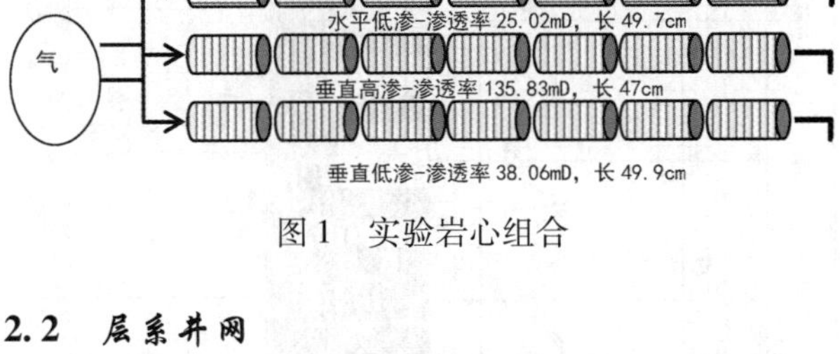

图1　实验岩心组合

2.2　层系井网

层系井网的优化对气驱排液扩容技术至关重要。通过调整井网密度和细分层系，可以提高油藏的开采效率。加密井网和细分层系增加了油层

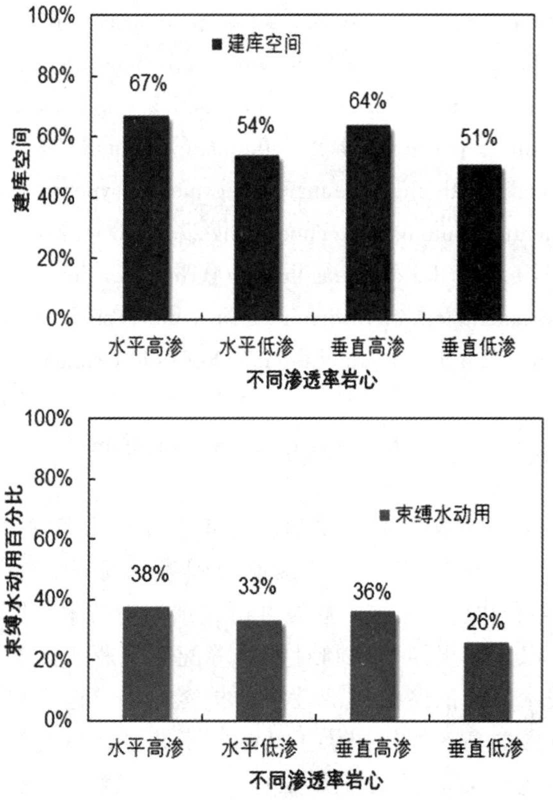

图 2　多轮次注采下建库空间评价及束缚水动用情况

接触面积，改善了气驱效果，提高了油井的产液和产油量。合理的井网设计有助于控制气驱过程中的流场，减少气体的非均质推进，延长油井生产周期。在冀东油田的实践中，气顶和油层的细分层系减少层间干扰，可有效提升油层动用。

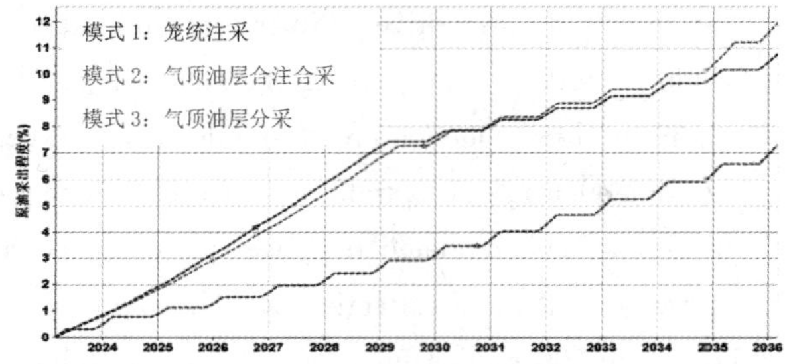

图 3　不同模式下注采原油采出程度

2.3　注采参数

（1）生产压差：随生产压差增大，合采井油藏实现有效动用，生产时候控制生产压差小于出砂压差，可实现区块最大程度动用。

以注入端南堡 A－B 井为例，该井为一口大斜度注采气井，为了解气顶与油层合注井产吸情况，进行了连油光纤注气及采出剖面测试，注气剖面显示在较小的注入压差下，受储层非均质和受油、气层流体性质性影响，纵向上吸气不均匀，随着生产压差加大，吸气厚度比例逐步增加，剖面动用更加均匀。采气剖面显示随着生产压差的加大，采气井厚度加大，采气逐渐均匀。

（2）注气速度：注气速度的控制对于保证储层的均匀动用和提高气驱效率至关重要，设置合理注气速度，可以确保有效的气驱排液。（3）排采方式：不同的排采方式会影响气驱的效率和油藏的动态响应，选择合适的排采方式可以提高油藏的排液效果。

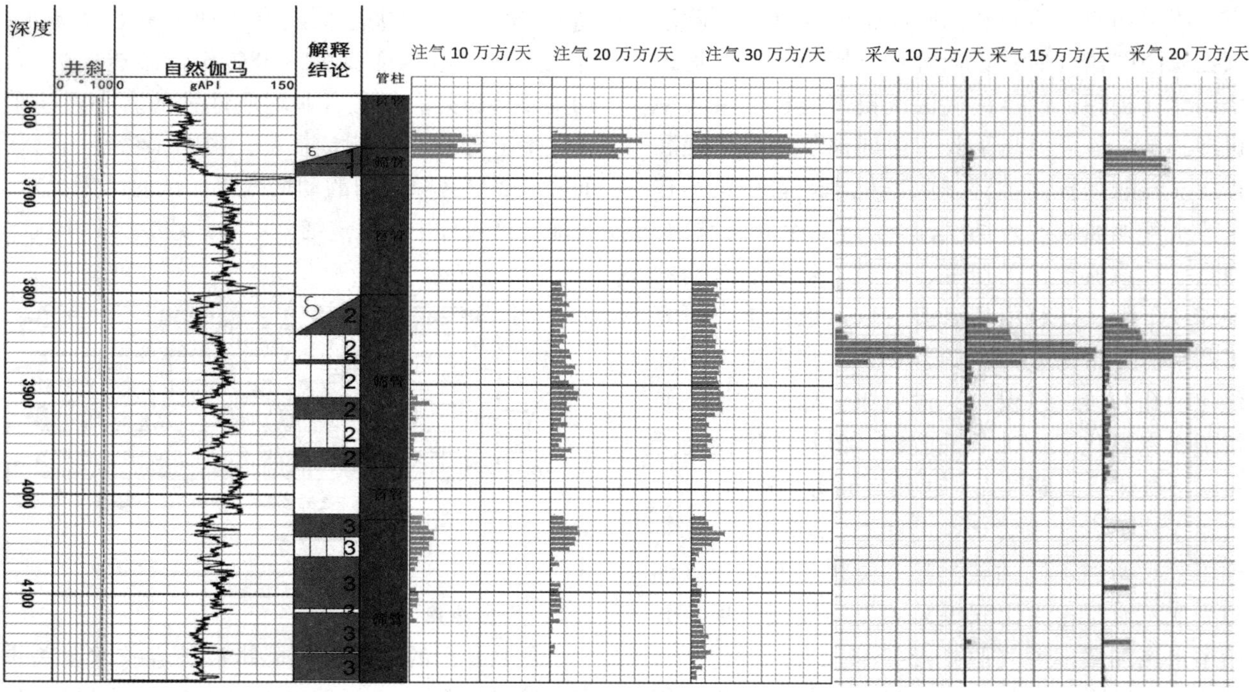

图 4　NPA－B 井连油光纤测试注采曲线

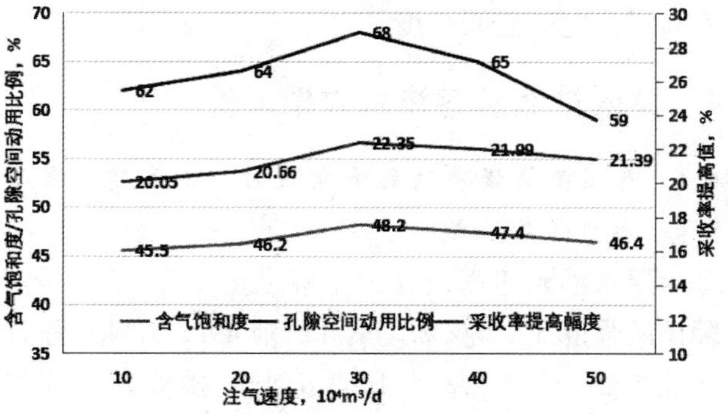

图5　注气速度对孔隙空间动用和提采的幅度影响曲线

以南堡N层状储气库为例，多周期工作气量对比，推荐全时率排液+逐级提压，8个周期达到80%工作气，12个周期达产（表1）。2022年，正式建库前试验和施工，充分利用老井和QKP1井注气，利用老井全时率排液。2023年，全面投运，新井投产和全时率排液，地层压力振幅呈增大趋势。2026－2028年，逐级分批实施提压持续排液扩容和提压增容。

3　高效排液扩容关键技术

3.1　创新水淹油藏建库模式

面对油藏建库过程中的三相流体复杂性、次生气顶控制难度、注排气窜风险及漫长的达容周期等挑战，通过室内实验阐明了建库库容的形成机制和驱替方式，提出了两种油藏气驱排液建库的新模式。

层状油藏：油藏初期控制单向气驱→高压交互面积驱排液扩容→逐级提压增容”建库模式。建库区油层赋存油水量大，分布复杂，建库注气过程气窜风险较高，导致提高排液效率难度较大。但储层内部仍然存在一定的构造起伏和流体赋存差异，局部构造高点赋存一定量天然气，具有优先注气的条件。同时，对于构造位置相对较低且流体赋存量大的区域，不仅注气困难，而且存在气窜风险。因此，建库方式首选先期在构造高部位或发育气顶区优先注气，待气驱前缘显著扩展后，再由构造高部位的单一气驱转为全面注采的面积交互驱。

块状油藏：基于块状挥发性油藏地质特点，采用“初期低速注气恢复压力、中期小幅振荡混相气驱协同提采、后期扩大振荡区间强化排液规模调峰”建库达容方式。

借鉴国外油藏“注气排液腾空、协同采油增效”建库实践经验，重点根据块状挥发油藏原油品质好、纵向厚度大、连通性好、水淹程度较低等地质油藏特征和流体分布特征，总体按照“稳定注气驱油、高效建库扩容”思路，分批分阶段注气驱油排液逐步形成和扩大次生气顶。按照注气过程地层压力恢复、流体运移控制影响因素和主要矛盾，建库初期“稳定注气、高效恢复能量”阶段，建库中期“差异注气、高效协同提采”阶段，建库后期“强化注采、长期携液扩容”阶段。

3.2　层系井网精细调整技术

层状油藏：纵向细分层系，平面同步注采计算注排液井距。优化注排井网，对气、油层合排井进行层系归位，结合注采井距、地下存水量、气驱波及和气体突破情况分层确定排液井井数和位置，最大程度上实现采出端分层分采。

表1　不同排采方式对最终排液形成库容的影响

运行周期	2021	2022	2023	2024	2025	2026	2027	2028	2029	2030	2031	2032	2033	2034	2035
采气期排液（半时率）	0.5	2.06	4.3	6.31	6.61	6.72	6.81	6.92	7.07	7.14	7.19	7.22	7.28	7.32	7.46
注采气期排液（全时率）	0.5	2.06	5.2	6.62	6.92	7.35	7.65	7.97	8.11	8.26	8.29	8.32	8.36	8.39	8.4
采气期排液－提压	0.5	2.06	4.3	6.31	6.61	6.72	7.48	7.79	7.98	8.16	8.49	8.83	8.97	9.19	9.28
注采气排液+提压	0.5	2.06	5.2	6.64	6.92	7.35	8.19	8.46	9.12	9.39	9.93	10.1	10.4	10.5	10.5

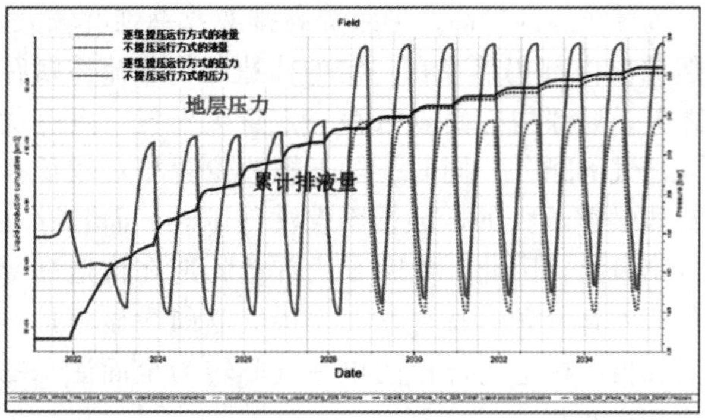

图6　不同排采方式对排液量的影响对比图

块状油藏：构建高注底采井网，气窜后封井逐级下返。基于老井井况初步筛查和和技术政策研究，确定了扩大先导试验部署方案，构造高部位部署注气井6口（利用老井3口），低部位利用老井排液15口，基于30m的注采高差构建高注低采的注采井网，实现气液界面稳步下降。

3.3　气驱前缘运移规律与控制技术

（1）流体分区分带管理：根据油藏中不同区带的流体性质（如水淹区、纯油区等），采取不同的注采策略，实现精准管理。

层状带油环气藏，采用顶部水平井强化注气，腰部直井缓注，注入气迅速充填气顶区，逐步膨胀扩散至油区。气液界面尽量保持了同步波动。

块状油藏控制注气速度，调整注入压力和注入速率，控制气驱前缘的推进速度，提高油气的置换效率。通过油藏监测技术，实时跟踪气驱前缘的位置和油藏动态，根据监测数据调整气驱策略。

（2）分井分层同步注采 + 顺序关停：

层状油藏分层先后注采，前三个周期，气层压力低实施多注少采，油层压力高则少注，待气层与油层缩小压差，层间差异减少后统一注采；分区先后注采，气层东部注采效果好，排液井点多，排液量大，西部未吞吐，且排液井点少库容形成慢，则在采气期优先吞吐西部，待波及一致后统一注采；分井先后注采，注气期先注高部位井，低部位尽量多排液，采气期先低部位井采气拉流线扩大波及，待压力趋于一致采高部位井。

块状油藏低压见效差区加大注气强度恢复压力，见效好已形成优势气驱通道区域缓注降低无效气循环，针对部分井组注采高差低的问题，严格执行开发技术政策。

采出端同步注采，适时增减势差，油藏建库优点是老井排液井多，排液效率高，缺点是由于原水驱已形成的优势渗流通道，气驱易气窜，建库与提采之间需要平衡。

4　高效排液扩容技术效果评价

4.1　气驱排液强度达到方案设计，提采增油效果逐步凸显

层状油藏建库，设计排液强度2.2吨/米，实际排液强度3.1吨/米。累计产液49.2万吨，累计产油5.27万吨，增油1.63万吨，排液新增库容2.48亿方，建库后开发形势变好，产量递减得到有效遏制，综合递减由20.73%下降到了7.42%。

块状油藏建库，方案设计排液强度1.7吨/米，实际排强度3.0吨/米。先导试验以来累计排液42.89万吨，排液增加库容1.42亿方，试验区累计增液10万吨，累计增油1.12万吨；试验区开发形势逐步向好，产量递减减缓，年自然递减下降27.6个百分点。

4.2　建库核心参数观波及系数、气驱液效率达到方案设计

综合生产特征、压力响应、注气剖面等动态监测分析，层状油藏气藏东部平面波及系数0 82，根据产吸剖面以及饱和度监测结果评价，目前纵向波及系数为0.80，综合确定宏观波及系数为0.66；根据理论计算公式，反算目前气驱液效率为88.2%，与室内实验评价结果基本吻合。块状油藏井控区平面波及系数0.8；根据产吸剖面以及饱和度监测结果评价，目前纵向波及系数为0.67，综合确定宏观波及系数为0.54；根据理论计算公式，反算目前气驱液效率为44.4%，与室内实验评价结果基本吻合。

5　结论

（1）在层状油藏和块状油藏中开展水淹油藏建库气驱排液技术实践，探索两种油藏类型在气驱排液扩容过程中的差异性，油藏类型、储层非均质性、层系井网部署和注采参数是影响水淹油藏建库注采孔隙空间动用效率的主要影响因素。

（2）通过差异化建库模式、层系井网精细调整技术和气驱前缘运移规律与控制对策等配套技术，可以提升两类油藏建库的排液效率和扩容效果，面积驱见效快，重力驱增产时间长。

（3）油藏建库协同提采模式基本可行，目前排液腾库容3.9亿方，增油2.7万吨，既增加了储气能力，又通过提采提高了油藏经济效益，水淹油藏建库大有可为。

参　考　文　献

[1] 江司文，王锦芳，王正茂，等．地下储气库与天然气驱油协同建设实践与认识［J］．天然气工业，2021，41（9）：66－74.

[2] 杨俊丰，罗敏，彭海军，等．注气提采与战略储气库协同建设经济评价：以塔里木油田 A 油藏为例［J］．天然气技术与经济，2020，14（6）：72－78.

[3] 李宗宇，何云峰，姚田万，等．凝析气藏开发关键技术探讨：以雅克拉、大涝坝、轮台凝析气田为例［C］//2015 年全国天然气学术年会论文集．成都：中国石油学会天然气专业委员会，2015：378－390.

[4] 何新兴，黄召庭，廉黎明，等．天然气注储协同提高凝析气藏采收率关键技术［J］．天然气工业，2023，43（1）：86－95.

[5] 司宝，闫茜，刘强，等．油藏型储气库与天然气驱油协同建设实验：以葡北油田三间房组油藏为例［J］．新疆石油地质，2023，44（3）：321－326.

[6] 糜利栋，曾大乾，刘华，等．带油环凝析气藏注气提采协同储气库建设研究［J］．世界石油工业，2024，31（4）：1－10.

[7] 郭泽萍．气顶油藏型储气库排液扩容技术——以 S6 储气库为例［J］．能源化工，2021，9：86－93.

唐康，廖新维，闵忠顺，等．复杂类型储气库多周期注采相渗变化规律［J］．西安石油大学学报（自然科学版），2023，38（3）：81－87.

[8] 李滨．辽河油田 S 储气库注采动态特征研究［J］．能源科学，2021，44：44－46.

唐雪枭．油气藏型储气库精细评价及扩容技术研究与应用［J］．中文科技期刊数据库（全文版）自然科学，2023：103－106.

[9] 王皆明，赵凯，李春，等．气顶油藏型地下储气库注采动态 预测方法［J］．天然气工业，2016，36（7）：88－92.

生产压差对高凝析油含量凝析气藏开发效果影响研究

袁　萍　张银涛　谢　舟　孙　冲　王　轩　郑明君

（中国石油塔里木油田公司勘探开发研究院）

摘　要　生产压差对凝析气藏衰竭开发影响显著，目前认为大压差加剧储层反凝析程度，降低凝析油采收率，然而近井地带气相高速流动对凝析油产生速度剥离效应，携带凝析油流入井筒。不同储层物性、不同凝析油含量的凝析气藏，凝析油赋存状态及流动机理有差别，生产压差及近井地带的高速流动对气藏开发效果的影响不同。

本文针对不同类型凝析气藏，研究不同生产制度下近井地带高速流动效应；在气藏动态分析的基础上，建立单井径向模型，预测不同产量下气井的开发效果，研究生产压差对各类凝析气藏相态及开发动态的影响。

关键词　生产压差；储层物性；凝析油含量；开发效果

Study on the Influence of Differential Pressure on the Development of Condensate Gas Reservoir with High Condensate Content

YUAN Ping，ZHANG Yintao，XIE Zhou，SUN Chong，WANG Xuan，ZHENG Mingjun

（Exploration and Development Research Institute of CNPC Tarim Oilfield Company）

Abstract：The production pressure difference has a significant impact on the failure development of the condensate gas reservoir. Currently，it is believed that the large pressure difference intensifies the reverse coagulation degree of the reservoir and reduces the condensate recovery. However，the high – speed gas flow in the near well zone has a speed stripping effect on the condensate，and carries the condensate into the wellbore. The condensate gas reservoirs with different reservoir properties and different condensate content have different condensate occurrence status and flow mechanism，and the production pressure difference and high speed flow near the well zone have different effects on the development effect of gas reservoir development.

In this paper，we study the high speed flow effect of close well zone under different production systems；on the basis of gas reservoir dynamic analysis，the single well radial model is established to predict the development effect of gas well under different production capacity，and the influence of production pressure difference on the phase state and development dynamics of various kinds of condensate gas reservoirs is studied.

Key words：production pressure difference；reservoir property；condensate content；development effect

天然气作为一种洁净、优质的能源在逐步发展的工业和民用需求中有着举足轻重的作用，凝析气藏作为其中一类特殊的气藏，在我国已探明的天然气地质储量中占有20%以上的比重。目前我国西部塔里木盆地、准噶尔盆地及渤海湾等陆续发现十几个大中型的凝析气藏。而这些凝析气藏是否能够得到高效开发仍然面临着很多待以解决的问题。

目前国内外凝析气藏初期大多采用衰竭开发，由于凝析气藏流体相态的特殊性，当井底流压低于露点压力时，流体中的重组分从气相中析出形成凝析油，填充于孔隙中，容易堵塞近井地带，降低流体有效渗透率，影响气井产能。

凝析气藏衰竭开发过程中，制定气井合理的

生产制度尤为重要。目前普遍认为生产压差较大，会加剧储层反凝析程度，导致凝析油气采收率较低，因此现场会以控制生产压差对指导方针，采用直井小压差或水平井生产。然而早在20世纪末，国外实验室研究证明近井地带气相的高速流动往往对凝析油产生速度剥离效应，有效降低近井地带的凝析油饱和度，有助于提高凝析油采收率。

1　国内外研究现状

1.1　反凝析对气井造成的影响实例调研

位于印度尼西亚苏门答腊岛的北海岸 Aurn 凝析气藏于1977年投入开发，气藏埋深3063m，原始地层压力为50MPa，原始地层温度为177℃。巨厚灰岩储层，产层厚度305m，供气面积达93km^2。初始生产气油比为2700m^3/m^3。投入开发10年后，有些井产能严重下降，研究表明近井地带反凝析液聚集影响了气井产能和不稳定压力传播效应。

塔里木盆地柯克亚凝析气藏柯21井投产初期生产压差为5.3MPa，日产气$8.78\times10^4m^3$，几年后，生产压差增大为13.2MPa，日产气降为$4.01\times10^4m^3$，说明反凝析严重影响气井产能。

1.2　存在的问题

（1）一般认为，生产压差过大，反凝析现象严重，降低气井产能，从而影响了凝析油采收率。但是实际开发过程中压差对凝析油采收率的影响并不清楚。

（2）大压差高速流动带来的毛管数效应会有效改善近井地带的渗透性，与大压差带来反凝析区域的扩展效应所带来的负效应，共同考虑这两种作用效果的对比值得研究。

（3）不同渗透率凝析气藏供气能力有差别，高速流动效应的表现不同，生产压差对不同渗透率储层的影响也是不同的。现有研究成果很少涉及到储层物性的敏感性。

（4）不同凝析油含量的凝析气藏衰竭过程中凝析油的析出和聚集规律不同，生产压差对气藏开发动态的影响亦不同，而这点在已有的文献中研究的比较少，值得深入研究。

2　生产压差对高凝析油含量凝析气藏开发效果的影响

2.1　高凝析油凝析气藏衰竭特征及油气流动特征

不同凝析油含量流体的反凝析液饱和度变化趋势如图1所示，从图1中可以看出储层中发生反凝析后，高凝析油含量流体凝析油相对体积在很短的时间内即达到很高的值，最大可以达到低凝析油含量流体的3倍以上，且最大反凝析压力与露点压力差较小，即高凝析油含量凝析气藏衰竭过程中凝析油饱和度的变化是快速的。

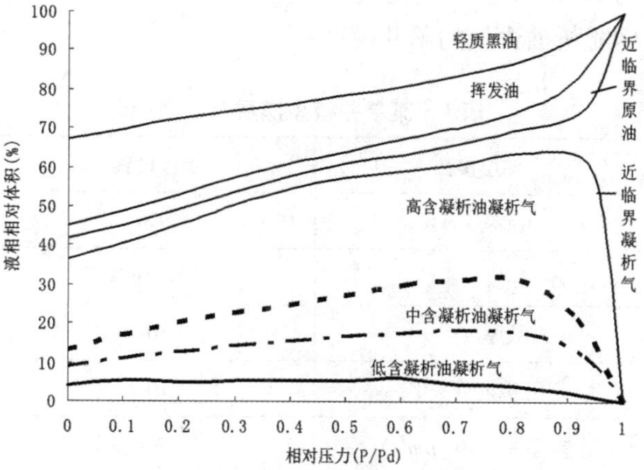

图1　凝析气藏定容衰竭实验过程中凝析油饱和度随压力下降的变化趋势

凝析气藏定容衰竭实验过程中凝析油饱和度随压力下降的变化趋势及最大凝析油饱和度成为判断该气藏凝析油含量高低的主要标准，一般情况下最大凝析油饱和度在20%以上以说明流体重组分含量多，凝析油含量高。南京大学李广月等研究了高低不同凝析油含量的凝析气在长岩心衰竭实验过程中的油气流动性和采收率问题，研究结果表明在低渗砂岩束缚水饱和度在35%的情况下，长岩心高凝析油含量的样品衰竭过程中临界流动饱和度为7.76%。实际凝析气藏开发过程中，流体都是在储层压力和井底流压的压差驱替下流向井筒的，如果在驱替压差的用下流动，有可能凝析油临界流动饱和度会更低，如图2所示。

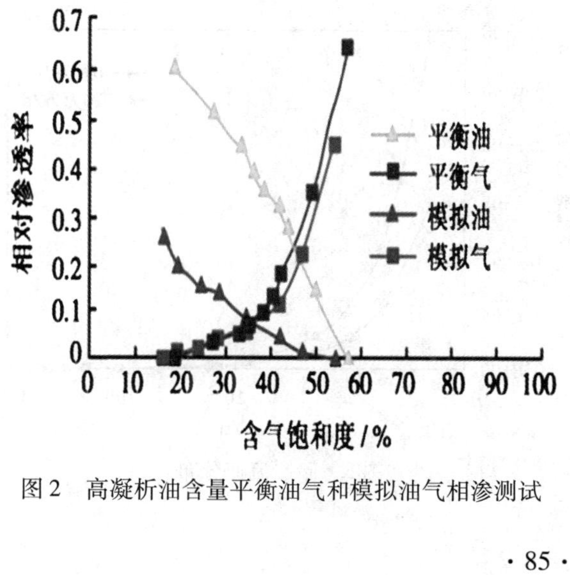

图2　高凝析油含量平衡油气和模拟油气相渗测试

2.2　生产压差对气藏相态变化的影响

根据某凝析气藏储层物性和流体物性，建立中高渗高凝析油含量的凝析气藏单井径向模型，某凝析气藏平均孔隙度为16%；平均渗透率 $70\times10^{-3}\mu m^2$，具体储层参数见表1所建模型为 r－θ－z 单井径向模型，网格划分同低渗和中渗中凝析油含量的单井模型一致。

表1　某单井模型储层参数表

储层参数	参数设置
顶深（m）	3990
厚度（m）	3990～4000
有效厚度（m）	10
孔隙度（%）	10
渗透率（$10^{-3}\mu m^2$）	70
射孔井段（m）	3990～4000
泄气半径（m）	600
原始含水饱和度（小数）	0.35
原始地层压力（MPa）	53.62
储层温度（℃）	135

以建立的单井径向模型为基础，高凝析油含量下，设定 $5\times10^4m^3/d$ 和 $10\times10^4m^3/d$ 两个产气量，在定气量生产的条件下，预测研究不同压差下储层的相态变化和气井的生产动态及开发效果。

根据储层流速和毛管数分布计算公式，分别计算 $5\times10^4m^3/d$ 和 $10\times10^4m^3/d$ 两个产气量下储层流速分布和毛管数分布，计算结果如图3和图4所示。

（1）毛管数分布计算

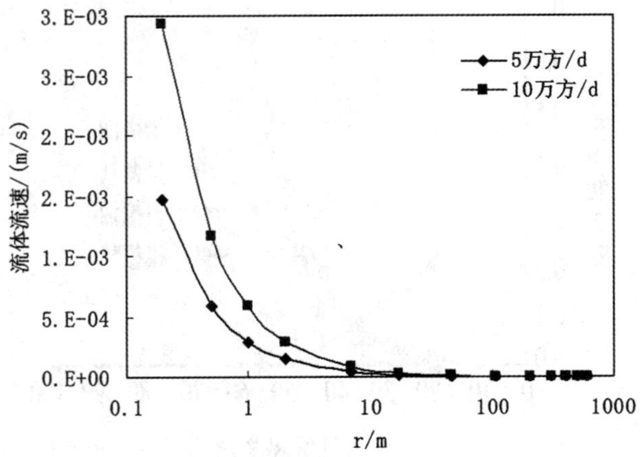

图3　储层流速分布

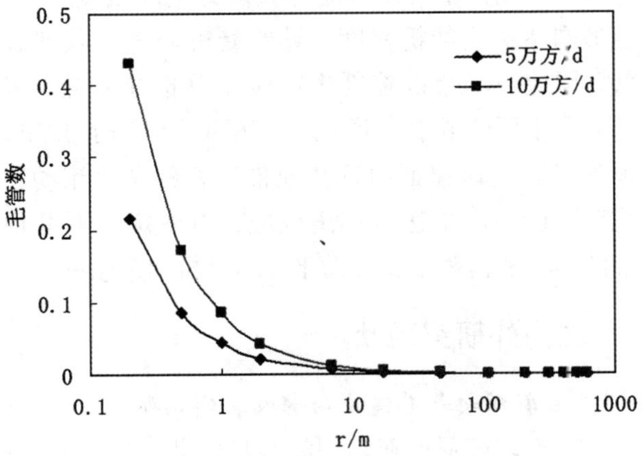

图4　储层毛管数分布

（2）毛管数对油气相渗的校正，如图5所示。

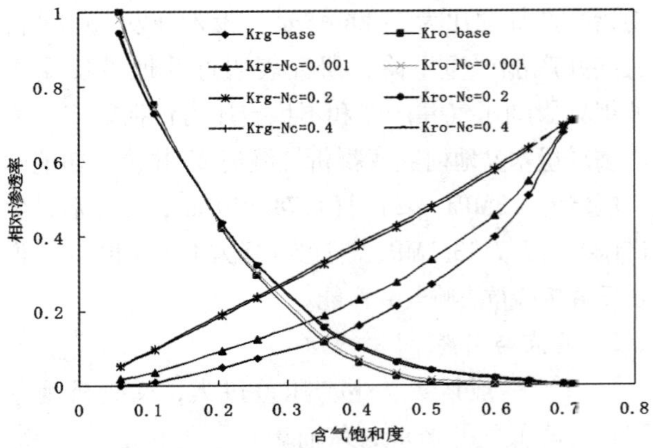

图5　不同毛管数校正的油气相渗曲线与基础油气相渗曲线

由毛管数校正结果可以看出：

①储层渗透率高，产气量大，毛管数对油气相渗都有提高作用，主要提高了气相相渗，油相相渗在凝析油饱和度超过10%以后有一定程度的提高。

②当两个流量下的毛管数最大值分别为0.2和0.42时，气相相渗趋于斜率为1的直线，说明在两个流量下气井近井地带气相渗流受凝析油堵塞的作用很小。

③毛管数等于0.001时，相当于大流量下离井筒50m远处的地带，小流量下离井筒20m远处的地带，说明在储层中部也有可能出现毛管数效应。

④随着毛管数的增大，油气相渗提高的幅度显然增大，而且两相渗流区扩大。

2.3　生产压差对气藏开发效果的影响

（1）生产压差对生产气油比的影响

做出不同产气量下生产气油比随时间的变化，如图6所示。

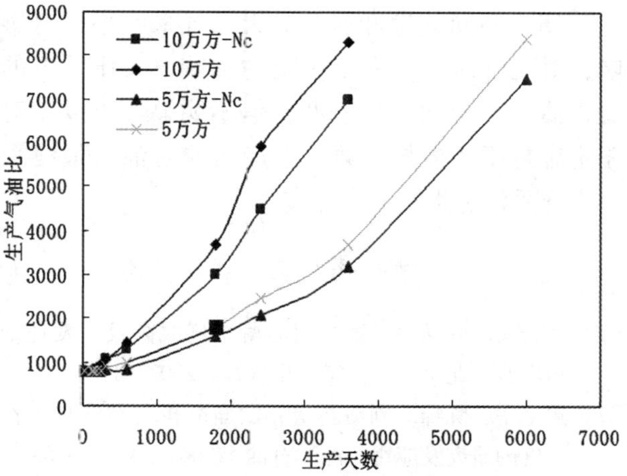

图6　不同产气量下考虑毛管数与不考虑毛管数时气油比随时间的变化

由图6可以看出，

①当井底压力低于露点压力后，生产气油比开始上升，大产量气油比上升快。

②考虑毛管数效应时，气油比照样随压力的变化而升高，只不过其升高的速度比不考虑毛管数效应时缓慢，说明速度剥离效应只能剥部分凝析油，也许会是很少的一部分。

③产量大的情况下考虑毛管数时气油比减小的程度大于产量较小的时候，说明速度越大，凝析油剥离得越多。

（2）生产压差对气井产能的影响

根据模型计算结果，在考虑毛管数效应的前提下，输出井底流压、储层压力、日产气和日产油数据，根据采气指数计算公式计算考虑毛管数效应下不同生产压差下气井产能的变化，计算结果如图7所示。

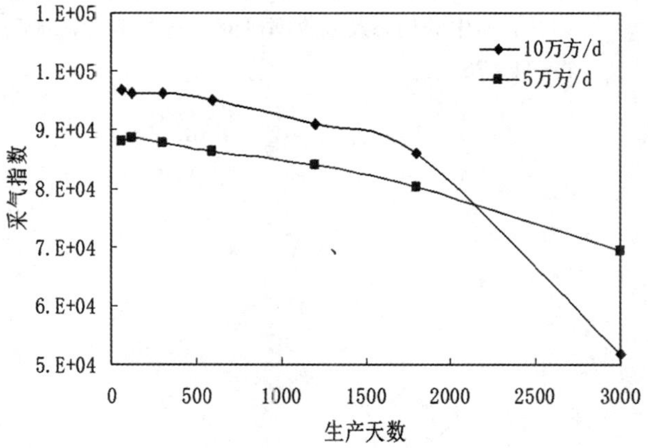

图7　不同生产压差下采气指数的变化

①井底压力刚低于露点压力，即储层刚开始发生反凝析生产阶段，不同采气速度下气井采气指数均表现出下降的趋势。

②反凝析开始后的生产前期 $10\times10^4m^3/d$ 的产气量下气井产能较高，原因在于储层远处的凝析油饱和度还比较小，主要是毛管数效应发生的区域带来的积极效应对气井产能的贡献。

③生产2000天以后，$10\times10^4m^3/d$ 下的采气指数开始急剧下降，而 $5\times10^4m^3/d$ 时的采气指数比较平稳的下降。原因在于大压差生产时的储层远处凝析油堵塞的负作用开始发挥，影响了储层远处流体向井筒的流动，从而气井产能急剧下降。

④反凝析早期，只有近井地带凝析油饱和度较高时，而储层远处反凝析不严重的时候，可以暂时放大压差，剥离近井地带凝析油，改善储层渗流特征，提高气井产能。而大压差不能持续太长时间，主要还是以控制生产压差为主。

（3）生产压差对油气采收率的影响

做出两个产气量的累产气和累产油随生产时间的变化，并考虑毛管数效应，结果如图8所示。

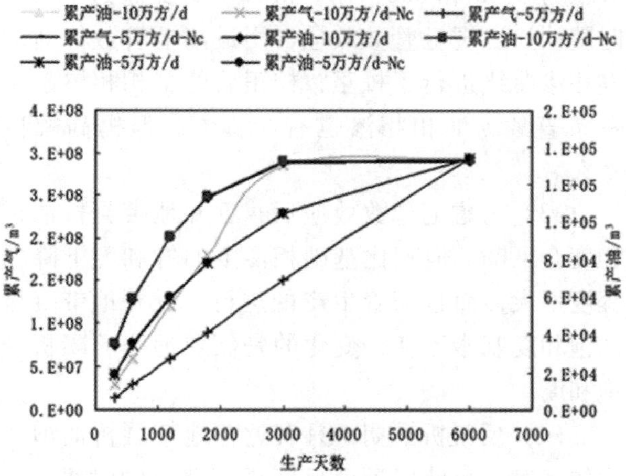

图8　不同生产压差下油气累产随时间的变化

①毛管数效应对凝析油累产有影响，但影响不大，表现在 $10\times10^4m^3/d$ 的采气速度下，考虑毛管数效应的凝析油阶段累产总是会稍高于不考虑毛管数效应的产量，而 $5\times10^4m^3/d$ 的采气速度下，凝析油累产的提高很少，几乎可以忽略不计，说明在高凝析油含量凝析气藏衰竭开发过程中，放大生产压差可以剥离储层中的凝析油，增加凝析油产量。

②在定产气量生产的前提下，毛管数效应对天然气累产没有影响，天然气的阶段累产和最终累产一直保持一致。

③$10\times10^4m^3/d$ 和 $5\times10^4m^3/d$ 的采气速度下，最终天然气累产没有差别，是相等的。$10\times10^4m^3/d$ 的采气速度下凝析油累产稍微高出一些，但不明

显，可以说对于定容封闭性凝析气藏，生产压差对油气最终采收率几乎没有影响。

3　总结

通过分析中高渗高凝析油含量的凝析气藏衰竭生产特征和油气渗流特征，利用数值模拟研究了该类凝析气藏衰竭式开发时生产压差对储层参数分布和气井生产动态的影响，结合实际凝析气井衰竭生产动态数据，主要得到以下认识和结论：

（1）高凝析油含量凝析气藏衰竭式开发时，当凝析油饱和度超过一定程度时，流速增大会提高气相相渗，即毛管数效应不仅存在于中凝析油含量凝析气藏，也同样存在于高凝析油含量凝析气藏。

（2）在 $10\times10^4m^3/d$ 和 $5\times10^4m^3/d$ 的产气量下，近井地带气相流速很高，最高值为 0.003m/s，该流速下的毛管数值大，两个产气量下的毛管数分别为 0.42 和 0.2，而一般在毛管数超过 1E－5 时就认为出现毛管数效应，用最高毛管数值对油气相渗曲线进行了校正，校正后的气相相渗趋于一条直线，油相相渗也有所提高，但提高幅度不大。

（3）考虑毛管数效应后，近井地带凝析油饱和度会下降，但相比基础相渗下的饱和度下降的程度不大，而且随着生产的进行，近井地带凝析油饱和度基本不变，变化的是储层远区的凝析油饱和度。

（4）反凝析早期，只有近井地带凝析油饱和度较高时，而储层远处反凝析不严重的时候，可以暂时放大压差，剥离近井地带凝析油，改善储层渗流特征，提高气井产能。而大压差不能持续太长时间，主要还是以控制生产压差为主。

（5）不同的生产压差对天然气采收率没有影响，对凝析油采收率由一定的影响，大压差下的凝析油累产稍微高出一些，但不明显，可以说对于定容封闭性凝析气藏，生产压差对油气最终采收率几乎没有影响。

参 考 文 献

[1] 袁士义，叶继根，孙志道．凝析气藏高效开发理论与实践．北京：石油工业出版社，2003：1－5.

[2] 崔太华，陈峰，刘海涛等，白庙凝析气藏合理工作制度的研究及应用．海洋石油．2006，04：66－68.

[3] 孙龙德．塔里木盆地凝析气田开发．北京：石油工业出版社，2003：24－27.

[4] 郭平，杜志敏，孙畅等．富含凝析油型凝析气藏衰竭开发采收率研究．天然气工业．2004，11：94－98.

[5] 郭平，姜彬，杜建芬等．低渗凝析气藏油气相渗曲线校正方法及其应用．天然气工业．2008，12：78－81.

[6] 孙风景，郭平，杜建芬等．束缚水和衰竭速度对凝析油临界流动饱和度的影响．新疆石油地质．2006，04：58－65.

[7] M. T. 阿巴索夫，Ф. Г. 奥鲁贾利耶夫著．俞经方译．凝析气田开发．北京：石油工业出版社．1993，12：56－56.

[8] 马世煜，马永祥，提高板桥凝析油气采收率的研究．石油学报．1995，1：

[9] 康晓东，李相方，覃斌等．考虑高速流动效应的凝析液饱和度变化规律．水动力学研究与进展．2005，1：38－40.

[10] 康晓东，李相方，刘一江．凝析气藏高速多相渗流机理与数值模拟研究．工程热物理学报．2006，3：263－265.

[11] 李广月，郭平，林春明．不同类型凝析气藏在低渗多孔介质中的相态及采收率研究．石油学报．2006，1：74－76.

在役凝析气藏转建储气库有效库容评价方法研究

——以塔里木盆地Y储气库为例

付　莹[1,2,3]　成荣红[1,2,3]　黄召庭[1,2,3]　吴蜜蜜[1,2,3]　樊　瑾[1,2,3]

（1. 中国石油天然气集团有限公司深层复杂油气藏勘探开发技术研发中心；2. 新疆维吾尔自治区超深层复杂油气藏勘探开发工程研究中心；3. 中国石油塔里木油田分公司勘探开发研究院）

摘　要　Y储气库位于新疆塔里木盆地，是国内外首个在役凝析气藏型储气库，该储气库的建成将为解决优质建库资源稀缺的困境提供了可行的新思路。受建库时期气藏阶段开发程度及效果影响，建库初期及后续注采往复时期气藏油气水分布及流体运移规律复杂，在役凝析气藏转建储气库库容评价难度大，这一问题将直接影响储气库调峰能力的充分发挥并带来极大的安全隐患。为此，结合物质平衡方法及数值模拟研究建立了针对在役凝析气藏型储气库的有效库容评价方法，保障了储气库的高效调峰与安全平稳运行。研究结果表明：①通过容积法及物质平衡方法进行计算对比分析，优选出基于22年开发动态基础的物质平衡法开展建库区原始储气能力评价；②开发过程降压边底水入侵气藏，建库过程升压水侵外排，因储层岩石亲水，地层水侵入与外排不可逆，水侵占孔隙体积＝建库前水侵占孔隙体积－建库后注气驱外排水占孔隙体积；③开发过程中地层压力降低发生反凝析，循环注气及建库过程中发生反蒸发，反凝析与反蒸发不可逆，凝析油占孔隙体积＝建库前凝析油占孔隙体积－建库后反蒸发凝析油占孔隙体积；④水侵型气藏储气库在周期注采过程中，气水界面始终处于排驱与侵入交替变化状态，表现出储气库注入气体损失与调峰能力下降；⑤岩石骨架受压力变化影响孔隙体积，孔隙中束缚水受压力变化同样影响储气空间变化。结论认为：考虑开发过程及建库过程中边底水侵入及外排、凝析气藏反凝析及反蒸发、周期往复注采孔隙体积损失及岩石应力敏感等因素解决了Y储气库有效库容评价的难题，对于Y储气库建设及后续安全平稳运行具有重要直到意义，同时对于未来其他类似储气库推广应用具有借鉴和参考意义。

关键词　凝析气藏；储气库；有效库容评价；物质平衡

Research on the Storage Capacity Evaluation of In – Service Condensate Gas Reservoir Rebuilt Into Gas Storage: A Case Study of the Yunderground Gas Storage in the Tarim Basin

FU Ying[1,2,3], CHENG Ronghong[1,2,3], Huang Zhaoting[1,2,3], WU Mimi[1,2,3], FAN Jin[1,2,3]

(1. R&D Center for Ultra – Deep Complex Reservior Exploration and Development, CNPC, Korla, Xinjiang 841000, China, 2. Xinjiang Engineering Research Center for Ultra – deep Complex Reservoir Exploration and Development, Korla, Xinjiang 841000, China, 3. Research Institute of Exploration and Development, Tarim Oilfield Company, PetroChina, Korla, Xinjiang 841000, China)

Abstract: Underground Gas Storage Y is located in the Tarim Basin in Xinjiang. It is the first in – service condensate gas reservoir – type gas storage at home and abroad. The completion of this gas storage provides a feasible new idea for solving the dilemma of scarce high – quality gas storage resources. Affected by the development degree and effect of the gas reservoir stage during the gas storage construction period, the distribution of oil, gas and water and the fluid migration laws in the gas reservoir are complex in the initial stage of gas storage construction and the subsequent period of repeated injection and production. The evaluation of the storage capacity of a gas storage converted from an in – service condensate gas reservoir is difficult. This problem will directly affect the full play of the peak shaving capacity of the gas storage and bring great potential safety hazards. Therefore, combined with the material balance method and numerical simulation research, an effective storage capacity evaluation method for in-service condensate gas reservoir-type gas storages has been established to ensure the efficient peak shaving and safe and stable operation of the gas storage. The research results show that: ① Through calculation and comparative analysis by the volumetric method and the material balance method, the material balance method based on 22 years of development dynamics is selected to carry out the evaluation of the original gas storage capacity of the gas storage construction area; ② During the development process, the pressure is reduced and edge and bottom water invades the gas reservoir. During the gas storage construction process, the pressure is increased and water invasion is discharged. Due to the hydrophilicity of reservoir rocks, the invasion and discharge of formation water are irreversible. The volume of pores occupied by water = the volume of pores occupied by water before gas storage construction - the volume of pores occupied by water discharged by gas injection after gas storage construction; ③ During the development process, retrocondensation occurs when the formation pressure is reduced. During the process of cyclic gas injection and gas storage construction, reverse evaporation occurs. Retrocondensation and reverse evaporation are irreversible. The volume of pores occupied by condensate oil = the volume of pores occupied by condensate oil before gas storage construction - the volume of pores occupied by condensate oil after reverse evaporation after gas storage construction; ④ In the periodic injection-production process of water invasion-type gas reservoir gas storages, the gas-water interface is always in an alternating state of displacement and invasion, showing a decrease in gas injection loss and peak shaving capacity of the gas storage; ⑤ The rock skeleton affects the pore volume due to pressure changes. The bound water in the pores also affects the gas storage space change due to pressure changes. The conclusion is that considering factors such as edge and bottom water invasion and discharge during the development process and gas storage construction process, retrocondensation and reverse evaporation of condensate gas reservoirs, pore volume loss due to cyclic injection-production and rock stress sensitivity solves the problem of effective storage capacity evaluation of the Y gas storage. It has important guiding significance for the construction of the Y gas storage and its subsequent safe and stable operation. At the same time, it has reference significance for the promotion and application of other similar gas storages in the future.

Key words: condensate gas reservoir; gas storage; effective storage capacity evaluation; material balance.

地下储气库建设是现代能源基础设施的重要组成部分，同时也是保障天然气安全平稳供应的重大民生工程，加快储气库建设是基于贯彻落实党中央部署、履行社会责任、保障能源安全的重要举措。目前国内外储气库建设多以废弃型油气藏为主，形成了气藏型储气库为主，油藏型、岩穴型及含水层型的储气库建设格局。国外储气库建设主要以构造相对简单、中高渗透性、盖层封闭性好的油气藏型储气库或是以盐丘为主的厚盐层盐穴型储气库，建立了一系列有效的指导储气库百年建设与高效运行储气库评价设计方法。国内的储气库建设起步较晚且建库条件十分复杂，国外成熟的建库理论与技术不能完全知道中国储气库的建设，建立适合中国储气库的方法理论体系，是能源建设大发展的必然要求。现以形成一些列以地质评价理论体系、高效建库渗流机理研究与关键工程技术、高压大流量注采地面工程关键技术、实时监测预警关键技术以及数字化智能化建设运行关机技术为核心的一套完整理论体系。自20世纪90年代末，国内开始利用气藏改建储气库评价建设，发展至现今阶段优质建库资源相对缺乏。目前“十四五”期间国内新建库仍以复杂断块油气藏、已开发油气藏、低渗透性砂岩岩性气藏、多夹层层状盐岩盐穴等类型为主，实际建库的需求与可选资源品质矛盾突出，仍需开拓建库新类型新领域。Y储气库位于新疆塔里木盆地，是国内外首个在役凝析气藏型储气库，该储气库的建成将为解决优质建库资源稀缺的困境提供了可行的新思路。

1　技术思路与研究方法

（1）气藏原始地质储量分析

采用容积法对建库区进行地质储量计算，凝析气地质储量约 $280\times10^8m^3$，天然气地质储量约 $260\times10^8m^3$、凝析油地质储量约 1800×10^4t。在经过22年的循环注气开发后，利用生产动态资料采用物质平衡法计算建库区动态储量，物质平衡法与容积法计算的凝析气地质储量相对误差小，仅为1.65%。考虑到物质平衡法计算地质储量是建立在气田22年开发动态基础上，因此得到的储量更具代表性，可作为库容设计的原始储量依据。拟建库区原始烃类孔隙体积为 $9400\times10^4m^3$，采用循环注气开发，在一定程度上有效抑制了水侵、反凝析影响，目前剩余烃类孔隙体积为 $6900\times10^4m^3$，为建库提供了较大的储气空间。

（2）气藏原始含气孔隙体积水侵影响分析

建库区为块状底水凝析气藏，采用循环注气方式开发，受注采比低的影响，随着开发进行地层压力持续下降，底水不断侵入气藏。开发过程中（降压过程）水淹规律表现为：底水总体均匀抬升，局部受注采强度及隔夹层发育影响，存在局部锥进，目前纯气层底界较原始气水界面抬升了26m。气井见水主要是地层水沿北部推进的结果。

根据动态分析Y气藏（建库区）历年压力变化及水侵量（表1），预测地层压力降至30MPa时累计水侵量为 $1765.49\times10^4m^3$，边底水侵入体积约占原始烃类孔隙体积的18.60%（降压开发过程因水侵导致的储气体积减少量）。

表1　Y气藏历年压力水侵量对比表（建库区）

地层压力（MPa）	累计水侵量（10^4m^3）	占原始烃类孔隙体积百分比（%）
56.11	2.43	0.03
52.84	174.82	1.84
48.6	351.07	3.70
45.96	558.68	5.88
42.88	787.66	8.30
39.39	980.24	10.33
37.55	1160.49	12.22
36.42	1242.54	13.09
34	1430.25	15.07
30	1765.49	18.60

在储气库注气升压过程中，随着注气量增加，地层压力升高，已经发生水侵的部分孔隙空间因压力升高发生边底水外排，有效增加储气体积（表2），因储层岩石亲水（地层水侵入与外排不可逆），即使恢复到原始地层压力，水侵也不能全部排出。

表2　Y储气库注气升压不同压力等级剩余水侵量及增加的储气体积

地层压力（MPa）	降压开发累计水侵量（因水侵减少的储气体积）（10^4m^3）	注气升压后剩余水侵量（10^4m^3）	升压外排水侵量（增加的储气体积）（10^4m^3）
56.50	0.00	1072.89	692.60
52.84	174.82	1217.82	547.18
48.60	351.07	1271.26	493.74
45.96	558.68	1302.20	462.8
43.47	710.1	1326.32	438.68
39.39	980.24	1435.58	329.42
37.55	1160.49	1480.99	284.01
30	1765.49	1765.49	0.00

水侵占孔隙体积＝建库前水侵占孔隙体积－建库后注气驱外排水占孔隙体积。在储气库注气升压过程中，已水侵的部分孔隙空间发生边底水外排，计算地层压力由30MPa恢复到56.5MPa，外排水可增加 $692.60\times10^4m^3$ 储气空间，水侵占据孔隙体积为 $1072.89\times10^4m^3$。

（3）气藏原始孔隙体积反凝析液影响分析

Y气藏凝析油含量高，地露压差小（2～3MPa），降至地层压力30MPa地层中存在反凝析液，反凝析液占据部分孔隙体积，减少了储气空间，Y气藏历年反凝析液量及地层压力变化（表3）。地层压力30MPa情况下Y气藏反凝析液量占原始烃类孔隙体积的10.68%（因反凝析导致的储气体积减少量）。

表3　Y气藏历年压力与反凝析液量对比表（建库区）

地层压力（MPa）	累计反凝析液量（10^4t）	累计反凝析液量地面体积（10^4m^3）	累计反凝析液量地层条件下体积（10^4m^3）	反凝析液量占原始烃类孔隙体积百分比（%）
56.11	0.00	0.00	0.00	0.00
52.84	6.62	8.31	10.44	0.11
48.60	190.92	239.58	303.80	3.20
45.96	360.65	452.57	574.37	6.05
42.88	471.38	591.51	750.95	7.91
39.39	536.17	672.82	853.48	8.99
37.55	589.89	740.23	938.92	9.89
30.00	638.15	800.24	1014.70	10.68

在储气库注气升压过程中，随着注气量增加，地层压力升高，已经发生反凝析的凝析液因地层压力升高将发生反蒸发，反蒸发能有效增加储气体积，采用PVT相态理论计算并结合数值模拟预测建库区地层压力恢复到不同压力等级剩余反凝析液量和增加的储气体积（表4），因反凝析与反蒸发是不可逆的，即使恢复到原始地层压力，反凝析液也不能全部反蒸发为气相。

表4　Y储气库注气升压不同压力等级剩余反凝析液量及增加的储气体积

地层压力（MPa）	降压开发累计反凝析液量（因反凝析减少的储气体积）（10^4m^3）	注气升压后剩余反凝析液量（10^4m^3）	升压反蒸发液量（增加的储气体积）（10^4m^3）
56.50	0.00	189.95	610.29
52.84	8.31	260.734	539.506
48.60	239.58	421.44	378.8
45.96	452.57	507.25	292.99
42.88	591.51	613.426	186.814
39.39	672.82	704.746	95.494
37.55	740.23	729.09	71.15
30	800.24	800.24	0.00

凝析油占孔隙体积＝建库前凝析油占孔隙体积－建库后反蒸发凝析油占孔隙体积。在注气升压过程中会发生反蒸发，计算地层压力由30MPa恢复到56.5MPa，凝析油体积变为$189.95\times10^4m^3$（地面体积），增加$610.29\times10^4m^3$（地面体积）储气空间，折算到地下孔隙体积增加$733.7\times10^4m^3$。

（4）多周期水气互驱库容损失评价

Y储气库为凝析气藏型储气库，且气藏类型为块状底水凝析气藏，在储气库周期运行过程中不仅存在地层流体组分、相态变化且存在多周期水气互驱对有效孔隙体积的影响。

水侵型气藏储气库在周期注采过程中，气水界面始终处于排驱与侵入交替变化状态，在建库储层中出现水淹带、气水过渡带、气驱水纯气带、建库前纯气带4个区带。其中气水过渡带、气驱纯气带为在周期注采交替运行中受水体往复侵入影响区域，气水交替互驱将影响孔隙体积的动用及气相渗透率。室内研究实验表明，随着气水互驱轮次的增加，将出现显著的相渗滞后，束缚水下气相相对渗透率降低，气水两相共渗区变窄，气水渗流阻力增加，在原上、下限压力区间运行时表现出储气库注入气体损失与调峰能力下降。

Y储气库未开展气水互驱实验，参考物性相近的室内岩心实验结果评价气水互驱造成的库容损失。参考室内岩心气水互驱实验的岩心渗透率为$202\times10^{-3}\mu m^2$、孔隙度为23.7%，共开展六轮次周期气水交替互驱，实验结果表明：经历六轮次注采周期后气水过渡带可动含气饱和度下降8.0%，气驱水纯气带可动含气饱和度增加25%，建库前纯气带饱和度增加1.0%，库容损失减小体积$207\times10^4m^3$（表5）。

表5　储气库库容损失预测表

工作气量（10^8m^3）	气水互驱部分气量（10^8m^3）	纯气区气量（10^8m^3）	损失工作气量（10^8m^3）
5	1.19	3.81	0.05
11	3.02	7.98	0.15
15	5.23	9.77	0.32
20	7.21	12.79	0.45
25	9.11	15.89	0.57
30	11.05	18.95	0.69
35	12.90	22.10	0.81

续表

工作气量 (10^8m^3)	气水互驱部分气量 (10^8m^3)	纯气区气量 (10^8m^3)	损失工作气量 (10^8m^3)
40	17.92	22.08	1.21
45	20.64	24.36	1.41
50	25.36	24.64	1.78
55	31.47	23.53	2.28
60	36.43	23.57	2.68
65	40.06	24.94	2.96
70	44.95	25.05	3.35
75	49.23	25.77	3.68
80	53.96	26.04	4.06
85	58.74	26.26	4.44
90	63.09	26.91	4.78
95	67.18	27.82	5.10
100	71.60	28.40	5.44
105	76.58	28.42	5.84
110	81.00	29.00	6.19
115	85.93	29.07	6.58
120	90.92	29.08	6.98

（5）应力敏感影响

地层压力自30MPa注气升压至56.50MPa，岩石骨架受压力变化影响孔隙体积将增加$128.8\times10^4m^3$，孔隙中束缚水受压力变化影响体积将增加$32.24\times10^4m^3$，因压力变化引起储气空间体积增加。

2　结果和效果

以物质平衡方程为基础，综合考虑反凝析及水侵影响，将原始含气孔隙体积扣除反凝析及水侵影响，建立物质平衡注采动态预测模型如下：

$$G_{gt}B_{gti}-(W_e-W_pB_w+\Delta V_1+\Delta V_2)=(G_{gt}-G_{pt})B_{gt}+G_{gt}B_{gti}\left(\frac{C_wS_{wi}+C_f}{1-S_{wi}}\right)(P_i-P)+G_iB_{gz}$$

其中：G_{gt}－为原始含气孔隙体积，10^4m^3；

B_{gti}－为原始地层压力条件下天然气体积系数，小数；

W_e－为累计水侵量，10^4m^3；

W_p－为累计产水量，10^4m^3；

B_w－为水体积系数，小数；

ΔV_1－为反凝析引起的孔隙体积变化值，10^4m^3；

ΔV_2－为因压力反复变化应力敏感引起的孔隙体积变化值，10^4m^3；

G_{pt}－为累计产气量，10^4m^3；

B_{gt}－为目前地层压力条件下天然气体积系数，小数；

C_w－为水相压缩系数，MPa^{-1}；

S_{wi}－为原始含水饱和度，小数；

C_f－为岩石压缩系数，MPa^{-1}；

P_i－为原始地层压力，MPa；

P－为目前地层压力，MPa；

G_i－为累计注气量，10^4m^3；

B_{gz}－为对应地层压力条件下的体积系数，小数。

采用物质平衡方法计算不同地层压力下库容量与注气量关系，建库区压力降至30MPa后建库有效孔隙体积＝6794（剩余孔隙体积）＋734（反蒸发增加孔隙体积）＋692.6（外排水增加孔隙体积）－207（多周期水气互驱库损失）＋161.04（应力敏感增加孔隙体积）＝$8175\times10^4m^3$，折算库容量$240.43\times10^8m^3$（表6）。

表6　Y储气库不同地层压力下库容量与注气量预测表

地层压力 (MPa)	剩余反凝析液量 (10^4m^3)	剩余水侵量 (10^4m^3)	偏差系数	体积系数	注入干气总量 (10^8m^3)	总库容量 (10^8m^3)
56.50	189.95	1072.89	1.33	0.0034	125.67	240.43
55.03	220.493	1128.80	1.29	0.0034	117.85	232.97
54.5	230.09	1168.24	1.28	0.0035	108.42	223.55
52.84	260.734	1217.82	1.28	0.0036	98.43	213.58
50.80	334.21	1232.37	1.26	0.0037	88.83	203.68
49.86	356.27	1254.51	1.24	0.0037	84.57	199.73
48.6	424.44	1271.26	1.24	0.0037	76.73	191.88

续表

地层压力（MPa）	剩余反凝析液量（$10^4 m^3$）	剩余水侵量（$10^4 m^3$）	偏差系数	体积系数	注入干气总量（$10^8 m^3$）	总库容量（$10^8 m^3$）
47.17	446.78	1286.49	1.21	0.0037	72.19	187.35
46.15	492.57	1294.45	1.21	0.0038	66.55	181.71
45.96	507.25	1302.20	1.21	0.0038	65.08	180.25
44.79	572.803	1315.18	1.18	0.0038	59.05	174.22
41.36	662.245	1378.32	1.15	0.0039	44.82	160.08
39.39	704.746	1435.58	1.09	0.0040	35.06	151.32
37.55	729.09	1480.99	1.09	0.0042	28.81	144.07
30.0	800.24	1765.49	1.03	0.0045	0.00	115.26

采用物质平衡法与数值模拟法计算不同地层压力情况下库存量，对比表明：在上限压力 56.5MPa 情况下，物质平衡法计算库存量 $240.43 \times 10^8 m^3$、数值模拟法计算库存量 $237.24 \times 10^8 m^3$，气库库容量相差 $3.19 \times 10^8 m^3$，相对误差 1.32%。由于物质平衡注采动态预测模型是建立在该气田 22 年的开发动态基础上，更具代表性，作为库容量预测模型。因此当地层压力恢复至 56.5MPa 时，Y 储气库的库容量为 $240.43 \times 10^8 m^3$。

3　结论

①通过容积法及物质平衡方法进行计算对比分析，优选出基于 22 年开发动态基础的物质平衡法开展建库区原始储气能力评价；

②开发过程降压边底水入侵气藏，建库过程升压水侵外排，因储层岩石亲水，地层水侵入与外排不可逆，水侵占孔隙体积 = 建库前水侵占孔隙体积 - 建库后注气驱外排水占孔隙体积；

③开发过程中地层压力降低发生反凝析，循环注气及建库过程中发生反蒸发，反凝析与反蒸发不可逆，凝析油占孔隙体积 = 建库前凝析油占孔隙体积 - 建库后反蒸发凝析油占孔隙体积；

④水侵型气藏储气库在周期注采过程中，气水界面始终处于排驱与侵入交替变化状态，表现出储气库注入气体损失与调峰能力下降；

⑤岩石骨架受压力变化影响孔隙体积，孔隙中束缚水受压力变化同样影响储气空间变化。

⑥采用物质平衡法与数值模拟法计算不同地层压力情况下库存量，对比表明：在上限压力 56.5MPa 情况下，物质平衡法计算库存量 $240.43 \times 10^8 m^3$、数值模拟法计算库存量 $237.24 \times 10^8 m^3$，相对误差 1.32%，由于物质平衡注采动态预测模型是建立在该气田 22 年的开发动态基础上，更具代表性，可作为库容量预测模型。

参 考 文 献

[1] 马新华，郑得文，魏国齐等．中国天然气地下储气库重大科学理论技术发展方向［J］．天然气工业，2022，42（05）：93－99.

[2] 郑得文，赵燕堂，张刚雄等．欧美地下储气库运营管理模式的启示［J］．天然气工业，2015，35（11）：97－101.

[3] 徐东，唐国强．中国储气库投资建设与运营管理的政策研革及研究进展［J］．油气储运，2020，39（5）：481－491.

[4] 魏欢，郑得文，张刚雄等．国外地下储气库建设布局的经验与启示［C］．2018 年全国天然气学术年会．福州：中国石油学会天然气专业委员会，2018：549－555.

[5] 叶萍，施金怜，王权国等．水淹气藏型地下储气库提高库存动用关键技术—以板中北储气库为例［J］．天然气工业，2022，43（10）：141－148.

[6] 李进步，夏勇，王德龙等．鄂尔多斯盆地低渗岩性气藏型储气库建库设计与运行优化关键技术［J］．天然气地球科学，2023，34（8）：1442－1451.

[7] 廖伟，刘国良，陈如鹤等．气藏型地下储气库动态密封性评价—以新疆 H 地下储气库为例［J］．天然气工业，2021，41（3）：133－141.

[8] 廖伟，刘国良，戴勇等．气藏型储气库微地震监测系统设计及应用—以新疆 H 储气库为例［J］．天然气地球科学，2020，31（11）：1654－1662.

[9] 汤勇，龙科吉，王皆明等．凝析气藏型储气库多周期注采过程中流体相态变化特征［J］．石油勘探与开发，2021，48（2）：337－346.

[10] 郑雅丽，邱小松，赖欣等．气藏型地下储气库地质体注采运行风险分级与管控［J］．天然气工业，

2022，42（3）：114－119.
［11］糜利栋，曾大乾，刘华等．天然气地下储气库智能化建设关键技术及其发展趋势［J］．石油与天然气地质，2024，45（2）：581－592.
［12］胥洪成，张士杰，李翔等．气藏改建储气库下限压力设计新方法［J］．天然气气球科学，2020，31（11）：1648－1653.
［13］马新华，郑得文，申瑞臣等．中国复杂地质条件气藏型储气库建库关键技术与实践［J］．石油勘探与开发，2018，45（3）：489－499.
［14］曾大乾，张俊法，张广权等．中石化地下储气库建库关键技术研究进展［J］．天然气工业，2020，40（6）：115－123.
［15］焦霞蓉，江山，刘洪等．长春油田X断块气顶油藏型储气库注气能力评价［J］．长江大学学报（自然科学版），2022，19（6）：78－84.
［16］廖勇，胡书勇，罗海涛等．考虑出砂影响的地下储气库极限调峰能力评价—以准噶尔盆地H储气库为例［J］．天然气工业，2023，43（10）：125－131.
［17］夏勇，张建国，何依林等．低渗岩性气藏改建储气库的地质可行性与运行指标设计—以鄂尔多斯盆地S区块为例［J］．天然气气球科学，2023，34（8）：1452－1459.
［18］何奇，冯永存，邓金根等．国内盐穴储气库空间利用技术及展望［J］．石油钻采工艺，2022，44（6）：711－718.
［19］丁国生，王云，完颜祺琪等．不同类型复杂地下储气库建库难点与攻关方向［J］．天然气工业，2023，43（10）：14－23.
［20］魏雨泽．中国地下储气库特征及建库导向讨论［J］．世界石油工业，2021，28（5）：62－70.

高水淹深层碎屑岩油藏气驱协同储气库建设数值模拟机理研究

——以塔里木盆地TZ402CⅢ油藏为例

邵光强[1,2,3,4] 周代余[1,2,3,4] 卞万江[1,2,3] 伍藏原[1,2,3,4] 韩 涛[1] 陶正武[1] 吴蜜蜜[1] 吴以臣[1] 杜虹宝[1]

（1. 中国石油塔里木油田分公司勘探开发研究院；2. 中国石油天然气集团有限公司超深层复杂油气藏勘探开发技术研发中心；3. 新疆维吾尔自治区超深层复杂油气藏勘探开发工程研究中心；4. 新疆超深油气重点实验室）

摘 要 深层油藏型储气库是未来储气库建设的重要领域，在气驱提高采收率的同时，通过多方面协同可同步实现储气库建设，但是油藏水驱开发后期转注天然气提高采收率，地层流体相态变化复杂，可通过室内实验获得关键参数，开展气驱协同储气库建设数值模拟研究。为明确高水淹油藏注气开发机理和多轮互驱油气两相渗流规律，开展了岩心驱替室内实验和岩心模拟机理研究。研究结果表明，TZ402CⅢ油藏水驱开发后期高水淹注气开发改建储气库是可行的；注气驱油过程中，油相相对渗透率比油驱气过程的油相相对渗透率高，气相相对渗透率则相反；随互驱次数增加，残余油饱和度呈下降趋势，残余气饱和度则有所上升，储气库库容有所减小；物性越好，对应残余油饱和度和残余气饱和度相对越低，高渗储层储气库渗流能力、库容也越大，更适合储气库建设和运行；油藏注气开发协同储气库建设组分模型应充分考虑多轮互驱相渗滞后效影响。

关键词 高水淹油藏；油藏型储气库；注气开发；数值模拟；油气协同；机理研究

Study on Numerical Simulation Mechanism of Collaborative Construction of Gas Storage and Oil Displacement in Deep Clastic Under High Water Flooding Reservoir——A Case of TZ402C Reservoir, Tarim Basin

SHAO Guangqiang[1,2,3], ZHOU Daiyu[1,2,3,4], BIAN Wangjiang[1,2,3], WU Zangyuan[1,2,3,4], Han Tao[1], TAO Zhengwu[1], WU Mimi[1], WU Yicheng[1], DU Hongbao[1]

(1. Exploration and Development Research Institute, Tarim Oilfield Company, CNPC, Korla; 2. R&D Center for Ultra－Deep Complex Reservoir Exploration and Development, CNPC,, Korla; 3. Engineering Research Center for Ultra－deep Complex Reservoir Exploration and Development, Xinjiang Uygur Autonomous Region; 4. Xinjiang Key Laboratory of Ultra－deep Oil and Gas)

Abstract: During the construction of gas drive coordinated reservoir type gas storage, due to the complex phase change after the oil reservoir water drive development is switched to natural gas drive to improve recovery efficiency, and the migration and reservoir formation mechanism of periodic injection of oil and gas is different from that of depleted gas reservoirs or salt water reservoirs, there is some uncertainty about how to ensure a significant increase to Improve oil recovery, the displacement efficiency, and the reservoir capacity control. In order to clarify the mechanism of reservoir gas injection and oil and gas two – phase seepage law of multi round mutual drive, laboratory experiments and numerical simulation mechanism of core displacement were carried out. The research results show that it is feasible to rebuild the gas storage by high water flooded gas injection development in the late stage of water drive of Tazhong 402 CⅢ reservoir. Under the current stratigraphic conditions, the gas injection is immiscible, and the oil displacement efficiency of high water flooded strata is lower than 70%, which affects the effect of EOR by converting to gas drive after water drive. The miscible displacement can be realized through natural gas&hydrocarbon drive, laying a great EOR foundation; In the process of gas drive, the relative permeability of oil phase is higher than that of oil drive, while the relative permeability of gas phase is opposite; With the increase of the number of mutual drive, the residual oil saturation decreases, while the residual gas saturation increases, and the storage capacity of the gas storage decreases. The better the physical properties are, the lower the corresponding residual oil saturation and the corresponding residual gas saturation are, and the greater the seepage capacity and storage capacity of the gas storage in the high permeability reservoir are, which is more suitable for the construction and operation of the gas storage; The component model of gas injection development in cooperation with gas storage construction must consider the delayed effect of multiple rounds of mutual drive and relative permeability.

Key words: High water flooded reservoir; Underground gas storage rebuilt from oil reserervoir; Numerical Simulation; Collaborative construction of gas storage and oil displacement; Mechanism Investigation

地下储气库（以下简称储气库）是将从天然气田采出的天然气重新注入地下可以保存气体的空间而形成的一种人工气田或气藏。储气库作为一种安全供气、调峰的手段和方法，目前被世界各国开发利用天然气时所广泛采用，它可以很好的解决供气的不稳定性与安全平稳供气要求之间的矛盾。开展注气驱油协同储气库建设机目前国内外在役注气开发油藏改建储气库领域，技术规范及标准和可借鉴经验几乎是空白，目标油藏水驱开发后期转注天然气＋轻烃复合驱后相态变化复杂，周期注采油气运移及成库机理与衰竭气藏或者咸水层建设储气库不同，如何提高库容控制，确保驱替效率，存在一定的不确定性。同时，实践表明注气开发是大幅度提高采收率的有效技术手段，基于油气协同开发理念，将注气驱油与储气库二者结合，开展试验研究探索深层高水淹油藏气驱协同储气库建设技术，为类似开发中后期高水淹油藏注气开发提高采收率和储气库建设提供技术借鉴及矿场经验。

1　油藏地质及开发概况

TZ402CⅢ油藏为长轴背斜带气顶块状底水油藏，油藏埋深 3500～3620m（图 1）。依据等时＋岩性对比相结合的原则，至上而下划分为 CⅢ1～CⅢ12 共 12 个小层，储层类型主要为三角洲及滨岸相砂岩。其中，CⅢ1～CⅢ3 小层为三角洲前缘沉积，隔夹层相对发育；CⅢ4～CⅢ12 小层主要为滨岸相沉积，主要发育前滨和临滨亚相。储层非均质性自上而下呈减弱趋势，CⅢ4～CⅢ5 小层平均孔隙度 15.01%，平均渗透率 $457\times10^{-3}\mu m^2$，CⅢ6～CⅢ8 平均孔隙度为 17.75%，平均渗透率为 $385\times10^{-3}\mu m^2$，均属中孔、中渗储层，CⅢ9～CⅢ12 小层平均孔隙度 17.42%，平均渗透率 $251\times10^{-3}\mu m^2$。油气水分布受构造及夹层影响，CⅢ1～CⅢ3 小层为带凝析气顶的层状边水油藏；CⅢ4～CⅢ8 小层（油水界面 –2510 之上）为块状底水油藏，CⅢ9～CⅢ12 小层（–2510m 与 –2610m 之间）。TZ402CⅢ油藏为正常温度压力系统，地层温度 106～110℃，原始地层压力 42.5MPa；CⅢ1～CⅢ3 小层原油属挥发～轻质特低～低黏度油，CⅢ4～CⅢ8 小层原油属轻质低黏度油，原油黏度（50℃）0.69～4.04mPa·s。油藏核算地质储量原油 2000×10^4t 左右，气顶部分折凝析油储量近 40×10^4t，凝析气约 $5\times10^8m^3$。依据开发特征，划分为 CⅢ1～CⅢ3 小层和 CⅢ4～CⅢ8 小层两套开发系统。截止目前，油藏综合含水 92%，地质储量采出程度 50.3%，日注天然气近 $60\times10^4m^3/d$，累计注气超 $2\times10^8m^3$。

TZ402CⅢ油藏目前两套开发层系均已转为注天然气＋轻烃复合驱提高采收率重大开发试验，并以注气重大开发试验为基础，进行油气协同开发，开展油藏型储气库先导试验。

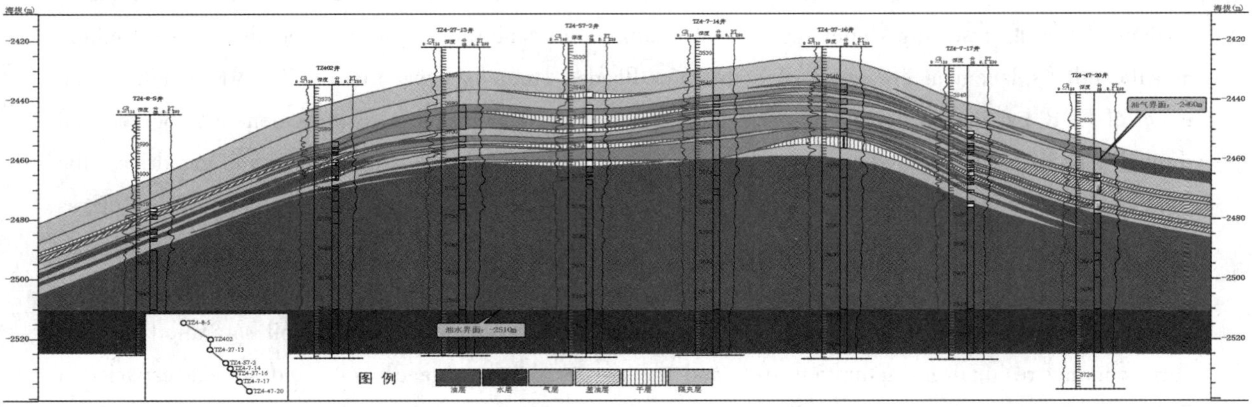

图1　TZ402CⅢ油藏剖面图

2　改建储气库可行性评价

针对储气库建库关键要素（圈闭密封性、老井井筒完整性、建库空间）开展了储气库库库址优选评价。前期评价研究表明TZ402CⅢ油藏构造整装、带凝析气顶、盖层全区稳定分布、库区内部断裂不发育，封闭性强，建库对象石炭系东河砂岩段，储层发育稳定，与上覆下泥岩段形成优质储盖组合，具备建成储气库的先天条件。从动态评价来看，2020年7月注气重大开发试验正式投注气以来，TZ402 CⅢ1～CⅢ3小层注气以来未出现天然气通过盖层、断层和井筒环空逸散的情况，证明油藏封闭性良好。从静态评价来看，如表1和表2所示从技术因素和地质安全因素两个方面对该油藏建设储气库址评价进行了研究。评价结果为Ⅱ及和Ⅰ级，表明TZ402CⅢ油藏具备储气库建库条件。

表1　含水层储气库评价（技术因素）

分级	有效厚度	孔隙度	圈闭容积	储层渗透率	埋深	圈闭特征
	m	%	10^8m^3	mD	m	
Ⅰ	>80	>25	>50	>100	250～1000	完整背斜
Ⅱ	80～30	15～25	30～50	50～100	1000～2000	单面断层
Ⅲ	30～10	5～15	10～30	3～50	2100～3500	断块
Ⅳ	<10	<5	<10	<3	>3500	复杂断块
TZ402CⅢ	60	9～18		84～450		

表2　含水层储气库选址评价（地质安全因素）

分级	盖层				断层		区域地震特征
	岩性	厚度	连续性	封气能力	垂向密封压力	侧向封堵性	
		m		MPa	MPa		
Ⅰ	泥岩	>300	连续、稳定	>10	—	—	记载历史地震活动很弱
Ⅱ	含砂泥岩	150～300	较连续、稳定	5～10	>5	侧向大套泥岩、膏岩封堵	记载历史地震活动较弱
Ⅲ	砂质泥岩	50～150	稍连续、稳定	1～5	1～5	泥岩涂抹断面封堵	近期无大的历史地震
Ⅳ	泥质砂岩、页岩、致密灰岩	<50	不连续、稳定	<1	<1	随机封堵或储层物性封堵	近期有大的历史地震
TZ402 CⅢ	泥岩		连续、稳定			泥岩涂抹断面封堵	很弱

由于原始气顶收缩，反凝析油、侵入油以吸附作用、毛细凝聚作用附着在孔隙表面和微小吼道间，且存在局部水淹形成液性圈闭，下部均质段整体高水淹，导致注采过程中油气水三相共存，流体分布复杂，将会影响到流体的聚集、运移、扩展，极易导致气窜、气油（水）互锁，需评价单井注采能力和油藏扩容能力。CⅢ1～CⅢ3 小层隔夹层相对发育，非均质性较强，注气优势通道尚不清楚，存在不确定性，气液界面能否均匀推进、次生气顶能否稳定形成需进一步认识；在探索带衰竭凝析气顶油藏开发后期转为高部位天然气驱与储气库联动建库新模式，TZ4 储气库建设分为先导试验提采评价、扩容达产、全油藏循环注采运行等三个阶段，不同阶段的技术界限均需落实。

基于以上油藏特点和储气库建设需求，进行了室内实验和数值模拟机理研究。

3　多轮互驱周期注采室内实验

3.1　实验过程

为评价油藏改建储气库多轮次油气互驱两相渗流特征，按照 GB/T 28912－2012“岩石中两相流体相对渗透率测定方法”，采用非稳态法恒压法开展了常温常压条件下实际油藏岩心的多轮次油气互驱实验。实验按照“岩心饱和地层水—油驱水—气驱油—油驱气—气驱油—油驱气”的顺序开展，其中气驱油、油驱气各进行 6 次，如此循环往复，研究高水淹油藏改建储气库油气两相渗流特征和多轮互驱周期注采流体流动规律。选取了渗透率分别为 290mD 和 451mD 的两块岩心开展实验。

3.2　多轮次油气互驱流体流动规律

从两块岩心 6 次油气互驱实验结果来看，6 次油气互驱条件下渗流能力具有相同的变化规律，均表现出气驱油过程比油驱气过程的油相相对渗透率高，气相相对渗透率则相反。随互驱次数的增加，气相相对渗透率降低，油相相对渗透率增加，等渗点逐渐左移（图 2）。

分析其原因，首次气驱油结束后，油藏孔隙中存在残余气，导致油相饱和度无法恢复到初始，所以第二次气驱油相相对渗透率远低于首次气驱油，但随着不断互驱，注入气可以波及更多微小孔道的油相，使油相相对渗透率有所恢复；反之，油驱气时油相会优先驱替大孔道，其次是较小孔道，残余气饱和度降低，气相相对渗透率降低。

对比六轮气油互驱相对渗透率曲线（图 3），可以得出在相同饱和度下，物性对不同流体的相对渗透率具有影响，物性好，油或者气相的相对渗透率高；随着驱替次数的增加，共渗区的范围增加，并且等渗点饱和度降低、等渗点渗透率增加，原因是油藏物性越好，流体流动阻力越小，气相和油相的残余饱和度降低。随着油气互驱次数的增加，残余油饱和度降低，残余气饱和度增加，可动含气饱和度大致呈增加趋势，含气空间利用率则降低。

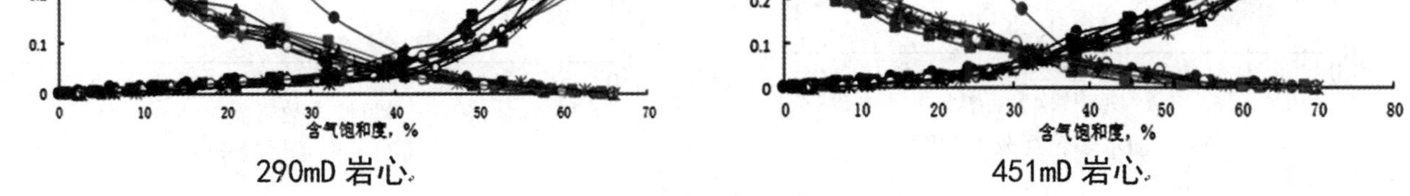

图 2　不同渗透率岩心多轮气油互驱相对渗透率曲线

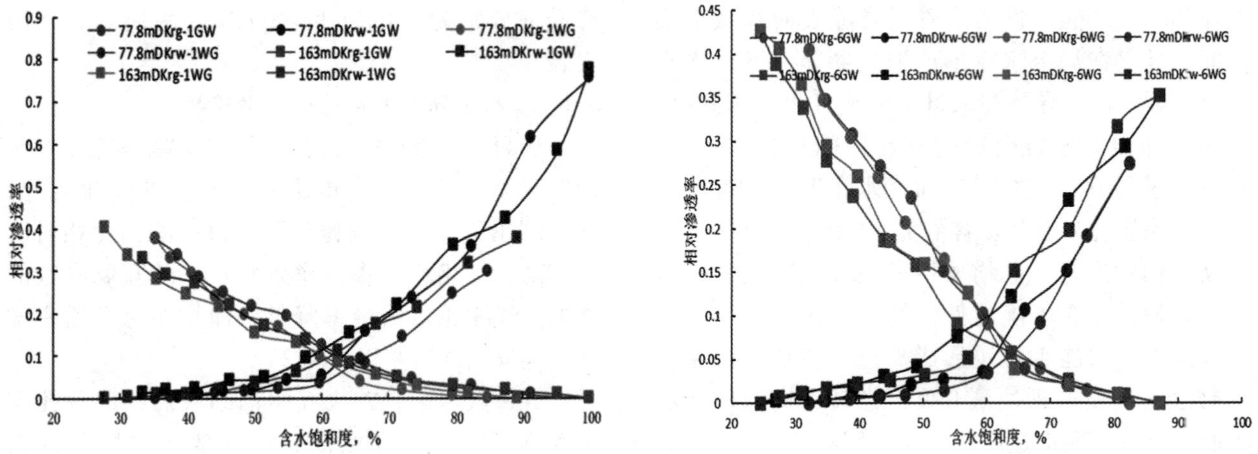

第 1 回合　　第 6 回合

图 3　气水互驱相对渗透率曲线

综合两组实验，随着互驱次数的增加，残余油饱和度呈下降趋势，残余气饱和度则有所上升，且变化幅度逐渐减小（图 4），随注采周期的增加注入气的损失有所减小，储气库库容也有所减小。比较两组实验，岩心绝对渗透率越高，对应残余油饱和度相对越低、残余气饱和度相对越低，高渗储层储气库渗流能力、库容也越大，更适合储气库建设和运行。

4　建立基于实验的数值模拟模型相对渗透率曲线

油藏注气开发协同储气库建设，在扩容过程中，油气互驱后，含油饱和度大幅度降低，气相相对渗透率增加，油气相对渗透率曲线向左偏移，存在多轮相渗滞后效应。因此，在建立 TZ402CⅢ油藏改建储气库数值模拟模型的过程中，应考虑多轮相渗滞后效应，使用往复注采相对渗透率曲线，评价其对驱油效率和库容影响，进而降低多轮互驱相渗滞效应数值模拟模型指标预测的影响（图 5）。

对比应用后的组分模型，考虑了油气驱替相渗滞后效应的模型表现出，多轮次周期注采模拟后，在扩容过程中，油气互驱后含油饱和度大幅度降低，气驱后油藏平均含气饱和度高（图 6）。

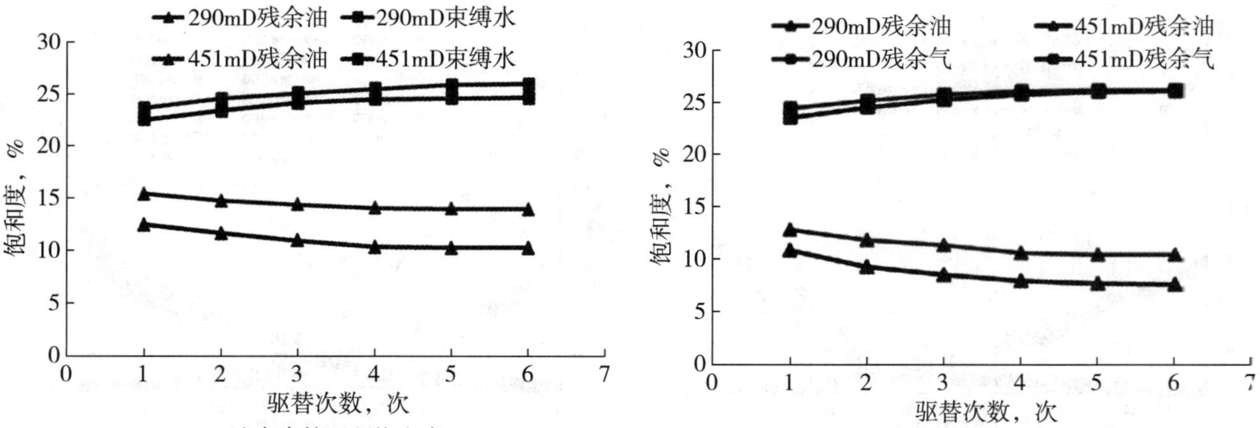

油水多轮互驱饱和度　　气油多轮互驱饱和度

图 4　多轮互驱饱和度随驱替次数变化曲线

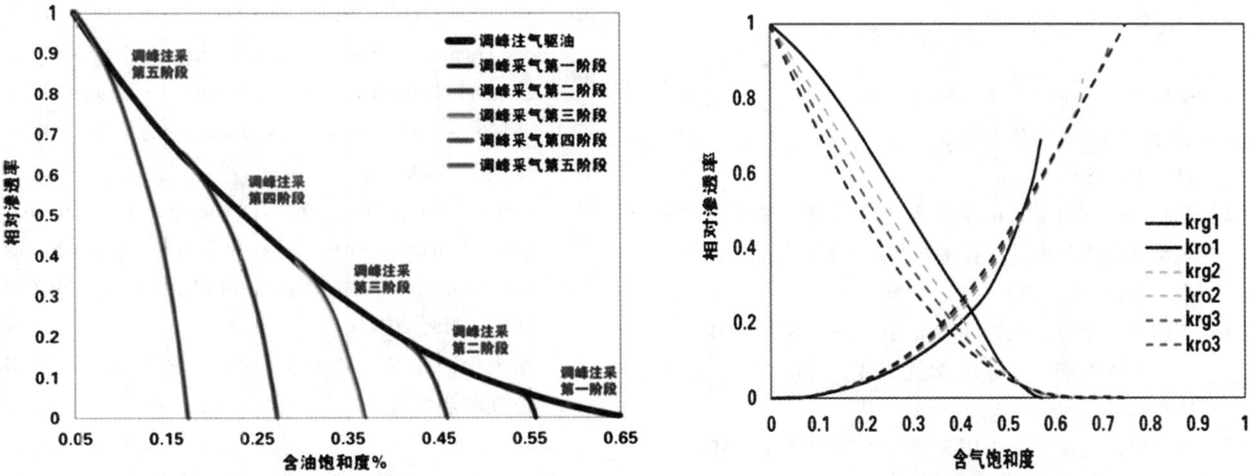

油气相渗变化模式图　　　　油气相渗变化曲线

图 5　TZ402CⅢ油藏气驱协同储气库建设模型往复注采相对渗透率曲线

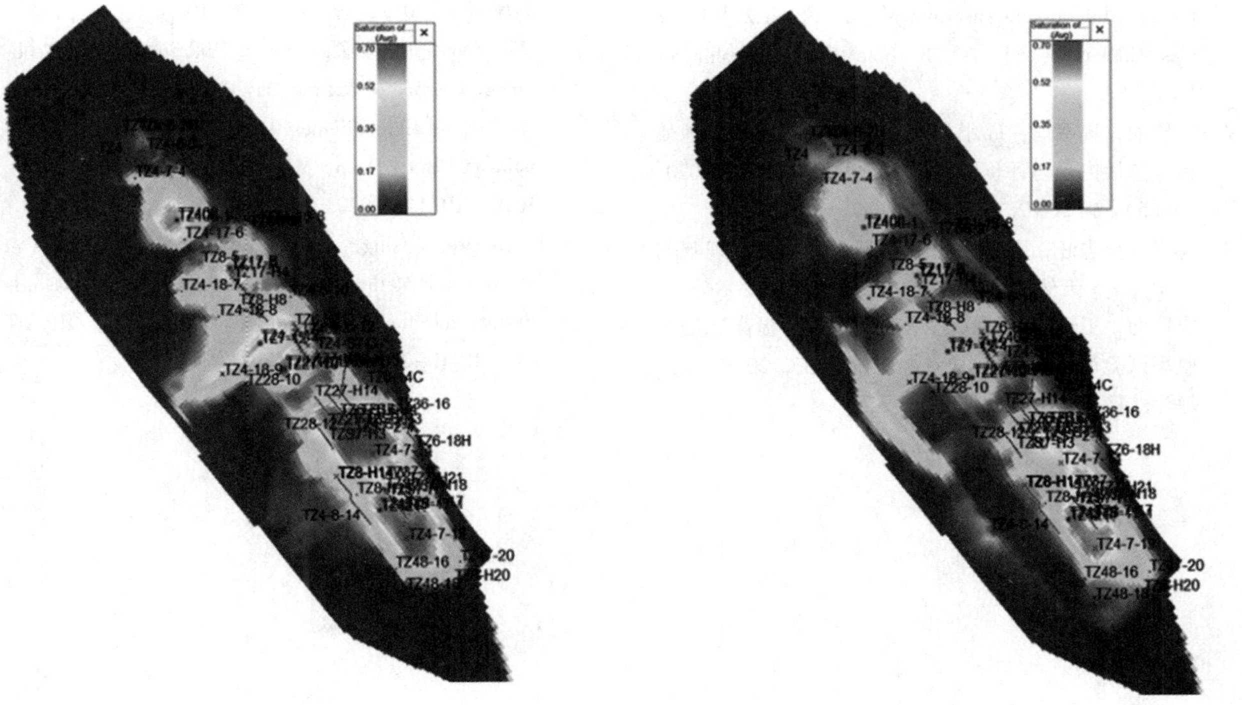

CⅢ1- CⅢ3 小层更换油气相渗曲线　　　　CⅢ1- CⅢ3 小层未更换油气相渗曲线

图 6　TZ402CⅢ油藏改建储气库模型含气饱和场对比图

4　结论

（1）从储气库建库可行性评价来看，TZ402CⅢ油藏具备建设储气库的基本地质条件，可以开展气驱提高采收率协同储气库建设。

（2）多轮油气互相非稳态相渗透实验表明，注气驱油过程中，油相相对渗透率比油驱气过程的高，气相相对渗透率则相反。随互驱次数增加，残余油饱和度呈下降趋势，残余气饱和度则有所上升，储气库库容也有所减小。

（3）岩心绝对渗透率越高，对应残余油饱和度相对越低、残余气饱和度相对越低。说明高渗储层储气库渗流能力、库容也越大，更适合储气库建设和运行。

（4）油藏注气开发协同储气库建设组分模型应充分考虑多轮互驱相渗滞后效影响。

参 考 文 献

[1] 江同文，王锦芳，王正茂等. 地下储气库与天然气驱油协同建设实践与认识 [J]. 天然气工业，2021，41 (9)：66 - 74.

[2] 马新华，郑得文，申瑞臣等. 中国复杂地质条件气藏型储气库建库关键技术与实践 [J]. 石油勘探与开发，2018，45 (3)：489 - 499.

[3] 丁国生，李春，王皆明等. 中国地下储气库现状及技术发展方向 [J]. 天然气工业，2015，35 (11)：107 - 112.

[4] 马新华，丁国生. 中国天然气地下储气库 [M]. 北京：石油工业出版社，2018：1 - 22.

[5] 丁国生，魏欢. 中国地下储气库建设 20 年回顾与展望 [J]. 油气储运，2020，39 (1)：25 - 31.

[6] 2015 - 2018 Triennium Work Reports. Working committee 2：Underground gas storage [C] //the 27th World Gas Conference，15 - 28 June 2018，Washington DC，USA..

[7] 郑雅丽，孙军昌，邱小松等. 油气藏型储气库地质体完整性内涵与评价技术 [J]. 天然气工业，2020，40 (5)：94 - 102.

[8] 郭平，苑志旺，廖广志. 注气驱油技术发展现状与启示 [J]. 天然气工业，2009，29 (8)：92 - 96.

[9] 袁广均，王进安，王兴忠等. 天然气驱提高原油采收率试验研究 [J]. 内蒙古石油化工，2013 (4)：142 - 143.

[10] Wei Zhou，Daiyu Zhou，Kun Fan，et al. EOR Technology Practice of Natural Gas Flooding：A Case Study on DongheI Carboniferous Reservoir with the Characteristics of Ultra - Deep，Very Thick and 3 Highs [C]. IPTC - 19744，2020.

[11] Tongwen Jiang，Daiyu Zhou，Yiming Wu，et al. Research Method of Phase Behavior in Gas - Crude System and the Application in L Block with HP/HT [C]. IPTC - 21267 - MS，2021.

[12] 李士伦，孙雷，郭平等. 再论我国发展注气提高采收率技术 [J]. 天然气工业，2006，26 (12)：30 - 34.

[13] 廖广志，王连刚，王正茂. 重大开发试验实践及启示 [J]. 石油科技论坛，2019，38 (2)：1 - 10.

[14] 周炜，张建东，唐永亮等. 顶部注气重力驱技术在底水油藏应用探讨 [J]. 西南石油大学学报 (自然科学版)，2017，39 (6)：92 - 100.

[15] Wei Zhou，Daiyu Zhou，Kun Fan，et al. EOR Technology Practice of Natural Gas Flooding：A Case Study on DongheI Carboniferous Reservoir with the Characteristics of Ultra - Deep，Very Thick and 3 Highs [C]. IPTC - 19744，2020.

[16] Tongwen Jiang，Daiyu Zhou，Yiming Wu，et al. Research Method of Phase Behavior in Gas - Crude System and the Application in L Block with HP/HT [C]. IPTC - 21267 - MS，2021.

大张坨储气库提升调峰能力对策研究与应用

叶　萍　王权国　许　倩　施金伶　周春明　刘　薇　王　雪　陈　铎

（中国石油大港油田公司天津储气库分公司）

摘　要　储气库调峰作为天然气供应的重要调节手段，对我国能源安全和经济发展具有重要意义。作为我国第一座建成并投入商业运营的大张坨地下储气库，在储气库运行过程中，为进一步加快储气库达容周期，实现储气库方案设计指标，提升储气库调峰能力，开展了注采井网、注采结构、运行方式以及运行压力的适应性论证和优化调整，实践结果表明：①凝析气藏改建的大张坨储气库在注采运行过程中因储层非均质性、井网控制程度等因素影响气库调峰能力发挥，通过完善注采井网，提高井网控制程度，气库气驱扩容效率提高，调峰能力增强。②通过低产井强注强采、边部或低部位高带液井控产排液、初期实施强注、中后期缓注的分段注气等注采运行方式的优化，气库及单井注采气能力和携排液能力增强，扩容效果不断改善。③针对定容密闭性储气库，大张坨储气库通过合理优化上下限压力，利用增压气驱扩容和降压提采的方式，气库工作气量和工作气比例进一步提高，调峰能力增强。实践运行效果证实，从建成至今大张坨储气库已连续安全运行了23个注采周期，调峰能力累计增加1.17亿方，增幅达到24.2%，为同类型地下储气库运行管理优化和调峰能力提升，提供了一套成熟的技术手段和实践经验，对我国地下储气库运行管理技术的发展具有十分重要的意义。

关键词　地下储气库；库容量；工作气量；调峰能力；运行压力

Research and Application of Countermeasures to Enhancethe Peak – Shaving Capacity of Dazhangtuo Gas Storage

YE Ping, WANG Quanguo, XU Qian, SHI Jinling, ZHOU Chunming, LIU Wei, WANG Xue, CHEN Duo

(PetroChina DaGang Oilfield Company Tianjin Gas Storage Company)

Abstract: Peak – shaving of gas storage facilities, as an important means of regulating natural gas supply, is of great significance to China's energy security and economic development. As the first underground gas storage facility in China to be built and put into commercial operation, the Dazhangtuo underground gas storage facility has undergone adaptive demonstration and optimization adjustment of the injection production well network, injection production structure, operation mode, and operating pressure in order to further accelerate the storage capacity cycle, achieve the design indicators of the storage plan, and enhance the peak – shaving capacity of the storage facility during its operation. The practical results show that: ① The Dazhangtuo gas storage facility, which was rebuilt from a condensate gas reservoir, is affected by factors such as reservoir heterogeneity and well network control degree during the injection production operation process. By improving the injection production well network and enhancing the well network control degree, the gas drive expansion efficiency of the storage facility is improved, and the peak – shaving capacity is enhanced. ② Through the optimization of injection and production operation modes such as strong injection and production in low yield wells, controlling production and drainage in high liquid bearing wells at the edge or low position, implementing strong injection in the initial stage, and segmented gas injection with slow injection in the middle and later stages, the gas reservoir and single well injection and production capacity and liquid carrying capacity are enhanced, and the expansion effect is continuously improved For fixed volume sealed gas storage facilities, the Dazhangtuo gas storage facility has optimized the upper and lower pressure limits, utilized pressurized gas drive expansion and depressurization extraction methods, further increased the working gas volume and working gas ratio of the gas storage facility, and enhanced peak - shaving capabilities. The practical operation results have confirmed that the Dazhangtuo gas storage has been continuously and safely operated for 23 injection and production cycles since its completion, with a cumulative increase of 117 million cubic meters in peak - shaving capacity, an increase of 24.2%. This provides a mature set of technical means and practical experience for optimizing the operation and management of similar underground gas storage facilities and improving peak - - shaving capacity, which is of great significance for the development of underground gas storage operation and management technology in China.

Key words: Underground gas storage; Storage capacity; Working gas volume; peak - shaving capacity; Operating pressure

1　引言

地下储气库是天然气安全保供的主要设施也是国家能源安全保障的重要组成部分，加快国内储气库建设，是确保天然气安全保供的重大战略措施。经过20多年的储气库建设及发展，目前国内已建成了百亿方以上工作气，在调峰保供中发挥了重要作用。中国储气库建设在改建库理念、技术、管理方面取得了一系列的成果，但由于我国储气库建设晚、运行时间短，储气库运行管理经验欠缺，同时受到我国复杂建库地质条件的影响，储气库运行过程中暴露出达容达产效果差、工作气量增速缓慢等问题。目前大港油田现役的9座储气库工作气量占库容比均不到50%，且大部分储气库工作气量未达到设计指标。作为我国第一座建成并投入商业运营的大张坨地下储气库，从2000年起至今已连续安全运行了22注采周期，目前储气库运行效果较好，并积累了大量的地下储气库运行实践经验；同时随着我国天然气工业的高速发展和更多长输天然气管道的兴建，需要配套建设更多的地下储气库以解决季节调峰供气和安全供气问题。因此，大张坨储气库长期的运行经验，不但能提高已建地下储气库的运行及管理水平，同时也对我国其它在建地下储气库的设计、运行管理具有一定的指导作用，对我国地下储气库技术的发展具有十分重要的意义。

2　储气库运行存在问题分析

大张坨储气库是我国兴建的第一座地下商业储气库，方案设计库容量$17.81\times10^8m^3$，工作气量$6.0\times10^8m^3$；设计注采井网为老井4口、新钻12口注采井（井距550m，不均匀），形成14注16采的注采井网方案；冬季采气120天，调峰日采$500\times10^4m^3$，单井日产$35\sim50\times10^4m^3$，最低地层压力15.0MPa；注气期220天，日注气量$310\times10^4m^3$，单井日注$41\sim62\times10^4m^3$，最高地层压力29MPa。按照此方案，大张坨储气库于2001年全面建成投产，高峰期单井产量平均达到$65\times10^4m^3$以上，为京津冀地区冬季季节调峰及安全供气发挥了重要作用。

储气库在投运初期，为了在短期内快速提高储气库的地层压力，采用笼统注气方式，导致注入的干气将凝析气驱替到气藏的边部或井间，在前两个周期的调峰采气阶段，气井产出的气以干气为主，仅产出少量凝析油，平均气油比为$7.5\times10^4m^3/m^3$，并不利于凝析油的采出和库容的提高。气库多周期注采运行单位压降采气量维持在$3200\sim3400\times10^4m^3/MPa$，在储气库设计运行压力区间为$15\sim29MPa$的条件下，以实际运行结果模拟其主要运行指标，储气库运行上限压力为29MPa时库容量为$12.17\times10^8m^3$，运行下限压力为15MPa时垫气量为$7.48\times10^8m^3$，工作气量为$4.69\times10^8m^3$，工作气比例仅为38.5%。显然，大张坨储气库运行压力区间在$15\sim29MPa$，工作气量不可能达到原设计方案值（$6\times10^8m^3$）。

3　提升调峰能力具体对策

鉴于气库注采运行过程中存在的问题，从注采井网、注采结构、运行方式及运行压力等方面开展适应性论证，结合注采动态评价，不断优化调整气库注采运行。

3.1　完善注采井网，提高井控程度

2003年根据储气库实际运行情况，开展了储

气库扩建改造工程，完钻加密井 3 口（库 13～15 井），利用老井 4 口（板 52、板 53 井、坨注 1 井、坨注 2 井），形成了 14 注 19 采的注采井网（图 1）。从大张坨储气库调整后的注采井网来看，其中加密井库 13 位于气藏高部位，库 14 井位于气藏西部，库 15 井位于低渗带附近，相比原方案，调整后的注采井网对气藏原始含气范围内的有利储层砂体控制程度进一步提高，对高中低不同构造部位均有气井控制，最大限度地利用了原始地层含气孔隙空间；同时根据采气能力评价结果来看，三口新井采气初期日调峰能力为 $220\times10^4m^3$，采气末期仍具有 $70\times10^4m^3$ 的日调峰能力，可见井网调整后大张坨储气库整体调峰能力显著增强，这对于冬季调峰供气以及应急供气都具有重要的意义。同时三口新井产液量和气库产液量攀升，气油比降低，通过井网加密提高了气驱排液扩容效果。

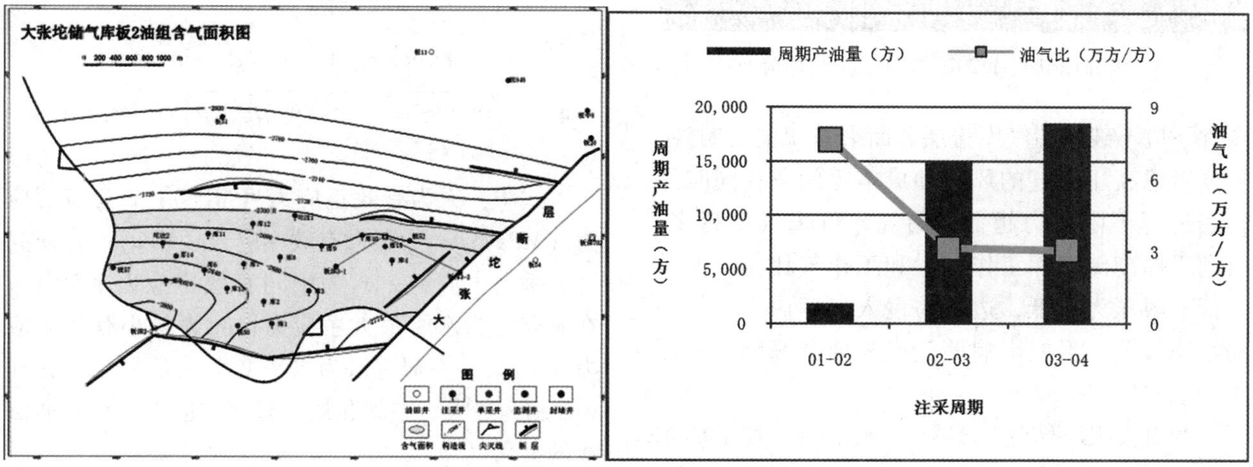

图 1　大张坨储气库注采井网调整后分布图（左）、调整后产油量变化曲线（右）

3.2　优化运行方式，提高扩容效率

大张坨储气库由一带弱边水的凝析气藏改建而成，气藏未投产前，受板中北、板中南气藏开发的影响，气藏地层压力由原始的 29.77MPa 降低至 25MPa 左右，边水向气藏内部侵入。在原始气藏砂体有限且部分孔隙体积被侵入水占据的情况下，循环注气开发和储气库气驱排液的方式，提高了凝析油采收率，减少了凝析油在地层中的反凝析，降低了凝析油对注采气的影响程度，有利于储气车多周期运行。在大张坨储气库多周期运行过程中，采取灵活多变的注采运行方式。一是加强低产井管理，采取强注强采，增加气井周期吞吐气量，逐步提高注采气能力。库 9 井位于低渗条带，注采气能力较差，2008 年开始对库 9 井采取强注强采措施，人为增加该井的注采气量，从多注采周期运行效果来看，库 9 井注采气量稳步提高，运行效果得到改善（图 2）。二是气库边部或低部位高带液井控产排液，控制边水向气库内部推进。如库 11、库 12 及库 15 井等，在采气运行中，控制单井日采气量，稳产排液，避免边水侵入气库，大大降低了边水侵入给气库运行所带来的隐患，有利于储气库运行。三是实施分段式注气，即初期强注、中后期缓注，并合理确定强注、缓注时间，实现储气库多注气多扩容。以气驱方式持续向水域方向扩容（图 3），利用与气库连通砂体孔隙体积、实现气水砂体联动扩容，累计扩容孔隙体积已达 $94\times10^4m^3$。

图 2　库 9 井多周期阶段采气量柱状图

3.3　扩大压力区间，提高工作气量

储气库运行上限压力越高，储气库库容规模越大，高压条件下也有利于多注气，但是在高压

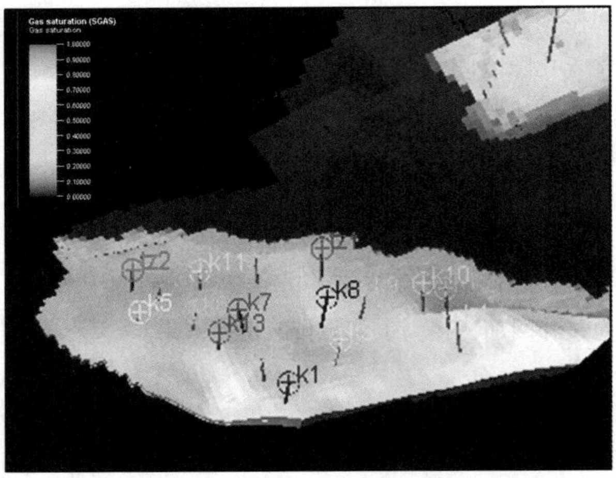

图 3　大张坨储气库 2020 年注气末流体分布图

条件下应不破坏储气库盖层和断裂系统的密封性，还要考虑高压注气的风险和成本等问题；同时储气库运行下限压力越低，储气库可采气量越多，有利于提高储气库工作气量和工作气比例，但是运行下限压力过低，边水易侵入气库内部，气井易水淹停喷，不但影响储气库末期调峰能力，也不利于储气库扩容。

针对大张坨储气库运行上限压力，基于莫尔理论，建立储气库动态注采流压扰动下断层封闭动态评价技术，确定了地质体断层封闭薄弱点的活化压力。通过结合地应力场演化特征和地应力测井，定量描述各控圈断层各个部位的最小活化压力和最高封闭压差分布，指导储气库群各条控圈断层附近合理运行压力的优化。

首先将断裂带看做一平面，三维应力空间中的任一理想断层面（平面）所受的有效正应力和剪应力大小如图 4 所示，其大小与三个有效主应力大小以及断面法线与三个主应力轴的夹角有关，在莫尔圆（横轴为断面所受有效正应力的大小，纵轴为断面所受剪应力的大小）上表现为一个单独的点。但是实际断层面是非常不规则的，采用将断层面单元面化的方法分析每个单元面所受的应力状态来表示实际断层面所受应力状态，在莫尔圆上表现为一系列的点，在断层稳定性评价的过程中就是用这种方法来表示实际断层面所受应力状态。通常用三个主应力来表示地质体地应力的大小，即最大主应力（σ_1）、中间主应力（σ_2）和最小主应力（σ_3），且 $\sigma_1>\sigma_2>\sigma_3$。在流体饱和的岩体内，作用在岩体上的主应力由于流体压力的作用而减小，抵消后的主应力叫有效主应力，即 $\sigma_1'=(\sigma_1-P_w)>\sigma_2'=(\sigma_2-P_w)>\sigma_3'=(\sigma_3-P_w)$（$P_w$为流体压力）。

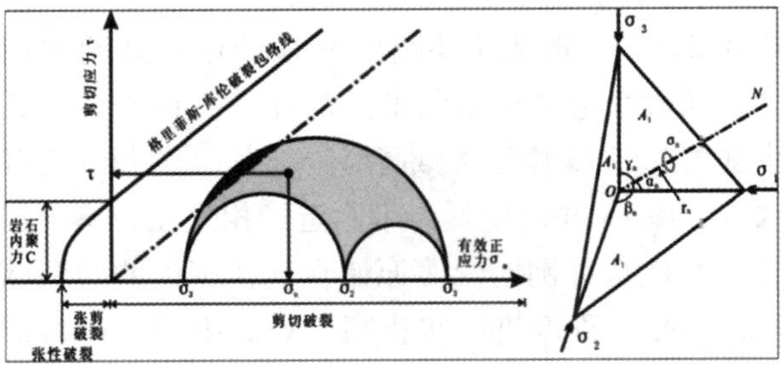

图 4　莫尔圆表示断面所受地应力及断层稳定性评价原理图

$$\sigma_n=\sigma_1\cos^2\alpha_n+\sigma_2\cos^2\beta_n+\sigma_3\cos^2\gamma_n$$
$$\tau=\sqrt{\sigma_1^2\cos^2\alpha_n^2+\sigma_2^2\cos^2\beta_n^2+\sigma_3^2\cos^2\gamma_n^2-\sigma_n^2}\tag{1}$$

式中：σ_n为有效正应力（MPa）；τ 为剪切应力（MPa）；σ_1为最大有效主应力（MPa），在研究区为垂向主应力；σ_2为中间有效主应力（MPa），在研究区为水平最大主应力；σ_3为最小有效主应力（MPa），在研究区为水平最小主应力；α、β 和 γ 分别为最大、中间和最小有效主应力与单元面法线的夹角（°）。

断层稳定性评价要考虑断层岩力学性质，即摩擦系数（包络线在压性区域的斜率）和内聚力（包络线的纵轴截距）。新生成的断层是无内聚力的，其包络线如图 4 虚线所示，但是如果断层形成后发生一系列压实、压溶以及胶结等作用后，断层岩就会重新获得内聚力其包络线如图 4 实线所示，在横轴张性区域包络线为格里菲斯破裂包络线，压性区域为库伦破裂包络线。储气库运行方式是强注强采，当储气库流体压力增加时，有效主应力等幅度减小，表现为莫尔圆大小不变，位置逐渐左移，当代表断层面的点与破裂包络线相切时就代表断层发生再活动的临界点，移动的水平距离即为断层再活动所需附加流体压力的大小（ΔP）。活化压力（PR）为初始地应力状态下断层发生再活动所需总流体压力的大小，$P_R=\rho_w gh+\Delta P$（$\rho_w gh$ 为流体压力）。由于实际断层面的不规则性，每个断层单元面的稳定程度是不同的，用最小附加流体压力最小活化压力来表示断层面上最易活化部位的稳定程度，而用最大附加流体压力最大活化压力来表示断层面上最不易活化部位的稳定程度。应用控圈断层密封性与稳定性定量分析技术，评价得出的大张坨储气库断层的侧向封闭能力最小突破压力为 32.4MPa。

盖层封闭突破压力则应用盖层水力封闭原理，考虑盖层所受水平最小主应力与孔隙附加流体压力，计算泥岩盖层应力应变曲线回归不同深度下盖层封闭的烃柱高度，实现对气库盖层封闭性的定量评价。应用位于大张坨储气库邻近区域的库5－9井的地应力测井结果，拟合了水平最小主应力随深度变化的定量关系，据此可表示盖层的水力封闭压力变化特征。计算大张坨储气库的盖层水力破裂阈值压力分别为36.1MPa。

从评价结果来看，大张坨储气库实际最高运行压力均低于其盖层突破压力、岩石侧向压力及水域压力值，岩石侧向压力及水域压力值较为接近，可作为理论最高运行上限压力（表1）。设计的上限压力29MPa低于可选的理论最高运行上限压力，具有进一步提高运行压力的空间，同时在高压注气时适当控制注气速度和注气压差，以免注入气窜入气库连通水域，从而增加注气运行成本，进而降低气库运行效率。

表1　大张坨储气库最高运行上限压力评估（压力，MPa）

原始		考虑不同因素时最大运行上限压力			实际最高运行	理论最高选值
地层压力	压力系数	盖层突破压力	岩石侧向压力	溢出点压力		
29.77	1.12	36.1	32.4	32.3	31.6	32.3

4　应用效果分析

4.1　气驱波及程度提高，排液扩容效果显著

大张坨储气库通过高注低采、库内气井携液与边部气井稳产排液相结合的注采方式，携排液腾出了部分地下孔隙空间，增加储气库可利用的地层孔隙空间。大张坨储气库自2000年投入运行至目前经历了22个注采周期，累计产水量$2.37\times10^4m^3$，累计产油量为$11.87\times10^4m^3$，累计产液量为$12.04\times10^4m^3$，腾出的地下孔隙空间占储气库总扩容孔隙体积的11.1%，有利于储气库扩容。大张坨储气库储层物性较好、平面气层分布连片、连通性好，气驱波及效率及扩容效率均较高，气库经历了快速扩容－缓慢扩容－稳定三个阶段（图5）。从储气库多周期产液和油气比曲线看出，储气库以气驱排液扩容为主，气库产液量逐年降低，油气比呈上升趋势（图6），气库运行已基本接近定容状态。

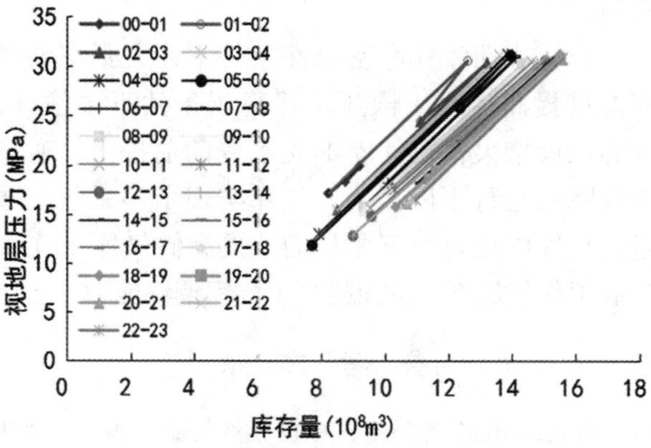

图5　大张坨储气库视地层压力与库存量关系曲线

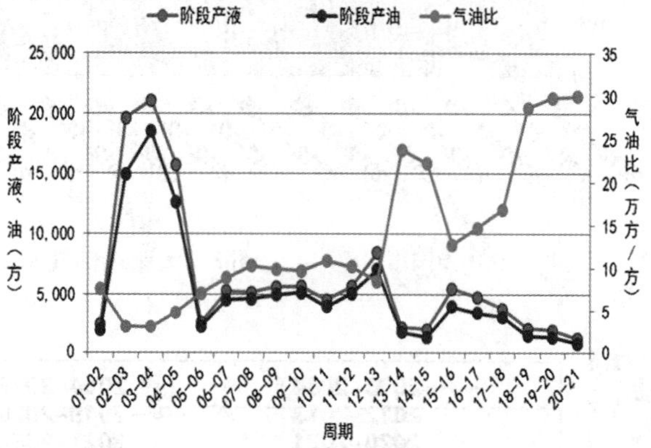

图6　大张坨储气库多周期产液量变化曲线

4.2　压力区间增大，气库调峰能力增强

大张坨储气库目前已安全运行22个注采周期，多周期注气末期关井测静压接近30～31.0 MPa，高于原设计上限压力1～2MPa，但是没有发现储气库有明显的漏失，通过注采多周期库存量与视库存量增量曲线分析，二者趋势较为一致（图7），没有出现逸散现象，表明在目前运行压力条件下气库封闭性较好。

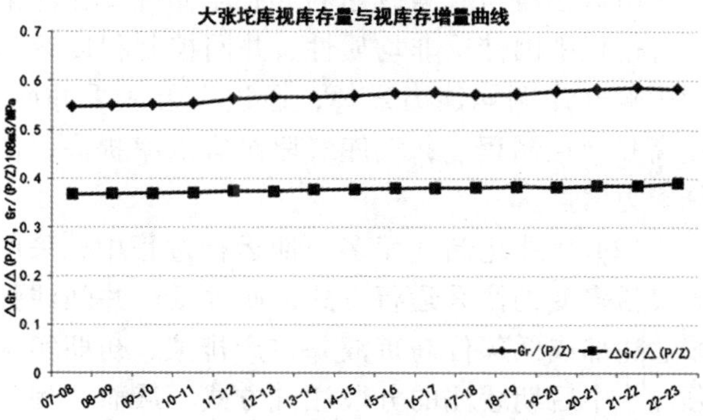

图7　大张坨储气库视库存量与视库存量增量曲线

储气库及单井实际运行最低下限压力接近13MPa。其中2012～2013采气期（图8），气库运行压力从30.81～12.83MPa，周期采气量达到6.04亿方，在下限压力13MPa时调峰能力仍高达300×10^4m^3/d，能满足大规模的调峰需求，实际工作气量已经达到了设计值（$6\times10^8m^3$），从运行情况看，各单井产水量及水气比均较小，且各单井多周期产液量均呈现下降趋势，以凝析油为主（图9），表明在目前运行下限压力条件下没有发生明显的边水侵入，采末气井仍具有较高的调峰能力。

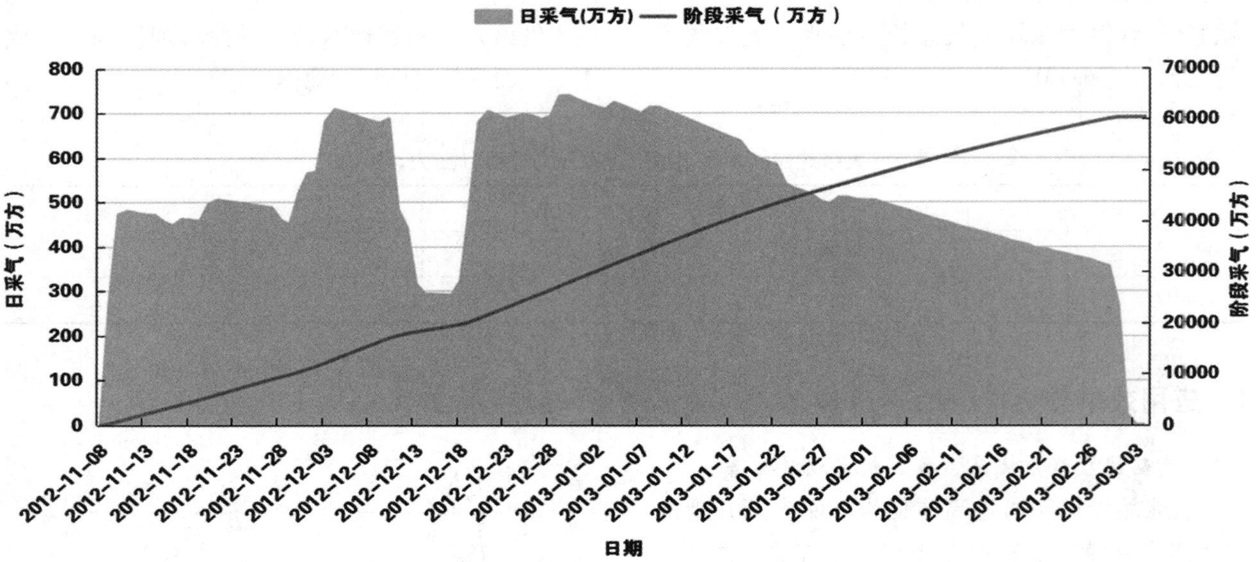

图8　大张坨储气库2012－2013周期采气生产曲线

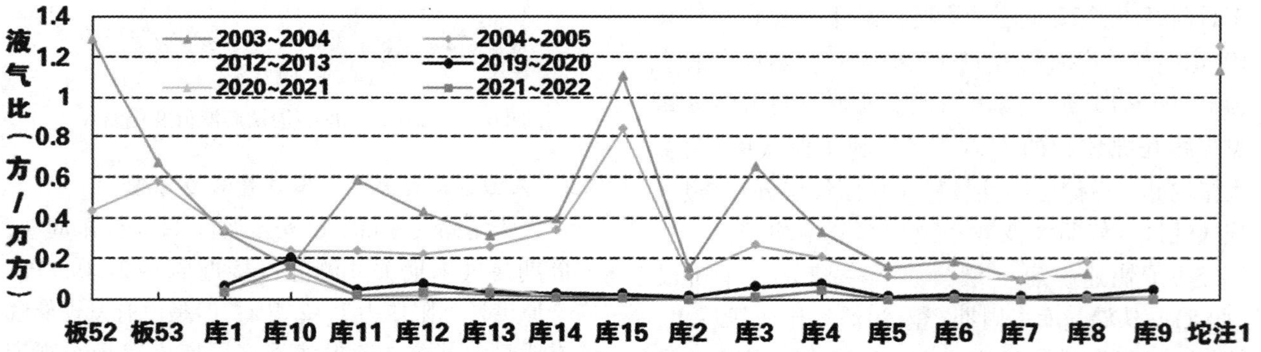

图9　大张坨储气库单井多周期液气比曲线

5　结论

（1）由凝析气藏改建的大张坨储气库在注采运行过程中因储层非均质性、井网控制程度等因素影响气库调峰能力发挥，通过完善注采井网，提高井网控制程度，气库气驱扩容效率提高，调峰能力增强。

（2）大张坨储气库多周期运行过程中，采取了灵活多变的注采运行方式，通过低产井强注强采、边部或低部位高带液井控产排液、初期实施强注、中后期缓注的分段注气方式，从而达到储气库和单井多注气多采气的目的，为增加储气库的有效工作气量及提高储气库的运行效率做出了贡献。

（3）在保障气库密封性条件下，大张坨储气库通过提高运行上限压力，高压条件下多注气，库容规模增大；在气库不受水侵的前提下，通过合理降低运行下限压力，气库实现了多采气。通过优化气库运行上下限压力，提高储气库工作气量和工作气比例，进而提高了气库调峰能力。

参　考　文　献

[1] 魏欢，田静，李波等．中国天然气储气调峰方式研究［J］．天然气工业，2016，36（8）：145－150.

[2] 丁国生，李春，王皆明等．中国地下储气库现状及技术发展方向［J］．天然气工业，2015，35（11）：107－112.
[3] 丁国生．中国地下储气库的需求与挑战［J］．天然气工业，2011，31（12）：91－93.
[4] 郑得文，胥洪成，王皆明等．气藏型储气库建库评价关键技术［J］．石油勘探与开发，2017，44（5）：794－801.
[5] 王起京，张余，刘旭．大张坨地下储气库地质动态及运行效果分析［J］．天然气工业，2003，23（2）：89－93.
[6] 张士杰，廖伟，刘国良．气藏型地下储气库动态分析技术规范研究［J］．天然气工业，2022，42（1）：82－85.
[7] 胥洪成，李娟，李宏春等．大港储气库群达容的主要影响因素［J］．科技导报，2011，29（16）：58－60.
[8] 谭羽非，林涛．凝析气藏地下储气库单井注采能力分析［J］．油气储运，2008，27（3）：27－29.
[9] 郑得文，王皆明，丁国生等．气藏型储气库注采运行优化技术［M］．北京：石油工业出版社，2018.
[10] 李春．地下储气库扩容达产阶段配产配注方法［J］．石油管材与仪器，2019，5（2）：39－46.
[11] 马小明，余贝贝，成亚斌等．水淹衰竭型地下储气库的达容规律及影响因素［J］．天然气工业，2012，32（2）：86－90.
[12] 胥洪成，王皆明，屈平等．复杂地质条件下气藏储气库库容参数的预测方法［J］．天然气工业，2015，35（1）：103－108.
[13] 黄炳光，刘蜀知，唐海．气藏工程与动态分析方法［M］．北京：石油工业出版社，2004.
[14] 姜凤光，王皆明，胡永乐等．有水气藏改建地下储气库运行下限压力的确定［J］．天然气工业，2013，33（4）：100－103.
[15] 李晓平，王会强．边水气藏气井合理生产压差及产量的确定［J］．天然气工业，2008，28（7）：85－86.
[16] 胥洪成，王皆明，李春等．水淹枯竭气藏型地下储气库盘库方法［J］．天然气工业，2010，30（8）：79－82.

白15储气库水平井地质工程一体化导向技术研究与应用

施金伶　许　倩　周春明　李德宁　李宏杰

（中国石油大港油田公司天津储气库分公司）

摘　要　白15储气库紧邻板南储气库群，与大港储气库群共同为京津冀地区天然气调峰发挥作用，是国内首座全水平井双层位立体建设的气藏型储气库。该库油气分布复杂，主要受构造和岩性控制，地层倾角大、倾角局部变化大，储层平面分布存在非均质性，纵向上泥岩夹层多，水平井钻探难度大。为提高薄互层砂岩储层钻遇率，提出了储气库水平井地质工程一体化导向技术，运用砂泥薄互层储层预测与刻画技术，创新高速非达西流数值模拟与井型、井网设计优化技术，实现少井高产；利用地震地质联动导向跟踪技术，解决了高倾角、薄砂层气藏水平井储层钻遇率低的卡点；创建新井批钻实施、近钻头地质导向的储气库水平井钻完技术，解决了储气库水平井钻井进尺深，施工工序复杂，钻井周期长的难点。

关键词　储气库；水平井；地震地质联动导向；地质工程一体化

Research and Application of Geological Engineering Integrated Directional Technology for Horizontal Well of Bai 15 Gas Storage

SHI Jinling, XU Qian, ZHOU Chunming, LI Dening, LI Hongjie

(PetroChina DaGang Oilfield Company Tianjin Gas Storage Company)

Abstract: Bai 15 Gas Storage is located adjacent to Banan Gas Storage Field and serves as a gas reservoir for gas peak – load adjustment in Beijing – Tianjin – Hebei area, along with Dagang Gas Storage Field. It is the first fully horizontal double – layer gas reservoir in China. The oil and gas distribution in the gas storage facility is complex and mainly controlled by structural and lithological factors. The dip angle of the strata is large and the dip angle varies greatly locally. The distribution of the reservoir in the plane exists non – uniformity, and there are many mudstone interlayers in the vertical direction, making the drilling of horizontal wells difficult. In order to improve the encounter rate of thin interlayer sandstone reservoirs, a geological engineering integrated directional technology for gas storage horizontal wells was proposed. The sand – clay thin interlayer reservoir prediction and depiction technology was used, and the innovative high – speed non – Darcy flow numerical simulation and well type and well pattern design optimization technology was used to achieve high production with fewer wells. The seismic geological joint guidance tracking technology was used to solve the problem of low reservoir encounter rate of thin sand layer gas reservoir horizontal wells at high dip angles. The new well batch drilling and near – bit geological guidance technology for gas storage horizontal well drilling was created to solve the difficulties of deep drilling progress and complex drilling procedures, and long drilling cycle.

Key words: gas storage, horizontal well, seismic geological joint guidance, geological engineering integrated directional technology

白15储气库建库层为砂泥互层沉积，砂层横向变化快，储层横向非均质性强，单砂体厚度5m左右，纵向上泥岩夹层多，气藏整体上受构造控制，断块小，地层倾角大。气库设计新钻3口水平井，水平井实施过程中存在储层物性变化和地层产状变化等不确定性，为了提高储层钻遇率，提出地质工程一体化导向，从井位设计优化到现场实施跟踪调整，以确保水平井顺利在储层中穿行，提高库容动用率。

1　技术思路

1.1　水平井井位设计与优化技术

1.1.1　井位部署优化

白15储气库为滩坝砂沉积体系，砂体变化快，孔隙度以中孔为主，其分布受相控影响，渗透率以中渗为主，其分布与孔隙度类似。本次设计井位选择在砂岩层多、砂岩厚度大的位置布井，利用储层预测反演对靶点进行优化。

研究区发育两条大断层，针对每个小层砂体展布特征优选靶点位置，设计井位应远离断层100m以上作为储气库的注采井，以防止设计井与断层的距离过近而导致应力集中激活断层。针对白15凝析气藏局部含水和开发末期注水等特点，根据断块边水和注入水水体大小和水侵范围，设计井位应远离原始气水界面以及注入水的设计原则，设计井距气藏的气水界面约100m以上。针对白15储气库建库层位集中分布特点，利用储气库库容－工作气量－井数耦合技术拟合气库运行的曲线，设计不同调峰峰谷比计算气库运行所需合理井数，选择新钻3口水平井，以最大程度动用以及控制断块内的气层。运用数值模拟技术，模拟不同长度的水平井注采效果，分析含气饱和度变化，优选水平段长度在300～500m之间。利用储层预测反演对靶点进行优化，确保钻遇优质储层段（图1）。

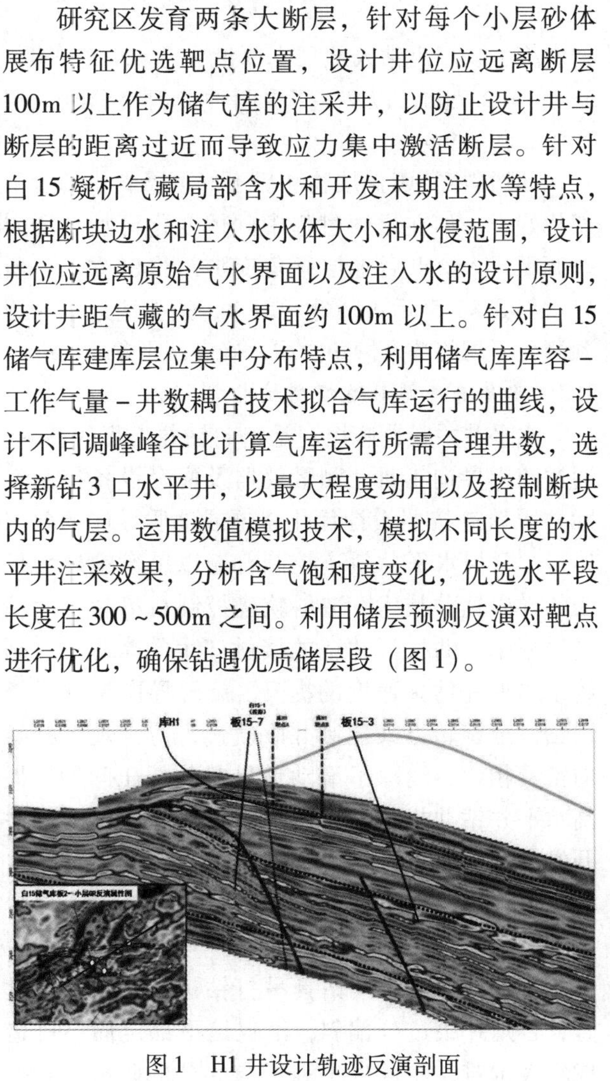

图1　H1井设计轨迹反演剖面

1.1.2　井眼轨迹优化技术

为了加快钻井速度，降低施工风险，井眼轨道将尽可能采用三段制井身剖面。由于构造上老井较多，且新井与新井也存在防碰，为了保证钻井施工的安全性，避免发生碰撞，有的井需要采用五段制剖面或三维绕障轨道。根据地质方案要求，新钻井需要进行三维双靶点井眼轨道设计，可采用两靶点连线方法，先确定最终井斜角和靶点连线方位。在地质条件许可情况下，井斜较小时，尽量将方位调整到靶点连线方位上，再以较大井斜较进入目的层，稳斜穿双靶。

井眼轨道的设计根据地质目标参数对造斜点、造斜率、井斜角和防碰措施进行优化。为了降低钻井施工难度，将造斜率控制在2.4°～3.5°/30m。对于位移小于1000m的井，尽量控制井斜角小于25°，有利于正常安全钻井、固井质量的保证、测井作业的顺利、完井管柱的安全下入等。对于位移大于1000m的井，尽量提高造斜点，降低井斜角。为了考虑防碰和避开馆陶组底砾岩，可通过调整造斜点深度加以调整。造斜点的选择主要是依据位移的大小及防碰要求进行优化选择。

由于该区块老井较多，在设计井眼轨道时必须进行详细的防碰扫描处理。距离较近时，要与地质协商，通过适当移动靶位延长井间距离，无法延长的，要对老井测陀螺，为钻井提供精度更高的井眼轨迹数据。在实施钻井时要采用更精确的井眼轨迹控制手段，防止钻穿老井。尽量不采用三维绕障井眼，避免造成井眼复杂事故。

白15储气库新钻3口井全部为水平井，共用1个井场为板G3井场，靶点深度在2975～3225m之间，水平段长度在200～300m之间。工程地质结合，优化设计井靶点和轨迹。利用板G3井场进行丛式井钻井施工，3口新钻井沿井场南北方向一字排开，设计井靶点经地质与钻井工程多轮结合（表1），既满足地质井位部署原则，又保证钻井能合理绕障，对造斜点、造斜率、井斜角和防碰措施进行优化，降低施工难度。

1.2　水平井钻前分析技术

在储气库水平井作业中，为确保井眼轨迹在储层发育最好的层位中穿行，除了提高轨迹控制的精度和效率，有必要针对气藏开展钻前分析研究。针对白15储气库地层倾角大、倾角局部变化大和泥岩夹层多的难题，入窗前精细地层对比落实标志层分布，以库H1井位例分析地层倾角变化

表 1　白 15 储气库新钻井井眼轨迹设计数据表

井号	造斜点 m	井斜角°	方位°	剖面类型	造斜率/增斜率°/30m	井底参数		
						垂深 m	斜深 m	位移 m
库 H1	650	15.12~80.79	117.87~59.46	双增扭方位	2.4~3	3026.4	3610.88	1155.46
库 H2	600	15.91~77.61	118.09~55.21	双增扭方位	2.4~3	3228.59	3775.3	1171.72
库 H3	550	16.88~80.56	121.59~69.21	双增扭方位	2.4~3	3231.56	4024.15	1498.85

并设计着陆预案。

1.2.1　着陆难点分析

通过板 1 油组顶拉平邻井对比发现，板 1 油组顶至板 2-1 目的层厚度差异较大，但离水平井较近的两口邻井板 15-7 和板 15-9 厚度相差不大；板 1 油组顶各邻井曲线特征差异较大，且本井因断层原因板 1 顶本井可能缺失。板 2-1 顶特征明显，但板 2-1 顶离目的层又太近，垂厚仅有 7m 左右，因此本井有着陆风险。通过对比，白 15 库 H1 井与邻井板 15-7 和板 15-9 井从板 2-1 顶开始 GR 形态变化很相似，但与其它邻井相似度较低，所以即使同一断块内地层横向变化也比较大，这也将给着陆及水平段的导向施工带来困扰。

1.2.2　着陆预案

入窗预案中着陆点倾角为重要参数，井震结合，确定陆点附近局部倾角 8°左右。按计划着陆前 200m（斜深）换地质导向钻具，换钻具深度为 3150m 左右，设计中的断层斜深为 3114m，断层具有很大的不确定性，所以断层之前的地层对比意义不大，按照 15-7 和 15-9 两口井的对比，断层之后至着陆 3 处标志层可做为着陆前的参考，如图 2 所示中的标志 0、标志 1 及板 2 顶。标志 0 因在断层附近且特征不明显，只能看另两个标志，其中标志 1 处井斜应该在 62.5°左右，因这个标志其它邻井不存在，仅做参考，而板 2 顶特征最明显且稳定，板 2 顶的井斜应在 73°左右，如 73°仍未见则建议稳斜探，如未到 73°就见到板 2 顶则根据实际情况做设计加大造斜率。钻遇板 2 顶时如界面清晰可拾取地层倾角做为之前预估倾角的修正。

因着陆点离板 15-7 井 110m，入窗位置目的层特征应与 15-7 相似度高，板 15-7 入层后有 2.8m 厚的物性较差的层，所以可以 5°左右夹角探层（即 77°~77.5°），这样既可保证少吃水平段又可少打物性较差的层，探到层后调平增斜到 82°。增斜以 6°造斜率和以 3°造斜率两种方案选择。假设以 77°探层以 6°造斜率，入层后钻入地层真厚度为 $7\times\sin5+25\times\sin2.5=1.70$m；以 77°探层以 3°造斜率，入层后钻入地层真厚度为 $7\times\sin5+50\times\sin2.5=2.79$m；以 78°探层两种造斜率分别入层 1.19m 和 1.9m。

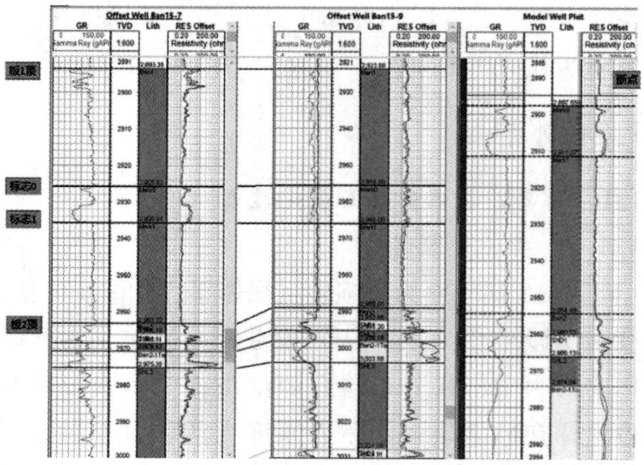

图 2　H1 井标志层分析

如增斜到 80°储层物性仍不好可稳斜小角度下切找好层，如在增斜过程中砂体变化可加大增斜率调平。入窗点后地层倾角变陡，约 9°左右，所以增斜到 80.5°后可降低增斜率，边打边通过探边预测上下切趋势及倾角拾取，确定调平角度。

1.3　水平井井眼轨迹控制技术

水平井井眼轨迹控制是定向钻井工程的精髓，通过使用导向工具、测量仪器及配套设备控制实际井眼轨迹按照设计优化轨迹或地质导向的要求运行。常规水平井轨迹控制普遍以单弯螺杆为代表的导向钻井技术，造斜轨迹控制在滑动定向钻进过程中，钻柱与井壁的接触产生的摩阻力，制约了水平井钻井速度的提升。旋转导向钻井系统以钻柱全旋转方式控制井眼轨迹，与常规螺杆导向钻具相比，消除了滑动钻进时的托压问题，提高水平井钻井机械钻速，近年在部分油田水平井开发中应用，是目前提高轨迹控制效率和延伸水平段位移的最有效率的一种钻井技术。

1.3.1　直井段

直井段采用钟摆钻具吊打钻进，保证井眼垂直，否则井眼过分偏斜，不仅给下部定向钻进造成较大困难，而且也不利于与邻井的防碰。若上部直井段过长或防碰紧张。加随钻 HL - MWD 监测井身轨迹，保证井眼质量，为下部定向施工奠定基础以实现安全钻进。

1.3.2　造斜井段、稳斜井段

由于所钻新井位移相对较大且与邻井防碰，为有利于准确定向及井眼轨迹控制，宜采用 MWD 无线随钻和导向马达钻具组合。

1.3.3　增斜扭方位井段、水平井段

为降低摩阻系数、有效施加钻压，增斜扭方位井段和水平井段推荐采用倒装钻具组合钻进，加重钻杆或钻铤宜安放在井斜角较小井段；常规定向工具选择导向马达或旋转导向 + LWD/MWD，以保证顺利钻进、准确中靶。

白 15 库储层存在砂泥岩互层、储层变化快、纵向上非均质性较强等特征，为满足地质需求最大限度提高储层钻遇率，在水平井段应用旋转导向 + 地质导向钻井系统（AutoTrak + AziTrak + BCPM），可以在旋转钻进过程中获取随钻方位伽玛、深浅电阻率和近钻头井斜测量数据，且为地质导向进行精准井眼轨迹控制提供了有力帮助。

2　应用效果

在白 15 储气库四开储层专打采用地质导向钻井工具组合和高造斜 PDC 钻头（图 3），有效提高造斜率和钻井速度，实现储层实时、精准定向；攻克了沙河街板 1、板 3 泥岩地层钻速慢、造斜困难、钻头耗量多等问题。水平井段钻速得到有效提升，库 H2 采用 PDC 钻头井平均机械钻速是库 H1 井平均的 1.45 倍。

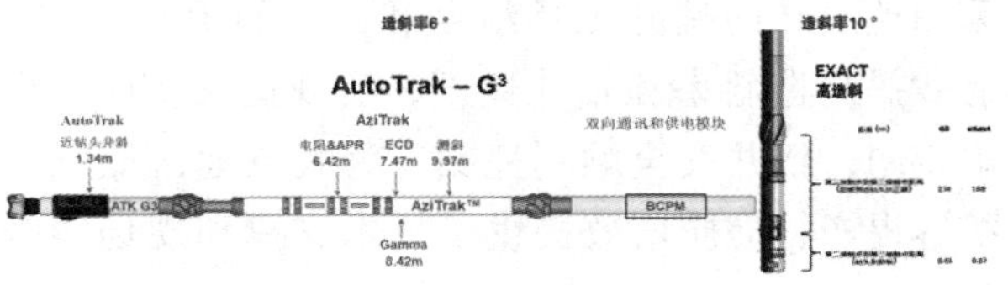

图 3　钻具组合示意图

地震地质联动基于三维地震资料，运用时深双域地震地质联动导向跟踪技术（图 4），精细小层对比认识已钻地层，逐段确定地层倾角，以地质探边工具提供的方位伽玛、电阻率参数为主要依据，结合现场录井岩屑和气测数据，实时优化调整轨迹，有效提高储层钻遇率，保障了气库运行压力下单井产能的符合率。白 15 储气库 3 口水平井累计钻遇储层 600m/38 层，储层钻遇率大于 80%。

3　结论

（1）通过储气库水平井地质工程一体化导向技术的研究与应用，形成了地震解释随钻跟踪评价为核心的储气库水平井地震地质联动导向技术，有效提高了水平井储层钻遇率，3 口水平井累计钻遇储层 600m/38 层，第一周期累计注气 5000 万方。

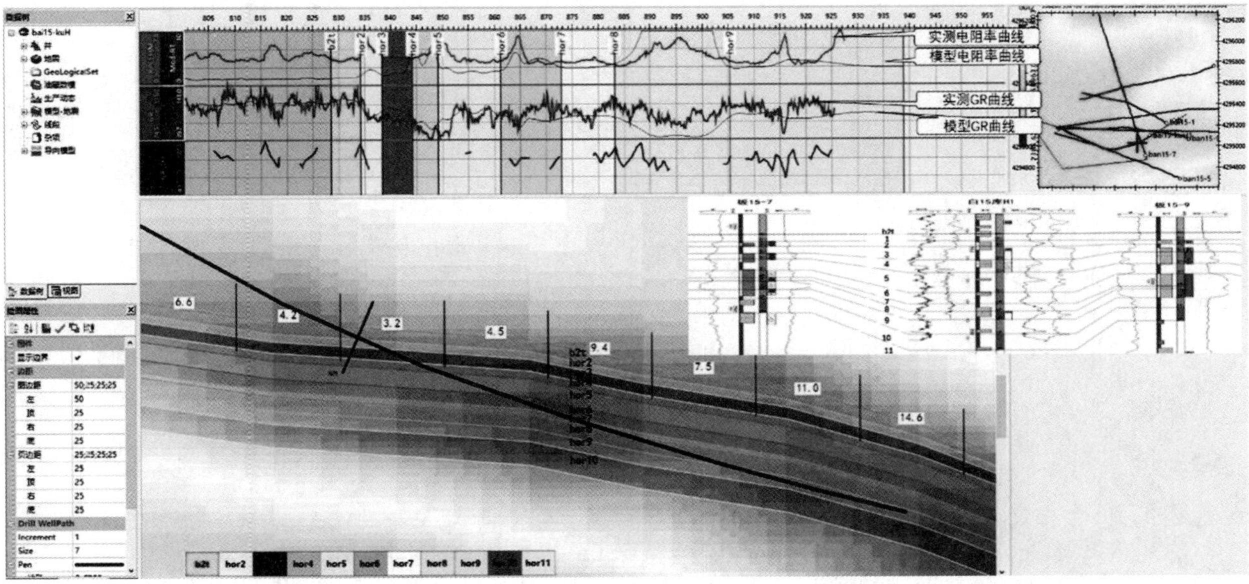

图 4　H1 井地震地质联动导向跟踪调整轨迹

（2）形成了储气库新井批钻实施、近钻头地质导向储气库水平井钻井技术，缩短建井周期30天，减少了油气层裸眼浸泡时间，四开储层专打采用地质导向钻井工具组合和高造斜PDC钻头，有效提高造斜率和钻井速度，实现储层实时、精准定向，新井安全顺利完钻，为大港地区储气库扩容提产、提质增效提供了技术支撑和现场实践经验。

参考文献

[1] 耿智，陈勉，金衍等．基于地震解释资料的水平井轨道优化设计方法［J］．石油机械，2016，44（09）：1－5.

[2] 尹双江，陈军，梁光川等．水平井在枯竭油气藏型地下储气库的应用［J］．重庆科技学院学报：自然科学版，2011，13（6）：66－68.

[3] 董来明，陈小元，冯俊等．导向钻具组合在江苏油田的应用［J］．石油钻采工艺，2001，23（3）：15－17.

[4] 雷静，杨甘生，梁涛等．国内外旋转导向钻井系统导向原理［J］．探矿工程（岩土钻掘工程），2012，39（09）：53－58.

[5] 赵金海等．国外典型的旋转导向钻井系统［J］．国外油田工程，2002，18（11）：33－37.

驴驹河储气库注采协同工作模式研究与应用

许 倩 施金伶 刘 薇 叶 萍 周春明 李德宁 王 雪 陈 铎 高 健

（中国石油大港油田公司天津储气库分公司）

摘 要 传统的储气库注、采期独立运行生产模式限制了注气期凝析油的采收率，在储气库生产运行阶段，为了提升注气期驱油效率并缩短储气库扩容达产周期，亟需开展储气库生产注气期协同采油新模式研究。本文以驴驹河储气库为研究对象为例，通过地质气藏研究精细落实气库小层展布特征和储层连通程度、明确了储气库循环注采工况条件下流体微观渗流机理并根据数值模拟制定合理的注采方案；通过地面工程研究创新形成了储气库注采分离循环注入、三级节流制冷控制、小气量工况露点控制地面工艺配套改造模式；通过投资收益率模型与量本利分析模型形成储气库注采协同经济效益评价模式。通过简易的工艺流程改造，短时高效完成了项目设计、现场施工及实际应用，实现了河库8井注气驱油、河库9井产液采油。在不影响储气库正常运行的基础上，日增轻质原油100方以上，累计采油xx余吨，腾出动态库容xx万方。通过对储气库地质条件、生产运行、注采气工艺及经济效益评价等方面开展综合研究，打破了储气库夏秋注气、冬春采气的传统运行模式，创新实践形成储气库注采协同工作模式，开辟了增油提效新路径，快速达容新方法，拓展建库选址新方向。对于推动储气库建设与油气开发协同发展具有重要意义。

关键词 储气库；注采协同；运行模式；排液扩容；经济效益

Research and Application of Injection – Production Cooperative Working Mode in Lvjuhe Gas Storage

XU Qian, SHI Jinling, LIU Wei, YE Ping, ZHOU Chunming, LI Dening, WANG Xue, CHEN Duo, GAO Jian

(PetroChina DaGang Oilfield Company Tianjin Gas Storage Company)

Abstract: The traditional production mode of independent operation during gas storage injection and production period limits the recovery rate of condensate oil during gas storage injection period. In order to improve the oil displacement efficiency during gas storage injection period and shorten the period of gas storage expansion to reach production, it is urgent to carry out research on a new model of collaborative oil recovery during gas storage production and gas storage injection period. In this paper, the Lujuhe gas reservoir is taken as the research object, the characteristics of small layer distribution and the degree of reservoir connectivity are accurately realized through the study of geological gas reservoir, the microscopic fluid seepage mechanism under the circulating injection – production condition of the gas reservoir is defined, and a reasonable injection – production scheme is formulated according to the numerical simulation. Through the research and innovation of ground engineering, it has formed the ground process transformation model of injection and production separation cycle injection, three – level throttling refrigeration control, and dew point control under small gas volume condition. Through the investment return model and the volume – cost analysis model, the evaluation model of gas storage injection and production synergistic economic benefit is formed. Through the simple process transformation, the project design, site construction and practical application were completed in a short time and efficiently, and the gas injection and oil displacement of Heku 8 well and the liquid production and oil recovery of Heku 9 well were realized. On the basis of not affecting the normal operation of the gas storage, the daily increase of light crude oil is more than 100 square meters, and the cumulative oil production is more than xx tons, freeing up the dynamic storage capacity of xx million square meters. Through comprehensive research on geological conditions, production operation, gas injection and production technology and economic benefit evaluation of gas storage, the traditional operation mode of gas injection in summer and autumn and gas recovery in winter and spring of gas storage is broken, and innovative practice is formed to form a collaborative work mode of gas storage, opening up a new path for increasing oil efficiency, a new method for rapid capacity acquisition, and a new direction for expanding the site selection of storage construction. It is of great significance to promote the coordinated development of gas storage construction and oil and gas development.

Key words: gas storage, injection and production, cooperative operation mode, drainage and expansion, economic benefit

随着地下储气库库址资源的日渐稀缺，向在产油气田寻找库址的需求逐渐提上日程，而这将导致储气库发展与油气田稳产的矛盾，为解决这一矛盾，需要探索新的储气库运营模式，需打破储气库传统夏秋注气、冬春采气的运行模式，在不影响储气库正常运行和注气总量的情况下，通过利用一口井注气驱油、一口井产液采油，不仅能提高凝析油采收率，同时对加快推进储气库达容达产也具有积极促进作用，是储气库与油气开发协同发展的新方向，也是老油田提质增效的新路径。

1　技术思路与研究方法

1.1　注采协同地质与气藏工程技术篇篇研究与应用

1.1.1　拟声波反演储气地质体渗透性预测模式

板北地区古近系微小河道沉积背景下小断块、砂泥岩互层的储层精细刻画难，利用常规波阻抗反演技术难以较好地识别储层，创新相控敏感曲线拟声波反演储气地质体渗透性精准预测模式，利用声波与自然伽马的敏感性重构 DT 曲线开展地震反演区分砂岩和泥岩，精细落实气库小层展布特征和储层连通程度（图 1）。

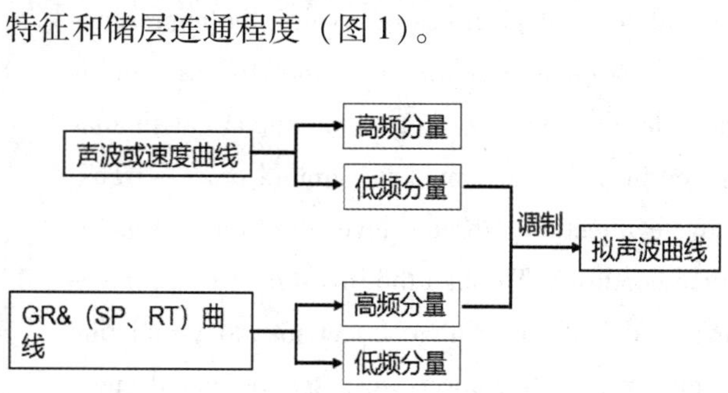

图 1　曲线重构原理示意图

对目的层段的测井数据进行岩石物理分析，自然伽马曲线对砂岩和致密砂岩区分度相对较差。针对砂层储层和致密砂岩储层，利用电阻率及岩性交汇图分析，电阻率曲线能够相对较好的区别砂岩、致密砂岩和泥岩，其中砂岩储层大多位于重构储层低值区域，致密砂岩和泥岩位于重构储层高值区域。同时为了更好地验证曲线重构的合理性，将重构前后的曲线进行井震进行标定、对比，通过对比可以看出，重构前后曲线井震标定均有较好对应关系，即重构后的钻井曲线较好的保持了曲线固有的低频趋势，重构曲线并没有破坏原始曲线速度趋势（图 2、图 3）。

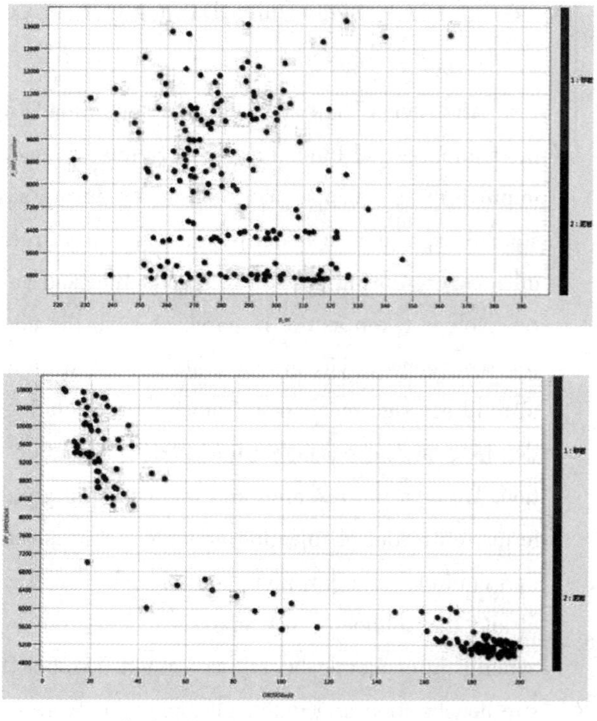

图 2　曲线重构前（左）、后（右）岩性交汇图

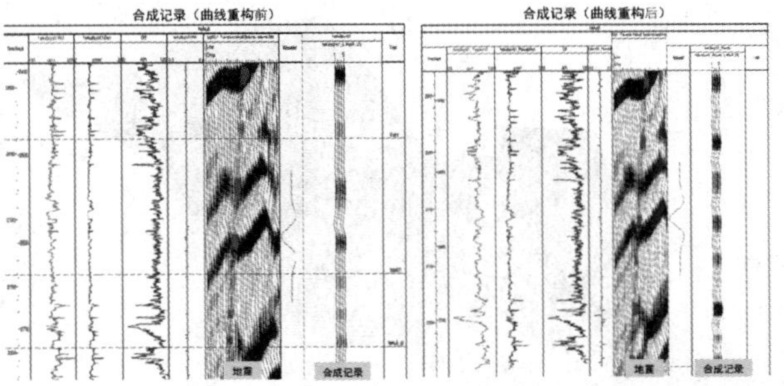

图 3　河库 8 井曲线重构前井震标定对比

从过井反演剖面来看（图 4），相比于常规波阻抗反演，各井点处反演的砂体顶底与实际的钻遇情况一致，吻合度较高，井间变化合理。反演结果能更好的表征个小层之间油藏关系和层间的非均质性（暖色调表征砂体发育区）。连井岩性反演剖面所反映的砂岩厚度变化合理，与钻井揭示的连井岩性剖面基本吻合，岩性反演结果可信。

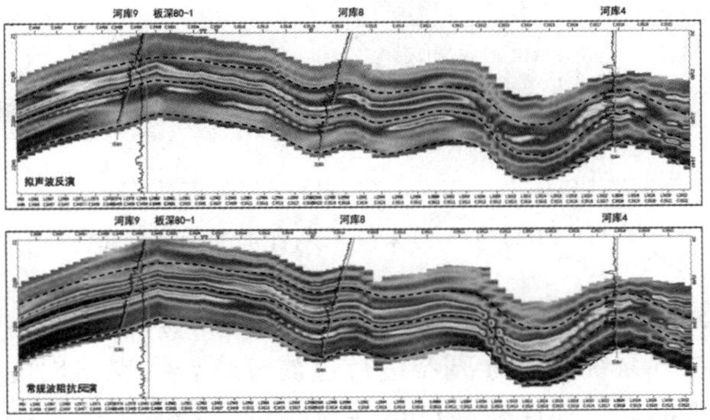

图 4　拟声波反演与常规波阻抗反演连井剖面

通过拟声波反演结果提取目的层段属性（均方根振幅），精细刻画出各套砂体横向展布特征（图 5），其中板 02 – 1 砂体在板深 82 – 2 断块发育、板 02 – 2 和板 02 – 3 砂体发育程度高，局部变薄。通过钻井、构造解释和储层反演结果认识：河库 9 井新钻遇现油气层为板 02 – 3 号层，与低部位河库 8、河 55 – 17、板深 80 井的板 02 底部砂体为一套储层。受沉积相带控制，河库 9 井板 02 – 3 号油藏到板深 80 – 1 部位减薄物性变差，其中板深 80 断块内砂体面积 0.6km^2，河库 9 井位于砂体构造高部位。

1.1.2　储气库循环注采工况条件下微观渗流机理

含水气藏储气库往复大压差、高速注采运行过程中，气水界面上移侵入储层的地层水部分滞留在储集空间中，可造成气井合理产量低。基于单次气驱、多次气水互驱相渗测试结果，分析储气库储层内部注气排驱、采气水侵过程中气水两相渗流及分布规律。

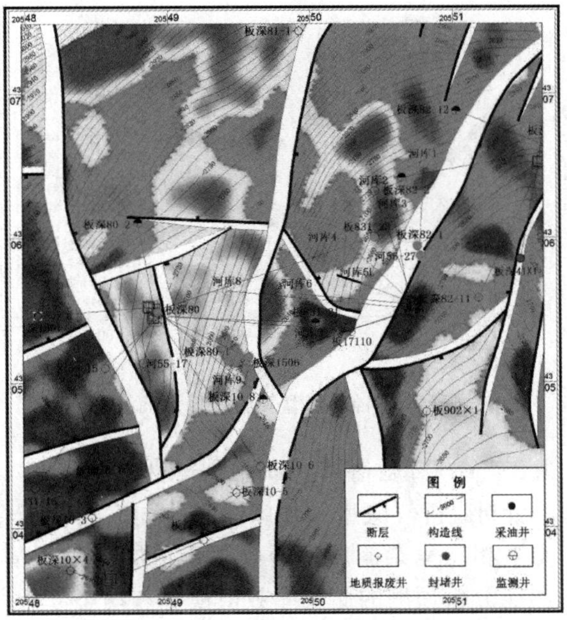

图 5　均方根振幅属性平面图

利用代表研究区储层的孔隙模型，开展多轮气水互驱相渗测试实验，分析储气库周期注采运行过程中气水两相渗流规律。针对岩心模型，进行多次气水互驱物理模拟实验，互驱次数设定为 5 次。气驱残余水饱和度分布介于 14.9 ~ 61.8%，随互驱轮次增加，出现气水相对渗透率滞后现象，气水两相共渗区间收窄、等渗点下移，储层孔隙喉道被残余气占据，孔隙渗流共渗空间呈现不同程度降低，表明气相渗流能力下降（图 6 ~ 图 8）。

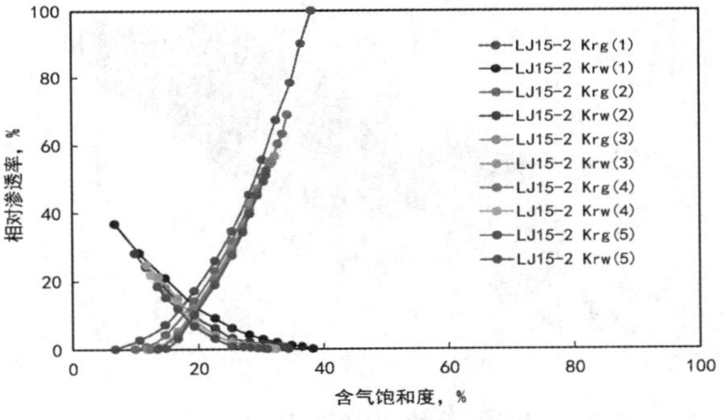

图 6　LJ15 – 2 岩心模型气驱水相渗曲线对比图

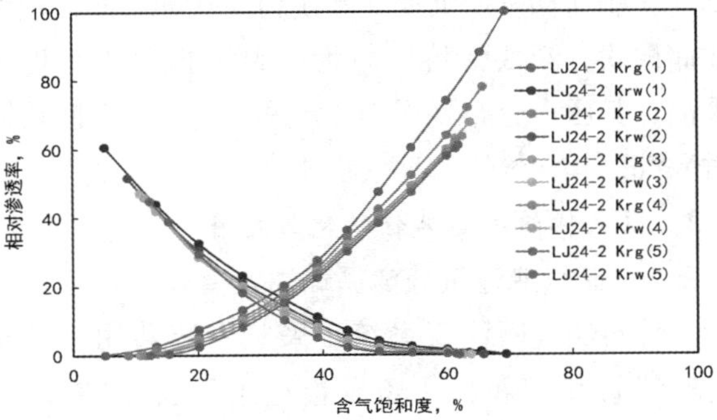

图 7　LJ24 – 2 岩心模型气驱水相渗曲线对比图

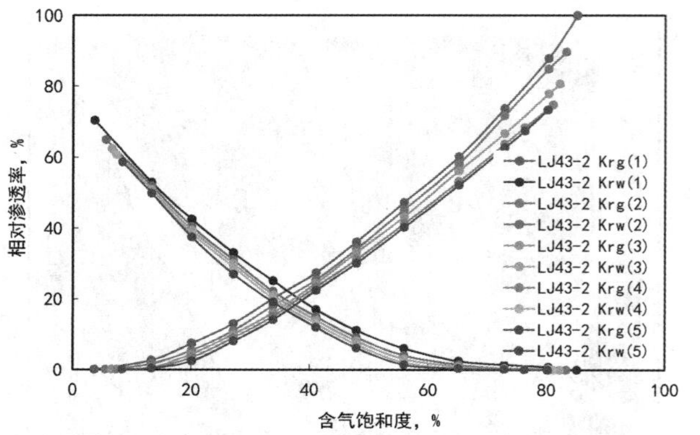

图 8　LJ43－2 岩心模型气驱水相渗曲线对比图

1.1.3　储气库数值模拟和动态分析模式

针对凝析气藏型储气库注采协同多周期交变压力下相态复杂问题，形成基于地层压力反演、变产能分析预测的储气库数值模拟和动态分析方法，模拟不同运行压力和采气速度下注采气效果和驱油效果，制定合理的注采方案，实现凝析油产量最大化，有力支撑了提高储气空间动用效率、实现凝析油产量最大化方案的编制。

根据数值模拟历史拟合，截止到开采末期，即储气库投入运行前，驴驹河 3 个断块剩余凝析油储量 17.35×104t，剩余气储量 $2.35\times10^8m^3$；驴驹河 3 个断块平均地层压力为 5MPa。驴驹河 3 个断块剩余油气水分布（图 9）。

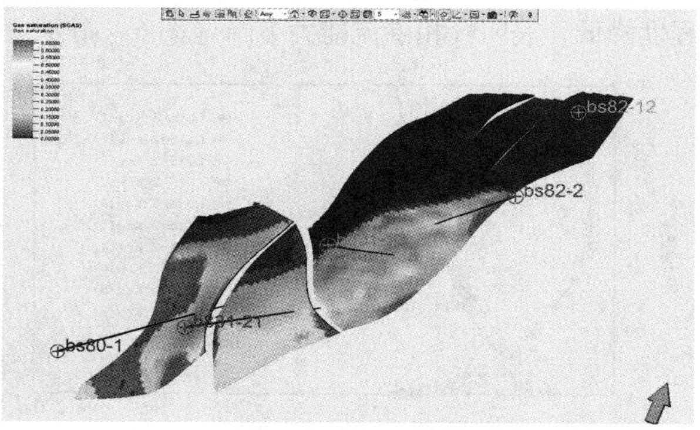

图 9　驴驹河断块 2016 年底油气水分布图

驴驹河储气库河库 9 断块为注气期协同采油的注储模式，断块保持压力为 24MPa 能最大限度的采油，其压力分布（图 10）。采气期为三个断块同时采气，其含气饱和度（图 11）。

1.2　注采协同地面工程研究与应用

1.2.1　储气库注采分离循环注入模式

针对储气库注气系统、采气系统共用一条双向输气管线问题，井场设置注采两套工艺设施，实现一部分井注气同时另外一部分井采气采油，

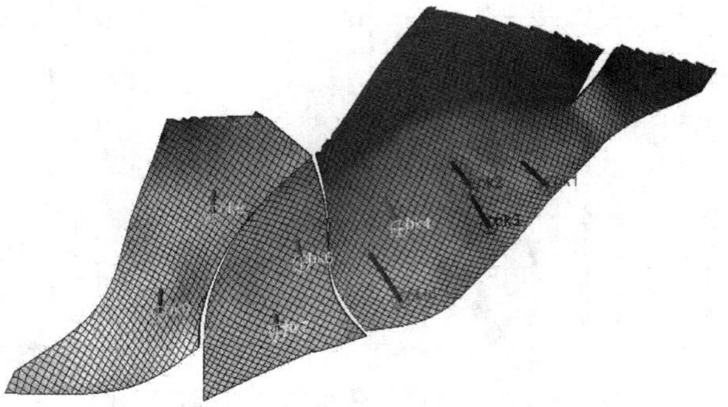

图 10　2023 年 10 月注气末期压力分布图

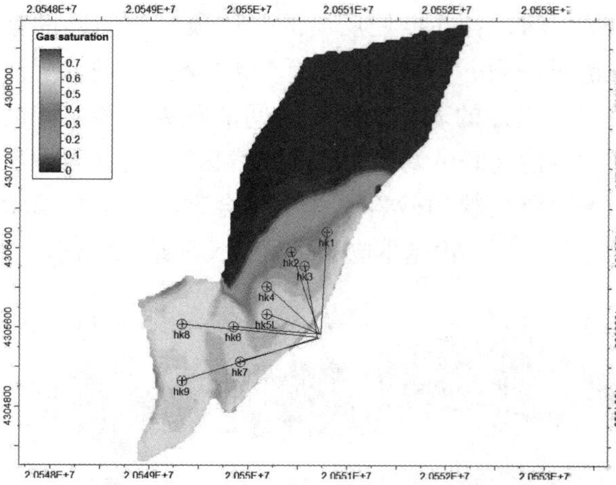

图 11　2023 年 3 月采气末期含气饱和度分布图

同时注气期采出气经过外输调节阀后，直接回入注气系统旋风分离器进行过滤分离，实现站内注采循环。河库 9 井产出井流物进入计量汇管，经计量分离器三相分离，气相进入换热器换冷，通过 J－T 阀节流降温至－5～－10℃，进入低温分离器分离烃水，气相再次通过换热器复热，经外输调节阀调压后进入注气过滤分离区，通过压缩机组再次注入地下；计量分离器、低温分离器分离出的凝液混合后，进入凝液汇管，经凝液外输管道输送至板 15 站油水外输管道（图 12）。

1.2.2　三级节流制冷控制模式

针对夏季高温小气量采气露点温度控制难问题，结合驴驹河储气库上一采气期开井生产运行数据和运行工况，对单井采气生产工况进行模拟计算，重新系统组态、更改逻辑控制和调整控制参数，进而确定三级节流制冷控制模式。单井产出井流物，经油嘴节流降压后进站，经过常温分离、预冷、过滤、换冷、膨胀制冷、低温分离、换热后调压外输，解决小气量工况下处理温度控制难题（图 13）。

1.2.3　小气量露点控制装置模式

针对单井超小气量工况下的运行模式，开展适应性分析和模拟计算，对露点控制装置进行工

艺改造研究，在原J－T阀处增设旁路，缩小J－T阀口径，实现了小投入高效率改造，解决了采气装置运行问题。原8〞调节阀设计最低节流瞬时量2万方，日采气低于50万方失去节流作用，通过计算，3〞调节阀设计最低节流瞬时量4千方，满足日采10万方节流要求（图14）。

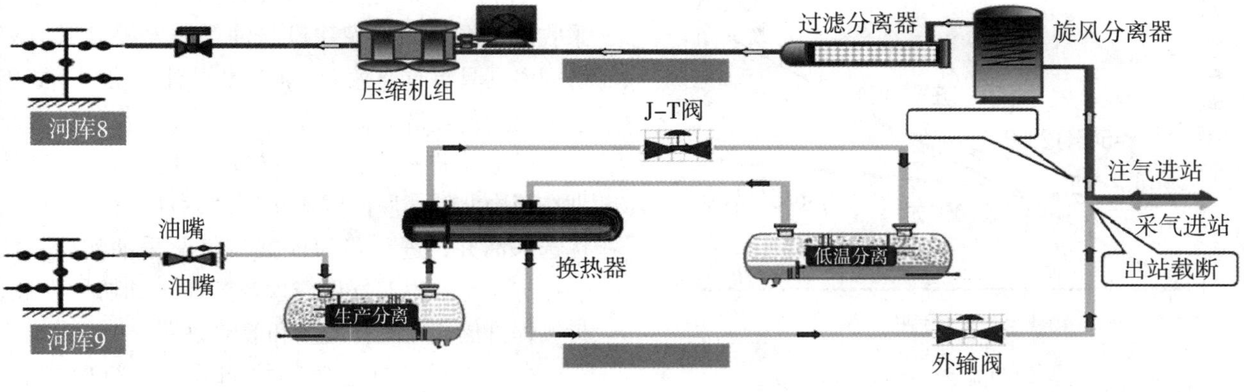

图12　注采分离工艺流程示意图

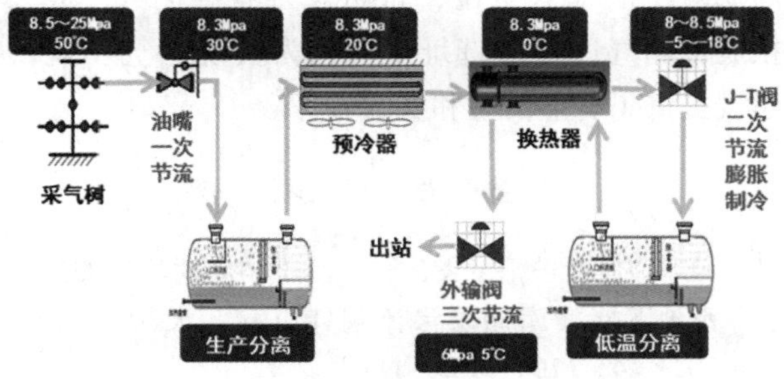

图13　河库9井采气运行工况模拟

图14　露点控制装置工艺改造现场图

1.3　注采协同经济效益评价模式研究与应用

在全生命投资收益率分析模型的基础上，按照“标准成本法”，建立驴驹河储气库“量本利”分析模型，通过储气库价格函数与成本函数，明确了协同采油增量成本的上限，为储气库其他同类项目提供了经济分析基础和方案优化指导工具。

1.3.1　储气库投资收益率分析模型

中石油储气库现行内部结算价格机制为“两部制”价格，即：容量费＋使用费。针对驴驹河储气库，基于“两部制”结算机制建立了全生命周期的投资收益率模拟运行分析模型，可对工作气量和后续投入变化所带来的投资收益率进行实时模拟，为注采协同工作模式的经济可行性提供决策分析支撑（表1）。

表1　中石油储气库现行内部结算价格机制内涵

价格构成	对应成本项目	
容量费	固定成本	人员成本、维护修理费、井下作业费、监测费、测井费、管理费、折旧及摊销
使用费	变动成本	注采材料费、燃气费、电费、安全生产经费、投资收益

1.3.2　量本利分析模型

分析项目成本与收入的平衡关系，判断项目对产出品数量变化的适应能力和抗风险能力。根据储气库投资项目的特点，盈亏平衡从测算的储气费条件下调峰气量进行分析。负荷率＜60%时，价格执行一部制：0.5830元/注采每方，即，价格函数＝5830x。

负荷率＞60%时，价格执行两部制：使用费为0.2800元/注采每方；容量费为5454万元/年。即，价格函数＝5454＋2800x。

按定价模型反推出的成本函数 =5454 +645x，即最大单位变动成本为645 万元/每注采亿方（图15）。

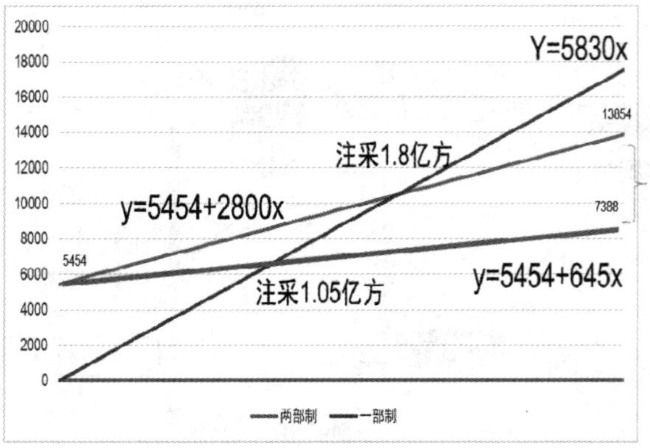

图15　驴驹河储气库量本利模型

在地面工程改造论证初期，若采取新建露点控制装置的方案，增量成本函数为 $y=146+25x$，该方案的总体成本函数则变为 $y=5600+670x$，储气库项目将无法实现6%的投资收益率，因此，项目组重新优化了方案，最终将成本函数控制在了 $y=5454+645x$ 的成本线之下。

2　应用效果

通过简易的工艺流程改造，短时高效完成了项目设计、现场施工及实际应用，实现了河库8 井注气驱油、河库9 井产液采油，开辟了储气库增油提效新路径。在不影响储气库正常运行的基础上，日增轻质原油100 方以上，累计采油 xx 余吨，腾出动态库容 xx 万方。同时利用河库9 井注气期协同采油地面设施，对邻块板深82－2 断块开展气驱排液试验，对受注水影响的低效井河库1 井和河库2 井实施注采吞吐，两口井单井注采能力得到改善，注气能力由5 万方/天提高到了20 万方/天，加速了储气库排液扩容。

3　结论

（1）驴驹河储气库“注气期协同采油先导试验”的成功，对促进储气库快速达容、提高原油采收率、推动储气库建设与油气开发提高采收率协同发展具有重要意义。河库9 井注采协同模式创造了可观的经济效益。

（2）为进一步挖掘在役库采油潜力，推广计划在板中北储气库西区块按照“两注一采”方式，优选采油井，进一步深入推广气驱采油实验，加快推进大港油田储气库建库与气驱采油协同发展，持续提升储气库运行质量和效益效率。

（3）规模实施注气期协同采油运行模式后，储气库建库将不再局限于油气藏开发末期，在油气藏开发中期甚至前期就可进行建库，具有建库周期短、油气双受益、周期应力弱等优势，极大拓展了储气库建库选址空间，为实现储气库规模建设提供了有益借鉴和实践参考。

参　考　文　献

［1］范宇，高新平，宁飞，等．基于多周期注采的气藏型地下储气库储层渗流规律［J］．天然气工业，2023，43（10）：103－111.

［2］唐康，廖新维，闵忠顺，等．复杂类型储气库多周期注采相渗变化规律［J］．西安石油大学学报（自然科学版），2023，38（03）：81－87.

［3］李财，安绍鹏．拟声波阻抗反演技术方法及应用［J］．石化技术，2018，25（04）：66.

［4］鲁智杰．关于凝析气藏地下储气库地面工程建设方案的探讨［J］．石化技术，2022，29（04）：129－130.

［5］孙春芬，赵连增，罗敏，等．储气库与油田开发协同建设经济评价模型及经济性研究［J］．油气与新能源，2021，33（04）：53－59.

耦合热效应的深层储气库注采地应力扰动规律及对极限承压能力影响

沈润亚[1]　孙军昌[1]　郭小虎[1]　李　春[2]　高广亮[3]　李道清[4]　商　琳[3]　黄　鑫[1]　韩东亮[1]

(1. 东北石油大学；2. 中国石油勘探开发研究院；3. 中国石油冀东油田公司；4. 中国石油新疆油田公司)

摘　要　与国外相比，国内储气库普遍埋藏较深（埋深分布在2200－4700m），注气过程中天然气注入到井底会产生显著的热效应，引起地应力的变化，对近井区盖层的完整性影响程度需要进行细致的研究。本文以渤海湾盆地某储气库地质和地应力特征为参考，通过建立三维动态地质力学机理模型，对地温梯度、单井日注气量和不同力学参数等敏感性因素进行了系统的对比研究。研究发现：①随着单井日注气量的增大，近井区地层温度降幅越大、扩散范围越大。储气库运行第七周期注气末，井所在网格在单井日注气量50万方下比10万方时温度多下降24.18℃。②受热－固－流耦合效应影响，注入“冷气”后，近井区水平最小主应力减小，井所在网格水平最小主应力随温度降低，其降幅约为0.1MPa/10℃。③以储、盖层拉张和剪切安全系数为评价指标，对比表明随单井日注气量和地温梯度增加，拉张安全系数呈增大趋势，而剪切安全系数逐渐减小，储、盖层拉张和剪切破坏风险均呈增大趋势。当地温梯度3℃/100m、单井日注气量50万方时，储、盖界面拉张安全系数高达0.77，接近地质体拉张破坏临界指标（0.8）。对比表明，储、盖层剪切破坏风险变化规律与拉张破坏基本相同，但剪切安全系数变化幅度受温度效应影响更为敏感，当地温梯度从2℃/100m增加到3.5℃/100m时，剪切安全系数变化幅度约为抗拉安全系数的2倍。④随储、盖层岩石的内摩擦角和内聚力减小，剪切破坏风险急剧增大。考虑储、盖层非均质性，当岩石力学参数降至实验室测试结果的50%时，地温梯度3℃/100m条件下储、盖层界面剪切安全系数由0.20减小至0.13，影响程度高达35%。

关键词　深层储气库；热效应；机理模型；拉张安全系数；剪切安全系数

The Law of In－Situ Stress Disturbance During Injection and Production in Deep Gas Storage Reservoirs With Coupled Thermal Effects and Its influence on the Ultimate Pressure－Bearing Capacity

SHEN Runya[1], SUN Junchang[1], GUO Xiaohu[1], LI Chun[2], GAO Guangliang[3], LI Daoqing[4], SHANG Lin[3], HUANG Xin[1], HAN Dongliang[1]

(1. Northeast Petroleum University; 2. Research Institute of Petroleum Exploration and Development; 3. PetroChina Jidong Oilfield Company; 4. PetroChina Xinjiang Oilfield Company)

Abstract: Domestic gas storage facilities are typically situated at greater depths compared to their international counterparts, with burial depths ranging from 2200 to 4700 meters. During the injection process, the gas injected into the well bottom generates significant thermal effects that induce alterations in geological stress conditions; thus, a detailed investigation into its impact on the integrity of the overlying formation in the near－well vicinity is warranted. This paper takes the geological and stress characteristics of a gas storage facility in the Bohai Bay Basin as a reference, and by establishing a 3D dynamic geomechanical model, systematically investigates the sensitivity factors including geothermal gradient, daily gas injection rate per well, and various mechanical factors. The research indicates that: ① With an increase in the daily gas injection volume per well, both the temperature decline in the near－well zone and the extent of thermal diffusion become more pronounced. At the conclusion of the seventh operational cycle of the gas storage facility, it was observed that the temperature within the well's grid decreased by 24.18°C when the daily injection rate per well increased from 100, 000 square meters to 500, 000 square meters. ② Influenced by the thermal - solid - fluid coupling effect, the injection of "cold air" results in a reduction of the minimum principal stress in the near - well zone. Furthermore, within the grid containing the well, this minimum principal stress decreases with lowering temperature at a rate of approximately 0.1 MPa per 10°C. ③Using storage and cover layer tensile and shear safety factors as evaluation indicators, the comparison shows that with the increase of single well daily injection volume and ground temperature gradient, the tensile safety factor tends to increase, while the shear safety factor decreases. Consequently, the risks associated with tensile and shear failure of both storage and cap rock layers are also observed to escalate. When the local geothermal gradient is 3°C per 100 meters and the daily gas injection volume per well reaches 500, 000 cubic meters, the safety factor at the interface between the reservoir and cap rock attains a value of 0.77, which is approaching the critical threshold for tensile failure in geological formations (0.8). The comparative analysis indicates that the patterns of risk associated with shear failure in both the reservoir and caprock are fundamentally similar to those of tensile failure; however, the amplitude of change in the shear safety factor is more sensitive to temperature effects. Specifically, when the geothermal gradient increases from 2°C per 100 meters to 3.5°C per 100 meters, the variation in shear safety factor is approximately twice that of the tensile safety factor. ④ With a reduction in the internal friction angle and cohesion of the reservoir and overburden rocks, the risk of shear failure escalates significantly. Considering the heterogeneity of both the reservoir and cap rock, when the rock mechanical parameters are reduced to 50% of their laboratory test values, the shear safety factor at the reservoir - cap rock interface under a geothermal gradient of 3°C per 100 meters decreases from 0.20 to 0.13, representing a reduction of up to 35%.

Key words: Deep gas storage, Thermal effect, Mechanism model, Tensile safety factor, Shear safety factor

1 引言

与常规气田开发不同，天然气地下储气库（以下简称储气库）注采运行具有“短期吞吐气量大、注采转换频繁”等特征，尤其对于国内普遍埋藏较深（平均埋深≥2000m）中低渗储气库，短期大流量注气过程还存在近井区域局部高压等现象。地下埋藏越深，地层温度越高，与气田开发中具有相对稳定的储层温度有所不同，储气库由于低温注入气进入高温地层，导致近井地带的温差会随注采交替发生变化，储层及盖层的力学完整性在温度起伏变化情况下将发生一定程度的改变，进而对储气库的安全运行产生影响。对于中深层储气库而言，储盖层段的热效应是一个不容忽略的影响因素。

天然气地下存储的注入问题中涉及的流体力学耦合现象一直是研究的热点。大量的天然气注入会导致局部超压产生。这种超压在注入后急剧扰乱储层内的应力场，并延伸到盖层。注入天然气的温度通常会低于储层段的温度，受到热胀冷缩的影响会使岩石收缩并降低应力。这两种影响可能是相互平衡或者是叠加影响的，这需要进行进一步的分析，一般认为这是一个完全耦合的热 - 水 - 力学研究。目前的文献表明，低温注入可能导致盖层压缩应力的降低，甚至引起盖层的拉应力，而盖层稳定性是否受到影响需要研究。因此本文以温度为影响因素进行不同模拟对比，即当盖层在不同情况下受到较低温度的影响时，是否会发生破坏。

本文的目的是研究温度的影响，以便在评估低温天然气注入储气库后盖层稳定性时获得更严格的结论。通过开展研究得到有代表性的中深层储气库渤海湾盆地地层数据与岩石力学实验数据，以此为数据建立了倾角10°的背斜机理模型，进行均值、非均质，考虑温度、不考虑温度，不同力学参数值的敏感性分析。后进行地质力学建模，将地层杨氏模量等参数结合，以剪切安全系数为指标进行分析研究。

2 模型建立与数模流程

2.1 模型设置

为了研究地层应力变化与注入温度相关的影响，本文使用了渤海湾盆地的相关参数建立了机理模型进行研究。该模型由砂岩储层（30m）、泥岩盖层（30m）组成，盖层设置为100%饱和水的机理模型，模型网格共27144个，如图1所示给出了本文所研究的三维渗透率模型图。图中井P0为采气井，本文所有模拟情况均设置为衰竭开发开采20年，后利用3口新井（井P1、井P2、井P3）注采气进行储气库运行模拟，如表1所示。

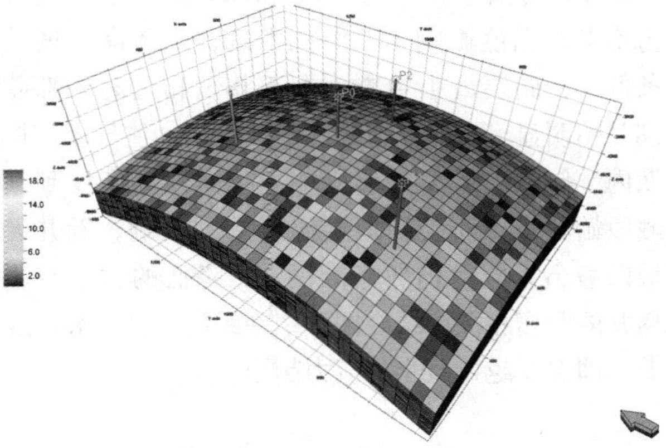

图1　模型的三维渗透率分布场
（仅储层段，纵向放大2倍）

表1　机理模型的基础参数

	深度（m）	厚度（m）	密度（g/cm^3）	孔隙度均值（小数）	渗透率均值（mD）
盖层	-3960 ~ -3990	30	2.3	0.01	0.001
储层	-3990 ~ -4020	30	2.2	0.1	10.0

根据管流流体计算，在日注气量为10万方到50万方时，平均注入气体注入温度在60℃至100℃，为简化计算统一设置为注入气体温度为80℃，流体热力学性质参数取渤海湾盆地岩心实验的平均值，模型的热力学参数经过单位换算后，总结如表2所示。本文进行了22次模拟运行，分别模拟了不考虑温度，地层梯度为20℃/km、25℃/km、30℃/km、35℃/km，储气库运行阶段注入气量为10万方、20万方、30万方、50万方。

表2　机理模型的热力学参数

	导热系数（KJ/（day·m·K））	比热容（Btu/lb/°R）
岩石	160	/
石油	/	0.42
天然气	/	0.51
水	/	1

2.2 地质力学和应力数据

对模型进行地应力建模如图2所示，扩边、添加材料力学参数（岩石力学参数取渤海湾盆地岩心实验的平均值），如表3所示。密封盖层的渗透率和孔隙度比储层的属性要低，而储层的孔隙度要高得多，该地质力学模型网格共计174216个。

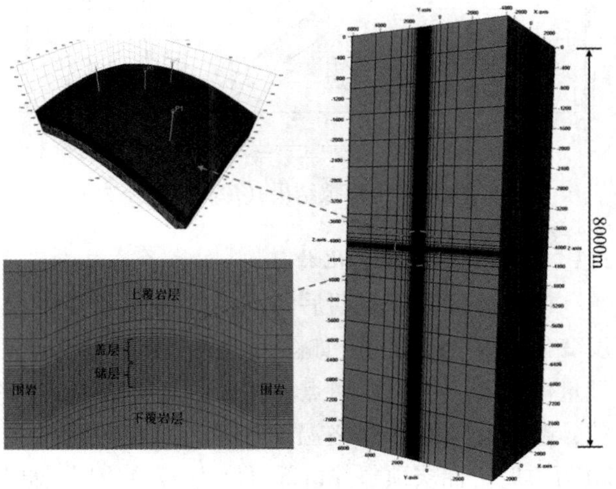

图2　地质力学模型

表3　力学模型的材料参数

力学参数	符号	单位	储层	盖层
杨氏模量	E	GPa	11.25	10.41
泊松比	ν	小数	0.24	0.09
内摩擦角	φ	°	38	26
抗压强度	UCS	MPa	43.56	54.96
抗剪强度	τ	MPa	17.9	25.4

结合渤海湾盆地相关资料根据研究区域地应力评价，模型应力边界条件设置最小水平主应力应梯度和最大水平主应力应梯度分别为1.56MPa/100m和2.5MPa/100m，气藏原始为正断层应力状态。

3　结果与讨论

本次模拟先对气藏衰竭开发 20 年，后进行储气库运行模拟。如图 3 所示，储气库运行 7 个周期，其中第 1 周期仅注气，并未采气，达容后稳产 3 个周期。a 代表储气库建库初期时间点，b 是第 1 周期采气末平衡期时间点，c 和 d 分别为第 7 周期注气末和采气末平衡期时间点。本文对储气库阶段的运行周期研究温度、地应力变化情况，并对第 1 周期和第 7 周期进行重点研究。

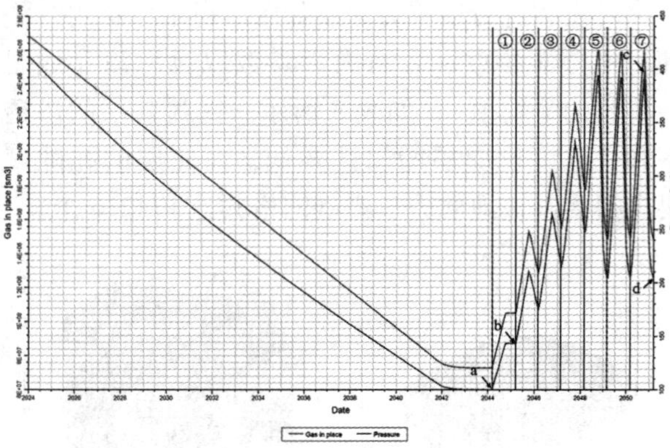

图 3　模型数值模拟结果（库存量和压力）

3.1　温度和地应力变化特征

模拟运行七个周期后，不同的模拟条件下温度变化有很大的差别。如图 4 所示中看到不同日注气量模拟下，第 7 周期点 c 的温度差别是很明显的，越靠近井所在网格温度就越低。在日注气量 20 万方时，储层顶部井口部温度为 47.44℃，盖层底部为 75.64℃，在 50 万方时，储层顶部井口部温度为 43.98℃，盖层底部为 68.32℃。随着日注气量的提高使得储气库储盖层温度降低更大。

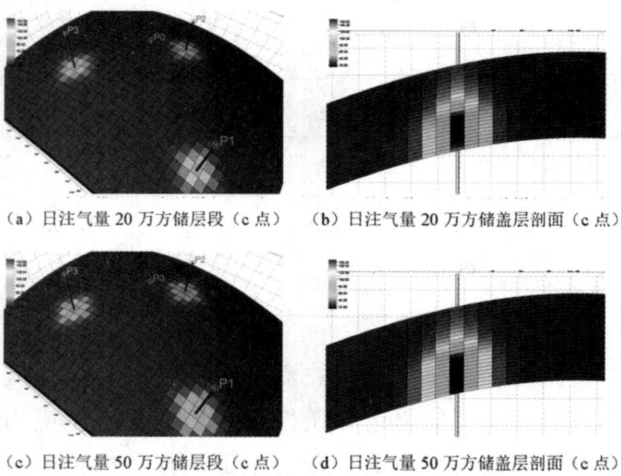

（a）日注气量 20 万方储层段（c 点）　（b）日注气量 20 万方储盖层剖面（c 点）

（c）日注气量 50 万方储层段（c 点）　（d）日注气量 50 万方储盖层剖面（c 点）

图 4　第 7 周期不同注气量温度分布图

在研究地层温度的影响与地应力的关系时发现温度会明显影响地应力的大小。如图 5 所示（该模拟为日注气量 20 万方），在气藏开发初期，盖层最小主应力均布在 58MPa，储层均布在 81MPa。开发 20 年后，盖层最小主应力升高不到 1～2MPa，变化量很小，储层则降低了约 19MPa，平均约 62MPa。在储气库运行 7 个周期后，考虑地层温度 157℃的条件下，c 点盖层最小主应力平均在 58MPa，盖层底部井所在网格为 52.69MPa，储层远离井部分最小主应力为 80MPa，井所在网格平均约为 62MPa，储层顶部井所在网格为 64.94MPa，d 点盖层底部井所在网格最小主应力为 54.29MPa，储层顶部井所在网格为 60.80MPa。图 6（e）（f）为不考虑温度影响下，对比发现，不考虑温度的条件下，储层最小主应力在近井区和远离井部差别并不明显。在储气库运行第 7 周期，注气末平衡期内，储盖层远离井部最小主应力逐渐恢复到气藏原始状态，而受到地层温度差的影响，近井区域内最小主应力仍然降低很大，降低的程度与距离井的距离相关，结合图 5 结论距离井越近温度越低，即温度越低最小主应力越小。

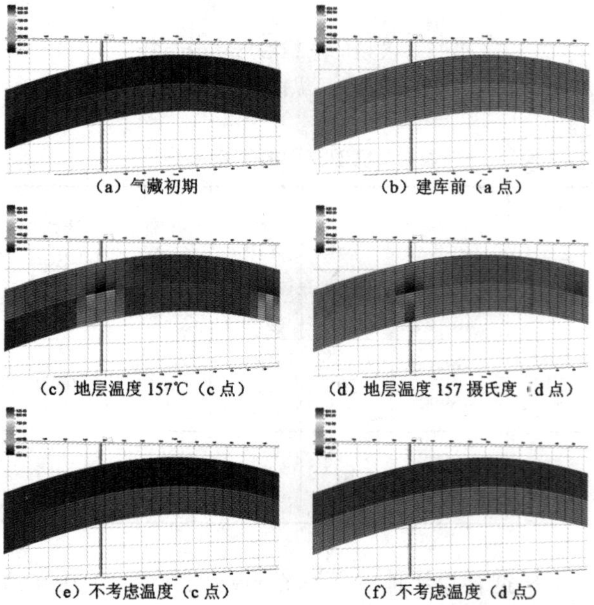

（a）气藏初期　（b）建库前（a 点）

（c）地层温度 157℃（c 点）　（d）地层温度 157 摄氏度（d 点）

（e）不考虑温度（c 点）　（f）不考虑温度（d 点）

图 5　第 7 周期不同注采量最小总地应力剖面图

3.2　拉张变化特征

温度对地应力的影响是很明显的，温度差的产生很可能会对储气库的力学稳定性产生影响，为此引用拉张安全系数作为参考指标之一，用以评价储气库的力学稳定性。

$$\zeta = \frac{P}{S} \tag{1}$$

式中，ζ 为拉张安全系数，P 为压力，S 为最小主应力。

如图 6 所示为抗拉安全系数对比图，图 6（a）为不同日注气量下储盖层段井所在网格的拉张安全系数，图 6（b）为不同地层温度梯度储盖层段井所在网格的拉张安全系数。对比图中结果，盖层段的拉张安全系数较高，最高达到 0.77，在考虑温度的情况下，储盖层注采阶段抗拉安全系数都要高于不考虑温度的情况，这与前文研究最小主应力的变化结果是吻合的，在有温度的影响下最小主应力的降低使得岩石的抗拉张破坏能力降低。图 6（a）中结果表明，不管是否在考虑温度的模拟条件下，日注气量对拉张安全系数的影响是很小的。从图 6（b）中看到，随着地层温度梯度的变高，储盖层段的拉张安全系数是在升高的。温度对储盖层的抗拉强度影响是比较大的，随着温度的升高，岩石的抗拉能力是在降低的。

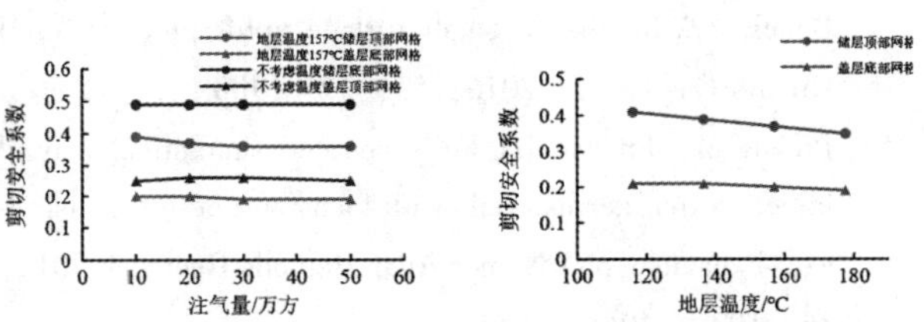

（a）日注气量　　（b）温度梯度

图 6　储盖层交界处井所在网格抗拉安全系数

3.3　剪切安全系数

本次模拟针对抗剪切破坏能力，主要采用地质力学数值模拟方法，在室内实验获得岩石力学强度参数的基础上，基于模拟的地应力计算剪切指数量化指标。

$$UCS = 2C \cdot \frac{\cos\varphi}{1-\sin\varphi} = 2C \cdot \tan\left(\frac{\pi}{4}+\frac{\varphi}{2}\right) \tag{2}$$

$$C = \frac{UCS}{2 \cdot \tan\left(\frac{\pi}{4}+\frac{\varphi}{2}\right)} \tag{3}$$

$$\chi = 1 - \frac{\tau_m}{\tau_m^*} = 1 - \frac{(\sigma_1-\sigma_3)/2}{C\cos\varphi + (\sigma_1+\sigma_3)\sin\varphi/2} \tag{4}$$

式中，UCS 为抗压强度，C 为内聚力，φ 为内摩擦角，χ 为剪切安全系数，τ_m 为某地层压力下网格承受的剪应力，τ_m^* 为某地层压力下网格可承受的最大剪应力，σ_1 为最大水平主应力，σ_3 为最小水平主应力。

本文模拟了储气库连续运行 7 周期情况，在此期间储气库应力状态发生了明显变化，尽管在不考虑温度时，地层有效应力要显著大于考虑温度的情况。在日注气量 20 万方时，不同地层温度梯度下，随着地层温度的升高，是明显降低的。在考虑温度的情况下，随着日注气量的提高，最小主应力也在降低，但是降低的幅度不如随温度变化而降低的影响大。

针对该结果进一步分析，为了研究温度对储气库盖层的影响，对最小主应力进行更深一步的分析计算，通过公式（2）（3）计算出内聚力 C，在用公式（4）计算得到剪切安全系数，如图 7 所示为典型模拟情况示意图。可以发现在井的储盖层交界处的剪切系数波动是最明显的。

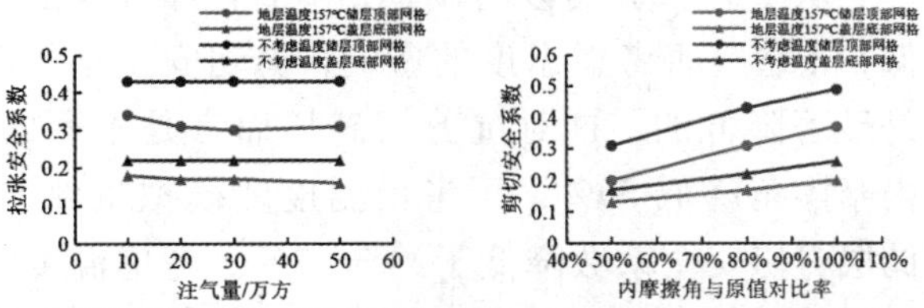

（a）内摩擦角降低 20%下不同日注气量　　（b）内摩擦角降低程度

图 7　日注气量 20 万方地层温度 157℃剪切安全系数剖面

如图 8 所示，日注气量的影响对于地层的剪切安全影响较小，随着日注气量的升高，剪切安全系数的波动并不是很大，但是在考虑温度的情况下，比不考虑温度的剪切安全系数的值下降了很多，而从图 9（b）中随着地层温度梯度的增加，井所在网格储盖层的剪切安全系数是不断降低的，说明随着温度的升高，抗剪切能力是降低的，可能会发生剪切破坏。

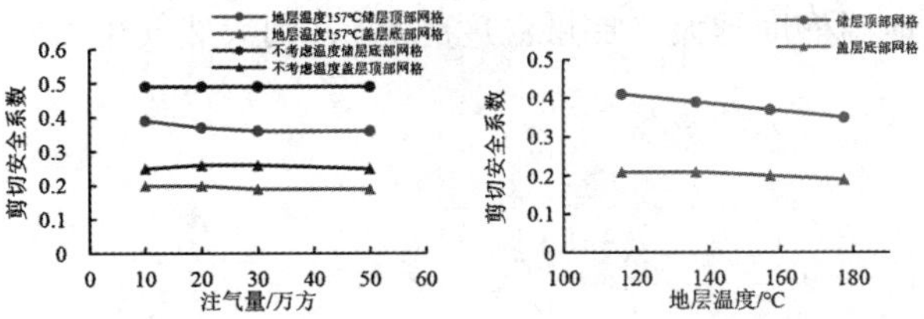

（a）日注气量　　（b）温度梯度

图 8　储盖层交界处井所在网格剪切安全系数

本文设置的力学参数为收集渤海湾盆地某储气库的真实数据，由于该库为一个高温高压案例，通过公式（5）的计算发现剪切安全系数的计算与内聚力和内摩擦角的关联度很高，本文对力学参数内摩擦角做了进一步的敏感性分析，对储层内摩擦角 38°和盖层内摩擦角 26°分别进行降低 20%、50% 计算，结果如图 9 所示。

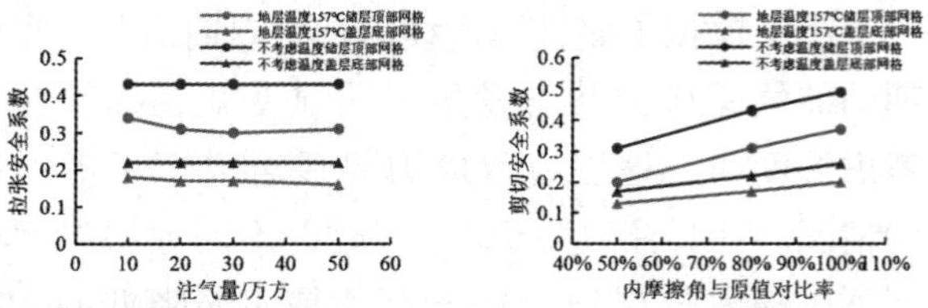

（a）内摩擦角降低 20%下不同日注气量　　（b）内摩擦角降低程度

图 9　内摩擦角变化产生的剪切安全系数对比图

对比图 8（a）和图 9（a），力学参数的降低并不影响注气量对剪切安全的变化趋势，但是内摩擦角的降低使得内聚力升高，通过模拟计算得到剪切安全系数是降低的。在不考虑温度的影响下，日注气量对于抗剪切破坏几乎不产生影响，考虑温度的情况下，日注气量的提升略微降低了剪切安全系数。

从图 9（b）可以明显看到随着内摩擦角的降低，不管是否考虑温度的影响，剪切安全系数都是显著降低的，这对抗剪切破坏而言是不利的。内摩擦角降低 50%，不考虑温度的模拟条件下，储层剪切安全系数降低了约 36.7%，考虑温度下储层剪切安全系数降低了约 46%，盖层则分别降低了 34.6% 和 35%，温度的影响是比较大的。

4　结论

（1）通过本文模拟发现注入气与地层的温度差对储气库的运行是有显著影响的。考虑热效应时，注入天然气会显著降低水平地应力，地层温度越高，注入冷气后，水平主应力减小幅度越大。

（2）温度对地下储气库储盖层的抗拉强度影响是比较大的，随着温度的升高，岩石的抗拉能力会降低，储盖层的剪切安全系数也在不断降低。地温梯度越大（储层温度越高），则天然气注入后储气地质体拉张破坏风险越大，近井区域储、盖层剪切破坏风险越大。

（3）储气库岩石力学参数的改变对储气库地质体极限承压能力产生显著影响，随着内摩擦角的下降，岩石的抗剪切破坏能力变低，储气地质体极限承压能力呈降低趋势。

参 考 文 献

[1] 郑少婧，郑得文，孙军昌，等．气藏型储气库温度敏感性及其对气井注采能力的影响［J］．石油实验地质，2022，44（02）：365－372.

[2] Li C，Barès P，Laloui L. A hydromechanical approach to assess CO2 injection－induced surface uplift and caprock deflection. Geomech Energy Environ 2015；4：51－60.

[3] Bissell RC，Vasco DW，Atbi M，et al. A full field simulation of the in Salah gas production and CO2 storage project using a coupled geo－mechanical and thermal fluid flow simulator. Energy Procedia 2011；4：3290－7.

[4] Li C，Laloui L. Coupled multiphase thermo－hydro－mechanical analysis of supercritical CO2 injection：Benchmark for the In Salah surface uplift problem. Int J Greenh Gas Control 2016；51：394－408.

[5] Preisig M，Prévost JH. Fully coupled simulation of fluid injection into geomaterials with focus on nonlinear near－well behavior. Int J Numer Anal Methods Geomech 2012；36：1023－40.

[6] Vilarrasa V，Olivella S，Carrera J，et al. Long－term impacts of cold CO2 injection on the caprock integrity. Int J Greenh Gas Control2014；24：1－13.

[7] Peng D－Y，Robinson DB. A New Two－Constant Equation of State. Ind Eng Chem Fundam 1976；15：59－64.

弱水驱气藏改建储气库设计与运行技术

杨树合　唐颖娜　成亚斌　李秋媛　姜宁宁　徐　伟

（中国石油大港油田公司勘探开发研究院）

摘　要　截止2022年全球地下储气库数量679座，其中以北美地下储气库数量为主占比达到66.13%，其次欧洲占比约为20%，而中国储气库数量约34座仅占4.4%。统计中国储气库建库类型主要以枯竭气藏改建储气库为主占比85%，其次是盐穴型储气库两类，而中国气藏改建的储气库，多数存在边底水侵入情况。本文以我国弱边水气藏改建储气库方案设计与运行动态多年经验总结基础上，形成了水淹型分区带库容设计技术、含水井分区采气能力设计技术、高注低排储气库注采运行调控技术，现场实践证实此方法可以有效指导类似气库方案设计与现场运行，具有较好可借鉴性。

关键词　储气库；弱边水气藏；分层采收率；高注入低引流；水驱扩容

Weak Water Drive Gas Reservoir Conversion Design and Operation Technology

YANG Shuhe, TANG Yingna, CHENG Yabin, LI Qiuyuan, JIANG Ningning, XU Wei

(Petro China Dagang Oilfield Company Exploration and Development Research Institute)

Abstract: This article provides a comprehensive overview of the research and operationaldynamics of the initial gas storage projects in China that utilize reformed weak edgewater condensate gas reservoirs. It introduces various gas storage design andoperation technologies, with the aim of offering guidance and inspiration for similargas storage projects. In response to the challenges posed by end – stage water floodingin gas reservoirs, a five – zone capacity design concept for gas storage is proposed. Thisdesign approach organizes the spatial layout and refines capacity parameters, providing a theoretical framework for verifying capacity parameters. On – siteobservations confirm the practicality and effectiveness of this capacity design method. Additionally, a technology for zone – by – zone gas well production capacity design isdeveloped, enabling the optimization of gas production capacity in different zoneswithin the gas storage wells. The strategic placement of dense and sparse wells in gasand water – containing zones enhances gas production capacity through waterdisplacement. An innovative operational method involving gas injection at highpositions and water drainage at low positions is introduced to expand capacity bydisplacing water outwards. This technique promotes the gradual formation of a gascap at the top of the gas storage, stabilizing water levels to mitigate fluctuations andyielding positive outcomes in practical applications. The geological complexity of gasstorage facilities in China, coupled with prevalent underlying water conditions, presents unique challenges compared to gas storage facilities in other countries. Despite gas reservoirs initially showing fixed volume characteristics, many encounterwater intrusion in later stages. The research findings presented in this article draw upon practical insights to address the specific requirements of constructing and operating gas storage facilities within such complex geological conditions.

Key words: gas storage; Weak edge water gas reservoir; Zone gas recovery; High injection and low drainage; Water drive expansion

从2000年我国第一座地下储气库—大张坨储气库建成投产，到目前我国已建成地下储气库34座，形成$100\times10^8\mathrm{m}^3$调峰能力，最高日调峰能力已经超过$1\times10^8\mathrm{m}^3$，为城镇燃气调峰发挥了主体作用。我国已建成的储气库类型90%以上是以枯竭气藏改建储气库为主，其中大张坨储气库群作为国内最早建成的储气库已运行20年，从其生产运行中反映出气库库容参数设计、气井产能设计、现场运行调控等方面还存在一定缺陷。如何提高储气库方案指标设计精度，确保储气库现场运行实现方案指标，针对多年储气库实际运行与研究总结，形成了弱水驱气藏改建储气库关键技术。

1　水淹型储气库分区带库容设计技术

根据弱水驱气藏改建储气库实际运行经验，基于原始气藏为研究对象，以原始含气范围、孔隙体积为基础建立储气库库容评价五区带分区理论，指导储气库库容参数设计（图1）。

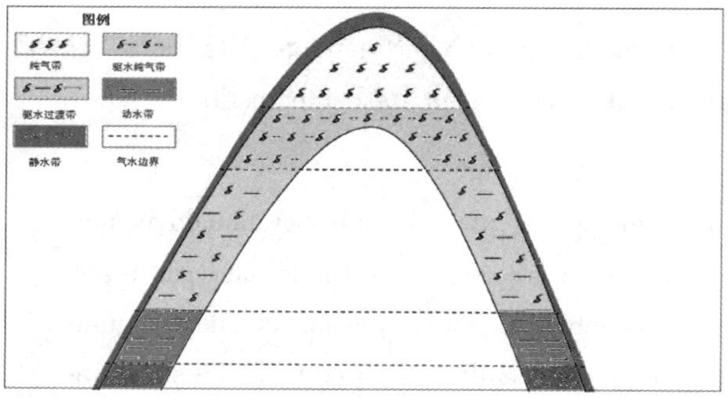

图1　储气库简化剖面及不同区带主要影响因素示意图

1.1　分区带定义

纯气带：建库前气藏边底水未侵入的区带，是建库次生气顶形成的主要部分，建库气驱效率高；

驱水纯气带：气藏开发过程中边底水侵入，但多周期注采运行过程中地层压力降至下限压力时，边底水不再侵入区域，建库气驱效率比纯气带稍差，也是库容重要组成部分；

驱水过渡带：气库在上下限地层压力之间运行时气水往复驱替的区带为气水过渡带，建库气驱效率明显降低，但可作为气驱排液扩容潜力目标区。

动水带：气库在上下限地层压力之间运行时仅水体往复运动，气体并未进入的区带，当前条件下不作为库容，但提高运行压力后可变为驱水过渡带。

静水带：气藏开发边底水区，同时在气库运行过程中一直被地层水占据的区带，气库提压运行也不会动用的含水区，对形成工作气量没有贡献。

1.2　不同建库区带有效孔隙体积影响因素

储气库有效孔隙体积是计算库容指标的重要参数，在分析已建储气库多周期运行动态及国内新建气藏储气库建库效率的基础上，确定建库有效孔隙体积四大主控因素：储层物性及非均质性、地层水侵入、应力敏感和混气后地层流体性质。

国内气藏型储气库建库条件复杂，以陆相沉积为主，埋藏深、储层物性中孔中渗、非均质性强、弱～中等水驱、绝大部分气藏开发至中后期甚至枯竭、部分气藏压力系统高压甚至超高压、地层流体性质及分布复杂。

（1）纯气带：应力敏感和反凝析损失。

（2）驱水纯气带：净水侵量、稳定运行束缚水和残余气、储层非均质性、应力敏感、凝析油反凝析损失。

（3）驱水过渡带：净水侵量、稳定运行束缚水和残余气、储层非均质性、应力敏感、凝析油反凝析损失。

（4）动水带：净水侵量、建库前束缚水、储层非均质性、应力敏感。

（5）静水带：净水侵量、不参与库容孔隙体积计算。

1.3　建库有效孔隙体积预测数学模型

对于不同建库区带而言，考虑到各主控因素所影响的不可利用含气孔隙体积，建库有效孔隙体积应为扣除不可利用含气孔隙体积后的剩余孔隙体积。在各主控因素中，应力敏感和混气后地层流体性质变化，对含气孔隙体积的影响较小，为了简化计算方法，本次研究不考虑；而储层物性及非均质性、地层水侵入等孔隙体积的影响，可通过注采仿真物理模拟实验，用注采驱替效率综合反映这两个因素对含气孔隙体积的影响。

综合以上对水侵气藏型气藏型储气库建库有效孔隙体积的分析，认为储气库在经过多周期注采运行稳定后，有效孔隙体积为储气库不同区带注气驱替所形成的次生气顶的孔隙体积，结合注采仿真物理模拟实验，其数学模型为：

$$V_e = \sum_{i=1}^{3} V_{gi} \times \varepsilon_i \tag{1}$$

其中：V_e为储气库建库有效孔隙体积，$10^4\mathrm{m}^3$；

i 为代表纯气带、驱水纯气带、气水过渡带、动水带；

V_g 为不同区带的含气孔隙体积，$10^4 m^3$；

ε 为仿真物理模拟实验所得到的注气驱替效率。

从式（1）可知，只要得到不同区带的注气驱替效率以及含气孔隙体积，就可以计算储气库有效孔隙体积，因此通过结合物理模拟和数值模拟手段，就能得到有效孔隙体积预测所需参数。

2　含水气井分区产能设计

衰竭气藏改建储气库，由于气藏开发过程中侵入水或油田注入水影响，储气库气井单井注采气能力与设计值产生较大偏差，进而影响整个气库的实施效果。实际运行（图2）表明气井含水后产能力迅速下降，当水气比达到 $5m^3/10^4m^3$ 时气井产气能力仅为初期产能的50%。基于这种现象建立了不同含水气井产能预测模型，以便更好进行储气库调峰能力预测。

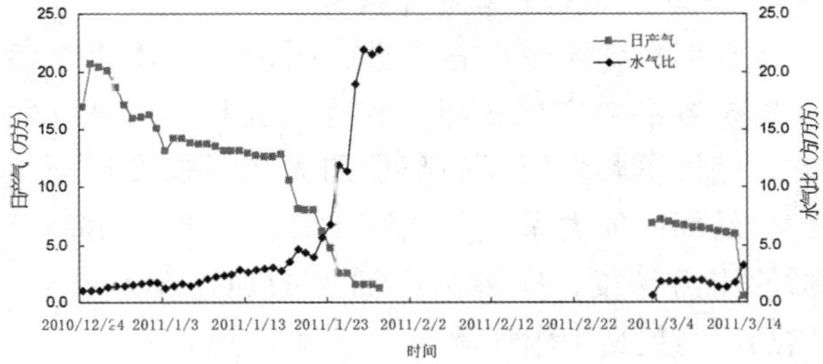

图2　气井单实际采气与水气比关系曲线

2.1　产能方程建立

首先建立气井生产时不同水气比与井底附近含水饱和度的变化关系，进而对气井见水后的二项式产能方程进行修正。依据地层内含水饱和度升高气相渗透率降低、产气能力降低的原理，修正气相有效渗透率，得到含水气井的合理采气能力。

应用气井试井资料确定的拟稳定流动状态气井产能方程为：

$$P_R^2 - P_{wf}^2 = Aq + Bq^2 \tag{2}$$

其中系数 A、B 的表达式分别为

$$A = \frac{1.291\times10^{-3}T\overline{\mu}\overline{Z}}{K_{rg(S_{wi})}h}\left[\ln(\frac{0.472r_e}{r_w}) + S\right] \tag{3}$$

$$B = \frac{2.282\times10^{-21}\beta\gamma_g\overline{Z}T}{r_w h^2} \tag{4}$$

式中：P_R 地层压力，MPa；P_{wf} 为井底流压，MPa；q 产气量，$10^4m^3/d$；T 气藏温度，K；$\overline{\mu}$ 平均天然气黏度，mPa·s；$\overline{Z}$ 平均天然气偏差因子，无因次；$K_{rg(S_{wi})}$ 地层束缚水饱和度下的气相相对渗透率，$10^{-3}\mu m^2$；h 气藏地层厚度，m；r_e 气井供给半径，m；r_w 井筒半径，m；S 表皮系数，无因次；B 非达西流动系数，$MPa^2/(m^3/d)^2$。

二项式产能方程的系数 A 为层流系数，B 为紊流系数。由定义式可知系数 A 与气相相对渗透率有关，是一个随含水饱和度变化而变化的值，而 B 值受含水饱和度变化的影响较小，基本上可以考虑为定值，因此只需对系数 A 进行修正。

含水生产的气井的二项式产能方程系数 A' 表达式为

$$A' = \frac{1.291\times10^{-3}T\overline{\mu}\overline{Z}}{K_{rg(S_w)}h}\left[\ln(\frac{0.472r_e}{r_w}) + S_t\right] \tag{5}$$

将 A 与 A' 式两式相除，整理得：

$$A' = \frac{K_{rg(S_{wi})}}{K_{rg(S_w)}}\times\frac{\left[\ln(\frac{0.472r_e}{r_w}) + S_t\right]}{\left[\ln(\frac{0.472r_e}{r_w}) + S\right]}\times A \tag{6}$$

气井的水气比定义为：每产出标准状态下 $10^4 m^3$ 天然气生产的水量 m^3，井底分流率的定义为：井底产出自由水量占井底流动条件总流体产量的比值，因此真正来自孔隙的自由水应该扣除凝析水。基于此分析，气井的分流率可定义为：

$$f_w = \frac{WGR - R_{wgr}}{(WGR - R_{wgr}) + 10000\times B_{g(p_{wf})}} \tag{7}$$

式中：WGR 为生产水气比，$m^3/10^4m^3$；R_{wgr} 为凝析水气比，$m^3/10^4m^3$；f_w 为含水分流率，无因次；$B_{g(Pwf)}$ 为气体体积系数，无因次。

水的分流率的另一种定义为地层中任意一点的水流量与总流量的比值，则不同气相渗透率下的分流率的计算式为：

$$f_w = \frac{1}{1 + \frac{\mu_{w(p)}K_{rg(S_w)}}{\mu_{g(p)}K_{rw(S_w)}}} \tag{8}$$

式中：fw 为含水率，无因次；Krg 为气相相对渗透率，无因次；Krw 为水相相对渗透率，无因次；μ_g 为气相黏度，mPa. s；μ_w 为水相黏度，mPa. s。

结合气水相对渗透率与生产水气比的变化关系式，可得气相相对渗透率 $K_{rg(S_w)}$ 与水气比 WGR 的关系，结合 A' 计算式，可得产水气井二项式产能方程的修正系数 A' 与 WGR 的关系式：

$$A' = \frac{K_{rg(S_w)}}{a\ln(\frac{10000 \times B_{g(p_{wf})}\mu_{g(p)}}{(WGR - R_{wgr})\mu_{w(p)}}) + b} \cdot \frac{\left[\ln(\frac{0.472r_e}{r_w}) + S_t\right]}{\left[\ln(\frac{0.472r_e}{r_w}) + S\right]} A \tag{9}$$

2.2 计算实例

以某储气库气井为例地层压力 30MPa 时，计算无水时无阻流量为 $34 \times 10^4 m^3$（图 3），当水气比 $10m^3/10^4 m^3$时，无阻流量为 $10 \times 10^4 m^3$（图 4），含水产能降低 70%；预测合理单井产量为 $6 \times 10^4 m^3$，与该井与实际产量 $5.5 \times 10^4 m^3$符全程度较高。

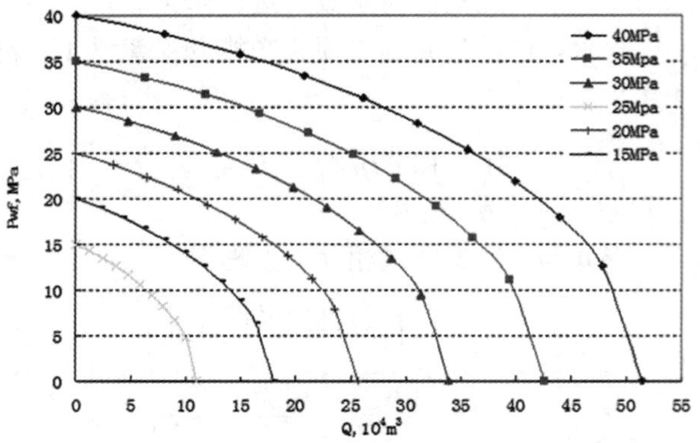

图 3　库 A 井无水时产能曲线

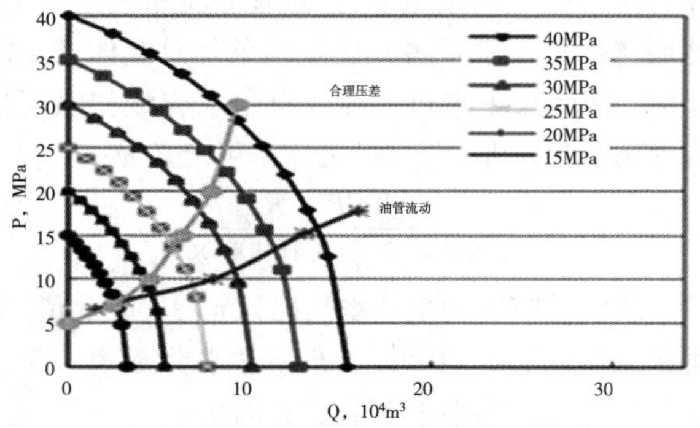

图 4　库 A 井水气比 10 时产能曲线

3 高注低排储气库注采运行调控技术

3.1 弱水淹气库扩容机理

含水气库扩容存在注气驱离地层水与采气排出地层水两种因素，根据冲建立气库驱水、排水扩容计算方法：

（1）采出水扩容体积计算：$V_1 = 10^{-4} W_p \times B_w \times B_g$

（2）驱离水扩容体积计算：$V_2 = V - V_1$

（3）扩容总体积计算：$V = G_{pi} - G_{pc}$

式中：V：气库扩容总体积（$10^8 m^3$）；V_1：气库采水扩容总体积（$10^8 m^3$）；V_2：气库驱水扩容总体积（$10^8 m^3$）；G_{pi}：累计注气量（$10^8 m^3$）；G_{pc}：累计采气量（$10^8 m^3$）；W_p：累计采水量（$10^4 m^3$）；B_w：地层水体积系数（无因次）；B_g：气体体积系数（无因次）。

以带边水某储气库为例（图 5），库容量从建库前的 $1.69 \times 10^8 m^3$ 上升到第四周期的 $8.77 \times 10^8 m^3$，累计增加了 $7.081 \times 10^8 m^3$，计算驱替累计增加 $6.793 \times 10^8 m^3$，占总增加的 95.93%，排液累计增加 $0.288 \times 10^8 m^3$，占总增加的 4.07%。可以确定有水气藏储气库驱水扩容占总扩容的 90%，是气库主体扩容方向。

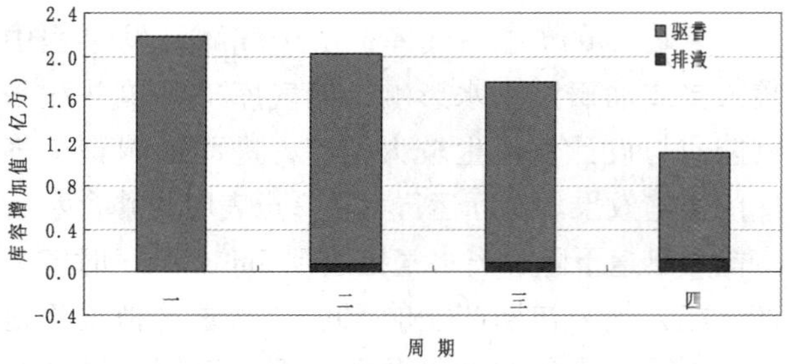

图 5　储气库水体增加库容量比例图

3.2 建立了注采关系调整技术

根据水淹气库扩容机理，明确了弱水淹型储气库扩容潜力方向，即驱水是主要扩容方式，因此，储气库调整应以高部位加大注气强度提高压力、低部位加大采气采水降低压力，形成由高到低的压力梯度，实现由内而外的加速驱水扩容，增加库容提高工作气量。

对采气井处于气水边界部位井，受气井出水影响气井生产能力降低的采气井。应用“气井产能修正方法”，测算含水区驱水生产后，含水气井含水量逐渐降低，单井产气量逐步增长 10% ~ 35%，气库调峰能力与工作气量必将明显增长

气库原方案实行所有井统注统采方式，靠采水排液扩容，采水量小扩容速度慢。本次调整实行顶部先注气、边部后注气，边部先采气、顶部后采气的运行方式，始终保持顶部向边部驱水状态，加速扩容、减少含水井，提高产气量。

3.3 应用实例

某气库原方案实行统注统采方式，实行顶部先注气、边部后注气，顶部后采气、边部先采气的运行方式向边部驱水状态，加速扩容、减少含水井，提高产气量。通过高注低排储气库注采运行调控技术，库容量由 18 亿方到 22 亿方，工作气量由 5.6 亿方到 6.35 亿方，增长 13.4%，日产气量由 800 到 120 万方（图 6）。

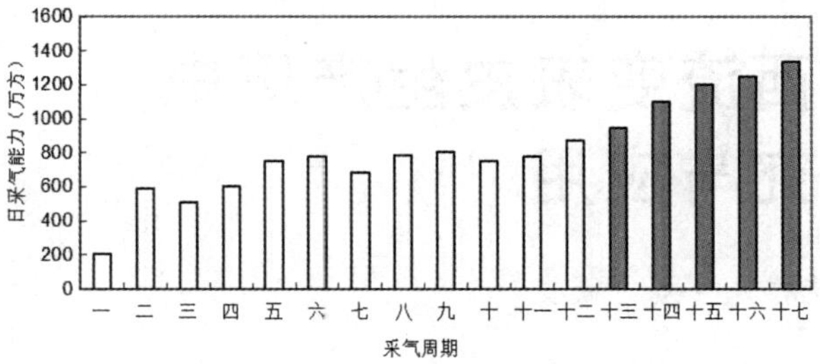

图6　储气库调整前后采气能力变化图

4　结论

（1）有边水侵入的弱水驱气藏改建下储气库，即使在气藏生产过程中表现为定容气藏生产特征，改建储气库后其侵入水体将影响储气库整体运行指标，本次提出水淹型分区带库容设计技术，很好的解决这类气藏建库库容参数设计问题，使储气库方案指标更符合实际情况，设计参数更为合理。

（2）气井产水后产能不仅影响单井生产能力，同时也降低了气库日调峰能力与工作气量。应用含水气井分区产能设计方法，可以减少因气井产能指标单一造成与实际情况不统一，影响储气库调峰指标实现现象，使储气库方案指标设计与地质情况更为吻合。

（3）针对弱水淹气型储气库运行经验提出的高注低排储气库注采运行模式，可以有效防止水体进一步侵入影响，从而实现不同区带库容最大化，有效提升储气库调峰能力，实践证实针对此类储气库现场运行能快速提高库容与工作气能力。

参　考　文　献

［1］丁国生，李春，王皆明等．中国地下储气库现状及技术发展方向［J］．天然气工业，2015，35（11）．107－112.

［2］丁国生．全球地下储气库的发展趋势与驱动力［J］．天然气工业，2010，30（8）：59－61.

［3］丁国生．中国地下储气库的需求与挑战［J］．天然气工业，2011，31（12）：91－93.

［4］李士伦．天然气工程［M］．北京：石油工业出版社，2000.

［5］黄小亮，唐海，杨再勇等．产水气井的产能确定方法［J］．油气井测试，2008，17（3）：15－19.

［6］吕栋梁，唐海，黄小亮等．不同气水比条件下气井液相伤害程度确定［J］．天然气勘探与开发，2010，33（1）：51－53.

［7］马小明，余贝贝等．砂岩枯竭型气藏改建地下储气库方案设计配套技术［J］．天然气工业，2010，30（8）：76－71.

储气库注采井高速非达西流变表皮生产历史拟合方法研究与应用

陈　铎　施金伶　褚祥龙　刘　薇

（中国石油大港油田公司天津储气库分公司）

摘　要　在天然气需求日益增长、供应稳定性日益受到挑战的当下，地下储气库发挥着举足轻重的作用。储气库在面对天然气调峰需求时展现出其明显的注采特点，其注采速度远超常规气藏的开发，甚至可以达到后者的10倍以上。随着储气库注采周期的不断进行，及时获取注采井控制半径、泄流半径、表皮系数等地质参数，进行生产历史拟合研究，确定合理的单井调峰能力以及制定合理的扩容达产可行方案尤为重要。针对这一问题，本文使用试井动态反演方法，结合储气库渗流机理，建立储气库单井井控模型，构建注采井高速非达西流变表皮生产历史拟合方法，通过产量不稳定试井分析从而确定井控半径及井控面积。

关键词　储气库；试井解释；参数反演；井控半径；井控模型

Research and Application of Production History Fitting Method for High – Rate Non – Darcy Rheological Skins of Gas Storage Reservoir Injection and Extraction Wells

CHEN Duo, SHI Jinling, CHU Xianglong, LIU Wei

(PetroChina Dagang Oilfield Company Tianjin Gas Storage Branch)

Abstract: At a time when the demand for natural gas is growing and the stability of supply is increasingly challenged, underground gas storage plays a pivotal role. In the face of natural gas peaking demand, gas storage shows its obvious characteristics of injection and production, and its injection and production speed is far higher than that of conventional gas reservoir development, and can even reach more than 10 times of the latter. With the continuous development of gas storage injection and production cycle, it is particularly important to obtain geological parameters such as injection and production well control radius, discharge radius and skin coefficient in time, carry out production history fitting research, determine reasonable peak load capacity of a single well and formulate reasonable feasible plans for capacity expansion to reach production. To solve this problem, this paper uses well test dynamic inversion method and gas reservoir seepage mechanism to establish a single well well control model of gas reservoir, and establishes a high – speed non – Darcy rheological skin production history fitting method of injection – production well, and determines well control radius and well control area through the analysis of unstable production well test.

Key words: gas storage facility, Well test interpretation, parametric inversion, Well control radius, Well Control Model

地下储气库以其大容量的储气特性、对气候变化的低敏感性、出色的安全可靠性，以及对季节性调峰的适应性，成为了应对突发事件和天然气战略储备的关键工具。其强注强采的显著特点，使得它成为了一种高效的天然气储存方式，并在全球经济和地质条件适宜的国家中占据了主要的调峰手段地位。伴随着我国经济的迅猛增长，天然气需求与日俱增，地下储气库的建设步伐必须加快，以满足下游市场的迫切需求。及时了解储气库注采井单井井控半径和储渗参数，可为地下注采范围和预测调峰能力提供理论指导。

1　技术思路

1.1　选择符合的试井解释方法

1.1.1　试井解释流程

首先进行数据收集，主要包括井位坐标、气藏温度、气藏压力、产层顶底深、产层有效厚度、有效孔隙度、含气饱和度、岩石压缩系数、井筒半径等。计算关键参数，物质平衡时间、拟压力、拟压力积分等关键参数。根据计算出的参数得到拟压力与时间、拟压力积分与时间曲线，移动原数据在曲线上的数据点与曲线最接近时进行分析，最后反演得到各个参数。

1.1.2　试井解释方法选择

Fetkovich 分析方法是针对于瞬态流特征曲线仅限于分析径向流，计算方法为简单物质平衡分析。Blasingame 分析方法是假设油藏均质、各向同性、符合达西流动，应用产量数据归一化，产量数据积分，产量数据积分 - 微分，通过物质平衡时间对时间进行拟合。Agarwal - Gardner 分析方法是计时产量标准曲线与物质平衡拟合时间。此分析递减曲线表现为 Blasingame 的高级形式，能够更加清晰的区分边界流和瞬态流生产阶段，对数据质量要求高，依赖较长时间的生产数据。NPI 分析方法是 Agarwal - Gardner 特征曲线的相反形式。此方法通常用于压力的瞬态流特征分析，在 lg - lg 视图中利用规划压力代替规划产量进行分析，不受数据分散的影响，适用于处理地层复杂情况，基于非线性反演理论求解得到非线性方程，从而进行精细反演。Transient 分析方法是用于分析长时期处于瞬态流阶段的储藏，建议单一的初期递减曲线。Wattenbarger 分析方法是适用于分析页岩气井，页岩气储藏在瞬态流过度到边界流之间将长时间处于线性流阶段。

本文选用 NPI 方法，该方法可以处理复杂的地层情况，如非均质性、各向异性等。可以更准确地描述地层的流动特性，适用范围较广。相比于其他方法，在一定程度上有利于降低拟合分析多解性问题。在实际应用中，NPI 模型通常与其他试井分析方法结合使用，以提高分析的效率和准确性。例如，可以先使用简单的模型进行初步分析，然后用 NPI 模型对关键参数进行精细反演。NPI 更准确地了解地层的流动特性，在使用时需要考虑其计算复杂性和适用范围。

1.2　建立储气库单井数学模型

计算物质平衡时间：

$$t_e = \frac{Kt}{\varphi\mu C_t r_w^2 A}\frac{r_w^2}{A} \tag{1}$$

计算规整化压力：

$$\frac{\Delta p}{q} = \frac{p_i - p_{wf}}{q} \tag{2}$$

计算规整化积分压力：

$$\left(\frac{\Delta p}{q}\right)_i = \frac{1}{t_e}\int_0^{t_e}\frac{p_i - p_{wf}}{q}dr \tag{3}$$

计算规整化积分压力导数：

$$\left(\frac{\Delta p}{q}\right)_{id} = \frac{d\left(\frac{\Delta p}{q}\right)_i}{dln\, t_e} = t_e\frac{d\left(\frac{\Delta p}{q}\right)_i}{d\, t_e} \tag{4}$$

根据压力拟合点，确定渗透率大小：

$$K = \frac{\mu B}{2\pi h}\frac{(p_D)_M}{(\Delta p/q)_M} \tag{5}$$

利用时间拟合点和渗透率公式确定渗透率，确定井控半径 r_{eD}：

$$r_{eD} = \sqrt{\frac{K}{\pi\varphi\mu C_t}\left(\frac{t_e}{t_{eDA}}\right)_M} \tag{6}$$

有效井径 r_{wk}：

$$r_{wk} = \frac{r_e}{r_{eD}} \tag{7}$$

表皮系数 S：

$$s = ln\left(\frac{r_w}{r_{wk}}\right) \tag{8}$$

容积法确定 井控储量：

$$N = \frac{\pi r_e^2\varphi h S_g}{Bg} \tag{9}$$

1.3　特征曲线分析与结果计算

在 lg - lg 双对数图上分别绘制规整化压力、规整化压力积分、规整化压力积分导数与物质平衡时间曲线，即 $\frac{\Delta p}{q} - t_e$、$\left(\frac{\Delta p}{q}\right)_i - t_e$、$\left(\frac{\Delta p}{q}\right)_{id} - t_e$。可以同时使用上述 3 组曲线或将其任意组合与理论图版曲线进行拟合，使得每组曲线尽量都能获得较好的拟合。根据拟合结果计算无量纲井控半径 r_{eD}，选择任何一个拟合点，记录实际拟合点 $\left(t_e, \frac{\Delta p}{q}\right)_M$ 以及相应的理论拟合点 $\left(t_{eDA}, \frac{\Delta p}{q}\right)_M$。若已知储层厚度、综合压缩系数、井径，则可计算最终可采储量、单井井控面积和井控半径、渗透率、表皮系数等。

2　应用效果

我国国内优质储气库建库资源相对匮乏，将凝析气藏巧妙地改建为储气库，具有深远的战略意义，为我国的天然气储存提供更为丰富的选择。通过储气库多周期注采运行，可以有效地平衡气田生产的季节性峰谷差异，确保天然气供应的稳定性和连续性。深入研究储气库地下流体注采运行情况的相关技术与管理策略，不仅有助于优化储气库的建设布局，提升天然气供应的稳定性，更能为我国能源事业的可持续发展提供有力的支撑。

2.1　目标区块地质背景

板南储气库位于板桥斜坡区，板桥斜坡区域上是一个夹持于沧东断层、滨海断层之间的掀斜斜坡构造，其中以大张坨断层和板桥断层为界分为高、中、低三阶斜坡，高斜坡为垒式斜坡构造，内部被港8井等断层复杂化；中低斜坡构造主体为依附于二级断裂的鼻状构造，东西两侧通过宽缓的斜坡向歧口主凹、板桥次凹过渡。板南储气库构造上位于大张坨断层下降盘，为被大张坨断层遮挡的背斜构造，西临板桥坳陷，北部以油环和水体与板中北高点相连。气藏类型为带油环、弱边水的凝析气藏，含油气层位为板2油组1－5小层，其中1、2小层砂体分布相对稳定，为主要油气产层，砂体对应关系好；3、4小层砂体整体较薄；砂体分布稳定，以水层为主；整体以高RT、低SP为特征。板中南储气库2005年7月注气投产运行，设计库容量为$9.71\times10^8m^3$，工作气量$4.7\times10^8m^3$，设计注采井数共计10口。

2.2　单井井控数学模型

通过计算得到板中南单井控制库容及控制半径。结果表明边部产能高的单井控制半径大在200～300m，单井控制库容多达0.5～0.9亿方，水体区域单井控制半径不足150m，单井控制库容低于0.2亿方，如图1、表1所示。

表1　板中南单井井控数学模型参数反演表

NPI方法	射孔厚度	有效厚度（m）	上限压力（MPa）	下限压力（MPa）	控制库容量（10^4m^3）	半径（m）	井控面积（10^4m^3）	表皮系数
库4－1井	19.0	14.6	30.5	13	4664	228	20.3	0.681
库4－2井	17.7	12.4	30.5	18	325.5	63	1.6	－4.197
库4－3井	15.4	15.4	30.5	13	7685	295	34.8	－4.927
库4－4井	25.4	23.4	30.5	13	2538	139	7.8	－5.438
库4－5井	29.1	24.8	30.5	13	9400	241	23.2	－5.004
库4－6井	17.1	16.3	30.5	18	52.4	32	0.3	－3.430
库4－7井	19.0	13.4	30.5	18	1133	124	6.2	－5.727
库4－8井	17.1	12.8	30.5	13	4643	230	21.2	－5.498
库4－9井	24.9	22.3	30.5	13	4738	225	20.3	－4.147
库4－10井	22.0	18.3	30.5	18	1853	135	7.3	－4.687

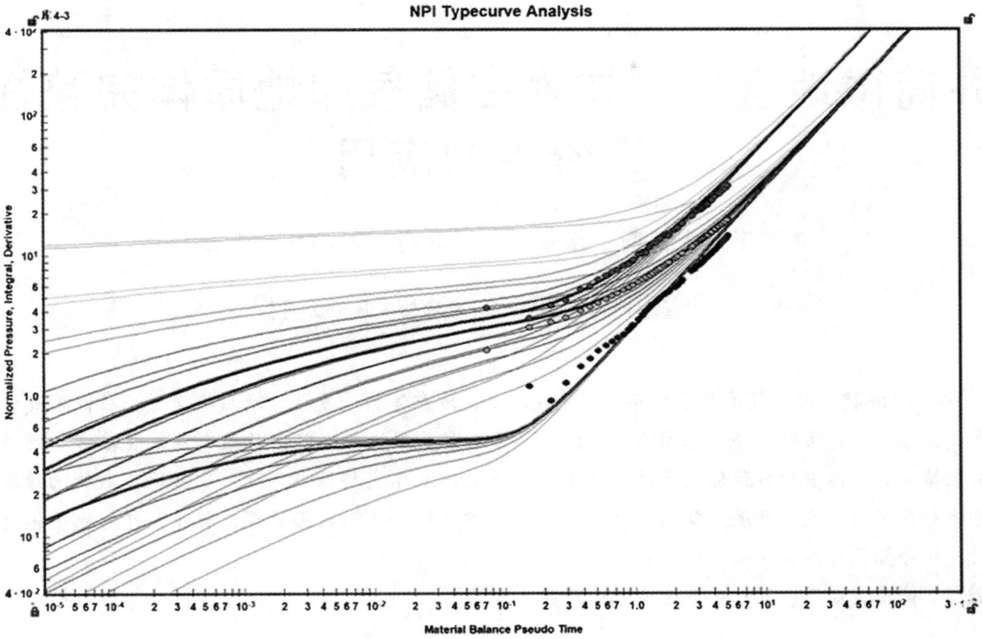

图1　板中南库4－3井井控数学模型拟合结果图

3　结论

建立一套基于现有地质资料注采井单井压力与产量动态资料确定单井高速非达西流变表皮生产历史拟合方法。分析注采井单井不同井次压力与产量动态资料，动态反演核实地质参数，确定注采井井控半径和井控面积。建立注采井井控诊断模型，为预测单井调峰能力、注采气波及范围提供有力支撑，为下一步工作气量潜力提升提供可靠依据。

参考文献

[1] 邹才能，朱如凯，董大忠等．页岩油气科技进步、发展战略及政策建议［J］．石油学报，2022，43（12）：1675－1686.

[2] 廖伟，郑强，张赟新等．多井试井解释技术在我国大型储气库的应用［J］．科技创新导报，2019，16（04）：82－83.

[3] Cinco－Ley H. Transient pressure analysis：finite conductivity fracture case versus damaged fracture case［C］//SPE Annual Technical Conference and Exhibition. OnePetro，1981.

[4] 马新华，郑得文，魏国齐等．中国天然气地下储气库重大科学理论技术发展方向［J］．天然气工业，2022，42（05）：93－99.

[5] 李建君．中国地下储气库发展现状及展望［J］．油气储运，2022，41（07）：780－786.

井筒微地震监测技术在储气库地质体完整性评价中的应用

李德宁　夏国朝　王权国　周春明　刘　薇　李宏杰

（中国石油大港油田公司天津储气库分公司）

摘　要　大港驴驹河储气库属于废弃凝析气藏改建，地质体构造复杂、断层较发育，在注采气过程中如何对地质体完整性进行实时动态监测面临巨大挑战。微地震监测技术可以实时监测注采气过程中的断层和盖层岩石破裂情况，可以有效评估储气库注采交变应力下的地质体完整性。为此，从微地震监测的原理、数据处理和方案部署进行研究，开展了驴驹河微地震监测方案设计、监测数据处理、解释，并对地质体完整性进行了评价，指导储气库后续注采运行优化。

关键词　微地震监测；储气库；地质体；断层；盖层

Application of Wellbore Microseismic Monitoring Technology in the Integrity Evaluation of Geological Bodies in Gas Storage Facilities

LI Deling, XIA Guochao, WANG Quanguo, ZHOU Chunming, LIU Wei, LI Hongjie

(China Petroleum Dagang Oilfield Company Tianjin Gas Storage Branch)

Abstract: The Dagang Lu Jvhe gas storage facility is a reconstruction of an abandoned condensate gas reservoir, with complex geological structures and well - developed faults. Real time dynamic monitoring of the integrity of the geological body during gas injection and production is a huge challenge. Microseismic monitoring technology can monitor in real - time the rupture of faults and cap rocks during gas injection and production, and effectively evaluate the integrity of geological bodies under alternating stress in gas storage facilities. To this end, research has been conducted on the principles, data processing, and deployment of microseismic monitoring. The design, data processing, and interpretation of the microseismic monitoring plan for the Lu Jvhe have been carried out, and the integrity of the geological body has been evaluated to guide the optimization of subsequent injection and production operations of the gas storage facility.

Key words: Microseismic monitoring; Underground gas storage; Geological body; Fault; Cover layer

近年来，我国在吸收国外成熟技术经验的基础上，持续加大储气库建设力度。但是，国内建库条件复杂，储气库在运行过程中面临多种安全风险，主要包括：（1）地震或地质灾害引起断层开启而导致天然气泄漏；（2）注采交变应力诱导断层开启而导致天然气泄漏；（3）超压注气导致盖层破裂或突破盖层封堵而导致天然气泄漏；（4）高速注气导致天然气沿着高渗透带从溢出点泄漏等。为了保证储气库在建设和运行过程中的完整性与安全性，必须建立完善的监测体系。

微地震监测具有覆盖范围大、实时精确定位、现场应用方便等特点，不仅可以判定储气库断层、盖层、溢出点等活动情况，辅助优化注采参数，同时可以指导注采气生产，刻画流体运移范围，实现对储气库安全运行实时监测的目标，以驴驹河储气库为例，气藏断块多且构造复杂，采用微地震井中监测技术，作为常规监测手段的有效补充，有效保障气库的安全平稳运行。

1　驴驹河储气库概况

驴驹河地区地理位置位于天津东南部，距离天津市区45km，南面是独流减河，近邻津晋、海滨两条高速，交通便利，公路畅通。构造位置位于驴驹河地区位于黄骅坳陷中北部，夹持在长芦断层与高沙岭断层之间，工区面积约50km^2。该区1994年开始钻探，其油气藏主要分布在滨Ⅳ油组以上层位，气藏主要聚集于驴驹河地区的板0油组，建储气库区块有3块，分别是板深80－1、板831－21、板深82－2断块，主力层构造高点约－2610m。建库层位板0油组2小层，其上覆板0油组1小层底部泥岩盖层约90～215m，起到良好的封闭作用。建库区砂体发育较稳定，板0油组2小层厚度在10.5～26.8m，平均20.58m。有效孔隙度27.21%，渗透率149～300md，为中孔中渗储层。

2　驴驹河储气库进行微地震监测的必要性

2.1　长期运行安全监测需求

地下储气库（以下简称储气库）设计注采运行30～50年，长期运行过程中交变载荷应力变化可能导致密封性失效，造成巨大的经济损失和环境破坏，这使得储库建库难度大、运行风险高，必须建立完善的监测系统。

目前，国内储气库监测井数较少，监测手段单一以温度、压力常规监测手段为主、监测体系不完备，可能导致圈闭完整性失效和天然气漏失，必须建立完善的监测体系。微地震监测技术具有测量速度快、监测范围大、噪音过滤能力强、现场应用方便、定位准确等特点，可作为常规监测手段的有效补充，实现对密封性和流体运移实时监测，可为储气库安全预警和优化运行提供科学依据。

2.2　地质条件复杂断裂发育

驴驹河储气库夹持于高沙岭断层和长芦前缘断层之间，地层西南高东北低，整体为依附于高沙岭断层的断鼻构造，被北东向的板深82断层、板深81－1断层、近南北向的板深80断层分割为东、中、西三个断块构造。

板深80井东断层：南北走向，倾向正西，沙一段开始发育，东营组末期停止活动。断距：20～50m。板深81－1井断层：走向北北东，倾向南东，沙三段开始发育，东营组末期停止活动。断距：70～170m。板深82井断层：走向北北东，倾向南东，断层在沙三段沉积时活动，至东营停止活动组。断距：90～180m 。板深80井北断层：近东西走向，倾向正南，沙一段开始发育，东营组末期停止活动。断距：20～40m，如图1所示。

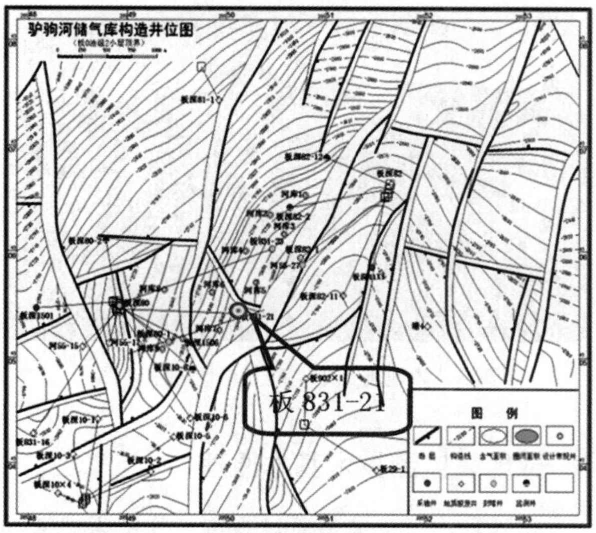

图1　驴驹河储气库断层分布情况

2.3　后期提压扩容需求

驴驹河储气库注采运行过程中压力将不断增高到达上限压力后可能仍可能面临提压扩容需求，在提压过程中可以用微地震监测技术实现：①根据提压前微地震事件发育情况进行提压可行性评估；②提压过程中实时监测微地震产生过程及区域，保障提压安全运行；③对比分析提压前后微地震事件产生频率、位置、震级等参数变化评价提压过程，优化提压参数，如图2所示。

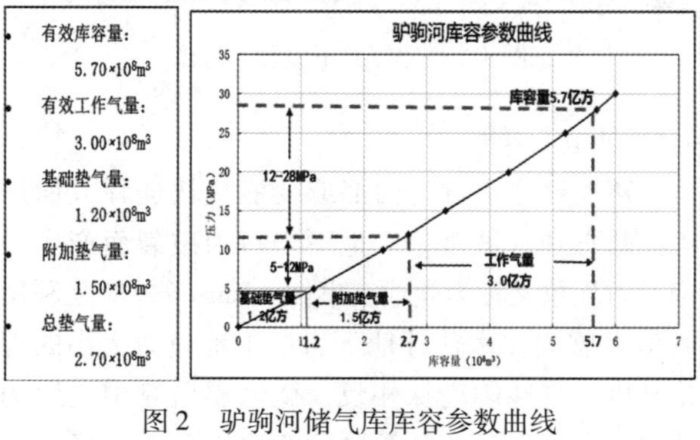

图2　驴驹河储气库库容参数曲线

3　储气库微地震监测技术优势

微地震监测技术可实现三维空间立体监测，相比于常规监测只能进行井筒周围单点监测，微地震监测技术监测范围更广、监测内容更丰富。

实时监测、实时预警，常规监测手段在监测到异常情况时，储气库完整性可能已遭破坏，微地震监测技术可以实时了解地层活动规律，根据微地震监测结果对未发生的潜在泄露风险提前预测预警，如图3所示。

图3　微地震三维空间立体监测示意图

4　微地震监测技术基本原理

微地震监测技术是通过观测、分析生产活动中所产生的微小地震事件来监测生产活动的影响、效果及地下状态的地球物理技术，其基础是声发射学和地震学。如图4所示为微地震井下监测示意图。

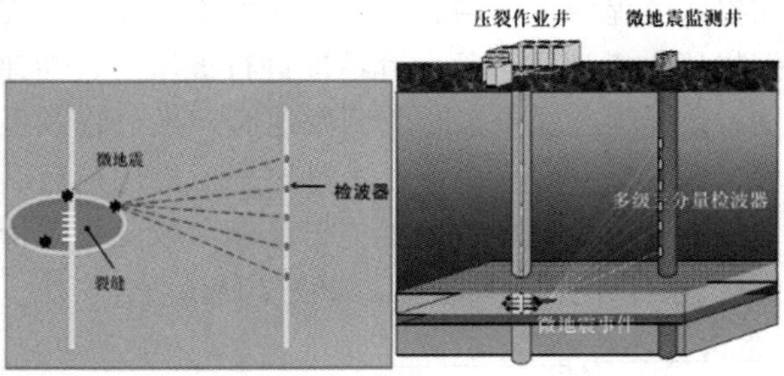

图4　微地震井下监测示意图

4.1　声发射学

声发射是指材料内部应变能量快速释放而产生的瞬态弹性波现象。地下岩石因破裂而产生的声发射现象又称为微地震事件。Kaiser 效应是利用微地震监测技术估计地下岩层中地应力大小的理论基础。与地震勘探相反，微地震监测中震源的位置、发射时刻、震源强度都是未知的，确定这些因素正是微地震监测的首要任务。完成这一首要任务的方法主要是借鉴天然地震学的方法和思路。

当井底压力增加时，增加到超过岩石的抗张强度时，岩石就发生破裂，形成裂缝，岩石在破裂瞬间发射声波，检波器就是通过检测这种声波来对裂缝进行定位。压裂期间引发的微地震是相当复杂的，检测到微地震事件的数量不仅与检波器的灵敏度有关，还有压裂井和监测井之间的距离有关。

微地震事件频谱比常规地震勘探频谱高的多，常规地震勘探频谱一般在30～40Hz，但微地震事件一般在200～1500Hz之间，有时会更高。持续时间小于15s，能量通常介于里氏－3级到＋1级。另外，施工区块井况条件、地质地层特征也会影响微地震信号接收效果，影响微地震震源空间分布。

自从项目开展以来，项目组对国外的大公司和国内主营业务共近20个公司进行了较详细的调研工作，对其技术特点和业务能力均进行了追踪。这些石油服务公司的方法技术水平代表了国际微地震监测处理的发展方向。

4.2　无源地震

不用人工激发的震源观测方法，称为无源地震勘探（passive seismic）。油气藏自身的一些活动可以产生微地震（震级一般在里氏3级的级别范围内），如孔隙和裂隙内流体的流动、由于天然气的聚集和运移过程引起的周期性应力积累和释放、火驱采集过程中由加热诱发的岩石破裂、压裂裂隙形成过程中岩石的破裂、流体排出时地层的下沉或自喷井气体的流动等产生的震动。通过确定震源的位置并显示出位置图，可以描述地下渗流场状况，从而指导油气藏的开发。

4.3　摩尔－库伦理论

进行压裂或高压注水时，地层压力升高，根据摩尔－库伦准则，孔隙压力升高，必会产生微地震，记录这些微地震，并进行微地震源微空间分布定位，可以描述人工裂缝轮廓，描述地下渗流场。摩尔－库伦准则

$$\tau \geq \tau_0 + \mu(S_1 + S_2 - 2P_0) + \mu(S_1 - S_2)\cos(2\varphi)/2 \quad (1)$$

$$\tau = (S_1 - S_2)\sin(2\varphi)/2 \quad (2)$$

式（1）表示若左侧不小于右侧时则发生微地震。

τ——作用在裂缝面上的剪切应力，MPa；

τ_0——岩石的固有法向应力抗剪断强度，数值由几兆帕到几十兆帕；

μ——岩石内摩擦系数；

P_0——地层压力，MPa；

S_1——最大主应力，MPa；

S_2——最小主应力，MPa；

φ——最大主应力与裂缝面法向的夹角；

由式（1）可以看出：当地层压力 $P_0=0$ 时，微震事件会发生，但是由于激励强度弱而导致微震信号频度很低；当地层压力 P_0 增大时，微震易于沿已有裂缝面发生（此时 $\tau_0=0$），这为观测注水、压裂裂缝提供了依据。

4.4 断裂力学准则

断裂力学准则认为，当应力强度因子大于断裂韧性时，裂缝发生扩展，即：

$$[(P_0-S_0)Y/sqr(\pi)]\int_0^1 sqr[(I+x)/(I-x)]dx \geqslant kic \qquad (3)$$

当式（3）成立时，裂缝发生张性扩展。

上式左侧是应力强度因子，kic 是断裂韧性；

P_0——井底注水压力，单位兆帕；

S_C——是裂缝面上的法向应力，单位兆帕；

Y——裂缝形状因子；

I——裂缝长度，单位米；

x——自裂缝端点沿裂缝面走向的坐标；

由以上破裂形成理论可知，注水会诱发微地震，这就为微地震压裂监测中的水驱前缘提供了理论依据。

4.5 震源定位

微地震的应用中，需要反演产生微地震的准确位置。如何精确反演出震源位置坐标是微地震的一项关键技术。微地震反演可分为均匀介质和非均匀介质两种情况。对于均匀介质情况现在微地震震源坐标的确定大多都采用解析法求解。

目前，微地震震源定位的解析法主要有：纵横波时差法、同型波时差法、Geiger 修正法；其区别在于微地震资料初至速度的提取。当井压裂地层形成裂缝时，沿裂缝就会出现微震，微震震源的分布即反应了地层裂缝的状况，微震震源定位公式为：

$$\begin{cases} t_1-t_0=\dfrac{1}{V_P}\sqrt{(x_1-x_0)^2+(y_1-y_0)^2+z^2} \\ t_2-t_0=\dfrac{1}{V_P}\sqrt{(x_2-x_0)^2+(y_2-y_0)^2+z^2} \\ t_6-t_0=\dfrac{1}{V_P}\sqrt{(x_6-x_0)^2+(y_6-y_0)^2+z^2} \end{cases} \qquad (4)$$

式中：t_1、t_2、t_6 为各分站的 P 波到时；t_0 为发震时间；V_P 是 P 波速度；$(x_1,y_1,0)$，$(x_2,y_2,0)$，$(x_6,y_6,0)$ 是各分站坐标；$(x_0,y_0,0)$ 是微震震源空间坐标；t_0,x_0,y_0,z 是待求的未知数。当方程个数多于未知数的个数时方程组是可解的。解出这四个未知数至少要四个分站，若四个分站有记录信号，便可以进行震源定位。

5 微地震监测系统部署及论证

5.1 微地震监测系统部署

微地震井中监测系统部署要能覆盖驴驹河储气库三个区块和有效监测储气库边界断层、盖层、溢出点等活动情况，根据重点监测目标及可用老井调查，选取板 831－21 井作为微地震监测井。

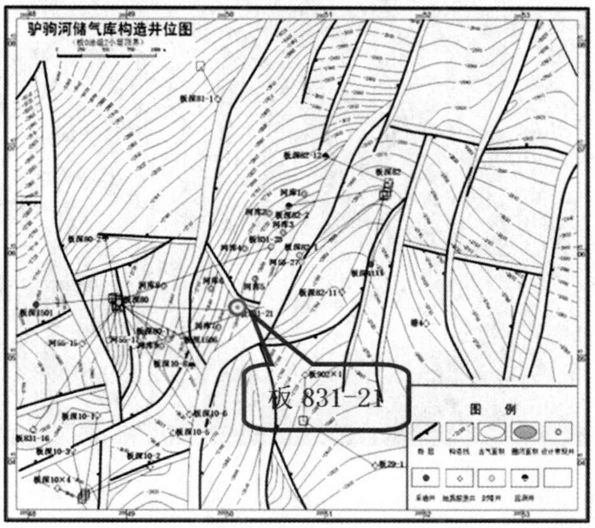

图 5　微地震监测井位置图

5.2 微地震监测能力论证

根据储库分层信息、声波速度、衰减因子、岩石密度以及地震波传播路径等相关信息，求取监测范围内每个节点可监测到微地震事件最小震级，并以此为依据得到整个研究区域内可监测最小震级范围。

（1）1km 半径内可监测最小震级监测范围－4.31 至－2.85（图 6）；

（2）2km 半径内可监测最小震级监测范围－4.32 至－2.19（图 7）；

（3）3km 半径内可监测最小震级监测范围－4.31 至－1.02（图 8）；

（4）不同震级微地震事件监测范围（图 9）。

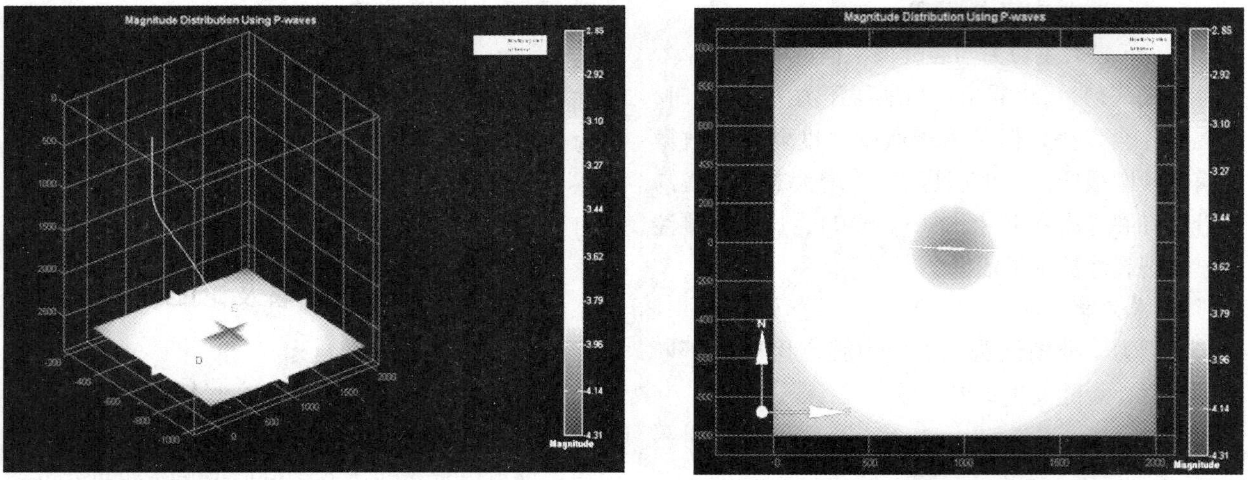

图 6　1km 半径内可监测最小震级监测范围

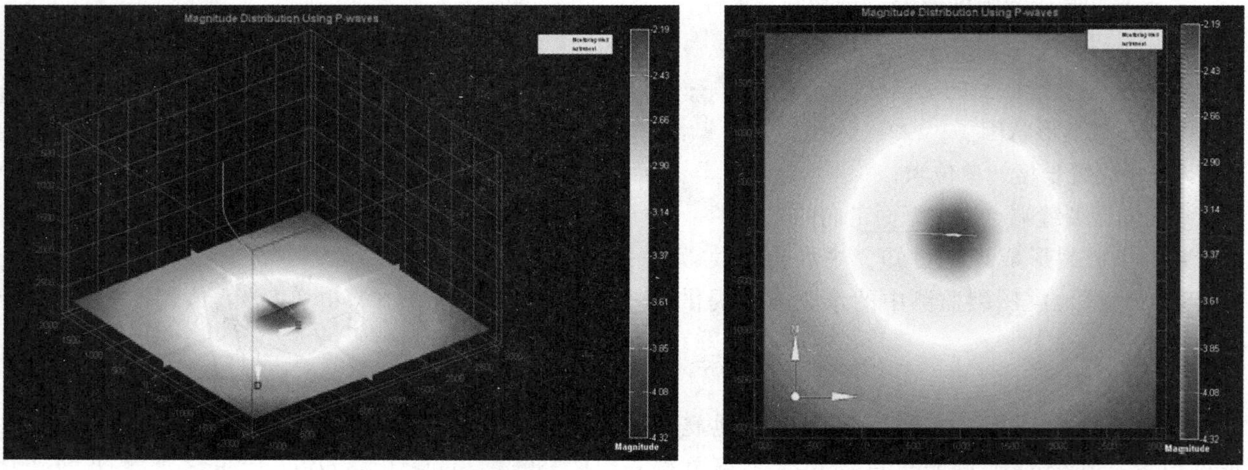

图 7　2km 半径内可监测最小震级监测范围

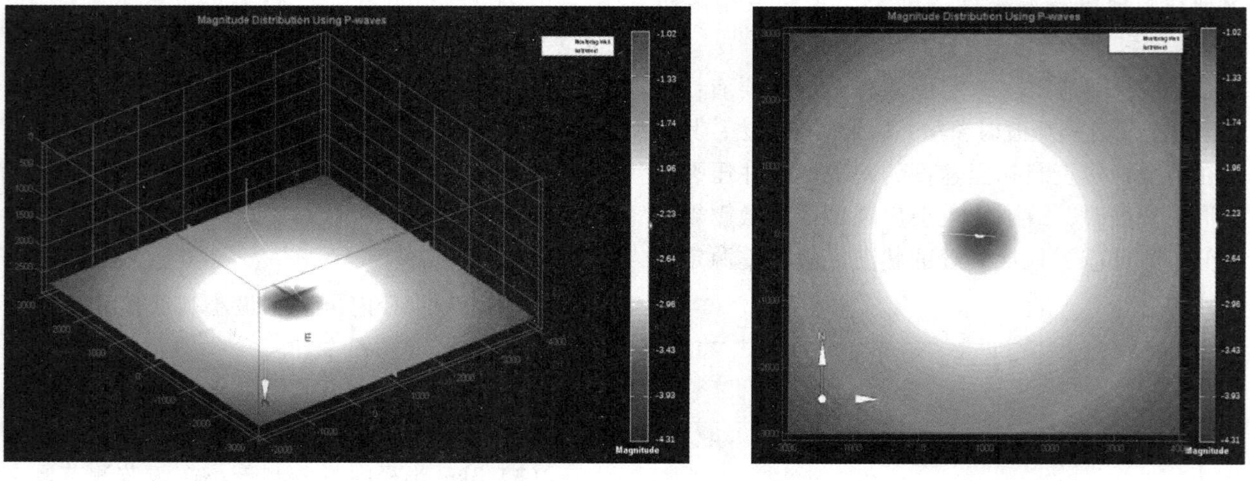

图 8　3km 半径内可监测最小震级监测范围

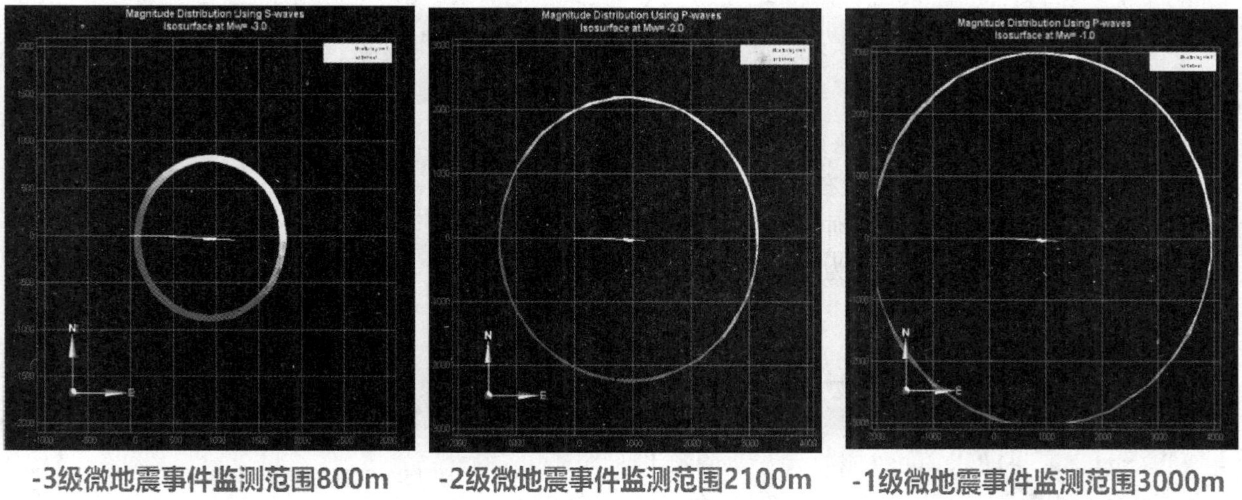

图 9　不同震级微地震事件监测范围

综上所述，以板 831－21 为监测井，检波器下深 2200～2420m 时，在整个储气库核心 2km 范围内可实现－2 级微地震事件监测，实现储气库断层、裂缝活动全范围内的实时监测，如图 10 所示。

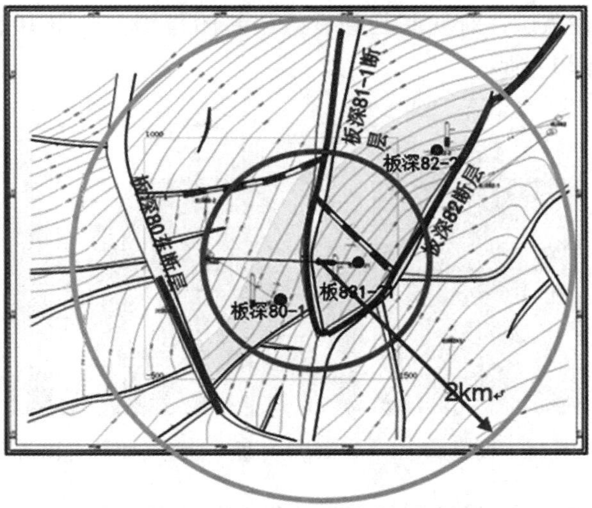

图 10　驴驹河储气库微地震事件有效监测范围

6　微地震监测结果

自监测开始，共监测到 3360 个有效微地震事件，监测结果分为三个区域，浅地表信号区域，中部深度信号区域，深部信号区域。微地震事件震级范围－2.36～－1.02。

在注气阶段，共监测到有效微地震事件 569 个，中深部区域微地震事件 351 个，深度范围为 2200～2400m，成条带状分布。深部区域微地震事件 218 个，深度范围 2525～3065m。

在采气阶段，共监测到中深部微地震事件 2082 个，微地震事件深度介于 2000～2400m 之间。监测到深部微地震事件 260 个，微地震事件深度介于 2500～2900m 之间，如图 11、图 12 所示。

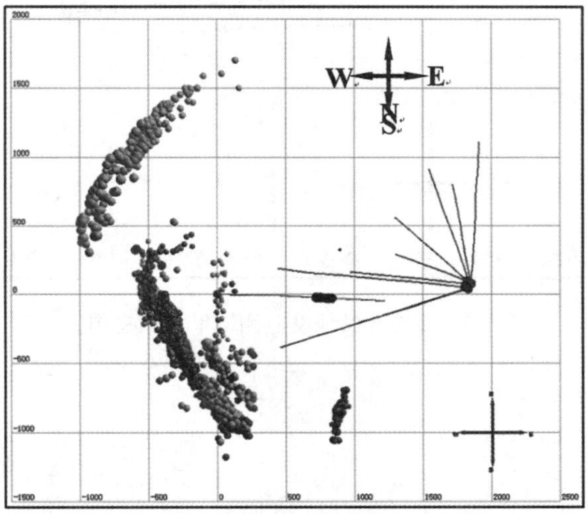

图 11　微地震监测结果俯视图

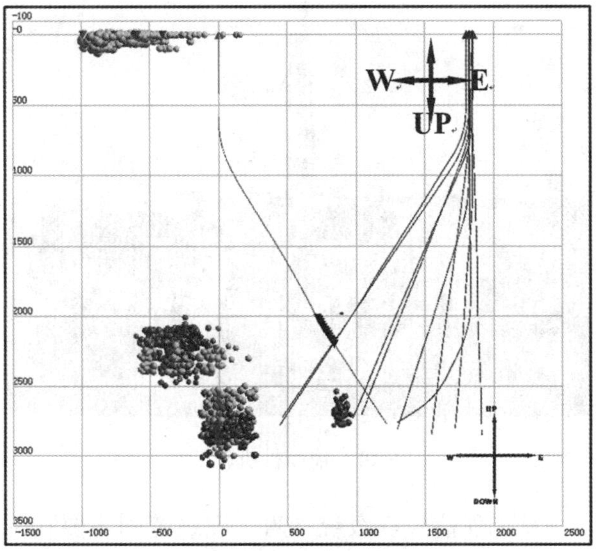

图 12　微地震监测结果侧视图

7　微地震监测结果综合分析

7.1　浅地表微地震事件分析

浅地表区域定位 247 个微地震事件（非全部），深度主要集中在 0 ~ 100m 左右，该区域微地震事件延伸自东北向西南方向延伸，经过后期调查及现场进行实地踏勘，该区域为地面工程施工产生的信号，如图 13、14 所示。

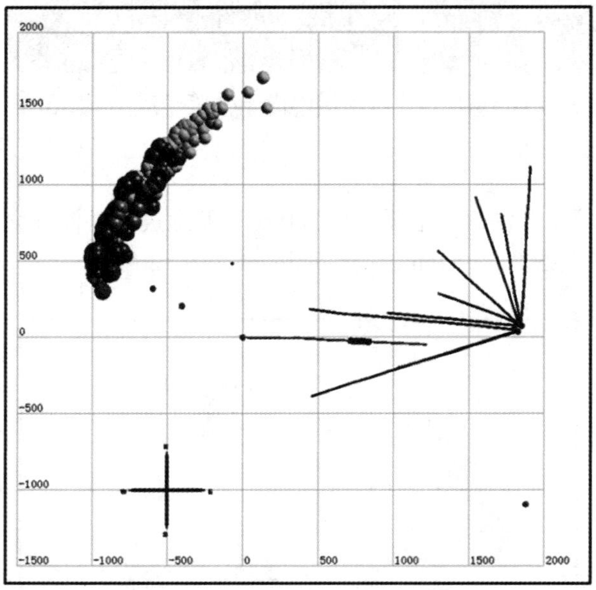

图 13　浅地表微地震监测结果（俯视图）

图 14　地面桩机施工

从工程信号震级统计看，震级范围主要在 -1.02 至 -1.92，能量强，如图 15 所示。

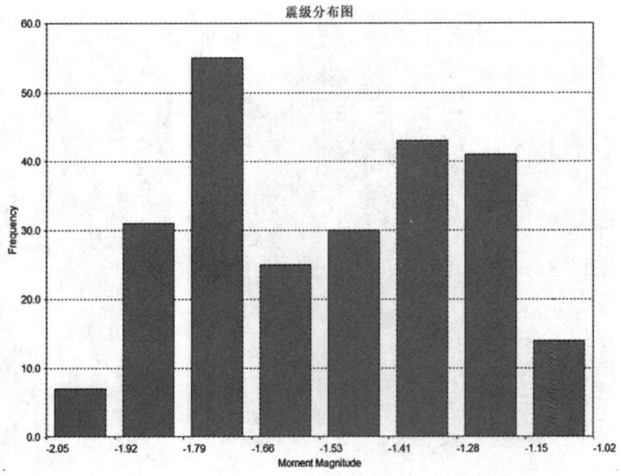

图 15　工程施工信号震级分布

7.2　盖层监测

驴驹河储气库目的层为板 0 油组 1、2 小层，板 0 油组 1 小层建库气藏分布在板深 82 - 1 断块，上覆泥岩盖层厚约 50 ~ 80m，对气藏有效封闭；板 0 油组 1 小层与 2 小层之间岩性以大段深灰色泥岩为主，泥岩厚度 90 ~ 215m，分布范围大，是区域性盖层，对气库起到良好的封闭作用，如图 16、图 17 所示。

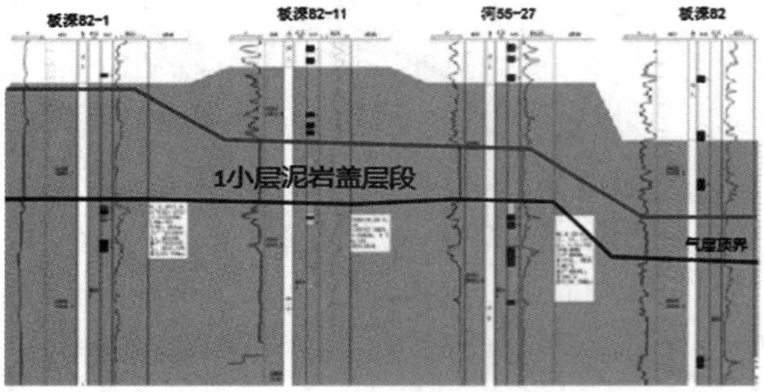

图 16　板深 82 - 1—板深 82 井板 0 油组 1 小层对比图

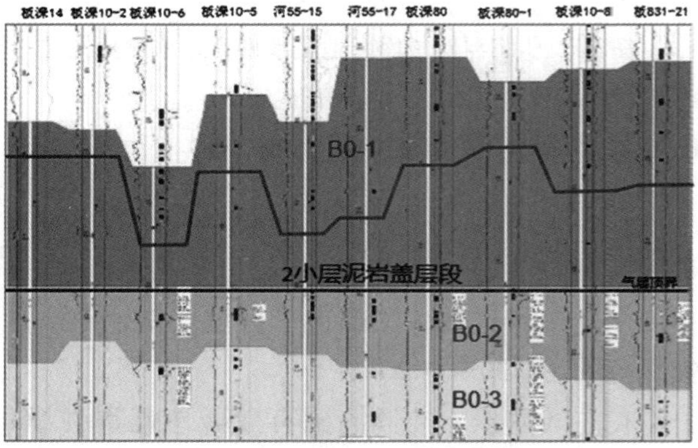

图 17　板深 14—板深 831 - 21 井板 0 油组 2 小层对比图

在储气库目的层上部区域未监测到有效微地震事件，表明驴驹河储气库运行期间盖层封闭良好，如图 18、19 所示。

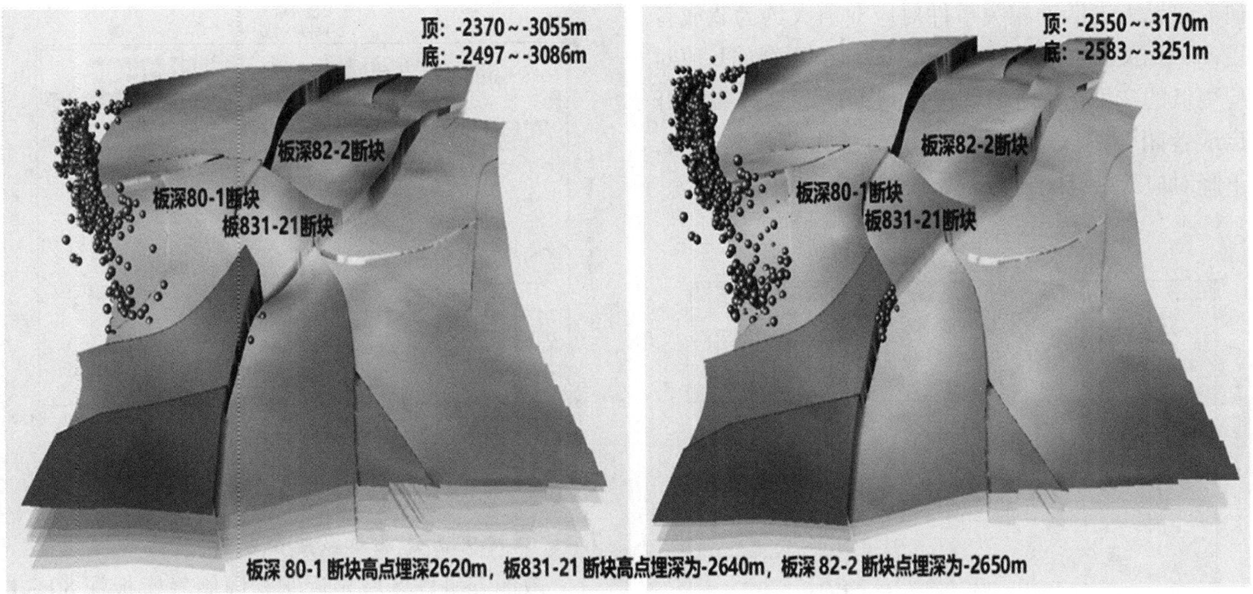

图 18　板 0 油组 1 小层顶界面　　　图 19　板 0 油组 1 小层顶界面

7.3　边界断层监测

在油气成藏过程中，断层最终起何种作用，在于它是封闭的还是开启的，而断层是否封闭是影响断块建库成败的关键，断层封闭性是非常复杂的地质问题，受很多地质因素的影响和控制，其中断层走向与应力方向关系、断层的活动时期、断层两盘的岩性配置关系、断层两盘的油水关系等都是影响封闭性的重要因素。

驴驹河地区由断块型气藏改建而成，驴驹河气藏夹持于长芦断层和高沙岭断层之间，各气库整体受构造控制，局部受储层变化影响，内部大部分小断层对气库运行影响不大。驴驹河气藏圈闭条件较好，高部靠断层和岩性封闭，边部为水体圈闭。

中深部微地震事件产生位置主要位于板深 80 井西部断层区域，该断层位于储气库西部，离储气库有一定距离。

深部微地震信号主要集中于板深 80 井西部断层和板深 80 井东断层两个断层交汇处。在板深 80 井东断层处（储气库西边界）有少量深部微地震信号（图 20）。

从微地震监测成果来看，微地震事件整体位于储气库西部板深 80 井西大断层附近，表明该处大断层在地层应力影响下处于活动状态；储气库西边界板深 80 井东断层处有少量微地震事件产生，未监测到微地震事件大量聚集，判断是注采气阶段交变地层应力，引起断层附近少量应力活动导致（图 21）。

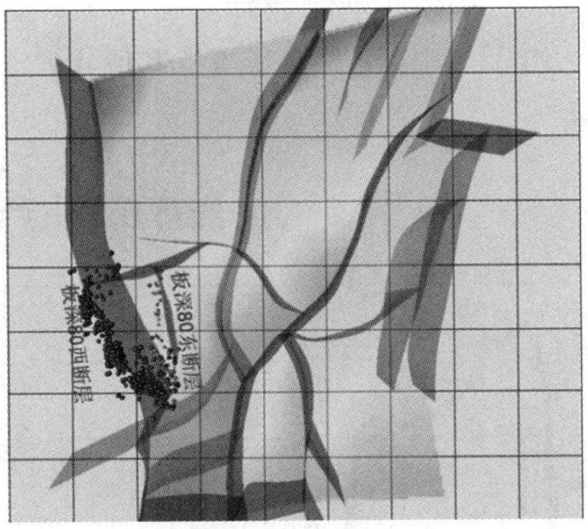

图 20　注气阶段微地震事件监测结果

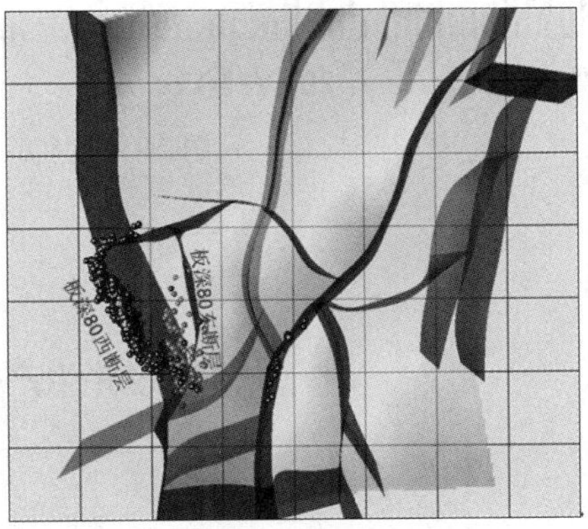

图 21　采气阶段微地震事件监测结果

对中深部微地震事件进行 b 值分析，b 值大小为 1.1，对深部微地震事件进行 b 值分析，b 值大小为 1.0，进一步验证该区域微地震事件与断层活动相关。（b 值估计来源于经典地震学。这个方法的基础来源于这些事实：任何一个地震序列的事件发生频率和它们的震级都不是完全杂乱无章、无迹可寻的。与之相反，它们遵循着一个幂定律关系。

研究显示人工活动相关事件对应 b 值大约为 2 或者更高，相关断层事件的 b 值大约为 1。更高的 b 值对应更低的应力，b 值估计可以帮助确定哪些裂缝开启或者闭合的区域。b 值的增加意味着裂缝开启，下降对应着裂缝闭合。)，如图 22、23 所示。

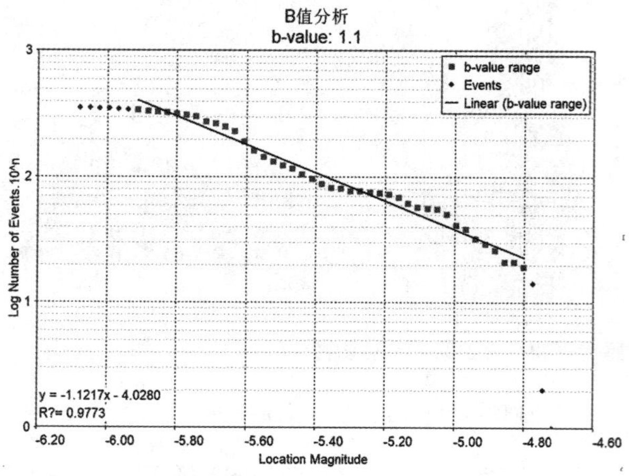

图 22　中深部微地震事件 B 值分析

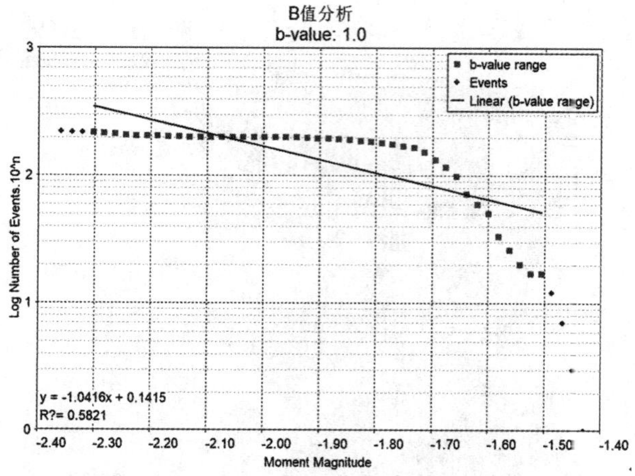

图 23　深部微地震事件 B 值分析

7.4 微地震与注采参数结合分析

微地震事件区域靠近驴驹河储气库板深 80－1 断块，与注采井河库 8 井、河库 9 井有关联关系。

通过微地震事件发生频率与河库 8 井、河库 9 井采气阶段注采参数结合分析，中深部微地震事

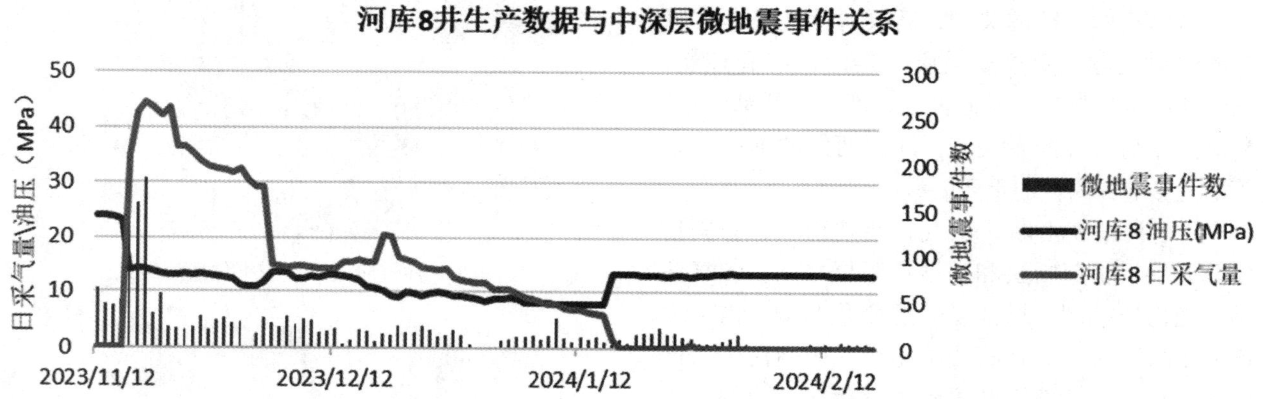

图 24　河库 8 井生产数据与中深层微地震事件关系

图 25　河库 9 井生产数据与中深层微地震事件关系

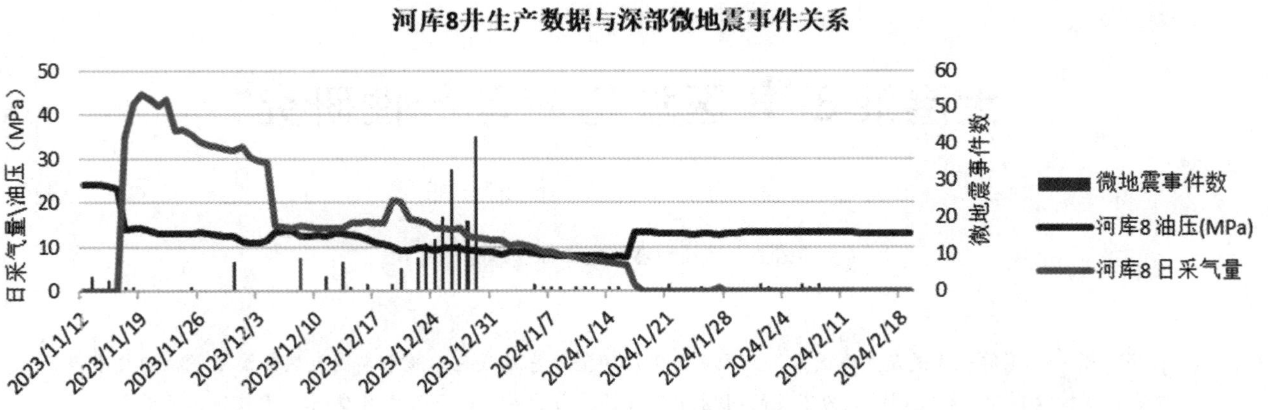

图 26　河库 8 井生产数据与深层微地震事件关系

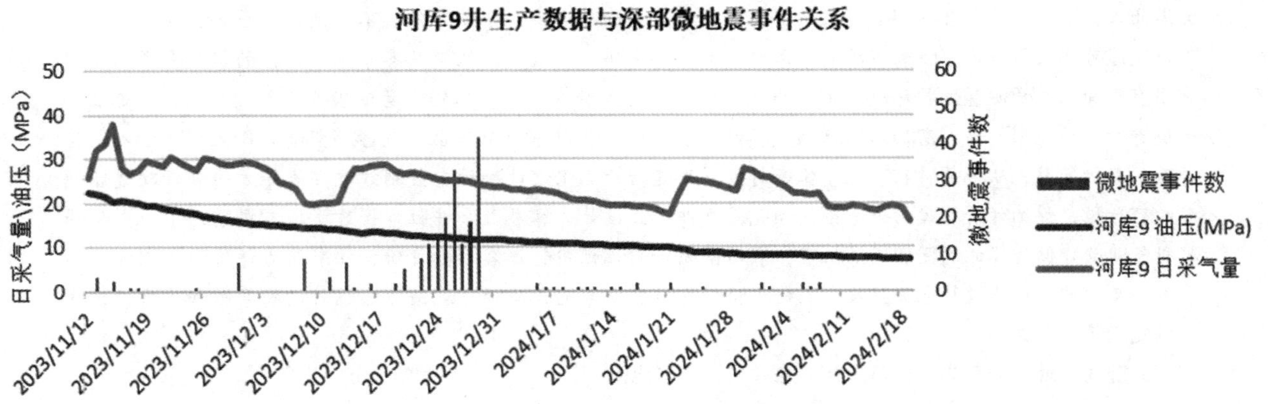

图 27　河库 9 井生产数据与深层微地震事件关系

件发生频率在采气初期和前期阶段产生较多，随着采气时间持续，压力持续降低，微地震事件产生频率逐步降低。

深部微地震事件产生频率整体较低，在采气中期阶段，深部微地震事件数有所增多，生产状态没有异常情况，判断应为采气一段时间后地层压力有所变动引起的短期应力扰动所致，如图 24 ~图 27 所示。

8　结论

驴驹河储气库在微地震监测期间，监测到的微地震事件较多，微地震事件分布区域与驴驹河储气库断层吻合较好，驴驹河储气库地质模型刻画精细，准确度高，在储气库目的层区域未监测到微地震事件，表明驴驹河储气库目的层区域小断层/天然裂缝不发育。

从微地震监测结果看，除板深 80 断块西大断层处于活跃状态，储气库目的层区域、盖层及盖层以上，储气库边界断层未监测到微地震事件，储气库运行安全状况处于稳定状态，断层活动受储气库注采活动有一定关联。

微地震监测技术在储气库安全运行中意义重大，可以在储气库的顺利、安全、长久、有效运行过程中实时监测地下活动，为储气库安全预警和优化运行提供科学依据。

参　考　文　献

［1］魏路路，井岗等．微地震监测技术在地下储气库中的应用［J］．天然气工业，2018，38（08）：41－46
［2］唐绪磊，赵振伟等．高陡构造区枯竭型油气藏改建地下储气库配套地震解释技术序列［J］．天然气工业，2021，41（06）：44－51
［3］廖伟，魏路路等．微地震监测在油气藏型储气库地质体完整性评价中的应用［J］．石油地球物理勘探，2023，58（04）：913－921
［3］魏路路，井岗等．微地震监测技术在地下储气库中的应用［J］．天然气工业，2018，38（08）：41－46
［4］井岗，何俊等．盐穴储气库稳定性的实时微地震监测［J］．油气储运，2018，37（07）：751－756
［5］薛承文，高涵等．储气库微地震监测井口装置研制［J］．新疆石油天然气，2015，11（02）：91－93

大港油田 B 区块建库可行性研究

刘 薇 陈 铎 叶 萍 许 倩

（中国石油大港油田公司天津储气库分公司）

摘 要 地下储气库是是保障国家天然气安全供应的重大基础设施。随着我国天然气消费量快速增长及对外依存度持续攀升，储气调峰能力不足的问题逐渐凸显。由于我国地下储气库建设起步较晚，天然气调峰能力仅占天然气消费量的5%（截至2022年底），与国外12%～15%的水平差距较大。迫切需要加大建设技术攻关，快速提升储气能力建设水平，建立完善的天然气“产供储销”产业体系，保障国家能源安全。随着大港油田原油、天然气开发形势日益严峻，天然气产量逐年递减，冬夏季供气不平衡的矛盾日益突出。而地下储气库可有效调节季节供需不平衡，保障天然气安全供应。因此，从满足冬季下游用户的用气需求、合理利用有限的油气资源和保护环境等角度出发，建设储气库势在必行。根据大港油田库址筛选标准，优选出B区块进行库址规划，与大港油田已建储气库相配合，联合保障京津冀地区用气季节调峰。B区块属于砂泥岩薄互层凝析气藏，从地质特征、地质体密封性、关键指标优化设计和动态监测方案部署等方面分析改建储气库的可行性，详细评价建库的地质条件和气藏条件，并设计库容参数和井位部署方案。本文总结了小型枯竭凝析气藏改建储气库的圈闭密封性机理，应用圈闭密封性评价、库容参数评价、注采能力评价和监测方案部署方法4项储气库建设特色关键技术。提高枯竭气藏型地下储气库建库地质方案设计的科学性和可靠性，优化储气库运行参数。

关键词 地下储气库；协同采油；采收率；扩容能力

Feasibility Study on the Construction of Reservoir Bin Dagang Oilfield

LIU Wei，CHEN Duo，YE Ping，XU Qian

（PetroChina DaGang Oilfield Company Tianjin Gas Storage Company）

Abstract: The underground gas storage reservoir is a major infrastructure that ensures the safe supply of natural gas in the country. With the growth of natural gas consumption in China and the continuous increase in external dependence, the problem of insufficient gas storage and peak shaving capacity has gradually become prominent. Due to late start of underground gas storage reservoir construction in China, the natural gas peak shaving capacity only accounts for 5% of the natural gas consumption (as of the of 2022), which is significantly lower than the international level of 12% – 15%. There is an urgent need to strengthen the technologicals in construction, quickly improve the level of gas storage capacity construction, establish a complete natural gas “production, supply, storage, and sales” industrial system, ensure national energy security. As the development of crude oil and natural gas in Dagang Oilfield becomes increasingly difficult, the natural gas production is decreasing year by year and the contradiction of winter and summer gas supply imbalance is becoming more prominent. However, underground gas storage reservoirs can effectively regulate the seasonal supply and demand imbalance and the safe supply of natural gas. Therefore, from the perspective of meeting the gas demand of downstream users in winter, reasonably utilizing the limited oil and gas resources, protecting the environment, it is necessary to build gas storage reservoirs. According to the screening criteria for Dagang Oilfield's storage sites, Block B was selected site planning, which will work together with the existing gas storage reservoirs in Dagang Oilfield to jointly ensure the seasonal peak shaving of natural gas in the Beijingianjin – Hebei region. Block B is a thin sand – mudstone interbedded condensate gas reservoir. The feasibility of converting it into a storage reservoir was analyzed from aspects such as geological characteristics, geological body sealing, optimization design of key parameters, and dynamic monitoring plan deployment. The geological conditions and gas conditions for building the reservoir were evaluated in detail, and the reservoir capacity parameters and well deployment plan were designed. This paper summarizes the mechanism of trap sealing in depleted condensate gas reservoirs, and applies four key technologies of gas storage reservoir construction, including trap sealing evaluation, reservoir capacity parameter evaluation, injection and production evaluation, and monitoring plan deployment. These technologies improve the scientificity and reliability of the geological design of depleted gas reservoir type underground gas storage reservoirs, and optimize operating parameters of the gas storage reservoir.

Key words: Underground gas storage; Associated oil production; Recovery rate; Expansion capability

地下储气库是平稳生产、季节调峰、事故应急和能源储备的重要技术手段，具有储存量大、安全性高、经久耐用等特点。目前国内外主要的储气库类型有枯竭油气藏型、盐穴型、水层型及废弃矿洞型等。其中枯竭油气藏改建储气库是最主要的形式，占到已建储气库总数的80%以上。油气藏型储气库一般选取边界清晰、密封条件落实的构造地质体进行建设。从构造类型来看，前人主要围绕背斜构造、断块构造、断鼻构造等开展了储气库建库地质评价研究。从气藏类型来看，针对含水火山岩气藏、含水砂岩气藏、中—低渗气藏等开展了密封性评价、建库技术对策等方面研究。

大港油田地区作为京津冀地区的天然气生产基地和天然气管网枢纽中心，地理位置十分重要，为提高气区调峰保供能力和调节气田生产，亟需配套建设地下储气库。B区块地理位置位于天津市滨海新区大港油田储气库群周边，临近板808、828储气库，地理位置优越。本文以大港油田B区块凝析气藏为例，从气藏地质特征入手，分析其密封性、储层条件、流体性质、气井产气能力等，从地质角度论证该类型气藏改建地下储气库的可行性。在此基础上，针对储层的特点，优化设计了注采运行指标，为该类型储气库的建设和运行提供了技术依据。

1　地质特征

B区块构造位于大张坨断层与高沙岭断层交汇处，整体为被断层复杂化的断鼻构造。板桥地区自下而上地层发育古近系有沙河街组、东营组，新近系有馆陶组、明化镇组及第四系平原组。研究区目的层沙一下滨Ⅰ油组为深灰色泥岩夹白色细砂岩及薄层钙质砂岩，白云质灰岩，整体厚度为81～218m。B区块主力含油气层为滨Ⅰ下砂层组。沙一下沉积期，受北部的葛沽物源控制，滨Ⅰ油组发育扇三角洲—远岸扇沉积体系，主要发育水下分支河道沉积。根据区块完钻井测井解释资料统计，滨Ⅰ油组平均孔隙度17.5%，平均渗透率$53.7\times10^{-3}um^2$，属中孔－中渗储层。

B区块计算含油气面积$0.56km^2$，干气地质储量$2.15\times10^8m^3$，凝析油地质储量4.81×10^4t（图1）。目前有完钻井4口，3口生产井均上返，断块累产气$0.5946\times10^8m^2$，累产油0.7930×10^4t，累产水$0.2977\times10^8m^3$，天然气采出程度27.7%。

2　圈闭密封性评价

2.1　盖层密封性评价

B区块目的层为滨Ⅰ下，上覆泥岩盖层（滨Ⅰ中－2）平均厚度基本都在20m以上，B井最薄（19m），在油藏主体区分布较厚，盖层宏观上封闭良好（图1）。

从微观来看，B区块滨Ⅰ油组没有取芯井，因此借用板870井、板843井沙一下取芯资料进行分析论证。盖层岩性主要为粉砂质泥岩和泥岩，平均排替压力大于2.5MPa，可封闭气柱高度在600m以上（表1），根据盖层物性封闭能力等级划分标准（吕延防，1996）（表2），认为研究区盖层封闭性好。

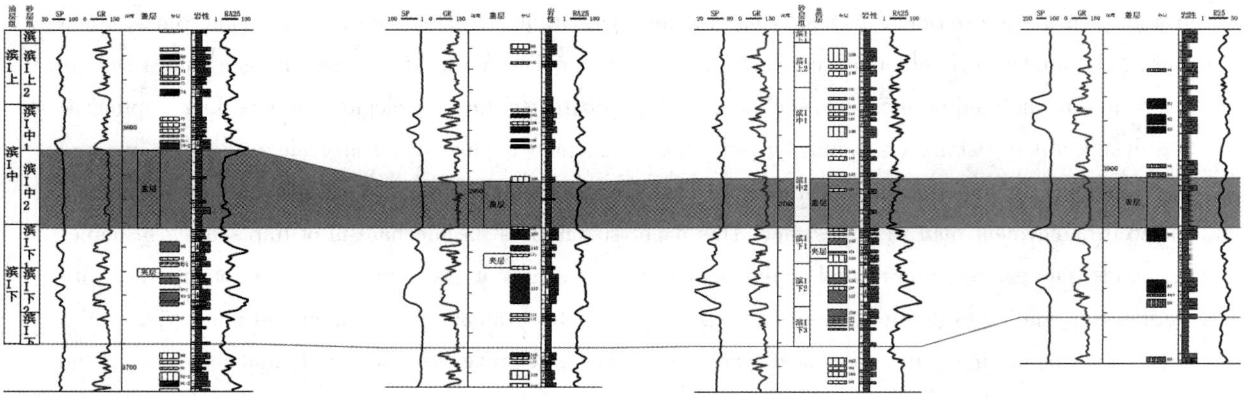

图 1　板 43－32 井—板深 54－1 井滨Ⅰ油组地层对比图

表 1　板 870 井、板 843 井沙一下样品分析表

样品号	层位	岩性	黏土矿物含量/%	渗透率/mD	排替压力/MPa（煤油－CO_2）	排替压力/MPa（气－水）	可封闭气柱高度/m
板 870－2718.08	ES1 下	泥岩	31	0.00119	1.43	2.07	690.16
板 870－2735.65	ES1 下	泥岩	46.1	0.001927	2.10	3.04	1013.45
板 870－2741.41	ES1 下	泥岩	50.2	0.001032	7.36	10.65	3548.95
板 870－2742.15	ES1 下	泥岩	45.5	0.002318	3.50	5.06	1686.94
板 870－2743.29	ES1 下	泥岩	45.8	0.001529	6.85	9.91	3302.52
板 870－2745.71	ES1 下	泥岩	47.3	0.003411	1.32	1.91	638.23
板 843－2673.01	ES1 下	粉砂质泥岩	26.7	0.004778	5.97	8.70	2900.11
板 843－2082.56	ES1 下	粉砂质泥岩	22.6	0.01167	1.62	2.51	837.90
板 843－2689.89	ES1 下	粉砂质泥岩	26.8	0.035724	1.28	1.86	619.22
板 843－2687.8	ES1 下	粉砂质泥岩	21.3	0.019425	1.73	2.52	841.04

表 2　盖层物性封闭能力等级划分标准（吕延防，1996）

盖层物性封闭能力评价等级	好	较好	中等	差
盖层排替压力/MPa	>2.0	2.0～0.5	0.5～0.1	<0.1
可封闭的天然气高度/m	667	667～167	167～33	33

2.2　断层密封性评价

采用岩性配置法和泥岩涂抹系数法对区块的两条断层进行评价。

在油气成藏过程中，断层最终起何种作用，在于它是封闭的还是开启的，而断层是否封闭是影响断块建库成败的关键，断层封闭性是非常复杂的地质问题，受很多地质因素的影响和控制，其中断层走向与应力方向关系、断层的活动时期、断层两盘的岩性配置关系、断层两盘的油水关系等都是影响封闭性的重要因素。本次研究主要对高沙岭北断层进行封闭性评价。应用岩性配置法对断层进行判别，通过绘制过高沙岭北断层的油藏剖面图、岩性模型、提取时间切片属性都可以看出，滨Ⅰ油组下降盘为砂岩油气层，上升盘以泥岩、致密层为主，为砂泥对接的泥岩封闭类型，高沙岭北断层封闭性良好（图 2、图 3、图 4、表 3）。

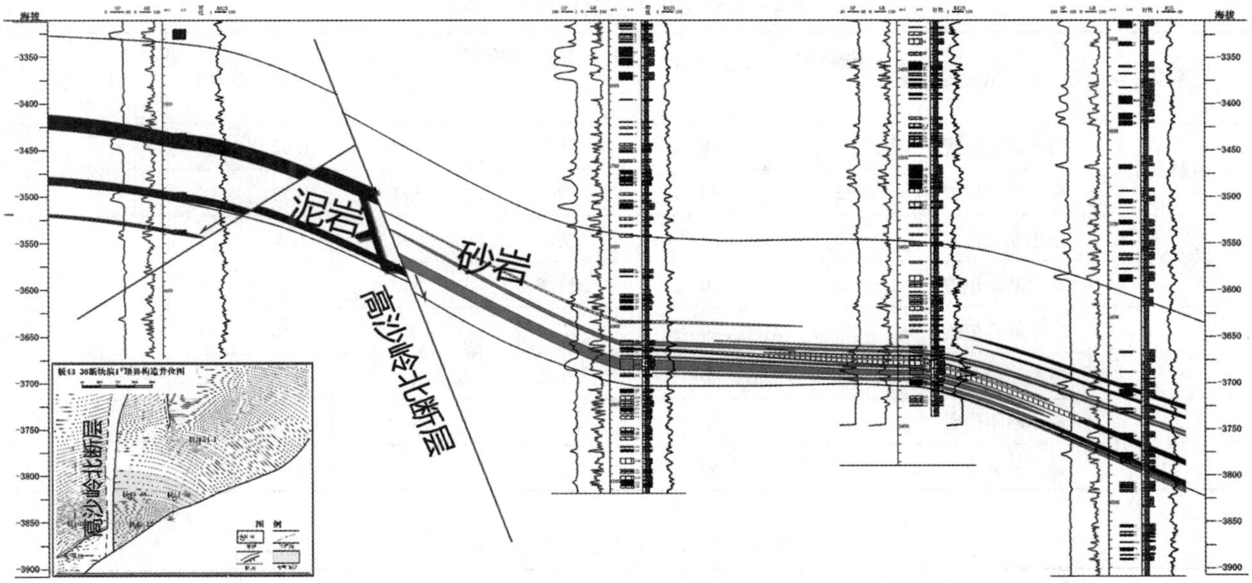

图 2 油藏剖面图

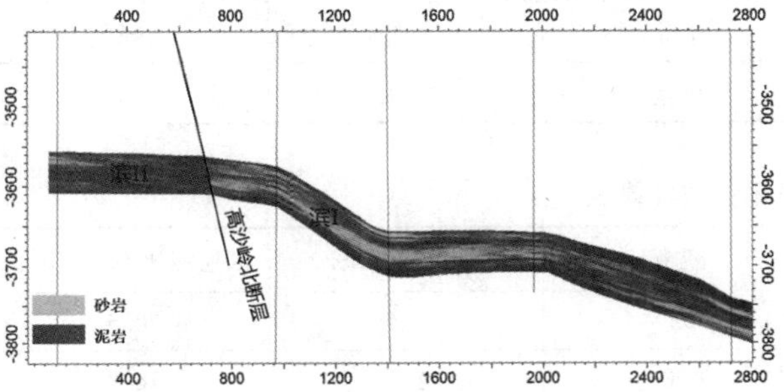

图 3 岩性模型剖面图

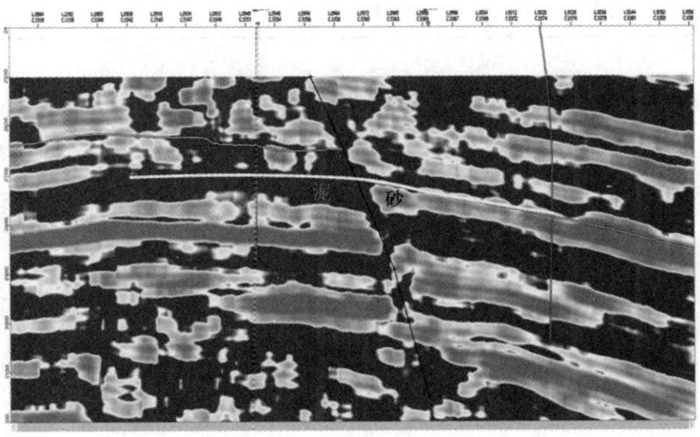

图 4 时间切片属性图

表 3 高沙岭北断层上下盘岩性配置关系

断层名	上升盘	下降盘	岩性对接类型	断层封闭类型
高沙岭北断层	滨 II 油组泥岩	滨 I 下含气砂岩	渗透砂泥岩对接	断层岩封闭

泥岩涂抹层分布的连续性是形成断层有效封闭的重要因素。泥岩涂抹系数（SSF）是表征泥岩涂抹层分布连续性的参数，其公式为：

$$SSF = Rd / \sum_{i=1}^{n} h_i$$

式中：SSF 为泥岩涂抹系数；

R_d 为倾向断距（m）；

h_i 为被断开的第 i 层泥岩厚度（m）；

n 为被断开泥岩层的数目（层）。

断层泥比率（SGR）表示通过各种机理挤入断裂带的泥页岩的比例，围岩中泥页岩含量越高，断裂带中泥页岩、断层岩泥化涂抹的可能性就越大，其孔渗性就越差，毛细管排替压力就越高，形成封闭的可能性就越大，反之越小。

目前，板桥储气库群已投入运行多年，按照设计运行指标，各储气库所围限的边界断层证实是封闭的，因此，通过与板桥油田断层参数进行对比，来研究 B 区块圈闭断层封闭性。理论研究认为，当泥岩涂抹系数（SSF）小于 4，泥质含量（SGR）大于 60% 时，断层封闭程度大；当泥岩涂抹系数（SSF）大于 4，泥质含量（SGR）大于 80% 时，封闭性好；参照理论研究判别条件，结合板桥储气库群断层封闭性参数表（表 4），对板桥地区断层的封闭参数标准进行了确定（表 5）。

通过统计，选取 4 个评价点，SSF 均小于 4，SGR 在 55% ~ 76% 之间，依据板桥油田断层封闭性判别标准，高沙岭北断层封闭性为中等 - 较好（表 6）。根据断层岩封闭标准（表 7）判别其为泥岩涂抹封闭。

表4 板桥油田断层封闭参数计算表

断层	断层位置	垂直断距/m	断层倾角/°	断开泥岩厚度/m	断面位移/m	SSF	SGR	封闭性
板桥断层	最小断距位置	95	48	66.5	128	1.92	70	较好
	最大断距位置	293	48	249	394	1.58	85	
大张坨断层	最小断距位置	100	50	72	108	1.5	72	较好
	最大断距位置	350	50	311.5	560	1.8	89	
板816井断层	最小断距位置	20	40	12	31	2.58	60	较好
	最大断距位置	40	40	26.8	62	2.3	68	
板深30井断层	最小断距位置	30	50	22.5	39.2	1.74	75	较好
	最大断距位置	40	50	28	52.2	1.86	70	

表5 板桥油田断层封闭性标准

SSF	SGR				
	≤20	20~40	40~60	60~80	≥80
≤4	差	较差	中等	较好	好
≥4	差	差	较差	中等	较好

表6 B区块断层封闭参数计算表

断层名称	井位	泥岩厚度	断距	涂抹系数（SSF）	断层泥比率（SGR）
高沙岭北断层	板深39	67.01	95	1.4	70.5
	板163X1	92.2	120	1.3	76.8
	板43-32	44.02	80	1.8	55.0
	B	68.1	120	1.8	56.8

表7 断层岩封闭标准

断层岩封闭	碎屑岩封闭	层状硅酸盐-框架断层岩封闭	泥岩涂抹
SGR	<15%	15%~50%	>50%

3 储气库关键指标优化设计技术

储气库建库关键设计指标包括有效库容量、运行压力区间（上、下限压力）、工作气量和合理井网密度等。这几项指标之间存在一定的相互影响或制约关系，其核心是有效库容量。在有效库容量设计基础上，结合运行压力区间和储集层物性等即可确定工作气量等其他关键指标。

3.1 有效库容量

基于对开发中后期水侵气藏储集层流体分布和气水互驱渗流机理的深入分析，提出了以建库有效孔隙空间为核心的有效库容量设计新方法。其基本思想是在综合考虑气藏衰竭开发导致的部分孔隙空间永久损失和储气库大流量注采地层高速渗流孔隙局部动用的基础上，以建库可动用的有效含气孔隙空间为基础，采用动态物质平衡原理设计有效库容量。主要设计流程包括：①在储气库储集层流体4区带（建库前纯气带、气驱水纯气带、气水过渡带和水淹带）分布新模型基础上，首先扣除气藏开发地层压降、岩石孔隙压实、凝析油反凝析等因素导致的含气孔隙空间永久损失；②综合数值模拟和室内仿真物理模拟两种技术手段，分别确定不同流体分布带含气孔隙空间和高速注采含气孔隙动用效率；③以流体不同分布带含气孔隙空间及高速注采动用效率为基础，加权计算得到建库有效含气孔隙空间，然后根据注采气物质平衡原理建立储气库库存量预测数学模型。图1为以建库有效孔隙空间为基础计算的库存量与视地层压力关系曲线示意图，储气库设计上限压力对应的库存量即为气藏建库有效库容量。

B 区块库容参数设计依据储气库参数设计行业标准（SY/T 7652—2021），本区块气藏边水能量弱，有较弱的水侵，因此气藏细分两个区带，纯气带、气水过渡带。气库有效孔隙体积等于原始孔隙体积扣除水侵影响和反凝析影响损失的孔隙体积，得到建库地下有效孔隙体积 $25.8\times10^4m^3$。44 MPa 设计上限压力对应的有效库容量为 $0.73\times10^4m^3$。

3.2　工作气量

工作气量是指储气库在设计的运行压力区间采出的天然气量。在有效库存量预测和上、下限压力设计的基础上，即可计算出工作气量，其为上限压力与下限压力对应的库存量之差（图5）。

上限压力优化设计以圈闭动态密封性评价结果为主要依据，基本原则是保证上限压力下圈闭密封性不遭受破坏。通过盖层动态突破压力和三轴交变应力疲劳损伤实验以及圈闭地应力 - 渗流耦合数值模拟，逐一计算不同上限压力对应的盖层和断层动态密封性评价指标（盖层剪切安全指数、断层滑移指数等），当其中任一指标进入临界状态时，其所对应的地层压力即为保持储气库圈闭动态密封有效的上限压力。

下限压力优化设计综合气藏工程和数值模拟两种技术手段，以储气库采气末期具有一定的调峰能力、减小边底水侵入对储集层含气孔隙的影响、采气井井口压力满足进站要求和储气库具有一定规模工作气量等为约束条件，通过对不同下限压力下储气库采气末期日采气能力、边底水侵入规模、井口压力和设计采气天数内可采出工作气量等进行多方案对比，最终优化出兼顾调峰能力和工作气量的下限压力。

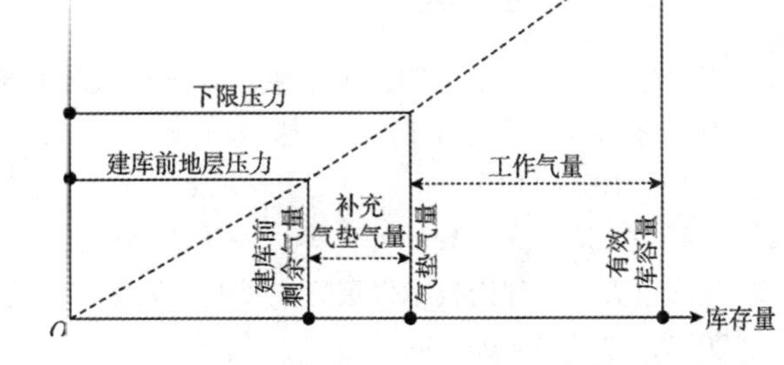

图5　储气库有效库存量与视地层压力关系示意图

3.3　气井采气能力评价

单井采气能力的大小，受到地层渗流能力和井筒流动能力两方面因素的影响，只有当二者流动能力协调一致时，气井的产气能力才是最高的。单井采气能力的确定，主要基于这一原理，在确定了反映地层渗流能力的 IPR 流入动态曲线和井筒流出能力曲线后，其曲线交点所对应的气井产量即是单井最大采气能力，该产量低于冲蚀流量时，即为合理产气能力。

大斜度井采气能力计算采用国际上通用的 Besson 计算公式进行计算。

Besson 公式：

$$Q=\frac{0.543k_hh\Delta p/(\mu_oB_o)}{\ln\left[\frac{r_e}{r_w}\right]+S_{\theta B}+S}$$

其中：

$$S_{\theta B}=\ln\left[\frac{4r_w}{L}\frac{1}{\beta\gamma}\right]+\frac{h}{\gamma L}\ln\left[\frac{\sqrt{hL}}{4r_w}\frac{2\gamma\sqrt{\gamma}}{1+\gamma}\right]$$

$$\gamma=\sqrt{(\cos\theta)^{\wedge 2}+\frac{1}{\beta^2}(\sin\theta)^{\wedge 2}}$$

$$k_h=(k_x\times k_y)^{0.5}$$

式中：Q—大斜度井产量，$10^4m^3/d$；

K_x、K_y—地层水平、垂直方向渗透率，$10^{-3}\mu m^2$；

Δp—生产压差，MPa；

θ—井斜角，度。

本区滨Ⅰ油组储层平均厚度 15m 左右，计算井斜角 75～80°时 15m 厚度可增加 2 倍产能，考虑储层射开程度影响，本区大斜度井产能取直井的 1.5 倍，得出二项式产能方程为：$P_r^2-P_{wf}^2=0.1008Q^2+4.033Q$。

表8　不同井斜角时斜井段长度与增产倍数表

井斜角 /°	气层厚度 /m	斜井段长度 /m	增产倍数
60	15	30.0	1.37
65	15	35.5	1.47
70	15	43.9	1.60
75	15	58.0	1.80
80	15	86.4	2.12

以井口压力 7MPa、生产压差 7～10MPa 及低于冲蚀流速下的产气量为约束条件，地层压力 15～44MPa，$3^1/_2$″油管，大斜度井合理产能为（26～72）$\times10^4m^3$（图6、表9）。

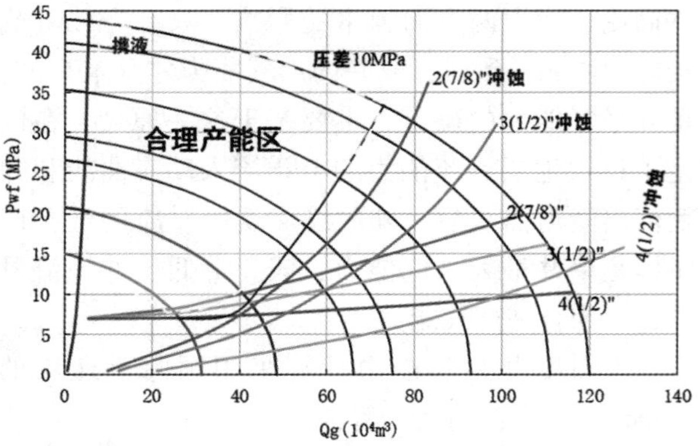

图6　大斜度井地层与井筒流量交汇曲线

表9　不同管径大斜度井产气能力表

管径	$2^{7}/_{8}$″		$3^{1}/_{2}$″		$4^{1}/_{2}$″		压差10MPa	
静压/MPa	产量/10^4m^3/d	流压/MPa	产量/10^4m^3/d	流压/MPa	产量/10^4m^3/d	流压/MPa	产量/10^4m^3/d	流压MPa
44.0	79.0	31.0	92.5	25.9	110.0	10.3	72.0	34.0
40.0	77.0	27.9	88.0	23.3	104.0	9.9	66.0	31.0
35.0	74.0	25.9	77.0	18.0	89.2	9.1	62.0	25.0
30.0	60.0	15.8	64.9	13.5	71.3	8.4	54.0	19.5
25.0	58.0	12.3	59.4	10.6	62.3	8.1	46.0	16.6
20.0	40.6	8.3	42.3	9.0	44.2	7.5	40.0	10.0
15.0	24.3	8.2	25.2	7.7	26.1	7.1	26.0	7.1

4　储气库监测方案部署

为了保障储气库的顺利、安全、长久、有效运行，及时获得各种地质信息，建议对新井做取芯工作，做好气库运行过程中的信息监测工作是十分必要的。根据监测信息，进行气库运行参数的动态分析和运行方案的动态调整是必不可少的。

4.1　气库监测体系的建立

（1）建立全方位、立体化监测体系，包括：

①对气库盖层、断层、井壁的密封性监测；

②对气库内压力场、温度场、流体场的监测，对气库含气范围外的压力、流体监测，目的是判断库容量的变化；

③对注采井生产能力、井流物性质监测；

④对储层物理、化学性质的监测等。

（2）建立全过程、永久化的监测体系，包括：

①气库建设前期的监测，包括静态、动态参数、老井井况，流体性质及分布；

②气库建设过程的监测，包括钻井、完井、录井、测井、试气等过程的资料录取，建议对新井进行取芯；

③气库建设后的监测，包括生产过程中的动静态参数的监测等。

（3）建立全范围、动态化的井点监测体系，包括：

①利用老井B井进行盖层监测，利用A井进行流体监测。

②利用气库内新钻井，对气库内的静、动态参数进行监测，并对新钻注采井进行毛细管压力监测，各停注停采期对气库气井进行测压。

4.2　气库监测体系的部署

（1）盖层监测：C井。

（2）流体监测：D井。

（3）断层监测：E井。

5　结论

目前，大港油田地区面临后备库址资源稀缺的瓶颈难题，大型储气库资源日益减少，小而精的卫星库成为新的建库目标。根据大港油田库址筛选标准，优选出B区块进行库址规划，与大港油田已建储气库相配合，联合保障京津冀地区用气季节调峰。B区块属于砂泥岩薄互层凝析气藏，本文从地质特征、地质体密封性、关键指标优化设计和动态监测方案部署等方面分析改建储气库的可行性，详细评价建库的地质条件和气藏条件，并设计库容参数和井位部署方案。

本文总结了小型枯竭凝析气藏改建储气库的圈闭密封性机理，应用圈闭密封性评价、库容参数评价、注采能力评价和监测方案部署方法4项储气库建设特色关键技术。提高枯竭气藏型地下储气库建库地质方案设计的科学性和可靠性，优化储气库运行参数。

参　考　文　献

[1] 丁国生，李春，王皆明，等．中国地下储气库现状及技术发展方向［J］．天然气工业，2015，35（11）：107－112.

[2] 马新华，郑得文，魏国齐，等．中国天然气地下储气库重大科学理论技术发展方向［J］．天然气工业，2022，42（5）：93－99.

[3] 丁国生，魏欢．中国地下储气库建设20年回顾与展望［J］．油气储运，2020，39（1）：25－31.

[4] 马新华，郑得文，申瑞臣，等．中国复杂地质条件气藏型储气库建库关键技术与实践［J］．石油勘探与

开发，2018，45（3）：489－499.

[5] 张刚雄，李彬，郑得文，等．中国地下储气库业务面临的挑战及对策建议［J］. 天然气工业，2017，37（1）：153－159.

[6] GORYL L. Triennium Work Reports June 2018［C］. 27th World Gas Conference. Washington DC：International Gas Union，2018.

[7] 郑得文，胥洪成，王皆明，等．气藏型储气库建库评价关键技术［J］. 石油勘探与开发，2017，44（5）：794－801.

[8] ZHANG J G，TAN Z G，LAN Y F，et al. Construction of UGS in Low Permeability and Sulfur－Bearing Depleted Gas［C］. USA Washington：Reservoir Proceedings of the International Field Exploration and Development Conference，2019.

[9] 杨树合，何书梅，杨波，等．大张坨地下储气库运行实践与评价［J］. 天然气地球科学，2003，14（5）：425－428.

[10] 张桂明，宗杰，张秀丽，等．黄骅坳陷板南地区地下储气库群建设可行性研究［J］. 天然气地球科学，2012，23（6）：1191－1196.

[11] 刘春生．大庆枯竭气藏改建地下储气库的可行性［J］. 大庆石油地质与开发，2016，35（2）：56－59.

[12] 宣涛，高丽军，秦鹏，等．海上废弃气藏改建地下储气库可行性——以琼东南盆地 H 气田为例［J］. 天然气地球科学，2022，33（2）：324－332.

[13] 张鹏翥，舒萍．含边底水火山岩气藏改建地下储气库的可行性——以徐深气田 D 区块为例［J］. 天然气工业，2015，35（6）：104－109.

[14] BRUNO M S，KANG L，DIESSL J，et al. Development of improved cap rock integrity analysis and risk assessment techniques［J］. Energy Procedia，2014，63：4708－4744.

[15] 丁国生，赵晓飞，谢萍，等．中低渗枯竭气藏改建地下储气库难点及对策［J］. 天然气工业，2009，29（2）：105－107，144－145.

[16] 廖伟，刘国良，陈如鹤，等．气藏型地下储气库动态密封性评价——以新疆 H 地下储气库为例［J］. 天然气工业，2021，41（3）：133－141.

[17] 马新华，郑得文，申瑞臣，等．中国复杂地质条件气藏性储气库建库关键技术与实践［J］. 石油勘探与开发，2018，45（3）：489－499

[18] 郑得文，胥洪成，王皆明，等．气藏型储气库建库评价关键技术［J］. 石油勘探与开发，2017，44（5）：794－801.

[19] 马克 D 佐白科．储层地质力学［M］. 石林，陈朝伟，刘玉石等译．北京：石油工业出版社，2012.

[20] 石磊，邵龙义，王皆明，等．水驱气藏型储气库储集空间动用率实验评价［J］. 石油钻采工艺，2017，39（4）：405－412.

[21] 曾大乾，张广权，杨小松，等．复杂油气藏型地下储气库气藏工程关键参数设计方法［J］. 天然气工业，2023，10：24－33.

泛连通砂岩气藏改建地下储气库侧向密封性评价关键技术

张建国[1,2]　夏　勇[1,2]　王蕾蕾[1,2]　王　伟[1,2]　赵晨阳[1,2]　安文宏[1,2]

（1. 低渗透油气田勘探开发国家工程实验室；2. 中国石油长庆油田分公司勘探开发研究院）

摘　要　榆林气田山$_2{}^3$气藏储层物性好、单井产量高、不含硫化氢，是鄂尔多斯盆地改建地下储气库的最为有利目标。但榆林气田山$_2{}^3$气藏属于三角洲平原－前缘亚相沉积，砂岩大面积连续分布，气藏的侧向封闭性是影响地下储气库可行性论证的最关键因素。针对Y3井区与CB区块山$_2{}^3$砂岩储层宏观连续、区块间封闭性不落实的问题，通过开展储层精细描述、压力恢复试井、渗流理论计算、注采干扰分析、数值模拟等研究，综合评价气藏改建储气库的侧向密封性。研究结果表明：①山$_2{}^3$气藏为多期河道沉积，河道间阻流带发育，Y3井区东北区域和CB区块间存在岩性渐变区，储层物性条件和连通性变差；②42口气井压力恢复解释为平行边界，边界距离平均640m，气井间渗流阻流带普遍发育；③注采阶段两个区块过渡区注气压力传导距离700～2300m，最长不超过2300 m，压力波及范围有限；④多周期注采试验边界区监测井未见干扰，表明在边界区域设置一定距离的过渡带可以实现储气库边界的动态封闭；⑤储气库注采运行25年外溢气量占工作气量比例小于1%，且25年后不再外溢，整体可控。结论认为，形成的泛连通砂岩气藏改建地下储气库侧向密封性评价关键技术有效解决了储气库侧向密封性评价难题，为同类型泛连通砂岩气藏改建地下储气库提供了有益参考和借鉴。

关键词　泛连通；砂岩气藏；储气库；侧向密封性；阻流带；外溢

Key Technology for Lateral Sealing Evaluation of Underground Gas Storage Reconstructed from Pan－connected Sandstone Gas Reservoirs

ZHANG Jianguo[1,2], XIA Yong[1,2], WANG Leilei[1,2], WANG Wei[1,2],
ZHAO Chenyang[1,2], AN Wenhong[1,2]

(1. Petro China Changqing Oilfield Company; 2. Research Institute of Exploration and Development;
3. National Engineering Laboratory of Exploration and Development for Low
Permeability Oil and Gas Fields, Xi'an, Shaanxi 710018, China)

Abstract: The Yulin Gas Field ' s Shan2^3 gas reservoir exhibits favorable physical properties, characterized by high single－well production and an absence of hydrogen sulfide, making it an ideal candidate for the reconstruction of underground gas storage within the Ordos Basin. However, this gas reservoir is situated within a deltaic plain－frontal subphase deposition, where sandstone is extensively distributed. The lateral closure of the gas reservoir is a critical factor influencing the feasibility assessment of converting the gas reservoir into an underground storage facility. To address the issues related to the macroscopic continuity of the Shan23 sandstone reservoir in the Yu37 block and the Changbei International Cooperation block, as well as the lack of inter－block closure, we conducted a comprehensive evaluation of the gas reservoir's lateral closure. This evaluation involved detailed descriptions of the reservoir, interpretation of pressure restoration test wells, theoretical seepage calculations, analysis of injection and extraction interference, and numerical simulations. The results of the study indicate the following findings: ① The Shan2^3 gas reservoir is characterized by multi－stage river deposition, featuring the development of inter－channel flow blocking zones. Lithological gradient zones exist between the northeastern area of the Yu37 block and the Changbei block，leading to deteriorating reservoir physical conditions and connectivity；② In 76% of the gas wells，pressure restoration test interpretations reveal boundary features，with 46% of these wells exhibiting parallel boundaries. The average distance of these boundaries is approximately 640 meters，indicating the presence of seepage flow blocking zones between the wells；③ The average distance for gas injection pressure conduction is less than 1，200 meters，with the maximum distance not exceeding 2，100 meters，which limits the range of the pressure wave；④ No interference was observed in the monitoring wells located at the boundaries during multi－cycle injection and extraction tests，suggesting that establishing a specific distance for the transition zone in the boundary area can facilitate the dynamic closure of the gas reservoir's boundaries；⑤ The gas spillage from the reservoir over 25 years of gas injection and extraction operations accounted for less than 1% of the working gas volume，and there has been no further spillage after this period，indicating that the situation is manageable overall. In conclusion，the study highlights that the pan－connectivity formed plays a crucial role in evaluating lateral sealing for underground gas storage reservoirs reconstructed from pan－connected sandstone gas reservoirs. This evaluation effectively addresses the challenges associated with lateral sealing and provides valuable insights for reconstructing underground gas storage reservoirs of a similar nature.

Key words：pan－connected；sandstone gas reservoir；underground gas storage；lateral sealing；flow blocking zone；spillage

天然气作为一种优质能源，具有热值高、环境污染小等优点，随着我国经济社会的发展，国内天然气消费量持续增长，天然气的对外依存度也快速增加。受气温季节性变化、企业工作特性、人民生活方式、国际政治和突发事件等多因素影响，天然气的安全、平稳供应形势日趋严峻，尤其冬季用气高峰期上游生产企业面临巨大的保供压力。储气能力成为我国天然气工业“产供储销”体系建设中的短板。而地下储气库具有储存量大、经济合理、安全系数大等优点，是天然气调峰保供和应急储备的重要手段。2010 年，中国石油开始大规模开展地下储气库规划建设，长庆气区地下油气资源丰富、地上长输管网配套，成为集团公司规划建设的中西部储气库中心。

鄂尔多斯盆地主要发育低渗透－致密岩性气藏，与盆地其他已开发气藏相比，榆林气田山$_2{}^3$气藏储层厚度大、物性好，单井产能高，天然气不含 H_2S；同时气田位于陕京输气管道的起点，外输便利，是鄂尔多斯盆地建设地下储气库的最有利目标，也是长庆油田首个开展改建地下储气库评价的气田。但榆林气田山$_2{}^3$气藏属于三角洲平原－前缘亚相沉积，砂岩大面积连续分布；气田的南部属于自营开发区，北部为合作开发区，两个区块间砂体宏观上连续分布，改建储气库存在侧向外溢的风险。目前国内外已建储气库主要为断块和构造油气藏改建，圈闭封闭性评价的重点是论证断层、盖层和底托层的密封性。榆林气田断层不发育、水体能量弱，直接盖层发育大段泥岩，气藏的侧向封闭性是制约榆林气田地下储气库建设的关键。本文针对榆林气田改建储气库的侧向封闭性难题，优选 Y3 区块开展储层精细描述、压力恢复试井解释、渗流理论计算，同时结合注采试验干扰分析和数值模拟等研究，综合评价气藏改建储气库的侧向密封性。本文成果支撑了 Y3 储气库的建库地质设计，为同类大面积泛连通砂岩气藏改建地下储气库提供了有益借鉴。

1　气田基本地质特征及开发简况

1.1　气田概况

榆林气田位于鄂尔多斯盆地东北部，其上古生界地层为海陆过渡相—内陆湖盆沉积，自下而上发育石炭系本溪组、太原组，以及二叠系山西组、下石盒子组、上石盒子组和石千峰组，其中山西组山$_2{}^3$亚段为辫状河三角洲沉积，砂体分布稳定，是主力储层。气田区域构造为一宽缓西倾斜坡，坡降一般 3～10m/km。山$_2{}^3$气藏埋深 2650～3100m，平均 2841m；储层平均有效厚度 8.9m，平均孔隙度 6.42%，平均渗透率 3.56mD；地层压力 27.2MPa，压力系数 0.94；地层温度 86℃，地温梯度 3℃/100m，为低孔低渗定容弹性驱动砂岩岩性圈闭气藏。

榆林气田包括CB和YN两个区块。其中，YN为自营开发区块，位于榆林气田南部；CB为合作开发区块，位于气田北部，见图1。YN区块于1999年投入开发，CB区块于2005年开发建设，截止2022年5月底，榆林气田投产气井455口，累计产气超过900×10^8m^3。YN区块与CB区块边界长度27.0km，边界处平均气层厚度12.9m，平均渗透率5.2mD，储层物性及连通性好，YN区块整体改建储气库天然气溢出风险大。因此，优选YN区块西南部的Y3井区开展注采先导试验，评价外溢的风险，落实建库的可行性。

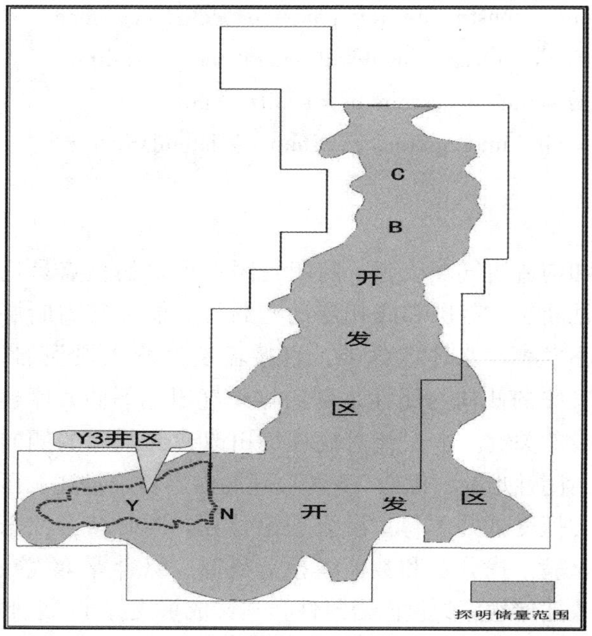

图1　榆林气田区块平面分布图

1.2　Y3井区简况

Y3井区位于榆林气田西南部，其东北与CB区块相接，面积125.8km^2。区内完钻气井50口，钻遇山$_2$储层气井38口，平均埋深2955m；山$_2{}^3$储层平均有效厚度为10.1 m，平均孔隙度为6.4%，平均基质渗透率为3.12 mD，地层压力27.7MPa。计算山$_2{}^3$气藏探明天然气地质储量150.9×10^8m^3，储量丰度1.2×$10^8m^3/km^2$。

山$_2{}^3$气藏投产气井38口，试气平均无阻流量36.5×$10^4m^3/d$，最高154.3×$10^4m^3/d$。井区2003年10月投产，2022年3月31日关井，关井前平均油压3.6MPa，平均套压8.7MPa，累计采气量64.9×10^8m^3。

2　注采先导试验简况

YN区块2010年开展改建地下储气库的可行性研究，是中国石油第一批开展地下储气库评价工作的气田。为了论证YN区块储层封闭性、单井生产能力等指标，2010年编制完成了区块的注采试验工作。2011年在Y3井区新建集注站1座，完钻注采水平井2口，平均水平段长度1440.5m，平均钻遇砂岩储层长度1217.0m。2011年9月～2013年3月利用榆林气田的自产气开展两轮水平井注采先导试验，累计注气1.73×10^8m^3、采气1.84×10^8m^3，见图2。两个周期的注采试验，评价认为山$_2{}^3$储层在高速注采条件下满足储气库“注得进、采得出”的要求；主砂体带水平井控制储量大，单井产量高。但是考虑到YN区块向CB区块方向边界不明确可能存在外溢、影响天然气生产等因素，2013年底暂缓储气库评价建设工作。

受煤改气等清洁能源政策影响，2017年冬季国内发生了大面积气荒，储气能力建设成为国家关注的焦点，榆林气田再次成为储气库评价建设的重点目标。随着储气库建设技术和政策逐步配套完善，具备了进一步探索全新建库模式的条件。2019年重启Y3区块注采试验，2021年新钻注采水平井1口，进一步提高注采规模，支撑榆林气田建库模式探索和方案设计。2019年～2021年，利用原有两口水平井注采，配套周边15口老井开展动态监测，评价压力传导方向和传播速度，期间累计注气5.36×10^8m^3，累计采气0.82×10^8m^3。2022年新钻注采水平井投运，年度注气2.84×10^8m^3，见图2。经过六个周期的注采试验，为开展侧向密封性评价积累了大量的资料。

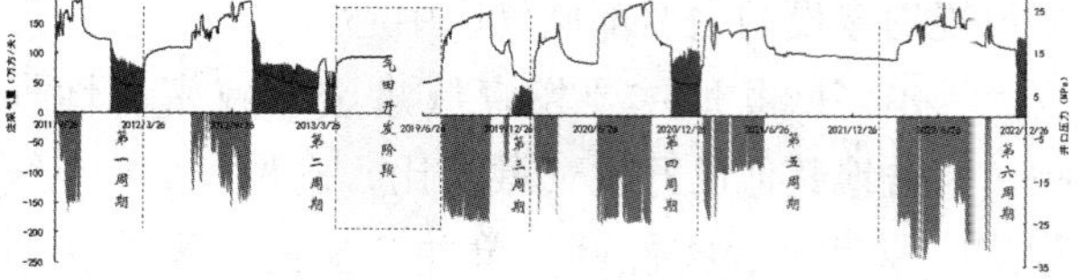

图2　Y3井区注采试验运行曲线

3　侧向密封性评价

3.1　储层精细描述

榆林地区山$_2{}^3$期浅水三角洲辫状河流改道频繁，河道单砂体之间反复叠置，并互相削截、切割，砂体形态总体以正粒序、复合叠置的箱型和钟型为主，纵向发育多个期次，粒度以中—粗粒为主，分选相对较好。从宏观平面特征上看，复合砂体由合作开发区至自营开发区的延伸方向是连续的，在纵向上由多个旋回组成。但由于河流改道、砂体切削的随机性较强，纵向厚度和延伸规模具有不确定性。Y3 井区位于辫状河三角洲前缘沉积，与三角洲平原地区为宏观的连通关系。本研究基于高分辨率层序地层划分，进行沉积微相和砂体结构的精细描述，构建复合砂体的内部结构特征及变化，分析砂岩储层之间的连通性。

依据沉积层序结构、厚度、测井响应等特征，对山$_2^{3}$亚段地层自上而下分为山$_2^{3-M}$、山$_2^{3-1}$、山$_2^{3-2}$和山$_2^{3-3}$四个小层。山$_2^{3-M}$为稳定发育的一套碳质泥岩和煤层，局部煤层厚达 4m 以上；其他三个小层以粒度旋回的转换界面、泥岩或薄煤层为分界线。通过建立了全区地层格架，分析各小层内的砂体发育特征表明，河道砂体主要集中山$_2^{3-1}$、山$_2^{3-2}$两个小层，河道中心部位地层厚度较大，河道侧翼地层厚度较薄。

通过岩性组合关系、砂岩分选、粒度分布，结合水平井钻井分析，将水下分流河道进一步划分为高能河道、低能河道等两种类型的叠置河道，由于水动力和沉积微相差异，其岩性、物性及层内连通性均存在差异。高能河道位于辫状河道的主体位置，多期河道交错叠置，单砂体相互切削，“二元”结构不发育，粗碎屑物质供应充足，砂岩储层物性较好，砂体内部连通性相对较好，见图 3。低能河道虽也是多期叠置特征，但砂体由于快速迁移摆动时未发生削截或部分削截，单砂体之间的结合部位发育粉—细砂岩、砂质泥岩等隔夹层，形成致密阻流带。单砂体内部受河流沉积的粒序变化影响，一般由底部至顶部、由砂体中心至侧翼，砂岩的粒度分选和矿物成熟度都逐渐变差，其物性也相应变差、非均质性增强，砂体内部的连通性也相对较差，导致可渗流储层的连通范围有限，见图 4。

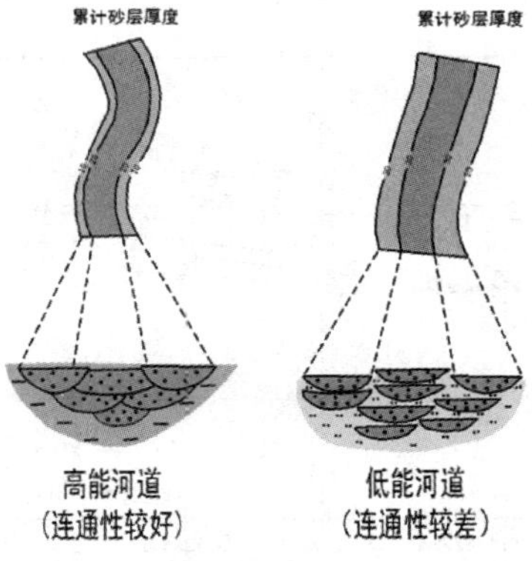

图 3　叠置河道砂体发育模式

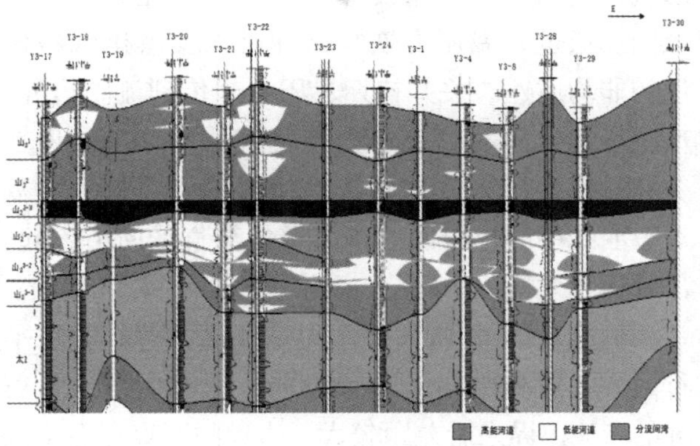
图 4　Y3 井区山$_2$小层沉积微相剖面

Y3 井区为榆林气田山$_2^{3}$亚段大型辫状河三角洲沉积扇体的一个分支。高能河道砂体在山$_2^{3-1}$和山$_2^{3-2}$小层的局部呈团窝状分布，见图 5、图 6，尤其是山$_2^{3-1}$和山$_2^{3-2}$小层削截叠置，为形成局部的相对高渗储层区创造了条件。低能河道位于山$_2^{3-1}$和山$_2^{3-2}$小层高能河道区的外围，砂体接触关系较差，致密阻流带发育，砂体横向连通性差，构成了储气库侧向动态封闭的基础。

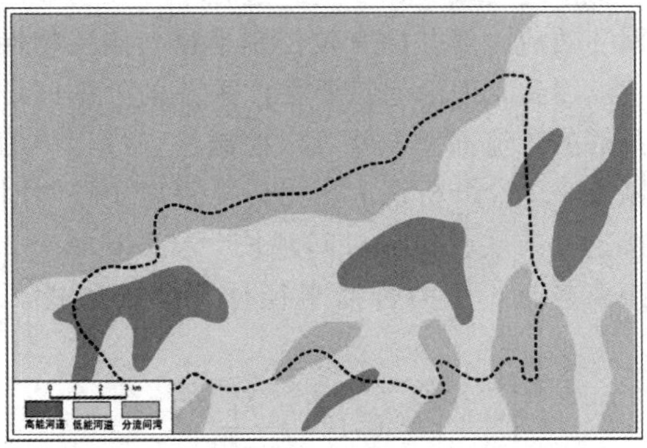

图 5　Y3 井区山$_2^{3-1}$小层沉积微相图

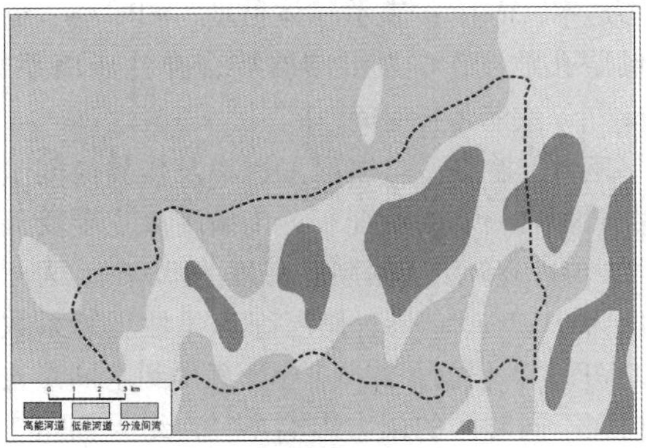

图 6　Y3 井区山$_2^{3-2}$小层沉积微相图

3.2　压力恢复试井研究

阻流带是储层非均质性的试井反映，是各种沉积和成岩作用的综合反映。阻流带会造成流体的流动能力变差，从而降低气井的产能和控制的范围。通过开展压力恢复试井可以反映出气藏储层的非均质性。关井初期，压力未传到流动边界，反映不出边界对井底压力恢复规律的影响；但在关井后期，压力波传到流动边界，气井的压力双对数曲线中的导数曲线偏离径向流直线向上翘起，出现边界效应。

榆林气田42口气井压力恢复试井解释存在平行边界，边界距离120~2500m，平均640m。从解释的渗流边界来看差距较大，边界的距离存在不确定性，这说明气井的渗流边界并非完全封闭的边界，是复合砂体非均质性的体现。从岩心资料和测井曲线来看，山$_2{}^3$气藏河道底部的滞留沉积和河道边缘物性较差夹层是该地区阻流带的主要形成类型。在砂体沉积过程中，单砂体与单砂体之间相互叠置，造成砂体叠置处存在低渗透夹层，同时在单砂体底部和边缘处物性较差，这两种情况使连续分布的砂体之间存在夹层或低渗透流动边界，体现于流体流动过程就是阻碍水平方向流动的阻流带。

3.3　渗流理论计算

低渗透气藏气井在生产过程中存在明显的压力漏斗效应，气井的有效控制半径与储层物性成正比。因此，理论上只要在注采井的外围区域预留足够的渗流面积，就可以控制注采过程中的气体溢流。理论分析认为压力传播距离主要与时间和渗透性有关，传播时间越长、渗透率越大，传播距离越远。压力传播半径计算公式如式（1）所示。

$$r = 0.12\sqrt{\frac{Kt}{u\varphi C_t}} \tag{1}$$

式中r表示压力波的传播距离，m；K表示有效渗透率，mD；μ表示气体黏度，mPa·s；Φ表示储层孔隙度；C_t表示储层综合弹性压缩系数，MPa^{-1}；t表示传播时间，h。

压力传播距离与储层渗透率及传播时间呈正相关，时间一定的情况下，传播距离主要受储层物性影响。Y3井区储层孔隙度为0.064，天然气黏度为0.02 mPa·s，储层综合弹性压缩系数为0.02MPa^{-1}，根据公式（1）计算得到不同渗透率储层在不同时间的压力影响半径，结果如图7所示。Y3井区与CB区块相接的东北部区域储层渗透率为0.2 ~2mD，注气期按照200天计算，评价注气期内两个区块过渡区压力传播距离为0.7 ~2.3 km。将中间过渡区边界距离控制在核心区边界外2.3 km以外，就可以防止常规注采循环中的大量气体外溢，确保储气库安全高效运行。

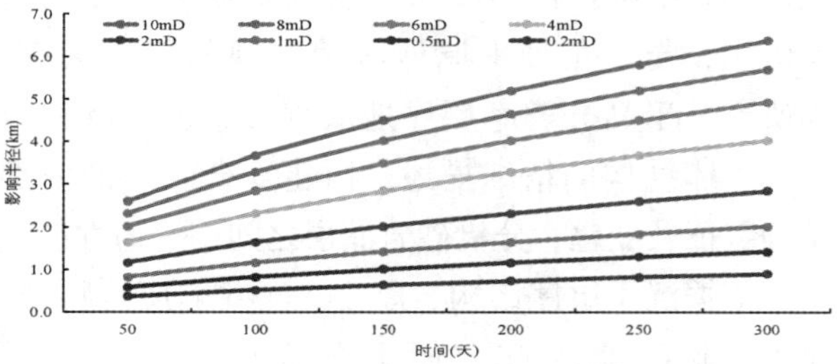

图7　不同渗透率、时间与压力传导距离关系曲线

3.4　注采干扰分析

为研究储层连通性、探测岩性边界，评价储层物性及致密层横向封隔能力，在注采试验时开展了地层压力测试等动态监测工作。2011年~2013年注采试验周期内，对注采井周边11口气田开发井每间隔1~2个月实施井底压力测试，监测地层压力的变化。监测表明除了邻近的Y3-2和Y3-1井短期内地层压力见到明显注采干扰外，其余气井地层压力平稳，未见明显干扰，见图8~图9。

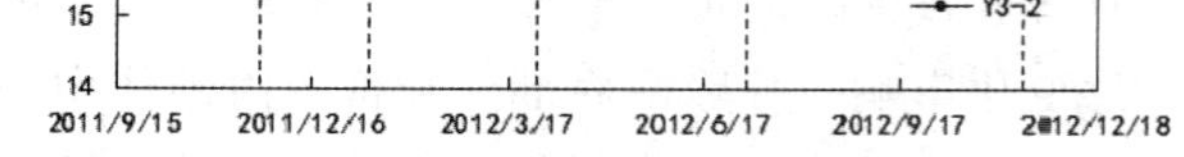

图8　地层压力明显干扰气井曲线图

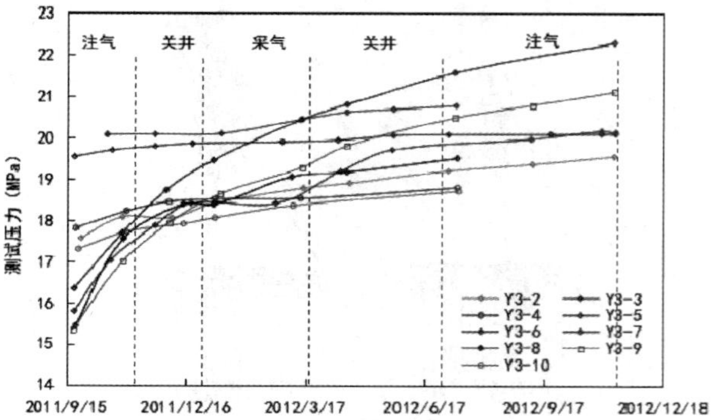

图9　地层压力持续升高井气井曲线图

2019年～2022年注采试验周期，对注采试验井组周边15口井关井监测井口压力变化。监测表明Y3－2、Y3－1、Y3－11井见干扰明显，见图10，注气阶段井口压力上升速率明显增加，停注或采气阶段井口压力上升速率明显减缓；其余井未见明显压力干扰。尤其是注采试验区向CB区块方向距离2.0～3.3km的监测井Y3－9、Y3－6、Y3－5和Y3－8四口井，井口压力均表现为缓慢上升或整体平稳的趋势，见图11，表明两个区块相邻的过渡区内气井不受试验井注采气的影响。

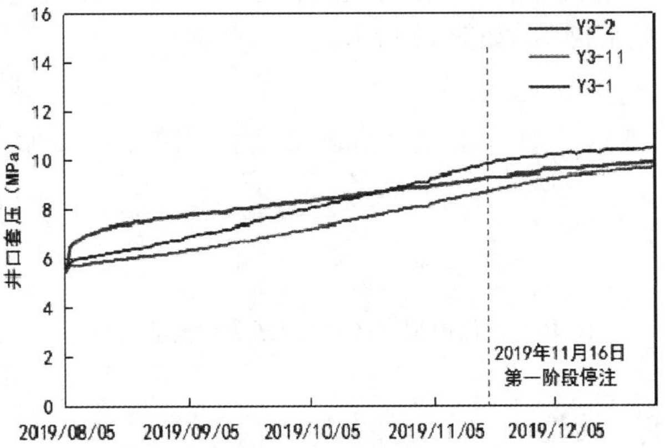

图10　Y3井区见干扰井套压变化曲线图

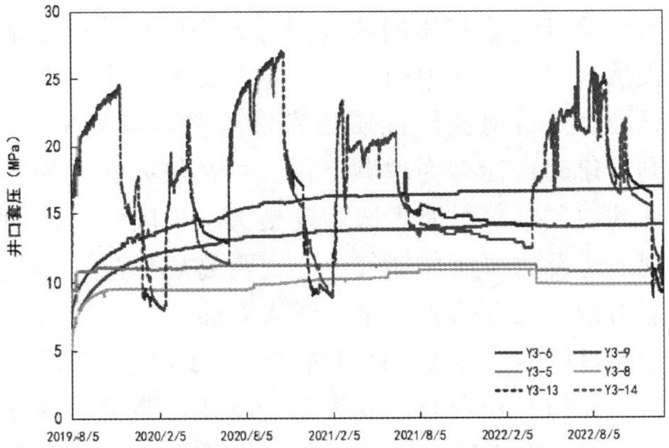

图11　Y3井区注采井与监测井井口压力走势图

通过多轮周期注采试验分析认为，水平井注采试验过程中，仅周边相邻3口井见压力干扰，注采井压力波传导范围较小；同时4口长期监测井无压力干扰，表明注采向CB区块方向的外溢风险较小。

4　数值模拟研究

4.1　地质模型建立

针对Y3井区开展三维地质建模和数值模拟研究，定量评价储气库注采运行过程中向CB区块的外溢气量。建模过程中考虑储气库大地质体的概念，纵向上将目的层段上部的煤层、山$_2^2$等盖层，底部的太原灰岩段等底托层纳入到地质模型中；平面上将CB区块内的CB－9井组和CB－33井组纳入到模型中，建立完整的地下储气库地质体，系统评价建库区域与CB区块中间砂体的连通性和注采气过程中的流体渗流规律。建模工区范围东西长28km，南北长20km，面积560km^2，其中YN区块面积约450km^2，CB区块面积110km^2。

利用地质分层数据和校正后的山$_2^3$底构造数据，采用确定性建模方法，根据各小层的地层厚度分布图，通过逐层叠加建立三维构造模型。网格类型为角点网格，平面采用均匀网格，网格步长50m×50m；纵向目的层段采用0.2m步长，直接盖层采用1m步长。基于河流沉积模式，结合Y3区块各小层的砂体分布特征，对变差函数进行拟合设置，利用随机建模方法建立工区的砂泥岩相模型。采用相控建模方法建立工区的孔隙度、渗透率和含气饱和度属性模型。从岩相模型剖面和渗透率模型剖面可以看到，在注采井组所在区域砂体厚度大、连续性好、渗透率高；在两个区块的过度区域存在岩性渐变带，砂岩变薄、连续性变差、渗透率变低，如图12、13所示。

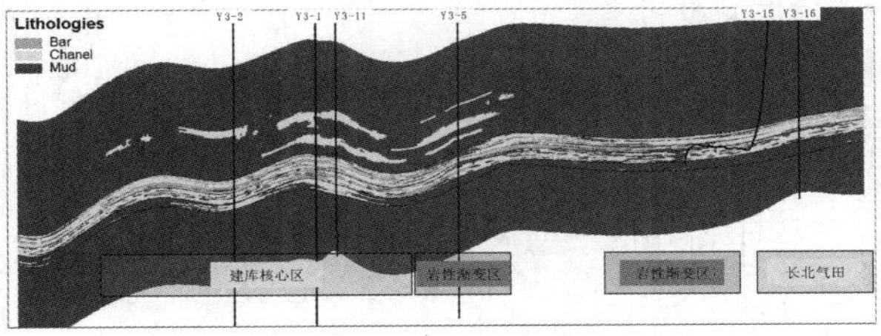

图12　Y3－2井～Y3－16井砂泥岩相模型剖面

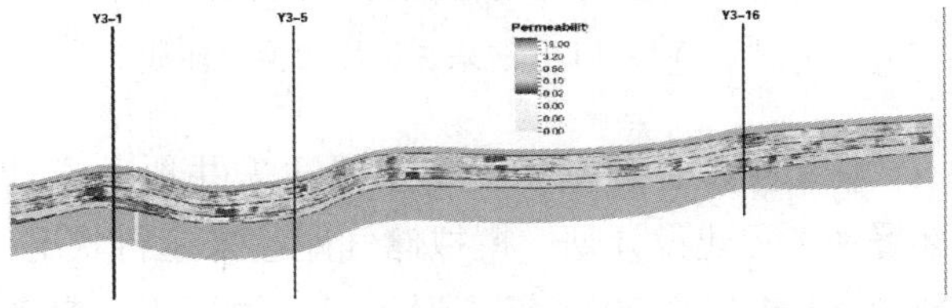

图13　Y3－1～Y3－16井渗透率连井剖面

4.2　注采运行模拟研究

为适应计算机运行能力，简化模拟过程，对地质模型进行粗化处理，平面网格大小不变，目的层纵向网格大小为1m，其他层1个层1个网格。模拟研究采用ECLIPSE软件，根据Y3井区的地质特征、储层性质、流体类型，模拟选用气水两相的黑油模型。将油气藏及储层静态数据，气、水性质数据，生产动态数据等加入到建模输出的静态模型中，最终形成数模初始化模型。

气藏数值模拟的关键是压力的历史拟合，地质建模得到的模型其泄流面积往往较大，其连续性过于理想，导致模拟得到的压力居高不下，跟实测压力差别较大。通过对井周渗透率等参数调整、控制边界限制、设置阻流带等多种方法提高单井压力拟合率，压力拟合精度达到 81.9%，整体拟合效果达到数值模拟精度要求，如图 14、15 所示。

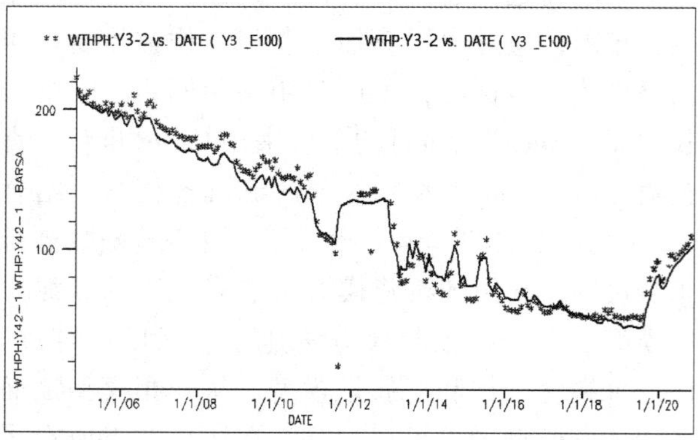

图 14　榆 3－2 井井口压力拟合曲线

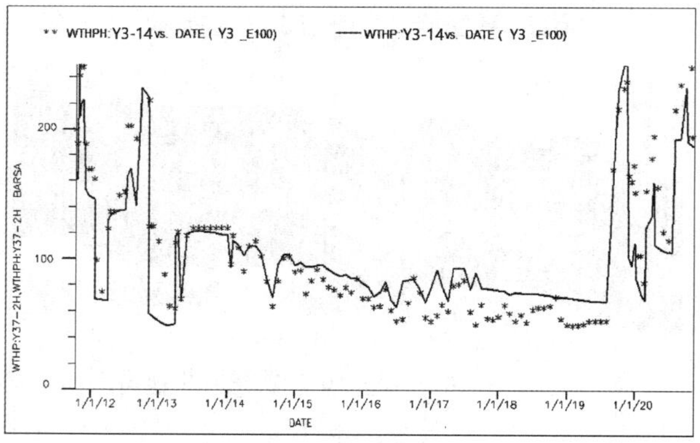

图 15　Y3－14 井注采井口压力拟合曲线

在历史拟合的基础上，按照注采井地质设计部署和工程建设计划，模拟储气库注采运行状况，预测 Y3 储气库 2027 年达到运行上限压力，实现方案设计工作气量目标。模拟预测表明，气田开发阶段 CB 区块存在向 Y3 井区的天然气流入补充，主要是因为自营区块 2005 年井网已基本完善，而国际合作区块西南部区域 2022 年仍在完善井网，但随着合作区井网的完善和自营区储气库开展先导试验关井，流入量越来越少。2024 年～2026 年为储气库补充垫底气阶段，注入气量多、采出气量少，2026 年储气库区开始向 CB 区块流动天然气，2030 年出现最大流动气量 0.11 亿方，之后年流动气量逐步降低，截至 2047 年流动气量接近于 0。预测储气库 25 年运行期间，累计向 CB 区块溢散天然气量 0.56 亿方，年均 0.02 亿方/年；年度最大天然气溢散量占工作气量的比例不到 1%，符合中国石油天然气集团公司储气库建设的损耗要求。

模拟显示 2028 年以后，受储气库注气压力升高的影响，两个区块过渡区域气井可以见到明显的压力升高响应。若过渡区的 8 口老井开井采气，则可以控制向 CB 区块方向的压力平衡，将溢散量控制到零，如图 16 所示。

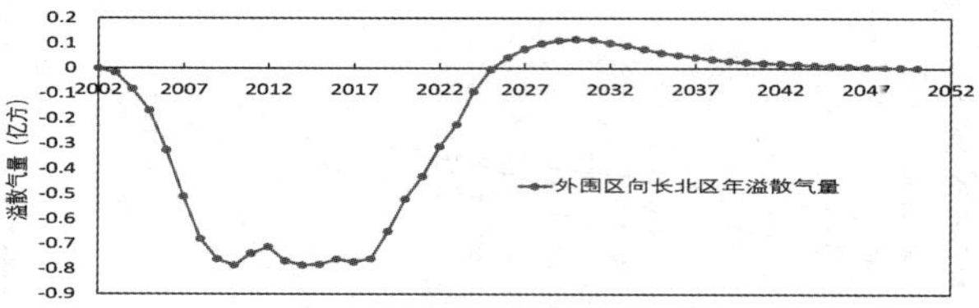

图 16　数值模拟库区向 CB 区块年流动量曲线

5　结论

随着十余年来地下储气库的规模快速建设，我国储气调峰能力得到了较大提升，但是较世界平均消费气量 12% 的储气能力差距明显，仍然是天然气工业体系中的短板，还需要进一步加大建设力度。目前我国优质建库资源基本动用完毕，剩余建库目标多为埋藏更深、物性较差、更为复杂的油气藏，库址优选难度更大。长庆气区作为规划建设的中西部储气中心，距离规划建设储气能力指标仍有较大差距，低渗岩性气藏作为后备建库目标，具备较大的建库潜力。Y3 储气库的建库研究和实践表明，虽然泛连通砂岩储层宏观连续，但受阻流带的影响，通过优化设计可以达到地下储气库封闭性的要求，初步估算鄂尔多斯盆地低渗岩性气藏可以落实库址资源潜力约 100 亿方工作气量以上。鄂尔多斯盆地所具有的资源、区位和气源等独特优势，必将在储气库建设中发挥更加重要的作用。

参 考 文 献

[1] 马新华，郑得文，魏国齐，等．中国天然气地下储气库重大科学理论技术发展方向［J］．天然气工业，2022，42（5）：93－99.

[2] 魏国齐，郑雅丽，邱小松，等．中国地下储气库地质理论与应用［J］．石油学报，2019，40（12）：

1519 - 1530.

[3] KOSOWSKI P, KOSOWSKA K. Valuation of energy security for natural gas—European example [J]. Energies, 2021, 14 (9): 2678.

[4] 郑得文，胥洪成，王皆明，等．气藏型储气库建库评价关键技术 [J]. 石油勘探与开发，2017，44 (5)：794 - 801.

[5] 尹虎琛，陈军斌，兰义飞，等．北美典型储气库的技术发展现状与启示 [J]. 油气储运，2013，32 (8)：814 - 817.

[6] 曾大乾，张俊法，张广权，等．中石化地下储气库建库关键技术研究进展 [J]. 天然气工业，2020，40 (6)：115 - 123.

[7] 陈超，庞晶，李道清，等．呼图壁储气库全周期交互注采动态评价方法 [J]. 新疆石油地质，2016，37 (6)：709 - 714.

[8] 丁国生，丁一辰，李洋，等．碳中和战略下的中国地下储气库发展前景 [J]. 油气储运，2022，41 (1)：1 - 9.

[9] 张刚雄，李彬，郑得文，等．中国地下储气库业务面临的挑战及对策建议 [J]. 天然气工业，2017，37 (1)：153 - 159.

[10] 马新华，郑得文，申瑞臣，等．中国复杂地质条件气藏型储气库建库关键技术与实践 [J]. 石油勘探与开发，2018，45 (3)：489 - 499.

[11] 丁国生，魏欢．中国地下储气库建设20年回顾与展望 [J]. 油气储运，2020，39 (1)：25 - 31.

[12] 李艳霞，田毓峰，李净红．鄂尔多斯盆地低丰度大型岩性气田成藏机理 [J]. 新疆石油地质，2012，33 (4)：408 - 412.

[13] 王亚兰，何亚宁，杨琼警，等．榆林气田地下储气库建设前期技术研究 [J]. 环境科学与技术，2011，34 (6)：61 - 64.

[14] 夏勇，张建国，何依林，等．低渗岩性气藏改建储气库的地质可行性与运行指标设计——以鄂尔多斯盆地S区块为例 [J]. 天然气地球科学，2023，34 (8)：1452 - 1459.

[15] 张建国，夏勇，赵晨阳，等．鄂尔多斯盆地低渗透岩性气藏型地下储气库地质评价关键技术 [J]. 天然气工业，2023，43 (10)：55 - 63.

[16] WANG Jieming, WANG Jinkai, XU Shujuan, et al. A novel mode for "three zones" collaborative reconstruction of underground gas storage and its application to large, low - permeability lithologic gas reservoirs [J]. Energy, 2022, 253: 124148.

[17] ZHANG Jianguo, TAN Zhongguo, LAN Yifei, et al. Construction of UGS in Low Permeability and Sulfur - Bearing Depleted Gas Reservoir [R] IFEDC2019, Xi' An: 134 - 143.

[18] 徐守余．油藏描述方法原理 [M]. 北京：石油工业出版社，2007.

[20] 王改云，杨少春，廖飞燕，等．辫状河储层中隔夹层的层次结构分析 [J]. 天然气地球科学，2009，20 (3)：378 - 383.

[21] 庄慧农．气藏动态描述和试井 [M]. 北京：石油工业出版社，2009.

[22] 王丽娟，何东博，冀光，等．阻流带对子洲气田低渗透砂岩气藏开发的影响 [J]. 天然气工业，2013，33 (5)：56 - 60.

分布式光纤传感技术在长庆 SD 储气库井筒完整性监测中的应用

王　鸽[1,2]　沈志昊[1,2]　赖海涛[1,2]　冯朋鑫[1,2]　李在顺[1,2]　樊莲莲[1,2]
韩强辉[1,2]　凌　云[1,2]　于苏浩[3]

（1. 中国石油长庆油田油气工艺研究院；2. 低渗透油气田勘探开发国家工程实验室；
3. 中国石油长庆油田第五采气厂）

摘　要　地下储气库井筒的完整性是保障天然气储存安全和有效的重要因素，传统的井筒完整性检测方法存在着一定的局限性，难以实现对井筒完整性的实时监测。本文介绍了分布式光纤测试技术在地下储气库井筒完整性监测领域的研究和应用，该技术利用光纤作为传感器，通过采集和处理井筒内部的光纤光学信号，实现对井筒内部温度和振动等参数的实时监测。本文以长庆油田SD储气库为例，介绍了分布式光纤测试技术在储气库井筒完整性检测中的具体应用过程和结果分析，验证了该技术在识别井身完整性问题、判断泄露位置、确定泄露原因等方面的有效性和优势。

关键词　储气库；光纤监测；井筒完整性

Research and Application of Distributed Optical Fiber on Wellbore Integrity Monitoring of Gas Storage

WANG Ge[1,2], SHEN Zhihao[1,2], LAI Haitao[1,2], FENG Pengxin[1,2], LI Zaishun[1,2],
FAN Lianlian[1,2], HAN Qianghui[1,2], LING Yun[1,2], YU Suhao[3]

(1. Oil and Gas Technology Research Institute , Petrochina Changqing Oilfield Company;
2. Low Permeability Oil and Gas Field Exploration and Development of the National Engineering Laboratory; 3. Fifth Gas Production Plant, Petrochina Changqing Oilfield Company)

Abstract: The integrity of the wellbore of underground gas storage is an important factor to ensure the safety and effectiveness of natural gas storage. The traditional wellbore integrity detection method has certain limitations, it is difficult to realize real - time monitoring of the integrity of the wellbore. This paper introduces the research and application of distributed optical fiber testing technology in the field of wellbore integrity monitoring in underground gas storage, which uses optical fiber as a sensor to realize real - time monitoring of parameters such as temperature and vibration by collecting and processing optical fiber optical signals. Taking the SD gas storage in Changqing Oilfield as an example, this paper introduces the specific application process and result analysis of distributed optical fiber testing technology in wellbore integrity detection of gas storage, and verifies the effectiveness and advantages of this technology in identifying wellbore integrity problems, determining leakage location, and determining the cause of leakage.

Key words: Underground storage; Distributed optical fiber; Wellbore integrity

地下储气库是天然气储存的一种重要方式，其建设和运营对于保障国家能源安全和经济发展至关重要。地下储气库井筒的完整性长期以来都是一个重要的安全课题，因为井筒的损坏可能导致天然气泄漏，从而引发爆炸或环境污染等严重后果。因此，对井筒的完整性进行监测和检测显得尤为重要。目前常见的井筒完整性检测技术主要包括物理探测法、无损检测法和综合监测法等。物理探测法是通过打洞、下井、钻孔等方式对井筒进行人工检测。该方法操作简单，费用较低，但受到检测人员技术水平、设备精度、检测范围等因素的影响，检测结果不够准确，难以发现井筒内部微小缺陷。无损检测法是利用超声波、X射线等无损检测技术对井筒进行检测。该方法具有高效率、高精度等优点，但是由于其受到井筒材料、深度等因素的限制，其应用范围和效果有一定的局限性。综合监测法是通过安装多种监测仪器对井筒进行综合监测。该方法能够实现对井筒完整性的全方位、全过程、多参数监测，但是由于监测设备的种类和数量较多，操作复杂，因此成本较高。

综上所述，传统的地下储气库井筒完整性检测方法均存在着一定局限性，难以满足井筒完整性实时监测的需求。

1　分布式光纤测试技术

近年来，随着光纤技术的发展，分布式光纤传感技术在井筒完整性检测领域逐渐受到关注。利用光纤传感技术可以将一根光纤作为一个长达数公里的传感器，在井筒内部进行光纤光学信号的连续采集和处理，从而对井筒内部的温度和振动等参数进行实时监测，可以实现长距离、大范围的连续、长期传感的优势。该技术具有监测范围广、监测精度高、实时性好等优势，在地下储气库井筒完整性检测领域具有广阔的应用前景。

1.1　分布式光纤温度监测原理

光在光纤中传输，由于光纤所存在成分和密度的不均匀性，导致光纤中不均匀的折射率分布，使光在光纤中发生散射。其中后向散射包括瑞利散射、拉曼散射和布里渊散射三种类型，其频谱如图1所示。光散射型分布式光纤测温技术就是基于光纤内部散射光的温度特性，将较高功率窄光脉冲送入光纤，背向散射光强随光纤环境因素变化，然后利用光时域反射技术或光频域反射技术，将返回的散射光参数探测下来，确定沿光纤分布温度场的变化。

目前针对后向散射光的三种类型，研究出三种分布式光纤测温技术，分别为瑞利散射测温、

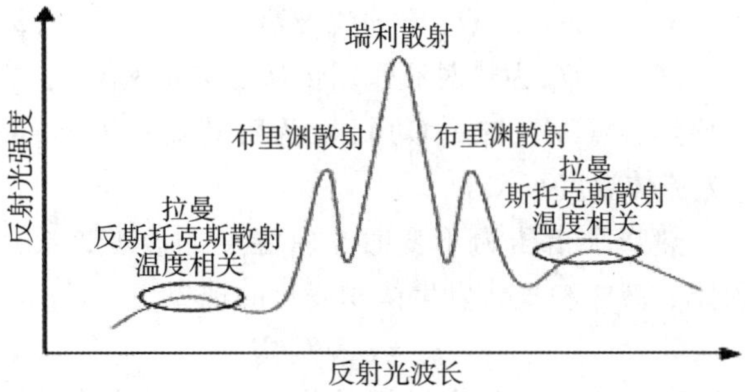

图1　光纤中的后向散射光谱

布里渊散射测温和拉曼散射测温。基于瑞利散射的分布式测温系统，虽然背向瑞利散射效应相对较强，但在常规材料的光纤中随温度变化不明显，所以实际应用不多；基于布里渊散射的分布式测温系统，其传感距离、空间分辨率和温度分辨率等性能都较优秀，但在制造和使用上复杂又昂贵，所以目前商业化产品鲜见；基于拉曼散射的分布式测温系统，其各项性能较好，且相对于基于布里渊散射的分布式测温系统更易实现，因此得到普遍应用。

基于拉曼散射的光纤测温原理可以表达为光在光纤中传输，对于自发拉曼散射的反斯托克斯光强与斯托克斯光强之比满足下面的公式：

$$\frac{I_{AS}}{I_S} = \left(\frac{\nu - \nu_i}{\nu + \nu_i}\right) e^{-\frac{h\nu}{kT}} \tag{1}$$

式中：h 是普朗克常数；k 是布鲁兹曼常数；ν 是激光的频率；ν_i 是振动频率；T 是绝对温度。激光源确定后，ν 为常数；ν_i 以由光纤材料决定，光纤确定后，其为常数。因此，只要得到反斯托克斯光强与斯托克斯光强，通过（1）式的计算，就能得到待测光纤处的温度 T。

1.2　井筒温度剖面的应用

井筒温度的变化主要受焦耳－汤姆逊效应、热膨胀、热对流、粘性耗散和热传导等微热效应影响。其中：热传导是物体中温度不同的各部分之间，或者相互接触的温度不同的个物体之间，没有相对位移时所发生的热传递现象。

$$q_\lambda = -\lambda \frac{\partial T}{\lambda n} \tag{2}$$

式中，q_λ 单位时间内沿 n 方向导过单位面积的热量，即热流密度；λ 为导热系数（W/（m·℃））；$\frac{\partial T}{\partial n}$ 为等温面法线方向的温度梯度（℃/m）。

热对流指温度不同的各流体依靠流体的运动进行热量传递的现象。

$$Q_{cv} = \dot{m}C_p \nabla T \quad (3)$$

式中，Q_{cv}为热对流作用传递的热量（W）；C_p为比热容（J/（kg·℃））；$\dot{m}$为质量流量（kg/s）；T为流体温度（℃）。

热膨胀指压力不变时，由温度的改变，造成固体、液体和气体发生体积变化的现象。

$$q_\alpha = \alpha \nabla T \quad (4)$$

式中，q_α为单位时间单位面积的对流换热量（W/m²）；α为传热系数（W/（m²·℃））。

黏性耗散指流体在流通过程中需对黏滞力做过，将流体分子的动能转化为内能的一种形式，将引起流体的温度、黏度和热量传递行为等发生变化，进而影响流体的流动特性。

$$\beta = \frac{1}{V}\left(\frac{\partial V}{\partial T}\right)_p = -\frac{1}{\rho}\left(\frac{\partial \rho}{\partial T}\right)_p \quad (5)$$

式中，β为热膨胀系数（1/℃）；V——体积（m³）；ρ——密度（kg/m³）。

焦耳－汤姆逊效应指由于压降作用，流体在等焓情况下膨胀，流体的温度就会发生变化的现象，气层（甲烷）——Kjt为正，气体温度下降；油水层——Kjt为负，油水温度均要升高。

$$K_{JT} = \left(\frac{\partial T}{\partial \rho}\right)_H = \frac{\beta T - 1}{\rho C_p} \quad (6)$$

实际上井筒温度的变化受到了各种热交换形式的影响，最终可以得到温度曲线。在环空泄露位置，气体受焦耳－汤姆逊效应影响，气体流入温度降低，这是井筒气体温度高于环空泄露处气体温度的理论基础，低温的甲烷气体与环空液体混合，随即发生热膨胀作用，气体吸热、体积变大，造成环空液体温度下降，且热传导、对流均将造成环空流体温度的进一步下降，这是判断泄露的理论基础。

测试原理可以表述为：储气库单井在不同作业阶段（注气阶段、采气阶段和平衡期阶段），在井口流量相对稳定时，井筒温度分布将达到相对稳定状态，井温梯度在时间维度的变化率将趋于稳定（图2）。

当井筒存在井身完整性问题时（管串破损、管外窜槽、封隔器等密封失效等），由于地层与井筒间发生质量交换、或不同深度地层间发生流体运移，将导致井筒温度在井身完整性存在问题的井段发生变化，体现为井筒温度在井深与时间两个维度变化剧烈（图3、图4）。

把握井筒温度在不同作业阶段的变化特点，

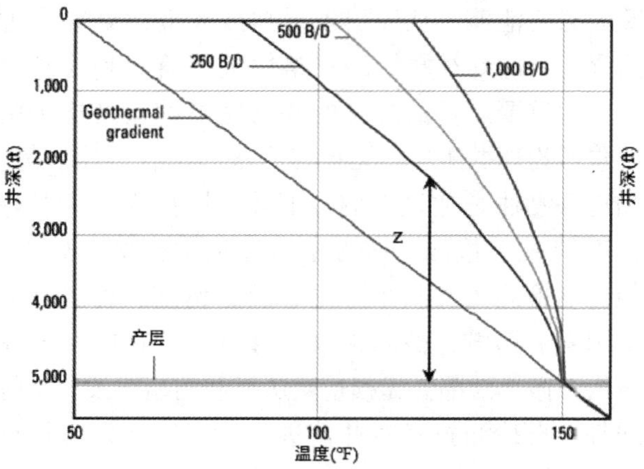

图2　地温梯度及产层产出带来的井筒温度梯度及正异常效应

结合井身完整性识别数据库，精细刻画单井发生井身完整性的深度及时间区间，并落实导致单井出现井身完整性问题的原因（图5）。

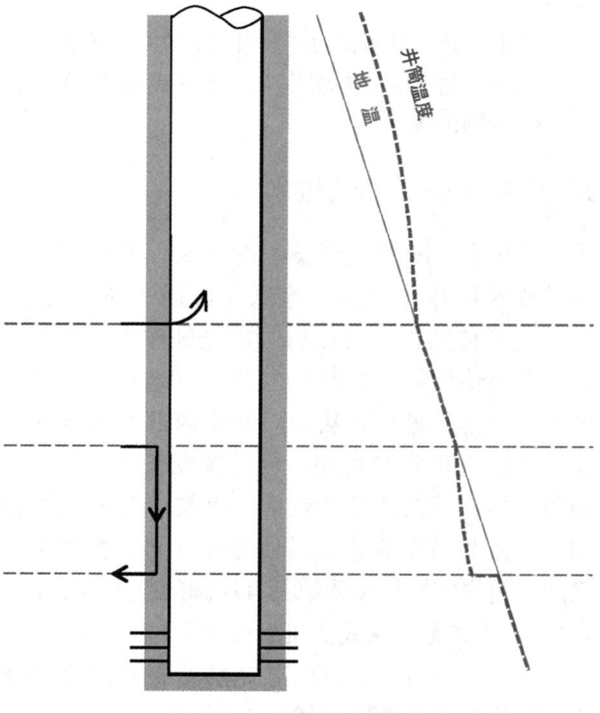

图3　低压差情形井身完整性缺失可能造成的温度异常图件

2　长庆某储气库井群光纤监测案例

2.1　光纤监测方案

为了对长庆某储气库井群进行温度实时监测，对4口井进行了光纤分布式温度组网监测，将采集的数据实时传输到监控中心进行分析，以满足储气库群监测的需求。组网监测的4口井为定向井，且四口井分别在油管外安装分布式光纤监测系统，

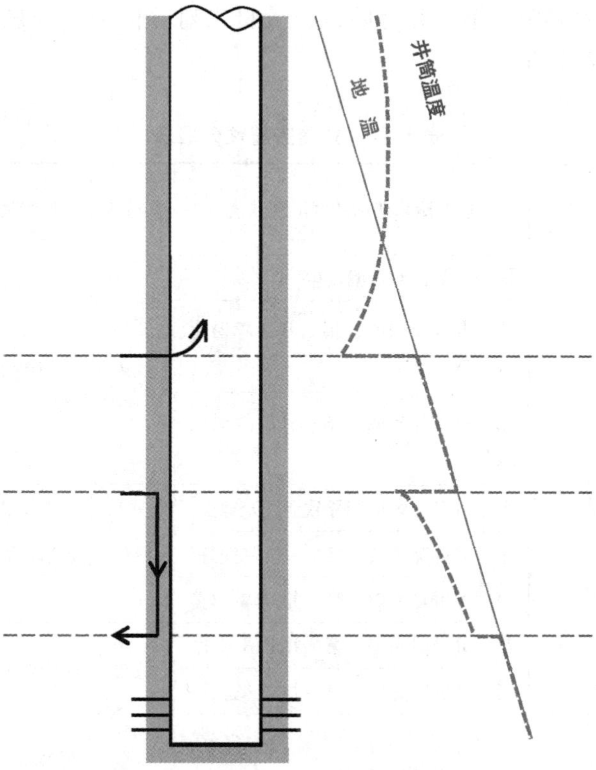

图 4　高压差情形井身完整性缺失可能造成的温度异常图件

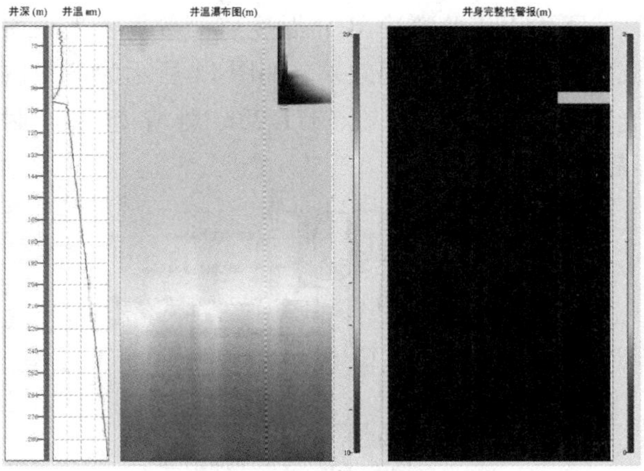

图 5　井身完整性警报图件

井下数据通过采集光缆传输至井口数据采集箱、井口数据通过通讯光缆传输到监控中心实时读取。

2.2　设备与工艺

井下设备主要组成部分包括光缆、光缆保护器、光缆续接器、井口保护器等。光纤通过绑到油管外侧随油管下入到井筒中，实现对井筒温度的长期监测，如图 6、7 所示。地面系统主要包括地面光缆、监测软件、DTS 设备、光纤压力监测系统、工业计算机等。如图 8 所示为地面安装的数据采集系统与数据采集柜。

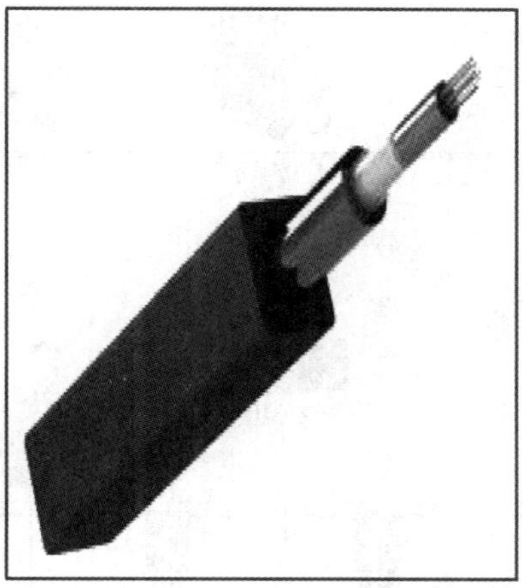

图 6　井下光缆

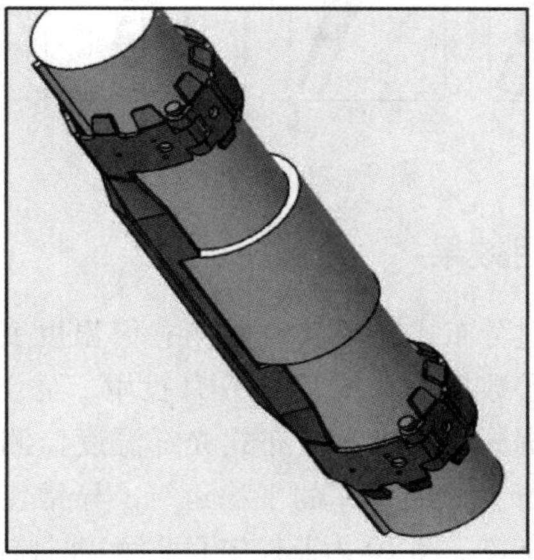

图 7　光缆保护器

图 8　地面采集系统

2.3　数据传输及组网

该井群所在监控中心监测使用的服务器部分包括用于存储的数据库服务器、应用服务器和监控与管理终端。4 口井共用 1 套分布式光纤温度传感系统。通过专用网络传输到监控中心，实现对储气库 4 口井群的实时温度监控。如下图 9 所示：

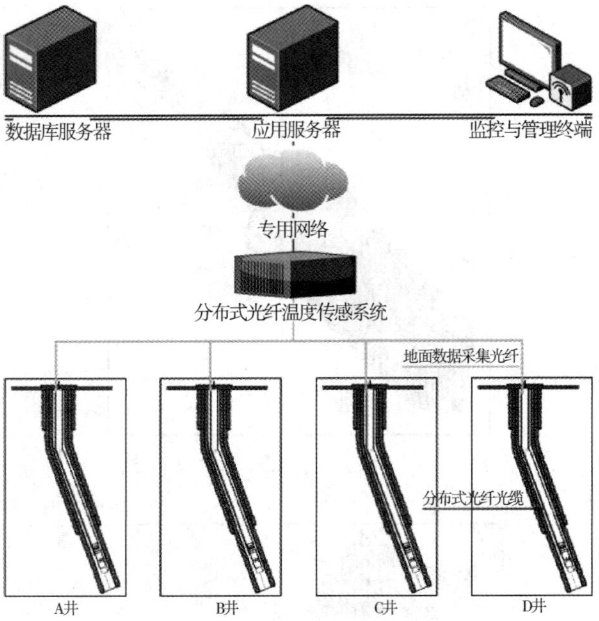

图 9　数据传输网络图

3　应用效果

通过分布式光纤实时监测井筒温度变化，并提供预警数据，自 2022 年 6 月投用，至今温度和压力数据录取正常。分布式光纤温度监测系统的投入运行为该储气库的平稳运行、异常发现提供了有力支撑。图 10 为监控中心监测实时监测结果。

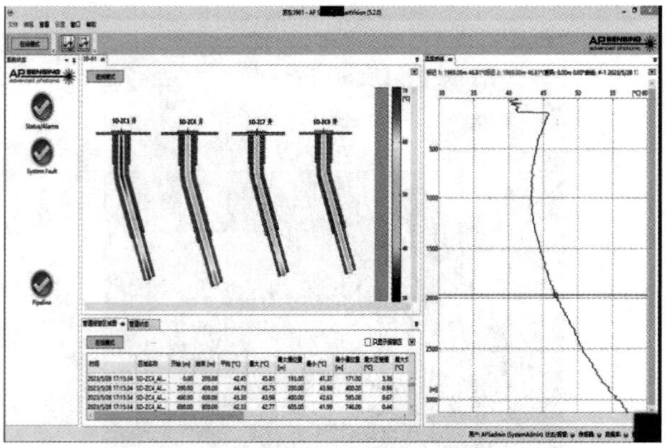

图 10　温度实时监测系统

3.1　井筒完整性分析

3.1.1　井筒完整性评价标准

根据国家标准《SY/T 7645—2021 储气库井风险评价推荐做法》，储气库井完整性评价分为高风险、较高风险、中等风险、低风险 4 个等级，分别用红色、橙色、黄色和绿色表示。四个风险等级主要针对第一井屏障、第二井屏障的完好程度进行评价。基于分布式光纤的井筒完整性评价也同样参考该标准，通过分布式光纤监测数据对第一井屏障、第二井屏障进行分析来对井筒完整性进行评价。

表 3-1　井筒完整性分级表

序号	基于检测评估的井屏障状态	井分级	风险评价
1	屏障失效已致泄漏发生	红色	高风险
	第一井屏障失效，第二井屏障退化或失效		
	第二井屏障失效，第一井屏障退化或失效		
2	单个屏障失效可能导致泄漏至地面	橙色	较高风险
	第一井屏障失效，第二井屏障完好		
	第二井屏障失效，第一井屏障完好		
3	第一井屏障完好，第二井屏障退化	黄色	中等风险
	第二井屏障完好，第一井屏障退化		
4	第一井屏障和第二井屏障均完好，或有轻微的问题	绿色	低风险

3.1.2　分布式光纤监测数据

下面以该井群中 B 井温度监测数据，来说明温度监测数据的应用效果。如图 11 所示为 B 井的光纤布设图，其中在 xx77.28m 处穿越生产封隔器。

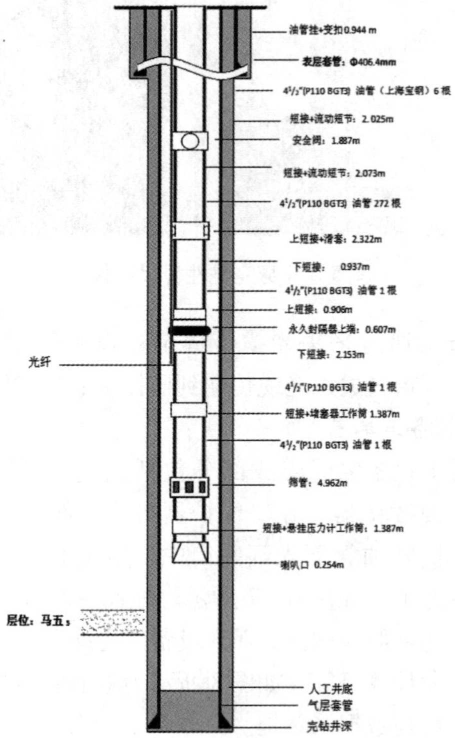

图 11　B 井光纤布设示意图

如图 12 所示为 2022 年 6 月 16 日至 12 月 4 日 B 井三维温度瀑布图，包含了注气前后、不同注气量阶段的井筒温度，不同颜色代表不同温度数值。注气前井筒温度处于稳定状态；注气阶段井筒上部温度升高，下部温度降低；停注后井筒温度逐渐恢复稳定。

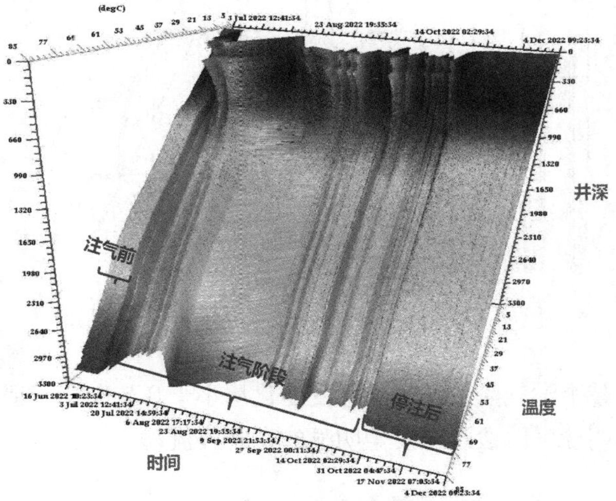

图 12　B 井光纤井筒温度三维瀑布图

3.1.3　第一井屏障分析

在注气阶段，低温天然气注入井筒，会改变井筒的温度场。油套环空顶部为保护氮气、下部为保护液，氮气比热容小注入过程中降温速度快，保护液比热容大注入过程中降温速度慢。光纤固定在油管外布置在环空中，对环空液面上下的温度反映非常灵敏。通过注气阶段温度的实时监测，可直观计算环空液面的高度。如图 13 所示。

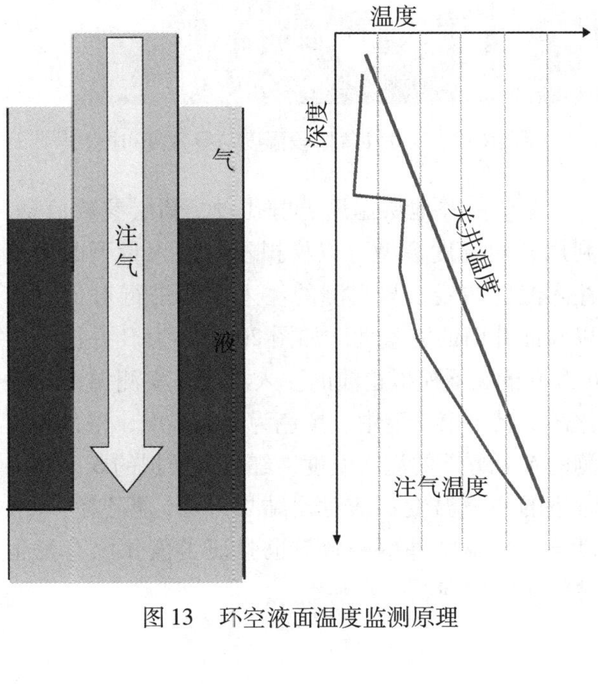

图 13　环空液面温度监测原理

如图 14 所示为 B 井注气阶段 DTS 瀑布图与典型注气温度曲线，左侧瀑布图中蓝色部分为监测系统停机。从 DTS 瀑布图与注气温度曲线可明显看到 174m 位置温度突然升高，为环空液面位置。从整个注气阶段监测来看，环空液面位置稳定。若 174m 以下位置有套环空与油管存在连通现象，液面高度为下降。环空液面位置稳定证明注气阶段 174m 以下位置油管管柱没有发生泄漏。

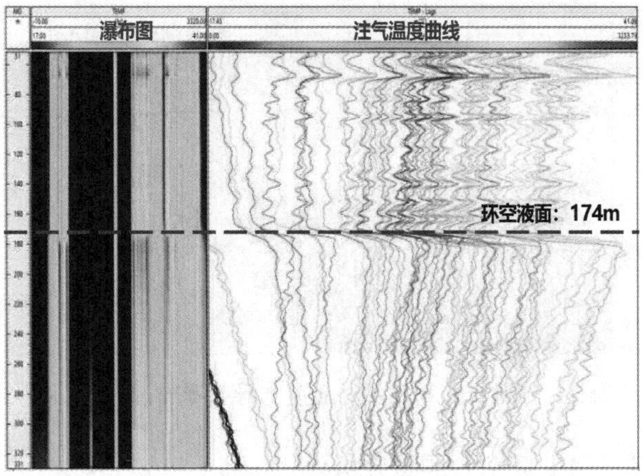

图 14　B 井环空液面温度监测图

在注气后的关井阶段，生产管柱（油管）中有大量高压气体，如果管柱发生气体泄漏，由于气体的焦耳汤姆逊效应，会在泄露处产生明显的温降，如图 15 所示。因此可以通过井筒温度判断生产管柱是否存在泄漏。

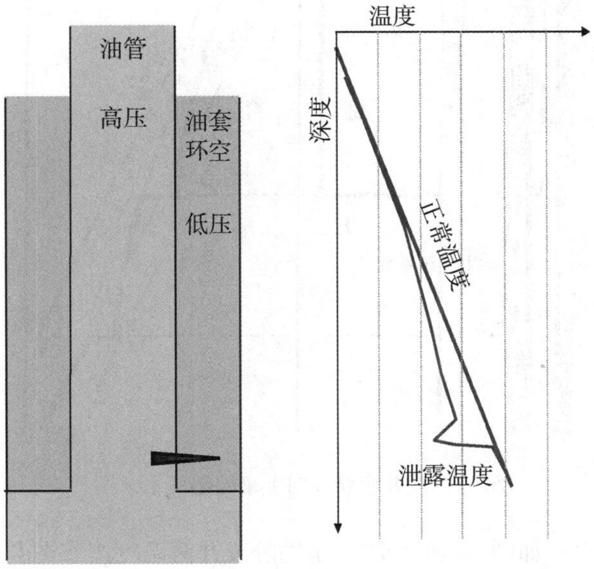

图 15　生产管柱泄漏温度监测原理

如图 16 所示为 B 注气后关井阶段井筒温度瀑布图与纵向温度导数图（温度随深度变化率），通过对温度在深度方向上求导数可更直观的判断温度在深度上是否存在明显的突降。该井注气后井口压力接近23MPa，生产管柱中有大量高压气体，通过图16可以看到，整个注气后关井阶段温度随深度变化均小于0.2℃/m，证明关井阶段生产管柱没有发生气体泄露。

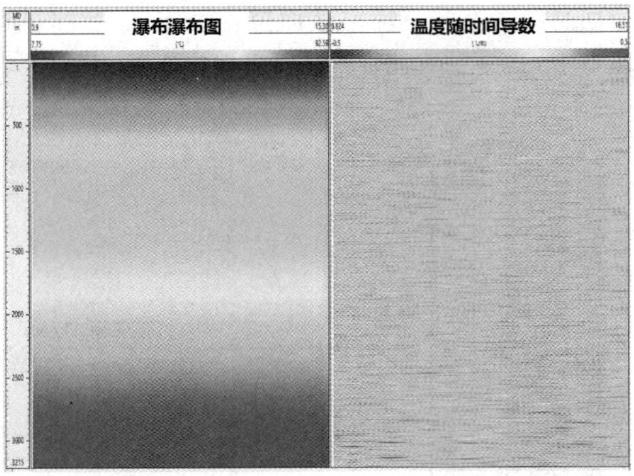

图16　B井关井温度与导数瀑布图

3.1.4　第二井屏障分析

在注气/采气阶段，如果套管外油气体向上或向下流动后进入井筒，即发生套管外窜槽，会有非地层温度流体流入或流出井筒。如图17、图18所示。

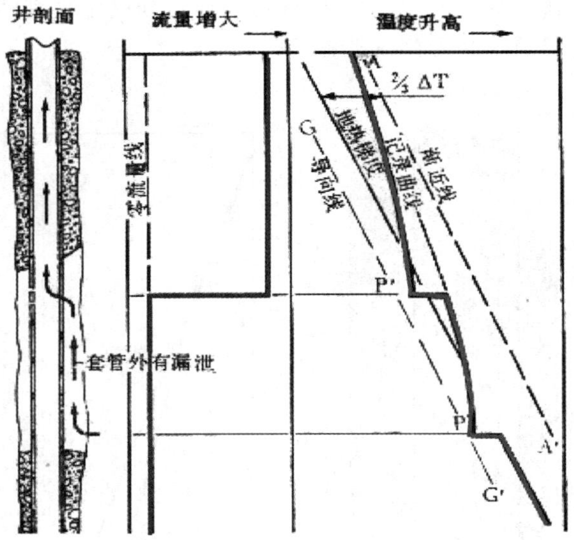

图17　气井套管外向上窜层温度示意图

如图19所示为B注气阶段井筒温度瀑布图与纵向温度导数图（温度随深度变化率），对温度在深度方向上求导数可更直观的判断温度在深度上是否存在明显的温度变化。通过图19可以看到，

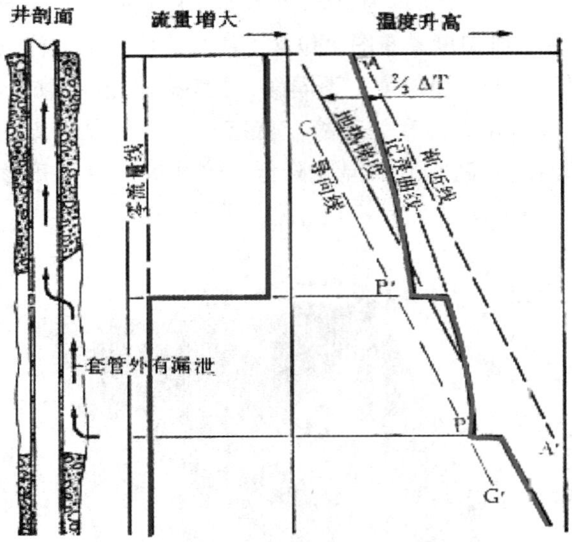

图18　气井套管外向下窜层温度示意图

整个注气阶段温度随深度变化均小于0.2℃/m，证明注气阶段没有发生明显的套管外流动。

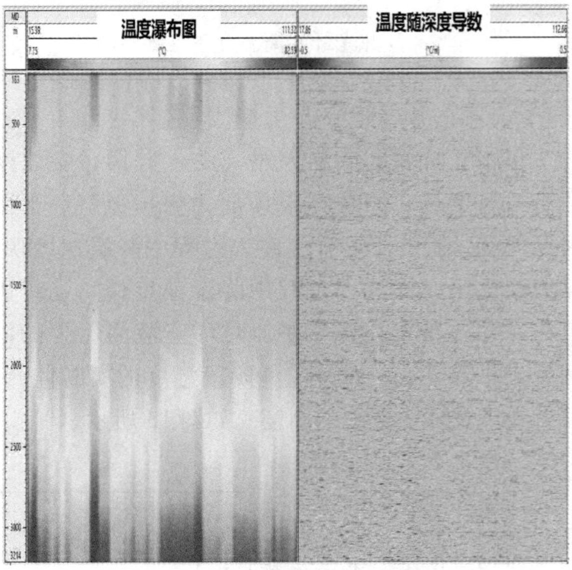

图19　B井注气阶段温度与导数瀑布图

基于关井地层温度、射孔段、储层参数信息，利用井筒温度模型可以模拟不同注入量下的理论注入温度曲线，与实测的注入曲线进行对比也可以验证井筒的完整性。如图20所示为B井注入量6万方情况下模拟正演的注入温度与实测温度的对比图。其中第5道中。黑色为地层温度，橙色为实测的6万方下的注入温度，红色为模拟的6万注入量下的井筒温度。从对比结果来看，模拟注入温度与实测温度基本一致，也验证了该井没有发生井筒完整性问题。

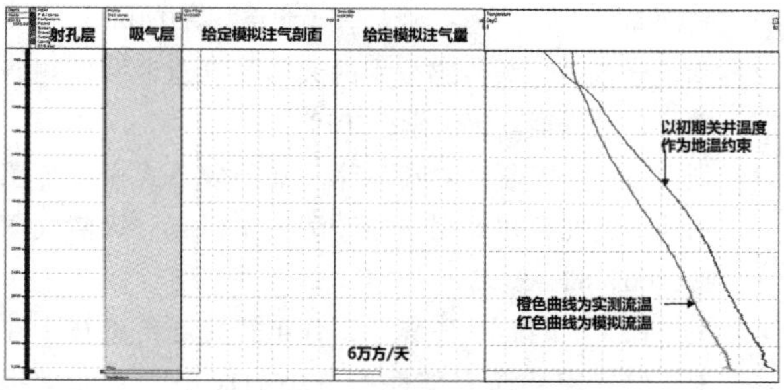

图20　B井模拟注气温度曲线与实测温度曲线对比图

3.2　井筒温度规律分析

3.2.1　地温梯度分析

通过关井阶段井筒与地层温度场达到平衡后的光纤监测温度可更精确的对地温梯度进行分析。如图21所示。可以看到整个地温梯度可分为四个部分，分别又不同的地温梯度。

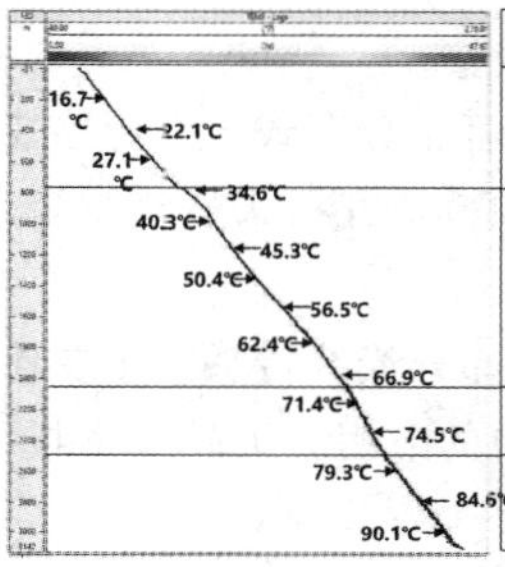

深度段	地温梯度	温度变化	地温计算公式
0-780m	2.75℃/100m	11.2→32.7℃	2.75*H/100+11.4
780-2050m	2.75℃/100m	32.7→67.5℃	2.75*H/100+13
2050-2500m	1.7℃/100m	67.5→77.2℃	1.7*H/100+34
2500-3111m	2.6℃/100m	77.2→92.6℃	2.6*H/100+12

图21　B井精细地温梯度分析图

如图22所示为地温曲线与钻遇地层对比图。对比地温曲线与钻遇地层可以看到，三叠系地层温度与上下地层相比偏高约7度左右。这与沉积环境有关。后期可针对这个现象进一步进行研究。

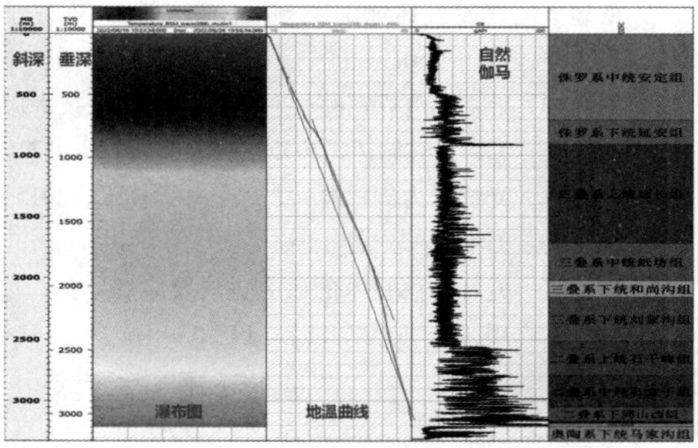

图22　B井精细地温与钻遇地层对比图

3.2.2　注入阶段井筒温度分析

如图23所示为注入阶段井筒温度与关井温度即地层温度对比图。可以看到注入气体向下流动的过程中，持续具有向地温靠近的趋势，符合温度场响应规律。

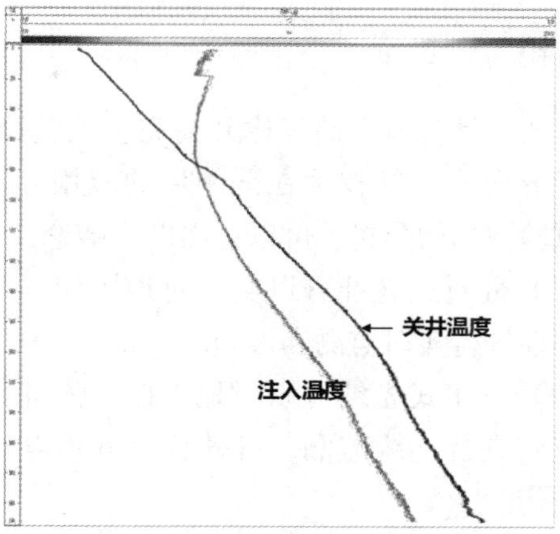

图23　B井注入温度与关井温度对比图

通过对比分析不同注入条件下井筒温度规律，发现在注入温度接近的条件下，注入量越大，井筒底部流温越低。如图24所示，在注入温度为47.5℃左右时，从日注气量7万方井筒温度与日注气量10万方井筒温度对比来看，两种注入量情况下井筒上部温度较为接近，井筒下部10万方井筒温度低于7万方井筒温度。

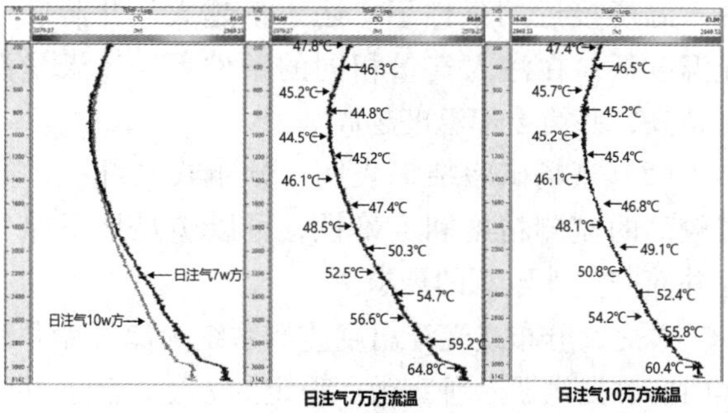

图24　B井不同注气量温度对比图

在注入气量相同的条件下，注入量温度越高，井筒上部温度越高。如图25所示，在注入量为5万方时，从注气温度36.1℃与37.1℃井筒温度对比来看，两种注入温度在井筒下部比较阶段，在井筒上部注入36.1℃井筒温度低于注入37.1℃井筒温度。

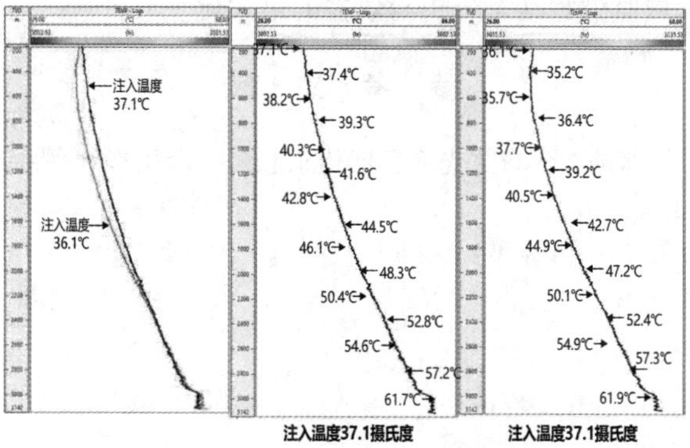

图25　B井不同注入温度对比图

4　结论

本研究针对地下储气库井筒完整性监测问题，探讨了分布式光纤技术在该领域的应用。通过对现场试验数据的分析，可以得出以下结论：

（1）分布式光纤可以实现对地下储气库井筒的完整性进行实时监测和诊断。

（2）分布式光纤可以对地下储气库井筒的温度和应变进行连续监测，有效检测井筒存在的缺陷和损伤。

（3）通过分布式光纤监测数据对 SD 储气库 B 井第一井屏障、第二井屏障进行分析，结果表明其井筒完整性良好。此外，运用井筒温度模型模拟不同注入量下的理论注入温度曲线，与实测的注入曲线进行对比也可检验井筒的完整性，也验证该井未发生井筒完整性问题。

（4）注入气体向下流动的过程中，持续具有向地温靠近的趋势，符合温度场响应规律。通过对比分析不同注入条件下井筒温度规律，发现在注入温度接近的条件下，注入量越大，井筒底部流温越低；在注入气量相同的条件下，注入量温度越高，井筒上部温度越高。

（5）现场试验结果表明，分布式光纤技术具有较高的监测精度和准确性，可以满足地下储气库井筒完整性监测的需求。

总之，分布式光纤温度监测系统为储气库井筒实时监测提供了一种高效、稳定的方法。随着井筒光纤监测解释应用理论的研究深入、光纤监测设备与配套工具的国产化程度提高、施工工艺的成熟化，井筒光纤监测应用一定会应用更加广泛。未来智能油气田建设过程中，光纤监测作为目前最合适的实时全井筒实时监测设备，会作为智能油气田中井筒数据的重要来源，自动采集井下温度等数据信息，作为油气藏动态分析优化的基础，实现更精细化的气藏监测和动态分析与效益的最大化。

参 考 文 献

[1] 张迪．分布式光纤温度传感监测多段压裂水平井产气剖面［D］．中国石油大学（北京），2020.

[2] 基于分布式光纤传感技术的天然气管道泄漏监测研究［D］．安徽理工大学，2019.

[3] 刘立飞，王姗姗，朱盛明等．基于分布式光纤传感的地下储气库井筒完整性监测技术研究．天然气学报，66，82－91。

[4] 王宏伟，刘晓霞，张燕等．分布式光纤传感技术在地下储气库井筒完整性监测中的应用．石油学报（石油科学与工程版），157，448－457。

[5] 赵翔，张胜利，陈胜等．基于分布式光纤传感技术的地下储气库井筒变形与泄漏监测实验研究．天然气学报，49，177－186。

[6] 孙旭，李艳，李哲等．基于分布式光纤传感技术的地下储气库井筒完整性和气体泄漏监测．天然气学报，83，103552。

[7] 黄伟，李君，张卫等．分布式光纤传感技术及其在地下储气库井筒监测中的应用．石油学报（石油科学与工程版），146，230－237。

[8] 张艳，王宏伟，刘晓霞等．基于分布式光纤传感技术的气体泄漏机理分析和预警研究．天然气学报，44，19－27。

[9] 郑杰，张治伟，张燕等．分布式光纤传感技术在地下储气库井筒完整性监测中的应用．天然气学报，65，81－89。

[10] 徐超，于飞，刘超等．分布式光纤传感技术在地下储气库安全监测中的研究．天然气学报，52，404－413。

[11] 卢峻，高颖，杨帅等．基于分布式光纤传感技术的地下储气库实时监测与预警系统研究．天然气学报，80，103471。

[12] 王超，陈程，刘晓霞等．基于分布式光纤传感技术的地下储气库气体泄漏监测实验研究．天然气学报，33，141－150。

[13] 王伟佳．地下储气库完整性管理体系及相关技术应用研究［J］．油气储运，2015，34（2）：116－121.

[14] 刘跃辉．光纤压力传感器［J］．光电子技术，2015，25（2）：124－132.

[15] 侯俊芳．光纤传感技术的研究进展及应用［J］．光电技术应用，2012，27（1）：49－53.

热力耦合作用下盐穴储氢库循环注采稳定性分析

王雪婷　侯　磊　王敏聪　喻鹏飞　赵原琪　刘　倩

[中国石油大学(北京)机械与储运工程学院]

摘　要　本文以某储气库为例，根据储气库的基本数据和盐岩实验研究参数，利用 COMSOL Multiphysics 有限元软件建立盐穴单腔循环注采氢气温度—应力耦合模型，模拟不同运行压力下氢气的循环注采过程，得到腔体围岩的拉伸损伤分布，将盐穴储气库最大拉应力准则作为稳定性评价判据，分析盐穴储氢库运行压力对稳定性的影响。模拟结果表明：盐穴储氢库在整个循环注采周期内，采气和低压运行阶段是腔体围岩最容易发生拉伸损伤的阶段，破损区主要分布在夹层内部；腔体底部较顶部和围岩夹层具有较强的抗拉伸损伤破坏能力；提高运行压力区间能有效抑制腔体围岩拉应力的产生，降低腔体围岩发生拉伸损伤的可能性。为保障盐穴储氢库的长期稳定运行，应避免出现运行压力过低的注采工况，注意监测注采过程中的腔体顶部、底部以及夹层等薄弱部位。

关键词　盐穴储氢库；数值模拟；拉伸损伤；稳定性分析

Stability Analysis of Hydrogen Storage Caverns Under Cyclic Injection and Production with Thermo - Mechanical Coupling Effects

WANG Xueting, HOU Lei, WANG Mincong, YU Pengfei, ZHAO Yuanqi, LIU Qian

(College of Machainical and Transportation Engineering, China University of Petroleum)

Abstract: In this study, a specific gas storage facility is used as a case example, and a thermo - mechanical coupling model for hydrogen injection and withdrawal in a single - cavity salt cavern is established based on the fundamental data of the facility and experimental parameters of salt rock. The COMSOL Multiphysics finite element software is utilized to simulate the hydrogen injection and withdrawal cycles under various operational pressures, Obtaining the tensile damage distribution of the surrounding rock of the cavity. The maximum tensile stress criterion for the salt cavern is adopted as a stability evaluation metric to assess the influence of operational pressure on the stability of hydrogen storage. The simulation results show that during the hydrogen injection and withdrawal cycle, the gas withdrawal and low - pressure operation stages are when the surrounding rock is most susceptible to tensile damage, with damage - prone areas primarily distributed within the interlayers. Greater tensile damage resistance is observed at the bottom of the cavity compared to the top and interlayers. It is shown that increasing the operational pressure range can effectively suppress the generation of tensile stress in the surrounding rock, thereby reducing the potential for tensile damage. Therefore, to ensure the long - term stability of the salt cavern for hydrogen storage, it is recommended that low - pressure injection and withdrawal conditions be avoided, and that weak areas such as the top, bottom, and interlayers of the cavity be monitored during operations.

Key words: Salt Cavern Hydrogen Storage; Numerical Simulation; Tensile Damage; Stability Analysis

近年来，煤炭、石油、天然气等化石燃料的大量消耗加剧了全球能源危机，给人类带来了严重的环境污染。中国与能源相关的碳排放在全球碳排放中占很大比例。中国将在 2030 年前实现碳排放达峰，在 2060 年前实现汽车碳中和。中国加快能源结构调整的步伐，在可再生能源电力领域取得了显著成就。截至 2023 年底，我国可再生能源装机容量达到 1230GW，较 2012 年增长 917GW，增长近 3 倍。可再生能源在电力中的比重越来越高，导致中国面临严峻的能源和环境问题。

我国可再生能源资源丰富，但众所周知，可再生能源（如风能、太阳能、水电等）具有明显的间歇性、波动性和不连续性特点，这使得可再生能源产生的电力难以纳入电网消费。它已成为可再生能源发电利用的主要障碍之一。目前，世界上广泛采用的解决方案是为电网提供大规模的储能设施。通过使用大规模储能设施，可以在电网电力处于峰值时以其他能源的形式存储多余的电力。而当电力处于低谷时，之前储存的能量可以被转化为电能输入电网，实现电网电力移峰填谷。与抽水蓄能、压缩空气储能等相比，地下盐穴储氢技术具有储能密度高、储存周期长等优点。同时，氢气作为工业生产的基本原料，用途十分广泛，这使得地下盐穴大规模储氢技术具有广阔的应用前景。有很多学者对盐穴储氢进行了相关研究。刘翠伟等人对比了枯竭竭油气藏、含水层、盐穴等能够用于地下储氢的场所，得出盐穴是最理想的储氢的地下空间。Bennet 等人研究了盐穴中氢的迁移机制。Zhu 等详细描述了各种氢损失途径的机理，并分析了影响氢损失的因素。Li 等人采用数值模拟的方法研究了不同埋深下高频注采对盐穴储氢库稳定性的影响，并对高频注采下的关键操作参数进行了优化。Liu 等人对中国不同层状盐岩层储氢的密闭性开展了一系列室内试验、理论和数值模拟研究，论证了盐穴储氢的密闭性能。

目前为止，世界上已经建成的地下储氢库，都位于盐层中，其中三个在美国，一个在英国。国外有关盐穴储氢库的稳定性问题和注采过程的气密性问题的研究已经领先国内取得研究进展，但相比于国外的盐丘构造，我国盐矿床多为层状盐岩构造，盐岩品位低，多存在泥岩夹层，无法完全借鉴国外盐穴储氢技术。因此，需要针对我国的盐岩特性展开对盐穴储氢稳定性的研究。本文以国内已建某盐穴储气库地质资料为背景，基于热力耦合理论，分析盐穴储氢库实际注采运行条件下的稳定性，为氢气地下存储技术可行性及安全性提供借鉴。

1　盐穴储氢稳定性数值模拟

1.1　地质模型

参考国内已建某天然气盐穴地下储气库声纳测腔结果，建立了含有 1/2 层状盐穴储氢库的二维轴对称几何模型，如图 1 所示，模型半径为 259m，高度为 518m，包括 2 层厚度分别为 203m 和 150m 的泥岩层段。建库层段盐岩层整体厚度 155m，其中预留顶板 44. 5m，底版 25m 建腔，腔体大致呈椭圆形，腔体高度为 80m，最大半径 35m，中心埋深位于 1075m 处，体积 21 约为万立方米。以地面为基准，模型顶部、腔体顶部和腔体底部埋深分别为 776m、966m 和 1071m，腔体上、下两部分均有夹层穿过，分别位于地下 1035m 和 1025m 处，厚度为 4m。

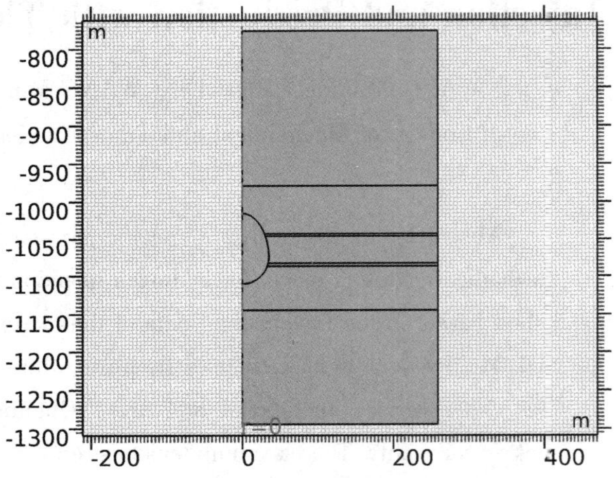

图 1　盐穴储氢库二维轴对称几何模型

在储氢库注采氢气过程中，温度、压力边界条件作用于腔体边界，腔体附近的围岩会有较大的温度梯度和应力梯度，因此对腔体壁面进行边界层处理，设置 8 层边界层，从而达到对腔壁附近围岩网格加密的效果。模型网格全部为自由三角形网格，完整网格包含 24388 个域单元和 868 个边界元。模型网格剖分如图 2 所示。为了平衡模拟精度与计算效率，将网格分布设置为越靠近腔体网格密度越高，越远离腔体网格越稀。

1.2　模型初始条件

模型的初始条件设置包括初始地应力场和初始地温场。初始地应力场主要考虑为地层的自重

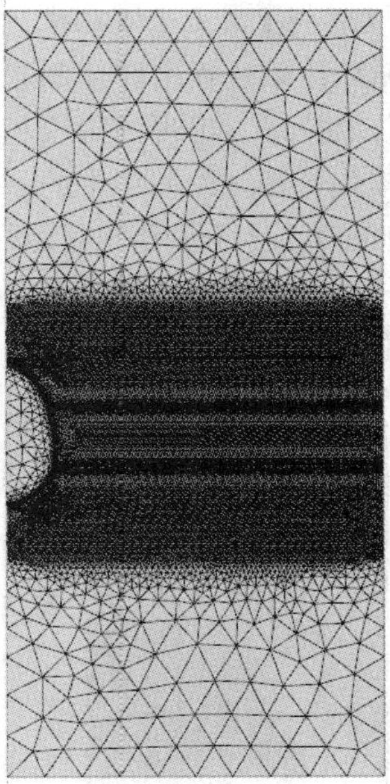

图2　模型网格剖分示意

应力。为了提高计算效率，将模型顶部776m的上覆岩层应力简化为边界载荷 σ_z ，上覆岩层平均自重为23KN/m^3，即地下深度每增加100m地应力增加2.3MPa。因此，σ_z 约等于17.848MPa。温度变化主要有两种形式：①初始温度场是通过地温梯度计算不同深度处的地层温度，金坛地区地温梯度为2.55℃/（100m），随深度增加，地层温度逐渐升高。根据腔体埋深，可计算得腔体中心处围岩温度为52.4℃，模型上下边界温度为51.9℃和54.2℃。②在注采运行过程中腔体内的气体与围岩不断进行热交换，由于调峰的需要，腔内压力、气体体积循环往复地变化，因此腔体附近围岩温度在实际注采运行过程也随腔体压力变化而同步变化。整体上围岩温度服从地温梯度分布规律，腔体附近围岩温度受腔内温度传热影响，影响范围可达70m，但完全受其控制的区域仅限腔壁5～7m围岩内。

1.3　模型边界条件

地质模型的顶部为自由边界，施加垂直向下的17.848MPa压力以模拟腔体上覆岩层的地重应力。底部边界和侧边界以外的岩体设为刚性体，不允许模型产生法向移动，故将固定约束和辊支撑应用到模型的底部边界面和侧边界。模型的所有垂直边界均采用对称边界条件，并将其设置为绝热边界，以避免几何边界对温度传递的影响。将注采过程腔内气体温度、压力随时间变化的表达式设置为腔体的边界条件来模拟氢气的注采过程。各层岩体之间的界面黏结完好，无滑移发生。

1.4　参数设置

模型中涉及到了盐岩、泥岩、粉砂质泥岩夹层三种岩体，其基本力学参数和基本物理参数设置借鉴前人的实验数据，基本力学参数见表1，基本物理参数见表2。

表1　基本力学参数

岩体	密度（kg/m^3）	弹性模量（$\times10^9$Pa）	泊松比
盐岩	2245	9.54	0.32
粉砂质夹层	2653	19.1	0.18
泥岩	2449	11.7	0.29

表2　基本物理参数

岩体	导热系数/［W/（m·K）］	定压热容/［J/（kg·K）］	热膨胀系数/10^{-4}/K
盐岩	2.5	837	0.5
粉砂质夹层	5.1	850	1.0
泥岩	5.1	850	1.0

2　稳定性评价判据及运行压力方案设计

2.1　拉伸损伤判据

在盐穴储气库运行过程中，注采循环压力往往低于腔体所在深度的原始地层应力，围岩可能会产生拉张应力，导致微小裂纹的产生。根据材料第一强度理论可知，围岩不发生拉应力破坏的条件为：

$$\sigma_1 \leqslant \sigma_t$$

由于盐岩的平均抗拉强度极低，因此，为避免最大拉应力引起的围岩脆性破坏，注采过程中围岩不允许出现拉张应力，即当 $\sigma_1 > \sigma_t$时，围岩将发生拉伸破坏。

2.2　运行压力方案设计

目前国内外盐穴储气库运行参数设计，主要结合工程经验，并采用数值模拟进行计算验证。具体方法有以下五种。

方法1：静水柱压力换算法。根据国外储气库运行经验，气库运行压力范围一般在静水柱压力的0.3～1.7倍之间。

方法2：根据德国盐层盐腔运行压力设计经验，以盐腔顶部深度计算盐腔最小运行压力，梯度为0.34MPa/100m。

方法3：盐腔顶部埋深换算法。根据美国出版的《天然气地下储气库》，最大运行压力是盐腔顶部所在深度的函数，压力梯度范围 1.92 ~ 2.04MPa/100m。

方法4：上覆地层压力折算法。盐腔上、下限压力等于盐腔上覆地层压力的 70% ~80% 和 20% ~30% 。

方法5：根据加拿大 CSAZ341.2－02 标准，最大运行压力不能超过储气库地层破裂压力的 80%；当缺乏破裂压力资料时，以从套管鞋测量深度处到盐穴顶部的压力梯度 18.1kPa/m 为最大运行压力的标准。盐穴储气库的最小压力标准应为在套管深度处的最小压力梯度，为 3.4kPa/m。

通过以上 5 种方法进行盐穴储氢库运行压力区间的初步估算，确定了压力幅值为 11MPa 的 3 组压力区间分别为 5 ~16、6 ~17、7 ~18 单位为 MPa。最后通过数值模拟方法，进行不同运行压力条件下盐穴储氢库注采运行模拟，并结合盐穴储气库稳定性评价准则进行综合评判，对不同运行压力区间下盐穴储氢库的循环注采稳定性进行分析。

3　模拟结果

江苏省风能资源具有明显的季节性，春、冬两季风能资源较强，夏、秋两季风能资源较弱。考虑到江苏省风能的分布特征，满足调峰需求的注采氢气设计为每年4 个循环，如图3 所示，为评价盐穴储氢库不同运行压力条件下腔体围岩稳定性，分析了 5 ~16、6 ~17、7 ~18 单位为 MPa 的三组运行压力方案下的腔体围岩的稳定性。

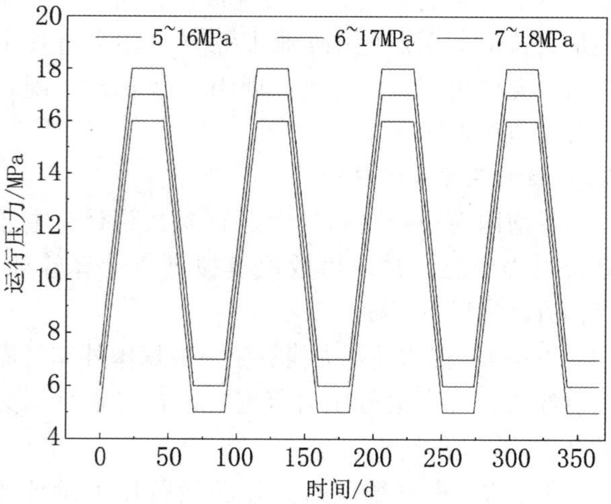

图3　运行压力方案

3.1　腔体围岩第一主应力分布规律

为研究循环注采过程中腔体围岩第一主应力变化规律，获取拉应力出现的阶段和腔体围岩各位置的拉伸损伤特征。以一年中的一个注采循环周期为例，如图 4 所示分别给出了运行区间为 5 ~ 16MPa 时注气、高压储气、采气、低压运行四个阶段中的第一主应力分布云图。

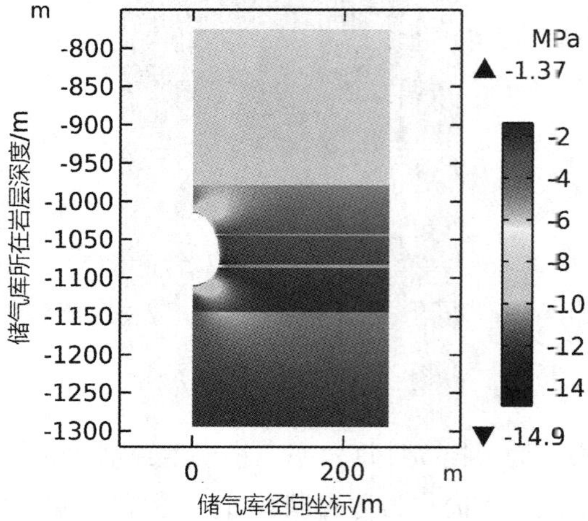

（a）注气

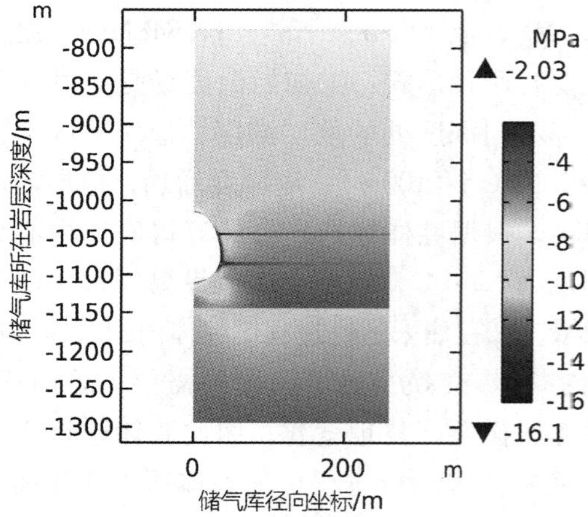

（b）高压储存

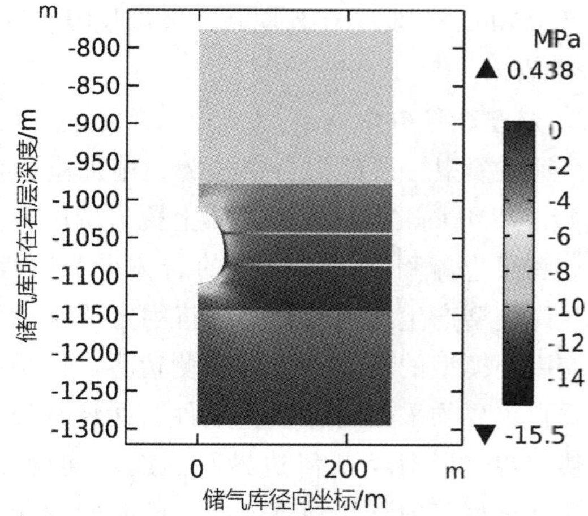

（c）采气

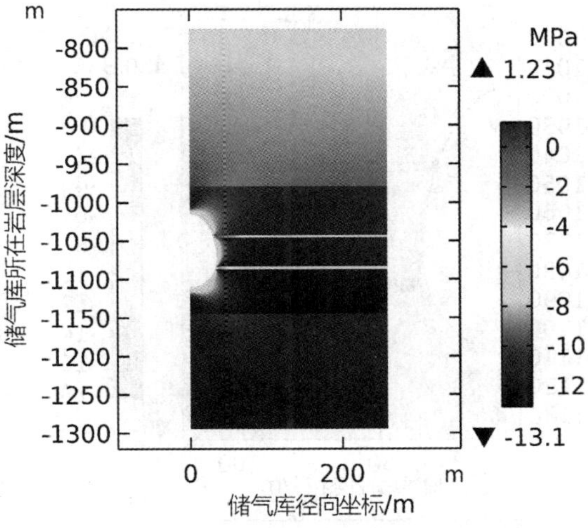

（d）低压运行

图4　第一主应力分布云图

在注气和高压储气阶段腔体围岩与夹层的第一主应力处于压应力的状态，且高压储存阶段的压应力值大于注气阶段。腔体壁面围岩所受压应力较小，向外随距腔体壁面距离的增加而增大且盐腔底部附近所受压应力数值最大。压应力在腔体夹层处发生明显突变按突变因盐岩和夹层之间的物性参数和力学参数的差异导致夹层位置的压应力发生明显的突变。氢气以一定的速率被注入腔体，导致腔内的温度、压力快速上升，当腔内温度高于围岩温度时，直接接触氢气的围岩被加热，腔体附近围岩温度上升较快，发生受热膨胀，而盐岩的导热系数较低导热性能差，所以远离腔体壁面的岩层温度变化不明显，导致腔体附近围

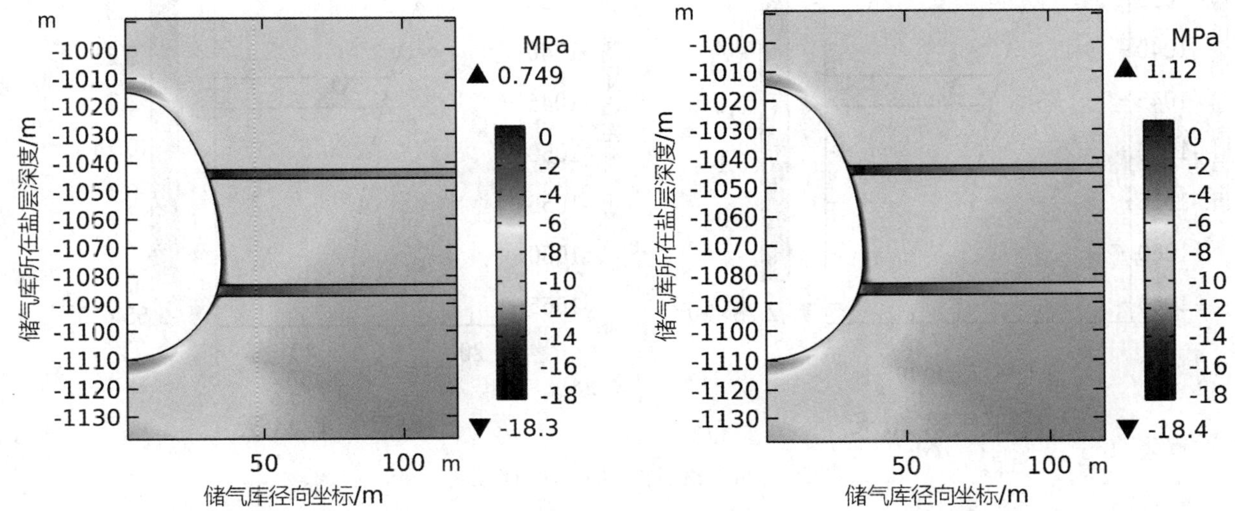

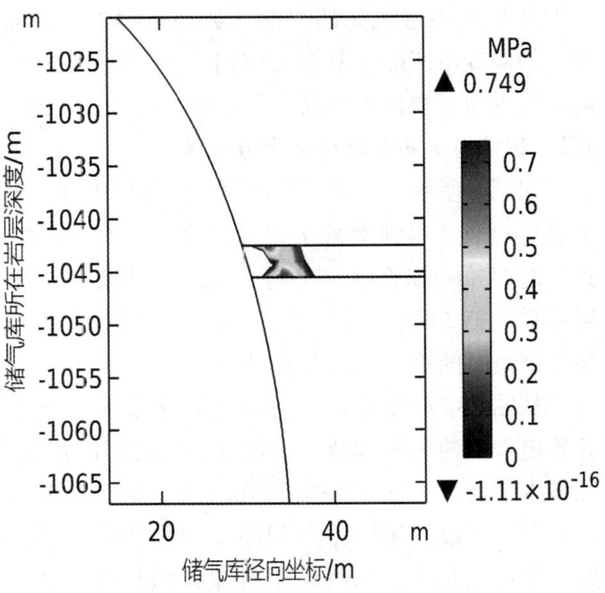

（c）采气第22天

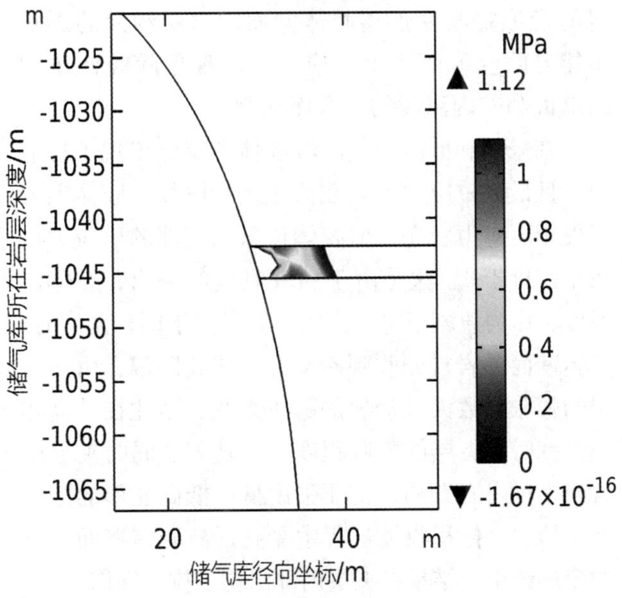

（d）采气结束

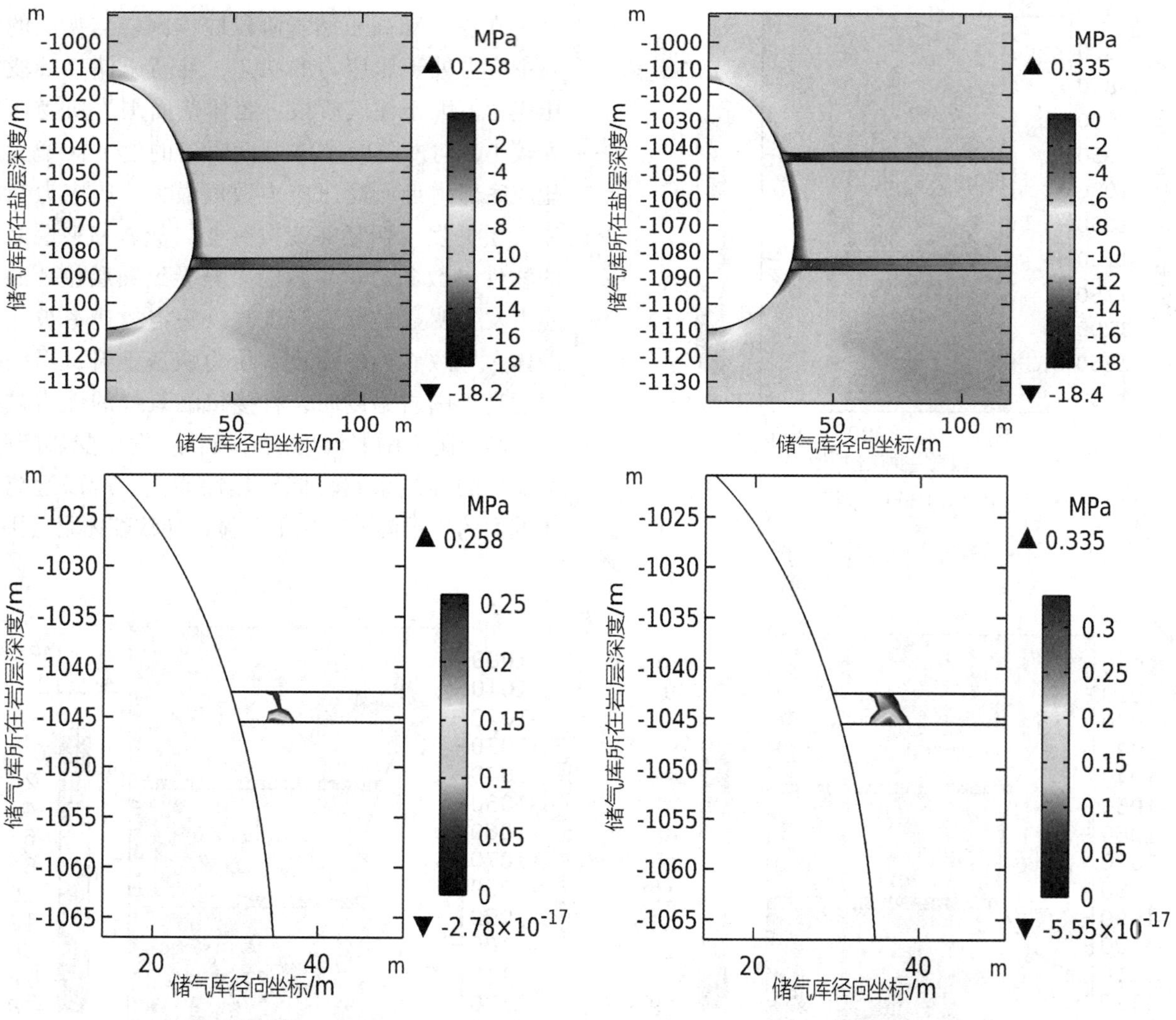

(a)采气第 20 天　　　　**(b)采气第 21 天**

图 5　采气阶段围岩夹层拉伸损伤分布

岩的变形膨胀受远离腔体壁面的岩层约束的影响不能自由变形而产生压应力，该现象随腔体压力的增大和腔内温度的上升而加剧。

在采气和低压储气阶段腔体夹层处出现了拉应力，且最大拉应力出现在低压运行阶段。腔体围岩仍处于压应力状态，但腔体顶部和底部的压应力值较小接近于 0。这是由于随着氢气的采出，腔体内温度、压力急剧下降，当腔内温度低于围岩温度时，腔体壁面围岩首先收到冷却开始快速降温，由于夹层的膨胀系数大于盐岩的膨胀系数，因此在升高相同温度时，夹层的膨胀程度大于盐岩。同时夹层中含有多种岩石杂质，抗压强度低，抵御变形的能力低于盐岩，体积收缩过程中受到远离腔体壁面岩层的变形约束，结果在夹层内部出现了拉伸损伤。

由以上分析可知，采气和低压运行阶段是盐穴储氢库整个注采运行周期内腔体最容易发生拉伸损伤的阶段，破损区主要分布在夹层内，这说明因盐岩和夹层之间的物性参数和力学参数差异导致的应变不匹配使其在夹层内产生了应力集中，同时也说明盐岩作为储氢库具有良好的力学性能。

3.2　腔体围岩的拉伸损伤分布规律

如图 5 所示，拉伸损伤均发生在夹层内部，为了更直观的地得到运行压力区间为 5 ~ 16MPa 时，夹层内部拉伸损伤区域的分布规律，本文将分别展示采气第 20 天、采气第 21 天、采气第 22 天及采气结束时的第一主应力云图。

从图 5 中可以看出，①采气第 20 天时，夹层开始出现拉伸损伤区域；②随着采气时间的推移，腔体内部温度、压力快速下降，采气结束时腔内压力下降至最低运行压力 5MPa，夹层内拉伸损伤的区域逐渐扩大，采气结束时拉伸损伤面积达到最大；③第一主应力最大值呈现增加趋势，采气结束时达到了最大值 1. 12MPa。由以上分析可知，运行压力区间为 5 ~ 16MPa 条件下，采气和低压运行阶段在盐穴储氢库整个注采运行过程中最容易发生拉伸损伤，不满足盐穴储氢库在循环注采运行过程中的无拉应力准则。

3.3 运行压力区间对腔体稳定性的影响

为了更直观地比较不同运行压力区间对稳定性的影响，分析压力区间幅值不变时，运行压力区间变化时，腔体围岩拉伸损伤的变化趋势，分别选取 5～16MPa、6～17MPa、7～18MPa 三组压力区间的低压运行第 10 天的第一主应力进行云图展示，如图 6 所示。

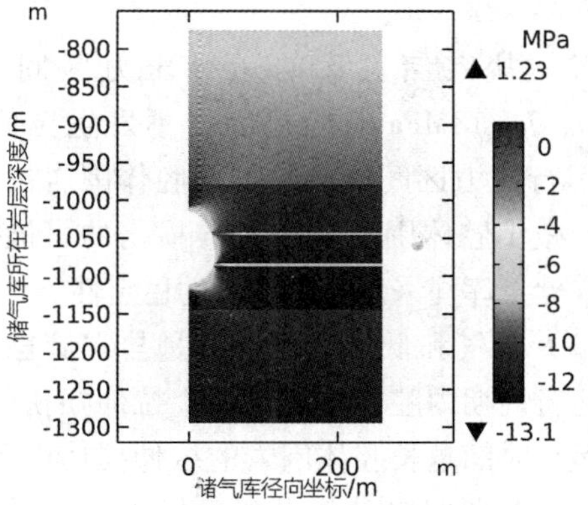

(a)5~16MPa

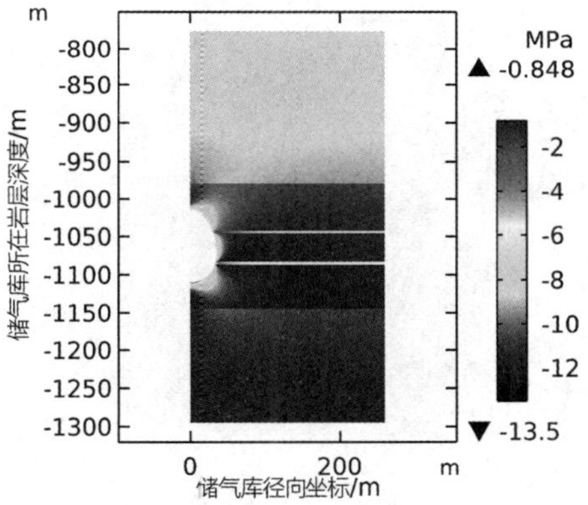

(b)6~17MPa

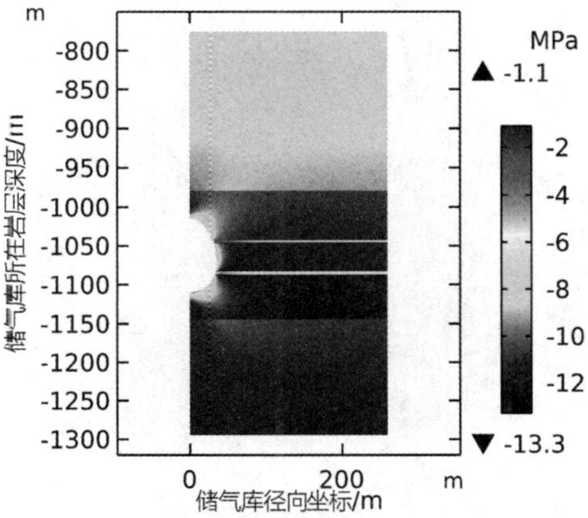

(c)7~18MPa

图 6 不同运行压力区间低压运行阶段第一主应力分布

由图 6 可知，当低压运行时间均为 10 天时，运行压力区间为 5～16MPa 条件下的第一主应力最大值为 1.23MPa，腔体围岩夹层发生拉伸损伤；运行压力区间为 6～17MPa 条件下的第一主应力最大值为 -0.848MPa，腔体围岩夹层不发生拉伸损伤；运行压力区间为 7～18MPa 条件下的第一主应力最大值为 -1.1MPa，腔体腔体围岩夹层不发生拉伸损伤。由此可知，压力区间 6～17MPa、7～18MPa 满足无拉应力准则。

运行压力区间 5～16MPa 条件下第一主应力表现为拉应力；运行压力区间为 6～17MPa 条件下第一主应力由拉应力转变为压应力；运行压力区间 7～18MPa 条件下的压应力值大于运行压力区间 6～17MPa 条件下的压应力值。腔体围岩的第一主应力最大值随运行压力区间的上移由拉应力转变为压应力，压应力的数值随运行压力区间上移而增大。由此可知，提高运行压力区间能有效抑制腔体围岩拉应力的产生，增加了储气库稳定性。

3.4 不同腔体部位的稳定性分析

注采过程中腔体围岩最容易发生拉伸垮塌的部位一般集中在腔体顶部、腔体底部、夹层位置。在储氢库运行注采过程中需要重点关注，本文选取运行压力 5～16MPa 条件下腔体顶部、腔体底部、夹层位置为关键点，分析循环注采一年过程中，腔体顶部、腔体底部、夹层位置的第一主应力数值在循环注采运行中的变化趋势，如图 7 所示。

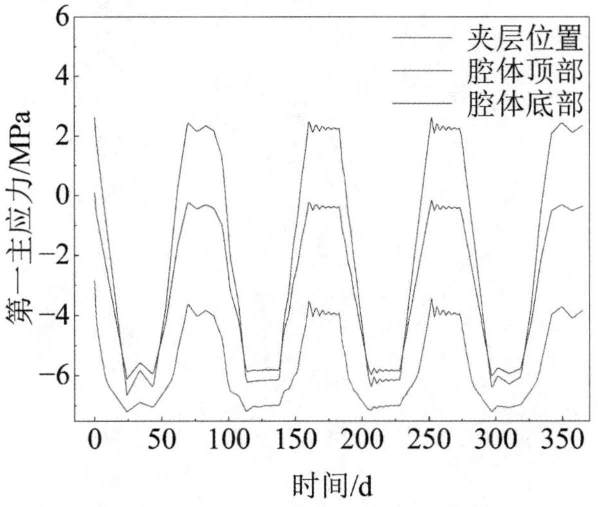

图 7 关键点位置第一主应力变化曲线图

从图 7 可以看出，盐穴储氢库注采运行一年内，夹层位置、腔体顶部及腔体底部的第一主应力呈现周期性变化。主要体现在注气、储气、采气、低压运行四个阶段的周期性变化。注气过程中，腔内压力升高、温度上升，盐腔整体的第一主应力逐渐下降；高压储气时，腔内温度、压力达到顶峰，盐腔整体的第一主应力达到最小值；随着采气的进行盐腔整体的第一主应力值逐渐增大；低压运行时，腔内温度、压力下降至最低，盐腔整体的第一主应力增加至最大值。

在整个注采循环周期内，腔体围岩夹层的第一主应力值均高于腔体顶部和底部的第一主应力值，在采气和低压阶段的第一主应力大于0，出现拉伸损伤破坏；腔体顶部的第一主应力值在低压运行阶段接近于0，说明腔体顶部具有出现拉伸损伤破坏的风险；腔体底部的第一主应力在整个注采循环周期内均小于0，并未发生拉伸损伤，说明腔体底部较顶部和夹层具有抗拉伸损伤破坏的能力。在储氢库注采运行过程中应对腔体的薄弱部位注意监测，以防止腔体顶部垮塌、片帮脱落。

4 结论

本文考虑了真实建库段地层条件，基于热力耦合理论，建立了盐穴储氢库单腔注采氢气模型，利用有限元方法实现了多场耦合模型的数值求解过程，计算结果更接近实际情况，可为后续拟建盐穴储氢库稳定性评价提供参考。文中通过模拟不同设计压力工况下氢气的循环注采，得到如下结论：

（1）运行压力区间为5～16MPa时，围岩内部发生拉伸损伤，且损伤发生均发生在与腔体围岩夹层中，腔体顶部压应力值较小，具有发生拉伸损伤的风险，建议储气库建腔期要避免夹层数量过多的地层区域，运营期间应关注腔体顶部、底部及夹层区域。

（2）盐穴储氢库的运行压力区间为6～17MPa、7～18MPa时腔体围岩不发生拉伸损伤。提高运行压力区间能有效抑制腔体围岩拉应力的产生，减小腔体围岩发生拉伸损伤的可能性，增加盐穴储氢库注采运行过程中的稳定性。

（3）采气和低压运行阶段是盐穴储氢库整个注采运行周期内腔体最容易发生拉伸损伤的阶段，低压运行时间越长腔体围岩的拉伸损伤面积越大。因此，运营期间应避免出现运行压力过低的注采工况。

岩性气藏储气库地质体完整性评价与设计优化

夏　勇[1,3]　张建国[1,3]　王　伟[1,3]　王德龙[1,3]　吕　建[2,3]　李　琳[1,3]

(1. 中国石油长庆油田分公司勘探开发研究院，2. 中国石油长庆油田分公司气田开发事业部，
3. 低渗透油气田国家工程实验室)

摘　要　针对岩性气藏改建储气库存在的岩性边界侧向密封性不明确、力学稳定性不落实、部分气藏含硫化氢等地质难点，以S1、D1、Y3等储气库为实践，建立了侧向岩性边界密封性评价、岩性地质体力学稳定性分析、硫化氢含量变化预测、全生命周期监测与预警为一体的岩性气藏储气库地质体完整性评价技术，在此基础上开展了分区带建库模式、提高上限压力评价、硫化氢淘洗方式等注采运行优化研究，为鄂尔多斯盆地岩性储气库的长期安全有效运行和提升运行效率等提供支持。

关键词　地下储气库；岩性气藏；储气地质体；完整性评价；注采运行优化

Integrity Evaluation of Geological Bodies in Lithological Gas Storage Facilities and its Application in Design Optimization

XIA Yong[13], ZHANG Jianguo[13], WANG Wei[13], WANG Delong[13], LV Jian[23], LI Lin[13]

(1. Research Institute of Petroleum Exploration and Development, Changqing Oilfield Company, CNPC;
2. Department of gas field development, Changqing Oilfield Company, CNPC;
3. National Engineering Laboratory for Low - permeability Petroleum exploration and development)

Abstract: The reconstruction of lithological gas reservoirs for gas storage poses geological challenges such as unclear lateral sealing at lithological boundaries, uncertain mechanical stability, and the presence of hydrogen sulfide in some gas reservoirs. Based on the practice of S1, D1, Y3 gas storage facilities, a geological integrity evaluation technology for lithological gas storage facilities has been established which integrates lateral lithological boundary sealing evaluation, lithological geological body mechanical stability analysis, prediction of hydrogen sulfide content changes, and full life cycle monitoring and early warning. On this basis, research has been carried out on the optimization of injection production operations, such as zoning reservoir construction mode, increasing upper limit pressure evaluation, and hydrogen sulfide washing method, to provide support for the long - term safe and effective operation and improve operational efficiency of lithological gas storage facilities in the Ordos Basin.

Key words: Underground gas storage, lithological gas reservoir, gas storage geological body integrity evaluation, operation optimization of injection and production

全球共有700余座地下储气库，总工作气量超4000亿方，主要分布在北美、欧盟和前苏联国家，其中气藏型储气库工作气量占比74%。中国已建成储气库约30座，其中气藏型储气库占80%以上，主要为中－高渗构造及断块型气藏。截至2020年全球枯竭气藏型地下储气库事故共发生16起，包括储层密封性失效引发气体泄漏，注采气系统失效以及地面设施失效等，与地质因素有关的占比将近一半。前人研究提出了储气库完整性评价的对象及范围，对储气地质体完整性进行了

定义，明确了完整性评价的目的是进行储气库运行风险管控。

岩性气藏是鄂尔多斯盆地在产气田的主要类型，也是改建储气库的主要目标。与国内外典型储气库相比，岩性气藏改建储气库在储气地质体完整性评价方面存在其特殊性，主要表现在侧向边界密封性不落实、地质体力学破坏风险点不明确、部分气藏含硫化氢等，制约了该类型储气库的安全有效运行。

笔者针对岩性气藏改建储气库的地质特点，以S1、D1、Y3等储气库为研究实践，建立了侧向边界密封性评价、岩性地质体力学稳定性分析、硫化氢含量变化预测、安全监测与预警为一体的岩性气藏型储气库地质体完整性评价技术，开展了分区带建库模式、提高上限压力评价、硫化氢淘洗方式等注采运行设计优化，为鄂尔多斯盆地岩性储气库的高质量建设、长期安全有效运行和提升运行效率等提供支持。

1　岩性气藏型储气库地质特征

前期通过开展地质综合评价和库址资源筛查，确定鄂尔多斯盆地主要建库目标为储层条件相对有利的山西组山$_2^3$气藏、马家沟组马五$_1$和马五$_5$气藏，具有以下地质特征。

上古生界山西组山$_2^3$气藏的有利沉积微相为心滩相和分流河道相，储层岩性以石英砂岩为主，储集空间以残余粒间孔为主，平均有效厚度10.1m，平均孔隙度6.4%，平均基质渗透率3.12mD。上古生界山西组山$_2^3$地层为陆相河流三角洲沉积，盖层为泥岩、碳质泥岩，底板为灰岩、泥岩，厚度在30～50m，封闭能力强。山$_2^3$储层侧向主要为河道间沉积，泥岩隔夹层发育，为砂岩岩性圈闭（图1）。

下古生界马家沟组马五1气藏有利沉积微相为潮上含膏云坪相，岩性以泥—细粉晶白云岩为主，主要储集空间为溶蚀孔洞，普遍发育微裂缝，平均有效厚度7.6 m，平均孔隙度6.1%，平均基质渗透率1.17mD。马五5气藏有利沉积微相为颗粒滩相，岩性以粉晶—中晶白云岩为主，储集空间类型以晶间孔为主，裂缝发育程度高，平均有效厚度为9.2m，平均孔隙度为8.6%，平均基质渗透率为13.68mD。下古生界马家沟组马五1、马五5储层的圈闭特征相似，盖层为泥岩、铝土质泥岩、泥质云岩等，底板为云质泥岩、泥质云岩、膏云岩等，岩性致密，封闭性好。侧向地层受侵蚀沟槽切割、致密带、局部水体等遮挡，其中马五5侧向地层为致密灰岩，均为古地貌-岩性复合圈闭（图2）。

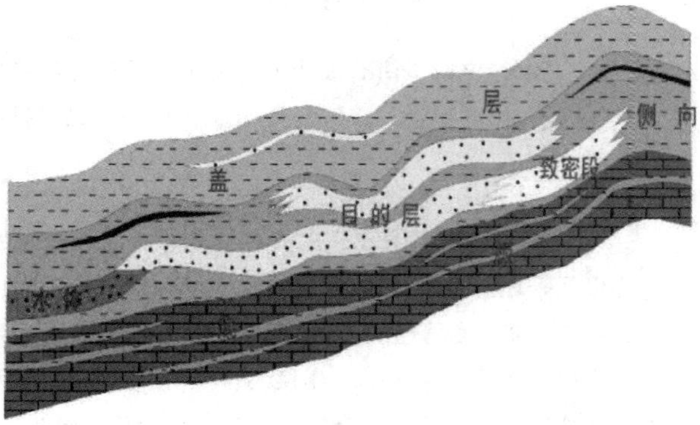

图1　上古生界山西组山$_2^3$气藏圈闭模式

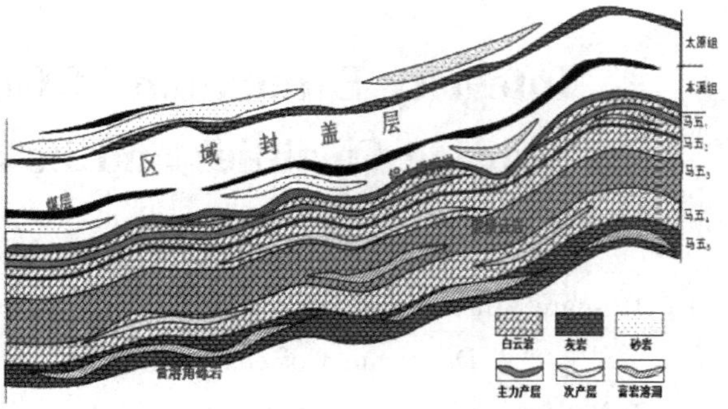

图2　下古生界马家沟组马五$_1$气藏圈闭模式

2　岩性储气地质体完整性评价关键技术

2.1　侧向边界密封性评价

鄂尔多斯盆地已开发油气藏主要位于伊陕斜坡，区域构造为大型西倾单斜，坡降5～15m/km，断层基本不发育。与常规断块、构造油气藏相比，鄂尔多斯盆地岩性气藏一般储盖组合良好，盖层对于气藏具有较好的封闭性，所以侧向地层的发育情况决定了储气库圈闭的有效性，岩性气藏侧向地层密封能力是制约其建库的核心问题。由于岩性边界一般为砂岩—粉砂岩—泥岩或白云岩—含泥白云岩—泥岩的渐变过程，受沉积相带控制而发育复杂。针对岩性气藏边界的具体位置确定难、微观封闭能力不落实的问题，通过静态边界识别和刻画，结合动态密封能力评价，综合确定侧向边界的密封性。

2.1.1　静态密封边界

地质体空间展布的精细描述是刻画静态边界的基础。通过地震精细处理与解释、侵蚀沟槽展布、三维地质建模等方法，结合各区带之间硫化氢、二氧化碳等组分差异，评价井间储层的连通关系，落实库区侧向岩性、物性等边界及变化情况；分析储层的储集空间和渗透率场分布，对比评价各区带的原始地层压力与生产变化特征，结合压恢试井和干扰试井等动态分析，落实侧向致密储层边界的分布及物性变化；对局部存在的地层水体，描述其分布与生产动态变化，确定水体边界及能量。

在储气地质体空间展布精细描述的基础上，开展各储气库不同侧向边界的空间位置和发育特征研究，建立了不同类型边界的地质划分标准。针对下古生界马五$_1$、马五$_5$碳酸盐岩气藏，基于岩溶古地貌恢复，定量化刻画侵蚀沟槽，结合试井分析，划分出沟槽边界、云泥边界、致密储层边界、流体边界等四种边界类型。针对上古生界陆相砂岩气藏，开展沉积相带描述和砂体精细构型分析，划分出泥岩边界、致密储层边界、致密阻流边界、流体边界等四种边界类型。这有效指导了侧向边界分类评价。其中，泥岩、沟槽等边界为不渗透层阻隔，边界相对清晰；物性边界为储层渗透率的级差级降低，但并非不渗流。

2.1.2　动态密封边界

针对物性边界，在储气库交互注采条件下，考虑建库气藏外围开采程度较低或未开发，仍处于原始状态或相对高压状态，受致密储层启动压力梯度较大影响，在致密储层内某一点会达到动态平衡。基于地层不稳定渗流理论和核心区储气动半径方法，考虑储层压力分布变化，建立甜点区注采外溢边界不稳定渗流数学模型和分析预测图版，解决了高速注采外溢范围和量化表征难题。在储气库有限注采时率周期转换条件下，可以形成低渗储层特有的动态渗流边界且边界范围可控，总体外溢量小于5%，实现气体外溢的有效控制（图3）。

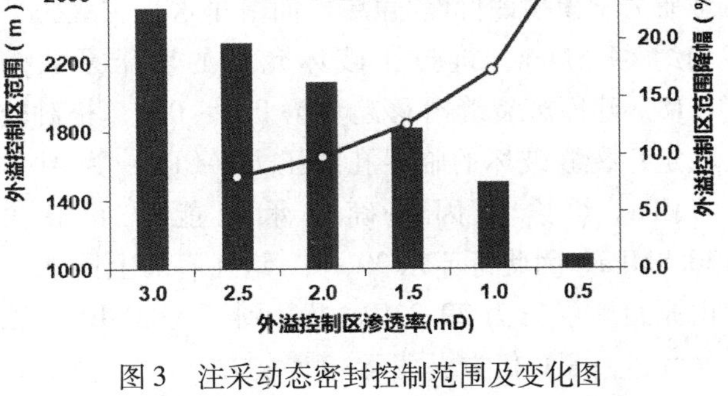

图3　注采动态密封控制范围及变化图

2.2　岩性地质体力学稳定性评价

以精细地质研究和室内岩石力学实验为基础，建立一维到三维地质力学模型，开展储气库四维地质力学模拟，建立低渗碳酸盐岩储气库地质力学稳定性评价技术体系，量化确定极限承压能力，提出安全高效运行技术措施建议。

通过单轴、三轴、抗拉、多周期疲劳损伤等岩石力学实验，获得储层及盖层的静态弹性模量、静态泊松比、动静态转换参数、抗拉强度、内摩擦角以及粘聚力等参数。利用储层声波实验计算获得的动态弹性模量、动态泊松比与岩石三轴实验获得的静态弹性模量、静态泊松比进行关系拟合，将拟合结果输入地质力学模型，建立了单井的一维地质力学模型。

将单井岩石力学参数计算结果粗化至三维地质模型的纵向网格中。根据地质统计学原理，开展变差函数分析，拟合不同层位主变程、次变程方向与大小等。在此基础上，以岩相模型为第一约束变量，以原始地震数据计算的均方根振幅体作为第二约束变量，采用序贯高斯模拟方法建立了杨氏模量、泊松比、内摩擦角、抗压强度、抗拉强度等岩石力学参数的三维岩石力学模型。根据地质力学理论，逐步静力平衡反演，获得三维动态地应力分布场。针对岩石力学参数、原始地层压力、最小水平主应力方向、三向应力梯度进行系统赋值，经过反复模拟拟合，最终模拟出原始气藏受力状态。

分气藏开发、注垫底气、注采运行三个阶段开展地层流体压力模拟。通过渗流模拟器与地质力学模拟器联合计算，进行储气库四维地质力学动态模拟，根据气藏开发和储气库注采引起的地层压力变化计算区域地应力场的动态扰动及其对储、盖层变形和裂缝滑移的影响。利用地应力分布场、相关的岩石变形破坏原理和量化指标计算方法，获得定量评价拉张、剪切等力学完整性破坏风险的指标，定量评价在交变应力作用下的侧向地层的力学完整性和储层内部裂缝的稳定性。最终确定储气地质体的承压能力下限，并以此指导储气库上限压力设计和运行（图4）。

2.3　硫化氢含量变化预测

鄂尔多斯盆地下古生界碳酸盐岩气藏的天然气中普遍含硫化氢，改建储气库后的采出气体硫化氢组分含量直接影响着工程选材和地面工艺，对井筒和地面系统的运行安全和完整性同样具有重要的影

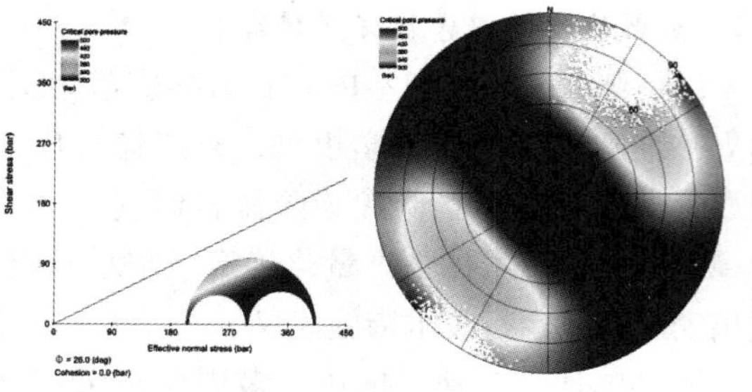

图4　储层裂缝临界滑移趋势分析图

响。基于多周期高密度的天然气组分测试，落实各井采出气硫化氢含量及其变化规律。在此基础上，创建含硫储气库“井筒双向压降、酸气组分拟合”数值模拟模型，建立采出气硫化氢拟合技术流程，实现“注采气量－压力－气质组分”多参数同步拟合，硫化氢含量拟合率达90%以上。开展不同采出程度、不同工作制度及运行方式条件下，分析注气时硫化氢气体外推与回采的速度、方向、前缘情况，预测20个注采周期的硫化氢含量变化研究。通过多方案对比优化采气制度，指导脱硫工艺设计，降低储气库运行的安全风险（图5）。

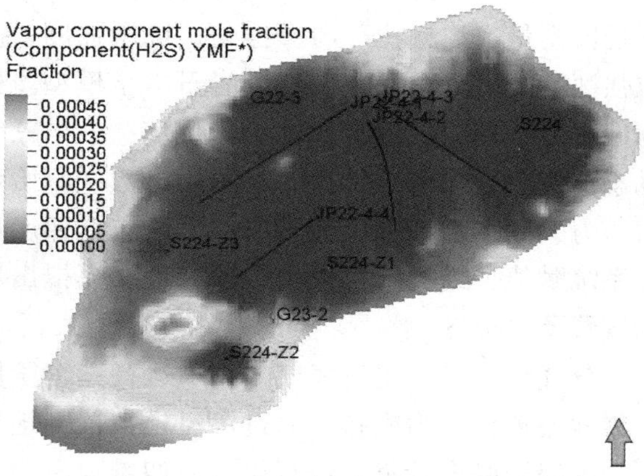

图5　S1储气库第9周期采气末硫化氢含量分布模拟

2.4　全生命周期监测与预警

形成以“微地震、盖层、侧向”为核心的“三位一体”监控系统，构建全流程地质体完整性管理体系，确保各节点运行安全平稳。

2.4.1　地质体动态密封性监测系统

针对鄂尔多斯盆地岩性储气库的地质特点，分析注采过程高低压频繁交互导致的盖层、侧向地层的密封失效风险点，建立“盖层、围岩、底托层”为一体的密封性立体监控系统。在盖层上部就近的渗透层部署盖层监测井，在底托层下部就近的渗透层部署底托层监测井，进行顶底板的逸散监测。在侧向地层重点风险区域设置侧向地层监测井，结合气库外围气田生产井的生产动态监测，构建了侧向地层的双重监测井网。制定定量化的风险评估和实时预警体系，以地层压力和流体实时监测为核心，结合注采运行动态评价，分析库存量与注采前后地层压力关系，评价单位压力库存量和单位压差库存增量变化，在考虑地质和工程损耗的基础上，评估气库多周期注采运行是否发生逸散。

2.4.2　微地震监测系统

岩性储气库微地震监测目的是监测盖层、侧向地层在注采运行过程中的圈闭动态密封性与安全性。岩性气藏型储气库部署的微地震监测系统，采用井筒微地震永久式监测的方式，通过数据处理解释，评价微地震事件与储气库侧向应力薄弱点的地质、生产运行情况的关系，综合判断微地震事件发生的原因及其对储气地质体完整性的影响，进而指导有效措施的制定。

3　注采设计优化与应用效果

3.1　分区带建库模式

开展储层精描、渗透率场和导流能力等多因素分析，建立了“核心区注采、外围区监测”岩性气藏分区带建库模式，建立分区数值模拟模型，评价核心区、外围区与库区外之间各区带天然气流动状态及变化，指导了D1、Y3等储气库方案设计与工程建设。以Y3储气库为例，距离核心区注采井2～5km的监测井地层压力与注气前基本持平，未见明显的压力干扰和逸散现象，表明通过循环往复注采形成了动态边界，具有较好的动态密封性（图6）。

3.2　提高上限压力运行

通过地质力学稳定性分析，将S1、D1储气库上限压力进行了提升，提高了气库的工作气量和工作效率。以D1储气库为例，岩石力学实验表明盖层及围岩岩石力学强度高，不易发生力学完整性破坏，模拟储气库运行50注采周期后泥岩盖层强度弱化12%～20%，储气层弱化8%左右。三维地质力学模型评价储/盖层界面最小水平主应力平均约44.8MPa，抗拉张破坏允许的增压系数为1.18。建库区裂缝滑移趋势为0.1～0.6，相对较稳定；裂缝破坏的临界孔隙压力（CPP）为41～47MPa。综合多因素确定承压能力下限为36.8MPa，因此将苏东39－61储气库的上限压力由原始地层压力29.2MPa提升到了32.0MPa，工作气量由8.0亿方提高至10.8亿方。

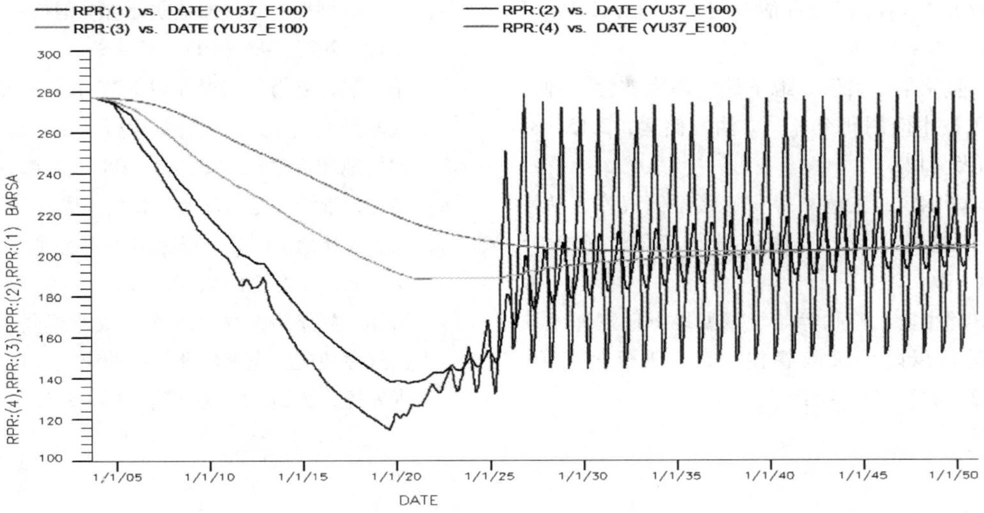

图 6　岩性储气库分区带地层压力模拟预测图

3.3　含硫储气库工作制度优化

S1 储气库受多周期注采吞吐的影响，硫化氢含量表现为总体呈现幂指数下降，单周期随采气进行逐步升高，老井高于注采井，平面上“外围高、内部低”的变化规律。根据该变化规律，多方案对比优选了“低谷外采、高峰全采”运行模式，预计 12 个周期硫化氢含量可达天然气外输标准要求，相比全井采气提前 1 – 2 周期，降低了脱硫成本和运行安全。

3.4　安全运行有效性评价

S1 储气库部署盖层监测井 1 口、侧向监测 1 口、气田生产监测井 5 口，经过 10 周期运行，各监测井地层压力总体表现平稳，未见注采影响。近四周期库存 ~ 压力曲线基本重合，为扩容停滞阶段；单位压力库存量和单位压差库存增量曲线趋于平稳，处于稳定状态。S1 储气库地质体动态密封性较好，无明显天然气损耗现象。

S1 储气库微地震系统监测到信号震级 – 3.20 ~ – 1.84，深度 3121m ~ 3534m，总体表现为微地震事件分布散、频率低，地层活动较弱。微地震事件的发生与注气压力、累计注气量密切相关，注气中后期及注末平衡期地层压力高，微地震事件个数多、频次高，但震级未见明显增大；采气期地层压力下降，微地震事件频次和震级均明显下降（图 7）。

联合多专业攻关，形成“地质体 – 井筒 – 地面一体化”完整性评价与安全监测技术体系，S1 储气库安全平稳运行 9 周期，提压运行 4 周期；Y3、D1 储气库安全运行 5 周期。

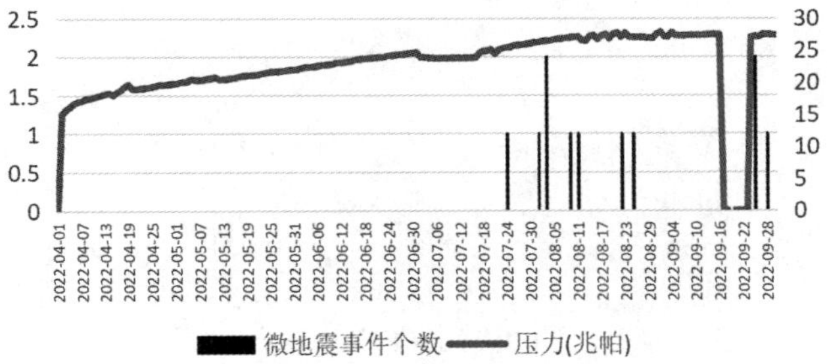

图 7　注气期微地震事件个数与井口压力分析

4　结论

（1）通过对岩性储气库地质体结构的精细描述，建立了侧向岩性密封性评价、地质力学稳定性分析、硫化氢含量变化预测、全生命周期监测与预警为一体的岩性气藏储气库地质体完整性评价技术，指导了三座储气库的设计、建设与安全有效运行。

（2）在储气地质体完整性评价的基础上，充分利用动态密封边界、地质力学稳定性评价认识，形成了分区带建库模式、提高上限压力运行等技术对策，提高了岩性气藏型储气库的工作气量和运行效率。

（3）首次将流体组分安全性引入储气地质体完整性评价技术体系，建立了硫化氢含量变化规律预测模型，优化了开井采气制度，降低了脱硫成本。

参 考 文 献

［1］马新华，丁国生．中国天然气地下储气库［M］．北京：石油工业出版社，2018.

[2] 闫怡飞，张胜跃，闫相祯．储气库注采井失效模式与风险评估技术［J］．石油管材与仪器，2019，5（02）：8－12＋25.

[3] 魏东吼，董绍华，梁伟．地下储气库完整性管理体系及相关技术应用研究［J］．油气储运，2015，34（02）：115－121.

[4] 罗金恒，李丽锋，王建军等．气藏型储气库完整性技术研究进展［J］．石油管材与仪器，2019，5（02）：1－7.

[5] 郑雅丽，邱小松，赖欣等．气藏型地下储气库地质体注采运行风险分级与管控［J］．天然气工业，2022，42（03）：114－119.

[6] 张建国，夏勇，赵晨阳等．鄂尔多斯盆地低渗透岩性气藏型地下储气库地质评价关键技术［J］．天然气工业，2023，43（10）：55－63.

[7] 李进步，夏勇，王德龙等．鄂尔多斯盆地低渗岩性气藏型储气库建库设计与运行优化关键技术［J］．天然气地球科学，2023，34（08）：1442－1451.

[8] 吕建，李治，付江龙等．酸性气藏地下储气库采出气组分变化规律研究—以鄂尔多斯盆地陕224储气库为例［J］．天然气工业，2017，37（8）：96－101.

[9] 廖伟，魏路路，罗海涛等．微地震监测在油气藏型储气库地质体完整性评价中的应用［J］．石油地球物理勘探，2023，58（04）：913－921.

气藏型储气库注气期地层压力上限评价

顾　超　高　涛　曹宝军　王海燕　王树霞　张奇峰　奚　琦

（大庆油田有限责任公司勘探开发研究院）

摘　要　大庆油田A储气库为枯竭气藏改建而来，具有埋藏浅、储层厚度薄的特点，目前已正式投产运行四个周期。为确保注气期储气库地质体完整性受控，指导合理配产配注，安全高效推进达容达产，亟需搞清储气库注气期地层压力变化情况及平衡期地层压力恢复规律。本文通过宏观与微观、定性与定量、四维地应力模拟与实验手段相结合，全方位评价了A储气库注气期圈闭密封性上限压力。通过数值模拟等方法，计算了注气末期达到设计运行压力时不同注气量条件下气井的最大井底流压。结合压力监测与数值模拟数据，明确了地层压力恢复规律及注气结束后地层平衡压力。研究结果表明：①A储气库方案设计运行上限压力为6MPa，综合盖层、断层动态密封性评价结果，注末地层压力增加上限为2.5MPa，即运行极限地层压力不超过8.5MPa；②当地层压力达到初步设计上限压力时，A储气库不同日注气量下单井最大井底流压值介于6.4～7.1MPa，如控制单井注气井底流压不超过设计上限压力，注末库区平均地层压力5.58MPa；③目前运行过程中，A储气库注气末地层压力未达到初步设计上限压力，实测井底流压为5.52～5.81MPa，储气库运行处于安全压力区间内。分析认为，该评价结果对于合理设计A储气库注气末期单井日注气量及评价储气库安全运行状态具有重要指导意义，对于其它储气库建库与运行参数设计也具有借鉴意义。

关键词　储气库；密封性；地层压力；上限压力

Evaluation of Maximum Allowable Formation Pressure During Gas Injection Period for Gas Storage in Gas Fields

GU Chao, GAO Tao, CAO Baojun, WANG Haiyan, WANG Shuxia, ZHANG Qifeng, XI Qi

(Exploration and development research institute of Daqing Oilfield Company Ltd.)

Abstract: The A gas storage facility in Daqing Oilfield is reconstructed from a depleted gas reservoir and has the characteristics of shallow burial and thin reservoir thickness. Currently, it has been officially put into operation for four cycles. To ensure the integrity and control of the geological body of the gas storage during the gas injection period, guide the rational allocation of production and injection, and promote safe and efficient capacity and production, we need to figure out the changes in formation pressure during the gas injection period of the gas storage facility and the recovery law of formation pressure during the equilibrium period. This article combines macro and micro, qualitative and quantitative, four-dimensional stress simulation and experimental methods to comprehensively evaluate the maximum allowable formation pressure of trap sealing during the gas injection period of A gas storage. The research results indicate that: ①the maximum allowable pressure for the design and operation of the A gas storage plan is 6MPa. Based on the comprehensive evaluation of the sealing performance of the cap rock and faults, the upper limit of the increase in formation pressure at the end of injection is 2.5MPa, which means that the operating limit formation pressure does not exceed 8.5MPa; ②When the formation pressure reaches the preliminary design maximum allowable pressure, the maximum bottomhole flow pressure of a single well varies from 6.4 to 7.1 MPa for different daily gas injection volumes. If the bottom flow pressure of a single gas injection well is controlled not to exceed the design maximum allowable pressure, the average formation pressure in the end of injection reservoir area is 5.58MPa; ③At present, the formation pressure at the end of gas injection in storage A has not reached the preliminary design maximum allowable pressure. The measured bottomhole flowing pressure is 5.52 ~ 5.81MPa, and the storage is operating within the safe pressure range. The analysis suggests that the evaluation results have important guiding significance for the rational design of the daily gas injection volume of a single well in A gas storage and the evaluation of the safe operation status of the gas storage. They also have reference value for the construction and operation parameter design of other gas storage facilities.

Key words: gas storage, sealing, formation pressure, maximum allowable storage pressure

1　引言

大庆油田 A 储气库由枯竭气藏改建而成，位于黑龙江省肇东市境内，地表多为稻田，地势平坦，交通便利。构造位置位于松辽盆地中央坳陷区朝阳沟阶地上，库区根据区块连通情况分为中部区和南部区。该储气库的建设对于满足大庆、哈尔滨等城市冬季调峰需求具有重要意义。A 储气库正式投产运行以来已完成“四注四采”，为确保注气期储气库地质体完整性受控，指导合理配产配注，高效推进达容达产，亟需搞清储气库注气期地层压力变化情况及平衡期地层压力恢复规律。

2　基本地质特征

2.1　构造特征

A 气藏为北东－南西方向的长轴背斜构造，构造幅度 92m，圈闭面积 50.3km^2。气藏内断层走向主要为北北西－近南北，以小断层发育为主，断距小，以储层内部断层为主，如图 1 所示。

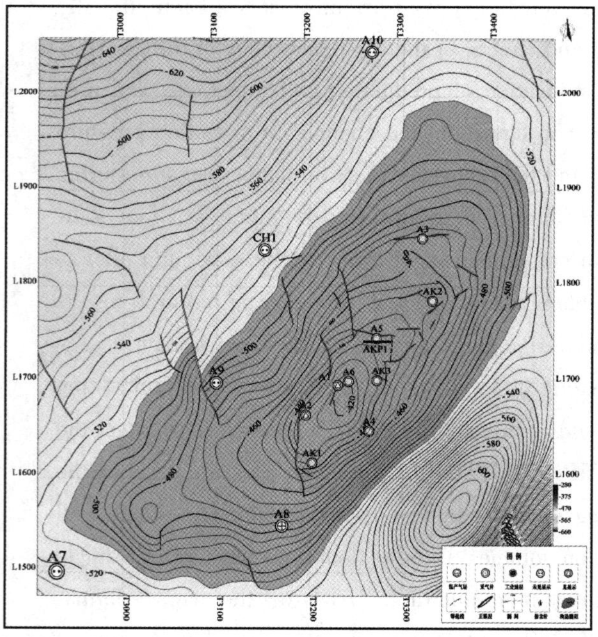

图 1　A 气藏葡萄花油层顶面构造图

2.2　储层特征

储层岩性主要为粉砂岩、细砂岩夹杂色泥岩、灰黑色泥岩薄层的岩性组合，岩心分析平均孔隙度为 22.6%，平均空气渗透率为 340.1mD，属于中孔中渗储层。储层厚度为 8 ~ 10m，为三角洲平原相砂体，如图 2、图 3 所示。

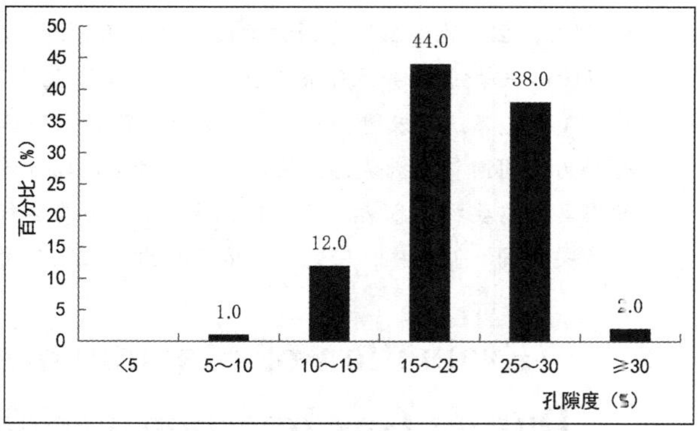

图 2　储层岩心分析渗透率百分比柱状图

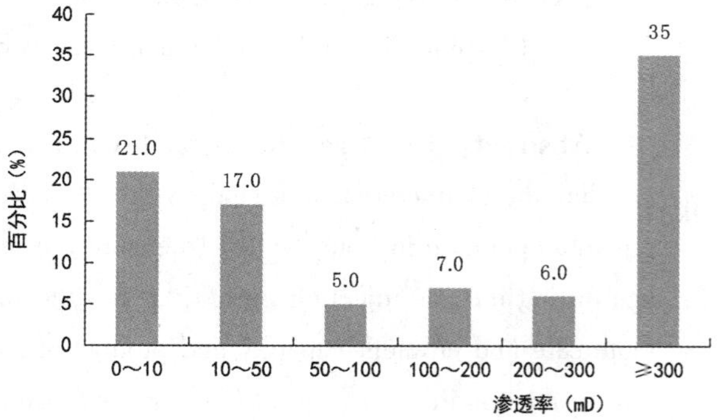

图 3　储层岩心分析渗透率百分比柱状图

2.3　气藏类型

A 区块在东、北两翼受构造的控制，在西、南两翼受河道砂体的控制，气水界面不统一，属于典型的岩性－构造气藏，原始地层压力为 5.81 ~ 6.0MPa，温度 37.5℃，深度为 570.1 ~ 625.5m。

3　盖层密封性评价

3.1　盖层静态密封性评价

（1）盖层密封性定性评价

A 储气库盖层平面分布广泛，发育稳定，岩性为泥岩夹极少量油页岩、粉砂岩，泥岩厚度 316 ~ 444m，泥岩占盖层厚度百分比多数达 95% 以上，盖层条件良好，如图 4 所示。

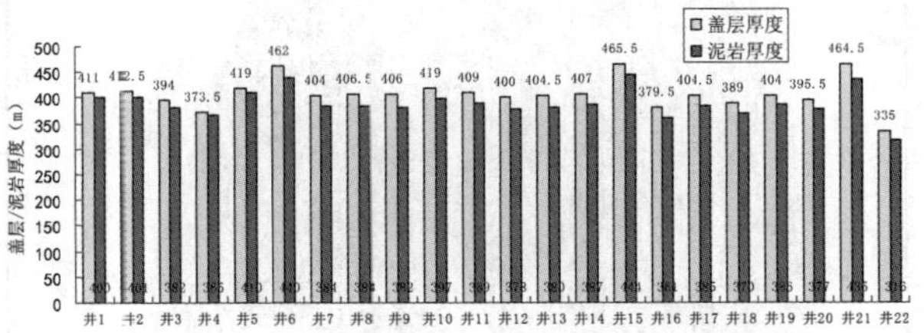

图 4　单井盖层与泥岩厚度分布柱状图

（2）盖层密封性定量评价

对取心井盖层岩心进行物性分析，盖层孔隙度 0.103% ~ 0.147%，渗透率 0.0056 ~ 0.0176 × $10^{-3}\mu m^2$（表 1）。

盖层岩心突破压力测试结果显示，A 储气库盖层岩心气体突破压力与岩心气测渗透率和孔隙度均具有较好相关性，随岩心气测渗透率和孔隙度减小，气体突破压力增大。储气库盖层岩心气体突破压力在 7.1 ~ 16.2MPa 之间如图 5、图 6 所示。

表 1　AK1 井盖层岩心地层压力下孔隙度和渗透率

井号	岩心编号	取样深度（m）	覆压（MPa）	孔隙度（%）	克氏渗透率（$\times 10^{-3}\mu m^2$）	气测渗透率（$\times 10^{-3}\mu m^2$）
AK1	S1 - 1	515.1	12.88	0.138	0.005	0.0176
	S2 - 1	515.6	12.89	0.121	0.002	0.0056
	S4 - 1	517.7	12.94	0.131	0.003	0.0087
	S5 - 1	518.2	12.96	0.103	0.002	0.0056
	S6 - 1	519.5	12.99	0.136	0.005	0.0152
	S7 - 1	523.5	13.09	0.124	0.003	0.0089
	S8 - 1	524.65	13.12	0.145	0.004	0.0135
	S9 - 1	536.05	13.4	0.147	0.005	0.0141
	S10 - 1	539.2	13.48	0.125	0.005	0.0155
	S16 - 1	544.5	13.61	0.126	0.005	0.0141

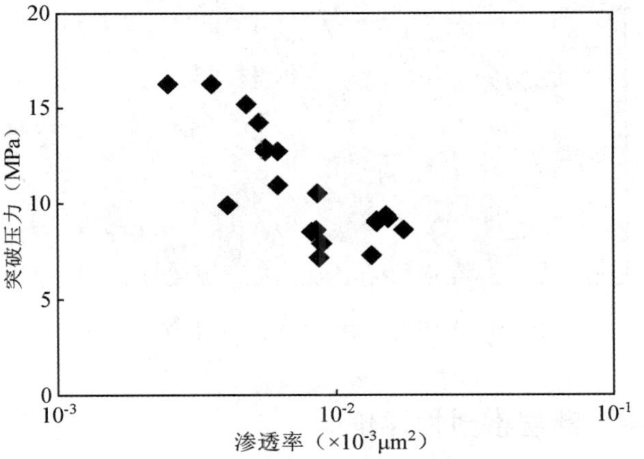

图 5　突破压力与气测渗透率关系图

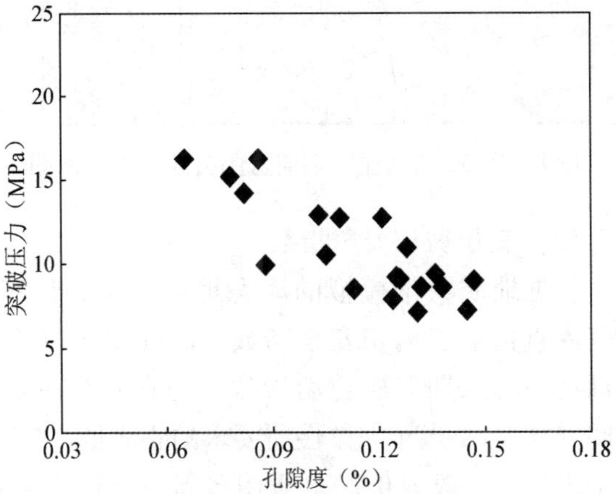

图 6　突破压力与孔隙度关系图

3.2 盖层动态密封性评价

盖层动态密封性评价是在岩石力学实验研究基础上，通过建立四维地应力模型，对盖层地应力场及其动态变化特征进行研究，评价参数包括盖层破裂压力、盖层突破压力、盖层剪切指数和盖层突破安全指数。

（1）盖层破裂压力与突破压力

应用四维地应力模型，模拟注采 30 个周期后，地层压力达到设计上限压力（6.0MPa），计算盖层破裂压力介于 8.25 ~ 14.56MPa，盖层突破压力介于 8.5 ~ 10.5MPa，表明交替注采阶段盖层能够保持密封，如图 7、图 8 所示。

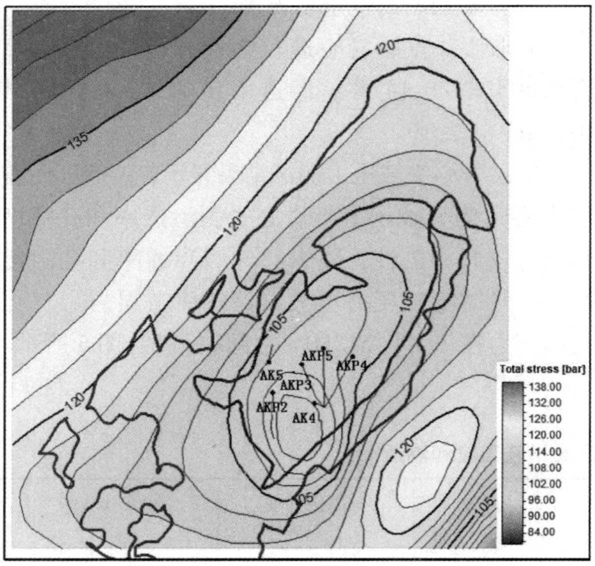

图7　第30周期注气末期盖层破裂压力平面图

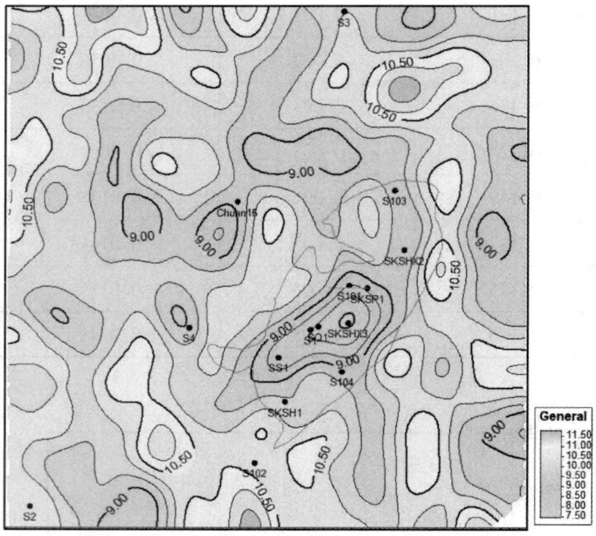

图8　第30周期注气末期盖层突破压力平面图

（2）盖层剪切安全指数

根据地质力学模拟的动态地应力场，计算A储气库直接盖层剪切安全指数，储气库运行第30个周期注气末期盖层剪切指数分布在0.58～0.73之间（图9），大于完整性所要求的临界值，（考虑安全因素，一般为0.2）。表明多周期交替注采后，盖层不会发生剪切破坏。

（3）盖层突破安全指数

通过建立突破安全指数评价模型，计算A储气库盖层突破安全指数0.275～0.425（图10），大于完整性要求的临界值（0.2），表明盖层动态密封性有保障。

突破安全指数：

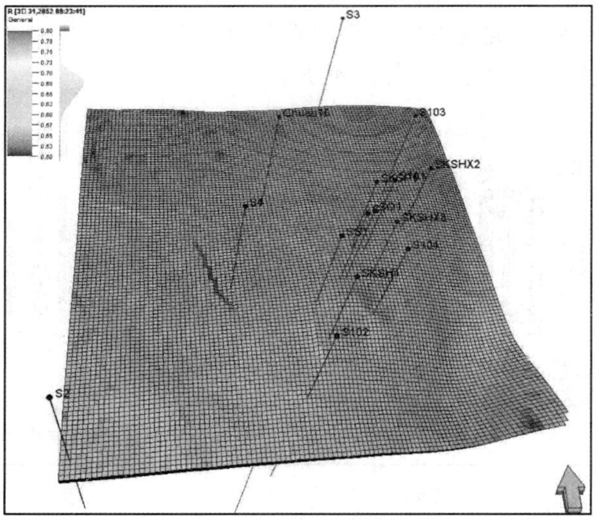

图9　第30个周期注气末期盖层剪切指数平面图

$$K = 1 - \frac{P_{\mathrm{P}}}{T_{\mathrm{P}}} \tag{1}$$

其中：P_{P}—网格孔隙压力，MPa；

T_{P}—网格突破压力，MPa。

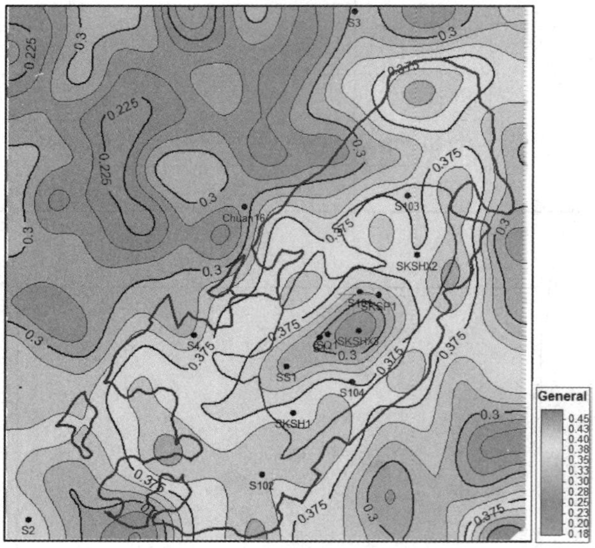

图10　A储气库盖层突破安全指数分布图

4　断层密封性评价

4.1　断层静态密封性评价

主要是根据断层两侧砂泥对接关系和断层生长指数定性评价断层密封性。

（1）断层密封性定性评价

F21断层断距大，断层两侧为砂泥对接，生长指数表明断层活动强度弱，断层密封性较好，如图11、表2所示。

图 11　F21 断层剖面图

表 2　F21 断层要素表

断层名称	断开层位	断层走向	断层倾向	层位	延伸长度（km）	断距（m）	断层性质
F21	$T_{37}-T_2$	NNW	SSW	T_{07}	0.4	/	顺向正断层
				T_1	0.6	8	
				T_{1-1}	0.8	8	
				T_{1-1a}	0.9	9	
				T_{1-1b}	0.9	10	
				$T-K_1qn_1$	1.0	10	
				T_2	0.8	55	

（2）断层密封性定量评价

综合泥岩涂抹系数、断面正压力、断层泥比率制定了 A 储气库断层密封性评价标准如表 3、表 4 所示。

表 3　断层侧向密封性评价标准表

泥岩涂抹系数（SSF）	断层泥质含量（%）	断层封闭度
<4	0 ~ 20	差
	20 ~ 40	较差
	40 ~ 60	中等
	60 ~ 80	较好
	80 ~ 100	好
≥4	0 ~ 20	差
	20 ~ 40	较差
	40 ~ 60	较差
	60 ~ 80	中等
	80 ~ 100	较好

表 4　断层垂向密封性评价标准表

断层泥比率（%）	断面压力（MPa）				
	<1.5	1.5 ~ 3.5	3.5 ~ 5.5	5.5 ~ 7.5	>7.5
>50	差	较差	中	较好	好
40 ~ 50	差	差	较差	中	较好
30 ~ 40	差	差	差	较差	中
20 ~ 30	差	差	差	差	较差
<20	差	差	差	差	差

泥岩涂抹层分布的连续性是形成断层有效封闭的重要因素。泥岩涂抹系数是表征泥岩涂抹层分布连续性的参数，其公式为：

$$SSF = r_d / \sum_{i=1}^{n} h_i \tag{2}$$

式中：

SSF——泥岩涂抹系数；

r_d——倾向断距，m；

h_i——被断开的第 i 层泥岩厚度，m；

n——被断开的泥岩层数，层。

在断层断裂带中，断层泥比率越高，断层内孔渗性就越差，流体突破断层所需的排驱压力就越大，断层形成的封闭性也就越好，能使大量的油气在储集层中聚集起来，形成油气藏，如表 3、表 4 所示。根据断层泥比率公式：

$$SGR = \sum_{i=1}^{n} h_i / r_Z \times 100\% \tag{3}$$

式中：SGR——断裂带中断层泥比率，%；

r_z——断层垂直断距，m；

h_i——被断开的第 i 层泥岩厚度，m；

n——被断开的泥岩层数，层。

通过计算得到 F21 断层泥岩涂抹系数 0.02，断层泥比率 95.05%，断面正压力 5.61MPa，根据评价标准，四站储气库断层侧向密封性好，垂向密封性较好，如表 5 所示。

表 5　主要断层密封性评价计算结果汇总表

断层名称	侧向密封性		垂向密封性	
	黏土涂抹势 CSP	泥岩涂抹系数 SSF	断面正压力（MPa）	断层泥分布率 SGR（%）
F21	42.67	0.02	5.61	95.05

4.2　断层动态密封性评价

根据断层剪切滑移理论，可以获得断面滑动时对应的临界压力值（图12）。本次利用库伦破损函数（*CFF*）计算断层临界滑动压力与注气末地层压力的差值，评价断层动态密封性。

$$CFF = \tau - \mu\ (S_n - P_p) \qquad (4)$$

式中：

τ——三轴主应力在裂缝面产生的剪切分量之和，MPa；

μ——断层面滑动摩檫系数，一般0.6～1.0；

P_p——孔隙压力，MPa；

S_n——正应力，MPa。

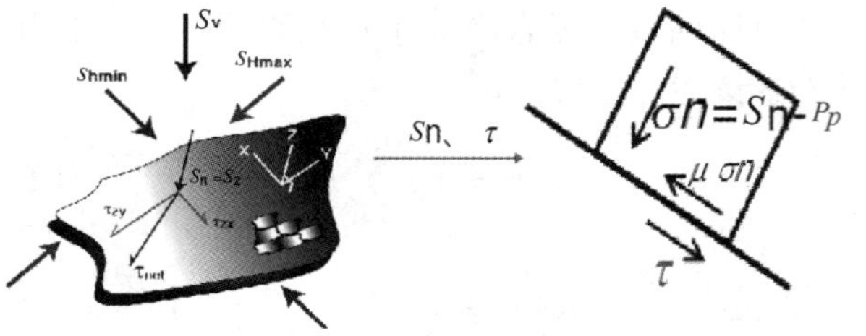

图12　库伦破损函数示意图

应用四维地应力模型，模拟注采30个周期后，地层压力达到设计上限压力（6.0MPa），F21断层注气期末临界滑动压力达到8.8MPa以上，表明断层动态密封性较好如图13所示。

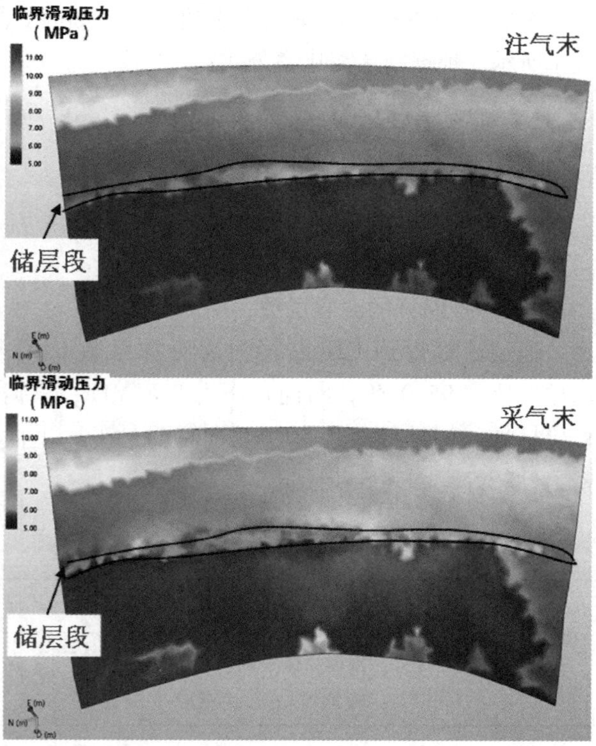

图13　F21断层第30周期注采末期临界滑动压力分布图

通过对比盖层突破压力、盖层破裂压力、断层临界滑动压力与注气末地层压力，精准识别圈闭密封性失效关键对象和上限。储气库注末地层压力较方案设计压力可增加上限2.5MPa，即运行极限地层压力不超过8.5MPa（表6）。

表6　A储气库圈闭密封性上限压力统计表

盖层密封性	断层密封性			注末地层压力增加上限（MPa）	运行极限压力（MPa）
破裂压力与注末地层压力差值（MPa）	突破压力与注末地层压力差值（MPa）	风险断层	临界滑动压力与注末地层压力差值（MPa）		
3.8	2.5	F21	3.5	2.5	8.5

5　注气末期井底流压范围

2023年注气期完成流压梯度测试8井次，实际测试结果表明，注末井底流压分布在5.52～5.81MPa（表7）。

当库区平均地层压力达到设计上限压力（6.0MPa）时，按照井底流压不超过运行极限压力的90%和80%，模拟两套方案，预测不同日注气量下最大井底流压值在6.4～7.1MPa（表8、表9）。

6　地层压力恢复规律

6.1　实测压力恢复规律

注气期对两口井进行压力降落测试，如图14、15所示。

实测结果表明，AK1井（南部区）19天基本达到平衡压力，关井初期压力迅速下降，4天后压力下降趋势变缓，基本符合指数递减规律。AKP3井（中部区）30天达到平衡压力，关井初期压力迅速下降，4天后压力下降趋势变缓，符合指数递减规律。中部区压力平衡速度较南部区慢，表明中部区储层非均质性较强，最终南部区与中部区地层压力基本相当，表明储气库整体连通。

6.2　数模预测压力恢复规律

采用数值模拟计算注气末期平均地层压力5.69MPa，数值模拟结果与实测结果对比，模型预测符合率96.9%，表明数模预测结果可靠（表10）。

表 7　A 储气库注气阶段梯度测试统计表

测试项目	井号	状态	测试时间	气量 (10^4m^3)	压力梯度 (MPa/100m)	流压/静压 (MPa)
流压流温梯度	AK5	注气	20230907	6.71	0.038	5.7498
	AK4		20230907	0.47	0.0418	5.7572
	AK3		20230908	0.32	0.0418	5.5209
	AKP1		20230907	31.49	0.0065	5.5289
	AK2		20230908	1.76	0.0356	5.7631
	AKP2		20230908	14.71	0.0448	5.8141
	AKP4		20230907	6.6	0.0468	5.7711
	AKP5		20230907	8.91	0.0343	5.7625

表 8　数值模拟预测注末至上限压力时最大井底流压
（井底流压不超过密封上限压力 8.5MPa 的 90%）

分区	井号	注末日注气量 (10^4m^3)	井口油压 (MPa)	上限地层压力 (MPa)	最大井底流压 (MPa)	生产压差 (MPa)
南部	AK1	0.85	6.2	6.0	6.8	0.8
	AKP2	2.52	6.2	6.0	7.0	1.0
	AK5	1.68	6.2	6.0	6.4	0.4
中部	AK2	1.28	6.6	6.0	6.7	0.7
	AK3	0.51	6.6	6.0	6.8	0.8
	AK4	0.25	6.6	6.0	6.7	0.7
	AKP3	0.87	6.6	6.0	7.1	1.1
	AKP4	0.24	6.6	6.0	6.8	0.8
	AKP5	2.61	6.6	6.0	7.1	1.1
	AKP1	2.67	6.6	6.0	7.0	1.0

表 9　数值模拟预测注末至上限压力时最大井底流压
（井底流压不超过密封上限压力 8.5MPa 的 80%）

分区	井号	注末日注气量 (10^4m^3)	井口油压 (MPa)	上限地层压力 (MPa)	最大井底流压 (MPa)	生产压差 (MPa)
南部	AK1	0.85	6.2	6.0	6.8	0.8
	AKP2	0.90	6.2	6.0	6.8	0.8
	AK5	1.68	6.2	6.0	6.4	0.4
中部	AK2	1.28	6.6	6.0	6.7	0.7
	AK3	0.51	6.6	6.0	6.8	0.8
	AK4	0.25	6.6	6.0	6.7	0.7
	AKP3	0.22	6.6	6.0	6.8	0.8
	AKP4	0.24	6.6	6.0	6.8	0.8
	AKP5	1.94	6.6	6.0	6.8	0.8
	AKP1	1.29	6.6	6.0	6.8	0.8

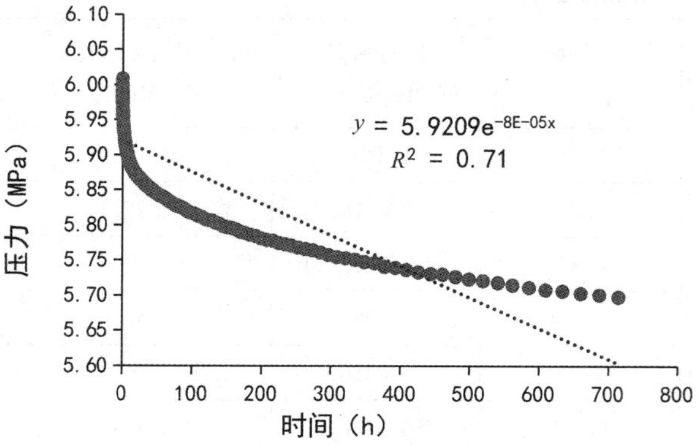

图 14　AK1 井压力降落曲线图

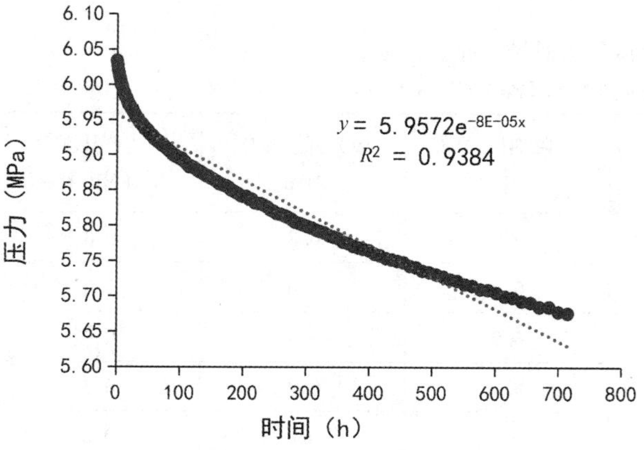

图 15　AKP3 井压力降落曲线图

通过数值模拟预测，注气结束后主体区压力降落比较均衡，中部区 AQ1 井附近存在局部低渗区，地层压力较低，边部受水侵影响，压力传导相对滞后，平衡后地层压力也相对较低（图 16）。

7　结论

（1）综合盖层、断层动态密封性评价结果，储气库注末地层压力较方案设计压力可增加上限 2.5MPa，即运行极限地层压力不超过 8.5MPa。

（2）储气库目前运行过程中，注气末地层压力未达到设计上限压力，实测井底流压为 5.52～5.81MPa。通过数值模拟预测，当平均地层压力达到设计上限压力（6.0MPa）时，单井最大井底流压值 7.1MPa，为圈闭密封性上限压力的 83.5%，表明储气库运行安全平稳。

（3）储气库单井压力恢复符合指数递减规律，关井初期压力迅速下降，之后压力下降趋势变缓，中部区储层非均质性较强，压力平衡速度较南部区慢。

（4）注气结束后主体区压力降落比较均衡，中部区 AQ1 井附近存在局部低渗区，地层压力较低，边部受水侵影响，压力传导相对滞后，平衡后地层压力也相对较低。

表 10　A 储气库单井地层静压统计表（2023～2024 周期）

方法	AKP1（MPa）	AKP2（MPa）	AKP3（MPa）	AKP4（MPa）	AKP5（MPa）	AK1（MPa）	AK2（MPa）	AK3（MPa）	AK4（MPa）	AK5（MPa）	平均地层压力（MPa）
实测	5.55	5.66	5.75	5.77	5.83	5.68	5.17	5.75	5.35	5.49	5.60
数模	5.75	5.89	5.92	5.59	5.91	6.01	5.02	5.91	5.19	5.67	5.69

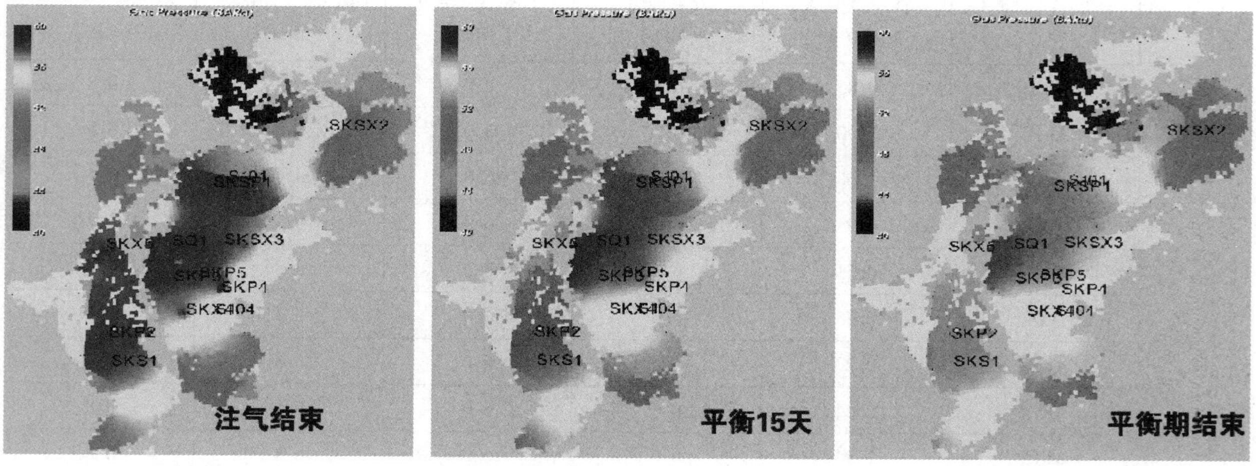

图 16　A 储气库数模预测注气末地层压力平面图

砂岩油藏气顶储气库油侵气窜风险及对策

——以喇嘛甸储气库为例

苏延昌　凡文科　柴凤忠　戴　鑫　黄晓惠　时　婧　董小双

（大庆油田有限责任公司）

摘　要　喇嘛甸储气库是利用正在开发油田的气顶建立的，1975 年建成投产，为我国首座地下储气库，实现了运行50 年、注采50 亿立方米的“双50”目标，为缓解龙江地区季节性用气量不均衡的矛盾，减少因多余气量放空而带来的资源浪费，发挥了极其重要的作用。同时，面对油侵气窜这一世界级难题，打造了协同建库模式，制定了系列防控对策，取得了成功的经验，为我国在气顶处理方面的首创，可为同类型储气库建设及天然气重力驱开发提供借鉴。

关键词　气顶储气库；油侵气窜；油气界面；油气缓冲区；综合调整；监测系统

Risk and Countermeasures of Oil Invasion and Gas Channeling in Sandstone Reservoir Gas Cap Gas Storage

SU Yanchang, FAN Wenke, CHAI Fengzhong , DAI Xin, HUANG Xiaohui, SHI Jing, DONG Xiaoshuang

(Exploration and Development Research Institute of Daqing Oilfield Co Ltd.)

Abstract: The Lamadian gas storage is established by using the gas cap of the oil field under development. It was built and put into operation in 1975, which is the first underground gas storage in China. It has achieved the goal of “double 50” with 50 years of operation and 5 billion cubic meters of injection and production. It has played an extremely important role in alleviating the contradiction of unbalanced seasonal gas consumption in Longjiang area and reducing the waste of resources caused by the venting of excess gas. At the same time, in the face of the world - class problem of oil invasion and gas channeling, a collaborative database construction model has been created. A series of prevention and control measures have been formulated, and successful experience has been achieved. It is the first in China in gas cap treatment and can provide reference for the construction of the same type of gas storage and the development of natural gas gravity drive.

Key words: gas cap gas storage; oil invasion and gas channeling; oil - gas interface; oil and gas buffer zone; comprehensive adjustment; monitoring system

1　储气库概况

1.1　建运情况

喇嘛甸储气库 1975 年建成投产，1998 年结合注采认识及市场调峰需求进行了扩建，主要作为季节调峰、优化供气系统、事故应急的一项重要保障措施。储气库共有注采气井 14 口，储气层为萨零组、萨一组气层，平均单井射开气砂厚度 19.6m，其中一类气砂厚度 7.9m。注气系统配备 4 台国产往复式压缩机，规格为 $20\times10^4m^3/d$ 和 $30\times10^4m^3/d$ 各两台，组合运行排量范围为 $18\sim120\times10^4m^3/d$。地面配套建设了注采气过滤分离、脱硫等净化工艺和单井管道电伴热、防冻堵及高压气体计量等配套设施。

储气层库容量 $35.7\times10^8m^3$，工作气量 $1.0\times10^8m^3$，日注采气能力 $100\times10^4m^3/d$。投运以来，

历经“37注49采”，累积注气量达到 $25\times10^8\,m^3$，累积采气量超过 $26\times10^8\,m^3$，地层压力8.25MPa，总压差-1.83MPa，油气区压差0.13MPa。

1.2　地质特征

喇嘛甸储气库不同于一般油气藏型储气库，是利用喇嘛甸油田的气顶建立的。油田位于大庆长垣最北端，是一个受背斜构造控制的层状砂岩气顶油藏，东翼倾角3～6°，西翼倾角12～21°，南端倾角小于1°，北端以3～4°倾角向北倾没，整个构造被北西方向延伸的37#和51#两大断层切割成面积不等的北、中、南三大块，储气库建设在油田北块。

油藏具有统一的水动力系统，油气界面深度920m，油水界面深度1200m。油田从下至上发育高台子、葡萄花和萨尔图三套油层，储层为砂岩和泥质粉砂岩组成的一套湖相—河流三角洲相沉积砂体。构造顶部存在气顶，气顶气主要集中在萨尔图25个小层中，平均气砂厚度41.7m。平面上，油、气、水呈环带状分布，从构造轴部向翼部分为纯气区、油气过渡带、纯油区和油水过渡带，边部有边水衬托；纵向上，自上至下气顶面积逐渐缩小，如图1、图2所示。

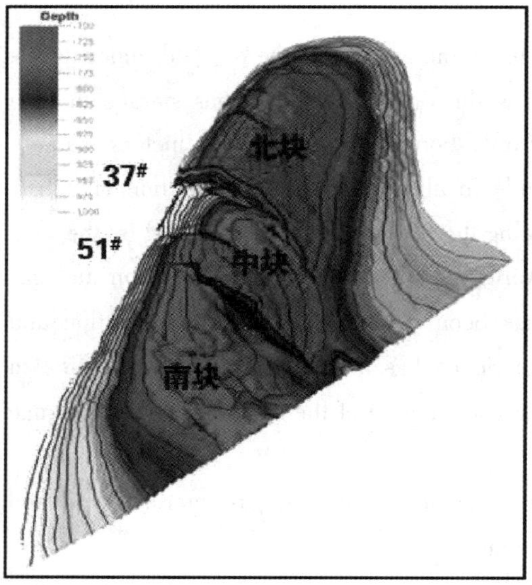

图1　喇嘛甸油田构造图

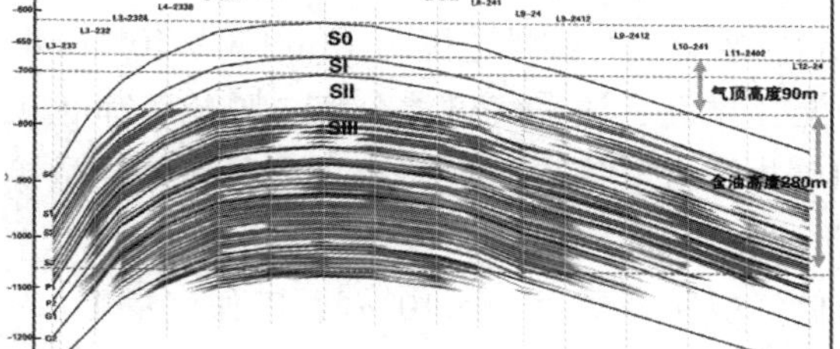

图2　喇嘛甸油田横向油藏剖面图

储气库的注采层位为萨零组、萨一组气层，均属下白垩统嫩江组沉积，原始地层压力10.08MPa。萨零组气层：条带或零星分布，单层厚度在0.3～1.3m之间，储层物性差，分布面积小；平均空气渗透率 $38\times10^{-3}\,\mu m^2$，有效孔隙度22.0%。萨一组气层：大面积分布的薄层含气砂岩，单层厚度以1～2m为主；平均空气渗透率 $547\times10^{-3}\,\mu m^2$，有效孔隙度26.0%。

2　油侵气窜风险

气顶油藏是一种特殊类型油藏，这类油藏的基本特征是在一个油层内同时存在着两个没有隔离的油藏和气藏，油藏和气藏拥有同一压力系统，边部有边水衬托，流体在漫长的成藏过程中相互处于一种水动力学平衡、热力学平衡及多组分相态平衡的状态。一旦钻开油层或气层投入开发，流体平衡被打破，油藏内出现物质和能量的交换，如流体流动、传递界面移动、相态转化等，生产上表现为油侵气窜。

2.1　油侵原理及其影响

当油区压力高于气区压力时，原油侵入气区，形成油驱气。油驱气是反映气顶压力下降，气区压力低于油区压力时，原油侵入气顶的渗流特征。油是润湿相，气是非润湿相，油驱气是润湿相驱替非润湿相的过程。与水驱气的过程相比较，由于砂岩对水、油润湿能力不同以及油黏度比水黏度大的多，故在流动过程中，油驱气推进比水驱气均匀，缓慢地指进，进而驱气效率高，而残余饱和度低，但仍有部分气残余在孔道中。

但另一方面，当油区压力高于气区压力形成油驱气的过程后，就会有大量的原油残余在气区，发生油侵现象，造成大量原油的损失，同时影响储气库存储空间及气井生产。如美国的佛兰德斯伍德油田，因为气顶压力低于油区压力，在33年间有 $174\times10^4\,m^3$ 原油流入气顶，约有三分之一作为残余油而损失；美国阿瓦德油田，因为气顶大量采气，投产不到半年就有 $22\times10^4\,m^3$ 原油流入气顶；大港唐家河油田由于开发方案不合理，高速采油采气，造成油、气窜流严重，并且由于打注水隔墙所采取的时机与强度不适，最终影响了油气采收率，过早进入枯竭开采时期。

2.2　气窜原理及其影响

当油区压力低于气区压力时，气区向油区扩张，形成气驱油。气驱油反映气区压力高于油区压力，气区向油区扩张的过程。气是非润湿相，油是润湿相，气驱油是非润湿相驱替润湿相的过程。气区向油区扩张形成气驱油，随着含气饱和度的增加，气体由原来的分散游离状态变化到连续分布状态，逐渐占据孔道，气相流动大幅度增加，油相有效流通截面减少，流动阻力增大，最后主渗流孔道由气体所占据，油呈残留状态，分布在颗粒表面及孔隙吼道中，使原油采收率受到影响，严重时则会引起油井气窜现象。

在气驱油的过程中气相相对渗透率要远大于油相相对渗透率，而且当含气饱和度稍有增大时油相相对渗透率就会急剧下降。因此，当气区压力高于油区压力时将形成气驱油的过程，这样会使大量油残留在气驱过的孔道中，从而损失大量原油，降低原油采收率。如美国的肖列姆阿列切姆“E”断块西姆砂层，在未注水前，曾大量采油，造成油区地层压力急剧下降，气顶气大量窜入油层，气油比急剧上升，比初期上升了5倍，投入开发8年后油层能量基本枯竭，但只采出了13.6%的地质储量。

3　油侵气窜防控对策

喇嘛甸储气库在建运过程中，为协调储气库注采与油区开发的关系，防止油侵气窜，保持油气界面稳定，采取了针对性的做法。

3.1　建立油气缓冲区，平稳油气区压力

利用电网模拟实验，模拟了只在油区采油时反九点法面积井网的地下油气水分布及运动规律。根据实验结果以及国内外气顶油田开发的经验和教训，制定了相应的射孔原则，对气层及与气层连通的油层射孔进行了严格限制，来降低储气库注采和油区开发对油气界面的扰动。射孔原则：

一是油水井中的气层和油气同层以及距油气边界不足300m的油层一律不射孔，防止平面上油侵气窜。

二是300米以外的第一排射孔井必须是油井，水井暂不射孔，以防止注入水将原油驱入气顶。

三是在气顶内部的油水井中，射孔顶界与气层或油气同层之间应有不小于3m的泥岩隔层，防止气顶气纵向上窜流。

按照上述原则，气顶外形成一个450～600m的未射孔油环，作为油气运移的缓冲区，对油气互窜起到缓冲和控制作用。同时，制定了“三区、一平衡”的开发原则，“三区”即油区、油气缓冲区、气顶区；“一平衡”即在整个开发过程中，通过生产井工作制度的调整，分层保持油气区压力平衡，如图3所示。

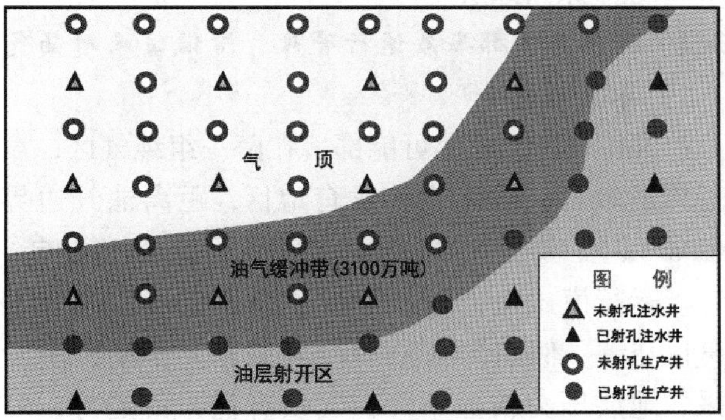

图3　喇嘛甸油田油气缓冲带示意图

3.2　限制上下限压力及工作气量，控制气库压力波动范围

为明确油气界面稳定条件下的上下限压力及工作气量，采用电网络模拟及数值模拟方法，研究了油气区合理压差界限。电网络模拟井距为300m的反九点面积注水井网，只在油区采油时的地下油气水分布状况，模拟结果表明，当油气区压差大于+0.5MPa，发生了油浸现象；油气区压差小于−0.5MPa时，发生了气窜现象；当油气区压差处于±0.5MPa之间时，油气区正常生产。数值模拟研究储气库注采油气界面变化，模拟结果表明，虽然各气层油气区合理压差不同，但基本都在±0.5MPa左右。为此，确定油气区合理压差界限为±0.5MPa，设计储气库上下限压力为$P_{油}$±0.5MPa，压力运行空间为1.0MPa。

同时，把储气库看成一个封闭气藏，根据物质平衡方程推导出在保持油气界面相对稳定条件下的调峰能力计算公式。按照油气区极限压差0.5MPa，结合储气库实际参数，计算理论调峰能力为$1.55\times10^8m^3$。综合考虑市场调峰需求、油侵气窜风险及过路井安全隐患等实际情况，工作气量按照理论调峰能力的65%考虑，设计为$1.0\times10^8m^3$。

注气调峰能力Q_i可由（1）式求出：

$$Q_i = \frac{(P_{ogmax} + P_{og})Z_iG}{Z_tP_i} \tag{1}$$

采气调峰能力Q_j可由（2）式求出：

$$Q_j = \frac{(P_{ogmax} - P_{og})Z_iG}{Z_tP_i} \tag{2}$$

P_{ogmax}—油气区极限压差，MPa；

P_{og} —目前油气区压差，MPa；

Z_i 、Z_t —原始状态和 t 时刻的偏差因子；

G —动用地质储量，$10^8 m^3$；

P_i —原始地层压力，MPa。

3.3　优化井位部署及运行管理，降低注采对油气界面的影响

井位设计上，尽可能部署在萨一组纯气区，靠近构造轴部，砂体比较发育地区，距离油气边界400m 以上，避免气井注采对油气界面产生直接影响。

运行模式上，设计与油区开发同步，调节油气区压差。例如，油区 1973 年投产，早期自喷开采，地层压力快速下降，气顶有扩张的趋势，局部井区出现了气窜井。储气库建成后，通过持续采气，降低气顶区压力，防止了气顶扩张引起的大面积气窜。

生产管理上，根据 14 口气井距油气边界距离、所处位置关系及压力相对大小，确定了储气库内、外部井，要求注气时先压力低井再压力高井，采气时先压力高井再压力低井，由内向外逐步开井，确保压力均匀分布。同时，间隔选取开井，且每口井连续开井时间在 10 ~ 15 天左右，减少井间干扰并防止局部气层压力升降过快，导致油侵气窜。

3.4　统筹编制全油田综合调整方案，宏观控制三区压力分布

在具体方案编制过程中，把油气界面的稳定性作为重点调查的内容，把油气区及缓冲区压力控制作为综合调整的重点。通过综合调整，达到控制第一排油井地层压力与气区压力保持基本平衡，同时按照距离气区由近及远的方向，逐级放大注采比提高地层压力，形成由气区向老油区地层压力逐级增加的合理分布，如图 4 所示。

其次，根据物质平衡方程建立了注采比与地层压力恢复速度的定量关系式，求出不同压力恢复速度下对注采比大小的要求，计算了不同注采比调整尺度对应的地层压力变化速度，从而指导油区的注采调整。根据监测情况，技术人员及时开展动态分析，对两区压差超标或单层存在油气运移的情况，及时调整油气水井工作制度，降低油气区压差，保持油气界面稳定，如表 1 所示。

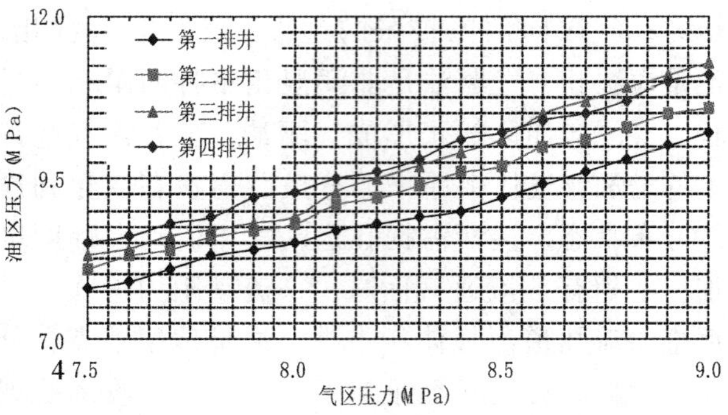

图 4　数模模拟的不同区域合理压力值图板

3.5　统一部署油气区监测系统，定期监测油气界面变化

监测系统主要由气区监测井、油区监测井、油气界面监测井三部分组成，主要用于监测储气库运行过程中油气区地层压力分布、油气界面变化以及油气界面附近生产井开发指标变化。监测对象选择气顶分布范围大，厚度大，油气接触关系好，对油区开发影响大的油气层。监测井点部署在油气易于窜流的井区，其中油区压力及生产监测井、油气界面监测井尽量选择气顶外第一排油水井，便于第一时间发现油气界面变化。监测系统共部署监测井 92 口，平面上以油气两区压力同步监测为重点，通过压差变化判断油气两区的边界变化；纵向上以中子－中子测井为重点，根据油气性质变化，判断单层油气运移状况。监测时间主要集中在注采平衡期，通过对所取资料的整理与分析，判断油气界面运移情况，如表 2 所示。

表 1　注采比调整尺度与地层压力变化对应关系表

注采比增加值	地层压力上升需要时间（月）					注采比减少值	地层压力下降需要时间（月）				
	0.1MPa	0.2MPa	0.3MPa	0.4MPa	0.5MPa		0.1MPa	0.2MPa	0.3MPa	0.4MPa	0.5MPa
0.05	16.5	26.4	34.4	41.2	46.7	0.05	7.7	17.2	27.8	39.4	52.0
0.10	7.2	13.1	18.1	22.5	26.0	0.10	4.3	9.5	14.7	19.9	25.1
0.15	4.3	8.3	11.8	14.9	17.5	0.15	3.0	6.6	10.3	13.8	17.3
0.20	3.0	6.0	8.6	11.0	13.0	0.20	2.3	5.1	7.9	10.6	13.3
0.25	2.3	4.6	6.7	8.6	10.2	0.25	1.8	4.1	6.4	8.7	10.8
0.30	1.8	3.7	5.5	7.1	8.4	0.30	1.5	3.4	5.4	7.3	9.1

表2　喇嘛甸储气库油气界面监测系统部署情况

监测项目	监测目的	监测技术	监测周期	监测时间	井数（口）
气区压力	搞清气区压力分布	压力测试	半年	注采间歇期	19
油区压力	搞清油区压力分布	压力测试	半年	注采间歇期	14
油气界面	搞清油气界面变化	中子－中子及全能谱测井	半年	注采间歇期	19
生产状况	判断是否发生气窜	伴生气计量及组分化验	一周	每周一次	40
合计					92

监测系统建立以来，录取了大量资料，发现油气界面运移48处，为分析及调整提供了大量依据，为确保油气界面稳定，协同储气库注采和油区开发发挥了重要作用。

4　油侵气窜防控效果

从两区压力变化来看，油气区压差始终控制在±0.5MPa的合理范围之内。2003年以来，注气末地层压力比油区平均高0.09MPa，最高相差0.24MPa；采气末地层压力比油区平均低0.29MPa，最高相差0.47MPa，如图5所示。

图5　喇嘛甸储气库地层压力与油区压力运行曲线

从油气界面监测结果来看，气底深度平均下移了2.5m，虽然局部短期有一定变化，但整体长期保持稳定，并未对油区开发产生影响。从监测井点分布来看，变化幅度大的井均分布在东侧或北端，主要是区域构造倾角小，油气串流克服的阻力更小，如表3所示。

表3　喇嘛甸储气库油气界面测试结果表

序号	井号	测井解释			中子测试			气底深度变化（m）
		解释时间	气底深度（m）	气底层位	测试时间	气底深度（m）	气底层位	
1	A1	1985	920.7	SⅠ4+5	2023	920.7	SⅠ4+5	0.0
2	A2	1983	922.7	SⅠ4+5	2023	922.7	SⅠ4+5	0.0
3	A3	2014	912.5	SⅠ4+5	2023	912.5	SⅠ4+5	0.0
4	A4	1991	919.5	SⅠ4+5	2023	919.5	SⅠ4+5	0.0
5	A5	1983	918.0	SⅠ2	2023	918.4	SⅠ2	0.4
6	A6	1991	917.0	SⅠ2	2023	918.2	SⅠ3	1.2
7	A7	1983	920.2	SⅠ4+5	2023	922.2	SⅠ4+5	2.0
8	A8	1974	915.7	SⅠ3	2023	920.2	SⅠ4+5	4.5
9	A9	1992	921.2	SⅠ3	2023	926.1	SⅠ4+5	4.9
10	A10	1994	920.4	SⅠ4+5	2023	924.8	SⅠ4+5	4.4
11	A11	1985	918.5	SⅠ1	2023	923.0	SⅠ2	4.5
12	A12	1983	919.8	SⅠ3	2023	924.4	SⅠ4+5	4.6
13	A13	1974	921.1	SⅠ3	2023	925.7	SⅠ4+5	4.6
14	A14	1992	920.2	SⅠ2	2023	924.9	SⅠ4+5	4.7
平均			919.1			923.0		2.5

实践证明，通过建立油气缓冲区，确定“三区、一平衡”开发原则，限制上下限压力及工作气量，统筹油气区监测及运行调整，分层保持油气区压力平衡，来防止油侵气窜的方法是成功的，在稳定油气界面方面取得了成功的经验，这种开发模式也是我国在气顶处理方面的首创。

5　结论及认识

（1）上下限压力要以不发生油侵气窜为前提，工作气量设计不易过大。根据油气区合理压差认识，喇嘛甸储气库上下限压力为 $P_{油}\pm0.5MPa$，压力运行空间 1.0MPa，设计工作气量 $1.0\times10^8m^3$，库容利用率要低于一般气藏型储气库。

（2）井位部署上要充分考虑气井注采对油气界面的影响，尽可能靠近构造轴部，砂体比较发育地区，距离油气边界400m以上。

（3）运行过程中要特别注意地层压力变化对油气界面的影响，应保持注采平衡。喇嘛甸储气库年注采气量保持在 $1.0\times10^8m^3$ 左右，并制定了“注气时先压力低井再压力高井，采气时先压力高井再压力低井，由内向外逐步开井”原则，确保压力均匀分布。

（4）监测方案要部署专门的监测井，并对油气区压力进行统筹调整。喇嘛甸储气库部署了气区监测井、油区监测井和油气界面监测井，主要用于监测储气库运行过程中油气区地层压力分布、油气界面变化以及油气界面附近生产井开发指标变化，为开发调整提供第一手资料。

参　考　文　献

[1] 王启民，许运新，韩景江等．喇嘛甸层状砂岩气顶油藏［M］．石油工业出版社，1996. 28－29.

[2] 李彦兴，方亮，周群等．喇嘛甸气顶油田开发的实践和认识［C］．大庆油田开发实践与认识，石油工业出版社，2000. 133－139.

[3] 王朋，张冶，凡文科等．大庆喇嘛甸储气库工程可行性研究报告．第六采油厂，2012 年．

[4] 王彬，朱玉凤．气田气顶气窜研究［M］．天然气工业，2000. 20（3）：12－19.

[5] 凡文科，梁红革．气顶油藏开发对策与技术［C］．2018 中国油气开发技术大会论文集，中国石化出版社，2019. 565－570.

[6] 何学良，黄世军，孙常伟等．水淹枯竭气藏型储气库多周期注采气水相渗变化规律［J］．油气储运，2015，34（2）：150－153.

[7] 胥洪成，王皆明，李春．水淹枯竭气藏型地下储气库盘库方法［J］．天然气工业，2010，30（8）：79－82.

[8] 石磊，王皆明，廖广志等．水驱气藏型储气库运行指标动态预测［J］．中南大学学报（自然科学版），2013，44（2）：701－706.

[9] 石磊，廖广志，熊伟等．水驱砂岩气藏型地下储气库气水二相渗流机理［J］．天然气工业，2012，32（9）：85－87.

[10] 李春，王皆明，赵凯等．水侵砂岩气藏型储气库注采气能力预测方法［J］．油气储运，2017，36（3）：274－278.

[11] 胥洪成，董宏，吕建等．水侵枯竭气藏型储气库运行初期合理配注方法［J］．天然气工业，2017，37（2）：92－96.

[12] 石磊，王皆明，朱华银等．水侵气藏型储气库气水微观渗流规律［J］．天然气勘探与开发，2020，43（1）：58－63.

示踪剂测试技术在S储气库监测中的应用

耿晓明　艾兴波　项　中　刘春生

（大庆油田有限责任公司采气分公司）

摘　要　为进一步验证S储气库中部区块和南部区块连通关系，提升气库注采运行效果，S储气库开展了井间示踪剂测试现场试验，本文介绍了示踪剂测试技术在S储气库的应用情况。利用示踪剂监测技术，通过配伍性实验及吸附实验筛选出了满足注入需求的6种气体示踪剂，并完成了9组岩心驱替实验。结合现场注气量及注气压力等参数，采用行业标准计算公式，明确了注入井示踪剂的注入量，并完成了示踪剂施工注入、样品采集及检测，根据监测结果并结合示踪剂数值模拟绘制了示踪剂采出浓度曲线，分析了监测井组连通状况。结果表明S储气库中部和南部存在连通，此区域不同类型示踪剂突破速度、波及体积相近，反映中、南部区域连通性好且总体优于北部区域；同时也表明示踪剂扩散方向主要受渗透率及注气压力影响，渗透率高、注气量大、注气压力高的区域示踪剂波及范围更大。

关键词　示踪剂测试；配伍性实验；推进速度；井间连通性；数值模拟研究

The Application of Tracer Test Technology in Gas Storage Monitoring

GENG Xiaoming, AI Xingbo, XIANG Zhong, LIU Chunsheng

(Daqing Oilfield Co. , Ltd. Gas Division,)

Abstract: In order to further verify the connection between the central and southern blocks of S gas storage and improve the gas storage operation efficiency, S gas storage conducted a well – to – well tracer test field trial. This paper introduces the application of tracer testing technology in S gas storage. Using tracer monitoring technology, six gas tracers that meet injection requirements were selected through compatibility and adsorption experiments, and nine core displacement experiments were completed. Combining the injection volume and pressure parameters on site, the standard industry calculation formula was used to clarify the injection amount of the tracer in the injection well, and the tracer was injected and sampled for testing. Based on the monitoring results and the tracer numerical simulation, the tracer extraction concentration curve was drawn, and the connectivity of the monitoring well group was analyzed. The results show that there is a connection between the central and southern regions of S gas storage, and the breakthrough speed and swept volume of different types of tracers in this region are similar, reflecting good connectivity and overall superiority of the central and southern regions compared to the northern region. It also shows that the direction of tracer diffusion is mainly affected by permeability and injection pressure, and the region with high permeability, large injection volume, and high injection pressure has a larger tracer swept range.

Key words: Tracer test; compatibility test; injection rate; interwell connectivity; numerical simulation study

S储气库先导试验阶段南部区块SKX1井钻后地层压力为4.64MPa，介于中部已开发区块原始地层压力5.81MPa和建库前地层压力1.85MPa之间，分析认为S南部区块与中部区块为微连通。为进一步验证S中部区块和南部区块连通关系，S储气库于2023年8－12月开展了示踪剂监测试验，注气期由SKSX2井、SKSP1井和SKP2井注入不同的示踪剂，再通过S104井和SQ1井取样，进一步评价

S 中部区块和南部区块的连通关系，了解储气库注入气推进方向、推进速度、波及状况、储层非均质性等，为后续 S 储气库调整方案编制提供支撑。

1 工作原理

示踪剂监测技术是一种用于油气田、储气库开发动态监测的重要手段。该技术基本原理是通过设计监测方案，选择、制备合适的示踪剂，在注气井中投加示踪剂，按照制定的取样制度，在周围监测井中取样，在特定实验室进行分析，获取样品中的示踪剂含量，同时绘制出监测井的示踪剂采出曲线，通过综合分析监测井示踪剂采出曲线及动静态相关资料，最终得到储层中注入流体运动方向、推进速度、波及情况等信息，判断井间连通关系及优势渗流通道，对制定开发方案及开展措施调整具有重要的价值。

2 室内试验及现场施工

2.1 室内配伍性试验

通过选取 SKS1 井岩心开展示踪剂室内评价实验，确保示踪剂与注采气、地层水及储层岩石配伍性良好，且在地层温度和压力条件下性能稳定。使用 10 种气基示踪剂，分别进行配伍性实验、吸附实验，在分析实验结果后优选出 6 种满足项目实施的气体示踪剂。

（1）不同温度条件下气体示踪剂与注采气的配伍性评价

分别进行 10 种不同示踪剂在 10℃、20℃、30℃、40℃和 50℃条件下与注采气的配伍性。取不同种气体示踪剂，按一定比例混合，加热 24 小时后，再取样品进行分析，通过计算实验前后示踪剂的浓度的保留率，评价示踪剂对温度的适应性。该实验需进行 10 组，记录实验数据。实验表明 10 种示踪剂在所选温度条件下，浓度保留率均大于 98%，均可满足项目使用，如图 1 所示。

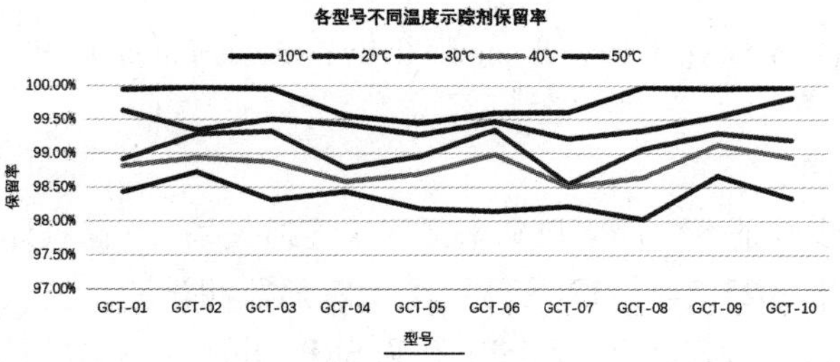

图 1　不同温度条件下各型号气体示踪剂保留率

（2）不同时间条件下气体示踪剂与注采气的配伍性评价

取不同种气体示踪剂，按一定比例混合，置于气藏温度条件下的恒温箱中，在不同的时间（4h、8h、24h、48h、120h）后取样并分析样品中的示踪剂浓度，通过计算示踪剂的浓度保留率对示踪剂随时间的稳定性进行评价。该实验需进行 10 组，记录实验数据。实验表明 10 种示踪剂在所选时间条件下，浓度保留率均大于 98%，均可满足项目使用，如图 2 所示。

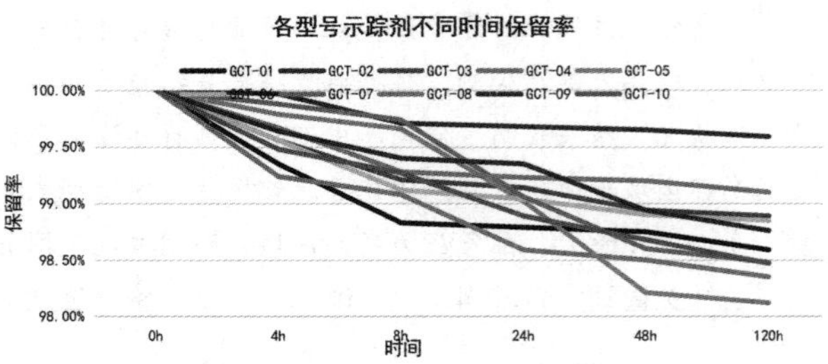

图 2　各型号示踪剂不同时间保留率

（3）示踪剂与气、水、岩心配伍实验

选取 10 个密闭良好的玻璃容器，在其中装入 100g 粉碎过的岩心和 50g 现场水样品，混合均匀，然后充入足量的天然气气体，再分别取以上 10 种气体示踪剂，按照一定的比例混合后注入到容器中，放于气藏温度恒温箱中，并在不同的时间取样测试样品中各种气体示踪剂的浓度。通过计算不同时间所取样品中的示踪剂浓度保留率，评价气藏中的气、水、岩多相介质对示踪剂性能的综合影响，如图 3 所示。

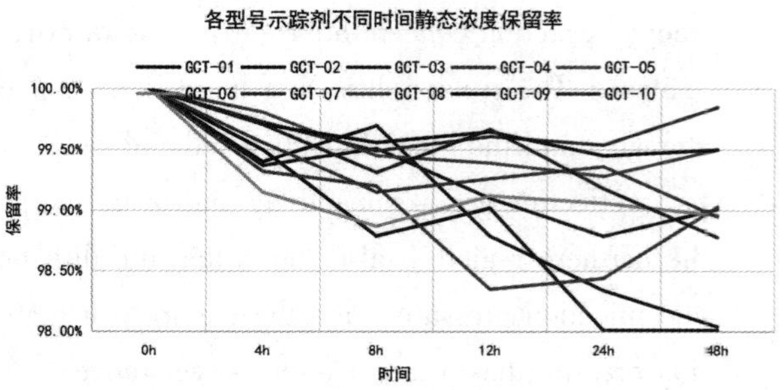

图 3　各型号示踪剂不同时间静态浓度保留率

实验表明 10 种示踪剂在所选不同时间条件下，与气、水、岩心混合后，静态浓度保留率均大于 98%，说明气、水、岩的综合作用对示踪剂影响较小，一方面地层岩石对示踪剂的吸附性较小，另一方面也说明示踪剂基本不向水中溶解，绝大部分示踪剂分散于气相中，主要对游离的天然气起到示踪作用，10种示踪剂均可满足项目使用，如图4所示。

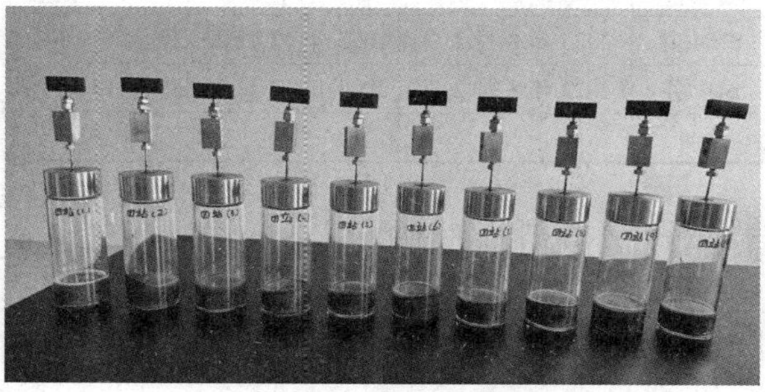

图4 静态吸附实验照片

本次示踪剂监测为三个注入井组，结合区块构造井位图，从北中南各选1口代表井作为注入井（SKSX2、SKSP1、SKP2）。鉴于同一储气库内的各井组均为相邻井组，且各井组均有共同的取样监测井，因此示踪剂类型不能重复应用。综上所述，GCT01－－06六种气体示踪剂，不论从示踪剂的性能方面还是种类数量方面，完全能够满足三个井组进行储气库示踪剂监测的需要。

2.2 示踪剂用量设计

目前行业内尚无气体井间示踪技术规范，为了确保本次示踪剂注入量准确，达到监测目的，气体示踪剂用量设计主要参考Q/SY 127－2005《水驱油田井间示踪技术规范》，采用Brigham－Smith的经验公式，具体如下：

$$m_{\mathrm{T}} = \frac{3.38h\phi\, S_{\mathrm{w}}\, C_{\mathrm{pmax}}\, \alpha^{0.265}\, L^{1.735}}{\omega} \times 10^{-3}$$

式中：m_{T}——注入的有效示踪物质质量，Kg；

h——油层有效厚度，m；

ϕ——孔隙度，小数；

S_{g}——目前含气饱和度，小数；

α——弥散常数，m；

L——注采井距，m；

C_{pmax}——均质油层中采出的示踪剂最大浓度，mg/L；

ω——示踪剂中有效物质含量，小数。

将三口注入井的相关地质数据代入上式，可以得出三个监测井组具体的气体示踪剂类型和理论用量，见表1。本次示踪剂用量计算中，参数选取时将所有的取样井考虑在内，注采井距取注剂井与所有取样井间井距的平均值；储层有效厚度取注剂井射开有效厚度与各取样井射开平均有效厚度的平均值；孔隙度取各井射开层位孔隙度按厚度加权的平均值。

按照行业标准，有效示踪物质地面最大采出浓度Cpmax应是分析仪器最低检测极限的50～100倍，在本次示踪剂用量设计中取最大值100。另外，三种气体示踪剂的仪器最低检测限是0.01ppb，本次示踪剂用量计算中仪器最低检测限取0.01ppm，扩大了1000倍。以上计算方法完全能够保证示踪剂设计用量充足，足以确保监测范围内所有存在注采连通关系的取样井都能见剂，可如实反映出井间注采连通状况。

表1 气体示踪剂种类及用量

测试井组	SKSP1	SKP2	SKSX2
注采井距，m	1400	1200	2500
有效厚度，m	4	4	8.6
孔隙度，%	26.9	26.9	26.9
含气饱和度，%	24	34.5	34.5
检测下限，μg/L	100	100	100
示踪剂有效含量，%	90	90	90
示踪剂用量，Kg	25	22	68

2.3 示踪剂现场施工

本次井间示踪剂监测试验为3口注入井，分两个轮次进行现场施工，分别于2023年8月1日、8月16日注入，两轮示踪剂注入量共计238kg，现场施工情况具体见表2。

表2 气体示踪剂现场施工参数表

注入井	注入时间	设计用量（kg）	示踪剂用量（kg）	注入型号	注气压力（MPa）	井口压力（MPa）	轮次
SKSP1井	2023年8月1日	25	25	GCT－01	5	4.67	第一轮
	2023年8月16日	28	28	GCT－04	5.1	4.9	第二轮
SKP2井	2023年8月1日	20	20	GCT－02	5	4.5	第一轮
	2023年8月16日	22	22	GCT－05	5.4	5.1	第二轮
SKSX2井	2023年8月1日	68	68	GCT－03	5	4.4	第一轮
	2023年8月16日	75	75	GCT－06	5.2	4.9	第二轮

（1）示踪剂取样情况

施工后开始对所有监测井进行每天一次的示踪剂取样工作，取样期间每 14 天监测出一次结果。考虑到区块地质情况及样品检测周期的时效性，示踪剂注入后按照每 1 天取 1 个样的频次进行取样，这一取样频次已经完全可以保证不会错过任何一个波峰。设计取样监测井 2 口：S104 井、SQ1 井，监测井取样时间及数量情况，见表 3。

表 3　监测井取样情况表

监测井号	取样起日期	取样止日期	取样数量
S104 井	2023 年 8 月 2 日	2023 年 12 月 20 日	141 个
SQ1 井	2023 年 8 月 2 日	2023 年 12 月 20 日	141 个
合计			282 个

（2）示踪剂见剂情况

根据样品检测结果，S104 井、SQ1 井均有示踪剂显示，见剂情况见表 4。

表 4　监测井见剂情况表

注入井	监测井	见剂型号	注剂日期	见剂日期	初见剂时间（天）	见剂浓度（ppb）	峰值天数（天）	峰值浓度（ppb）
SKP2	S104	GCT－02	8 月 1 日	8 月 29 日	28	0.194	35	31.901
		GCT－05	8 月 16 日	9 月 17 日	32	0.243	39	30.185
SKSP1	SQ1	GCT－01	8 月 1 日	8 月 29 日	28	0.224	36	28.793
		GCT－04	8 月 16 日	9 月 15 日	30	0.183	38	30.824
SKSX2		GCT－02	8 月 1 日	8 月 27 日	26	0.209	32	21.185
		GCT－05	8 月 16 日	9 月 14 日	29	0.389	35	22.792

3　示踪剂现场应用效果分析

3.1　示踪剂数值模拟研究

首先以地质模型为基础，通过生产历史拟合得到相对可靠、精确的区块数值模型。示踪剂产出曲线拟合采用从整体到部分逐步细化的拟合方法，从单井见剂时间、见剂浓度逐步求精的拟合顺序。为了使模型准确反映动态情况，示踪剂拟合时计算时间步长设定为与监测取样时间同步，对注剂井区的注采过程进行示踪剂拟合。由见剂井示踪剂产出曲线拟合对比图可知，拟合情况较好，得到的地层情况基本反映了实际地质特征，得到的示踪剂波及参数比较可靠且符合目前的实际情况，可以作为分析依据，如图 5、图 6 所示。

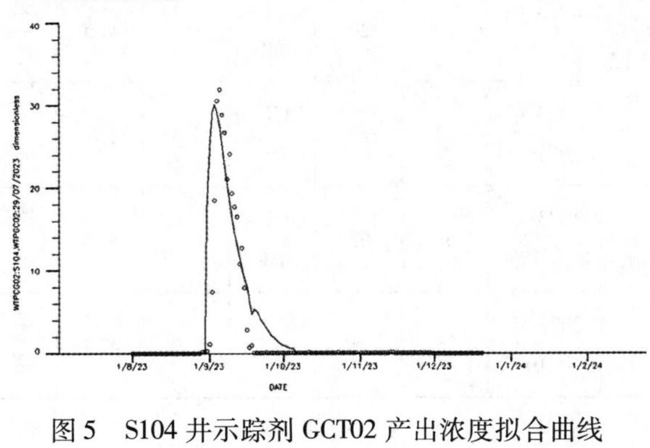

图 5　S104 井示踪剂 GCT02 产出浓度拟合曲线

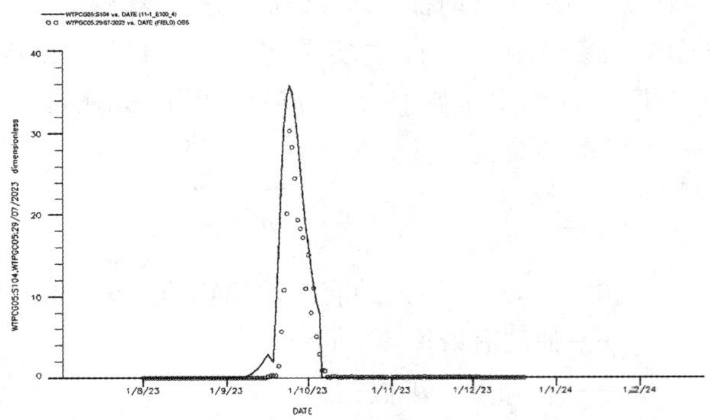

图 6　S104 井示踪剂 GCT05 产出浓度拟合曲线

（1）S 储气库示踪剂产出曲线拟合

3.2　示踪剂模拟综合分析

（1）S 库区示踪剂模拟分析

3 口注入井分别于 2023 年 8 月 1 日、8 月 16 日进行了两轮注剂，SKP2 井相关取样井为 SQ1 井、S104 井；SKSP1 井相关取样井为 SQ1 井。从示踪剂模拟结果看，两轮示踪剂均见剂。SKP2、SKSP1 井两口注入井对应的取样井两轮次示踪剂见剂速度、浓度、波及范围总体相近，如表 6、图 7～10 所示。注气结束时两口见剂井峰值浓度出现时间都在注气期间内。示踪剂波及区域渗透率相对较高，注气末期压力分别上升到 5.8MPa 及 5.4MPa，反映区域连通性好，示踪剂扩散范围大。

SKSX2井相关取样井为SQ1井，两轮示踪剂未见剂。第二轮示踪剂波及范围小于第一轮，主要原因为注气集中区域在中部即构造中高部位，SKSX2井处于区块北部、构造低部位，渗透率低，非均质性强，与中部连通很弱。在注气后期北部区域SKSX2井附近地层压力增高，由于渗透性差，造成注入气量少，进而导致气体波及速度慢、能动用的波及范围和波及体积较小，在空间有限、局部压力升高的条件下抑制了第二轮示踪剂的扩散，如图11～14所示。

综上，S库区整体上中部、南部区域连通性好，监测区域示踪剂突破速度、波及范围、波及体积相近，非均质性相对较弱；北部区域渗透率整体较低，且结合示踪剂推进速度、波及范围相对较小的特征，反映北部区域非均质性强，连通性相对较差。

表6　SKP2井示踪剂模拟结果

注入井	示踪剂类型	日注气（10^4m^3）	示踪剂用量（kg）	最大波及距离（m）	波及面积（10^4m^2）	波及体积（10^4m^3）	相关取样监测井	推进速度（m/d）
SKP2	第一轮 GCT02	11.8	20	960	119.4	164.5	SQ1/S104	39.2/36.8
	第二轮 GCT05		22	960	112.3	147.5	SQ1/S104	35.2/32.2
SKSP1	第一轮 GCT01	26.5	25	820	92.7	110.4	SQ1	33.6
	第二轮 GCT04		28	820	101.9	121.4	SQ1	31.3
SKSX2	第一轮 GCT03	2.3	68	200	26.6	9.27	SQ1	未见剂
	第二轮 GCT06		75	140	20.9	7.96	SQ1	未见剂

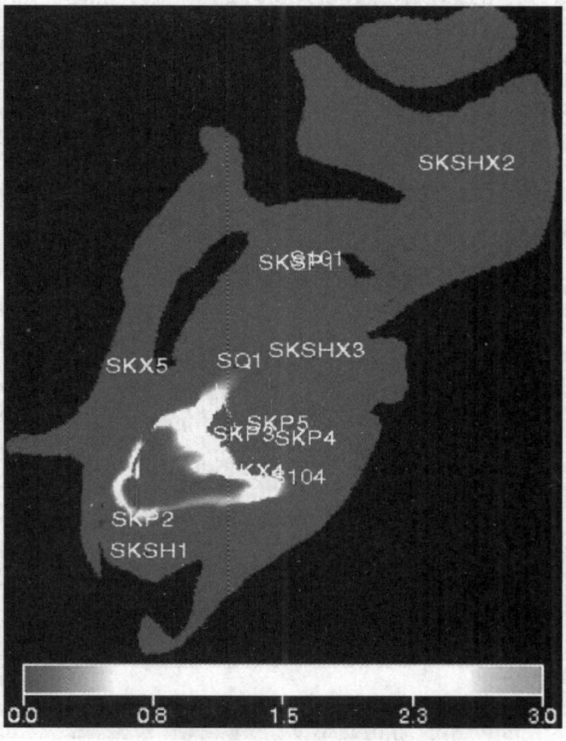

图7　SKP2井示踪剂GCT02浓度分布图

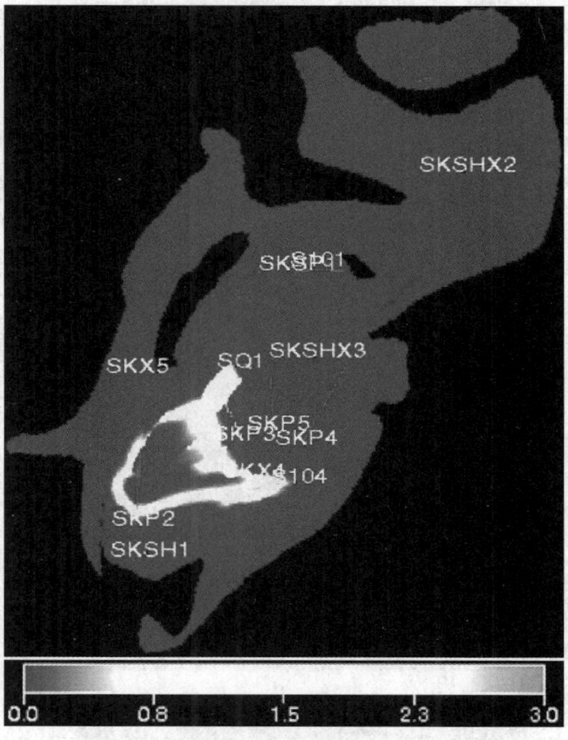

图8　SKP2井示踪剂GCT05浓度分布图

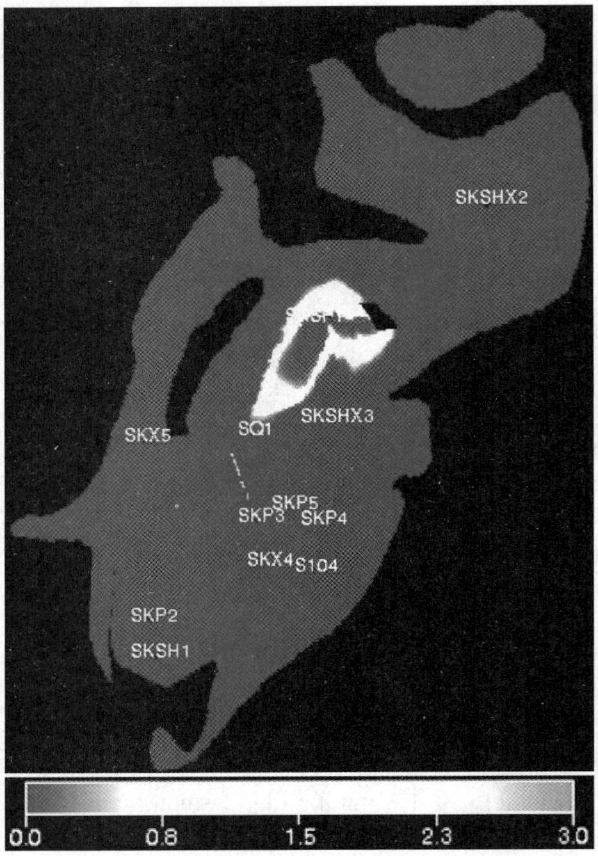

图 9　SKSP1 井示踪剂 GCT01 浓度分布图

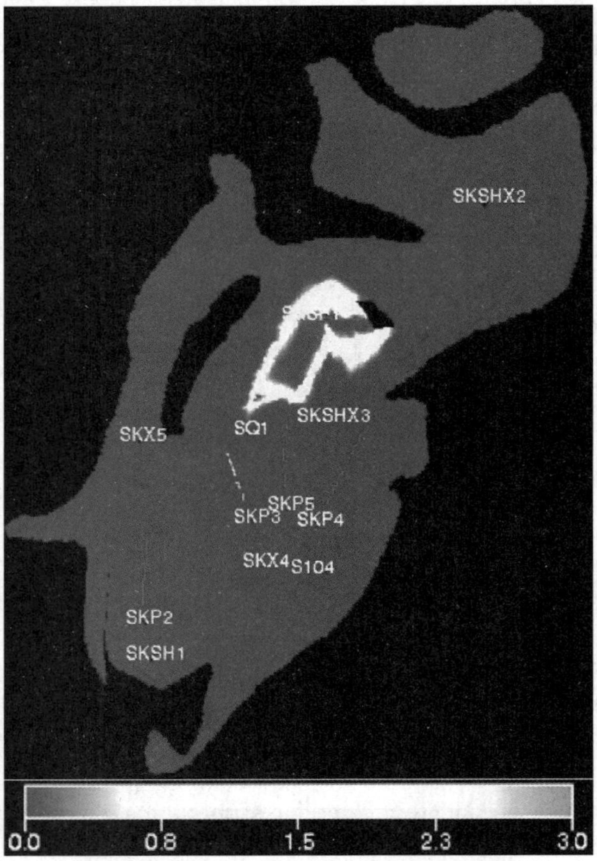

图 10　SKSP1 井示踪剂 GCT04 浓度分布图

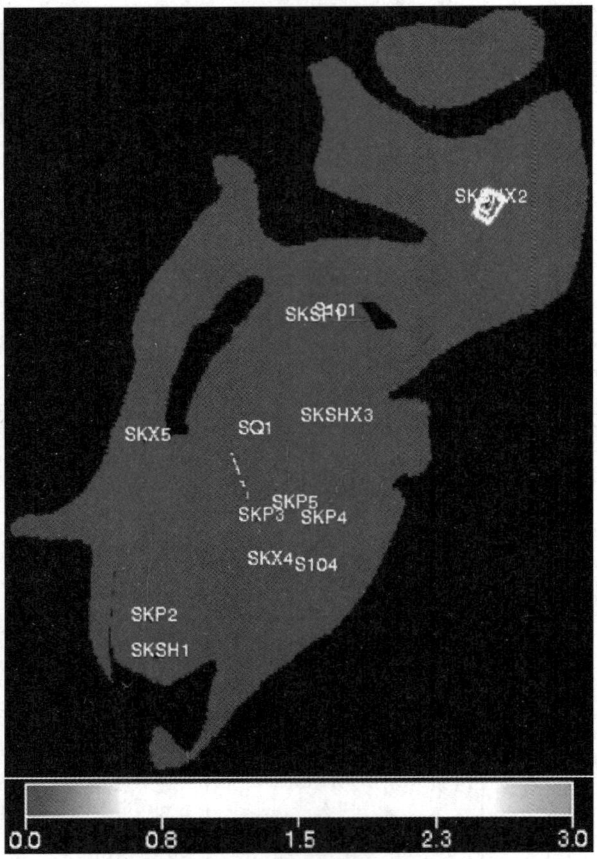

图 11　SKSX2 井示踪剂 GCT03 浓度分布图

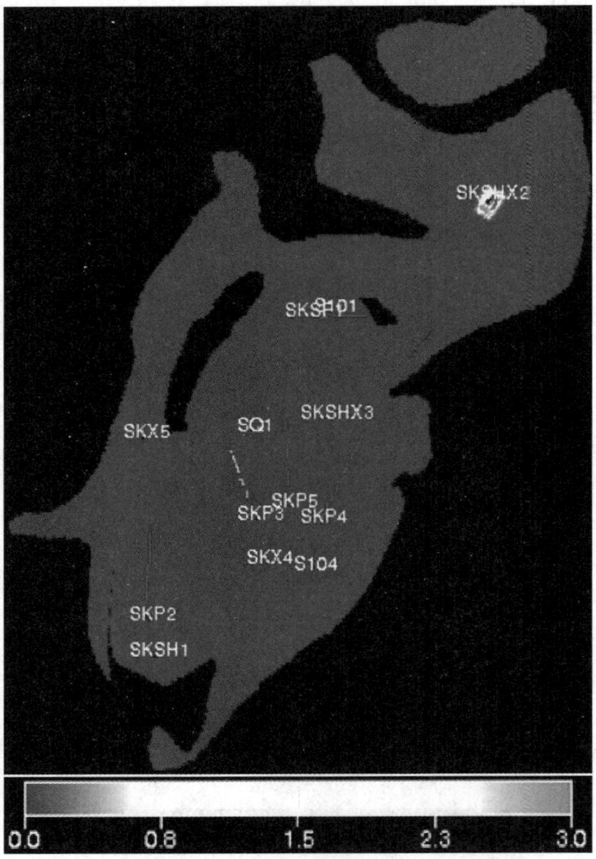

图 12　SKSX2 井示踪剂 GCT06 浓度分布图

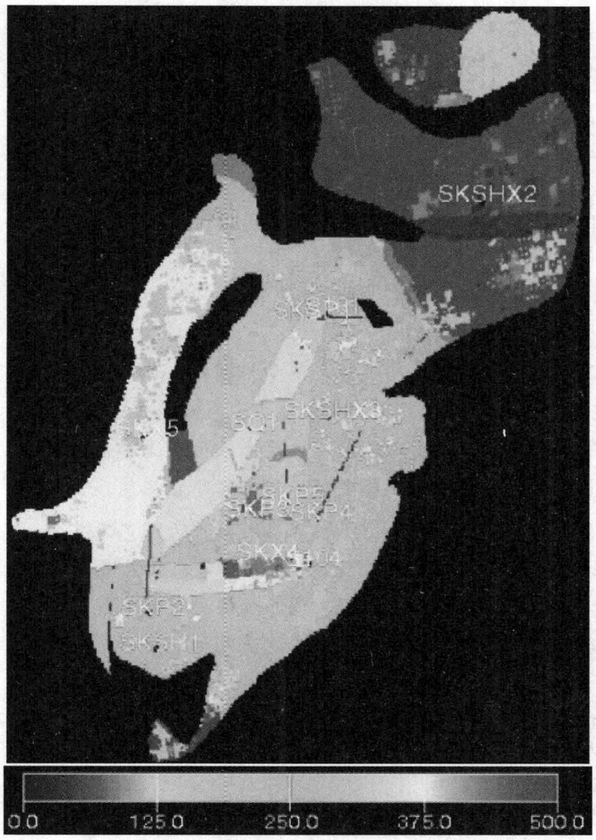

图13　S储气库渗透率分布图

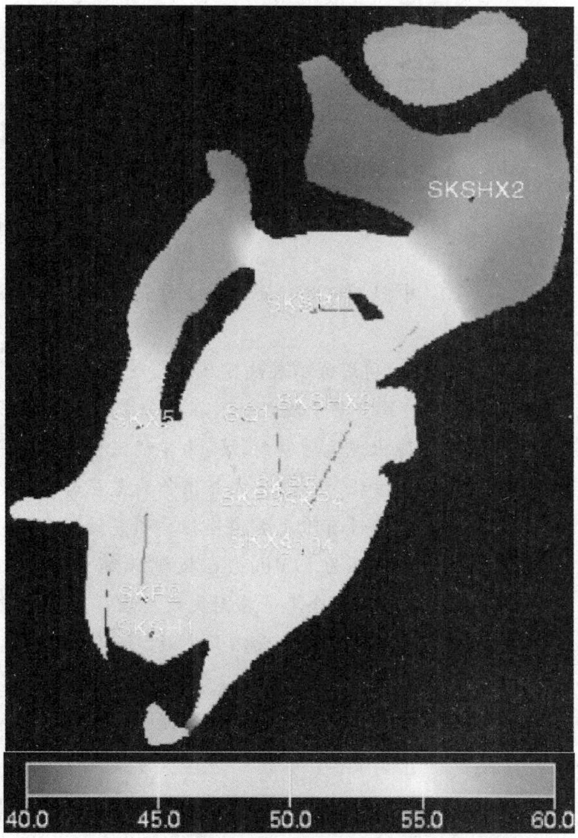

图14　S储气库注气压力分布图

4　结论与认识

（1）利用SKS1井岩心碎屑，完成配伍性及吸附实验，实验表明示踪剂吸附率低于2%，示踪剂性能稳定，与注入气体不发生反应，为井间示踪剂监测成功开展提供保障。

（2）SQ1井、S104井见SKP2井示踪剂，充分证实了S储气库中部和南部为连通区域，同时也表明在注气压力、注入量相同情况下，不同类型示踪剂突破速度、波及体积总体相近，反映中、南部区域连通性好，且整体优于北部区域。

（3）示踪剂扩散方向主要受渗透率及注气压力的影响，渗透率高、注气量大、注气压力高的区域示踪剂波及范围广更大。

参 考 文 献

[1] 柳红春，王晓冬．利用示踪剂测试突破时间法计算堵剂用量［J］．内蒙古石油化工，2005，6：128

[2] 张善杰，冯向东．井间示踪测试中示踪剂用量计算方法［J］．大庆石油地质与开发，2006，4：48－50

[3] 张伟．基于流线模拟法的示踪剂解释方法研究与应用［D］．西南石油大学硕士学位论文，2012

[4] 贺银国，李同华，王志勇．数模井间示踪方法在吉林油田的应用［J］．石油仪器，2006，4：46－48

[5] 于金彪，宋道万，秦学杰等．井间示踪剂解释模型研究［J］．油气地质与采收率，2003，12：42－44

含水层圈闭改建压缩空气储能库盖层密封失效影响因素分析

李　健[1]　廖成锐[2]　杨志伟[1]　张鲁钢[1]　王宇鹏[1]　赵衍彬[1]　王　艺[1]

（1. 中国石化胜利油田分公司勘探开发研究院；2. 中国石化胜利油田分公司油气开发管理中心）

摘　要　利用含水层改建压缩空气储能库可以显著改善清洁能源发电间歇性与波动性问题，是助力实现“双碳”战略的重要手段之一。在向含水层中注气形成纯气区的过程中，不可避免地造成地层压力显著增加，导致盖层可能出现毛管密封性或力学稳定性失效，造成储库泄漏进而导致库址报废。因此基于渗流－应力－损伤耦合控制方程，以损伤临界值作为盖层岩石是否发生破坏判断依据，开展了国内某含水层在不同应力机制下的力学稳定性有限元数值模拟。研究结果表明：在极端走滑断层应力机制下，注入时拉伸失效优先于剪切失效，最大超压为19MPa；在极端正断层应力机制下，注入时拉伸失效优先于剪切失效，最大超压为10.5MPa；进一步结合毛管密封失效机理，盖层突破压力限制最大超压为6.5MPa，最终确定目标储能库密封失效主控因素排序为：毛管密封失效＞拉伸破坏＞剪切破坏。研究结果可为含水层改建压气储能库或储气库提供参考。

关键词　含水层；压缩空气储能；渗流－应力－损伤耦合；盖层；力学稳定性

Analysis of Influencing Factors of Sealing Failure of the Caprock of Compressed Air Storage in Aquifer

LI Jian[1], LIAO Chengrui[2], YANG Zhiwei[1], ZHANG Lugang[1], WANG Yupeng[1], ZHAO Yanbin[1], WANG Yi[1]

(1. Exploration and Development Research Institute of Shengli Oilfield, Sinopec,;
2. Oil and Gas Development Management Center, Shengli Oilfield, Sinopec,)

Abstract: The use of aquifers to rebuild compressed air storage can significantly improve the intermittency and volatility of clean energy power generation, and is one of the important means to help realize the “dual carbon” strategy. In the process of gas injection into the aquifer to form a pure gas zone, the formation pressure will inevitably increase significantly, which may lead to the failure of capillary sealing or mechanical stability of the cap layer, resulting in reservoir leakage and thus the abandonment of the reservoir site. Therefore, based on the coupled control equation of seepage, stress and damage, the finite element numerical simulation of the mechanical stability of an aquifer under different stress mechanisms in China is carried out with the damage critical value as the basis for judging whether the rock failure occurs. The results show that under the extreme strike – slip fault stress mechanism, tensile failure takes precedence over shear failure during injection, and the maximum overpressure is 19MPa. Under the extreme normal fault stress mechanism, tensile failure is preferred to shear failure during injection, and the maximum overpressure is 10.5MPa. Further combined with the capillary seal failure mechanism, the maximum overpressure of the cap breaking through the pressure limit is 6.5MPa, and the main control factors of the seal failure of the target energy storage are finally determined as follows: capillary seal failure > tensile failure > shear failure. The research results can provide reference for reconstruction of compressed gas storage or gas storage in aquifer.

Key words: Aquifer; Compressed air energy storage; Hydro – mechanical – damage coupling; Caprock; Mechanical stability

“减碳”与“增汇”是我国2030年前实现碳达峰、2060年前实现碳中和的根本措施。调整能源结构、降低煤炭及石油消耗是从源头上减少CO2排放的根本途径。大力发展风能、太阳能等清洁可再生能源是调整能源结构、解决能源供应矛盾和应对气候变化的重要措施。随着新能源发电规模越来越大，占比逐年递增，其发电间歇性和波动性问题愈发收到关注，大规模储能技术的研究越来越迫切。但目前大规模使用的百万兆瓦级储能技术只有抽水蓄能和压缩空气储能，而抽水蓄能对条件的要求过于苛刻，难以广泛应用。地下含水层压缩空气储能系统（Compressed air energy storage in aquifers，CAESA）相对于盐洞和坚硬岩洞具有几点优势：（1）分布广泛且含水层密集的地区一般风能资源也较为丰富；（2）占地面积小；（3）储能时间长，开发成本低；（4）储能规模大，从而扩展了CAES系统的应用。

国内外对于以地下含水层作为储气库的压气储能研究都只涉及渗流场和效率问题，缺乏力学方面的研究；而对于压气储能力学研究又只存在于地下洞室或者地上储气罐方面，对于地下含水层压气储能的力学方面研究还几乎无人涉及。含水层构造能否改建为安全合格的地下储库最重要因素之一就是盖层质量，以往的研究大部分都集中在储库盖层的毛细管封闭性评价，极少涉及到储能库注入或采出的盖层地质力学效应。而在含水层压气储能库建设过程中，关键的一步为“注气成囊”，即通过注气的方式排开地层水，在圈闭顶部形成足够大的纯气区，使得注采过程中不会大量产水，这使得地层压力不可避免地显著高于原始地层压力，对盖层的毛管密封以及力学完整性提出更高的要求。在储库的建设领域中，有限元数值模拟技术在国外储气库研究中被广泛的使用，主要有单相渗流模型、气－水两相渗流模型、用惰性气体作垫层气的混气模型以及流－固耦合数学模型。

本文以国内某含水层为研究对象，聚焦含水层储能库注气成囊阶段，开展了不同地应力机制下的地层压力变化时（注入或采出）的渗流－应力－损伤耦合模拟，以损伤临界值作为判断盖层力学破坏的依据，对储气库盖层稳定性进行了定量分析，并结合毛管密封机理，确定了目标含水层注入的上限压力。

1　流－固耦合理论

1.1　流－固耦合理论

岩石力学中的多物理场耦合作用问题一直受到国内外研究者的重视和关注。渗流场中流体的运移对较小范围内的岩体损伤及裂纹扩展非常敏感，损伤区的存在必然对渗流场和应力场产生不可忽视的影响。如果不考虑损伤对力学特性及渗流特性影响，流固耦合模型的预测结果是不符合实际的。本研究以岩体的损伤为主线，在多场耦合分析方程中引入损伤变量，考虑质量守恒和能量守恒，建立岩体损伤过程中的HM耦合模型。

在不考虑耦合的情况下，各个独立的物理过程则构成如固体力学、水力学以及热力学等经典学科的基础。因此，耦合方程是建立多物理场耦合数学模型的关键。类似的弹性损伤本构关系如图1所示，取压应力（应变）为正，在受力的初始阶段，多孔介质是弹性的，根据广义虎克定律，多孔介质满足以位移、孔隙流体压力p（收缩为负）本构方程为

$$Gu_{i,jj} + \frac{G}{1-2v}u_{j,ji} + \alpha p_{,i} + F_i = 0 \qquad (1)$$

式中，G为介质的剪切模量；v为介质的排水泊松比；F_i和u_i（$i=x,\ y,\ z$）分别为体力和位移在i方向的分量；（$\alpha \leqslant 1$）为Biot's系数，其值取决于介质组分的压缩性，可表达为

$$\alpha = 1 - \frac{K'}{K_s} = \frac{3(v_u - v)}{B(1-2v)(1+v_u)} \qquad (2)$$

式中，K_s为固体组分的有效体积模量；B为Skempton系数；v_u为固体组分的排水泊松比。

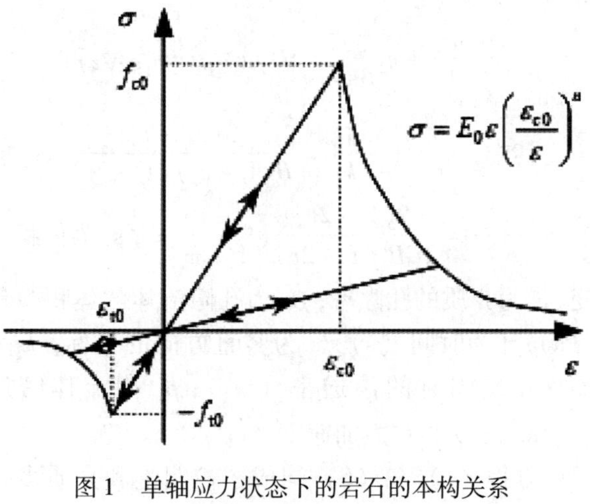

图1　单轴应力状态下的岩石的本构关系

取 $F_1=-\sigma_3-f_{t0}$，$F_2=\sigma_1-\sigma_3\dfrac{1+\sin\varphi}{1-\sin\varphi}-f_{c0}$，则当介质的应力状态满足了最大拉应力准则和摩尔－库仑准则时，其分别发生拉伸损伤和剪切损伤：

$$F_1=0 \text{ 或 } F_2=0 \tag{3}$$

其中，f_{t0} 和 f_{c0} 分别为单元的单轴抗拉和单轴抗压强度。F_1 和 F_2 为两个表示应力状态的函数，其数值等于0表示介质分别发生了拉伸和剪切损伤。这里需要说明的是，在任何受力条件下，拉伸损伤是优先判断的。当如式（3－10）满足时，单元的损伤变量按照如下关系给出：

$$D=\begin{cases}0 & F_1<0\ ,F_2<0\\ 1-\left|\dfrac{\varepsilon_{t0}}{\varepsilon_3}\right|^n & F_1=0\ ,dF_1>0\\ 1-\left|\dfrac{\varepsilon_{c0}}{\varepsilon_1}\right|^n & F_2=0\ ,dF_2>0\end{cases} \tag{4}$$

式中，ε_3 和 ε_1 分别为当单元发生拉伸损伤和剪切损伤时对应的最大拉伸主应变和最大压缩主应变；n 为单元损伤演化的一个系数，这里取 $n=2$；$dF_1>0$ 和 $dF_2>0$ 分别为两种损伤后的继续加载状态，可引起损伤变量的增加。当 $dF_1<0$ 或 $dF_2<0$ 则表示卸载状态，不产生新的损伤，损伤变量保持上一个加载步（或时间步）的数值。

根据孔隙介质理论的假设，孔隙介质由包含孔隙的骨架基质组成，孔隙空间充满了可自由流动的孔隙流体，即孔隙处于饱和状态。因为两组分间的热交换相对于热与流体在空间的扩散率要迅速得多，这里假设固体基质与孔隙流体处于热平衡状态。基于流体的质量守恒方程和Darcy定律可得：

$$-c_1\frac{\partial\varepsilon_v}{\partial t}+c_2\frac{\partial p}{\partial t}=\nabla[k(\nabla p+p_1 g\nabla z)] \tag{5}$$

其中，$c_1=1-\dfrac{k'}{k_s}=\dfrac{3(v_u-v)}{B(1+v_u)(1-2v)}$，$c_2=\dfrac{\varphi}{\beta_1}+\dfrac{1-\varphi}{K_s}=\dfrac{9(1-2v_u)(v_u-v)}{2GB^2(1-2v)(1+v_u)^2}$；$\varepsilon_v$ 为体积应变；φ 为介质的孔隙率；β_1 为孔隙流体的体积模量（Pa）；t为时间（s）；z 为竖直方向的坐标；k 为连续介质固有的渗透率（m^2）；ρ_1 为流体密度（kg/m^3）；g为重力加速度（m/s^2）。

方程（1）和（5）构成了控制饱和介质多孔热弹性响应的完全耦合的非线性方程组。方程（3）～（4）则表达了弹性损伤的演化过程。两者结合起来构成了损伤过程中流固耦合的控制方程。

2 计算模型及参数

根据储能地质体建立机理模型，目标储层顶深约1400m，厚度约13m，机理模型的几何信息如下，模型尺寸宽2000m，高度2000m，储层宽度360m，储层厚度13m，盖层厚度36m，储盖界面1400m（图2）。

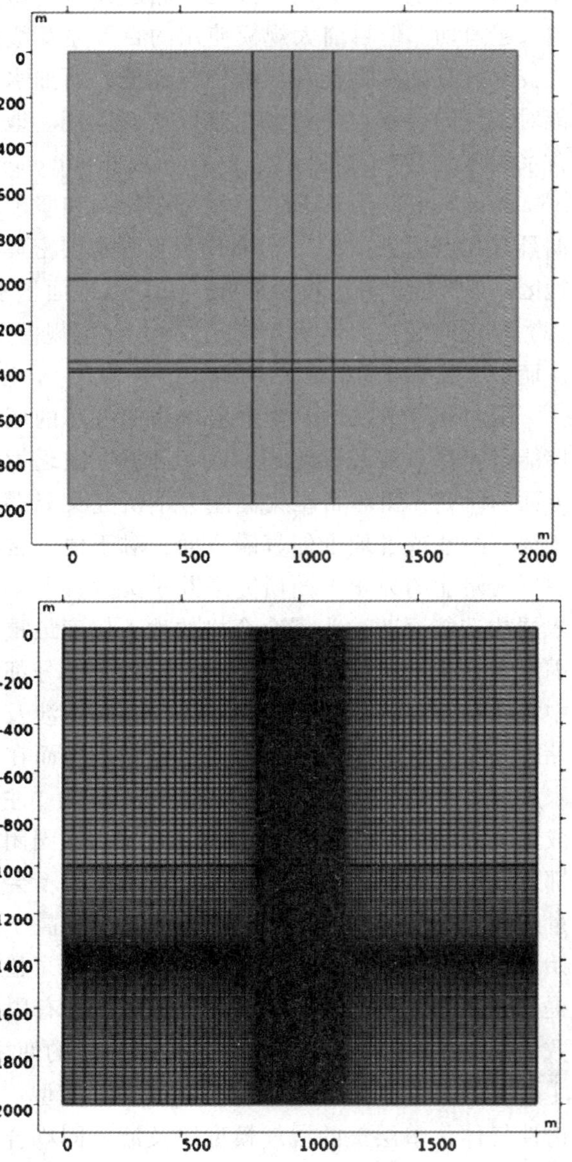

图2 机理模型建立与有限元网格划分

考虑到含水层通常缺少足够现场地应力测试资料，因此结合Anderson断层理论与Mohr－Coulomb准则，对地层中的原地应力进行限定。首先依据密度积分计算盖层底部垂向主应力，进一步依据Anderson断层理论与Mohr－Coulomb准则，可得到忽略内聚力情况下断层所在地区的有效最大主应力、有效最小主应力与摩擦强度之间的关系如下：

$$\frac{\sigma_1}{\sigma_3}=\frac{s_1-p_p}{s_3-p_p}\leqslant(\sqrt{\mu^2+1}+\mu)^2 \quad (6)$$

式中，σ_1 为最大、σ_3 最小有效主应力；s_1、s_3 为最大、最小主应力；p_p 为孔隙压力；μ 为断层摩擦系数。根据 Anderson 断层分类理论，不同断层应力类型垂直应力、最大水平主应力与最小水平主应力与三个主应力对应关系如下：

$$\left.\begin{aligned}\text{正断层}:\sigma_1=\sigma_v,\sigma_3=\sigma_h\\ \text{逆断层}:\sigma_1=\sigma_H,\sigma_3=\sigma_v\\ \text{走滑断层}:\sigma_1=\sigma_H,\sigma_3=\sigma_h\end{aligned}\right\} \quad (7)$$

式中，σ_v 为有效垂向应力；σ_h 为有效最小水平主应力；σ_H 有效最大水平主应力。通过各种情况的限定，引入了应力多边形概念。

应力多边形可以描述给定深度、断层摩擦系数以及孔隙压力情况时确定最大水平主应力与最小水平主应力可能的取值范围。对于实际断层区域地应力状态估算，还取决于断层的基本类型。根据世界地应力地图、地震局以及李根生院士团队研究成果，确定目标井区潜在地应力机制为走滑断层或正断层应力机制。进一步地确定了当前储层深度下，满足走滑断层应力机制的条件下的最大、最小水平主应力范围，分别为 31.6 ~ 68.91MPa 和 19.4 ~ 31.6MPa（图 3）。分别选取走滑断层和正断层应力机制下最极端的应力状态（点 A 和点 B）作为初始地应力状态，分别命名为 Case A 和 Case B。

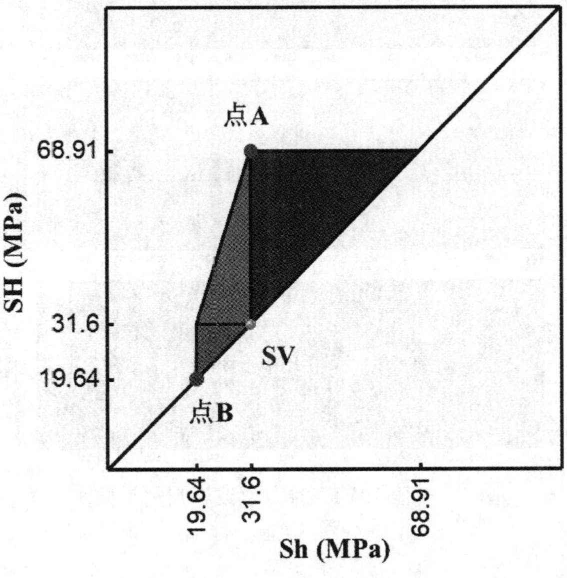

图 3　目标区块应力多边形

进一步地，模拟注气成囊（建库过程），相关参数如表 1 所示。

表 1　机理模型数值模拟参数（CASE A）

参数	数值
弹性模量	10GPa
泊松比	0.18
抗拉强度	1.04MPa
抗压强度	20MPa
注入后的地层压力（压力增量）	33MPa（19MPa）
采出后的地层压力（压力增量）	0MPa（−14MPa）

3　结果与讨论

3.1　地应力平衡

为了准确还原岩石实际受力状态，对地层进行地应力平衡。两个应力状态下位移场的最大量级为 10^{-14} m，最小量级为 10^{-15} m，表明地应力平衡效果良好。两个应力机制下地应力平衡后的水平总应力与垂向总应力分布云图与有效应力线性分布见图 4 和图 5。

3.2　不同应力机制下的上限压力分析

模拟得到注入至不同压力下的损伤分布。如图 6 所示当注入至超压 10MPa 时，未发生拉伸或剪切损伤，进一步持续注入至如图 7 所示超压 19MPa 时，储层未发生剪切破坏，但已处于拉伸破坏临界状态，表明注入时拉伸失效优先于剪切失效，地层流体压力克服最小主应力与拉伸强度之和（33MPa > 31.6 + 1.04MPa），进而发生压裂，意味着即使岩石抗拉强度为 0MPa，注入压力小于 31.6MPa 时，不会发生张拉或剪切破坏。

当采出至地层压力为 0MPa 时，未发生拉伸或剪切损伤如（图 8）。另外，结合盖层突破压力最小值为 6.5MPa，表明注入过程中圈闭失效控制因素进行排序为：毛管密封失效 > 拉伸破坏 > 剪切破坏。进一步地探讨了采出至地层压力为 0MPa 时，发生剪切损伤时的临界强度，即当抗压强度低至 12 ~ 14MPa 以下时，才会发生临界剪切破坏（图 9）。

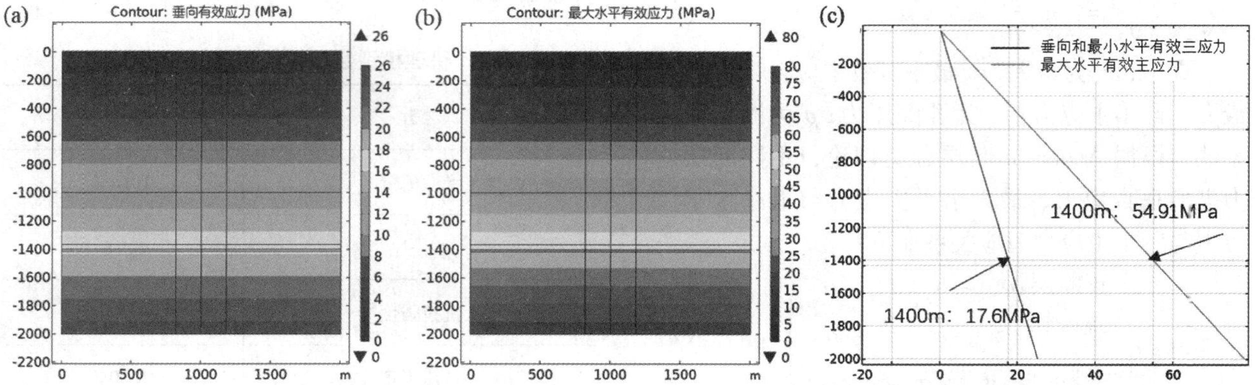

图 4　地应力平衡后应力云图与测线（Case A）

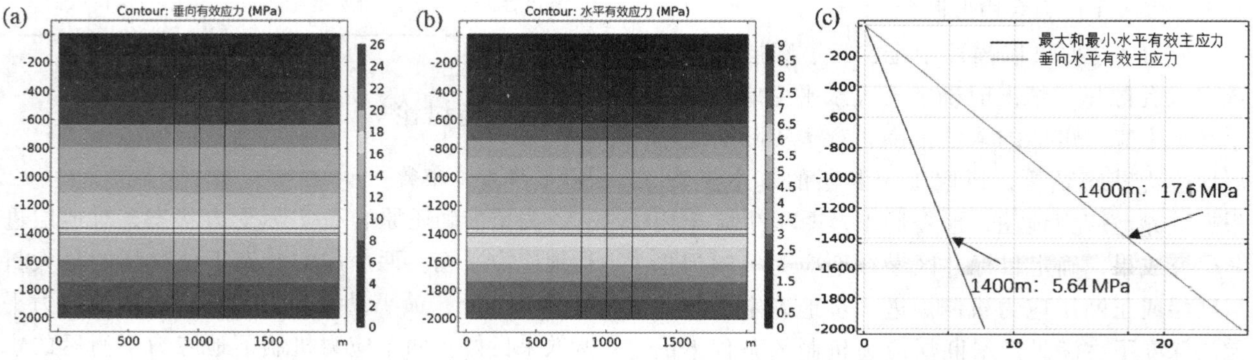

图 5　地应力平衡后应力云图与测线（Case B）

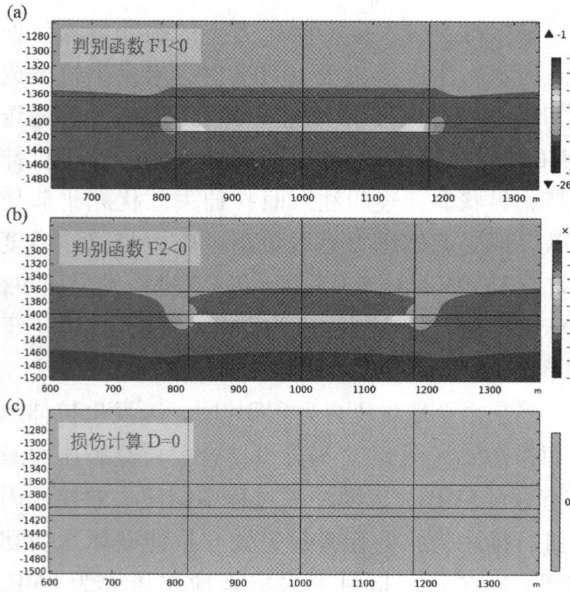

图 6　超压 10MPa 时力学破坏判别与损伤分布（Case A）

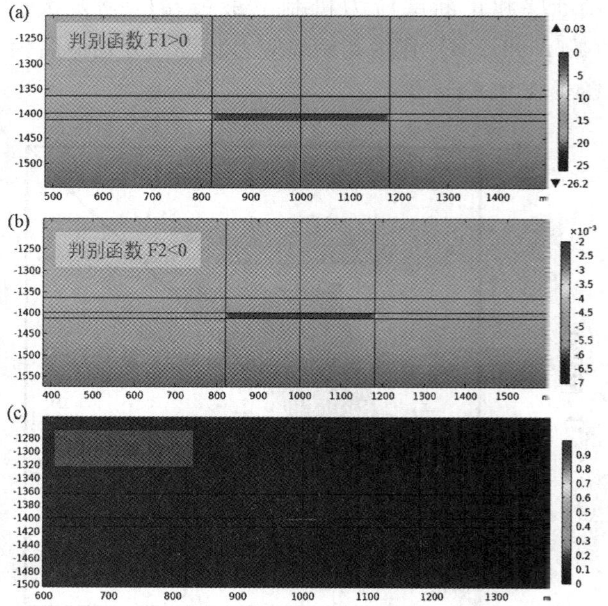

图 7　超压 19MPa 时力学破坏判别与损伤分布（Case A）

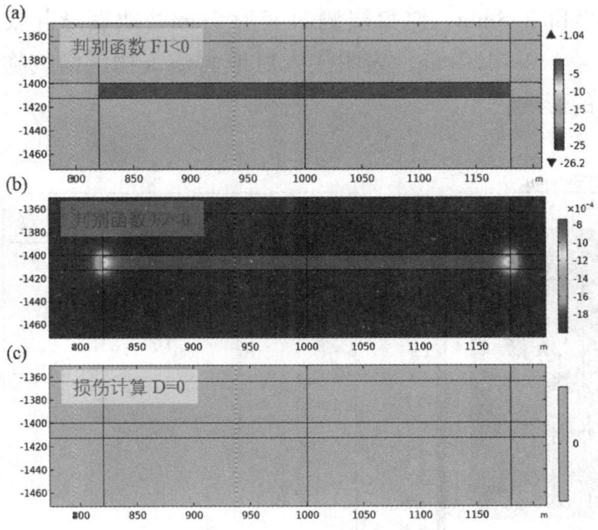

图 8 超压 -14MPa 时力学破坏判别与损伤分布（Case A）

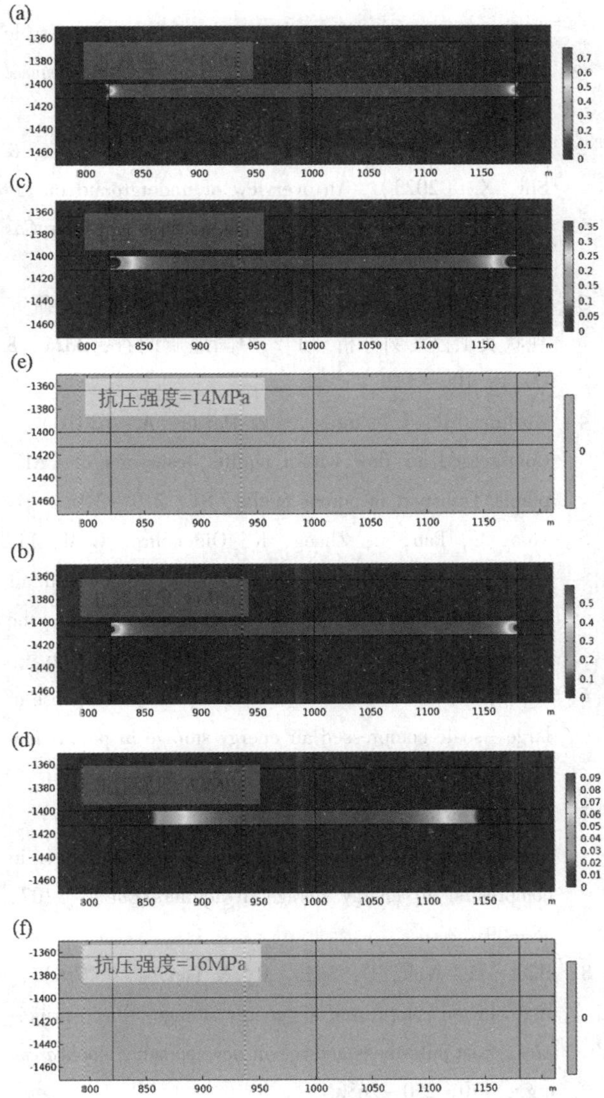

图 9 超压 -14MPa 时不同地层强度参数对应损伤分布（Case A）

同样的，对于极端正断层应力机制，当注入至超压 10.5MPa 时，未发生剪切破坏，但储层已处于拉伸破坏临界状态（图 10），表明注入时拉伸失效优先于剪切失效，意味着即使岩石抗拉强度为 0MPa，注入压力小于 10.5MPa 时，不会发生张拉或剪切破坏。当采出至地层压力为 0MPa 时，未发生拉伸或剪切损伤（图 11），同理，由于突破压力小于 10.5MPa，

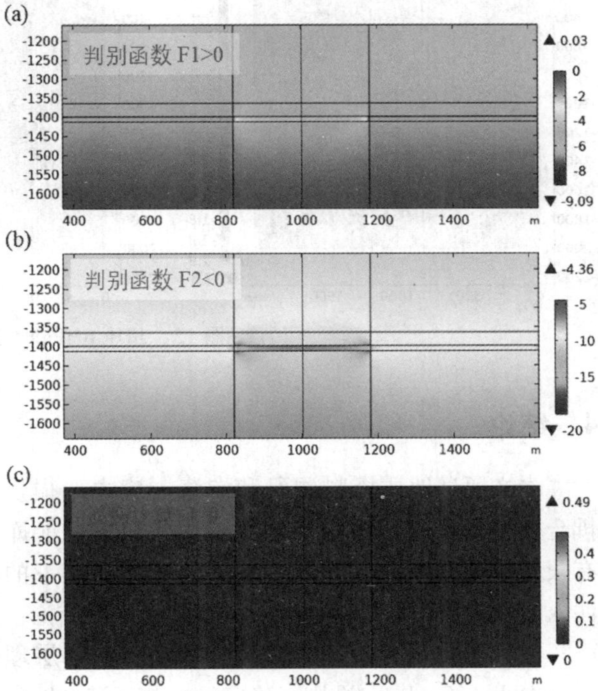

图 10 超压 10.5MPa 时力学破坏判别与损伤分布（Case B）

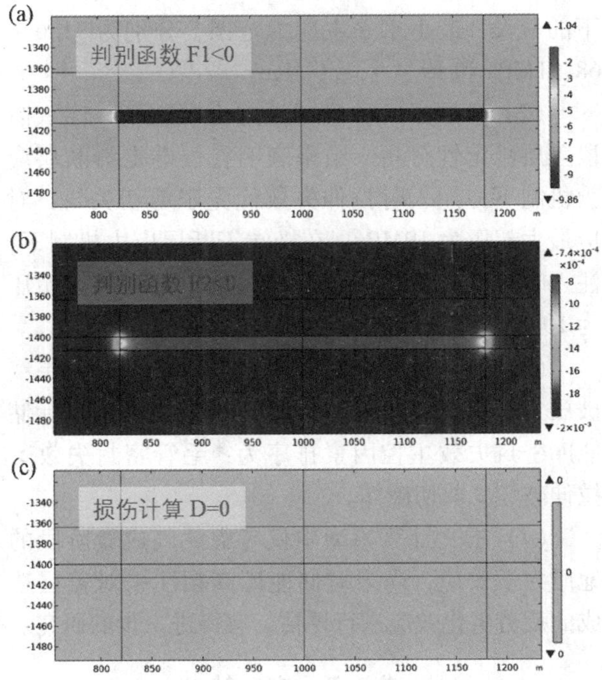

图 11 超压 -14MPa 时力学破坏判别与损伤分布（Case B）

毛管密封也最先失效，其次为拉伸破坏。

以 Case A 为例，探讨了力学参数对变形场与应力场的影响。在毛管密封机理约束下，最大注入压力为 20MPa，对应超压 6MPa（图 12），造成的储层膨胀使得盖层最大隆起仅为 4.2mm，底板沉降 2.8mm，储盖层侧向变形 5mm，地表隆起仅为 1.2～1.7mm，表明注入对地面建筑物、构筑物的影响极小。

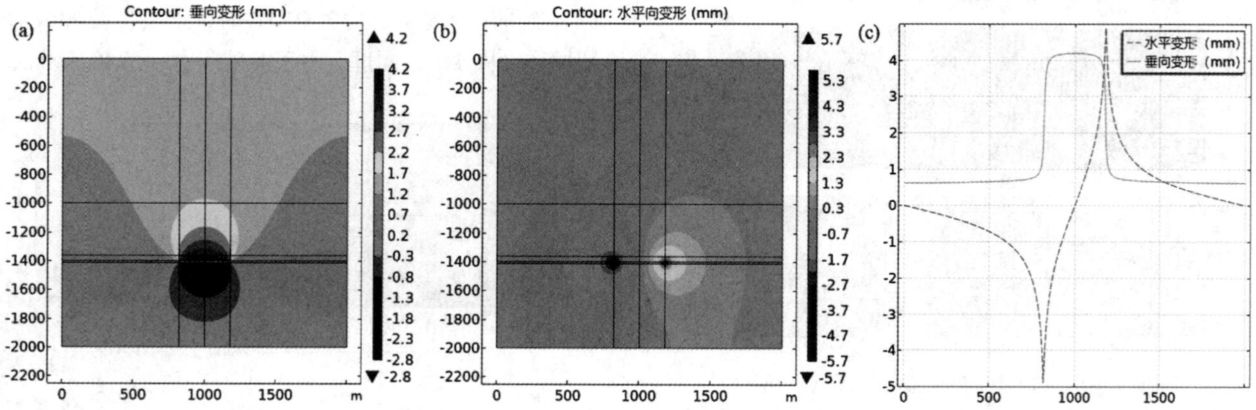

图 12　超压 6MPa 时变形场云图与储盖界面变形

4　结论

本文通过地质资料调研和渗流－应力－损伤耦合模型，建立了国内某含水层改建压气储能库有限元数值模型，并开展了不同地应力状态下的注入阶段盖层力学稳定性分析，得到了以下结论：

（1）根据现有研究成果结合 Anderson 断层理论与 Mohr－Coulomb 准则，确定目标井区潜在地应力机制为走滑断层或正断层应力机制。并确定了当前储层深度下，满足走滑断层应力机制的条件下的最大、最小水平主应力范围，分别为 31.6～68.91MPa 和 19.4～31.6MPa。

（2）开展了两种极端地应力状态下，注入阶段盖层稳定性分析。结果表明在极端走滑断层应力机制下，注入时拉伸失效优先于剪切失效，对应最大超压为 19MPa；在极端正断层应力机制下，注入时拉伸失效优先于剪切失效，对应最大超压为 10.5MPa。

（3）进一步结合毛管密封失效机理，盖层突破压力限制最大超压为 6.5MPa，最终确定目标储能库密封失效主控因素排序为：毛管密封失效 > 拉伸破坏 > 剪切破坏。

（4）本文计算模型中仅考虑注气成囊阶段的地质力学效应，尚未对储能库高频注采对盖层造成的疲劳劣化效应进行评估，有待进一步的研究。

参　考　文　献

[1] Li, Y, Liu, Y & Cao, X. (2021). Compressed air energy storage in aquifers: basic principles, considerable factors, and improvement approaches. *Reviews in Chemical Engineering*, 37 (5), 561－584.

[2] Liu, H, Yang, C, Liu, J, Hou, Z, Xie, Y, & Shi, X. (2023). An overview of underground energy storage in porous media and development in China. *Gas Science and Engineering*, 205079.

[3] 郭朝斌，李采，杨利超等．压缩空气地质储能研究现状及工程案例分析［J］．中国地质调查，2021，8（04）：109－119.

[4] Kushnir, R, Ullmann, A, & Dayan, A. (2010). Compressed air flow within aquifer reservoirs of CAES plants. Transport in porous media, 81, 219－240.

[5] Guo, C, Pan, L, Zhang, K, Oldenburg, C M, Li, C, & Li, Y. (2016). Comparison of compressed air energy storage process in aquifers and caverns based on the Huntorf CAES plant. *Applied Energy*, 181, 342－356.

[6] Wang, B, & Bauer, S. (2017). Pressure response of large－scale compressed air energy storage in porous formations. *Energy Procedia*, 125, 588－595.

[7] Guo, C, Zhang, K, Li, C, & Wang, X. (2016). Modelling studies for influence factors of gas bubble in compressed air energy storage in aquifers. *Energy*, 107, 48－59.

[8] Budt, M, Wolf, D, Span, R, & Yan, J. (2016). A review on compressed air energy storage: Basic principles, past milestones and recent developments. *Applied energy*, 170, 250－268.

[9] 朱万成，魏晨慧，田军等．岩石损伤过程中的热－流－力耦合模型及其应用初探［J］．岩土力学，2009，

30 (12): 3851 - 3857.

[10] Burghardt, J. (2018). Geomechanical risk assessment for subsurface fluid disposal operations. *Rock Mechanics and Rock Engineering*, 51 (7), 2265 - 2288.

[11] Heidbach, O., Rajabi, M., Reiter, K., Ziegler, M. (2016): World Stress Map 2016, GFZ Data Service,

[12] 丁健民，梁国平，郭启良. 山东渤海沿岸地区深部应力测量——主应力大小的测定 [J]. 地震学刊, 1986, (02): 1 - 8 + 88.

[13] 刘丽，李根生. 水力射孔对套管强度的影响研究 [J]. 天然气工业, 2006, (08): 83 - 85 + 168.

考虑结盐影响的枯竭油气藏储气库动态分析与试井描述方法

任众鑫[1] 林加恩[2] 张火箭[1] 秦 垦[1] 何 辉[2] 袁鸿飞[2] 王 健[1]

(1. 国家管网集团储能技术有限公司；2. 西安石油大学)

摘 要 含高矿化度地层水的气藏型储气库存在结盐问题，尤其是井筒，这对储气库的安全运行保障提出了严峻的挑战，W 储气库具有地层水矿化度高的特点，当储层压力降低时容易发生结盐现象并导致储层孔隙度和渗透率降低。基于烃－盐水两相闪蒸计算建立了流体性质及结盐量计算模型，模拟计算了不同水组分摩尔含量及不同矿化度组合下的系统结盐量相态图。通过盐水－烃体系相平衡闪蒸计算确定结盐量与温度及压力的关系，利用烃－盐水闪蒸计算、岩石状态方程及 Kozeny－Carman 方程建立了结盐影响的孔隙度渗透率模型。结合 Forchheimer 渗流定律建立考虑结盐影响的高速注采试井分析模型，利用数值方法对模型进行求解，模拟计算了储层压力及结盐量的动态变化规律。结果表明：随着水组分摩尔含量的增加临界结盐压力线向右偏移，随着矿化度的增加临界结盐压力线向上偏移；当高速非达西系数增大时，井底压力和储层压力下降幅度越大，井底和储层结盐量越大；地层水矿化度越高储层结盐风险越大，出现结盐后储层渗透率性会明显下降；非达西流效应会加剧储层结盐风险。研究成果为枯竭油气藏储气库储层参数评价、结盐试井方法描述、结盐风险监测评估提供了理论依据，为进一步指导储气库生产优化和安全平稳高效运行提供了技术支撑。

关键词 枯竭油气藏；储气库；试井分析；结盐；生产优化

Dynamic Analysis and Well Test Description Method for Depleted Reservoirs Storage with Salt Deposition Impact

REN Zhongxin[1], LIN Jia'en[2], ZHANG Huojian[1], QIN Ken[1], HE Hui[2], YUAN Hongfei[2], WANG Jian[1]

(1. PipeChina Energy Storage Technology Co., Ltd; 2. Xi'an Shiyou University)

Abstract: As the problem of salt formation in gas reservoir with highly mineralized formation water, especially in the wellbore, poses a severe challenge to the safe operation of the gas reservoir. W gas reservoir has the characteristics of high salinity of formation water, and salt formation is

easy to occur when the reservoir pressure is reduced, which leads to the decrease of reservoir porosity and permeability. Based on the calculation of hydrocarbon – brine two – phase flash, the calculation model of fluid properties and salinity was established, and the phase diagram of system salinity under different water composition and salinity combination was simulated. The relationship between salinity and temperature and pressure was determined by the calculation of phase equilibrium flash of saline – hydrocarbon system. The porosity permeability model influenced by salt was established by the calculation of hydrocarbon – brine flash, rock state equation and Kozeny – Carman equation. Based on Forchheimer's seepage law, a high speed injection – production test well analysis model considering the effect of salt formation is established. The model is solved by numerical method, and the dynamic changes of reservoir pressure and salt formation are simulated and calculated. The results show that the critical salt formation pressure line shifts to the right with the increase of molar content of water component and upward with the increase of salinity. When the high speed non – Darcy coefficient increases, the lower the bottom hole pressure and reservoir pressure is, the greater the salt formation is. The higher the salinity of formation water, the greater the risk of salt formation, and the permeability of reservoir will decrease obviously after salt formation. The non - Darcy flow effect will aggravate the salt formation risk. The research results provide a theoretical basis for the evaluation of reservoir parameters, the description of salt formation test methods, and the monitoring and evaluation of salt formation risk, and provide technical support for further guiding the optimization of gas storage production and safe, stable and efficient operation.

Key words: Depleted oil and gas reservoirs; Gas storage; Well test analysis; Salt deposition; Production optimization

W 储气库储层为古近系沙河街组沙四段，以层状砂岩为主，储层水矿化度高达 30e4 mg/L 以上（Lin，2011）。该气藏在开发的中后期由于储层压力不断降低，地层水蒸发加剧，62% 的井出现了不同程度的井筒结盐及堵塞现象严重影响了气藏开发（Wang，2016；Liu，2009）。储气库由气田改建而成，其邻区同类型的储气库在运行到第 4 个周期时监测到了明显结盐现象。因此，W 储气库未来很可能出现类似的问题，从而影响储气库的正常运行（Shen，2022）。

针对气藏井筒及储层结盐问题，Dodson（1944）通过 PVT 实验建立了地层水蒸发速度与温度和压力的关系，指出地层水蒸发随温度的升高而增加，随压力和储层水矿化度的升高而降低。Søreide（1992）用新的混合规则修正了 PR 状态方程用于烃 - 盐水相平衡计算，计算结果与实验数据具有非常好的一致性。Morin & Montel（1995）研究了地层水蒸发与压力和地层水矿化度的关系，给出了温度范围在 140 ~ 180℃ 时的井筒结盐条件。Kleinitz（2001）通过压降试井方法在含气水层中发现了 NaCl 沉淀，分析了结盐效应对生产动态的影响。Zuluaga（2003）通过实验对水的蒸发速率和干气体通过多孔介质所引起的渗透率变化进行了评估。Golghanddashti（2011）通过实验证明了渗透率高的介质在注气过程中具有较高的注入能力，而渗透率低的介质则具有较低的注入能力。同时，在有天然水存在的情况下向油气藏注入干气时也可能发生水的汽化现象。Tang（2012，2015）通过室内实验研究了 NaCl 盐析对储集层渗透性的影响，通过分析盐沉淀后岩心孔隙度降低以及孔隙分布的变化，评价了地层水蒸发和盐沉淀对砂岩物理性质的影响。Bybee（2015）基于经典的质量和动量守恒方程以及蒸发和盐沉淀动力学的方程建立了结盐分析模型用于表征盐析导致的气井产能变化规律。Cui（2016）综合储层水蒸发、NaCl 沉淀以及储集层孔隙度、渗透率变化建立了盐析分析模型，对盐析现象及其影响因素进行了研究分析，进一步提出了预防和解除储层盐析伤害的方法。Alizadeh（2017）通过实验研究了盐析出程度及其对超致密岩流体流动的影响。Egberts（2018）建立了预测气井井筒附近盐沉降时间和位置的数值模型，并用于预测气井的产气量以及评估初始饱和度、渗透率、盐度、压降等不同参数对模型的影响。Gaidukov（2020）建立了低温油藏孔隙空间蜡沉积数学模型和过饱和 NaCl 盐溶液盐析模型，该模型能够用于模拟计算生产过程中生产井近井地带渗透率的变化规律。Andryushchenko（2021）在达西定律的基础上建立了一种新的盐水在多孔介质中流动的结盐数值模型。该模型综合考虑了地层水盐沉淀动力学规律、纯中沉淀盐的溶解度和渗透率分布，能够预测径向动态结盐量、孔隙度和渗透率随时间的变化规律。

利用天然气和盐水的组分进行闪蒸计算获得不同温度、压力下的结盐量。根据结盐量建立结盐孔隙度和结盐渗透率模型，进而根据 Forchheimer 渗流定律建立高速注采试井分析模型。该方法能够用于注采气井储层压力、储层渗透率、储层孔隙度以及储层结盐量的动态变化规律模拟，同时可以进行储层参数反演解释及评价。

1　流体性质及结盐量计算

利用 Søreide 等人（1992）给出的天然气 - 盐水闪蒸计算方法可以确定考虑结盐影响的液相中水的摩尔数以及天然气密度、黏度、体积系数、压缩系数等性质参数。不同温度、压力下盐的结盐量由下式计算

$$m_{\mathrm{Salt,soild}} = m_{\mathrm{Salt,total}} - n_{\mathrm{L}} x_{\mathrm{H_2O}} M_{\mathrm{H_2O}} S_{\mathrm{Salt,H_2O}} \tag{1}$$

式中，$m_{\mathrm{Salt,solid}}$ 为盐沉淀量；$m_{\mathrm{Salt,total}}$ 为总盐量；n_{L} 为液相中的总摩尔数；$x_{\mathrm{H_2O}}$ 为液相中水组分的摩尔分数；$M_{\mathrm{H_2O}}$ 为液态水的表观分子量；$S_{\mathrm{Salt,H_2O}}$ 为盐在液态水中的溶解度，由实验数据得到。

利用气藏实测天然气、水组分数据（表 1）模

拟计算不同矿化度及不同含水量下的结盐量，矿化度及含水量的具体组合案例（表2）。绘制9种组合案例的结盐量等高线图如图1所示。图中结盐量 $m_{Salt,solid}$ 等高线数值为0的曲线为不同温度下的临界结盐压力线，该线是判断系统结盐与否的重要参线。当压力高于该压力时系统中的盐水为不饱和状态，无固体盐析出；当压力低于该压力时系统中的盐水达到过饱和状态，固体盐开始析出。随着水组分摩尔含量的增加临界结盐压力线向右偏移，随着矿化度的增加临界结盐压力线向上偏移。图中结盐量 $m_{Salt,solid}$ 等高线数值最大的曲线为不同温度下的加剧结盐压力线（与下露点压力线相同），当压力低于该压力时，系统中的水组分全部为水蒸气，固体盐全部析出。在温度为120℃时，总体上随着压力的增大结盐量会不断减小如图2所示。

表1　实测天然气－水组分数据表

组分	物质的量（mol）		
	$z_{H2O}=0.075$	$z_{H2O}=0.100$	$z_{H2O}=0.125$
z_{C1}	8.78E－01	8.54E－01	8.30E－01
z_{C2}	1.53E－02	1.49E－02	1.45E－02
z_{C3}	3.63E－03	3.54E－03	3.44E－03
z_{iC4}	1.03E－03	9.98E－04	9.70E－04
z_{nC4}	1.52E－03	1.48E－03	1.44E－03
z_{iC5}	6.10E－04	5.93E－04	5.77E－04
z_{nC5}	7.18E－04	6.98E－04	6.79E－04
z_{nC6}	9.12E－04	8.87E－04	8.63E－04
z_{nC7}	1.66E－03	1.61E－03	1.57E－03
z_{nC8}	5.16E－04	5.02E－04	4.88E－04
z_{nC9}	4.90E－05	4.77E－05	4.64E－05
z_{nC10}	1.85E－06	1.80E－06	1.75E－06
z_{CO2}	1.21E－02	1.18E－02	1.14E－02
z_{N2}	9.39E－03	9.13E－03	8.88E－03

表2　矿化度及含水量9种组合案例表

案例	c_{sw}（mg/L）	z_{H2O}（mol）	$m_{Salt,total}$（g）
case 1	0	0.075	0
case 2	0	0.100	0
case 3	0	0.125	0
case 4	150000	0.075	0.203
case 5	150000	0.100	0.270
case 6	150000	0.125	0.338
case 7	300000	0.075	0.405
case 8	300000	0.100	0.540
case 9	300000	0.125	0.676

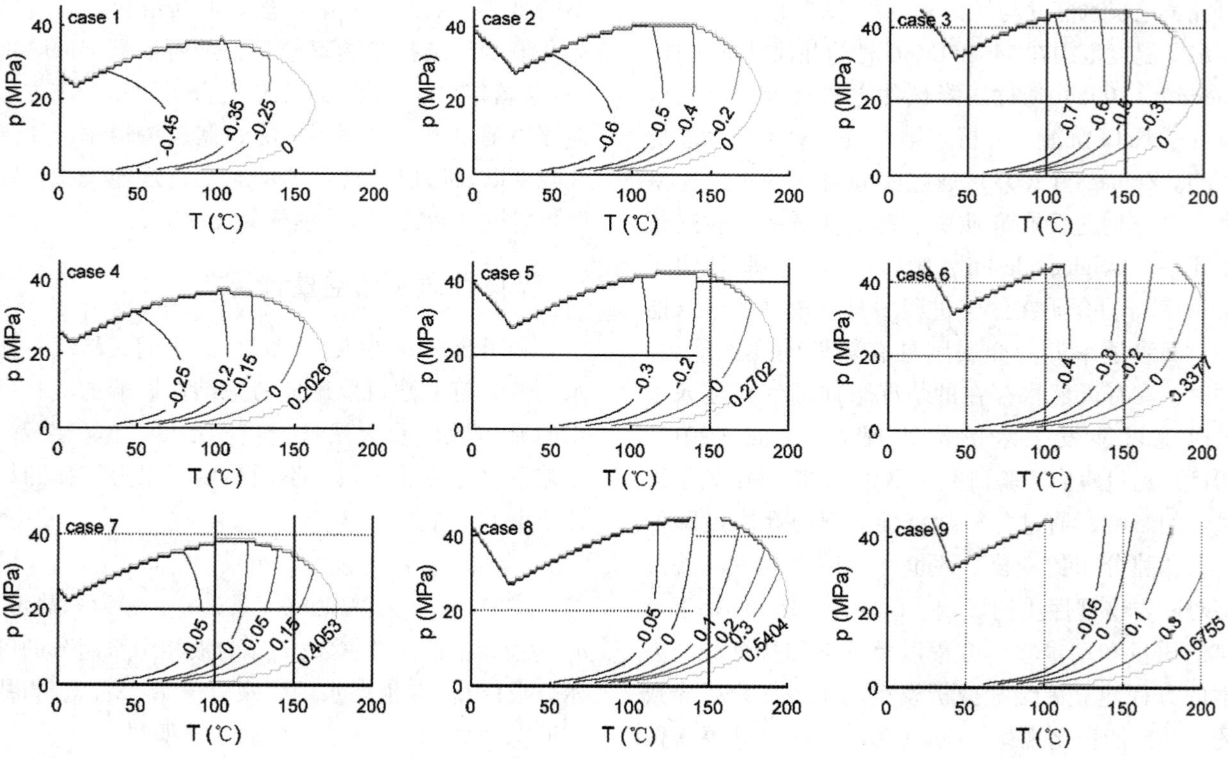

图1　9种组合案例的结盐量等高线图

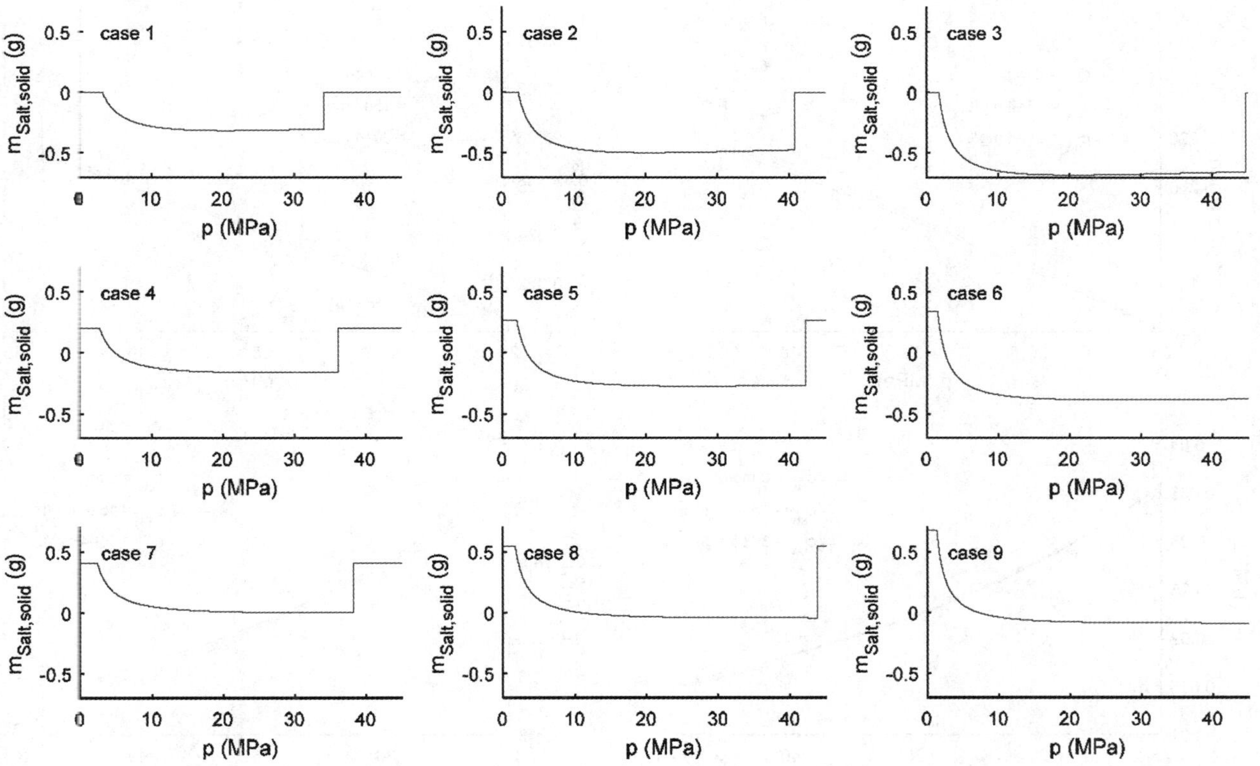

图 2　9 种组合案例在温度为 120℃时的结盐量随压力变化曲线图

如图 3 所示给出了温度 T 为 120℃，水组分摩尔含量 z_{H_2O} 为 0.1 mol（天然气组分摩尔含量见表 1）时不同矿化度对天然气密度 ρ_g、黏度 μ_g、压缩系数 C_g 以及体积系数 B_g 的影响曲线图。矿化度对四个参数的影响主要表现在压力较大时，压力较小时影响相对较小。矿化度越大密度和黏度越小，体积系数越大，上露点压力之下压缩系数越小、上露点压力之上压缩系数越大。矿化度对上露点压力的影响较为明显，具体地，当矿化度增大时，上露点压力也随之增大。同时，当压力高于上露点压力时，天然气密度、黏度、压缩系数以及体积系数随压力的变化曲线会出现不同程度的“跳变”。

如图 4 所示给出了温度 T 为 120℃，矿化度 c_{sw} 为 0 mg/L（天然气组分摩尔含量见表 1）时不同水组分摩尔含量对天然气密度 ρ_g、黏度 μ_g、压缩系数 C_g 以及体积系数 B_g 的影响曲线图。水组分摩尔含量对四个参数的影响主要表现在上露点压力之上，在下露点压力之下几乎没有影响。上露点压力之上水组分摩尔含量越大越大密度和黏度越大，体积系数越小，上露点压力之下压缩系数越大、上露点压力之上压缩系数越小。水组分摩尔含量对上露点压力的影响较为明显，具体地，当水组分摩尔含量增大时，上露点压力也随之增大。同时，当压力高于上露点压力时，天然气密度、黏度、压缩系数以及体积系数随压力的变化曲线会出现不同程度的“跳变”。

2　结盐孔隙度、渗透率模型

储层结盐后由于固体盐附着于岩石孔隙中，使得储层孔隙体积减小，进而会造成储层渗透率降低。在流体性质及结盐量计算部分明确了结盐量与压力温度的关系，但该关系式没有与储层孔隙度及渗透率直接关联。在有相关岩心实验的情况下，可以通过实验数据回归拟合结盐量与孔隙度以及结盐量与渗透率的关系式。例如，通过三次多项式回归拟合刘长松等人的实验数据可以得到结盐量与渗透率的关系（见图 5 所示，其中图 5 左图为中渗岩心回归拟合结果，图 5 右图为低渗岩心回归拟合结果）。从岩心实验数据来看渗透率随着结盐量的增加而降低，通过三次多项式拟合可以获得较好的拟合效果。

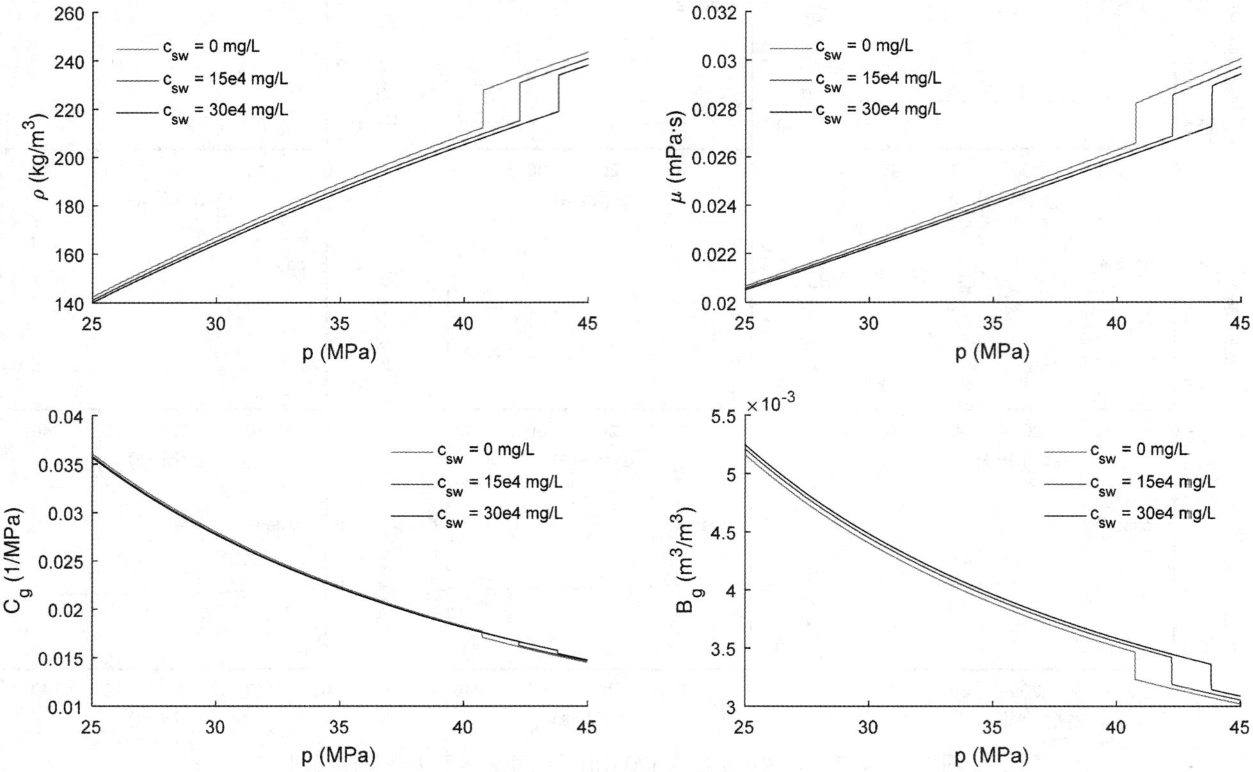

图3　不同矿化度对天然气天然气密度、黏度、压缩系数以及体积系数的影响曲线图

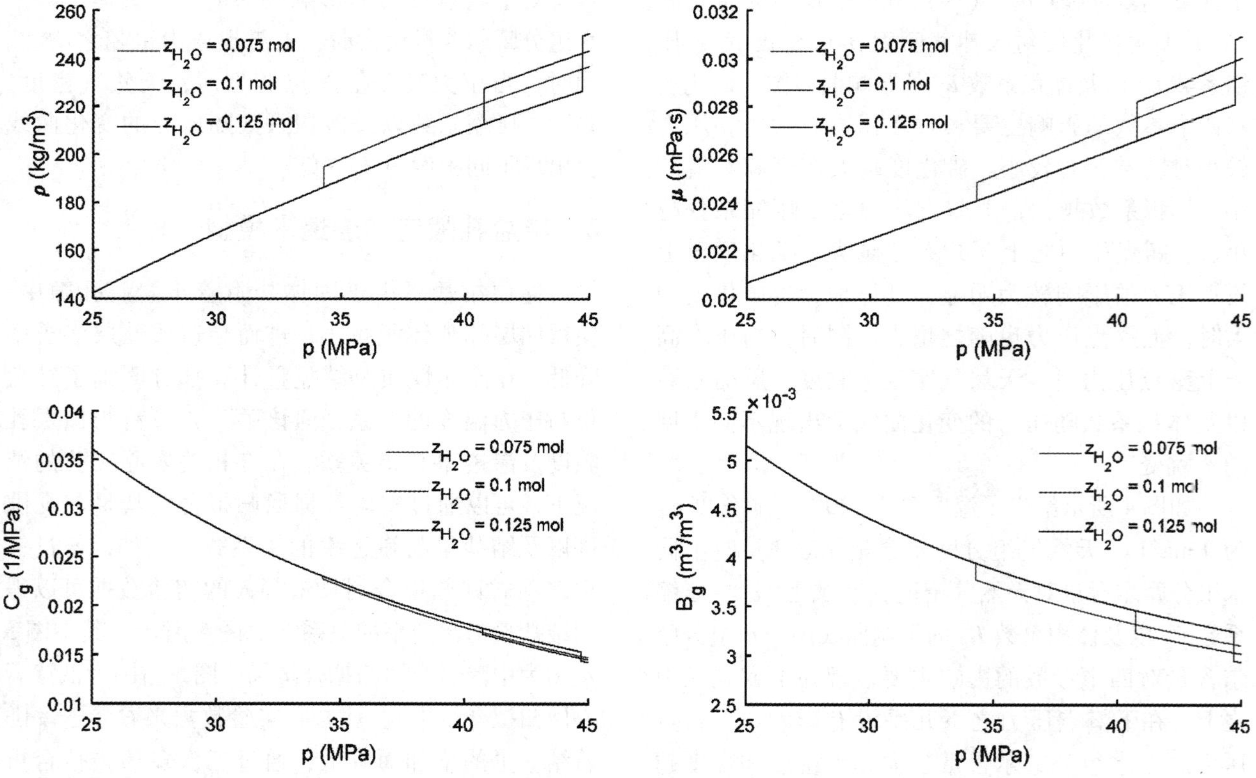

图4　不同水组分摩尔含量对天然气天然气密度、黏度、压缩系数以及体积系数的影响曲线图

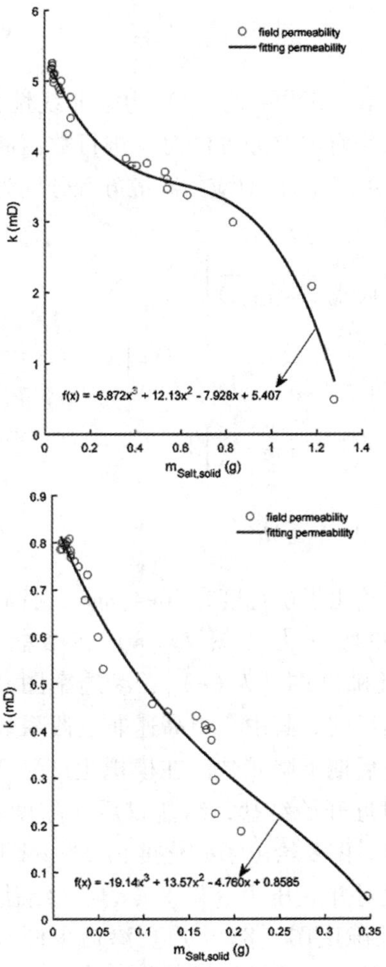

图5　结盐量与渗透率实测数据回归拟合结果图

在没有相关岩心实验的情况下，有必要建立结盐量与储层孔隙度以及渗透率的直接关系式。分析认为结盐量与结盐导致的孔隙度减少量 φ_s 呈正比例关系，比例系数为 a（$a>0$），并结合初始孔隙度 φ_0 给出如下关系式：

$$\varphi_s=\begin{cases}\min(am_{\mathrm{Salt,solid}},\varphi_0) & m_{\mathrm{Salt,solid}}>0\\ 0 & m_{\mathrm{Salt,solid}}\leqslant 0\end{cases}\tag{2}$$

进一步，在岩石的状态方程中引入结盐导致的孔隙度减少量可得考虑结盐影响的孔隙度 φ 为

$$\varphi=(\varphi_0-\varphi_s)\mathrm{e}^{C_f(p-p_0)}\tag{3}$$

式中：C_f 表示岩石压缩系数；p_0 表示初始压力；p 表示压力。

将式（3）带入 Kozeny－Carman 方程（Kozeny，1927；Carman，1939；Izgec，2006；Cui，2016）可得考虑结盐影响的渗透率 k 为

$$k=k_0\left[\frac{(\varphi_0-\varphi_s)\mathrm{e}^{C_f(p-p_0)}}{\varphi_0}\right]^3\left[\frac{1-\varphi_0}{1-(\varphi_0-\varphi_s)\mathrm{e}^{C_f(p-p_0)}}\right]^2\tag{4}$$

式中：k_0 表示初始渗透率；a 表示待定系数。

3　结盐试井解释模型

3.1　物理模型及模型假设，如图6所示。

①圆形封闭储层中心完全射开直井以定产量生产；

②流体为单相可压缩气体，渗流满足 Forchheimer 二项式渗流定律（高速非达西）；

③储层水平等厚，各向同性，上、下具有良好隔层，原始条件下地层压力分布均匀；

④忽略重力及毛管力的影响；

⑤流动为等温过程；

⑥考虑井筒储集和表皮效应。

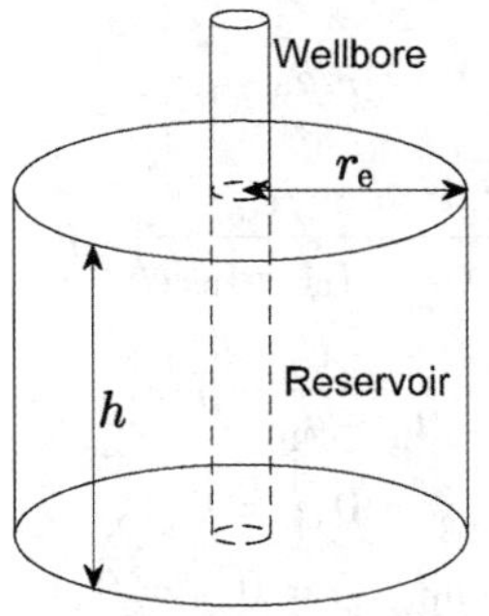

图6　物理模型示意图

3.2　数学模型

根据以上假设条件，建立如下无因次模型

$$\frac{1}{r_D}\frac{\partial}{\partial r_D}\left(r_D\frac{\partial p_D}{\partial r_D}\right)+d_D=c_D\frac{\partial p_D}{\partial t_D}\tag{5}$$

$$b_Dr_D\frac{\partial p_D}{\partial r_D}\bigg|_{r_D=1}=-q_D+C_D\frac{\mathrm{d}p_D}{\mathrm{d}t_D}\bigg|_{r_D=1}\tag{6}$$

$$p_D\big|_{t_D=0}=0\tag{7}$$

$$\frac{\partial p_D}{\partial r_D}\bigg|_{r_D=r_{De}}=0\tag{8}$$

式中：无因次压力 p_D、无因次时间 t_{Dd}、无因次距离 r_D、无因次非线性项系数 b_D、c_D、d_D、非达西因子 δ、无因次高速非达西系数 β_D 以及无因次流量 q_D 分别为

$$p_D=\frac{2\pi k_i h}{q_{sc}\mu_{gi}B_{gi}}(p_i-p)\tag{9}$$

$$t_D=\frac{k_i t}{\varphi_i\mu_{gi}C_{ti}r_{wa}^2}\tag{10}$$

$$r_D=\frac{r}{r_{wa}}\tag{11}$$

$$b_D=\left(\delta\frac{k}{\mu_g}\frac{\mu_{gi}}{k_i}\right)\tag{12}$$

$$c_D=\frac{1}{\delta}\frac{\varphi\mu_g C_t}{k}\frac{k_i}{\varphi_i\mu_{gi}C_{ti}}\tag{13}$$

$$d_D=\frac{\partial p_D}{\partial r_D}\frac{\partial(\rho_g\delta k/\mu_g)}{(\rho_g\delta k/\mu_g)\partial r_D}\tag{14}$$

$$\delta = \frac{2}{1 + \sqrt{1 + 4\left(\frac{k^2}{\mu_g^2}\frac{\mu_{gi}^2}{k_{gi}^2}\right)\frac{\rho_g}{\rho_{gi}}\beta_D\left|\frac{\partial p_D}{\partial r_D}\right|}} \tag{15}$$

$$\beta_D = \frac{\beta k_i \rho_{gi} q_{sc} B_{gi}}{2\pi h \mu_{gi} r_{wa}} \tag{16}$$

$$q_D = \frac{qB_g}{q_{sc}B_{gi}} \tag{17}$$

由于式（5）－式（8）为强非线性偏微分方程组，采用有限差分方法对其进行数值离散求解，式（5）－式（8）对应的离散方程分别为

$$\begin{aligned}
&p_{Di-1,j}\left[\frac{2}{(r_{Di-1}-r_{Di})(r_{Di-1}-r_{Di+1})} + \frac{r_{Di}-r_{Di+1}}{r_{Di}(r_{Di-1}-r_{Di})(r_{Di-1}-r_{Di+1})}\right]+ \\
&p_{Di,j}\left[\frac{2}{(r_{Di}-r_{Di-1})(r_{Di}-r_{Di+1})} + \frac{2r_{Di}-r_{Di-1}-r_{Di+1}}{r_{Di}(r_{Di}-r_{Di-1})(r_{Di}-r_{Di+1})} - \frac{c_{Dj-1}}{t_{Dj}-t_{Dj-1}}\right]+ \\
&p_{Di+1,j}\left[\frac{2}{(r_{Di+1}-r_{Di-1})(r_{Di+1}-r_{Di})} + \frac{r_{Di}-r_{Di-1}}{r_{Di}(r_{Di+1}-r_{Di-1})(r_{Di+1}-r_{Di})}\right]+ \\
&= -p_{Di,j-1}\frac{c_{Dj-1}}{t_{Dj}-t_{Dj-1}} - d_{Dj-1}, i = 1,\ldots,N-1, j = 1,\ldots,M
\end{aligned} \tag{18}$$

$$p_{D0,j}\left(-\frac{b_{Dj-1}}{r_{D1}-r_{D0}} - \frac{C_D}{t_{Dj}-t_{Dj-1}}\right) + p_{D1,j}\left(\frac{b_{Dj-1}}{r_{D1}-r_{D0}}\right) = q_D + p_{D0,j-1}\frac{-C_D}{t_{Dj}-t_{Dj-1}}, j = 1,\ldots,M \tag{19}$$

$$p_{Di,0} = 0, i = 0,1,\ldots,N \tag{20}$$

$$p_{DN,j} - p_{DN-1,j} = 0, j = 0,1,\ldots,M \tag{21}$$

求解上述离散方程组得到无因次压力 p_D（由于非线性项系数 b_D、c_D、d_D 也是无因次压力 p_D 的非线性函数，因此在实际计算中使用前一时刻的值 b_{Dj-1}、c_{Dj-1}、d_{Dj-1} 进行近似）。

利用上述模型模拟分析高速非达西系数及矿化度对储层物性参数和生产动态的影响规律，结果如图7－图11所示。其中，模拟生产时间为3000 d，日平均产量为10e4 m^3/d，模拟关井时间为3000d，初始压力38.62MPa，储层半径为250 m，储层厚度为69 m，井筒半径为0.07855 m，井筒储集系数为0.1m^3/MPa，表皮因子为0.1，矿化度为$0-15\times10^4-30\times10^4$ mg/L，高速非达西系数为$0-2\times10^{11}-4\times10^{11}$ m^{-1}，初始渗透率为5 mD，初始孔隙度为12%，待定系数a为0.1，水组分摩尔含量为0.1 mol（天然气组分摩尔含量见表1）。

图7给出了矿化度为30e4 mg/L时高速非达西系数对井底压力［图7（a）］、结盐量图［7（b）］、孔隙度图［7（c）］、渗透率图［7（d）］的影响曲线图。其中，当高速非达西系数增大时，井底压力后期下降越快。在模拟生产到2500 d左右井筒附近开始结盐，结盐以后孔隙度和渗透率快速降低。图8给出了矿化度为0 mg/L时高速非达西系数对井底压力［图8（a）］、结盐量图［8（b）］、孔隙度图［8（c）］、渗透率图［8（d）］的影响曲线图，结果与图7类似。

如图9所示给出了矿化度为30e4 mg/L，生产时间为3000d时高速非达西系数对储层压力［图9（a）］、结盐量［图9（b）］、孔隙度［图9（c）］、渗透率［图9（d）］的影响曲线图。当高速非达西系数增大时，储层压力下降幅度越大，储层结盐量越大、储层孔隙度和储层渗透率下降幅度越大。如图10所示给出了生产3000d时高速非达西系数对储层压力［图10（a）］、结盐量［图10（b）］、孔隙度［图10（c）］、渗透率［图10（d）］的影响曲线图，结果与图9类似。

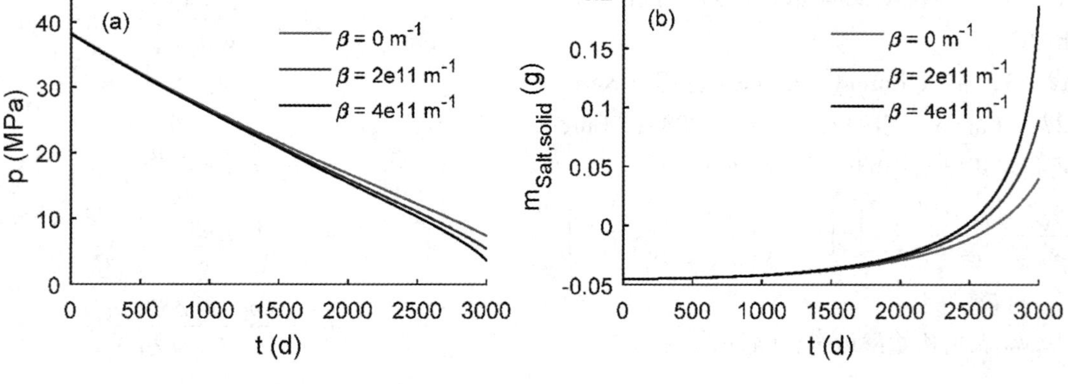

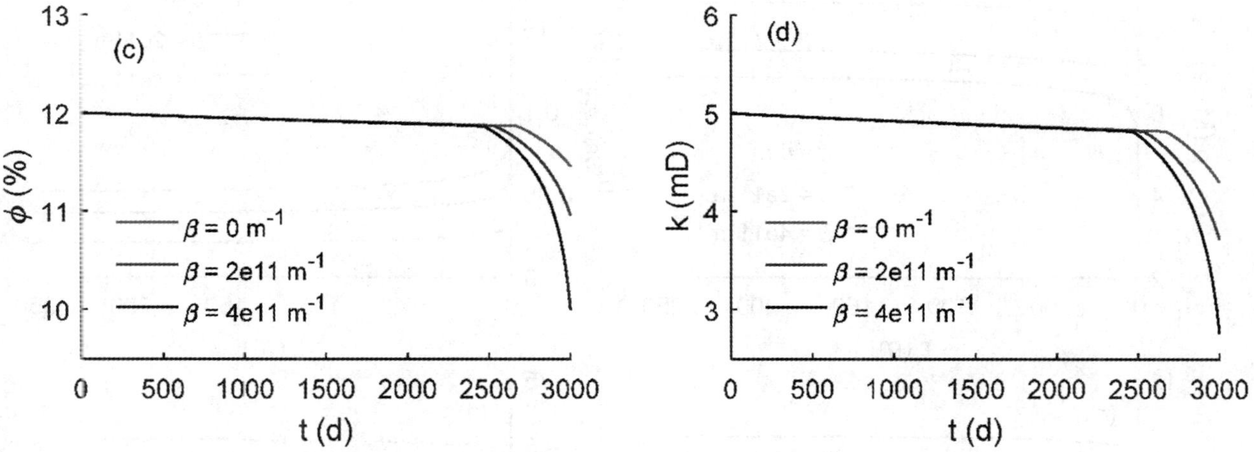

图 7　高速非达西系数对井底压力、结盐量、孔隙度、渗透率的影响曲线图（ c_{sw} = 30e4 mg/L）

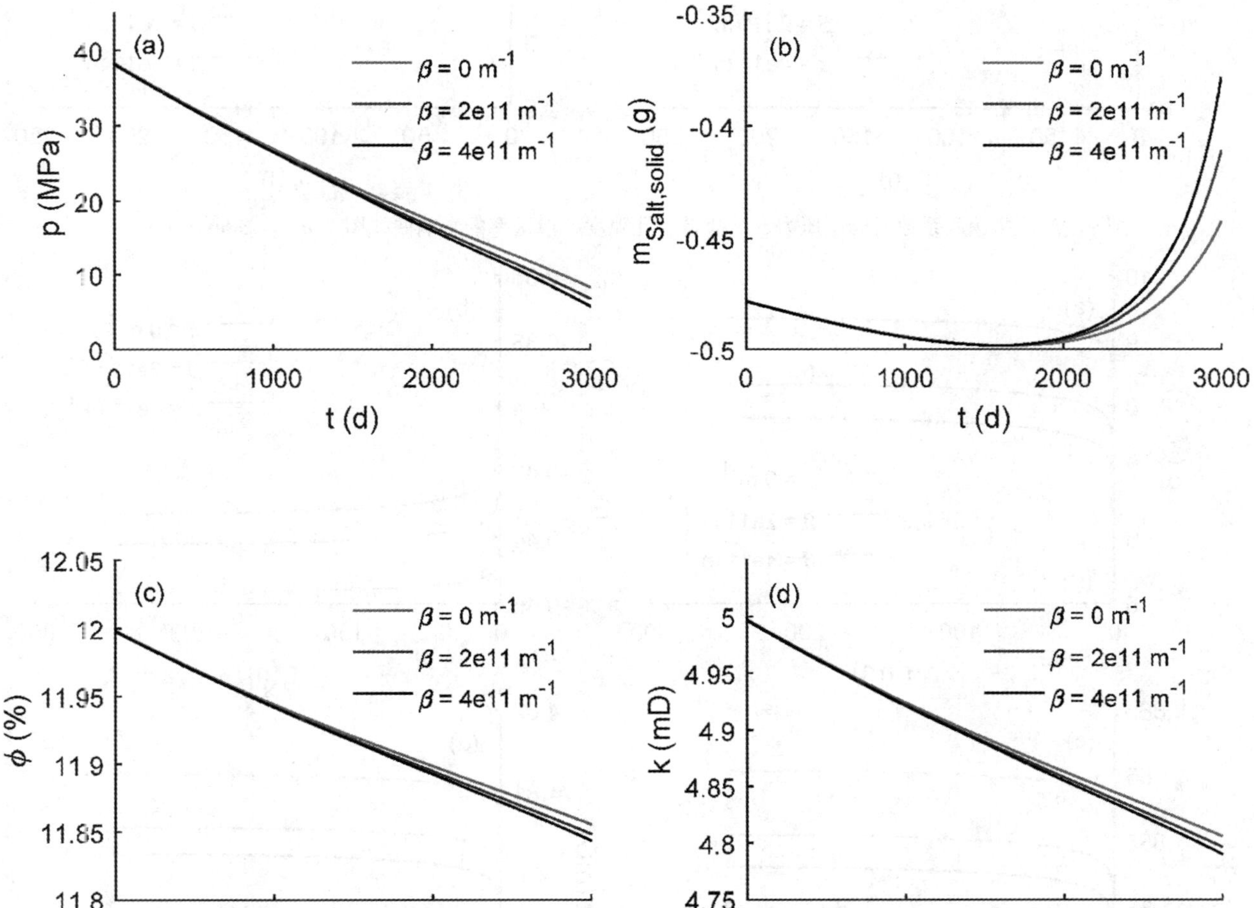

图 8　高速非达西系数对井底压力、结盐量、孔隙度、渗透率的影响曲线图（ c_{sw} = 0 mg/L）

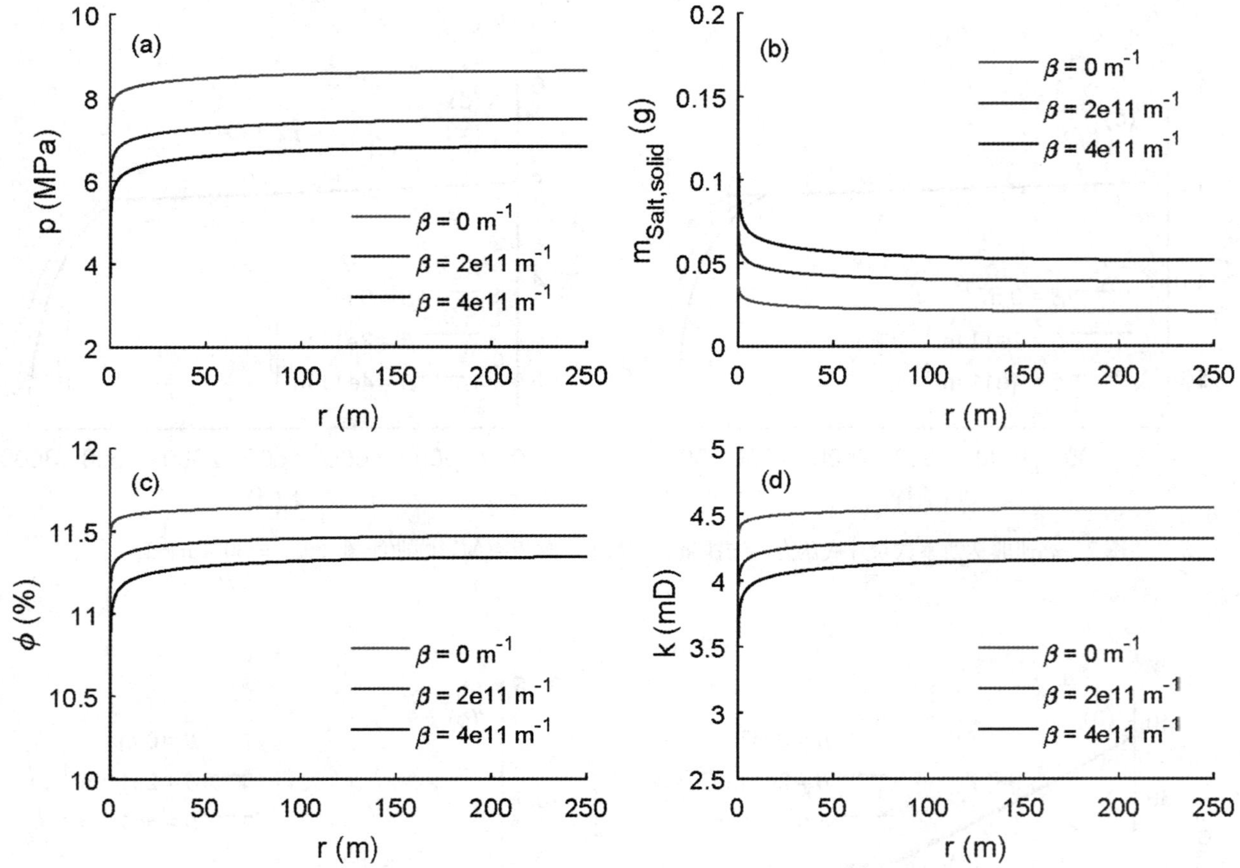

图 9　高速非达西系数对储层压力、结盐量、孔隙度、渗透率的影响曲线图（c_{sw} = 30e4 mg/L）

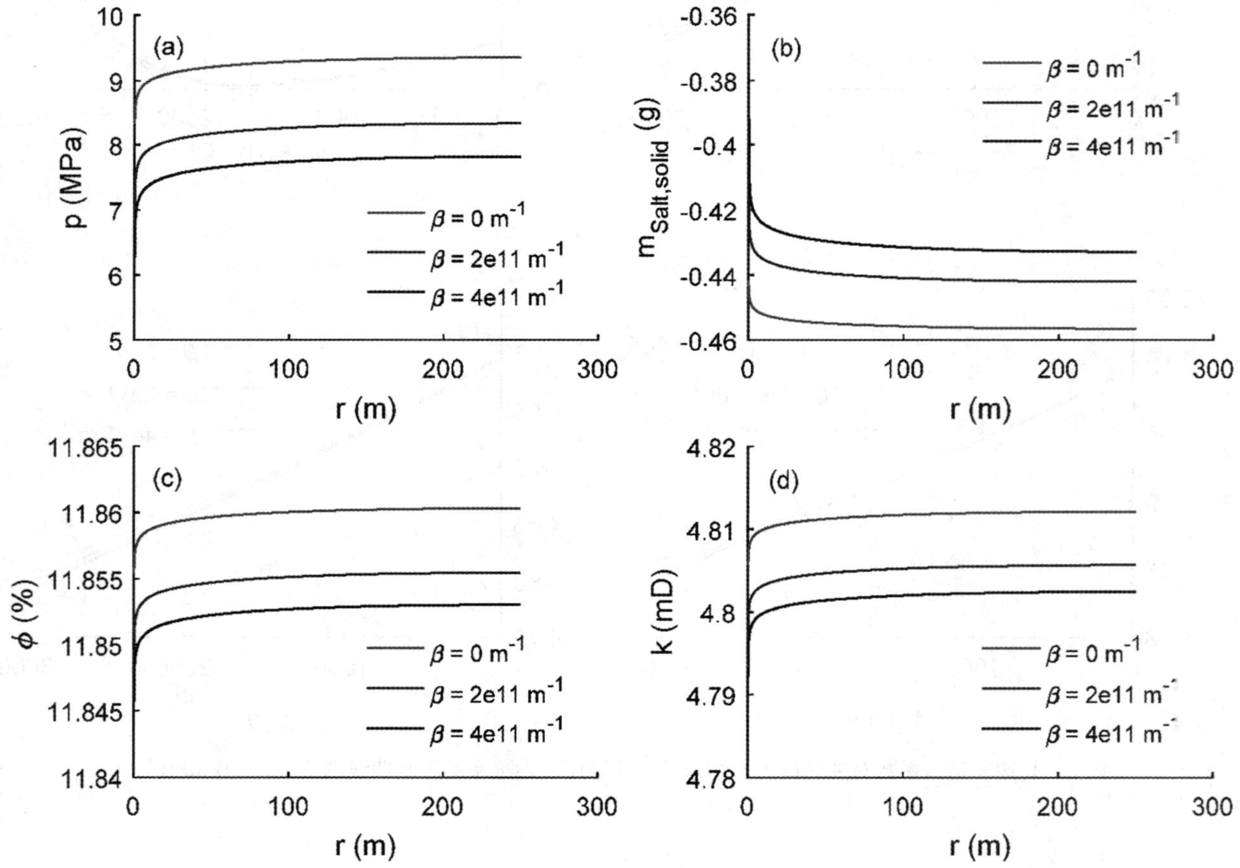

图 10　高速非达西系数对储层压力、结盐量、孔隙度、渗透率的影响曲线图（c_{sw} = 0 mg/L）

图 11（a）给出了矿化度为 0e4 mg/L 时高速非达西系数对井底压力降落导数双对数曲线图的影响图。高速非达西系数越大早期过渡段驼峰越高，后期压力下降幅度越大。图 11（b）给出了高速非达西系数为 0 m^{-1} 时矿化度对井底压力降落导数双对数曲线图的影响图。不同矿化度对曲线形态基本没有明显的影响，这是因为模拟生产段总体压力较高因此结盐影响不明显。图 11（c）给出了矿化度为 0e4 mg/L 时高速非达西系数对井底压力恢复导数双对数曲线图的影响图。高速非达西系数越大压力恢复导数总体变大，经过前期长时间的生产，压力降低幅度也越大，恢复压力越小，从而渗透率会更小。图 11（d）给出了高速非达西系数为 0 m^{-1} 时矿化度对井底压力恢复导数双对数曲线图的影响图。矿化度越大压力恢复导数总体变大，这是因为经过前期长时间的生产，压力在相对低位运行，结盐影响更加明显，如图 11 所示。

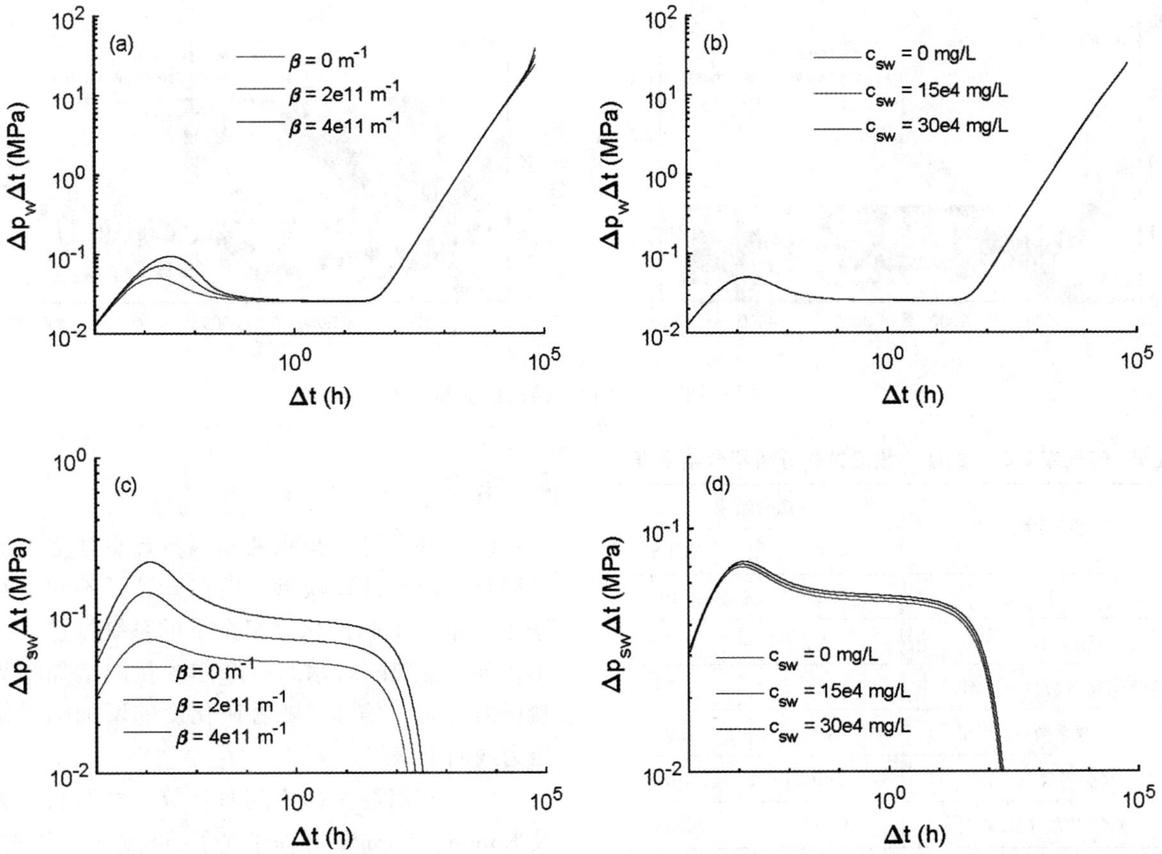

图 11　高速非达西系数及矿化度对井底压力导数双对数曲线图的影响图

4　实例

利用结盐量计算方法对气藏 4 口已确认发生结盐的典型生产井进行模拟分析。各井的临界结盐压力和加剧结盐压力如表 3 所示，4 口井的临界结盐压力受矿化度的影响有较大差异，加剧结盐压力基本在 2.6MPa 左右差异不大。如图 12 所示给出了 4 口井不同生产时间的动态结盐发展情况，总体上在前期生产阶段压力相对较高，未发生明显的结盐现象，而在后期生产阶段压力低于临界结盐压力甚至是加剧结盐压力，发生明显结盐现象。

利用结盐试井解释模型对储气库 2 口井的压力恢复试井数据进行拟合反演得到了相关的储层物性参数如表 4 所示，双对数拟合图及压力历史拟合图如图 13 所示。总体上拟合效果较好，解释结果与现场认识基本吻合。

表 3　储气库 4 口井临界结盐压力和加剧结盐压力表

结盐压力	Well 1	Well 2	Well 3	Well 4
临界结盐压力（MPa）	4.11	5.16	4.16	9.28
加剧结盐压力（MPa）	2.76	2.61	2.75	2.40
矿化度（mg/L）	113099	170980	117265	255348

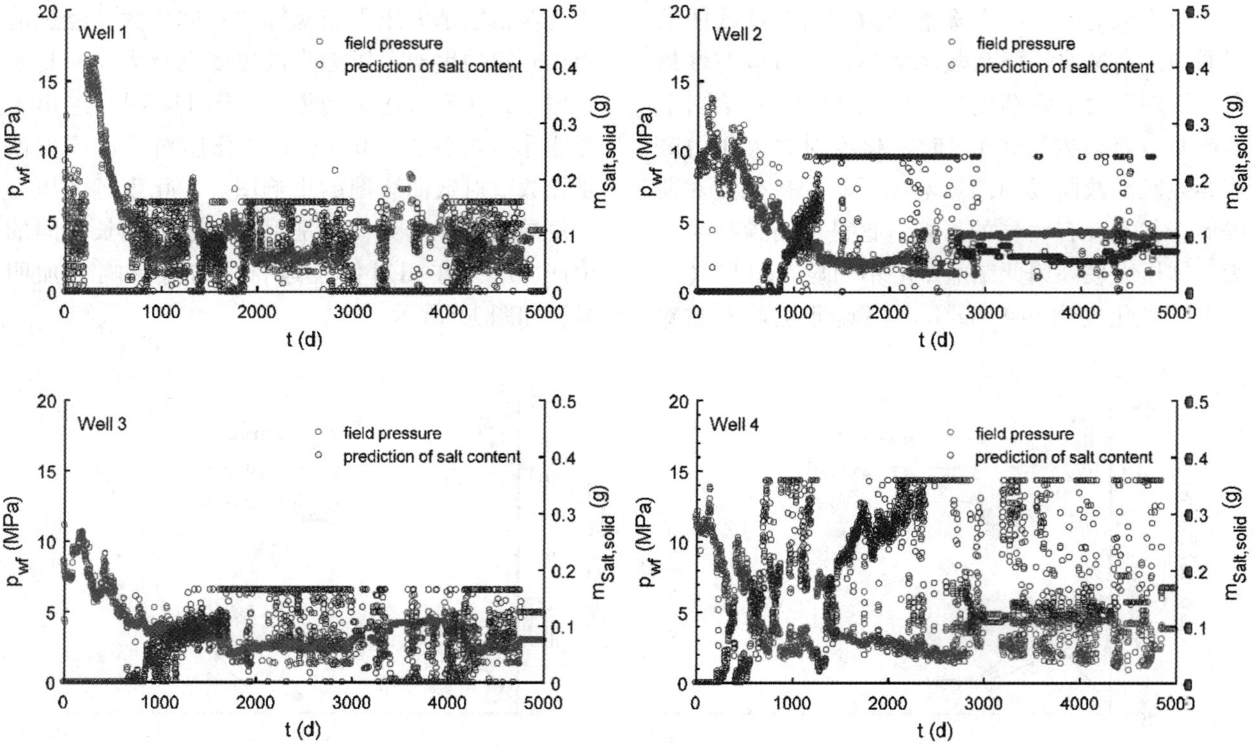

图 12　储气库 4 口井结盐情况预测图

表 4　储气库 2 口井的压力恢复试井分析拟合结果表

拟合参数	拟合结果	
	Well 5	Well 6
渗透率（$10^{-3}\mu m^2$）	2.8	2.16
表皮因子	-2.2	0.7
井筒储存系数（m^3/MPa）	0	1.7
高速非达西系数（$10^{11}m^{-1}$）	0	1.9
储层半径（m）	560	380
拟合压力（MPa）	32.76	24.38

5　结论

（1）基于烃－盐水两相闪蒸计算建立了流体性质及结盐量计算模型，模拟计算了不同水组分摩尔含量及不同矿化度组合下的系统结盐量相态图，分析发现随着水组分摩尔含量的增加临界结盐压力线向右偏移，随着矿化度的增加临界结盐压力线向上偏移。

（2）利用烃－盐水闪蒸计算、岩石状态方程及 Kozeny－Carman 方程建立了结盐影响的孔隙度

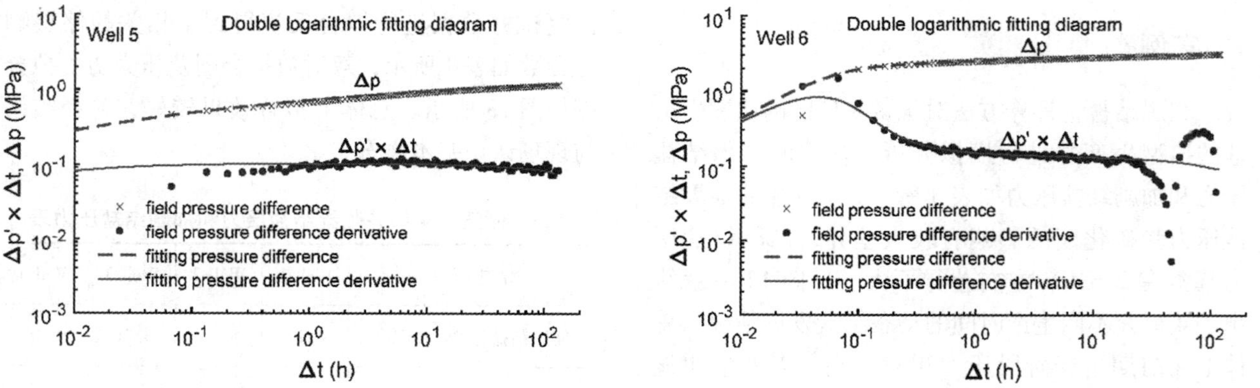

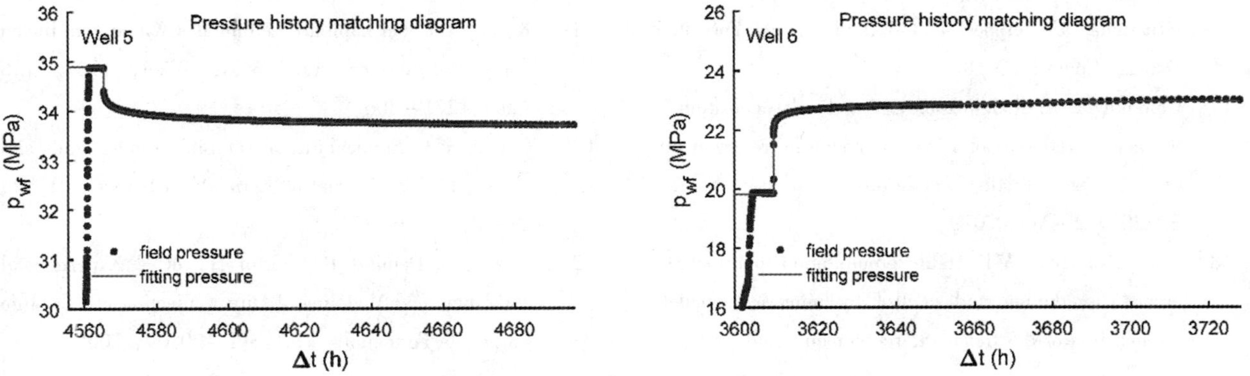

图 13　储气库 2 口井的压力恢复试井分析拟合曲线图

渗透率模型，在此基础上建立了结盐影响的高速注采试井分析模型，模拟计算了井底压力及井底结盐量的动态变化变化规律，以及储层压力及储层结盐量分布情况，分析发现当高速非达西系数增大时，井底压力和储层压力下降幅度越大，井底和储层结盐量越大。

（3）通过对储气库典型生产井进行模拟和压力恢复试井数据拟合反演，分析认为结果与现场认识基本一致。研究成果为储层参数评价和试井描述提供了理论依据，为进一步指导储气库生产优化提供了技术支撑。

参　考　文　献

[1] Lin W. Study on salt deposit mechanism and prediction techniques for wen23 gas field [J]. Drilling & Production Technology, 2011, 34 (6): 79 - 82.

[2] Wang B. Research on the salting out phase and factors affecting production about gas reservoir with high salinity stratum water [J]. Natural Gas and Oil, 2016, 34 (6): 78 - 83.

[3] Liu C, Zhao H, Jin W, & Du Y. Research on salt crystallization mechanism in Wen23 gas field reservoir [J]. Drilling & Production Technology, 2009, 32 (5): 94 - 97.

[4] Shen C, Wang D, Ren Z, et al. Theoretical model and practices of wellbore salt deposition in gas wells based on formation water evaporation in Wen23 underground gas storage [J]. Natural Gas Industry, 2022, 42 (7): 65 - 74.

[5] Dodson C R, Standing M B. Pressure - volume - temperature and solubility relations for natural - gas - water mixtures [R]. Drilling and production practice, 1944.

[6] Søreide I, Whitson C H. Peng - Robinson predictions for hydrocarbons, CO2, N2, and H2S with pure water and NaCI brine [J]. Fluid Phase Equilibria, 1992, (77): 217 - 240.

[7] Morin E, Montel F. Accurate predictions for the production of vaporized water [R]. SPE Technical Conference & Exhibition, 1995.

[8] Kleinitz W, Koehler M, & Dietzsch G. The precipitation of salt in gas producing wells [R]. SPE68953, 2001.

[9] Zuluaga E, Monsalve J C. Water vaporization in gas reservoirs [R]. SPE84829, 2003.

[10] Golghanddashti H, Saadat M, Abbasi S, et al. Experimental investigation of salt precipitation during gas injection into a depleted gas reservoir [R]. IPTC - 15179 - MS, 2011.

[11] Tang Y, Du Z, Jiang H, et al. Reservoir damages caused by formation - water salt precipitation in high - pressure and high - temperature gas reservoirs [J]. Acta Petrolei Sinica, 2012, 33 (5): 859 - 863.

[12] Tang Y, Yang R, Du Z, et al. Experimental Study of Formation Damage Caused by Complete Water Vaporization and Salt Precipitation in Sandstone Reservoirs [J]. Transport in Porous Media, 2015, 107 (1): 205 - 218.

[13] Bybee K. Salt Precipitation in Gas Reservoirs [J]. Journal of Petroleum Technology, 2015, 61 (11): 77 - 79.

[14] Cui G, Ren S, Zhang L, et al. Formation water evaporation induced salt precipitation and its effect on gas production in high temperature natural gas reservoirs [J]. Petroleum Exploration & Development, 2016, 43 (5): 815 - 824.

[15] Alizadeh A H, Akbarabadi M, Barsotti E, et al. Salt Precipitation in Ultra - Tight Hydrocarbon Reservoir Rocks: A Multi - Scale Experimental Study [C]. Unconventional Resources Technology Conference (URTeC), 2017.

[16] Egberts P, Nair R, Twerda A. Salt Precipitation in

the Near Well Bore Region of Gas Wells [R]. SPE International Conference and Exhibition on Formation Damage Control, 2018.

[17] Gaidukov L A. Modeling of wax and salt deposition in the near – well zone of a low – temperature reservoir under various operating conditions of wells [R]. SPE201912 – MS, 2020.

[18] Andryushchenko A D. Halite precipitation in brine reservoirs: prediction and control by numerical model, optimization of the fresh water treatments and well production regimes [R]. SPE206645 – MS, 2021.

[19] Kozeny J. Ueber kapillare Leitung des Wassers im Boden [J]. Sitzungsber Akad. Wiss, Wien, 1927, 136 (2a): 271 – 306.

[20] Carman P C. Permeability of saturated sands, soils and clays [J]. The Journal of Agricultural Science, 1939, 29 (2): 263 – 273.

[21] Izgec O, Demiral B, Bertin H, et al. Experimental and Numerical Modeling of Direct Injection of CO2 Into Carbonate Formations [R]. SPE 100809, 2006.

任丘潜山油藏改建储气库可行性研究

席增强　王秀伟　白晓斌　王文厚　张程晨　吕美霖　张　博

（中国石油华北油田公司）

摘　要　当前国家实施“北方冬季以气代煤清洁取暖”民生工程，京津冀天然气远期年供气缺口达74.87亿方，加快储气设施建设迫在眉睫。为保障京津冀天然气供应，认真贯彻落实集团公司储气库建设决策部署，积极开展任丘潜山改建储气库可行性研究。

本文主要以任丘潜山油藏为例，从油藏地质特征入手，开展圈闭密封性、储层评价、油藏描述、储气驱油机理等分析，论证该类型油藏改建储气库的可行性研究。结果表明：任丘潜山油藏圈闭密封、储层渗流能力强、储气空间大，储气、驱油机理可行，具备建设储气库非常有利的条件。

关键词　潜山油藏；储气库；圈闭密封性；注采实验；驱油机理

Research of Rebuilding RENQIU Burial – hill Reservoir as an Underground Gas Storage

XI Zengqiang, WANG Xiuwei, BAI Xiaobin, WANG Wenhou,
ZHANG Chengchen, LU Meilin, ZHANG Bo
(Exploration and Development Research Institute of Huabei Oilfield Company, Hebei RenQiu)

Abstract: At present, the country is implementing the people's livelihood project of "replacing coal with gas for clean heating in winter in northern China". In the Beijing – Tianjin – Hebei region, the long – term annual gas supply gap reaches 7.487 billion cubic meters. Accelerating the construction of gas storage facilities is extremely urgent. In order to ensure the supply of natural gas in the Beijing – Tianjin – Hebei region, earnestly implement the decision – making and deployment of the group company on the construction of gas storage, and actively carry out the feasibility study on converting Renqiu buried hill into a gas storage.

This paper mainly takes the Renqiu buried hill oil reservoir as an example. Starting from the geological characteristics of the oil reservoir, analyses such as trap sealing, reservoir evaluation, reservoir description, and gas storage and oil displacement mechanism are carried out to demonstrate the feasibility study of converting this type of oil reservoir into a gas storage. The results show that the Renqiu buried hill oil reservoir has a sealed trap, strong reservoir seepage capacity, large gas storage space, feasible gas storage and oil displacement mechanisms, and has very favorable conditions for building a ga storage.

Key words: Burial – hill reservoir; Gas storage; Trap tightness; Injection – production experiment; Oil displacement mechanism

地下储气库是平稳生产、季节调峰、事故应急和能源储备的重要技术手段，具有储存量大、机动性强、调峰范围广、经久耐用等特点。目前国内外典型的地下储气库类型有4种：枯竭油气藏型、含水层型、盐穴型及废弃矿坑型等。其中枯竭油气藏改建储气库是最主要的形式，占到已建储气库总数的80%以上。任丘雾迷山组油藏地理位置位于河北省任丘市城关镇至辛中驿镇潘家村附近，距北京市直线距离150km，距离陕京二、三线仅15km。构造位置位于渤海湾盆地冀中坳陷饶阳凹陷北部，是我国最大的裂缝性碳酸盐岩块状底水低饱和潜山油藏。该潜山地表平坦，交通发达，是华北平原乡镇企业比较发达的地区；同时，油田基础设施齐全，生产状况良好，具有地下储气库发展的优势。

1　改建储气库地质可行性评价

1.1　圈闭密封性

圈闭密封性评价是地下储气库库址筛选的关键参数，而圈闭的密封性评价主要是对盖层封盖能力和断层封堵能力进行评价研究。

盖层是指位于储集层之上能够封隔储集层使其中的油气免于向上逸散的保护层。任丘潜山主要盖层有三套，直接套盖层是下第三系沙二三段底部潜山风化壳上覆泥岩，岩性为紫红色、棕红色泥岩，泥岩单层厚度 2 ~ 10m，全区稳定分布；泥岩系数均大于 0.5，超过 75% 的井大于 0.8，能够成为有效直接盖层。上覆盖层是下第三系沙二、三段滨浅湖相砂泥岩地层；岩性为紫红、褐色、深灰色泥岩与细砂岩互层，地层厚度 100 ~ 850m，整体呈“高薄低厚”，超过 75% 的井泥岩系数大于 0.7。区域盖层是沙一段为深湖相沉积的泥岩、油页岩，岩性为灰、浅灰色厚层泥岩夹薄层灰岩、砂岩、油页岩，地层厚度 150 ~ 350m，区域稳定分布（图 1）。任丘地区沙一下、二、三段属于晚成岩 A 阶段，其泥岩已进入烃源岩成熟初期，岩石完全固结，可塑性好，封闭性强。

任丘潜山地区由于受多期构造运动的影响，不同期次、不同级别的断层相互叠加，使得潜山断层及构造进一步复杂化。雾迷山组碳酸盐岩对

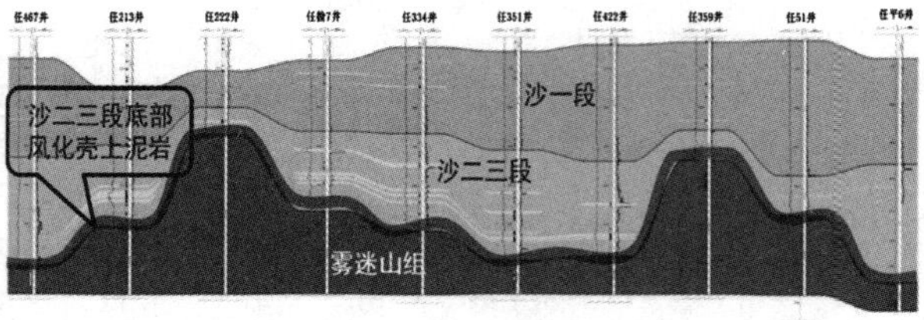

图 1　任丘雾迷山组地层对比图

接断层上盘沙一 + 二 + 三段砂泥互层地层，岩性配置关系良好。断层上下盘流体性质差异大，对断层下降盘距离断面较近的两口未进山井，分别在沙三和沙一段进行了试油，取得了水性质分析资料。断层下盘潜山为油层，地层水总矿化度低，水型为 $NaHCO_3$；断层上盘沙二三薄砂层为含油水层，地层水总矿化度高，水型为 $CaCl_2$、$NaHCO_3$，证实断层具有封隔能力。

计算断层的垂向封闭性一般要对断层的受力进行分析，并且要计算断面承受的压力。如图 2 所示为受力分析图及断面压力计算公式。任西大断层向地表断至明化镇组地层顶部，断面压力 51 ~ 63MPa，由北向南逐渐上升。临界开启压力为 51MPa，垂向封闭性好（表 1）。

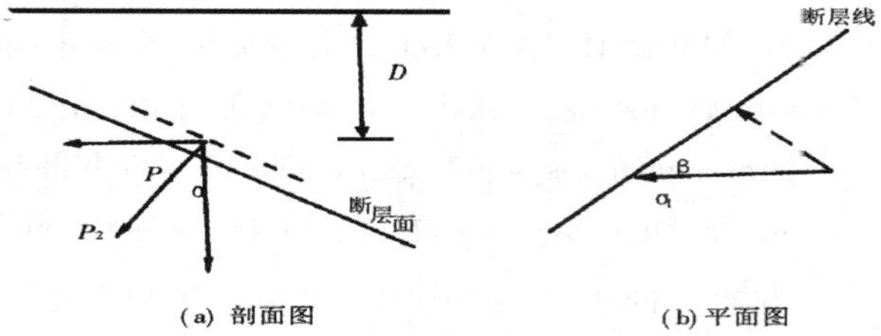

图 2　断层面受力分析图

表 1　任西大断层断面压力计算表

断层	埋深 D (km)	地层平均密度 (g/cm³)	地层水密度 (g/cm³)	断面倾角 θ (°)	水平地应力 σ1 (MPa)	地应力与断层走向夹角 β (°)	断面压力 (MPa)
南部	3244	2.44	1.02	56	60	45	60.93
	3400	2.44	1.02	56	60	45	62.17
	3510	2.44	1.02	56	60	45	63.04
中部	3014.29	2.44	1.02	45	60	45	60.27
	3159.52	2.44	1.02	42	60	45	61.73
	3400	2.44	1.02	20	60	45	59.88
北部	2840	2.44	1.02	74	60	45	51.9
	3210	2.44	1.02	74	60	45	53.35
	3980	2.44	1.02	76	60	45	54.84

断层面物质涂抹分析法是近些年来定量确定断层封闭性的一种有效方法，也是定量判断在断层面附近形成的泥岩涂抹带是否连续分布的一个重要的参数。Yielding 1997 等提出了“断层泥比率 SGR”，对于砂泥岩层序，用断面中各泥岩层的厚度之和与断距之比 SGR 来评价断面的封闭性。综合断层封闭性定量评价及类比相似库址，SGR 指标 57% ~319%，侧向封闭能力强，符合改建储气库圈闭密封性要求。

1.2 储层评价

任丘雾迷山组属中元古界开阔的陆表海海相沉积。岩性为隐藻白云岩夹硅质白云岩，矿物成份主要为白云石，其岩石类型繁多，结构、构造复杂。储集空间以裂缝为喉道连通各类孔、洞形成复杂的储渗空间结构，不同储集系统储渗能力差异大。包含孔、洞、缝，具有双重孔隙结构特征，分为裂缝和岩块系统。

根据任丘雾迷山组岩心资料统计，共发育有三组裂缝，裂缝走向与断层相同，其发育明显受断层控制。裂缝密度 10 ~705 条/m，以倾角大于70°的高角度缝为主，占比 85.9%。裂缝宽度大部分小于 0.3mm，以小缝和微缝为主。基质岩块主要储集空间为次生溶蚀孔洞，充填物较少，仅在孔洞壁上存在细小的白云石自形晶或少量有序矿物。晶间、砾（粒）间、藻间溶蚀孔洞，占全部溶蚀孔洞的 82%。角砾状溶蚀孔洞，多为小溶洞，形状不规则，连通性好，渗透率高（图3）。储层渗透性好，达“达西级”：平均孔隙度 6.4%，平均有效渗透率 1253.4mD。

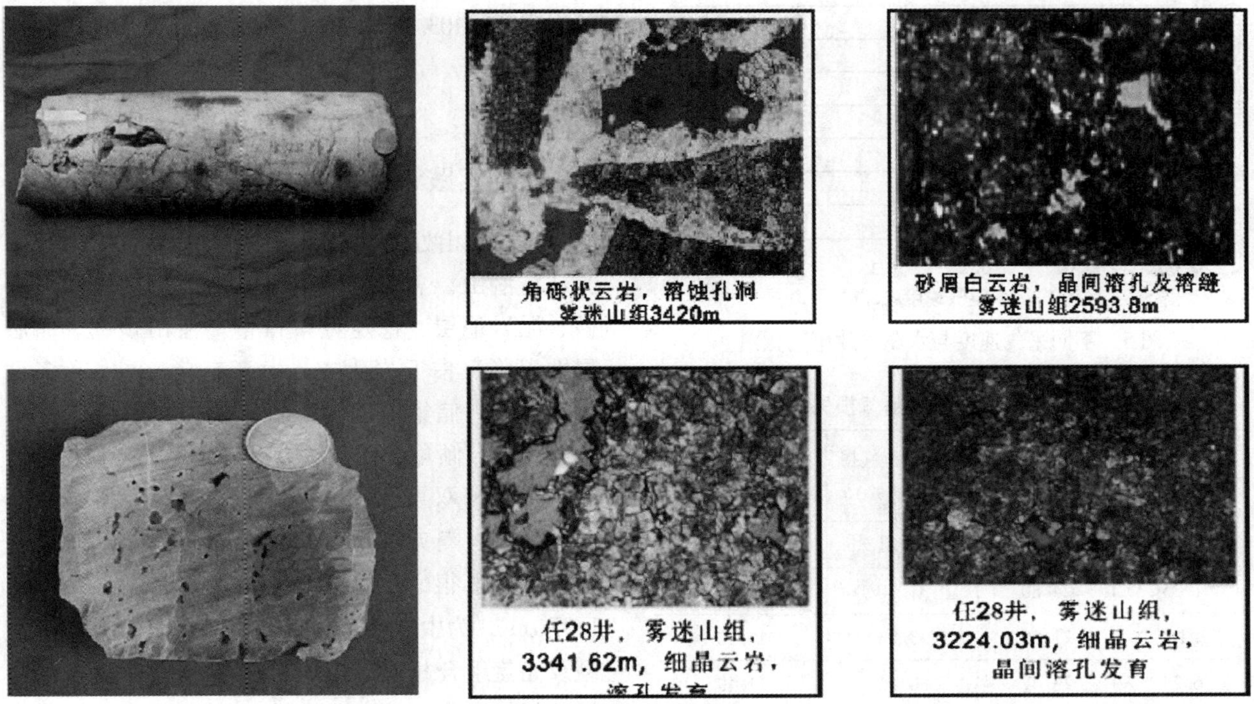

图 3　取心井岩心照片 + 铸体薄片图

2 室内实验机理研究

2006 年，与西南石油大学合作开展 R11 潜山油藏改建储气库机理及数值模拟研究。注采气速度敏感性实验表明：随注气速度的增加，驱替效率增加，但当注气速度增加到一定程度后，驱替效率几乎不再增加（图 4）；当采气速度增加到一定程度时，采气速度越高，则水驱气效率越低（图5）。5 组试验能建库容为含气饱和度 21% ~28%，即 0.672% ~0.896% 的孔隙度作为储气库，溶解气损失量为 10% ~33%（表 2）。

开展储气库周期注采过程运行实验，实验表明：在注采循环过程中，注入气量和采出气量均随注采周期而增加，但增加速度随注采周期逐渐减（图 6）。在注采循环过程中，采收率底水驱时驱油效率为 49.87%，再进行顶部天然气驱可提高采收率 22.64%，第一次顶部注气建立储气库库容为 29.93%（图 7）。

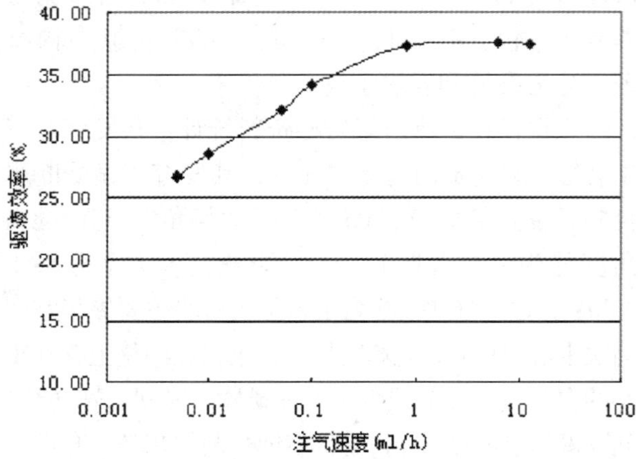

图4　不同注气速度与驱替效率变化图

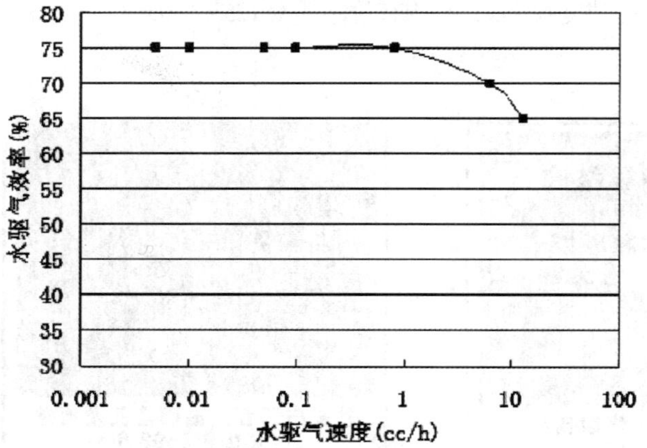

图5　不同采气速度与水驱气效率变化图

表2　不同注气速度溶解气损失量表

注气速度（ml/h）	库容（%）	最大溶解气损失量（%）	最小溶解气损失量（%）
0.818	26.26	31.21	12.51
1.25	24.80	31.10	11.26
3.125	21.60	33.08	10.90
6.25	23.47	30.66	11.13
12.5	27.57	30.29	14.05

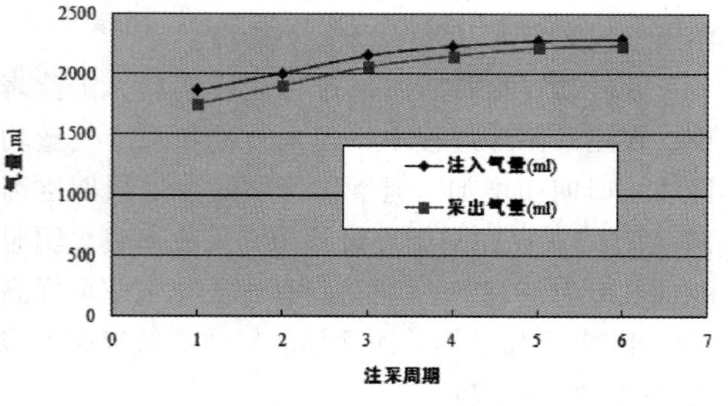

图6　不同注采周期注气量和采气量的变化图

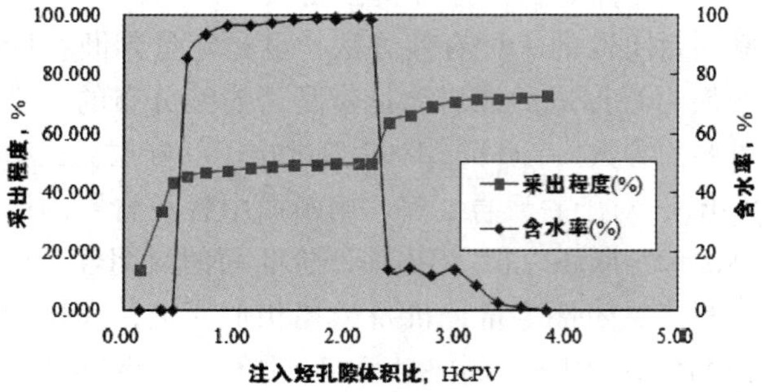

图7　水驱后注气驱油效率和含水率变化图

对天然气驱驱油机理进行研究，结果显示：天然气混相压力大于38MPa，驱油机理为非混相驱，室内实验提高采收率6.5%～17.3%。天然气溶于原油后，具有较好的膨胀降黏作用，原油体积膨胀20%，黏度降低50%。在牙哈凝析气藏循环注气实践中发现，注入干气与地下凝析气因较小的密度差（103.28kg/m^3）就产生明显的重力分异现象，任丘注入气与地层原油的密度差590kg/m^3，可实现重力驱。

3　现场实践认识

雁翎潜山处于冀中坳陷饶阳凹陷西北，东邻为任丘潜山，盖层是下第三系沙二、三段的一套砂、泥岩地层，稳定分布在整个潜山顶部。储层岩性以隐藻白云岩为主，发育有缝、洞、孔多种储集空间，储集类型为裂缝孔洞型。裂缝以高角度缝为主，倾角大于70℃的占79%。从渗流特征上看，具有双重孔隙介质特征。储层以雾一、雾二组为主，隔夹层不发育，在平面上和纵向上的非均质都很强。孔隙度6%，有效渗透率1.97μm^2，为中低孔、高渗储层。两座潜山油藏类型及储盖组合相同。1994年与法国道达尔合作开展注氮气先导试验，试验于1999年结束，试验开展以来经过关井稳定、注气、试生产、第二次注气、第三次注气等五个阶段，试验研究成果验证了直接盖层的密封性良好，第三系盖层沙2+3段全区沉积的泥岩盖层底部砂砾层岩性致密，物性很差，密封性是有保障的，潜山断层并未泄漏气体。证实了注入气体在油藏高部位形成了相对稳定的气油界面，使油藏逐渐形成次生气顶，同时在气油、油水界面之间形成了新的原油富集带。

顾辛庄潜山位于牛驼镇凸起，为带油柱的强底水潜山气藏。顾辛庄潜山气藏上覆盖层为石炭－二叠系地层，在该段地层中都发育有大套厚层泥岩，具有良好的密封条件。储层裂缝发育，以高角度构造缝、细裂缝为主；微细裂缝多为张开缝。储集类型为微裂缝孔隙型，大的溶洞、溶缝不发育。顾辛庄储气库2018年9月投入运行，经过多周期注采运行，注采能力逐渐提升，气库逐步达容达产，利用数值模拟法，储气库目前经历多个完整周期，已经形成稳定气顶。表明建库方案设计是合理的，强底水潜山注气是可以形成气顶的，且技术可行。

4　结论

（1）任丘潜山油藏地质条件可行：圈闭密封、储层渗流能力强、储气空间大，具备建库地质条件；

（2）储气机理可行：现场试验已证实注气可在潜山内部形成稳定次生气顶，前期已经研究总结建立了一套适合已建储气库运行特点的注采运行优化技术流程，在储气库经过多周期注采运行单井注采能力逐渐提高，工作气比例逐渐提高，气库运行效率逐渐提高；

（3）驱油机理可行：可使分散剩余油重新富集，注气后可提高油井产量。

参考文献

[1] 夏勇，张建国，何依林等．低渗岩性气藏改建储气库的地质可行性与运行指标设计——以鄂尔多斯盆地S区块为例［J］．天然气地球科学，2023，（8）．

[2] 丁国生，李春，王皆明等．中国地下储气库现状及技术发展方向［J］．天然气工业，2015，（11）．

[3] 马新华，郑得文，申瑞臣等．中国复杂地质条件气藏型储气库建库关键技术与实践［J］．石油勘探与开发，2018，（3）．

[4] 郑得文，胥洪成，王皆明等．气藏型储气库建库评价关键技术［J］．石油勘探与开发，2017，（5）．

[5] 张广权，曾大乾，范照伟等．利用地应力评价地下储气库断层密封性方法及应用［J］．天然气地球科学，2021，（6）．

[6] 秦奕．枯竭油藏型储气库盖层密封性研究［D］．常州大学：常州大学，2023.

[7] 张瀛，王雅杰，李云鹏等．断层泥比率法评价ZD油田通天断层侧向封闭性［J］．录井工程，2014，（4）．

[8] 杨智，何生，王锦喜等．断层泥比率（SGR）及其在断层侧向封闭性评价中的应用［J］．天然气地球科学，2005，（3）．

[9] 罗江华，张淑娟，曹文丽等．任丘潜山油藏储层划分及分类分级地质建模［J］．石油地质与工程，2018，（1）．

[10] 叶安海．雁翎潜山雾迷山组裂缝性白云岩油藏地质建模［D］．成都理工大学：成都理工大学，2017.

[11] 秦义，李秋颖，高鹏等．雁翎潜山油藏注氮气重力驱控气采油工艺［J］．石油钻采工艺，2020，（1）．

[12] 吴义辉．苏桥水侵储气库注采技术研究与应用［D］．中国石油大学（华东）：中国石油大学（华东），2023.

深层碳酸盐岩高含硫边水气藏改建储气库方案设计及注采动态研究：以大湾 X 区块为例

李玉丹[1,2] 石志良[1,2] 曾大乾[1,2] 张 睿[1,2] 游瑜春[1,2] 刘 璇[1,2]
贾跃伟[1,2] 李 倩[1,2] 李 辉[1,2] 顾少华[1,2]

（1. 中国石化石油勘探开发研究院；2. 中国石化海相油气藏开发重点实验室）

摘 要 随着天然气需求量的增加，储气库建设力度不断加大，然而目前对高含硫气藏储气库建设缺乏相关经验。为此，本文以普光气田大湾 X 区块为例，在前期论证了气藏盖层及断层具有良好动态密封性可改建储气库基础上，运用气藏工程方法，对储气库建设的关键指标进行了优化设计，进一步地，采用双重介质组分模型，根据井网部署原则，结合单井注采能力，通过优化布井模式、井型、水平段长度及避水高度等，推荐总体部署方案及先期实施方案，并分析了储气库运行过程中水侵、及硫化氢运移和扩散规律。研究结果表明：①X 区块改建储气库有效库容为 $48.5\times10^8m^3$，运行上限压力 57.2MPa，下限压力 21.0MPa，工作气量 $24.5\times10^8m^3$，占有效库容 50.5%；②优选 4.5in 管柱进行新井设计，井位距断层 250m，内向布井，采用水平井且水平段长 700～800m，避水高度 65～70m 时指标最优；③储气库总体部署方案为 8 注 10 采，气库在第 3 周期达到稳定，达容达产率 99.4%，工作气量占有效库容比例 49.8%，先期实施方案为 2 注 4 采，工作气量占有效库容比例 16.5%；④由于水体较小，整体上边水对气库运行危害程度较低，主要影响构造低部位气井；⑤同一注采周期内，采出气中的 H_2S 含量不断升高，采气末期达到峰值，各周期的 H_2S 峰值含量呈幂指数下降，即使增压，35 周期末 H_2S 含量仍达不到进入长输管线标准。结论认为：针对这类深层高含硫边水气藏，下限压力设计需考虑储层硫析出和边水侵入；不同构造部位气井采取分区配产以抑制水侵对储气库运行危害；平衡周期内 H_2S 扩散影响基本可忽略。本文研究成果以期为高含硫气藏改建储气库提供技术储备。

关键词 高含硫气藏；边水；储气库；方案设计；H_2S 扩散

Schematic Design and Injection－Production Dynamics Study of Reconstructed Gas Storage of Deep Carbonate Rock High Sulfur Edge Water Gas Reservoirs：a Case Study of Dawan x Block

LI Yudan，SHI Zhiliang，ZENG Daqian，ZHANG Rui，YOU Yuchun，LIU Xuan，
JIA Yuewei，LI Qian，LI Hui，GU Shaohua

（1. Sinopec Petroleum Exploration and Development Research Institute；
2. Key Laboratory of Marine Oil and Gas Reservoir Development，Sinopec）

Abstract：With the demand for natural gas，the construction of gas storage has been increasing，but there is a lack of relevant experience in the construction of gas storage in high－sulfur gas reservoirs. Therefore，taking the Dawan X block of the Puguang gas field as an example，based on the demonstration of the rebuildable gas storage with good dynamic sealing of the caprock and faults of the gas reservoir in the early stage，the key indicators of gas storage construction are optimized by using the gas reservoir engineering method，and the dual medium component model is adopted，according to the principle of well pattern deployment，combined with the single－well injection－production capacity，by optimizing the good layout mode，well type，horizontal section length，and water avoidance height，etc.，the overall deployment plan and the early implementation plan are recommended. The water invasion during the operation of the gas storage, as well as the migration and diffusion of hydrogen sulfide are analyzed. The results show that: (1) The effective storage capacity of the reconstructed gas storage in block X is $48.5 \times 10^8 m^3$, the upper operating pressure is 57.2MPa, the lower limit pressure is 21.0MPa, and the working gas volume is $24.5 \times 10^8 m^3$, accounting for 50.5% of the effective storage capacity. (2) The 4.5in string is preferred for the new well design, the well position is 250m away from the fault, the well is laid inward, the horizontal well is used, the horizontal section is 700 ~ 800m long, and the water avoidance height is 65 ~ 70m. (3) The overall deployment plan of the gas storage is 8 injections and 10 productions, and the gas storage is stable in the third cycle, with a production rate of 99.4% and a working gas volume accounting for 49.8% of the effective storage capacity, and the early implementation plan is 2 injections and 4 productions, and the working gas volume accounts for 16.5% of the effective storage capacity; (4) Due to the small water body, the overall upper water has a low degree of harm to the operation of the gas reservoir, which mainly affects the gas wells in the low part of the structure; (5) In the same injection - production cycle, the H_2S content in the produced gas continues to increase, reaching the peak at the end of gas production, and the peak H_2S content in each cycle decreases exponentially, even if the pressure is pressurized, the H_2S content at the end of the 35 cycles still does not reach the standard of entering the long - distance pipeline. It is concluded that for this kind of deep high - sulfur edge water gas reservoir, the lower limit pressure design should consider reservoir sulfur precipitation and edge water intrusion. The gas wells in different structural parts are zoned to inhibit the harm of water intrusion to the operation of the gas storage. The influence of H_2S diffusion in the equilibrium period is negligible. The research results of this paper are expected to provide technical reserves for the reconstruction of gas storage in high - sulfur gas reservoirs.

Key words: high sulfur gas reservoirs; edge water; gas storage; schematic design; H_2S diffusion

随着我国天然气工业的迅猛发展，天然气作为重要的清洁能源，扮演着十分重要的角色。考虑到季节用气的差异性，储气库作为重要的调峰方式，在削峰填谷、调峰保供及保障天然气供应安全等方面做出了重要贡献。为了加大国内储气库建设力度，目前已有大量学者开展攻关并形成了中国复杂地质条件气藏型技术序列，包括圈闭动态密封性评价技术，储气库建库关键指标优化设计技术，适应超低压地层和储气库交变载荷工况的钻完井技术，储气库地面工程优化技术与核心装备，储气库地下、地面全系统风险预警与评估技术。但是以上研究多针对于常规气藏改建储气库，对含硫气藏改建储气库可借鉴经验少。由于我国四川盆地大部分气藏均含硫，且许多大气田已进入开发中后期，而含硫气藏改建储气库技术储备已严重滞后。赵杰等人通过对华北地区 Y22 含硫化氢地下储气库运行动态分析指出，气藏原始硫化氢质量浓度为 1300 mg/m^3，经历 10 个注采周期运行后，采气末期采出气中硫化氢质量浓度仍然较高（$>1000mg/m^3$），严重制约采出气外输达标。张云钧采用组分模型研究了长庆某低含硫气藏多周期注采 H_2S 采出规律，并表明采气末 H_2S 含量与气藏初始 H_2S 浓度、采出程度及工作气比例密切相关。杨羿等对多层系含硫储气库硫化氢淘洗规律进行研究，推荐多层合并建库、运行时采用一注一采的方式，能尽快将采出气 H_2S 含量降至国家二类气标准以满足矿场需求。以上学者多针对低含硫储气库 H_2S 淘洗规律进行分析，对高含硫气藏建库参数优化、方案设计及注采动态规律尚未开展系统研究。

本文从普光气田大湾 X 区块地质和油气藏流体特征出发，采用气藏工程和数值模拟相结合方法，首先开展 X 区块改建储气库库容参数优化设计研究；进一步地，基于有效库容及工作气量，采用双重介质组分数值模型，通过对井网部署优化设计，推荐 X 区块转储气库总体部署方案及先期实施方案；根据方案运行结果，揭示储气库运行过程中注采动态包括水侵、硫化氢运移及扩散等规律。本文研究成果以期为高含硫气藏改建储气库方案建设及运行规律研究起到指导和借鉴作用。

1 气藏概况

1.1 区域特征

大湾X区块位于四川盆地开江－梁平陆棚东侧，为夹持在北东向断层间的背斜构造，根据地震属性解释出全区共有11条逆断层，多为北东走向。二叠系长兴组和三叠系飞仙关组是X区块主要储集层。其中，长兴沉积期大湾区块整体地貌西低东高，由西向东依次发育陆棚－斜坡－台地边缘－开阔台地，台缘生物礁滩沉积储层发育，是改建储气库的目的层位。

长兴组储集层内基质以泥晶灰岩、白云岩为主，岩心样品物性统计结果显示，储层平均孔隙度6.08%，渗透率2.91mD，气层平均厚度124m。地层中构造缝较发育，包括低角度缝、斜交缝和高角度缝，规模较大的构造裂缝缝面平直光滑，缝宽较为均匀30~80μm。

长兴组改建储气库为典型的气藏型储气库，气藏受断层和岩性双重控制。油气主要富集在长兴组构造高部位，表现为局部边水的特征，原始气水界面为海拔－4580m。储层平均埋藏深度－4400~－4650 m，原始地层压力57.2MPa，压力系数1.2，地温梯度2.19℃/100m，为低地温梯度、常压气藏。天然气成份以甲烷为主，其中甲烷含量约占85%，硫化氢含量4.3%，二氧化碳含量6.1%，为高含硫化氢中含二氧化碳气藏。

1.2 开发概况

该区块于2012年4月投产，共有2口生产井。开发过程中，边部一口气井由于距边水较近，受水侵影响严重，目前间歇开采，另外一口井正常生产，未受水侵影响，目前已进入开发递减阶段。截至2024年7月，日产气$40.1\times10^4m^3/d$，平均油压8.5MPa，采气速度4.4%，累产气$23.2\times10^8m^3$，累产水$6.7\times10^4m^3$，动态储量采出程度47.8%。

2 改建储气库关键指标优化设计

在前期论证了X区块具有良好的封、盖保存条件，且构造完整，储层渗流能力强（裂缝发育），具备转储气库的基础上，开展了储气库建设库容参数优化设计。储气库关键指标设计包括有效库容、工作气量、运行压力等，这几项参数存在一定的相互影响或制约关系。

2.1 有效库容

有效库容量是库容参数设计的核心，库容量是气库储存的最大气量。根据库存量与视地层压力关系，储气库设计的上限压力对应的库存量即为气藏建库的有效库容量，当上限压力取值为原始地层压力时，有效库容量等于动态储量。基于物质平衡原理，采用物质平衡、流动物质平衡及Blasingame典型图版等多种方法，综合评价X区块动态储量48.5亿方。详见图1。

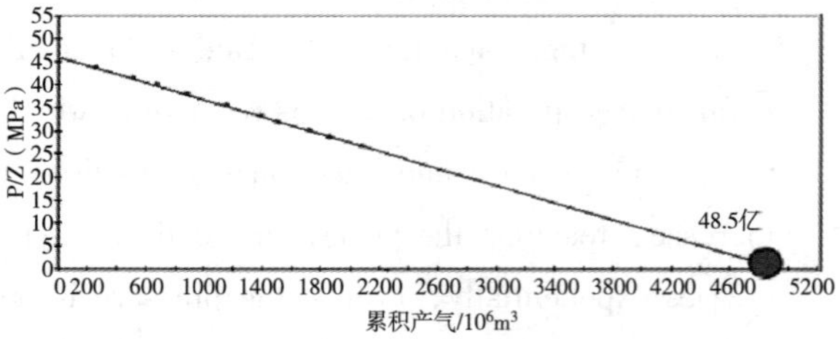

（a）物质平衡法

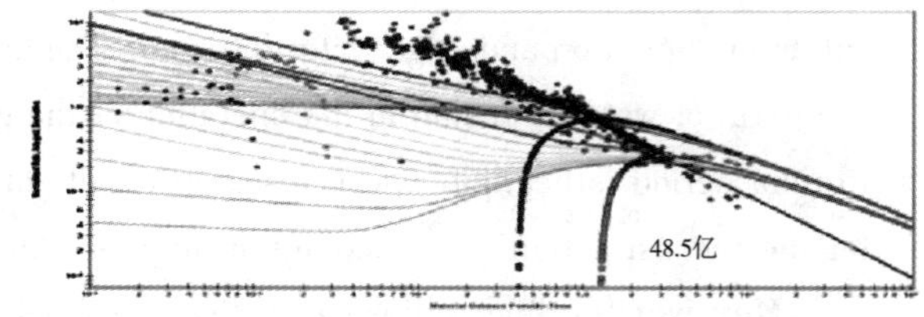

（b）Blasingame图版法

图1　X区块动态储量评价

2.2 上限压力

储气库上限压力设计主要以圈闭动态密封性评价结果为依据，以不破坏储气库密封性为原则，同时兼顾地面注气压缩机性能影响。国内储气库上限压力一般取原始地层压力，X区块原始压力为57.2MPa，压力系数1.2。国际也采用破裂压力和静水压力的1.5倍获取上限压力，采用这两种方法计算气库的上限压力分别为71.4MPa和74.0MPa。根据该区块岩心突破压力实验，及声波时差与突破压力交汇分析结果，建立转换统计公式，约束基于地震声波的突破压力反演，预测显示该区块突破压力在29~42MPa之间。

破裂压力计算方法：

B.B威廉斯法：

$$P_{cra}=\alpha\cdot H$$

$$\alpha=0.2307\times(0.1\times\beta+4.335\times(4.335\times C-\beta)\times P/H)$$

其中：β为岩石破裂常数，经验统计一般取0.4；C为岩石压力梯度，经验统计一般取0.235。

P. A 迪基法：

$$P_f = 0.023H \times \frac{3}{4}$$

表 1　上限压力计算结果

上限压力计算法	结果/MPa
原始地层压力法（稳妥经验）	57.2
静水压力法（积极经验）	71.4
破裂压力法（极限经验）	74.0

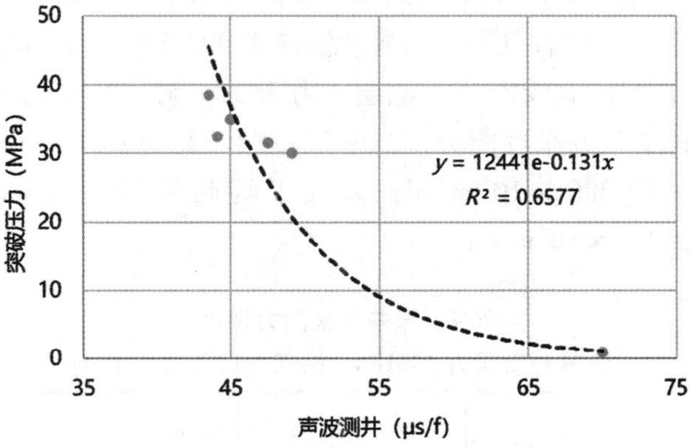

（a）岩心突破压力与声波测井交会

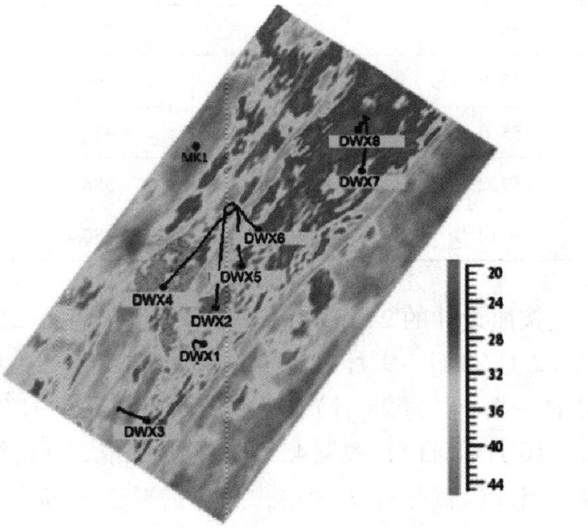

（b）飞仙关组灰岩盖层突破压力预测

图 2　X 区块盖层突破压力预测

参照国内注气压缩机性能，为了保证储气库运行安全，综合分析确定 X 区块储气库上限压力为 57.2MPa。

2.3　下限压力

下限压力的设计需综合考虑以下几个方面：保证储气库采气末期最低调峰能力和单井最低生产能力；下限压力决定工作气量，推荐工作气量为有效库容的 40% ~50%；对于边水气藏，下限压力设计需考虑气库强注强采运行中造成的水侵伤害；另外，对于高含硫气藏，下限压力设计尽量高于储层硫析出压力。

兼顾以上几个因素，采用气藏工程方法，针对 X 区块，在设定井口限压 9MPa 条件下，储气库调峰末期满足 $50\times10^4 m^3/d$ 配产时，最小地层压力为 21.0MPa。根据物质平衡，在此地层压力下气库工作气量为 $24.5\times10^8 m^3$，与有效库容占比 50%，且根据 X 区块储层硫析出条件，此压力高于储层硫析出压力 19.0 ~20.5MPa，气库运行过程中储层中不会有硫析出。结合数值模拟结果，新部署井网具有合理的避水高度，在此下限压力之上运行，水侵对气库危害小。详见表 2。

表 2　不同单井配产下地层压力计算

单井配产（$10^4 m^3/d$）	井底流压/MPa		地层压力/MPa	
	Φ88.9mm	Φ101.6mm	Φ88.9mm	Φ101.6mm
50	18.2	17.4	21.0	19.6
40	16.9	16.1	19.0	18.1
30	15.8	15.6	17.7	17.3
20	15.0	14.9	16.6	15.8

2.4　工作气量

工作气量是储气库在设计的运行压力区间注采的气量。根据地层压力与库容关系曲线，设计 X 区块气库工作气量 $24.5\times10^8 m^3$。

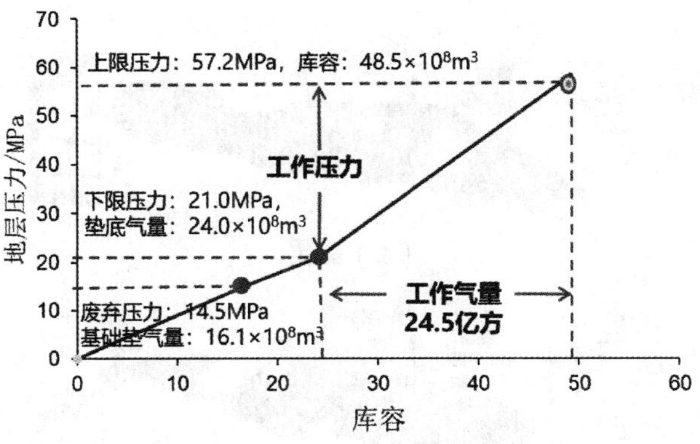

图 3　库容参数设计

3　储气库注采井网优化设计

储气库注采井网部署应充分考虑短期强注强采特点，满足储气库库容有效控制及调峰需求。基于设计的库容参数，采用双重介质组分模型，根据单井注采能力评价，设计注采井数，进一步优化井型、水平井长度及避水高度，推荐总体部署方案及先期实施方案。

3.1　数值模型建立

以井点分层数据为基础，以深度域构造层面为趋势面，建立合理的三维构造模型，在沉积相边界控制下，井震结合综合概率体约束，序贯指示模拟构建储层展布模型，在礁体相控下，采用地震阻抗反演约束，以井点解释为硬数据，序贯高斯模拟方法建立属性模型，采用离散裂缝网络建模方法，分尺度构建裂缝模型，采用 oda 算法将裂缝与基质进行融合。建立的 X 区块网格精度 25 * 25 * 1.5，总网格数 1876 万。根据实测流体组分及相渗实验数据，考虑 CH_4，H_2S，及 CO_2 三组分制作 PVT 文件，组分组成见表 3，加载到地质模型中开展双重介质组分数值模拟。

表 3　组分模型气体组成

流体组成	CH_4（mol%）	H_2S（mol%）	CO_2（mol%）
气藏气	89.6	4.3	6.1
注入气	100	0	0

3.2　生产历史拟合

首先对储量开展拟合，计算模型储量 $48.53\times10^8m^3$，其中基质储量 $48.19\times10^8m^3$，裂缝储量 $0.34\times10^8m^3$，与动态储量 $48.5\times10^8m^3$ 相比，误差 0.06%，满足精度要求。进一步地，对 2 口生产井开展地层压力和井口压力拟合，整体拟合精度达 92%，证明模型可靠。

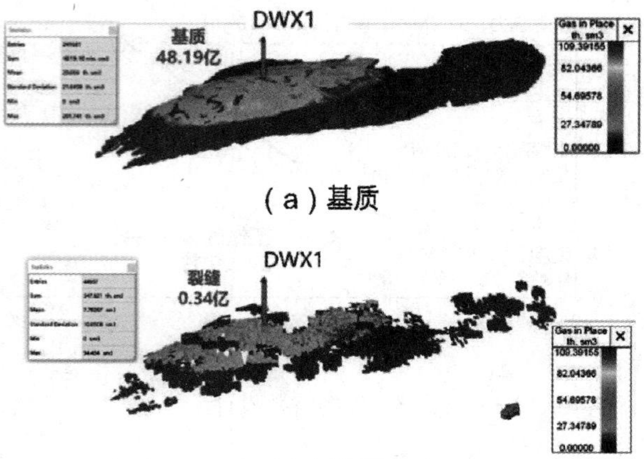

（a）基质

（b）裂缝

图 4　储量拟合

3.3　部署方案设计

储气库强注强采通常考虑采用大尺寸水平井提高单井注采能力。鉴于 X 区块老井采用 3.5in 油管，目前普光气田最大油管尺寸为 4.5in，因此新井推荐采用 4.5in 管柱。基于地面 - 井筒 - 地层多节点协调优化的思路，以井底为节点开展注采管柱耦合分析，涉及包括注气地层吸收产能方程、采气地层流入产能方程、垂直井筒管流方程、管柱冲蚀流量方程及管柱临界携液等计算方程，具体计算方法参照文献。根据节点分析得到 X 区块 4.5in 气井的注采气能力（表 4），在井口注气压力 48MPa 下，地层压力为 21 ~ 57.2MPa 时，评价气井注气能力（147.8 ~ 430.4）$\times10^4m^3/d$，平均 $289\times10^4m^3/d$，注气平均临界冲蚀流量 $492.5\times10^4m^3/d$。井口压力 9MPa 下，地层压力为 21 ~ 57.2MPa 时，评价气井采气能力（126.7 ~ 388.6）$\times10^4m^3/d$，平均 $280\times10^4m^3/d$，采气平均临界冲蚀流量 $258.8\times10^4m^3/d$。

表 4　气井注采能力评价
（注气井口压力 48MPa，采气井口压力 9MPa）

地层压力/MPa	最大注气量/（$10^4m^3/d$）	最大采气量/（$10^4m^3/d$）
21.0	430.4	126.7
35.0	379.3	215.6
45.0	303.5	296.4
55.0	185.5	372.4
57.2	147.8	388.6
平均	289.0	280.0

按照设计的 $24.5\times10^8m^3$ 工作气量，注气 210 天（2 月 28 日 ~ 9 月 28 日），采气 120 天（10 月 28 日 ~ 次年 2 月 28 日），平衡周期 30 天（9 月 28 日 ~ 10 月 28 日），根据 4.5in 气井注采能力评价结果，以冲蚀流量作为约束，测算需要部署新井 8 口，老井利用 2 口，形成 8 注 10 采注采井网。

注采井网总体部署原则为新井集中部署在构造高部位、储层厚度大、物性好、裂缝发育区，兼顾库容控制与气井产能，采取不规则布井方式，考虑安全性，井位应远离断层 250m，为了抑制水侵影响气库运行，井底应距离气水界面一定距离。

根据数模优化结果，新井需采取内向布井，考虑强注强采及达容达产，部署水平井，且水平段长 700 ~ 800m 指标最优，参照本区块老井避水高度，新井避水高度 65 ~ 70m 时，能有效抑制水侵对气库运行影响的危害。

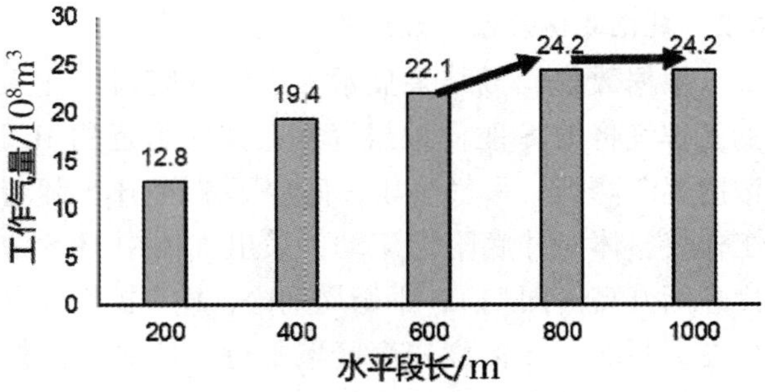

图 5　水平段长度设计

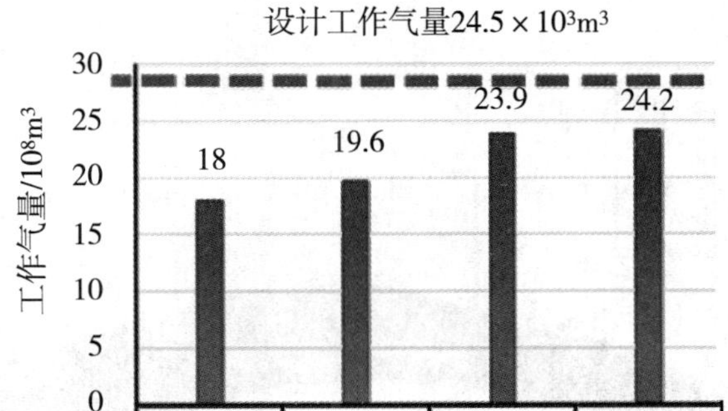

	50m	60m	65m	70m
系列1	18	19.6	23.9	24.2

图 6　不同避水高度下工作气量

根据模拟结果，气库在 21 ~ 57.2MPa 运行，第 3 周期达到稳定，周期注采气量 $24.2\times10^8m^3$，周期注气末库容存气量 $48.2\times10^8m^3$，气库达容达产率 99.4%，工作气量占有效库容比例 49.8%，见图 7。

考虑处理厂富余的净化能力，设计 $8\times10^8m^3$ 分布实施方案，采用 4.5in 油管，2 注 4 采。根据模拟结果，气库在 21 ~ 30MPa 运行，第 3 周期末达到稳定，周期注采气量 $8.0\times10^8m^3$，周期注气末库容存气量 $32.2\times10^8m^3$，工作气量占有效库容比例 16.5%（见图 8）。

4　储气库注采动态研究

为了更好地了解储气库多轮次、高速注采条件下，边水的运动状态及储层硫化氢运移和扩散规律，基于推荐的最优方案，开展储气库注采动态研究。

4.1　水侵规律

（1）水体体积评价

从地质上，综合测井精细解释、含气性预测及生产动态分析，表明 X 区块总体上水体不太发育，仅分布于构造低部位，表现为局部边水特征。

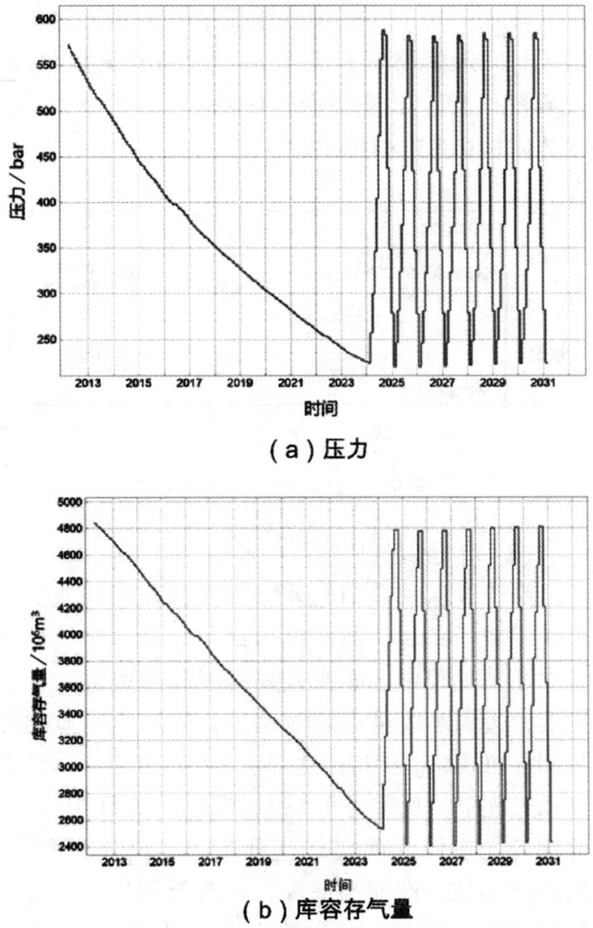

（a）压力

（b）库容存气量

图 7　气库运行结果

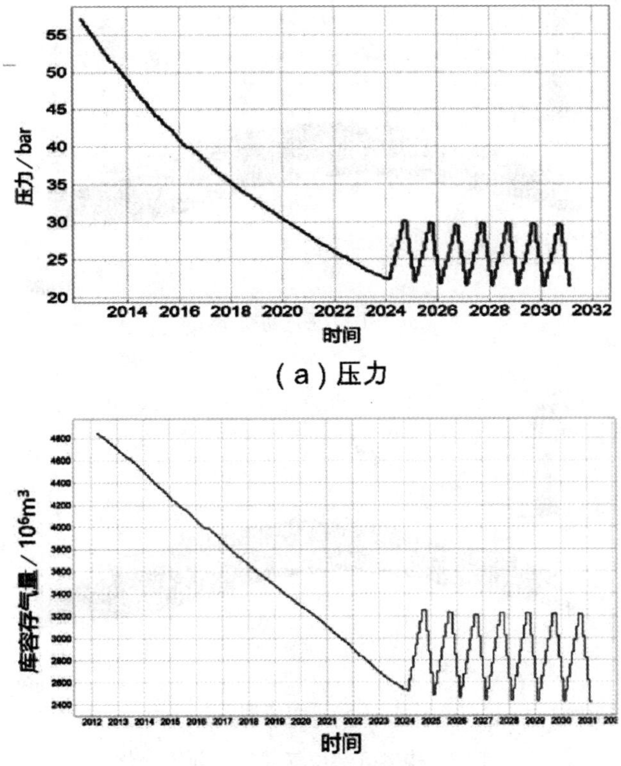

（a）压力

（b）库容存气量

图 8　气库运行结果

进一步地，基于气藏水驱物质平衡理论，采用有限大封闭水体物质平衡方法，利用历年测压资料及累积产水量数据，评价 X 区块水体为 0.26 倍，水体体积 616.3 ×$10^4 m^3$。

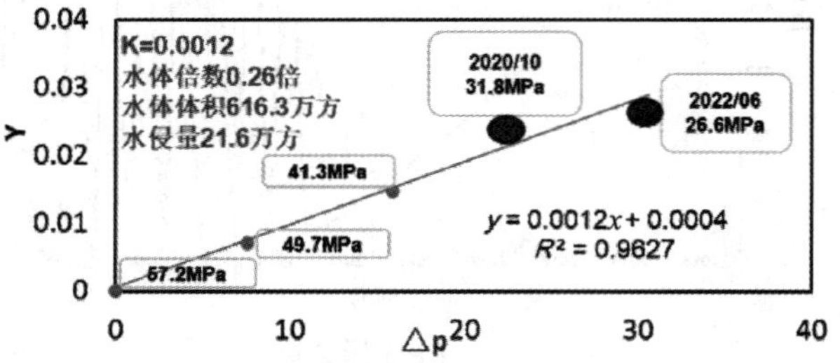

图 9　X 区块水体体积评价

（2）水侵对气库运行的影响

由于 X 区块具有边水，开发过程中构造低部位水侵较活跃。从数值模拟结果来看，储气库多轮次注采过程中，能明显观察到局部边水的反复进退，边水水线进退相对均匀，未发生明显的突进和水窜现象。除构造边部位 2 口气井，在多轮次注采过程中，观察到气水过渡带增加（图 10）。因此建议，在储气库实施过程中，实现分区配产，构造高部位，产能高高配，构造低部位，产能低低配，能有效抑制水侵对气库运行危害。

（a）采气初期

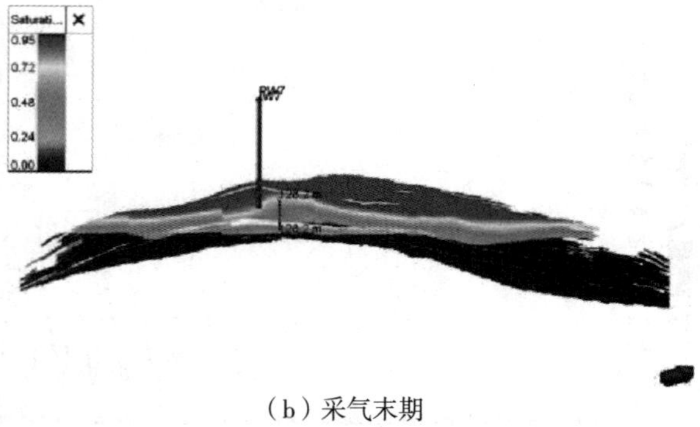

（b）采气末期

图 10　构造低部位气井气水前缘变化

4.2　硫化氢运移及扩散规律

根据数值模拟结果显示，在注气阶段，注入的工作气将 H_2S 驱向地层远端，井底附近的 H_2S 浓度逐渐降低；采气阶段，储层远端的 H_2S 随着工作气整体向井底附近流动，采出气体中 H_2S 浓度逐渐升高（图 11）；平衡周期内，H_2S 扩散仅发生在远井端 H_2S 浓度较高区域附近，且 H_2S 扩散速率较慢，考虑和不考虑扩散 H_2S 浓度在平衡期关井末期仅相差 3.39%，因此关井阶段 H_2S 扩散基本可忽略（图 12）。

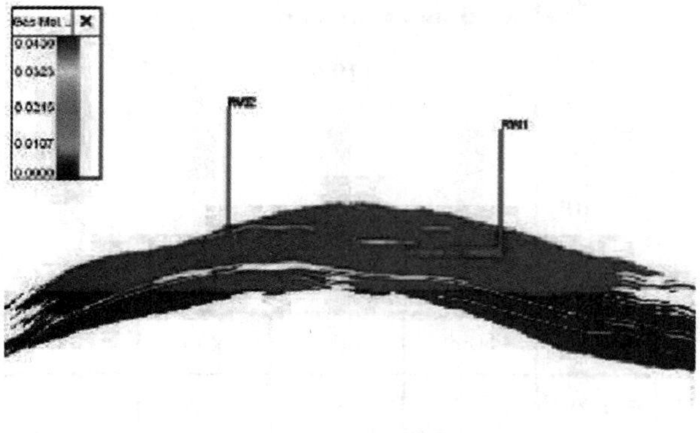

（a）未改储气库前期

（b）注气阶段

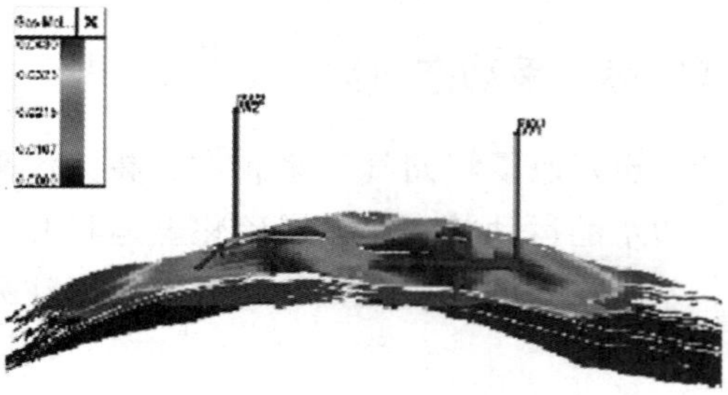

（c）采气阶段

图 11　注采阶段 H_2S 运移规律

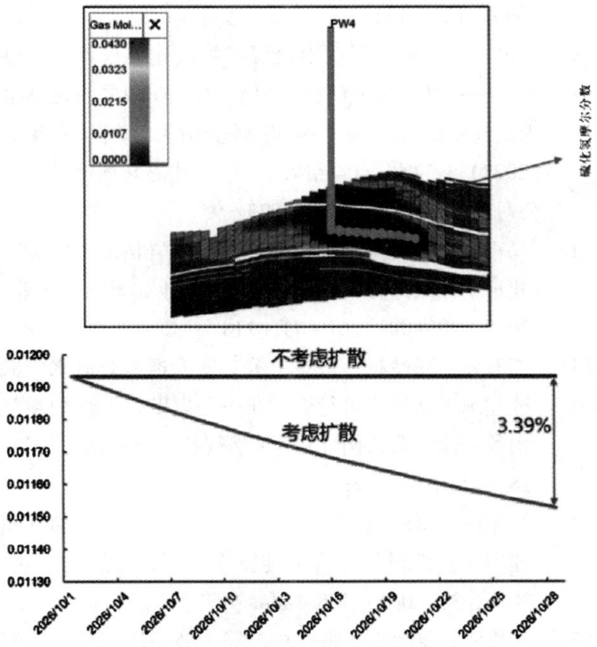

图 12　平衡周期 H_2S 扩散规律

进一步地，模拟结果表明，同一运行周期内采出气中的 H_2S 含量不断升高，采气末期达到峰值（图 13（a））；各周期的 H_2S 峰值含量呈幂指数下降，且在前 2 个周期下降快后期趋缓（图 13（b））。不考虑增压情况下，经过 35 周期注采，采气末期 H_2S 含量 0.59%，不能满足进入长输管线标准（$6mg/m^3$），需要净化。

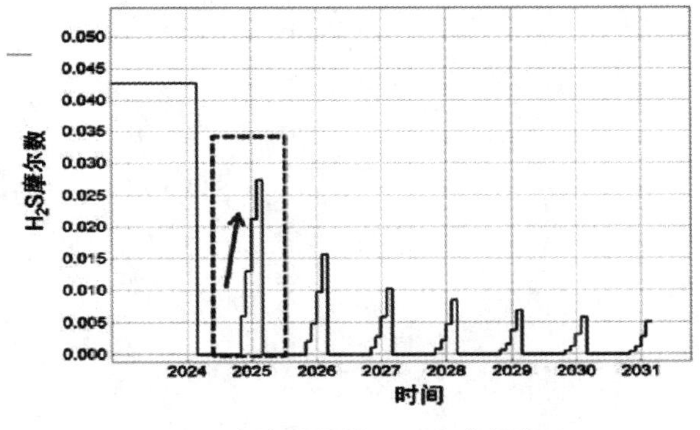

（a）一个注采周期 H_2S 变化规律

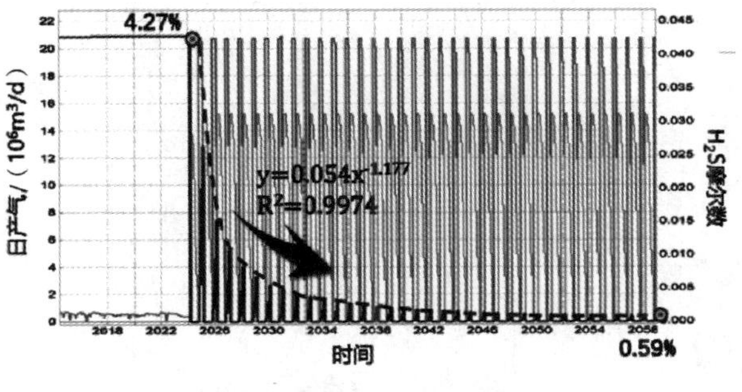

（b）多轮次注采 H_2S 变化规律

图 13　H_2S 含量变化规律

考虑增压，区块采出程度达 68.7% 时，模拟 35 周期，采气末期 H_2S 含量 0.046%，仍达不到进入长输管线标准，但随着采出程度增加，有利于 H_2S 淘洗。

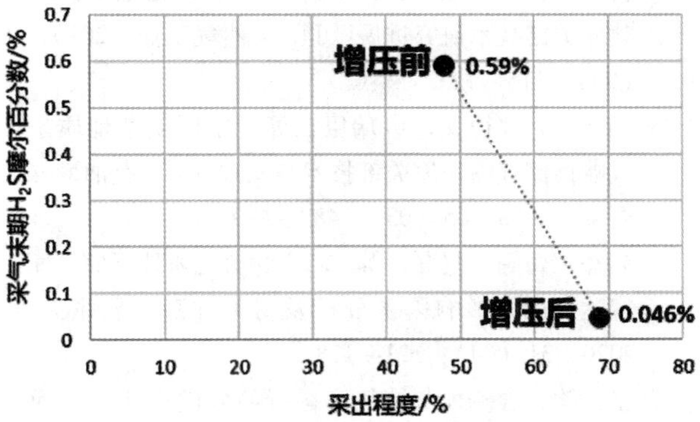

图 14　增压前后采气末期 H_2S 摩尔百分数与采出程度关系

5　结论

（1）X 区块改建储气库库容参数优化设计：有效库容为 $48.5 \times 10^8 m^3$，运行上限压力 57.2MPa，下限压力 21.0MPa，工作气量 $24.5 \times 10^8 m^3$，占有效库容 50.5%。

（2）采用 4.5in 管柱进行新井设计，井位距断层 250m，内向布井，采用水平井型且水平段长 700～800m，避水高度 65～70m 时指标最优。

（3）总体部署方案按照 $24.5 \times 10^8 m^3$ 工作气量设计，8 注 10 采，气库在第 3 周期达到稳定，周期注采气量 $24.2 \times 10^8 m^3$，周期注气末库容存气量 $48.2 \times 10^8 m^3$，气库达容达产率 99.4%，工作气量占有效库容比例 49.8%。

（4）先期实施方案按照 $8.0 \times 10^8 m^3$ 工作气量设计，2 注 4 采，气库在 21～30MPa 运行，第 3 周期末达到稳定，周期注采气量 $8.0 \times 10^8 m^3$，周期注气末库容存气量 $32.2 \times 10^8 m^3$，工作气量占有效库容比例 16.5%。

（5）X 区块水体为 0.26 倍，整体上边水对气库运行危害较低，主要影响构造低部位气井，因此需考虑分区配产。

（6）采出程度增加，有利于 H_2S 淘洗，但对本区块来说，即使增压，35 周期末 H_2S 含量 0.046%，仍达不到进入长输管线标准，需要考虑地面处理能力。

参　考　文　献

[1] 丁国生，王云，完颜祺琪，等．不同类型复杂地下

储气库建库难点与攻关方向 [J]. 天然气工业, 2023, 43 (10): 14-23.

[2] 阳小平. 中国地下储气库建设需求与关键技术发展方向 [J]. 油气储运, 2023, 42 (10): 1100-1106.

[3] 曾大乾, 张俊法, 张广权, 等. 中石化地下储气库建库关键技术研究进展 [J]. 天然气工业, 2020, 40 (06): 115-123.

[4] 马新华, 郑得文, 申瑞臣, 等. 中国复杂地质条件气藏型储气库建库关键技术与实践 [J]. 石油勘探与开发, 2018, 45 (03): 489-499.

[5] 赵杰, 谢娟, 赵磊, 等. Y 22 含硫化氢地下储气库达容达产运行影响因素分析及对策 [J]. 录井工程, 2020, 31 (04): 121-128.

[6] 张云钧. 含硫气藏储气库运行参数优化 [D]. 西南石油大学, 2016.

[7] 杨羿, 李隆新, 王霞, 等. 多层系含硫储气库硫化氢淘洗规律数值模拟研究 [C] //中国石油学会天然气专业委员会. 第 33 届全国天然气学术年会 (2023) 论文集 (02 气藏开发). 西南石油大学; 中国石油西南油气田分公司;, 2023: 13.

[8] 曾大乾, 张广权, 张俊法, 等. 中石化地下储气库建设成就与发展展望 [J]. 天然气工业, 2021, 41 (09): 125-134.

[9] 唐灵, 邹陈蓉. 川西中浅层气藏改建储气库可行性初探——以新场 JQ 气藏为例 [C] //中国石油学会天然气专业委员会. 第 33 届全国天然气学术年会 (2023) 论文集 (04 钻采工程). 中石化西南油气分公司勘探开发研究院;, 2023: 9.

[10] 马小明, 余贝贝, 马东博, 等. 砂岩枯竭型气藏改建地下储气库方案设计配套技术 [J]. 天然气工业, 2010, 30 (08): 67-71+118.

[11] 李开发, 张楚越, 朱亮, 等. 低渗透砂岩有水气藏改建地下储气库可行性评价——以四川盆地口坝气田须二段气藏为例 [J]. 天然气技术与经济, 2024, 18 (01): 32-38.

[12] 孙军昌, 胥洪成, 王皆明, 等. 气藏型地下储气库建库注采机理与评价关键技术 [J]. 天然气工业, 2018, 38 (04): 138-144.

[13] 张俊法, 曾大乾, 张广权, 等. 超高压气藏改建储气库注采能力及库容评价——以川东北清溪储气库为例 [J]. 断块油气田, 2021, 28 (06): 775-780.

[14] 王海燕. 考虑多因素影响的储气库气井注采能力优化 [J]. 大庆石油地质与开发, 2019, 38 (03): 54-58.

第二篇　钻采工程技术篇

Part 2　Drilling and Production Engineering

钻采工程是储气库建设和运行中的核心环节，井筒作为储气库注气和采气的主要通道，其设计与质量直接影响气体在储层与地表之间的安全传输，对储气库的安全性、可靠性和高效性至关重要。本篇总结并梳理了在低渗、盐穴、碳酸盐岩等不同储层条件下，钻采工程技术所面临的各种技术挑战，如井壁稳定、地层保护及气密封性等。此项成果对于确保储气库的安全运行、提升运行效率、应对复杂地质条件下的储气库建设、保障储气库的长期稳定性，以及实现储气库的实时智能化监测具有重要的指导意义。

Drilling and production engineering is the core part of gas storage construction and operations. Wellbore is the main channel for gas injection and gas production in gas storages. Its design and quality directly affect the safe transmission of gas between the reservoir and the surface, and are critical to the safety, reliability and efficiency of gas storages. This part provides a summary of various technical challenges in well wall stability, formation protection, gas tightness, etc. facing drilling engineering under different reservoir conditions, e. g. low permeability, salt caverns, and carbonate rocks. Papers in this part are of great guiding significance to ensure safe operation of gas storages and improve their operation efficiency, carry out gas storage construction under complex geological conditions, guarantee long-term stability, and realize real-time and intelligent monitoring of gas storages.

油气藏储气库多周期注采下水侵机理及井筒积液规律研究

敖海兵　王元刚　王一单　倪志良　向国富　韩兆宇　李家瑞

（国家管网集团储能技术有限公司）

摘　要　在储气库多轮次注采过程中，地层压力呈周期性变化，气水交互驱替，易造成水侵现象，甚至井筒积液，导致注采气井低产、停产，严重制约储气库达容达产目标和应急调峰能力。通过模型搭建、属性赋值、井筒耦合以及数据拟合，开展储气库高精度数值模拟。在考虑储气库多周期注采差异情况下，推导出储气库水侵量公式，对液滴和液膜等多种模型开展研究，对理论计算临界携液流量与储气库实际采气量进行对比分析，确定适用的井筒积液解释模型，并提出一套基于数值模拟、理论计算及生产动态资料相结合的方法。研究表明：所建模型能够准确刻画油气藏储气库气水运移规律，数值模拟结果、理论计算结果及储气库实际生产数据三者间具有一致性。储气库的水侵量变化规律异于常规气藏，在储气库多周期注采运行下，注气阶段注入气驱替边底水向外运移，水侵量减少；采气阶段边底水驱替气体向内运移，水侵量增加。随着多轮注采周期运行，储气库水侵量呈现上升趋势。采气阶段，水侵量持续增加且临界携液流量不足是造成井筒积液的主要原因，液膜反转模型相比液滴反转模型能更好解释井筒积液现象，考虑了油管倾斜度的Belfroid液膜反转模型可用于判定井筒积液状态。

关键词　油气藏储气库；多周期注采；注采气能力；水侵；井筒积液

Research on the Mechanism of Water Invasion and Liquid Yieldin Multi Cycle Injection and Production of Oil and Gasreservoirs and Storage Facilities

AO Haibing，WANG Yuangang，WANG Yidan，NI Zhiliang，XIANG Guofu，HAN Zhaoyu，LI Jiarui

（Pipe China Energy Storage Technology Co.，Ltd）

Abstract: During the multi－round injection and production process of gas storage，the formation pressure changes periodically. The interaction between water and gas leads to water invasion or even liquid yield，resulting in low production and shutdown of gas wells. This severely restricts the capacity of gas storage to reach its design capacity and emergency peak regulation capabilities. Through model construction，attribute assignment，wellbore coupling and data fitting，high－precision numerical simulation of gas storage reservoirs is carried out. Considering the multi－period injection and production differences in gas storage reservoirs，a formula for water invasion into gas storage reservoirs is derived，various models such as liquid droplets and liquid films are studied. A comparative analysis is conducted between theoretical calculations of critical liquid carrying flow rate and actual gas production rates in gas storage reservoirs to determine an applicable interpretation model for wellbore fluid accumulation. A method based on combining numerical simulation theory with production performance data is proposed. The research shows that the model can accurately depict the gas－water migration law of oil and gas reservoirs，and there is consistency between numerical simulation results，theoretical calculation results，and actual production data of gas storage. The water invasion change law of gas storage is different from that of conventional gas reservoirs. Under the multi－cycle injection and production operation of gas storage，injected gas displaces edge and bottom water during the gas injection stage to move outward, reducing water intrusion; During the gas production stage, edge and bottom water drive gas to migrate inward, increasing water invasion. With the operation of multiple injection and production cycles, water invasion in gas storage reservoirs shows an upward trend. The main reason for wellbore fluid accumulation is that the critical liquid carrying flow rate continues to increase and there is insufficient liquid carryover during the gas production stage. Compared with the droplet reversal model, the liquid film reversal model can better explain the phenomenon of wellbore fluid accumulation. Considering the inclination of the tubing, the Belfroid liquid film reversal model can be used to determine the state of wellbore fluid accumulation.

Key words: oil and gas storage facilities, multi cycle injection and production, gas injection and production capacity, water invasion, liquid yield

近年来，在我国碳达峰、碳中和以及能源转型发展的大背景下，天然气消费量持续增长，对外依存度不断攀升，2023 年全年天然气消费量为 3945 亿立方米，对外依存度达 42%，增储上产能力和天然气安全稳定供应间矛盾进一步加剧。储气库作为保障天然气安全平稳运行的“压舱石”，具有战略储备、季节调峰、应急保供等作用，为缓解天然气市场供需矛盾、保证国家能源安全具有重要意义。目前，我国已建地下储气库 38 座，工作气量近 200 亿立方米，但其在消费量中占比仅为 5%，距离世界公认的 20%的占比安全界限差距很大，因此加快储气库建设、发挥储气库作用刻不容缓。

为充分发挥储气库应急调峰作用，在加快推进储气库工程建设、持续提升储气库库容和工作气量的同时，还应注重对已建储气库的注采能力和库容保护。油气藏储气库作为地下储气库最主要的类型，具有建设周期短、密闭性能好、储气体积大、经济投资小等优势，但由于其是由枯竭油气藏改建而成，在油气藏开发期间，随着天然气采出，储层区域压力逐渐下降，边底水侵入储层，容易造成水侵现象，随着水侵前缘持续驱进，生产井被水淹，造成井筒积液。改建储气库后，随着首轮天然气注入，气体驱动水体向外扩张，边底水逐渐回退。在其后多轮次注采期间，地层压力反复升降，气水过渡带上气水交互驱替，部分储层可能发生边底水突进侵现象，甚至造成井筒积液，进而导致注采井低产甚至停产，严重影响储气库的注采能力和达容达产目标。

为保障油气藏储气库高效注采运行，本文选取刘庄储气库为研究对象和案例支撑，提出一套基于数值模拟、理论计算及生产动态资料相结合的方法，分析注采井开采特征与气水运移演化规律，并推导出考虑注采差异的储气库多周期水侵量计算方法，进而通过筛选临界携液流量模型，识别各注采井井筒积液情况。本文研究成果可以为其他油气藏储气库分析水侵及井筒规律提供参考借鉴意义，并为优化储气库注采运行方案、提升储气库注采能力提供有力支撑。

1　建立耦合井筒流动的高精度数值模型

利用油藏模拟软件 Eclipse 建立储气库高精度数值模拟模型，在横向上对目标地层进行网格精细划分，在纵向上将主要地质小层细划为网格层。同时，将渗透率、孔隙度等各小层属性数据，以及束缚水饱和度、残余油饱和度、饱和压力等动态参数赋值到三维数值模拟模型中，以便该模型能够更加准确刻画边底水运移行为。

采用气相流动与井筒管流相结合方式，准确模拟井筒流动情况，通过前处理模块 VFPi 将井筒相关参数如测试深度、垂直深度、套管管径等及相关 PVT 参数输入，计算得到生产过程中的垂直管流表。该表通过设置不同井口压力情况得到不同气体流速下井底压力，并可通过导入数值模拟软件自动识别并用于模拟井筒管流，计算得到井口油压，为后续历史拟合提供基础。

在数值模拟模型与历史数据拟合过程中，首先进行全区拟合，将产油量、产气量、压力等生产数据输入到数值模拟模型中，对数值模拟模型进行全区历史拟合。全区拟合后，对油气藏开采阶段的采气井进行拟合，通过定产液量拟合气井井口压力、油井产油量等数据。最后对储气库注采阶段注采气井进行拟合，通过定注采气量，拟合储气库所有单井井口压力。通过以上步骤，拟合完成后数值模拟模型能较准确反映储气库地层、井筒的实际情况。

2　考虑注采差异的多周期水侵量计算方法

油气藏水侵量通常可以运用物质平衡方法获得，该方法不需要考虑地下复杂的渗流规律，需要的地质资料较少。对于正常压力系统的水驱气藏，束缚水和岩石的压缩性较小，忽略不计；同时一般采出油/气，导致没有油气增加项。而储气库多轮次注采，储气库内气体呈现出周期变化，压力变化幅度大。因此，需要建立储气库水侵量计算方法，在含有边底水油气藏储气库注采气过程中，任一时间已采出的烃类总量等于储气库改建前气藏初始地下烃类储量加上那一时刻的注入总量并减去剩余的烃类储量。

常规物质平衡方法：

$$\frac{P}{Z}=\frac{P_i}{Z_i}(1-\frac{G_p}{G})/(1-\frac{(W_e-W_pB_w)}{GB_{gi}})$$

式中：P 为储气库目前地层压力，MPa；Z 为储气库目前地层压力下的气体压缩因子；P_i 为储气库改建前凝析气藏的原始地层压力，MPa；Z_i 为凝析气藏的原始流体压缩因子；G_p 为储气库累积采出气体的体积，m^3；G 为目前储气库的体积，m^3；We 为储气库累积水侵量，m^3；Wp 为储气库累积产水量，m^3；B_w 为地层水的体积系数；B_{gi} 为凝析油的体积系数。

水侵量的计算以储气库整体为研究对象，根据物质平衡方程，并考虑孔隙体积变化。由于储气库地层压力的循环波动，导致储气库的孔隙体积不断变化，因此需考虑岩石和束缚水的压缩性。经推到，水侵量计算公式为：

$$W_e=\frac{TZ_gP_{sc}(G_p-G_{gi})}{T_{sc}Z_{sc}P}-\frac{Z_gP_iV_{gi}(1-S_{wc})}{P}+V_g(1-S_{wc})+W_pB_w$$

式中：T 为储层绝对温度，K；Z_g 为储气库目前地层压力下的气体压缩因子；P_{sc} 为标准状况下压力；G_{gi} 为储气库累积注入气量，m^3；Tsc 为标准状况下温度；Z_{sc} 为标准状况下的压缩因子；V_{gi} 为凝析气藏的原始孔隙体积，m^3；S_{wc} 为凝析气藏的束缚水饱和度。

通过计算可知，储气库的水侵量变化规律异于常规气藏，在储气库多周期注采运行下，注气阶段注入气驱替边水向外运移，水侵量减少；采气阶段边水驱替气体向内运移，水侵量增加。随着多轮注采周期运行，储气库水侵量呈上升趋势，如图 1 所示。

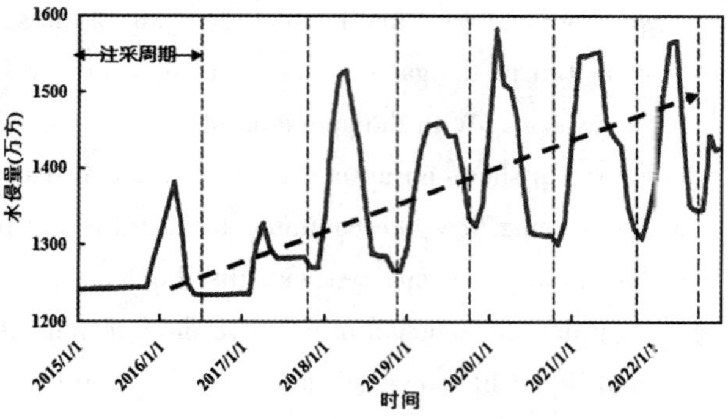

图 1　水侵量随注采周期的变化曲线

3　注采气井井筒积液规律分析

在储气库生产运行过程中，井筒积液对储气库注采气能力和库容影响极大。当单井产生积液，将导致注采气能力逐步下降，随着积液增多最终将造成单井被水淹，失去注采气能力。造成井筒积液最主要原因是储气库存在水侵现象，且地层压力与井口压力之间压差不足，气体不具备足够的能量将液体携带至地面，液体在井底越积越多，最终形成井筒积液现象。

储气库多轮次注采阶段，井筒内液体主要以两种形态存在：一种是以液滴形态被气体携带至井口，一种是以液膜形态沿管壁向上流动。根据两种不同液体形态，产生了液滴反转模型、液膜反转模型等 2 种不同的井筒积液解释模型。

3.1　液滴反转模型对比

在垂直井筒中，假设液滴处于滞止状态，液滴受到周围气体的浮力、自身的重力、气体对它的曳力和横向力的作用。当气流中液滴所受到的曳力、浮力等于其重力，此时合力为零，液滴处于平衡状态。

$$G_w=F_g+F_d$$

式中 G_w 为液滴自身重力，N；F_g 为气体浮力，N；F_d 为气体的拉力，N。

最早用于预测、计算井筒开始积液的模型是 Turner 临界携液流速模型：

$$v_g=c_4\sqrt{\frac{(\rho_l-\rho_g)\sigma}{\rho_g^{\ 2}}}$$

式中：v_g 为气体临界携液速度，m/s；σ 为气水界面张力，N/m；ρ_l 为水密度，kg/m^3；ρ_g 气密度，kg/m^3；C 为模型常数，$m^{0.2}5/s^{0.5}$。

后期很多学者从液滴形态、曳力系数、以及通过实验研究或实践归纳等不同角度开展了大量研究，提出了许多新的液滴反转模型，如表 1 所示。

表 1　不同液滴反转模型

模型	液滴形状	来源	c
Turner	圆球	理论	6.56
李闽	扁平椭球	理论	2.50
彭朝阳	近圆椭球	理论	4.54
王毅忠	球帽	理论	2.25
魏纳	近圆椭球	可视化实验	6.07

本文根据刘庄储气库各注采气井 2023 年采气期平均井口压力及平均采气量，计算不同液滴反转模型下各井临界携液流量。通过计算结果可知，不同液滴反转模型得到的临界携液流量存在较大差异，其中 Turner 模型计算得到的临界携液流量最大，王毅忠模型的最小，如表 2 所示。

表 2　不同液滴反转模型下各井临界携液流量

模型	X1	X2	X4	X5	X6	X8	X9	X10	X12
Turner	8.19	7.70	7.86	7.88	7.83	7.76	8.09	8.09	8.17
李闽	3.10	2.92	2.98	2.98	2.97	2.94	3.06	3.06	3.10
彭朝阳	5.63	5.30	5.41	5.42	5.39	5.34	5.56	5.56	5.62
王毅忠	2.79	2.64	2.68	2.69	2.67	2.65	2.76	2.76	2.79
魏纳	7.53	7.13	7.23	7.25	7.21	7.14	7.44	7.44	7.51

与各井平均产气量进行对比，液滴反转模型判断各井积液情况大部分为未积液，与实际情况相差较大（X10 边底水突进，采气量小），如图 2 所示。

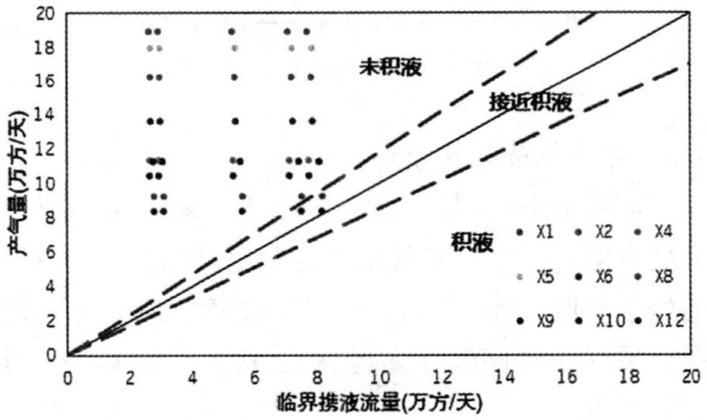

图 2　液滴反转模型与各井平均产气量

3.2　液膜反转模型对比

近年来，越来越多的实验和理论研究认为液膜反转是气井积液的主要机理。相关学者进行实验证明液滴尺寸远小于模型假设值，且当气水两相流为环状流到过渡流转变时，液相大部分以液膜形式被向上携带。

Wallis 引入液体表观流速，提出液膜经验公式，可作为反转界限判定：

$$v_{sg} = C\left[\frac{gD(\rho_l - \rho_g)}{\rho_g}\right]^{0.25} - mv_{sl}\left(\frac{\rho_l}{\rho_g}\right)^{0.25}$$

式中：v_{sg} 为气体表观流速；v_sl 为液体表观流速；g 为重力加速度，m/s^2；D 为油管内径，mm；m 为变量参数；C 为常数。

Belfroid 考虑油管倾斜度的影响，提出液膜反转角度修正公式：

$$v_{sg} = C\left[\frac{\sigma(\rho_l - \rho_g)}{{\rho_g}^2}\right]^{0.25}\frac{[\sin(1.7\theta)]^{0.38}}{0.74}$$

式中：θ 为油管与水平面间的夹角。

运用 Wallis 模型进行计算，并与各井平均产气量进行对比，显示结果为各注采气井都处于积液或接近积液状态，表明 Wallis 模型计算结果偏大，与实际情况不符（X2 井、X4 井、X6 井边底水未突进，且采气量大），如图 3 所示。

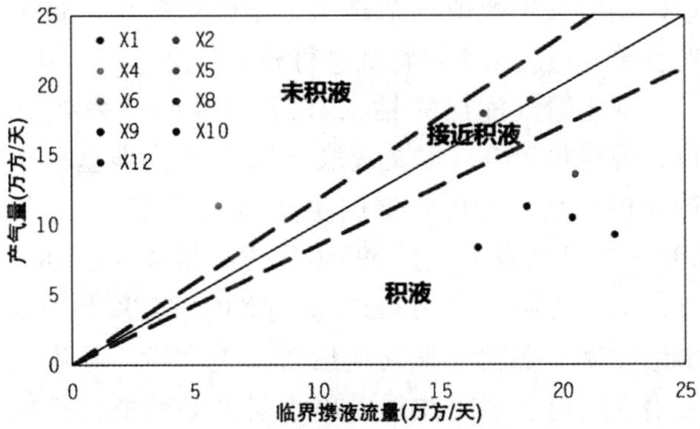

图 3　Wallis 液膜反转模型与各井平均产气量

运用 Belfroid 模型进行判定，能与实际生产情况较好吻合，如图 4 所示。

4　应用实例

4.1　基本情况

刘庄储气库是西气东输配套油气藏型地下储

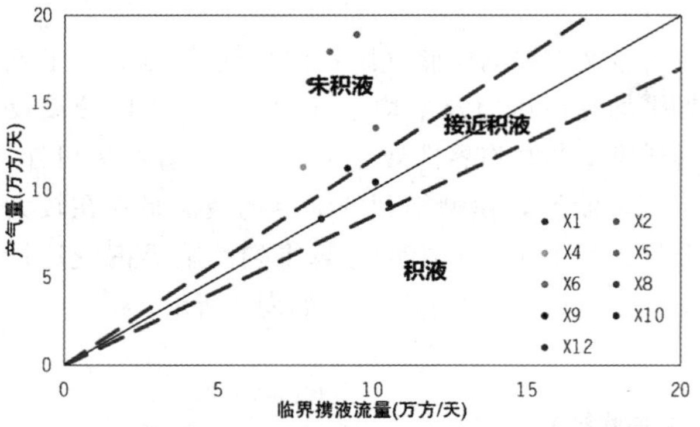

图 4　Belfroid 液膜反转模型与各井平均产气量

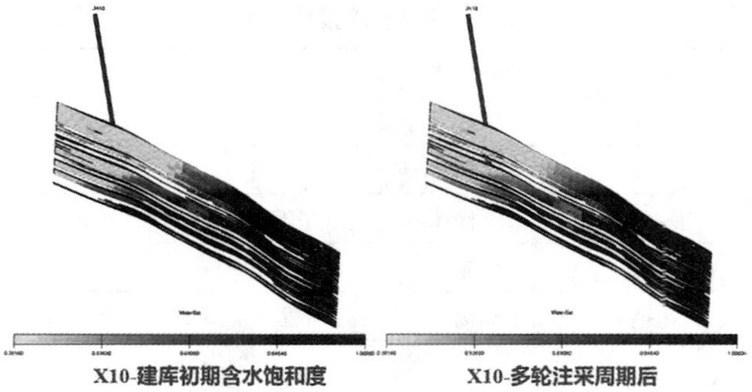

图 5　建库初期及多轮注采周期后含水饱和度模型

气库，设计库容 3.86 亿方，设计工作气量 1.71 亿方，设计工作压力 5～12MPa，设计注采井数为 14 口。2011 年投产注气，2014 年完成整个储气库注气工作，2015 年开始调峰运行，2016 年注气结束后达到最大库存量 3.56 亿方。截止 2024 年 8 月，共完成十三个注气阶段十一个采气阶段，累计注气量 9.1 亿方，累计采气量 6.4 亿方，最大日注气 173 万方，最大日采气 149 万方，平均日注气量 90 万方，日采气量 95 万方。

刘庄构造为一狭长的断鼻构造，构造形态基本完整，块内被两条近东西走向的小断层分割。从储气库整体看，中高渗区域以呈条带状分布为主，储层平面上连续性较好，隔夹层分布稳定，井间连通性较好，具有统一的气水界面。

4.2　水侵情况分析

经过前期地质模型搭建、属性赋值、井筒耦合以及数据拟合，建立刘庄储气库高精度数值模拟模型。采用数值模拟结果，结合历年生产数据对各单井边底水突进特征进行分析对比。

刘庄储气库已完钻 12 口井，其中注采井 10 口，观察井 2 口，本文选取 X10 井作为典型井进行分析对比。X10 井储层主要位于阜宁组二段，2022-2023 周期采气量 593.6 万方，累产水量 18.3 方，水气比为 0.03 方/万方。对 X10 井建库初期含水饱和度、多轮注采周期后含水饱和度、建库初期出水层位、多轮注采后出水层位等数值模拟模型分析，该井所处位置位于气水过渡带，存在边底水突进现象，采出水来源于边底水，如图 5 所示。

X10 井含水率曲线表明，该井含水率呈现上升趋势，含水率上升峰值为 9.95%。X10 井采气前液面深度也表明，多轮注采周期后，井底静液面深度逐渐增加，井筒附近储层压力逐渐降低，边底水突进日趋严重。通过分析对比可知，模拟结果与生产数据具有一致性，都表明 X10 井存在边底水突进现象，两者可以相互参考、相互印证，如图 6 所示。

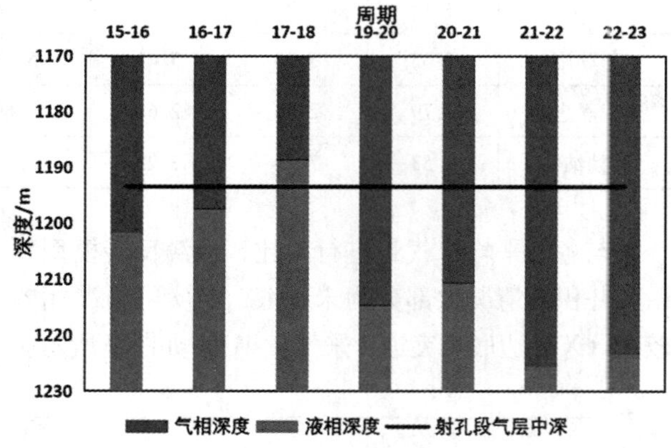

图 6　采气前液面深度

4.3　井筒积液情况分析

应用 Belfroid 模型计算的临界携液流量结果与 X10 井采气期每日采气量进行对比可知，X10 井目前处于积液状态。结合 X10 井边底水存在突进情况，后续随着储气库多轮次注采气，积液将变得更加严重。

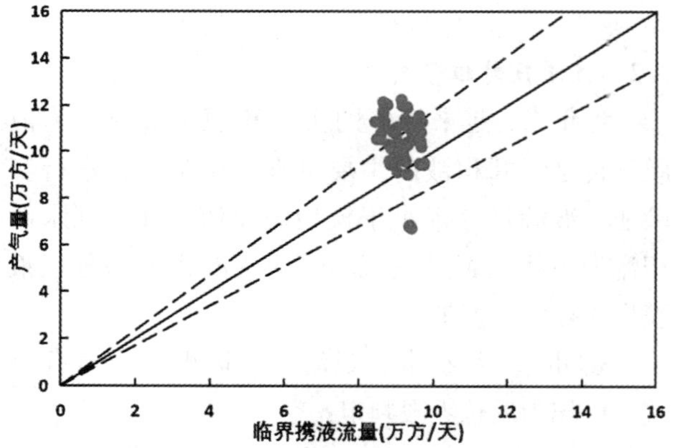

图 7　X10 井 Belfroid 液膜反转模型与各井平均产气量

5　结论

（1）所建立的耦合井筒流动和拟合历史数据

的储气库高精度数值模拟模型，能够准确刻画边底水运移行为，并反映井筒积液情况。通过对典型井水侵情况和井筒积液情况分析对比，进一步验证了所建模型的正确性，以及基于数值模拟、理论计算及生产动态资料相结合方法的可行性。

（2）储气库的水侵量变化规律异于常规气藏，在储气库多周期注采运行下，注气阶段注入气驱替边水向外运移，水侵量减少；采气阶段边水驱替气体向内运移，水侵量增加。随着多轮注采周期运行，储气库水侵量呈上升趋势。

（3）井筒积液对储气库注采气能力和库容影响极大，边底水突进和临界携液流量不足是造成井筒积液的主要因素，井筒积液不及时排除将影响单井注采气能力，甚至造成单井水淹现象。

（4）对液滴反转模型和液膜反转模型两种不同的井筒积液解释模型进行分析研究，结果表明多种液滴反转模型计算结果偏小，均与井筒积液实际情况不符；考虑了油管倾斜度的 Belfroid 液膜反转修正模型能较好与实际生产情况吻合。因此，可以应用 Belfroid 模型计算的临界携液流量结果与单井气量等数据，对井筒积液状态进行判定。

参 考 文 献

[1] 李建君．中国地下储气库发展现状及展望［J］．油气储运，2022，43（7）：780-786.

[2] 杨春和，王同涛．深地储能研究进展［J］．岩石力学与工程学报，2022，41（9）：1729-1759.

[3] 杨海军．中国盐穴储气库建设关键技术及挑战［J］．油气储运，2017，36（7）：747-753.

[4] 丁国生，魏欢．中国地下储气库建设 20 年回顾与展望［J］．油气储运，2020，39（1）：25-31.

[5] 阳小平．中国地下储气库建设需求与关键技术发展方向［J］．油气储运，2013，42（10）：1100-1106.

[6] 马新华，郑得文，申瑞臣，等．中国复杂地质条件气藏型储气库建库关键技术与实践［J］．石油勘探与开发，2018，45（3）：489-498.

[7] 范亖，高新平，宁飞，等．基于多周期注采的气藏型地下储气库储层渗流规律［J］．天然气工业，2023，43（10）：103-111.

[8] 敖海兵，陈加松，胡志鹏，等．盐穴储气库运行损伤评价体系［J］．油气储运，2017，36（8）：910-917.

[9] 廖伟，刘国良，李欣潞，等．呼图壁储气库边底水水侵前缘动用及注采风险评价［J］．新疆石油地质，2022，43（1）：66-71.

[10] TURNER R G，HUBBARD M G，DUKLER A E. Analysis and prediction of minimum flow rate for the continuous removal of liquids from gas wells［J］. JPT，1969，21（11）：1475-1482.

[11] ALAMU B M. Gas-well liquid loading probed with advanced instrumentation［J］. SPE Journal，2012，17（1）：251-270.

[12] 李闽，郭平，谭光天．气井携液新观点［J］．石油勘探与开发，2001，28（5）：105-106.

[13] 王毅忠，刘庆文．计算气井最小携液临界流量的新方法［J］．大庆石油地质与开发，2007，26（6）：82-85.

[14] 彭朝阳．气井携液临界流量研究［J］．新疆石油地质，2010，31（1）：72-74.

[15] 魏纳，李颖川，李悦钦，等．气井积液可视化实验［J］．钻采工艺，2007，30（3）：43-45.

[16] MAHDY S，KAMY S. Development of a transient mechanistic two-phase flow model for wellbores［J］. SPE Journal，2012，17（3）：942-955.

[17] TUNA E，CAN P. Natural gas underground storage and oil recovery with horizontal wells［J］. Journal of Petroleum Science and Engineering，2020，187：106753.

[18] 冷仁春．Prosper 软件结合 Turner 模型确定气井 Turner 模型常数的方法［J］．石油工业技术监督，2024，40（1）：16-19.

[19] 汤勇，龙科吉，王皆明，等．凝析气藏型储气库多周期注采过程中流体相态变化特征［J］．石油勘探与开发，2021，48（2）：337-346.

[20] 刘永辉，艾先婷，罗程程，等．预测水平井携液临界气流速的新模型［J］．深圳大学学报理工版，2018，35（6）：551-557.

[21] BELFROID S P C，SCHIFERLI W，ALBERTS G J N et al. Prediction onset and dynamic behavior of liquidloading gas wells［J］. SPE 115567，2008.

永 21 储气库注采完井及老井封堵工艺

张瑞霞 刘玉国 魏 伟 闫丽丽 岳广韬 毛晓楠

（中国石化胜利油田分公司石油工程技术研究院）

摘 要 永 21 储气库是胜利油田第一座储气库，也是我国第一座含水层储气库，部署新井 5 口，2 口注采井、1 口监测井、2 口排水井，区块内老井 3 口。注采井采用水平井裸眼筛管一体化完井及裸眼分段砾石充填防砂完井工艺；新井投产油套环空采用 V0 级永久封隔器实现长效气密封，保证油套环空密封及安全；管内设计井下安全阀，地面配套安全控制系统，实现应急情况下油管内的安全控制；监测井设计为储盖同时监测井，通过毛细管测压系统和电子温压计系统分别实现盖层和储层压力监测，实时监测储气库的安全；排水井在储层压力升高至一定值后排水泄压生产，保障含水层储气库有效库容。3 口老井按照标准全部封堵。永 21 储气库 2021 年 8 月投产运营，截止目前已平稳注气两周期，累注气 1.36 亿方。

关键词 储气库；注采；监测；排水；封堵

Injection and Production Completion and Plugging Process of Yong 21 Gas Storage

ZHANG Ruixia, LIU Yuguo, WEI Wei, YAN Lili, YUE Guangtao, MAO Xiaonan

(Petroleum Engineering Technology Research Institute of Shengli Oilfield Company Sinopec)

Abstract: Yong21 gas storage is the first gas storage in Shengli Oilfield and the first aquifer gas storage in China, with 5 new Wells, 2 injection-production Wells, 1 monitoring well, 2 drainage Wells, and 3 old Wells in the block. The injection-production well adopts open-hole screen integration completion and open-hole gravel packing sand control completion technology; The new well employs a Class V0 permanent packer in the oil-casing annulus to achieve long-term gas tightness, ensuring the sealing and safety of the oil-casing annulus; The underground safety valve is designed in the pipe, and the ground is equipped with a safety control system to realize the safety control in the pipeline under emergency circumstances; The monitoring well is designed as a simultaneous reservoir-and-caprock monitoring. It realizes pressure monitoring of both the caprock and reservoir through a capillary pressure measurement system and an electronic temperature and pressure gauge system, respectively, to monitor the safety of the gas storage facility in real time; After the reservoir pressure rises to a certain value, the drainage well can discharge and relieve pressure to ensure the effective storage capacity of the aquifer gas reservoir. The three old Wells were all sealed in accordance with the standard. Yong21 gas storage was put into operation in August 2021, and has been injected smoothly for two cycles, with 136 million cubic meters of cumulative gas injection so far.

Key words: Gas storage, injection and production, monitoring, drainage, plugging

1 引言

地下储气库是安全平稳供气和天然气输配系统高效运行的重要保证。目前山东省尚未建成天然气地下储气库，作为东营市及胜利油田的首座储气库，永 21 储气库的建设投产，首先将缓解胜利油田内部及东营地区居民生活用气紧张的局面，对保证东营市安全平稳供气和节省投资、优化管网具有重要的意义，其次永 21 储气库还承担胜利油田及东营市天然气目标市场的季节调峰、应急供气任务。

永 21 储气库属于水淹废弃气藏改建储气库，是胜利油田第一座储气库建设。永 21 地下储气库有老井 3 口，部署新钻注采井 2 口，监测井 1 口，排水井 2 口。注采井作为天然气的注入和采出通道；监测井监测储气层和盖层的压力，保障储气库的安全运行；排水井进行排水采气，保障注采井的正常运行。

2　注采完井工艺技术

2.1　注采 1 井完井

注采 1 井采用水平井裸眼筛管一体化完井工艺，完井管柱（由上至下），如图 1 所示，7in 套管+免钻塞+滤砂筛管+管外封隔器+滤砂筛管+水平井泥饼清洗器。

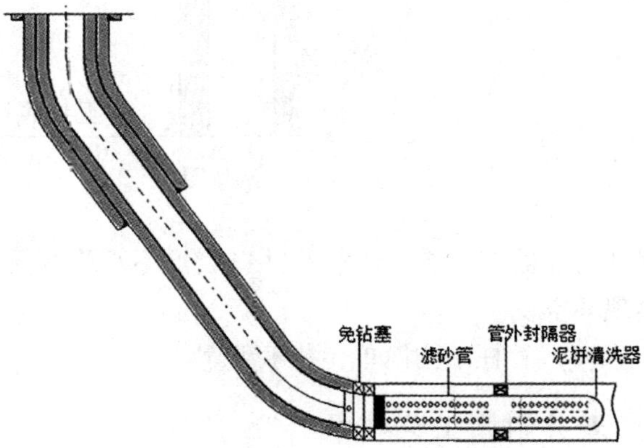

图 1　注采 1 井完井管柱图

2.2　注采 2 井完井

注采 2 井采用水平井裸眼分段砾石充填防砂完井工艺，完井管柱（由上而下）：7in 套管+免钻塞+滤砂筛管+分段充填工具+管外封隔器+滤砂筛管+底部充填工具，如图 2 所示。

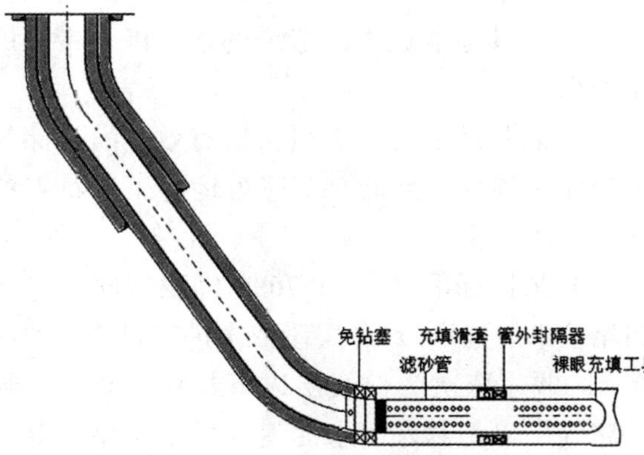

图 2　注采 2 井完井管柱图

3　注采投产完井工艺技术

3.1 注采井投产完井工艺

注采管柱材质选择 13Cr 材质，生产油管采用气密封螺纹。注采管柱自上而下为：井下安全阀+滑套+永久封隔器总成+球座+引鞋（如图 3 所示）。

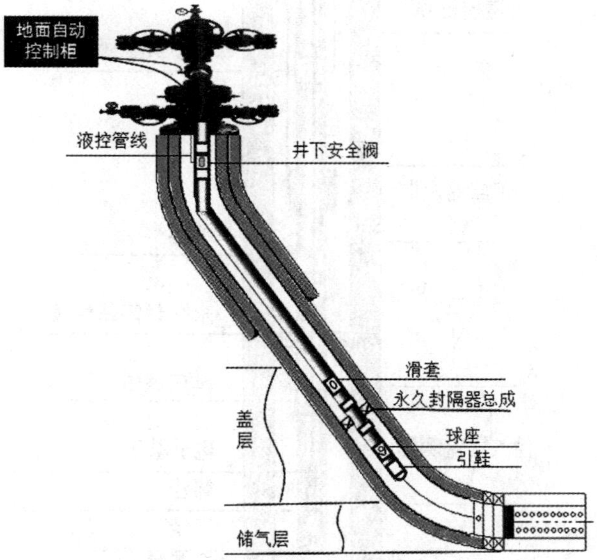

图 3　注采井投产完井管柱示意图

注采井投产管柱功能与特点：

（1）地面安全控制系统控制井下安全阀，确保在紧急情况下可由地面控制进行关断，实现油管内安全。

（2）永久封隔器实现油套环空良好封隔，保证封隔器以上油套环空及井口装置不承受高压，实现环空安全。

（3）可实现不动管柱压井，替环空保护液。

3.2 监测井投产完井工艺

为了保证监测管柱的气密性，采用气密扣型，同时为保证长期耐腐蚀性，采用不锈钢材质。

监测管柱自上而下为：井下安全阀+毛细管测压系统+滑套+永久封隔器总成+定压球座+筛管+丝堵。毛细管测压系统实现盖层压力监测。油管内实现储层监测，监测管柱自上而下为：钢管电缆+井下电子温压计，如图 4 所示。

监测管柱功能与特点：

（1）电子温压计系统实现储气层的温度和压力。

（2）毛细管测压系统实现盖层监测层压力监测。

（3）地面安全控制系统控制井下安全阀，确

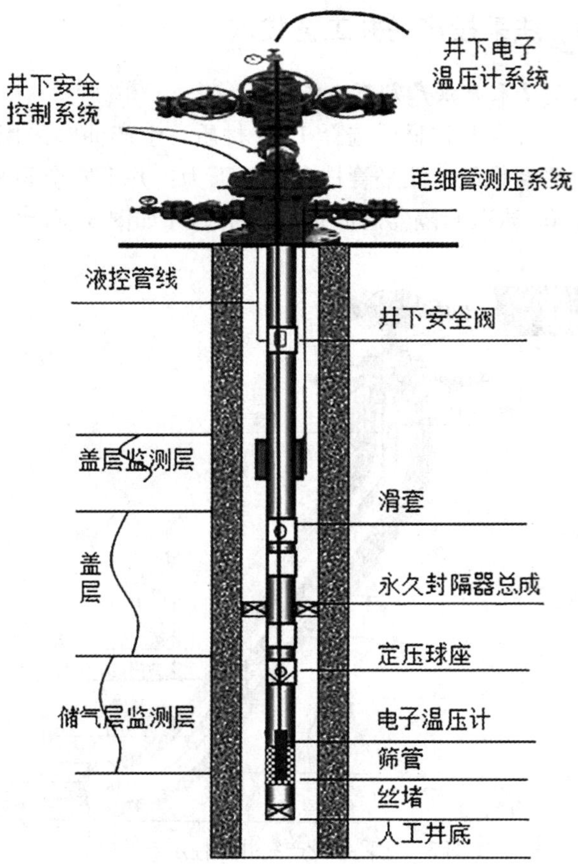

图 4　监测管柱示意图

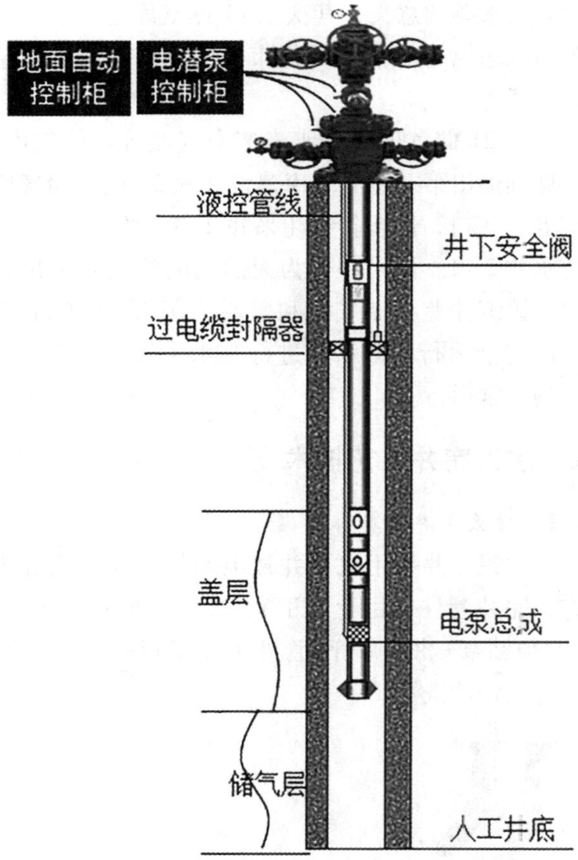

图 5　排水井管柱示意图

保在紧急情况下可由地面控制进行关断，实现油管内安全。

（4）永久封隔器实现油套环空良好封隔，保证封隔器以上油套环空及井口装置不承受高压，实现环空安全。

（5）可实现不动管柱压井。

3.3 排水井投产完井工艺

排水管柱需考虑气密性及 CO2 等腐蚀因素，过电缆封隔器以上采用钢级 L80-13Cr 油管。排水管柱自上而下为：井下安全阀+过电缆封隔器+电泵总成，如图 5 所示。

排水井排水管柱特点：

（1）为减少出砂对电泵影响，在储层段悬挂防砂管柱，自下而上为：丝堵+割缝筛管+安全接头+Y445 丢手封隔器。

（2）电泵可实现大排量排水，保证排水降压效果。

（3）地面安全控制系统控制井下安全阀，确保在紧急情况下可由地面控制进行关断，实现油管内安全。

（4）过电缆封隔器实现油套环空良好封隔，保证封隔器以上油套环空及井口装置不承受高压，实现环空安全。

（5）管柱结构简单，技术可靠。

4　老井封堵工艺技术

永 21 储气库老井 3 口，经评价，3 口老井需采用封堵施工，保证后期的气密封安全性。

老井封堵应遵循以下原则：

（1）防止天然气沿井筒内外窜至井口，以保障储气库对周边环境的安全；

（2）采取必要的措施，使储气层与其他层之间不窜，确保储气层整体密封性，减少天然气由储气层窜向其他非储气层造成的损失以及带来的安全隐患；

（3）老井封堵效果必须长期有效，满足储气库多个注采周期、高低交变应力运行工况特点的要求。

（4）依据标准《SY/T 7688 气藏型储气库老井封堵技术规范》，对各层段依次进行封堵，如图 6 所示，顺序依次为储气层以下封堵、储气层封堵、储气层以上封堵、水泥返高以上封堵、套管鞋封堵。

老井封堵后示意图如图 7 所示。

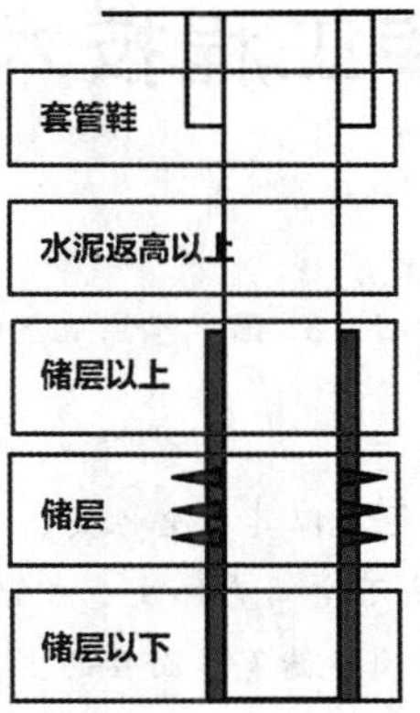

图 6　老井封堵示意图

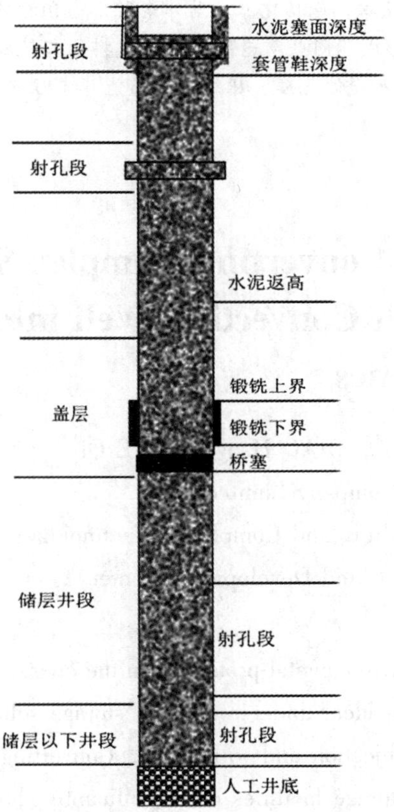

图 7　老井封堵效果示意图

5　结论

（1）永 21 储气库目前已平稳注气两周期，累注气 1.36 亿方，证明储气库建设工艺正确性。

（2）两口注采井套压为 0，表明注采投产完井工艺满足储气库注采生产需求，且实现安全生产。

（3）监测井储盖同时监测，实现了永 21 储气库压力情况的实时监测，盖层压力平稳，表明储气库运行安全。

（4）老井依据标准《SY/T 7688 气藏型储气库老井封堵技术规范》，对各层段进行封堵，3 口井各环空压力均为 0，保障了储气库安全运行。

参 考 文 献

[1] 曾大乾，张广权，张俊法等．中石化地下储气库建设成就与发展展望，天然气工业［J］，2021，41（09）：125-134.

[2] 陈启兵．相国寺储气库，石油知识［J］．2021，（05）：22-23.

[3] 张浩．储气库封堵密封性研究与应用，化学工程与装备［J］．2021，（03）：145-150.

[4] 饶原刚，尚士杰，李玉英等．文 23 地下储气库完井工艺技术优选，当代化工研究［J］．2020，（07）：133-134.

[5] 贺海军，陈琳，吴恩成等．气藏型地下储气库完井工程技术展望，世界石油工业［J］．2019，26（02）：55-5.

复杂盐矿对流井连通老腔改建储库工程技术研究

班凡生[1,2,3] 付 盼[1,2,3] 关跃阳[1,2,3] 刁皓玉[1,3] 何 奇[1]

(1. 中国石油集团工程技术研究院有限公司；2. 油气钻完井技术国家工程研究中心；3. 国家能源地下储气库研发中心)

摘 要 随着能源系统对安全、经济和环保的要求不断提高，盐穴储气库以其安全性高、库容损失小、注采灵活等优势成为一种理想的地下储气解决方案。盐矿企业采卤形成的地下空间直接改造成储气库可以大幅缩短建库时间、迅速提高库容、有效降低成本。本文综合分析了盐矿老腔改建储气库面临的主要技术难点，包括盐穴老腔腔体形态复杂，缺乏有效的预测手段；盐矿老井井筒质量差，井筒改造难度大；盐穴残渣空间注气排卤气液固流动规律认识不清，注气排卤手段缺乏。

针对盐矿老腔改建地下储库工程难点，提出了针对性的对策和建议，包括建立了盐矿老腔形态预测方法；提出了老井封堵改造+钻新井的已有采卤溶腔改建储气库新方法；形成不同盐矿老腔高效注气排卤工艺技术。研究成果有效推动了江苏、河南、湖北、山东等地盐矿老腔改建天然气储气库、压缩空气储能库工程安全高效建设，同时可为我国盐矿老腔储氢、储碳等提供理论基础及技术支撑。

关键词 盐矿老腔；储气库；老井封堵；注气排卤

Research on Engineering Technology of Converting Complex Salt Mine Connected Existing Cavern With Convection Well into Gas Storage Facilities

BAN Fansheng[1,2,3], FU Pan[1,2,3], GUAN Yueyang[1,2,3], DIAO Haoyu[1,3], HE Qi[1]

(1. CNPC Engineering Technology R&D Company Limited;
2. National Engineering Research Center of Oil & Gas Drilling and Completion Technology;
3. National Energy Underground Gas Storage Research and Development Center)

Abstract: As the requirements for safety, economy, and environmental protection in the energy system continue to increase, salt cavern gas storage has become an ideal underground gas storage solution due to its high safety, minimal capacity loss, and flexible gas injection and withdrawal. Converting the underground spaces formed by salt mining operations into gas storage facilities can significantly shorten the construction time, rapidly increase storage capacity, and effectively reduce costs. This paper comprehensively analyzes the main technical challenges in converting existing salt mine caverns into gas storage facilities. These challenges include the complex shapes of existing salt caverns with a lack of effective prediction methods, the poor quality of old well shafts and the difficulty of their renovation, and the unclear understanding of the flow patterns of gas, liquid, and solids during gas injection and brine displacement in the residual spaces of salt caverns, along with the lack of effective techniques for gas injection and brine displacement. Targeted countermeasures and recommendations have been proposed to address these challenges based on underground engineering technology difficulties of converting Salt Mine Existing Cavern into Gas Storage Facilities. These include a new method for establishing a prediction method for the shapes of old salt caverns, converting existing brine extraction cavities into gas storage facilities by sealing and renovating old wells and drilling new wells, and developing efficient gas injection and brine displacement techniques for different existing salt caverns. The research results have effectively promoted the safe and efficient construction of natural gas storage and and compressed air energy storage projects in existing salt caverns in Jiangsu, Henan, Hubei, Shandong and other places, while also providing theoretical basis and technical support for hydrogen and carbon storage in existing salt caverns.

Key words: Salt mine existing cavern; Gas storage; Old well blockage; Gas injection and brine discharge

盐穴储气库具有安全性高、库容损失小、注采灵活等优势，是我国储气库季节调峰的有效手段，同时国内中东部地区缺少油气藏资源，是该地区季节调峰的重要途径。然而，我国盐穴储气库为层状盐层建库，相对于国外盐丘盐岩品位低、夹层数量多且厚，采用常规的注淡水排卤水造腔工艺，造腔速度慢，建造20万方的腔体约需4年，亟需新的快速建腔方法推进盐穴储气库建库进程。

我国盐矿老腔资源丰富，单个老腔改建储气库时间可不到2年，可有效缩短建库周期，提高建库速度，同时采盐后的有效空间可作为天然气储气库、压缩空气储能库，盐岩资源得到充分利用。盐矿老腔主要包括单井单腔、对流井连通老腔，其中单井单腔的盐矿老腔改建储气库国内已有研究和应用，盐矿对流井连通老腔包括双井对流模式、三井对流模式以及多井对流模式，面临缺乏筛选评价方法、老井封堵工艺以及注气排卤难度大等难题，亟需针对国内盐矿对流井连通老腔资源，开展盐矿对流井老腔筛选评价、老井封堵以及老腔改建工艺技术研究，形成一套相对成熟的对流井连通老腔快速改建储气库技术系列和建设手段，为复杂老腔改建储气库工程提供科学指导。

图1　采卤管腐蚀

图2　采盐井口腐蚀

1　老腔改建技术难点

1.1　盐矿老井问题

（1）盐矿老井套管直径小，采气能力受限：普遍采用177.8/139.7mm套管，注采管尺寸受限，不具备储气库应急供气的能力。

（2）长时间采卤作业，套管腐蚀严重（图1）。

（3）固井质量不满足要求：部分采卤井水泥返高100m，未返至井口；长时间采卤导致水泥环老化，易造成水泥环密封失效。

（4）井口腐蚀严重：井口长时间采卤导致大部分采油树均有较为严重的腐蚀（图2）。

1.2　技术挑战

盐矿对流井连通老腔改建储气库面临三大技术挑战：双井及多井连通老腔腔体可利用难度大，适用于复杂连通老腔的筛选评价技术缺乏；基于老井井况条件，现有老井封堵工艺技术不够完善，老井封堵质量有待提高；双井及多井连通老腔形态复杂，优选适用于复杂连通老腔的注气排卤工艺方案难度大。

2　老腔改建关键技术

2.1　老腔筛选评价技术

（1）老腔形态预测技术

目前盐矿普遍采用对接井采盐方式，腔体形态扩展无规律可循，盐腔形态复杂多变，沉渣空间三维展布利用现有声呐装置无法实现测量，且缺乏有效的预测手段，无法实现老腔的有效评估和改建。采用三维地震解释预测盐矿老腔，腔体形态预测精度低，需要需求新的腔体形态预测方法。基于经典的 N-S 方法，创新建立对接井溶腔三维反演数学模型，研发了老腔形态反演软件，形成盐矿老腔预测方法，可利用盐矿生产数据，实现盐腔水平通道三维空间反演。

（2）老腔筛选评价方法

基于盐矿对流井老腔特点，确定了老腔筛选主要因素及评价指标分级，制定了对流井老腔筛选评价流程，形成了盐矿对流井连通老腔筛选及初步评价方法。于连通方式、对井间距等老腔特点，确定出老腔筛选评价主要包括：地层条件、腔体条件及井筒条件三大主因素、11 项子因素，建立了基于模糊综合评价的老腔适用性评价方法，对老腔的评价进行综合打分，实现盐矿老腔的定性评价（表 1）。

表 1　老腔筛选评价主要因素

序号	主因素	子因素
1	地层条件	区域地质条件
		盐岩层地质特征
		夹层地质特征
2	腔体条件	连通方式
		腔体体积
		腔体密封性
		腔体稳定性
3	井筒条件	井筒通畅程度
		水泥胶结质量
		套管剩余强度
		套管承压能力

2.2　老井封堵技术

盐矿老腔改造要实现精准把控盐腔顶部入腔点，达到“一点三化”（老腔有效体积最大化、新井筒完整性最优化、老井眼防碰施工安全化），老井改造主要有全井套铣改造和封堵老井+钻新井改造两种方式，其中封堵老井+钻新井改造方式具有改造成本低、安全性高等特点，是目前主要推行的盐矿老井改造方式。采用段铣的方法封堵老井，通过段铣封堵，以防止管外水泥环裂隙及双界面缝隙在纵向上产生的气体串漏和横向地层漏失，主要包括搬迁安装、井口准备、套管刮削、下桥塞建人工井底、段铣、扩眼、挤注水泥、憋压候凝、灰面试压、装井口、完井拆设备等工序，如图 3、图 4 所示。

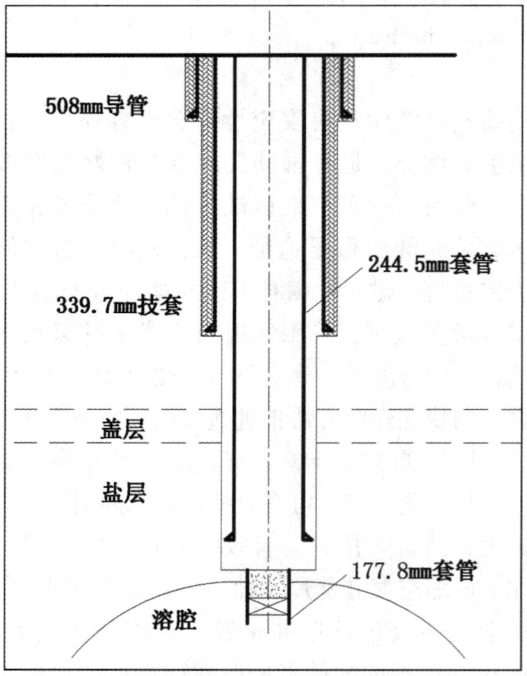

图 3　全井套铣方案

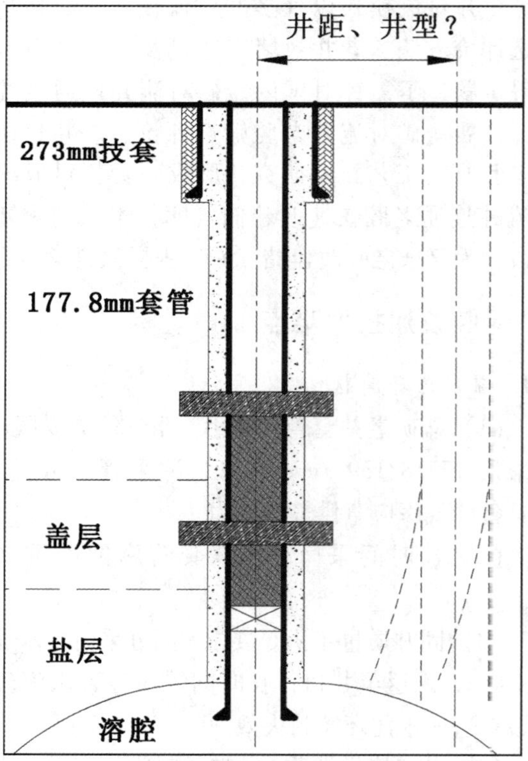

图 4　封堵老井+钻新井改造

2.3　注气排卤技术

（1）沉渣排卤技术

我国盐层不溶物含量高，采盐形成的盐矿老

腔，盐腔部分体积被沉渣充填，造成腔体空间的浪费，在建或拟建的平顶山等地5座盐矿腔体残渣高度平均为74m，占建腔高度比平均为47.9%。针对沉渣空间空隙度、渗透率等物性参数特征认识不清等问题，基于现场实际岩心样品，建立了老腔不溶物沉渣特性实验测试平台，通过抽真空、饱和水的方式，测试不溶物堆积体积即沉渣空间的空隙体积（表2），不溶物堆积体中自由水的体积分布范围在50.0%～54.6%，平均空隙体积为51.8%，可采用新钻排卤井实现沉渣空间排卤，扩大腔体的储气空间。

表2　不溶物沉渣空隙体积

样品	模型管体积/沉渣体积（cm^3）	沉渣空隙体积/饱和水体积（cm^3）	沉渣空隙率（%）
样品1	690.8	345.5	50.0
样品2	690.8	363.0	52.5
样品3	690.8	353.3	51.1
样品4	690.8	350.3	50.7
样品5	690.8	377.4	54.6
平均	—	—	51.8

（2）注气排卤工艺

我国金坛等地单井老腔改建采用单井单腔注气排卤工艺方法，但在针对盐矿对流井连通老腔改建储气库工艺技术方面处在试验阶段。对流老腔注气排卤模式主要包括双井注排、一注一排、两注一排等方式，注气排卤方式的选择需要考虑沉渣特性、腔体体积等因素综合确定。注气排卤设计要采用沉渣注气排卤模拟软件，实现对接井老腔多井注排全流程模拟，精确计算沉渣中气水界面、井口注气压力、注气速率随时间的变化规律，施工前形成注气排卤工程设计方案，如图5～图7所示。

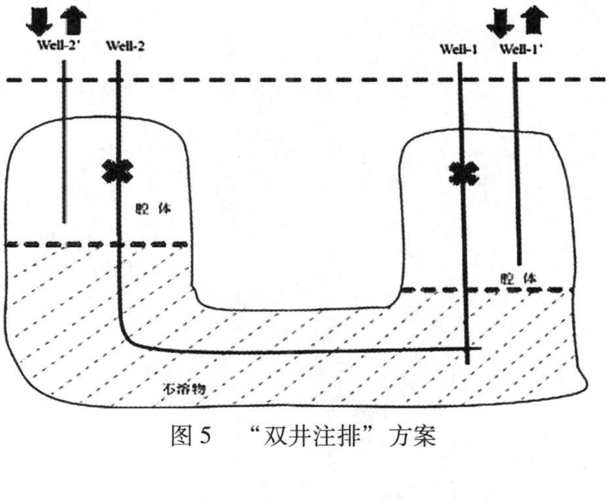

图5　“双井注排”方案

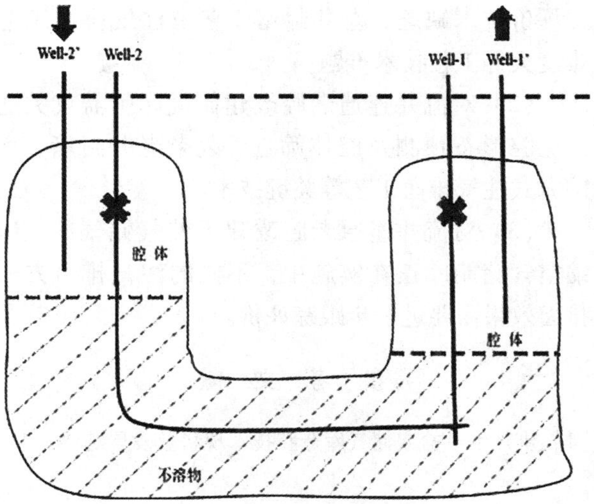

图6　“一注一排”方案

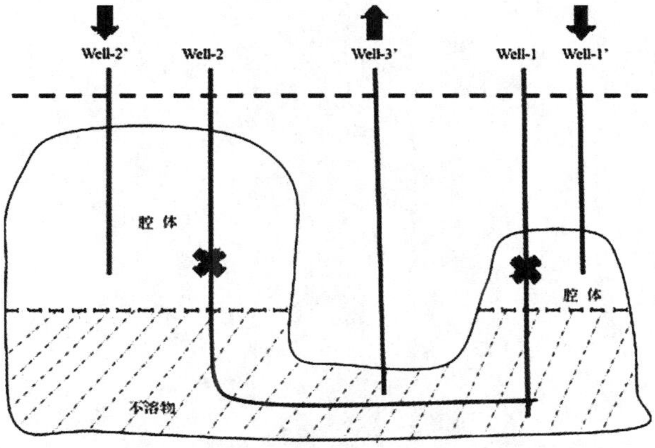

图7　“两注一排”方案

3　现场应用

盐矿单井单腔改建储气库工程技术基本构建，已在江苏金坛盐穴储气库成功改造6口盐矿老腔。目前，对流井盐矿老腔改建天然气储气库、压缩空气储能库国内正在建设中，多种老腔改造方式在不同储气（能）建库区块实现了应用，其中江苏淮安储气库采用一注一排、两注一排等方式建设天然气储气库；淮安等地压缩空气储能库采用一注一排等方式实现注气排卤；湖北应城等地压缩空气储能库采用新钻排卤井沉渣利用模式，实现空腔+沉渣综合利用。

4　结论与认识

结合我国盐矿老井存在的问题，分析了盐矿改建地下储库的工程技术难点，提出了对流井连通老腔改建储气库关键技术，阐述了国内盐矿老腔的应用情况。

（1）盐矿对流井连通老腔改建储气库面临筛

选评价技术缺乏、老井封堵工艺及注气排卤工艺难度大等工程技术难题。

（2）对流井连通老腔改建储气库亟需攻关盐矿老腔形态预测及腔体筛选、复杂老井封堵、不同方式注气排卤工艺等关键技术。

（3）对流井连通老腔改建天然气储气库、压缩空气储能库正在实施中，不同的注气排卤方式排卤效果需要进一步跟踪评价。

参 考 文 献

[1] 班凡生．盐穴储气库造腔技术现状及发展趋势［J］．油气储运，2017，36（7）：754-756.

[2] 袁光杰，班凡生，万继方．盐穴储库造腔工程技术［M］．北京：石油工业出版社，2020.

[3] 杨海军．中国盐穴储气库建设关键技术及挑战［J］．油气储运，2017，36（7）：747-753.

[4] 田中兰，夏柏如，申瑞臣等．采卤盐矿老溶腔改建为地下储气库工程技术研究［J］．石油学报，2007，28（5）：142-145.

[5] 巴金红，康延鹏，姜海涛．国内盐穴储气库老腔利用现状及展望［J］．石油化工应用，2020，39（7）：1-5.

数据要素在钻井工程：赋能策略与实施案例

杨克龙　谈锦锋　王旭东　杨　洋　夏浩瑜　庞　淼　钟佳男

（中国石油西南油气田分公司工程技术研究院）

摘　要　本文探讨了数据要素在天然气钻井工程中的战略意义及其赋能机制。首先，数据要素驱动钻井工程的创新，通过大数据分析和机器学习技术，提高钻井效率和成功率。其次，数据要素在决策支持系统中发挥关键作用，提升决策的科学性和准确性。而且，数据要素还优化了钻井工程的价值链，提高了生产效率和市场竞争力。其中，综合智能决策支持系统（ISIDSS）和数据驱动的业务链协同是数据要素赋能的具体应用。同时，本文还指出尽管数据资源整合与共享逐步推进，但仍面临数据孤岛和数据安全等挑战。为实现高质量发展，本文提出了加强战略规划、制定行业标准、推动市场化配置、强化数据治理、促进技术融合和加大人才培养等策略，以实现天然气钻井工程的高质量发展。

关键词　数据要素；天然气钻井；数字化转型；智能化；战略规划；数据共享；数据安全；大数据分析

Data Elements in Drilling Engineering: Empowerment Strategies and Implementation Cases

YANG Kelong, TAN Jinfeng, WANG Xudong, YANG Yang, XIA Haoyu, PANG Miao, ZHONG Jianan

(Engineering Research Institute of Southwest Oil and Gas Field Branch, China National Petroleum Corporation)

Abstract: This paper explores the strategic significance of data elements in natural gas drilling projects and their enabling mechanisms. Initially, data elements drive innovation in drilling engineering by leveraging big data analysis and machine learning techniques to enhance drilling efficiency and success rates. Secondly, data elements play a crucial role in decision support systems, improving the scienTIF; S＊1; X-+1mm, BP] ic basis and accuracy of decision-making. Moreover, data elements optimize the value chain of drilling projects, increasing production efficiency and market competitiveness. The Integrated Smart Decision Support System (ISIDSS) and data-driven business chain collaboration are specific applications of data empowerment. At the same time, the paper points out that despite the gradual advancement of data resource integration and sharing, challenges such as data silos and data security remain. To achieve high-quality development, the paper proposes strategies including strengthening strategic planning, establishing industry standards, promoting market-oriented allocation, enhancing data governance, fostering technological integration, and increasing talent cultivation to realize the high-quality development of natural gas drilling projects.

Key words: Data Elements; Natural Gas Drilling; Digital Transformation; Intelligentization; Strategic Planning; Data Sharing; Data Security; Big Data Analysis

1　引言

天然气钻井工程作为油气产业链的关键环节，其复杂性和风险性促使我们必须不断创新和优化作业流程。信息技术的融入，特别是大数据和人工智能的应用，正引发钻井工程领域的革命性变革。数据要素已成为这一变革的核心，通过实时收集与分析，为钻井作业提供精准地质信息和工程参数，优化钻井方案，降低成本，并通过预测性维护减少设备故障。同时，数据要素通过实时监控系统保障作业安全，提升安全管理水平。此外，数据驱动的决策支持系统为管理者提供了全面了解项目状态、评估方案可行性的强有力工具。因此，数据要素的有效管理和应用对钻井工程的高质量发展至关重要，我们必须持续探索其新应用，以推动钻井工程的数字化和智能化转型，促进油气行业的持续发展和创新。

2 数据要素在天然气钻井工程中的战略意义

2.1 数据要素驱动钻井工程的创新

数据驱动的创新正在天然气钻井工程中发挥着核心作用。通过收集和分析钻井过程中产生的大量数据，工程师能够更深入地理解地下地质结构和油气藏特性。这些数据包括地震勘探数据、钻井参数、岩石样本分析结果等，它们为钻井工程设计和优化提供了科学依据。利用大数据分析和机器学习技术，可以预测钻井风险、优化钻井路径、提高钻井效率和成功率。此外，数据驱动的创新还包括开发智能钻井设备，这些设备能够实时收集和处理数据，实现自动化钻井操作，减少人为错误，提高作业的安全性。

2.2 数据要素支持钻井工程的决策

数据要素在钻井工程决策支持系统中扮演着至关重要的角色。决策者依赖数据分析结果来制定战略规划、评估项目风险、优化作业流程和提高资源利用率。例如，在钻井项目启动前，通过对历史数据和市场数据的分析，决策者可以评估项目的可行性和盈利潜力。在钻井过程中，实时数据监控帮助决策者及时了解作业状态，预测可能出现的问题，并做出相应的调整。此外，数据要素还支持钻井工程的持续改进，通过对钻井作业数据的后评估，企业能够识别改进领域，优化未来的钻井操作。数据驱动的决策支持系统提高了决策的科学性和准确性，为企业的稳健运营和可持续发展提供了有力保障。

2.3 数据要素优化钻井工程的价值链

数据要素对天然气钻井工程的价值链产生了深远的影响。从勘探、设计、施工到后期的生产管理，数据要素贯穿于钻井工程的每一个环节。在勘探阶段，数据分析帮助企业更准确地识别油气藏位置和储量，降低勘探风险。在设计阶段，数据支持工程设计人员制定更合理的钻井方案，优化资源配置。施工阶段，实时数据监控确保钻井作业按照预定方案顺利进行，及时调整以应对复杂地层条件。在生产管理阶段，数据要素的应用提高了生产效率，降低了运营成本，增强了企业的市场竞争力。数据要素的整合和应用，推动了天然气钻井工程向更加智能化和自动化的方向发展。

3 数据要素赋能天然气钻井工程的机制分析

3.1 数据要素与钻井工程生产要素的组合创新

数据要素与钻井工程中的其他生产要素相结合，形成了一种新的创新机制。这种组合不仅包括传统的土地、劳动力、资本和技术等要素，还包括了数据要素，从而形成了一种全新的生产函数。数据要素的引入，使得钻井工程能够通过分析历史数据来优化钻井设计、预测设备维护需求、提高作业效率和安全性。例如，通过集成地质勘探数据、实时监控数据和操作日志，工程师可以更准确地评估地层特性和钻井风险，实现精准钻探。此外，数据要素还促进了新型钻井技术和设备的创新，如自动化钻井控制系统和智能化钻井机器人，进一步提高了钻井工程的生产效率和质量。

3.2 综合智能决策支持系统在钻井工程中的应用

综合智能决策支持系统（ISIDSS）是数据要素赋能天然气钻井工程的关键应用之一。该系统通过集成数据仓库、联机分析处理、数据挖掘、模型库、数据库和知识库，为钻井工程提供了强大的决策支持。ISIDSS 能够处理和分析大量的钻井数据，提供实时的决策支持，帮助管理者在复杂多变的环境中做出最佳决策。例如，在钻井过程中，ISIDSS 可以实时监测钻井参数，预测可能的风险，并提供调整建议；在项目规划阶段，系统可以分析市场趋势和资源状况，为投资决策提供依据；在运营管理中，ISIDSS 可以优化资源配置，提高运营效率。

ISIDSS 的应用不仅提高了钻井工程的决策质量，还促进了数据要素的深度开发和利用。通过该系统，数据要素被转化为实际的业务价值，如提高作业效率、降低成本、增强安全保障等。此外，ISIDSS 还支持创新的数据分析方法和模型的开发，为钻井工程的持续改进和优化提供了技术支持。

3.3 数据驱动的业务链协同与价值创造

数据驱动的业务链协同是天然气钻井工程中数据要素赋能的另一重要方面。数据要素的应用贯穿了从勘探、设计、施工到后期管理的整个业务链，实现了各环节的紧密协同。在勘探阶段，数据共享和分析帮助团队快速识别最佳钻井位置；在设计阶段，数据支持的模拟和优化减少了设计时间；在施工阶段，实时数据监控确保了作业的顺利进行；在后期管理中，数据分析为生产运营提供了持续的改进方向。这种基于数据的协同不仅提高了作业效率，还创造了新的价值，如通过预测性维护减少停机时间，通过精细化管理降低成本，以及通过精准营销提高收益。

4 天然气钻井工程中数据要素的运营现状与挑战

4.1 数据要素的资源整合与共享现状

当前，天然气钻井工程的数据资源整合与共享正逐步推进，但仍处于发展阶段。许多企业已经认识到数据要素的重要性，并开始建立数据仓库，收集和存储钻井过程中产生的各类数据。这些数据包括地质勘探数据、钻井参数、设备运行状态、生产效率指标等。通过数据的整合，企业能够更全面地了解钻井项目的各个方面，为决策提供支持。然而，数据共享在实际操作中仍面临诸多障碍，如数据标准不统一、数据接口不兼容、企业间信任度不足等问题，这些都限制了数据要素在更广泛范围内的有效利用。

4.2 面临的主要挑战：数据孤岛、数据安全与隐私保护

数据孤岛是天然气钻井工程中一个普遍存在的问题。由于不同的业务系统和部门往往独立运作，它们产生的数据被局限在各自的系统中，难以实现跨系统、跨部门的数据流动和整合。这种分散的数据存储方式不仅降低了数据的利用效率，也增加了数据管理的复杂性。此外，数据安全和隐私保护也是数据要素运营中的重要挑战。随着数据价值的日益凸显，数据泄露和滥用的风险也在不断增加。如何在保障数据安全的前提下，实现数据的有效共享和利用，是天然气钻井工程亟需解决的问题。

4.3 技术创新与数据要素的深度融合需求

技术创新是天然气钻井工程与数据要素深度融合的核心驱动力。随着大数据、云计算、物联网和人工智能等前沿技术的发展，数据的采集、存储、处理和分析能力得到了显著提升，使得钻井工程能够高效处理大规模数据集，深化数据挖掘和洞察。为实现数据要素与钻井工程的深度融合，必须在技术应用、业务流程、组织文化等方面进行创新和改进。这包括开发先进的数据分析模型，优化数据驱动的决策流程，以及培养组织内的数据意识和文化。同时，技术创新需与行业规范和标准相结合，以确保数据应用的高效性和安全性。

5 策略与建议：数据要素赋能天然气钻井工程高质量发展

5.1 加强数据要素的战略规划与顶层设计

为确保数据要素在天然气钻井工程中发挥最大效能，首先需要加强数据要素的战略规划与顶层设计。这包括明确数据要素在钻井工程中的目标定位、发展路径和实施策略。企业应制定长远的数据战略规划，确立数据驱动的企业文化，并将数据要素的整合与应用纳入企业的整体发展战略中。同时，需要建立跨部门的数据管理组织架构，确保数据战略的有效执行和监督。

5.2 制定行业统一的数据要素管理标准

为了避免企业内部出现数据孤岛现象，或在跨企业进行数据共享和交易时遇到障碍，制定行业统一的数据要素管理标准显得尤为重要。这包括规范数据存储格式和数据接口。这将进一步确保数据的准确性、一致性和完整性，从而提高数据质量。同时还有助于企业建立统一的数据管理平台以集中存储和管理数据，减少数据转换和清洗的需求，从而降低数据处理和管理的成本，加强企业内的数据流通。

5.3 推动数据要素市场化配置与交易机制的建立

数据要素市场化配置是实现数据价值最大化的关键。企业应积极参与数据交易平台的建设，推动数据交易机制的完善，促进数据要素的自由流动和优化配置。通过建立合理的数据定价机制和交易规则，可以激发市场活力，吸引更多的数据提供者和使用者参与到数据市场中来。同时，联邦学习作为一种新兴技术，也是确保企业间数据共享安全性的一个解决办法。此外，企业还应探索数据资产化和证券化的新途径，拓宽数据要素的融资渠道，为钻井工程的数字化转型提供资

金支持。

5.4　强化数据治理与风险管理体系

数据治理是确保数据质量和安全的基础。企业应建立健全的数据治理体系，包括数据标准制定、数据质量管理、数据安全保护等方面。通过制定严格的数据管理制度和流程，可以提高数据的准确性、完整性和可靠性。同时，企业还应加强数据风险管理，建立数据安全防护机制，防范数据泄露、滥用等风险。通过定期的数据安全审计和风险评估，可以及时发现并解决数据安全问题。

5.5　促进数据要素与钻井工程技术的深度融合

数据要素与钻井工程技术的深度融合是实现钻井工程创新的关键。企业应加强数据要素在钻井工程中的应用研究，探索数据驱动的钻井新技术和新方法。通过将数据分析、机器学习等技术应用于钻井工程设计、施工和运营管理中，可以提高钻井工程的智能化水平，优化作业流程，降低成本，提高效率。此外，企业还应加强与科研机构和高校的合作，共同开展数据技术在钻井工程中的应用研究，推动技术创新。

5.6　加大数字化人才培养与团队建设力度

数字化人才是数据要素赋能钻井工程高质量发展的核心资源。企业应加大数字化人才的培养力度，建立系统的人才培养体系，包括专业培训、技能提升、职业发展等。通过与高校和研究机构合作，可以共同培养具有数据分析、系统开发、项目管理等能力的复合型人才。同时，企业还应加强数字化团队建设，建立跨学科、跨专业的数字化团队，促进团队成员之间的协作和知识共享。通过提供良好的工作环境和激励机制，可以吸引和留住优秀的数字化人才，为企业的数字化转型提供人才保障。推动数据文化的建设，鼓励创新思维，以促进数据驱动的业务发展。

6　结束语

数据要素的深度应用正在重塑天然气钻井工程的各个环节，为行业的高质量发展注入了新的动力。随着技术的不断进步和创新，数据已成为优化决策、提高效率、降低风险的关键。然而，要充分发挥数据要素的潜力，行业内外需共同努力，持续推动数据管理与运营机制的创新。这不仅需要政策制定者提供前瞻性的指导和支持，制定统一的数据管理标准，也需要企业积极探索数据要素的应用场景，培养专业人才，并构建开放、共享的数据生态系统。通过这些措施，天然气钻井工程将能够实现更深层次的数字化和智能化转型，为行业的可持续发展奠定坚实基础。

参　考　文　献

[1] 王敏生，光新军．智能钻井技术现状与发展方向［J］．石油学报，2020，41（4）：505.

[2] 倪朋勃，荆文明，袁胜斌．新型智能录井系统在优化钻井工程中的应用［J］．录井工程，2018，28（04）：79-84.

[3] 张晓东，朱正喜．智能钻井技术研究［J］．石油钻采工艺，2010，32（1）：1-4.

[4] Johnston J，Guichard A. New findings in drilling and wells using big data analytics［C］//Offshore technology conference. OTC，2015：OTC-26021-MS.

[5] Macpherson J，Knight S，de Wardt J P. Automation of directional drilling system with remote supervisory control allows mile-a-day wells to be achieved in Appalachian Basin［J］. IADC Drilling Contractor，2018.

[6] 张福祥，郑新权，李志斌，等．钻井优化系统在国内非常规油气资源开发中的实践［J］．中国石油勘探，2020，25（2）：96.

[7] Søndervik K. Autonomous robotic drilling systems［C］//SPE/IADC Drilling Conference and Exhibition. SPE，2013：SPE-163466-MS.

[8] Johnston J，Guichard A. New findings in drilling and wells using big data analytics［C］//Offshore technology conference. OTC，2015：OTC-26021-MS.

[9] 李琪，徐英卓．基于数据仓库的钻井工程智能决策支持系统研究［J］．石油学报，2003，24（4）：77.

[10] 郭三强，郭燕锦．大数据环境下的数据安全研究［J］．科技广场，2013（2）：28-31.

[11] 徐英卓．基于 XML 的多源异构钻井数据集成与共享平台［J］．石油学报，2006，27（4）：110.

[12] 史鼎元，王晏晟，郑鹏飞，等．面向企业数据孤岛的联邦排序学习［J］．软件学报，2021，32（3）：669-688.

[13] 叶雅珍，刘国华，朱扬勇．数据资产化框架初探［J］．大数据，2020，6（3）：3-12.

[14] 田建华，朱博华，卢志强，等．基于井控多属性机器学习的缝洞型储层预测方法［J］．油气地质与采收率，2023，30（1）：86-92.

含硫化氢储气库带压封堵井原因分析与对策

李　磊　卫俊杰　牟文满　闫家帅　李　军　武庭阳　赵　玮　赵亚峰　钱薇如

（中国石油华北石油管理局有限公司河北储气库分公司）

摘　要　油气藏型储气库具有“大吞大吐”式高速双向注采运行模式和储气库应急调峰保供的客观属性，建库前经过综合评价对无利用价值的老井均采取了永久封堵性措施，随着储气库多周期注采气生产运行，库区内的封堵井也同样承受来自储气目的层的高压，储层气体沿着生产套管与封堵水泥塞之间的微裂缝不断上窜，导致井口带压。通过对华北地区X含硫化氢储气库带压封堵井Y井的井口带压原因分析，在深入剖析井口带压流体组分来源和原井筒封堵资料的基础上，为了保障修井作业过程中的井控安全，在华北地区首次使用国产气井带压设备开展井筒处理作业，配合地面硫化氢在线监测设备，有效解决井筒内钻遇高压井流物时的井控问题。运用综合测井技术及评价方法复测生产套管固井质量及生产套管外窜气情况，创新性提出盖层段固井质量补强措施，使用“深穿透射孔+T&TS堵剂”的封堵方式，最终形成了以“四级”封堵法为核心内涵的油气藏型储气库带压封堵工艺，实现带压封堵井的安全隐患治理，保障储气库全生命周期注采安全。

关键词　储气库；带压封堵井 硫化氢；气井带压设备；华北地区

Cause Analysis and Countermeasures of Pressure Plugging Well in Hydrogen Sulfide Gas Storage

LI Lei, WEI Junjie, MOU Wenman, YAN Jiashuai, LI Jun, WU Tingyang, ZHAOWei, ZHAO Yafeng, QIAN Weiru,

(Hebei Natural Gas Storage Company of PetroChina Huabei Oil field Company, Langfang)

Abstract: The oil and gas reservoir type gas storage has the objective attributes of " big swallow big spit" high-speed two-way injection and production operation mode and emergency peaking and supply guarantee of the gas storage. Before the construction of the reservoir, permanent plugging measures have been taken for the old wells with no use value through comprehensive evaluation. With the multi-cycle gas injection and production operation of the gas storage, the plugging wells in the reservoir area are also under high pressure from the gas storage target layer. The reservoir gas continues to rise along the micro-cracks between the production casing and the plugging cement plug, resulting in pressure at the wellhead. Based on the analysis of the wellhead pressure cause of well Y in the pressure plugging well of X hydrogen sulfide gas storage reservoir in North China, on the basis of in-depth analysis of the source of pressurized fluid at the wellhead and the original wellbore plugging data, in order to ensure the well control safety during workover operations, domestic gas well pressure equipment was used for the first time in North China to carry out wellbore treatment operations, and with surface hydrogen sulfide online monitoring equipment, the well control problem when drilling in the wellbore encounters high-pressure well flow was effectively solved. Using comprehensive logging technology and evaluation method to re-test production.

Key words: gas storage; plugging well with pressure; hydrogen sulfide; Gas well pressurized equipment; North China

1　引言

储气库建设前，应对库区内油气藏开发时期完钻的老井进行全面排查，依据 Q/SY 01024—2023《储气库井完整性管理技术规范》，应根据老井的地质、钻井和生产信息，综合井筒状况和地质方案，进行井况初步评价，筛查出必须封堵老井和拟再利用井。拟再利用老井需开展井筒检测，检测项目应包括固井质量、生产套管几何尺寸、套眼轨迹等内容，根据最新检测结果提供单井评价报告。如拟再利用老井评价报告不符合再利用的条件，则实施封堵作业。实施封堵作业的老井，井口压力应为零。但先期建设的储气库，在储气库封堵工艺技术规范尚未发布的情况下组织实施了封堵作业，部分封堵井在储气目的层、井筒封堵的实施过程中，存在与现行标准的差异。随着储气库多周期注采气生产运行，库区内的封堵井也同样承受来自储气目的层的高压，储层气体沿着生产套管与封堵水泥塞之间的微裂缝不断上窜，导致井口带压。

封堵井作为储气库日常管理的重要组成部分，应当纳入储气库全生命周期的管理之中。本文以 X 含硫化氢储气库带压封堵井 Y 为例，对其开展带压原因分析与对策研究。

2　地质背景

X 储气库为华北地区含硫凝析气藏（带油环、含底水）改建而成，共有 5 口注采井在运行。其主要生产层位为奥陶系峰峰组与上马家沟组，岩性组成为白云岩和灰岩，储层埋藏深度是 2860m。构造形态为受刘其营断层和北断层夹持的断垒。内构造缝、溶洞、晶间孔等发育，储集空间以构造微细裂缝和孔隙发育为主，石炭—二叠系泥岩为该盖层，气藏原始油气界面为 3190m，油水界面为 3240m。该断块原始地层压力为 31.36MPa，地层压力系数为 1.01～1.04，温度梯度为（3.07～3.12）℃/100m，具有正常的压温系统。该气藏原始硫化氢质量浓度为 570～1300mg/m^3，天然气相对平均密度为 0.68 左右，甲烷体积分数大于 80%。原油组分参数介于凝析油与轻质黑油之间，地层水总矿化度为 33804.82mg/L，属 $CaCl_2$ 水型。

3　封堵工艺

3.1　钻井时期堵漏封井

Y 井是 1980 年为落实华北地区刘其营构造带含油气面积所布的一口详探井，钻探目的层位奥陶系，设计井深 3300m（奥陶系 409.5m），实际完钻井深 2953.03m（奥陶系 62.53m）。该井设计两层套管结构，D339.7mm 表层套管下深 102.05m，D117.8mm 生产套管下深 2896.76m，期间固井解释结果：井段 1898～2105m 固井质量整体差，部分中等，井段 2105～2800m 固井质量中等，在井段 2800～2894m（2890.5m 进山）固井质量优质。钻至井段 2942.68～2953.03m 漏失严重，发生井喷，经过两次堵漏后于 1981 年 1 月打水泥塞临时完井，实测水泥面深度 1858.58m，以钻井工程报废井交井，如图 1 所示。

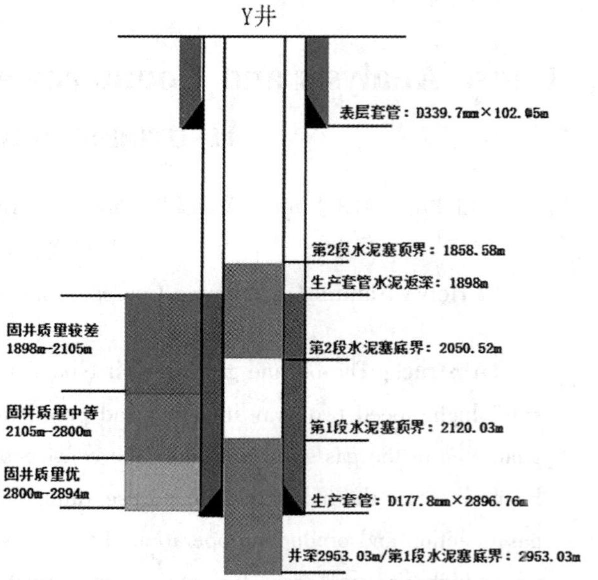

图 1　Y 井钻井时期临时封堵井筒示意图

3.2　储气库建设时期封堵

2011 年 X 气藏改建地下储气库时，为保证储气库的安全，防止在注采气过程中，由于地层、井筒等部位压力随注采过程反复变化，造成气体沿井筒和套管外水泥环两胶结面泄漏，防止层间互串，危害气库的安全运行，同时要保证老井地面及附人民生命、财产和环境的安全，因此对库区内未按储气库建设标准完井的老井进行封堵。Y 井于 2011 年 10 月进行了封堵施工作业，主要施工工序：下 D73.02mmC90 油管柱，探井筒内水泥塞面位置，实探水泥塞面位置：1789.58m，与1980年封井后实探水泥塞面位置：1858.58m对比，水泥塞面上升69m。使用D73.02mmC90油管柱底带D150mm通井规进行通井作业，通井深度：1756.05m，起出D150mm通井规，无明显划痕变形。使用D73.02mmC90油管柱底带GX-T178套管刮削器，在井段600~1756m处反复刮削，使用用清水0.36m^3，对井筒试压20MPa，30min压力不降，试压合格；注灰封井：共用G级油水井水泥620袋，灰浆密度1.85g/cm^3，实探灰面597.10米，完井等工序，封堵完成后安装简易井口，井口刻焊井号并扣水泥护罩交井，如图2所示。

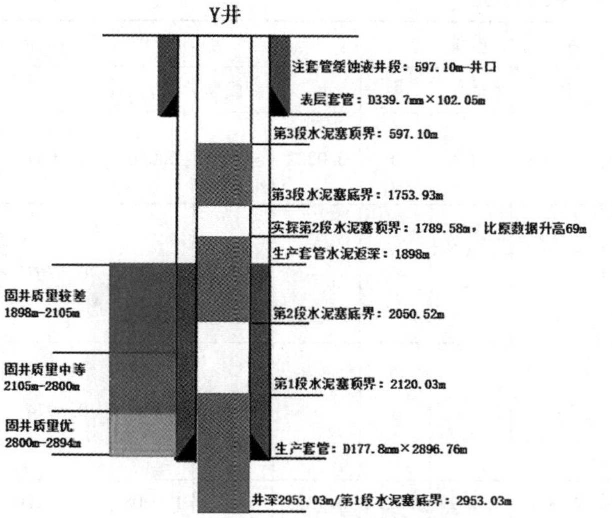

图2 Y井储气库建设时期封堵井筒示意图

经过对Y井前后两次封堵数据统计分析对比，1980年由于钻井过程中发生井漏，分两次注入水泥塞封堵后完井，2021年改建储气库再次注入水泥塞进行封堵，完钻井深2953.03m。目前井筒内有三段水泥塞：第1段：2120.03~2953.03m（钻井堵漏，灰塞不连续），第2段：1789.58~2050.52m（钻井时期封堵），第3段：597.1~1753.93m（建库时期封堵）。

分析原因为：钻井第2次堵漏时，在2953.03m处注入12m^3水泥浆，理论水泥浆返高应至2450m，实际钻杆在2120.03m处发生卡钻事故，水泥浆返高比理论值高。水泥浆发生窜槽，造成2120~2450m存在断续的水泥塞，井底的孔洞未堵上，地层气体上窜，形成断塞式气柱。

4 带压封堵井原因分析

4.1 封堵井带压描述

按集团公司储气库业务调整方案，2018年7月X储气库划归华北油田管理，交接过程资料均未显示Y井带压。2020年5月组织老井井口设备专项排查时，发现部分老井井口封井器芯子存在未打开情况。2020年7月打开Y井封井器芯子，即发现井口带压11.7MPa。

4.2 地质原因分析

为了判断Y井井口带压气源，先后组织3次井口压力泄放作业，井口压力变化规律为该井井口压力下降缓慢、出液量较大、停止放压后压力恢复较快，先后组织现场3次放压累计出液200L，最低压力放至7.6MPa。期间使用井筒液面监测仪对该井套管缓蚀液液面进行检测，显示液面在井口附近，为了监控该井井口压力变化规律，安装了井口压力远传设备，将该井压力传送至中控室进行实时监控，如表1所示。

表1 Y井井口压力泄放过程

时间	井口状况描述
2020.7.13	开启封井器芯子，初始井口压力为11.7MPa。
2020.7.17	第1次井口压力泄放过程：井口初始压力12.3MPa，放压时间120min，压力下降至8MPa，泄放气体大量携带出套管缓蚀液，共回收液体100L，取样未检测出硫化氢。
2020.7.20	采用声速法测试仪器测量井筒内液面深度，数据显示液面在井口附近。
2020.9.11	第2次井口压力泄放过程：井口初始压力12.8MPa，放压时间30min，压力下降至10.9MPa，泄放气体大量携带出套管缓蚀液，共回收液体50L，取样未检测出硫化氢。
2021.7.14	第3次井口压力泄放过程：井口初始压力12.0MPa，放压30min，压力下降至7.6MPa，泄放气体大量携带出套管缓蚀液，共回收液体50L，取样未检测出硫化氢。

从Y井井口压力变化曲线得出以下规律：

（1）该井井口压力变化趋势与同库区内的注采井井口压力变化规律基本一致，整体表现为每年的4月至9月储气库注气期井口压力缓慢升高，每年的11月至次年的2月储气库采气期随着库区采出气量不断增加，井口压力呈现缓慢下降趋势。

（2）该井表层套管与生产套管之间环空压力始终为零，表明未出现生产套管外窜气现象。

Y井从地质构造上与同库区的H注采井位置相邻，且均在钻井阶段钻遇储层时，出现大漏失，钻井时期的井流物均含硫化氢。库区内新钻注采井均显示出储层裂缝宽，物性好，连通性好的一致特点，如图3所示。

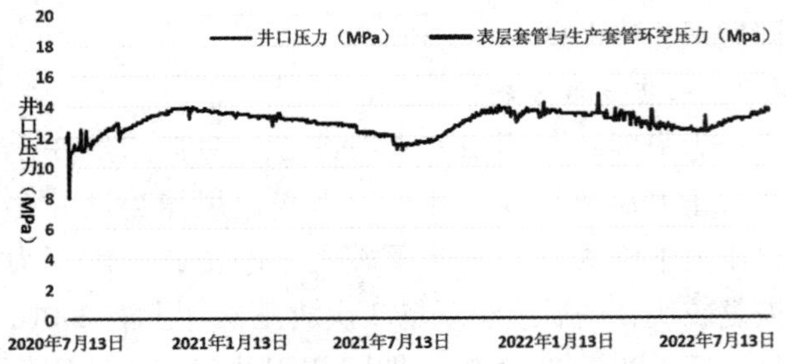

图3　Y井井口压力变化曲线

4.3　气体来源分析

2020年7月依据GB/T 13609—2017《天然气取样导则》对Y井口泄压时进行取样，气样检测依据GB/T 13610—2014《天然气的组成分析气相色谱法》，在实验室内采用Agilent7890 A气相色谱仪检测化验，如表2所示。

Y井气体中甲烷组分体积分数测定值在71%，与储气库建设初步设计中相邻老井的气体样品甲烷组分体积分数80%~84%相似。与来自国家管网分输站下载注入气甲烷组分体积分数测定值94%相比，存在较大数值差距。其中C_2体积分数为11.5965%，与初步设计中相邻老井的气体样品C_2体积分数7.26%~8.47%数据值相似，高于国家管网分输站下载注入气C_2体积分数2.9519%井口气体与原始气藏组分相似度高，无明显差异性，初步判断储气库层位奥陶系峰峰组与上马家沟组的天然气，通过井筒通道运移至井口，如图4所示。

表2　Y井井口气体组分分析

井号	取样日期	天然气组分体积百分比/%											相对密度/(g/cm³)
		N_2	C_1	CO_2	C_2	C_3	iC_4	nC_4	iC_5	nC_5	新戊烷	C_{6+}	
分输站注入气	2020	1.1697	94.3784	0.8507	2.9519	0.4253	0.0553	0.0715	0	0.0222		0.056	0.5904
Y1井、Y2井、Y3井气体样品	初设	2.32	83.92	2.54	7.26	—	—	—	—	—	—	—	0.6767
Y4井、Y5井、Y6井气体样品	初设	2.7	80.47	4.26	8.47	—	—	—	—	—	—	—	0.6974
Y井	2020.7.16	0.7893	71.035	—	11.5965	9.5585	2.306	1.9099	0.0273	0.9373	—	1.0208	0.8221

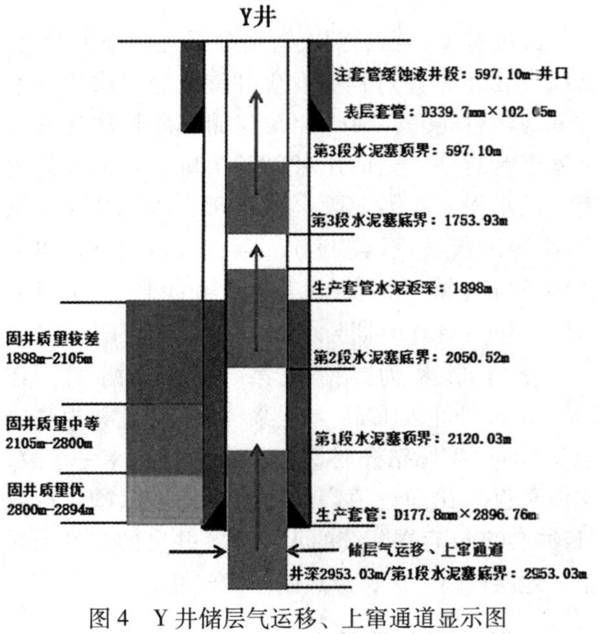

图4　Y井储层气运移、上窜通道显示图

5　对策

储气库井的生产特点是在短时间内实施高压强注、强采，库区内的废弃井也承受同样的高压，废弃井如果封堵不彻底，注入的天然气有可能从废弃井中窜至地面或其他非目的层，导致安全事故或者天然气损耗的发生，将给储气库运行带来巨大的安全隐患和运行风险。

Y井在钻井时期出现井喷，且实施两次堵漏作业，二次重新封堵作业井筒处理至裸眼井段仍存在大漏失等井控风险，结合固井质量评估结果，在井段2800~2894m固井质量优质。为保障后期井筒内重新封堵段与固井质量优质段重叠不少于50m，决定井筒内水泥塞最深处理至2850m。综合考虑该井井口持续带压、储层高含硫化氢、周围人员活动频繁等复杂情况，为彻底解除安全风险隐患，对该井进行重新封堵作业。同时，为识别套管外窜流通道，在井筒处理后开展井筒质量完整性测井，对 Y 井套管外水泥环状况在重新钻塞后的完整性进行全面评价，提供井筒质量复测等重要参数，实现精细评价，为下步施工提供依据。Y 井井筒隐患治理工程方案流程图如下：

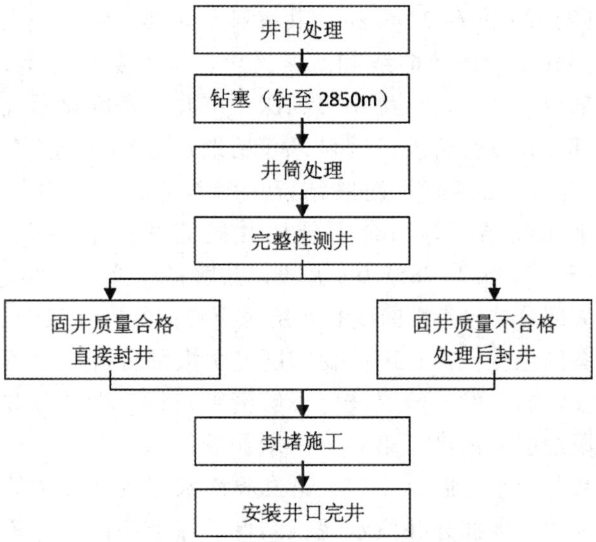

图 5　Y 井井筒隐患治理工程方案流程图

5.1　冷冻井口作业，更换标准作业井口装置

安装完成地面计量、放压工艺流程，对 Y 井实施井口放压作业，井口压力泄放至 0MPa，经过观察 12h 后，井口压力上涨至 0.9MPa，且泄放过程中大量携液，无法满足更换井口装置的井控要求，决定实施冷冻井口作业，达到更换标准作业井口装置的目的。

冷冻井口作业主要施工工序为：为了达到井口套管充分裸露的目的，人工开挖井口池，形成以井口为中心的长（3m）×宽（3m）×深（6m）的作业面积。向井筒泵注清水 2.0m^3，灌满井筒容积，泵压 1.3~6.8MPa，排量 8~16L/min 注入冷冻堵剂 120L。冷冻堵剂容量经过折算 D117.8mm×8.05mm 生产套管 h 为 5.85m，在作业面内放置冷冻盒，向冷冻盒内持续注入干冰冷冻剂，冷冻井口 24h 后，正试压结果：使用清水对井口冷冻塞面正试压 15MPa，试压 15min，压降为 0.2MPa，试压合格；负试压结果：打开注入管汇的泄压阀，泄去冷冻冰塞上部压力，观察 120min，无流体溢出，试压合格。井筒内暂堵塞面形成，为了保证井口装置完整性，在检测井口周围可燃气浓度低于 10ppm 时，对原井口实施冷切割作业，切割拆除井口套管帽及三通，并更换生产套管短接的接箍，安装底带双公短节的底法兰，再安装 KQ78/65-70 采气井口大四通+18-70 平板闸阀，对井口、双公短接及接箍试压，试压压力：15MPa，试压时间 15min，压降 0.3MPa，试压合格。

5.2　使用气井带压装置进行井筒内钻水泥塞

经过梳理前期井筒内的封堵施工资料，依据工程方案井筒处理至 2850m，需要钻穿井筒内第 2 段与第 3 段水泥塞，在穿透第 2 段水泥塞底界 2050.53m 与第 3 段水泥塞底界 1789.58m 时，会遇到井筒内水泥塞段之间的高压气体溢出，天然气渗透进入循环压井液必定降低压井液密度，带来一定的井控风险。

国产 DYJ110/70DD 带压作业机为撬装独立式带压作业装置，有结构紧凑、重量轻、便于维护的特点，整套设备由带压作业机、动力源装置、井口稳定器 及其附件组成，应用于带压起下油管、带压修井、带压送入井下工具等多种作业工况。气井带压装置工作原理：首先要进行生产管柱的内封堵，通常做法为在管柱中安装单流阀，在确保管柱内完全封堵的前提下，利用防喷器组来控制油套环形空间的压力；通过液压缸、移动卡瓦和固定卡瓦三者的配合，控制管柱并依靠液压举升系统上提或下推管柱，如图 6 所示。

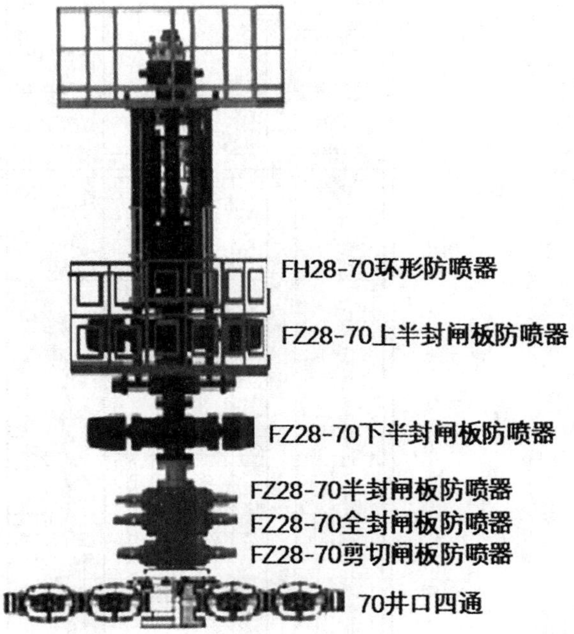

图 6　带压作业装置安装示意图

Y井井筒总体井筒处理原则为：（1）当天施工结束时，依据钻塞进尺不同，泵车停泵之前都要大排量循环洗井2周，使得当天井筒内的灰塞碎屑充分循环泵出井筒，保持井筒内的清洁度，循环洗井结束后上提井筒内管柱至安全位置，防止循环压井液中的灰浆下沉，埋卡管柱造成井筒工程复杂事故。（2）钻至第3段水泥塞底界1789.58m±20m、第2段水泥塞底界2050.53m±20m时有可能发生高压气体溢出，要提前在该井段以上30m进行重点监测，每钻进10m循环洗井2周，并确认无异常后再控制钻压、转速，缓慢钻进。（3）钻磨期间，加强监测钻塞参数、压井液性能变化、循环出口液体可燃气浓度变化，确保密闭燃烧筒管线出口点火性能完好，操作员人员便携式硫化氢报警器与现场固定式硫化氢监测装置保持工作状态。

首次在华北地区使用气井带压装置+单流阀+D120mm高温螺杆钻+D150mmPDC钻头的管柱结构实施钻水泥塞作业，钻遇第3段水泥塞顶界592.28m至底界1754.36m，水泥塞段长度1162.08m；钻遇第2段水泥塞顶界1812.1m至底界2051.84m，水泥塞段长度239.74m；钻遇第1段水泥塞顶界2261.97m钻至2850.9m（设计深度），水泥段长度：588.93m，期间未更换高温螺杆钻与PDC钻头。一趟钻累计钻灰塞长度1990.75m。

5.3 井筒质量复查检测与评价

为了综合评价Y井井筒固井质量及生产套管外窜气情况，决定实施八扇区水泥胶结与四中子项目测井。其中八扇区水泥胶结测井解释成果为：（1）1605.0~2013.7m井段，共解释评价408.7m。大部分井段声幅曲线和八扇区声幅曲线数值较高，图谱色度较浅；声波变密度显示套管波较强，地层波不明显。第一、二界面水泥胶结以差为主，少数井段水泥胶结中等。综合评价该井段固井质量差。（2）2013.7~2296.2m，共解释评价282.5m。绝大部分井段声幅曲线和八扇区声幅曲线数值中等，部分扇区图谱色度中等到深；声波变密度显示大部分井段套管波较明显，可见地层波但不连续。第一、二界面水泥胶结以中等为主，少数井段水泥胶结好。综合评价该井段固井质量中等。（3）2296.2~2851.0m井段，共解释评价554.8m。大部分井段声幅曲线和八扇区声幅曲线数值较低，图谱色度较深；声波变密度显示大部分井段套管波较弱，可见地层波但不够清晰连续，少部分井段地层波清晰。第一界面水泥胶结以好为三，少数井段水泥胶结中等，第二界面水泥胶结以中等为主，少部分井段水泥胶结好。综合评价该井段固井质量中等到好。其中盖层段2793~2850m中，固井质量（一界面）连续25m以上优质段在2793~2820.8m，共27.8m，累计优质段共49.2m。

Y井四中子测井解释成果如图7、表3所示。

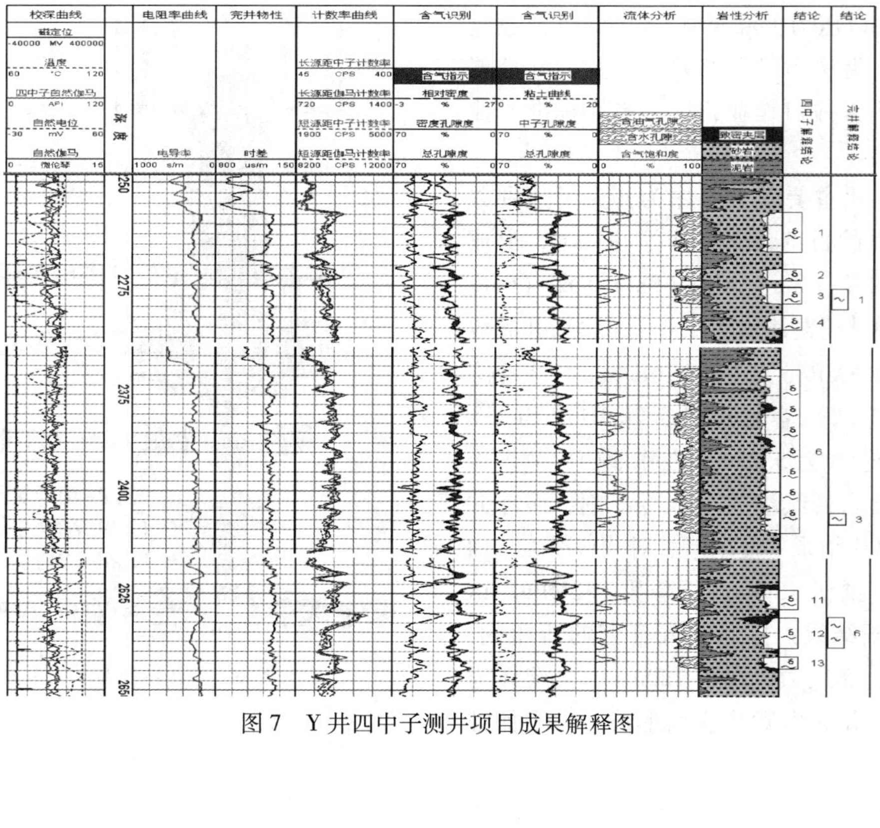

图7　Y井四中子测井项目成果解释图

表 3 Y 井四中子测井解释成果表

层号	顶深（m）	底深（m）	有效厚度（m）	泥质含量（%）	总孔隙度（%）	有效孔隙度（%）	含气饱和度（%）	综合解释
1	2257.0	2266.7	9.7	12.7	30.9	23.3	14.0	含气水层
2	2270.8	2273.6	2.8	1.9	28.3	27.2	20.2	含气水层
3	2275.2	2279.2	4.0	9.1	32.4	26.9	6.7	含气水层
4	2281.9	2285.5	3.6	12.7	28.0	20.4	7.4	含气水层
5	2337.0	2340.2	3.2	12.2	22.0	14.7	0.0	水层
6	2368.4	2410.9	42.5	11.3	26.5	19.7	9.9	含气水层
7	2480.0	2493.0	13.0	11.6	27.8	20.8	7.4	含气水层
8	2528.8	2533.3	4.5	4.3	26.9	24.3	23.5	气水同层
9	2539.6	2543.2	3.6	0.7	27.9	27.5	26.2	气水同层
10	2555.3	2568.2	12.9	9.8	25.8	19.9	4.3	含气水层
11	2624.0	2628.9	4.9	7.5	24.2	19.7	13.7	含气水层
12	2631.2	2639.1	7.9	7.9	24.6	19.9	8.7	含气水层
13	2641.2	2644.4	3.2	5.1	22.6	19.5	5.9	含气水层
14	2701.6	2703.8	2.2	12.4	13.2	5.8	0.0	致密层
15	2809.6	2812.6	3.0	0.0	12.4	12.4	0.1	致密层
16	2818.1	2820.5	2.4	2.6	14.5	8.2	0.1	致密层
17	2841.8	2848.7	6.9	0.0	11.7	11.7	42.3	气层

Y 井井段 2841.8～2848.7m 总孔隙度分别与密度孔隙度和中子孔隙度包络，储层含气明显，解释为气层，表明管外存在气体聚集现象，盖层段以上层段气体聚集量少，判断为 D117.8mm 生产套管内井筒气体窜至生产套管外。

5.4 以“四级”封堵法为核心内涵的油气藏型储气库带压封堵工艺

第一级坐封桥塞进行井筒通道的机械封堵。与常规油气井封堵过程中，只使用超细水泥等封堵材料的化学封堵方式相比，储气库带压封堵井的封堵方法增加了坐封桥塞的机械封堵方式，与化学封堵方法形成双隔板，杜绝气体通过井筒通道运移至井口。

第二级使用“射孔+挤注 T&TS 树脂”方式增强储气库盖层的密封性。传统的水泥封堵材料在固化过程中易收缩，且容易受地层的化学物质腐蚀，从而无法达到永久封堵的目的。T&TS 树脂堵剂依据不同的添加剂可调配固化时间，温度范围在-9℃ 至 160℃之间的试验过程中，所取得 T&TS 树脂固态物理特性数据为抗压强度达到 77MPa，抗拉强度达到60MPa，弯曲强度达到45MPa，渗透率小于 0.5×10^{-6}mD，且具有良好的耐酸碱性。T&TS 树脂堵剂与传统使用的水泥封堵材料相比优势显著。

综合考虑 Y 井盖层段 2793～2850m 的固井质量及该段地层的岩性、渗透率等参数，决定优选 2819.8～2822.8m 井段，共 3m 进行射孔施工。使用 T&TS 堵剂挤注层段为井筒内桥塞位置 H：2850.3m 至 2809.8m，保证井筒内留存 T&TS 堵剂胶塞顶界至少高于射孔段顶界 2819.8m 以上 10m 的要求，T&TS 堵剂方数的计算应满足 D117.8mm 生产套管管外与管内形成隔板，阻断气体上窜通道的技术要求。挤注 T&TS 堵剂管柱带顶部封隔器，在挤注前封隔器坐封防止封隔器位置以上的生产套管受到高压挤注的损伤。

射孔施工过程：采用油管传输方式进行射孔，保证井控安全。射孔采用 102 射孔枪，127 射孔弹，满足穿透深度至少 900mm 的要求，孔密：16 孔/m，方位角 90°布孔。

挤注 T&TS 堵剂施工过程：清水正挤，泵压 10MPa、15MPa、20MPa、25MPa 与 30MPa，逐级增加，各压力阶段稳压 10min，压力不降，计算进入地层 T&TS 堵剂 0.223m³（期间生产套管打平衡压 5MPa、10MPa 与 15MPa）。憋压观察，挤注完成 1h 后，发现井口油压由 30MPa 降至 25MPa，立即使用清水正挤油管补压至 30MPa，计算进入地层 T&TS 堵剂 148m³，累计挤注 T&TS 堵剂 371m³ 进入地层。憋压侯凝 48h，油压始终保持 30MPa。封堵半径计算过程公式为

$$(\pi R_2-\pi r_2)\times H\times \Phi=L \quad (1)$$

式中 R 为井筒油管柱中心至储层挤注的距离；r 为油层套管内径的 1/2，取值 0.07971m；H 为井筒内封堵材料的厚度取值为 3m；Φ 为储层平均孔隙度取值为 0.082；L 为封堵材料挤注总体积，取值为 0.371m³。

经过计算 R=0.6975m

$$h=R-D \tag{2}$$

式中 R 为井筒油管柱中心至储层挤注的距离，取值 0.6975m；D 为生产套管外径，取值 0.1778m；h 为封堵半径。

经过计算 $h=0.52$m

现场施工作业，T&TS 树脂堵剂用量 2.7m^3，实探 T&TS 堵剂塞面 2733.65m，封堵半径为 0.52m，满足设计封堵半径不少于 0.5m 的要求，对生产套管正试压 15MPa，稳压 30min，压降 0.1MPa，试压合格。

第三级使用“超细水泥+常规水泥”的组合形式封堵井筒通道。超细水泥封堵井段 1798.65～2733.65m，常规水泥封堵井段 1753.93～1798.65m。

第四级在常规水泥塞面以上注入重晶石浆体，起到压实作用防止井流物上窜。完成井筒封堵后，在水泥塞面以上距离井口 20m 之间替入套管缓蚀液，并下入油管，安装双翼双阀井口装置确保井口受控。对采气树的油压、生产套管与表层套管之间的环形空间安装压力远程监测装置，并现场配备摄像头防止第三方破坏。

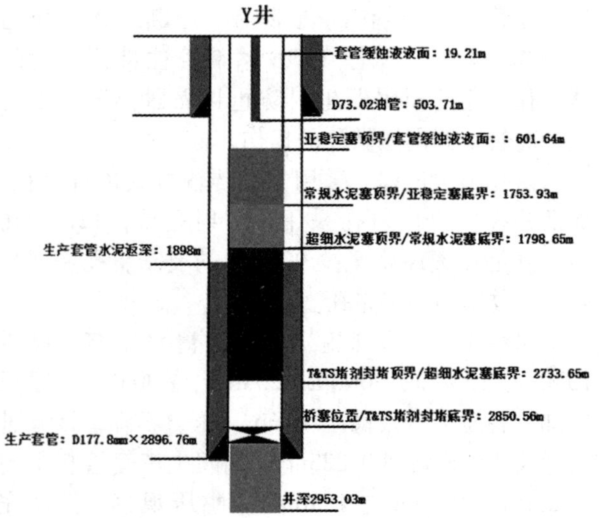

图 8 Y 井封堵完井井身结构图

5.5 制定带压封堵井应急处置方案

发现 Y 井带压后，制定了《含硫化氢 Y 井天然气泄漏事件专项应急预案》，向当地政府报送风险告知单。所采取的单井应急防控措施为：（1）立即加装井口压力远传系统，达到实时监控井口压力的目的；（2）加装井口可燃气体检测报警器，监控井口周围天然气泄漏情况；（3）加装井口三通，恢复单井应急放喷和压井功能；（4）加装井口铁笼，保护井口防止遭第三方意外破坏。

施工队伍作业前组织了由各施工单位为应急演练主体，地方政府参与的专项应急演练，模拟在 Y 井施工的气井带压作业队伍在钻水泥塞过程中发生硫化氢泄漏，施工队伍按照现场处置预案立即进行人员撤离，员工佩戴好正压式呼吸器后对现场进行监测、查找泄漏点并及时汇报建设方与地方政府。应急演练有效检验了专项应急预案的针对性、适应性和可操作性，提高了多方联合协作能力，进一步夯实了井控风险管控的基础。施工过程中应严格落实一级风险井“双监督”住井制度，按三项设计组织施工，关键工序开始前，组织风险再识别、再确认，确保管控到位。牢记关键在人的管理理念。气井带压设备的“主操手”是重中之重，应选派经验丰富、技术过硬的的员工在岗作业。

6 结论

（1）随着储气库注采井多周期交变载荷高速往复注采，加上天然气中硫化氢酸性成分存在，均可使得井筒内套管柱与水泥塞的密封性和完整性降低，尤其是储层气体沿着生产套管与封堵水泥塞之间的微裂缝不断上窜，导致井口带压。

（2）储气库带压封堵井的原因分析，应该充分搜集老井的钻井资料、固井资料、测井资料、历次实施井下作业的封堵井况描述及气体组分分析等基础数据，切实做到地下地质情况清晰，井筒历史数据详实。

（3）气井带压装置在井筒钻灰塞过程中，具有明显的技术优势。尤其在井筒内高压气体窜漏的井况下，独有的防喷器组合及防止油管柱上顶装置，可有效阻止井筒内油管柱向上移动，预防井控风险的发生。

（4）创新性提出以“四级”封堵法为核心内涵的油气藏型储气库带压封堵方法，经过现场实践验证，封堵效果良好，具有较好的推广应用价值。

参 考 文 献

[1] 赵杰，谢娟，孙国辉，等．华北地区含硫化氢地下储气库运行风险及技术对策［J］．油气田地面工程，2020，39（3）：56-63.

[2] 赵杰，谢娟，汪刚，等．含硫化氢储气库注采井环空带压分析与对策［J］．世界石油工业，2022，29（2）：46-53.

[3] 覃栋优，刘江华，王斌，等．呼图壁储气库老井封堵体系及封堵工艺研究与应用［J］．油田化学，2016，33（4）：643-647.

[4] 王超，王野，任强，等．超细水泥在储气库老井封堵中的研究与应用［J］．钻井液与完井液，2011，28（5）：54-56.

[5] 李治，于晓明，汪熊熊，等．长庆地下储气库老井封堵工艺探讨［J］．石油化工应用，2015，34（2）：52-55.

[6] 张兴芳．储气库废弃井处置技术研究与应用［J］．石化技术，2018（2）：20-20.

[7] 李磊，王蓉川，张佳，等．苏桥储气库井下作业质量体系的构建与实施［J］．石油工业技术监督，2017，33（11）：50-52.

[8] 彭其勇．国内外地下储气库发展现状综述［J］．石油安全，2015，16（8）：45-47.

[9] 张波，罗方伟，孙秉才，等．深层油气井井筒完整性检测方法［J］．石油钻探技术，2021，49（5）：114-120.

[10] 杨昌华，牛宗奎，杨斌，等．文 96 枯竭气藏储气库封堵体系研究与应用［J］．油田化学，2012，29（3）：263-266.

[11] 李国韬，金根泰．油气藏型储气库废弃井封堵技术浅析［J］．油气井测试，2017，26（6）：50-51.

[12] 张智，周延军，付建红，等．含硫气井的井筒完整性设计方法［J］．天然气工业，2010，30（3）：67-69.

双六储气库注采工艺管柱设计与应用

段吉彬

[中国石油辽河油田（盘锦）储气库有限公司]

摘　要　基于双六储气库建库指标、完井井型和储气库注采设计原则，利用流体力学、管柱力学等相关原理，结合储气库注采工艺特点，设计了双六储气库注采工艺管柱。通过注采过程中临界冲蚀流量和最小携液产气量的模拟计算，优化了定向井、水平井完井管柱尺寸，直径为114.3mm；根据储气库高压密封需求，优选了BGT2气密封螺纹；结合生产工况流体特征，确定了防腐管材为L80-13Cr；根据生产过程需求设计了井下工具，并进行了管柱力学评价；结合生产参数、流体参数和管材耐腐蚀性，优选了耐压35MPaFF级井口。现场实施24个月，管柱稳定性良好，达到了低冲蚀、高携液、安全生产的目的，有效保障了储气库的强注强采过程的安全。

关键词　储气库；管径；腐蚀；管柱力学；井口

Design and Application of Injection Production Process String in Shuang Liu Gas Storage

DUAN Jibin

(Petro China Liaohe oilfield (Panjin) gas storage Co., Ltd,)

Abstract: Based on the construction index, well completion type and injection production design principles of Shuangliu gas storage, the injection production process string of Shuangliu gas storage was designed, using the relevant principles of fluid mechanics and string mechanics, combined with the injection production process characteristics of gas storage. Through the simulation calculation of critical erosion flow and minimum liquid carrying gas production during injection production, the completion string sizes of directional well and horizontal well were optimized, with diameters of 114.3mm respectively; according to the high pressure sealing requirements of gas storage, BGT2 gas sealing thread was optimized; combined with the fluid characteristics of production conditions, the anticorrosive pipe was determined as L80-13cr; the downhole tools were designed according to the requirements of production process, and the mechanical evaluation of pipe string was carried out; combined with production parameters, fluid parameters and corrosion resistance of pipes, 35MPa FF wellhead was optimized. After 24 months of on-site implementation, the pipe string had good stability, achieving the objectives of low erosion, high liquid carrying and safe production, and effectively ensuring the safety of the process of forced injection and forced production in the gas storage.

Key words: gas storage; Pipe diameter; Corrosion; Column mechanics; wellhead

1　前言

中国天然气消费每年以近10%的增速增长，能源平稳供应的重要性日益凸显，地下储气库对于天然气调峰保供和战略储备至关重要。双六储气库位于双台子油田中部，平均孔隙度为17.3%，平均渗透率为$224\times10^{-3}\mu m^2$，属于中孔、中渗储层。该储层具有含油气面积大、油气层厚度大、储量集中的特点，是双台子油田最为富集的部位，单井油气层厚度一般30~50m。油层中部原始地层压力 23.23~24.86 MPa，注气前累积产油 171.25×10^4 t，采出程度 25.75%，累积产水 54.32×10^4m^3，地层压力不足 5 MPa，油层温度 88~90℃。良好的地质条件可保障双六储气库充分发挥其强注强采的功能，需开展合理的注采工艺设计。

2 建库指标与设计原则

（1）建库指标

双六储气库气藏类型为气顶油环边底水油气藏，设计基础垫气量 11.32×10^8m^3，附加垫气量 14.0×10^8m^3。有效工作气量为 32×10^8m^3，最大库容量为 57×10^8m^3，预计运行压力 8~26MPa。

双六储气库在原 20 口注采井基础上，优化部署 10 口注采井（其中水平井 1 口，定向井 9 口），作为注气和采气合一井。储气库达到设计指标后，日最大调峰气量接近 1500×10^4m^3/d，定向井单井最大日注气能力为 88×10^4m^3/d，定向井单井最大日采气能力为 90×10^4m^3/d，水平井单井最大日注气能力为 150×10^4m^3/d，水平井单井最大日采气能力为 160×10^4m^3/d。

建库后，每年的采气期为 11 月 1 日至第二年的 3 月 31 日，采气期共 150 天；每年的注气期为 4 月 26 日至 10 月 6 日，稳定注气 165 天；其中春季 4 月份和秋季 10 月份分别关井 25 天。

（2）设计原则

①以地质气藏方案要点为依据，满足气藏工程要求，注重与气藏工程、钻井工程和地面工程的衔接，确保方案设计的统一性和完整性；

②注重储层保护，减少对储层的伤害，最大限度地保证双六气驱单井注采能力；

③选用的油管规格型号、尺寸能够保证单井在正常生产条件下达到气驱采油的目标设计要求；

④采用成熟、适用、经济的完井管柱和安全控制系统，确保气驱采油安全生产；

⑤完井管柱应满足运行过程中测试的需要；

⑥管柱结构在遵守相关标准的同时要尽量简单实用；

3 双六储气库注采管柱设计

3.1 油管优选

（1）油管尺寸的确定

油管尺寸设计时需要同时考虑液体举升和冲蚀流速的问题。辽河油田双六井区地下储气库储气层目前已经枯竭，受边底水的影响，在注采井投产初期，势必会生产一些液体，如果油管尺寸太大，产气流速太低，不能将液体携带至地面，则液体将与气流呈反方向流动并积存于井底，影响采气调峰效率。因此，在进行油管尺寸设计时，从有效携液的角度，应尽量选用较小直径的油管，以提高流速，避免井底积液。结合井筒积液临界携液流速计算可得临界油管直径：

$$d_{max} = 27.38\,(\gamma \cdot Z \cdot T)^{0.25}\left[\delta\left(\rho_1 g - 34158\frac{\gamma P_{wf}}{ZT}\right)\right]^{-0.125} \cdot P_{wf}^{\ -0.25} Q^{0.5} \qquad (式 1)$$

式中：d_{max}—最大油管内径，mm；γ—天然气相对密度；Z—压缩因子；T—绝对温度，K；δ—表面张力，N/m；ρ_l—液体密度，g/cm^3；P_{wf}—井底压力，MPa；Q—天然气产量，10^4m^3/d；

当油管尺寸较小时，高速气体在管内流动时发生显著冲蚀作用的流速称为冲蚀流速，研究表明：当气体流速低于冲蚀流速时，冲蚀不明显；当气体流速高于冲蚀流速时，会产生明显的冲蚀，严重影响气井的安全生产。在进行油管尺寸设计时，应尽量选用较大直径的油管，即有利于减少冲蚀的影响，又有利于增加产气量，发挥地层自然能量的作用。最小油管直径的计算公式为：

$$d_{min} = 0.49667 \times 10^{-2}\frac{Q^{0.5}}{[P/ZT\gamma_g]^{0.25}} \qquad (式 2)$$

式中：Q—产气量，$10^4m^3/d$；d_{min}—最小油管尺寸，mm；P—压力，MPa；T—绝对温度，K；γ_g—气体比重，无因次；Z—压缩因子，无因次；

根据气藏工程配产指标，分别计算了 Φ89 mm 和 Φ114.3 mm 油管采气时的最小极限产气量和冲蚀流速。计算结果见表 1 和表 2。

表 1　定向井不同油管采气时最小极限流量　（单位：×10^4m^3）

月份	11 月	12 月	1 月	2 月	3 月
地层压力	23.7	20.3	16.7	13.8	11.9
平均日产气量，×10^4m^3/d	75	70	74	55	44

续表

月份		11月	12月	1月	2月	3月
Φ88.9	最大冲蚀流量，$\times10^4m^3/d$	78.7	68.2	53.1	47.9	41.9
	井口压力，MPa	12.8	9.7	6.0	5.0	3.9
	临界携液流量，$\times10^4m^3/d$	10.33	9.81	8.62	7.53	7.41
Φ114.3	最大冲蚀流量，$\times10^4m^3/d$	144.0	134.1	116.2	102.1	88.9
	井口压力，MPa	15.3	12.2	9.4	7.3	6.5
	临界携液流量，$\times10^4m^3/d$	17.4	16.2	14.9	13.3	11.9

表2 水平井不同油管采气时不发生冲蚀的安全产气量 （单位：$\times10^4m^3$）

月份		11月	12月	1月	2月	3月
地层压力		23.4	21.4	17.4	13.3	11.2
平均日产气量，$\times10^4m^3/d$		150	140	148	110	88
Φ114.3	最大冲蚀流量，$\times10^4m^3/d$	168.6	159.6	154.2	112.2	98.8
	井口压力，MPa	14.9	13.3	8.8	6.9	6.5
	临界携液流量，$\times10^4m^3/d$	18.9	18.1	16.4	14.0	12.7

根据以上结果，Φ89mm油管在运行压力23.7MPa时，最大极限流量$78.7\times10^4m^3/d$，不能满足定向井$90\times10^4m^3/d$的配产要求，因此辽河油田双六气驱定向井和水平井均采用Φ114.3mm油管。

（2）油管螺纹类型

对于高压气井，要实现长期安全生产，油管螺纹应选择气密封螺纹。气密油管螺纹克服了API接头在抗漏失和抗高张力负荷方面的局限，使用梯形扣代替API的圆扣；另外，用钢性密封代替了API的螺纹密封，从而大大的提高了抗漏失性能。双六区块油管优选BGT2螺纹。

（3）油管材质

注采管柱的材质要从井流物的腐蚀性分析、注采管柱防腐蚀工艺、注采完井工艺的要求等多方面来综合考虑。辽河油田双六井区地下储气库，井口的腐蚀工况条件为：CO_2分压0.19MPa（28PSI）；温度40～60℃；氯离子含量1152～1258mg/L。井底的腐蚀工况条件为：CO_2分压0.24MPa（35PSI）；温度89℃；氯离子含量1152～1258mg/L。辽河油田双六井区地下储气库投入运行初期，含水量较高，腐蚀比较严重，而随着气库的运行，含水量逐渐下降，腐蚀将逐渐减轻。根据CO_2和H_2S分压，优选L80-13Cr钢材。

3.2 井下工具设计

根据双六气驱注采井的特点，在注采完井工艺中对注采管柱设计了多种功能，选择井下配套工具的目的就是要实现相应的功能。整体井下工具件（表3），管柱示意图如图1、2所示。

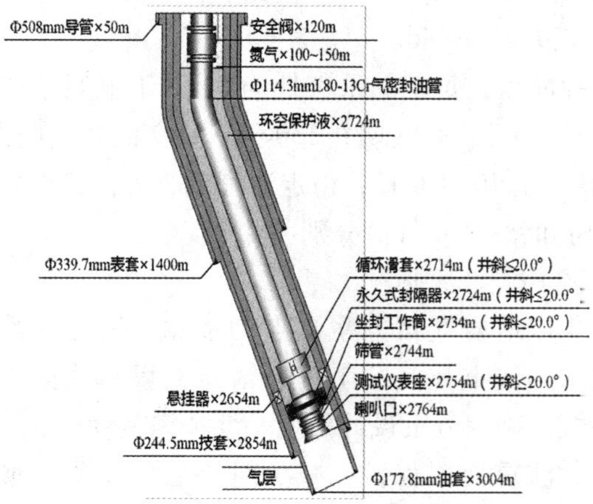

图1 定向井管柱示意图

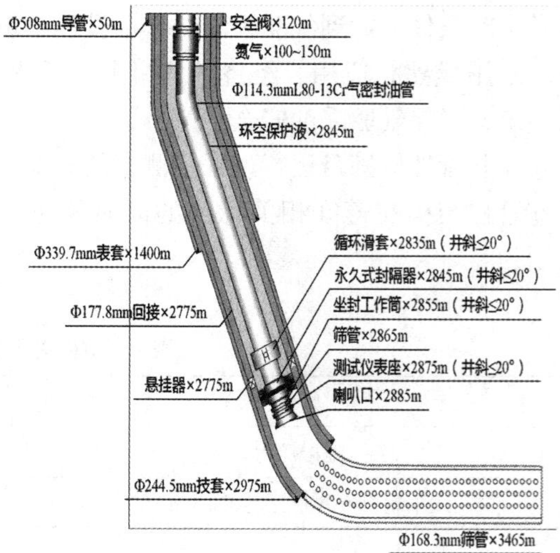

图2 水平井管柱示意图

表 3　管柱应有的功能和对应的配套工具

作业方式	应有的功能	配套工具
完井作业	循环洗井、掏空诱喷	循环滑套
	管柱憋压	堵塞器、坐落短节
注采气生产	安全控制	井下安全阀、封隔器
	油套管保护	封隔器
	地层参数检测	测试坐落短节
修井作业	循环压井	循环滑套
	不压井作业	堵塞器、坐落短节

3.3　管柱受力分析及强度校核

管柱强度需要考虑丝扣连接强度、抗内压强度和抗外挤强度。重点需要关注的是丝扣连接强度，计算丝扣连接屈服强度时，以油管在井口处轴向拉力最大点为计算校核点。该点受力为：油管重力、摩阻力、温度效应和压力导致的膨径效应。这些力导致油管伸长或者缩短，井下封隔器限制油管的伸长和缩短，这些力将施加在油管上。基于管柱力学原理，计算结果见表 4。

根据受力分析公式对注采管柱在不同状态时的受力进行了计算并核对了安全系数，计算结果表明，各种状态所设计管柱强度都能满足要求。

3.4　井口优选

辽河油田双六气驱采气树承受的最大压力为注气末期时的井口压力约 24.61MPa，根据现行井口装置标准，辽河油田双六气驱推荐选用压力等级为 5000PSI（35MPa）的井口装置。根据双六气驱来气组分计算，井口的腐蚀工况条件为：CO_2 分压 0.19MPa，井底的腐蚀工况条件为：CO_2 分压 0.24MPa。注采井井口环境为低腐蚀环境，因此，井口装置防腐等级采用 FF 级。井口装置示意图如图 3 所示。

表 4　注采管柱在不同状态时强度校核

状态类型	规格 /mm	管柱自重 /KN	浮力 /KN	温度效应力 /KN	膨径效应力 /KN	轴向力 /KN	安全系数
自由状态	114.3	582.9	256.4	0	0	0	4.19
坐封状态	114.3	582.9	256.4	275.9	131.9	470.6	2.91
注气末期	114.3	582.9	256.4	165.6	115.9	376.2	3.63
采气高峰	114.3	582.9	256.4	165.6	94.2	397.9	3.44

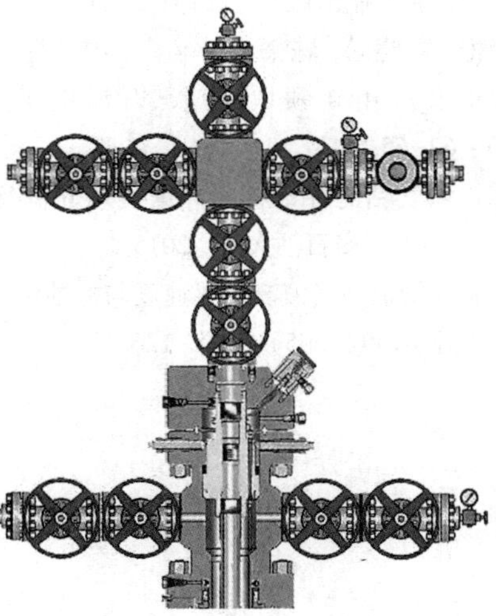

图 3　井口装置示意图

4　现场应用

双 6-HX 井为双六储气库一口水平井井，井深 3770m，最大井斜 91.53°，管柱结构如图 4 所示。该井应用设计的管柱结构，生产 24 个月，运行平稳，见注采气曲线如图 5 所示，满足了储气库强注强采的需求，未出现冲蚀磨损、井底积液的现象。

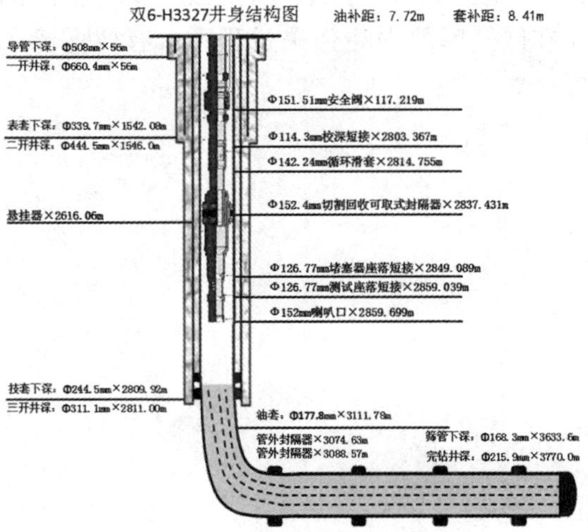

图 4　双 6-HX 井管柱结构图

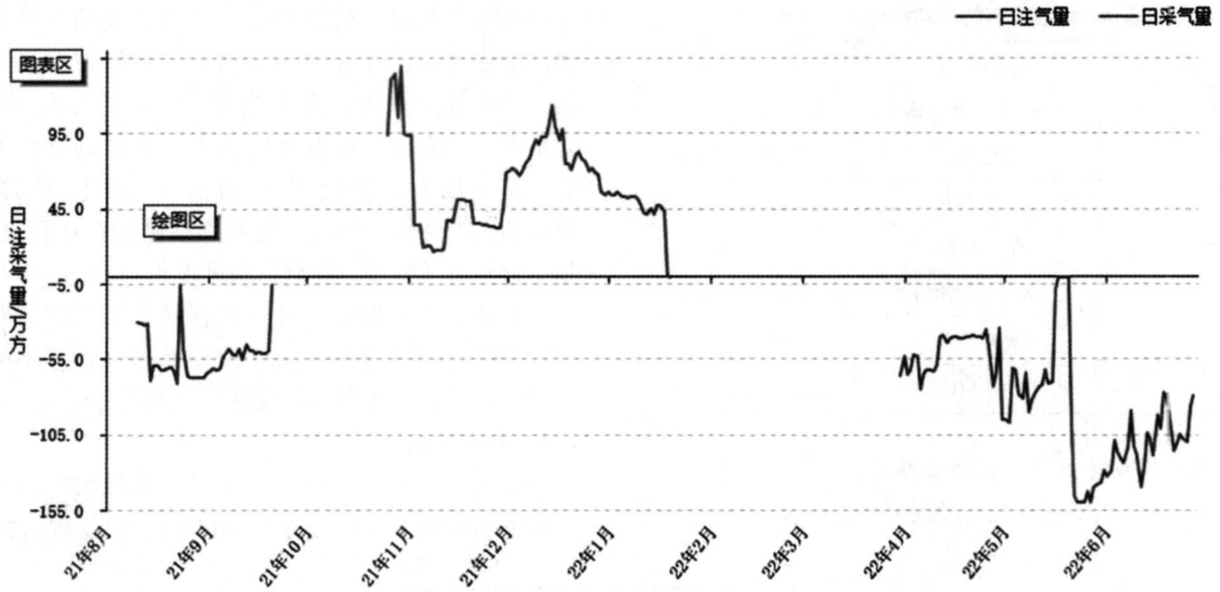

图 5 双 6-HX 井注采气曲线图

5 结论

（1）针对双六储气库注采过程中临界冲蚀流量和最小携液产气量的模拟计算，优化了定向井、水平井完井管柱尺寸，直径均为 114mm；根据储气库高压密封需求，优选了 BGT2 气密封螺纹；结合生产工况流体特征，确定了防腐管材为 L80-13Cr；根据生产过程需求设计了井下工具，并进行了管柱力学评价，安全系数大于 2.91；结合生产参数、流体参数和管材耐腐蚀性，优选了耐压 35MPaFF 级井口。

（2）设计管柱进入现场实施 24 个月，累计注气 $9460\times10^4m^3$，累计采气 $5189\times10^4m^3$，管柱稳定性良好，达到了低冲蚀、高携液、安全生产的目的，在储气库的强注强采过程中，有效保障了生产安全。

参考文献

[1] 丁国生，魏欢．中国地下储气库建设 20 年回顾与展望 [J]. 油气储运，2020，39 (1)：25-31.

[2] 刘烨，何刚，杨莉娜，等．“十四五”期间我国储气库建设面临的挑战及对策建议 [J]. 石油规划设计，2020，31 (6)：9-13，62.

[3] 马新华，郑得文，申瑞臣，等．中国复杂地质条件气藏型储气库建库关键技术与实践 [J]. 石油勘探与开发，2018，45 (3)：489-499.

[4] 孙军昌，胥洪成，王皆明，等．气藏型地下储气库建库注采机理与评价关键技术 [J]. 天然气工业，2018，38 (4)：138-144.

[5] 金根泰，李国韬．油气藏型地下储气库钻采工艺技术 [M]. 石油工业出版社，2015：25-135.

[6] 赵彬彬，白晓弘，陈德见，等．速度管柱排水采气效果评价及应用新领域 [J]. 石油机械，2012，40 (11)：62-65.

[7] 孙蕊．氮气钻完井管柱的冲蚀机理分析及剩余强度预测 [D]. 西安石油大学，2015.

[8] 马吉麟．管道中气液流临界速度与冲蚀结果 [J]. 天然气工业，1992 (05)：125-126.

冀东油田海上储气库钻井技术与实践

宋　巍[1]　胡勇科[2]　吴　艳[1]　刘　伟[3]　周　岩[1]　王金忠[2]　杨　燕[1]　李　楠[2]

（1. 中国石油冀东油田分公司采油工艺研究院；2. 中国石油冀东油田分公司储气库建设项目部；
3. 中国石油冀东油田分公司）

摘　要　冀东油田南堡1号储气库为国内首座海上储气库，依托人工岛建设，设计井型为大斜度井和水平井，先导试验井实施过程中存在低压储层井漏风险高、巨厚玄武岩盖层易水化剥落、大井斜段固井顶替效率低等工程难题。以保障井筒质量为核心，攻关形成以“钻井提速、强封堵抑制钻井液、低压储层保护、高效承压堵漏、井筒完整性控制”为核心的储气库大尺寸大斜度井优快钻井技术。矿场实践表明：新钻8口注采井施工顺利，平均钻井周期同比先导试验井缩短42%，盖层固井质量满足标准要求，保障了储气库的安全运行，其中南堡1-29气库平3井刷新φ244.5mm生产套管固井多项纪录，形成的配套技术为国内同类型储气库钻井技术提供了技术借鉴。

关键词　海上储气库；大斜度井；大尺寸井眼；优快钻井

Drilling Technology and Practice of Offshore Gas Storage in Jidong Oilfield

SONG Wei[1], HU Yongke[2], WU Yan[1], LIU Wei[3], ZHOU Yan[1], WANG Jinzhong[2], YANG Yan[1], LI Nan[2]

(1. Production Technology Research Institute; 2. Gas Storage Construction Project Department;
3. Petrochina Jidong Oilfield Company)

Abstract: Nanpu No. 1 gas storage in Jidong oilfield is the first offshore gas storage in China, Which relying on the construction of artificial islands, and the design well types are large deviated wells and horizontal wells. During the implementation of the pilot test well, there are engineering problems such as high risk of well leakage in low-pressure reservoirs, easy hydration and spalling of huge thick basalt caprocks, and low cementing and displacement efficiency in large inclined sections. With the guarantee of wellbore quality as the core, the company has tackled key problems to form an optimal and fast drilling technology for large-size and large-slope wells in gas storage with "drilling speed, strong plugging and inhibition of drilling fluid, low-pressure reservoir protection, efficient pressure plugging, and wellbore integrity control" as the core. The practice of the mine shows that the construction of eight new injection-production wells is smoothly, the average drilling period is shortened by 42% compared with the pilot test well, and the cementing quality of the caprock meets the standard requirements, which ensures the safe operation of the gas storage, among which the NP1-29QKP3 has refreshed a number of records of φ244.5mm production casing cementing, and the supporting technology formed provides a technical reference for the drilling technology of the same type of gas storage in China.

Key words: offshore gas storage; highly-deviatedwell; large-size borehole; excellent and fast drilling

地下储气库是国家天然气战略储备、应急调峰、安全保供的重要手段，冀东油田地处京津冀一体化协同发展经济圈，具有得天独厚的建库区位优势。为评价南堡1号储气库水平井注采气能力及验证钻井工艺适用性，开展了先导试验，钻井过程中表现出井漏频发、玄武岩盖层水化剥落、承压堵漏难度大周期长、大斜度井段固井顶替效率低等问题。为此，结合建库区地质特征，开展了部署井井眼轨道与井身结构优化、钻井提速工具优选、钻井液体系完善与关键性能提升、水泥浆体系核心材料优选和配套固井工艺技术优化等，形成的关键技术在8口新钻注采井成功应用，为国内储气库类似井型的安全优质钻井提供了参考。

1 地质概况与钻井工程难点

1.1 地质概况

南堡1号储气库自上而下钻遇第四系平原组、上第三系明化镇组、馆陶组。目的层为馆陶组上第三系 NgⅣ②段，上覆 NgⅣ①泥岩段为直接盖层，厚度15~25m，NgⅢ玄武岩为区域盖层，厚度380~420m，全区泥岩+玄武岩全覆盖储层，具备良好的封闭性。

1.2 钻井工程难点

（1）井眼防碰形势严峻。南堡1号储气库依拖人工岛建设，密集丛式井开发，钻井密度大，新钻井单井平均防碰井数多达15口，井眼碰撞风险较高。

（2）玄武岩井壁失稳风险大。玄武岩井段斜厚800~1000m，黏土含量高且以伊蒙混层为主，新钻井设计井眼尺寸 φ241.3mm、φ311.1mm，井斜角60~75°，大尺寸大井斜叠加条件下井眼质量难保证，不利于保障盖层固井质量。

（3）井眼漏失几率高。玄武岩与泥岩弱面胶结，承压能力低，储层亏空，地层压力系数低（0.6左右），渗透性高，钻井漏失风险高。

（4）井眼净化难度大。新钻井三开、四开井段井斜角超过60°，水平位移最高3540m，井眼清洁难度大，易形成岩屑床，造成卡钻、井眼报废事故等，对钻井液携岩能力、钻井排量、井眼净化措施等要求高。

（5）固井质量难保证。玄武岩盖层剥落掉块导致井径不规则；大斜度井段套管居中效果差，固井质量难以满足强注强采对水泥环完整性的要求。

2 钻井关键技术

2.1 井眼轨道设计

井眼防碰是确保密集丛式井组安全、快速施工的核心问题。采用整体轨道优化设计，利用遗传算法优选井口，以井口区域中心为基准，当地质目标点位移较大时，优先选择面向地质目标点侧的井口使用，位移较小时优先选择背向地质目标点侧的井口使用。同时考虑防碰问题，对同井组相邻井造斜点差异化设计，造斜点相差大于50m，形成垂向深度上的差异；针对防碰严峻的井，采用预造斜设计，原则是预造斜点波浪形分布、方位呈辐射状或鱼骨状分布、小井斜三段或五段制轨道设计、造斜率等轨道参数保持一致，将三维矢量井口转换为五维矢量井口，将轨迹从高危区转移至安全区，有利于井眼防碰和施工顺利。

2.2 井身结构设计

为避免发生塌、漏、卡等复杂事故，保障盖层段固井质量，结合三压力预测、邻井钻井经验及易漏地层分布特征，大斜度井和水平井均设计为四开井身结构，储层专打，具体设计参数如表1所示，其中水平井井身结构大一级如图1所示，即：一开 φ508mm 表层套管下深500m，封固平原组松软地层，保护浅层水资源；二开 φ339.7mm 技术套管下深至2500m，封明化镇组地层，实现水泥一次上返至地面；三开 φ244.5mm 生产套管下深3890m，进入储层1~3m，采用悬挂回接固井方式，水泥返至地面；四开储层专打，目的层采用悬挂筛管砾石充填完井方式。

表1 南堡1号储气库大斜度井、水平井井身结构设计参数

开次	大斜度井		水平井		下深设计原则
	钻头 mm	套管/筛管 mm	钻头 mm	套管/筛管 mm	
一开	508	406.4	660.4	508	建立井口、封隔浅层水
二开	333.4	273.1	444.5	339.7	保障生产套管固井质量
三开	241.3	177.8	311.1	244.5	进入储层1~3m
四开	152.4	88.9	215.9	127	储层专打

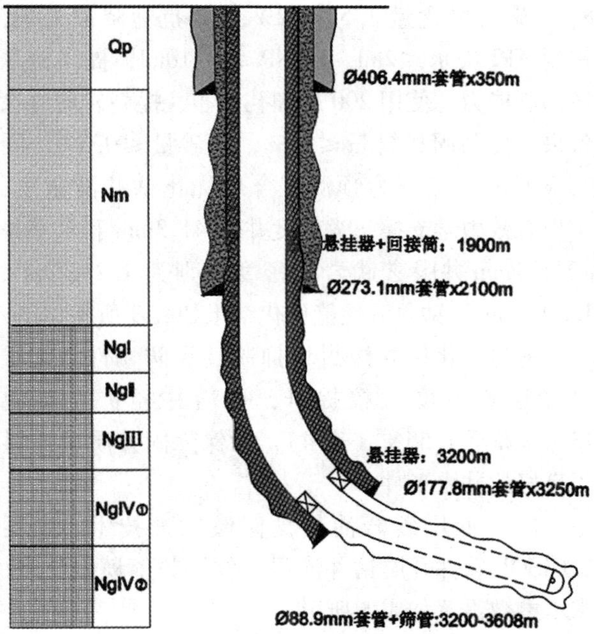

（a）大斜度井

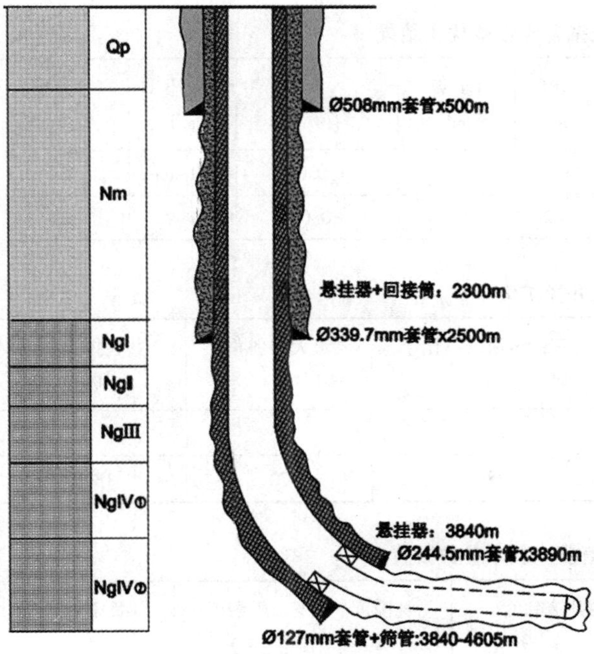

（b）水平井

图1　新钻注采井井身结构设计图

2.3　高效钻头与钻具组合优化技术

（1）高效钻头优选。结合地层可钻性，以提高机械钻速和单只钻头进尺为目标，优选五刀翼PDC钻头，双排齿、浅内锥、宽冠顶、加长外锥设计。明化镇组选用19mm平面齿，馆陶组玄武岩为中到中硬地层，可钻性级别5~7级，优选攻击性和抗研磨性兼备的16mm异形齿，防碰严峻井段采用高效牙轮钻头。

（2）钻具组合优化。针对地层微降趋势，φ241.3mm井眼造斜段优选1.5°弯角、φ197mm螺杆（本体扶正器235mm、尾扶232mm）钻具组合；φ311.1mm井眼优选1.5°弯角、φ216mm螺杆（本体扶正器304mm、尾扶外径295mm），提高复合钻比例，新钻井造斜段机械钻速比先导试验井提高37%。

2.4　钻井液体系优选与性能优化

（1）强封堵强抑制钻井液体系优选。如表2所示玄武岩地层全岩矿物含量和黏土矿物分析，可以看出：取样岩心粘土矿物含量高于45%，伊蒙混层占比70%左右，表明玄武岩水敏性较强；部分岩样斜长石含量高达20%，且晶质矿物普遍偏低，表明玄武岩风化蚀变严重、岩性疏松，易发生掉块坍塌。

如图2所示为先导试验井三开井径情况，其中玄武岩井段的井径极不规则，平均井径扩大率为13.6%，且多个位置达40%以上，不利于保障盖层固井质量。

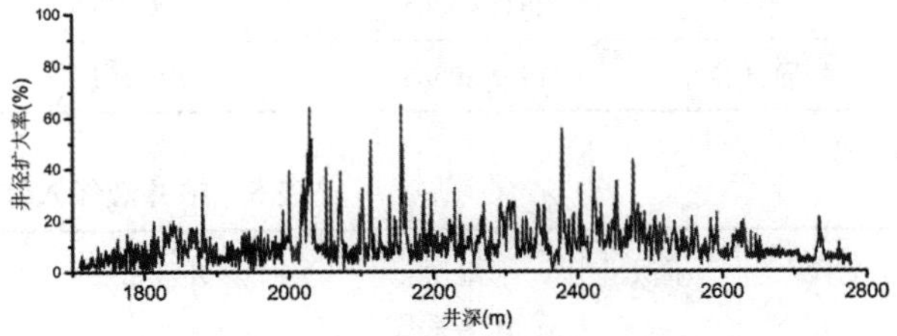

图2　先导试验井三开井径情况

表2　玄武岩地层全岩矿物含量和黏土矿物分析

序号	岩心井深m	矿物组分/%						黏土矿物相对含量/%				间层比%
		石英	钾长石	斜长石	辉石	其他	黏土总量	伊/蒙间层	伊利石	高岭石	绿泥石	
1	2083	17.50	15.30	20.20	6.80	9.20	31.00	73	16	—	11	75
2	2460	41.11	3.17	3.61	4.04	—	48.07	58	15	7	20	30
3	2668	1.40	13.53	6.61	4.85	—	73.61	66	6	—	28	70
4	2674	—	8.76	7.56	23.35	2.12	58.21	72	4	—	24	65

基于物化封堵成膜、高效抑制水化及活度平衡三元协同作用，从增强钻井液的封堵能力、抑制能力出发，优选钾盐成膜低侵入钻井液体系，即在钻井液中加入盐类、成膜剂、特种封堵剂和降滤失剂，当钻开易漏地层时，极短时间内在近井壁形成动滤失速率为零、厚度小于 1cm 的成膜封堵环带，强化膜效应，切断滤液和固相颗粒侵入通道，稳定井壁。该体系抑制性强，泥岩回收率 93.8%，24h 线性膨胀率为 4.36%；封堵性能好，30min 渗透滤失量低于 1.8ml，30min 砂床滤失量低于 0.1ml。

（2）钻井液防塌性能优化。为进一步提高钻井液防塌能力，加入 2%改性沥青、1%聚合醇和 2%超低渗等，进入玄武岩地层前 50m 加入 3%乳化沥青、4%超细钙，2%～3%弹性石墨，提高微裂缝封堵效果，钻进过程中维持钾盐有效含量为 8%、聚合醇含量 1.5%～2%、2%抗盐降滤失剂，控制 API 失水≤2ml，HTHP≤9～10ml，提高钻井液抑制能力；使用 200 目细孔筛布，提高岩屑清除效果，控制固相含量≤12%，含砂量≤0.3%。同时根据地层三压力预测，合理优化钻井液密度，实现有效力学支撑，大斜度井 φ241.3mm 和水平井 φ311.1mm 井眼玄武岩段密度分别为 1.28g/cm^3、1.30g/cm^3，钻井液性能优化结果如表 3 所示。

通过强化钻井液封堵抑制性和防塌性，盖层段井径圆滑度大幅提升，平均井径扩大率由 13.6%降至 7.55%（表 4），为保障固井质量提供了良好的井眼条件。

（3）低压砂岩油气藏储层保护技术。应用 COMSOL 软件开展钻井液侵入储层数值模拟计算，基本参数设置如表 5 所示。

表 3　不同井型玄武岩井段钻井液性能优化结果

井型	密度 g/cm^3	黏度 s	动塑比	API ml	HTHP ml	摩阻系数	坂含 g/l	含盐量 %
大斜度井	1.26～1.28	55～70	0.4～0.6	≤2	≤10	≤0.08	40～65	8
大尺寸水平井	1.28～1.30	65～80	0.45～0.65	≤2	≤9	<0.07	40～70	8

表 4　玄武岩盖层井径扩大率

井型	玄武岩井段 m	玄武岩垂厚/斜厚 m	玄武岩段长占比 %	最大井斜角 °	井径扩大率 %
平均	2533～3305	378/772	61	75	7.55
先导试验井	1992～2583	396/591	48	70	13.6

表 5　钻井液侵入储层数值模拟基本参数设置

井深 m	垂深 m	地层 压力系数	钻井液密度 g/cm^3	钻井液黏度 s	孔隙度 %	渗透率 mD	循环时间 h
3279	2245	0.6	1.25	40～60	27.6	702.7	1～240

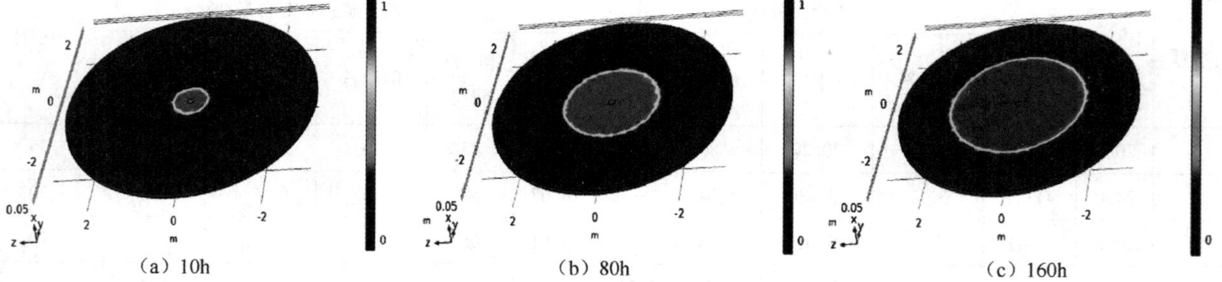

（a）10h　　（b）80h　　（c）160h

图 3　不同时间钻井液侵入深度预测（泥饼渗透率 5mD）

如图3所示为不同时间钻井液侵入深度预测，如图4所示为不同泥饼渗透率条件下钻井液侵入深度随时间的变化规律对比，可以看出：随侵入时间增加，侵入范围逐步扩大，且侵入速度前期较快，40h后侵入速度逐渐变缓；随泥饼渗透率变小，侵入深度明显降低。因此，提高钻井液封堵性、强化泥饼质量可提升油层保护效果。

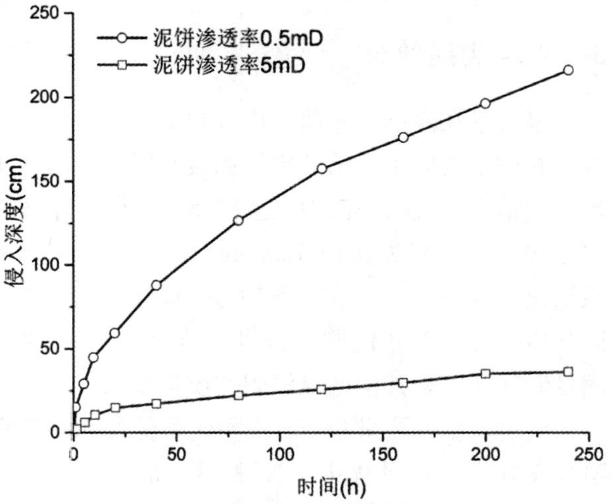

图4　不同泥饼渗透率条件下滤液侵入深度随时间的变化规律

目的层孔喉分布在1～30μm之间，非均质性强，通过优选多尺度封堵材料优化钻井液封堵性能，钻井液岩心封堵率由37.25%提高至74.13%，如图5所示。

2.5　高效承压堵漏技术

（1）承压值优化。增加二开技术套管下深（垂深增加100m），同时优化水泥浆浆柱结构，即低密度水泥浆段长由600m优化为800m，设计承压值由5.2MPa降至3MPa，实现降低三开井段承压堵漏难度目的。

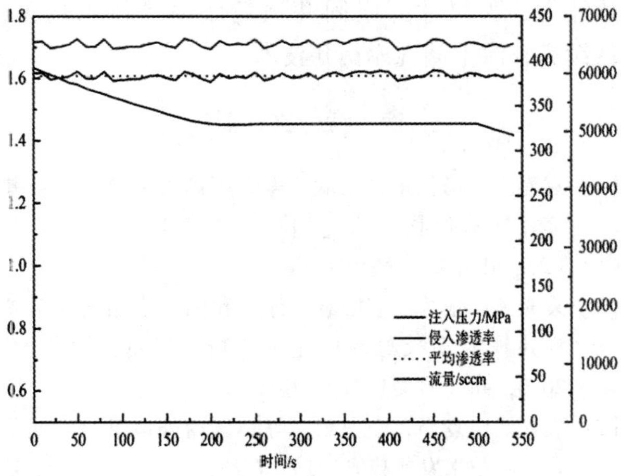

（a）侵入前

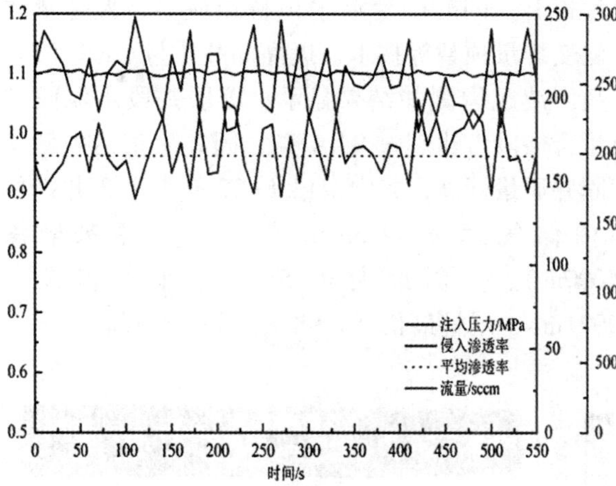

（b）侵入后

图5　钻井液侵入前后岩心气测渗透率

（2）随钻封堵提高承压。随钻应用不同规格尺寸的刚性架桥颗粒及弹性石墨、纳米封堵剂等材料，通过架桥、楔入、填充等方式高效封堵薄弱层，提高周向诱导应力，弱化水力尖劈作用，从而增强井壁承压能力。与先导试验井相比，单井承压堵漏周期由28天缩短至2天左右，承压堵漏均一次成功。

2.6　井筒完整性控制技术

（1）生产套管材质优选。结合气源组分，预测建库后注采气阶段CO_2最高分压0.9Mpa、H_2S最高分压0.3kPa，属于中度至高度腐蚀。考虑经济性及服役年限安全性，优化全井生产套管材质，即封隔器以下生产尾管采用13Cr，其它井段采用普通碳钢。

（2）高强度韧性水泥体系优选。为满足大排量、多周期、强注强采等要求，优选高强度韧性水泥体系，其中复配型增韧防窜材料为高分子基质塑化型韧性改造、无机材料晶格膨胀、无机纤维“三维搭桥”阻裂三者协同作用，突破了水泥石的高强度低弹模技术瓶颈，水泥石强度变化率提高10%～30%，弹性模量降低率30%～50%。

（3）固井配套工艺优化。选用性能稳定的双锥双液缸内嵌卡瓦封隔式尾管悬挂器，配合不同材质浮箍浮鞋、球座及扶正器等工具附件，提高固井工具可靠性。优选强度高、启动力小、复位力大、可产生紊流效应的整体式异型弹性套管扶正器，提高大斜度井段套管居中度。

为有效提高大斜度井段清洗效果，开展了冲洗液用量数值模拟，如图7所示，冲洗液段长由300m优化为400m，环空基本无冲洗液，顶替效率大幅提升；同时配套清水顶替预应力、大排量注水泥变排量顶替等技术，提高固井质量。8 口注采井超声波成像测井结果显示：盖层井段水泥胶结质量合格段占比超过 94.45%，固井质量达到储气库固井质量标准，其中南堡 1-29 气库平 3 井刷新国内储气库 φ244.5mm 盖层固井井深最深（4000m）、井斜最大（75°）、水平位移最长（2921m）、尾管最长（1598m）等多项纪录。

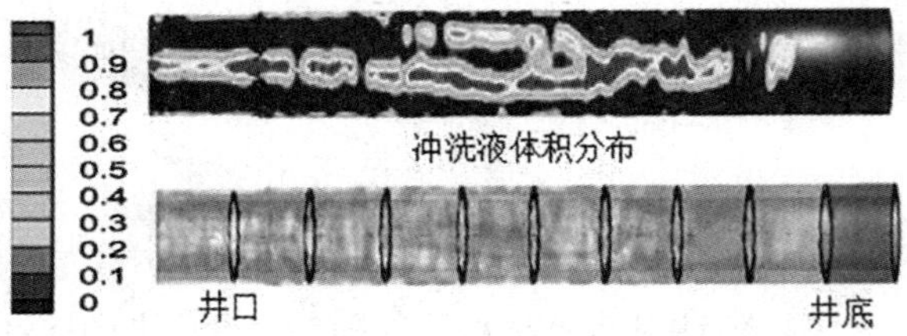

（a）冲洗液用量不足，环空掺混明显

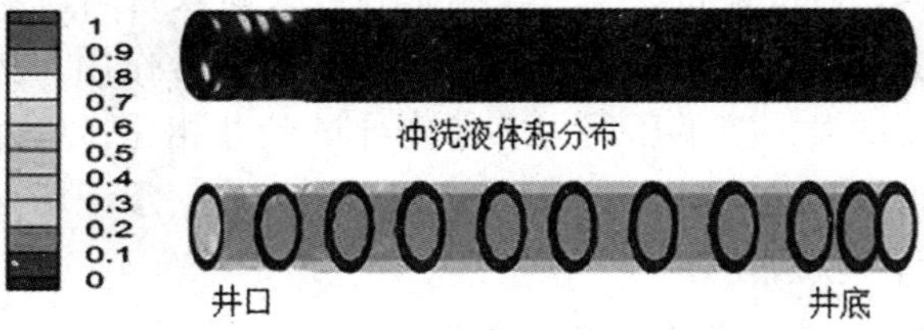

（b）冲洗液用量充足，顶替效率高

图 7　注水泥浆结束时环空冲洗液体积分布

2.7 工厂化钻井

应用工厂化钻井模式，设计排间距 60m，排内井口间距 10m，确保钻机整体拖动施工；避免了拆甩、搬迁、安装流程，节省候凝、拆配钻柱等造成的停等，多工序并行实现无缝衔接，缩短了建井周期，同时充分发挥同开次钻井液体系相同特点，实现钻井液的回收再利用及固化土拉运量的减少，降低钻井成本。

3 矿场实践效果

该技术在南堡 1 号储气库 6 口大斜度井、2 口水平井中成功应用，钻井指标如表 6 所示。累计实现一趟钻 21 井次，完成率达 87.5%。与先导试验井相比，单井漏失量由 126.7m^3 降至 23.3m^3，机械钻速提高 36%，钻井周期缩短 42%，生产套管固井质量合格率、优质率分别提高 9.7%、4.9%，满足储气库注采井生产套管固井质量要求。

经过 3 年的注采验证，南堡 1 号储气库井筒完整性良好，运行过程中未发现环空带压问题，注采能力完全满足季节调峰设计要求。截止 2024 年 9 月，南堡 1 号储气库累计注气量天然气 7.08×10^8m^3，调峰采气 0.7×10^8m^3，其中单井的最大日注气为 118.8×10^4m^3，保障了冬季天然气的供应。

表 6　南堡 1 号储气库钻井技术指标

井号	完钻井深/m	最大井斜/°	水平位移/m	机械钻速/（m/h）	钻井周期/d	井漏损失时间/d	生产套管固井合格率/%
注采井平均	3811	86.68	2479	11.58	91.05	4.67	96.90
先导试验井	3284	91.99	1475	8.04	123	33.2	87.22

4 结论与建议

（1）南堡 1 号储气库为国内首座海上储气库，围绕地质工程难点攻关形成了以安全性、经济性为目标的储气库大斜度大尺寸井钻井技术，保障了注采高效运行，为同类型储气库的高质量钻井提供了技术借鉴。

（2）丛式井组整体井眼轨道设计及优化是优快钻井的基础，防碰关系紧张时可采用预造斜设计；玄武岩地层综合应用“力学支撑+多级封堵+强抑制钻井液体系”等技术，可强化井壁，确保井径规则；优选的高强度韧性水泥浆体系，配套大斜度大尺寸井眼提高顶替效率技术，可有效保障盖层固井质量满足标准要求。

（3）南堡 1 号储气库多口井发生井漏，且固井质量仍存在提升空间，需深入开展提高地层承压能力、大尺寸井眼固井顶替效率等技术攻关，持续完善海上储气库钻井技术。

参考文献

[1] 袁光杰，杨长来，王斌，等．国内地下储气库钻井完井技术现状分析［J］．天然气工业，2013，33（2）：61-64.

[2] 袁光杰，张弘，金根泰，等．我国地下储气库钻井完井技术现状与发展建议［J］．石油钻探技术，2020，48（3）：1-7.

[3] 袁光杰，夏焱，金根泰，等．国内外地下储库现状及工程技术发展趋势［J］．石油钻探技术，2017，45（4）：8-14.

[4] 袁光杰，张弘，金根泰，等．我国地下储气库钻井完井技术现状与发展建议［J］．石油钻探技术，2020，48（3）：1-7.

[5] 王先洲，左洪国，夏景刚，等．南堡 13-1706 大位移井钻井技术［J］．石油钻采工艺，2019，41（2）：137-142.

[6] 陈玉峰，徐小峰，吴艳，等．优快钻井技术在南堡油田 1-3 号人工岛的应用［J］．天然气技术，2010，4（3）：29-32.

[7] 徐小峰，孙宁，孟英峰，等．冀东油田大斜度大位移井井眼清洁技术［J］．西南石油大学学报（自然科学版），2017，39（1）：148-154.

[8] 朱宽亮，周岩，胡中志．PDC-牙轮复合钻头在南堡油田大斜度井的应用［J］．石油钻探技术，2017，45（6）：60-64.

[9] 赵志国，白彬珍，何世明，等．顺北油田超深井优快钻井技术［J］．石油钻探技术，2017，45（6）：8-13.

[10] 崔国杰，谢荣斌，祝国伟，等．渤海油田大位移井提速提效创新技术与实践［J］．中国海上油气，2019，31（5）：133-138.

[11] 党文辉，刘天恩，袁光杰，等．呼图壁储气库勺型水平井钻井关键技术［J］．石油钻采工艺，2021，43（5）：593-600.

南堡储气库储层多轮次注采伤害实验研究

刘 京[1] 张 霞[1] 许 婧[1] 但佳敏[1] 张顶学[2,3] 杨昊东[2,3]

（1. 中国石油冀东油田分公司；2. 长江大学石油工程学院；3. 油气钻采工程湖北省重点实验室）

摘 要 储气库周期性注采易导致储层应力敏感性；疏松的地质岩石多存在微粒运移现象；同时，作业过程中，外来流体对储层的影响，都会对储层造成伤害，致使压力升高，注采困难。本文以南堡储气库馆陶组砂岩储层为研究对象，分别展开储层敏感性实验、应力敏感实验、多周期水锁伤害实验，测试储层在多轮次循环中不同敏感性的损伤程度，并模拟储气库生产状况测试水锁伤害率。实验表明：①该储层速敏损害为中等偏弱，大气量周期注采时存在微粒运移并堵塞渗流通道，导致渗透率下降，压力增大；②随着注采周期的增加，应力敏感性对储层伤害的影响较小；③储层存在较高水锁伤害率，同时中渗储层会随着注采次数增加而加剧水锁效应。分析认为，储层主控伤害因素为水锁伤害，应采取解水锁剂等措施对储层进行改造；注气流速较高会引发储层微粒运移，在储气库注采过程中应控制注气压力，并对储层中固有微粒进行清除。

关键词 储气库；砂岩；储层伤害；水锁；微粒运移

Experimental Study on Multi-round Injection-production Damage of Nanpu Gas Storage Reservoir

LIU Jing[1], ZHANG Xia[1], XU Jing[1], DAN Jiamin[1], ZHANG DingXue[2,3], YANG Haodong[2,3]

(1. China Petroleum Jidong Oilfield Company; 2. School of Petroleum Engineering, Yangtze University; 3. Hubei Key Laboratory of Oil and Gas Drilling and Production Engineering)

Abstract: The reservoir stress sensitivity will appear in the gas reservoir periodic injection and production. Particle transport phenomenon occurs in loose geological rocks. In the meanwhile, the influence of fluids on the reservoir will cause damage to the reservoir, resulting in increased pressure and difficult injection and productionin the process of operation. This article takes Guantao Formation sandstone reservoir of Nanpu gas storage for the goal. The reservoir sensitivity experiment, stress sensitivity experiment and multi-period water lock damage experiment were carried out respectively. The reservoir damage degree with different sensitivity in multiple cycles is tested. The damage rate ofwater intrusion was measured by simulating the production condition of gas storage. The experiment shows that the velocity sensitive damage is moderate and weak. Particles will migrate and block the seepage channel during large gas cycle injection and production, resulting in decreased permeability and increased pressure. The experiment also shows that stress sensitivity has less influence on reservoir damage with the increase of injection-production cycle. The experiment also shows that there is a high water intrusion damage rate in the reservoir, and the water intrusion effect will be aggravated with the increase of injection and production times in the medium permeability reservoir. According to the analysis, the main damage factor of reservoir is water intrusion damage. Measures such as water lock agent should be adopted to retrofit the reservoir. High gas injection velocity will lead to reservoir particle migration. The gas injection pressure should be controlled in the process of gas storage. In the process of gas injection and production, the gas injection pressure should be controlled and the inherent particles in the reservoir should be removed.

Key words: Gas storage; sandstone; Reservoir damage; Water intrusion; Particle transportion

随着我国天然气需求不断增长，储气库作为国家供需运行体系的重要组成部分，对于保障国家能源安全、调节天然气供需平衡具有关键作用。储气库与常规气藏不同，有多轮次注采、强注强采的特点，生产过程中，气体采出会导致水相会侵入泊层，这些会导致储气库在生产过程中会应力变化、微粒运移、水锁等现象，对储层造成伤害。

目前对于储气库领域的研究多为建库措施，2023年，陈国栋通过建立地下盐穴储气库"井筒-腔体"一体化的热力耦合模型，进行模拟仿真实验，得出注采气速率对储气库内气温温度影响较大，采气结束后须尽快注气，并减少储气库的低压运行时间。2024年，胜利油田新建成国内首座水淹废弃气藏型储气库——永21储气库，通过对排水方案的设计与建库数值模拟模型，成功抑制了储层边底水与水锁现象。然而，以上研究只针对盐穴型或气藏型储气库，南堡储气库作为首个枯竭型砂岩油藏改建储气库，储层情况与上述储气库差别较大。整体物性属于高孔高渗，岩样在注采过程中极易发生微粒脱落，导致运移并堵塞渗流通道；该区块馆陶组处于高含水阶段，存在边底水现象，有水锁伤害的可能，导致部分井注气量低，压力升高，对储气库注采过程造成严重影响。

本文以南堡储气库为目标储层，选取具有代表性的NP12区块岩样，开展了气体速敏实验，水敏等敏感实验，岩石循环注采应力敏感实验以及多周期水锁伤害实验，测试了驱替流速与压力递增时岩心的渗透率变化，以及多周期水锁循环前后岩心伤害状况，评价了南堡1~29储气库储层伤害机理与伤害主控因素。

1　南堡储气库储层物性特征

1.1　岩石矿物组分分析

如表1所示为NP12区块储层岩矿成分统计表，目标区域Ng石英含量平均为43.93%，长石含量平均为11.71%，岩屑含量平均为25.85%，填隙物含量平均为7.52%（填隙物以泥质为主）。黏土矿物绝对含量为3.98%~13.6%，平均8.08%，成分主要是高岭石和蒙脱石，其相对含量分别为66.24%和31.34%。局部泥质含量较高，以黏土矿物为主。黏土矿物以速敏性强的高岭石和水敏性强的蒙脱石为主，容易造成储层岩石颗粒分散运移和水化膨胀，对储层造成伤害。在注水开发以及其他它施工作业中，要特别注意控制外来流体的侵入和矿化度的选择，以避免由于流体的不配伍造成储层伤害。

表1　NP12区块储层岩矿成分统计表

井号	碎屑颗粒			填隙物/%	黏土矿物含量/%				泥质总量（%）
	石英/%	长石/%	岩屑/%		伊利石 I	高岭石 K	绿泥石 C	伊/蒙混层 I/S	
NP12-X77	38~41	22~28	32~38	7~9	5~20	50~85	2~8	5~30	3.98~13.6
	39.6	25	35.4	8	11.59	68.41	2.24	17.76	6.51
NP12~86	40~50	8~15	21~29	5~11	3~7	53~75	2~8	14~37	6.7~13.2
	44.4	10.3	24.9	7.5	5.16	64.06	4.68	26.1	9.4
范围值	38~50	8~28	21~38	5~11	3~20	50~85	2~8	5~37	3.98~13.6
平均值	43.93	11.71	25.85	7.52	8.05	66.24	3.58	22.34	8.08

1.2　孔隙填充黏土矿物现状

如图1所示为NP12区块NgⅣ②铸体薄片照片，据岩石铸体薄片观察，碎屑成分以石英、岩屑为主，少量长石。岩屑为中、酸性喷出岩，花岗质岩，石英岩，硅质岩。局部泥质含量较高，以黏土矿物为主，岩石局部碳酸盐岩化。粘土矿物充填孔隙或分布于颗粒表面，使岩石中的大孔隙变为微孔隙或堵塞孔隙喉道，使岩石储集性能降低。

1.3　微观孔隙特征分析

如图2所示为NP12区块扫描电镜照片，储层孔隙类型主要为粒间孔，孔喉半径变化较大。孔隙直径0.40~70.5μm，喉道直径0.40~12.45μm，孔喉配位数0.01~1.46，面孔率为12.9%。填隙物主要是自生粘土矿物，其次为泥质杂基，少量石英次生加大。粉细砂岩、岩屑含量高或泥质含量高的砂岩压实作用较强，碎屑颗粒以线接触为主，喉道

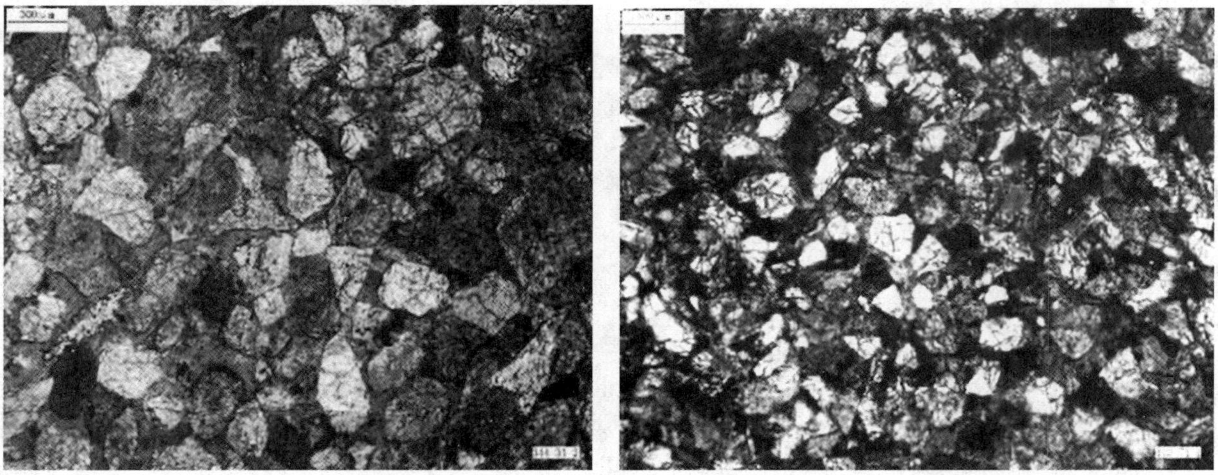

图 1　NP12 区块 NgⅣ②铸体薄片照片

图 2　NP12 区块扫描电镜照片

以片状、弯片状为主，储层物性差，不利于细小颗粒在孔喉中的长距离运移排出。该类砂岩中常见泥质杂基、碳酸盐胶结物和残余有机质，注采循环中易发生微粒脱落。

2　南堡储气库储层伤害特征及主控因素分析

2.1　主要原料

实验用水：西南部区域的高矿化度模拟地层水，用氯化钠、氯化钙、无水氯化镁、硫酸镁、碳酸氢钠、碳酸钠进行配制；实验用部分岩心：某油藏天然露头岩心，基本参数如表 2 所示。

2.2　储气库储层伤害评价方法

流速敏感性及多轮次循环注采分析：在常温下测量岩心在不同流速下的气体渗透率变化。由于储气库循环注采的工作特性，注气与采气方向相反，故进行了不同注气方向对高渗岩心渗透率的影响实验评价。

水敏感性分析：测量驱替地层水、1/2 矿物度地层水和蒸馏水的岩心渗透率，计算水敏伤害率。

盐敏感性分析：在常温下测量岩心在不同矿化度下的液体渗透率变化。

酸敏感性分析：在常温下测量不同酸液与岩石反应引起的岩样渗透率变化率变化。

碱敏感性分析：在常温下测量 pH 改变时渗透率变化值。

岩石循环注采应力敏感分析：在 SY/T5358—2010 标准基础上采用“多周期、变围压”的应力敏感测试方法，根据储层实际，通过改变围压，模拟注采过程中储气库中流体压力的变化，接近

表2　岩心基本参数

岩心编号	岩心深度/m	岩心长度/cm	岩心直径/cm	孔隙度/%	渗透率/（$10^{-3}\mu m^2$）
1	2672.9~2674	6.51	2.528	25	201.01
2		6.65	2.528	25.2	155.49
3	2674.6~2676.4	6.24	2.48	28.12	595.68
4		5.82	2.53	19.91	400.36
5	2774~2815	6.21	2.54	22.16	571.22
6		7.47	2.53	24.82	527.41
7	2815~2826	6.84	2.547	26.83	95.78
8		6.31	2.52	21.75	117.78

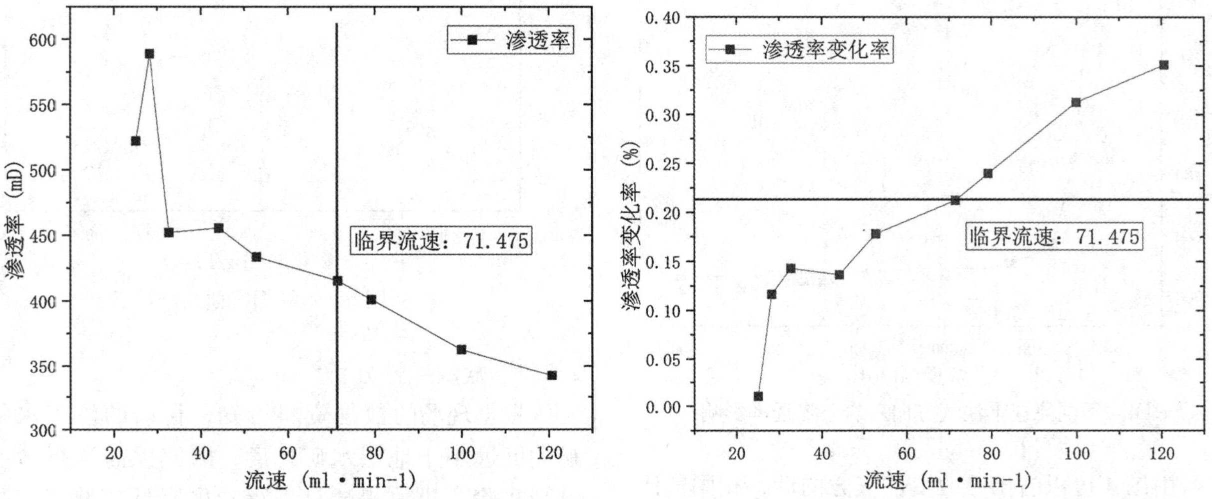

图3　（a）高渗岩心渗透率随流量变化曲线（b）高渗岩心流量与渗透率比值曲线

实际储气库储层受力情况，具体实验步骤：（1）实验时，将恒温装置调至储层温度，保持入口压力恒定，周期升降围压来进行渗透率应力敏感测试，由此实现储气库多周期注采过程模拟；（2）在每一个内压点先让其稳定一段时间（净上覆压力上升阶段保持30min以上，净上覆压力下降阶段保持30min以上），然后测试其气测渗透率，记录温度、入口压力、出口压力、回压、时间等数据；（3）计算应力敏感损害率和不可逆应力敏感损害率。

多周期水锁伤害实验：按QSY 1832—2015标准实验，将饱和地层水的岩心称量质量后，放入岩心夹持器，以室温恒压驱替氮气，重复三个循环周期，实时记录岩心出口瞬时流量，计算瞬时岩心渗透率，根据式（1）计算水锁伤害率。待渗透率稳定或数值变化率减小时，停止实验取出岩心，称量其重量，并记录其实验数据。

$$D_{wi}=\left|\frac{K_g-K_{wgi}}{K_g}\right| \tag{1}$$

其中，D_{wi}为水锁伤害率，无量纲；Kg为样品不含水时的气体渗透率，mD；K_{wgi}为样品不同含水时的气体渗透率，mD。

2.3　敏感性实验

2.3.1　流速敏感性及循环注采分析

结果经过计算，在室内标准岩心尺度范围内，气体流速最小值为25.05mL/min，气体流速最大值为120.6789mL/min，后续速敏实验气体流速在此范围内，实验结果如图3所示。

由图3可以看出，高渗岩心渗透率随着气体流速的增加，渗透率先小幅升高再降低，存在最优注入速度。原因是初始气体流速小，随着流速的增加，岩心孔隙内原有微小颗粒被冲出岩心，渗透率小幅增加，但流速超过临界流速后，由于速敏矿物高岭石的存在，在高气体流速冲刷下会发生脱落和运移，在细小的孔喉处堆积，阻塞气体流动通道。

经过计算，高渗岩心临界流速为 71.475mL/min，速敏损害率为 34.43%，根据行业标准《SY/T5358—2010 储层敏感性流动实验评价方法》，该储层速敏损害为中等偏弱；地层速敏伤害较大，可能会引起地层出砂。

实验先自上而下注气，稳定 30min 后，计量岩心渗透率，再自下而上注气，稳定 30min 后，再次计量岩心渗透率，增加注气流量，重复上述过程，得到不同流速下注气方向对岩心渗透率影响曲线（图 4）。

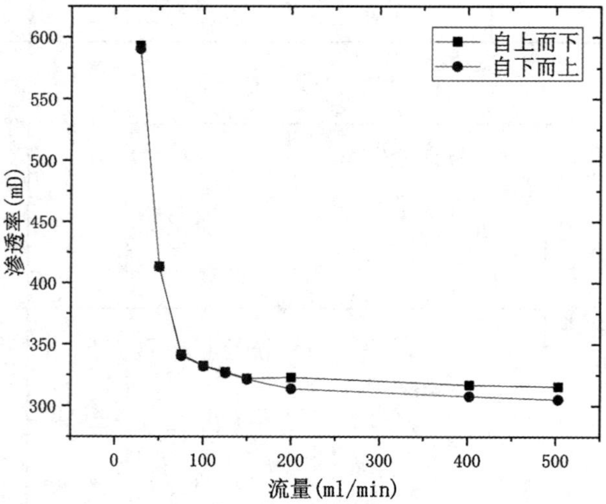

图 4　不同流速下注气方向对岩心渗透率影响

由图 4 可以看出，改变注气方向后，相同气体流速下，岩心渗透率降低，且随着注气速度的增加，微粒运移对渗透率的影响加剧，即改变注气方向后渗透率曲线下移，表明改变注气方向，微粒运移现象加剧，同时对伤害解除提出了更高的要求。注采井近井地带气体流速最快，酸液如果在近井带消耗过多，会导致岩石胶结疏松，脱落更多的颗粒，在高气体流速下堵塞地层或引起地层出砂。

2.3.2　水敏评价结果

图 5 为水敏损害曲线，可以看出 4#、5#两块岩心水敏性损害为强。

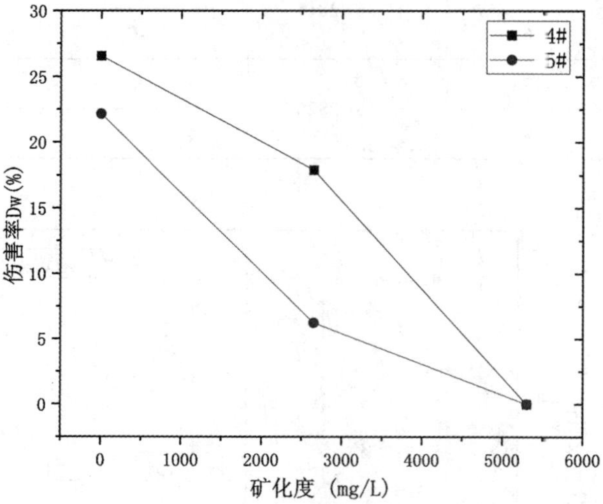

图 5　水敏损害曲线

2.3.3　盐敏感性分析

根据现场的数据资料可知，目前的注入水的矿化度远小于地层水矿化度，因此无需进行盐度升高实验，盐敏测试只进行盐度降低实验。实验结果见表 3 和图 6。从盐敏损害评价实验结果可以看出，在注入水为蒸馏水的情况下最大损害率分别为 21.02%和 15.95%，说明储层存在弱的盐敏现象。

表 3　岩心盐敏实验结果

岩心编号	流动介质	矿化度 mg/L	流量 cm^3/min	注入倍数	Kn $10^{-3}\mu m^2$	Kn/Ki %
3	模拟地层水	5300	0.1	5	91.301	0
	3/4 矿化度流体	3975		10	87.790	3.85
	1/2 矿化度流体	2650		10	84.278	7.69
	1/4 矿化度流体	1325		10	77.287	15.35
	蒸馏水	0		10	72.113	21.02
7	模拟地层水	5300	0.1	5	99.025	0
	3/4 矿化度流体	3975		10	92.530	6.56
	1/2 矿化度流体	2650		10	86.034	13.12
	1/4 矿化度流体	1325		10	85.071	14.09
	蒸馏水	0		10	83.228	15.95

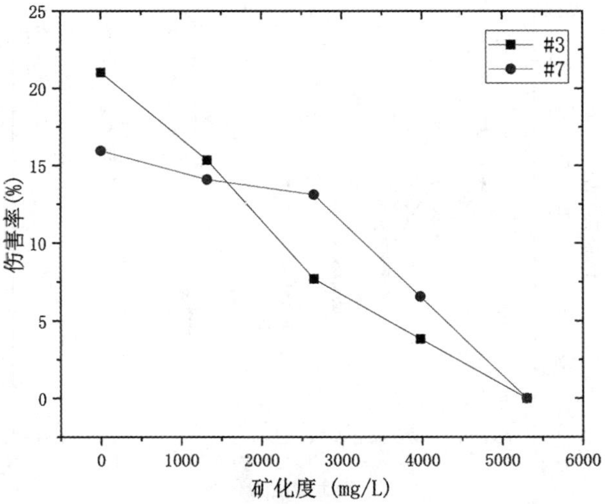

图 6　盐敏损害曲线

2.3.4　酸敏感性分析

酸敏感性实验结果如图 7、表 4 所示。结果表明岩心对 HF 酸成中等强敏感性。地层水中含部分的 Mg^{2+}、Ca^{2+}离子，直接注入 HF 酸会产生 CaF_2、MgF_2 及其他氟硅酸沉淀，造成地层伤害。储层对盐酸成弱酸敏性，注入盐酸后对储层有很好的改善作用。

其中土酸酸化改善后岩心孔隙变化结果是，岩样中有少量较大孔隙产生，且孔径分布大部分向小孔隙分布，说明土酸对储层矿物的溶解差异较大，由孔隙分布数据看出，由于有大部分小孔隙产生，说明土酸酸化过程中会造成二次伤害产物堵塞孔隙。

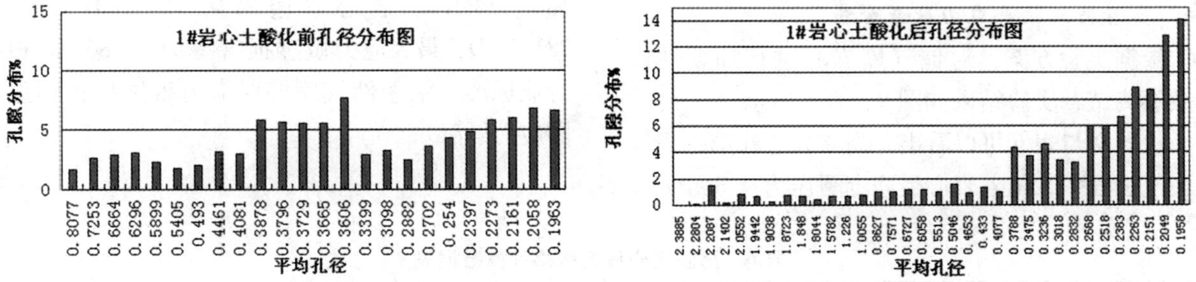

图 7　（a）1#岩心土酸化前孔径分布图（b）1#岩心土酸化后孔径分布图

表 4　岩石酸敏实验结果

岩心编号	酸液类型	地层水 Kf（$10^{-3}\mu m^2$）	酸液后续地层水驱 Kad（$10^{-3}\mu m^2$）	酸敏指数 Dwc	酸敏程度
1	土酸	32.302	22.006	31.9	强酸敏
6	土酸	27.392	21.065	22.9	中等偏强酸敏

2.3.5　碱敏感性分析

岩心碱敏实验结果见表 5 和图 8。由实验结果可知，储层碱敏损伤程度为中等偏弱-强碱敏。根据现场资料知，矿物与流体统计测试结果中黏土含量较多，其中高岭石含量较高，其属于碱敏矿物，储层一定程度上存在碱敏的可能。

表 5　岩心碱敏实验结果

岩心编号	流动介质	pH 值	累计注入倍数	Kn10^{-3}（μm^2）	Kn/Ki（%）
2	pH 值不同的模拟注入水	7	10	52.646	0
		8.5	10	48.026	8.78
		10	10	40.008	24.01
		11.5	10	37.027	29.67
		13	10	35.664	32.26
8	pH 值不同的模拟注入水	7	10	25.060	0
		8.5	10	24.006	4.21
		10	10	16.178	35.44
		11.5	10	15.097	39.76
		13	10	14.571	41.86

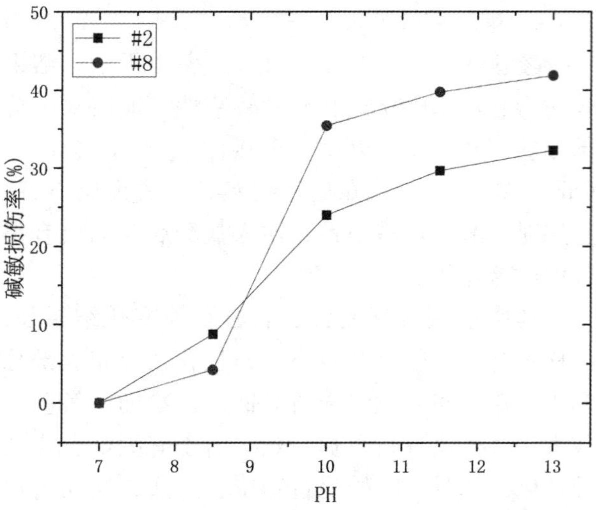

图8 碱敏损害曲线

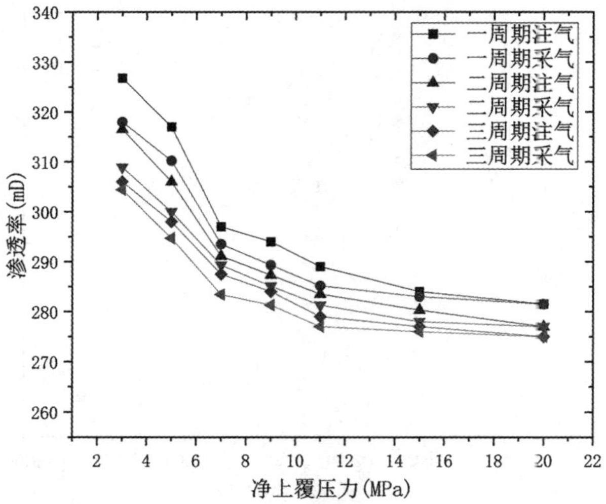

图9 高渗岩心应力敏感周期性变化

2.4 岩石循环注采应力敏感分析

根据实验方案，对储气库岩心进行周期性应力敏感测试，实验结果如图9、表6所示。

从图9与表6可以看出，高渗岩心在第一周期的注气过程中，随着岩心受净上覆压力从3MPa增加至20MPa，岩心渗透率从326.8mD下降至281.5mD，最大应力敏感损害率为13.86%。根据行业标准，南堡储气库储层应力敏感损害程度为弱应力敏感。

表6 高渗岩心应力敏感计算数据表

注采周期	最大注气渗透/mD	最小注气渗透/mD	最大采气渗透/mD	最小采气渗透/mD	最大应力敏感性损害/%	最大不可逆损害率/%
一	326.8	281.5	318	281.5	13.86	2.69
二	316.5	277	308.9	277	12.48	2.40
三	306	275	302	275	10.13	1.30
对比	326.8	—	—	275	—	15.85

在三个周期的注采过程中，高渗岩心皆随净上覆压力的改变，渗透率值呈周期性变化，但是岩心的渗透率都存在滞后效应，即随着净上覆压力的增加，渗透率减少，但是随着净上覆压力的减少，渗透率并未恢复到初始渗透率。高渗岩心最大不可逆损害率为2.69%。同时，整个周期结束后，总体不可逆损伤率达到15.85%，渗透率大幅降低，说明多轮次的循环注采，在地层的注采过程造成了较大损伤。易导致地层压力增高，注入困难。

从高渗岩心应力敏感计算数据表（表5）中可以看出，随着注采周期的增加，不可逆渗透率损害率减少，即注气曲线和采气曲线相隔越来越近，表明在多个注采周期下，岩变形量趋近于零，循环应力对储气库的影响越来越小。

2.5 多周期水锁伤害

通过QSY 1832—2015标准进行实验，对储气库岩心进行周期性应力敏感测试，实验结昊如图10、图11、表7所示。

图10 初始干燥岩心、初始岩心饱和水和气驱水后岩心图片

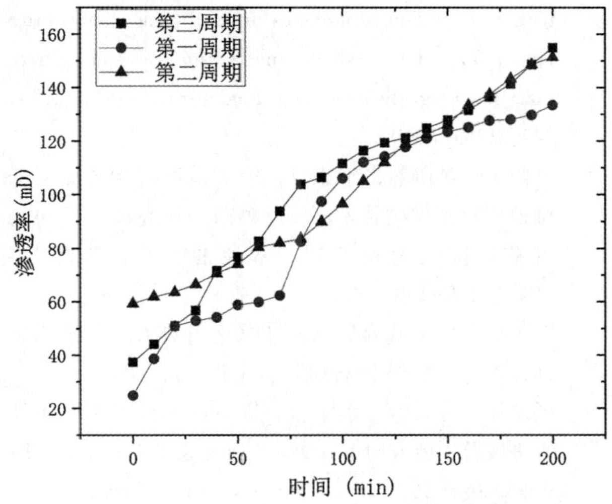

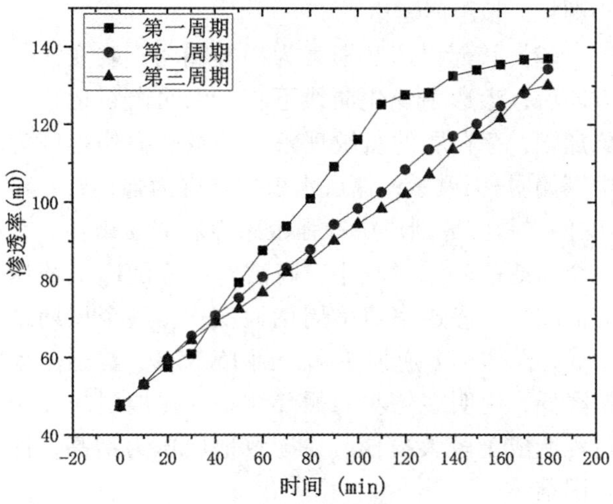

图 11　(a) 高渗岩心多周期气驱水实时渗透率变化曲线 (b) 中渗岩心多周期气驱水实时渗透率变化曲线

表 7　多周期水锁实验结果数据表

岩心编号	周期	饱和水后渗透率/mD	气驱后渗透率/mD	饱和水岩心质量/g	气驱后岩心质量/g	气驱后含水饱和度/%	水锁伤害率/%
5	一	24.359	136.002	63.37	59.2981	51.95	77.16
	二	59.207	151.411	63.29	59.9085	60.15	74.58
	三	37.413	154.924	63.10	59.8474	61.17	73.99
4	一	47.858	137.055	60.935	57.117	34.52	65.76
	二	47.276	134.322	60.535	56.754	35.15	66.45
	三	47.192	130.078	60.301	56.712	38.45	67.51

如图 11 和表 7 所示，中、高渗岩心通过三次饱和水气驱周期重复实验，模拟储气库多周期注采特性。高渗岩心初始气测渗透率为 595.68mD，饱和水后恒压 0.02 MPa 驱替氮气，在气驱后岩心表面大部分区域颜色仍呈深色。同时黏土矿物膨胀堵塞孔隙，阻碍气体通过，表明高渗岩心存在严重的水锁液相伤害。在多次注气后，岩心气驱渗透率逐渐上升，由于高孔高渗，岩心质地疏松特性，饱和水后易排出，但岩心气驱后含水饱和度呈上升趋势，是由于岩心亲水效果较强，同时饱和水后黏土膨胀，表面微粒在实验过程易发生脱落。经过多次注气驱替，岩心水锁伤害均属于强范畴，同时伤害率逐渐下降，存在永久性水锁伤害的可能性较小，但强水锁伤害现象仍存在。

中渗岩心在气驱后岩心表面大部分区域颜色略微变浅，表现出岩心侧面浅处的水被氮气驱出。原始气测渗透率为 400.36 mD，通气后，岩心出口出气，随着时间的增加，渗透率从 47.858 mD 增加至 137.055 mD，中渗岩心在三个小时气驱水后，水锁伤害率为 65%左右。，饱和水初始气驱时，存在气液两相流动现象，使得渗透率较小。气驱三小时后，岩心气驱渗透率随着注气次数增加，渗透率逐渐降低。通过岩心驱替前后的质量，计算储气驱后含水饱和度，随着注气次数增多，含水饱和度逐渐增加，表明岩心孔隙体积中水的占比增加，阻碍气体流动。

南堡储气库存在地层水与外来液体的液相侵入，对储层影响较大。中渗储层的液相侵入后不易排出，造成水锁伤害。高渗储层水锁伤害率高达 70%。同时中渗储层随着注气次数的增加，孔隙中含水饱和度增加，水锁效应加剧，严重影响储气库的生产和运行。

3　结论

(1) 南堡储气库岩石矿物组分以石英长石为主，黏度矿物平均含量为 8.08%，主要成分为高岭石和蒙脱石，存在速敏与水敏性伤害，造成微粒运移与颗粒水化膨胀；黏土矿物颗粒循环注采后，易堵塞孔隙喉道，导致储层压力升高，注采困难；孔隙喉道主要为片状与弯片状，不利于细小颗粒的长距离运移。

(2) 该储层速敏损害为中等偏弱;改变注气方向后,渗透率变化曲线下移,说明微粒运移现象加剧;存在弱的盐敏现象以及碱敏损伤程度为中等偏弱-强碱敏;储层水敏性损害为强;岩心对HF酸和盐酸分别成中等强敏感性和弱酸敏性。在三个周期的注采过程中,高渗岩心皆随净上覆压力的改变,渗透率值呈周期性变化。整个周期结束后,总体不可逆损伤率达到15.85%,渗透率大幅降低,说明多轮次的循环注采,在地层的注采过程造成了较大损伤。易导致地层压力增高,注入困难。

(3) 储气库储层存在边底水现象,同时作业过程中外来流体的侵入,会对储层造成较大伤害。储层被液相侵入后,水锁伤害率均高于60%,伤害较为严重。高渗岩心第一次循环水锁伤害率为77.16%,但多周期饱和驱替后,水锁伤害率逐渐下降;中渗岩心第一次循环水锁伤害率为65.76%,随着周期饱和水驱替次数增加,水锁伤害加速,对储气库的循环注采造成严重影响。应采取相应措施对应水锁伤害。

参考文献

[1] 丁国生,丁一宸,李洋,等.碳中和战略下的中国地下储气库发展前景[J].油气储运,2022,41(01):1-9.

[2] 李建君.中国地下储气库发展现状及展望[J].油气储运,2022,41(07):780-786.

[3] Gangxiong Zhang, Bin Li, Dewen Zheng, et al. Challenges to and proposals for underground gas storage (UGS) business in China [J]. Natural Gas Industry B, 2017, 4 (3): 231-237.

[4] Tuo Wang, Mengke An, Jizhou Tang, et al. Research on particle migration in fractures driven by gas-liquic two-phase flow during deep energy storage and extraction. Geoenergy Science and Engineering [J], 2024, 241: 2949-8910.

[5] 刘阳平,吴博然,于忠良,等.辫状河砂岩储层三维地质模型重构技术——以冀东油田高尚堡区块新近系馆陶组为例[J].岩性油气藏,2022,34(04):159-170.

[6] 陈国栋.地下盐穴储气库注采运行热力工况及稳定性分析[D].中国石油大学(北京),2023.

[7] 杨志伟,许雨桐,王宇鹏,等.胜利油田储气库技术进展及发展方向[J/OL].油气地质与采收率,1-9[2024-10-15]. https://doi.org/10.13673/j.pgre.202405037.

[8] 刘伟,王群一,孙彦春,等.基于多轮次注采渗流实验分析的挥发性油藏储气库建库可行性评价[J].天然气工业,2022,42(12):65-71.

[9] 崔阳小平,程林松,何学良,等.地下储气库多周期运行注采气能力预测方法[J].天然气工业,2013,33(4):96-99.

[10] 高广亮,刘伟,李聪,等.油藏改建地下储气库库容量计算方法[J].天然气工业,2023,43(10):132-140.

[11] 庞雪倩.南堡1-29区块储层构型表征与三维地质建模[D].长江大学,2023.

[12] 邢韦亮.南堡1-1区1-29断块油气层保护技术研究及应用[D].中国石油大学(华东),2013.

[13] 胡彩云,李聪,杨智斌,等.气顶砂岩油藏型储气库运行上限压力和库容量定量评价研究[J].地质力学学报,2024,30(03):419-426.

[14] 国家能源局.储层敏感性流动实验评价方法:SY/T5358—2010[S].北京:中国标准出版社,2010.

[15] 中国石油天然气集团公司.致密气储层水锁伤害实验评价方法:QSY 1832—2015[S].北京:中国标准出版.

水泥塞型侧钻老井眼重入封井关键技术实践

胡勇科[1]　吴　艳[2]　王金忠[1]　李　楠[1]　胡彩云[1]　晋新伟[1]

（1. 冀东油田公司储气库建设项目部；2. 冀东油田公司采油工艺研究院）

摘　要　储气库建库区钻至盖层或揭开储层的裸露侧钻井眼，须对其实施有效封堵才能避免天然气泄漏，保障储气库生产运行安全。“水泥塞”型侧钻裸眼内不存在“落鱼”形成的目标磁场，且井斜角达 52.63°，目标信物不明显，老眼定位导航难度大，传统缆测磁测距系统无法顺利。研制了钻杆传输磁导向系统，探索了套管跟踪定位、轨迹修正、找塞重入、冲探识别及录井测井辅助一体化技术，形成老眼跟踪重入及裸眼冲探识别技术方案。NPXX 井应用实践表明，钻具输送主动磁测距技术配合岩石破碎比功、岩屑对比、气测异常与井径形态变化等一体化辅助技术，可精准跟踪套管，实现水泥塞型老井眼重入封堵。该技术创造了套管外找塞重入侧钻遗留井眼的先例，为储气库多井眼、大斜度复杂老井眼有效封堵提供了实践经验，拓展了国产磁测距系统应用范围，具有宽广的应用前景。

关键词　地下储气库；水泥塞型老井眼；磁测距仪器；大斜度井

Key Technologies Practice on Re-entry WellCapping for Old Boreholes With Cement Plug

HU Yongke [1], WU Yan[2], WANG Jinzhong[1], LI Nan[1], HU Caiyun[1], JIN Xinwei[1]

(1. Gas Storage Construction Project Department of Jidong Oilfield Company;
2. Production Technology Research Institute, Jidong Oilfield Company)

Abstract: If there is an exposed side drilling borehole drilled to the cap layer or uncovered reservoir in the old wells in the reservoir area, it is a bottleneck in the construction of underground gas storage reservoirs to avoid oil and gas leakage and ensure the safety of gas injection and extraction production after effective plugging is implemented. There is no target magnetic field formed by the drilling tool "falling fish" in the "cement plug" type complex old borehole to be disposed of, and the inclination angle of the well reaches 52.63°, which makes it difficult to locate and navigate in the old borehole, and the cable measurement method of magnetic distance measuring instrument relying on gravity can not be lowered into the borehole. Expand the application scope of domestic magnetic ranging system, develop drilling and transmission related tools, explore the casing tracking and positioning, trajectory correction, plug finding and re-entry, punchdown identification and logging and logging auxiliary integrated technical solutions. It was successfully applied in NPXX well of Jidong Gas Storage Reservoir, and the effect of re-entering and sealing the complex old borehole reached the standard, creating a precedent of re-entering the left-over borehole of sidetracking drilling outside the casing. The application shows that: the domestic drilling tool conveying active magnetic ranging technology together with integrated auxiliary technologies such as rock crushing ratio work, rock chip comparison, gas logging anomaly and well diameter morphology change can accurately track the casing and realize the re-entry of cement plugged old borehole. This technology provides practical experience for effective plugging of complex old boreholes with multiple boreholes and large slopes in gas storage reservoirs, and has a wide application prospect.

Key words: Underground gas storage; Cement-plugged old boreholes; Magnetic ranging instrumentation; Large-slope wells; Re-entry cementing

枯竭油气藏改建地下储气库，老井有效封堵是首要任务。对于钻具掩埋、地质侧钻等原因造成的多井眼老井成为复杂疑难井，其弃置的裸眼井筒贯穿储气库盖层，对储气地质体的完整性造成破坏，存在“一口井报废一座储气库”的风险，能否有效封堵直接决定是否可以建库。复杂疑难井需要对侧钻裸露老井眼进行重入和冲探等非常规施工，重入技术在国内实施井例少，技术成熟性有待验证，尤其是对水泥塞型侧钻老井眼，缺少可靠的目标信物，轨迹探测精度要求高，井眼轨迹控制难度大，对其进行有效重入及封堵，成为必须突破的建库瓶颈。

1　水泥塞型老井眼处置难点分析

NP12XX 井为冀东油田南堡 N 储气库一口侧钻裸眼井，三开井身结构，见图 1。本井存在 Y 井眼和采油井筒两个老井眼。其中，裸露的 Y 井眼完钻井深 3360m，井深 1142.50m 以下井段的井斜角超过 52°，最大井斜角为 56.88°，见表 1，预计水泥塞井段在 2923～3120m，侧钻点为 2923m；采油井筒完钻井深 3350m，油层套管下深 3348.3m。Y 井眼水泥塞下部裸眼井段内储气层与非储气层同时存在，破坏了储气库地质体密封性，需对其进行有效封堵。

图 1　南堡 12XX 老井眼井身结构示意图

Y 井眼轨迹概况：0～300m 为直井段，300～561.43m 为增斜段，561.43～800m 为稳斜段（井斜角 19°，方位 297°），800～1142.50m 为二次增斜段，1142.50～3360m 为稳斜段（井斜角 52.63°，方位 284.59°）。待处置老井眼井斜角大，磁导向仪器仅借助重力作用无法完成磁数据采集。

1.1　老井眼内钻碰水泥塞及重入施工难度大

井眼轨迹数据受到测量方式、计算方法、仪器精度等方面误差的影响，导致老井眼内水泥塞的准确位置难以确定。老井眼测量的结果不能准确指明所在的实际位置，井眼轨迹在井下某点的实际位置在误差椭圆范围内，误差半径受测斜工具误差、深度测量误差、磁场干扰误差等诸多干扰因素，每 1000m 误差可达 10m。本井为典型的水泥塞型侧钻裸眼，上部井眼内无“钻具落鱼”铁质信号标志，无源磁导向工具更换监测目标，采用跟踪测量生产套管磁信号的方式，并通过岩屑识别重入效果，实现精确定位重入老井眼目标。因此，该井对磁导向测量精度及原井眼轨迹数据准确性要求高，钻碰水泥塞及重入施工难度大。

1.2　磁测量井段井斜角大，磁测距数据采集难度大

NP12XX 井原裸井眼最大井斜角达 59°，当井斜角超过 45°，采用电缆牵引方式无法将磁导向仪器下放到位，难以完成磁测距数据采集，前期尝试在主动磁测距仪器底部增加无磁加重短节配重改善仪器下放情况无果。大井斜叠加井内无目标信物，增加了轨迹探测难度。

1.3　磁测距次数多周期长，井眼垮塌风险高

NP12XX 井原裸井眼钻进过程中严重井漏和井壁垮塌，施工中反复堵漏、划眼作业，导致老眼井眼质量差，下步井段掩埋有 51m 钻具落鱼，连通井重入后重新揭开原裸井眼，依然面临严峻的井漏、井壁垮塌问题，同时老眼跟踪探测工作量大，预计探测周期 49 天，井眼在钻井液下的长期浸泡，其井眼垮塌风险更大。

1.4　老眼冲探及封堵难度大

原裸井眼坍塌程度不确定，井内情况复杂，重入以后面临在成岩与非成岩介质中钻进，难以保证新钻井眼一直顺利在老井眼内冲探，容易发生偏离钻出新井眼，频繁定向与轨迹调整，同时要清除井壁沉积物，解除气体窜流通道，对老眼冲探轨迹调整及老眼井眼质量控制难度大。

2　复杂老井眼重入封固技术对策

2.1　新钻连通井技术方案

为了克服侧钻小井眼施工中环空压耗高、钻具工具可选范围小、复杂事故易发等难题，本井优化为新钻连通井、常规井身结构，采用主动磁测距系统探测老眼位置，指导轨迹重入及封堵。

连通井轨迹设计3个控制靶点，分别在距离采油井筒原侧钻点以上300m、100m、0m位置，新钻井距离侧钻点300m的井段控制两井眼相对距离约3m，距离侧钻点100m井段控制相对距离1m伴行，侧钻点附近控制距离约0.5m，在侧钻点以下20m井段内重入老井眼。新钻井与套管井眼的相对方位尽量靠近水泥塞与套管井眼的相对方位。进入1m范围内伴行跟踪，调整新钻井的方位与套管井眼一致，井斜角差值±1°，然后调整井斜、微调方位完成待处置老井眼重入。从而实现轨迹接近、伴行跟踪、井眼连通目标，见图2。

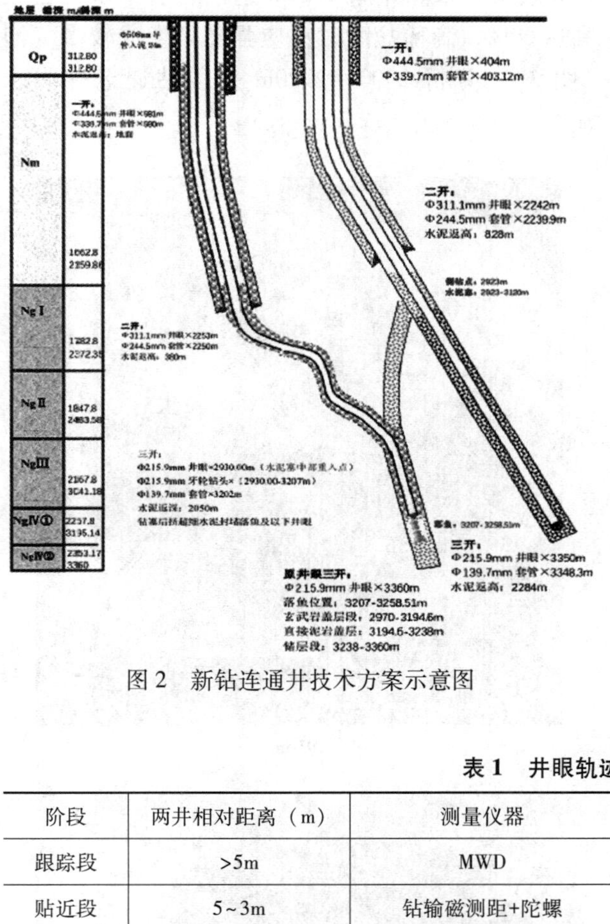

图2　新钻连通井技术方案示意图

2.2　轨迹探测工具的优化

国产CPET主动磁测距仪器利用磁传感器检测目标井交变磁场信号，结合姿态测算出两井眼相对位置，精细控制井眼轨迹，实现重入目标井眼目标。在此基础上，研制出湿接头对接和多级绝缘屏蔽工艺，研发出陶瓷材质的绝缘短节、无磁外壳、电缆连接装置等专用部件，配套成无磁连接快连管串，改进测距算法，从而使钻具产生的磁干扰降低了70%，形成国产CPET主动磁测距仪器钻具输送配套工艺。钻输磁测距钻具结构为：绝缘短节+转换接头+无磁外壳+无磁旁通+绝缘短节+无磁钻杆+提升短节+钻杆+绝缘短节+钻杆。具体组件包括：探管舱体总成、数传舱体总成、马笼头、下部绝缘电缆、绝缘鱼雷、放电电缆、绝缘鱼雷、上部绝缘电缆、鱼雷头、湿接头和测井电缆。钻输磁测距配套工艺能够实现湿接头对接后持续激励及多点磁测量数据采集，有效解决了45°以上大井斜角、井径不规则或井况复杂井眼的磁导向仪器安全下入及磁测量数据采集问题。

2.3　磁测距测量工艺的优化

针对原设计磁测量次数多，测距井段间隔短的问题，开展新钻井眼井身剖面优化，提前将井眼轨迹调整到高边正上方向后，将测量间隔由10m增大至30m，高边变化增大至20°以内继续监测，整体磁测距次数由原设计20次减少到13次，施工周期减少35%，降低了井下施工风险，优化后的磁导向施工设计见表1。

表1　井眼轨迹磁导向施工设计

阶段	两井相对距离（m）	测量仪器	磁数据测量间距要求	备注
跟踪段	>5m	MWD	—	按设计井眼轨迹平行钻进
贴近段	5~3m	钻输磁测距+陀螺	50m	磁导向跟踪监测生产套管
伴行段	3~3m	钻输磁测距+陀螺	50m	磁导向跟踪监测生产套管
贴行段	2~1m	钻输磁测距+陀螺	20~30m	加密跟踪监测套管
重入段	1~0m	钻输磁测距+陀螺	10m	试钻碰水泥塞、重入老井眼

2.4　冲探井段轨迹跟踪识别技术

裸眼井段坍塌程度不确定，新钻地层和原裸地层单位体积岩石破碎比功不同，因此引入岩石破碎比功，判断识别裸眼重入程度。分别获得可钻性级值测定条件下的岩石破碎比功，结合测井曲线形成破碎比功剖面曲线；并通过实钻条件下的全钻头破碎比功计算数据。利用相似性原理，通过曲线提取相似性指标参数，进而判断钻井轨迹的符合程度。

岩石破碎比功模型公式：$id = cpnDht/V$，（其中，c-常数；t-钻进时间，min/m；p-钻压，KN；Dh-钻头直径，mm；n-转速，r/min；V-破岩体积，m^{-3}）

通过计算对比新钻井与原井眼钻井参数破岩的破碎比功参数，分析岩石的破碎比功曲线差异，判断新钻井眼是否在老井眼中，同时结合现场钻井参数变化、岩屑识别、气测异常显示、井径分析等多维技术手段，精准判断老眼重入程度并冲探至原井眼井底深度，下套管至井底后固井完井。

3　现场应用

3.1　现场实施

NP12XX 井 K 井眼自井深 2400m 开始应用钻输磁测距方式跟踪定位老井眼，钻具输送磁测距过程按以下三个阶段开展施工。

（1）仪器入井。钻进至磁测量井深后，按要求通井，修整井壁，清扫沉砂，注入封闭润滑塞，做好井眼准备。按编号连接磁测量探管、陶瓷钻杆等钻输工具，按标准扭矩上扣。根据套管下深、井斜角，确定旁通短节位置。将电缆依次穿入旁通密封总成各个部件、旁通短节侧孔。将电缆缆芯与母头加重杆插针对号连接，连接鱼雷外壳与加重杆总成并注满硅脂。以 60~90m/min 的速度下放电缆完成湿接头对接。供电检查仪器工作情况，确认是否对接成功。对接成功后，接顶驱，按钻具水眼容量，泵入足量的重泥浆以保证管内液柱压力略大于环空压力，并防止脱枪。将旁通短节提出井口，安装旁通电缆压板将电缆固定在旁通短节固定槽内并锁紧。接钻杆立柱下钻，并由测井绞车牵引电缆，开始并行下钻。

（2）数据采集。根据测井深度及探管信号判断，磁测量探管下至井底后，平稳同步上提电缆与输送钻具，进入磁测量环节。将输送工具上提速度控制在 9m/min 以内，每上提 1m 测量 1 次，直至预测井段数据全部采集完。磁导向测量期间，每 5min 可上下活动钻具 1 次，提离钻台面 3m 以上，避免出现钻具黏卡。

（3）仪器出井。磁测量结束后立即上提磁测量探管，测量完毕立即上提磁测量探管，起至旁通短节位置，卸掉电缆导向滑轮、电缆固定器，上提电缆拔枪。吊出加重杆总成，卸掉旁通短节，移至坡道上拆分。继续起钻，当探管距离井口约 30m，上提速度降至 2m/min，避免仪器碰撞滑轮。上提至距井口 3m 位置，由人工取出仪器，依次拆卸输送工具和湿接头总成，并将螺纹拧松，回收仪器。

NP12XX 井 K 井眼 2400m 至 2920m 井段应用钻具传输方式进行 13 次无源磁导向测量，共采集 269 个有效数据点，精细调整井眼轨迹，控制新井眼逐渐贴近、直至连通 Y 老井眼（表 2）。磁测距解释结果显示：测深 2917 m 处 K 井眼与套管井眼距离为 0. 62 ± 0. 06m，高边方位 178 ± 3°，北向方位 111±3°；推算井底与水泥塞距离为 0. 25±0. 02 m，高边方位 180°。现场钻进至 2916~2918m，钻时由 7min/m 下降至 3. 5min/m；元素录井检测返出岩屑中钙元素含量从 4. 3129%升高至 14. 2013%，测算水泥含量 9. 1%~30%，岩屑滴稀盐酸时出现气泡。综合分析钻压、钻时和全烃值变化及返出岩屑资料，判断 K 井眼已于井深 2918m 成功钻碰 Y 井眼水泥塞。井深 2920m 返出岩屑中水泥占比高达 60%，滴稀盐酸时反应强烈、生成较多气泡（图 3），分析 2900 ~ 2920m 井段钻遇老井眼水泥塞。

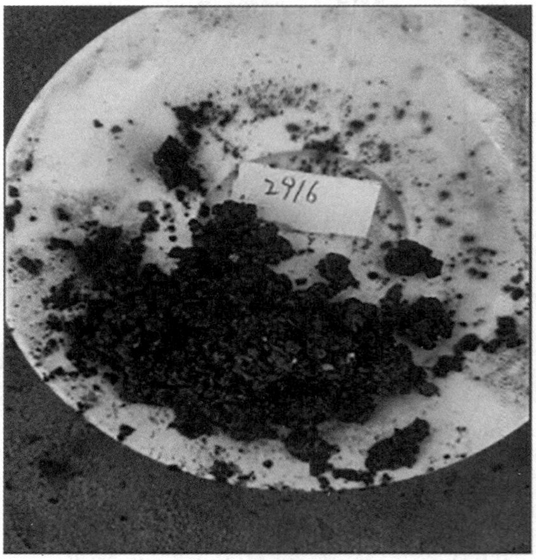

2916m

2918m

2920m

图 3　返出砂样示意图

表 2　无源磁导向测量数据表

序号	测深（m）	相对距离（m）	北向方位（°）	高边方位（°）	备注
1	2400	15.82	177	246	轨迹跟踪井段
2	2450	10.20	256	304	
3	2515	8.57	215	289	
4	2600	5.29	129.42	201	贴近、伴行井段
5	2680	4.88	135.9	210	
6	2730	2.41	166	247	伴行、贴近井段
7	2770	1.83	168	251	
8	2800	0.97	139	217	
9	2828	1.12	125	191	
10	2857	0.64	93	191	试碰、重入井段
11	2881	0.92	132	170	
12	2900	1.04	108	170	
13	2920	0.62	111	178	

3.2　效果分析

钻碰落鱼迹象。应用带微芯钻头、螺杆、MWD 仪器与随钻震击器的钻具组合进行重入井段冲探钻进。在盖层段冲探过程中出现钻时加快（由 5~15 min/m 降低至 1 min/m 以内），钻具间断放空、液面瞬间减少 0.93 方、气测全烃基值升高（由 0.06%增大至 6.8%）；另外，3192m 返砂出现长条状、卷丝状铁屑，返出的岩屑中混杂物较多，分析 NP12XX 井 K 井眼在井深 3192m 与钻具落鱼发生剐蹭，新老井眼成功连通。

重入段冲探效果。微芯钻头具有常规 PDC 钻头机械钻速高的特点，同时可产生 5~30mm 岩屑，能有效地反映地质信息。该井 3035m~3198m 冲探井段应用微芯钻头钻进，返出的岩屑粒径大，提高了新老井眼识别效果。采用带微芯钻头的螺杆钻具冲探钻进，与老井眼交叉或偏离，根据老井眼轨迹数据定向纠偏，确保再次成功重入。冲探井段平均机械钻速提高 35%，避免了反复起下钻，节约钻井成本，顺利完成冲探目标。通过计算对比新钻井与原井眼钻井参数破岩的破碎比功参数，生成岩石的破碎比功曲线，分析判断新钻 K 井眼在盖层段重入成功（图 4）。

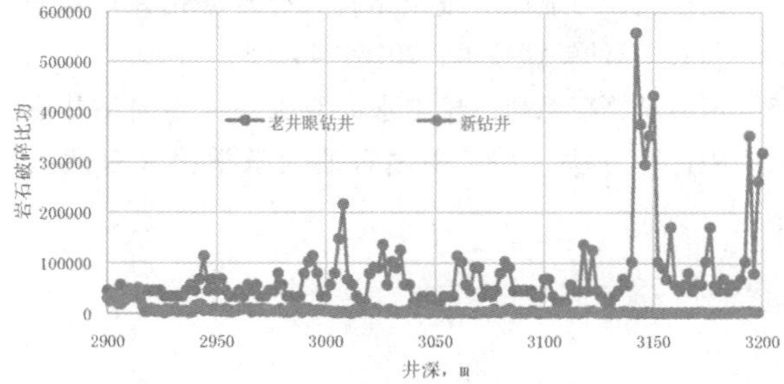

图 4　岩石破碎比功对比图

封堵处置效果。该井冲探至井深 3198m 顺利完钻，下入 139.7mm 套管固井后完井。采用分扇区胶结测井方式检测完井固井质量，固井水泥胶结合格率 81.6%，盖层固井优质连续段长 37.3m，达到储气库老井封堵标准要求，该井封堵处置成功。

4　结论

（1）应用钻具辅助磁导向工具下入系统，实现湿接头对接后持续激励及多点数据采集，解决了 45°以上大井斜角复杂井眼磁导向工具安全下入及精准探测问题，满足特殊井型作业需求，拓展了无源磁导向工具应用范围。

（2）优化新钻井轨迹和试碰靶点设计，采用顺行井眼轨迹，优选试碰靶点，利用生产井筒套管作为井下磁信号发生源，应用陀螺数据校正方位，测算新老井眼空间位置与相对距离关系，从而精确定位水泥塞位置，实现水泥塞型侧钻老井眼成功连通封堵。

（3）基于岩石破碎比功的裸眼段井眼轨迹跟踪识别技术，综合对比钻井参数变化、岩屑识别、气测异常显示、井径分析等多种技术手段，形成裸眼重入轨迹跟踪多维技术系列，能够准确识别老井眼重入效果，有效保证裸露老井眼重入井段的冲探效果。

参考文献

[1] 袁光杰，张弘，金根泰，等．我国地下储气库钻井完井技术现状与发展建议［J］．石油钻探技术，2020，48（3）：1-7.

[2] 乔磊，高德利，代继樑，等．煤层气水平井磁导向钻井理论与实践［J］．钻探工程，2021，48（6）：1-6.

[3] 熊腊生，李振选，刘明峰，等．文 23-6J 平行救援井钻井技术［J］．石油钻采工艺，2014，36（4）：22-25.

[4] 高德利，刁斌斌．复杂结构井磁导向钻井技术进展［J］．石油钻探技术，2016，44（5）：1-9.

[5] 刁斌斌，高德利，吴志永．双水平井导向钻井磁测距计算方法［J］．中国石油大学学报（自然科学版），2011，35（6）：71-75.

[6] 车阳，乔磊，袁光杰，等．主动磁测距技术在 T1 井封井工程的应用［J］．石油机械，2022，50（2）：15-22.

[7] 于瑞丰，刁斌斌，高德利．基于邻井距离测量误差的救援井磁测距工具优选方法［J］．石油钻探技术，2021，49（6）：118-124.

[8] 李翠，高德利．救援井与事故井连通探测方法初步研究［J］．石油钻探技术，2013，41（3）：56-61.

[9] 车阳，王金忠，晋新伟，等．地下储气库多井眼重入封井技术研究及应用［J］．石油钻采工艺，2022，44（4）：415-421.

[10] 吴艳，余文艳，刘永辉，等．主动磁测距技术在裸眼落鱼井中的重入试验［J］．钻采工艺，2022，45（6）：14-19.

枯竭油气藏型储气库全生命周期一体化测井技术

宋秋菊 李海燕 庄学良 张艳龙 宋连猛

（中国石油集团测井有限公司天津分公司）

摘 要 随着储气库建设的快速发展，测井技术对于储气库监测越发显示其重要性。测井贯穿储气库建库论证、建库、运行等各个阶段，形成地质体密封性监测、运行动态监测、井筒完整性检测三大测井系列。重点对测井技术系列优化和标准化，大直径井筒和大套管相应测井仪器和工具的研发配套，圈闭密封性测井评价技术的建立，光纤测井评价储气库环空带压原因等研究，最终建立一套针对枯竭油气藏储气库全生命周期一体化测井技术，为储气库扩容达产及运行安全提供检测技术支撑。

关键词 储气库；全生命周期；一体化测井技术；评价；应用

Integrated Logging Technology For the Whole Life Cycle of Depleted Reservoir Type Gas Storage

SONG Qiuju, LI Haiyan, ZHUANG Xueliang, ZHANG Yanlong, SONG Lianmeng

(Tianjin Branch, China National Logging Corporation)

Abstract: With the rapid development of gas storage construction, logging technology has become more and more important for gas storage monitoring. Logging runs through every stage of gas storage construction demonstration, construction and operation, forming three major logging series: geologic body sealing monitoring, operation dynamic monitoring and wellbore integrity detection. Focus on the optimization and standardization of logging technology series, research and development of corresponding logging instruments and tools for large-diameter wellbore and large-casing, establishment of trap sealing logging evaluation technology, fiber optic logging evaluation of annulus pressure causes, etc. , and finally establish a set of integrated logging technology for the whole life cycle of gas reservoir for depleted oil and gas reservoirs. Provide testing technical support for gas storage capacity expansion and operation safety.

Key words: gas storage; The whole life cycle; Integrated logging technology; Evaluate; Apply

上世纪末期，国内储气库开始建设，历经 20 余年的发展，先后建设投入运行天津大张坨、新疆呼图壁、重庆相国寺、金坛等枯竭油气藏型和盐穴型储气库。截至 2019 年底，我国已建成 15 个储气库群，28 座储气库在役运行，其中油气藏型 25 座、盐穴型 3 座。随着国家对天然气储气库日益重视，其建设也进入提速发展期，2019～2030 年，中石油将扩容 10 座储气库（群），新建 23 座储气库，中国将形成东北、华北、长江中下游和珠江三角洲四个大储气库群。枯竭油气藏储气库是目前最常用、最经济、也是最主要的的地下储气形式，是利用已经采空的枯竭油田或气田建立地下储气库。由于其现有地面基础设施可以利用，对其地质、流体力学等都非常了解，且孔隙度大、渗透率强，其地质性质是储存天然气的理想选择，与其他类型的储气库相比，可以储存更多气体。建设地下储气库是一项需要多学科协同攻关的综合技术，测井在当中所起的作用十分关键。国外早已形成以井工程、圈闭密封性及气库运行动态监测为核心的完备监测体系，并配置部署足够数量的监测井以及空间对地观测系统和全球定位系统，形成空地一体化监测网。目前国内通过测井可为储气库提供储盖层发育情况评价、盖层封闭性评价、注采层动态评价、井筒完整性评价等，贯穿储气库建库论证、建库、运行等各个阶段，直接关系到储气库的储存能力和运行安全。中油测井全面参加了大张坨、呼图壁、相国寺、京58、双6、升平、靖边等枯竭油气藏型储气库建设，提供测井采集及评价技术服务。国内储气库的大量投产势必带来极大的监测需求，但储气库测井采集及工艺一直未形成系统化体系，测井采集及解释评价缺乏标准规范，因此中油测井展开储气库全生命周期关键技术研究，在借鉴国外储气库监测技术的基础上，研发、引进配套测井采集设备，优化测井系列及采集工艺，开展单项测井解释方法的完善和改进，提高解释精度，进行综合性测井评价，建立一套针对枯竭油气藏型储气库完整的测井采集及解释评价体系。

1　测井系列优化及标准化测井

枯竭油气藏型储气库全生命周期各个阶段监测方案，涉及圈闭密封性测井、气库运行动态监测测井及井筒完整性监测等测井系列。采用优化的方法对储气库监测方案进行优选，可以有效地降低监测成本，增加监测成果的可靠性。由于地下储气库测井监测是一项从建库论证阶段、建库阶段到运行阶段都存在的工程项目，其优化设计也是一项纷繁复杂的系统工程。一般来说，满足技术要求的设计方案有多少，如何从多个方案中找到最优的方案，必须在施工前期对各种设计方案进行充分的技术和工程论证。在满足工艺需要的前提下，还要满足经济上的要求以及要满足其它一些指标的要求，因此，储气库测井监测系列的优化设计实际是一个多目标优化问题。其方法为首先确立储气库测井监测系统设计的模型，通过对单项方法适用性、仪器技术指标等的分析研究，结合具体井的管柱信息、产量信息、地质信息、工程信息等，明确测试目的，然后采用多目标多因素的分析法从各种测井监测方案中寻找最优的测井系列。图1是枯竭油气藏型储气库测井系列。

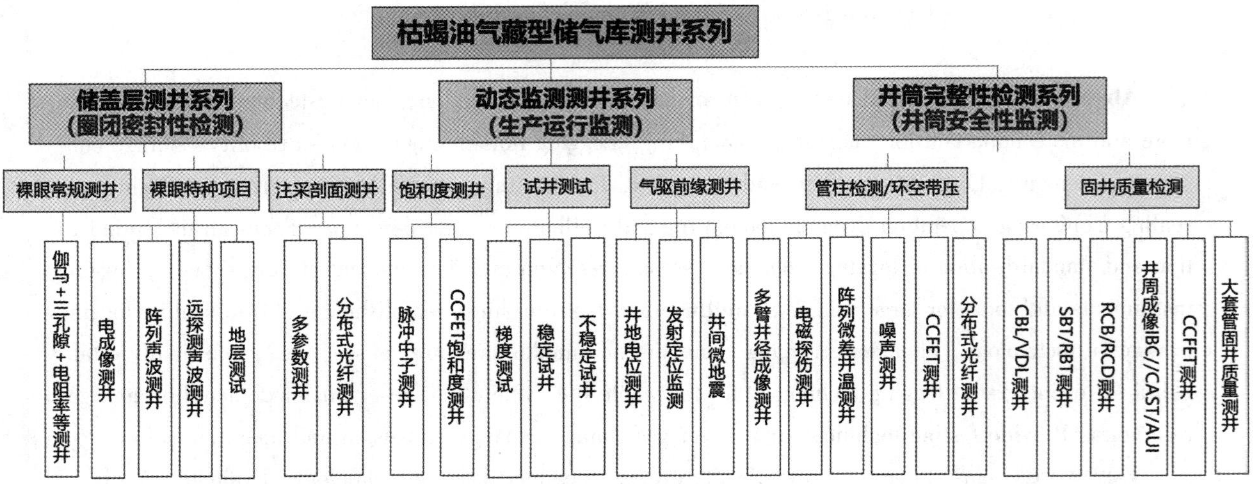

图1　枯竭油气藏型储气库测井系列

储气库标准化测井是加快储气库监测速度，缩短监测时长，提高监测质量的重要措施之一，从而使储气库测井监测从单个方案转到标准化方案上来，使储气库监测由非标准化转为标准化生产，实现储气库测井监测的统一化和标准化。目前已形成《储气库全生命周期测井监（检）测技术规范》《盐穴储气库盐岩地层测井资料处理与评价规范》《盐穴型储气库声呐检测技术规范》等多项储气库测井企业标准及储气库一体化测井技术服务手册，推动测井在储气库业务的规范化应用。

2　一体化测井技术

目前国内枯竭油气藏型储气库已经形成了地层-井筒-地面“三位一体”立体化监测体系，涵盖了储气库建设运行全过程监测，主要包括地质体密封性监测、运行动态监测、井筒完整性检测三大测井系列。针对储气库高速注采、周期性压力高低往复变化的主要运行特点，相应带来了对地下油、气、水分布形态的变化，因此，各周期的动态监测必须围绕注气期、平衡期、采气期的变化而适时进行测井动态监测的跟踪和调整，达到储气库安全、长久运行的目的。

（1）地质体密封性监测主要对盖层、储层、断裂系统、溢出点、周边储层及上覆渗透层进行监测，对天然气通过地层漏失实施预警。储盖层测井系列主要是采用采用裸眼常规测井+特种方法的采集技术，即除了常规裸眼测井系列外，针对不同岩性储气库，选取如阵列声波、电成像、地层元素、远探测声波、地层测试、核磁测井等针对性特种方法，获取高精度岩性、储层特性、岩石力学参数、地层压力等信息，运用多参数融合综合评价技术为储气库提供储层参数、岩石力学参数等，结合地质资料综合评价储盖层发育情况、盖层封闭性评价等。测井资料为地质体密封性监测评价提供最根本的基础资料，为保证测井资料的准确性和评价精度，针对新的情况和技术需求，进行仪器和方法研究，研发或引进测井仪器，建立和完善评价方法，为储气库注采层评价、库容计算及运行安全提供重要依据。

实现大直径井筒测井及评价。近几年，为满足大流量注采、长寿命、高安全的需求，部分储气库钻井采用大直径井身结构，对测井仪器和工艺提出了新的挑战。为解决大直径井筒测全测准问题，研发、改进、配套了相应测井仪器和辅助工具，完善施工工艺，同时建立解释校正模型，满足大尺寸井筒测量，提高大直径测井资料原始资料质量和解释精度。研发高精度电位器的大量程井径仪，可满足 150~970mm 井筒井径测量，测量精度达到±3%；研制配套辅助工具六臂大直径扶正器，适用井筒 311~660mm，最大张开 600mm；大直径偏心器适用井筒 311~660mm，最大张开 460mm，满足大井筒测量。针对大直径井筒环境，分析对双侧向、补偿中子、密度、自然伽马等的影响，建立以图版为约束的大直径井筒校正模型，采用趋势外推校正方法，消除大直径井筒环境的影响，校正后资料符合区域规律，提高储层参数计算精度。

建立了圈闭密封性测井评价技术。利用测井技术，结合岩心物理实验及相关资料，运用断层、盖层封闭能力定量评价理论与方法，构建了基于毛细管封闭能力、盖层水力破裂风险和裂缝稳定性风险、断层侧向泄露风险及断层稳定性的圈闭密封性评价体系，获取气库目前上限压力，达到扩容目的，实现了圈闭密封性测井评价，保障储气库安全运行。通过岩心试验，获取黏土含量、渗透率，得到排替压力（煤油-CO_2），再换算最终获得排替压力（气-水），评价盖层毛细管封闭渗漏风险；通过对完整盖层水力破裂风险和裂缝稳定性评价，可对盖层段裂缝预测及开启风险评价；通过对断层面岩性对接及断层断面封闭压差分布分析，评价断层侧向封闭性，识别断层薄弱点及突破压力；通过压力与应力变化，分析断层稳定性，获取断层活化压力；盖层水力封闭压力、盖层段裂缝稳定性压力、断层突破压力、断层活化压力并结合盖层和断层封闭性，确定储气库运行压力上限。

（2）运行动态监测是储气库安全运行最重要的保证之一，所涉及的监测项目多样，可应用的用的监测技术及方法都有独特的特点与要求。运行动态监测主要是对注采动态、内部温压和流体性质、气液界面与流体运移、注采井产能等进行监测，目的是了解单井注采气能力、储层性质、流体分布及变化等，为储气库动态分析、效果评价及方案调整提供依据，指导气库扩容达产、优化配产配注及井工作制度调整。

注采剖面测井主要采用多参数和分布式光纤测井技术获取生产过程中各层组的注采情况、产水层段等信息，指导储气库注采方式及配产配注措施优化，提高工作气量；目前光纤测井在储气库注采剖面监测方面进行了初步应用，主要采用可回收式下入测量，半永置式和永久式下入测量还相对较少。饱和度测井主要利用脉冲中子饱和度技术和 CCFET 技术监测，获取气液界面位置、孔隙度、储层饱和度等信息；储气库井多轮次注采后，通过不同阶段气液界面和饱和度时间推移测井，可为储气库有效库容和工作气量计算提供支撑，为气库整体运行分析提供参数；温压测试是通过静（流）梯测试提供静（流）温、静（流）压，液面及油水界面位置和井筒中流体相态分布状态；稳定试井提供产能方程，评价气井的注采能力；不稳定试井提供地层有关参数、井的完善程度、判断气藏的边界情况等，为落实气库达容特征和气井注采能力提供科学依据。气驱前缘监测主要利用井地电位、声发射定位、井间微地震等方法，提供注入气的波及范围、优势注气方向和区块的气体波及区，为提高储气库气驱效率提供参数，2022 年在京 58 气库已完成 9 井次施工，为扩容生产提供技术支撑。

（3）井筒完整性监测主要采用针对套管、水泥环、井筒密封性等方面进行监测，提供油套管损伤、管外窜槽、固井质量、井筒密封情况等，为储气库井筒完整性评价提供测井技术支撑，也是储气库安全运行最重要的保证之一。管柱检测测井采用多臂井径测井、电磁探伤等检测管柱质量，获取油套管内径和厚度，检查油套管损伤、变形等。微差井温测井、噪声适用于井内有流动的情况，主要用于检测管外漏窜、接箍漏失等情况。井下电视可视化测井基于可见光成像技术，直观地监测井下油管或套管的内层损伤状况，同时可辅助井下事故排查和落鱼打捞工作，为储气库安全风险评估提供可视化依据。储气库固井质量与储气库寿命及长期安全运行紧密相关，固井质量要求高，对储气库井筒完整性评价具有关键作用。固井质量检测目前测井方法较多，但目前在储气库正常套管采用较多的是 CBL-VDL、SBT、RBT、井周成像系列（包括 IBC、AUI、CAST）、CCFET 测井，针对近几年新采用的大套管，研发配套了大套管固井质量测井仪及配套工具，改进完善原有固井质量仪，提高套管固井质量的测量资料质量。

一方面实现大套管井测井及评价。大直径井身结构配套大套管，针对大直径套管，研发大套管固井质量仪，利用新声系、旋转扫描方式进行测井，适用套管尺寸 15.5~25in；研发辅助工具放磁偏心器，最大偏心为 550mm，适用套管 311~508mm；四臂大直径扶正器最大张开为 550mm，适用套管 311~508mm；大直径套管磁定位、自然伽马和固井质量采用偏心器和大高强度大直径扶正器保证测井磁定位和自然伽马偏心和固井质量仪器居中，完成 6 井次大套管固井质量测量，提高原始测井曲线质量。

另一方面解决了无自由套管 CBL-VDL 固井质量问题。常规 CBL 测井是通过与目的层同尺寸的自由套管井段进行刻度而获取的相对幅度来判别第一界面胶结情况。由于储气库井特殊的安全要求，固井时水泥需上返井口，不存在自由套管井段。因此针对储气库水泥上返井口进行 CBL-VDL 测井，配套了声波变密度仪器标定装置，规范标定流程，通过对声波变密度仪器的探头响应一致性及频率标定，利用标准化的探头衰减率变化，反映不同胶结程度下声波幅度，解决了无自由套管 CBL-VDL 固井质量问题，提高固井质量测量精度。

三是采用光纤测井进行储气库环空带压原因分析。地下储气库高强度注采过程会导致井下屏障受损，进而导致井筒泄露，造成环空带压现象，环空压力存在是造成井筒完整性问题的重要原因。通常的，需要对注采井进行环空压力的监测与井下工具的评估，从而了解生产效果，确定井下屏障是否受损，判据潜在的风险和后果。采用光纤测井实时性和分布式测量的特点，在储气库井筒完整性监测中结合其它方法，进行实时或长效监测，形成针对储气库的光纤测井工艺及评价技术，判断漏失和窜槽，为环空带压原因分析及后续措施提供数据支撑，在大港、长庆和辽河等储气库，应用 8 井次，填补了间歇性微窜漏、多环空漏失检测等技术空白，解释评价结果得到储气库方认可。环空带压问题的发现与解决将会对将来提高储气库产量，提高采收率以及后续安全生产等做出巨大的贡献。

3　应用实例

（1）圈闭密封性测井评价方法确定储气库上限压力，为储气库扩容提供依据。

利用圈闭密封性测井评价方法对 H 储气库进行圈闭密封性评价，H 储气库含气目的层的区域性盖层为厚度 200~500m 的大段深灰色泥岩，分布范围大，能对气库起到良好的封闭作用；通过岩心试验，获取黏土含量、渗透率，得到排替压力（煤油-CO_2），再换算最终获得排替压力（气-水），最小排替压力为 1.86MPa，可封闭最小气柱高度为 619.22m，H 储气库盖层具有极强的毛细管封闭能力，几乎无渗漏风险；通过对完整盖层水力破裂风险和裂缝稳定性评价，明确裂缝稳定性较水力破裂风险更大，并在 K3-11 井附近更为显著；H 储气库盖层段水力破裂压力最小值为 37.6MPa，裂缝稳定性最小值为 35.4MPa，按照风险最小化原则，盖层的风险压力应当取 35.4MPa；H 储气库有 2 个断层，通过对 A 及 B 断层侧向封闭能力评价，明确了 A 断层两侧为岩性对接封闭，无渗漏风险；B 断层端部存在储层同层对接，封闭性较差；当前应力场下，断层均为稳定状态，其中 A 断层控圈高部位稳定性最弱，活化所需附加流体压力约 3.01MPa，其次为 B 断层中部；确定其上限压力为 30.6MPa，受控于 A 断层。利用圈闭密封性测井评价方法确定 H 储气库的上限压力，也为该储气库扩容及安全运行提供了依据。见图 1。

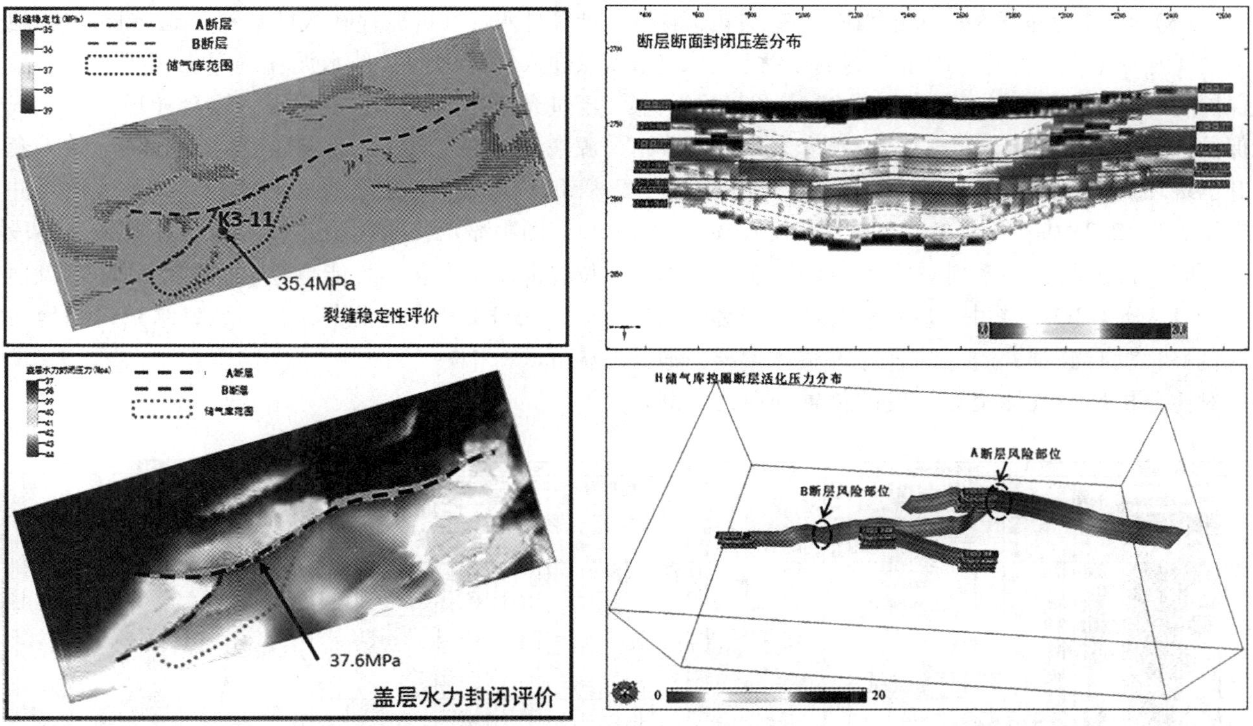

图1　圈闭密封性测井评价方法对H储气库进行圈闭密封性评价

（2）气液界面监测技术快速描述气藏动态变化情况

A井根据监测需求，在注气末、采气初、采气中和注气初一个注采周期共进行四次热中子成像技术监测气液界面变化，见图2，可以，看出在一个注采周期内，本井气液界面随注采变化，气液界面的变化情况，从注气末气液界面最深到采气初和采气中气液界面逐步升高，再到注气初气液界面随注气又降低的一个过程，为储气库有效库容和工作气量计算提供支撑。

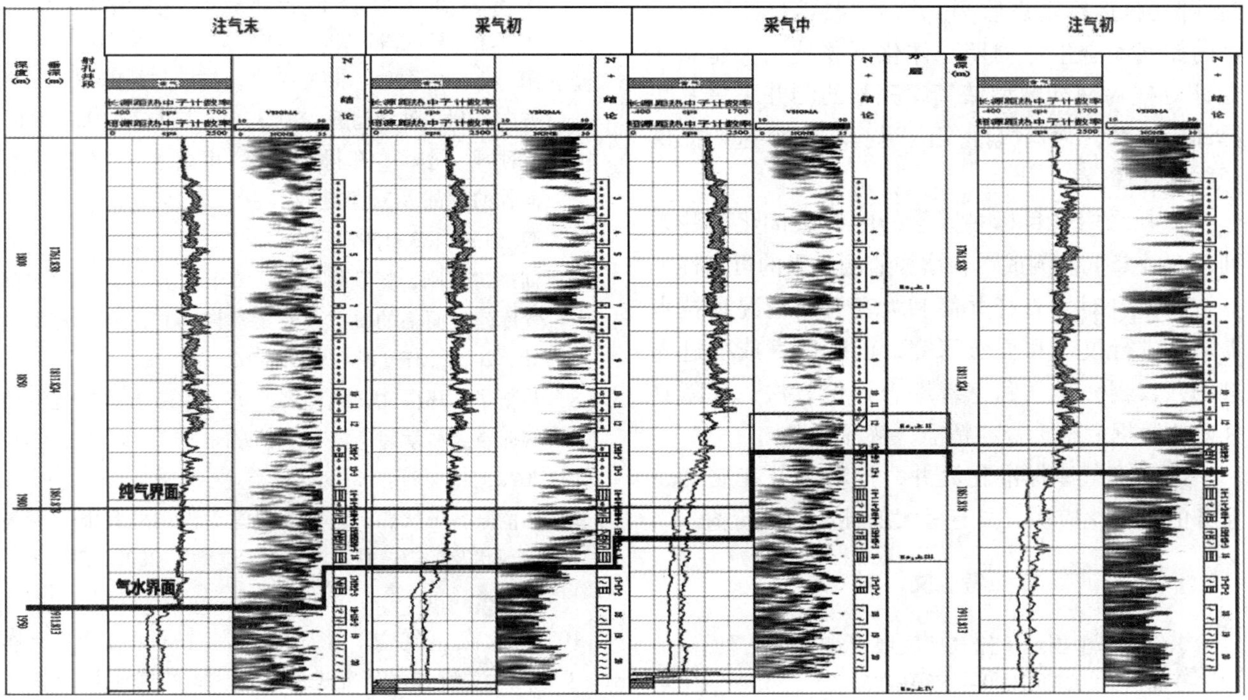

图2　热中子成像技术监测气液界面变化

（3）××井为储气库一口正常注采井，井内流体为油管内为气（天然气），环套外封隔器以上为水基保护液（清水+缓蚀剂）密度在 1.02～1.03g/cm^3，保护液上端为主动带压氮气，油/技套之间带压本井出现环空带压的情况，具体套压为 3.2MPa，技套压力为 12.2MPa。为了解井下管柱情况和环空带压原因进行优化测井系列，采用 CCFET 测井。本井经过 2 次 CCFET 测井，显示油管和生产套管状况良好，没有破损；固井综合评价整体偏差；通过对比分析环空气体聚集井段的位置变化，判断油套外水泥环可能存在气体运移通道（图 3），地层注入气经由油套外水泥环缝隙上窜至井口。后经过光纤找漏测井验证发现，油套外环空带压气源来自于注气层段，泄漏通道为 244.5mm 技术套管和 177.8mm 油层套管间的水泥环缝隙上窜至井口。图中显示，两次测井技术套管外气体聚集段位置也发生变化，可能也存在间歇性气体窜流通道。CCFET 和光纤测井结论一致，结论得到地质认可。

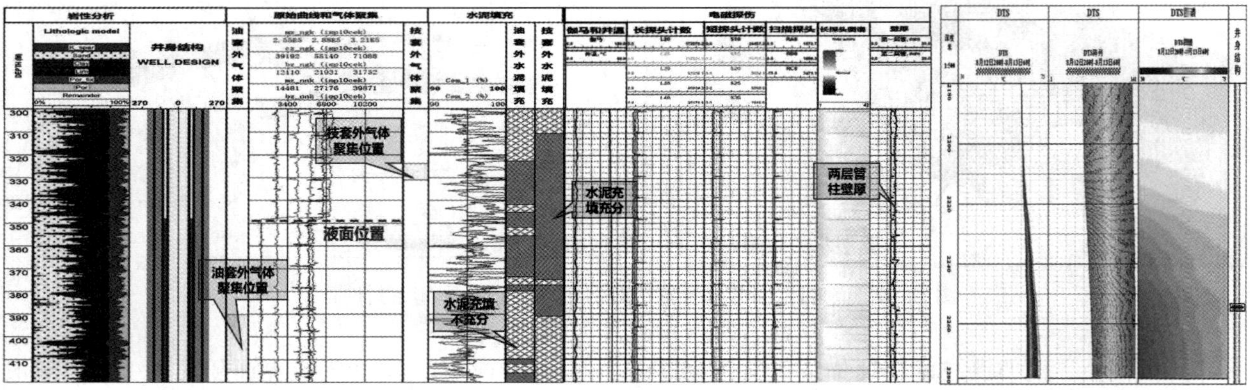

图 3 ××井井筒完整性监测优化测井判断环空带压原因

4 结论

（1）枯竭油气藏储气库形成了以“地质体密封性监测+运行动态监测+井筒完整性检测”为一体的储气库全生命周期一体化测井技术，建立一套针对枯竭油气藏型储气库完整的测井采集及解释评价体系，为储气库安全运行、扩容达产提供了技术支撑。

（2）采用多目标多因素的分析法优化测井系列，有效降低监测成本，增加监测成果的可靠性。

（3）针对大直径井筒和大套管的情况和技术需求，进行仪器和方法研究，创新研发或引进先进测井仪器，建立和完善综合评价方法，保障测井监测数据完整、资料精准，解释可靠；

（4）储气库标准化测井，推动测井在储气库业务的规范化应用，具有极大的推广应用价值。

参 考 文 献

[1] 李建君．中国地下储气库发展现状及展望［J］．油气储运，2022.07.004：780-786.

[2] 朱礼萍．国内外地下储气库监测技术概述［J］．石油管材与仪器，2022.04.001：1-7.

[3] 郑强，廖伟，张士杰，等，动态监测技术在储气库密封性评价中的应用．天津科技，2020，47（03）41-.

[4] 王淼，盖长城，何海燕，等，复杂断块油藏建库圈闭密封性综合评价技术［J］．复杂油气藏，2022.03.017：94-99.

[5] 阳小平．中国地下储气库建设需求与关键技术发展方向［J］．油气储运，2023，42（10）：1100-1106.

[6] 张刚雄，李彬，郑得文，等，中国地下储气库业务面临的挑战及对策建议［J］．天然气工业，2017，37（1）：153-159.

[7] 刘烨，何刚，杨莉娜，等．“十四五”期间我国储气库建设面临的挑战及对策建议［J］．石油规划设计，2020，31（6）：9-13，62.

[8] 马新华，郑得文，魏国齐，等．中国天然气地下储气库重大科学理论技术发展方向［J］．天然气工业，2022，42（5）：93-99.

[9] 文韵豪，王秋晨，巴玺立，等．国内外智能化储气库现状及展望［J］．油气与新能源，2022，34（6）：60-64.

[10] 曾大乾，张俊法，张广权，等．中石化地下储气库建库关键技术研究进展［J］．天然气工业，2020，40（6）：115-123.

[11] 丁国生，谢萍．中国地下储气库现状与发展展望［J］．天然气工业，2006，26（6）：111-113.

[12] 胥洪成，王皆明，屈平，等．复杂地质条件气藏储气库库容参数的预测方法［J］．天然气工业，2015，35（1）：103-108.
[13] 高涛．底水火山岩储气库库容和工作气量主控影响因素定量评价［J］．特种油气藏，2021，28（3）：87-93.
[14] 丁国生，魏欢．中国地下储气库建设20年回顾与展望［J］．油气储运，2020，39（1）：25-31.
[15] 阳小平，王同涛，孙博，等．中国地下储气库建设需求和关键技术发展方向［J/OL］．油气储运：1-8［2023-08-02］.

吉林油田长春储气库疑难老井封堵技术研究与应用

青 川 张立春 李艳波 孙 达 唐智广 王 超

（吉林油田分公司钻井工艺研究院）

摘 要 吉林油田长春储气库已纳入吉林省石油天然气发展“十四五”规划，其顺利建库和安全运行对于保障吉林天然气的稳定供应至关重要。储气库的建设对盖层的密封性与完整性要求较高，长春储气库设计建库层位为双阳组二段，盖层为上部双阳组三段。建库区内X106F、X113、XA2-1F三口老井由于地质或工程原因，未对盖层进行良好封固，本文主要研究井内有落鱼及全裸眼冲探的老井封堵技术。三口老井均于1988-1989年间施工，现存井史数据精度不高，且井内落鱼鱼顶位置不确定，造成封堵井轨迹设计及控制难度较大；且井壁经过长时间浸泡，上部永吉组、奢岭组泥岩吸水膨胀，增加坍塌风险；同时为满足储气库密封性及强采强注要求，对固井质量要求较高。优选铣锥作为前期冲探工具；优化剖面设计，MWD、陀螺测斜与无源磁导向测距相结合，并配合老井重入识别技术，确保封堵井与老井相碰；优选仿生固壁-钾盐聚合物钻井液，延长井筒坍塌周期；固井优选双凝膨胀韧性水泥浆体系，应用预应力固井等技术综合保障固井质量，成功实现三口井盖层的成功封堵。X106F井创造国内无轨迹落鱼型老井封堵最快纪录100天，X113井创国内裸眼冲探型老井封堵最快纪录47天，为长春储气库建设提供先决条件，为国内同类型老井封堵、复杂井治理提供经验。

关键词 老井封堵；轨迹控制；裸眼冲探；无源磁导向

Research and Application of Plugging Technology for Difficult Old Well of Changchun Gas Storage in Jilin Oilfield

QING Chuan, ZHANG Lichun, LI Yanbo, SUN Da, TANG Zhiguang, WANG Chao

(Drillingtechnology Research institute of Jilin Oilfield Company)

Abstract: The Jilin Oilfield Changchun Gas Storage Project has been included in the “Fifteen-Year Plan” for the development of petroleum and natural gas in Jilin Province, and its successful construction and safe operation are crucial for ensuring the stable supply of natural gas in Jilin. The construction of the gas storage facility requires high sealing and integrity standards for the overlying formations. The design gas storage layer for the Changchun Gas Storage Project is the Shuangyang Formation, Segment 2, with the overlying formation being the upper Shuangyang Formation, Segment 3. Three old wells, X106F, X113, and XA2-1F, located within the gas storage area, have not been properly sealed due to geological or engineering reasons. This paper mainly studies the wellbore sealing technologies for these wells with fish and naked-eye borehole exploration. All three wells were drilled between 1988 and 1989, and the available historical data accuracy is low. In addition, the fish heads in the wellbores are uncertain, which makes the design and control of the sealing well trajectory difficult. Furthermore, the wellbores have been submerged for a long time, and the upper Yongji Formation and Sheling Formation shale rocks have swelled due to water absorption, increasing the risk of collapse. To meet the requirements of gas storage sealing and strong production and injection, high-quality cementing is required. The optimal choice for preliminary borehole exploration is a milling cone; the optimal design of the borehole section is achieved by combining MWD, gyroscopic inclination measurement, and passive magnetic inclination measurement, and using the old well reentry identification technology to ensure that the sealing well intersects the old well. The optimal choice for the borehole stabilization fluid is a biomimetic wall-stabilizing potassium salt polymer drilling fluid, which extends the collapse cycle of the borehole. The optimal cementing system for the borehole is a dual-curing swelling toughness cement, and the pre-stress cementing and other technologies are used to ensure the quality of the cementing, successfully sealing the three wells. The X106F well set the domestic record of 100 days for the fastest closure of non-track fish type old well, and the X113 well set the domestic record of 47 days for the fastest closure of open hole flushing type old well, providing the prerequisite for the construction of Changchun gas storage reservoir, and providing experience for the closure of the same type of old well and the treatment of complex Wells.

Key words: Old well plugging, Trajectory control, Open hole drilling, Passive magnetic guidance

地下储气库是一种具有存储天然气能力的地下地质构造，主要起到平衡目标市场冬夏季节用气差异的作用，同时对优化长输管道运营效率、实现天然气的战略储备、提高国家能源安全都发挥着重要作用。长春储气库建设已纳入吉林省石油天然气发展“十四五”规划，其安全运行对于保障长春地区天然气的稳定供应至关重要。储气库的建设需要建库储层具备较好的完整性与密封性，防止在建设及运行过程中发生气体延通道上窜至地面，危害环境和人员生命财产安全。

X106F、X113、XA2-1F 三口均是直井。X113 井为全裸眼冲探，X106F 井、XA2-1F 井内有落鱼，三口井内均有表套，未下技套或生产套管。

1　老井封堵难点

1.1　*井史资料较少*

老井井斜方位测量受限于当时技术条件，所得数据精准度较低，在冲探老井眼过程中，无法用单一的测斜结果判断轨迹是否仍在原井眼中；且资料显示 X106F 井鱼顶深度 1311m，不确定能够与实际相符；且由于原井壁坍塌，对于老井资料中的地质分层描述、砾岩的分布，无法准确依据返出岩屑确定地质分层，进一步加大了地层识别的难度，如图 1 所示。

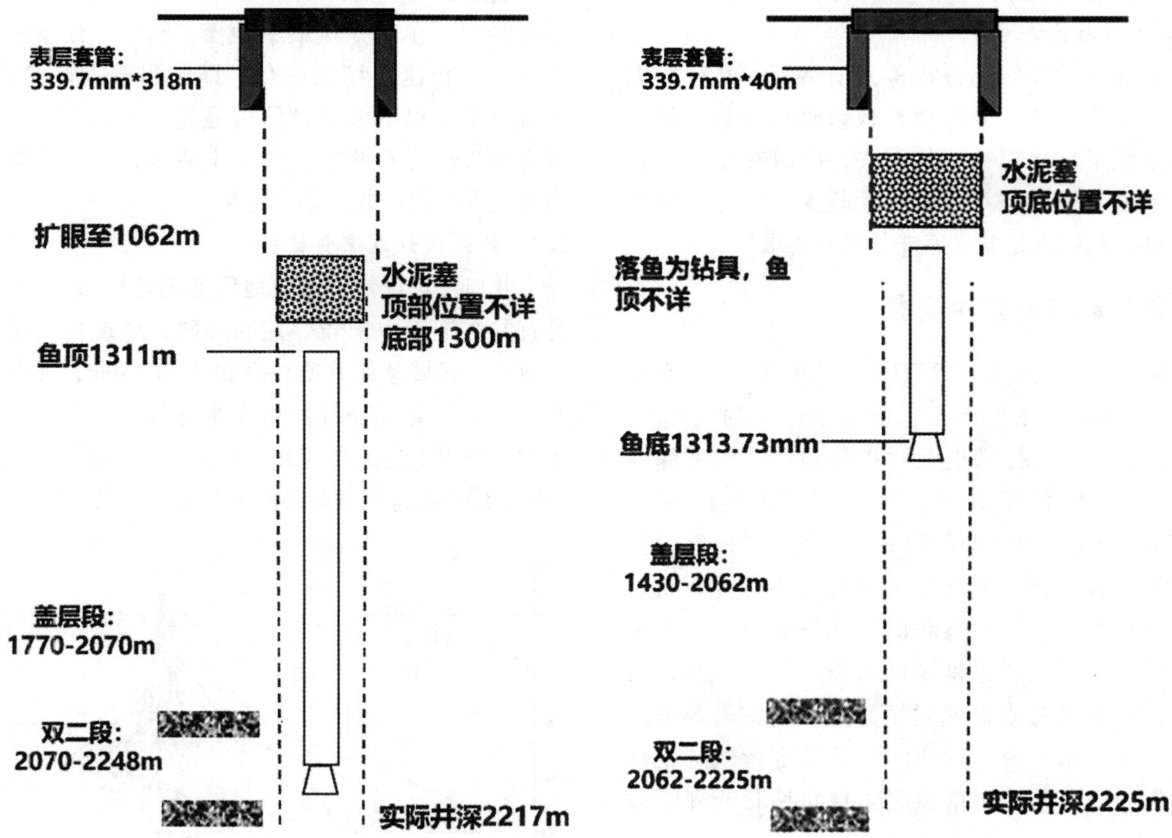

图 1　X106F 井、XA2-1F 井身结构示意图

1.2　井壁失稳

储层经过长时间开发，地应力发生较大变化，部分地层的坍塌压力大于地层孔隙压力，且周围无临井提供实钻资料，为钻井液密度的确定，带来较大难度；老井裸眼经过长时间浸泡，泥岩吸水膨胀，导致井壁失稳或已经发生坍塌掉块，冲探难度较大，增加安全钻井风险。

1.3　轨迹设计与控制难度大

（1）轨迹设计需实时调整

老井在施工中，井斜、方位仅依靠钻具组合及钻井参数控制，较难预测并控制，且无规律可循。因此伴行段轨迹设计需满足封堵井施工要求，根据新老井眼距离合理设计轨迹，要求既要在单段定向结束后，缩短新老井距离，根据反演老井轨迹寻找规律，并为老井轨迹突变预留相应设计余量。

（2）仪器测量结果存在误差

MWD、陀螺仪器及无源磁导向仪器的测量结果仍有一定误差且无法消除，因此在现场轨迹控制过程中，无法精确确定老井与封堵井的空间位置，导致封堵井与老井相碰、重入的施工难度增大；同时 MWD 仪器易受磁场干扰，对井斜、方位的测量需借助陀螺，增加施工时间。

1.4　大井径固井

老井经过长时间浸泡，井壁坍塌，井径扩大率难以定量评价，固井顶替效率难以保证、低压地层水泥浆一次返地面易漏失，同时在施工过程中，频繁起下钻，对井壁扰动较大，固井质量难以保证，难以满足储气库老井封井要求。

2　老井封堵钻完井技术

X106F 井实钻井深 2217m，落鱼中至少含有钻头 1 只、钻铤、钻杆若干，正扣公锥、反扣公锥各 1 个，后经多次打捞失败而工程报废，鱼顶深度 1311m，鱼底位于井底，XA2－1F 井实际井深 2225m，鱼底深度 1313.73m，钻头尺寸、鱼顶及水泥塞位置不详。因此对于井内有落鱼井，结合国内实施案例，打捞落鱼的成功率较低，为提高施工效率，前期通过裸眼冲探技术寻找鱼顶，找到鱼顶后直接打水泥塞封堵，然后侧钻避开鱼头位置，再依据无源磁导向测量结果进行轨迹设计与控制，跟踪落鱼至落鱼底实现碰钻具或裸眼段重入。

2.1　裸眼冲探技术

X113 井为全裸眼冲探，优选了冲探工具，始终保持小钻压下放铣锥；在冲探过程中做好岩屑识别，跟踪好钻井参数，如发现新地层岩屑比例大幅提高或钻压、扭矩、转速等钻井参数发生突变，需详细分析原因再乡下冲探。

2.1.1　冲探工具优选

优选 BH186 铣锥，其上部直径 186mm，下部单水眼直径 86mm，此结构使得铣锥具备一定循迹性，可以使钻具沿着原井眼向下冲探，减少对原井眼的扰动，避免应用牙轮或 PDC 钻头形成新井眼；同时下部大水眼便于大排量循环钻井液，达到清洗井眼，携带岩屑的目的，降低卡钻风险。

2.1.2　新老井岩屑分析

通过分析岩屑，识别新老井眼的岩屑占比来判断是否处于原井眼。老井岩屑经过不断运移，其边缘被磨平，部分岩屑被钻井液材料包裹成球状，内外颜色和硬度不同，分辨较容易；新掉落岩屑边缘较锋利，稍经清洗即可显露本色，可判断具体岩性。同时可根据新岩屑多少判断井壁是否稳定，有助于及时调整钻井液密度及抑制性。

2.1.3　轨迹处于新老井筒判断

通过钻井参数的实时变化，直接反应是否在原井眼中。在老井裸眼中冲探，钻压、顶驱扭矩均为零，转速平稳无变化，即使出现遇阻情况，通过简单上提下放钻柱即可通过；如仍遇阻，则考虑是否钻遇新井眼，需停止活动钻柱，观察返出岩屑等其他参数，综合判断。

2.2　轨迹设计与控制技术

井口优选设计，因该地区普遍地层倾角较大，且直井在施工中未较好控制井斜，经现代陀螺复测轨迹，区域整体井底位移最大为 130m，如钻新井在 1311m 井深处寻找鱼头难度较大，考虑原井筒在鱼顶以上连通性较好，且井史中未提示有复杂情况，综合决定沿原井眼向下冲探，如图 2 所示。

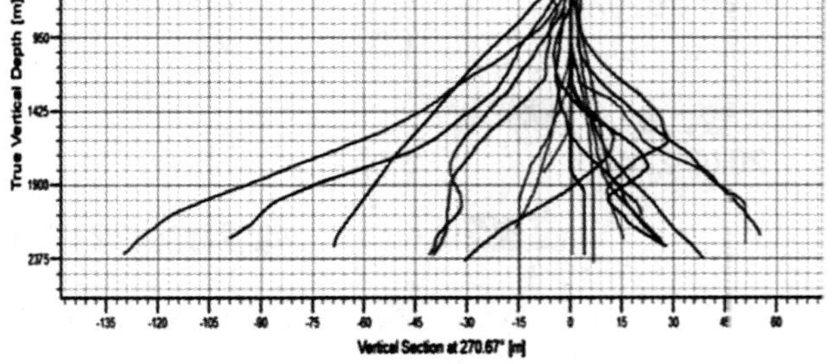

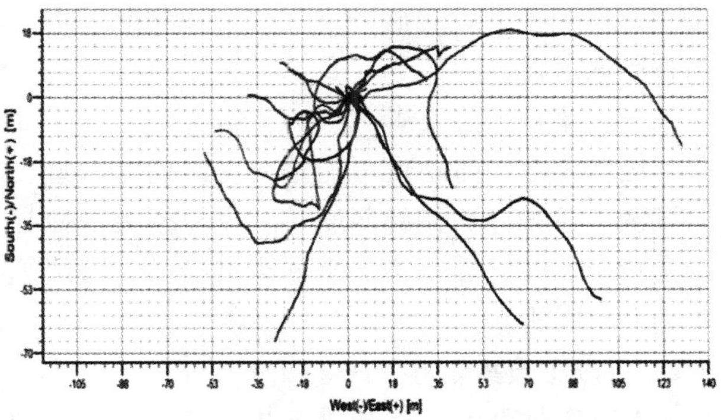

图 2　区域邻井轨迹复测垂直、水平投影图

2.2.1　轨迹设计技术

对于井内有落鱼的井 X106F 井、XA2-1F 井，主体技术路线以找到鱼头进行设计施工，设计“五段制”轨迹，依次是冲探、侧钻、伴行、碰鱼与复合钻井（重入）段，如图 3 所示。

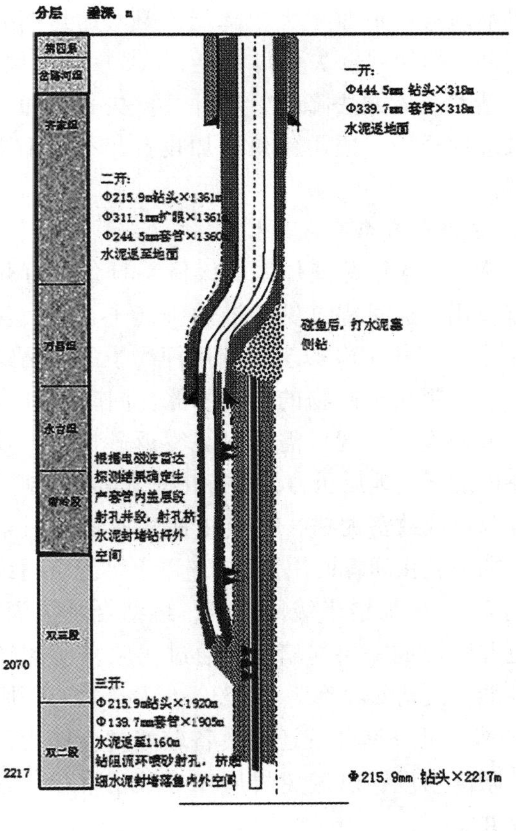

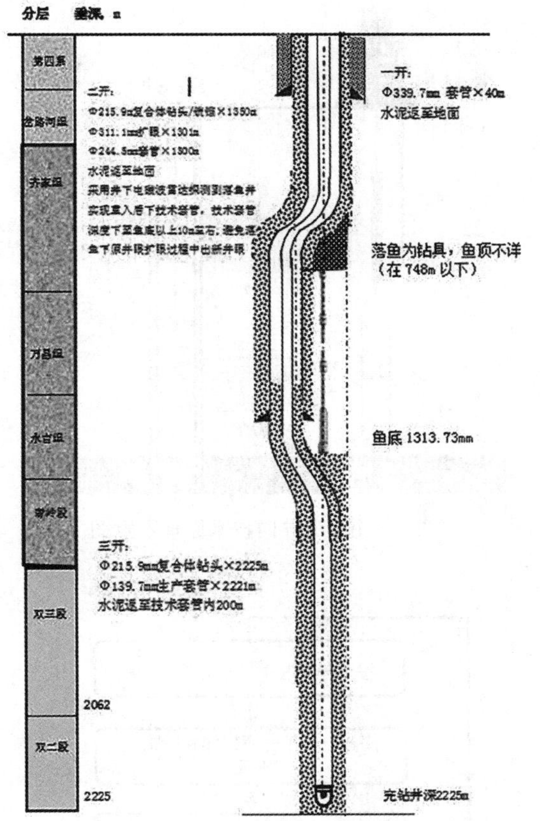

图 3　X106F 井、XA2-1F 井碰鱼顶的井身结构示意图

冲探段目的是使轨迹保持在原井眼中，在实钻中通过钻井参数、岩屑及气测录井等数值大小及变化趋势，达到初步探明鱼顶目的，再通过无源磁导向技术确定鱼顶深度；侧钻段目的是判断地层自然造斜能力、钻具组合造斜能力；伴行段设计与老井轨迹距离 1～5m；碰鱼段设计在井深 1770m 处与老井保持 1m 距离，钻进 100m 后，控制轨迹碰鱼；复合段在碰鱼后钻至盖层中部，留足沉砂口袋。

2.2.2　无缘磁导向技术

无源磁导向技术原理为：通过电极向地层中发射交变电流，在目标井中套管（钻杆、落鱼）上产生电流，检测该电流所产生的磁场，对数据进行计算分析后即可获得新钻井和目标井之间相对的距离、相对方位。

针对老井内有落鱼、且失去向下通道情况，应用此项技术，为新井轨迹控制提供导向支持。其最大探测距离 60m、距离测量误差小于 25%、方位角误差小于 10°，如图 4 所示。

无源磁导向技术测量工序如图 5 所示，首先按照上次定向指令，进行定向施工，起出钻柱后，后用电缆下放无源磁导向仪器至井底，逐步起钻测量，根据测量结果，制定下步定向指令，更新钻具组合后，重新下钻施工。

2.2.3　轨迹控制技术

对于吉林油田已探明地质情况的地区，轨迹控制执行剖面设计即可，剖面主要以二维为主，而对已此类封堵井，老井轨迹不确定，轨迹控制需实时调整，以应对老井轨迹的突变。

（1）测量方法

轨迹控制难点主要集中在伴行段及碰鱼段。

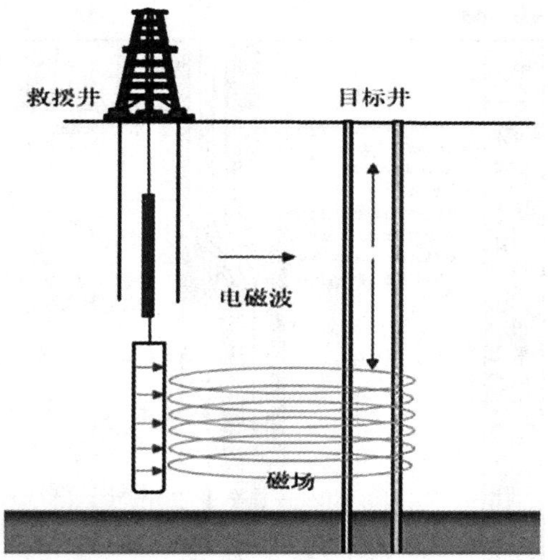

图 4　无缘地导向技术原理示意图

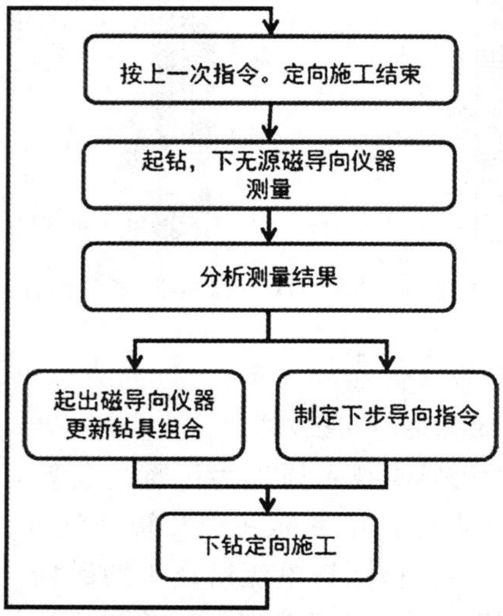

图 5　无源磁导向技术测量工序

通过 MWD 及陀螺实测的井斜方位、无源磁导向仪器测得相对距离及方位综合判断老井轨迹、侧钻新轨迹及其相对位置。

（2）定向轨迹设计原则

根据钻具组合造斜能力确定全角变化率为 5°/30m；预测下部老井轨迹时，假设以稳斜为主；定向长度以上次测得的相对距离为依据，以 30m 单位长度为基础，进行适度增减。同时可根据 MWD 随钻仪器测得的地层磁场强度，定性判断新老井轨迹距离远近。

（3）老井轨迹反演

因需预测下部碰鱼可能性，需对老井轨迹进行预测。首先计算侧钻新轨迹，再根据无源磁导向测量及格过，算得不同垂深老井位置，最终算得老井实际轨迹。

2.2.4　施工预案

在施工过程中，会遇到老井井斜方位突变的情况，导致新老井距离过大，超过设计值，对后续定向施工带来较大难度，增加碰鱼失败的风险，因此需制定施预案：（1）打水泥塞侧钻。该方法难度较低，有利于精确控制上部轨迹，但缺少下部轨迹数据，仍有碰鱼失败的可能；（2）盲打至设计井深，无源磁导向测量下部全井段数据后，再填井侧钻。该方法有利于摸清老井全部轨迹，侧钻后轨迹控制难度大幅降低，但增加封堵井施工时间、增加井壁失稳可能性；（3）弃封堵井，再打新井。该方法降低封堵井井壁失稳、通井遇阻及埋钻风险，但需额外增加投资，不利于成本控降。

2.3　成膜固壁钻井液技术

优选盐水钻井液体系，该体系具备较好化学抑制作用，通过提高钻井液中钾离子含量，保持泥浆中含钾盐 10%以上，利用钾离子的晶格镶嵌作用，抑制粘土矿物的水化膨胀。同时设计合理钻井液密度，且现场需实时观察返砂情况，及时调整密度平衡地层压力，保持井壁力学稳定。

为形成致密泥饼，需强化钻井液物理封堵性能，加大乳化沥青的用量至 3%以上，配合超细碳酸钙 2%，增加纳米级固壁剂，再结合乳化沥青，在近井壁形成一层封堵带。通过实验室实测钻井液性能，滚动回收率为 98.73%，人造岩心膨胀率 14.09%。此外钻井液还应具备较好携砂能力，提高井眼清洁度，以避免岩屑在大肚子堆积，影响钻完井安全。

表 1　钻井液性能参数设计

开钻次序	体系类型	常规性能									流变参数			总固含量 %	膨润土含量 g/l
		密度 g/cm^3	马氏黏度 S	API 失水 ml	泥饼 mm	pH 值	含砂 %	摩阻系数	静切力，Pa 初切	静切力，Pa 终切	塑性黏度 mPa. s	动切力 Pa	n 值		
二开	聚合物	1.05~1.15	35~40	≤4	≤0.5	8~9	<0.5	<0.08	1.0~2.0	2.0~4.0	9~13	4~6	0.4~0.6	≤10	≤60
三开		1.15~1.30	40~45	≤4	≤0.5	8~9	<0.3	<0.08	1.5~2.5	3.0~4.5	11~15	5~7	0.4~0.6	≤12	≤55

2.4 预应力固井技术

为解决提高固井质量难题，开展防塌、漏、长裸眼段易漏地层高效固完井技术攻关。通过多轮次室内研究评价，研究储气库封堵井水泥浆配套技术，模拟井下不同温度、压力等对水泥浆性能影响。固井采用双凝双密度韧性水泥浆体系构，既保证压稳地层又预防固井漏失。储层段采用韧性防窜水泥浆体系，预防储气库长期注采交变应力变化对水泥环的破坏，如图6所示。

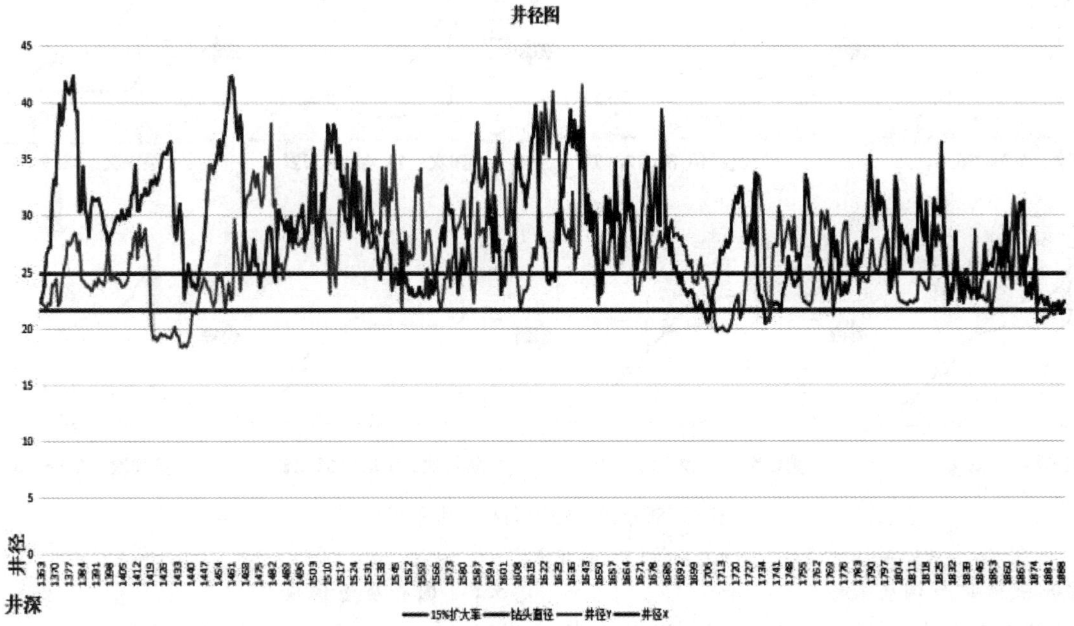

图6　井径数据曲线图

3 老井封堵技术应用情况

3.1 成功找到鱼顶

X106F井冲探至井深1313.23m处时，钻压上升，顶驱扭矩增加，下放钻具悬重无回压，返出岩屑中含有铁屑，起钻后钻头有划痕，初步判断已探至鱼顶。下入无源磁导向仪器，测得磁通量磁倾角均有大幅度增加，磁通量由5.5W上升至7.1W，磁倾角由62~63°上升至68°，确定探至鱼顶，如图7所示。

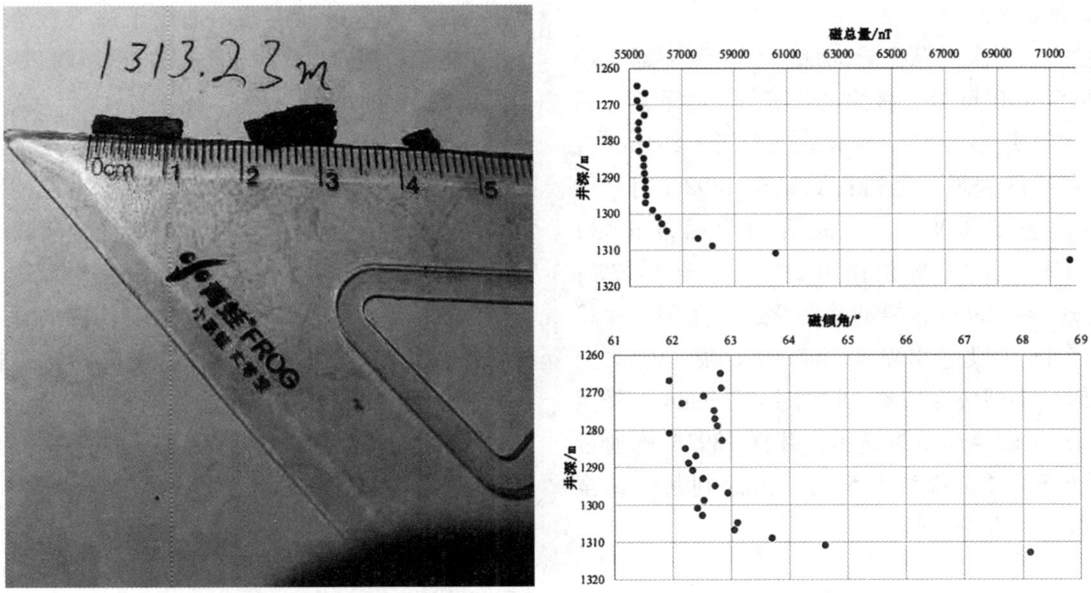

图7　1313.23m返出铁屑与该井深无缘磁导向测量结果

3.2 实钻控制距离

X106F 井全井共进行 16 次无源磁导向测量，最大距离 11.4m，最近距离 0.6m。在相对距离大于 2m 时，MWD 仪器受老井磁场干扰较小，根据测得的井斜方位，计算封堵井、老井轨迹；当距离小于 2m 或 MWD 仪器实测磁场数据异常时，需下入陀螺测量方位，如图 8 所示。

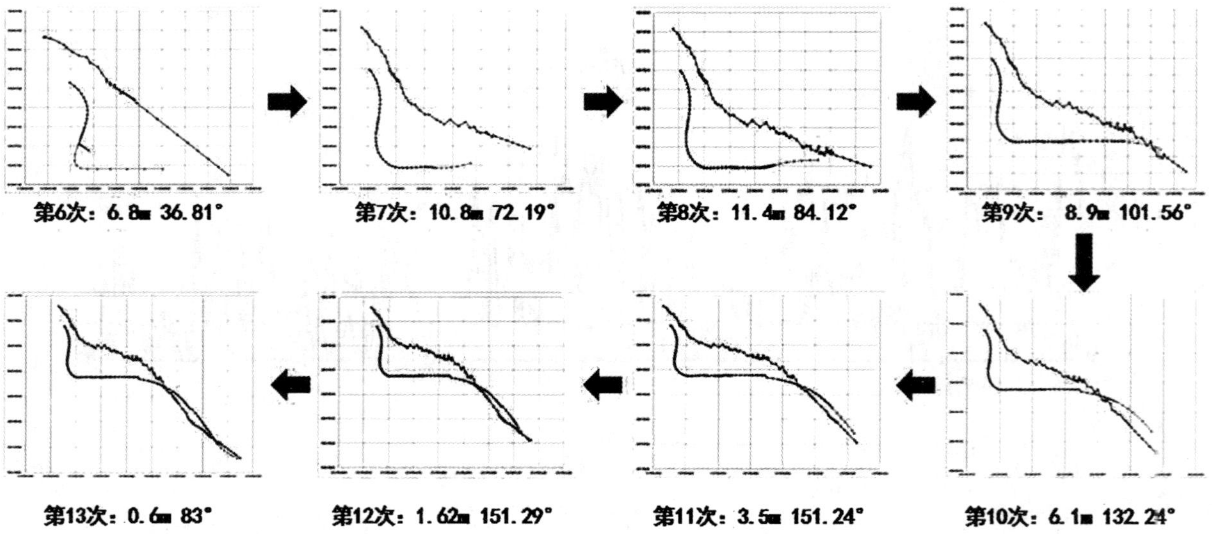

图 8 部分无源磁导向结果水平投影图

3.3 钻井液维护与调整

三口井在封堵过程中，井壁稳定，未发生卡钻等复杂情况。

现场根据振动筛返砂情况，以岩屑岩性、形状大小及掉块情况为依据，综合调整钻井液密度、粘切以及钾盐含量。设计钻井液最高密度 1.3g/cm^3，完钻钻井液密度 1.65g/cm^3，三开施工中，始终保持钻井液失水小于 1.6ml。较好的抑制泥岩吸水膨胀，为封堵井施工提供了良好井筒条件。

3.4 成功碰鱼

通过第 15 次无源磁导向测量，预测下部轨迹将于 1895~1901m 处，碰撞老井落鱼。向下复合钻进中多项钻井参数发生变化。①钻至 1891m 时，返出腐臭味的岩屑、泥饼；②钻至 1892m 时，顶驱扭矩跳至 5.8kN.m，上提活动后回复正常；③钻至 1902m 时全烃值由 0.2%上升至 5.17%；④钻至 1879~1893m，振动筛持续返出条形、片状铁屑；⑤该井段起出钻头顶部有划痕；⑥钻至 1890m 时，出现放空迹象，钻时由 22.9min 下降至 8.09min；⑦磁导向结果显示，井深 1893m 磁通量上涨至 6.3W（常规为 5.5W）。因此判断实钻至 1893m 处，与老井相碰。

3.5 固井质量优质

通过前期钻井液维护的优质井筒，通过合理技术措施保障固井质量。固井前采用单双扶通井、大排量循环、稠浆携砂措施清洁井眼，提高井眼清洁度；优化半刚性扶正器数量和安放位置，保证套管居中；在大肚子井眼位置，安放旋流发生器装置，提高顶替效率。

4 结论及思考

（1）无源磁导向技术适用于井下有落鱼的封堵井施工，配合 MWD 与陀螺，能够较好的进行井下轨迹控制。

（2）对于老井冲探或老井重入施工，需分析井壁失稳机理，优选盐水钻井液体系，控制失水与钾盐含量，抑制泥岩吸水膨胀，能够较好维护井壁。

（3）针对封堵井或类似施工目的的井，老井无轨迹数据或数据质量低，新井眼的轨迹控制及施工预案需结合井况及轨迹数据实时更新。

（4）目前无源磁导向仪器无法随钻测量，且无法进行大斜度井段、水平段测量。

枯竭裂缝砂岩型储气库高温缓膨气密封堵体系

王素文　严霞霞

（中国石化中原油田分公司石油工程技术研究院）

摘　要　储气库老井井筒封堵有别于常规油气井，老井井筒封堵后，套管处的压力始终处于交变状态，因而对老井井筒封堵的可靠性要求更高。国内常用的普通油井水泥堵剂体系，堵剂粒径大，不能深入地层和水泥环的微间隙；超细油井水泥堵剂初凝时间比普通水泥更短，且现场配制由于水泥的比重大，浆体稠度大，因此使用的安全性差。在已有研究的基础上，通过对油井水泥主剂用量及添加剂的优化，研发出了一套高温缓膨气密封堵体系，高温（120℃）、稠化时间可控（4~9h）、易泵入（初始稠度小于35BC）、气密封性好（≥15MPa），可适用于枯竭负压多裂缝储气库老井封堵。

关键词　枯竭裂缝砂岩型储气库；老井；封堵；高温；气密封

High-temperature Slow Swelling Gas Tight Sealing System for Exhausted Crack Sandstone Gas Storage

WANG Suwen, YAN Xiaxia

(Petroleum Engineering Technology Research Institute of Sinopec Zhongyuan Oilfield Company)

Abstract: The plugging of the old well in the gas storage is different from the conventional oil and gas well. After the plugging of the old well, the pressure at the casing is always in the alternating state, so the reliability requirement of the old well plugging is higher. The commonly used cement plugging agent system of ordinary oil well has large particle size and cannot go deep into the micro-gap of formation and cement ring. The initial setting time of cement plugging agent in ultrafine oil well is shorter than that of ordinary cement, and the field preparation is poor because the ratio of cement is large, and the slurry consistency is large. On the basis of existing research, through the optimization of the cement dosage and additives, a set of high temperature swelling gas sealing system was developed, high temperature (120℃), thickening time (4~9 hours), easy to pump (initial consistency less than 35BC), good gas sealing (15MPa), can be suitable for the plugging of exhausted negative pressure crack gas reservoir.

Key words: exhausted crack sandstone type gas storage; old well; plugging; high temperature; gas seal

中原某储气库储层具有温度高（120℃）、渗透率低（$14.7\times10^{-3}\mu m^2$）、地层跨度大（350m）等特点，为改善储层渗流条件提高产能，该气田自开发以来，曾应用过酸化、水力加砂压裂、高能气体压裂、二氧化碳压裂等储层改造工艺，地层形成多种裂缝；常规适用于储气库的封堵体系不能有效封堵大裂缝和优势通道，不能满足作为储气库建设的封堵需求。同时，该储气库地层物性差异大，应力交替变化大、压力波动大，存在较长的井段需要封堵，对气层的高温缓膨气密封堵技术提出了更高的要求。因此，针对该储气库气田苛刻的地层状况，研发了一种新型高温缓膨气密封堵体系。

1　封堵难点分析

中原某储气库原始地层以低孔低渗为主，老井基本上全部经过压裂（平均单井压裂次数1~3次）。压裂后地层孔喉、渗透率变化较大：缝中的孔隙度由原来的 9.4%～13%变为约 35%；渗透率由原来的（0.8～5.9）$\times 10^{-3}\mu m^2$ 变为 110～121μm^2；压裂后地层孔喉为 105μm。压裂改造后，堵剂颗粒与储层孔喉半径的配伍性变差。且随着开发的深入，地层孔隙度呈变大趋势，堵剂用量难以控制计算，影响堵剂驻留性；层间差异的影响，封堵亏空严重地层，层间差异较大，堵剂易进入物性好的地层，难以进入物性差的，导致驻留困难，增加了封堵难度。

2　封堵体系配方的优化

针对中原某储气库的地层特点，考虑堵剂的滞留性和封堵强度，通过加入不同的添加剂使堵剂具备“直角稠化”的性能（图 1），从而克服微裂缝，达到封堵的目的。

在温度和压力作用下，随着时间的延长，堵剂浆体的稠度逐渐增大。当稠度小于 60BC 时，堵剂浆体流动性很好；稠度在 60～80BC 时，堵剂浆体流动性较好，可以泵注（现场施工时堵剂浆体流动性一般要控制在 60BC 以内）；稠度接近 100BC 时属于稠化阶段；稠度大于 100BC 时，堵剂浆体几乎失去流动性。

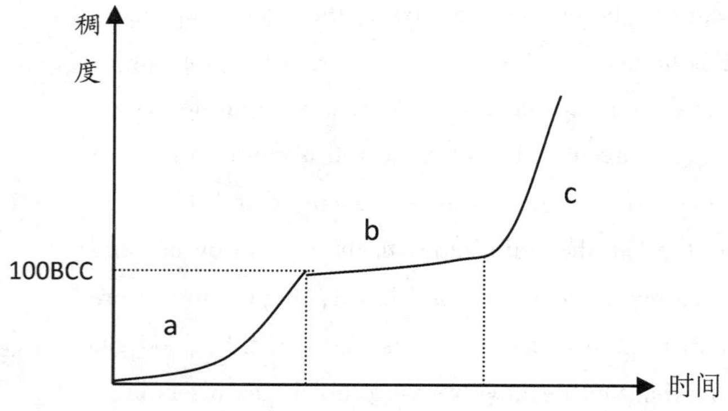

图 1　无机颗粒类堵剂固化阶段示意图

堵剂便由稠化阶段进入初凝阶段，同时堵剂浆体由线形结构向体形结构转化，逐渐有了强度。当堵剂浆体完全变为体形结构时，便达到了终凝阶段，强度较高。当进入初凝阶段后，堵剂浆体有了一定的体形结构，液注压力逐渐无法传递到堵剂浆体上，此时高压层内的流体将流入堵剂浆体内，堵剂浆体被稀释造成封堵不严，形成窜槽。为了克服这一现象带来的影响，需要注入的堵剂浆体初凝至终凝的时间很短，即 b 阶段很短，也就是具有“直角稠化”的特性，以有效减少层间窜流的机会。

通过收集目前中原油田常用的普通堵剂样品进行性能评价，考察堵剂的基本性能，根据常用堵剂的特点及现场应用分析，对现有堵剂的配方进行了改进与完善，评价了添加剂对堵剂性能的影响，改善了堵剂与界面的吸附性能，研制一种适用于该储气库的新型封堵体系。

2.1　样品水分测定

堵剂样品水分含量均小于 8%，满足长期储存要求，实验结果见表 1。

表 1　样品水分测定

序号	水份，%	标准指标≤8%
1#	1.2	合格
2#	1.5	合格
3#	0.8	合格
4#	1.086	合格
5#	0.744	合格

2.2　浆体比重测定

水灰比是保证水泥环具有足够的抗压强度和水泥浆良好的可泵性的前提。当水灰比过大时，水泥浆难以搅拌和泵送，在环空流动将产生很高的摩擦阻力。如遇渗透性好的低压井段，则产生压差滤失，使水渗入地层，造成憋泵事故。水灰比过小，水泥环将达不到要求的抗压强度。

测定不同水灰比下的浆体比重，实验数据见表 2（水/灰＝W/C）。通过调节水灰比可以调节堵剂的比重，以满足现场应用。

表 2　不同水灰比下堵剂比重

比重	1#	2#	3#	4#	5#
1：1.1	1.510	1.515	1.510	1.525	1.520
1：1.2	1.520	1.540	1.535	1.535	1.540
1：1.3	1.570	1.565	1.575	1.600	1.569
1：1.4	1.590	1.600	1.610	1.612	1.586

2.3　主剂用量对堵剂性能的影响

固定胶凝固化剂用量 3%，触变调节剂用量 0.4%，缓凝剂 0.4%。改变主剂用量（以水灰比 W/C 表示），配制成均匀浆液，在 120℃ 温度下，测定其稠化时间和抗压强度，实验结果见表 3。

表3　主剂用量与稠化时间和抗压强度的关系

主剂用量/（W/C）	稠化时间/h	抗压强度/MPa
1∶1.0	4.1	18
1∶1.2	4.0	18.5
1∶1.3	3.8	19.5
1∶1.4	3.9	19
1∶1.5	3.8	18.5

通过实验可以看出：主剂用量对稠化时间、触变性影响不大，对抗压强度影响较大，考虑到固化体的抗压强度，一般选取W/C为1∶1.2的配比。

2.4　胶凝固化剂用量对堵剂性能的影响

固定主剂用量水∶灰=1∶1.2，触变调节剂用量0.4%，改变固化剂用量，配制成均匀浆液，在120℃下测定不同胶凝固化剂加量下的稠化时间和抗压强度，实验结果见表4。

表4　不同胶凝固化剂加量下的稠化时间和抗压强度的关系

固化剂浓度/%	稠化时间/h	抗压强度/MPa
0	3.5	17
1.0	3.9	20
3.0	3.8	21
5.0	3.9	22
7.0	4	22

实验可以看出：稠化时间及触变性与固化剂加量关系不大。随固化剂加量对凝结体抗压强度有一定影响，一般胶凝固化剂的加量为1%~3%，满足该储气库需要。

2.5　触变调节剂用量对堵剂性能的影响

固定主剂用量水∶灰=1∶1.2，固化剂用量为3%，改变触变调节剂用量，测定不同触变调节剂用量下堵剂浆液的触变性，实验结果见表5。

表5　触变调节剂加量对堵剂性能的影响

触变调节剂浓度/%	G10s/G10min/Pa/Pa
0.3	4.6/14.0
0.4	4.8/14.4
0.5	5.0/15.0

实验看出：静切力初值4~5Pa，终值13~15Pa，堵剂浆液具有良好的触变性。封堵要求堵剂具有良好的触变性，在停泵时切力能较快地增大到某个适当的数值，既利于堵剂悬浮不易漏失，又不致于静止后开泵时泵压过高。触变调节剂的最佳用量为0.3%~0.5%，满足该储气库需要。

2.6　缓凝剂对堵剂性能的影响

目前有固体和液体的两类新型的高温缓凝剂，考虑到现场配液及分散性能，主要采用液体类新型高温缓凝剂。从3种高温液体缓凝剂种筛选Ⅰ型高温缓凝剂进行配方优化实验。

实验选用Ⅰ高温复合缓凝剂，主剂用量水灰比为1∶1.2+胶凝固化剂2%+触变调节剂0.4%，改变Ⅰ高温复合缓凝剂用量，其对高温稠化时间的影响结果见表6。

表6　Ⅰ型复合高温缓凝剂对稠化时间的影响

稠化时间/h（温度/℃ \ 缓凝剂/%）	100	110	120
1.0	6	6	4
1.2	8	7	6
1.4	10	8	7
1.6	13	9	9
1.8	14	10	9
2.0	14	10	9

实验可以看出，复合缓凝剂能够明显延长稠化时间，通过调节其用量（最佳用量1.0%~1.6%），可以满足深层封堵的现场需要。

2.7　网架结构形成剂对堵剂性能的影响

通过添加柔性结网纤维等添加剂，能够迅速在近井地带、亏空壁、大孔道、裂缝中形成致密、不渗透、网状“水泥饼”，可增强堵剂抗冲击性，在交变压力大的情况下，能长期有效封堵。

实验固定主剂用量水灰比为1∶1.2，固化剂加量为2%，触变调节剂加量为0.4%，高温复合缓凝剂1.4%，不同用量网架结构形成剂对抗压强度的影响结果见表7。

表7　网架结构形成剂对抗压强度的影响

抗压强度/MPa（温度/℃ \ 网架结构剂/%）	100	110	120
0	21	21	21
2	22.5	22.5	22
5	24	24	24

续表

温度/℃ 抗压强度/MPa 网架结构剂/%	100	110	120
8	24.5	24.5	24.5
10	25	25	25
12	25	25	25

实验可以看出，网架结构形成剂的添加增加抗压强度，通过调节其用量（最佳用量 5%～10%），可以满足深层封堵的现场需要。

2.8　复合桥堵颗粒对堵剂性能的影响

针对裂缝存在的井，原堵剂中加入柔性、刚性桥接剂，解决裂缝的封堵；让堵剂实现沉降、桥堵和驻留。

实验选用 300mL 的堵剂浆体，实验固定主剂用量水灰比为 1∶1.2，固化剂加量为 2%，触变调节剂加量为 0.4%，高温复合缓凝剂 1.4%，网架结构形成剂 10%，不同用量复合架桥颗粒对滞留面积的影响结果见表 8。

表 8　复合架桥颗粒对滞留面积的影响

编号 侵入深度/cm 颗粒浓度/%	1#	2#	3#
0	2.01	2.22	1.81
1	26.41	30.18	32.15
2	38.47	40.69	36.30
3	47.76	52.78	51.50
4	63.59	62.46	67.89
5	80.40	81.67	81.99
6	83.28	80.71	84.91

实验选用 300mL 的堵剂浆体，实验固定主剂用量水灰比为 1∶1.2，固化剂加量为 2%，触变调节剂加量为 0.4%，高温复合缓凝剂 1.4%，网架结构形成剂 10%，不同用量复合架桥颗粒对侵入深度的影响结果见表 9。

实验可以看出，复合架桥颗粒的添加增加堵剂的滞留面积及侵入深度，当复合架桥颗粒的用量在 0～2.0%时，滞留面积较小于 $36cm^2$，侵入深度大于 8.0cm；复合架桥颗粒的用量在 2.0%～5.0%时，能形成较大的滞留面积在 36～$80cm^2$ 间快速增加，侵入深度从 8.0cm 快速降到 5.0cm；复合架桥颗粒的用量在大于 5.0%时，滞留面积增速降低，侵入深度增速减少。因此复合架桥颗粒的最佳用量为 2.0%～5.0%。

表 9　复合架桥颗粒对侵入深度的影响

编号 侵入深度/cm 颗粒浓度/%	1#	2#	3#
0	12.5	12.0	11.5
1	10.2	10.5	10.6
2	9.5	9.6	9.7
3	9.2	9.3	9.2
4	8.6	8.5	8.5
5	8.3	8.4	8.3
6	8.1	8.2	8.1

2.9　微晶颗粒膨胀剂对堵剂性能的影响

调整微晶膨胀剂部分性能，通过加入钝化金属粉等膨胀剂，使得堵剂略微膨胀，可以保证堵剂固结体在一定的时间产生微膨胀，堵剂固结体具有较好的自愈功能，使堵剂固结体和地层岩石、套管壁胶结更加致密和紧密，增强各胶结面强度。

实验可以看出，添加微晶颗粒膨胀剂后，使堵剂固结体和玻璃瓶壁胶结更加紧密，胶结面强度增强（图 2）。

图 2　堵剂添加微晶颗粒膨胀剂后胶结图

2.10　优选封堵体系的配方

通过以上实验研究，优选出的封堵体系配方：W/C=1∶1.2+胶凝固化剂 1%～3%+触变调节剂 0.3%～0.5%+复合缓凝剂 1.0%～1.6%+网架结构形成剂+复合桥堵颗粒（裂缝时用）+微晶颗粒膨胀剂。

3　高温缓膨气密封堵体系性能评价

3.1　粒径分析

用激光粒度分析仪 Marlven3000 对气层封堵剂粒径大小进行评价，实验结果如下：高温缓膨气密封堵剂粒径中值分别为 11.1μm 和 8.9μm，高温缓膨气密封堵剂更容易进入地层深部。高温缓膨气密封堵剂 3~30μm 的中间颗粒占 60%以上，而粒径范围决定堵剂的最终强度；大于 60μm 的粗颗粒因水化程度低，几乎没有什么强度，气层封堵剂所占比例不超过 10%，因此，从体系粒径组成上可以说明气层封堵剂具有较高强度，见表 10。

表 10 高温缓膨气密封堵剂粒径统计结果

粒径指标	高温缓膨气密封堵剂 1#	高温缓膨气密封堵剂 2#
粒径中值/μm	11.1	8.89
粒度范围/μm	0.263~265.145	1.8425~138.596
粒度分布（3~30μm）/%	65.75	63.58
粒度分布（>60μm）/%	5	8

3.2 触变性

在室温条件下将气层封堵剂与水体积比 1：1.2 配制 1000mL 堵剂浆液，将配制好的堵剂置于马氏漏斗内，分别测定静置 1min、2min、10min、15min、20min、25min、35min、40min 后堵剂完全流出漏斗所需的时间，见表 11。

表 11 不同静置时间后堵剂完全流出漏斗所需的时间

静置时间/min	1	2	10	15	20	25	35	40
流出时间/s	105	117	127	168	188	235	375	561

实验可以看出，气层封堵剂显示了良好的触变性，在堵剂静置一定时间之后其流动能力明显变差，特别是在 30min 后堵剂流动能力很差，这将保证堵剂能在地层缝隙内有效驻留，确保有效封堵。

3.3 稠度

针对该枯竭裂缝性油气藏的地层特点，考虑堵剂的滞留性和封堵强度，通过加入不同的添加剂使堵剂具备“直角稠化”的性能，以及不同颗粒的添加封堵裂缝，达到储层封堵的目的。采用增压稠化仪测定温度 120℃、压力为 50MPa 下的稠度。

实验表明，在 120℃条件下稠化 4~9h，初始稠度小于 35BC，经过 6h 后稠度迅速增加达到 80BC，具有“直角稠化”的特性。高温缓膨气密封堵体系稠化时间图如图 3 所示。

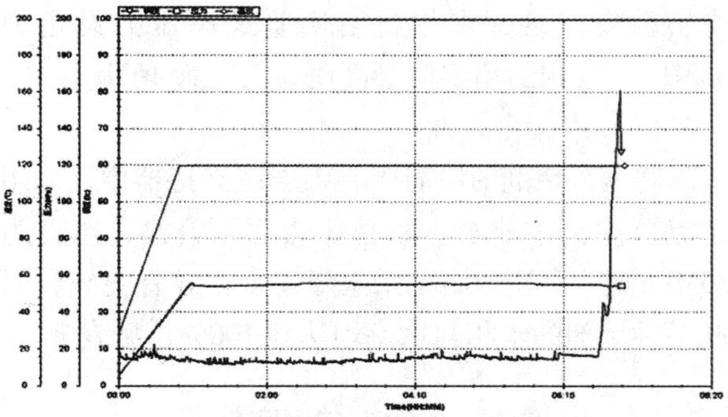

图 3 高温缓膨气密封堵体系稠化时间图

3.4 悬浮性

将气层封堵剂、普通无机堵剂、超细水泥堵剂均按与水体积比 1：1 配制 100mL 堵剂浆液，并置于 100mL 量筒中室温下分别测出静置不同时间的析水量并测出最终析水量。同时观察到气层封堵剂与超细水泥堵剂基本无沉淀物，普通无机堵剂中略有少量颗粒沉积在量筒底部。实验数据见表 12，从上可以看出，普通无机堵剂最终析出水 16mL；超细水泥最终析出水 5mL；气层封堵剂最终析出水 8mL。气层封堵剂析水速度较慢，析水量较少，悬浮性能好。

表 12 各种堵剂浆体析水量对比表

析水量（ml） \ 时间（min）	1	5	10	20	30	40	50	60	90	120	600
普通无机堵剂	1	1	1	1	1	4	6	13	13.5	14	16
超细水泥	0	0.5	1	1	1	1.5	1.5	4	4.5	4.5	5
气层封堵剂	0.5	1	1	1	1	3	5	7	7.5	7.5	8

3.5 注入性

通过人造填砂岩心（20~40 目石英砂）进入实验表明，相同注入条件下该储气库气层封堵剂能够进入砂体 12cm，满足区块地层封堵需要。

3.6 抗压强度

按照标准用两种堵剂制作出标准试块，在高压养护釜中平稳升温、升压 90min，使压力达到 21.7MPa，温度达 120℃，养护 48h 后应用 YAW-300 抗压试验仪考察堵剂的抗压强度，见表 13。

表 13 堵剂抗挤压强度

堵剂类型	成型时间/h	抗挤压强度/MPa
气层封堵剂	48	25

3.7 密封性

采用岩心管将两种堵剂浆体 8MPa 失水，养护 48h，制作成长 5.0cm，直径 2.5cm 的堵剂棒。考虑实验安全性，水相封堵实验最高压力设定为35MPa，气相封堵实验最高压力设定为15MPa。

（1）水相密封性

将两种堵剂的堵剂棒装入岩芯夹持器中，采用平流泵用清水驱替。驱替压力逐渐升高，压力为35MPa时，稳定30min无压降，水相没有突破，因此两种堵剂的水相封堵率均达到100%，见表14。

表14　固结体水相密封性能

堵剂类型	压力，MPa	稳压情况
气层封堵剂	35	压力稳定，出口压力为0

（2）气相密封性

取高温缓膨气密封堵剂的堵剂棒装入岩芯夹持器中，以氮气为介质，压力设定为5MPa、10MPa、15MPa，考察堵剂对气体的密封性，见表15。

表15　气层封堵剂气相密封性能

堵剂类型	压力/MPa	稳压情况
气层封堵剂	15	压力稳定，出口压力为0

从表15可以看出，高温缓膨气密封堵剂固结体均可承受15MPa压力而不出现漏气现象，说明堵剂本身对气体具有良好的密封性。

4　现场应用情况

2017年7月31日在该储气库WX-4井进行了现场封堵。该井封堵层位2870.5~3003.5m，跨度133m（厚度69.9m/26n）井段挤堵。配制浆体137m^3，堵剂进入地层126m^3，施工过程中通过注入排量控制压力，压力缓慢上升，最高达28.0MPa，挤堵施工结束时，压力为28.0MPa，稳压15min，拔出插管。施工后试压15MPa，30min压降≤0.5MPa，试压合格。达到工程对挤堵施工压力要求。施工曲线见图4。

该井是所有施工井中难度最大、漏失量最严重一口井。地层渗透率和孔隙度变大、层间非均质性加强，堵剂难以进入物性差的地层，导致封堵效果不佳，且在开发过程中造成地层亏空严重，导致堵剂驻留困难，增加封堵难度，地层经压裂改造后，地层孔喉半径增大，堵剂与储层孔喉半径的配伍性变差，进一步加大封堵难度。通过加大了结网材料用量和网架结构形成剂（防止漏失、

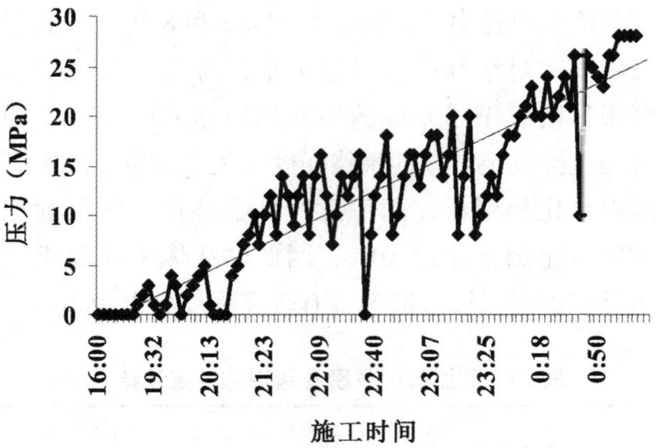

图4　WX-4井封堵施工压力曲线

固化体本体强度），可增强堵剂抗冲击性，在交变压力大的情况下，加强长期驻留能力调整微晶膨胀剂部分性能，可以保证堵剂固结体在一定的时间产生微膨胀，堵剂固结体具有较好的自愈功能，使堵剂固结体和地层岩石、套管壁胶结更加致密和紧密。

通过现场情况分析，优化体系的防止高漏失性能得到大幅提升，实现注入量不变情况下性能提高。

5　结论

新型颗粒纤维复合架桥模式代替纤维架桥封堵，实现了复杂人工压裂裂缝高效驻留；研发的金属微晶膨胀体系代替有机体膨组分，解决了储气库长期应力交变对水泥强度影响；优选超细水泥和高温悬浮剂，实现了低渗储层有效封堵。该体系耐高温（120℃）、稠化时间可控（4~9h），易泵入（初始稠度小于35BC），气密封性好（≥15MPa）。

参　考　文　献

[1] 刘江华，袁飞，王容军，等．呼图壁储气库老井封堵技术研究［C］．全国天然气学术年会，2014.

[2] 曹洪昌，王野，田惠，等．苏桥储气库老井封堵浆及封堵工艺研究与应用［J］．钻井液与完井液，2014，31（2）：55-78.

[3] 李国韬，金根泰，等．油气藏型储气库废弃井封堵技术浅析［J］．油气井测试，2017，26（6）：50-51、55.

[4] 杨昌华，牛宗奎，杨斌，等．文96枯竭气藏储气库封堵体系研究与应用［J］．油田化学，2012，29（3）：263-266.

榆林区块储气库大尺寸井眼钻井配套工具研究与应用

何璟彬 倪华峰 陈伟林 陈 霖 何 辉

（中国石油集团川庆钻探工程有限公司长庆钻井总公司）

摘 要 为进一步提高鄂尔多斯盆地榆林区域储气库建设，在分析储气库钻井施工技术难点的基础上，采用“基于动力学分析技术”建立的PDC钻头全动态能量平衡优化方法，提升大尺寸PDC稳定性，解决大尺寸钻头侧向力不平衡，钻头扭矩大等现象，而产生钻头粘滑卡钻；研制φ203涡流振荡器，解决大尺寸井眼滑动托压、施工效率低、机械钻速慢等问题；研制φ338倒划眼稳定器，解决因地层缩径、坍塌、掉块、长水平段泥岩坍塌等复杂状况，造成的起钻困难问题。最终形成了储气库大尺寸井眼钻井配套工具技术，该技术在榆42-1ZC1井的现场试验结果表明，大尺寸钻头施工效率明显提升，井下故障显著减少，取得了很好的应用效果。研究结果表明，储气库大尺寸井眼钻井配套工具技术可以解决榆林区块储气库大尺寸井眼钻井技术难点，对达到科学提速、控减成本以及项目效益开发的目的。

关键词 储气库；PDC钻头；涡流水力振荡器；倒划眼扶正器

Research and Application of Supporting Tools For Large-size Well Drilling in Gas Storage Reservoir in Yulin Block

HE Jingbin, NI Huafeng, CHEN Weilin, CHEN Lin, HE Hui

(Changqing Drilling Corporation of CNPC Chuanqing Drilling Engineering Co., Ltd.)

Abstract: In order to further improve the construction of gas storage in Yulin area in Ordos Basin, On the basis ofanalyzing the technical difficulties of drilling construction of gas storage, The full dynamic energy balance optimization method of PDC drill bit established by “based on kinetic analysis technology”, Improve the stability of the large-size PDC, Solve the lateral force imbalance of the large-size drill bit, Large drill bit torque and other phenomena, And produce the drill bit sticky slip card drill; Development of the φ 203 eddy current oscillator, Solve the problems of large bore slip support pressure, low construction efficiency and slow mechanical drilling speed; Development of the φ 338 inverted eye stabilizer, To solve the complex conditions such as diameter shrinkage, collapse, falling block and mudstone collapse in long horizontal section, The difficult drilling problem caused by it. Finally, the supporting tool technology of large-size borehole drilling in gas storage was formed. The field test results of this technology in well Yu 42-1 ZC 1 showed that the construction efficiency of large-size drill bit was significantly improved, and the downhole faults were significantly reduced, and the good application effect was achieved. The results show that the supporting tool technology of large-size wellhole drilling in gas storage can solve the technical difficulties of large-size wellhole drilling in gas storage in Yulin block, and achieve the purpose of scientific speed increase, cost control and reduction and project benefit development.

Key words: gas storage; PDC drill bit; eddy current hydraulic oscillator; inverted eye centralizer

1　前言

地下储气库作为有效的调峰设施，是天然气产业链必不可少的关键环节，中国石油高度重视，积极组织开展储气库开发技术研究，加快推进储气库建设。根据中国石油2019~2030年地下储气库建设规划部署安排，至2030年中国石油将按照“先东后西、先易后难”的布局原则扩容10座储气库（群），新建23座储气库。长庆气田按照《长庆油田2018年~2030年储气库业务发展规划》要求以“榆林南、陕17”等区块为主，加大各区块的储气库评价建设力度。油田公司作为下步储气库建设的重点区域，至2030年规划陕17区块17×10^8m^3工作气量。由于工具及工艺限制，储气库井钻井周期长，在一定程度上制约了储气库井的建设进度。

为保障储气库井大井眼井段安全施工，有必要开展针对性研究，对储气库井大井眼使用的PDC钻头、水力振荡器和倒划眼扶正器进行适应性研究及优化改进，研究形成工具配套关键技术，提高机械钻速，减少复杂，缩短建井周期，提高钻完井质量，为加快鄂尔多斯盆地储气库高效开发提供了技术支撑，也为国内储气库安全高效钻井提供了借鉴。

2　钻柱系统托压与粘滑

2.1　钻柱系统的托压

钻柱的托压效应是指由于井眼轨迹存在曲率或狗腿度，钻柱在弯曲井段以下部分与井眼低边形成接触（或托底）而无法有效施加钻压的现象。一旦出现托压效应，将会大幅度降低钻井速度，形成不安全隐患，增加钻井作业风险。复杂结构井是指除常规直井以外的其他所有井型包括定向井、水平井、大位移井以及分支井等多种井身结构形式，是目前高效开发复杂地质环境下非常规油气藏与提高采收率的重要技术方法。在复杂结构井弯曲井段以下的滑动钻进过程中，通常会产生钻柱托压效应。复杂结构井钻井托压效应的解决是世界石油钻井科学领域中的重要基础理论课题，已经成为国际石油公司研究的重点问题，得到了美国能源部（DOE）和加拿大自然科学及工程研究委员会（NSERC）等政府部门的高度重视和资金支持，它的成功突破将推动现代钻井工程向更深、更远的目标快速进行。为此，分析缓解钻柱托压效应包含4种基本方式，其中一般认为机械激振是最好的方式，机械激振释放钻柱托压效应的未来研究重点。

（1）减小钻柱接触压力。

开展优化井眼轨迹、应用轻质钻杆等研究工作。

（2）减小摩擦因数。

研制高效润滑剂和添加剂，采用共聚物球珠，开发圆柱滚子降摩阻短节、非旋转保持接头和完井下钻旋转工具等，以减小钻柱与井壁之间的摩擦力。

（3）振动方法释放摩阻和扭矩。

研究了压力脉冲振动工具、弹簧锤式激振工具和脉动射流振动工具等机械振源设备，改变钻柱与井壁的接触状态，以减轻井下摩擦阻力、降低阻力矩，增强钻压的传送能力。

（4）增强钻机系统工作能力。

提高钻杆强度钢级，应用井下牵引器，配用大功率钻机，增强驱动系统和起升系统的能力等。

2.2　钻柱系统粘滑

粘滑振动是由井口的驱动扭矩、钻柱与井壁摩擦扭矩、井底钻头受到的破岩扭矩共同作用而产生的扭转振动（图1）。粘滑振动作为钻头振动的一种主要形式，其主要由粘滞和滑脱两种运动状态组成，当钻头所受到的扭矩小于钻头破岩扭矩时钻头发生粘滞，而当钻头受到的扭矩达到破岩扭矩时，钻头就会滑脱。粘滑振动是“粘滞-滑动”交替变化的结果。

在钻柱的复杂振动过程中，粘滑振动的破坏性极强，其瞬时的转速峰值超过了转盘转速的2倍，如图2所示。在该过程中，钻头与岩石之间发生严重冲击，会导致钻头崩齿，也会导致探管的剧烈振动使测试元件发生损坏，无法正常工作。特别在小井眼水平井钻井过程中，使用的钻杆多为刚度较小的小尺寸钻杆，这进一步加剧了钻柱的粘滑振动。

为了抑制钻柱系统的粘滑振动，国内外学者开展了大量的研究，提出了很多粘滑振动抑制方法，包括主动控制策略和被动控制策略。

主动控制策略是通过对井口转盘的输出扭矩或输出转速进行实时的控制来达到控制井底钻头粘滑振动的目的。

被动控制策略是通过对底部钻具组合优化设计以及对钻头优化设计来降低或消除钻头的粘滑振动。

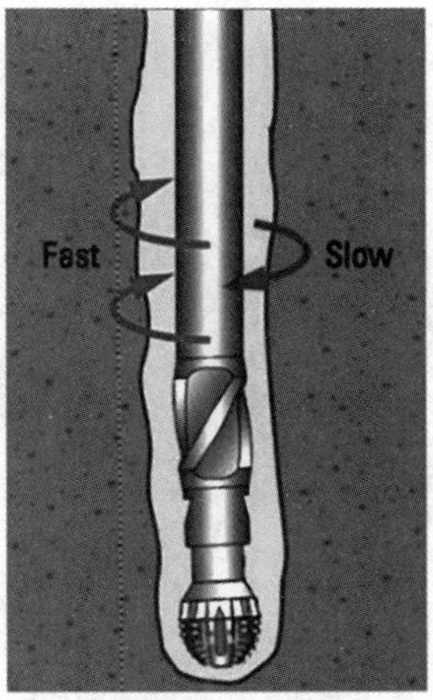

粘滑振动

（扭转）

图 1　粘滑振动示意图

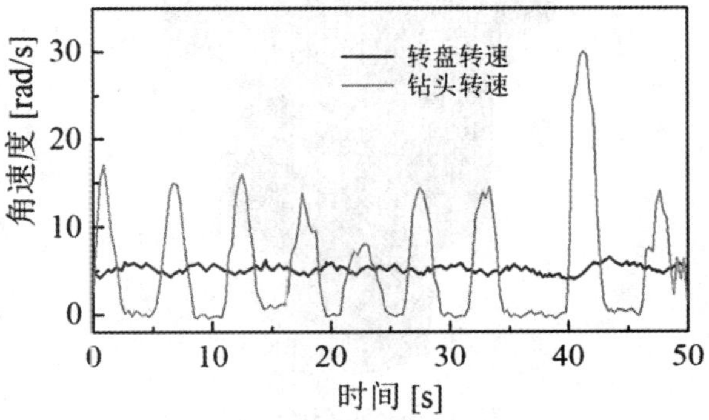

图 2　时间与角速度关系图

3　钻井技术难点

3.1　储气库井眼尺寸大，钻头优选困难

钻柱纵向震动，对钻头的瞬间冲击严重，极易造成钻头损坏，针对中下部地层大尺寸 PDC 钻头设计经验较少。钻头直径与机械钻速成反比关系，井眼尺寸越大，机械钻速越低；钻遇和尚沟组砂砾岩互层易导致钻头崩齿损坏，刘家沟组地层研磨性强、双石层非均质性强、单只钻头井尺少，机械钻速低，滑动定向困难。

3.2　井眼净化困难

井眼尺寸大，钻井液在环空中的上返速度低，导致钻屑不能及时离开井底、返出地面，既造成了钻头的重复切削、降低了破岩效率，制约了钻速的提高；又在井筒中井眼扩大处聚集，容易引起起下钻遇阻、遇卡，且直罗、延长地层井壁稳定性差，易坍塌，不利于井下安全和快速钻井。

4　储气库大尺寸 PDC 钻头设计

PDC 钻头已经成为石油钻井最普遍的钻井工具，PDC 钻头设计技术相对成熟。然而在大尺寸钻头方面，侧向力不平衡，钻头扭矩大等现象，而产生钻头粘滑，尤其是在钻进过程中钻头因横向振动等原因，造成的钻头井底工作过程的不稳定，将会大大加剧切削齿的冲击，加快切削齿的失效，加剧热磨损现象的发生。

目前，随着 PDC 钻头的发展，传统的原有的力平衡状态将会被打破，随着钻具的横向振动，钻头振动加剧，更会加快 PDC 钻头的失效。

因此开展“基于动力学分析技术建立的 PDC 钻头全动态能量平衡优化方法”研究对延长大尺寸钻头寿命，提高钻井效率显得尤为重要，该方法应用能有效提升 PDC 钻头抗涡动能力，提高钻头机械钻速和施工进尺。

储气库一开采用 φ444.5 钻头钻至井深 500m，钻井过程中钻进蹩跳严重，CZS1683BR 采用 8 刀翼设计，主切削齿采用 16mm 三棱齿和高端平面齿混布方式，钻头设计采用长冠顶，加长保径，使用双排布齿方式，提高钻头整体的抗冲击性。

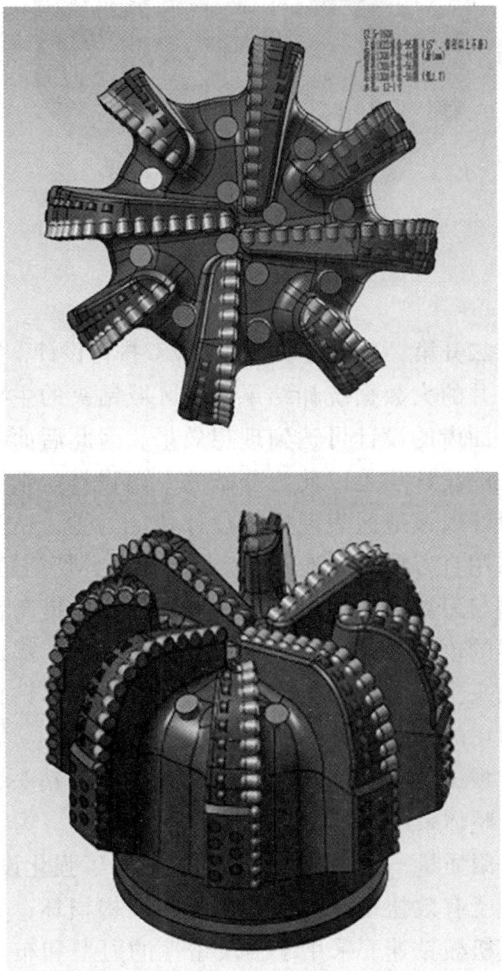

图 3　17½″CZS1683B-PDC 钻头

二开第一只钻头采用 φ346.1 钻头钻至井深上部井段可钻性好，选用攻击性强的 CZS1965B 钻头（图 4），该钻头采用 6 刀翼三排布齿方式，中心内锥齿采用 19mm 复合片，提高钻头整体机械钻速；在钻头设计方面一二排齿在设计上增加齿托设计，增强复合片的整体抗剪切性；三排齿采用前倾 75°设计，增加复合片的抗冲击性；主动保径采用 40°大倾角设计，增强保径的抗冲击性；在刀翼形状上采用阶梯式高差设计，进一步增加复合片的漏齿高度，提高整体机械钻速；在复合片布齿方面采用高端三棱齿和高性能进口复合片混布方式，提高钻头的整体切削效率。

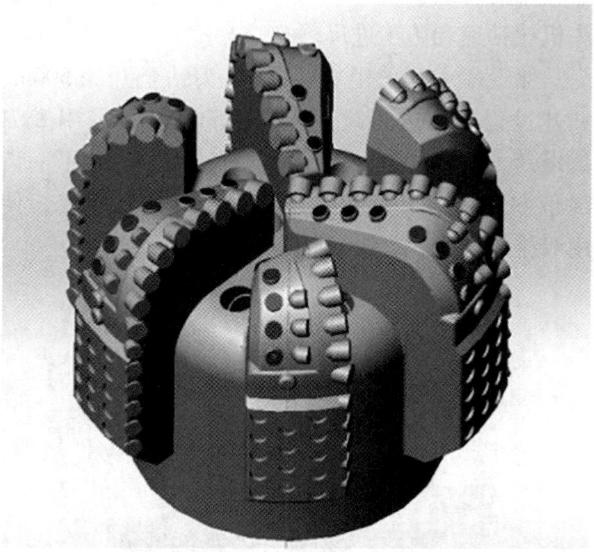

图 4　φ346CZS1965B

二开第二只钻头采用 6 刀翼双排齿设计，针对施工井的大数据统计结果，该区域钻头的主要选用平面齿的设计可达到理想效果。因此后面几款钻头的设计均是以此为基础的专门设计。钻头整体设计以该地区表现好的设计特征为主，钻头主要采用直刀翼、深流道、双排齿设计，切削角度、冠型与刀翼数量和地层相匹配，主要在提高钻头整体的攻击性的基础上保证钻头寿命。上部地层的钻头主要考虑钻头的抗冲击性能，下部钻头主要考虑的是偏耐磨性能。

根据现场工况，在对 13~5/8” PDC 钻头设计时，整体采用 6 刀翼的结构设计（图 5）。为了提高井眼质量，对钻头的保径结构进行了强化设计，避免了有效扭矩波动引起的保径结构损坏；为提高其机械钻速，采用了强攻击性的冠型和布齿参数设计，切削齿选用 16mm 齿。

图 5　φ346CZS1663BR

设计特征：内锥角，75°；冠顶半径，107.3mm；抛物线半径，65.7mm；切削角度，15°-18°-23°（内锥-鼻部-外肩）；保径长度，90mm。

在完成钻头初始布齿设计后，利用钻头数字化钻进分析软件对钻头进行轴向力、切向力以及切削面积分布等情况进行了分析计算，实现了布齿参数的优化设计，结果如图 6~图 8 所示。

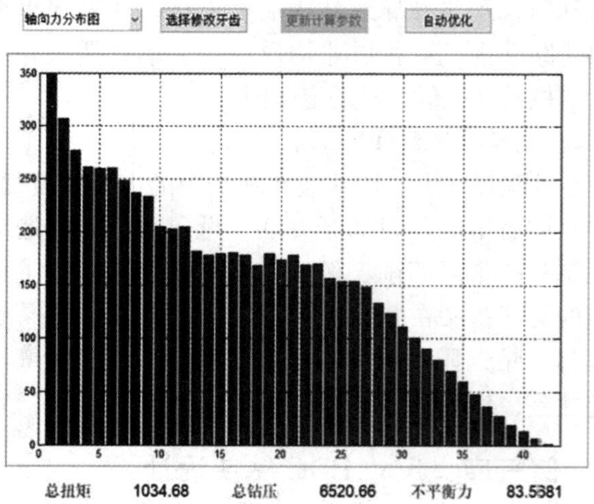

图 6　轴向力分布

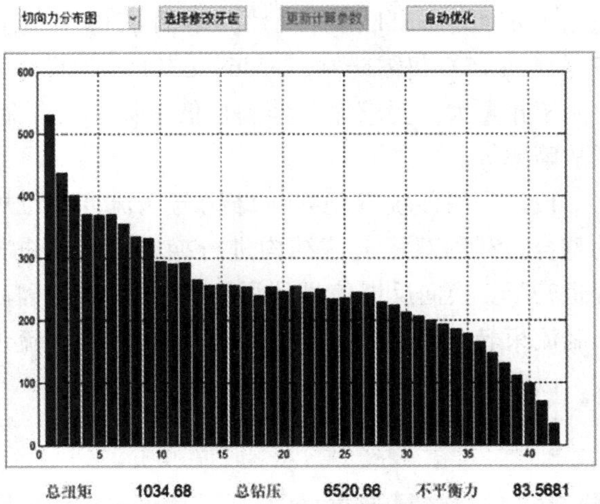

图 7　切向力分布

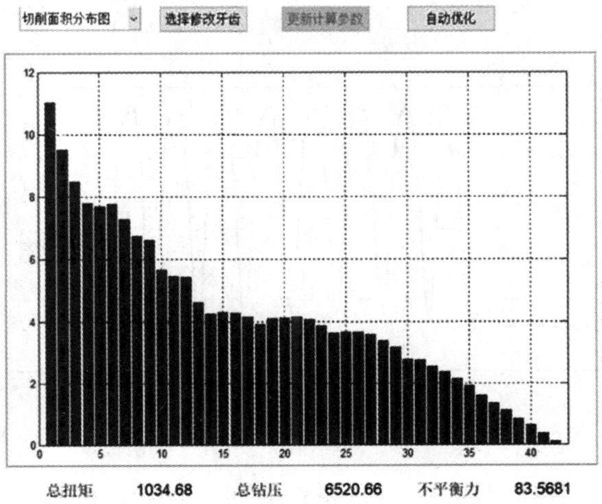

图 8　切削面积分布

二开第三只钻头 6 刀翼三排齿设计（图 9），对钻头鼻外部和保径部位易损坏区域的布齿参数设计进行优化设计。利用钻头数字化钻进分析软件对钻头进行钻头力平衡优化设计，以提高钻头工作稳定性。

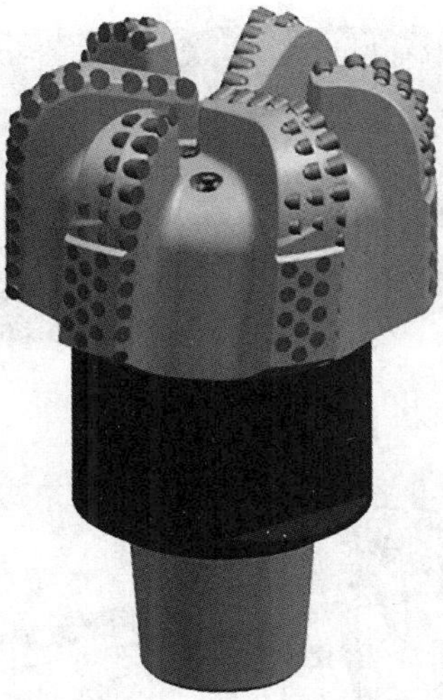

图 9　φ346CZS1666B

5　倒划眼稳定器设计与应用

储气库井眼尺寸大，钻井液在环空中的上返速度低，岩屑在井筒中井眼扩大处聚集，容易引起起下钻遇阻、遇卡，且直罗、延长地层井壁稳定性差，易坍塌，需研制一种适用于储气库大尺寸井眼使用的 φ306 以上尺寸的倒划眼稳定器（图 10），用于修复井壁、清洁井筒。

该工具采用金刚石复合片和新型双切削齿结构的硬质合金双重修刮设计，可在增强工具外径的前提下，保证有效的修正井壁能力，保证较低的钻具扭矩；金刚石复合片分布采用大倾角力平衡设计，有效修刮井壁，可有效提高划眼效率；新型双切削结构的硬质合金可使修刮效率提升 30%以上；保证最大过流面积的同时，采用刀翼 360 度全覆盖设计，以确保最佳的井眼清洁效率，独特的刀翼结构不仅优化流场，还增加井筒岩屑的运移效率，减少泥包的可能。其失量图流基线、液力速度云图、流体压力云图如图 11~图 14 所示。

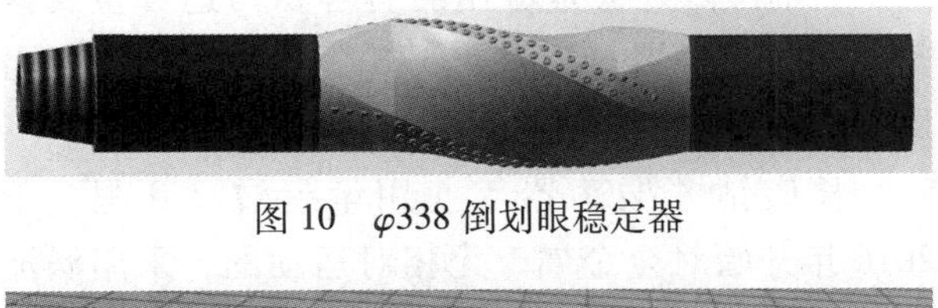

图 10　φ338 倒划眼稳定器

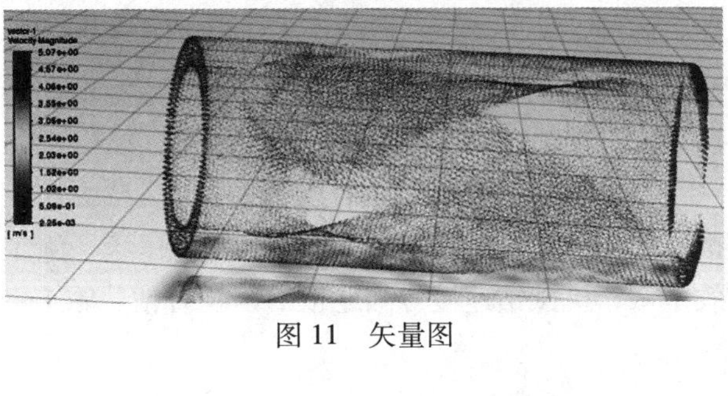

图 11　矢量图

图 12　流基线

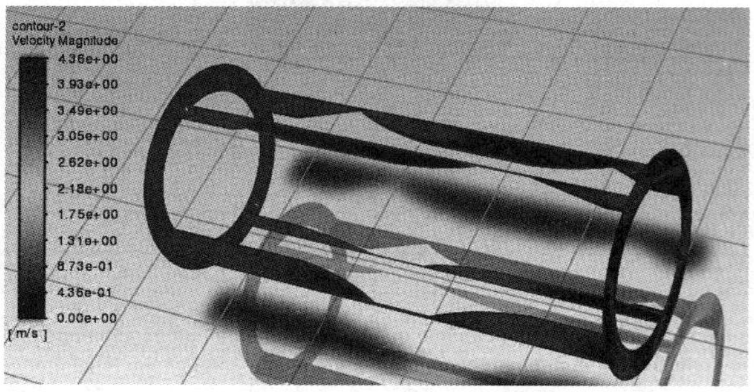

图 13　液力速度云图

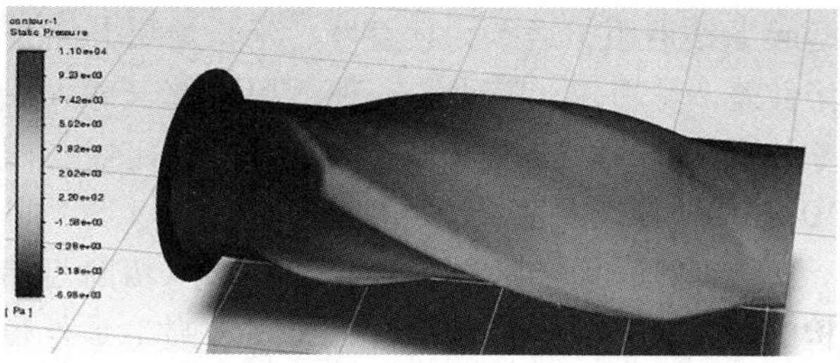

图 14　流体压力云图

6　φ203 涡流振荡器

水力振荡器是油气钻井施工不可或缺的功能性工具。国内川庆钻探、长城钻探、渤海钻探等主要油服公司和江钻、长大科技等工具公司都自行研发了该工具，此外，NOV、达坦等国外公司的水力振荡器也在国内石油钻探中得到广泛应用。

目前国内外大量应用的有容积马达和金属涡轮式轴向振荡器。其它如 TTS 公司采用涡流变阻原理的轴向振荡器也有少量的使用。

长庆钻井振荡器年使用量超过 200 只。于 2016 年开始对全金属、无相对运动的，采用涡流变阻原理的水力振荡进行研究，形成了具有独特结构、独特工艺的液力脉动型水力振荡器设计制造技术。产品于 2019 年全面推广使用。

目前 φ172 涡流振荡器已经在长庆区域大面积推广使用，大尺寸井眼钻进存在滑动托压、施工效率低、机械钻速慢等问题依旧困扰着钻井施工，适用于 φ346、φ311 两种尺寸井眼的 φ203 涡流振荡器（图 15）仍需研制，φ346、φ311 两种尺寸井眼施工排量大，要求振荡器满足低压耗、长寿命、低故障率等。

设计采用传统双稳射流结构与涡流变阻结构的整合。利用双稳射流结构进行换向，涡流进行变阻升压。换向反馈信号从涡流腔引出到主喷口，强制流束转向。采用了轴向进液，导流道导流形式，以保证反馈正确。

压力曲线及压力云图如图 16、图 17 所示。

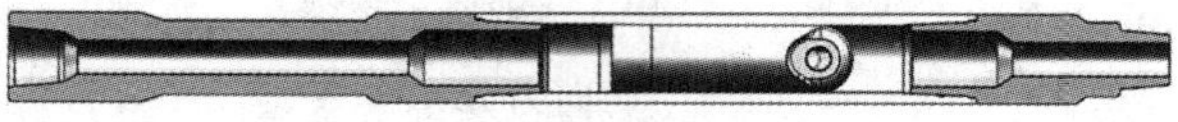

图 15　φ203 振荡器模型图

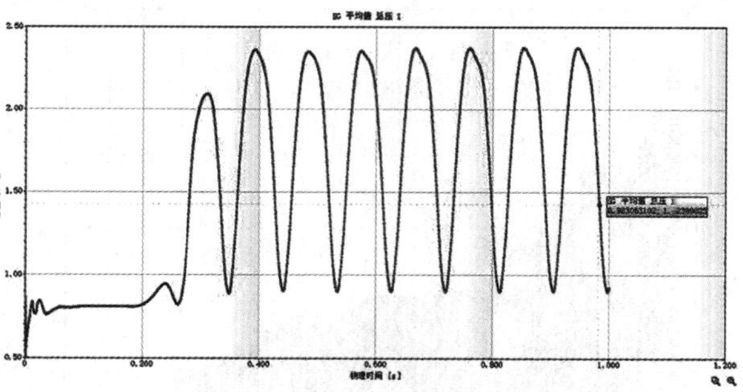

图 16　压力曲线

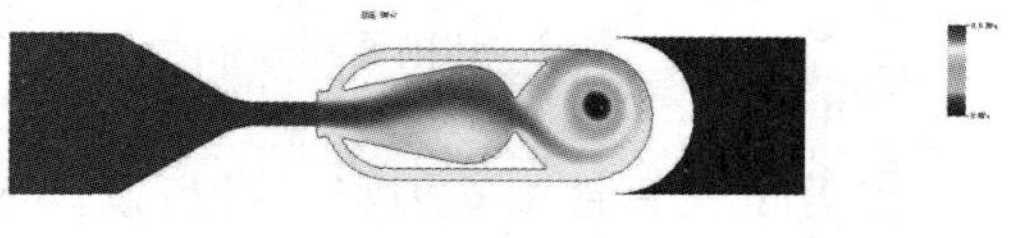

图 17　压力云图

7　现场试验

榆 42-1ZC1 井为储气库施工的一口三开定向井，该井设计为“导眼+三开”井身结构，钻井周期 46d，完钻井深 3135m，各配套工具应用效果如下。

7.1　大尺寸 PDC 钻头试验效果

1）171/2” CZS1683B 钻头现场使用平稳，钻进无蹩跳，应用效果较好，采用多刀翼、长保径，最大程度的缓解了钻进蹩跳的状况，该钻头应用井段 0 ~ 511m，钻具组合：∮ 444.5PDC +∮ 244.5LZ-436 * 1.25°+∮ 438STAB+∮ 203MWD+∮ 203NMDC+∮ 203DC+∮ 177.8DC+∮ 139HWDP+∮ 139DP，使用数据见表 1。

表 1　使用数据

钻头尺寸/mm	钻头型号	入井井深/m	出井井深/m	进尺/m	纯钻时/h	机速/（m/h）
444.5	CZS1683B	0	511	511	20	25.5
复合纯钻/h	复合机械钻速/（m/h）	实际钻速/r/min	实际排量/（L/s）	性能	起出钻头描述	照片
20	25.5	80	55	1.03~1.05/34	轻微磨损	

（2）二开井段应用优化设计的高效 PDC 钻头，增大了单只钻头施工进尺、提高整体机械钻速。榆 42-1ZC1 井共使用钻头 3 只，施工井段 511~2468m，整体机械钻速 10.93m/h，相比机械钻速提升 12.79%，从施工指标和钻头使用数量看，均属前列。其中第一趟钻优选 CZS1965B 钻头，提高上部井段机械钻速；第二趟钻选用 CZS1663B 钻头，提高单只钻头施工施工进尺和机械钻速；第三趟钻选用 CZS1666B 钻头，利用三排设计，最大程度提高单只钻头抗冲击性，提高钻头寿命和进尺，表 2 为前期施工井施工指标对比，表 3 为和榆 42-1ZC1 井单只钻头指标分析。各钻头出井照片见图 18~图 20。

表 2　施工井对比数据

序号	井号	钻头尺寸/mm	钻头数量	机械钻速/（m/h）
1	SD-ZC7	346.1	3	13.69
2	SD-ZC10	346.1	4	11.70
3	榆 42-1ZC1	346.1	3	10.93
4	SD-ZC0	346.1	4	10.79
5	SD-ZC8	346.1	3	10.54
6	SD-ZC3	346.1	3	9.78
7	SD-ZC1	346.1	3	8.19
8	陕 17-Z1-D2	346.1	6	7.68
9	SD-ZC6	346.1	5	5.16

表 3　榆 42-1ZC1 井单只钻头使用分析

钻头尺寸	钻头型号	下入井深/m	起出井深/m	钻井进尺/m	纯钻/h	机械钻速/（m/h）	备注
346	CZS1965BR	510	1870	1360	120	11.33	新度 85%
346	CZS1663BR	1870	2278	408	41	9.95	报废
346	CZS1666BR	2278	2468	190	18	10.55	新度 90%
合计				1958	179	10.93	

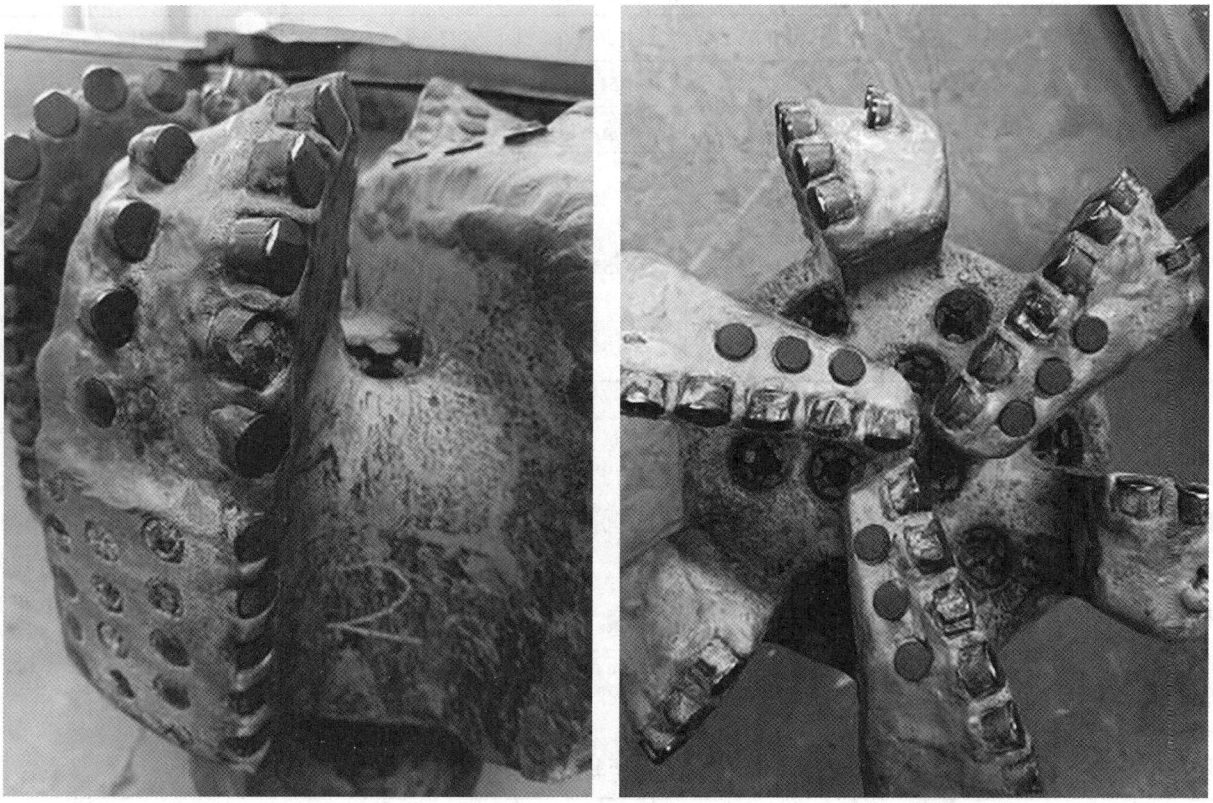

图 18　CZS1965B 钻头出井照片

图 19　CZS1663B 钻头出井照片

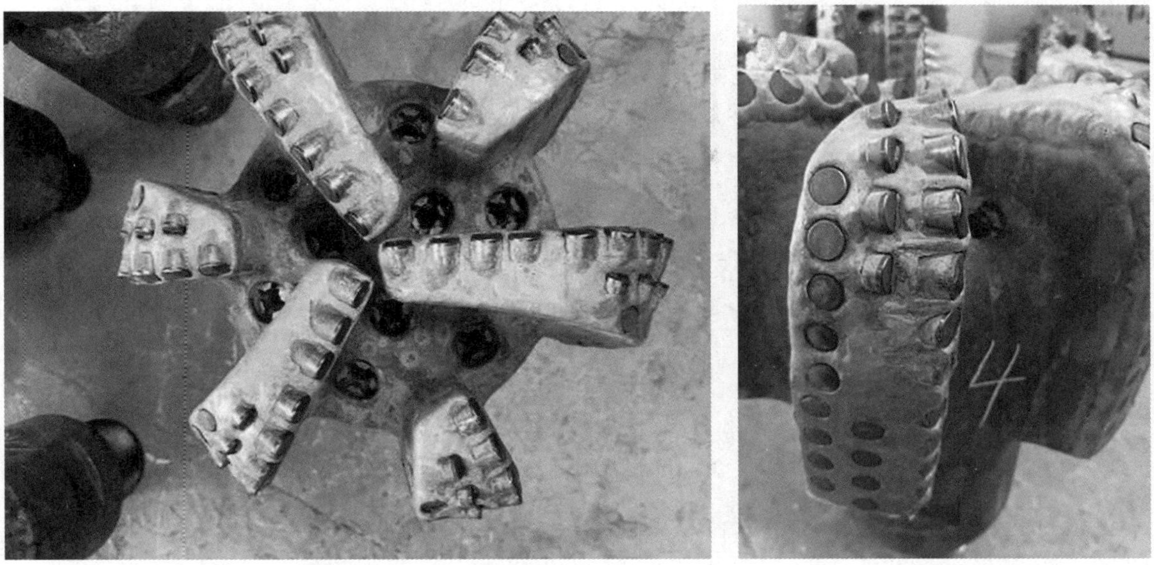

图 20　CZS1666B 钻头出井照片

7.2　φ203 涡流振荡器试验效果

该涡流振荡器针对基体抗冲蚀性能的提高，尝试了渗硼、镶合金套、超声速喷涂、真空钎焊、真空电子束焊、高速激光熔敷焊等多种工艺组合，提高工具使用寿命。榆 42-1ZC1 井现场使用过程中其防托压效果和使用寿命均优于常规容积马达式的水力振荡器，在高排量情况下（>50l/s）全井段滑动无托压，滑动机械钻速较已施工井提升 23.4%，确保了该井段的钻井安全。

7.3　倒划眼稳定器试验效果

榆 42-1ZC1 井现场应用后，摩阻由 400kN，降低至 250kN，减少 37.5%；转盘扭矩由 33kN·m，降低至 24kNM，减少 27.2%。钻具组合为：φ346mmBit+630×630+φ338mm 倒划眼扶正器+Φ203mmDC×3 根+631×410 接头+φ177.8mmDC×5 根+411×520 接头+Φ139.7mmHWDP×14 根+Φ139.7mmDP，通井后下套管顺利下到预定位置，下套管摩阻较已施工井减少 13.42%（图 21）。

图 21　Φ338 倒划眼稳定器

8　结论和建议

（1）φ444.5 井眼 PDC 钻头采用八刀翼设计，能最大程度上，降低井眼施工过程中的蹩跳，确保钻井施工过程中平稳，提高施工效率。

（2）φ346 井眼，第二趟钻采用 6 刀翼三排设计，提高 PDC 钻头的抗冲击性能和耐磨性，最大程度的保护 PDC 钻头，避免 PDC 钻头提前报废，确保钻头施工进尺和较高的机械钻速。

（3）φ203 涡流振荡器使用，有效化解大尺寸井眼施工钻具粘滑和滑动托压，最大程度提高钻头施工效率，提高滑动机械钻速，现场试验效果较好。

（4）通过 φ338 倒划眼稳定器通井，能够对修复井壁、降低摩阻作用，有效解决了地层缩径、坍塌、掉块等井下复杂，更加有效的修复井壁、清洁井筒，确保井下安全。

参 考 文 献

[1] 邹德永，王瑞和．刀翼式 PDC 钻头的侧向力平衡设计［J］．石油大学学报（自然科学版），2005（02）：42-44.

[2] 杨建云．钻遇大段盐膏层的定向井钻井工艺及现场试验［D］．东北石油大学，2015.

[3] 孙海芳．相国寺地下储气库钻井难点及技术对策［J］．钻采工艺，2011，34（5）：1-5.

[4] 刘坤，何娜，张毅，等．相国寺储气库注采气井的安全风险及对策建议［J］．天然气工业，2013，33（9）：131-135.

[5] 薛让平，石仲元，代长灵，杨光．长庆油田储气库水平井大井眼钻井技术［J］．天然气勘探与开发，2015-7.

[6] 胡景荣．再论大斜度定向井的井眼净化问题［J］．钻采工艺，2001，24（2）：22-24.

井筒完整性检测与评价技术体系在塔里木油田储气库井监测中的应用

周贺翔[1,2,3,4]　何剑锋[1,2,3,4]　张　宝[1,2,3,4,5]　胡云龙[4]　鞠成才[4]　张小红[4]

[1. 中国石油天然气集团有限公司超深层复杂油气藏勘探开发技术研发中心；
2. 新疆维吾尔自治区超深层复杂油气藏勘探开发工程研究中心，3. 新疆超深油气重点实验室；
4. 中国石油塔里木油田公司；5. 中国石油大学（华东）]

摘　要　地下储气库作为保障国家天然气产业链安全与稳定的关键环节，其井筒完整性至关重要，直接关系到国计民生与安全生产。本研究针对当前井筒完整性检测规范体系不完善的难题，构建了一套包含井口设备诊断、地球物理多元探伤及生产套管剩余强度和剩余寿命评估在内的综合井筒完整性检测与评价技术体系。在两口塔里木油田储气库井的现场应用结果表明该技术体系能够准确识别井筒存在的潜在问题，对于提升我国储气库井筒完整性管理水平具有重要意义。

关键词　井筒完整性；储气库；套损-固井诊断-储层评价综合测井仪；储层评价；水泥填充评估；套损评价；气体聚集

Application of Wellbore Integrity Detection and Evaluation Technology System in the Monitoring of Tarim Oilfield Gas Storage Wells

ZHOU Hexiang[1,2,3,4*], HE Jianfeng[1,2,3,4*], ZHANG Bao[1,2,3,4,5*], HU Yunlong[4*],
JU Chengcai[4*], ZHANG Xiaohong[4*]

[1. R&D Center for Ultra Deep Complex Reservior Exploration and Development, CNPC;
2. Engineering Research Center for Ultra-deep Complex Reservoir Exploration and Development,
Xinjiang Uygur Autonomous Region;
3. Xinjiang Key Laboratory of Ultra-deep Oil and Gas; 4. China University of Petroleum (East China)]

Abstract: Underground gas storage facilities are crucial for ensuring the security and stability of the national natural gas industry chain, and the integrity of the wellbore is of paramount importance, directly affecting national interestsand safety production. This study addresses the challenge of an imperfect wellbore integrity detection specification system by constructing a comprehensive wellbore integrity detection and evaluation technology system that includes wellhead equipment diagnostics, geophysical multi-element detection, and assessment of the remaining strength and service life of production casing. The field application results in two Tarim Oilfield gas storage wells demonstrate that this technology system can accurately identify potential problems in the wellbore, which is of great significance for improving the level of wellbore integrity management in China's gas storage wells.

Key words: Wellbore Integrity; Underground Gas Storage; Casing Cementing Formation Evaluation Tool; Reservoir Evaluation; Cement Fill Assessment; Casing Damage Evaluation; Gas Accumulation

1　引言

随着全球能源结构的转型和天然气在能源消费中的比重不断增加，地下储气库作为调节天然气供需平衡的关键设施，其安全稳定运行的重要性日益凸显。地下储气库通过在低需求时期储存天然气，在高峰需求期间释放天然气，以满足市场的波动需求，从而保障国家能源安全和天然气产业链的稳定。储气库的井筒完整性是确保其安全运行的核心要素，直接关系到环境保护、经济成本以及社会稳定。

目前，储气库监测工艺正朝着集成化、智能化的方向发展。传统的监测技术依赖单一检测手段，如简单的压力监测或目视检查，往往无法全面评估井筒完整性状态。近年来，随着油气勘探开发技术的进步，尤其是井筒完整性检测技术的发展，储气库监测工艺得到了显著提升。例如，气体动力测井仪（CKAT-K8）和套损-固井诊断-储层评价综合测井仪（CCFET）的应用，使得在单一的下井作业中能够完成管柱损伤评价、固井质量检测以及储层评价等多项任务，显著提高了检测效率并降低了作业成本。

此外，井筒完整性管理理念也得到了广泛的认同和应用。通过构建综合井口设备诊断、地球物理多元探伤及生产套管剩余强度和剩余寿命评估的技术体系，可以实现对井筒完整性的全面检测与评价。这种技术体系不仅提高了检测的准确性，而且为储气库井的安全稳定运行提供了科学依据。

目前，井筒完整性检测领域面临着尚未建立完善的规范体系、检测技术零散单一、作业周期长、成本高以及多数测井服务“只检不评”（即只提供检测和基本数据解释，不提供完整性评价服务，不能直接用于指导业主生产）等多重挑战。俄罗斯在井筒完整性检测与评价方面相对完善，但其技术和经验并不完全适用于国内油气田的特点。这些都严重制约了储气库井井筒完整性管理的有效实施。

研究发现，现有建库技术和经验方法，在针对我国建库目标层埋藏深、物性差等方面，还存在很大局限性，特别是在储气库快速周转的高速注采过程中，储气空间充分动用和安全运行回答尚不清楚，存在高速注采条件下井网动用的科学问题不清晰、储气井注采诊断技术问题缺失、监测部署的工程问题不明确等难题。

近年来，塔里木油田积极响应国家发改委天然气应急储备要求，加大储气库建设，持续扩大地下储气库储气能力，探索大型油气藏开发与储气库协同建设新技术。在此背景下，本文基于井口、井口区套管柱以及井筒的整体井屏障认识，构建了一套综合井口设备诊断、地球物理多元探伤、生产套管剩余强度和剩余寿命评估的井筒完整性检测与评价技术体系，并对塔里木油田两口储气库井进行了评测，取得了较好的效果，可为储气库井筒的完整性管理提供科学依据。

2 井口设备诊断

考虑到井口设备与井筒一同构成了储气库井与地层油气间的安全屏障，方法将井口与井口区套管柱、井筒等视作统一的有机整体进行完整的检测和评估，拓展了常规井筒的范围和概念。如图1所示，需检测的井口设备主要包含了套管头、采气树及井口区套管柱等其它井口部件。

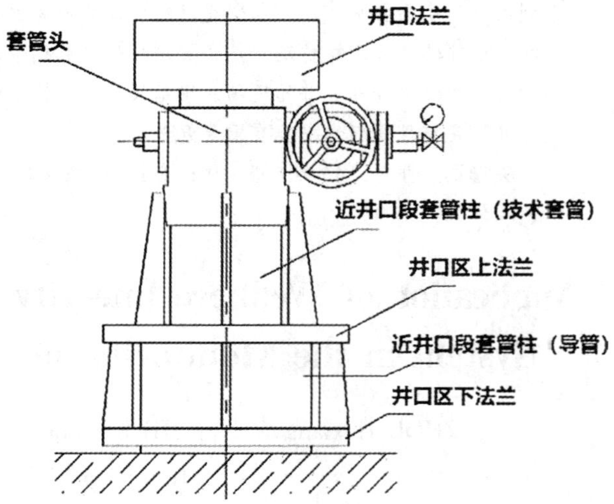

图1 井口区域检测图简图

2.1 套管头检测

套管头检测主要包含套管壁厚度与硬度测试，油压、套压、B环空压力检测等内容。其中套管壁厚度检测是利用 Panametrics MG2-DL 超声波厚度计分别对东、南、西、北等4个不同方位上的井口区套管壁进行测量；套管壁硬度检测是利用 TEMP-4 硬度计测量井口区套管外壳金属硬度；而超声波气体流量计则可用于检测油压、套压、B环空压力。

2.2 采气树及其它井口部件检测

采气树及其它井口部件检测主要包含采气树标识检查、井口装置目视缺陷检测、采气树防腐涂层检查、采气树表面缺陷检查、采气树法兰连接处缺陷检查、阀门和接头的可操作性与密封性检查、采气树手轮/操作盘检查、压力表与开关检查、井口设备完整性检查、壳体部件厚度检查、壳体部件硬度检查等11个子项。根据检测方法，可进一步将这些项目按目视和测量检查、功能检查、壳体部件厚度测量、超声波连通性测试和金属硬度测量进行归类，并按图2作详细的评测。

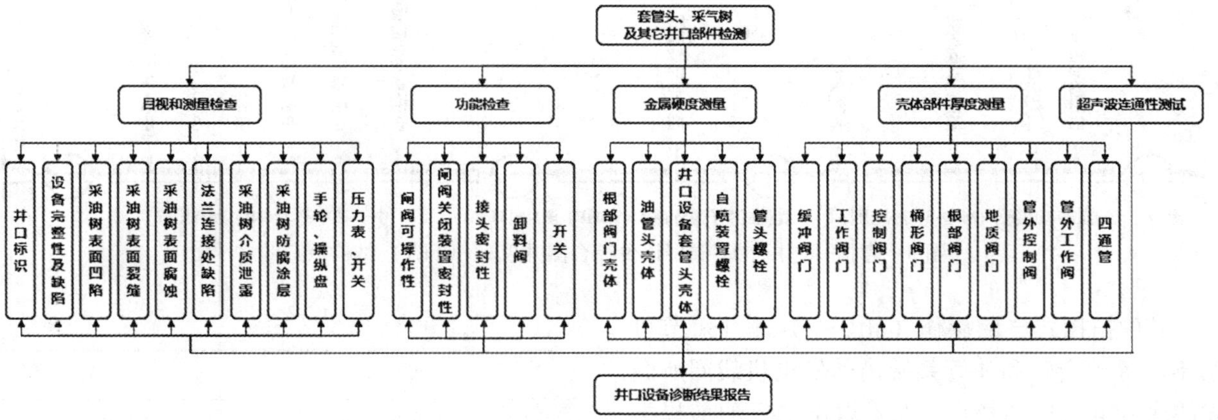

图 2　采气树及其它井口部件检测指标

3　地球物理多元探伤

采用气体动力测井仪（CKAT-K8）和套损-固井诊断-储层评价综合测井仪（CCFET）对管柱的完整性进行综合评价。不同于以往多趟下井分别测量管柱损伤与固井质量、并对储层进行评价所带来高成本与高风险系数，新的地球物理多元探伤方法仅需两次下井即可完成泄露和/或溢流管区识别、损伤评价、固井质量检测、储层评价等多项任务，可在带压、不提油管、不灌液条件下实施检测，有着操作流程简单、周期短、综合成本和风险低等突出优势。

3.1　气体动力测井仪（CKAT-K8）

气体动力测井仪（CKAT-K8）主要用于测量油气井下的温度和多余的压强，对套管接头进行定位，测量伽马辐射，以及气体和液体的串流速度。其对温度和压强的测量有非常高的灵敏度，能够对井下气体动力情况进行精确的测量。仪器技术参数如表1所示，能够通过气体在各种介质中运动时的节流效应和绝热膨胀，识别气体流出岩层、流动到管外或通过泄漏的套管时出现的温度异常，进而识别井中各工作区间与节流点附近的溢流管区间；同时通过气压与湿度测定确定储层深度的压力，计算井中的流体密度和沿井眼的流体密度分布，确定井筒中的流体及其边界。实施下放仪器测量时要求平稳下放，测井速度应不高于 700m/h。在距井底不小于 50m 的井段内可以上提仪器重复测量。

表 1　气体动力测井仪技术参数

技术参数	值
最高工作温度/℃	从 0 到 120，150
最高工作压强/MPa	从 0 到 40，60，80，100
直径/mm	42
带有速度传感器的长度/mm	2397
不带速度传感器的长度/mm	2200
带有速度传感器的重量不大于/kg	15
上提采集速度/（m/h）	700

3.2　套损-固井诊断和储层评价综合测井仪（CCFET）

套损-固井诊断-储层评价综合测井仪（CCFET）是专为储气库井和气井定制的三合一组合一体化测量仪器，不但可以检测多层管柱的损伤，还可以检测两层套管的水泥充填率，并且可以提供独特的深中浅不同探测深度的饱和度，还可以直观地判断储气库井气体聚集，提供生产通道是否堵塞等相关信息。其结构如图 3 所示，由扫描式电磁探伤（MID-S）测井短节、宽能域中子伽马能谱（SGNR）测井短节和中子-热中子（MNL）测井短节 3 部分组成，能够通过内径大于 60mm 的油管，能测量套管最大外径为 200mm 的井，能够测量的管柱总壁厚不超过 25mm，耐温 50℃，耐压 100MPa。

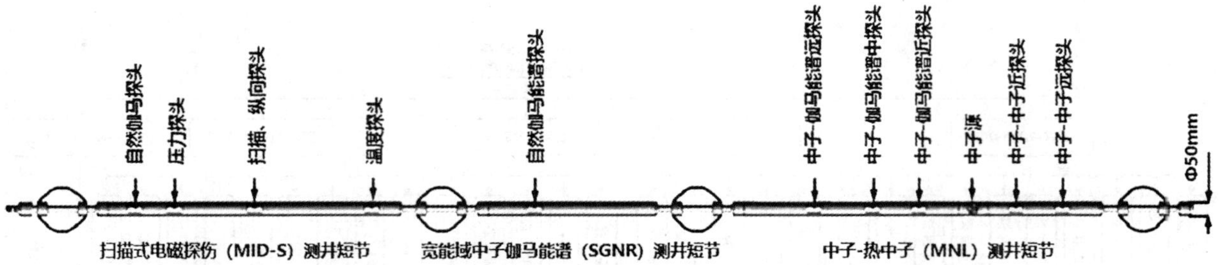

图3　套损-固井诊断-储层评价综合测井仪（CCFET）结构示意图

其中扫描式电磁探伤（MID-S）测井短节可基于对置于套管和油管系统内的发电机线圈所激发的涡流电磁场的特点，在不取出油管的前提下分析套管和油管的管壁厚度，进而评价管柱的腐蚀、变形情况。宽能域中子伽马能谱（SGNR）测井短节可利用钚-铍中子源发射快中子，其在进入地层后经过散射慢化成热中子，热中子被地层俘获后将产生俘获伽马射线；通过中子伽马能谱近、中探头对0.1-0.8Mev能量范围内的俘获伽马射线进行能谱分析，能够获取套后饱和度，计算水泥填充率。中子-热中子（MNL）测井短节可测量热中子被组成岩石的原子核俘获后放出的二次伽马射线强度，进而用于判断套管外再次聚集气体的情况。扫描式电磁探伤（MID-S）测井短节和中子-热中子（MNL）测井短节的技术参数如表2、表3所示，当仪器下放到通井段底部后应以不超过1m/min的速度上提测井仪器，同时对检测数据进行记录。

表2　扫描式电磁探伤（MID-S）测井短节技术参数

技术参数	值
被测套管的最长半径/mm	324（500）
被测套管壁厚最大值（单一套管）/mm	16
被测套管壁厚最小值（单一套管）/mm	3
油管壁厚（第一层）的检测误差/mm	±0.3
过油管检测生产套管壁厚的误差/mm（第2层）	±0.5
过油管检测第3层套管壁厚的误差/mm（第3层）	±1.5
最大工作压强/MPa	60（100，120）
最高工作温度/℃	120（150）
上提采集速度/（m/h）	300

表3　中子-热中子（MNL）测井短节技术参数

技术参数	值
最大工作压强/MPa	100
工作温度，℃	从-10到+150
进入工作状态的时间/min	30
探伤速度不高于/（m/h）	600
重量不高于/kg	14
含扫描设备的长度/mm	2410
不含扫描设备的长度/mm	1960
下放采集速度/（m/h）	600
最大工作压强/MPa	100

4　生产套管剩余强度和剩余寿命评估

在检测的基础上，根据极限状态相关标准，对生产阶段的井剩余使用寿命进行预测。整个气井的极限状态是通过其最大承载能力、影响操作安全性和可靠性的气井结构等要素来评估的，可细分为生产套管抗内压能力评估、生产套管抗外压能力评估和生产套管的剩余寿命评估等3部分。

4.1　生产套管抗内压能力评估

在过大的内部压力下，生产套管的顶部承受最大的负荷。根据俄罗斯天然气工业股份公司套管金属损伤和特殊操作条件下的计算标准，为了测算套管强度的限制区间，可将金属损伤套管承受的内压定义为P'_T，在该压力下，金属损伤套管内受到的最大应力等于套管材料的屈服强度。

$$P'_T = K_2 \cdot P_T \tag{1}$$

其中：K_2—金属损伤管柱的承载力对内部压力的降低系数。

P_T—在过大内部压力下，全新套管内承受的最大应力等于套管材料的屈服强度。

根据俄罗斯天然气工业股份公司套管金属损伤和特殊操作条件下的计算标准以及俄罗斯天然气工业股份公司天然气2~2.3~117~2007和2~2.3~312~2009凝析气井技术诊断方法，对于内壁有金属损伤的套管，K_2 值由以下公式确定：

$$K_2 = (A \cdot \delta_H + B) \cdot \exp[(C \cdot \delta_H - D) \cdot \Delta\delta] \quad (2)$$

其中：Δδ—所考虑间隔的最大金属损伤，mm，$\Delta\delta = \delta_н - \delta_ф$；

A，B，C，D—根据俄罗斯天然气工业股份公司套管金属损伤和特殊操作条件下的计算标准，系数取决于管柱外径和水泥环的存在；

$\delta_н$—公称管柱壁厚，mm；

$\delta_ф$—内壁金属损伤管柱剩余壁厚，mm。

损坏管柱的外挤力 $P'_н$ 和内压力 $P'_{вн}$ 根据俄罗斯天然气工业股份公司套管金属损伤和特殊操作条件下的计算标准公式得出。

$$[P'_н] = P'_{кр}/n_1 \quad (3)$$

根据容许抗内压强度值 $P'_{вн}$ 来确定生产套管的安全操作条件：

$$[P'вн] = P'm/n_2 \quad (4)$$

其中：n_1、n_2 分别为外部和抗内压强度的安全系数。

内压安全系数（n_2）由以下因素决定：

$$n_2 = P'_T/P_{ВИ} \quad (5)$$

其中：$P_{ВИ}$ 是抗内压强度，MPa。

$$P_{ВИ} = P_{2B} - P_{2H} \quad (6)$$

其中：$P_{2В}$ 是内压，MPa；$P_{2Н}$ 是外压，MPa。

内压（$P_{2В}$）定义为井口处的最大工作压力。外压（$P_{2Н}$）是指在未固结区内的钻井液或固结区到测定深度间密度为 1100kg/m^3 的液柱的压力。如果没有关于生产套管外物质密度的信息，$P_{2Н}$ 就按液体的静水压力计算，其比重为 1.08104N/m^3。

4.2　生产套管抗外压能力评估

在过大的外部压力下，生产套管的底部承受最大负荷。根据俄罗斯天然气工业股份公司套管金属损伤和特殊操作条件下的计算标准，对于套管强度的限制区间，将临界（最大的外部压力）压力定义为 $P_{кр}$，在该压力下，损耗的管柱中承受的最大应力等于套管材料的屈服强度。套管的穿孔部分在计算中不考虑。

管柱的临界压力是根据 API 标准（API Spec 5 CT / ISO 11960 套管和油管的规格）的公式确定的。

$$P'_{кр} = \sigma_T \left[\frac{A'}{D/\delta_H} - B' \right] - C' \quad (7)$$

其中：$\sigma_т$—套管材料的屈服强度，MPa；

D—管柱的外径，mm。

A'，B'，C'系数取自参考数据（石油管柱：主编：A. E. Сарояна. ~莫斯科：Недра）。

外部压力的安全系数（n_1）由以下关系决定：

$$n_1 = P'_{кр}/P_{НИ} \quad (8)$$

其中：$P_{НИ}$—抗外压强度，MPa。

$$P_{НИ} = P_{1Н} - P_{1В} \quad (9)$$

其中：$P_{1Н}$—外部压力，MPa；

$P_{1В}$—内部压力，MPa。

外部压力（$P_{1Н}$）是指未固结区的钻井液和到固结环高度的密度为 1100kg/m^3 的液柱压力。如果没有关于生产套管外物质密度的信息，$P_{1Н}$ 就按液体的静水压力计算，其比重为 1.08×10^{4}N/ m^3。内部压力（$P_{1В}$）是计算深度的气液混合物的压力，它从最低储层压力（在穿孔、过滤或开孔区域）变化到井口的最低工作压力。

4.3　生产套管的剩余寿命评估

受损管柱 $T^з_{оcm}$ 的剩余寿命，以年为单位，根据俄罗斯天然气工业股份公司企业标准 2~3.2~346~2009 的公式计算：

$$T^3_{OCM} = u'/V \quad (10)$$

其中：u'—受损管柱壁厚的容许减少量，mm；

V—管柱金属的金属损伤率，mm/a。

u'值根据俄罗斯天然气工业股份公司 2~3.2~346~2009 企业标准的公式计算：

$$u' = \frac{ln[K'_2(A \cdot \delta_{MUH} + B)]}{C \cdot \delta_{MUH} - D} \quad (11)$$

其中：K_2'—受损套管的承载能力对抗内压强度的容许减少系数；

Δmin—损坏区域的最小管壁厚度，mm。

根据俄罗斯天然气工业股份公司套管金属损伤和特殊操作条件下的计算标准，A、B、C、D 是系数，取决于外径和水泥环的存在。

K_2'是根据俄罗斯天然气工业股份公司企业标准 2~3.2~346~2009 的公式计算：

$$K'_2 = n_2 \cdot P_{ВИ}/P'_T \quad (12)$$

如果在金属损伤管柱的负载是过大的外部压力（$P_{НИ}$）情况下，K_2'可以根据 STO Gazprom 2~3.2~346~2009 的公式来计算：

$$K'_2 = n_1 \cdot P_{НИ}/P'_{кр} \quad (13)$$

通过确定所考虑的金属损伤区间（ δδ2 的最大值来解决逆问题，在这个区间内，防止外部压力过大导致崩溃的安全系数等于规范值（$n_1 = n_{1н}$）。

根据对运行中的油层套管技术状况的地球物

理勘探数据，可以确定金属损伤率。在对套管状况进行了两次研究的条件下，用以下公式计算金属损伤率：

$$V=\frac{\delta_1-\delta_2}{t_2-t_1} \qquad (14)$$

其中：δ_1 和 δ_2—t_1 和 t_2（年）管柱的壁厚（以 mm 为单位）。

在计算过程中，从地球物理勘探结果中得到的管柱残余壁厚会因仪器读数的误差而减少。在没有背景或其他先前研究的情况下，管壁厚度（δ_H）的公称值取为 δ_1，井施工完成日期（年份）取为 t_1。

由此可得，在两次地球物理勘探间的时间间隔 6t2（年）内，管壁厚度的变化为 6δ2（mm），或者从气井完工到进行测量的时间间隔 6t2（年）内，管壁厚度与公称值的变化为 6δ2（mm）。套管的剩余寿命是按照规定的金属损伤率的最大值计算的，同时考虑到仪器的误差并将套管的剩余寿命最小区间作为计算得到的区间。

5　现场应用

已基于井筒完整性检测与评价技术体系，对塔里木油田两口储气库井储 1 和储 2 的井筒完整性情况进行了评测。其中储 1 井和储 2 井均为 4 开筛管完井，井深分别为 5906m 与 5500m，两井的井身结构如表 4 所示。

表 4　储 1 井和储 2 井井身结构

井号	参数	技术套管	生产套管	尾管	油管
储 1	套管直径/mm	244.5	177.8	127.0/114.3	88.9
	套管下深/m	4833.5	5252.0	4800.0~5404.0/5404.0~5905.0	4810.0
	壁厚/mm	11.99	10.36/12.65	9.19/6.35	6.45
	钢号	P110	BG110-3CR/SMI110-3CR	P110	13CR-110
	水泥	到井口	0~4610.82（第二固井阶段）4610.82~5252.94（第一固井阶段）	全长	—
	射孔井段/m	—	4805.30~5414.41	—	—
储 2	套管直径/mm	244.5	177.8	139.7	88.9
	套管下深/m	4889.88	4883.94	4883.94~5500	5006.74
	壁厚/mm	11.99	10.36	9.19	6.45
	钢号	BG-110（0~3733.78）BG-140（3733.78~4889.88）	TP-110（0~2137.34）BG-110（2137.34~4178.86）P-110（4178.86~4582.41）TP-110（4582.41~4883.94）	TP-110（4883.94~5309.51）BG-110（5309.51~5500）	BT-110
	水泥	0~3733.78 3733.78~4889.88	0~4582.41 4582.41~4883.94	4883.94~5309.51 5309.51~5500	—
	射孔井段/m	—	—	5157.0~5208	—

5.1　井口设备诊断结果

利用尺子 $L=300$mm、焊接检验尺、卡尺、放大镜、卷尺、Panametrics MG2-DL 超声波厚度计、TEMP-4 硬度计、超声波气体流量计等工具和设备对套管头、采油数和井口区套管柱等其它井口部件进行完整性检测。根据参数硬度和公称壁厚（表5），两井本体部件的金属没有发生损耗，并在给定的运行条件下为设备机身部件的允许磨损量提供足够的强度，且螺纹连接、螺柱、螺母的状况合格，未发现套管串的机械损伤和形态变化（变形、下垂等）。

表5　储1井和储2井套管头厚度检测结果

井号	部件	方位	测量厚度/mm	硬度
储1	井口区套管壁	南	11.5	168
		西	11.6	178
		北	11.2	183
		东	10.9	179
储2		南	11.7	190
		西	11.5	195
		北	11.8	198
		东	12.2	192

除储1井6号闸阀阀杆的密封性被破坏；7号闸阀法兰接头的密封性被破坏，9号和10号闸阀的可控性被破坏，11号闸阀的可控性受阻（借助工具操作）；储2井4号、12号和13号阀门可控性被破坏，4号、6号闸阀密封性被破坏外，其余接头的密封性、截止机件和闸阀的整体启闭功能操作性均得到保证。如表6所示，测得储1井B环空压力为0MPa，B环空的泄漏量为0m³/d；储2井B环空 $P_{MK}=18.8$MPa。其压力增长的特点（柱间空间压力迅速增长（在3~4h内），柱间空间压力达到初始压力）。目测和测量检测结果显示，闸阀和管头的壳体和外部均受到轻微磨损和腐蚀；两井圆井盖下没有强制排水系统，井口设备及其井口装置功能部件没有得到维护，圆井盖下的装置受到表面腐蚀，需要修复保护涂层。

表6　储1井和储2井油压、套压、B环空压力检测结果

井号	油压/MPa	套压/MPa	B环空压力/MPa
储1井	39.00	25.24	0
储2井	38.30	23.34	18.8

根据俄罗斯天然气工业股份有限公司组织标准2-2.3-139，油井井口装置和井口设备的指定使用寿命的最长延长期限为该设备说明书上的使用寿命的50%。考虑到缺乏有关设备说明书上使用年限的信息，且俄罗斯联邦制造商为类似设备规定的最长使用年限为15年，建议将两井井口设备的使用年限定为15年的50%，也就是7.5年。

5.2　地球物理测井诊断结果

1）气体动力测井仪（CKAT-K8）检测结果

如表7所示，储1井和储2井的气体动力测井仪下放深度分别为4766.4m和4813.3m，测得的压力和稳定分别为38.5MPa、75.2℃，和38.3MPa、79.9℃。根据温度测量数据，两井分别在0~1000.0m与0~900.0m之间的温度梯度发生了变化，推测是由于向油井注入气体的过程造成的（在向油井下放地球物理仪器之前立即关闭了油井）。根据气压数据，井筒内充满了湿气，密度分别为0.13~0.15 g/cm³ 和0.13~0.20g/cm³。

表7　储1井和储2井压力与温度测量结果

井号	测深/m	压力/MPa	温度/℃
储1井	4767.0	38.5	75.2
储2井	4813.3	38.3	79.9

2）中子-热中子（MNL）检测结果

如图4~图7所示，储1井在42.5m处存在环空保护液上液面，在1145.7~4765.1m的多个区域发现了明显的气体聚集区，在501.3m处发现表层套管鞋；储2井在697.8m处存在环空保护液上液面，在 23.6m，技术套管后面的水泥环存在空隙、但未被液体填充，在 999.5m 处发现表层套管鞋。

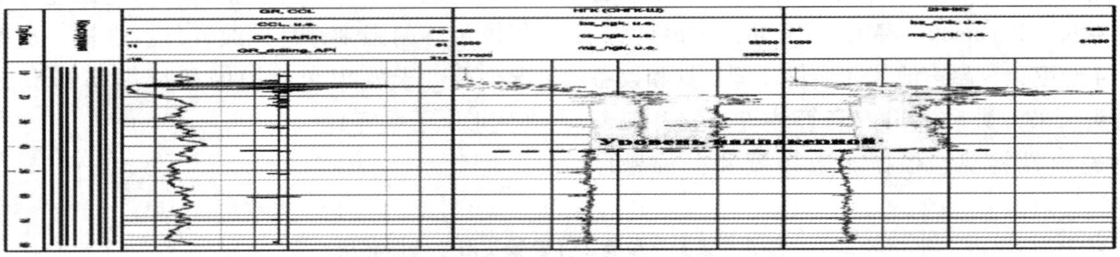

图 4　储 1 井井口的气体积聚

根据自然伽马测井和大探头中子伽马测井的数据（图 8 与图 9），与钻井数据相比，储 1 井和储 2 井分别在 4376.5～4391.8m 区间和 4745.1～4760.7m 区间的天然放射性读数有所增加。一般来说，放射和地球化学异常的现象是由于地层水填充了空间，导致放射性元素含量增加所致。

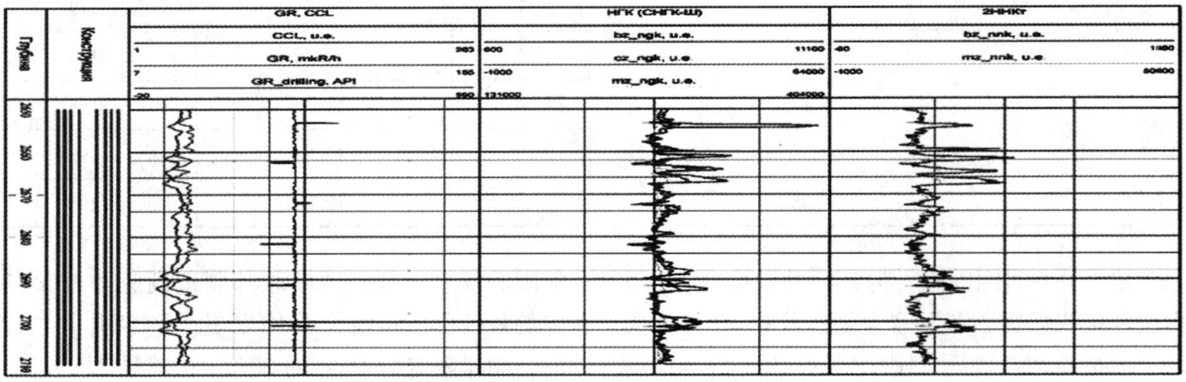

图 5　储 1 井套管外的局部气体积聚示例

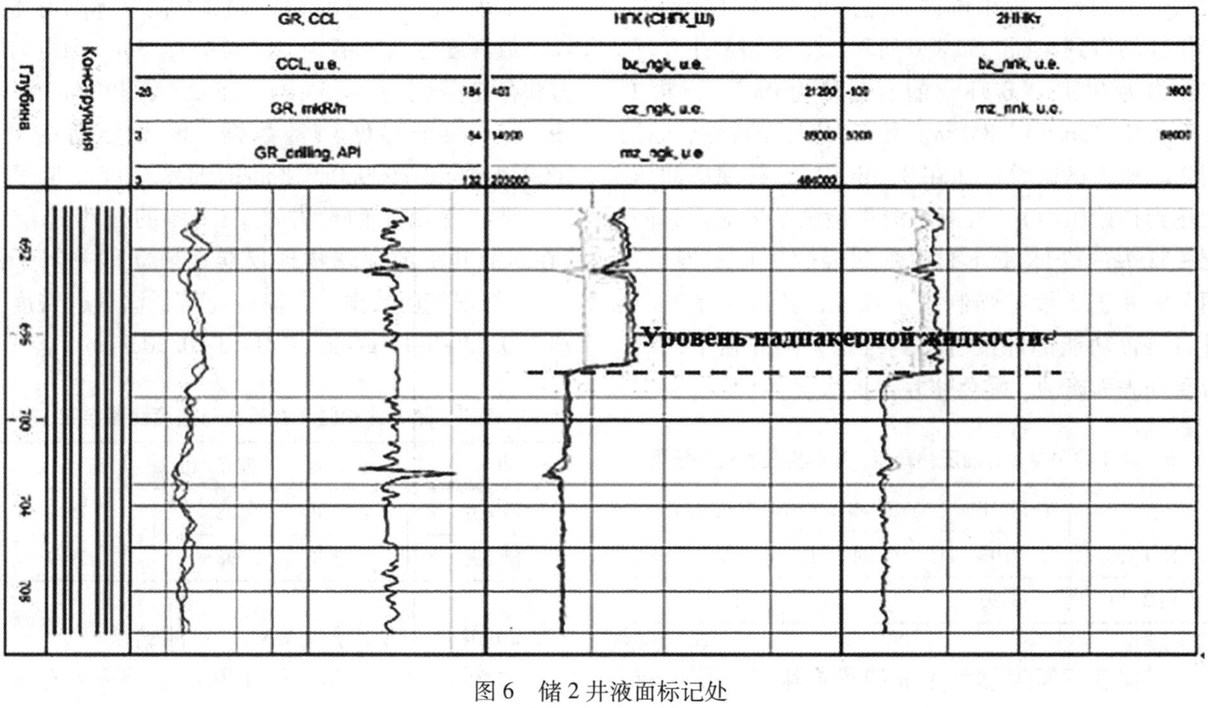

图 6　储 2 井液面标记处

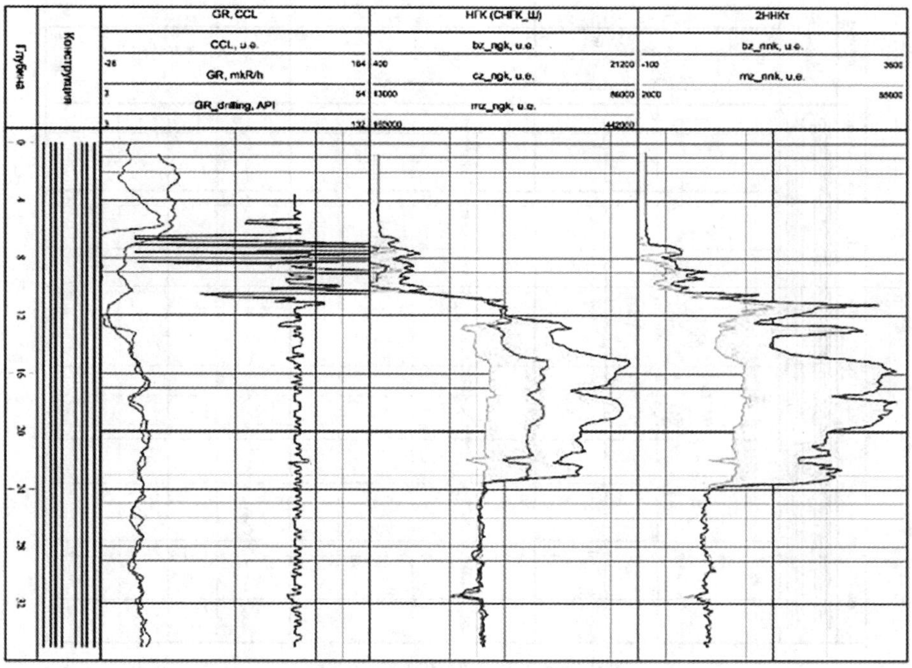

图7　储2井技术套管后面的水泥环存在空隙

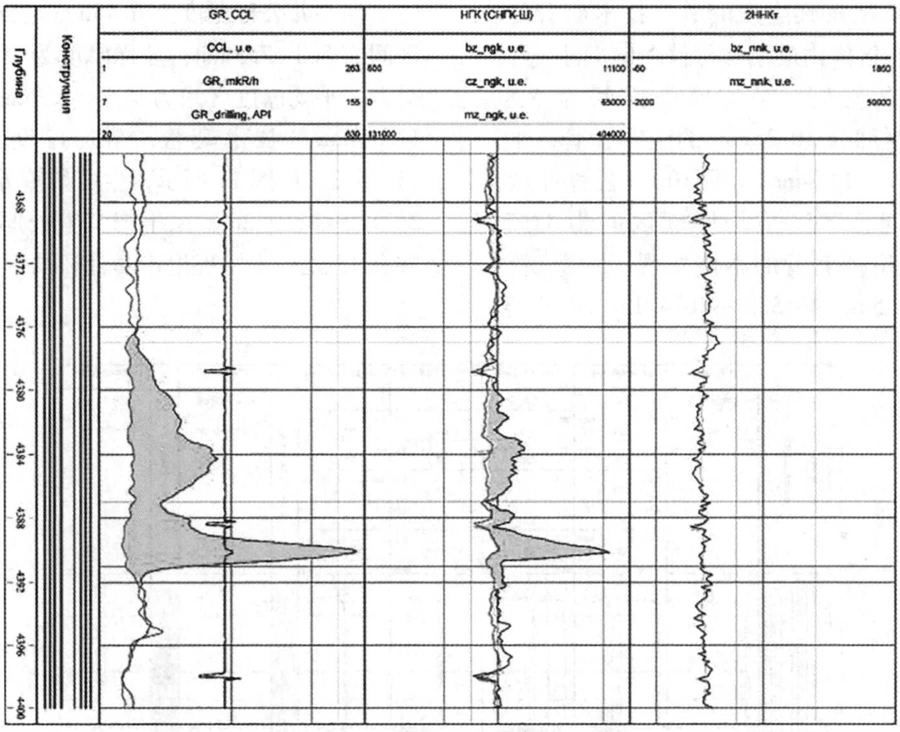

图8　储1井套管外的局部气体积聚示例

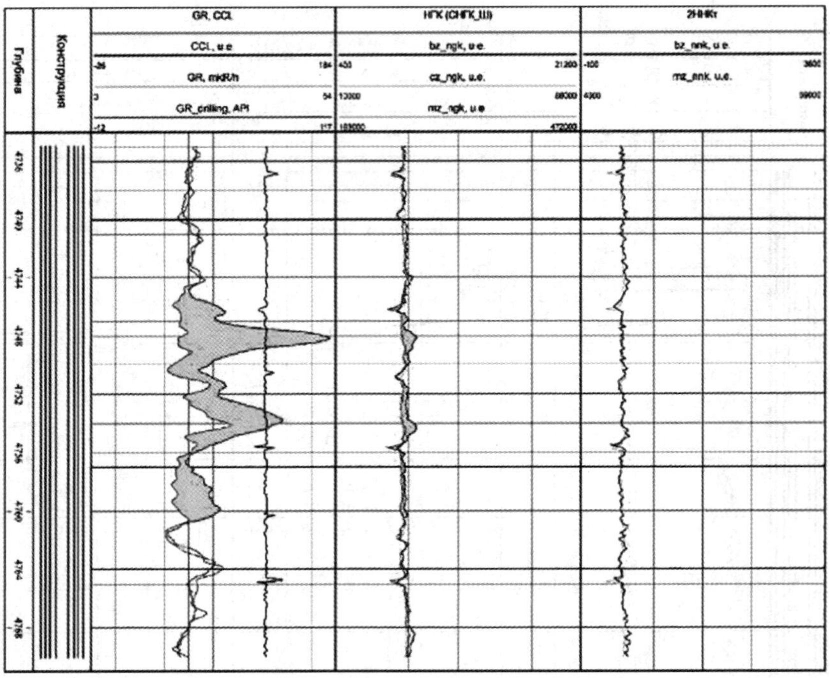

图 9 储 2 井放射和地球化学异常

3）电磁探伤（MID-S）检测结果

两井可清晰观察到生产套管、技术套管的所有接箍，与检测区间内的结构部件。储 1 井公称厚度为 6.45mm 的油管，平均厚度区间为 5.8～7.0mm；公称厚度为 10.36mm 的生产套管，平均厚度区间为 9.2～11.4mm（图 10）；公称厚度为 11.99mm 的技术套管，平均厚度区间为 11.7～13.3mm。沿着生产套管的本体发现了局部腐蚀，在 120.9～133.5m、4615.9～4624.1m、4719.5～4765.8m 等区域最为明显。

储 2 井公称厚度为 6.45mm 的油管，平均厚度区间为 5.3～7.5mm；公称厚度为 10.36mm 的生产套管，平均厚度区间为 9.6～11.7mm；公称厚度为 11.99mm 的技术套管，平均厚度区间为 11.3～13.7mm。如图 11 所示，生产节箍处厚度减少。从 2421.2～4719.2m，在生产节箍处厚度减少的区域共有 13 处，未发现生产套管和油管有穿透和裂缝。

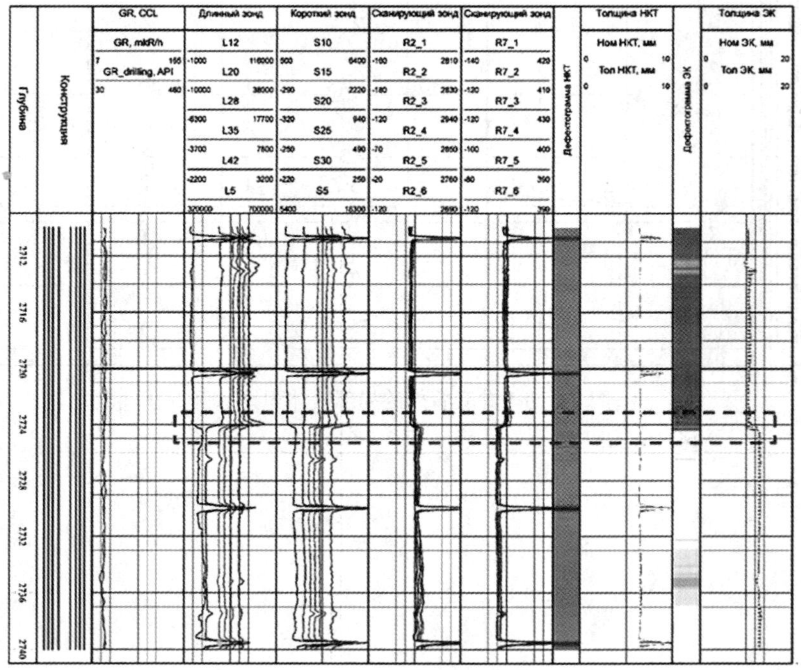

图 10 储 1 井生产套管壁厚变化

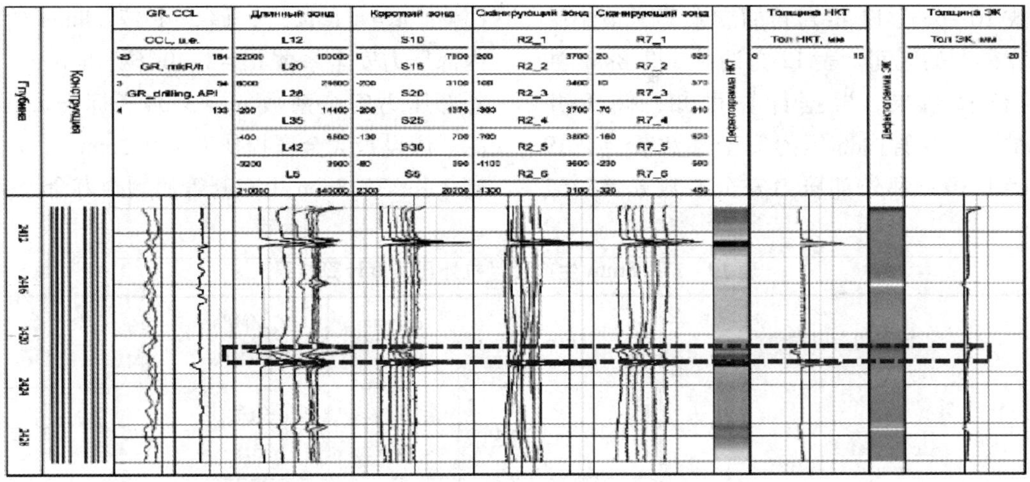

图 11　储 2 井 2421. 2～2421. 6m 油管节箍附近厚度减少

4）宽能域中子伽马能谱（SGNR）检测结果

考虑到管柱厚度，根据近区相对于远区的 CCFET 数据确定的密度降低以及中子伽马值的变化（水泥的存在导致它的降低）确定水泥是否缺失。依照表 8 所示的环空水泥填充率评价标准对环空水泥填充情况进行判断，储 1 井的生产套管外水泥状态评价为水泥填充充分占 53. 96%，不充分占 45. 94%；技术套管外水泥状况为水泥填充充分占 36. 65%，不充分占 46. 76%，自由套管占比 16. 39%。储 2 井的生产套管外水泥状态评价为水泥填充充分占 51. 74%，不充分占 48. 08%，井下工具占 0. 18%；技术套管外水泥状况为水泥填充充分占 50. 71%，不充分占 49. 12%，自由套管占比 16. 39%%。

表 8　环空水泥状态评价标准

水泥充填	水泥/%
填充充分	100～95
填充不充分	95～35
缺失	35～0

5. 3　生产套管剩余强度和剩余寿命评估结果

根据公式 1～公式 6 对两井的生产套管抗内压能力进行评估计算，结果如表 9 所示。根据容许抗内压强度值 $P'_{вн}$ 来分别确定储 1 井与储 2 井油套管的安全操作条件[$P'_{вн}$]为 40. 0MPa 和 45. 0MPa。

表 9　177. 8mm 生产套管抗内压强度计算结果

井号	出现的金属损伤	L/m ±zem	$\delta_н$/mm $\delta_ф$/mm	K_2	P_T/MPa P_T'/MPa	$P_{ВИ}$/ MPa	n_2	$n_{2н}$
储 1 井	总金属损伤量为 0. 8±0. 7mm	23. 5～31. 0 +zem	10. 36 8. 0	0. 62	77. 4 48. 0	37. 0	1. 29	1. 10
		89. 0～94. 0 +zem	10. 36 7. 7	0. 57	77. 4 44. 1	37. 0	1. 19	
储 2 井		61. 4～71. 9 +zem	10. 36 8. 3	0. 67	77. 4 51. 84	37. 0	1. 40	1. 10
		985. 6～996. 6 +zem	10. 36 8. 1	0. 64	77. 4 49. 5	27. 0	1. 83	

注：1. L～套管强度的限制区间±zem～在 L 区间内存在（+）或没有（～）水泥环。
2. n_{2H}～内压规范安全系数是根据《油气井套管计算手册》来确定的。

根据公式 7～公式 9 对两井的生产套管抗内压能力进行评估计算，结果如表 10 所示。根据容许抗内压强度值 $P'_н$ 来分别确定储 1 井与储 2 井油套管的安全操作条件[P'_H]为 40. 0MPa 和 45. 0MPa。

按公式10~公式14将套管的剩余寿命最小区间作为计算得到的区间。表12是两井177.8mm油层套管的计算结果。根据计算可知，储1井177.8mm的生产套管内部压力安全系数 $n_2=1.19$（标准 $n_{2H}=1.10$）和外部压力安全系数 $n_1=3.62$（标准 $n_{2H}=1.125$）；储2井177.8mm的生产套管内部压力安全系数 $n_2=1.40$（标准 $n_{2H}=1.10$）和外部压力安全系数 $n_1=3.34$（标准 $n_{2H}=1.125$）的。假设最大金属损伤率为0.1mm/a，则储1井与储2井177.8mm生产套管的剩余寿命为10年。

表10　177.8mm生产套管抗外压强度计算结果

井号	出现的金属损伤	L/m	$\delta_н$/mm $\delta_ф$/mm	$P_{кр}$/MPa $P_{кр}'$/MPa	$P_{НИ}$/MPa	n_1	$n_{1н}$
储1井	总金属损伤量为0.8±0.7mm	4624.0~4635.0	10.36 8.6	58.7 35.5	9.8	3.62	1.125
储2井		4204.3~4215.2	10.36 8.6	58.7 35.5	5.6	5.85	1.125
		4761.8~4772.6	10.36 8.8	58.7 37.4	11.2	3.34	

注：1. L~套管强度的限制区间

2. n_{1H}~外压规范安全系数是根据《油气井套管计算手册》来确定的。

表11　生产套管剩余寿命计算表

井号	套管直径/公称壁厚/（mm/强度组别）	计算区间 L/m	运行寿命/年	管柱金属损伤 Δδ/mm	金属损伤率 V/（mm/a）	u'/mm	T^3_{ocm}/年
储1井	177.8/11.51/TP~95 TS BG~95 S	23.5~31.0	13	2.4	0.1*	1.0	10
		89.0~94.0		2.7	0.1*	1.0	10
		4624.0~4635.0		1.8	0.1*	4.2	42
储2井	177.8/10.36/BG-110	61.4~71.9	13	2.1	0.1*	1.0	10
		985.6~996.6		2.4	0.1*	1.0	19
	177.8/10.36/P-110	4204.3~4215.2		2.7	0.1*	1.0	44
	177.8/10.36/TP-110	4761.8~4772.6		1.8	0.1*	4.2	40

*可接受的管柱最大金属损伤率

5.4 建议

根据技术诊断结果，建议采取以下措施，以提高油井后续运行期间的工业安全：

（1）编制油井套管内压力操作手册和检测油井数据的附有进度表的工作计划。根据制定的计划，对套管内空间的状况进行系统检测：①检查油井的井口区域；②记录油井、套管内压力、套管外和管道压力的当前状态；③检测套管内流体特性以及套管外和套管内是否存在硫化氢；④如果发现套管外流体溢流或套管内压力和气体流量超过允许值（套管内气体流量，气相不超过1000m³/d，液相不超过1m³/d，该井的套管内压力不超过 $P_{кр}=9$MPa），该井应进行大修理；⑤不允许使用套管内压力接近极限的油井。

（2）需确保所有的阀门处于良好的工作状态。制定检查闸阀密封性的计划。按照制定的计划对闸阀进行密封性检查，但每六个月不少于一次。

（3）通过在油井说明书/表格中进行适当记录，确保井口及其部件的可追溯性。

（4）保障对井口及其部件进行定期诊断和持续维护的通道。设备维护应包括：定期向工艺孔内注入润滑剂，因为随着橡胶老化，密封件的磨损应通过注入密封脂来补偿；通过无损诊断、性能检查和其他工作进行控制。为防止腐蚀，建议在井口处涂刷经认证的绝缘防腐漆，例如在井口装置上涂抹。建议在油井表面安装一个格子状的坚固铁甲板，以确保工业安全，并在油井积水时将水强行抽出。

对于储1井还应：

（1）按标准控制上封隔液的液位和套管外压力值。根据现行法规和技术文件，检测套管内和套管外可能出现的气体（积聚间隙和气体溢流），防止气体逸出到地面和迁移到上覆地层；

（2）恢复6号闸阀阀杆的密封性；恢复7号闸阀法兰接头的密封性；恢复9号、10号和11号闸阀的可控性。

对于储2井则建议：

（1）对生产套管和井口设备进行压力测试，计算压力为最大压力的1.21倍。如果生产套管的密封性出现损坏，应对油井进行基本的维修；

（2）井口设备及其工作部件（包括截止阀）位于地面以下的井口。考虑到井口设备结构中有用于向闸阀和套管密封组件“套管头-套管柱”注入密封润滑剂的注入阀，井口设备必须随时可用；

（3）恢复4号、6号闸阀的密封性；恢复4号、12号、13号闸阀的可控性。

6　结论

（1）井筒完整性检测与评价技术体系在塔里木油田储气库井中的应用表明，通过综合井口设备诊断、地球物理多元探伤以及生产套管剩余强度和剩余寿命评估，能够全面准确地评估井筒的完整性状态。该技术体系不仅提高了检测效率，还降低了作业成本，为储气库井的安全稳定运行提供了有力保障。

（2）综合气体动力测井仪（CKAT-K8）和套损-固井诊断-储层评价综合测井仪（CCFET）的地球物理多元探伤技术，在实现对井筒管柱损伤、固井质量及储层评价的综合检测的同时，还具有操作流程简单、周期短、综合成本和风险低等优势，为井筒完整性管理提供了重要的技术支持。

（3）根据对塔里木油田两口储气库井井筒完整性的评测结果，提出了包括编制油井套管内压力操作手册、确保阀门处于良好工作状态、保障井口及其部件的可追溯性和定期维护等针对性建议措施。这些建议的实施将有助于提高储气库井井筒的使用寿命，为储气库安全稳定运行创造基本条件。

参　考　文　献

［1］陈立雄．套损-固井诊断-储层评价综合测井仪 在储气库井监测中的应用［M］．测井技术，2022，10.

［2］张波．深层气井生产管柱完整性检测技术 总结及评价［J］．油气勘探与开发，2020，04，08.

［3］张波．深层油气井井筒完整性检测方法［J］．石油钻探技术，2011，09.

［4］魏东吼．地下储气库完整性管理体系及相关技术应用研究［J］．前瞻与综述，2015，02.

［5］池明．电磁探伤与多臂井径测井在呼图壁储气库注采井的应用［J］．新疆石油科技，2018，04，028.

某地下储气库管柱安全评价与剩余寿命分析

李宏杰 施金伶 孙晓华 刘晓传 陈 铎

（中国石油大港油田公司天津储气库分公司）

摘 要 针对储气库注采井管柱安全服役问题，基于相关标准要求和井下实测管柱内径与壁厚，本文对某储气库注采井进行了剩余强度安全评价和剩余寿命分析。在抗内压、抗挤及抗拉伸与抗压缩强度的安全评价过程中，考虑了各种极限工况载荷及实际运行工况参数，并对环空压力参数进行调整反复计算，为该储气库的安全运行建立控制参数范围。本文内容不仅为该储气库安全运行提出了建议，也为其他储气库安全评价提供了示例借鉴。

关键词 地下储气库；注采井；管柱；安全评价；剩余寿命

Safety Evaluation and Remaining Life Analysis of Pipeline Columns in an Underground Gas Storage

LI Hongjie, SHI Jinling, SUN Xiaohua, LIU Xiaochuan, CHEN Duo

(PetmChina Dagang Oilfeld Company Tianjin GasStorage Bmnch)

Abstract: In response to the safety service issues of the injection and production well string in a gas storage facility, based on relevant standard requirements and underground measured inner diameter and wall thickness of the string, this paper conducted a residual strength safety evaluation and residual life analysis of a certain gas storage injection and production well. In the safety evaluation process of internal pressure resistance, extrusion resistance, tensile and compressive strength, various extreme working condition loads and actual operating condition parameters were considered, and the annular pressure parameters were adjusted and repeatedly calculated to establish a control parameter range for the safe operation of the gas storage facility. This article not only provides suggestions for the safe operation of the gas storage facility, but also provides examples and references for the safety evaluation of other gas storage facilities.

Key words: underground gas storage, injection and production wells, pipe columns, safety evaluation, remaining life

由于经济发展及环保要求逐渐提高，工业生产和居民生活对诸如天然气的绿色能源需求迅速增加。天然气在冬季和夏季的消耗差别很大，在生产源头对天然气产量进行调节，代价太大，为此，我国进行了天然气储气库的大规模建设，不仅起到了冬季和夏季的调峰作用，同时也完成了天然气资源的战略储备。地下储气库注气与采气均在高压高速高产状态进行，一般使用设计寿命在30年以上，每年一次的强注强采不仅改变管柱内温度场和应力场，也对管柱产生强烈的冲刷。尤其是在采气过程中，地层内的沙子及腐蚀介质被天然气挟裹，注采管柱可能会出现冲蚀及腐蚀损伤，需定期进行检测与评价，明确安全检测周期最长为10年。安全检测周期内，注采管柱和生产套管应进行至少一次检测与评价。如果腐蚀严重，应结合检测计算结果，合理制定检测周期，但不应超过10年。储气库注采管柱检测与安全评价已有较多研究和案例，对储气库注采管柱的载荷与剩余强度计算均有成熟方法，难点在于注采管柱服役工况的选择。不同工况下，注采管柱承受的主要载荷类型不同。

本文以某储气库注采井管柱为例，讨论了储气库井管柱剩余强度安全系数计算的工况选择和剩余寿命评估方法，对3口储气库注采井多臂井径仪和电磁探伤检测数据、剩余强度与剩余寿命进行了分析，最后提出了建议。本文内容为储气库管柱安全评价提供了参考。

1 技术思路

1.1 注采井概况

该储气库地处中原地带，井深3000m左右，封隔器2800m左右，以定向井为主，套管外水泥浆均上返到地面。油管和生产套管规格、性能参数见表1、表2，典型完井管柱结构如图1所示。储气库运行控制参数见表3，3口井油压、A环空压力和B环空压力见表4。如实测井口环空压力小于5MPa，考虑到温度变化影响，计算时最大取5MPa进行强度校核。

由于封隔器下油管内外压平衡且处于自由悬挂状态，计算管柱井段为井口到封隔器位置。参照ISO/TR 10400：2018对管柱的剩余抗内压强度进行计算，计算用参数包括：油管和套管材料的规定最小屈服强度，实测壁厚，外径（油管为实测内径加上实测壁厚，套管为API SPEC 5CT规定最大外径）。

表1 生产套管规格性能表

钢级	扣型	外径/mm	壁厚/mm	内径/mm	抗内压强度/MPa	抗挤强度/MPa	抗拉强度/kN
P110	BGT2	177.80	10.36	121.36	77	60.9	2070
BG13Cr-110S	BGT2	177.80	10.36	121.36	76	60.9	2070

表2 油管规格性能表

钢级	扣型	接头抗压缩效率	外径/mm	壁厚/mm	内径/mm	抗内压强度/MPa	抗挤强度/MPa	抗拉强度/kN
BG13Cr-110S	BGT2	60%	88.90	6.45	76.00	96.3	93.3	1267

表3 储气库注采井控制参数

井口控制最大油压/MPa	井口控制最小油压/MPa	最大注气量/（$10^4m^3/d$）			环空保护液密度/（g/cm^3）	环空保护液密度/（g/cm^3）	天然气相对密度
		1#井	2#井	3#井			
34.5	9.0	87	49	40	1.03	1.05	0.59

表4 井口实测压力

井号	井口实测最大油压/MPa	A环空最大压力/MPa	B环空最大压力/MPa	实际最大注气量/（$10^4m^3/d$）	保护液液面控制深度/m
1#	31.72	3.82	0	70.1	40
2#	32.21	26.89	9.96	48.8	1996
3#	32.04	28.46	16.67	40.23	1440

1.2 几何尺寸分析

基于储气库井的井下多臂井径仪和电磁探伤检测数据，对井下实测油管内径、油管与套管截面平均壁厚进行了统计，实测数据见表5。从油套管实测壁厚看，井下环境存在腐蚀或冲蚀效应。实测椭圆度较大（图2），且沿井筒分布不均匀。综合分析油管实测内径与壁厚，估计油管内表面有泥垢或油垢导致较大椭圆度。

表 5　实测几何尺寸极限值　　mm

井号	油管实测最小壁厚	套管实测最小壁厚	油管实测最小椭圆度	油管实测最大椭圆度
1#	4.97	8.32	0.603	3.833
2#	5.53	8.63	0.309	3.985
3#	5.95	9.68	0.731	3.807
API SPEC 5CT 要求	≥5.644	≥9.065	—	—

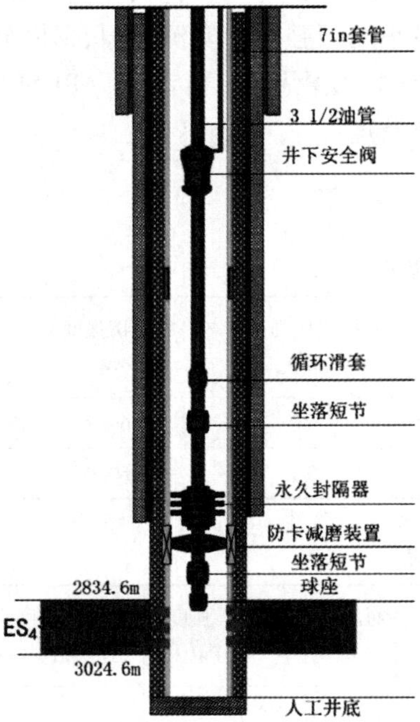

图 1　典型完井结构图示

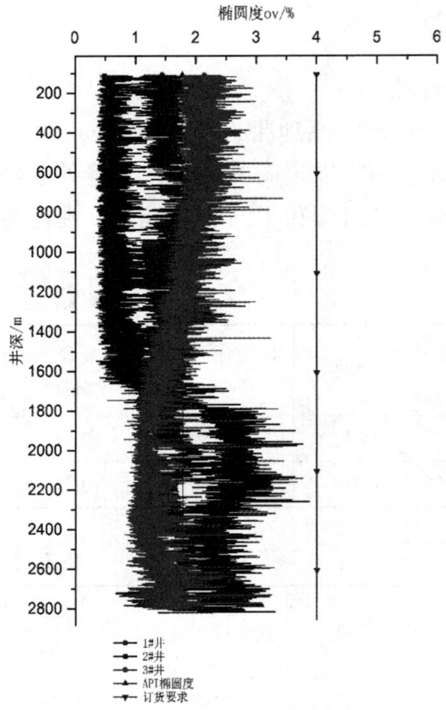

图 2　油管外径椭圆度分布

1.3　抗内压强度校核

对套管的内压载荷计算，考虑了油管与套管之间压力串通及管外全掏空的极限情况。对油管的内压载荷计算考虑管外全掏空极限情况及实测动液面深度。套管与油管载荷计算工况及对应最小安全系数分别见表 6、表 7。按《SY/T 5724—2008 套管柱结构与强度设计》，套管的抗内压安全系数最小为 1.10。按《SY/T 7370—2017 地下储气库注采管柱选用与设计推荐做法》，油管的抗内压安全系数最小为 1.15。

计算结果显示，3 口井管柱的抗内压强度安全系数均满足标准要求。由于环空内动液面较深，在 A 环空压力未释放前对 B 环空泄压，2#井和 3#井生产套管的抗内压安全系数已接近规定最小值，管柱失效风险快速增加。

表 6　套管内压载荷计算参数及对应最小安全系数

工况		1#井	2#井	3#井
工况 1	管外流体	全掏空	全掏空	全掏空
	管外压力/MPa	0	0	0
	管内流体	天然气	天然气	天然气
	管内压力/MPa	34.5	34.5	34.5
	最小安全系数	1.391	1.402	1.639

续表

工况		1#井	2#井	3#井
工况 2	管外流体	全掏空	全掏空	全掏空
	管外压力/MPa	0	0	0
	管内流体	环空保护液	环空保护液	环空保护液
	管内压力/MPa	5（实测 3.8）	26.89（实测）	28.46（实测）
	最小安全系数	1.989	1.109	1.299
工况 3	管外流体	地层水	地层水	地层水
	管外压力/MPa	0	9.96	16.67
	管内流体	动液面 40m	动液面 1966m	动液面 1440m
	管内压力/MPa	5（实测 3.8）	26.89（实测）	28.46（实测）
	最小安全系数	12.533	2.279	2.414
SY/T 5724—2008 要求安全系数		≥1.10		

表 7　油管内压载荷计算参数及对应最小安全系数

工况		1#井	2#井	3#井
工况 1	管外流体	全掏空	全掏空	全掏空
	管外压力/MPa	0	0	0
	管内流体	天然气	天然气	天然气
	管内压力/MPa	34.5	34.5	34.5
	最小安全系数	1.591	1.676	1.778
工况 2	管外流体	动液面 1000m	动液面 1966m	动液面 1440m
	管外压力/MPa	0	0	0
	管内流体	天然气	天然气	天然气
	管内压力/MPa	34.5	34.5	34.5
	最小安全系数	1.994	1.883	2.171
SY/T 7370—2017 要求安全系数		≥1.15		

1.4　抗挤强度校核

对套管的外压载荷计算，考虑了油管与套管之间压力串通及管内全掏空及实测动液面等情况。对油管的外压载荷计算考虑管外最大环空压力及实测动液面深度和管内充满天然气的情况。套管与油管载荷计算工况及对应最小安全系数分别见表 8、表 9。按《SY/T 5724—2008 套管柱结构与强度设计》，套管的抗挤安全系数最小为 1.10。按《SY/T 7370—2017 地下储气库注采管柱选用与设计推荐做法》，油管的抗挤安全系数最小为 1.10。

计算结果显示，3 口井管柱的抗挤强度安全系数均满足标准要求。对 2#井，B 环空压力未释放前，A 环空内井口压力不得低于 5MPa，否则可能导致生产套管发生挤扁。

表8 套管外压载荷计算参数及对应最小安全系数

工况		1#井	2#井	3#井
工况1	管外流体	地层水	地层水	地层水
	管外压力/MPa	0	0	0
	管内流体	全掏空	全掏空	全掏空
	管内压力/MPa	0	0	0
	最小安全系数	1.267	1.138	1.437
工况2	管外流体	地层水	地层水	地层水
	管外压力/MPa	5	9.96	16.67
	管内流体	天然气	天然气	天然气
	管内压力/MPa	9	9	9
	最小安全系数	1.984	1.154	1.403
工况3	管外流体	残留水泥浆	残留水泥浆	残留水泥浆
	管外压力/MPa	5	9.96	16.67
	管内流体	动液面1000m	动液面1966m	动液面1440m
	管内压力/MPa	0	5	5/0
	最小安全系数	3.793	1.137	1.496/1.238
SY/T 5724—2008要求安全系数		≥1.10		

表9 油管外压载荷计算参数及对应最小安全系数

工况		1#井	2#井	3#井
工况1	管外流体	环空保护液	环空保护液	环空保护液
	管外压力/MPa	0	0	0
	管内流体	天然气	天然气	天然气
	管内压力/MPa	9	9	9
	最小安全系数	3.412	3.983	4.268
工况2	管外流体	动液面40m	动液面1966m	动液面1440m
	管外压力/MPa	3.82	5	5
	管内流体	天然气	天然气	天然气
	管内压力/MPa	9	9	9
	最小安全系数	2.704	2.992	3.291
工况3	管外流体	动液面40m	动液面1966m	动液面1440m
	管外压力/MPa	5	26.89（实测）	28.46（实测）
	管内流体	天然气	天然气	天然气
	管内压力/MPa	9	9	9
	最小安全系数	3.798	1.443	1.486
SY/T 7370—2017要求安全系数		≥1.10		

1.5 抗拉强度校核

对套管的轴向载荷计算，考虑了管柱自重、局部弯曲、内压、外压和温度效应。对油管轴向载荷计算，考虑了管柱自重、局部弯曲、内压、外压、注气与采气时的摩阻及温度效应。套管与油管载荷计算工况及对应最小安全系数分别见表10、表11。按《SY/T 5724—2008 套管柱结构与强度设计》，套管的拉安全系数最小为 1.60。按《SY/T 7370—2017 地下储气库注采管柱选用与设计推荐做法》，油管的抗拉/抗压缩安全系数最小为 1.30。在计算油管的抗压缩安全系数时，应考虑连接螺纹的抗压缩效率，本储气库选用的螺纹抗压缩效率为 60%。

计算结果显示，3 口井管柱的抗拉伸/抗压缩安全系数均满足标准要求。

表 10　套管轴向载荷计算参数及对应最小安全系数

工况		1#井	2#井	3#井
工况 1	最小安全系数	3.179	3.053	3.092
工况 2	管外流体	地层水	地层水	地层水
	管外压力/MPa	5	9.96	16.67
	管内流体	天然气	天然气	天然气
	管内压力/MPa	9	9	9
	最小安全系数	2.842	2.627	2.651
工况 3	管外流体	地层水	地层水	地层水
	管外压力/MPa	5	9.96	16.67
	管内流体	动液面 40m	动液面 1966m	动液面 1440m
	管内压力/MPa	5.0	5.0	9.0
	最小安全系数	4.329	2.751	4.393
SY/T 5724—2008 要求安全系数		≥1.60		

表 11　油管轴向载荷计算参数及对应最小安全系数

工况		1#井	2#井	3#井
工况 1	最小安全系数	3.271	2.994	3.118
工况 2	管外流体	动液面 40m	动液面 1966m	动液面 1440m
	管外压力/MPa	0	0	0
	管内流体	天然气	天然气	天然气
	管内压力/MPa	34.5	34.5	34.5
	最小安全系数	2.828	2.113	2.234
工况 3	管外流体	动液面 40m	动液面 1966m	动液面 1440m
	管外压力/MPa	5	26.89（实测）	28.46（实测）
	管内流体	天然气	天然气	天然气
	管内压力/MPa	9	9	9
	最小安全系数（抗拉伸/抗压缩）	4.671/4.542	6.087/5.759	3.832/3.652
SY/T 7370—2017 要求安全系数		≥1.30		

2　应用效果

对储气库注采井来说，设计寿命一般在 30 年以上，根据标准 SY/T 7633-2021，最长 10 年内应进行一次管柱变形与壁厚状态的检测，并进行剩余寿命计算，要求安全检测周期不大超过剩余寿命。管柱剩余寿命 T 为：

$$T = \frac{t_{实测} - t_{临界}}{s_{腐蚀}}$$

上式中：

$s_{腐蚀}$：腐蚀速率，$s_{腐蚀} = \frac{t_0 - t_{实测}}{y_{服役年限}}$；

t_0：基础壁厚（上一次检测壁厚或名义壁厚）；

$t_{实测}$：本次实测壁厚；

$t_{临界}$：临界壁厚，$t_{临界} = \frac{p_i D}{k\sigma_y}$；

$y_{服役年限}$：管柱完井后的年限；

k：计算系数，油管取值 2.1175，套管取值 2.2137。

由于这 3 口井此前未进行过壁厚检测，因此本次计算壁厚减薄量的基础壁厚采用名义壁厚，所以年腐蚀速率为近似值。按套管柱正常运行时工况（套管内有环空保护液，管外地层水密度），计算套管柱不同井深位置处剩余寿命。按油管柱正常运行工况（管内充满天然气且井口为最大允许压力 34.5MPa，油管外有环空保护液且考虑实测动液面深度），计算油管柱不同井深位置的剩余寿命。最小剩余寿命和安全检测周期计算结果见表 12。

计算结果显示，1#井与 2#井的油管实测最小壁厚已不能满足 10 年安全检测周期要求，需要提前制定管柱的检测计划，避免发生安全事故。如将 1#井的 A 环空压力维持在 3.82MPa（实测最大值），则其计算剩余寿命达到 8 年。如将 2#井的 A 环空压力维持在 12MPa（实测最大值 26.89MPa）以上，则其计算剩余寿命可达到 10 年。

但是，上述剩余寿命的计算未考虑管柱材料的疲劳性能，已有试验和相关研究证明，储气库在强注强采的循环作业下，管柱内承受了较大的疲劳载荷作用，材料强度逐渐降低，应给予重视。

表 12　管柱的计算最小安全检测周期

管柱		井口内压/外压/MPa	A 环空动液面/m	实测壁厚/mm	临界壁厚/mm	年腐蚀速率/（mm/a）	剩余寿命/a	SY/T 7633 安全检测周期
1#井	套管柱	5/0	—	8.317	0.975	0.3632	17.46	10
	油管柱	34.5/0	44	4.970	2.521	0.3960	5.67	5.5
	油管柱	34.5/3.82	44	4.970	1.304	0.3960	7.99	8
2#井	套管柱	26.89/0	—	6.457	2.74	0.3056	16.59	10
	油管柱	34.5/0	1966	5.581	2.66	0.2738	7.99	8.0
	油管柱	34.5/12.0	1966	5.581	2.66	0.2738	10.25	10
3#井	套管柱	28.46/0	—	9.677	6.6067	0.2366	10.86	10
	油管柱	34.5/0	1440	5.975	3.115	0.195	12.10	10

3　结论

（1）本次进行安全评价的 3 口储气库注采井的管柱的抗内压强度、抗挤强度与抗拉强度均可满足目前工况下安全运行要求；

（2）由于实测壁厚较小，计算腐蚀速率较大，1#井与 2#井油管管柱剩余寿命均未达到 10 年。建议对 1#井和 2#井加强环空压力及动液面深度的监控，避免环空保护液漏失，保持一定环空压力，可适当延长油管柱安全服役寿命；

（3）2#井和 3#井的 A、B 环空压力均较高，且 A 环空内动液面较深，生产运行过程中，应保持 A、B 环空压力变化协调性，避免生产套管发生失效；

（4）建议提高井下管柱内径与壁厚的检测准确度，建立运行储气库管柱参数数据库，引入循环变化载荷作用下的管柱材料疲劳参数，进一步提高管柱剩余寿命计算精度。

参 考 文 献

[1] 国家能源局．储气库井套管柱安全评价方法，SY/T 7633－2021 [S]．北京：石油工业出版社，2021：11.

[2] 齐行涛．地下储气库老井评价方法 [J]．化学工程与装备，2020，(03)：128-130.

[3] 孙富强，闫怡飞，张胜跃，闫相祯，刘毅璠．储气库注采井环空带压监测与风险分级 [J]．石油管材与仪器，2021，7 (01)：38-43.

[4] 刘伟，李东刚．喇嘛甸储气库套管柱检测技术研究 [J]．石油管材与仪器，2019，5 (05)：67-71.

[5] 贺海军．大庆喇嘛甸储气库 L 井的井筒安全评估 [J]．石油管材与仪器，2019，5 (02)：43-46.

[6] 吕晓芳．地下储气库注采管柱腐蚀风险分析及安全设计 [D]．中国石油大学（华东），2018.

[7] 杜安琪．枯竭油气藏型储气库井筒完整性研究 [D]．西南石油大学，2016.

[8] 赵新伟，李丽锋，罗金恒，等．盐穴储气库储气与注采系统完整性技术进展 [J]．油气储运，2014，33 (04)：347-353.

[9] 吴晓宁．枯竭油气藏储气库套管力学分析及安全评价 [D]．中国石油大学（华东），2013.

[10] ISO，Petroleum and natural gas industries-formula and calculation for casing，tubing，drill pipe and line pipe properties [S]．ISO 10400：2007 [S]．2018：8.

[11] 李碧曦．腐蚀与力学共同作用下储气库管柱疲劳寿命预测 [D]．重庆科技学院，2016.

M储气库注采井油套环空温度及压力分析

周春明　李宏杰　陈　铎　许　倩

（中国石油大港油田公司天津储气库分公司）

摘　要　M储气库井位于中国北方，在又关井转到注气或采气的初期，油套环空压力均逐渐升高，采气时压力升高更多，给环空压力管理带来困惑。为了解该储气库注采井的油套环空压力升高原因，本文建立了二维轴对称有限元模型，分析了注气和采气两种作业工况下不同流速时环空内的温度分布场，并以此温度场为基础，研究了不同注气和采气作业参数条件下的环空压力升高值。结果表明，注气和采气两种工况下温度场变化有较大区别，注气时井筒上部温度升高，下部降低；采气时，井筒内温度均处于升高状态，越靠近井口，压力升高越大；注气、采气的流速越大，温度变化越大，但流速到一定程度后变化趋于稳定；环空内气柱高度和原有环空压力对环空压力升高也有影响。本文研究内容为储气库环空压力管理和注采参数合理设置提供了技术支持。

关键词　储气库；注采井；环空压力；温度；环空温度

Analysis of Temperature Field and Pressure in the Annulus of An Injection and Production Well of Gas Storage Facility

ZHOU Chunming, LI Hongjie, CHEN Duo, XU Qian

(PetroChina Dagang Oilfield Company Tianjin Gas Storage Branch)

Abstract: A gas storage well is located in northern China. Its A-annular pressure gradually increases during the initial stage of gas injection or production, and during gas production, the pressure increases even more, causing confusion in the A-annular pressure management. To find the increase path of annular pressure in a gas storage well, a 2Daxial-symmetry FEA model was established in this paper The temperature distributions in the annular under different flow rates of gas injection and production was analyzed, and based on this temperature field, the increase of A-annular pressure under different gas injection and production parameters was studied. The results show that there is a significant difference in temperature change between gas injection and production. During the gas injection, the temperature in the upper part of the wellbore increases while the temperature in the lower part decreases; During gas production, the temperature inside the wellbore is constantly rising, and the closer it is to the wellhead, the greater the pressure rise; The higher the injection and production gas flow rate, the greater the temperature change, but the change tends to stabilize after the flow rate reaches a certain degree; The height of the gas column inside the annulus and the original annulus pressure also have an impact on the increase of annulus pressure. The research of this article provides technical support for the management of annular pressure and the reasonable setting of injection and production parameters in gas storage facilities.

Key words: gas storage facility, injection and production well, annular pressure, temperature

随着经济快速发展，人民生活水平提高，工业生产和居民生活对天然气能源的需求迅速增加，天然气地下储气库也开始了大规模建设。地下储气库注气与采气均在高压高速高产状态进行，某储气库自投入生产以来，已开展“八注七采”生产运行，其中一个储气库井场共有4口井，3口注采井在注采过程中出现环空异常带压（>5MPa），采气期油套环空压力最大已达12.05MPa，困扰储气库安全平稳运行。

由于环空压力对油管柱的结构完整性有较大影响，针对高温高压气井油套环空压力升高，已有很多研究，对环空压力的产生机理及压力来源、压力预测计算模型、井筒完整性影响等进行了系统的分析，注采交变载荷对储气库水泥环密封完整性的损伤也有较多研究，合理控制环空压力是必要的，为储气库管柱安全运行提供了技术支持。根据研究，油套环空压力升高原因较多，包括井筒泄漏、井筒温度场变化及井筒内压力的变化等，在储气库设计初期就考虑在内。对高温高压井来说，温度场及压力改变是影响油套环空压力的最常见原因。对环空压力升高来源进行分析预测的基础就是获得井筒温度场分布，排除井筒温度场与注采压力带来的油套环空压力变化，再判断井筒泄漏对环空压力升高的影响。因此，井筒温度与注采压力变化时油套环空压力的升高计算准确度直接影响环空压力升高原因分析结果、井筒完整性管理措施及储气库注采生产参数的调整。

对已有的井筒温度及注采压力改变导致的油套环空压力升高计算模型分析发现，计算模型温度场不符合实际，如假设井筒内均匀升高，或假定按直线分布等，导致油套环空变化计算不准确。本文以某储气库注采井为例，建立有限元分析模型，研究了不同注采参数状态下油管柱温度分布，并以此模型分析的温度场为基础，使用迭代求解方法分析计算了不同注采参数作用下油套环空压力变化，为储气库井筒完整性管理提供更准确的数据参考和决策支持。

1　储气库注采井概况

待分析的注采井概况见表1，由于封隔器以上井段井斜角较小，可按直井段计算。储气库一般从10月底开始采气，到第二年的3月底停止采气，开始注气，至当年的10月底。天然气相对密度范围为0.5648~0.6090，平均0.5916。注采井的井口油压和油套环空压力监测记录显示，采气时环空压力较注气时高。注采参数见表2。

表1　注采井概况

封隔器深度/m	油管规格			套管规格		
	外径/mm	壁厚/mm	钢级	外径/mm	壁厚/mm	钢级
2803.87	114.30	7.37	80S	177.8	9.19	110Cr13S

表2　注采参数

注气阶段最大值				采气阶段最大值			
油压/MPa	套压/MPa	温度/℃	气量/$10^4m^3/d$	油压/MPa	套压/MPa	温度/℃	气量/$10^4m^3/d$
27.99	3.40	53.0	76.62	27.20	12.05	70.00	86.55

2　温度场数值分析模型

为提高计算速度，计算模型只考虑天然气柱、油管、环空保护液、生产套管及其水泥环、地层，考虑井口装置部分影响（油管与套管伸出地面，水泥环和地层最高处为地面），不考虑技术套管和表层套管的影响，忽略较小的井斜角，按直井建立轴对称模型计算，如图1所示。各种材料的热力学参数见表3。为便于计算，做出如下假设：

①套管及外层水泥环与地层为整体刚性，忽略温度与压力变化时的变形；

②注采过程中，井口与封隔器的位置不发生变化；

③地面温度保持不变，井筒天然气热量向周围地层和空中传导；

④油管柱在井口和封隔器位置为固定约束，长度不变，其他变形都在弹性范围内；

⑤管柱内气体适用理想气体状态方程，具有可压缩性，在体积变化过程中不向外散热。

表 3 各种材料热力学参数

材质	比热 [J/（kg·K）]	导热系数 [W/（m^2·s）]	膨胀系数	备注
油管、套管	500	45	0.000012	油管内表面粗糙度 0.015mm
环空保护液	4200	0.6	0.000021	对流传热系数 5×10^5W/（m^2·℃）
水泥环	780	0.58	0.00001	—
地层	830	0.9	0.000005	—
天然气（标准状态）	2150	0.029	气体状态方程	动力黏度（动力黏度=运动黏度×密度）：$14.50\times10^{-6}m^2/s$

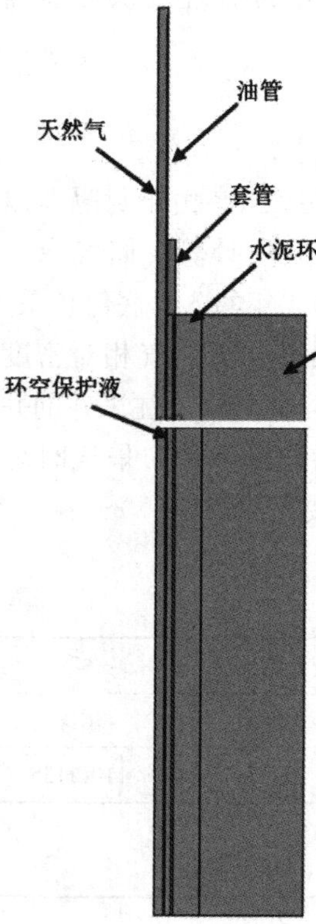

（a）几何模型

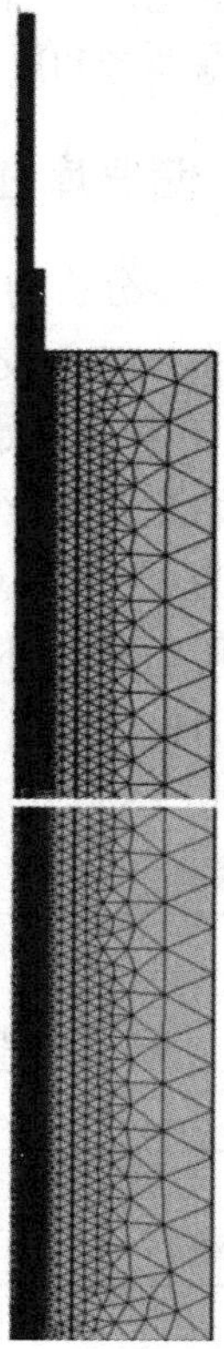

（b）单元网格

图 1 井筒几何模型与单元网格

3 注采井温度场

利用图 1 模型进行不同注采流量条件下的井筒环空内温度分布分析。地面以上露在空气中的部分边界温度为空气温度（25℃），地层边界温度按 0.032℃/m 的温度梯度设置，井底温度 105℃，计算参数见表 1、表 2（最大值）和表 3。油管柱内温度场计算结果见图 2。

从计算温度场分布可看出，注气过程中，由于天然气压缩温度升高，传热后的环空上部（约井深 800m 以上）温度比地层温度高，井深继续增加，地层温度逐渐升高，逐渐高于注入的天然气，受注入天然气低温冷却，传热后的环空温度降低，低于地层温度。采气过程中，储层温度高，采出的高温天然气将油管柱及环空保护液加热，在天然气上升过程中，环空同时受流动高温天然气和上部低温地层作用，最终温度高于地层。在注采气过程中，井筒的温度分布均为非线性，与注气温度及注采气速率直接相关。

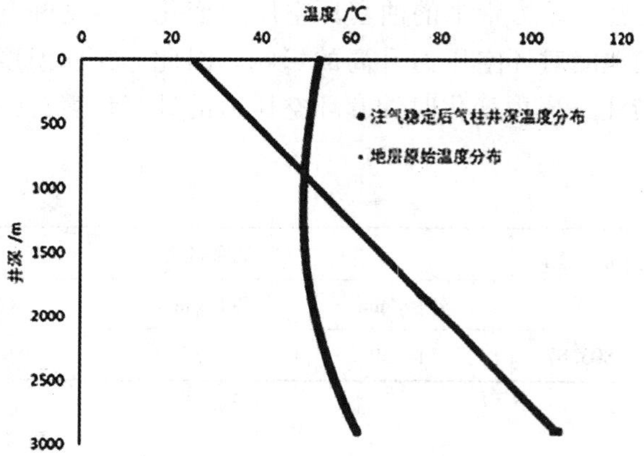

（a）注气过程

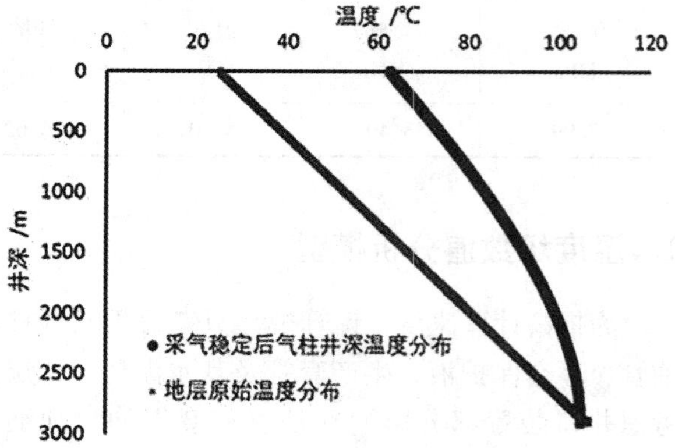

（b）采气过程

图 2 注气和采气过程中的油管柱温度场分布

随注气速率增加，开始时井底温度降低比较快，但气量增加一定数值时，温度逐渐稳定下来[图 3（a）、图 4]。采气过程也类似［图 3（b）、

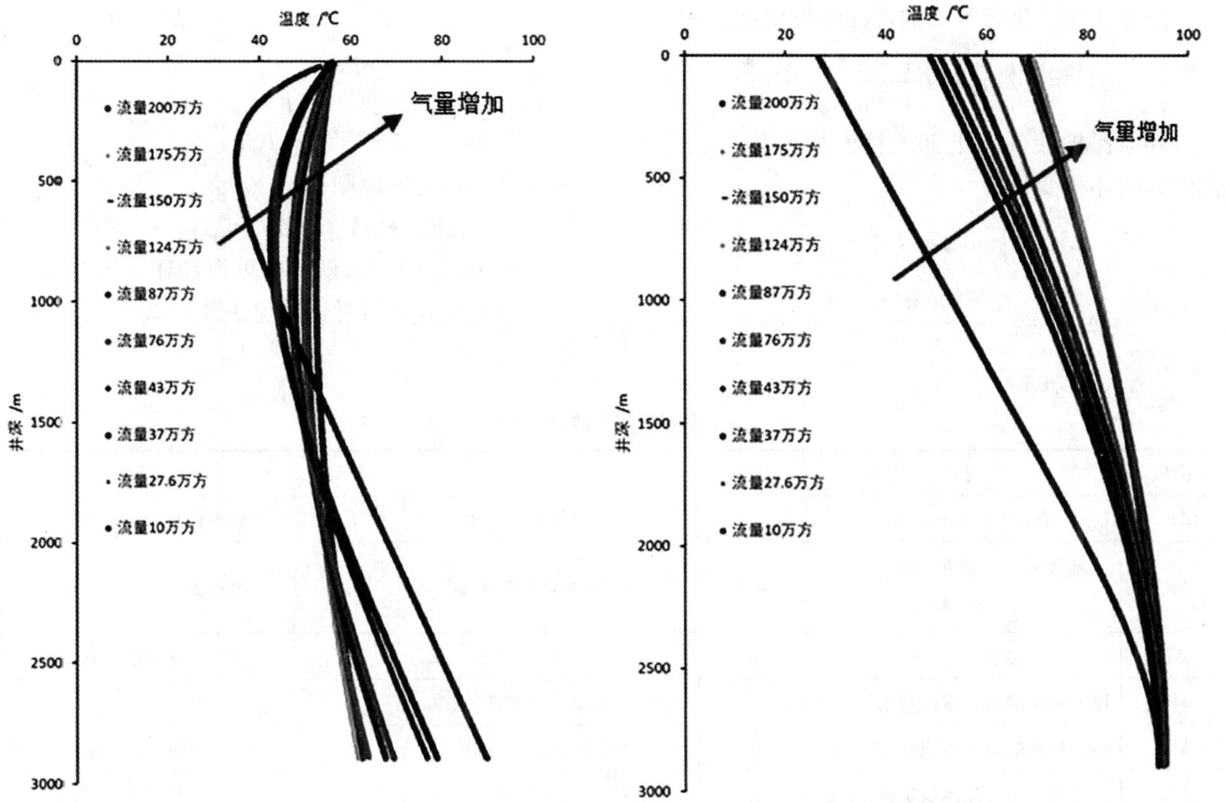

（a）注气过程　　（b）采气过程

图 3　不同注/采气速率下油套环空温度分布

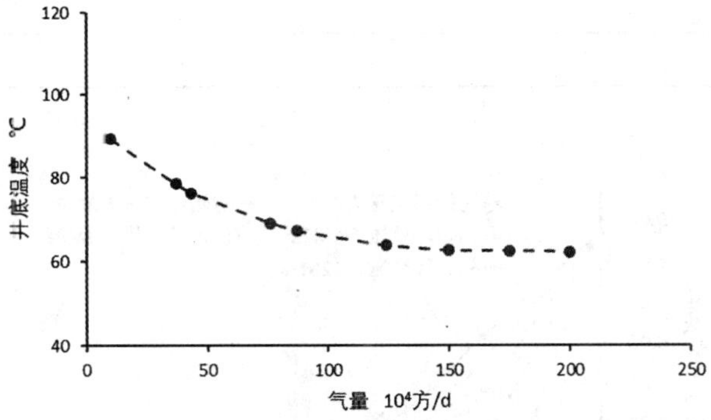

图 4　不同注气速率下封隔器位置温度变化

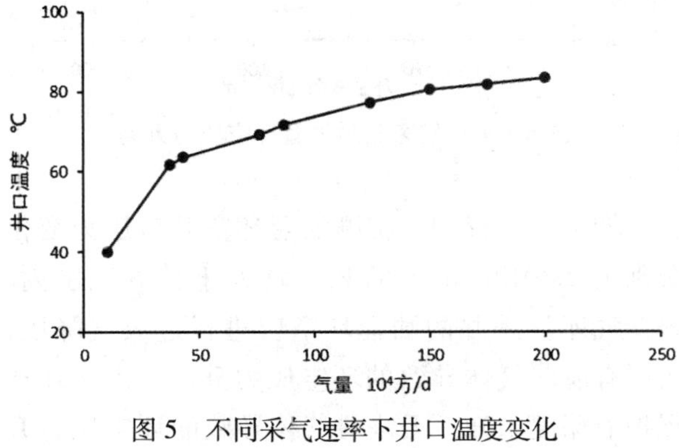

图 5　不同采气速率下井口温度变化

图 5]，采气速率增加时，开始井口温度增加较快，到一定程度后，井口温度增加也变缓，逐渐稳定下来。由于在用有限元软件模拟时，假定地面温度为 20℃不变，该计算结果反应了温度变化的趋势，但还不能直接和实测井口温度比较，井口实测温度在一天 24 小时内是逐渐变化的，且随外界气温降低而降低。

4　油套环空压力升高

针对完全密封的油套环空，不存在漏失与气侵，内部有气体和环空保护液，依据变形相容原则，以本文有限元模型计算所得温度场和实测注采参数为变量，分析油套环空压力变化。由于储气库注采井不同井深位置压力和温度不同，对井口到封隔器位置的全井段进行计算时采用积分方法。

考虑内压和外压压力变化后油管柱的体积变化：

$$\Delta V_p = \int_0^H \frac{2\pi r_2 a \Delta T}{E(r_2^2 - r_1^2)}[(1-2\mu)(r_1^2\Delta p_i - r_2^2\Delta p_o) + r_1^2(\Delta p_i - \Delta p_o)]\mathrm{d}x \tag{1}$$

温度作用变化导致的油管柱体积变化：

$$\Delta V_{\mathrm{T}} = \int_0^H 2\pi r_2 a \Delta T \frac{1+\mu}{1-\mu} \frac{r_2^2 - r_1^2}{2r_2} \mathrm{d}x \quad (2)$$

环空保护液（含上部气体）因温度与压力变化引起的体积变化：

$$\Delta V_{\mathrm{wt}} = \int_0^{l_{\mathrm{w}}} a_{\mathrm{L}} \Delta T \pi (r_3^2 - r_2^2) \mathrm{d}x \quad (3)$$

$$\Delta V_{\mathrm{wp}} = \int_o^{l_{\mathrm{w}}} \frac{-\Delta p_{\mathrm{o}} \pi (r_3^2 - r_2^2)_{\mathrm{w}}}{E_w} \mathrm{d}x \quad (4)$$

$$\Delta V_{\mathrm{g}} = \int_0^{l_{\mathrm{g}}} \frac{R\pi(r_3^2 - r_2^2)\rho}{m_{\mathrm{mol}}} \left(\frac{T_1 + \Delta T}{p_1 + \Delta p_o} - \frac{T_1}{p_1} \right) \mathrm{d}x \quad (5)$$

$$\rho = \frac{p_1 m_{\mathrm{mol}}}{T_1 R} \quad (6)$$

由变形协调原则：

$$\Delta V_{\mathrm{wp}} + \Delta V_{\mathrm{wT}} + \Delta V_{\mathrm{g}} = \Delta V_{\mathrm{T}} + \Delta V_{\mathrm{p}} \quad (7)$$

对公式（7）求解，即可得到环空压力值。以上公式中符号说明见表4。

表4　式中符号说明

符号	说明	符号	说明	符号	说明
Δp_{i}	油管内压变化，MPa	a	油管材料热膨胀率	l_{w}	环空内保护液高度，mm
Δp_{o}	油管外压（油套环空压力）变化，MPa	a_{L}	环空保护液热膨胀率	m_{mol}	气体的摩尔质量，g/mol
ΔT	温度变化，K	μ	油管材料泊松比	p_1	油套环空初始压力，MPa
ΔV_{p}	压力带来的油管体积变化，mm³	ρ	油套环空上部气体密度，g/mm³	r_1	油管内径，mm
ΔV_{T}	温度带来的油管体积变化，mm³	E	油管材料弹性模量	r_2	油管外径，mm
ΔV_{g}	油套环空内气体体积变化，mm³	E_{w}	环空保护体积模量，MPa	r_3	生产套管内径，mm
ΔV_{wp}	油套环空内压力带来的保护液体积变化，mm³	H	封隔器井深，mm	R	摩尔气体常数，J/（mol·K）
ΔV_{wT}	油套环空内温度带来的保护液体积变化，mm³	l_{g}	环空上部气柱高度，mm	T_1	油套环空初始温度，K

注：上述压力及温度、油管内径与外径均为井深 x 处的数据。

为加快求解速度，对公式（7）采用了迭代方法计算机编程求解。

以本文第3节有限元计算温度场为基础，不同初始压力条件下，关井转采气及注气后的油套环空压力升高计算结果如图6和图7所示。结果显示，初始环空压力越高，环空内气柱高度越小（液面深度越小），采气温度升高带来的环空压力升高越大；当环空内液面深度超过100m后，采气带来的环空压力已经比较小。由于注气过程中管柱上部500m左右温度升高，下部2000多米管柱温度降低，注气带来的环空压力升高较小，且注气压力越小，环空压力升高越小；在环空内液面深度50m时，环空压力升高已可忽略。根据计算结果，可在油套环空内预先设置200m长的氮气柱，可缓解管柱内温度与压力改变导致的环空压力升高，氮气柱具体长度可依据注采井实际参数进行分析确定。

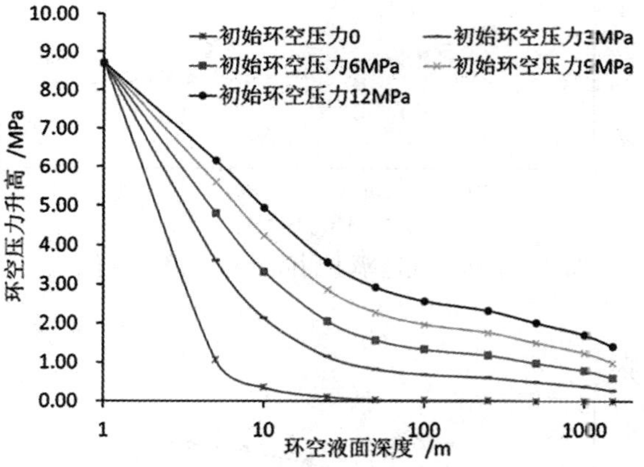

图6　关井转采气后油套环空压力升高

2022年度，该储气库注采井在关井转注气、关井转采气过程中，实测油套环空井口压力变化分别为2.6MPa和7.6MPa，均处于计算范围内。该储气库注采井的油套环空曾进行过放气降压，表明有泄漏气体导致的环空压力升高。由于环空保护液深度未知，无法对气体导致的环空压力升高进行准确分析，因此未能将注采气作业计算环

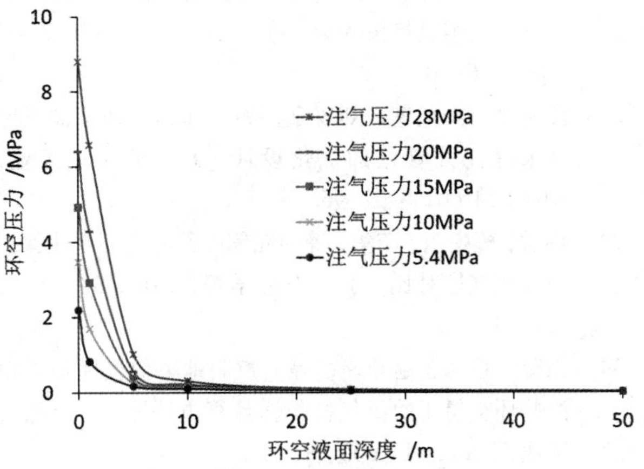

图 7　关井转注气后油套环空压力升高

空压力升高与实测环空压力升高进行详细比较。整体上看，本文温度场计算模型分析的油管柱温度场分布及热压带来的油套环空压力升高计算结果可满足工程需求。

5　结论与建议

综上所述，可得到如下结论：

（1）可使用有限元模拟方法求解储气库注采井井筒温度场分布，注采气过程中井筒温度分布为非线性，与注采气参数相关；

（2）储气库注采参数改变带来的油套环空压力变化，在获得较为准确温度场和井口压力情况下，可依据变形相容原则进行数值求解，计算结果可用于环空压力升高原因分析，为储气库注采参数调整提供技术支持；

（3）下一步同时考虑气体泄漏速率，计算注采气参数改变时油套管环空压力升高，为储气库安全运行提供更有力地技术支持。

参 考 文 献

[1] 滕振超，隋晓凤，贾善坡，等．油气井环空压力来源诊断研究进展［J］. 当代化工，2022，51（06）：1411-1415+1470.

[2] 刘毅璠，闫怡飞，宋运存，等．储气库套管柱环空压力影响因素动态评价［J］. 石油管材与仪器，2022，8（05）：51-56.

[3] 隋晓凤，滕振超，贾善坡，等．气藏型储气库井环空压力计算模型及其应用［J］. 东北石油大学学报，2022，46（02）：86-97+106+136-137.

[4] Oudeman P, Kerem M. Transient Behavior of Annular Pressure Build-up in HP/HT Wells［J］. SPE Drilling & Completion, 2006, 21（4）：234-241.

[5] Oudeman, M. Kerem. Transient Behavior of Annular Pressure Build-up in HP/HT Wells［J］. SPE 88735, 2004.

[6] Ettehadi Osgouei R, Miska S Z, Ozbayoglu M E, et al. Annular Pressure Build Up（APB）Analysis-optimization of Fluid Rheology［C］. SPE 170262, 2014.

[7] 熊万里，李遵照，腰世哲，等．文 96 储气库井油套环空压力预测新模型［J］. 当代化工，2023，52（10）：2457-2461.

[8] 王志雷．高温高压油气井环空压力预测及水泥环完整性分析［D］. 北京化工大学，2023.

[9] Yang J, Tang H, Liu Z, Yang L, et al. Prediction Model of Casing Annulus Pressure for Deepwater Well Drilling and Completion Operation［J］. Pet. Explor. Dev, 2013, 40（5）：661-664.

[10] 李帅，练章华，丁亮亮，等．多因素耦合作用下的气井持续环空压力预测模型［J］. 中国安全科学学报，2023，33（02）：166-172.

[11] Ai S, Cheng L, Huang S, et al. A Critical Production Model for Deep HT/HP Gas Wells［J］. J. Nat. Gas Sci. Eng., 2015, 22：132-140.

[12] 赵密锋，胡芳婷，耿海龙．高温高压气井环空压力异常原因分析及预防措施［J］. 石油管材与仪器，2020，6（06）：52-58.

[13] 周浪，曾青松，汪传磊，等．地下储气库注采井不同井段水泥环密封性能实验［J］. 天然气工业，2020，40（05）：104-108.

[14] Arash S, Jerome S, Mahmood A, et al. Using Fatigue-Failure Envelope for Cement-Sheath-Integrity Evaluation［J］. SPE Drill & Compl 30（1）：68-75.

[15] Sultan N W, Faget J B P, Fjeldheim M, et al. Real-time Casing Annulus Pressure Monitoring in a Subsea HP/HT Exploration Well［C］. OTC 19286, 2008.

[16] 隋晓凤．储气库井环空带压机制及水泥环密封完整性分析［D］. 东北石油大学，2023.

[17] Thiercelin M, Baumgarte C, Guillot D. A Soil Mechanics Approach to Predict Cement Sheath Behavior［C］. SPE 47375, 1998.

[18] 刘洋，严海兵，余鑫，等．井内压力变化对水泥环密封完整性的影响及对策［J］. 天然气工业，2014，34（04）：95-98.

[19] Goodwin K J, Crook, R J. Cement Sheath Stress Failure［J］. SPE Drill Eng, 1992, 7（4）：291-296.

[20] Li Z Y, Zhang K, Guo X Y, et al. Study of the Failure Mechanisms of a CementSheath based on an Equivalent Physical Experiment［J］. Journal of Natural Gas Science and Engineering, 2016, ：331-339.

[21] Li Z Y, Sun J F, Luo P Y, et al. Research on the Law of Mechanical Damage-induced Deformation of Cement

Sheaths of a Gas Storage Well [J]. Journal of Natural Gas Science and Engineering, 2017, 43: 48-57.

[22] Skorpa R, Øia T, Taghipour A, et al. Laboratory Set-up for Determination of Cement Sheath Integrity During Pressure Cycling [C]. OMAE 78696, 2018.

[23] Shadravan A, Schubert J, Amani M, et al. Using Fatigue-Failure Envelope for Cement-Sheath-Integrity Evaluation [J]. Spe Drilling & Completion, 2015, 30 (1): 68-75.

[24] Gomez S P, Sobolik S R, Matteo E N, et al. Investigation of Wellbore Microannulus Permeability under Stress via Experimental Wellbore Mock-up and Finite Element Modeling [J]. Computers and Geotechnics, 2017, 83: 168-177.

[25] Wang W, Dahi A. Three-dimensional Analysis of Cement Sheath Integrity around Wellbores [J]. Journal of Petroleum Science and Engineering, 2014, 121: 38-51.

[26] 李忠庆，李传武，朱达江．利用环空压力测试数据评价高温高压气井固井水泥环的密封完整性 [J]. 钻探工程，2021，48 (06): 15-21.

[27] Hasan R, Izgec B, Kabir S. Sustaining Production by Managing Annular-Pressure Buildup [J]. SPE Production and Operations, 2010, 25: 195-203.

[28] Feng Y C, Li X R, Gray K E. Development of a 3D Numerical Model for Quantifying Fluid-driven Interface Debonding of an Injector Well [J]. International Journal of Greenhouse Gas Control, 2017, 62: 76-90.

[29] Zeng Y J, Liu R G, Li X J, et al. Cement Sheath Sealing Integrity Evaluation under Cyclic Loading using Large-scale Sealing Evaluation Equipment for Complex Subsurface Settings [J]. Journal of Petroleum Science and Engineering, 2019, 176: 811-820.

[30] Hossain M M, Rahman M K. Rahman. Numerical Simulation of Complex Fracture Growth during Tight Reservoir Stimulation by Hydraulic Fracturing [J]. Journal of Petroleum Science and Engineering, 2008, 60 (2): 86-104.

[31] 王建军，孙建华，薛承文，等．地下储气库注采管柱气密封螺纹接头优选 [J]. 天然气工业，2017，37 (05): 76-80.

[32] 汪雄雄，樊莲莲，刘双全，等．榆林南地下储气库注采井完井管柱的优化设计 [J]. 天然气工业，2014，34 (01): 92-96.

[33] 蒋敏，檀朝东，李隽，等．储气库井油套环空注保护液和氮气柱对比 [J]. 石油学报，2017，38 (10): 1210-1216.

[34] 张智，蔡楠，赵苑瑾，等．控制地下储气库强采强注井环空超压的氮气柱长度计算方法 [J]. 天然气工业，2021，41 (06): 83-88.

[35] Halal A S., Mitchell R F. Casing Design for Trapped Annular Pressure Build-Up [J]. SPE Drill. Complet., 1994, 9 (2): 107-114.

[36] 孙军昌，胥洪成，王皆明，等．气藏型地下储气库建库注采机理与评价关键技术 [J]. 天然气工业，2018，38 (04): 138-144.

[37] Ramy H J, JR. Wellbore Heat Transmission [J]. Journal of Petroleum Technology, 1962, 14 (04): 427-435.

[38] Holst P H, Flock D L. Wellbore Behaviour During Saturated Steam Injection [J]. 1966, 5 (04): 184-193.

[39] Sui D, Horpestad T, Wiktorski E. Comprehensive Modeling for Temperature Distributions of Production and Geothermal Wells [J]. Journal of Petroleum Science and Engineering, 2018, 167: 426-446.

[40] Ferreira M V D, Hafemann T E, Barbosa Jr J R, et al. A Numerical Study on the Thermal Behavior of Wellbores [J]. SPE Production & Operations, 2017, 31 (4): 564-574.

[41] Adams A J. How to Design for Annulus Fluid Heat-Up [C]. SPE Annual Technical Conference and Exhibition, Society of Petroleum Engineers, 1991.

[42] 张弘，申瑞臣，梁奇敏，等．地下储气库注采井温度压力耦合分析 [J]. 科学技术与工程，2017，17 (31): 66-73.

低渗岩性含硫气藏 S 储气库优化调整对策研究

张　瑞[1]　卢凯锋[1]　刘永建[1]　白　艳[1]　张　涛[2]　张　超[1]　李　萌[3]

（1. 中国石油长庆油田分公司第一采气厂；2. 中国石油长庆油田分公司气田开发事业部；
3. 中国石油长庆油田分公司勘探开发研究院）

摘　要　鄂尔多斯盆地下古生界的低渗含硫碳酸盐岩气藏型 S 储气库目前运行存在三个问题：一是由于储层低渗造成储气库库容动用率较低（73%），库容动用率有待进一步提升；二是由于原始气藏含硫化氢造成改建储气库后采出气含有硫化氢，目前已运行九个周期，采出气仍需净化后才能外输到下游用户，硫化氢驱替效果有待进一步提升；三是 3 口采气老井因不满足储气库利用条件，封堵后将导致工作气量损失 $0.5\times10^8m^3$，不满足方案设计。为了解决上述三个问题，依托现有的三维地震资料、单井的静态地质资料和试井测试资料、注采动态数据，采用三维地质建模和数值模拟方法，建立高精度的、高质量的三维地质模型和数值模拟模型。分析表明：在高速注采期间低渗储气库的地层压力响应存在严重的不均衡，核心区库容动用程度高，外围尤其是北部的库容动用率不足，老井封堵后库容动用率降低至 64%，工作气量降低至 $3.2\times10^8m^3$；注采井的硫化氢驱替效果比较明显，采气老井由于不能注气是制约含硫气藏储气库硫化氢达标的关键因素，3 口老井封堵后，在剩余注采井运行的工况下，预测气库硫化氢整体将在第 10 周期达标，但在新增 2 口水平井后，预测气库硫化氢整体将在第 17 周期达标。针对上述库容动用不足和硫化氢不达标两个问题，提出了低渗含硫气藏储气库的优化调整对策：建议在北部部署两口水平井，提高库容动用率至 80%，提升工作气量至 $4.3\times10^8m^3$，实现了扩容提产；模拟了四种开井时序对硫化氢驱替效果和工作气量的影响，在完成调峰指令的前提下，建议优先采取先外围后中部的开井时序，不仅能使储气库在调峰末期保持较高的调峰能力，而且能缩短硫化氢达标周期，在新增 2 口水平井之后，建议优先对 2 口新井进行注采运行，以最大速率对新井硫化氢进行淘洗驱替，从而以最短周期实现硫化氢达标。

关键词　地下储气库，低渗岩性气藏，硫化氢，数值模拟，驱替，优化调整

Optimization for S Underground Gas Storage Optimization of Low Permeability and High Hydrogen Sulfide

ZHANG Rui[1], LU Kaifeng[1], LIU Yongjian[1], BAI Yan[1], ZHANG Tao[2], ZHANG Chao[1], LI Meng[3]

(1. The No. 1 Gas Production Plant of PetroChina Changqing Oilfield Company, Jingbian ShaanXi 718500;
2. Gas Development Department of PetroChina Changqing Oilfield Company, Xi'an ShaanXi 710016;
3. Exploration and Development Research Institute of Changqing Oilfield of CNPC, Xi'an ShaanXi 710016)

Abstract: Three problems are threatening the economic development of S underground gas storage in Ordos basin for its low permeability of reservoir and high content of hydrogen sulfide. Firstly, the rate of effective gas storage volume to total gas storage volume is less than 73% and is worthy of further improvement. Secondly, the outflow natural gas is still not qualified in hydrogen sulfide content and can not directly be delivered, though the hydrogen sulfide content has largely declined after nine cycles. Lastly, three old gas wells have to be abandoned as their cementing is not fit to utilization standards of underground gas storage. After abandonment, $0.5\times10^8m^3$ ofthe working gas volume will be lost, leading to the shortage of the whole working volume. So as to tackle these problems, the highly accurate 3D geological model and numerical simulating model are established and based on rich data such as 3D seismic, logging interpretation and well test, gas flow rate and pressure. The model reveals that there is serious differences of pressure between inside and outside in high speed of injection and production. And the abandonment of three old gas wells will let the effective ratio of storage volume decline to 64% and working gas volume to $3.2\times10^8m^3$. It is three old gas wells that produce the major part of hydrogen sulfide and after their abandonment the hydrogen sulfide will be significantly lower than $0.6mg/m^3$ in the 10th cycle. It is well recommended that addition of two horizontal wells in the north will increase the effective ratio of storage volume increase to 80% and the working volume to $4.3\times10^8m^3$. The second optimization is that four kinds of well production sequence are numerically simulated and compared in the working volume and hydrogen sulfide displacement. The comparison analysis favour the sequence of first outside-first and inside-last because it will make S storage keep higher production capability in the late production period and higher efficiency of hydrogen sulfide displacement than other sequences. The addition of two horizontal wells will weaken displacement effect and S gas storage need more time to decrease the hydrogen sulfide for new opened reservoir of gas storage is rich in hydrogen sulfide. For better and faster displace hydrogen sulfide from new reservoir volume, the third advise is to increase production and decrease injection of new wells.

Key words: underground gas storage, low permeability reservoir, hydrogen sulfide, numerical simulation, displacement, optimization

鄂尔多斯盆地长庆气区是目前我国最大的天然气生产和供应基地，地处陕京、西气东输等多条国家骨干天然气管道途径枢纽交会点，具有优越的天然气地下储气库（以下简称储气库）建设的地理、管道、气源和库址资源等多重优势，储气库建设和发展潜力巨大。目前，长庆气区的4座储气库，在冬季调峰保供、气田生产调节及管道应急等方面发挥了重要作用。

鄂尔多斯盆地储气库以低渗岩性气藏改建为主，储层普遍低孔低渗且非均质性强，单井控制的动储量和孔隙体积小，在注采运行期间表现出压力增长快、单井注采气量差异大等特征，同时以海相沉积成藏为主的地质条件，导致部分气藏含有H_2S，给储气库多周期高效调峰运行和安全风险管控等带来较大挑战，并直接影响调峰采气运营收益和经济效益。

本文以鄂尔多斯盆地S低渗岩性含硫储气库为典型研究对象，综合前期气藏开发、建库先导试验和多周期注采运行各类静、动态资料，多轮质控和调整，先后建立了三维高精度静态地质和数值模拟动态模型，进一步结合储气库地质特点、注采井网和多周期监测的不同单井采出H_2S浓度变化等特征，以数值模拟为主要技术手段，优选提出了“先外围、后中部”高效调峰采气运行模式。研究成果为S储气库高效运行及国内外类似储气库高质量建设具有重要的指导和借鉴意义。

1 储气库运行概况及存在问题

1.1 气藏地质特征

S储气库位于靖边气田中西部，气藏储层发育在马家沟组马五段，埋深平均为3475m，区域构造简单，为相对平缓的西倾单斜，地层倾角约在0.15~0.5°。主力储气层马五$_1^3$岩性为褐灰色白云岩，平均有效厚度2.83m，次产层马五$_1^2$平均有效厚度3.25m。取心分析表明，主力储层马五$_1^3$平均基质孔隙度9.3%，平均基质渗透率2.91mD；试井分析表明，储层渗透率分布在11~23mD。气藏平均CH_4含量为93.43%，C_2H_6含量为0.33%，H_2S含量为553.9 mg/m^3，CO_2含量为6.01%，相对密度0.61。地层水平均pH值为5.54，K^+、Na^+为4401 mg/L，Ca^{2+}为5867 mg/L，Cl^-为17577mg/L，总矿化度28351mg/L。气体组分表现为含硫型干气气藏，地层水为弱酸性$CaCl_2$水型。

1.2 气藏开发简况

S井区气藏原始地层压力平均为30.4MPa，地层温度111.4℃。气藏于2000年10月投入开发，采气井共3口。截至2014年开展改建储气库现场注采试验前，S井区气藏开发累计产气$7.9\times10^8m^3$、产水9228.65m^3，地层压力总体平均约6.8MPa，压力降幅约77.6%。根据单井生产动态，3口老井动态储量分别为$3.1\times10^8m^3$、$3.6\times10^8m^3$和$3.7\times10^8m^3$，采气过程H_2S平均含量分别为601.9mp/m^3、659.8mp/m^{3}和386.8mg/m^3。气藏开发末期改建储气库前（2012年），

3口老井取样分析的H_2S平均含量为540.2mg/m^3。

1.3 建库设计和运行概况

S储气库于2015年6月投运，原建库方案设计有效库容量10.4×10^8m^3、工作气量5×10^8m^3，设计运行压力区间18.4~30.4MPa，设计注采井10口（包括3口老井，注采水平井3口、备用直井2口）。随着建库新钻井实施、资料增加和静、动态认识持续深化，重点基于储气库多周期高速注采运行动态，其有效库容量和工作气量分别调整优化为9.1×10^8m^{3}和3.7×10^8m^3，运行压力区间优化为18.4~34.0MPa，注采水平井增加为4口，截至目前，S储气库已经历“九注九采”。

1.4 运行存在的问题

随着多周期运行，S储气库库容量逐渐趋于稳定。评价第九周期气库库容量9.3×10^8m^3，其中有效库容量6.8×10^8m^3，不可动库容量仍有2.5×10^8m^3，整体库容量与井控库容量差异较大，库容动用程度有待提高。三维地震结果表明外围区域储层比较发育，但由于缺乏注采井，外围区整体库容动用程度较低，东北部、东南部外围储气空间缺乏有效控制，仍存在动用潜力。

3口老井采气不满足储气库利用条件，经评估将对3口采气老井实施封堵。近4个周期，3口封堵老井单周期累计采气量平均7792.7×10^4m^3，累计采气贡献23.4%；日采气量平均78.44×10^4m^3，日产气贡献24.62%；气库冲峰期间，3口老井冲峰气量平均88.35×10^4m^3，冲峰量贡献22.28%。3口老井封堵后对采气能力、气库冲峰能力、工作气影响较大。

在多周期注采运行过程中，随着干气注入、混合、采出等多轮次淘洗，不同采气井H_2S含量差别较大，总体表现为库区中部核心区新钻注采水平井和定向井采出气H_2S含量较低，而储层边部采气老井（由气藏开发老井再利用为储气库采气井）采出气H_2S含量较高，目前储气库采出气H_2S平均含量约22.7mg/m^3，仍然不满足国家一类天然气输送标准。

2 储气库三维地质和数值模拟模型建立

2.1 三维精细地质模型建立

本次研究中，共收集库区和邻区共20口新、老井资料，按照储气库地质体研究理念，综合地震、地质、测井、钻完井、室内岩心分析和试井解释及邻区气藏地质和开发动态等多学科研究成果，精细刻画不同储层薄层构造、物性及其非均质性特征，建立了S储气库地质体三维精细模型，如图1所示，建模范围涵盖下伏地层马五$_4$、储层和上覆地层，模型剖面如图2所示。精细地质模型平面网格尺寸为20×20m，纵向网格尺寸平均为0.29m，模型网格总数7452万。

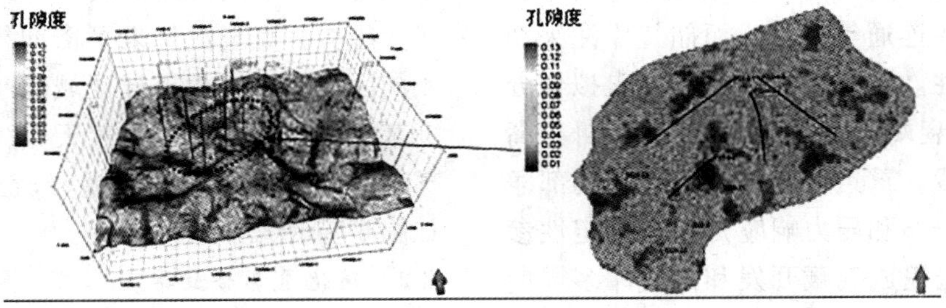

（a）储气地质体 （b）主力储气层马五$_1^3$

图1 S储气库三维地质体精细地质模型

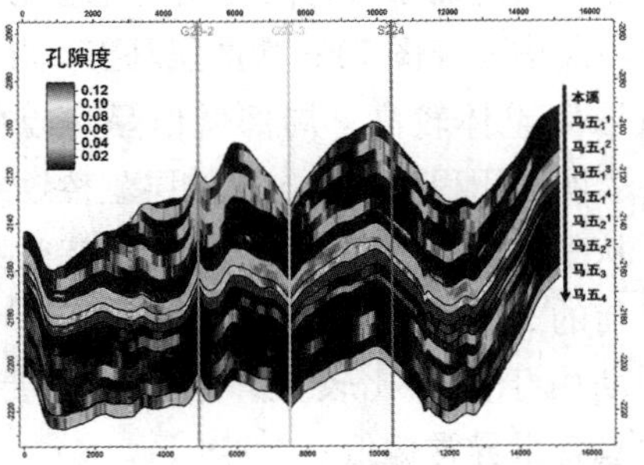

图2 S储气库三维地质体剖面模型图

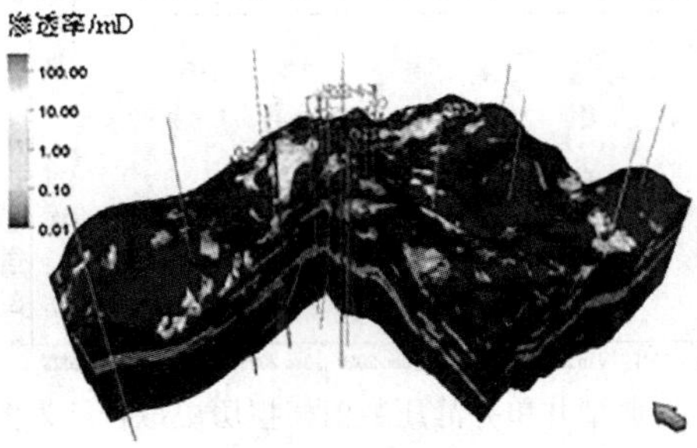

图3 S储气库粗化后三维数值模拟模型图

2.2　数值模拟动态模型建立

2.2.1　三维模型初始化

首先将精细地质模型平面网格粗化为 40×40m，使得井间网格数量不少于 10 个，以准确模拟和表征储气库高速注采过程有限供流和“陡峭”状压升和压降漏斗。粗化后模型纵向网格尺寸平均为 2.35m，而马五$_1^3$ 主力层纵向网格尺寸平均约为 1m，粗化模型网格数量为 452 万，如图 3 所示。为准确反映和预测 H_2S 含量变化特征并兼顾数值模拟计算效率，本次研究采用四组分数值模拟模型，将 H_2S 保留为一个单独组分。模型气水相渗曲线采用前期室内渗流实验结果，储层初始含气饱和度为 72.9%，与气藏开发 3 口老井测井解释结果保持一致，采用平衡初始化完成气藏原始地层压力和流体分布赋设。通过对模型局部净毛比等参数调整，分小层拟合 S 气藏原始天然气储量，马五$_1^3$ 主力层储量占比约 60%，与地质研究吻合（57.7%）。

2.2.2　数值模拟历史拟合

在模型初始化和储量分层精细拟合基础上，总体遵循“先全区、后单井”和“先压力、后含水”思路，重点对渗透率（传导率）、净毛比等参数优化调整，降低静态模型不确定性。由于 S 气藏开发老井仅 3 口且井距较大（>1000m），“低速”衰竭开发动态难以准确反映储层连通性和非均质性，部分掩盖基质-微裂缝差异动用、有限供流和局部弱连通等矛盾，而储气库注采动态响应更具针对性。因此，数值模拟历史拟合分为气藏“低速”衰竭开发和储气库多周期“高速”注采两个阶段，重点对模型渗透率、局部净毛比（影响储量分布和压力响应）等不确定性参数进行调整，首先完成气藏开发和储气库多周期注采单井静压历史拟合，部分典型井静压拟合结果如图 4 所示。

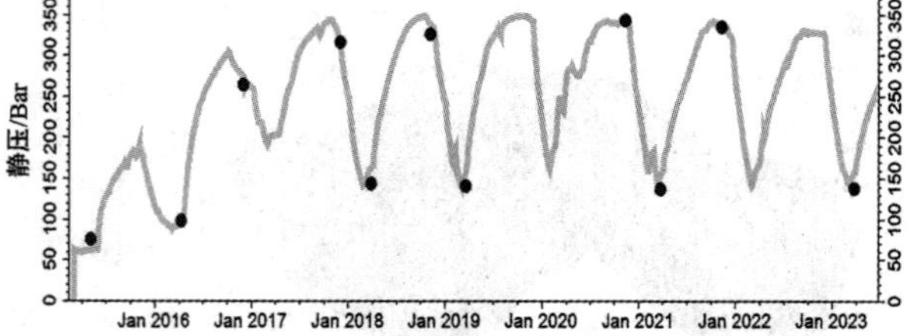

图 4　S 储气库 4#典型井单井静压数值模拟历史拟合结果图

3　储气库高速注采特征数值模拟分析

与常规气田一般“单向、低速”稳定开发不同，储气库运行过程具有“单井配产配注气量大、地层流体渗流速度高、注采工况转换频繁”等特点。对于 S 低渗岩性储气库，由于水体不活跃，储气库高速注采过程储层岩石孔隙空间主要为单向气体注入扩散、压缩和采气膨胀等物理过程。由于气藏长达 15 年的“低速”开发，一般会掩盖储层非均质性的影响，宏观表现为不同气井压力较均衡变化、供流半径大。而储气库在有限时率（一般注气约 200 天、采气约 120 天）高速注采过程中，单井配产配注气量为气藏开发井的 3~5 倍甚至更高，这将显著放大储层非均质性的影响，宏观表现为不同注采井压力差异较大、供流半径显著减小等特征。对于 S 低渗岩性薄层含硫储气库，其高速注采过程地层压力响应与储层非均质性、H_2S 浓度变化必然具有一定的关联性。

3.1　地层压力响应特征

图 5、图 6 是基于上述建立的高精度数值模拟模型，计算的 S 储气库注采过程中不同时期的地层压力分布图。从图 5 中可以看出，注气过程中，单井注气能力高、储层物性好（吸气能力强）区域地层压力优先快速增加，而注气能力低或储层物性差及缺少注气井的储层边部等区域地层压力增加较慢，且不同区域地层压力差异随高速注气呈扩大趋势，直至注气末平衡期气体扩散后，储层不同区域地层压力差异区域减小。而采出过程与此基本相同，但由于采气天数少于注气过程，采气末不同区域地层压力差异较注气末更加显著，如图 6 所示。

3.2　硫化氢驱替效果

主力层马五$_1^3$ 在采气末期硫化氢含量整体低，但平面分布呈中间低、外围高，中部核心区基本均匀分布，淘洗效果好，随远离注采核心区，硫化氢浓度不断增大（图 7）；次产层马五$_1^2$ 在采气末期硫化氢浓度整体较高，局部低值呈斑点状分布（图 7），表明动用程度较低，次储层驱替效果较差。

从整体数据来看，硫化氢驱替效果明显，由投产前的 553mg/m^3 下降至 18.8mg/m^3，第二、第五周期由于注采比较大，采出气主要为注入气，硫化氢含量异常偏低。

历年采气期硫化氢平均浓度变化曲线如图 9 所示。

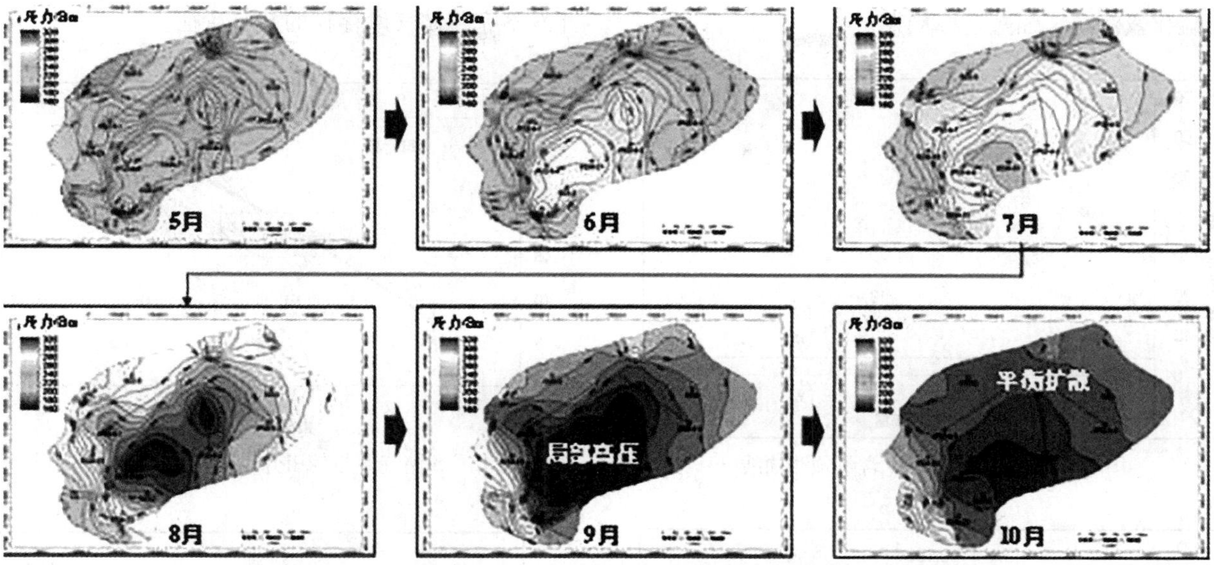

图5　S储气库第九周期注气过程不同月份地层压力数值模拟等值线图

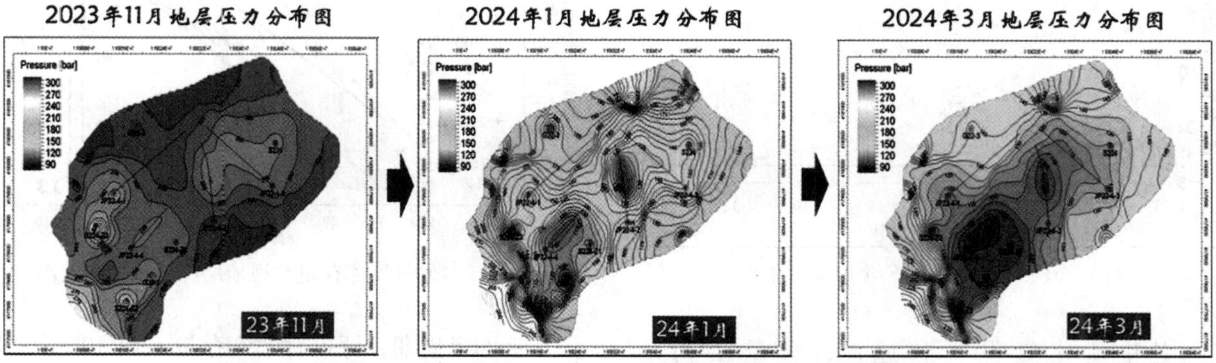

图6　S储气库第九周期采气过程不同月份地层压力数值模拟等值线图

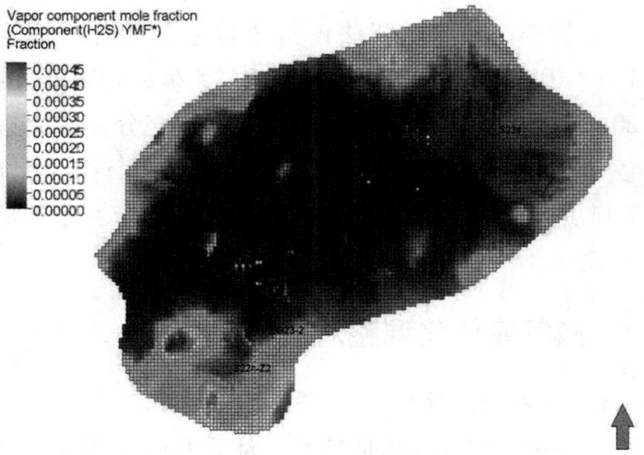

图7　马五$_1{}^3$采气末H_2S浓度模拟图

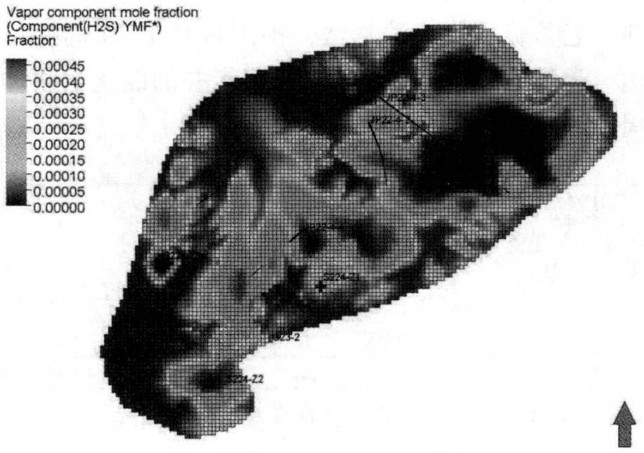

图8　马五$_1{}^2$采气末H_2S浓度模拟图

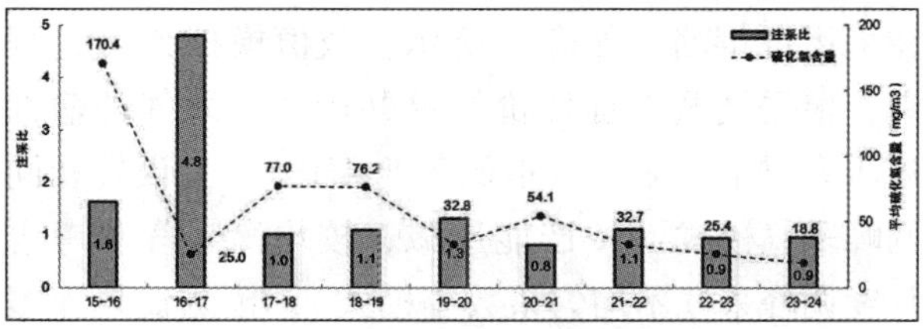

图9　历年采气期硫化氢平均浓度变化曲线

注采井硫化氢呈指数递减。水平井平均含量从初期61.2mg/m^{3}下降至第九周期的9.0mg/m^3，根据趋势预测将在第11周期达一类气质标准（图10）；直定井平均含量从初期82.9mg/m^{3}下降至第九周期17.7mg/m^3，预测将在第12周期达标（图11），直定井硫化氢驱替速率略低，应多采气，加快硫化氢淘洗，缩短达标周期。

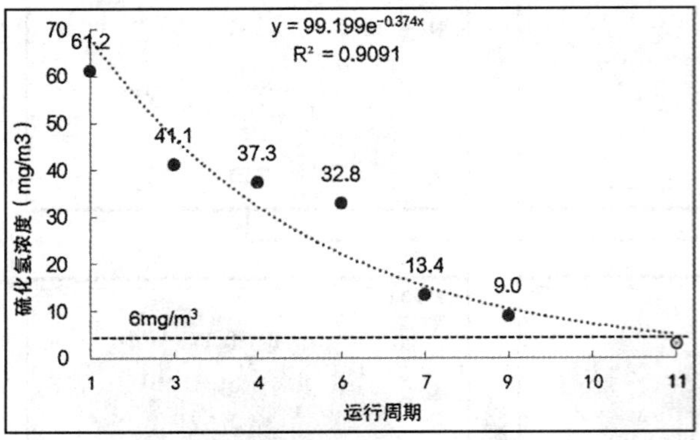

图 10　注采水平井 H_2S 含量预测曲线

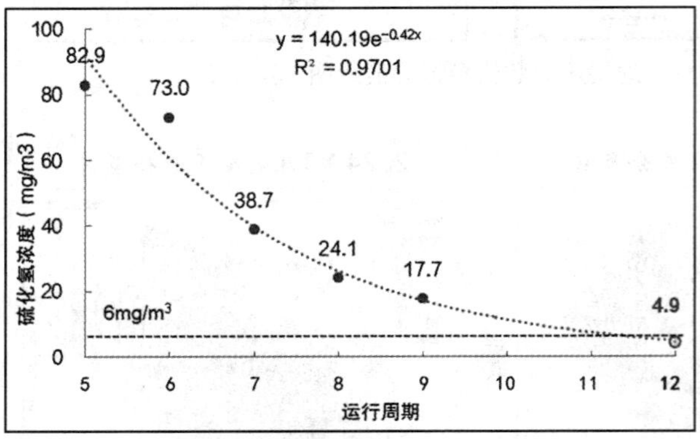

图 11　注采直定井 H_2S 含量预测曲线

老井硫化氢呈幂数递减，含量由初期 332.8mg/m^3 下降至第九周期的 33.0mg/m^3，老井由于不能注气并且打开了次产层马五$_1^{24}$，越往后期，老井硫化氢淘洗越慢，预测将在第 24 周期可达一类气质标准（图 12）。采气老井的硫化氢达标周期远超注采井，是注采井的两倍。

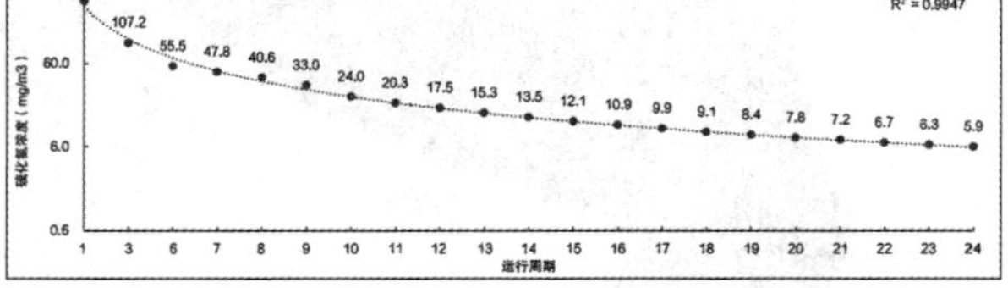

图 12　老井采气期 H_2S 含量预测曲线

3.3　库容动用特征评价

图 13、图 14 为数值模拟预测的 S 储气库马五$_1^3$ 主力储气层多周期注采库区曲线。从图中可以看出，储气库高速注气过程拟压力曲线高于气藏“低速”衰竭开发过程，而调峰采气过程拟压力曲线低于气藏开发过程，反映在储气库高速注采过程实际动用“有效含气孔隙体积”小于气藏“低速”开发，这是强非均质性或低渗储层、注采井网不完善储气库存在的共有特征。

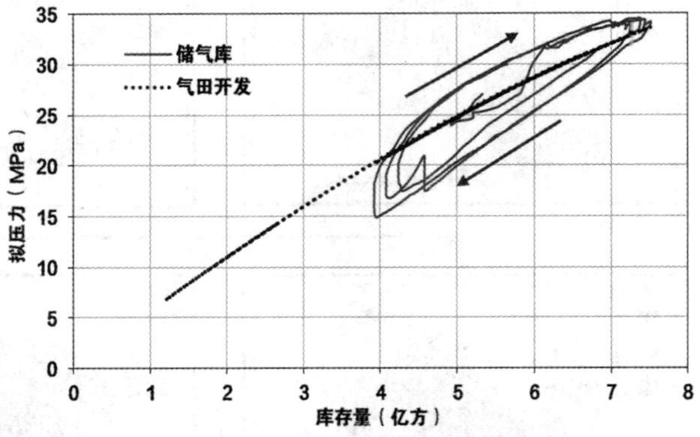

图 13　S 储气库与气田开发拟压力曲线对比图

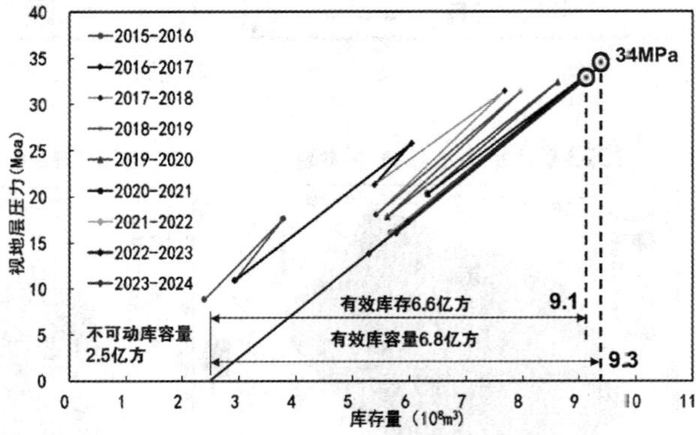

图 14　S 储气库库存量与视地层压力关系曲线图

近四个周期，评价有效库存量 6.6×10^{8}m^3。根据库存量与视地层压力关系曲线，推算地层压力为 34.0MPa 时，有效库容量 6.8×10^{8}m^3，库容动用率为 73%。采用压降法评价 3 口老井的井控库容 1.5×10^{8}m^3，占比气库有效库容 6.8×10^{8}m^3 的 20.6%，气库东南侧储层连通性好，充分发挥周边各井产能可动用 G32 井井控库容 0.5×10^{8}m^3，评价 7 口井有效库容量 5.8×10^{8}m^3，库容动用率降至 62%。

4　储气库优化调整对策研究

4.1　开井时序优化

根据 S 储气库地质特点、注采井网（含 3 口再利用采气老井）、单井实际监测 H_2S 浓度及数值模拟分层、分区精细预测结果，设计提出四种淘洗注采运行策略，如表 1 所示。数值模拟预测过程中，根据气藏工程评价的单井产能、采气外输井口压力要求（采气末不低于 5.4MPa）并设置相同调峰采气模式（按产能递减、较均衡采气和考虑月度调峰采气不均匀系数等模式），预测储气库多周期注采采出气整体 H_2S 浓度变化规律，优选对比最佳淘洗注采方案。

表1　S储气库不同淘洗注采方案对比表

序号	方案名称	方案内容
方案一	同时开井	采气期所有井同时开井参与采气
方案二	先中部、后外围	采气期先打开中部注采核心区注采水平井和定向井，中后期再打开外围采气老井和剩余注采定向井
方案三	先定向井（直井）、后水平井	采气期先打开注采定向井和老井，中后期再打开注采水平井
方案四	先外围、后中部	采气期先打开储层边翼部老井，中后期再打开储层中部新钻水平井和定向井

从不同方案对比来看，方案一“同时开井”方式 H_2S 浓度最大，但其递减速度较快。自2024年开始，需再持续历经9个注采周期（年）淘洗，才能满足外输气质 H_2S 浓度最高要求。从储气库注采宏观渗流规律分析，导致上述运行方式 H_2S 浓度较高的原因主要为储层边翼部老井同时参与调峰采气，导致储气库采出气整体 H_2S 浓度较高，如图15所示。“同时开井”采气方式是根据不同气井产能和储层供气能力以自由匹配方式进行生产，理论上，其对应工作气量也应当较大，即库容动用效率也将较大。

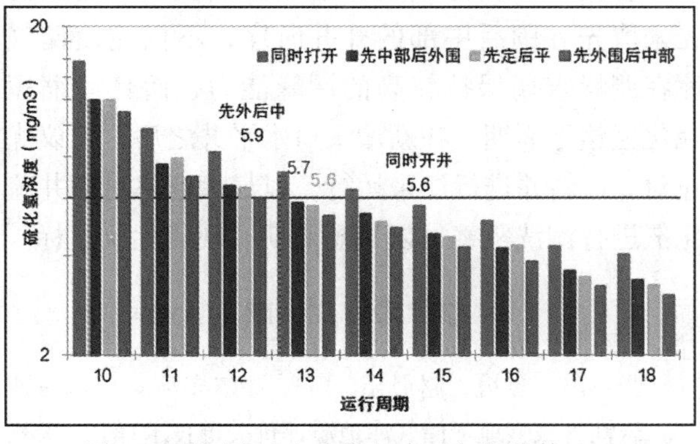

图15　不同注采方案储气库采气期整体 H_2S 平均浓度数值模拟预测对比图

方案二“先中部、后外围”采气方式对 H_2S 淘洗具有较好的优势，尤其2024~2025周期较方案一即达到较低的 H_2S 浓度。对比而言，方案二、三和方案四自2024年开始，采出气整体 H_2S 浓度即显著降低，该趋势一致持续至2027年左右。从量化对比来看，方案四“先外围、后中部”采气方式 H_2S 浓度最小，且在2027年前保持较为显著的逐年降幅。基于量化对比，“先外围、后中部”采气方式使得储气库采出气整体 H_2S 淘洗速度最快，其在2026~2027年采气期将满足外输气质 H_2S 浓度最高要求。其次为方案三“先定向井、后水平井”方式，其将在2027年满足外输气质 H_2S 浓度最高要求，而方案一“同时开井”方式在2029年才能满足外输气质 H_2S 浓度最高要求。

图16为相同采气调峰约束下不同注采方式数值模拟预测的工作气量对比图。方案一“同时开井”采气方式工作气量最大，而方案四“先外围、后中部”采气方式工作气量最小。多周期注采运行时，逐轮吞吐气量也最大。但由于储层不同区域全面动用，储层边部 H_2S 富集区将使得采出气整体 H_2S 浓度较高。与此相反，方案四“先外围、后中部”采气方式通过单井差异化控制采气，采气初期优先打开储层边部老井生产采出 H_2S 高浓度区天然气，加快其淘洗效率，并显著抑制剩余富集 H_2S 向储气库中部注采核心区扩散速度和气量，但该采气方式储气库工作气量却较小。因此，在储气库实际运行过程中，当市场用气调峰需求较小时，可优先实施“先外围、后中部”采气模式，加快 H_2S 淘洗效率。当冬季较长极寒天气市场用气调峰需求较大时，可根据运行动态和市场需求，实时优化调整单井采气工作制度，兼顾高效发挥调峰能力和 H_2S 淘洗速度。

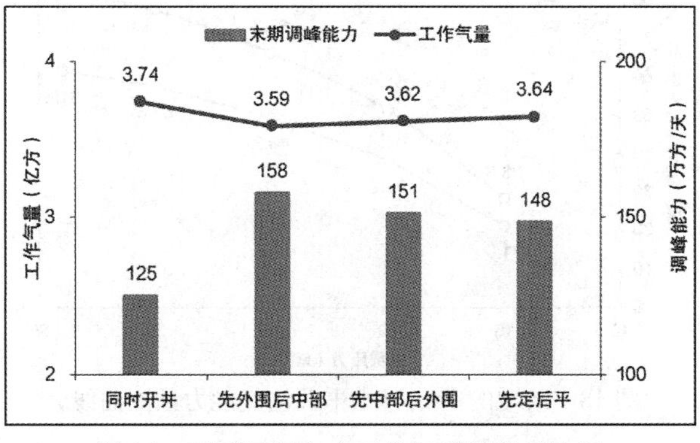

图16　不同运行方式工作气量模拟对比图

4.2　库容动用优化

综合现役工况井控程度、单井产能、模拟评价、工程和投资等因素，选择东北侧部署6#注采水平井、西北侧部署5#注采水平井，提高储气库库容动用程度，提高储气库注采能力（图17）。

参考邻井1#、3#水平井注采能力，预测5#、6#井注采能力，在地层压力15~34.0MPa条件下，

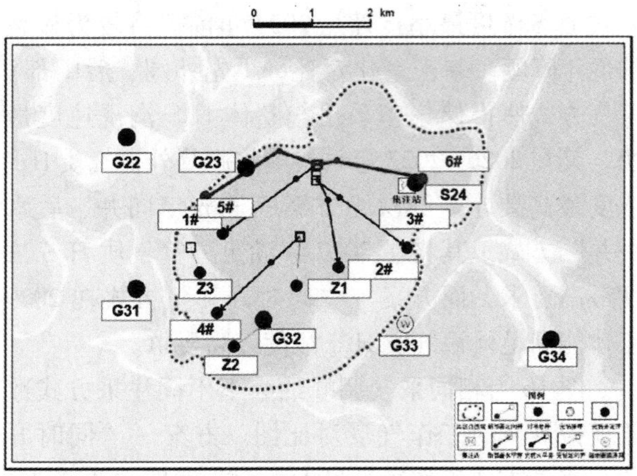

图 17　S 储气库新增部署两口水平井

注气井口压力 28.0MPa 时，注气能力（91.9～9.8）$10^4m^3/d$、（49.4～5.3）×$10^4m^3/d$；采气井口压力 6.4MPa 时，采气能力（28.3～82.8）×$10^4m^3/d$、（21.0～61.6）×$10^4m^3/d$。

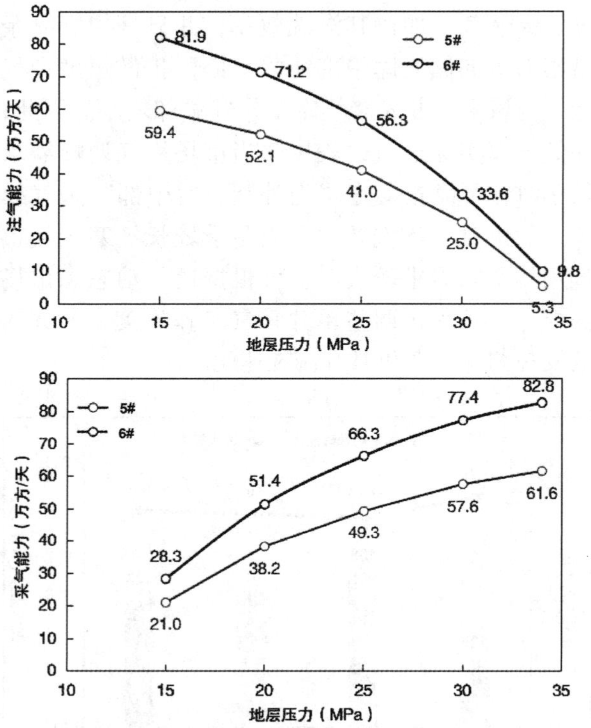

图 18　新增的 5#、6#水平井注气能力预测曲线

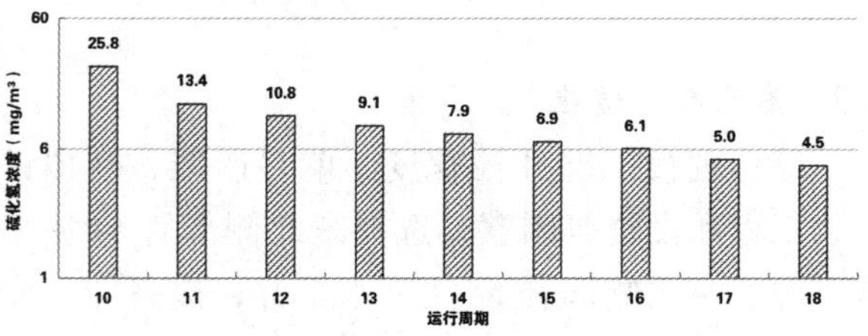

图 19　新增 2 口水平井后储气库整体硫化氢含量预测柱状图

基于上述 2 口新井注采能力评价，综合评价气库（9 口注采井）在地层压力 15～34.0MPa 条件下，气库注气能力（700.5～74.9）×$10^4m^3/d$，采气能力（663.9～226.7）×$10^4m^3/d$。按照上限压力 34.0MPa，评价新增 2 口水平井后的总有效库容 7.4×10^8m^3，库容动用率提高至 80%，根据数值模拟预测，气库整体的硫化氢含量将在第 17 周期达标（图 19）。

5　结论

（1）以 S 低渗岩性含硫储气库为典型研究对象，基于储气地质体研究理念，依托现有的三维地震资料、单井的静态地质资料和试井测试资料、注采动态数据，采用三维地质建模和数值模拟方法，建立高精度的、高质量的三维地质模型和数值模拟模型。

（2）在高速注采期间核心区库容动用程度高，外围尤其是北部的库容动用率不足，老井封堵后库容动用率降低至 64%；注采井的硫化氢驱替效果比较明显，采气老井是制约含硫气藏储气库硫化氢达标的关键因素，3 口老井封堵后，在剩余注采井运行的工况下，预测气库硫化氢整体将在第 10 周期达标，但在新增 2 口水平井后，预测气库硫化氢整体将在第 17 周期达标。

（3）建议在北部部署两口水平井，提高库容动用率至 80%，提升工作气量至 4.3×10^8m^3，实现了扩容提产，在完成调峰指令的前提下，建议优先采取先外围后中部的开井时序，不仅能使储气库在调峰末期保持较高的调峰能力，而且能缩短硫化氢达标周期，在新增 2 口水平井之后，建议优先对 2 口新井进行注采运行，以最大速率对新井硫化氢进行淘洗驱替，以最短周期实现硫化氢达标。

参考文献

[1] 张建国，夏勇，赵晨阳，等．鄂尔多斯盆地低渗透岩性气藏型地下储气库地质评价关键技术 [J]. 天然气工业，2023，43（10）：55-63.

[2] 李进步，夏勇，王德龙，等．鄂尔多斯盆地低渗岩性气藏型储气库建库设计与运行优化关键技术 [J]. 天然气地球科学，2023，34（08）：1442-1451.

[3] 夏勇，张建国，何依林，等．低渗岩性气藏改建储气库的地质可行性与运行指标设计—以鄂尔多斯盆地 S 区块为例 [J]. 天然气地球科学，2023，34（08）：1452-1459.

[4] 吕建，李治，付江龙，等．酸性气藏地下储气库采

出气组分变化规律研究—以鄂尔多斯盆地陕224储气车为例［J］. 天然气工业，2017，37（08）：96-101.

［5］孙军昌，王皆明，丁国生，等．大型非均质水驱气藏储气库注采全系统仿真建模与调峰能力预测［C］//中国石油学会天然气专业委员会．第33届全国天然气学术年会（2023）论文集（02气藏开发）. 2023：10.

［6］魏国齐，郑雅丽，邱小松，等．中国地下储气库地质理论与应用［J］. 石油学报，2019，40（12）：1519-1530.

［7］丁国生，王云，完颜祺琪，等．不同类型复杂地下储气库建库难点与攻关方向［J］. 天然气工业，2023，43（10）：14-23.

低渗岩性气藏“三区带”建库关键技术研究

王德龙[1,2] 李进步[1,2] 韩兴刚[3] 夏 勇[1,2] 王蕾蕾[1,2] 陈江萌[4]

(1. 中石油长庆油田分公司勘探开发研究院，西安；2. 低渗透油气田勘探开发国家工程实验室，西安；
3. 中国石油长庆油田分公司气田开发事业部，西安；4. 中石油长庆油田分公司第二采气厂，榆林)

摘 要 鄂尔多斯盆地低渗岩性气藏发育，储层非均质性强，有效厚度、产能差异大，外围岩性边界不明显，该类气藏能否改建为储气库、如何高效建设储气库是行业内关注的焦点问题。通过开展地质研究与动态评价，认识到该类气藏建库密封性能良好，局部储层厚度大，产能高，具备建库基本地质条件；开展注采物理模拟、理论分析及矿场试验，认识到注气向外延展存在动态边界，可形成局部高压与高产区，具备“存得住，采得出”条件。为了确保优势区产能充分发挥，边部区域无溢散，利用局部优势储层作为注采核心区，以注气外延影响区域作为中间缓冲区，外围岩性致密储层作为监测区，设计了大型低渗岩性气藏“三区带”联动建库模式；研究储层物性突变界限、注采动态边界及非渗透边界等，将低渗岩性气藏划分为三区带；运用气藏工程、数值模拟方法，预测“三区带”运行压力、库容参数及区带之间气体流动量等指标，创新形成了大型低渗岩性气藏局部“三区带”建库新模式及优化设计方法，突破了传统整体建库理念，解决了低渗岩性气藏局部高效建设储气库的技术难题，为国内外同类型气藏储气库建设提供了技术依据。

关键词 低渗砂岩气藏，局部建库，区带划分，动态边界，运行压力

Study on Reconstruction of Gas Storage in Local Area of Low Permeability Sandstone Gas Reservoir

WANG Delong[1,2], LI Jinbu[1,2], HAN Xinggang[3], XIA Yong[1,2], WANG Leilei[1,2], CHEN Jiangmeng[3]

(1. Changqing Oilfield Exploration and Development Research Institute, Xi An, China;
2. National Engineering Laboratory of Low Permeability Oil and Gas Field Exploration and Development, Xi An, China;
3. Changqing Oilfield Gas Field Development Department e, Xi An, China;
4. The Second Gas Production Plant of Changqing Oilfield, Yu Lin, China)

Abstract: low permeability sandstone gas reservoirs are well developed in Ordos Basin, with strong reservoir heterogeneity, great difference in effective thickness and productivity, and no obvious boundary of surrounding lithology, whether this kind of gas reservoir can be transformed into a gas storage and how to construct the gas storage efficiently is the focus of attention in the industry. Through geological research and dynamic evaluation, it is realized that this kind of gas reservoir has good sealing performance, large local reservoir thickness, high productivity and basic geological conditions for reservoir construction, it is realized that gas injection can form local high pressure and high yield, and has the condition of “Being saved and produced” . In order to ensure the full play of production capacity in high-yield areas and no spillover in the border areas, to innovate the mode of local dessert storehouse construction of “Core area injection and production, middle area control, peripheral area monitoring”, and to establish the method of “Three zones” division, the design method of operating pressure and reservoir capacity parameters in sub-zones and the prediction and control technology of gas flow between zones have been formed, it provides a technical basis for the construction of gas storage of the same type of gas reservoirs at home and abroad.

Key words: Low permeability sandstone gas reservoir, partially built gas storage, Zone division, Dynamic boundary, Operating pressure

长庆气区是我国最大天然气生产基地及陆上管网枢纽中心，拥有丰富的地下空间资源、注气气源及便利的外输条件，是中石油规划的中西部储气中心。该区域主要发育低渗气藏，储层构造圈闭不明显，物性差、产能低，该类气藏往往被认为不具有建库地质条件。但实际上该类气藏局部区储层发育、产能较高，外围区致密储层可形成岩性边界密封，且气藏流体简单，不产水，无需考虑气井携液问题，气井产能可充分释放，是鄂尔多斯盆地储气库建设有利目标区。该类气藏储层非均质性强，采用常规“棋盘式布井”的整体建库模式，外围致密区可能形成大量低产低效井，增加无效垫底气量，注气形成的高压容易让岩性边界失效，存在溢散风险。为了解决该类气藏改建为储气库中的注采井的高产能、注采气不溢散等问题，本文将以榆林气田 S7 区为例，开展低渗砂岩气藏局部甜点建设储气库技术研究。

1　建库地质条件分析

储气库是天然气冬季调峰保供、能源战略储备的重要手段，其高效安全运行需具备两大地质条件：一是天然气能够在地下“存得住”，地质体密封性必须完好；二是天然气能够“快注快采”，地质体要有优势储层。低渗岩性气藏是否具有储气库建设的地质条件需要进一步评价。

1.1　地质体密封性评价

气藏建库地质体需要评价四周的密封性，主要包括盖层与底板的封堵性，侧向密封性、断层及溢出点密封性。该 S7 区山$_2^3$ 气藏为岩性气藏，断层不发育、无边底水体，直接盖层为山$_2^1$、山$_2^2$ 段的泥岩、砂质泥岩等，厚度大于 15m；底板为太原组灰岩，厚度普遍大于 40m，分布稳定，室内实验测试盖层泥岩、底板灰岩突破压力大于 41MPa，盖层、底板封闭性良好。

侧向密封性是岩性气藏地质体密封性评价的重点。该区块北侧局部区域山$_2^3$ 段砂体缺失、岩性尖灭，北侧封闭性较好；南侧砂体不发育，普遍致密干层，存在岩性、物性及流体封闭，封闭性较好；西南侧河道逐步变窄，储层变薄且致密，直至尖灭，构成了气藏西南侧有效遮挡（图 1）；东侧向与外部 L 区之间存在岩性过渡区，渗透率较低，压力较高，约为 22MPa，存在低渗高压带（图 2），形成渗流屏障，具有阻隔作用；综合评价地质体盖层、底板及侧向密封性良好，具备储气库注气“存得住”的地质条件。

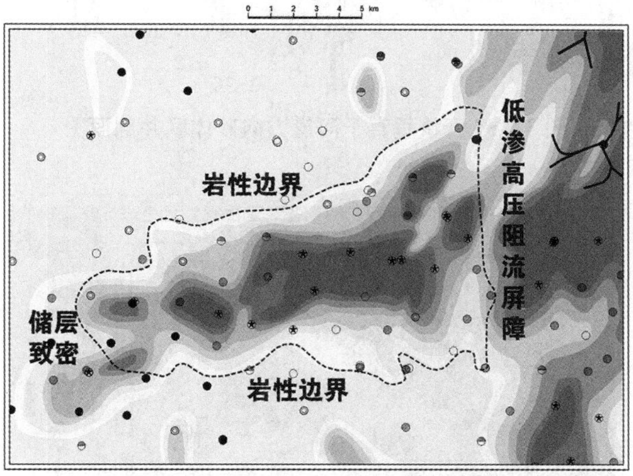

图 1　北侧、南侧、西南侧储层岩性边界图

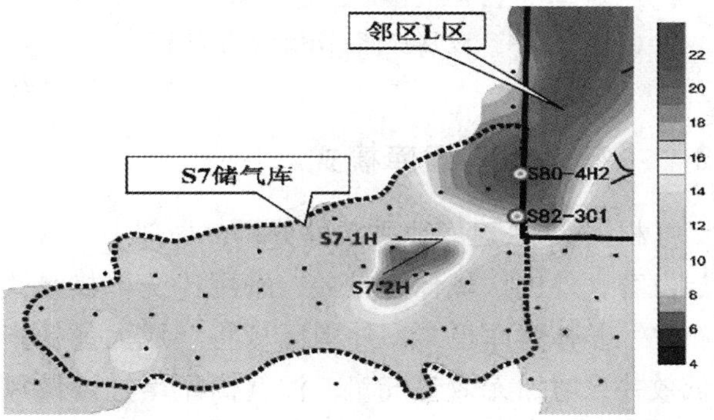

图 2　S7 储气库与邻区 L 区目前地层压力分布图

1.2　优势储层区评价

S7 区为榆林气田山$_2^3$ 气藏向南部的延伸，沉积亚相为的水下分流主河道，沿河道方向砂体多期叠置，厚度大，物性好，气井产量高，平均日产气量 $12\times10^4m^3$，均为 I+II 类气井；垂直河道方向砂体由中心向南北两侧逐渐变薄（图 3），岩性逐渐由砂岩过渡为泥岩，渗透率由 5mD 降低为 0.001mD（图 4），气井产量逐步降低，甚至无产量；西南侧为河道砂沉积末端，砂体变薄，物性变差；东北侧与 L 区的接壤地带，物性较差，产量略低。总的来讲，S7 区块储层非均质性强，中心区域储层发育，属于高渗高产区，具备储气库“大吞大吐”的产能条件。

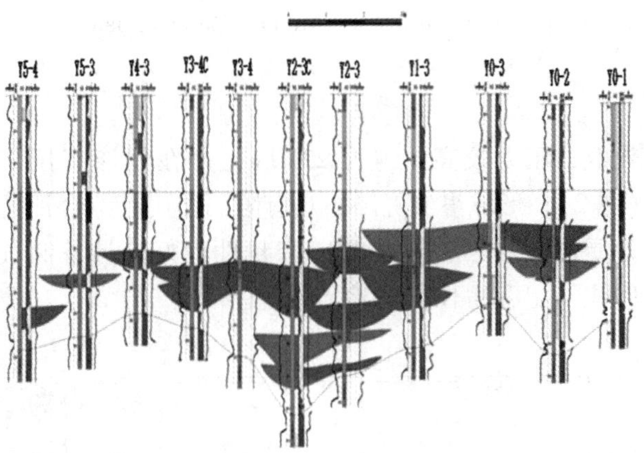

图 3　S7 区块垂直于河道方向砂体联井剖面图

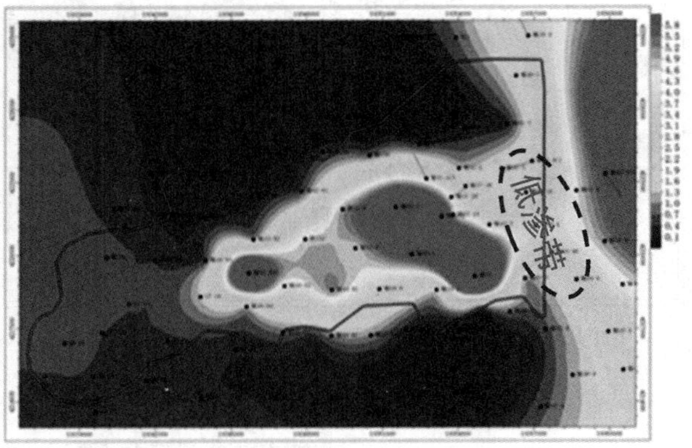

图 4　S7 区块储层渗透率分布图

2　“三区带”建库模式

根据 S7 区建库地质条件分析，局部中心区储层发育，外围区域储层较差，采用传统“棋盘式布井”整体建库模式，外围区域将形成大量低产低效井，增加无效垫气量，注气高压增加溢散风险。为了保障低渗气藏高效建库，开展注采理论模拟、现场试验分析，研究局部优势区注采建库的可行性。

2.1　理论模拟分析

根据 S7 区块的中心区域储层发育，外围区储层较差的展布特征，研制微观可视化气藏芯片，开展注采物理模拟试验分析孔隙空间动用及动态边界特征。经过多轮注气实验，注气控制孔隙空间、边界范围逐步趋于稳定（图 5），分析主要受喉道毛管阻力和束缚水膜遮挡形成有效注气动态边界，证明强非均质性气藏型储气库注采存在动态密封边界。

建立储层径向复合数学模型，研究注气压力传导特征。研究表明：高渗内区注采，地层压力变化幅度大，但低渗外区受物性与距离影响，注采压力传导受到制约，地层压力基本几乎无变化（图 6），说明该类气藏仅在局部优势储层区实施注采，可以保障储气库的注采平衡及动态密封性。

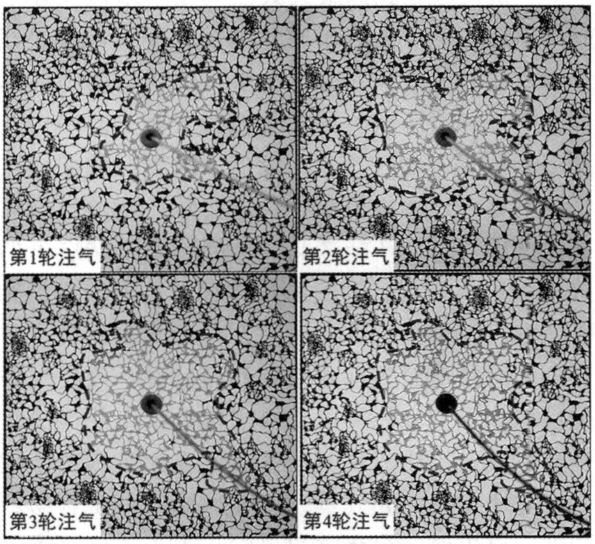

图 5　多轮注气实验控制范围变化图

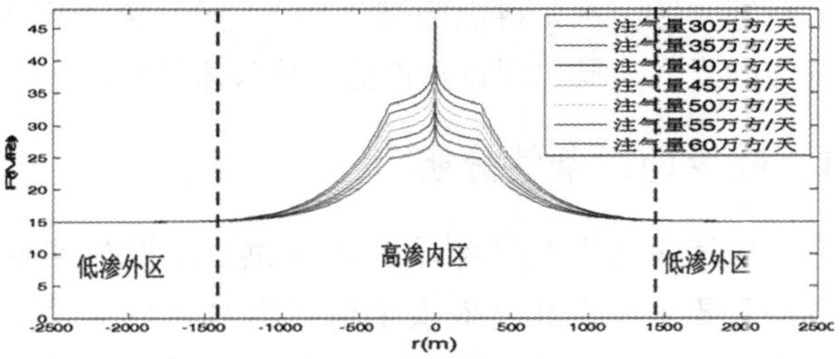

图 6　复合模型注气地层压力分布剖面图

2.2　矿场试验分析

开展 S7 区块注采试验，S7-1H、S7-2H 两口注气水平井注气，形成局部较高地层压力，高于外围区 S82-3、S81-2C1、S83-3A、S83-3 井地层压力 6~8MPa，注气渗流受到储层非均质性及泥质隔挡影响，压力波及围有限（图 7）；东北部区域距 L 区方向 2.0~3.3km 的监测井 S81-3、S81-4、S82-4、S82-4A 井的压力，无论在注气还是采气期间，均表现为缓慢上升趋势（图 8），表明高渗区注气，外围泥质阻挡了注气渗流，注气压力很难波及至外围区域，形成局部高压与高产区，具备“存得住，采得出”条件。

2.3　创新建库模式

理论模拟与注采试验均表明：储层高渗区注采，外围低渗区几乎无影响。针对该类气藏，在储层高渗区实施注采，可充分释放气井产能，发挥气库注采功能；高渗区向外物性逐步变差，注采影响逐步降低，向外延展到一定距离，地层压

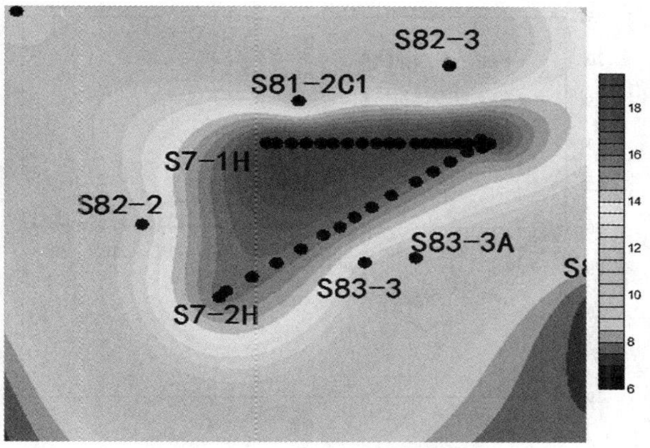

图 7　井区注气末压力分布图

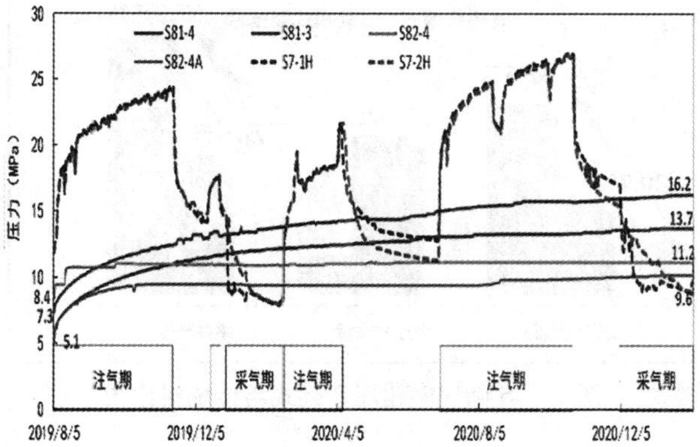

图 8　井区注采井与监测井井口压力变化图

力将不受注采影响，形成注采压力动态边界，该边界与高渗区之间的区域为中间区，可实施采气，发挥对外缓冲功能；外围区受岩性、致密边界及高压屏障的影响，可确保气库密封完整，可发挥监测与控制外溢的功能。最终创新形成“核心区注采，中间区控制，外围区监测”的三区带建库模式，可实现该类型气藏高效建库（图 9）。

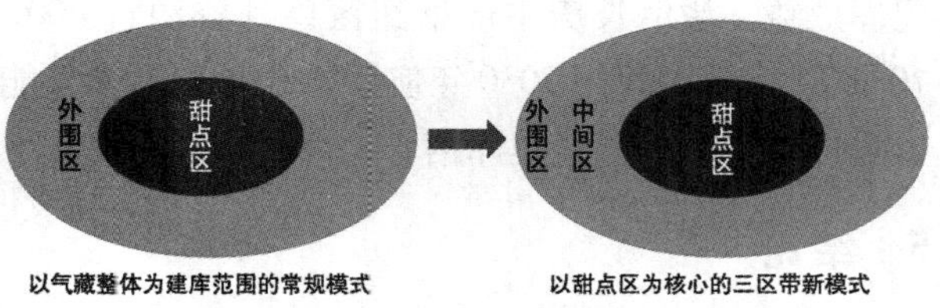

图 9　传统建库模式向局部甜点建库模式转变

3　“三区带”建库指标优化

低渗气藏“三区带”局部甜点建库模式已论证具有实施的可行性，但如何在低渗气藏改建储气库优化设计中体现新模式的理念是重要的技术难题，主要体现在核心区，中间区及外围区如何划分；不同区带的运行压力、库容量、垫气量等指标确定；各区之间的气体流动预测及如何控制等。

3.1　“三区带”划分

综合储层地质与气井生产资料，分析储层砂体厚度、物性参数，气井产量、井控储量等参数，开展了 I+II 类储层与气井划分，明确气藏物性、产能骤变的界限，圈定注采核心区；按照圈定核心区部署注采井，建立单井注采渗流模型，评价注气动半径，并多井联合确定注气压力传导动态边界，即过渡区的外边界；分析储层岩性、致密阻流带等非渗透边界，圈定外围区，形成“三区带”划分标准及技术方法。划分 S7 储气库注采区面积 37km²，动态储量 $63.5\times10^8m^3$（图 10、表 1）。

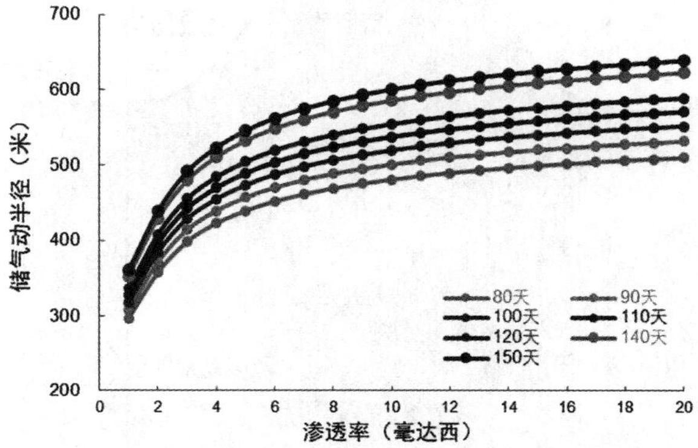

图 10　水平井储气动半径与渗透率关系

表 1　S7 区块建库“三区带”划分标准

指标体系	核心区	中间区	外围区
有效厚度（m）	＞10	10～4	＜4
试井渗透率（mD）	＞2	2～0.5	＜0.5
气井动态分类	I 类	II～III 类	III 类
注采控制范围		200 天波及区	未波及区
导压系数(m^2/d)	＞1000	200～1000	＜200
区域功能	注采	辅助采气	监测

3.2　“三区带”建库指标设计

开展储层三维地质建模研究，精细刻画储层砂体、物性展布特征，并将三区带划分结果赋予模型储量分区参数，并开展“三区带”注采数值模拟预测，评价不同区带注采过程中的运行压力区间；采用压降法核算分区库容量、垫气量等参数。评价 S7 储气库建库前期，各区域地层压力差异较大，建库运行稳定后核心区运行压力 27.7～15.4MPa，中间区运行压力 22.0～20.0MPa；外围区及 L 区运行压力稳定在 20MPa，根据运行最高压力确定各区动用库容量，核算总库容量 97.2×$10^8 m^3$。具体见图 11、图 12。

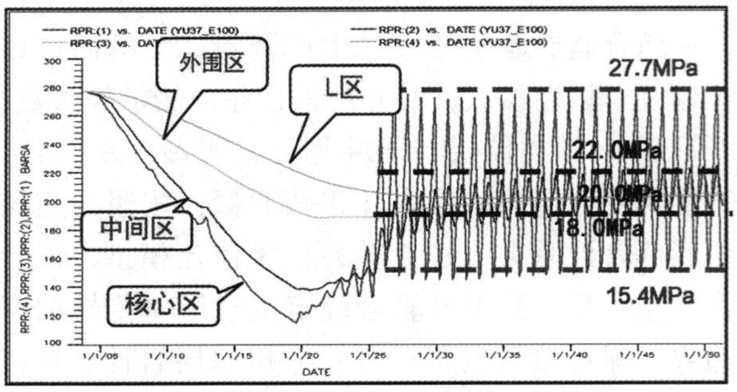

图 11　分区带地层压力预测曲线图

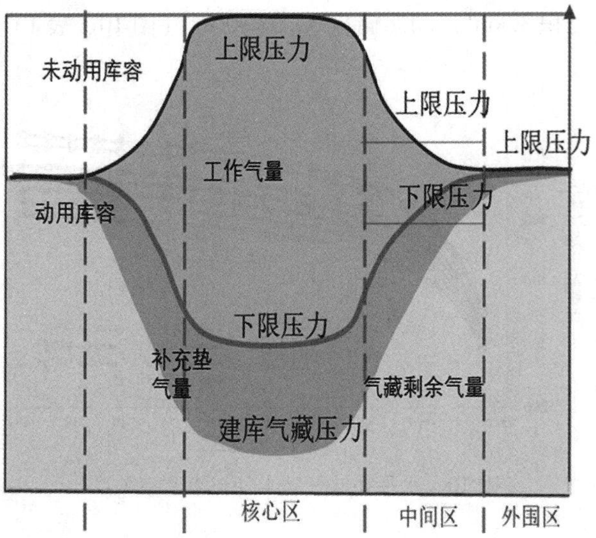

图 12　分区带库容参数核算结果图

3.3　区带间流动预测及控制

基于"三区带"注采数值模拟，预测多周期各区域之间注采天然气流入流出状况（图 13）。补充垫气阶段，注入多采出少，注气局部地层压力快速升高，导致核心区向中间区、中间区向外围区初期相互流动较大；达容达产阶段，气库周期注采气量达到平衡，年度流动气量逐步降低，直至零值，达到注采动态平衡。

外围区与 L 区之间的低渗高压-岩性渐变带具有阻流作用，一定程度上阻隔了两个区之间的天然气流动。为了进一步保障外围区向 L 区不溢散流动，可充分利用过渡区气田开发老井采气，实现外围区与 L 区的压力平衡，控制天然气流动量为零（图 14）。因此，老井回采可作为控制天然气流动的保障措施，进一步确保低渗气藏甜点建库注采运行密封可靠。

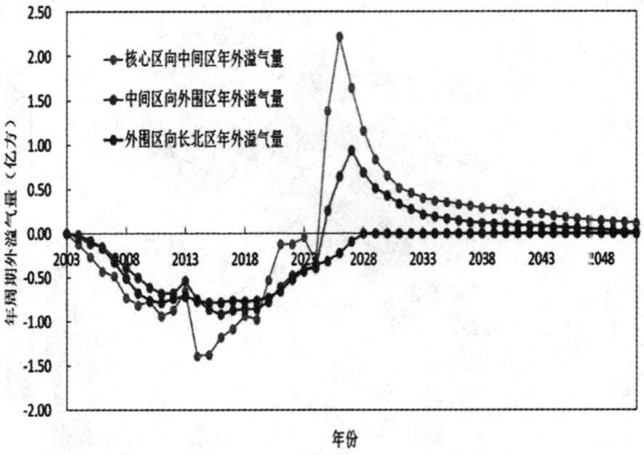

图 13　不同区域间天然气流动量曲线

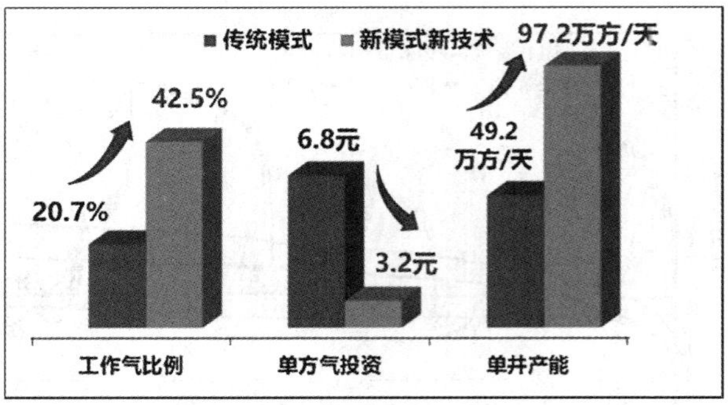

图 14　S 储气库建库新模式与传统对比图

4　技术应用效果

通过开展局部甜点建库技术研究，S7 区块部署 40 口注采井，工作气量达到 27×$10^8 m^3$。相比传统建库方式，单方工作气投资下降了 53%，单井产能由 49.2×$10^4 m^3$/d 提升 97.2×$10^4 m^3$/d。该技术解决了低渗岩性气藏传统模式建库效率低、成本高的核心难题，成功实现由传统整体建库向"三区带"局部建库重大转变，提升了低渗岩性气藏建库效益，激活长庆中部枢纽区库址资源近 400×$10^8 m^3$，支撑了我国 2030 年实现 600×$10^8 m^3$ 储气能力目标的实现，坚定建库信心。

5　结论

通过开展低渗气藏储层地质评价、注采理论模拟及矿场试验，论证低渗气藏局部建库可行性，建立"三区带"建库模式；形成三区带划分、分区建库指标设计及区间流动预测与控制的技术方法，实现了低渗气藏高效建库，具体有以下认识：

（1）S7 区块盖层、底板泥岩发育；南、北及西南侧普遍存在岩性尖灭、致密储层及流体封闭，东北侧与外围 L 区之间存在低渗高压-岩性渐变带，具备建库密封条件。

（2）S7 区块中心向外围储层厚度逐步变薄、物性逐步变差，采用传统整体建库模式，外围将形成大量低产低效井，增加无效垫气量，注气高压增加溢散风险。

（3）理论模拟、注采试验表明：储层高渗区注采，注入气受外围物性变差得影响，扩散距离有限，高渗区容易形成注气高压、存得住气，也可充分释放气井产能。

（4）创新形成“核心区注采，中间区控制，外围区监测”的三区带建库模式，确保核心区储气空间充分动用、产能充分发挥、注入气不溢散；实现低渗气藏高效建库。

（5）综合储层地质与气井生产分析，确定气藏物性、产能骤变的界限、注气压力传导动态边界及储层非渗透边界，划分建库三区带，形成划分标准及技术方法。

（6）开展注采数值模拟研究，预测不同区带注采运行压力区间，核算各区带库容量参数，预测与控制区带之间的气体流动，形成“三区带”建库指标设计与预测技术。

参 考 文 献

[1] 马新华，郑得文，丁国生，等．复杂地质条件储气库“极限动用”理论与实践［J］．石油勘探与开发，2023，50（2）：373-383.

[2] 马新华，郑得文，申瑞臣，等．中国复杂地质条件气藏型储气库建库关键技术与实践［J］．石油勘探与开发，2018，45（3）：489-499.

[3] 张建国，夏勇，赵晨阳，等．鄂尔多斯盆地低渗透岩性气藏型地下储气库地质评价关键技术［J］．天然气工业，2023，43（10）：55-63.

[4] 李进步，夏勇，王德龙，等．鄂尔多斯盆地低渗岩性气藏型储气库建库设计与运行优化关键技术［J］．天然气地球科学，2023，34（8）：1442-1451.

[5] 夏勇，张建国，何依林，等．低渗岩性气藏改建储气库的地质可行性与运行指标设计—以鄂尔多斯盆地 S 区块为例［J］．天然气地球科学，2023，34（8）：1452-1459.

[6] 廖伟，刘国良，陈如鹤，等．气藏型地下储气库动态密封性评价：以新疆 H 地下储气库为例［J］．天然气工业，2022，43（3）：133-141.

[7] 王改云，杨少春，廖飞燕，武群虎．辫状河储层中隔夹层的层次结构分析［J］．天然气地球科学，2019，20（3）：378-383.

[8] 陈凤喜，兰义飞，夏勇．榆林气田南区建设地下储气库圈闭有效性评价［J］．低渗透油气田，2018，16（1）：77-81.

[9] 王蕾蕾，李进步，王德龙，等．S7 储气库外溢风险评价［C］．第 33 届全国天然气学术年会（2023）论文集，2023，1-6.

[10] 李春，王皆明，夏勇，等．大型岩性气藏建库新模式与动边界预测方法术［C］．2023 油气田勘探与开发国际会议论文集Ⅱ，2023，5-10.

[11] 刘群明，唐海发，吕志凯，等．辫状河致密砂岩气藏阻流带构型研究——以苏里格气田中二叠统盒 8 段致密砂岩气藏为例［J］．天然气工业，2018，38（7）：25-31.

[12] 孙军昌，胥洪成，王皆明，等．气藏型地下储气库建库注采机理与评价关键技术［J］．天然气工业，2018，38（4）：138-144.

[13] 王皆明，姜凤光．地下储气库注采动态预测模型［J］．天然气工业，2009，29（2）：108-110.

[14] 刘志军，兰义飞，冯强汉，等．低渗岩性气藏建设地下储气库工作气量的确定［J］．油气储运，2012，31（12）：891-894.

[15] 胥洪成，王皆明，屈平，等．复杂地质条件气藏储气库库容参数的预测方法［J］．天然气工业，2015，35（1）：103-107.

[16] 王晓蕾．A 区块砂泥岩薄互层气藏改建储气库的可行性研究［J］．油气地面工程，2024，43（1）：31-36.

基于储层-井筒一体化模型的榆林气田储气库注采管柱优化设计

陈 琛[1] 王宪文[1] 王治国[1] 赖海涛[1] 张 涛[2] 李在顺[1] 王 鸽[1] 刘 洋[1]

(1. 长庆油田分公司油气工艺研究院；2. 长庆油田分公司气田开发事业部)

摘 要 确保注采安全进行是榆林气田储气库建设的首要原则，而注采管柱是生产运行的核心内容，地下储气库多周期高强度注采生产特征会引发储层井筒的交变载荷作用，对注采管柱的密封性和安全性有较大影响。为满足榆林气田储气库长期交变应力条件下注采管柱安全运行的要求，本文在结合目前国内外储气库建设经验的基础上，根据榆林气田储气库的实际生产运行情况建立该工区的三维地质模型，并结合储层渗流数值模型和井筒管流数值模型进行储层渗流-井筒管流一体化模拟，论证出不同类型储层单井合理注采能力；同时根据实际储层情况，依据单井合理配产配注，结合管柱注采能力分析、井筒压力损失分析、螺纹连接约束及冲蚀约束，分别优化设计出储层注采管柱的尺寸及结构功能，为后续榆林气田储气库的注采运行提供有力理论参考。优化设计结果表明：①推荐榆林气田储气库注采井Ⅰ类和Ⅱ类储层使用 Φ114.3mm 油管，Ⅲ类储层采用 Φ73.02mm 油管；②适用榆林气田储气库的注采管柱最小使用年限为 22.4 年，最大使用年限 45 年，最大冲蚀速率出现在弯管 90°左右，冲蚀极限为 25.6 年；③P110 钢级的 Φ114.3mm×7.37mm 油管和 P105 钢级的 Φ73.02mm×5.51mm 油管的最大下深均满足榆林气田储气库储层的下深要求；④注采井采用“井下液控安全阀+永久封隔器”完井管柱，并在油套环空配置分布式光纤。

关键词 储气库；注采管柱；储层-井筒一体化；管柱尺寸；管柱结构

Optimization Design of Injection-Production String of Gas Storage in Yulin Gas Field Based Onreservoir-Wellbore Integration Model

CHEN Chen[1], WANG Xianwen[1], WANG Zhiguo[1], LAI Haitao[1], ZHANG Tao[2], LI Zaishun[1], WANG Ge[1], LIU Yang[1]

(1. Oil&Gas Technology Research Institute, Changqing Oilfield Company, PetroChina;
2. Gas Field Development Division, Changqing Oilfield Company, PetroChina)

Abstract: Ensuring the safety of injection and production is the primary principle for the construction of gas storage in Yulin gas field, and the injection-production string is the core content of production and operation. The multi-cycle and high-intensity injection-production characteristics of underground gas storage will lead to the alternating load of reservoir wellbore, which has a great influence on the sealing and safety of injection-production string. In order to meet the requirements of safe operation of injection-production string under long-term alternating stress conditions of Yulin gas field gas storage, based on the current experience of gas storage construction at home and abroad, this paper establishes a three-dimensional geological model of the work area according to the actual production and operation of Yulin gas field gas storage. Combined with the numerical model of reservoir seepage and the numerical model of wellbore pipe flow, the integrated simulation of reservoir seepage and wellbore pipe flow is carried out, and the reasonable injection-production capacity of single well in different types of reservoirs is demonstrated. At the same time, according to the actual reservoir conditions, according to the reasonable production and injection allocation of single well, combined with the analysis of string injection-production capacity, wellbore pressure loss analysis, thread connection constraints and erosion constraints, the size and structure function of reservoir injection-production string are optimized respectively, which provides a strong theoretical reference for the subsequent injection-production operation of gas storage in Yulin gas field. The optimization design results show that: (1) It is recommended to use Φ114.3 mm tubing in type I and type II reservoirs and Φ73.02 mm tubing in type III reservoirs in Yulin gas field. (2) The minimum service life of the injection-production string suitable for the gas storage of Yulin gas field is 22.4 years, the maximum service life is 45 years, the maximum erosion rate appears at about 90° of the elbow, and the erosion limit is 25.6 years. (3) The maximum depth of Φ114.3 mm × 7.37 mm tubing of P110 steel grade and Φ73.02 mm × 5.51 mm tubing of P105 steel grade meet the requirements of the depth of Yulin gas field gas storage reservoir. (4) The completion string of 'downhole hydraulic control safety valve + permanent packer' is used in the injection-production well, and the distributed optical fiber is configured in the oil casing annulus.

Key words: Gas storage; Injection-production string; Reservoir-wellbore integration; The size of the pipe column; Tubular column structure

榆林气田储气库地处鄂尔多斯盆地，其目的层为山西组山$_2^3$段岩性砂岩气藏，气藏埋深2650~3100m，平均2841m；原始地层压力27.7MPa，压力系数0.94；目前地层压力11.0MPa，压力系数0.38；地层平均孔隙度6.4%，平均渗透率3.1mD。与常规气井的管柱不同，储气库气井的注采管柱在长时间的注采过程中要承受交变载荷作用。随着注采周期数的增加，注采管柱受附加载荷的累积效应会引起管柱强度降低，从而管柱失效制约储气库的高效开发。国内外学者对注采管柱的设计展开了大量研究，主要集中在管柱屈曲变形、管柱失稳和管柱强度等方面。根据不同的管柱计算模型，结合实际测井结果，实现了管柱在不同工况下的管柱强度的计算，包括管柱轴向应力、等效应力、弯曲内侧应力和弯曲外侧应力等。在管柱受力和强度计算的基础上，求得管柱的安全系数，进而对管柱进行剩余寿命预测。上述研究主要是针对高压高产气井，对于地下储气库管柱的研究尚处于不系统、完备的阶段，因而目前对于储气库注采管柱的研究是在经典力学分析的基础上结合频繁注采工况而进行的。为保证榆林气田储气库的稳定安全运行，本文基于现场实际数据建立该工区的三维地质模型，结合储层渗流数值模型和井筒管流数值模型进行储层渗流-井筒管流一体化模拟，论证出单井合理注采能力；同时根据实际储层情况划分三类储层，依据单井合理配产配注，结合螺纹连接约束、冲蚀约束，分别优选设计出三类储层注采管柱的尺寸及结构功能，为后续榆林气田储气库的注采运行提供有力理论参考。

1 储层-井筒一体化模型研究

1.1 模型软件的选择

本文建立的储层-井筒一体化模型主要包括储层渗流数值模型和井筒管流数值模型。储层渗流数值模型选用的斯伦贝谢的Eclipse软件，针对榆林气田储气库的低孔低渗、甲烷平均含量为94.09%干气气藏的储层及流体特征，选择E100单孔单渗气水模型模拟，并对全区储量及单井产量开展高精度历史拟合。同时根据井控半径，从高精度历史拟合好的全区数值模拟模型中切取出该井井控范围内的单井数值模拟模型，作为管柱尺寸、下深一体化优化分析的储层渗流模型。井筒管流数值模型选用的斯伦贝谢的Pipesim软件，据矿场单井实际油、套管尺寸、下深等井身结构，结合流体高压物性及实际生产动态参数建立井筒管流模型。建立上述两个模型，考虑高速非达西效应等影响，优化确定气藏型地下储气库单井管柱尺寸和结构功能，主要优化流程如图1所示。

1.2 模型初始化

气藏初始压力分布主要取决于气藏埋藏深度和流体地下密度，初始饱和度分布取决于地层孔隙结构。本工区模型主要通过非平衡初始化，非平衡初始化能最大程度刻画气水在储层中的分布，但单纯的非平衡初始化不能保证流体在初始状态不流动，模型中流体在未生产时便会发生纵向上的流动，以此来平衡地层流体分布，这会导致前期刻画的初始流体饱和度场被破坏。因此要进行毛管力标定，以保证模型的初始平衡，防止模型不收敛，初始化结束时的初始压力场及初始饱和度

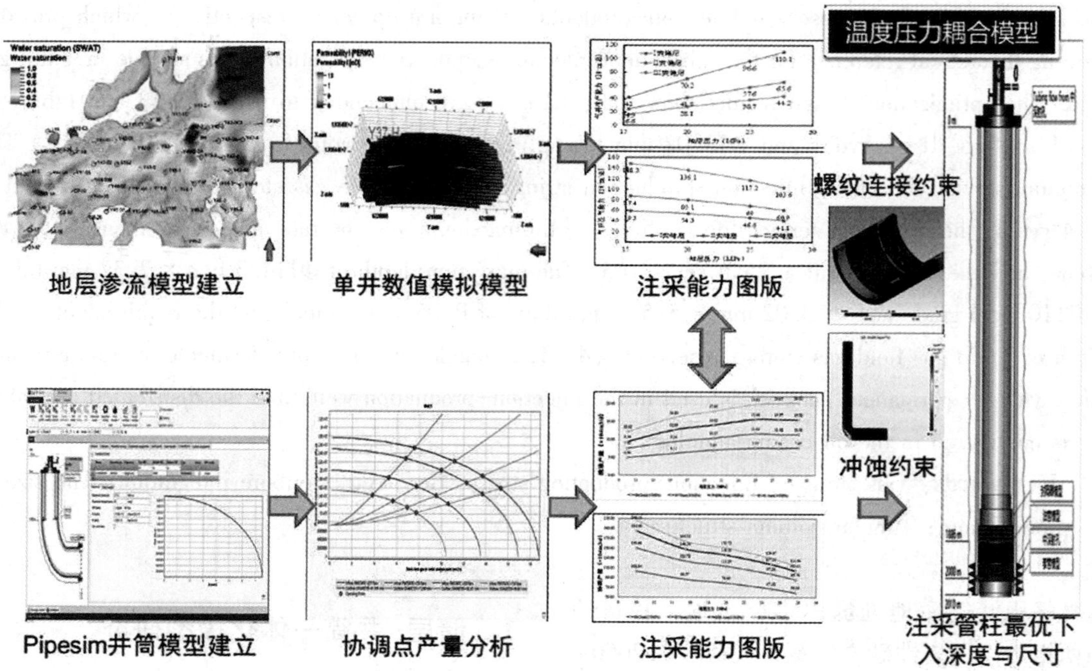

图 1　井筒-储层一体化注采管柱优化流程

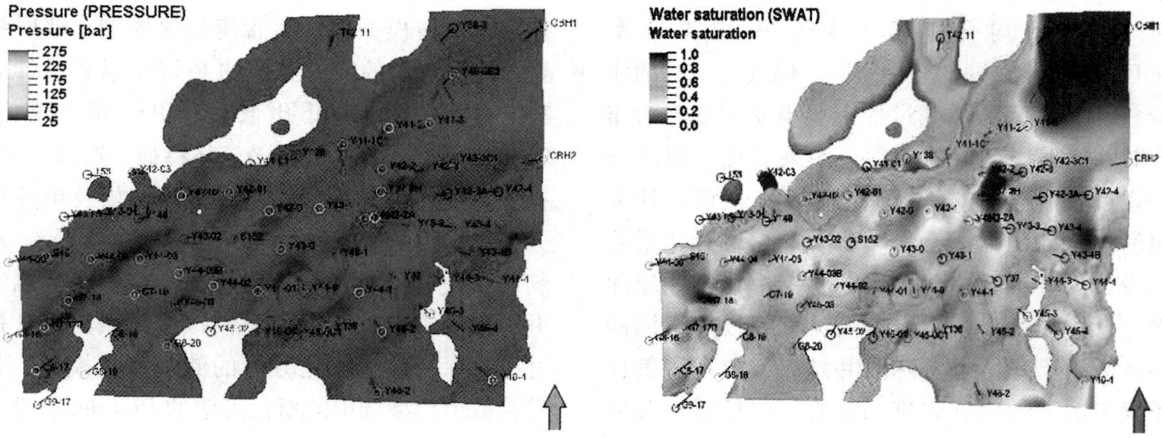

（a）压力场　　　　　　（b）饱和度场

图 2　初始化压力场及饱和度场分布

场分布如图 2 所示。

1.3　气藏开发历史拟合

模型历史拟合的时间跨度约为 17 年，根据气藏实际生产运行动态，截止到标定时间内，区块实际累产气 74.3×10^8m^3，模型计算累产气 74.2×10^8m^3，误差为 0.1%；区块实际累计注气量 5.92×10^8m^3、模型累计注气量 5.92×10^8m^3，误差为 0%，吻合程度均达 95%以上；拟合工区的含气面积为 145.4km²，数模储量为 169.9×10^8m^3，与地质储量拟合误差为 0%，储量拟合精度符合要求，拟合结果如表 1 所示。

表 1　数模储量拟合情况表

井区	含气面积/km^2	有效厚度/m	孔隙度/%	含气饱和度/%	地层压力/MPa	地层温度/K	原始气体偏差系数	地质储量/10^8m^3	储量丰度/($10^8m^3/km^2$)	数模储量/10^8m^3
榆林气田储气库	145.4	10.1	6.6	72.6	27.7	364	0.943	169.9	1.2	169.9

1.4　三类储层的划分

在高精度历史拟合好的全区数值模拟模型中建立三口储气库水平井，并根据不同类型储层划分，以井控范围500m为边界，在全区模型中切取物性好、中、差3个单井地质模型，三井区参数见表2，单井模型见图3。

表2　三类储层单井数值模拟模型物性参数表

储层分类	井号	井型	平均孔隙度/%	渗透率/mD
Ⅰ	W1	水平井	6.2	12
Ⅱ	W2	水平井	4.5	4.4
Ⅲ	W3	定向井	3.8	1.6

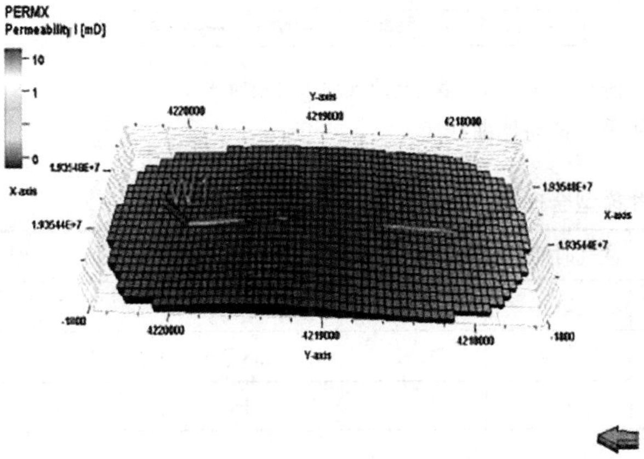

(a)　Ⅰ类储层

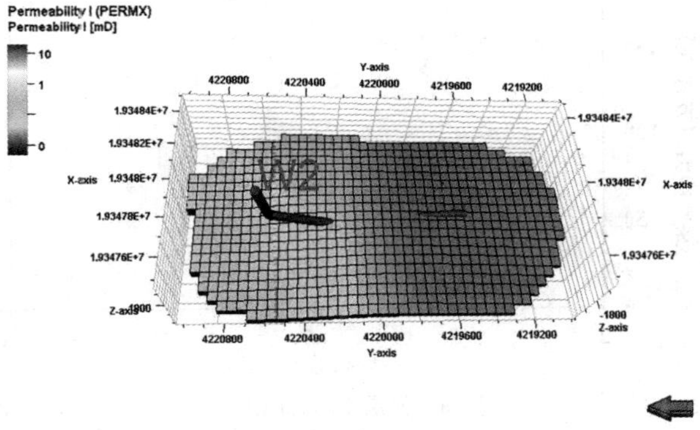

(b)　Ⅱ类储层

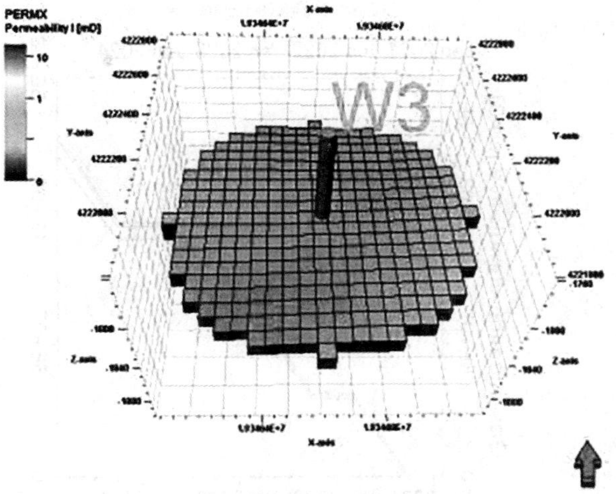

(c)　Ⅲ类储层

图3　三类储层的单井模型图

2　注采管柱尺寸优选设计

2.1　单井注采能力分析

根据榆林气田储气库井筒储层存在问题，提出解堵剂解堵、水力压裂及提高运行压力等相应措施，在全区模型中切取单井模型开展措施仿真实验。

单井提高注采能力措施方案参数见表3。

实验结果如图4所示，从中可以看出解堵方案注采气量提升5.3%、水力压裂方案注采气量提升7.2%、提压方案注采气量提升9.6%。后续推荐Ⅰ、Ⅱ类储层单井开展解堵、Ⅲ类储层单井开展水力压裂，并对整个储气库进行提压。

同时分别对Ⅰ、Ⅱ、Ⅲ类储层单井的合理注采气量进行仿真实验，依据调峰能力强，各类储层气井注采能力、注采损失小原则，推荐Ⅰ、Ⅱ、Ⅲ类储层合理注、采气量分别为$45\times10^4m^3/d$、$80\times10^4m^3/d$和$22\times10^4m^3/d$、$40\times10^4m^3/d$和$14\times10^4m^3/d$、$25\times10^4m^3/d$，其注采损失率随配产变化曲线如图5所示，注采气量结果汇总如表4所示。

表3　单井提高注采能力措施方案参数

物性参数		压裂参数		解堵参数		提高运行压力参数
平均孔隙度/%	渗透率/mD	裂缝半长/m	平均导流能力/mD·m	解堵前表皮	解堵后表皮	提压系数
3.8	1.6	40	310	3	0	1

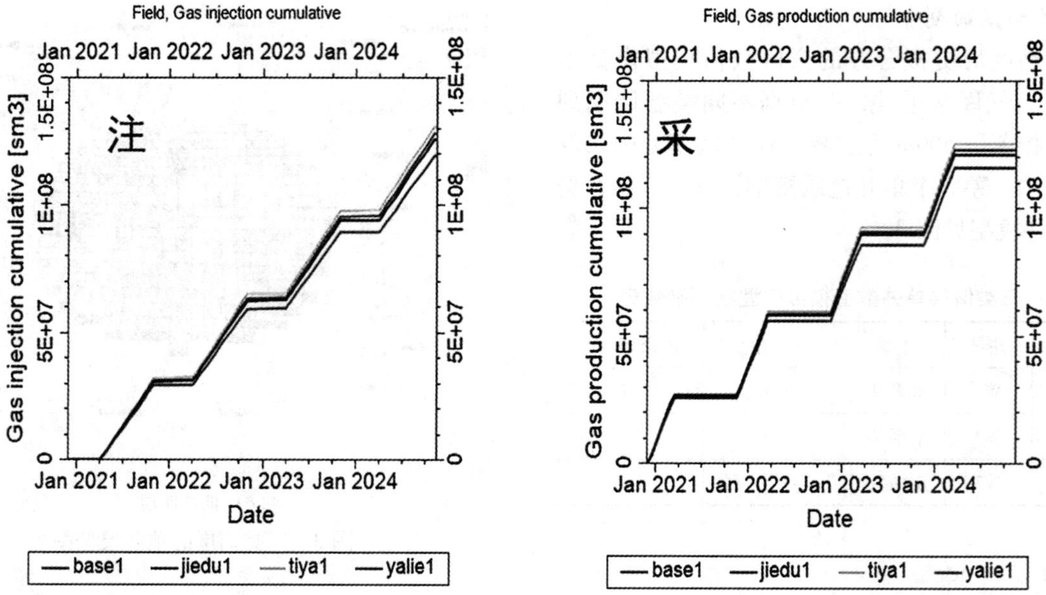

（a）措施仿真实验注气量对比　　　（b）措施仿真实验采气量对比

图4　不同措施方案的注采气量对比曲线

表4　Ⅰ/Ⅱ/Ⅲ类储层单井模型合理注采气量

序号	储层类型	日采气量/10^4m^3	日注气量/10^4m^3	采气时间/天	注气时间/天	累注气/10^8m^3	累产气/10^8m^3	注采损失率/%
1	Ⅰ	80	44.86	120	214	3.84	3.72	3.12
2	Ⅱ	40	22.43	120	214	1.92	1.86	3.12
3	Ⅲ	25	14.02	120	214	1.20	1.16	3.13

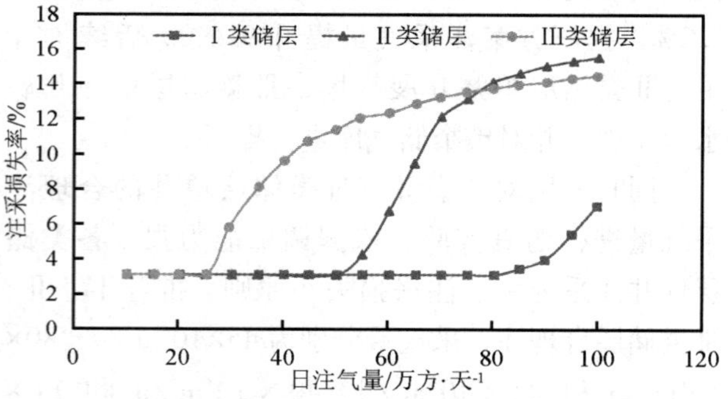

图5　三类储层模型注采损失率随配产变化

结合不同类型储层单井数值模拟模型论证结果，针对注采气能力与储层物性关系绘制了图版（图6到图7），在一定范围内单井注采气能力随物性变好而增大，但增大幅度逐渐减小。

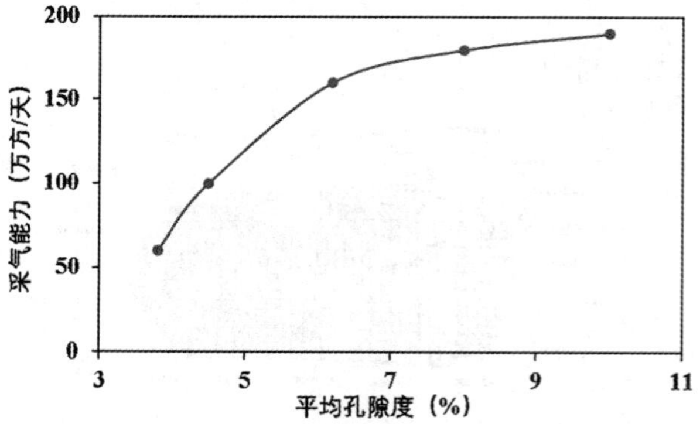

（a）储层平均孔隙度

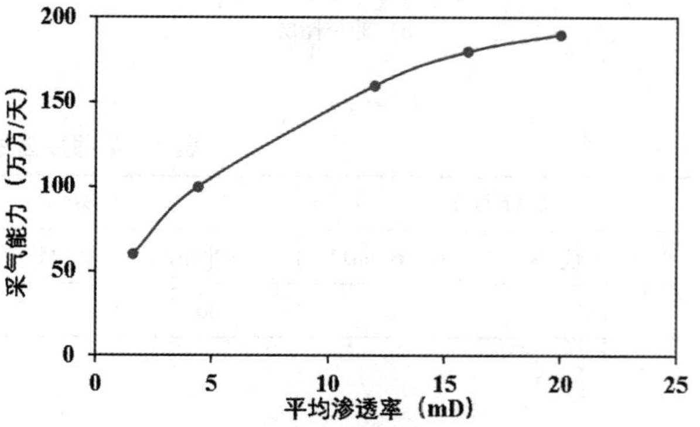

（b）储层平均渗透率

图6　采气能力与储层物性关系图版

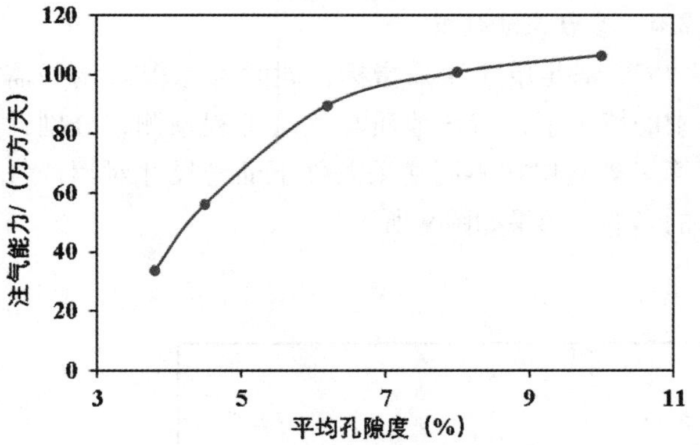

（a）储层平均孔隙度

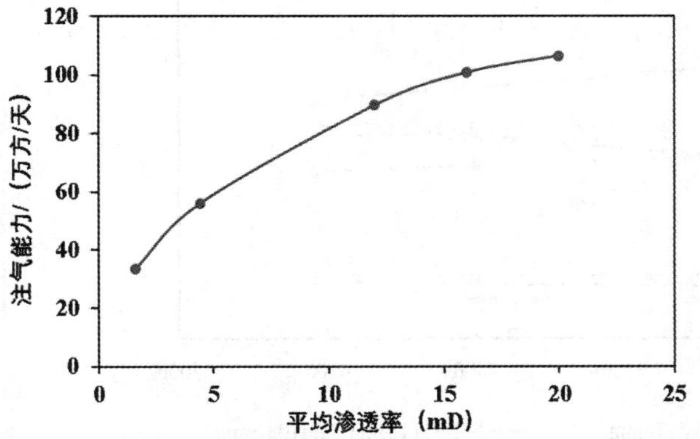

（b）储层平均渗透率

图7　注气能力与储层物性关系图版

2.2　管柱注采能力分析

综合考虑钻采工艺对井筒的要求及储气库强注强采条件下井壁稳定性，榆林气田储气库的注采水平井采用筛管完井，直井定向井采用套管固井射孔完井。注采能力的分析主要采用的是节点分析法。计算不同管径的油管在不同地层压力条件下可以达到的注采气量的变化范围，以此来判断油管是否满足储气库的注采强度要求。采气敏感性分析是在井口压力 6.7～18.2MPa 范围内对 Φ73.02mm、Φ88.9mm、Φ114.3mm 三类尺寸的管柱分别进行采气能力分析；注气敏感性分析是在地层压力 14.4～27.7MPa 范围内分析三类尺寸管柱的注气能力，曲线如图 8 所示。

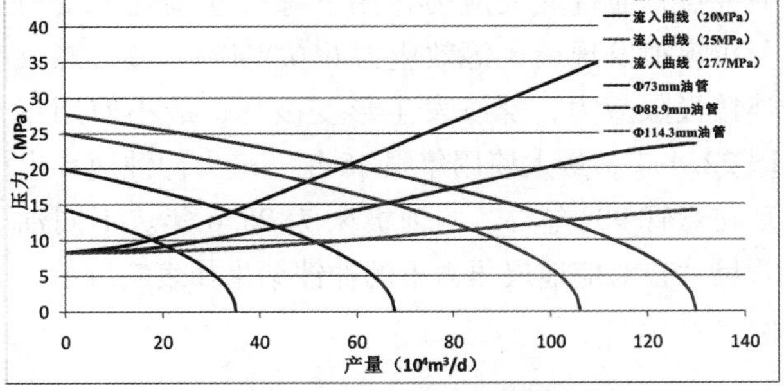

（a）井口压力 6.7MPa 时油管对产量敏感性分析

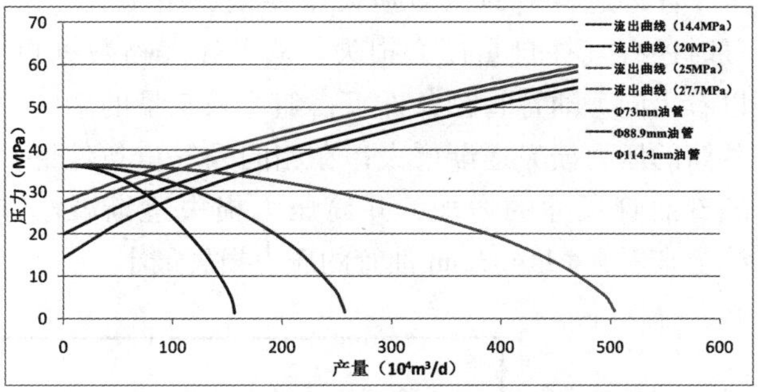

（b）井口注气压力 29MPa 时油管对产量敏感性分析

图8　不同油管在注采过程中的产量与压力关系曲线

从曲线中可以看出，井口压力 6.7～18.2MPa 范围内，Φ73.02mm、Φ88.9mm、Φ114.3mm 管柱采气能力分别为（17.6～58.5）×$10^4m^3/d$、（20.7～80.0）×$10^4m^3/d$、（22.8～102.6）×$10^4m^3/d$。地层压力（14.4～27.7）MPa 范围内，Φ73.02mm、Φ88.9mm、Φ114.3mm 油管的注气能力分别为（53.4～88.4）×$10^4m^3/d$、（70.9～120.3）×$10^4m^3/d$、（87.5～159.8）×$10^4m^3/d$。

2.3　井筒压力损失分析

储气库注采井强注强采的生产特点要求在运行过程中其安全性能更高，生产管柱在注采过程中要尽量具有较小的压力损失，以此来保证注采井的运行能力和安全性。分别计算不同管径油管在不同注采气量条件下井筒内的压力损失，结果如表 5 和表 6 所示。

表 5　采气过程中井筒压力损失对比表（井口 6.7MPa）

气量/（$10^4m^3/d$）	Φ73.02mm 压力损失/MPa	Φ88.9mm 压力损失/MPa	Φ114.3mm 压力损失/MPa
20	4.1	2.5	1.8
50	12.2	6.4	3.0
70	18.5	9.5	4.2
100	26.9	13.8	5.8

表 6　井口压力 29MPa 时不同注气量对应井底流压值

注气量/（$10^4m^3/d$）	井底压力/MPa		
	Φ73.02mm	Φ88.9mm	Φ114.3mm
20	35.9	36.2	36.3
50	33.4	35.4	36.2
70	30.5	34.4	36.0
100	24.1	32.2	35.5

注采过程中的压力损失主要是摩阻损失，采气时还有气柱自重压力损失。从上述表格数据可以看出同一油管管径条件下，随着采气量的增大，井筒的压力损失逐渐增大；在相同采气量条件下，随着油管尺寸的增加，井筒压力损失逐渐减小，综合来看，Φ114. 3mm 油管的压力损失最小。

2.4 管柱尺寸优选

在满足单井注采指标，同时考虑极限调峰需求的情况下，结合地质与气藏工程预测，分别计算三类储层在不同注采条件下油管尺寸对累产气的影响，结果如图 9 所示。

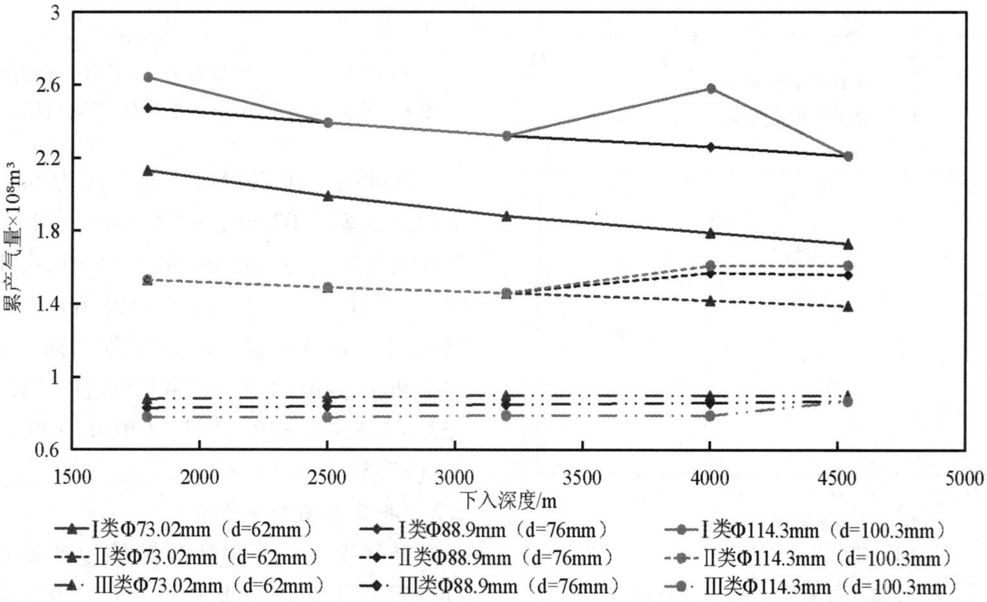

图 9 三类储层不同尺寸油管下深对累产气影响

Ⅰ类

由图中曲线可以看出，在井口压力不变的条件下，下入深度由 1794m 增加至 4540m 时，不同类型的储层其油管尺寸对累产气的影响存在明显的差异；采用 Φ73. 02mm 油管的累产气量变化为：Ⅰ类储层由 2. 13×10^8m^3 降低至 1. 73×10^8m^3；Ⅱ类储层由 1. 53×10^8m^3 降低至 1. 39×10^8m^3；Ⅲ类储层由 0. 88 × 10^8m^3 降低至 0. 90 × 10^8m^3。采用 Φ88. 9mm 油管的累产气量变化为：Ⅰ类储层由 2. 47×10^8m^3 降低至 2. 21×10^8m^3；Ⅱ类储层由 1. 53 ×10^8m^3 增加至 1. 56×10^8m^3；Ⅲ类储层由 0. 83× 10^8m^3 增加至 0. 87×10^8m^3；采用 Φ114. 3mm 油管的累产气量变化为：Ⅰ类储层由 2. 64×10^8m^3 降低至 2. 21×10^8m^3；Ⅱ类储层由 1. 53×10^8m^3 增加至 1. 61×10^8m^3；Ⅲ类储层由 0. 78×10^8m^3 增加至 0. 87 ×10^8m^3。

通过管柱下入深度和尺寸对生产影响敏感性分析可知，储层物性越好，累产气量越大（Ⅰ类>Ⅱ类>Ⅲ类）；管柱下入越深，井筒压降越大，因此推荐管柱下入深度为：斜井段 2/3 处或水平段起始段，如果边底水丰富造成携液严重，下入可至水平段末端。另外，为减少摩阻损失，同时考虑到 Φ88. 9mm 和 Φ114. 3mm 油管钻完井费用差别不大（单井约 50 万元），建议榆林气田储气库Ⅰ类和Ⅱ类储层用 Φ114. 3mm 油管，Ⅲ类储层采用 Φ73. 02mm 油管。

3 管柱冲蚀及强度校核分析

3.1 管柱抗冲蚀性分析

储气库气井在注采运行过程中井口压力为整个井筒压力分布的最低点，冲蚀分析选择井口为研究点，通过交变应力作用下螺纹连接处的受力分析模拟发现最大等效应力 666. 8MPa，超过螺纹连接极限应力，螺纹发生形变破坏，最小使用年限 22. 4 年，最大使用年限 45 年，最大冲蚀速率出现在弯管 90°左右，冲蚀极限为 25. 6 年。不同油管尺寸在对应地层压力下的冲蚀结果如表 7 所示。

表 7　不同气体流速下的冲蚀结果表

地层压力/MPa	井口压力/MPa	Φ73.02mm		Φ88.9mm		Φ114.3mm	
		协调产量/($10^4m^3/d$)	冲蚀流量/($10^4m^3/d$)	协调产量/($10^4m^3/d$)	冲蚀流量/($10^4m^3/d$)	协调产量/($10^4m^3/d$)	冲蚀流量/($10^4m^3/d$)
27.7	6.7	58.5	39.2	80.0	58.91	102.6	101.17
	12	49.2	52.47	65.9	78.84	82.1	135.4
	18.2	26.4	64.61	32.4	97.09	37.2	166.75
25	6.7	49.9	39.2	66.7	58.91	83.5	101.17
	12	40.0	52.47	51.9	78.84	62.5	135.4
	18.2	11.6	64.61	13.5	97.09	14.2	166.75
20	6.7	34.2	39.2	43.8	58.91	51.9	101.17
	12	21.4	52.47	26.1	78.84	29.2	135.4
	18.2	—	64.61	—	97.09	—	166.75
14.4	6.7	17.6	39.2	20.7	58.91	22.8	101.17
	12	—	52.47	—	78.84	—	135.4

3.2　注采管柱强度校核及下深分析

通过交变应力下的强度分析，油管选择安全系数 1.5，钢级选择 P110，管柱下人之前必须进行气密封检测，封隔器下于油管上部 10m 处。通过安全系数筛选获得不同钢级油管的可下深度，如表 8 所示。

表 8　油管强度校核

钢级	公称直径/mm	壁厚/mm	公称重量/(N/m)	抗外挤/MPa	抗内压/MPa	抗拉/kN	安全系数	油管下入深度/m
P110 级	114.3	7.37	196.9	73.6	85.6	1877	1.5	6355
P105 级	73.02	5.51	94.76	96.6	95.6	846	1.5	5952

当抗拉安全系数取 1.5 时，P110 钢级的 Φ114.3mm×7.37mm 油管最大下深可达 6355m，P105 钢级的 Φ73.02mm×5.51mm 油管最大下深可达 5952m，均满足榆林气田储气库注采井储层平均埋深 2800~3000m 的下深要求。

4　注采管柱结构的优化设计

4.1　设计原则

①可实现井下快速关断；②可建立油套环空循环通道；③油套环空底部由封隔器封隔，注入环空保护液，可避免套管腐蚀和压力变化对固井水泥环的损坏；④可悬挂测压装置；⑤可监测管柱完整性并做到实时预警。

4.2　管柱结构及功能设计

依据《油气藏型地下储气库注采完井设计规范》(Q/SY 01012)，结合当前国内外储气库完井技术发展现状，考虑到榆林气田的地质环境及长期安全运行管理的需要，注采井完井管柱设计需具备井下快速关断、保护套管、动态监测等基本功能，即注采井采用“井下液控安全阀+永久封隔器”完井管柱，完井时油套环空设置分布式光纤，便于井筒完整性连续监测。管柱结构示意图如图 10 所示。

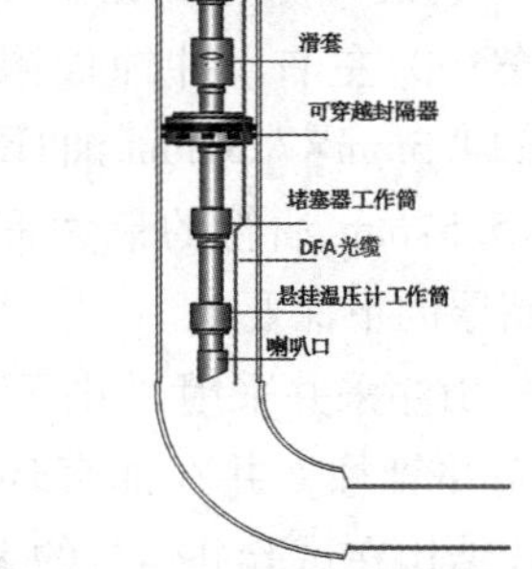

图 10　榆林气田储气库注采井完井管柱示意图

4.3　管柱实施效果分析

榆林气田储气库前期试验中的榆 A 井和榆 B 井均采用井下悬挂压力计测压完井管柱。榆 A 井为三开井身结构，完钻井深 4426m，水平段长 1062m，气层钻遇率 64.0%，采用 Φ114.3mm 筛管完井，完井周期 216 天；榆 B 井为四开井身结构，完钻井深 5044m，水平段长 1819m，气层钻遇率 91.5%，采用 Φ139.7mm 筛管完井，完井周期 302 天。

这 2 口井目前已完成 5 个周期的注采试验，注采过程中油套压环空无带压情况，完井管柱功能正常。5 个注采周期内的注采气量统计分析表如表 9 所示，榆 A 井累计注气 $1.27\times10^8m^3$，累计采气 $0.39\times10^8m^3$；榆 B 井累计注气 $5.82\times10^8m^3$、累计采气 $1.94\times10^8m^3$。

表 9　榆林气田储气库试验井注采气量跟踪分析表

周期	榆 A 井		榆 B 井	
	注气量/$\times10^8m^3$	采气量/$\times10^8m^3$	注气量/$\times10^8m^3$	采气量/$\times10^8m^3$
第一周期	0.11	0.10	0.47	0.48
第二周期	0.14	0.17	1.02	1.09
第三周期	0.27	0.04	1.52	0.14
第四周期	0.51	0.08	1.89	0.23
第五周期	0.25	—	0.92	—
累计	1.27	0.39	5.82	1.94

5　结论

（1）本文通过地质渗流模型和 Pipesim 井筒模型的建立，结合单井数值模型分析了三类储层的注采能力，并将注采管柱的冲蚀情况及管柱强度校核情况作为约束，最终建立了一套基于储层-井筒一体化模型的榆林气田储气库单井管柱尺寸和功能设计的优化方法。

（2）推荐榆林气田储气库Ⅰ、Ⅱ类储层单井开展深层解堵措施、Ⅲ类储层单井开展水力压裂，同时对整个储气库进行提压；基于管柱注采能力及井筒压力损失的分析结果，建议榆林气田储气库Ⅰ类和Ⅱ类储层用 Φ114.3mm 油管，Ⅲ类储层采用 Φ73.02mm 油管。

（3）注采管柱抗冲蚀性结果表明管柱的最小使用年限 22.4 年，最大使用年限 45 年，最大冲蚀速率出现在弯管 90°左右，冲蚀极限为 25.6 年；P110 钢级的 Φ114.3mm×7.37mm 油管和 P105 钢级的 Φ73.02mm×5.51mm 油管的最大下深均满足榆林气田注采井储层的下深要求。

（4）榆林气田注采井采用“井下液控安全阀+永久封隔器”完井管柱，并在油套环空配置分布式光纤；该完井结构在试验井运行的 5 个注采周期内管柱功能正常，且榆 A 井累计注气 $1.27\times10^8m^3$，累计采气 $0.39\times10^8m^3$，榆 B 井累计注气 $5.82\times10^8m^3$、累计采气 $1.94\times10^8m^3$。

参 考 文 献

[1] 伊伟锴．储气库注采管柱多周次循环交变载荷力学分析［J］．中外能源，2023，28（03）：58-62.

[2] 樊洪海，王宇，张丽萍，等．高压气井完井管柱的流固耦合振动模型及其应用［J］．石油学报，2011，32（3）：547-550.

[3] 许珍萍．枯竭气藏地下储气库注采系统数值模拟及参数优化［D］．成都：西南石油大学，2012.

[4] 樊洪海，杨行，王宇，等．高压气井生产管柱横向振动特性分析［J］．石油机械，2015，43（03）：88-91+95.

[5] Hammerlindl D J. Packer-to-tubing forces for intermediate packers［J］. Journal of Petroleum Technology, 1980, 32（3）: 515-527.

[6] Lubinski A, Althouse W S. Helical Buckling of Tubing Sealed in Packers［J］. Journal of Petroleum Technology, 1962, 14（06）: 655-670.

[7] 杨可，王冰迪，张立翔，等．充液注采管柱流固耦合 4 方程模型的一个解析解［J］．水动力学研究与进展，Ser. A，1999，14（4）：493-503.

[8] 吴晓宁．枯竭油气藏储气库套管力学分析及安全评价［D］．青岛：中国石油大学（华东），2013：36-40.

[9] 于刚，杜京蔚，邹晓燕，等．华北储气库注采气井管柱优选研究［J］．天然气地球科学，2013，24（5）：1086-1090.

[10] 徐晴晴，毕彩霞，董绍华，等．基于马尔可夫链的储气库管柱寿命预测［J］．内蒙古石油化工，2020，46（01）：31-35.

[11] 练章华，魏臣兴，宋周成，等．高压高产气井屈曲管柱冲蚀损伤机理研究［J］．石油钻采工艺，2012，34（01）：6-9.

[12] Sza B，Yya B，Lan S C，et al. A semi-empirical model for underground gas storage injection-production string time series remaining useful life analysis in process safety operation［J］. Process Safety and Environmental Protection，2021.

[13] 汪雄雄，樊莲莲，刘双全，等．榆林南地下储气库注采井完井管柱的优化设计［J］．天然气工业，2014，34（01）：92-96.

[14] 金忠良，杨川东，张守良，等．采气工程［M］．北京，石油工业出版社，2004：91-99.

盐穴型储气库注采工艺标准化设计探究

王 博 赵丽丽 王继辉

（大庆油田设计院有限公司）

摘 要 按照习近平总书记的批示指示精神和集团公司的决策部署，“十四五”期间要多举措加快储气库的建设，实现国家和集团公司要求的储气能力建设目标。为了高质量、高速度完成储气库地面工程建设任务，必须坚决推行“标准化设计、模块化建设、信息化管理、数字化交付”，在开展储气库地面工程建设的同时，建立并不断完善储气库地面标准化设计，在新库建设中积极推广应用。而盐穴型储气库作为储气库的重要种类，在设计阶段采用标准化注采工艺，对于盐穴型储气库的全生命周期运行具有极大意义。盐穴型储气库是利用地下的盐层或盐丘，采用人工方式在盐层或盐丘中水溶形成洞穴，向洞穴中注入天然气再采出，实现储气库天然气生产调峰和资源储备的功能。充分考虑盐穴型储气库的特点，根据井站布局情况，边远井进入集配气阀组汇集进集注站，近端井直接进集注站，注采管线和注采干线宜注采合一设置，从工艺流程、设备、管材选择说明、平面布置、模块化设计和自动控制分别开展井场、集配气阀组和集注站的标准化设计。通过盐穴型储气库注采工艺标准化设计探究，规范并统一盐穴型储气库地面工程工艺典型流程和主要站场总平面布置，提升地面建设整体水平，提高设计与建设质量，提升本质安全和环保水平，降低了盐穴型储气库的工程投资，缩短了盐穴型储气库的建设工期。

关键词 盐穴型；储气库；注采工艺 标准化设计

Study on Standardized Design of Injection and Production Process for Storage in Salt Caverns

WANG Bo, ZHAO Lili, WANG Jihui

(Daqing Oilfield Design Institute Co., Ltd.)

Abstract: According to the directives of General Secretary Xi Jinping and the decision-making arrangements of the group company, during the 14th Five Year Plan period, multiple measures should be taken to accelerate the construction of gas storage and achieve the goals of gas storage capacity construction required by the state and the group company. In order to complete the construction task of gas storage ground engineering with high quality and speed, it is necessary to resolutely promote “standardized design, modular construction, information management, and digital delivery” . Simultaneously, we also must establish and continuously improve the standardized design of gas storage ground, and actively promote its application in new gas storage construction. As an important type of gas storage, storage in salt caverns adopts standardized injection and production technology in the design stage, which is of great significance for itswhole life cycle operation. By manually dissolving water in salt layers or salt domes to form caves, natural gas is injected into them and then extracted to achieve the functions of peak shaving of natural gas production and resource reserve in gas storage facilities. Based on the characteristics of storage in salt caverns and the layout of well stations, the natural gas extracted from remote wells is collected through gas gathering and distribution valves and transported to the injection station, while the natural gas extracted from nearby wells is directly transported to the injection station. Moreover, the injection and production pipelines and trunklines should be set up in an integrated manner. And the standardized design of well sites, gathering and distribution valve groups, and injection stations will be carried out separately for process flow, equipment, pipe selection instructions, layout plan, modular design, and automatic control. By exploring the standardized design of injection and production processes for storage in salt caverns, we aim to standardize and unify the typical process of ground engineering and the overall layout of major stations, improve the overall level of ground construction, enhance quality of design and construction, improve intrinsic safety and environmental protection, reduce the engineering investment and shorten the construction period of storage in salt caverns.

Key words: Type of Salt Cavern; Gas Storage; Injection and Production Process; Standardized Design

1 引言

储气库是将长输管道输送来的商品天然气重新注入地下空间而形成的一种人工气田或气藏，一般建设地点选择在靠近下游天然气用户城市的附近。储气库是实现季节调峰和应急调峰的功能的最佳选择，也是保证天然气安全供应的基本手段。

按照习近平总书记的批示指示精神和集团公司的决策部署，“十四五”期间中国石油新建储气库38座，未来在全国形成东北、华北、西北、西南、中西部和中东部等六大储气中心，多举措加快推进储气库建设，力争“早开工、早投产、早供气”，实现国家和集团公司要求储气能力建设目标（图1）。“十四五”末将建成$280\times10^8m^3$工作气量，投资达到756亿元，建设任务重，建设要求高。

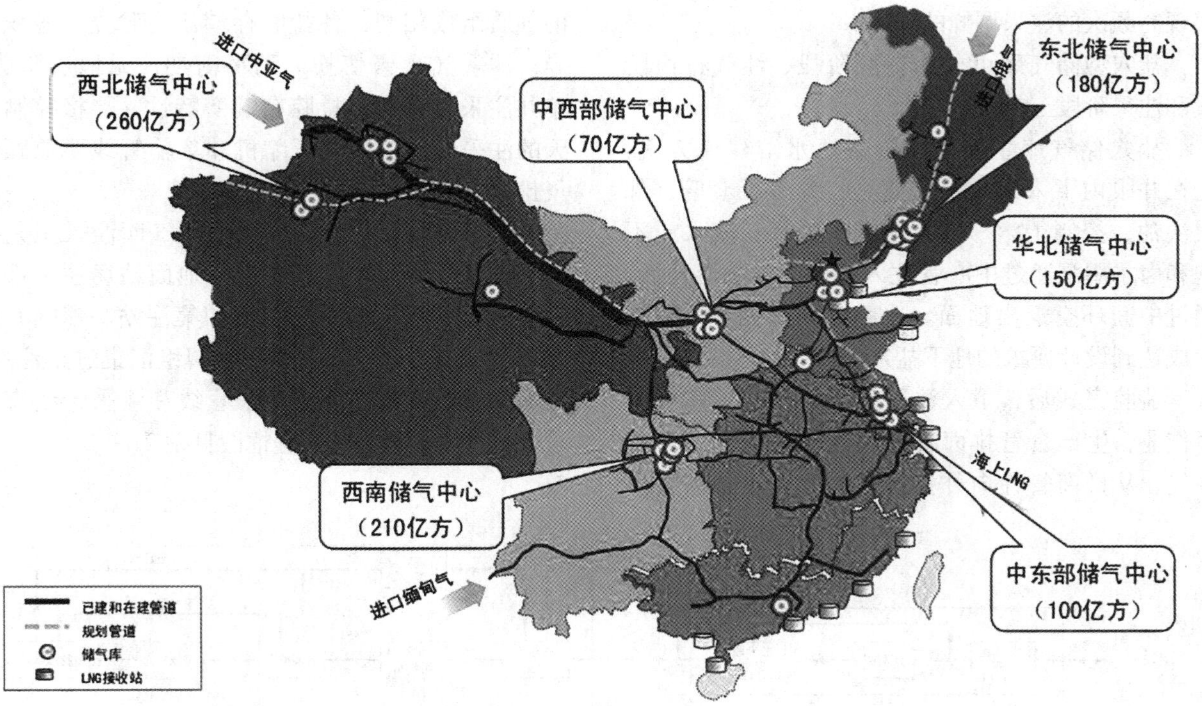

图1 中国石油储气库“十四五”建设规划

为了高质量、高速度完成储气库地面工程建设任务，必须坚决推行“标准化设计、模块化建设、信息化管理、数字化交付”，在开展储气库地面工程建设的同时，建立并不断完善储气库地面标准化设计，在新库建设中积极推广应用。

而盐穴型储气库作为储气库的重要种类，如何提高盐穴型储气库的建设效率，降低盐穴型储气库的建设成本，保证商品天然气储气调峰的功能至关重要，因此盐穴储气库需要在设计阶段采用标准化注采工艺，对于盐穴型储气库的全生命周期的运行具有极大意义。

2 技术思路和研究方法

储气库类型主要有油气藏、含水层、盐穴、

废弃矿坑及岩洞储气等多种型式。全球范围内，油气藏型储气库工作气量最大，约占总工作气量的81%，含水层型储气库占12%，盐穴型储气库占7%，废弃矿坑和岩洞储气等其它储气型式数量占比较少。其中油气藏型储气库是最常用的一种储气方法，利用已枯竭或半枯竭的油气藏改建而成，向油气层中注入天然气再采出。集气层具有较高的孔隙度和渗透率，盖层密封性好，能防止压力降低时水进入，能承受大的压力波动。储气库一般距离市场较近，便于施工，具有建库周期短、投资和运行费用低等优点。含水层储气库是通过高压将天然气注入具备一定储存条件的地下含水储层中，通过注气驱水而形成的一种人工气藏，具有建设成本较高和建设周期较长的特点。

盐穴储气库是利用地下较厚的盐层或盐丘，采用人工方式在盐层或盐丘中水溶形成洞穴，进行天然气回注、储存、采出的储采系统，建设成本较高，但利用率高，注气时间短，需要时能够实现高频次的注采调峰的作用。

盐穴型储气库可分为造腔阶段、注气排卤阶段和注采阶段三个阶段。

盐穴储气库主要采取油垫法水溶建库方式，先在井眼内下入采卤造腔管柱，为三层套管，外层注油，控制上溶。造腔初期正循环，淡水或不饱和卤水用泵通过中心管注入盐层，水洗溶盐后，通过中间环空返出地面。造腔后期反循环。最终形成达到设计要求的地下盐穴。

造腔完成后，下入注采气管柱，开始注气排卤作业，生产套管排卤管柱和注采气管柱的环空注气，从排卤管柱向外排卤，排完卤水带压起出排卤管柱。卤水处理有三种途径：当地盐业公司，排入大海，回注地下溶洞或地层。

注气排卤结束后，完成了盐穴储气库地下工程建设，转入注采气运行工况。①注气工艺流程当上游长输管道供应的天然气流量大于天然气输配管网的用户使用量时，多出的天然气进入储气库工艺站场的加压机（一般为燃气加压机）加压后，分别送各储气库储存，加压机出口设计压力一般等于地下储气库设计压力。②采气工艺流程下游天然气输配管网用气高峰期，上游供应量不足或出现事故时，将地下储气库储存的天然气经过净化、调压处理后，送天然气输配管网，供用户使用，以弥补上游供应量的不足。储气库工艺站场设置净化装置的作用，是净化、分离一些随天然气带出的杂质、水分、轻烃等物质，避免对管道输送产生不良影响。

盐穴型储气库具有以下特点：工程生产过程中造腔、注气排卤、注采阶段互相交织；注采气的气质组成相同；各盐腔存储压力独立、容积各异；注采气频繁切换，无平衡期；无地层阻力；单井注采量较大；盐腔有蠕变特性，严格控制每天的注采压差；注气压缩机和集输管线要兼顾注气排卤工况等。

考虑到以上特点，盐穴型储气库注采工艺按如下进行开展：盐穴型储气库地面站场注采部分一般包括井场、集配气阀组和集注站。根据井站布局情况，边远井进入集配气阀组汇集进集注站，近端井直接进集注站，注采管线和注采干线宜注采合一设置。总工艺流程框图见图2。

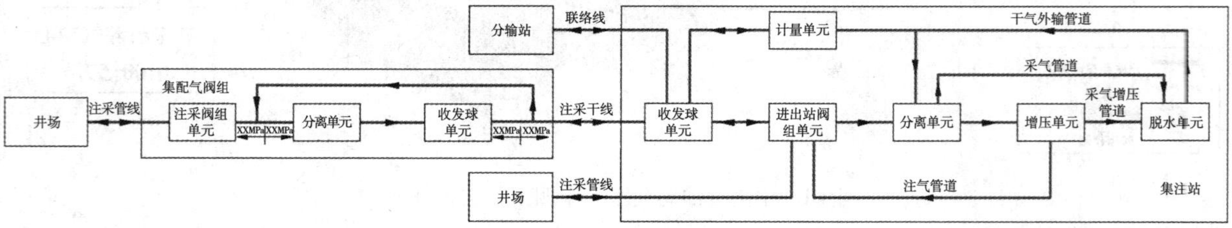

图2　总工艺流程框图

注气期，管道来气自分输站经联络线输至储气库集注站，在集注站内分离增压后，通过注采干线输至集配气阀组，在集配气阀组计量后通过注采管道输至井场注入地下储存；或在集注站计量通过注采管道直接输至井场调压后注入地下储存。

采气期，井口采出气在井场通过采气树输至集配气阀组，在集配气阀组计量后，或从井场直接输至集注站计量后，在集注站分离过滤后进行水露点控制（三甘醇脱水工艺）处理后，合格干气经联络线输至分输站，汇入管网系统。

典型流程分为注采气在井场调节或在集配气

阀组（集注站）调节两种情况，其中注采气在集配气阀组（集注站）调节适用于调压前气体组成中 CO_2 分压低于 0.21MPa 的情况。

3　结果和效果

3.1　盐穴型储气库注采部分工艺流程

3.1.1　典型流程一

典型流程一，注采气在井场调节，总工艺原理流程见图 3。

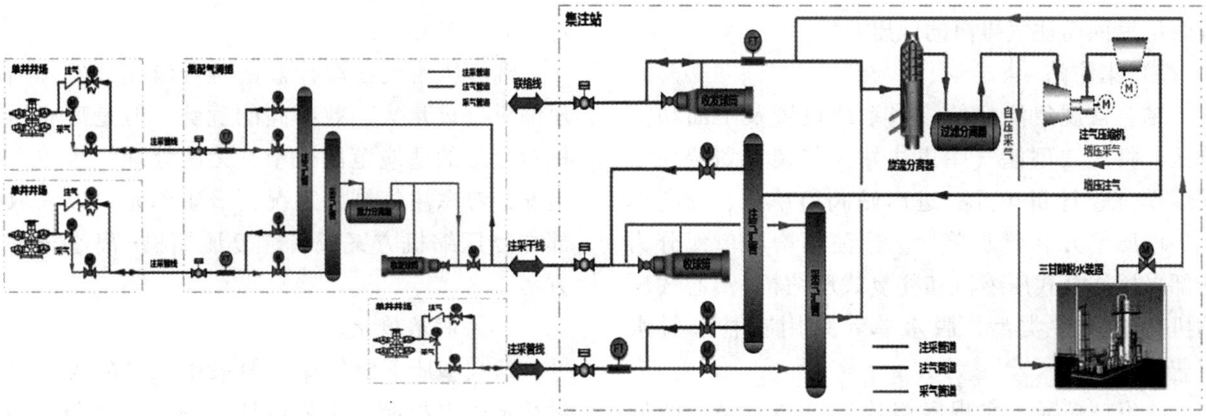

图 3　典型流程一总工艺原理流程图

1）井场

井场工艺设施主要包括井场阀组单元和注气排卤单元。

井场阀组单元，实现采气调节、注气调节和注醇功能，主要内容包括采气角阀、注气调节阀、紧急切断阀、温度、压力检测仪表和注醇装置。

井场阀组单元还包括井口安全控制系统，简称井安系统，包括井下安全阀、地面安全阀和液压控制盘，当发生异常情况（失压、火灾或其他紧急情况）时，可快速关闭井口。

井口采气树油嘴可对单井采气量进行控制。

注气排卤单元为临时橇装设施，可搬迁至各井场重复使用，实现排卤流量计量调节、卤水闪蒸分离和卤水外输功能，主要内容包括排卤流量计、排卤调节阀、注气排卤闪蒸罐、卤水外输泵和清水反冲洗系统。

（1）注气工艺流程。

注气期，集配气阀组或集注站通过注采管道输至井场调压后注入地下储存。井口设置注气流量调节阀，可进行单井注气流量调节。

（2）采气工艺流程。

采气期，井口采出气在井场通过采气树油嘴调压后，进入注采管道输至集配气阀组（或集注站）。

井口均设置甲醇加注口，便于开井和事故工况下采用移动注醇装置注醇。采用移动注醇装置或固定注醇装置需根据技术分析对比确定。

（3）注气排卤工艺流程。

由注气压缩机将高压天然气经注气管道缓慢地注入盐腔，进行腔内卤水置换。排卤分为初期和稳定期，排卤初期每口井采出含气卤水先进入注气排卤闪蒸罐，脱气后的卤水经外输泵升压由卤水管道送到各自盐矿的储卤水设施；排卤稳定期，可直接经跨线越过注气排卤闪蒸罐和输卤泵外输，充分利用井口压力能。

2）集配阀组

集配气阀组工艺设施主要包括注采阀组单元、分离单元和收发球单元。

注采阀组单元，实现注采气流量计量、注采气选井和利用高压井为注气排卤井注气功能，主要内容包括注采气双向流量计、注气管汇和采气管汇。

分离单元，实现采气气液分离功能，主要内容为分离器。分离器根据处理规模和单井注采管道的距离情况进行物料平衡计算，所辖井数较少且分离器出液量较少时可不设分离器。

收发球单元，实现集配气阀组与集注站间注采干线清管功能，主要内容包括发球筒。

（1）注气工艺流程。

注气期，集注站来气在集配气阀组单井计量

后，通过注采管道输至井场。

（2）采气工艺流程。

采气期，井场来气在集配气阀组计量、分离后输至集注站。

（3）高压井给低压井注气。

将高压井注气管线上的电动阀用直管段替代，高压井来气先进入集配气阀组注气管汇，通过注气管汇返回需注气排卤的低压井场。

3）集注站

结合常规集注站的注采系统设置及平面功能分区，将盐穴型储气库集注站工艺装置划分为收发球单元、计量单元、进出站阀组单元、分离单元、增压单元和脱水单元。集注站增压单元分为全部采用往复式压缩机和往复式压缩机+离心式压缩机组合两种类型，脱水单元采用三甘醇脱水工艺。

收发球单元，实现联络线清管和注采干线清管功能，主要内容包括集注站天然气管道收（发）球筒、注采干线收球筒、进站紧急切断阀和温度、压力检测仪表。

计量单元，实现分输站来气/去气流量计量功能，主要内容包括分输站来气/去气流量计。

进出站阀组单元，实现注采气流量计量、注采气选井功能，主要内容包括注采气双向流量计、注气管汇、采气管汇和切换切断阀。

分离单元，实现注采气分离功能，主要内容包括旋流分离器和过滤分离器。

增压单元，实现注采气增压功能。压缩机配置要满足注气排卤期和调峰注采气要求。

脱水单元，实现采气脱水功能。

（1）集注站工艺流程。

注气期，分输站来气在计量单元计量后，进入分离单元分离过滤后，进入压缩单元增压后通过注采干线输至集配气阀组；或在进出站阀组单元计量后通过集输管道输至井场。

采气期，集配气阀组来气（或井场来气在进出站阀组单元计量后）进入分离单元分离过滤后，进入脱水单元脱水，然后进入计量单元计量后输至分输站。

进出站阀组单元注采管汇分别设置。

（2）分离单元。

注气期和采气期共用分离单元。注气期，输气管道来干气经旋流、过滤分离除去粉尘和杂质后，进入压缩单元；采气期，井场来湿气经旋流、过滤分离除去粉尘和杂质后，进入脱水单元。

（3）增压单元。

注气期，分离单元来干气进入注气压缩机组增压并冷却后，经注气管汇分配至各注采管道输至井场。

若采气期采气压力低，需要增压外输时，分离单元来湿气进入注气压缩机组增压并冷却后，进入脱水单元。

离心压缩机在设计输量时可以充分发挥离心压缩机处理量大、效率高的优势，但是离心压缩机对流量的适应范围较窄，无法处理气量较小的情况，考虑注气排卤工况，增压单元可以采取全部往复压缩机方案或者往复压缩机+离心压缩机方案。

（4）脱水单元。

盐穴型地下储气库一般采用三甘醇脱水工艺进行水露点控制。主要包括三甘醇吸收单元、三甘醇再生单元和尾气回收单元。

（5）三甘醇吸收单元。

采出气经分离单元分离出水进入三甘醇吸收塔，在塔内与贫三甘醇充分逆流接触，脱除气体中的水分，脱水后的天然气与贫三甘醇换热升温后去进出站阀组单元，吸收塔底出来的富甘醇进入三甘醇再生单元。

（6）三甘醇再生单元。

三甘醇再生系统，主要用于吸收饱和天然气中的水的三甘醇回收、再生、循环利用。三甘醇再生系统主要包括过滤器、三甘醇闪蒸罐、三甘醇再生塔、三甘醇再生釜、三甘醇缓冲罐、板式换热器、贫液冷却器、塔顶冷凝器、塔顶分离器、三甘醇循环泵、三甘醇储罐、天然气-甘醇换热器等，三甘醇脱水单元来富三甘醇进入再生塔顶部，与塔顶水汽换热升温后，进入三甘醇闪蒸罐，分离出的气体去放空系统。分离出的富三甘醇经颗粒过滤器、活性炭过滤器和颗粒过滤器除去杂质后，进入贫富液换热器与再生贫三甘醇换热升温后，进入三甘醇再生塔中部再生。

三甘醇再生装置为组合结构，由塔顶冷凝器、精馏柱、再生釜、提馏柱和三甘醇缓冲罐组成。汽提气由燃料气供给。三甘醇溶液再生后浓度提纯，热贫三甘醇通过塔顶换热装置与富三甘醇溶液换热后，由三甘醇缓冲罐底部流出，经三甘醇注入泵增压后，进干气-甘醇换热器与外输天然气换冷，进入三甘醇吸收塔顶部，循环使用。再生塔塔顶水汽冷却后，经提升泵增压后进入闭排系统。

（7）尾气回收单元。

含水蒸气尾气自三甘醇再生塔顶排气口排出后，和三甘醇闪蒸罐闪蒸气汇合后进入再生塔顶空冷器降温冷却后进入气液分离器分离，分离后的气体经燃料气引射后一起进入再生釜燃烧器，满足环保要求。

3.1.2　典型流程二

典型流程二，注采气在集配气阀组（集注站）调节，总工艺原理流程见图4。

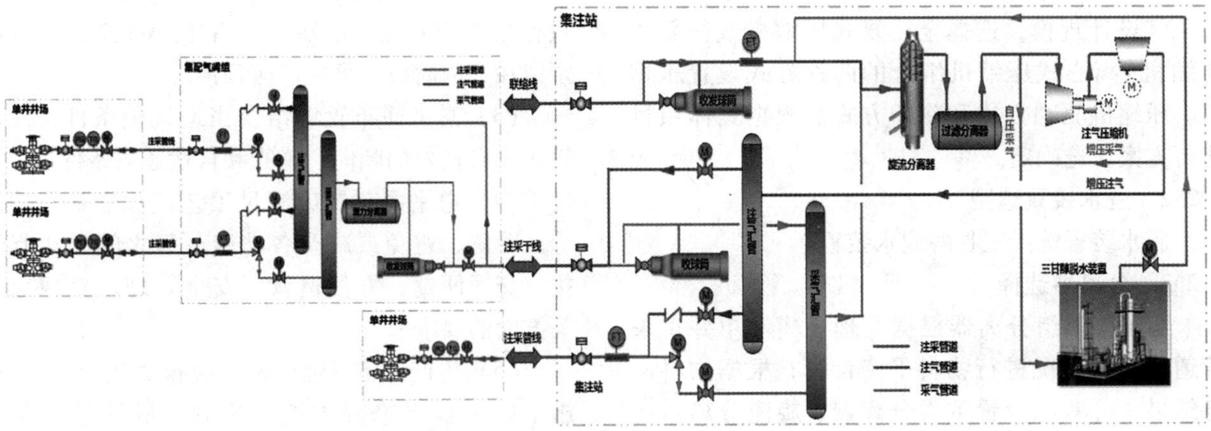

图4　典型流程二总工艺原理流程图

1）井场

井场阀组单元，实现切断和注醇功能，主要内容包括紧急切断阀、温度、压力检测仪表和注醇装置。

（1）注气工艺流程。

注气期，集配气阀组或集注站通过注采管道输至井场后注入地下储存。

（2）采气工艺流程。

采气期，井口采出气在井场通过采气树，进入注采管道输至集配气阀组（或集注站）。

（3）井场其它部分内容与典型流程一相同。

2）集配阀组

集配气阀组工艺设施主要包括注采阀组单元、分离单元和收发球单元。

注采阀组单元，实现注采气流量计量、采气调节、注气调节、注采气选井和利用高压井为注气排卤井注气功能，主要内容包括注采气双向流量计、采气角阀、注气调节阀、注气管汇和采气管汇。

分离单元和收发球单元与典型流程一相同。

（1）注气工艺流程。

注气期，集注站来气在集配气阀组单井调压、计量后，通过注采管道输至井场。

（2）采气工艺流程。

采气期，井场来气在集配气阀组计量、调压、分离后输至集注站。

（3）高压井给低压井注气。

将高压井注气管线上的调节阀和止回阀用直管段替代，高压井来气先进入集配气阀组注气管汇，通过注气管汇返回需注气排卤的低压井场。

3）集注站

结合常规集注站的注采系统设置及平面功能分区，将盐穴型储气库集注站工艺装置划分为收发球单元、计量单元、进出站阀组单元、分离单元、增压单元和脱水单元。集注站增压单元分为全部采用往复式压缩机和往复式压缩机+离心式压缩机组合两种类型，脱水单元采用三甘醇脱水工艺。

进出站阀组单元，实现注采气流量计量、采气调节、注气调节和注采气选井功能，主要内容包括注采气双向流量计、采气角阀、注气调节阀、注气管汇和采气管汇。

收发球单元、计量单元、分离单元、增压单元和脱水单元均与典型流程一相同。

（1）集注站工艺流程。

注气期，分输站来气在计量单元计量后，进入分离单元分离过滤后，进入压缩单元增压后通过注采干线输至集配气阀组；或在进出站阀组单元调压、计量后通过集输管道输至井场。

采气期，集配气阀组来气（或井场来气在进

出站阀组单元计量、调压后）进入分离单元分离过滤后，进入脱水单元脱水，然后进入计量单元计量后输至分输站。

（2）集注站其它部分内容与典型流程一相同。

3.2　设备、管材选择说明

3.2.1　压缩机选型

根据盐穴储气库注气排卤阶段和注采阶段的注采气设计规模，选择全往复式压缩机或往复式压缩机+离心式压缩机组合的两种方式设置压缩机。压缩机驱动方式和冷却方式需根据具体项目进行方案比选确定。

3.2.2　脱水装置选型

脱水装置选择三甘醇脱水装置。

3.2.3　分离器选择

集配气阀组分离器根据处理规模和单井注采管道的距离情况进行物料平衡计算，根据物料衡算结果，可考虑设置重力分离器、旋流分离器或不设置分离器。

集注站分离器注采共用，按旋流分离器+过滤分离器组合的方式进行设置。

3.2.4　管材选择

单井注采管道、注采干线宜注采同管设置。

单井注采管道，推荐选用 L245N～L360N 无缝钢管，执行标准 GB/T 9711；

注采干线，推荐选用 L245N～L450M 无缝钢管，执行标准 GB/T 9711；

联络线，推荐选用 L360N～L485M 直缝埋弧焊或无缝钢管，执行标准 GB/T 9711；

集注站内注采管道、推荐采用 20#无缝钢管，执行标准 GB/T 6479。

CO_2 腐蚀情况对管材选择的影响见表 1。

表 1　CO_2 腐蚀情况对管材选择影响表

序号	气体组成中 CO_2 分压/MPa	管材选择
1	<0.021	无需考虑腐蚀
2	$\geqslant 0.021$ 且 <0.21	增加管道腐蚀裕量
3	$\geqslant 0.21$	采用耐蚀材质

3.3　盐穴型储气库注采部分平面布置

3.3.1　一般规定

（1）总平面布置应功能分区明确，统筹规划，相对集中，为远期发展留有拓展空间。

（2）分期建设的站场，近远期工程应统一规划，近期工程应集中、紧凑、合理布置，并应与远期工程合理衔接。远期发展用地预留在厂外，只有在生产流程、运输要求有密切联系，而有必须留在厂内时，方可在厂区预留。

（3）总平面布置应结合当地气象条件，使建筑物具有良好的朝向、采光和自然通风条件。

（4）总平面布置应满足工艺流程顺畅、功能分区明确、避免或减少各功能分区之间的相互干扰、交通便捷、方便运营、安全管理、美观大方等方面的要求。

（5）生产设备、辅助设施应根据安全、生产、施工以及检维修要求统一规划，尽量采用联合布置。

（6）在满足生产、施工、检修及防火要求的条件下，应尽量缩小工艺设施之间的距离和道路宽度。

（7）总平面布置的防火间距应符合现行国家标准《石油天然气工程设计防火规范》GB 50183 及《建筑设计防火规范》GB 50016 的规定。

（8）各类型站场用地面积应符合《石油天然气工程项目用地控制指标》的要求。

（9）可能散发可燃气体的场所和设施，宜布置在人员集中场所及明火或散发火花地点的全年最小频率风向的上风侧。

（10）产生噪声的生产设施，宜相对集中布置，应远离人员集中和要求安静的场所。厂界噪声执行《工业企业厂界环境噪声排放标准》（GB 12348—2008），项目实施过程中根据厂界外部环境功能区类别，确定工业企业厂界环境噪声排放限值。

（11）集注站应分别按天然气处理厂、注气站划分等级，按其中最高等级确定，具体划分见表 2。

表 2　站场等级划分

站场	序号	注气规模 Q（$10^4m^3/d$）	采气规模 Q（$10^4m^3/d$）	站场等级
集注站	1	—	Q>3000	一级站场
	2	—	500<Q≤3000	二级站场
	3	—	100<Q≤500	三级站场
	4	Q>200	50<Q≤100	四级站场
	5	Q≤200	Q≤50	五级站场

（12）集注站规模通常大于 $200\times10^4m^3/d$，按照二、三、四级站场确定总平面布置，站场内部防火间距具体见表 3。井场和集配气阀组内部设施的防火间距参照五级站场执行。

表 3　集注站总平面布置防火间距表

	压缩机厂房	甲乙类密闭工艺装置（设备）	辅助生产厂房	空压站	变电站
压缩机厂房	——	——	15	25	25
甲乙类密闭工艺装置（设备）设备	——	——	15	25	25
三甘醇脱水橇	20	20	15	25	25
空压站	25	25	——	——	——
火炬	90	90	90	90	90

（13）井场设备间宜靠近大门布置，井场内通常不考虑修井需要的征地；当周边环境无法满足修井需要时，可考虑井场内预留修井用地。

（14）站场所涉及的地面设备、管道、设施、建（构）筑物的设计应执行 Q/SY 1688 及中国石油天然气股份有限公司《油气田站场目视化设计规定》有关要求。

3.3.2　注采井场

（1）注采井场分为单井井场和双井井场，主要包括井口区、井场阀组区、注气排卤区和设备间等。

（2）单井井场井场阀组布置在井口区（图 5），双井井场（注采调节在井场）的井场阀组成一个橇布置在井场阀组区（图 6）。

（3）注气排卤区为临时措施，注气排卤阶段结束后，拆除利用于其他井场。

（4）井场布置应便于修井作业，考虑摆放作业机及配套设施及起下管柱等修井作业要求。

图 5　单井井场三维效果图

图6 单腔双井/双井丛式井场三维效果图

3.3.3 集配气阀组

（1）集配气阀组分为单独建设（图7）和与井场合建（图8），主要包括井口区、注采阀组区、分离单元、收发球单元、注醇橇、排污单元和设备间等。

（2）井口区宜布置在远离集配气阀组进站大门侧，设备间与井口区在道路同侧靠近大门布置；注采阀组区、分离单元、收发球单元、注醇橇和排污单元布置在井口区的另一侧。

图7 集配气阀组（不与井场合建）三维效果图

图8 集配气阀组（与井场合建）三维效果图

3.3.4　集注站

（1）集注站主要包括外输阀组区、分离单元、脱水单元、压缩机厂房、空冷器区、燃料气系统、压力排污罐区、火炬区、变电站、辅助生产厂房和综合值班室等（图9）。

（2）控制中心布置在集注站外生产调控中心，集注站内不应设置倒班公寓、厨房等生活设施。

（3）变电站可根据外电源的方位进行适当调整，独立布置在站场边缘，避免外电线路穿越场区。

图9　集注站三维效果图

3.3.5　道路交通设计

（1）站场道路设计应符合总平面布置要求，道路布置应与竖向设计及管网布置相结合，并与站外道路有顺畅方便的连接，应满足生产、运输、安装、检修、消防安全和施工的要求。

（2）站外道路宜采用公路型道路，井场和集配气阀组路面宽度不小于4m，一、二级集注站消防道路不小于6m，三、四级集注站消防道路不小于4m，消防道路内侧转弯半径不得小于12m；路面结构可根据当地建材的情况采用混凝土路面或沥青路面。

（3）站内道路宜采用城市型混凝土道路，井场和集配气阀组路面宽度不小于4m，一、二级集注站消防道路不小于6m，三、四级集注站消防道路不小于4m，消防道路内侧转弯半径不得小于12m。

（4）站内道路交叉时，宜采用正交，尽量减少斜交或丁字路口。

（5）站内道路宜采用环形路网布置。尽端式道路长度超过50m时，应设置回车场地，其回车场不宜小于15m×15m，T型回车场每边长度不宜小于12m。

（6）集注站及集配气阀组内装置区可采用方砖铺砌。集配气阀组采气树（井口）周边采用碎石铺砌；巡检便道宜采用方砖铺砌；站内道路宜采用混凝土路面。

（7）集注站、集配气阀组及注采井场内巡检路（人行道）路宽度宜为1m。

3.3.6　站场防洪排涝

（1）站场防洪排涝应按照盐穴型储气库所在区域防洪排涝的要求统筹考虑，并严格执行防洪评价报告的要求。在条件允许且技术经济合理的情况下，在区域防洪设计的基础上宜适当提高站场场地标高，也可只提高主要设备和建筑物标高。

（2）站场临近江河、湖泊、海岸布置时，应采取防止可燃、有毒液体和卤水流入水域的措施。

（3）盐穴型储气库井、站的防洪设计标准宜根据站场类型和防洪评价要求，并结合该区域长期规划情况，按表4的规定选择。

表4　盐穴型储气库井、站的防洪设计标准

序号	盐穴型储气库井、站类型	防洪标准【重现期（年）】
1	集注站、中控室、公寓	50
2	分输站、变电所、集配气阀组、阴保站	25~50
3	注采井	25

（4）防洪设计的洪水流量及相应的设计洪水水位应按当地水文站的实测资料，并应按本规范表4规定的防洪设计标准推算。缺少实测资料时，应深入调查合理确定。设计洪水水位应包括壅水和风浪袭击高度。

（5）站场场地的防洪设计标高应比设计洪水水位高0.5m。在淤积严重地区，还应计入淤积高度。

3.3.7 围墙及围墙大门设计

围墙分为两种形式：实体围墙、钢丝网围栏，其选用原则及要求如下：

（1）集注站围墙采用高度不应小于2.5m砖围墙；站场大门为宽钢板大门与道路同宽，带0.9m宽小门。主大门处应设置厂站名称牌。

（2）集配气阀组和注采井场采用高度不应小于2.5m的半通透围墙（顶部设置0.5m防护网）。

（3）实体围墙的结构形式宜为砌体结构。

3.4 模块化设计

根据盐穴型储气库地面站场的特点，盐穴型储气库地面站场可进行橇装化设计。橇装化三维设计见表5。结合盐穴型储气库特点，根据功能、工艺流程、操作特性，经过分析，井场阀组、计量装置、压缩机、三甘醇脱水装置、收发球筒、重力分离器和过滤分离器可进行撬装化设计。

橇装化要求：

（1）整体橇装式设计，设备布局合理、管线走向顺畅，橇块整体美观。橇块内设施，安装可靠，操作维护方便。

（2）橇体应具有足够强度，确保满足运输强度要求。橇块应设计吊点，根据橇块出重心、吊心，对吊具，索具提出要求。

（3）橇块底座应有排出底座内雨水等积液的设计。底座镂空部分采用栅格填充，便于设备操作检修。

（4）工艺橇块外形尺寸及重量满足公路运输要求，且能够实现灵活搬迁。成橇尺寸过大而无法整体运输时，将分块成橇运输，橇间尽量采用法兰连接，减少现场焊接工程量，且能满足快速复装。

（5）橇内设备根据工艺要求进行布置，橇内设备外缘不超过橇边缘，同时在橇边集中设置橇块接口法兰且橇边接口伸出长度保持一致。

（6）充分利用橇内空间，布置紧凑，减少橇块数量、体积。

（7）对于橇内主要操作点和巡回检修路线，提供合理检修通道。

表5 橇装化设计及分析

序号	橇块名称	三维模型	成橇分析
1	压缩机橇		往复压缩机或离心压缩机机体和电机组成1个橇
2	润滑油站橇	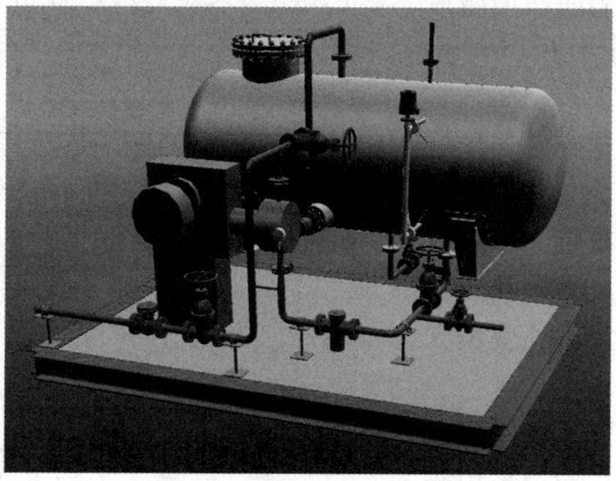	离心压缩机润滑油系统装置成1个橇

续表

序号	橇块名称	三维模型	成橇分析
3	三甘醇脱水装置橇	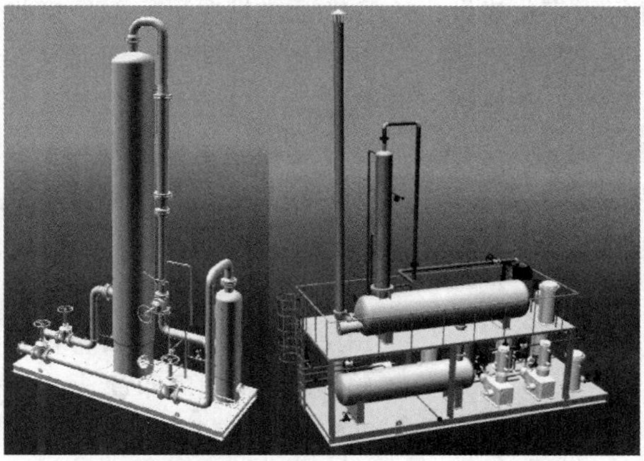	三甘醇脱水装置分为三甘醇脱水橇和三甘醇再生橇2个橇
4	收发球筒	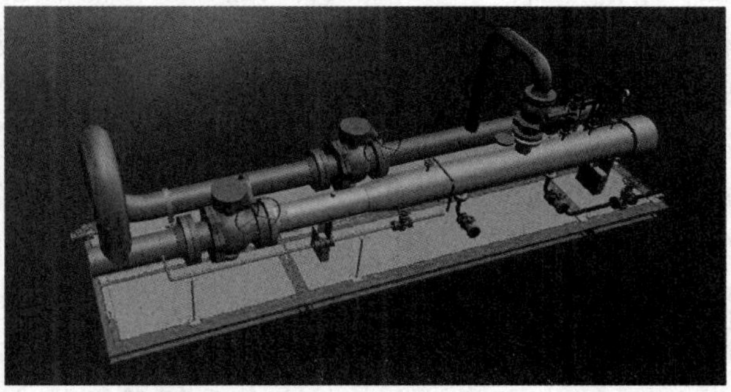	
5	重力分离器		
6	过滤分离器		

3.5 自动控制部分

3.5.1　控制水平

本工程对储气库所辖井、站进行数字化建设，使之适应“井站一体、电子巡护、远程监控”的智能化管理模式。实现“精确控制，精准分析，精细管理，精简机构”的建设目标。实现井场无人值守，集配气阀组白天少人巡检，晚上无人值守，在综合值班室集中监控，达到员工集中管理、运行集中控制、数据集中处理的管理目标。

3.5.2　控制系统

1）集注站控制系统

（1）过程控制系统

站控系统主要由过程控制单元、操作员工作站、数据通信接口等构成。过程控制单元采用可靠性高的可编程序逻辑控制器（PLC）。做为人机接口的操作员工作站推荐采用工业级微型计算机。

可编程序逻辑控制器（PLC）主要由控制单元、通信接口、网络、电源、I/O 模块及安装附件等构成。控制单元、通信接口、网络、电源等硬件应采用 1：1 冗余配置，热备份运行。

（2）安全控制系统

为保证操作人员和生产安全，防止环境污染，最大限度地减小事故造成的损失，站内设一套独立的 SIS 系统，按 SIL2 考虑。

紧急停车信号触发 ESD 控制系统进入紧急停车控制程序，完成事故状态下的 4 级停车控制。即：泄压关断、保压关断、单元关断和设备关断。

一级为泄压关断，在发生重大事故时（如装置失火、管线爆裂等）启动该级停车，使站内装置停车、关断进出站阀门、关断井口紧急切断阀。切断有关部位与火灾检测、消防无关的电源，延时开启消防设施；同时发出火灾关断声光报警信号，并发送信号到 SCADA 控制中心。

二级为保压关断，在较大事故时启动该级停车，使站内装置停车、关断进出站阀门、关断井口紧急切断阀，但此时站场保持保压状态不进行放空。此级关断只能手动触发。

三级为单元关断，当某个单元出现故障、工艺参数超限，关断相应单元。此级关断一般手动触发。

四级为设备关断，当某个设备、装置出现故障、工艺参数超限或某口井出现事故，关断相应装置。此级关断可手动也可自动触发。

每级关断都可以在控制室自动/手动实现或现场手动实现。

2）井场 RTU 控制系统

通常情况下，RTU 接收储气库综合值班室下达的指令，同时也向储气库综合值班室发送实时数据。一旦数据通信系统故障，RTU 能自动无扰动地切换到本机自动控制状态，并独立承担该站场的数据采集与控制工作，保证工艺及设备正常运行。

RTU 将以 GPS 时钟进行时钟同步，同步信号由主服务器下发，时钟设在主站。所有的信号传输均应带有时间印章。

3.5.3　仪表选型

设备的选型以性能稳定、可靠性高、性能价格比高、能够满足所需精确度要求、能够满足现场环境及工艺条件要求、符合环保要求等为原则。仪表的防护等级：室内安装为 IP54，室外安装为 IP65。在工艺装置区、井场的仪表均按防爆设计。采用隔爆形式，防爆等级不低于 Exd IIB T4 Gb。远传信号的检测仪表选用电动仪表，电动变送器的输出信号为 4~20mADC（二线制）。开关型仪表的输出接点采用无源接点，接点容量最小为 24VDC，3A。所用仪表设备选型如下：

1）压力和差压检测

选用电动压力或差压变送器，其仪表精度不低于±0.1%。

2）温度检测

温度检测选用一体化温度变送器，其仪表精度不低于±0.5%。

3）物位检测

立式容器液位检测，选用双法兰液位变送器。

卧式容器液位检测，选用磁翻板液位计或双法兰液位变送器，用于安全仪表回路的液位检测仪表需取得相应等级的安全仪表认证。

4）流量检测

单井天然气流量检测采用超声波流量计，二声道，带温度、压力补偿。

计量单元超声波流量计精度不低于±0.5%，压力变送器不低于±0.075%，温度仪表不低于±0.1℃。

燃料气流量检测采用旋进旋涡流量计，自带温度、压力补偿。

5）控制阀

集注站内调节阀执行机构采用气动型，配电气阀门定位器，关断阀选用单作用气动开关球阀。

井场和集配气阀组关断阀选用电动开关球阀。

4 结论

通过盐穴型储气库注采工艺标准化设计探究，规范并统一盐穴型储气库地面工程工艺典型流程和主要站场总平面布置，统一建设标准，突出工艺流程和安全性、适用性、经济型、通用性和统一性，实现流程和总平面布置设计的标准化，促进储气库所辖站场与周围环境的和谐，提升地面建设整体水平，提高设计与建设质量，提升本质安全和环保水平。

综上所述，通过盐穴型储气库注采工艺标准化流程和平面的应用，降低了盐穴型储气库的工程投资，缩短了盐穴型储气库的建设工期。

参考文献

[1] 郑瀚翔．中国地下储气库的建设与发展现状分析[J]．科级向导，2015（17）：64，220.

[2] 陈茂濠，吴文佳．广东建设天然气储备的初步建议[J]．石油与天然气化工，2010，39（3）：193-195.

[3] 王亮．地下储气库的建设及发展研究[J]．化工管理，2013（4）：63.

盐穴储气库水平多步造腔数值模拟方法及其应用

王桂九[1] 陈加松[1] 王成林[1] 马成铭[2] 任晓栋[2] 井 岗[1]

（1. 国家管网集团储能技术有限公司；2. 清华大学能源与动力工程系）

摘 要 水平多步造腔法能有效利用夹层间的盐层，在保证腔室稳定性的基础上，尽可能增大腔室容积，在我国储气库建设领域具有广阔的应用前景。当前，关于水平多步造腔数值模拟方法的研究尚处于起步阶段，无法支撑水平多步造腔工程实践，且发展的造腔模拟方法尚不能够考虑水平井斜管段造腔模拟，不利于水平造腔方法对地下盐层的最大化利用。本文提出了一种一维、二维和三维多维度耦合网格体系，实现了全三维边界变形的准确追踪、流场和浓度场高效求解、不溶物沉降与滑移计算和水平井斜管段造腔模拟。采用了详细描述壁面溶蚀、浓度对流扩散以及不溶物沉积的计算模型，为精确模拟腔室形态提供了理论基础。通过与物模试验结果的比较，验证了所提出模型的准确性。进一步分析探讨了关键参数对腔室形态的影响。研究发现，腔室的几何尺寸主要受管柱间初始距离和管柱半径的影响，而射流影响深度和注水流量对腔室形态的影响相对较小。这些发现为地下储气库的设计和施工提供了重要的指导。这项研究为我国地下储气库的开发建设提供了重要的技术支持，并为类似工程提供了参考。

关键词 水平多步造腔；数值模拟；地下储气库；盐穴储气库

Numerical Simulation Method of Horizontal Multi-Stepleaching for Salt Cavern Gas Storage and Its Application

WANG Guijiu[1], CHEN Jiasong[1], WANG Chenlin[1], MA Chengming[2], REN Xiaodong[2], JING Gang[2]

(1. PipeChina Energy Storage Technology Co., Ltd;

2. Department of Energy and Power Engineering, Tsinghua University)

Abstract: The horizontal multi-step cavity leaching method can effectively utilize the salt layer between the inter layers, and increase the cavity volume as much as possible on the basis of ensuring the stability of the cavity, so it has a broad application prospect in the field of gas storage construction in China. At present, the research on the numerical simulation method of horizontal multi-step cavity leaching is still in its initial stage, which cannot support the practice of horizontal multi-step cavity leaching engineering. Moreover, the developed cavity leaching simulation method cannot consider the deflecting section, which is not conducive to the maximum utilization of salt layer by horizontal cavity leaching method. In this paper, a one dimensional, two dimensional and three dimensional coupling grid system is proposed to achieve accurate tracking of three-dimensional boundary deformation, efficient solution of flow and concentration fields, settlement and slip calculation of insoluble matter, and cavity simulation of deflecting section. A computational model describing wall corrosion, concentration convective diffusion and insoluble deposition in detail is used to provide a theoretical basis for accurate simulation of cavity morphology. The accuracy of the proposed model is verified by comparing with the experimental results of physical model. The influence of key parameters on the shape of the cavity was further analyzed and discussed. It is found that the cavity geometric size is mainly affected by the initial distance and the radius of the leaching pipes, while the influence of jet depth and water injection flow rate on the shape of the cavity is relatively small. These findings provide important guidance for the design and construction of underground gas storage. This study provides important technical support for the development and construction of underground gas storage in China, and provides a reference for similar projects.

Key words: Horizontal multi-step leaching; Numerical simulation; Underground gas storage; Salt cavern gas storage.

随着能源结构的调整，以及天然气和氢气等行业的快速发展，建设配套的地下储气库对于保障能源的战略储备和季节性调节具有重大意义。盐穴储气库作为一种重要的地下储气库类型，在我国的天然气储气库中占据着首选地位，也是未来地下储气库技术的主要发展方向之一。在国外，盐穴储气库的建设已经形成了一套较为成熟的技术体系，并发展了相应的数值模拟软件，大大提升了造腔的成功率。在我国，岩盐资源分布广泛，但是盐层结构与国外存在显著差异，因此，发展适应我国盐层结构的盐穴储气库建设技术体系，并开发相应的数值模拟方法及软件，对于保障我国能源安全具有重大的战略价值。

盐穴储气库的水溶造腔技术主要包括单井造腔法、小间距双井造腔法、水平对接井造腔法和水平多步造腔法等。在欧美地区，得益于其地质条件的天然优势，即地下盐层多为盐丘，盐层厚度大、岩盐品位高、夹层少，因此这些地区通常采用单井造腔法和小间距双井造腔法进行储气库的建设。然而，这些方法对地质条件要求较高，且造腔周期长。反观我国，地下盐层条件较差，盐层以层状盐为主，盐层深度一般在 700～2200m 之间，盐层厚度介于 60～250m 之间，岩盐品位较低，岩盐中的不溶物含量高达 15%～35%，夹层多且厚，这些特点使得欧美常用的造腔方法在我国面临诸多挑战。水平对接井造腔法和水平多步造腔法则能有效利用夹层间的盐层，在保证腔室稳定性的基础上，尽可能增大腔室容积。这两种方法具有注水排量大、排卤浓度高、造腔速率快和经济性好的优点。然而，水平对接井造腔中存在水平裸眼段，由于底层卤水浓度较高的原因，水平通道内卤水溶蚀作用较弱，导致水平通道内岩盐难以充分溶解，尤其是当两口井间距过大时，容易形成狭窄的水平段，影响最终成腔容积及稳定性。相比之下，水平多步造腔法则通过在水平段内下入造腔管，并采用多步回退的方式有效控制水平段腔体形状和成腔容积，弥补了水平对接井造腔法的不足。因此，水平多步造腔法在我国储气库建设领域具有广阔的应用前景。

地下盐穴储气库的造腔周期长，腔室在不同阶段的发展状况将直接影响后续的工程建设方案，以及腔体的最终形态和稳定性。因此，对于腔室形态及其发展过程的精准掌控显得尤为重要。然而，盐层通常位于深层地下，借助仪器的监测方法成本高昂，在施工中难以实时监测腔室的变化。数值模拟方法能够在施工前和施工中预测腔室的发展过程，为制定详尽的造腔方案提供有力支持。因此，发展盐穴储气库造腔数值模拟方法，能够弥补物理监测方法的不足，为盐穴储气库的安全稳定建设提供有力的保障。

国内外诸多学者对盐穴储气库水溶造腔数值模拟方法进行了研究，并形成了适用于单井对流法、双井小间距造腔法和水平对接井造腔法的数值模拟软件。1964 年，Durie 和 Jessen 通过对盐穴储气库造腔阶段进行物理模拟，将腔室内的流动分为自然对流区和强迫对流区，并总结了岩盐溶解速度的经验公式，为造腔数值模拟提供了基础。1966 年，Sears 和 Jessen 开发了一款名为 CAVITY 的程序，用于模拟单井油垫造腔过程，该程序能够针对反循环中的每个造腔阶段的用时、溶盐量、油垫注采量、溶腔体积和腔体形态进行计算和分析。1974 年，Nolen 等基于柱坐标网格系统建立了单井造腔数值模拟模型，并开发了相应的程序，对腔体形态、卤水流场和浓度场进行了计算。1990 年，Kunstman 等发表了关于 UBRO 软件的模型算法及其应用案例，该软件采用了一种简化方法来处理模型中的卤水浓度和流速，假设它们是仅依赖于高度的物理量，将对流扩散方程和质量守恒方程转化为一维形式，显著提高了计算效率。1997 年，杨骏六等建立了随时间发展的溶腔形状数学模型，研究表明，注入淡水量是影响溶腔形状和总体积的关键变量，可以通过调整注水量来优化生产。2002 年，梁卫国等等通过结合盐溶液的运移方程、浓度扩散方程以及岩体和裂缝的变形方程，构建了一个群井控制水溶开采的数学模型，可以模拟并预测在群井控制水溶开采过程中盐矿层的溶解情况以及溶腔的扩展变化。2003 年，吴乘胜等依据单井腔内各部分的流动特征，将腔内流场划分为浮羽流区、边界层区、溶腔主体区和饱和区，依据上述区域间的相互关系建立了数学模型，并实现了对卤水浓度分布计算的预测。2003年，赵志成等基于流体力学和对流扩散理论，发展了溶腔中溶质传输与流体流动的数学模型，用以求解溶蚀时的浓度和速度分布；通过研究岩盐溶解机制，得出了溶解速度方程，以确定溶腔边界的动态变化。2004年，Willson等建立了预测溶腔形状的模型，分析了注入卤水浓度、注入速度、盐的溶解速度等因素的影响，并提出用海水溶腔能够减少建库的成本的方案。2016年，Li等依据室内实验结果开发了一个针对含杂质盐腔中不溶物堆积的数学模型，该模型被成功集成到他们自行开发的造腔模拟软件中，通过模拟测试，结果表明该软件能够有效地预测溶腔内不溶物的堆积情况。2018年，Li等提出了针对含杂质盐层的水溶造腔过程的数学模型，综合了简化的浓度场方程、岩盐的溶解动力学以及不溶物的沉积机制等多个物理过程，采用了有限体积法求解，并开发了名为SSCLS的软件，SSCLS软件能够对盐腔形态发展进行精确预测。2019年，Wan等在假设边界层浓度饱和、浓度和密度仅与高度相关等条件下，建立了基于Naiver-Stokes方程的水平对接井造腔模型并开发了模拟程序TWHSMC。2020年，Li等发展了基于结构化动网格法的单井造腔模拟方法，并开发了模拟程序CLS-DM，该模型可以更为准确的模拟岩盐上溶过程，并在不规则腔室模拟中具有较好的可靠性。

但是，国内外针对水平多步造腔法的研究较少，尤其是关于水平多步造腔数值模拟方法的研究更是罕见于公开出版物。1993年，美国AGM公司开展水平控制卤水开采试验，指出卤水开采后形成的水平腔可用于天然气储气，讨论了地层倾角和不溶物特征对开采的影响。1994年，美国Sandia国家实验室发布了水平造腔数值模拟程序HORSMIC的使用说明，介绍了该程序具有模拟层状盐层中水平造腔的能力，其造腔方法与水平多步造腔法不同之处是，在水平管柱上沿水平方向开设多个出水口，并且通过调整出水口的大小来保证最终形成的腔体沿水平方向具有近似相同的截面。1995年，波兰CHEMKOP公司介绍了其在水平造腔建模方面的工作。1997年，俄罗斯Igoshin等研究了薄层岩盐中建造大体积隧道式腔室的可行性，论证了水平多步造腔法与水平对接井造腔法的优势和劣势，通过物模实验确定了隧道式腔室的发展规律，并开发了相应的数值模拟方法。1998年，法国天然气公司进行大型水平多步造腔实验，指出空腔整体形状沿长度较为规则，空腔顶部和侧面溶解速率相同，这与垂直造腔中的规律不同，是地层中存在连续的不溶性条带所致。2019年，Liu等采用大型岩盐物理模型研究了对比研究了水平对接井造腔法和水平多步造腔法，初步验证了水平多步造腔法相比水平对接井造腔法更具优势。2020年，Li等在卤水浓度水平分层分布的假设下，提出了一套组合结构化网格体系，分别描述腔室主体部分和两侧边界部分的扩展过程，并开发了一套水平多步造腔数值模拟程序M-SHSCLS。2022年，Li等基于水平多步造腔数值模拟软件M-SHSCLS生成了不同钻井间距下的腔室形状，并进行了静态蠕变分析，讨论了最大腔室长度对于腔室力学行为的影响，为水平多步造腔的双井间距选择提供了参考。总体来看，已有研究尚不充分，无法支撑水平多步造腔工程实践，且发展的造腔模拟方法尚不能够考虑水平井斜管段造腔模拟，不利于水平造腔方法对地下盐层的最大化利用。

本文提出了一种高效的水平多步法造腔数值模拟方法，通过构建一种一维、二维和三维多维度耦合网格体系，实现了全三维边界变形的准确追踪、流场和浓度场高效求解、不溶物沉降与滑移计算和水平井斜管段造腔模拟，并采用物理模型试验结果验证了方法的准确性，为水平多步造腔法的工程实践提供了支撑。

1　水平多步法造腔建模

1.1　多维度耦合网格体系

根据已有研究结论可知，水平多步造腔法形成的腔室形状类似于平放的豌豆荚状，整体形状可以视为一种钝头柱体，因此本文的初始网格模型构造与Li等保持一致，即中间段采用圆柱型网格，腔室头尾段采用半球形网格，如图1所示。与单井垂直造腔的网格设置不同，为了更好的描述水平腔室的形状，将网格横向放置，利于描述造腔过程中腔室的发展情况与成腔形状。

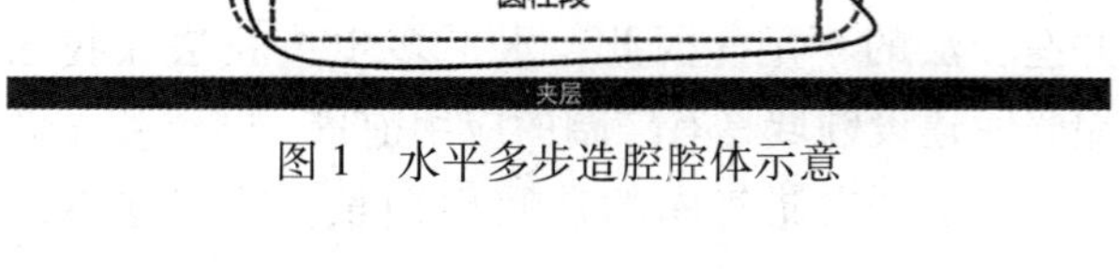

图1　水平多步造腔腔体示意

盐穴溶蚀是一个有移动边界的对流传质问题，需要一种动网格方法来描述腔室形状随时间的变化情况。本文提出了一种一维、二维和三维多维度耦合网格体系，如图2所示。三维网格初始形状为半球-圆柱-半球，用于计算腔室体积和横截面积。二维网格包含从三维网格提取的外表面面网格和初始水平平铺的面网格，其中提取的外表面面网格用途包含：①计算每一个时间步内岩盐溶解量，②计算由于岩盐溶解引起的面网格位移，③作为每个时间步三维网格变形的目标面；初始水平平铺面网格用途包含：①用于计算不溶物沉降、滑移，②计算由于不溶物沉降滑移引起的该面网格单元在 y 方向的相对位移量，且该相对位移量用于修正外表面网格的位移量。一维网格沿 z 向分布，且其分布规律与三维网格的 z 向分布相同，用于进行流场和浓度场计算。

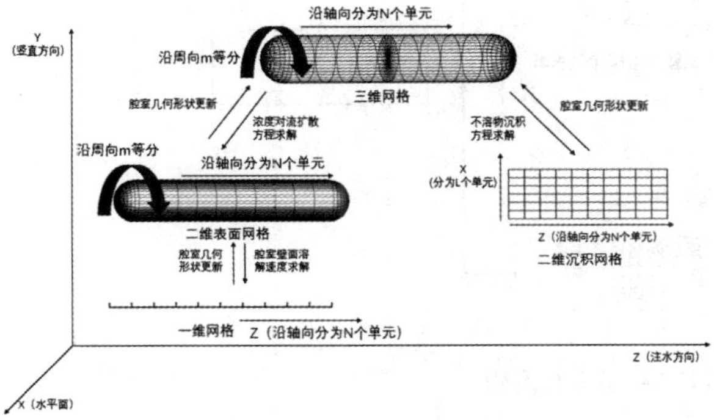

图2　多维度耦合网格体系

按照流动特征，将从斜井到直井的整个腔室沿 z 向分为 n 个单元，单元编号为 i；将具有相同z坐标的圆形截面沿周向 m 等分，等分单元变化为 j；依此方法构建初始三维圆柱网格。用于计算不溶物沉降滑移的初始水平平铺的面网格沿 z 向具有与三维网格相同的节点分布，而垂直于 z 向的方向上划分为 l 个单元，单元编号为 k。按照上述标号规则，三维网格外表面面网格单元编号为（i，j），水平平铺面网格单元编号为（i，k）。

1.2　壁面溶蚀方程

岩盐的溶解速率通常用经验公式计算，本文采用的溶蚀方程见式（1）和式（2）

$$K=k(1+0.0262\cdot(T-20))\cdot\left(\frac{C_s^T-C}{C_s^{20}}\right)^{\frac{3}{2}}\cdot\sqrt{\frac{C_s^T}{C_S^{20}}} \tag{1}$$

$$k=\begin{cases}0,\ 0\le\alpha\le\alpha_{min}\\ k_h\cdot\dfrac{\sin^2\alpha-\sin^2\alpha_{min}}{1-\sin^2\alpha_{min}},\ \alpha_{min}<\alpha<90^\circ\\ k_h\sin^2\alpha+k_v\cos^2\alpha,\ 90^\circ\le\alpha\le180^\circ\end{cases} \tag{2}$$

式中，为盐穴壁面溶蚀速率，m/h；为岩穴内的卤水温度，℃；为当地卤水浓度，g/L；为温度下的卤水饱和浓度，g/L；和分别为盐穴壁面水平和垂直溶解速率，其值分别为和；为盐穴壁面和水平面夹角；为盐穴壁面侧溶角，小于这个角度的岩盐壁面将不溶，其取值范围通常为15°~30°。

1.3　浓度对流扩散方程

腔室中区域主要分为非静溶区和静溶区，其区别在于有无对流和注入排出的卤水。在静溶区中由质量守恒得：

$$c_l^{T+1}\cdot V_l^{T+1}=\Delta m_l^{T+1}+c_l^T\cdot V_l^T \tag{3}$$

式中，c_l^{T+1} 为T+1时刻静溶区的卤水浓度，V_l^{T+1} 为T+1时刻静溶区自由体积，$\cdot\ m_l^{T+1}$ 为T时刻到T+1时刻的溶盐质量。

在非静溶区中由质量守恒得：

$$Q_i^T\cdot c_i^T\cdot t+\Delta m_i^{T+1}-Q_o^T\cdot c_o^{T+1}\cdot t=c_o^{T+1}\cdot V_u^{T+1}-c_o^T\cdot V_u^T \tag{4}$$

式中，Q_i^T 为T时刻卤水注入流量，c_i^T 为卤水注入浓度，Q_o^T 为T时刻卤水排出浓度，c_o^T 为卤水排出浓度，V_u^T 为T时刻非静溶区自由体积。

设 ΔV_l^{T+1}，ΔV_u^{T+1} 为T时刻到T+1时刻静溶区与非静溶区的体积变化，根据卤水体积守恒有：

$$Q_o^{T+1}\cdot t+\Delta V_l^{T+1}+\Delta V_u^{T+1}=Q_i^T\cdot t \tag{5}$$

可计算的T+1时刻的排卤流量为：

$$Q_o^{T+1}=Q_i^T-\frac{\Delta V_l^{T+1}+\Delta V_u^{T+1}}{t} \tag{6}$$

1.4　不溶物沉积模型

不溶物在离开腔室表面后，在距离以其在腔室底部投影点为圆心半径为 R 的距离内均匀沉降。R 基本上与不溶物的下落高度成正比。因此，腔室底部的总的不溶物沉积高度可以通过将所有腔室表面面元沉积下来的不溶物相加获得，

$$\begin{cases}\dfrac{\partial Y}{\partial t}=\sum\limits_{\Gamma}\dfrac{\partial V}{\partial t}ub\dfrac{1}{\pi R^2}\\ R=\gamma(z_{i,j}-z_{i,k})\end{cases} \tag{7}$$

其中，Y 为沉降范围内不溶物沉积的高度；Γ 为所有发生溶解的腔室表面面元；u 为不溶物的含量；b 为不溶物遇水膨胀系数；V 为单位时间内发生溶解的体元的体积；R 为不溶物沉降的圆形范围的半

径；γ 为 R 和沉降高度之间的系数；$z_{i,j}$ 为不溶物开始沉降的面元的 z 坐标；$z_{i,k}$ 为不溶物沉积的终点的 z 坐标。

由于不溶物是颗粒状的混合物，因此需考虑到各个面元之间可能发生不溶物之间的滑移。需要考虑径向（k）和水平（i）方向的斜率。堆积的不溶物满足以下方程的话即视为不发生滑移。

$$\begin{cases} abs\left(\dfrac{\partial y}{\partial i}\right) < \tan\alpha_{ins} \\ abs\left(\dfrac{\partial y}{\partial k}\right) < \tan\alpha_{ins} \end{cases} \tag{8}$$

不可溶表面上不稳定的部分，不满足方程（8），应修正式（7）为

$$\frac{\partial Y}{\partial t} = \sum_{\Gamma} \frac{\partial V}{\partial t} ub \frac{1}{\pi R^2} + dZ_i + dZ_k \tag{9}$$

其中，dZ_i 和 dZ_k 分别是 i 和 k 方向上的调整高度。dZ_i 和 dZ_k 的详细求解过程可以在 Li 等的研究中找到。

1.5 计算流程简述

按照上述介绍的方法，开发了“水平多步造腔模拟”程序，其基本输入参数包括节点坐标、初始腔室的几何参数、注水浓度和流量、不溶物含量、腔室表面侧溶角和滑移角等，在每个时间步长依次计算壁面溶蚀、浓度对流扩散、不溶物沉降（图 3）。

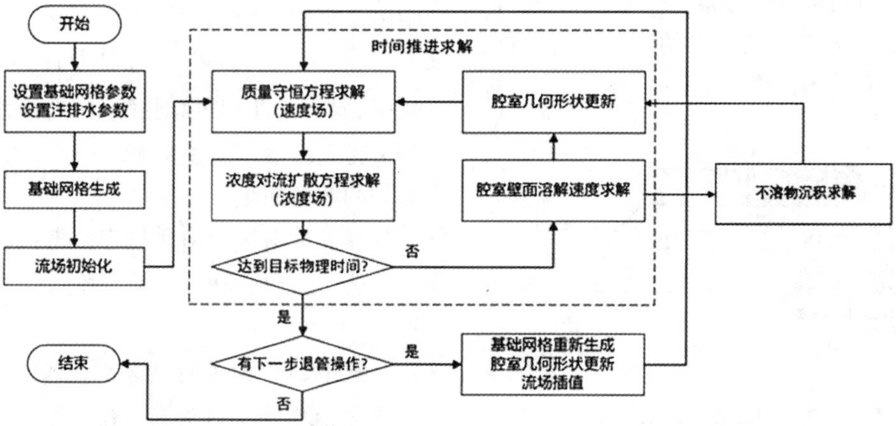

图 3　“水平多步造腔模拟”程序运行逻辑

2　方法验证与分析

本文以中国科学院武汉岩土所提供的物模试验为例进行相关方法验证。物模试验取巴基斯坦盐岩制作而成，因其杂质含量较低，所以本文并未考虑造腔过程中会出现的不溶物沉积情况。其溶解后腔室形状如图 4 所示。

图 4　物模试验腔室侧视图

依据物模试验条件，数值模拟设置如表 1 所示，其中水平管柱注水流量为 10mL/min，注水口与排卤口在 z 坐标轴方向上的初始距离为 60mm，注水射流影响深度为 20mm，各阶段退管步长为 40mm，各阶段造腔时长为 4h，侧溶角为 32°，不溶物滑移角为 31.6°，溶解速度 k_h 和 k_v 分别为 2.778e-6m/s 和 4.167e-6m/s（分别对应上溶速度为 15mm/h，侧溶速度为 10mm/h）。初始三维网格圆柱部分轴向体元数为 10，两侧半球部分四分之一圆周体元数为 8，周向体元数为 40。

表 1　计算设置

造腔阶段数	注水排量 / $mL \cdot min^{-1}$ ($1\to n$)	各阶段退管步长/mm ($1\to n$)	各阶段造腔时长/h ($1\to n$)
5	10	40	4

如图 5 所示，模拟结果出现与图 4 相似的腔室形状：左侧顶部较为平整，左侧顶部 2/3 处直至右

侧底部注水口处出现明显收缩，左侧底部为明显的倾斜阶段，左侧 1/3 处至右侧底部注水口较为平整。需要注意的事，模拟中并未考虑左侧初始腔体影响，因此，左侧腔体形状存在一定差异。两者几何尺寸对比如表 2 所示。对比结果表明，本文提出的模拟方法预测的尺寸及腔体形状与试验吻合度高，能够满足实际工程需求。

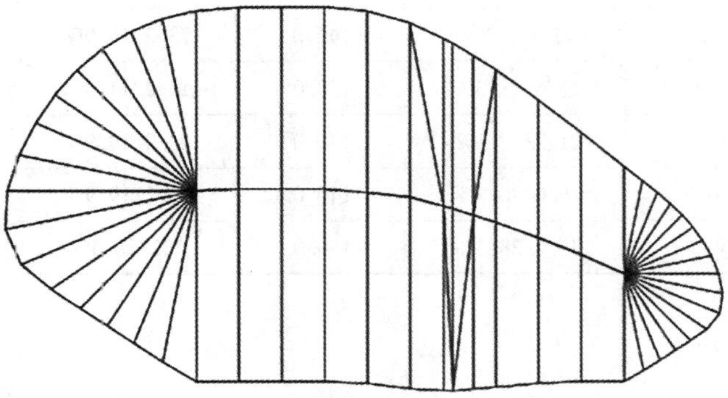

图 5　模拟腔室侧视图

表 2　实际实验与模拟结果对比

	物模试验	模拟结果	绝对/相对差值
长/mm	245.6	242.0	-3.6/-1.5%
宽/mm	124.6	136.6	12.0/9.6%
高/mm	116.8	130.0	13.2/11.3%

3　参数设置对模拟结果影响分析

3.1　注水口与排卤口在 z 坐标轴方向上的初始距离的影响

初始距离影响见表 3，所形成的腔体形状见图 6。初始距离越大，所形成腔室长度越长，增长的大小与初始距离的增长成正比。高度与宽度基本不随初始距离的增加而发生显著变化。初始距离较小时，腔室出现类似圆弧的突起，而随着初始距离的增加，顶部逐渐平缓。突起的产生是因为在溶解过程中由于注入的淡水会在腔室内向上流动，导致形成的腔室顶部出现突起，而初始距离增加导致的最终成腔长度增加会使得上溶造成的突起越发平缓。

表 2　初始距离对腔室的几何参数影响

初始距离/mm	长/mm	绝对/相对差值	宽/mm	绝对/相对差值	高/mm	绝对/相对差值
实际实验	245.6	—	124.6	—	116.8	—
20	202.0	-43.6/-17.8%	136.5	11.9/9.6%	130.0	13.2/11.3%
30	212.0	-33.6/-13.7%	136.6	12.0/9.6%	120.0	3.2/2.7%
40	222.0	-23.6/-9.6%	136.7	-12.1/9.7%	140.0	23.2/19.9%
50	232.0	-13.6/5.5%	136.6	12.0/9.6%	130.0	13.2/11.3%
60	242.0	-3.6/-1.5%	136.6	12.0/9.6%	130.0	13.2/11.3%

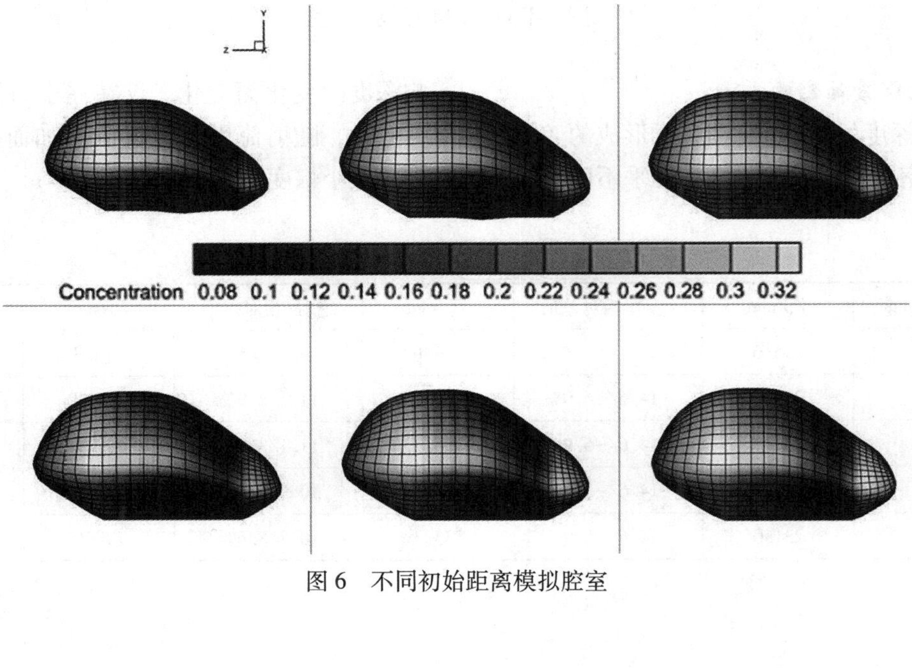

图 6　不同初始距离模拟腔室

3.2　管柱半径的影响

管柱半径影响见表4，所形成的腔体形状见图7。腔室长度和宽度随回管柱半径的增大而增大。这是由于腔室原有体积越大，岩盐壁面附近的对流边界层区域越大，接触面积越大，注水对盐岩的溶蚀效果就更显著，溶解的效率越高。高度随管柱半径增大发生波动，总体变化无规律性。

表4　管柱半径对腔室的几何参数影响

管柱半径/mm	长/mm	绝对/相对差值	宽/mm	绝对/相对差值	高/mm	绝对/相对差值
实际实验	245.6		124.6		116.8	
0.002	222.0	-23.6/-9.6%	136.7	12.1/9.7%	140.0	23.2/19.9%
0.004	236.0	-9.6/-3.9%	141.2	16.6/13.3%	130.0	13.2/11.3%
0.006	241.0	-4.6/-1.9%	145.9	21.3/17.1%	140.0	23.2/19.9%
0.008	246.0	0.4/0.2%	150.6	26.0/20.9%	140.0	23.2/19.9%
0.012	254.0	8.4/3.4%	159.8	35.2/28.3%	150.0	332/28.4%

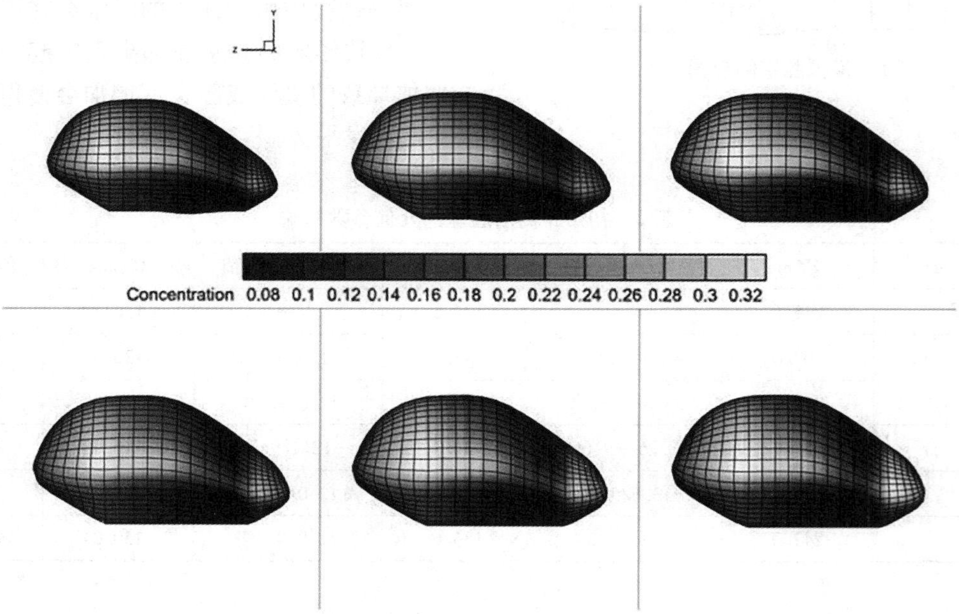

图7　不同管柱半径模拟腔室

3.3　射流影响深度的影响

射流影响深度的影响见表5，所形成的腔体形状见图8。腔室的几何尺寸和形状几乎不随射流影响深度的变化而变化。仅在注水口附近的浓度发生变化，随射流影响深度的增加而减小，但总体来说减小幅度偏小。

表4　射流影响深度对腔室的几何参数影响

射流影响深度/mm	长/mm	绝对/相对差值	宽/mm	绝对/相对差值	高/mm	绝对/相对差值
实际实验	245.6		124.6		116.8	
20	231.0	-14.6/-5.9%	135.7	11.1/8.9%	120.0	3.2/2.7%
30	231.0	-14.6/-5.9%	135.7	11.1/8.9%	120.0	3.2/2.7%
40	231.0	-14.6/-5.9%	135.5	10.9/8.8%	120.0	3.2/2.7%
60	231.0	-14.6/-5.9%	135.3	10.7/8.6%	120.0	3.2/2.7%

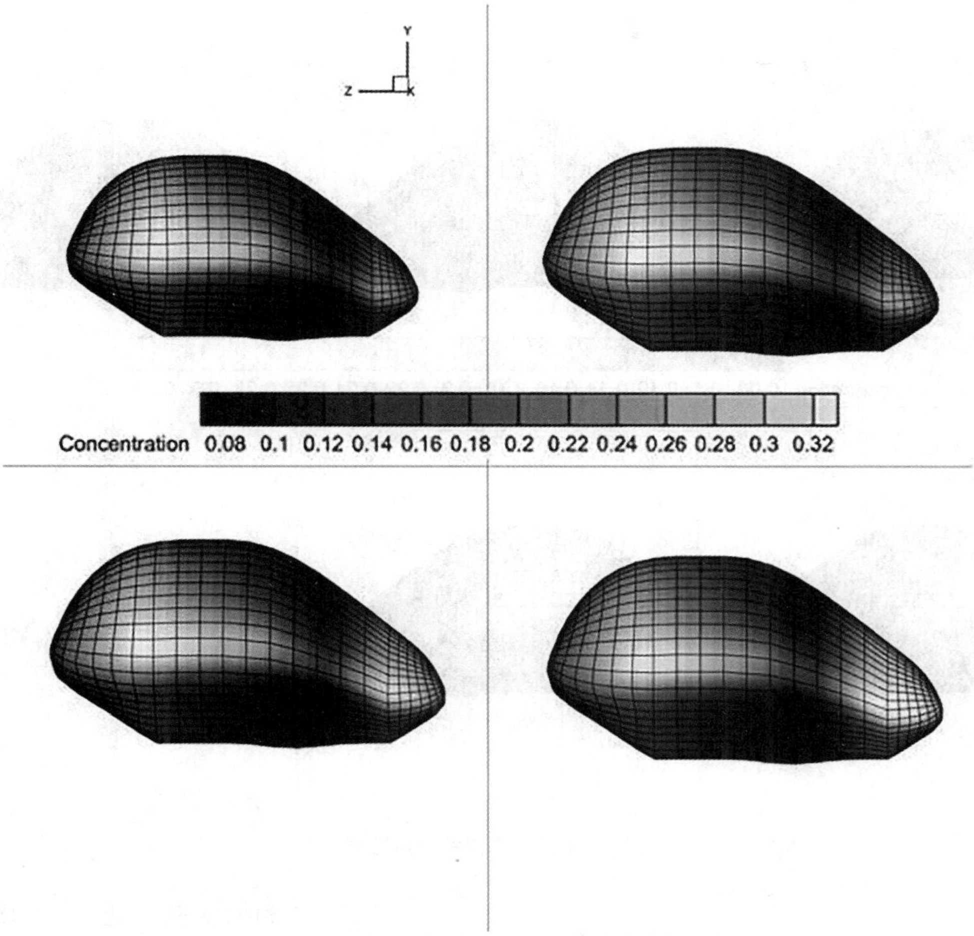

图 8　不同射流影响深度模拟腔室

3.4　注水流量对腔室的影响

注水流量的影响见表 6，所形成的腔体形状见图 9。当淡水进入腔体后，由于浮力效应而逐渐向上偏转。注水流量越大，相同时间内淡水在水平方向上的位移越大，其与腔顶盐岩的接触时间减少，造成该部分淡水还未达到完全饱和就运动至排卤管口位置，使得其对腔顶盐岩的溶解量减少，造成腔体的平均腔高随注水流量的增大而逐渐降低的现象。

表 6　注水流量对腔室的几何参数影响

注水流量/ml/min	长/mm	绝对/相对差值	宽/mm	绝对/相对差值	高/mm	绝对/相对差值
实际实验	245.6		124.6		116.8	
5	237.0	8.6/3.5%	129.8	−5.2/−4.2%	130.0	−13.2/−11.3%
10	237.0	8.6/3.5%	130.2	−5.6/−4.5%	129.7	−13.5/−11.3%
15	237.0	8.6/3.5%	130.3	−5.7/−4.6%	129.4	−13.8/−11.4%
20	238.0	8.7/3.5%	130.3	−5.7/−4.6%	129.1	−14.1−11.5%
30	238.0	8.7/3.5%	130.4	−5.8/−4.6%	129.1	−13.2/−11.5%

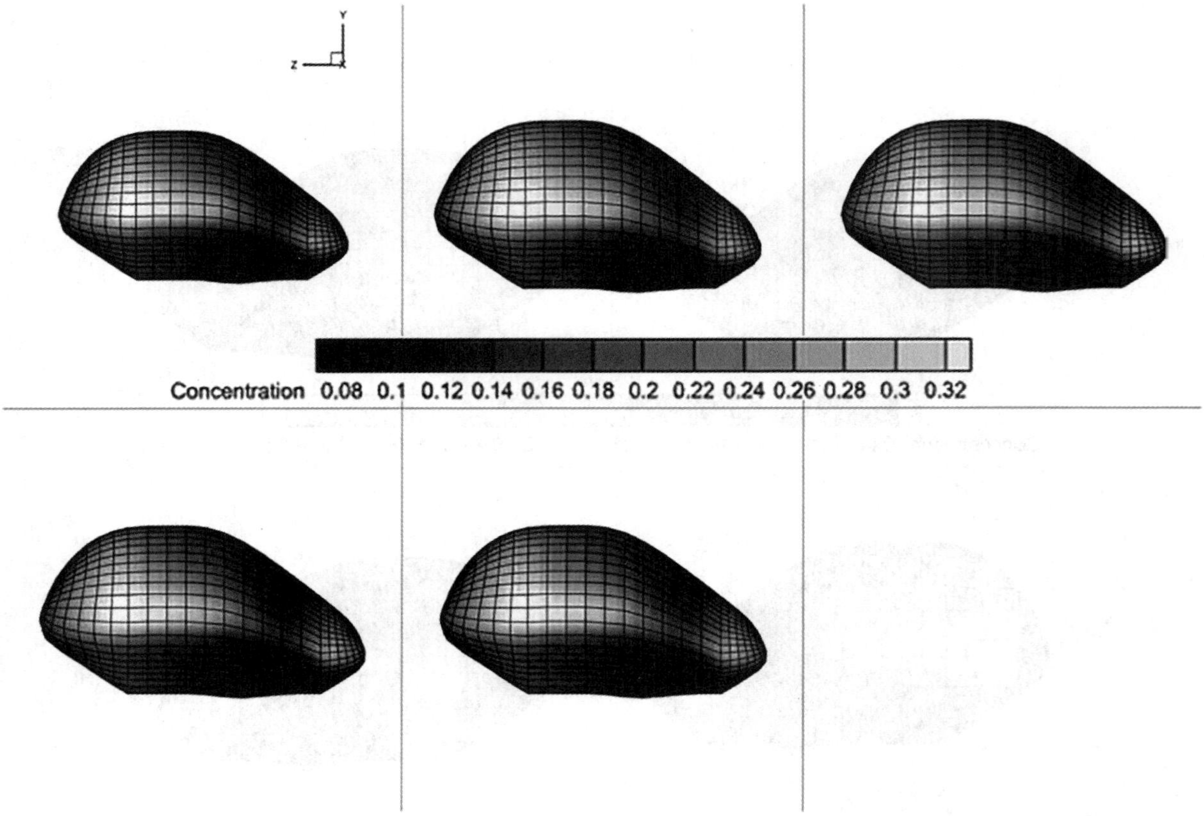

图 9　不同注水流量模拟腔室

4　结论

研究了水平多步造腔数值模拟方法，并采用该方法不同设置参数对腔体的影响，得出以下结论：

（1）提出了一种基于多维度耦合网格体系的高效水平多步造腔数值模拟方法。

（2）开发了“水平多步造腔模拟”程序，并将模拟结果与中国科学院武汉岩土所的物模试验结果进行了比较，模拟腔室的几何尺寸、腔室形态与试验结果吻合较好，验证了方法的准确性。

（3）利用“水平多步造腔模拟”程序进行模拟，分析了初始长度、回转半径、射流影响深度、注水流量对腔室几何尺寸和形态的影响。结果表明以上因素对腔室形态的影响均不大，腔室几何尺寸与初始长度和回转半径有关，与射流影响深度和注水流量关联较小。

参 考 文 献

[1] 丁国生．全球地下储气库的发展趋势与驱动力［J］．天然气工业，2010，30（8）：59-61+117.

[2] 刘恒阳．“双碳”背景下天然气地下储气库机遇与挑战［J］．石油与天然气化工，2022，51（6）：70-76.

[3] 王晓琦，白盛池，杨瑞，温文，冯进千，班凡生，蒋龙，等．中国石油新型储能技术进展与前景展望［J］．石油科技论坛，2024，43（2）：70-82+94.

[4] 丁国生，李春，王皆明，胥红成，郑雅丽，完颜祺琪，等．中国地下储气库现状及技术发展方向［J］．天然气工业，2015. 35（11）：107-112.

[5] 丁国生，魏欢．中国地下储气库建设 20 年回顾与展望［J］．油气储运，2020，39（1）：25-31.

[6] 张博，吕柏霖，吴宇航，崔丽华，周帅奇．国内外盐穴储气库发展概况及趋势［J］．中国井矿盐，2021，52（1）：21-24.

[7] 姚威，肖恩山．我国盐穴储气库建设技术发展现状及趋势［J］．中国井矿盐，2024，55（4）：7-10.

[8] 王建夫，金作良，李剑光，贾建超，朱阔远．周照恒．盐穴储库水平对接井造腔物理模拟实验［J］．油气储运，2024.

[9] 刘浩林．盐穴储气库水溶造腔技术概述及优劣势比较［J］．化工管理，2024，2024（12）：81-84.

[10] 郑雅丽，赵艳杰．盐穴储气库国内外发展概况［J］．油气储运，2010，29（9）：652-655+663+11.

[11] 李康，完颜祺琪，王立献，丁国生，冉莉娜．垢艳

荧，等．盐穴储气库水溶造腔数值模拟技术研究进展［J］．盐科学与化工，2017，46（12）：1-5.

［12］Durie R W and Jessen F W. Mechanism of the dissolution of salt in the formation of underground salt cavities［J］. Society of Petroleum Engineers Journal, 1964, 4 (2): 183-190.

［13］Durie R W and Jessen F W. The influence of surface features in the salt dissolution process［J］. Society of Petroleum Engineers Journal, 1964, 4 (3): 275-281.

［14］Sears G F and Jessen F. Controlled solution mining in massive salt［J］. Society of Petroleum Engineers Journal, 1966, 6 (2): 115-125.

［15］Nolen J S, Hantlemann O vonm, Meister S, Kleinitz W, Heiblinger J. Numerical simulation of the solution mining process［C］. Amsterdam: SPE European Spring Meeting, 1974: SPE-4850-MS.

［16］Kunstman A S and Urbanczyk K M. UBRO-a computer model for designing salt cavern leaching process developed at CHEMKOP［C］. Paris: Solution Mining Research Institute Fall Meeting, 1990.

［17］杨骏六，王登芝．水溶采矿中溶腔形状变化的数值模拟［J］．四川联合大学学报（工程科学版），1997，1（6）：21-25.

YANG J L, WANG D Z. The computer simulation of salt cavity washing in solution mining［J］. Journal of Sichuan Union University (Engineering Science Edition), 1997, 1 (6): 21-25.

［18］梁卫国，赵阳升．盐类矿床水溶开采机理分析［J］．太原理工大学学报，2002，33（3）：234-237.

［19］梁卫国，李志萍，赵阳升．盐矿水溶开采室内试验的研究［J］．辽宁工程技术大学学报，2003，22（1）：54-57.

［20］吴乘胜，杨骏六．单井对流法水溶采矿的数学模型［J］．力学与实践，2003，25（1）：11-13.

［21］赵志成，朱维耀，单文文，万玉金．盐穴储气库水溶建腔机理研究［J］．石油勘探与开发，2003，30（5）：107-109.

［22］Willson S M, Driscoll P M, Judzis A, Black A D, Martin J W, Ehgartner B L, et al. Drilling salt formations offshore with seawater can significantly reduce well costs［J］. SPE Drilling & Completion, 2004, 19 (3): 147-155.

［23］Li J L, Shi X L, Wang T T, Yang C H, Li Y P, Ma H L, et al. A prediction model of the accumulation shape of insoluble sediments during the leaching of salt cavern for gas storage［J］. Journal of Natural Gas Science and Engineering, 2016, 33: 792-802.

［24］Li J L, Shi X L, Yang C H, Li Y P, Wang T T, Ma H L. Mathematical model of salt cavern leaching for gas storage in high-insoluble salt formations［J］. Scientific Reports, 2018, 8: 372.

［25］Wan J F, Peng T J, Shen R C, Jurado M J. Numerical model and program development of TWH salt cavern construction for UGS［J］. Journal of Petroleum Science and Engineering, 2019, 179: 930-940.

［26］Li J L, Xu W J, Zheng J J, Liu W, Shi X L, Yang C H. Modeling the mining of energy storage salt caverns using a structural dynamic mesh［J］. Energy, 2020, 193: 867-876.

［27］Thoms R L, Gehel R M. Feasibility of controlled solution mining from horizontal wells［C］. Louisiana: SMRI Fall 1993 Technical Meeting, 1993: 1-9.

［28］Russo A J. A user' s manual for the computer code HORSMIC［R］. Albuquerque: Sandia National Laboratories, 1994: SAND93-3841.

［29］Kunstman A S and Urbanczyk K M. Modelling of horizontal cavern leaching: Main aspects and perspectives［C］. San Antonio: Solution Mining Research Institute Fall Meeting, 1995.

［30］Igoshin A I, Kazaryan V A, Pozdnyakov A G, Salokhin V I, Vasjuta Y S. Creation of tunnel cavities in rock salt beds of small thickness［C］. Moscow: Solution Mining Research Institute Spring Meeting, 1997.

［31］Charnavel Y and Durup J G. First Gaz de France horizontal salt cavern experiment［C］. New Orleans: Solution Mining Research Institute Spring Meeting, 1998.

［32］LiuW, Zhang Z X, Chen J, Fan J Y, Jiang D Y, Jjk D, et al. Physical simulation of construction and control of two butted-well horizontal cavern energy storage using large molded rock salt specimens［J］. Energy, 2019, 185: 682-694.

［33］Li J L, Shi X L, Zhang S. Construction modeling and parameter optimization of multi-step horizontal energy storage salt caverns［J］. Energy, 2020, 203: 117840.

［34］Li J L, Zhang N, Xu W J, Naumov D, Fischer T, Chen Y M, et al. The influence of cavern length on deformation and barrier integrity around horizontal energy storage salt caverns［J］. Energy, 2022, 244 (B): 123148.

呼图壁储气库钻井液技术实践与认识

叶　成　任　涛　尹泽斌　王为举　何　静

（新疆油田公司采油工艺研究院）

摘　要　新疆呼图壁储气库是中国西部地区库容最大、调峰能力最强的储气库，井身结构采用四开设计，其钻井技术难点主要体现在三开安集海河组巨厚强水敏泥岩地层的安全钻进及四开紫泥泉子组低压气藏的储层保护。通过对安集海河组地层岩样矿物成分和水化特性分析，其平均粘土矿物含量65%，伊蒙混层含量46.3%，在清水中16小时内的滚动回收率为10.66%，线性膨胀率为35.3%，该地层在钻井过程中易发生地层水化造成井壁失稳；采用钾钙基聚胺有机盐钻井液体系，滚动回收率提高至98%，线性膨胀率降低至13.2%，表明该钻井液体系对复杂地层具有较好抑制性，井壁稳定能力强。紫泥泉子组地层压力系数仅0.47，储层物性好，但具有强-中等的水敏性且存在严重的水锁损害；采用钾钙基双膜屏蔽暂堵储层保护技术，同时优选表面活性剂ABSN，室内评价岩心渗透率恢复值为42%，在近井壁地带形成了致密的屏蔽环，切片1cm后渗透率恢复值达到91%，表明阻止深度污染有很强效果，屏蔽环可通过射孔作业解除。应用后，三开井段井壁稳定性强，钻井中挂卡现象少，钻井工期最快纪录仅为10天，平均井径扩大率3.75%~4.58%；四开现场钻井液对切片后岩心渗透率恢复值为89.7%，新井投产初期油压20.9~22.1MPa，日产气量达到91.1~133.7×10^{4}m^3/d，取得了较好的应用效果，为类似储气库钻井工程提供了技术参考。

关键词　新疆呼图壁；储气库；钻井液；井壁稳定；储层保护

Practice and Understanding of Drilling Fluid Technology in Hutubi Gas Storage

YE Cheng, REN Tao, YIN Zebin, WANG Weiju, HE Jing

(Oil Production Technology Research Institute of Xinjiang Oilfield Company)

Abstract: The Hutubi gas storage facility in Xinjiang is the largest and most peak shaving capacity gas storage facility in western China. The wellbore structure adopts a four hole design, and the drilling technology difficulties mainly lie in the safe drilling of the thick and strong water sensitive mudstone formation in the Anjihaihe Formation of the third hole and the reservoir protection of the low-pressure gas reservoir in the Ziniquanzi Formation of the fourth hole. Through analysis of the mineral composition and hydration characteristics of the rock samples in the Anjihaihe Formation, the average clay mineral content is 65%, the Yimeng mixed layer content is 46.3%, the rolling recovery rate in clear water within 16 hours is 10.66%, and the linear expansion rate is 35.3%. This formation is prone to formation hydration during drilling, causing wellbore instability; The use of potassium calcium based polyamine organic salt drilling fluid system has increased the rolling recovery rate to 98% and reduced the linear expansion rate to 13.2%, indicating that this drilling fluid system has good inhibition on complex formations and strong wellbore stability. The pressure coefficient of the Ziniquanzi Formation is only 0.47, indicating good reservoir properties, but it has strong to moderate water sensitivity and severe water lock damage; The potassium calcium based dual membrane shielding temporary plugging reservoir protection technology is adopted, and the surfactant ABSN is selected. The indoor evaluation shows that the core permeability recovery value is 42%, forming a dense shielding ring near the wellbore. After slicing 1cm, the permeability recovery value reaches 91%, indicating that it has a strong effect on preventing deep pollution. The shielding ring can be removed through perforation operations. After application, the stability of the wellbore in the three sections of the well is strong, and there are few sticking phenomena during drilling. The fastest recorded drilling period is only 10 days, and the average wellbore enlargement rate is 3.75%~4.58%; The recovery value of the permeability of the sliced core by the drilling fluid at the site of the fourth opening was 89.7%. In the initial stage of production of the new well, the oil pressure was 20.9~22.1MPa, and the daily gas production reached 91.1~133.7×104m^3/d, achieving good application results and providing technical reference for similar gas storage drilling projects.

Key words: Hutubi, Xinjiang; Gas storage facility; Drilling fluid; Wellbore stability; Reservoir protection

新疆呼图壁储气库位于准噶尔盆地南缘，由呼图壁气田改建而成，储气库埋藏深度达到3600米，是我国规模最大的地下天然气储气库。目的层为古近系紫泥泉子组，原始地层压力系数为0.96，经过多年开采，系数降至0.47。该地区地质构造复杂，自勘探开发以来，由于对安集海河组地层性质认识不足，造成钻井复杂多，主要表现为缩径、阻卡、卡钻等；目的层紫泥泉子组坍塌压力高，孔隙压力低，大压差下储层保护难度大。本文旨在分析呼图壁储气库钻井液技术进展，探讨钻井液体系的实践与经验，为同类地质条件下的储气库钻井作业提供借鉴和启示。

1 地质工程概况

1.1 地质特点

呼图壁储气库所钻地层自上而下分为：西域组（Q_1x）、独山子组（N_2d）、塔西河组（N_1t）、沙湾组（N_1s）、安集海河组（$E_{2-3}a$）、紫泥泉子组（$E_{1-2}z$）。西域组~独山子上部砂砾岩发育，直接盖层紫三段和间接盖层安集海河组为不稳定泥岩；目的层紫泥泉子组中上部为棕色泥岩、砂质泥岩与含砾不等粒砂岩及细砂岩互层，底部为含砾不等粒砂岩、泥质细砂岩夹泥岩及砂质泥岩，地层压力16.4MPa。

1.2 井身结构

呼图壁井区钻井存在三个必封点，主体采用四开井身结构，盖层专封，储层专打，确保盖层固井质量和储层保护。一开 Φ660.4mm 钻头钻进300m，下 Φ508mm 表层套管，封固地表易塌地层；二开 Φ444.5mm 钻头钻进至安集海河组顶部（进25m），下 Φ339.7mm 技术套管，封隔新近系易漏地层，为安集海河组地层高密度钻井创造条件；三开 Φ311.2mm 钻头钻进至紫泥泉子组顶部（进5~10m），下 Φ244.5mm 技术套管，封隔安集海河组复杂地层，为储层低密度钻井创造条件；四开 Φ215.9mm 钻头钻进至完钻井深，下 Φ177.8mm+Φ139.7mm 油层尾管。

1.3 钻井液技术难点

难点1：上部地层井眼稳定性差。地表砾石层胶结疏松、破碎，易窜漏；独山子组、塔西河组大段砾石层及膏质泥岩地层，易发生缩径、井塌、卡钻；沙湾组地层砂岩发育，地层承压能力低，易发生井漏。

难点2：巨厚强水敏泥岩段井下阻卡频发。安集海河组发育强水敏性泥岩，平均厚度达974.5m，X射线衍射岩样粘土矿物组成分析结果表明（表1），平均粘土矿物含量65%，其中伊蒙混层含量46.3%，具有易膨胀、强分散的矿物特征基础。储层粘土矿物的含量和组成对岩石的水化能力的影响至关重要。对安集海河组地层水化特征进行分析，结果显示（表2），在清水中安集海河组岩样在16小时内的回收率仅为10.66%，线性膨胀率达到35.3%，表明该地层在钻探过程中易发生地层水化、造浆和缩径等复杂情况，对井壁稳定性造成严重挑战。

表1 安集海河组及紫泥泉子组地层黏土矿物分析

地层	黏土矿物/%				
	总量	伊蒙混层	伊利石	高岭石	绿泥石
安集海河组	65	46.3	32.6	14.1	7

表 2 安集海河组地层水化特性分析

滚动回收率 100℃×16h	滚动前质量 g	滚动后质量 g	回收率 %
	50.1	5.34	10.66
线性膨胀率 16h	膨胀前高度 mm	膨胀后高度 mm	膨胀率 %
	14.9	20.16	35.3

难点 3：超低气藏压力井壁稳定与储层保护难度大。紫泥泉子组储层压力系数 0.47，直接盖层紫三段泥岩坍塌压力系数 1.20~1.40，易漏易塌；紫泥泉子组储层敏感性评价结果表明（表 3），该储层物性好，具有强-中等的水敏性、中等-强的盐敏性、弱-中等的速敏性；同时该区存在较为严重的水锁损害，渗透率损害率在 38.86%~79.75%（表 4），大压差条件下易造成气藏污染，储层保护技术难度大。

表 3 紫泥泉子组储层敏感性评价

评价类别	层位	岩性	孔隙度/%	克氏渗透率/mD	最终渗透率/mD	渗透率损失（K/K_∞）	评价指标		敏感程度
水敏性	$E_{1-2}z_2^{\ 1}$	粉砂岩	19.1	33.46	5.22	0.16	K_w/K_f	0.38	中等
	$E_{1-2}z_2^{\ 1}$	细砂岩	21.7	470.00	182.00	0.39		0.50	中等
	$E_{1-2}z_2^{\ 1}$	细砂岩	23.1	546.00	53.90	0.10		0.12	强
速敏性	$E_{1-2}z_2^{\ 1}$	粉砂岩	22.1	75.51	15.51	0.34	K_{min}/K_{max}	0.93	弱
	$E_{1-2}z_2^{\ 1}$	细砂岩	23.1	736.00	443.00	0.60		0.83	弱
	$E_{1-2}z_2^{\ 1}$	细砂岩	23.3	626.00	252.00	0.40		0.58	中等
	$E_{1-2}z_2^{\ 1}$	细砂岩	23.7	307.00	140.00	0.46		0.65	中等
盐敏性	$E_{1-2}z_2^{\ 1}$	粉砂岩	19.1	33.00	5.22	0.16	K/K_∞	0.16	强
	$E_{1-2}z_2^{\ 1}$	细砂岩	21.7	470.00	182.00	0.39		0.39	中等
	$E_{1-2}z_2^{\ 1}$	细砂岩	23.1	546.00	53.90	0.10		0.10	强

表 4 紫泥泉子组块岩心水锁损害率

岩心编号	初始渗透率 K_1（$\times10^{-3}\ \mu m^2$）	最终渗透率 K_2（$\times10^{-3}\ \mu m^2$）	K_1-K_2 （$\times10^{-3}\ \mu m^2$）	渗透率损害率 %
1	22.00	12.60	9.40	42.70
2	15.80	3.20	12.60	79.75
3	61.50	37.60	23，90	38.86
4	39.80	23.10	16.70	41.96
5	13.90	5.80	8.10	58.27

2 钻井液技术研究

2.1 一开

一开砾石层胶结疏松、破碎，井眼尺寸较大，易窜漏。采用坂土-CMC 钻井液体系，密度控制在 1.10~1.20g/cm^3、黏度在 80~120s 之间，需适当调整钻井液的坂含量和黏度，注意防止漏失和窜流现象的发生。

2.2 二开

二开井眼尺寸大，裸眼井段较长，采用钾钙基聚合物钻井液体系，密度控制在 1.15~1.35g/cm^3，黏度保持在 40~80s 之间。通过加入 7%KCl 和 0.5%~1%有机硅、控制 K^+浓度大于 25000mg/L 来加强体系的抑制性；采用 3%~5%阳离子乳化沥青来强化封堵性能；同时以1%~2%RSTF和1%TX改善钻井液的流变性能，确保钻井液的各项参数符合要求，包括滤失量≤5ml，泥饼厚度≤0.5mm，pH值在9~10范围内，含砂量小于0.5%，塑性黏度在10~30mPa·s，动切力在5~15Pa，以及静切力范围为1~8Pa（初切）和2~15Pa（终切），以满足钻井作业的需求。

2.3　三开

为解决安集海河组地层井壁稳定问题，储气库一期工程第一轮井采用钾钙基有机盐钻井液体系，关键配方为10%KCl+0.5%有机硅+25%~30%有机盐Weigh2+10%~15%有机盐Weigh3+6%~8%阳离子乳化沥青。该体系成功将安集海河组地层岩样的线性膨胀率降低至19.6%，滚动回收率提高至88.7%（表5），显著增强了井壁的抑制能力，有效缓解了安集海河组地层水化膨胀和分散，改善了井壁的稳定性。

表5　钻井液体系对安集海河组地层抑制能力评价

滚动回收率/% 100℃×16h	清水	钾钙基聚合物	钾钙基有机盐
	10.66	21.72	88.7
线性膨胀率/% 16h	清水	钾钙基聚合物	钾钙基有机盐
	35.3	31.9	19.6

钾钙基有机盐体系在一定程度上强化了井壁的稳定性，解决了频繁的阻卡问题，但仍需进行频繁的划眼和提拉，部分井仍然面临卡钻风险，且井径不理想，与储气库安全高效钻完井的要求存在差距。

为进一步增强井壁的稳定性，基于协同增效理论，在钾钙基有机盐体系的基础上，加入2%胺基抑制剂，形成了强抑制、强封堵的钾钙基聚胺有机盐体系，通过该体系，滚动回收率从88.7%提高至98%，线性膨胀率从19.6%降低至13.2%，成功实现了安集海河组巨厚强水敏地层的零复杂钻进，显著提升了井壁的稳定程度。

2.4　四开

为减轻由水锁造成的损害，选用了当前常用的表面活性剂ABSN，并配制不同浓度的溶液以测定其表面张力和界面张力（表6）。考虑到表面活性剂在泥浆中固相粒子表面上的吸附消耗，其添加量为0.2%至0.4%。

表6　钻井液体系对安集海河组地层抑制能力评价

ABSN加量/%	0	0.1	0.2	0.3	0.5
表面张力mN/m	46	27	25	24.8	23.5
界面张力mN/m	1.55	0.12	0.095	0.09	0.086

针对气藏水锁现象及井底压差大的情况，采用钾钙基双膜屏蔽暂堵技术保护油气层，主体配方为8%天然沥青+2%超细碳酸钙+1%WC-1+2%油溶性暂堵剂+0.2%ABSN+1%JYW-1+2%CMJ-2+4%YB-1。隔离膜降滤失剂CMJ-2和超低渗透井眼稳定剂JYW-1的协同保护作用，降低钻井液的滤失量，提高地层的承压能力，从而增强储层的保护效果。对比（表7）钾钙基聚合物完井液返排渗透率恢复值为61%，加入双膜暂堵剂及油溶性暂堵剂后，渗透率恢复值42%，在近井壁地带形成了致密的屏蔽环，切片后渗透率恢复值达到91%，表明阻止深度污染有很强效果，但可通过射孔作业解除。

表7　储层保护室内评价实验结果

配方	初始渗透率 （$\times10^{-3}\mu m^2$）	恢复渗透率 （$\times10^{-3}\mu m^2$）	渗透率 恢复值%
钾钙基完井液	35.2	21.5	61
钾钙基完井液 （切割1cm）	35.2	30.3	86
钾钙基双膜 屏蔽完井液	39.5	16.6	42
钾钙基双膜完 井液（切割1cm）	39.5	35.9	91

3　应用效果

呼图壁储气库调整工程水平井三开井段采用钾钙基聚胺有机盐体系，钻井时间由一期工程的30天缩短为14天，最快纪录仅为10天；应用井在安集海河组井段钻井过程中井壁挂卡有较大幅度改善，没有出现划眼现象。井径扩大率较小（表8），有效的保证了井眼稳定，对后续的电测、下套管等作业提供了良好的井眼。

表 8 井径扩大率分析

阶段	井号	密度 g/cm^3	最大扩径率 %	平均扩径率 %
一期工程	HUK7	1.90	15.1	6.6
	HUK9	1.93	15.9	8.5
调整工程	HUHWK14	1.93	13.24	4.58
	HUHWK19	1.90	7.95	3.75

四开井段采用双膜屏蔽暂堵储层保护技术，现场钻井液评价岩心渗透率恢复值为 89.7%。根据呼图壁储气库调整水平井第七采气周期最大试产数据统计（表 9），投产水平井油压 20.9～22.1MPa，日产气量达到 91.1～133.7×10^4 m^3/d，新井试产效果好，说明储层保护作用良好。

表 9 调整水平井试产产能统计

部署层位	井号	油压 (MPa)	最大产气量 (10^4m^3/d)	产油 (t/d)	产水 (m^3/d)
$E_{1-2}z_2{}^1$	HUHWK4	22.1	133.7	4.3	1.8
	HUHWK5	21.7	131.5	2.2	1.0
	HUHWK6	3.4	107.0	2.7	1.2
$E_{1-2}z_2{}^2$	HUHWK2	20.7	132.8	3.4	1.6
	HUHWK11	23.7	91.1	2.4	1.2
	HUHWK12	20.9	129.3	3.3	1.5

4 结论与认识

（1）呼图壁储气库钻井技术难点主要体现在安集海河组巨厚强水敏泥岩地层的安全钻进及紫泥泉子组低压气藏的储层保护。

（2）安集海河组地层地层粘土含量高，伊/蒙混层比高，地层水敏性强，极易发生水化膨胀引起地层坍塌，采用钾钙基聚胺有机盐钻井液体系能有效提高钻井过程中的井壁稳定能力。

（3）目的层紫泥泉子组孔隙压力低、坍塌压力高，且存在水敏、水锁损害，大差压条件下易造成储层伤害，采用钾钙基双膜屏蔽暂堵钻井液体系能在近井壁地带形成致密的屏蔽环，阻止深度污染，屏蔽环可通过射孔作业解除。

（4）现场应用效果良好，安集海河组地层井径扩大率控制在 5%以内，新井试产产能高，钻井液体系满足储气库钻井要求，为类似储气库钻井工程提供了技术参考。

参 考 文 献

[1] 马增辉，赵益达，陈李刚，等．呼图壁储气库采气系统节能降耗技术［J］．新疆石油天然气，2024，20（01）：88-94.

[2] 党文辉，张弘，叶成，等．呼图壁低压水敏储层保护钻井液技术［J］．石油化工高等学校学报，2022，35（01）：75-80.

[3] 房炎伟，房晓伟，余加水，等．呼图壁储气库钻井液技术应用研究［C］//中国石油学会天然气专业委员会．第 33 届全国天然气学术年会（2023）论文集（04 钻采工程），2023：4.

[4] 李称心，高飞，张茂林，等．新疆呼图壁储气库钻井液技术［J］．钻井液与完井液，2012，29（04）：45-48+90-91.

[5] 郝少军，安小絮，张闯，等．超高温有机盐聚胺钻井液技术在昆 2-X1 大斜度井的用［C］//中国石油学会天然气专业委员会．第 33 届全国天然气学术年会（2023）论文集（04 钻采工程），2023：9.

[6] 廖伟，刘国良，李欣潞，等．呼图壁储气库边底水水侵前缘动用及注采风险评价［J］．新疆石油地质，2022，43（01）：66-71.

[7] 宋先知，郭勇，向冬梅，等．呼图壁背斜水基钻井液井壁失稳机理多场耦合分析［J］．新疆石油天然气，2023，19（04）：1-9.

[8] 刘赛，吴建邦，周伟，等．玛湖 1 井区致密砂砾岩储层物性特征及其对流体可动性的影响［J］．西安石油大学学报（自然科学版），2023，38（06）：

15-23.
[9] 党文辉，刘天恩，袁光杰，等．呼图壁储气库勺型水平井钻井关键技术［J］．石油钻采工艺，2021，43（05）：593-600.
[10] 姚倩，许峰．S区块致密砂岩气藏储层特征及损害因素分析［J］．化学与生物工程，2021，38（07）：53-56.
[11] 徐生江，王妮娜，戎克生，等．胺基抑制剂在呼图壁储气库HUK25井的应用［J］．新疆石油天然气，2013，9（03）：25-28.

储气库注采系统弯头冲蚀有限元模拟分析

宋成立[1]　董占民[2]　郭　宇[2]　罗金恒[1]　李丽锋[1]

（1. 中国石油集团工程材料研究院有限公司 油气钻采输送装备全国重点实验室；2. 中国石油长庆油田分公司第二采气厂）

摘　要　储气库大流量注采过程中对地面管汇造成冲蚀损伤，尤其在弯头不连续区域冲蚀风险更高。本文采用有限元法，选取储气库注采系统典型工况条件下的弯头，模拟不同介质环境下的冲蚀行为。结果显示，以气相为主的弯头，其冲刷最严重的位置位于外侧圆弧45°附近，当介质颗粒大小增加时，弯头最大冲蚀速度出现明显降低；以液相为主的弯头相对冲刷危害较小而弯头内侧容易发生空泡腐蚀；对于串联弯头来说，颗粒小于50um时对第二个弯头冲蚀危害较大，当颗粒达到50um以上时则对第一个弯头的冲蚀危害较大。

关键词　储气库；弯头；冲蚀；有限元

Finite Element Simulation Analysis of Elbow Erosion in Gas Storage Injection-Production System

SONG Chengli[1], DONG Zhanmin[2], GUO Yu[2], LUO Jinheng[1], LI Lifeng[1]

(1. State Key Laboratory of Oil and Gas Equipment & CNPC Tubular Goods Research Institute, 2. No. 2 Gas Production Plant, PetroChina Changqing Oilfield Company)

Abstract: In the process of high flow injection and production of gas storage, erosion damage is caused to surface manifold, especially in the discontinuous area of elbow. In this paper, the finite element method is used to simulate the erosion behavior of the elbow under the typical working conditions of the gas storage injection and production system. The results show that for the elbow dominated by gas phase, the most severe erosion occurs near 45°of the outer arc. When the medium particle size increases, the maximum erosion velocity of the elbow decreases obviously. The elbow dominated by liquid phase has less erosion damage and cavitation corrosion is easy to occur on the inside of the elbow. For the series elbow, when the particle is less than 50um, the erosion damage to the second elbow is greater. When the particle reaches 50um, the erosion damage to the first elbow is greater.

Key words: gas storage; elbow; erosion; finite element method

1　引言

天然气产业在我国已进入了快速发展阶段，而储气库作为季节调峰及天然气战略储备的作用越来越得到国家的高度重视。储气库注采系统流量大，相对常规气田流速也大，而且强注强采更容易将地层中的沙砾带出而加速材料的冲刷腐蚀。金属材料的腐蚀过程受扩散控制或混合控制，则腐蚀与反应物向材料表面的传输以及腐蚀产物向溶液本体的传输过程相关，而流速是控制传质过程的重要力学参数，通常随着流速的增加，冲刷腐蚀速率会增大，同时流态会发生转变，尤其在弯头、三通等结构不连续部位，冲刷腐蚀更大。冲刷腐蚀将导致连接管汇、阀门、弯头内壁壁厚变薄，甚至壁面破裂穿孔，严重威胁着安全生产。而在储气库高压管汇中，固体颗粒对弯管所造成的的冲蚀损伤可达直管的50倍，因此弯管相较于直管更容易在服役过程中失效。因此，本文采用有限元数值模拟方法，对注采系统典型弯头开展气-液-固三相冲蚀行为及规律模拟，为弯头的设计选材、加工制造、监测维护等提供依据。

2 试验方法

有限元法（Finite Element Analysis－FEA）的思想是把连续体离散成有限多个单元体，把复杂的实物模型划分成简单的小单元，即把无限自由度经过网格划分转化成了有限个自由度，计算时就可以用代数方程来求解，而不是复杂的微分或偏微分方程。弯头冲蚀有限元分析的具体步骤如下：

（1）数据收集

选取注气、采气系统合计4个弯头开展模拟分析，弯头的材质、规格、服役工况等参数见表1。

表1 弯头基本参数

编号	弯头名称	材质	规格 mm	圆角半径 mm	温度 ℃	压力 MPa	介质流量 ×10^4Nm^3/d	备注
No. 1	采气树出口第一个弯头	L245N	ϕ114＊17 90°	157	40	22	40	合并成一个模型，介质为气相
No. 2	采气树出口第二个弯头	L245N	ϕ114＊17 90°	157	40	22	40	
No. 3	采气分离器排污出口第一个弯头	20#	ϕ60＊5 90°弯头	130	20	6. 4	0. 002	介质为液相
No. 4	注气压缩机除油器出口第一个弯头	L360MB	ϕ323＊14. 2 90°弯头	381	20	6. 4	100	介质为气相

（2）基本假设

l 假设所研究气相为可压缩流体，所有流体为定常流，流体物性为常数（诸如热导率、热熔以及密度等参数）。同时，管内流体满足质量守恒、动量守恒；

l 考虑到实际流体速度和管道结构，流场计算选用非等温条件下使用的 RNG $k-\varepsilon$ 两方程湍流模型，其中 k 为单位质量流体湍流脉动动能、ε 为其耗散率；

l 颗粒进口截面采用面射流源，即进口截面颗粒分布由进口截面网格的稀疏程度决定，进口截面颗粒分布较为均匀。为了降低计算量与处理难度，假设颗粒在碰撞后无破碎、无变形、无裂纹；

l 为了简化问题与降低计算难度，假设碰撞、磨损后的弯头壁面无变形、壁面材料满足均匀性假设。

（3）有限元3D模型建立

利用建模工具分别对上述4种弯头按1∶1比例进行实体建模。此外，为了获得充分发展的湍流模式，建模时分别在入口端前加长15D、出口端后延长10D的管道长度（D为管道直径），最终得到的3D几何建模如图1所示。

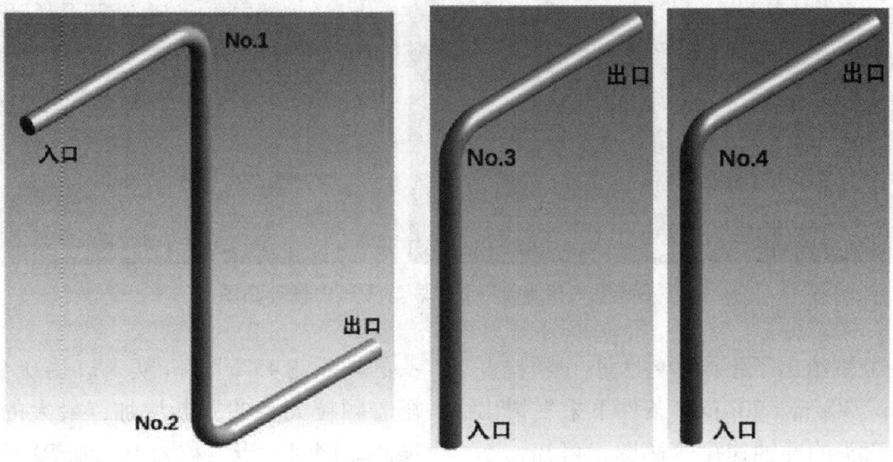

图1 弯头3D几何模型

（4）网格划分

为了提高计算的可靠性，选取六面体网格对上述所有的弯头模型进行剖分，并设置边界层以增加计算精度。同时，为了保证结果的网格无关性，上述所有弯头的网格剖分规模都在200万以上，如图2所示。

（5）参数设置与边界条件加载

将表1采集到的气体和液体物性参数（流量、温度、内压等）加载到模型上，同时入口采用速度方式、出口采用压力形式。

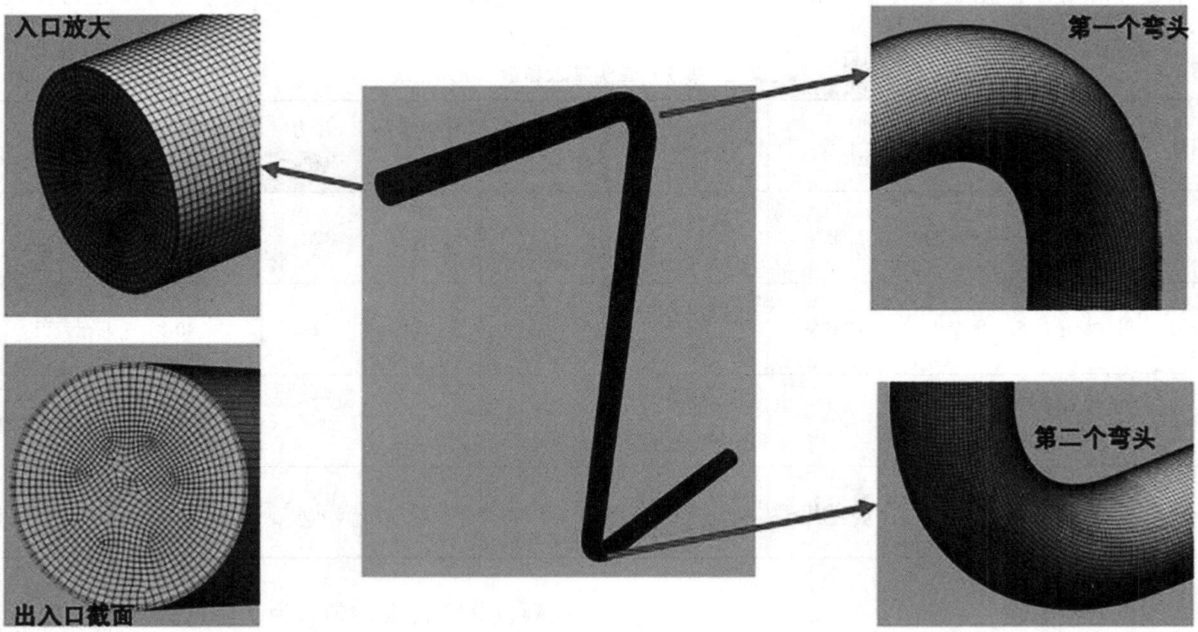

图2 有限元网格剖分结果

3 试验结果

3.1 采气系统

（1）采气树出口No. 1-2串联弯头

井口采出介质主要是气-液-固三相，图3给出了采气树出口No. 1-2串联弯头的压力场计算结果，可知在这两个弯头的外侧均存在高压区，而在内侧存在低压区。同时，图4给出了速度场计算结果，发现在这两个弯头的内、外侧均出现了速度变化，其中内侧速度普遍较高。

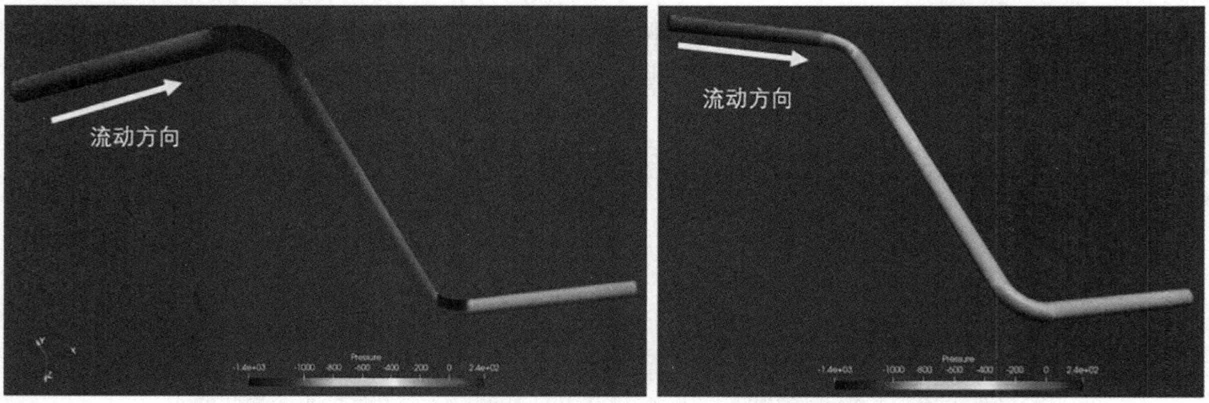

图3 采气树No. 1-2串联弯头压力场等高图

图5和图6分别给出了不同颗粒大小（颗粒直径10μm、30μm、50μm、70μm）条件下采气树出口No. 1-2串联弯头的冲蚀速度等高图，可知，不同颗粒大小情况下，冲刷最严重的位置均位于弯头的外弧侧45°附近（从入口端0°到出口端90°）；随着颗粒大小的不断增加，最大的冲蚀速度逐渐减小。同时，当颗粒大小达到50um时，第一个弯头的冲蚀速度明显高于第二个弯头的冲蚀速率。

此外，图 7 给出了 No. 1-2 弯头外侧圆弧上（入口端 0°到出口端 90°）冲蚀速度的具体分布情况，进一步证实了 No. 1 弯头冲刷最严重的位置处于外弧侧 40-60°附近、No. 2 弯头外弧侧 45°附近。

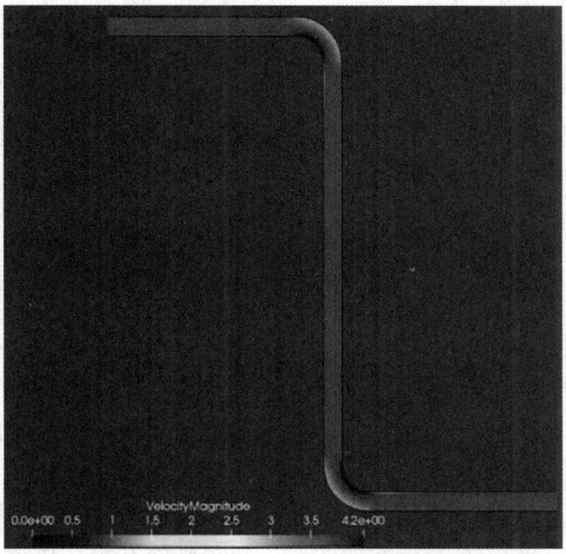

图 4　采气树 No. 1-2 串联弯头速度场等高图

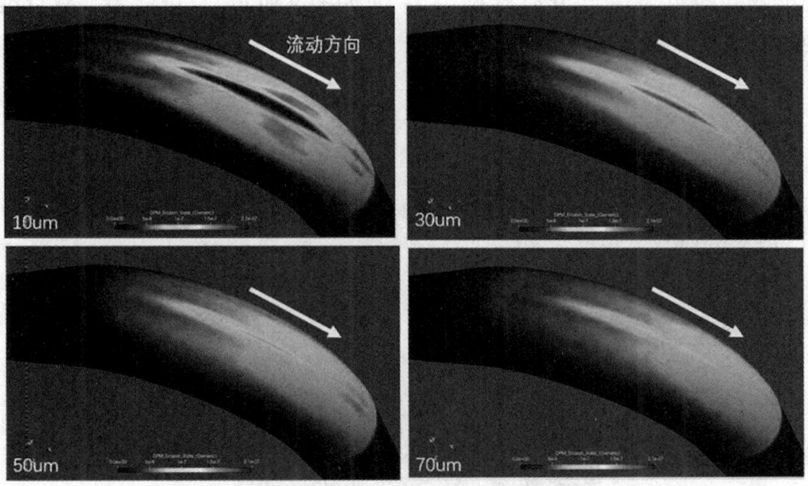

图 5　不同颗粒大小条件下采气树 No. 1 弯头冲蚀速度等高图

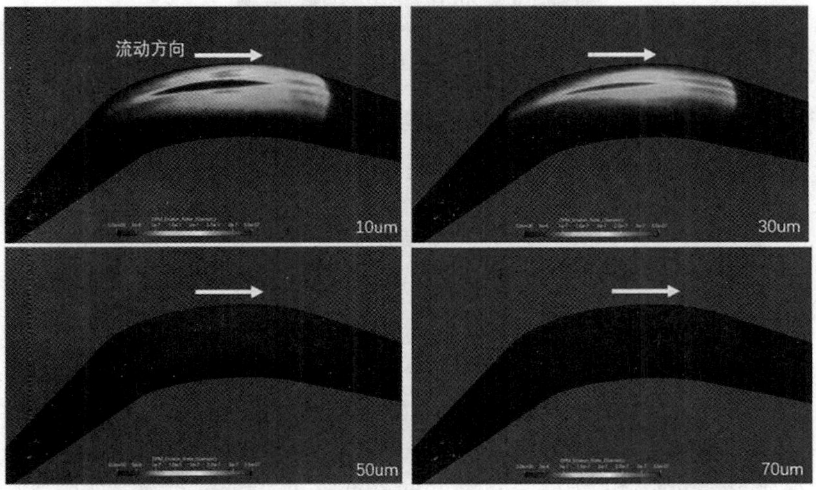

图 6　不同颗粒大小条件下采气树 No. 2 弯头冲蚀速度等高图

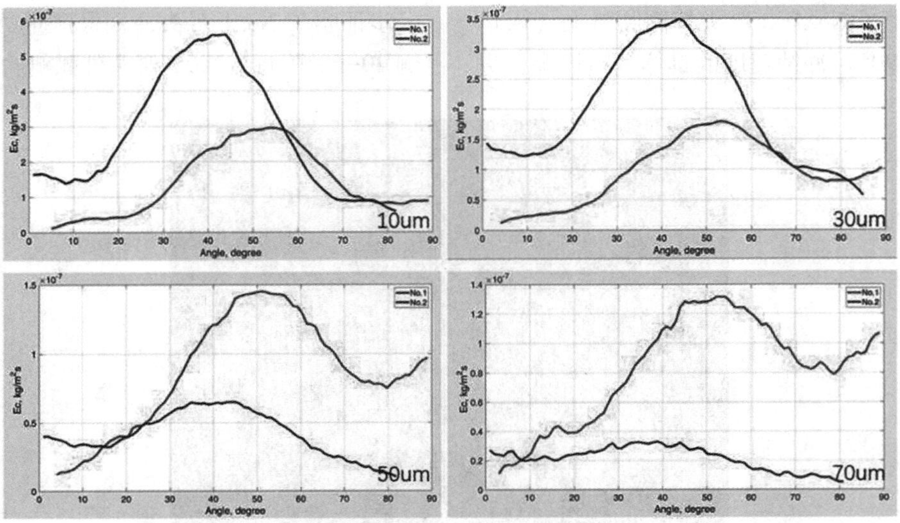

图 7　不同颗粒大小条件下采气树 No. 1-2 弯头外弧侧冲蚀速度分布

（2）采气分离器排污 No. 3 弯头

与采气树出口弯头相比，该弯头工作介质主要为水相，同时夹杂了少量天然气和固体颗粒。图 8 给出了不同大小颗粒条件下采气分离器排污 No. 3 弯头的单侧冲蚀速度等高图，可知，由于工作介质主要为水相，致使杂质颗粒对弯头的冲刷影响对称分布在两侧，同时其冲蚀危害较小。然而，由于夹杂的天然气在弯头内侧的低速而析出（如图 9 所示），可能会导致空泡腐蚀发生。

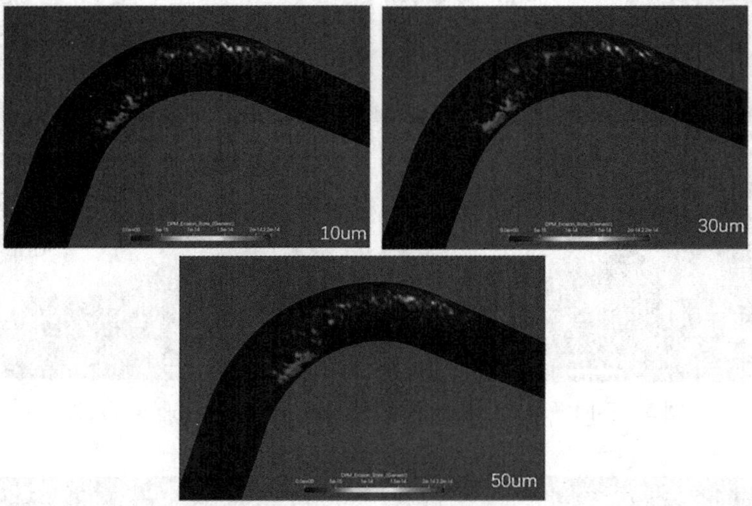

图 8　采气分离器排污弯头单侧冲蚀速度等高图（左下流入、右上流出）

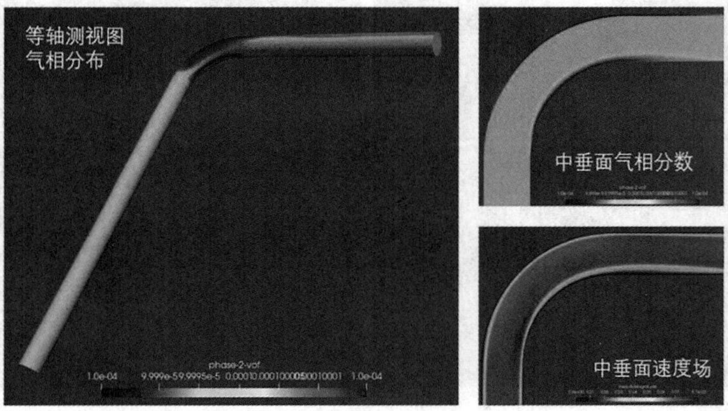

图 9　采气分离器排污弯头气相分数与速度等高图（左侧流入、右侧流出）

3.2　注气系统

No. 4 弯头介质是处理后的天然气，主要模拟气-固两相流，选取较小颗粒进行计算（颗粒直径 10um、20um 和 30um）分析。图 10 为冲蚀速度等高图随颗粒大小的变化结果，从中可以看出，当颗粒量不变时，在不同颗粒大小下冲刷最严重的位置均位于弯头的外弧侧 45°附近。

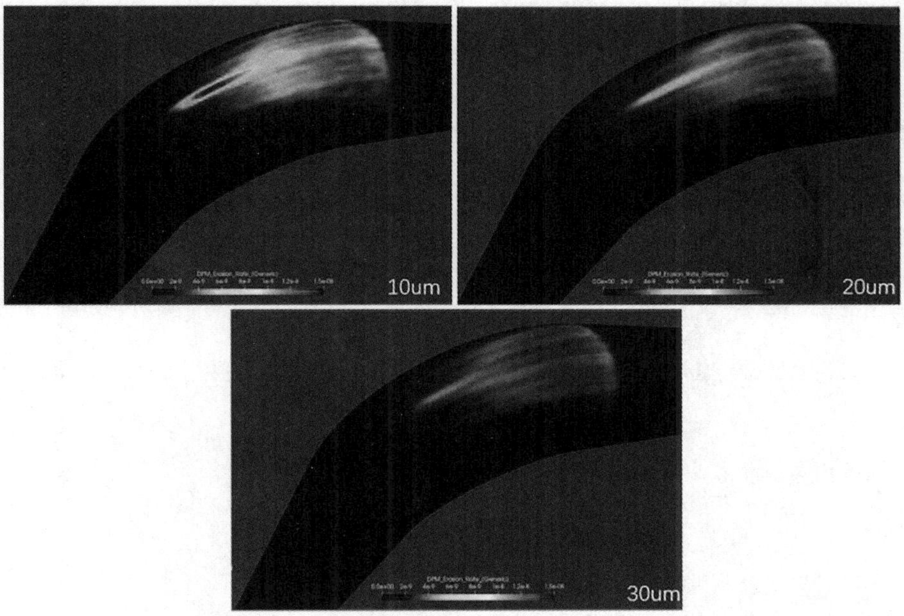

图 10　No. 4 弯头冲蚀速度等高图（左下流入、右上流出）

此外，图 11 进一步给出了 No. 4 弯头外弧侧上冲蚀速度的具体分布情况。由此可知，弯头冲刷最严重的位置集中在 45°。同时，当颗粒从 10um 增加到 30um 时，最大冲蚀速度出现显著降低，其值从 $1.45x10^{-8}$kg/s · m^2 减小到 $4.68x10^{-9}$ kg/s · m^2。

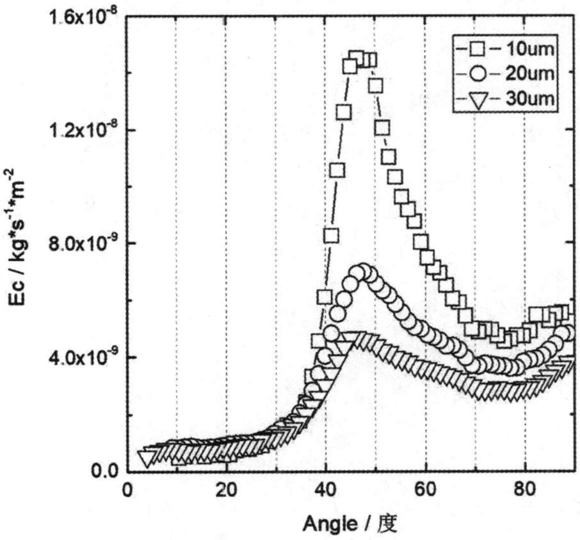

图 11　不同颗粒大小条件下 No. 4 弯头外侧圆弧上冲蚀速度分布

4　结论

（1）对于工作介质主要为气相的弯头，其冲刷最严重的位置位于外侧圆弧 45°附近；对于工作介质主要为液相的弯头，冲刷危害较小而弯头内侧容易发生空泡腐蚀。

（2）当介质颗粒大小增加时，弯头最大冲蚀速度出现明显降低。此外，对于串联弯头来说，颗粒小于 50um 时对第二个弯头冲蚀危害较大，当颗粒达到 50um 以上时则对第一个弯头的冲蚀危害较大。

（3）储气库应定期对管道介质出砂情况进行监检测，及时掌握颗粒的形貌特点、大小分布与流量状态，为准确判断弯头的冲蚀损伤程度提供依据。

参　考　文　献

[1] 郑得文，张刚雄，魏欢等 . 中国天然气调峰保供的策略与建议 [J]. 天然气工业，2018，38（04）：153-160.

[2] 李建君 . 中国地下储气库发展现状及展望 [J]. 油气储运，2022，41（07）：780-786.

[3] 丁国生，丁一宸，李洋等 . 碳中和战略下的中国地

下储气库发展前景［J］. 油气储运，2022，41（01）：1-9.
［4］赵湘阳，曹学文，曹恒广等．串联双弯头气固两相冲蚀数值研究［J］. 中国石油大学学报（自然科学版），2021，45（06）：152-160.
［5］黄诗嵬．天然气集输管道弯头冲蚀磨损研究．2016，西南石油大学．
［6］王明，刘巨保，王雪飞等．基于CFD-DEM方法的变径T型流道冲蚀特性研究［J］. 表面技术，2021，50（08）：257-272.
［7］Nan Lin，Huiqing Lan，Yugong Xu，et al. Effect of the gas-solid two-phase flow velocity on elbow erosion［J］. Journal of Natural Gas Science and Engineering，2015，26.
［8］Hu J，Zhang L，Ma A，et al. Effect of Cavitation Intensity on the Cavitation Erosion Behavior of 316L Stainless Steel in 3. 5 wt. % NaCl Solution［J］. Metals，2022，12（2）：198.

第三篇　地面工艺与经济评价技术篇

Part 3　Ground Technology and Economic Evaluation

储气库工程建设中有关地面工艺、钻完井工程、数智化储气库、经济评价等论文。针对地面工程建设中面临的挑战，尤其是整体设计理念、关键装备研发、全生命周期完整性管理体系、压缩机高效运行等方面提供了很好的实例；针对钻完井工程中关键装备与工艺技术，本篇结合储气库建设实际，提出了一揽子解决方案；针对数字化、智能化储气库，运用数字孪生以及知识图谱技术，开启了储气库智能化运营新阶段；针对储气库经济性、效益性问题，结合我国天然气价格的有关规定要求，建立了适合我国经济市场的评价方法，为储气库高效建设与运营提供了有效手段。希望这部分内容能够给储气库工程建设提供有益的借鉴，也能为广大关心储气库的学者、专家提供宝贵资料，为我国储气库快速建设与高效运营提供技术支持。

This part contains papers on ground engineering processes, drilling and completion engineering, digital and intelligent gas storages, and economic evaluation. It provides good examples of challenges facing ground engineering construction, especially the overall design concept, key equipment development, full life cycle integrity management system, and efficient compressor operation. For the key equipment, processes and techniques in drilling and completion engineering, this part offers a package of solutions combined with gas storage construction realities. For digital and intelligent gas storages, the use of digital twins and knowledge map technology has opened a new phase of intelligent operation of gas storages. For problems of economy and efficiency of gas storages, combined with the requirements of relevant regulations on natural gas prices in China, an evaluation method suitable for China's economic market has been established, providing an effective means for the efficient construction and operation of gas storages. It is hoped that this part can provide a useful reference for gas storage construction, valuable information for scholars and experts who are interested in gas storage development, as well as technical support for the rapid construction and efficient operation of gas storages in China.

冷换设备在气藏型储气库工程中发展历程简述

王东军[1] 白 英[1] 齐德珍[1] 孙明慧[1] 邓 刚[2] 郝大勇[3]

（1. 中国石油工程项目管理公司天津设计院；2. 中国石油长庆油田第六采油厂工程项目部；
3. 中国石油大港油田公司天津储气库分公司）

摘 要 地下储气库具有储气容量大、压力高、成本低的特点，是配套天然气长输管道储气调峰的有效方式。采出气处理装置是储气库采气期的运行主体，装置的安全运行关系着天然气的安全保供。目前采出气处理装置采出气处理工艺包括J－T阀制冷工艺、三甘醇脱水工艺及固体吸附工艺。其中，J－T阀制冷工艺是目前国内已建气藏型地下储气库最为常用的采出气处理工艺，而冷换设备是J－T阀制冷装置中的核心设备，其选型、设置方式和处理能力对采气装置安全平稳生产是十分重要的。本文在总结气藏型储气库概况以及冷换设备的发展历程的基础上，结合储气库采出液组分复杂的特点，针对实际生产运行中易出现的设备堵塞、偏流冻堵、装置大型化等问题展开技术分析，对设备选型、优化设备设计等内容进行论述，并且进一步研究换热设备在大型化、适应性、经济性等方面的技术提升。在今后的储气库设计中需要根据具体生产情况具体分析，更好的保证生产质量和运行的连续性。

关键词 气藏型储气库；J－T阀制冷工艺；冷换设备；管壳式换热器；绕管式换热器

Technical Improvement of Heat Exchanger in Gas Reservoir Storage Projects

WANG Dongjun[1], BAI Ying[1], QI Dezhen[1], SUN Minghui[1], DENG Gang[2], HAO Dayong[3]

(1. CPEC PROJECT MANAGEMENT COMPANY TIANJIN DESIGN INSTITUTE, Tianjin 300456, China; 2. No. 6 Oil Production Plant, PetroChina Changqing Oilfield Company Engineering Project Department, Xi'an, 710000, China; 3. PetroChina Dagang Oilfield Company Tianjin Gas Storage Branch, Tianjin 300278, China)

Abstract: Underground gas storage has the characteristics of large gas storage capacity, high pressure and low cost, and is an effective way to support natural gas long distance pipeline for gas storage and peak regulation. The produced gas treatment device is the main operation of the gas storage during the gas production period, and the safe operation of the device is related to the safe supply of natural gas. At present, the produced gas treatment technology of dew－point control unit includes J－T valve refrigeration process, tri ethylene glycol dehydration process and solid adsorption process. Among them, J－T valve refrigeration process is the most commonly used produced gas treatment process in existing gas reservoir underground gas storage in China, and cold change equipment is the core equipment in J－T valve refrigeration unit, and its selection, setting mode and processing capacity are very important for the safe and stable production of gas production unit. On the basis of summarizing the general situation of gas reservoir type gas storage and the development history of cold exchange equipment, combined with the characteristics of complex components of produced liquid in gas storage, this paper carries out technical analysis on the problems prone to equipment blockage, drift and freezing blockage, and large－scale equipment in actual production operation, and discusses the content of equipment selection and optimization of equipment design. And further research on the technology improvement of heat exchange equipment in large scale, adaptability, economy and other aspects. In the future gas storage design, it is necessary to analyze the specific production situation to better ensure the production quality and the continuity of operation.

Key words: Gas reservoir underground gas storage; J – T valve refrigeration process; Heat exchanger; Shell and tube heat exchanger; Spiral – wound heat exchanger

地下储气库具有储气容量大、压力高、成本低的特点，是配套天然气长输管道储气调峰的有效方式。国内储气库建设起步较晚，经历二十多年建设目前已进入“黄金时代”。同国外已建储气库相比，中国储气库具有地质条件复杂、注采压力高、采出物组分复杂、注采系统弹性小等特点。国内外储气库的差异决定了不同的采出气处理工艺。采出气处理装置是储气库采气期的运行主体，装置的安全运行关系着天然气的安全保供，装置采用的工艺、规模及数量影响着地面建设投资及地面设施运行管理的难易程度。目前采出气处理装置中采出气处理工艺包括 J – T 阀制冷工艺、三甘醇脱水工艺、固体吸附工艺。J – T 阀制冷工艺是气藏型地下储气库最为常用的工艺，冷换设备作为 J – T 阀制冷工艺中的关键设备，其选型、设置方式和处理能力对采气装置安全平稳生产是十分重要的。

1 气藏型储气库概况

目前国内已建气藏型地下储气库，包括油气藏型、凝析气藏型及干气藏型地下储气库，大部分均采用 J – T 阀制冷工艺来实现水、烃露点的控制。由于受低温分离设备及换热设备生产能力限制，单套处理规模一般不超过 750 ×10^4 m^3/d。受装置操作弹性的限制，对于大型储气库，均采用多套并联的方式，如新疆呼图壁储气库，采气规模为 2800 ×10^4 m^3/d，设置了 4 套 700 ×10^4 m^3/d 的采气装置。已建的长庆陕 224 储气库、文 23 一期及在双坨子储气库采用三甘醇脱水工艺（表 1）。

表 1 主要气藏型储气库概况表

储气库	地质条件类型	采出气处理工艺	采气能力 10^4 m^3/d	单套采气能力 10^4 m^3/d	套数	建成投产日期
大张坨	未完全枯竭的凝析气藏型	J – T 阀制冷工艺	1000	500	2	2000 年
板 876	未完全枯竭的凝析气藏型	J – T 阀制冷工艺	300	300	1	2001 年
板中北高点	完全枯竭的凝析气藏型	J – T 阀制冷工艺	900	300/600	1/1	2004 年
板中南高点	完全枯竭的凝析气藏型	J – T 阀制冷工艺	600	600	1	2005 年
板 808、828	凝析气藏型	J – T 阀制冷工艺	600	600	1	2006 年
京 58 库群	凝析气藏型	J – T 阀制冷工艺	628	350/250	1/1	2010 年
刘庄	油气藏型	J – T 阀制冷工艺	204	200	1	2011 年
文 96	枯竭型气藏型	J – T 阀制冷工艺	245	245	1	2012 年
苏桥	枯竭油气藏型	J – T 阀制冷工艺	2100	700	3	2013 年
呼图壁	气藏型	J – T 阀制冷工艺	2800	700	4	2013 年
相国寺	干气藏型	J – T 阀制冷工艺	2855	600	4	2013 年
双 6	带油环气藏型	J – T 阀制冷工艺	1500	750	2	2014 年
板南	凝析气藏型	J – T 阀制冷工艺	400	400	1	2014 年
陕 224	含硫气藏型	三甘醇脱水工艺	417	417	1	2014 年
文 23 一期	枯竭气藏型	三甘醇脱水工艺	3600			2019 年
双驼子	干气藏型	三甘醇脱水工艺	450			2022 年
驴驹河	凝析气藏型	J – T 阀制冷工艺	400	400	1	2022 年
温西一	凝析气藏型	J – T 阀制冷工艺	1000	1000	1	采气装置未投产
双台子	凝析气藏型	J – T 阀制冷工艺	5400	1800	3	采气装置未投产

2　冷换设备发展历程

对于J-T阀制冷工艺这种采出气处理工艺来说，冷换设备是关键设备，自2000年我国建成投产中国第一座商业储气库——大港大张坨储气库以后我国地下储气库地面工艺技术在不断摸索、不断完善中逐渐成熟，冷换设备从板翅式换热器发展成管壳式换热器，目前随着采气装置大型化绕管式换热器逐渐应用到各储气库建设中。

2.1　板翅式换热器

大港油田大张坨、板876地下储气库是利用未完全枯竭的凝析气藏建库，初期设计的采出气处理装置流程中，冷换设备采用板翅式换热器（即冷箱），板翅式换热器前设置管道过滤器。2000年~2003年，大张坨、板876储气库采气装置曾多次因设备堵塞而造成停产，对京津地区的安全供气造成了严重威胁。在拆检板翅式换热器时发现管道过滤器及板翅式换热器翅片上附着了很多凝析油（图1）。针对冷箱堵塞问题进行分析，大张坨储气库、板876储气库井流物物性见表2。

图1　大张坨储气库冷箱堵塞拆检照片

表2　大张坨储气库、板876储气库井流物物性

原油密度（g/cm^3）	原油黏度（mPa. s）	胶质沥青含量（%）	蜡含量（%）	凝固点（℃）
0.7~0.83	0.87~2.05	小于4.5%	小于12.5%	0℃

由于在采气的过程存在反凝析现象，井口有大量的凝析油析出。该两座储气库建设初期，未能有效预测采气期井流物中大量凝析油存在对采出气处理装置的影响，设置的进站分离装置分离精度较低，进站分离系统分离出的天然气中仍携带大直径凝析油液滴。另外，大张坨、板876地下储气库建设板翅式换热器具有流道狭窄、流通面积小的特点，当天然气中携带重度及黏度较大的凝析油液滴油时，凝析油极易附着在管道过滤器及板翅式换热器翅片上，随着采气期时间的增加，凝析油的附着量越来越多，最终导致设备的堵塞。

2.2　管壳式换热器

为解决设备堵塞问题，从而保证京津地区的安全供气，2004年北京华油华油天然气有限责任公司将大张坨、板876地下储气库的板翅式换热器更换为管壳式换热器。管壳式换热器采用两两重叠布置方式，实现了纯逆流换热，提高了换热效率，达到了与板翅式换热器相同的换热效果。自板翅式换热器更换为管壳式换热器以来，该两座储气库的堵塞情况得到了有效改善，未出现由于设备堵塞而引起的停产问题。

由以上情况可知，管壳式换热器在设备结构上及换热效果上均比冷箱具有更强的适应性，凝析气藏型储气库冷换设备应采用管壳式换热器。在板中北高点及板中南高点地下储气库的采出气处理装置中，冷换设备均采用管壳式换热器取代了冷箱，而且对进站分离器的内部结构进行了优化，采用高效混合型分离器取代了结构简单的重力分离器，提高了分离精度，减少了天然气中凝析油的携带量。

板808、828储气库也是利用枯竭的凝析气藏建库，属于气藏型储气库；而板808、828储气库是利用枯竭的油藏建库，属于油藏型储气库。板808、828储气库是我国第一座油藏型储气库。板808、828储气库井流物物性见表3。

表3　板808、828储气库井流物物性

油藏名称	原油密度（g/cm^3）	原油黏度（mPa. s）	胶质沥青含量（%）	蜡含量（%）	凝固点（℃）
板0、板1油组	0.9~0.93	20~106	21.6	6	22~30
板2油组	0.8~0.85	1.77~10.52	18.8	14.5	35
板$4_上$油组	0.82	3.22	8.3	15.44	23
板$4_下$油组	0.82	2.02	14.5	15.05	21

如前所述，利用未完全枯竭的凝析气藏改建而成的大张坨、板876地下储气库，由于地层中残存的凝析油的存在，造成了管道过滤器及冷箱的严重堵塞。而利用油藏建库，黑油无论从黏度还是从密度上，均高于凝析油，若油藏型储气库采出气处理流程及工艺设备设置不当，极易造成高粘黑油附着在管壁上，随着运行时间的增长，黑油附着量逐渐增加，管线流通面积逐渐减小，最终导致管线的堵塞。而且黑油中大量石蜡和胶质沥青的存在，在低温环境下容易析蜡，造成设备与管线堵塞。

对于油藏型储气库，防止黑油对采出气处理装置造成影响在保证前端分离设施尽可能脱出黑油组分的基础上冷换设备采用管壳式换热器，增大换热管束的通道，能更好的保证设备不发生堵塞。

不同于大张坨、板876、板中北高点、板中南高点、板808、828储气库，2014年建成投产的板南储气库为纯凝析气藏，采气期采出气中携带的油是凝析油，密度约为750kg/m^3，不存在黑油堵塞问题。但在2021年拆检管壳式换热器时发现换热管有堵塞问题且换热管外表面附着一层黑色污垢（图2）。由于未对黑色污垢进行具体成分化验，初步判断为采气期井流物中携带的泥沙、胶质、蜡质，胶质在受热时呈橡皮泥状态，在受冷时呈泥土块状，附着在换热管的内外壁上，造成内部的堵塞以及外壁的黑垢，严重影响换热效果。由此可见针对油气藏型储气库来说抗堵塞能力好，清洗或抽芯方便的管壳式换热器适用性更强（表4）。

图2　板南储气库管壳式换热器拆检照片

表4　管壳式换热器在气藏型储气库中的应用概况表

储气库	换热器选型	型式
大张坨	冷箱改管壳式换热器	双串双并
板876	冷箱改管壳式换热器	双串
板中北高点	管壳式换热器	双串双并
板中南高点	管壳式换热器	双串双并
板808、828	管壳式换热器	双串双并
京58库群	管壳式换热器	双串
刘庄	管壳式换热器	双串
相国寺	管壳式换热器	双串
板南	管壳式换热器	双串双并
驴驹河	管壳式换热器	双串双并

在管壳式换热器的工艺设计时，考虑到实际生产时采气量会在一定范围内波动，通常会设计一定的操作弹性和设计裕量，以满足不同工况的需求，当采气量很小时，可以通过改变运行设备数量来适应工况；当采气量很大时，也会通过设计裕量来保证生产运行的连续性，提升换热系统的适应性，保证储气库的平稳运行。

随着储气库项目的日趋大型化，对储气库采出气处理系统内装置的处理量也有着更大要求，根据储气库的不同需求逐渐发展出多种换热器的连接方式，通过串联和并联可增大换热设备的处理量，从而更好的适配储气库需求。

通过相同管壳式换热器间的并联，可直接使换热处理量成倍增加。在实际生产中高采气量时，管壳式换热器在并联的基础上会采用双串双并的连接方式，但在现实操作中会由于发生采气量变化、醇类分布不均等问题发生偏流和冻堵现象。

双串双并管壳式换热器发生的冷热流分配不均和冻堵隐患的根本原因是偏流的发生，为了防止偏流，需要对两个换热器的管、壳程气体的流量和温度进行调控。在大港油田驴驹河储气库工艺设计中，为治理偏流问题在A/B两列换热器管程（热流）出口、壳程（冷流）出口设置流量调节阀，在壳程（冷流）出口增加温度变送器，在壳程（冷流）出口设置流量计。利用新增流量计与外输流量计差值判断冷流偏流情况，将冷流的流量调平，然后通过两列热流的出口温度比对判断热流是否偏流并调节（图3）。

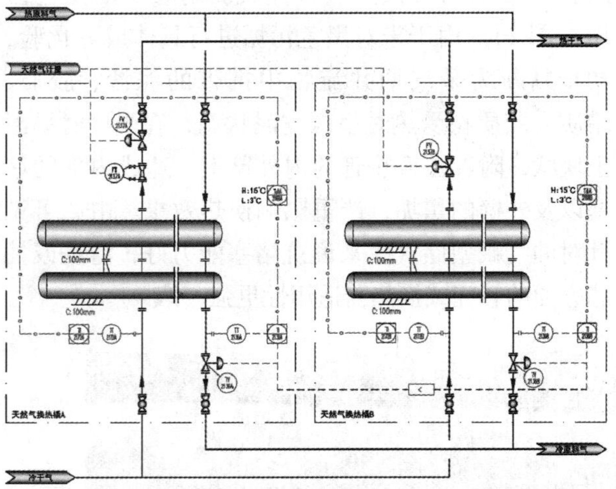

图3　驴驹河储气库换热系统整治方案流程图

鉴于大港油田地下储气库采出井流物的复杂性，目前大港油田在建以及待建储气库在冷换设备的选型上依然偏向于使用抗堵塞性能好的管壳式换热器。

2.3 绕管式换热器

绕管式换热器是一种高效紧凑型换热器，在中国的应用源于进口的空分装置和化肥成套装置的低温甲醇洗系统。目前多用于深冷装置，如甲醇洗设备、空分设备和天然气液化设备。近年来，随着采出气处理工艺技术提升，为提高装置对大型化的适应性及经济性，优化简化地面设施，绕管式换热器逐渐应用于地下储气库项目中。

绕管式换热器结合了管式换热器耐高压的特点，同时由于自身的结构和设计又具有纯逆流、多股流、端面温差小、结构紧凑、传热效率高、维护简单的优点。驴驹河储气库 $400\times10^4m^3/d$ 的采气装置，绕管式换热器及管壳式换热器技术经济对比见表5，从对比表中可以看出在相同换热需求的情况下，绕管式换热器相比于管壳式换热器来说，会更节约占地面积的使用（图4），减少进出口阀组，从根本上解决双串双并管壳式换热器的偏流问题，一定程度上降低储气库工艺装置区的建设成本。

表5　管壳式换热器与绕管式换热器技术经济对比表

名称	绕管式换热器	管壳式换热器
工程量	1台绕管式换热器，立式，阀组等	4台管壳式换热器，双串双并布置，阀组等
征地面积（m^2）	6m×2.5m	10m×11m
征地费用（万元）	1	7
设备费	330	320
管阀配件等	73	146
可比工程投资（万元）	404	473
优点	1）结构紧凑，单位容积具有的传热面积大。 2）冷热端温差小，换热效率高，传热效果好。 3）热补偿能力好。 4）装置容易实行大型化，可减少设备数量。 5）投资比TEMA换热器高，但运行比较经济。 6）允许在较小的温差下运行，系统的压力降比较小。 7）系统的阻力比较小。	1）承压范围大。 2）清洗或抽芯方便。 3）抗堵塞能力好。
缺点	1）容易堵。 2）清洗困难。 3）单台设备投资高	1）占地面积大。 2）双串双并设计，容易偏流，引起冻堵。 3）调节复杂。 4）总投资较高。

图4　管壳式换热器（左）与绕管式换热器（右）现场照片

枯竭油气藏型储气库双6储气库首次在储气库项目上采用三股流绕管式换热器，卧式结构，注醇方式为在原料气管线处设置抑制剂注入口。在实际生产运行过程中出现了换热器冻堵情况。分析得知：气气换热器较长，注醇后的热介质在壳程中经过一长段距离后，部分乙二醇逐渐从天然气中分离，使得防冻效果降低。

为解决换热器冻堵问题，在呼图壁储气库中的气气换热器中首次提出采用立式换热器，在换热器内部注醇，能够在一定程度上杜绝乙二醇从天然气中分离，保证其防冻效果，确保气气换热器正常，高效的运行。近年来越来越多的储气库应用绕管式换热器作为J－T制冷工艺中的关键冷换设备。绕管式换热器的应用已将储气库单套处理装置规模从 $750\times10^4m^3/d$ 逐渐提升至了 $1200\times10^4m^3/d$（表6），实现了储气库装置的大型化。

表6　绕管式换热器在储气库中的应用情况

项目名称	时间	设备名称	主要设计参数	数量
辽河油田双6储气库	2012	三股流绕管式换热器	设计压力13.5MPa 处理规模250万方/天	6
新疆呼图壁储气库	2012	气气换热器（绕管）	设计压力11.5MPa 处理规模700万方/天	4
		三股流绕管式换热器	设计压力11.5MPa　处理规模700万方/天	4
苏桥储气库	2013	绕管式换热器	设计压力12.0MPa　处理规模700万方/天	3
辽河油田双台子储气库二期	2021	三股流绕管式换热器	设计压力14.0MPa　处理规模900万方/天	4
吐哈油田温吉桑储气库	2021	绕管式换热器	设计压力16.0MPa　处理规模1000万方/天	1
新疆呼图壁储气库改扩建	2021	三股流绕管式换热器	设计压力12.5MPa　处理规模1200万方/天	1
辽河油田双台子储气库	2020	三股流绕管式换热器	设计压力10.0MPa　处理规模900万方/天	2

冀东南堡1－29储气库（图5）工程采用了三股流换热器的设计，设计过程中采取以下措施保证热流股与防冻剂充分混合、防止冻堵：

①换热器形式采用立式，防止乙二醇在绕管低点处积聚，影响混合效果；

②管程设置多喷嘴雾化器加注乙二醇溶液，确保雾化均匀。

③乙二醇介质采用不锈钢，注入口设置高精度过滤器，确保介质清洁，防止喷嘴堵塞。

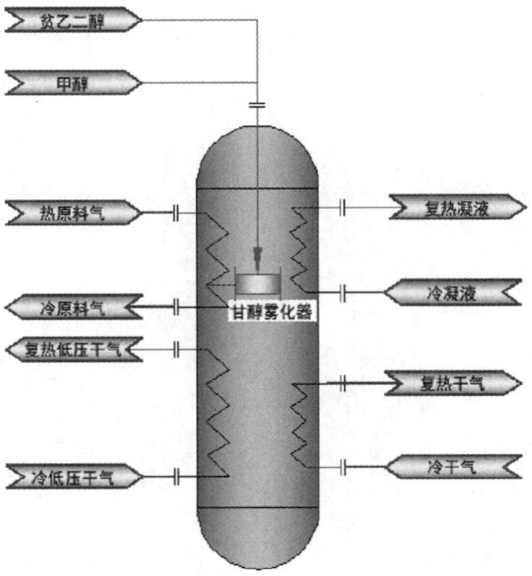

图5　南堡1－29储气库绕管式换热器流程示意图

3　结束语

我国储气库经历二十多年建设已形成适应国内储气库特点的地面工艺技术，在气藏型储气库采出气处理工艺中的 J－T 阀制冷工艺的冷换设备上充分体现了地面技术的不断完善与突破。随着储气库大型化的要求，绕管式换热器在储气库业务上的应用也越来越广泛，但对于油藏型或凝析气藏型储气库，由于采出气中含油，抗堵塞性能好的管壳式换热器更可靠，适应性更强。在今后的储气库设计中需要根据具体生产情况具体分析，提升冷换设备的大型化、适用性和经济性，更好的保证生产质量和运行的连续性。

参 考 文 献

[1] 刘烨，巴玺立，王念榕，等．中国储气库地面工程技术现状及优化建议［J］，油气与新能源，2021，33（5）：19－26.

[2] 解小銮．管壳式换热器设计的几个问题．石油和化工设备［J］，2011，14（6）：22－24.

[3] 鲁智杰．关于凝析气藏地下储气库地面工程建设方案的讨论［J］．石化技术，2022，29（04）：129－130.

[4] 毛央平，毛绍荣．大型空分设备板翅式换热器偏流问题分析［J］．深冷技术，2010（02）：45－48.

[5] 康剑阁，京 58 储气库群地面工程研究［M］．西南石油大学，2010.

[6] 刘廷斌，并联立式换热器偏流问题的处理［J］．炼油设计，2002，32（5）：28－30.

[7] 何鑫，刘增哲，李艺．地下储气库管壳式换热器出现偏流冻堵现象解析［J］．石油工程建设，2011，37（4）：6－9.

[8] 周松锐，曹蕾，王锦生．缠绕管式换热器的特点与发展［J］．四川化工，2016，19（1）：34－36.

[9] 陈永东，张贤安．煤化工大型绕管式换热器的设计与制造［J］．压力容器，2015，32（1）：36－44.

[10] 宋全祝．大型绕管式换热器在煤化工项目中的应用［J］．神华科技，2017，15（3）：74－78.

[11] 王鑫鑫．煤化工项目中大型绕管式换热器的应用［J］．山西化工，2018，2（38）：136－140.

[12] 浦辉，陈杰．绕管式换热器在大型天然气液化装置中的应用及国产化技术分析［J］．制冷技术，2011，（3）：26－29.

[13] 陈永东，陈学东．我国大型换热器的技术进展［J］．机械工程学报，2013，49（10）：134－143.

[14] 高东斌，姜立宝．绕管式换热器在连续重装装置中的大型化应用［J］．广州化工，2019，47（2）：107－110.

[15] 苗倩，薛林锋．绕管式换热器在芳烃歧化单元中的工业应用［J］．齐鲁石油化工，2019，47（1）：29－31.

[16] 冯志良．美国管壳式换热器标准技术进展［J］．压力容器，1991，8（6）：68－71.

储气库厚壁管道漏磁内检测试验研究

周智勇　李　静　孙明楠

（中石油西南油气田分公司安全环保与技术监督研究院）

摘　要　储气库具有调峰保供的特殊作用，由于生产需要的特点，需要快速注入和采出，导致其注采管道管径较小，壁厚较大。现有常规外部无损检测技术只能覆盖部分区域管道的安全状况检查，现有常规内部无损检测技术无法有效检测，故储气库厚壁管道本质安全情况不明，又因其压力高，一旦发生问题后果非常严重，因此必须找到有效检测技术，实现全管道覆盖。漏磁内检测技术是国内外通行的全管道内检测技术，具有检测精度高，适应性好的优点，但是现有检测器适用壁厚范围无法覆盖储气库厚壁管道，部分厂家检测器标称能覆盖厚壁管道但需要牺牲检测精度。为了研究漏磁内检测技术的适用性，针对西南油气田 Φ273mm×20mm 厚壁管道，本文通过有限元分析和牵拉试验，建立了二维仿真模型和牵拉试验系统，牵拉试验系统包含 72 处人工缺陷的缺陷样管，并分别开展有限元分析和 4 次不同速度的牵拉试验。通过有限元分析表明自有检测器无法饱和磁化储气库厚壁管道，从原理上无法实现有效检测。通过牵拉试验表明，宣称可检出厚壁缺陷的检测器无法实现针孔、轴向沟纹及环向沟纹类缺陷的检测。可检出普通金属损失、点蚀、轴向沟槽和环向沟槽缺陷，在牵拉速度 3m/s 时检出能力最好，检出 8 处缺陷，总体检出率达 11%，且缺陷信号不明显，无法实现有效量化。结合有限元分析和牵拉试验分析表明，现有漏磁内检测器无法适用于该类厚壁管道。

关键词　储气库；厚壁；漏磁；内检测；西南油气田

Experimental Study on Magnetic Flux Leakage In – Line Inspection of Thick – Walled Pipelines in Gas Storage Facilities

ZHOU Zhiyong, LI Jing, SUN Mingnan

(PetroChina Southwest Oil & Gasfield Company)

Abstract: Gas storage play a crucial role in peak shaving and supply assurance. Due to the characteristics of production needs, rapid injection and extraction are required, which results in smaller pipe diameters and thicker walls. Current conventional external non – destructive testing (NDT) technologies can only cover partial areas of pipeline safety inspections, while existing in – line NDT technologies are ineffective. Consequently, the inherent safety status of thick – walled pipelines in gas storage facilities remains unclear. Additionally, due to the high pressure involved, any issues that arise can have severe consequences. Therefore, it is essential to find effective detection technologies that provide full pipeline coverage. Magnetic flux leakage (MFL) in – line inspection technology is a widely accepted method for full pipeline internal inspections, known for its high detection accuracy and adaptability. However, existing detectors cannot cover the wall thickness range of thick – walled pipelines in gas storage facilities. Some manufacturers claim their detectors can cover thick – walled pipelines, but this often comes at the cost of reduced detection accuracy. To investigate the applicability of magnetic flux leakage (MFL) in – line inspection technology, this study focuses on thick – walled pipelines (Φ273mm × 20mm) in the Southwest Oil and Gas Field. A two – dimensional simulation model and a pulling test system were established through finite element analysis and pulling tests. The pulling test system includes defect samples with 72 artificial defects, and both finite element analysis and four pulling tests at different speeds were conducted. The finite element analysis indicates that the MFL in - line detector is unable to achieve saturation magnetization of the thick - walled pipelines in gas storage facilities, thereby preventing effective detection. The pulling tests demonstrate that detectors claiming to identify thick - walled defects fail to detect pinhole, axial groove, and circumferential groove - type defects. However, they can identify common metal loss, pitting, axial grooves, and circumferential grooves, with optimal detection capability observed at a pulling speed of 3 m/s, where eight defects were detected, resulting in an overall detection rate of 11%. Nevertheless, the defect signals were not pronounced, hindering effective quantification. Combining the findings from the finite element analysis and pulling tests, it is evident that existing MFL in - line detectors are unsuitable for this type of thick - walled pipeline.

Key words: Gas storage facilities; Thick - walled; Magnetic flux leakage; In - line inspection; Southwest oil & gasfield company

1　引言

储气库是人为地将天然气重新注入地下空间而形成的一种人工气藏，它主要用于平衡天然气的供需关系，即单价低需求淡季时注入储气，单价高需求旺季时采出输气。市场情况瞬息变化，为了满足需求，需要快速调整储气量，避免供需失衡导致的价格波动或供应短缺，因此需要高效的注入和采出。

高速注采的需求意味着管道设计压力高，集输管道设计压力通常为 6 ~ 10MPa，储气库注采管道则达 30MPa 以上。压力高则壁厚大，集输管道壁厚通常在 10mm 以下，储气库注采管道最厚可达 20mm。以西南油气田相国寺储气库厚壁注采管道为例，其管道规格为 Φ273mm × 20mm（图 1）。

图 1　西南油气田相国寺储气库

管道运行中受运行工况和介质腐蚀等影响，需要定期对管道开展检测，掌握安全状况。目前储气库厚壁管道通常采用防腐层 PCM 检测、重点区域开挖检测和地上管道风险区域定期定点测厚相结合的方式，该方式只能掌握部分区域的管道情况，无法掌握全管道各位置的情况。

管道内检测技术是以清管器式结构为载体，集成超声、漏磁、涡流等不同检测技术，通过管道介质推动，可以实现全管道检测数据采集。目前国内外管道内检测技术主要以漏磁内检测技术为主。漏磁内检测技术是利用磁化装置将检测区域的管道磁化至近饱和，此时若管壁没有缺陷则磁力线会在管道内部均与分布，若存在缺陷则磁力线因截面积变小而泄漏出来，通过磁敏元件采集该泄露信号可以识别缺陷并对尺寸进行评估（图 2）。

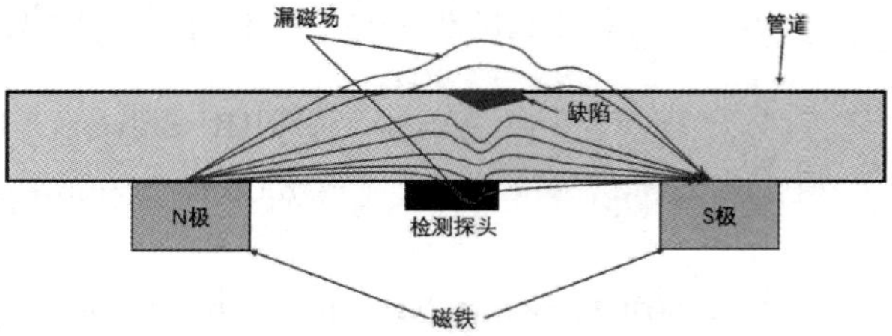

图 2　漏磁内检测示意图

通过调研，国内外 Φ273mm 漏磁内检测器推荐适用的壁厚范围通常在 6 ~ 12mm，不能覆盖厚壁管道检测需求，部分厂家检测器标称可在降低精度的情况下实现有效检测，本文拟通过仿真分析和牵拉试验对储气库厚壁管道漏磁内检测方法进行试验研究。

2　技术思路和研究方法

2.1　有限元分析

管道漏磁检测的原理是基于被检测管道处于近磁饱和状况，此时缺陷处磁力线才能形成探头可识别的漏磁信号。根据查询资料，常用管道用钢 Q235、X52 和 X80 近饱和磁感应强度在 2T 左右。

利用有限元仿真和牵拉试验可以研究漏磁内检测时管道磁化情况和缺陷识别之别的关系。

应用 FEMM 软件开展漏磁内检测磁化情况的有限元分析，漏磁内检测器可简化成如图 3 所示结构。

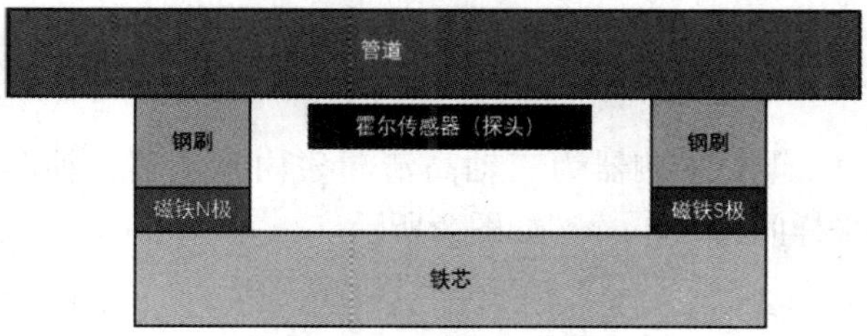

图 3　检测器简化示意图

根据西南油气田公司自有 Φ273mm 检测器针对常规管道（壁厚 12mm）和厚壁管道（壁厚 14mm）开展分析，确定壁厚对磁化的影响，其二维仿真模型如图 4 所示。

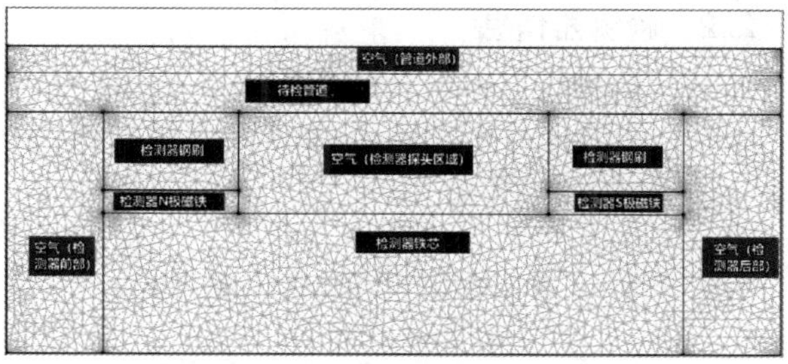

图 4　二维仿真模型

2.2　牵拉试验

通过加工人工缺陷，制造缺陷样管，并邀请某先进厂家的漏磁内检测设备开展牵拉试验，验证 Φ273mm × 20mm 厚壁真实检出能力。

2.2.1　缺陷样管

采用无缝钢管加工，加工样管材质为 Q235，壁厚为 20mm，样管长 6m，含缺陷深度 10% ~ 80% 壁厚大小的缺陷 72 处，均为外部缺陷，缺陷信息和分布如图 5 所示，不同类型缺陷数量见表 1 所示，人工缺陷如图 6 所示。

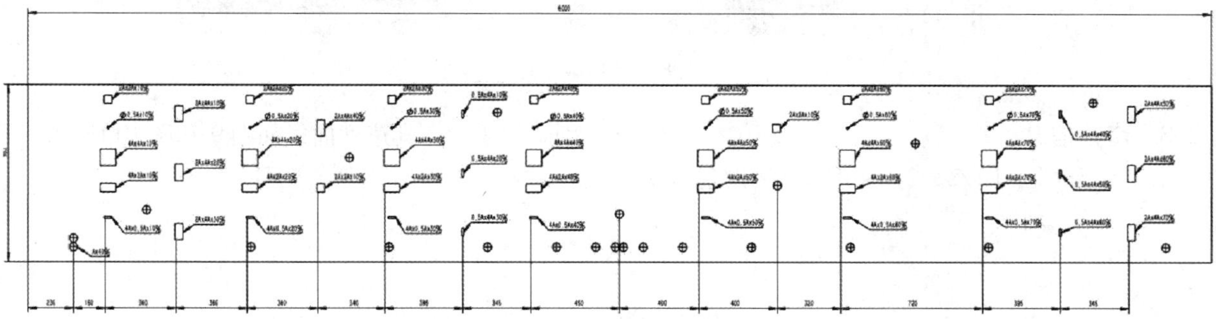

图 5　缺陷信息及分布图

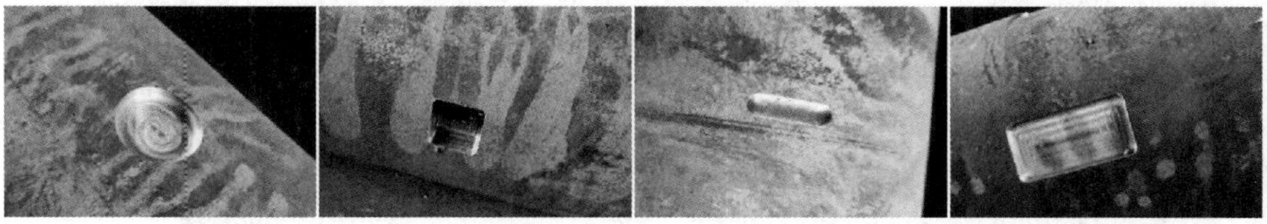

图 6　人工缺陷（点蚀、普通、沟纹、沟槽）

表 1　缺陷类型及数量

缺陷类型	普通金属腐蚀	点蚀	轴向沟槽	环向沟槽	轴向沟纹	环向沟纹	针孔
加工数量	7	31	7	7	7	6	7

将缺陷样管和前后配速管连接，并组合卷扬机和牵引绳就形成了我们的牵拉试验系统，如图 7 所示。

图 7　牵拉试验系统

2.2.2　检测器信息

测试检测器为国内外先进设备，根据厂家评估，其检测器针对 Φ273mm × 20mm 厚壁的识别与量化能力见表 2 所示。

表 2　厂家评估后的检测识别与量化精度（Φ273mm × 20mm）

壁厚	速度范围	检出能力（%壁厚）	量化精度（%壁厚）
19.6m	0.0 ~ 0.3m/s	18/23 外部 9/13 内部	
	0.0 ~ 1.0m/s	25/30 外部 9/13 内部	
	1.0 ~ 1.5m/s	30/35 外部 9/13 内部	±13
	1.5 ~ 2.0m/s	35/40 外部 9/13 内部	
	2.0 ~ 2.5m/s	40/45 外部 9/13 内部	

测试检测器为三轴高清漏磁内检测器，轴向采样间距为 2mm，如图 8 所示。

图 8　检测器照片

2.2.3　牵拉信息

采用 0.5m/s、1m/s、2m/s 和 3m/s 的速度分别牵拉 4 次，其速度曲线如图 9 和图 10 所示。

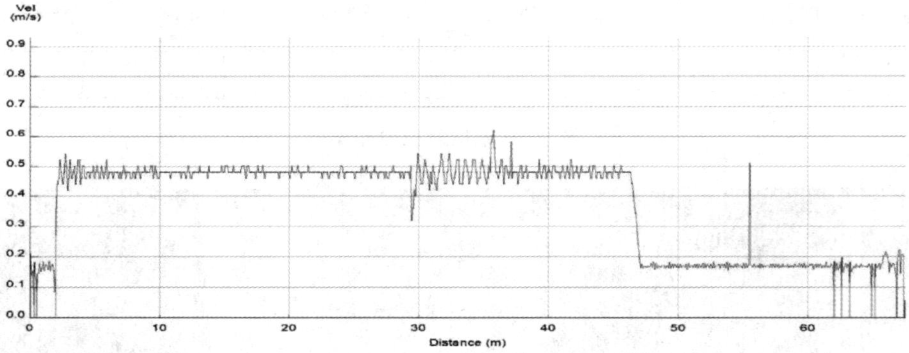

图 9　牵拉速度曲线（第 1 次）

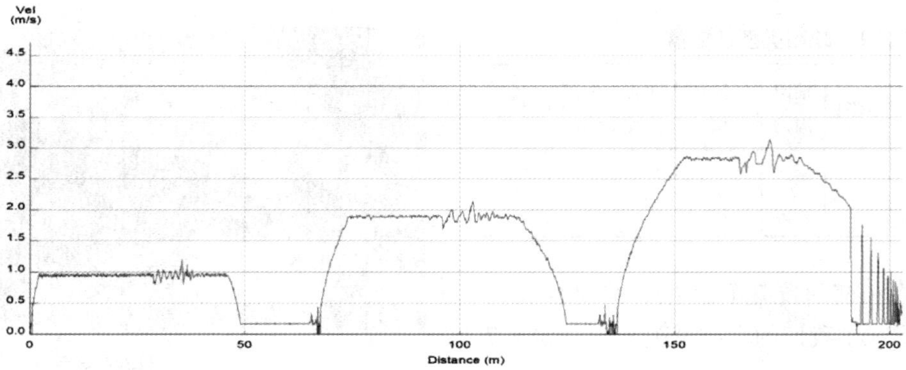

图 10　牵拉速度曲线（第 2 ~ 4 次）

3 结果和效果

3.1 有限分析

通过有限元分析，可以看出：

1）如图 11 所示，壁厚为 12mm 时，取两磁极中心管壁内的磁感应强度，可达 2.02T。

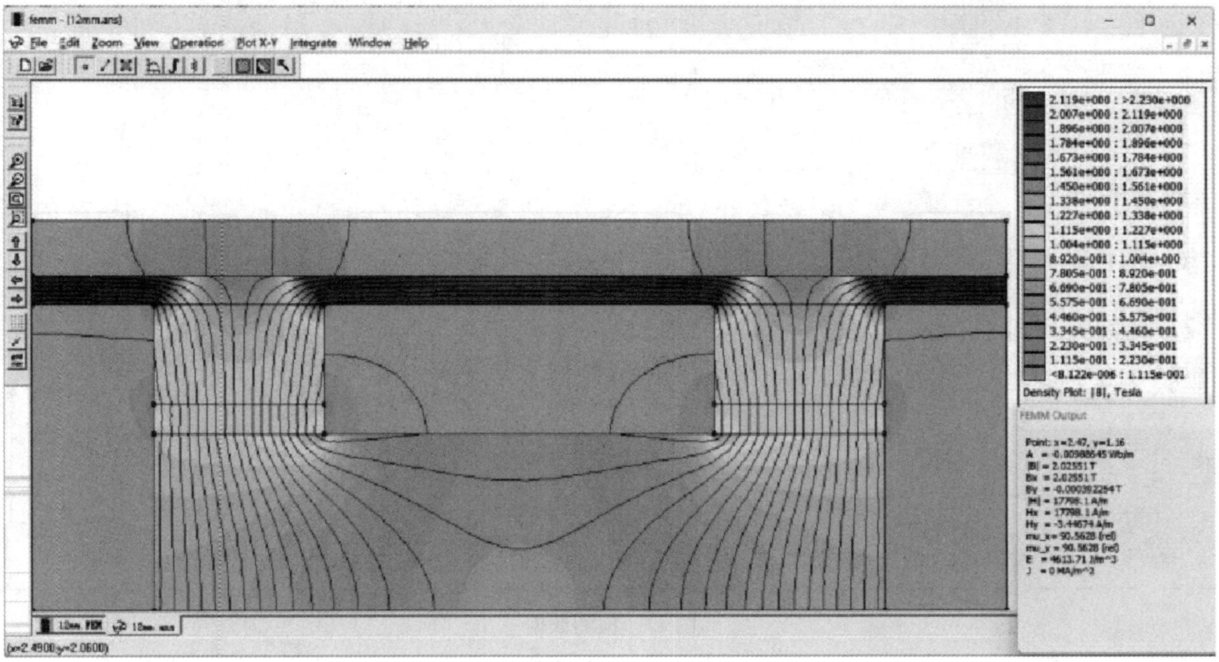

图 11 有限元分析：12mm 壁厚

2）如图 12 所示，壁厚为 20mm 时，磁极中心管壁内的磁感应强度达 1. 85T。

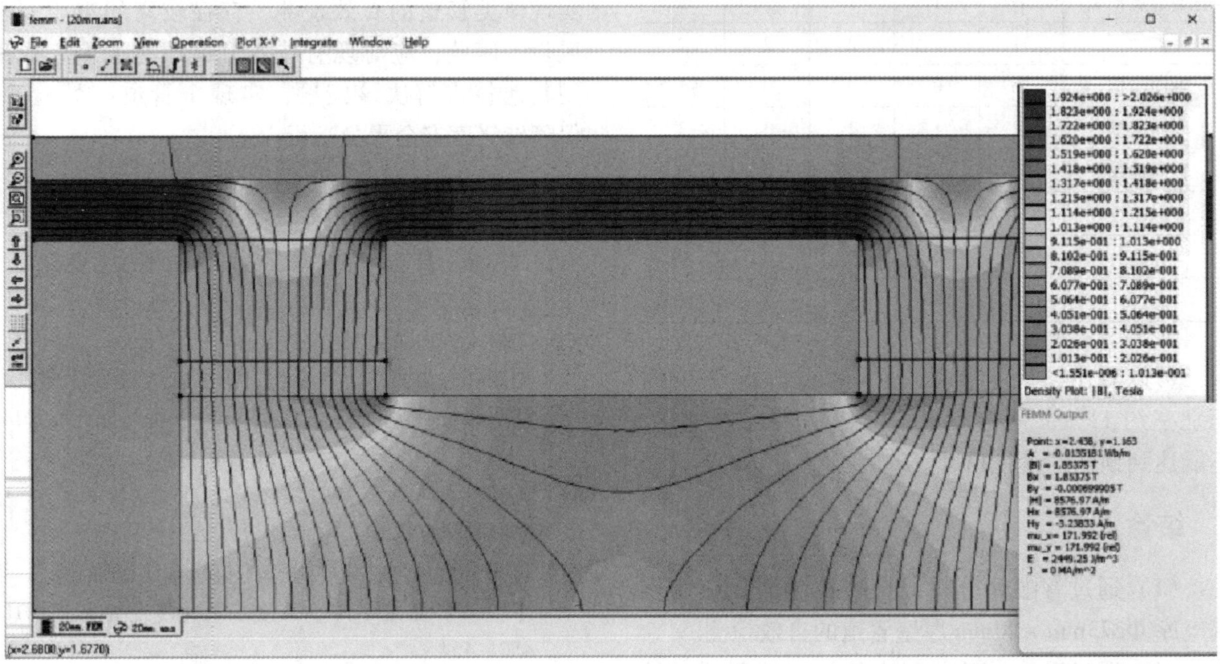

图 12 有限元分析：20mm 壁厚

从有限元分析的结果看，壁厚增加对磁感应强度产生了明显影响，20mm 时磁感应强度下降至 1. 85T，不满足漏磁内检测要求，自有 Φ273mm 漏磁内检测器无法实现缺陷的有效识别。

3.2 牵拉试验

经牵拉试验，4 次牵拉数据完整、清晰，可用于后续分析。

经详细分析，该检测器在厚壁管中未能达到评估的识别与量化能力，检测数据如图 13 所示，未能识别出针孔、轴向沟纹及环向沟纹，详细检测结果见表 3 所示。

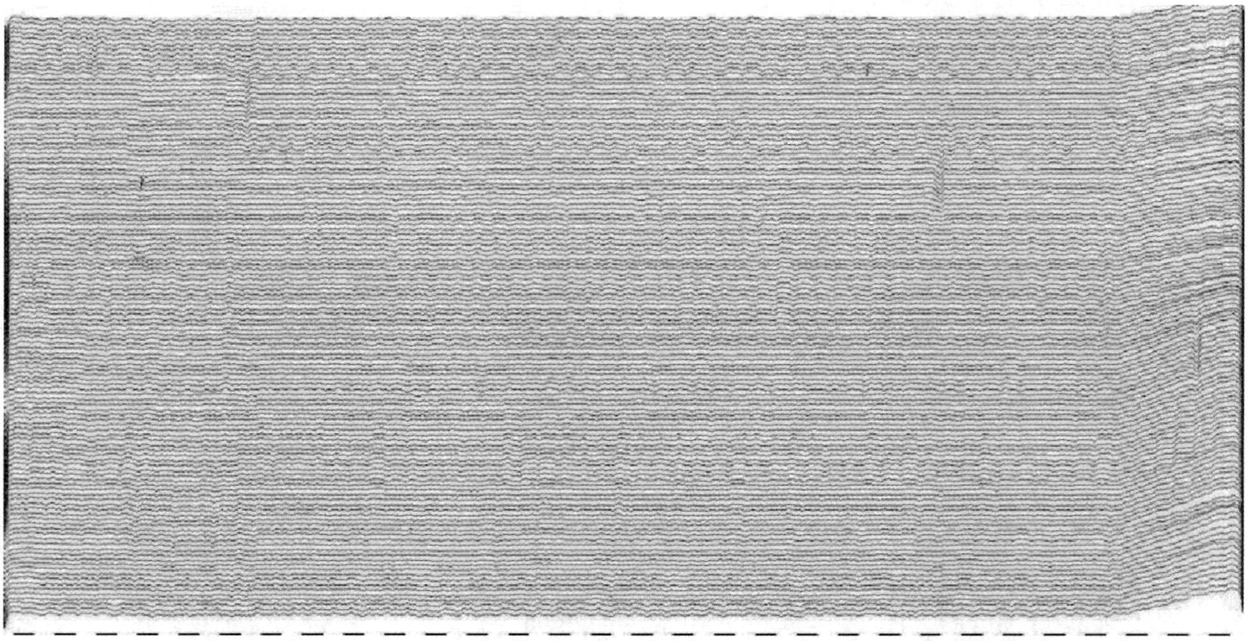

图 13　检测数据

表 3　检测结果

金属损失类型	缺陷总数	检出 0.5m/s	检出 1m/s	检出 2m/s	检出 3m/s
普通金属损失	7	1	1	2	2
点蚀	31	2	2	2	2
轴向沟槽	7	0	0	0	1
环向沟槽	7	1	2	3	3
轴向沟纹	7	0	0	0	0
环向沟纹	6	0	0	0	0
针孔	7	0	0	0	0
总计	72	4	5	7	8

可以看出，检测器在 3m/s 时检出能力最好，识别率约 11%。同时，缺陷无法实现有效量化，不能达到预估的量化精度。

4　结论

（1）通过有限元分析，自有检测器无法实现储气库 Φ273mm × 20mm 厚壁管道的有效检测。

（2）通过牵拉试验，国内外先进检测器对储气库 Φ273mm × 20mm 厚壁牵拉样管的识别率仅达 11%。

（3）国内外先进检测器对针孔、轴向沟纹及环向沟纹类缺陷均未能识别。

储气库厚壁注采管道工况复杂，运行压力高，一旦发生腐蚀穿孔会导致严重的后果。现有外检测方法无法覆盖全管段，现有漏磁内检测器无法实现该类管道的有效检测，存在较高的本质安全风险。因此，应对现有技术开展改进研究，或采用其他技术解决该问题，实现全管道有效检测，保障储气库安全平稳运行。

参　考　文　献

[1] 周建新，吴轩，郭再富．美国管道事故对我国油气管道安全的启示［J］．中国安全生产科学技术．2014，（z1）．

[2] 赵新伟，李丽锋，罗金恒，等．盐穴储气库储气与注采系统完整性技术进展［J］．油气储运．2014，（4）．

[3] 陈铭彬．厚壁管道对接焊缝的射线探伤技术［J］．中国科技纵横．2012，（24）．

[4] 压力管道检测技术在储气库集输管线应用［C］．第十二届宁夏青年科学家论坛石化专题论坛，2016，450－454.

[5] 吴斌，颉小东，刘增华，等．厚壁管道周向导波检测技术实验研究［J］．实验力学．2011，（5）．

[6] 孙昊昱．厚壁钢管缺陷水浸超声检测技术研究［D］. 2015.

[7] 杨理践，耿浩，高松巍．长输油气管道漏磁内检测

技术［J］. 仪器仪表学报 . 2016，（8）.
［8］黄松岭，孙燕华，康宜华 . 现代漏磁无损检测［M］. 机械工业出版社，2017.
［9］玄文博，王维斌，贾仕豪 . X80 钢管道磁化特性及退磁仿真分析［J］. 管道技术与设备 . 2022，（1）.
［10］Dimin Sun，Qili Huang，Linlin Hu，等 . A CW，94 GHz Second Harmonic Gyrotron with a Continuous Operation Solenoid Cooled by Water［J］. Journal of Infrared，Millimeter and Terahertz Waves. 2021，42（2）.
［11］熬太平 . 天然气管道内壁漏磁检测系统研究［D］；西华大学；2019 年 .
［12］轴向励磁的管道漏磁内检测磁饱和问题研究［D］；中国石油大学；2020 年 .

储气库集注站场承压类静设备检测评价技术优化与应用

付文棣　李　静　孙明楠　鲍明昱　齐昌超　张　健

（中国石油西南油气田公司安全环保与技术监督研究院）

摘　要　地下储气库作为保障管网安全、平衡用气峰谷、应对突发事故的基础设施，战略地位至关重要。随着站内承压类静设备的老龄化，失效风险不断增加，集注站场本质安全水平和检测评价技术水平的提升面临重大需求。对储气库集注站场检测评价技术思路进行了总结，分析了当前储气库集注站场承压类静设备损伤模式识别技术，风险评价和无损检测技术现状。提出了现有承压类静设备基于风险的检验（RBI）技术存在针对性不强、关键参数选择和失效因素范围不足、检测技术手段单一等问题，进而开展了基于损伤诱因类型及特征层面、基于检测技术层面的优化，形成了优化后的的基于风险的检测评价技术流程和具体实施方式。最后对全国范围内4座储气库集注站场的重点检测部位（易损伤敏感性部位）进行了预测和现场检测。得出了以下结论：（1）本次实施应用共在1202个设备项中发现腐蚀减薄、环境开裂、焊缝缺陷等三类问题154项，4座集注站的损伤预测验证符合率均在60%以上，达到了检测范围全面、检测重点突出和准确性高的目的。（2）储气库集注站内在役管道缺陷以腐蚀减薄为主，其次为焊缝缺陷；管道腐蚀减薄、环境开裂主要发生在原料气管线，焊缝缺陷与内部介质成分关联性不大；本次检测出的4座集注站场管道裂纹出现的部位全部位于压缩机一级进出气或缓冲罐进出气管道。

关键词　储气库；集注站场；承压类静设备；损伤模式；检测评价

Discussion on Inspection and Evaluation Technology for Pressure – Bearing Static Equipment in Gas Storage and Injection Stations

FU Wendi，LI Jing，SUN Mingnan，BAO Mingyu，QI Changchao，ZHANG Jian

（Safety，Environment & Technology Supervision Research Institute，Petro China Southwest Oil&Gasfield Company，Chengdu Sichuan 610041，China）

Abstract：As an infrastructure to ensure the safety of pipeline network，balance the peak and valley of gas use，and deal with emergencies，underground gas storage plays an important strategic position. With the aging of the static equipment in the station，the risk of failure continues to increase. The improvement of the level of essence and the level of detection and evaluation technology are facing a great demand. The technical ideas of the gas storage library setting site detection and evaluation are summarized，and the current status of damage pattern recognition technology，risk assessment and non – destructive testing technology of pressure – bearing static equipment in gas storage gathering station are analyzed. It is pointed out that the existing risk – based inspection （RBI） technology of pressure – type static equipment has some problems，such as weak pertinence，insufficient selection of key parameters and failure factors，and single detection technique. Based on the optimization of the testing technical level，the optimized risk – based detection and evaluation technical process and specific implementation method formed an optimized risk – based detection and evaluation technology process. Finally，the key detection parts （vulnerable and sensitive parts） of 4 gas storage stations nationwide are predicted and tested on site. The following conclusions are obtained：（1） The implementation of this application has found 154 items including corrosion reduction，environmental cracking，and weld defects in 1202 equipment items. The coincidence rate of damage prediction and verification of the 4 stations is above 60%, which achieves the purpose of comprehensive detection range, prominent detection focus and high accuracy. (2) The main defects of internal service pipeline in gas storage gathering station are corrosion thinning, followed by weld defects. Pipeline corrosion thinning and environmental cracking mainly occur in raw gas pipelines and weld defects, and have little correlation with internal medium composition. The cracks in the pipeline of the 4 test stations are all located in the compressor primary inlet and outlet gas pipeline or the buffer tank inlet and outlet gas pipeline.

Key words: Gas storage; Integrating injection stations; Pressure - bearing static equipment; Damaging pattern; Detection and evaluation

在天然气全产业链中，地下储气库作为保障天然气管网高效安全运行、平衡季节用气峰谷差、应对长输管道突发事故、保障国家能源安全的战略性基础设施，具有不可替代的作用。集注站场作为Ⅰ类站场，在建设、运行过程中，管线、分离器等静设备可能受制造缺陷、施工缺陷、腐蚀、交变载荷、多周期的注采过程等风险因素的影响，增大了集注站场静设备的失效概率，且由于运行压力极高，一旦失效将造成严重的后果。如何预知、预测与检测储气库地面系统静设备风险和缺陷，避免恶性事故发生，保障地面系统静设备安全高效运行，面临着重大安全需求。

传统的储气库站场检测评价工作多为经验性的，即对站场架空管道进行定点测厚、监测壁厚变化，或是按照工业管道的检测方法进行检测，甚至根据经验直接将使用时间较长的管道进行更换；对于站场埋地管道更是没有有效的方法，仅仅是开挖后作随机检查。

近年来，随着基于风险的检验（RBI）技术引入天然气站场完整性管理，在一定周期内，实现了降低站场设备风险、提高站场可靠性、降低检维修成本、延长站场设备寿命、最大限度降低事故损失的目的。但 RBI 评价技术在储气库集注站检测评价的运用过程中也暴露出一些适用性方面的不足，制约了储气库集注站检测评价工作的准确性和经济性。

因此，逐步提高储气库集注站场完整性检测评价水平，在降低失效率、减少事故发生、减少非计划性停车的同时提高检测评价工作效能，对于保障储气库集注站场的安全服役和可持续发展具有重要意义。

1　集注站场承压类静设备检测评价技术思路

随着站场完整性管理概念的深入发展，以储气库集注站场为代表的天然气站场检测评价技术关键涵盖了承压类静设备的损伤模式识别、风险评价和无损检测等内容。

1.1　损伤模式识别技术

目前，对于储气库集注站场的损伤模式识别技术已比较成熟。其中 GB/T 30579－2014《承压设备损伤模式识别》规定了站场承压类静设备的典型损伤模式，主要包括腐蚀减薄、环境开裂、机械损伤和材质劣化等。在储气库集注站场，以上损伤模式主要表现在以下方面：

（1）腐蚀减薄

腐蚀减薄是指在腐蚀性介质作用下金属发生的损失造成壁厚减薄的现象。腐蚀分为外腐蚀和内腐蚀。外腐蚀主要以电化学腐蚀的形式发生在埋地钢制管道外防腐层破损处位置；内腐蚀主要以化学腐蚀、电化学腐蚀、冲刷腐蚀等形式出现，主要发生在介质流向发生改变部位（例如弯头、三通、大小头、支管处）和易积液部位（例如介质流动死角处、液态水聚集处）等。

（2）环境开裂

环境开裂是指在腐蚀性介质和应力的协同作用下材料发生的开裂行为。对于含硫储气库集注站，分离器、分液罐、管线等承压类静设备会受到湿 H_2S 破坏，即在湿 H_2S 环境中，碳钢或低合金钢发生诸如氢鼓泡（HB）、氢致开裂（HIC）、应力导向氢致开裂（SOHIC）和硫化物应力腐蚀开裂（SSCC）等类型的损伤。

（3）机械损伤

机械损伤是指材料在机械载荷的作用下，发生的承载能力下降，主要表现成振动疲劳（含机械疲劳）、接触疲劳、机械磨损、冲刷等损伤形式。

（4）材质劣化

材质劣化是指由于服役环境作用下材料微观

组织或力学性能发生了明显退化，主要针对长期在高温下服役的材料。

1.2　风险评价技术

储气库集注站等天然气站场的承压类静设备风险评价技术主要是基于风险的检验（RBI）技术，其最初是由挪威船级社（DNV）在海洋平台上采用。到了20世纪90年代初，API同DNV合作，将RBI评价技术引入进石化装置的检测中，随后相继颁布了API RP 581标准和API RP 580标准。此后，英法等国也制定了相应的RBI技术指导文件。在亚洲，韩国和日本也采用了与其相同的一些措施。所有这些都给石化企业带来了经济利益。

RBI评价技术适用于承压类静设备损伤模式较为明显或工艺较为复杂的天然气站场，其从整套设备装置入手，以承压类静设备的损伤模式出发，对各承压类静设备进行系统而全面的分析，确定承压类静设备的风险等级情况，同时重点关注高风险和中高风险的设备，并推荐合理有效的检维修方法。

有研究表明，通过实施RBI评价技术与开展传统检维修的数据对比发现，RBI评价技术减少了10%的停机检修天数、降低了15%的检修成本，提升了装置检修的安全和质量。可见，在一定周期内，RBI评价技术的应用实现了降低站场设备风险、提高站场可靠性、降低检维修成本、延长站场设备寿命、最大限度降低事故损失的目的。

截至2022年，中国石油西南油气田公司已将RBI评价技术运用于700余座站场的完整性评价工作，以指导现场检验检测工作。

1.3　站场无损检测技术

检测是对设备的诊断，发现设备有缺陷的部位，这些缺陷可能存在于外壁，也可能存在于内壁，因此对于检测手段的选取有不同的要求。

储气库集注站内主要为架空管道和埋地管道，容器包括分离器、收发球筒等，一般以架空为主。架空设备由于看得见、摸得着，所以其常规外检测方法主要以宏观检查为主，需要时再进行壁厚测量、表面无损检测、检测材质有无劣化、绝缘电阻是否符合要求以及安全保护装置的检验等；外防腐层是对埋地钢制管道实施防腐蚀的第一道同时也是最重要的措施，通常需对外防腐层进行直接检测，包括防腐层宏观检测、防腐层厚度检测和防腐层针孔检测等。

从不同角度对当前常用的无损检测技术进行分析，可以得出：

（1）从检测技术本身而言，超声检测技术及其衍生技术（超声导波、超声C扫描、超声B扫描、超声相控阵）的应用面最广；

（2）从检测缺陷类型而言，超声导波、外漏磁、交流电磁、超声C扫描、超声B扫描、DR数字射线检测技术均能检出腐蚀类缺陷，磁粉检测技术能够检出裂纹类缺陷；

（3）从检测适用性而言，磁粉、超声相控阵、DR数字射线检测技术可用于天然气站场管道的环焊缝检测，超声导波、外漏磁、交流电磁、超声C扫描、超声B扫描检测技术可用于管道的管体检测；

（4）从检测结果而言，超声导波、外漏磁、交流电磁、超声C扫描、DR数字射线检测技术均是定性或半定量的检测，磁粉、超声相控阵、超声B扫描检测技术是定量检测。

2　集注站场承压类静设备检测评价技术优化

2.1　检测评价技术不足

当前的检测评价技术流程是根据RBI风险评价结果识别管线可能的失效模式及损伤部位，而后选用合适的无损检测技术开展现场检测。检测评价技术流程如图1所示。

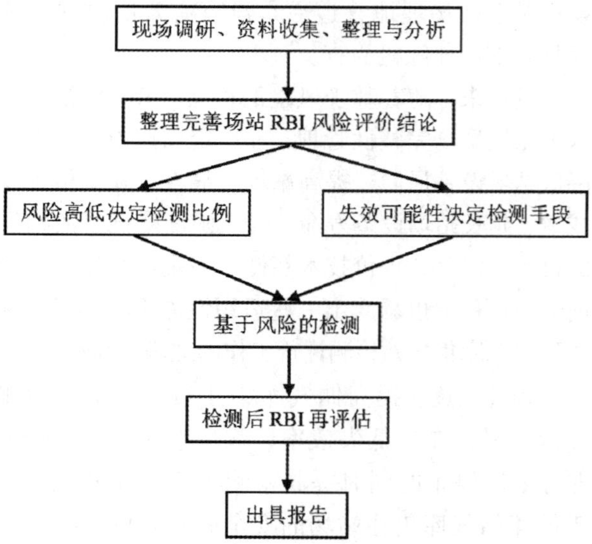

图1　检测评价技术流程

随着检测技术的发展和检测要求的提高，原检测评价技术在储气库集注站场运用过程中主要存在以下不足：

（1）检测比例同风险等级高度关联，检测重点在工艺管道，而排污、放空管线由于风险较低，检测比例偏低；

（2）未经过历史腐蚀及失效大数据分析站场管线失效类型、失效部位和失效比重。

（3）检测思路的针对性不强，特别是不同管线腐蚀性差别较大的站场；

（4）RBI 风险评价模型不完善，关键参数的选择和失效因素的范围不足；

（5）目前针对单个设备项所采用的单一无损检测技术手段还无法完全满足风险分析的检测要求。

2.2　检测评价技术优化

目前基于风险的站场检验主要依据评价结果的风险等级高低开展后续的检测工作，且未根据站场的输送介质腐蚀性特定区分，检测范围也只限定在工艺管道，站场的压力容器未纳入检测工作。为此，储气库集注站场承压类静设备检测评价技术流程将主要从以下两个方面展开优化。

（1）基于损伤诱因类型及特征层面的优化

①收集站场资料及工况条件，明确站场可能的失效类型，优先确定是否存在明显力学失效可能，分析力学失效敏感性部位；

②明确内流场环境，基于流动和积液分析腐蚀（冲蚀）失效敏感性部位；

③分析本站历史腐蚀及失效部位，或同类型站场腐蚀及失效部位；

④结合力学失效敏感性部位、腐蚀（冲蚀）失效敏感性部位和历史腐蚀及失效部位，初步预测重点检测部位；

⑤结合重点检测部位初步预测结果和 RBI 评价结果进一步预测重点检测部位；

⑥井口至分离器易积液工艺管道的入地端、出地端和气液多相流流向上升竖直管的底部各开挖 1 处；

⑦排污管道、放空管道至少各开挖 1 处。

（2）基于检测技术层面的优化

①先面后点开展检测；

②先定性再定量选择检测技术；

③根据重点检测部位可能发生损伤的类型选择对应检测技术；

④多种检测技术相互佐证检测结果。

对优化前后的站场承压类静设备检测评价技术流程进行对比，如图 2 所示。

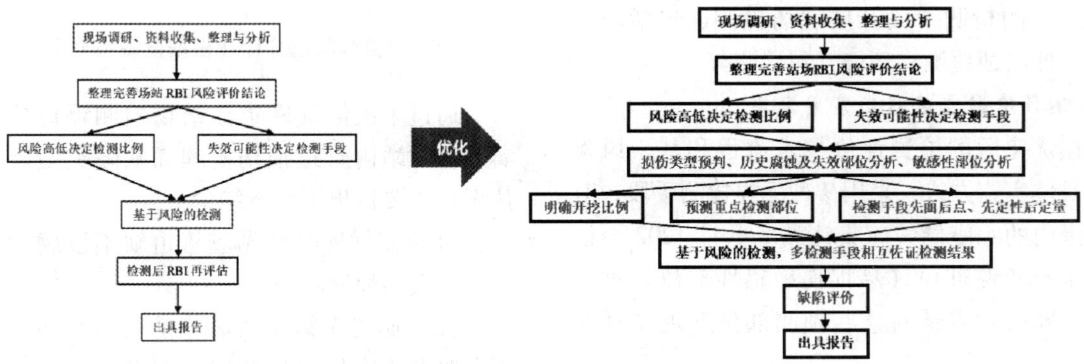

图 2　检测评价技术流程的优化对比

检测评价流程的优化有以下目的：

（1）基于损伤类型及特征，需对井口至分离器管段、排污管道等易积液管段开挖抽查；

（2）有效补充 RBI 风险评价未考虑到的部位，突出检测的重点；

（3）突出定性检测技术优先开展大面积扫查，对异常信号部位开展定点量化检测；在“基于风险的检测中”补充了“多检测手段相互佐证检测结果”，其目的是由于不同检测技术的适用性不同，通过多种检测技术手段相互配伍以提升缺陷检出的能力，提高检测的准确性；

（4）对检出缺陷进行评价，根据评价结果确定维护维修手段。

3　集注站场承压类静设备检测评价技术应用

3.1　基于风险的检测具体实施

虽然已形成了优化后的检测评价技术流程，在进行具体的站场检测之前，需要明确检测对象的先后顺序，即基于风险的检测的具体实施方式，如图 3 所示。

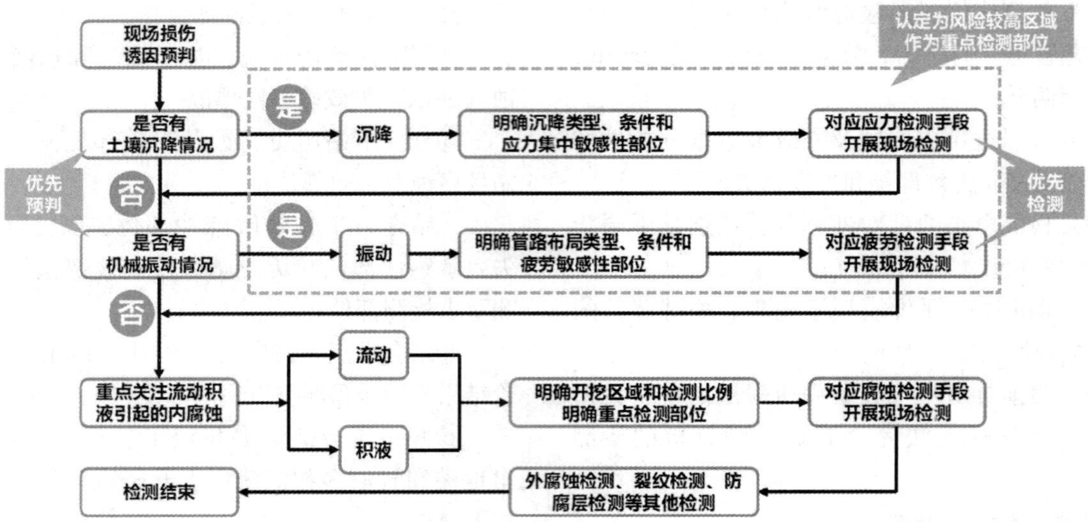

图 3　基于风险的检测具体实施方式

可以看出，在进行检测之前需先对站场承压类静设备损伤诱因进行预判，尤其是优先预判是否有土壤沉降和机械振动的情况，若有，则需分别对沉降、振动作用下的类型、条件、敏感性部位进行明确，选用此类损伤类型对应的检测手段优先检测；若没有，则重点关注由于流动和积液作用引起的内腐蚀敏感性部位，根据条件明确开挖区域、检测比例和重点检测部位，选用此类损伤类型对应的检测手段开展现场检测，包括防腐层检测、外腐蚀检测和环境开裂检测等。

3.2　检测评价技术流程的应用效果

根据优化后的检测评价技术流程和基于风险的检测具体实施方式，采用 9 种无损检测手段，对全国范围内的 4 座储气库集注站场共计 1202 个设备项的重点检测部位（易损伤敏感性部位）进行了预测，同时重点针对这些预测部位开展了现场检测。

本次应用共发现问题 154 项，按照问题类型和设备项类型统计如图 4、图 5 所示。

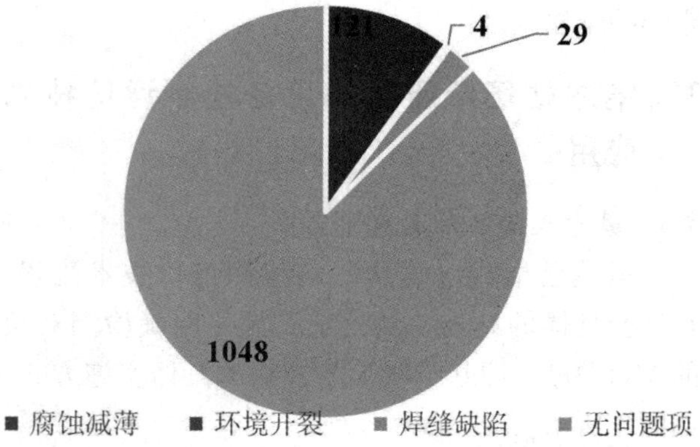

图 4　检测问题统计（根据问题类型分类）

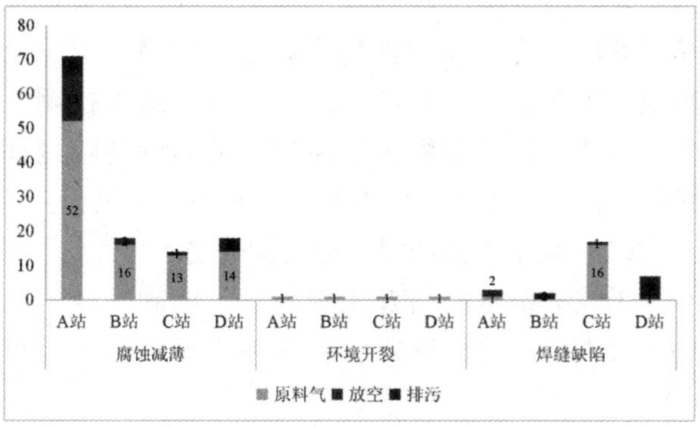

图 5　检测问题统计（根据设备项类型分类）

通过本次储气库集注站场检测评价技术应用实践，对站内管道损伤机理和缺陷类型有了新的认识，主要得出了以下结论：

（1）储气库集注站场管道缺陷以腐蚀减薄为主，其次为焊缝缺陷。

（2）储气库集注站场管道腐蚀减薄、环境开裂主要发生在原料气管线，在役管道焊缝缺陷与内部介质成分关联性不大。

（3）本次应用检测出的 4 座集注站场管道外部裂纹出现的部位全部位于压缩机一级进出气或缓冲罐进出气管道。

同时，针对预测部位的检测结果，将实际检测吻合情况与预测结果进行了对比，对比结果见表 1 所示。

可见，站场承压类静设备平均损伤预测验证符合率达到了 60% 以上，优化后的检测评价技术流程显著提升了检测准确性，为储气库集注站场完整性管理的高质量实施提供了技术支撑。

表1　4座站场承压类静设备损伤预测情况

序号	储气库集注站场	全站承压类静设备所有损伤预测数	全站承压类静设备所有实测吻合数	全站承压类静设备损伤预测验证符合率
1	A站	124	75	60.48%
2	B站	33	21	63.64%
3	C站	51	32	62.75%
4	D站	38	26	68.42%

4　结论

（1）针对现有RBI检测评价技术针对性不强、关键参数的选择和失效因素的范围不足、检测技术手段单一等问题，开展了基于损伤诱因类型及特征层面、检测技术层面的优化，形成了优化后的的检测评价技术流程。

（2）根据优化后的检测评价方法，形成了基于风险的检测的具体实施方式，并对全国范围内4座储气库集注站场的重点检测部位进行了预测和现场检测，共发现腐蚀减薄、环境开裂、焊缝缺陷等三类问题154项，平均损伤预测验证符合率在60%以上，达到了检测范围全面、检测重点突出和准确性高的目的。

（3）储气库集注站内管道缺陷以腐蚀减薄为主，其次为焊缝缺陷；管道腐蚀减薄、环境开裂主要发生在原料气管线，焊缝缺陷与内部介质成分关联性不大；本次检测出的4座集注站场管道裂纹出现的部位全部位于压缩机一级进出气或缓冲罐进出气管道。

参　考　文　献

[1] 牛耀辉．层次分析法（AHP）在盐穴储气库建库地质条件评价中的应用分析［J］．中小企业管理与科技（中旬刊），2020，(06)：176－177.

[2] 张媛，顾为敏．输气站场管道完整性检测评价技术体系［J］．管道技术与设备，2016（2）：47－50＋57.

[3] 范张川．文96地下储气库风险评价技术研究［D］．西南石油大学，2017.

[4] 柯向前．基于风险的天然气站场管道在线检验方案优化研究［D］．华南理工大学，2020.

[5] 黄维和，郑洪龙，吴忠良．管道完整性管理在中国应用10年回顾与展望［J］．天然气工业，2013，33（12）：1－5.

[6] GB/T 30579－2014，《承压设备损伤模式识别》［S］.

[7] 占龙杨，陈德辉．常压储罐基于风险检验（RBI）技术的应用［J］．石油和化工设备，2020，23（02）：62－64.

[8] 薛红香，田裕，李强，等．基于失效模式的在役真空绝热固定式压力容器检验问题探讨［J］．低温与特气，2020，38（02）：51－54.

[9] 常光忠，施哲雄，蒋晓东．基于RBI方法的储罐风险评价技术研究与软件开发［J］．腐蚀科学与防护技术，2009，21（03）：343－346.

[10] 林海萍，杨磊杰，宋文明等．基于风险的检验（RBI）技术在天然气净化装置的应用［J］．石油化工设备技术，2018，39（2）：60－66＋8.

[11] 陈建锋．樊一联合站完整性管理技术研究［D］．西安石油大学，2014.

[12] 鲍明昱，王磊，齐昌超，等．浅谈适用于天然气站场管道的无损检测技术［J］．石油化工应用，2020，39（09）：1－5. \

[13] 王磊，齐昌超，舒洁．天然气站场埋地管道检测评价技术优化［J］．石油与天然气化工，2018，47（2）：104－109.

[14] 姚安林，黄亮亮，蒋宏业等．输油气站场综合风险评价技术研究［J］．中国安全生产科学技术，2015，11（01）：138－144.

[15] 杨洪丽，贾明德，陈文贤等．基于RBI的站场完整性评价技术研究［J］．石油工业技术监督，2020，36（4）：57－60.

我国燃气事故多发频发的原因分析与预防措施的研究

田长栓[123] 马艳霞[2] 田家诚[3]

(1. 中国燃气西北管理中心; 2. 华润燃气沧州公司; 3. 北京政大公卫社会安全防范技术研究院)

摘 要 宁夏银川富洋烧烤店爆炸事故(2023年6月21日),因烧烤店工作人员擅自更换液化气罐减压阀,导致液化气快速泄漏并引发爆炸,造成31人死亡、7人受伤。该事故暴露出燃气设备违规操作及安全管理不到位的严重问题。燃气作为现代城市生活与工业生产中不可或缺的重要能源,其广泛应用极大地促进了社会经济的发展,同时也伴随着不容忽视的安全风险。燃气事故,指因燃气泄漏、操作不当、设备故障或自然灾害等原因引发的火灾、爆炸、中毒等紧急事件,不仅威胁人民群众的生命财产安全,还对社会稳定造成严重影响。近年来,随着燃气使用量的急剧增加和燃气管道网络的不断扩展,燃气事故频发,引起了社会各界的广泛关注。据统计,全球范围内,每年因燃气事故导致的伤亡人数居高不下,经济损失巨大。这些事故中,既有居民家庭因使用不当引发的局部火灾,也有工业场所因设备老化、维护不善造成的重大爆炸事故,更有因第三方施工破坏燃气管道而引发的连锁反应。从统计分析的角度来看,燃气事故呈现出一定的规律和特点。

关键词 我国;燃气事故;多发频发;原因分析;预防措施;研究

Dentification of The Causes of Frequent Gas Accidents in China and Research on Preventive Measures

TIAN Changshuan[123], MA Yanxia[2], TIAN Jiacheng[3]

(1. Northwest Management Center of China Gas; 2. China Resources Gas Cangzhou Company;
3. Beijing Zhengda Public Health and Social Security Prevention Technology Research Institute)

Abstract: The explosion accident at Fuyang BBQ Restaurant in Yinchuan, Ningxia (June 21, 2023) was caused by the staff of the barbecue restaurant's unauthorized replacement of the pressure reducing valve of the liquefied gas cylinder, resulting in rapid leakage of liquefied gas and an explosion, causing 31 deaths and 7 injuries. This accident exposed serious problems of illegal operation of gas equipment and inadequate safety management. As an indispensable and important energy source in modern urban life and industrial production, gas has greatly promoted the development of social economy with its wide application. At the same time, it is accompanied by non – negligible safety risks. Gas accidents refer to emergency events such as fires, explosions, and poisonings caused by reasons such as gas leakage, improper operation, equipment failure, or natural disasters. They not only threaten the safety of people's lives and property but also have a serious impact on social stability. In recent years, with the sharp increase in gas usage and the continuous expansion of the gas pipeline network, gas accidents have occurred frequently, attracting widespread attention from all sectors of society. According to statistics, on a global scale, the number of casualties caused by gas accidents remains high every year, and the economic losses are huge. Among these accidents, there are local fires caused by improper use in residential households, major explosion accidents caused by equipment aging and poor maintenance in industrial sites, and chain reactions caused by third – party construction damage to gas pipelines. From the perspective of statistical analysis, gas accidents show certain regularities and characteristics.

Key words: China, gas accidents, high - frequency occurrence, cause analysis, preventive measures, research

1　燃气行业安全管理现状分析

根据中燃协安全管理工作委员会2023年《全国燃气事故分析报告》，2023年全年共收集到媒体报道的国内（不含港澳台）燃气事故612起，造成77人死亡，434人受伤，其中较大事故4起，特大事故1起。与燃气相关的交通运输事故40起，造成1人死亡，9人受伤。事故分布在全国31个省份、212个城市。按气源种类统计：天然气事故285起，死亡16人、受伤167人；液化石油气事故300起，死亡53人、受伤215人；气源待核实事故27起，死亡8人、受伤52人按事故类型统计：居民用户事故共300起，死亡33人，受伤240人；工商用户事故97起，死亡38人，受伤202人；管网事故211起，死亡4人，受伤5人；厂站事故4起，死亡2人，受伤10人2023年度发生较大燃气安全事故数量4起，共造成15人死亡，10人受伤，特大燃气事故1起，共造成31人死亡，7人受伤。在169起已核实事故原因的天然气管网事故分析样本中，第三方施工破坏引发的事故占比最高，占比为85.2%，同比2022年占比73.7%有所上升，其中县（村）地域事故数量同比2022年增加了65.5%（增加19起），由于老旧管网改造、设施更新等施工在第四季度频度增多，一些施工单位赶工期、不重视对燃气设施的保护等，造成该季度第三方施工破坏事故多发；管道腐蚀泄漏造成事故占比为4.7%；地质灾害造成的事故占比为4.1%。2024年3月18日，习近平总书记对城市管道“带病运行”问题做出重要批示，指出多年来，燃气管道泄漏导致的事故频发，造成了重大人员伤亡，成为一个突出的安全问题。要求各相关部门和地方要提高政治站位，深刻汲取教训，切实负起安全责任，就燃气管道“带病运行”开展专项治理，全面排查风险，拿出管用措施，加大老旧燃气管网改造和维护力度，及时消除安全风险隐患。要举一反三，扎扎实实把各项安全生产工作抓好，坚决杜绝形式主义。近年来，燃气事故频发，给人民生命财产安全带来了严重威胁。国内外多起典型燃气事故案例为我们敲响了警钟，也为我们探索燃气事故零死亡目标路径提供了宝贵的经验教训。

2　国内典型燃气事故案例

2.1　宁夏银川富洋烧烤店爆炸事故（2023年6月21日）

这起事故因烧烤店工作人员擅自更换液化气罐减压阀，导致液化气快速泄漏并引发爆炸，造成31人死亡、7人受伤。该事故暴露出燃气设备违规操作及安全管理不到位的严重问题。事故原因为液化石油气配送企业违规向烧烤店配送有气相阀和液相阀的“双嘴瓶”，店员误将气相阀调压器接到液相阀上使用；发现异常后擅自拆卸安装调压器造成液化石油气泄漏，处置时又误将阀门反向开大，导致大量泄漏喷出，与空气混合达到爆炸极限，由于没有组织疏散、唯一楼梯通道被炸毁的隔墙严重堵塞、二楼临街窗户被封堵并被锚固焊接的钢制广告牌完全阻挡，严重影响人员逃生，导致伤亡扩大。

2.2　江苏南通天然气爆燃事故（2023年11月17日）

在江苏南通市如东县一小区内，天然气爆燃导致1人死亡、4人轻伤。事故原因为燃气管道泄漏，具体细节仍在调查中，但凸显了燃气管道安全监管的重要性。

2.3　辽宁沈阳盛王二斗烧烤店爆炸事故（2021年10月21日）

该事故因燃气并网施工过程中法兰口未有效密封，导致燃气泄漏并发生爆炸，造成5人死亡、52人受伤。此案例强调了施工过程中的安全检查与验收不容忽视；

2.4　7·4松原医院爆炸事故

2017年7月4日14时51分26秒，松原市医院总务科平房内的燃气遇随机不明点火源发生爆炸，造成7人死亡，85人受伤，直接经济损失4419万元。事故原因为第三方施工单位采用旋喷桩施工中钻漏中压燃气管道，导致天然气大量泄漏，扩散到附近建筑物空间内，并积累达到爆炸极限，遇随机不明点火源引发爆炸，由于燃气公司在燃气泄漏后应急处置严重不力，以致发生燃气爆炸造成人员伤亡和财产损失扩大，被认定负事故的主要责任，相关施工单位负次要责任，并被吊销经营许可证；

2.5　6·13 十堰燃气爆炸事故

2021 年 6 月 13 日湖北十堰市张湾区雁湖社区集贸市场发生燃气爆炸事故，造成死亡 26 人，138 人受伤，其中重伤 37 人，直接经济损失 5395.41 万元。事故原因为天然气 D57x4 中压钢管严重腐蚀导致破裂，泄漏的天然气在集贸市场涉事建筑物下发河道内密闭空间聚集，遇餐饮商户排油烟管道排出的火星发生爆炸。燃气公司应急处置错误，未直接携带燃气检漏仪进入现场检测气体；未提示公安、消防救援和社区等现场应急处置人员采取设立警戒、禁绝火源、疏散人员等应急措施；在燃爆危险未消除的情况下，告知公安消防危险解除

2.6　11·23 山西寿阳重大燃气爆炸燃烧事故

2012 年 11 月 23 日 19 时 52 分许，山西省晋中市寿阳县喜羊羊火锅店发生一起重大爆炸燃烧事故，造成 14 人死亡、47 人受伤，直接经济损失 1600 万元。事故原因为地下室液化石油气瓶瓶阀和灶阀未关闭，导致液化石油气泄漏，并与空气混合形成爆炸性气体，达到爆炸极限后遇点火源（地下室靠近灶间冰柜的继电器）发生爆炸；火锅店地下室设置为住宿和厨房、仓库，且通风不畅；调压器出口压力和关闭压力均大幅超过国家标准；

国内典型燃气事故案例表明，燃气事故往往由多种因素共同作用而成，包括设备老化、违规操作、安全管理不到位等。这些案例不仅让我们看到了燃气事故的严重后果，也为我们提供了宝贵的教训：要实现燃气事故零死亡目标，必须加强燃气设备的安全管理、提高施工人员的安全意识、加大安全监管力度，并不断完善应急预案和救援体系。通过这些措施的实施，我们可以逐步构建起更加安全可靠的燃气使用环境。

3　燃气事故原因分析与预防措施

3.1　燃气事故常见原因剖析

在探讨燃气事故零死亡目标路径的进程中，深入理解燃气事故的常见原因是至关重要的一步。燃气事故频发，不仅严重威胁人民群众的生命财产安全，也对社会稳定与经济发展构成挑战。将从多个维度剖析燃气事故的常见原因。

（1）人的不安全行为因素是导致燃气事故的重要原因之一

粗心大意、操作不当及安全意识淡薄是常见的现象。例如，用户在长时间离开厨房时忘记关闭燃气阀门，或者在使用燃气灶具时“以气等火”，不遵守正确的操作流程，这些行为极易导致燃气泄漏并引发火灾或爆炸。此外，部分用户在更换液化石油气钢瓶时，不仔细检查调压器是否完好，甚至私自改拆燃气管道及燃气表，这些行为同样埋下了安全隐患。

（2）燃气设备老化、破损及安装不当也是事故频发的重要因素

燃气管道、连接软管等关键部件若长期未进行维护检查，容易出现老化、破损或脱落等问题，导致燃气泄漏。同时，一些用户或施工单位在安装燃气设备时，未能遵循专业规范，存在偷工减料、违规操作等行为，使得设备本身就存在安全隐患。

（3）第三方外部施工破坏也是不可忽视的原因

随着城市化进程的加快，各类建设项目层出不穷，施工过程中若未对燃气管道采取有效保护措施，极易造成管道破损，引发燃气泄漏事故。据统计，施工破坏已成为导致天然气管网事故的主要原因之一。

（4）燃气管理部门的监管不力、培训不足以及设计、施工、验收等环节存在的缺陷也是导致燃气事故的重要原因

管理部门若未能对燃气企业进行有效监管，对燃气设备进行定期检查和维护，将难以及时发现并消除安全隐患。同时，若燃气企业的从业人员专业素质不高，缺乏必要的培训，也将在一定程度上增加事故发生的风险。

燃气事故的常见原因主要包括人为因素、设备老化破损及安装不当、外部施工破坏以及管理缺陷等多个方面。为实现燃气事故零死亡的目标，必须针对这些原因采取切实有效的预防措施。

3.2　燃气设施安全管理与维护

燃气设施的安全管理与维护是实现燃气事故零死亡目标的关键环节。本节将从管理制度、日常维护、设备升级及应急响应四个方面进行阐述。

（1）建立健全管理制度

燃气企业应制定详尽的安全管理制度和操作规程，明确各级管理人员和操作人员的职责，确保各项安全规定得到有效执行。通过建立完善的档案管理制度，记录设施的图纸、资料、检测报告等，以便随时掌握设施的运行状况。同时，应制定应急预案，并定期进行演练，提升应急响应速度和处置能力。

（2）加强日常维护与巡检

日常维护与巡检是保障燃气设施安全运行的重要手段。企业应建立定期巡检制度，包括日常巡检和节假日巡检，采用听诊、嗅觉、检测等多种手段进行全面检查，确保及时发现并消除隐患。巡检过程中应做好详细记录，记录发现的问题及处置措施，并及时向上级部门报告。此外，对燃气设备的维护保养应制定明确的制度，明确维护保养的责任人和时间间隔，确保维护保养工作按照相关标准和规范进行。

（3）注重设备升级与技术改造

随着科技的进步，燃气设备也在不断更新换代。企业应注重设备的升级与技术改造，引进新技术、新工艺和新设备，提高设备的可靠性和安全性。同时，对于老旧设备，应及时进行更换或改造，避免因设备老化导致的安全事故。

（4）强化应急响应与处置能力

在燃气设施的安全管理中，应急响应与处置能力至关重要。企业应建立健全应急处理机制，制定应急预案和措施，建立应急队伍和物资储备，确保在紧急情况下能够迅速、有效地进行处置。同时，要加强与政府部门的沟通和协作，共同维护燃气设施的安全运行。

燃气设施的安全管理与维护是实现燃气事故零死亡目标的重要保障。通过建立健全管理制度、加强日常维护与巡检、注重设备升级与技术改造以及强化应急响应与处置能力等措施，可以显著提升燃气设施的安全水平，保障人民群众的生命财产安全。

3.3　加强燃气用户安全意识培养与教育

在燃气事故预防的广阔版图中，用户安全意识的培养与教育无疑是构筑安全防线的基石。鉴于燃气使用的普及性和日常性，提升公众对燃气安全的认识与重视程度，对于实现燃气事故零死亡目标具有不可估量的价值。

（1）普及燃气安全知识

首先，通过多渠道、多形式的宣传教育活动，普及燃气基础知识及安全使用常识。利用电视、广播、网络新媒体以及社区公告栏、宣传手册等，深入浅出地讲解燃气性质、安全用气规则、常见隐患识别及应急处理措施，确保用户能够掌握基本的安全知识和技能。

（2）强化安全教育进校园

将燃气安全教育纳入学校课程体系，特别是中小学阶段，通过生动有趣的课程内容和实践活动，如模拟演练、知识竞赛等，激发学生对燃气安全的兴趣和重视程度，培养他们从小树立良好的安全用气习惯，并带动家庭成员共同关注燃气安全。

（3）实施定期安全培训与检查

针对燃气用户，特别是餐饮、工业等高风险领域，应定期组织专业人员进行安全培训，内容涵盖燃气设施的正确操作、维护保养、故障排查及应急处置等方面。同时，推行定期安全检查制度，及时发现并消除安全隐患，确保燃气设施处于良好运行状态。

（4）建立用户反馈与激励机制

鼓励用户积极参与燃气安全管理，设立便捷的反馈渠道，让用户能够随时报告发现的安全隐患或不当行为。同时，对于在燃气安全方面表现突出的用户或单位，给予表彰或奖励，以此激发全社会共同参与燃气安全管理的热情。

综上所述，用户安全意识的培养与教育是一项系统工程，需要政府、企业、学校及社会各界共同努力，形成全社会关注燃气安全的良好氛围。通过持续、有效的安全教育与培训，不断提升用户的自我防护能力和应急反应能力，为实现燃气事故零死亡目标奠定坚实的基础。

4　政策法规在预防燃气事故中的作用

政策法规在预防燃气事故中扮演着至关重要的角色，它们不仅是保障燃气安全的基础框架，也是推动燃气行业健康发展的重要驱动力。通过制定和实施一系列严格的法规政策，可以有效降低燃气事故的发生率，尤其是避免造成人员伤亡的严重后果，从而逐步接近燃气事故零死亡的目标。

（1）政策法规明确了燃气设施的建设、运营和维护标准

例如，《城镇燃气管理条例》详细规定了燃气设施的建设要求、竣工验收流程以及日常维护和检修责任，确保燃气设施在设计、施工、使用等各个环节均符合安全标准。这些规定不仅提升了燃气设施的整体质量，还增强了其抵御自然灾害和人为破坏的能力，从源头上减少了事故隐患。

（2）政策法规强化了燃气企业的安全责任

根据相关规定，燃气企业需建立健全安全管理制度，对燃气设施进行定期检查和维护，及时

发现并消除安全隐患。同时，燃气企业还需加强员工培训，提高员工的安全意识和操作技能，确保在紧急情况下能够迅速、有效地应对。这些措施的实施，极大地提升了燃气企业的安全管理水平，降低了燃气事故发生的概率。

（3）政策法规还推动了燃气安全知识的普及和教育

通过制定宣传教育计划、开展安全知识讲座和应急演练等活动，政策法规引导公众了解燃气安全知识，掌握正确的用气方法和应急处理技能。这不仅有助于提高公众的自我保护能力，还能在全社会形成关注燃气安全、共筑安全防线的良好氛围。

综上所述，政策法规在预防燃气事故中发挥着不可替代的作用。它们通过明确标准、强化责任、推动教育和普及知识等多种方式，构建了全方位、多层次的燃气安全防护网。未来，随着政策法规的不断完善和实施力度的持续加强，我们有理由相信，燃气事故零死亡的目标将不再是遥不可及的梦想。

5　燃气事故案例中的成功救援与经验分析

在探讨燃气事故零死亡目标的征途中，成功案例的救援行动及其背后蕴含的经验尤为宝贵。以下是一起典型燃气泄漏爆炸事故中的成功救援案例及其经验分享，为我们提供了宝贵的启示。

2023年冬季，平山市一老旧社区因燃气管道老化发生严重泄漏，随后引发爆燃，火势迅速蔓延，严重威胁周边居民生命安全。面对这突如其来的灾难，当地消防、公安、医疗等多部门迅速响应，启动应急预案，展开了一场争分夺秒的救援行动。成功救援亮点：1. 迅速响应与高效协同：事故发生后，各救援力量在极短时间内集结完毕，迅速形成统一指挥体系，确保救援工作有序进行。各部门间信息畅通，协同作战，有效提升了救援效率。2. 科学施救，精准定位：利用无人机进行空中侦查，结合地面搜救小组，迅速确定被困人员位置及火势蔓延情况，为后续救援提供了精准信息支持。同时，通过喷水降温、泡沫灭火等科学手段，有效控制火势，为救援赢得宝贵时间。3. 以人为本，生命至上：在整个救援过程中，救援人员始终将保护人民群众生命安全放在首位，优先营救被困群众，特别是老人、儿童及行动不便者，展现了极高的职业素养和人文关怀。4. 心理疏导与后续安置：事故后，专业团队迅速介入，对受灾群众进行心理疏导，帮助他们尽快走出心理阴影。同时，政府和社会各界也积极行动，为受灾群众提供临时住所、生活物资等援助，确保其基本生活需求得到满足。经验分享为此次成功救援，关键在于建立了完善的应急响应机制，实现了多部门间的无缝对接与高效协同；同时，坚持科学施救、以人为本的原则，确保了救援行动的快速有效。此外，加强公众安全教育，提高群众自救互救能力，也是减少燃气事故伤亡的重要一环。未来，我们应继续完善应急预案，加强应急演练，不断提升应对突发事件的能力和水平，向着燃气事故零死亡的目标不断迈进。

6　事故案例中的问题剖析与教训反思

在深入剖析多起燃气事故案例后，不难发现，每一场悲剧背后都隐藏着多重问题与深刻教训，值得我们深刻反思与警醒。

6.1　安全意识淡薄是众多事故发生的首要原因

部分企业和个人对燃气使用的危险性认识不足，忽视日常安全检查与维护，如未按规定安装燃气泄漏报警装置、不定期进行管道检测等，这些看似微小的疏忽，往往成为引发灾难的导火索。因此，提升全社会的燃气安全意识，强化安全教育培训，是减少事故的首要任务。

6.2　管理制度不健全与执行不力也是导致事故频发的重要因素

部分燃气企业存在安全管理机制不完善、责任落实不到位的问题，应急预案形同虚设，一旦事故发生，难以迅速有效应对。这要求企业必须建立健全安全管理体系，明确各级责任，加强监管力度，确保各项安全措施得到有效执行。

6.3　技术设备老化与维护不足加剧了事故风险

老旧燃气管道、阀门等设施因长期运行而磨损严重，若未能及时更换或维护，极易发生泄漏、爆炸等事故。对此，应加大对燃气基础设施的投入，定期更新升级设备，加强日常巡查与维护，确保燃气设施处于良好运行状态。

6.4　应急响应机制不健全也是值得反思的问题

在事故发生时，快速、准确的应急响应能够最大限度地减少损失。然而，部分地方和企业在应急准备、信息报告、救援协调等方面存在不足，导致救援效率低下，甚至错失最佳救援时机。因此，建立健全燃气事故应急响应机制，加强应急演练，提高应急处置能力，是保障人民群众生命财产安全的重要举措。

综上所述，燃气事故案例中的问题剖析与教训反思，提醒我们必须从安全意识、管理制度、技术设备、应急响应等多个方面入手，全面提升燃气安全管理水平，努力实现燃气事故零死亡的目标。

7　以案促改，提升燃气安全管理水平

在深入剖析燃气事故案例的过程中，我们不难发现，每一起悲剧背后都隐藏着安全管理漏洞与隐患排查的不到位。因此，将案例分析转化为实际行动，以案促改，成为提升燃气安全管理水平的关键路径。首先，必须强化安全责任意识。从案例中汲取教训，明确各级管理人员和一线操作人员的安全职责，确保“安全第一、预防为主”的方针深入人心。通过建立健全安全责任体系，实施严格的问责机制，让每一位参与者都能感受到安全工作的紧迫性和重要性，形成人人讲安全、事事为安全的良好氛围。其次，加强隐患排查与治理。结合案例分析中暴露出的问题，开展全面的安全隐患排查行动，特别是对老旧管网、违章占压、违规施工等高风险区域进行重点排查。同时，建立隐患排查治理长效机制，对发现的问题实行闭环管理，确保隐患得到及时有效整改，防止同类事故再次发生。再者，提升应急响应能力。通过分析事故案例中的应急处置过程，查找应急响应中的薄弱环节，加强应急演练和培训，提高各级人员的应急反应速度和处置能力。制定完善应急预案，明确应急处置流程和责任分工，确保在突发事件发生时能够迅速、有序地开展救援工作，最大限度地减少人员伤亡和财产损失。最后，推动技术创新与智能化管理。借助现代科技手段，如物联网、大数据、人工智能等，提升燃气安全管理的智能化水平。通过实时监测、预警预测、数据分析等手段，及时发现并消除潜在的安全隐患，提高安全管理效率和精度。同时，加强新技术、新设备的研发和应用，推动燃气行业向更加安全、高效、环保的方向发展。

总之，国内典型燃气事故案例表明，燃气事故往往由多种因素共同作用而成，包括设备老化、违规操作、安全管理不到位等。这些案例不仅让我们看到了燃气事故的严重后果，也为我们提供了宝贵的教训：要实现燃气事故零死亡目标，必须加强燃气设备的安全管理、提高施工人员的安全意识、加大安全监管力度，并不断完善应急预案和救援体系。通过这些措施的实施，我们可以逐步构建起更加安全可靠的燃气使用环境。以案促改不仅是对过去事故的深刻反思，更是对未来安全的坚实保障。通过不断强化安全责任意识、加强隐患排查与治理、提升应急响应能力以及推动技术创新与智能化管理，我们定能走出一条燃气安全管理的新路径，为实现燃气事故零死亡目标奠定坚实基础。

参　考　文　献

[1] 田长栓，马艳霞．我国城市燃气的现状和发展趋势［J］//中国土木工程学会燃气分会应用业委员会2007年年会论文集；2007.

[2] 田长栓；马艳霞．我国燃气行业防雷技术应用分析与研究［A］；中国土木工程学会城市燃气分会应用专业委员会2010年年会论文集［C］；2010.

[3] 田长栓；马艳霞．我国城镇燃气安全管理目标的分析与研究［A］；中国城市燃气学会LNG专业委员会2009年煤层气液化主题年会论文集［C］；2009.

油气藏型储气库全生命周期风险管理

冷翔宇　李　静　孙明炬　张凌帆　汪运储

（中国石油西南油气田分公司安全环保与技术监督研究院）

摘　要　随着油气藏型地下储气库技术的逐步突破与应用落地，“地质－井筒－地面”三位一体的地下储气库在各生产阶段中都会不断产生安全风险相关数据。这些数据有着类型杂乱、数据量大、数字化水平不足、分析困难等特征，结合目前油气藏型储气库完整性管理技术不成熟、安全审核体系不健全、风险管控较难的特点，如何有效辨识油气藏型储气库各阶段的风险因素、如何运用安全风险数据强化储气库全生命周期风险管控成为了亟待解决的问题。本文通过研究找出储气库全生命周期风险管理重点，构建风险管理系统框架，初步形成储气库“设计期－施工期－运行期－废弃期”全生命周期的风险因素辨识模式。基于此提出了一种基于油气藏型储气库安全评估数据库的全生命周期风险管理方法，建立数据标准通过系统对于储气库安全风险相关数据的自动梳理与分类处理，搭建油气藏型储气库风险特征库和隐患信息资源库，并通过复杂网络模型实现油气藏型储气库的风险隐患分析与溯源，辅助管理人员完成风险管控决策。最终形成油气藏型储气库全生命周期风险管理系统，进一步消减油气藏型储气库安全风险隐患，防止事故发生，保障油气藏型地下储气库的正常运行和人员生命财产安全，为储气库风险数据的深度应用奠定技术基础。

关键词　储气库；全生命周期；风险识别；风险管理

Life Cycle Risk Management of Underground Gas Storage Facilities for Oil and Gas Reservoirs

LENG Xiangyu, LI Jing, SUN Mingju, ZHANG Lingfan, WANG Yunchu

(1. Safety and Technology Supervision Research Institute of PetroChina Southwest Oil and Gas Field Company)

Abstract: With the gradual breakthrough and application of underground gas storage technology for oil and gas reservoirs, the "geological wellbore surface" integrated underground gas storage will continuously generate safety risk related data in various production stages. These data have the characteristics of disorderly types, large data volume, insufficient digitalization level, and difficult analysis. Considering the current immature integrity management technology, incomplete safety audit system, and difficult risk control of oil and gas storage, how to effectively identify the risk factors in each stage of oil and gas storage, and how to use safety risk data to strengthen the risk control of the entire life cycle of the storage have become urgent problems to be solved. This article identifies the key points of risk management throughout the entire lifecycle of gas storage facilities through research, constructs a risk management system framework, and preliminarily forms a risk factor identification model for the entire lifecycle of gas storage facilities, including the design period, construction period, operation period, and disposal period. Based on this, a full lifecycle risk management method based on the safety assessment database of oil and gas storage facilities is proposed. Data standards are established, and the system automatically sorts and classifies data related to safety risks of gas storage facilities. A risk feature library and hidden danger information resource library for oil and gas storage facilities are built, and a complex network model is used to analyze and trace the risks and hidden dangers of oil and gas storage facilities, assisting management personnel in making risk control decisions. The ultimate goal is to establish a risk management system for the entire lifecycle of oil and gas storage facilities, further reducing safety risks and hazards, preventing accidents, ensuring the normal operation and safety of personnel and property in underground oil and gas storage facilities, and laying a technical foundation for the deep application of risk data in gas storage facilities.

Key words: gas storage; lifecycle; risk identification; risk management

油气藏型地下储气库是协调天然气供求关系、优化输配气管网运行和提高供气安全与可靠性的能源安全保障重要基础设施。在天然气全产业链中，油气藏型地下储气库作为保障天然气管网高效安全运行、平衡季节用气峰谷差、应对长输管道突发事故、保障国家能源安全的战略性基础设施，具有不可替代的作用。地下储气库建设对于完善国家天然气产业、保障国计民生和维护国家能源安全具有十分重要的意义。目前中国已建成地下储气库27座，分布在东北、渤海湾、长三角、中南、西南、西北、中西部7大区，地下储气库作业是强注强采、交变载荷、多周期的注采过程，交替注采工况与长生命周期对储气库系统（地质气藏、井筒、地面设施）安全要求较高，同时国内油气藏型储气库地质条件与采气方式各有差异，给储气库安全运行的风险管理层面和技术层面都带来更大的挑战。

储气库安全风险数据与大量的实际运行数据、监测数据相关，由于缺乏相关数据的风险因素辨识和安全隐患数据关联，造成大量信息资源存在数据孤岛和数据差异，在一定程度上限制了储气库完整性管理数字化水平的提升。为应对储气库风险数据量杂乱多、风险因素辨识困难、安全风险管理数字化水平不足等问题，本文通过构建储气库各阶段风险因素识别模式以及搭建风险管理系统，形成一套油气藏型储气库全生命周期的风险管理方法。

1　油气藏型地下储气库全生命周期风险管理重点

地下储气库是通过把天然气输送管道中的天然气注入地下而建立的人工气藏。管道中的天然气需要在分配站进行调压与计量，而后才能通过管道传输到储气库集注站。在集注站，对天然气进行过滤分离，然后将其注入压缩机组进行增压处理，并在完成后，将其输送到储气库储存。需要用气时，从储气库中采气，然后将采集的天然气经过脱硫、脱水与脱烃处理，并利用传输管道将其传输到分输站，从而供给天然气。在储存方面，高压高温、易燃易爆、天然气硫化氢泄漏等方面严重影响了地下储气库的安全。在天然气的运输方面，注采系统中的管道与站场需要持续经历降压、冲压及平压过程，使管道时刻受到交变压力的影响。

为了防止储气库事故的发生，应从人机环三个方面进行考虑，在项目施工与储气库运行期间对员工与承包商的人员安全管理；对储气库管道、注采设备、管道等设备的预测性维护与安全管理；对储气库内外环境的安全风险管理。结合目前储气库数字化发展形势，要依据日常生产运行数据和安全风险数据高效完成对储气库安全风险的识别与溯源，其核心就是形成一套基于数据的全生命周期安全风险评估模式和管理系统，用以提高储气库的信息化风险管理系统，更高效、快速地管控以上风险管理重点。

2　储气库全生命周期风险管理系统架构

构建油气藏型储气库全生命周期风险管理系统，应对油气藏型储气库全生命周期结构化与非结构化数据资料进行分类研究，制定全生命周期数据采集接口规则，构建储气库风险特征库、隐患文本信息资源库，开发储气库全生命周期的风险辨识管理模块，实现油气藏型储气库风险管理系统的数字化应用，本系统架构如图1所示。

数据源：风险管理系统的正常运行，需要有大量储气库基础数据支撑，包括站场基础数据、管道基础数据、设备基础数据等；风险辨识管理则需要风险特征数据、隐患信息数据支撑。

IAAS层：主要为支撑系统运行的软硬件基础设施，包括计算资源、存储资源、网络资源等。

数据资源中心：主要是对数据源进行整理后形成的主题数据库，包括基础信息数据库、风险特征数据、隐患信息文本资源数据库等。

PAAS层：主要为支撑上层应用运行的中间组件，包括应用开发组件和智能分析算法。应用开发组件包括开发工具、微服务框架等，用以支撑

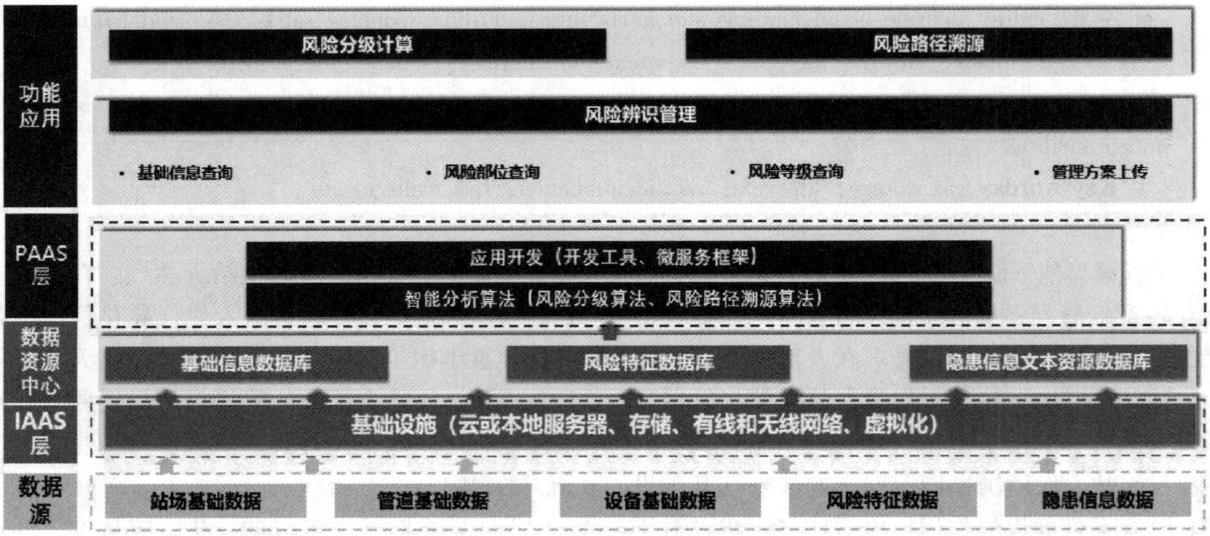

图1　系统架构图

上层应用功能开发；智能分析算法包括风险分级算法和风险路径溯源算法，用以支撑风险分级计算和风险路径溯源功能。

功能应用：系统功能包括风险辨识管理、风险分级计算、风险路径溯源3个模块，风险辨识管理基础信息查询、风险部位查询、风险等级查询、管理方案上传4个二级模块。

3　储气库全生命周期风险因素辨识模式

在风险辨识管理阶段还存在储气库各阶段风险因素辨识方法缺失等问题，因此针对储气库建库特点不同，在储气库地质体、工艺流程与生产运行方面存在各类差异，全生命周期各阶段风险特征不一的特点，研究形成了一套适用于储气库“设计 - 施工 - 运行 - 废弃”全生命周期的风险辨识模式。该模式核心可由四个部分构成：（1）基于C - FRAM的储气库设计期风险因素辨识；（2）基于STAP - STAMP的储气库施工期风险因素辨识；（3）基于自然语言处理（NLP）的储气库运行期风险因素辨识；（4）基于Petri + 事件树的储气库废弃期风险因素辨识。

通过优化研究功能模块共振（C - FRAM）方法、STAMP - STPA、自然语言处理（NLP）、Petri + 事件树四类方法，分阶段实现风险因素的数据挖掘、关联关系与路径可视化，解决了储气库全生命周期风险数据繁多而可用度低问题。

识别出风险因素后可以利用python程序生成如下图所示的复杂网络，分析风险因素之间的关联关系，其中可以为节点添加属性，以呈现不同的颜色与标识，然后计算风险节点关联度、风险因素危险值，根据基于关联度、后果与概率的三维风险评价模型，计算得出网络中风险节点危险值的计算结果，通过聚类分析对风险节点进行分级，从而找出油气藏型储气库的风险隐患，弥补油气藏型储气库全生命周期的风险因素辨识方面的研究空白（图2）。

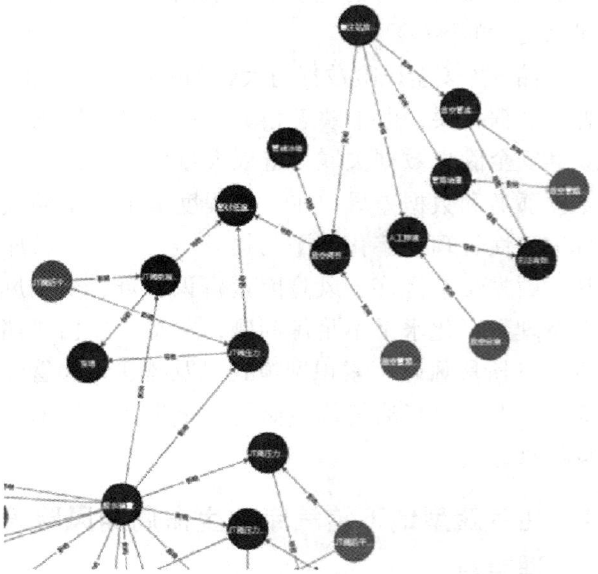

图2　复杂网络示意图

3.1　基于C - FRAM的储气库设计期风险因素辨识

传统安全评价方法，如安全检查表法、预先危险性分析、事件树和故障树分析应用于储气库设计期会使整个分析过程冗长，在广度和深度方面不足以应对储气库设计期这种复杂系统，且难以对分析结果进行定量分析。而FRAM功能共振分析方法强调从整个系统的功能特征角度分析事故以及辨识动态系统中的风险因素，能识别出储气库设计期各模块之间的交互作用，从而识别风险因素。本文运用 FRAM 功能共振分析方法，开展风险因素辨识。按照《地下储气库设计规范》SY/T6848－2023 将油气藏型储气库设计阶段分为开发地质及气藏工程设计、老井处理设计、钻采工程设计与地面设施设计。各个设计阶段划分出设计内容，进一步分出对应设计模块，使用功能共振分析方法对设计期风险因素进行辨识。储气库设计期风险因素辨识范围如下表所示。随后根据划分的功能模块，根据 11 个一般性能条件作为引导词，分析风险因素，形成设计期风险因素清单（表 1）。

表 1　三种类别任务主体的一般性能条件

序号	a. 成套装备一般性能条件	b. 作业程序一般性能条件	c. 设计阶段一般性能条件
1	设计与工作功能匹配	组织的质量和支持	组织的质量和支持
2	部件制造质量保障	工作条件	有效的程序和计划
3	工作条件	适当的接口和运行支持	培训和经验
4	部件安装与拆卸	有序的程序和方法	可利用的理论、模型
5	适当的接口和运行支持	多个目标和冲突解决	标准
6	有序的程序和方法	可用的时间	软、硬件支持
7	工作负荷	生理节律和压力	可用的时间
8	正确的人员操作	培训和经验	安全裕量及冗余设计
9	功能完整性检查	团队协作质量	环境与环保
10	及时维修	交流质量	功能完整性检查
11	变更管理	可利用的资源	成本约束

还根据风险因素对每个功能模块的性能变化进行评估，评价结果可以分为充分、不充分和无法确定：

（1）充分，即稳定或可变但充分，表示功能模块相对于该一般性能条件的风险因素出现概率较低；（2）不充分，即稳定或可变但不充分，表示功能模块相对于一般性能条件的风险因素出现概率较高；（3）无法确定，表示功能模块相对于一般性能条件的风险因素出现概率非常大。

统计各功能模块的 11 个一般性能条件评价结果得到各功能模块的性能变化状态。功能模块的性能按从小到大的波动变化分为四种状态：战略、战术、机会和随机，见表 2。其中，当评价结果不一致时以性能波动状态等级高的为主。

表 2　各功能模块的功能状态评价标准

一般性能条件评价结果	“无法确定”/个数	“不充分”/个数
随机	≥3	≥8
机会	2	≥6
战术	1	≥4
战略	0	≤3

性能波动状态为“随机”的功能模块性能波动较大，极易成为失效功能模块，产生功能共振。根据建立的 FRAM 模型，寻找与“随机”功能模块建立连接的模块，分析各相关功能模块产生失效对“随机”功能模块的影响情况，从而确定功能共振、功能共振的影响因素及失效的连接。由功能模块一般性能评价，可知各模块发生状态波动的概率等级；由功能模块中介中心性计算，得出各模块发生状态波动的影响作用。结合风险矩阵思想用考虑功能模块中心性的功能共振分析 C－FRAM 风险辨识模型，使功能模块中心性与波动概率相乘获得风险量化结果。

3.2　基于 STAMP－STPA 的储气库施工期风险因素辨识

基于储气库施工期的工程量大、工程跨度大、施工技术复杂以及人员管理之间存在分级反馈制度的特点，提出基于 STAMP－STPA 的方法对储气库施工期进行风险因素识别模式。分析各个施工作业过程中涉及的设备设施与施工流程，对施工期可能发生的失效情景进行初步分析，辨识导致失效情景发生的各个因素，并在此基础上分析事故所在系统的安全需求以及对应的安全性约束，包括可能导致事故发生的控制与反馈操作，建立STAMP模型，形成控制反馈回路；然后，采用STPA方法识别施工过程中的四种不安全的控制行为，包括未提供控制行为、提供错误或不安全控制行为、控制行为提前/延迟发生、控制行为结束过早/持续时间过长，找出导致不安全控制行为的关键原因，导致的风险与安全约束，形成STPA分析表格，完成施工期各个作业工序的风险因素辨识。

3.3　基于自然语言处理（NLP）的储气库运行期风险因素辨识

通过自然语言处理（NLP）对非结构化与半结构化文本进行分析，通过自注意力机制对储气库运行的报告和方案文本数据的挖掘，实现从储气库文本数据中自动提取风险因素，将风险因素以信息数据库的方式储存。

该模式可以解决储气库运行期因数据报告繁多且人工分析耗时的缺陷，攻克了传统安全分析方法仅能分析独立的风险因素而不能将风险因素之间的关联关系直观清晰地展现出来的难题，引入风险路径分析，为风险管控提供了有力的支持。并找到其中隐含的信息，最终辨识出储气库运行期存在的风险。

3.4　基于Petri+事件树的储气库废弃期风险因素辨识

针对废弃期储气库研究案例较少，缺少相关事故事件案例与相关的技术规范标准，可以采用Petri+事件树的储气库废弃期风险因素综合分析模式，从人为因素与自然因素两个方面开展废弃期风险因素辨识。可以揭示因第三方施工破坏、设备损坏、人为火源、管理缺陷、自然地质灾害等风险因素可能导致的泄漏、火灾、地面沉降等事故与演化路径，从而提出有针对性的管控措施。例如第三方施工破坏的风险分析如下图所示。

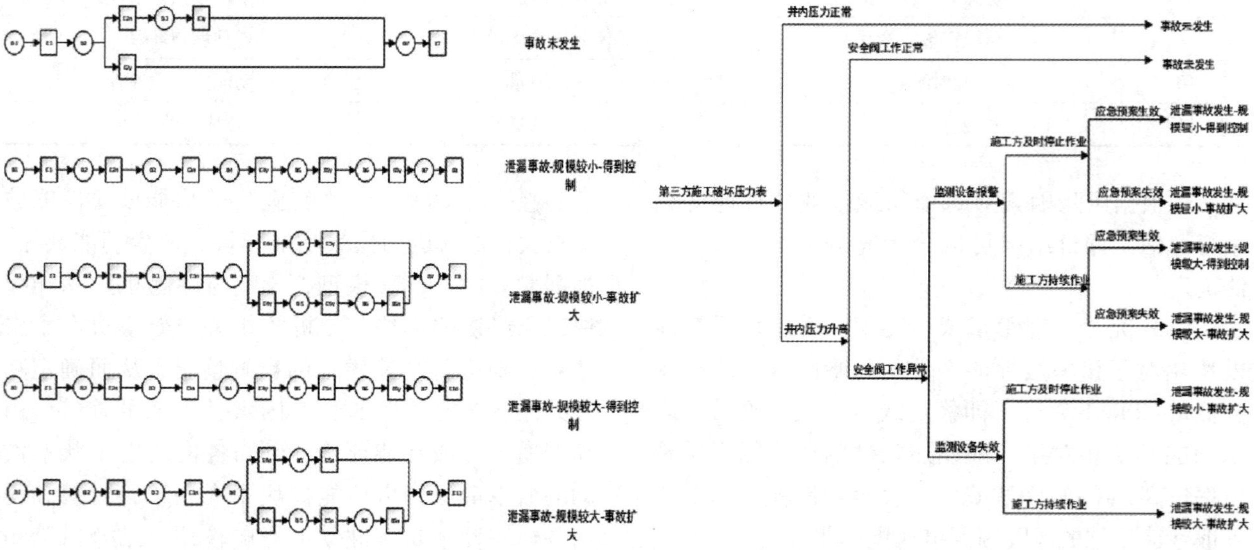

图3　第三方施工破坏压力表Petri网分析结果与事件树事故推演

4　储气库全生命周期风险管理系统的建立

4.1　储气库全生命周期安全评估数据库

油气藏型储气库全生命周期安全风险数据库主要由油气藏型储气库运行数据与油气藏型储气库事故数据组成，通过储气库全生命周期安全隐患大数据挖掘，对现有本质安全信息进行整合，有效揭示储气库安全隐患根源与管理短板，为风险识别管理、安全隐患排查、安全审核、能力评估等环节提供数字化手段，为安全管理提供决策技术依据。如图4所示，该数据库主要分为三个模块：全生命周期数据标准、储气库风险特征库和隐患文本信息资源库。

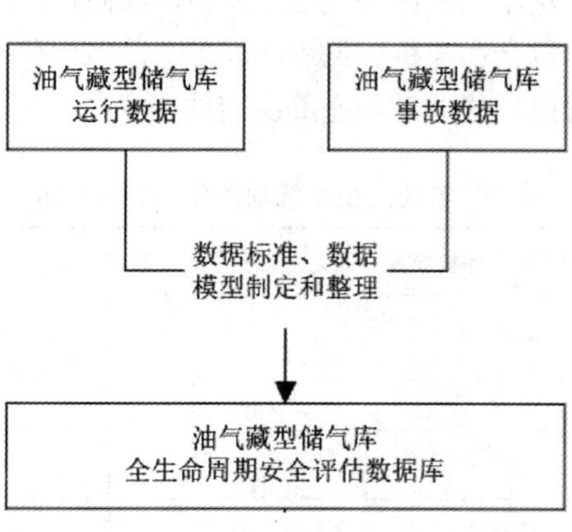

图4　储气库全生命周期安全评估数据库

油气藏型储气库安全评估数据标准统一了数据的来源、格式、质量和管理，提高了数据的可信度和可用性，为油气藏型储气库安全评估体系建立提供基础支撑。本数据标准与国际国外先进标准结合，密切跟踪储气库建设和运行维护领域的新技术、新工艺，覆盖地层－井筒－地面全过程，统筹规划，结合实际，兼具系统性、前瞻性、实用性。该数据标准对4大部分、71小项进行定义，包括管道基础数据、站场基础数据、风险特征库、隐患文本资源库、风险闭环数据等多方面进行定义。此标准突出油气藏型储气库特色，与各级标准相融合，贯彻地上地下工程一体化理念，技术先进、经济合理，兼具系统性和针对性；为构建储气库风险特征库、隐患文本信息资源库打下基础。

风险特征库和隐患文本信息资源库储存储气库的风险特征和隐患信息，这些资源将为风险辨识管理系统提供数据支持，帮助管理者准确识别储气库的风险。数据库模块可以运用MySQL等成熟产品，结合已有安全风险数据，通过对油气藏型储气库全生命周期结构化与非结构化数据资料进行分类研究建立一套风险管理系统数据库，为储气库风险识别管理提供支持。

4.2　储气库全生命周期风险管理系统开发

基于研究得到储气库全生命周期风险因素辨识模式和数据库架构后，可以针对油气藏型地下储气库全生命周期安全风险管理系统进行软件开发。首先，对油气藏型储气库全生命周期安全风险评估工作进行分析，收集油气藏型储气库运行及事故数据，为建立数据仓库和风险评价模型提供数据基础。建立油气藏型储气库全生命安全评估数据库后，基于访谈法、问卷调查、功能分解等方法，对系统需求进行分析，形成业务需求、功能需求、技术需求、数据需求等需求内容。基于需求分析的结果，设计风险管理系统的架构，形成技术、逻辑、部署等架构设计。最后，采用结构化的系统建设方法和瀑布模型的软件开发模型，进行系统开发工作，开发风险辨识管理功能。在系统开发过程中，执行系统单元、集成、系统等测试工作，发现和找出软件的缺陷，确保系统功能符合预期（图5）。

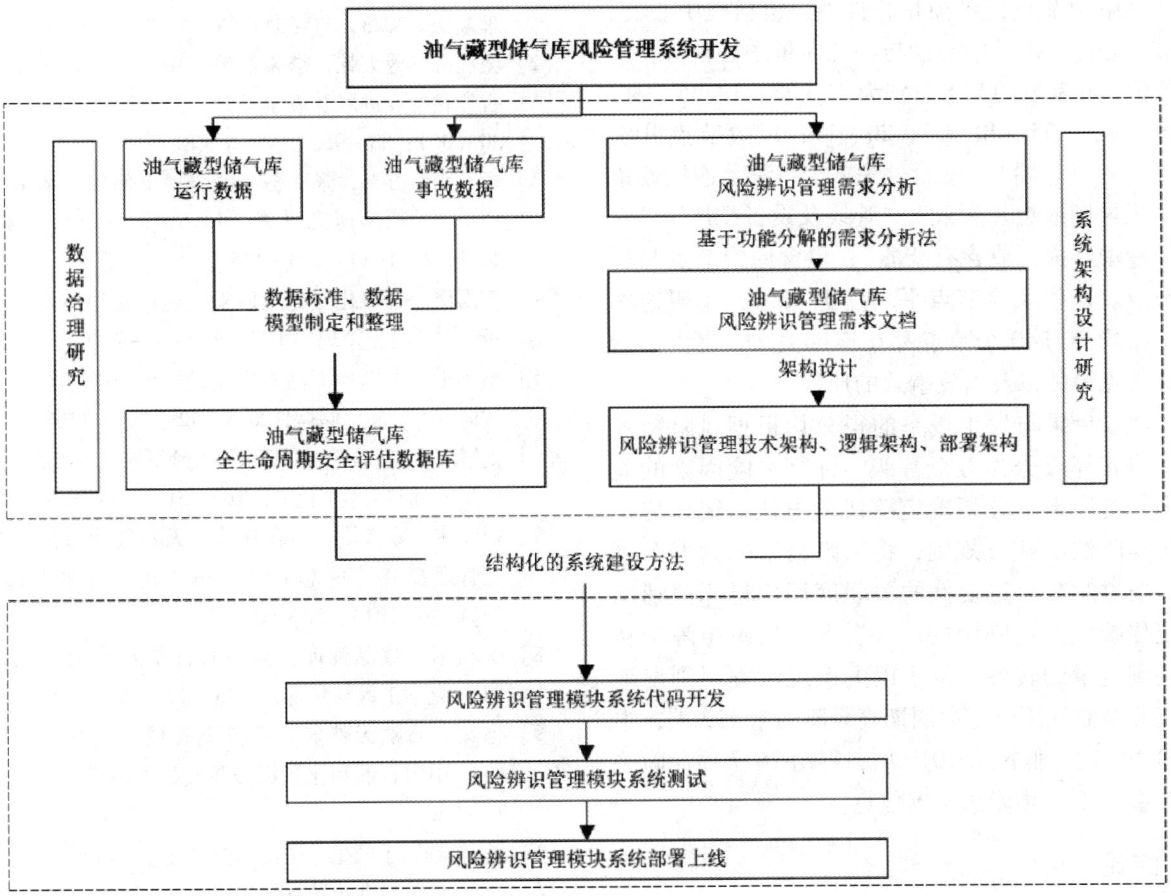

图5　开发技术路线图

4.3　储气库全生命周期风险管理系统应用

本文以某单位油气藏型储气库的安全风险数据为例，收集储气库各阶段的文本方案和报告，利用风险管理系统提取其中的风险因素，建立储气库全生命周期风险因素的复杂网络，共包含1812个节点与2314条边，其中包括1045个风险节点与440个后果节点；包括施工期节点共408个，运行期822个，设计期582个。

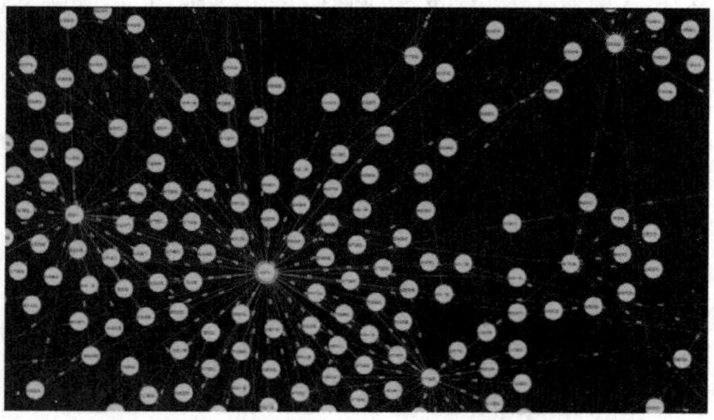

图6　某储气库风险因素复杂网络示意图（部分）

通过风险管理系统建立的复杂网络节点及关联信息，开展基于“关联度－概率－后果”的风险因素量化分级评估。通过计算得出该储气库风险因素复杂网络中节点的各项拓扑性质，包括度中心性、介数中心性、接近中心性与特征向量中心性等。其中度值排在前五的节点分别为41、23、17、5、21，度值分别为95、40、37、20、19，风险节点分别为“天然气泄漏”“密封件失效”“法兰连接处紧固出现松懈或垫片失效”“管线及设备憋压”“介质的冲蚀磨损，或含有杂质”，包含原因节点与后果节点。这些风险节点平均度为42.2，说明这些风险平均会与40个节点存在连接关系，得出该储气库常见事故以及引发事故的原因。

风险后果与发生概率的得分均根据风险矩阵法，将其等级分为五个等级，计算风险因素的危险值。参照聚类分析确定等级的方法，结合传统风险矩阵法的赋分规则，将风险因素分为五个等级，通过对节点重要性的关联度评价指标值辅助确定传统风险矩阵中的后果，实现风险矩阵法从定性到定量的转变。基于以上系统流程识别出该油气藏型储气库全生命周期高风险因素132项，中风险295项，低风险1019项，得出2677项风险关联关系、1812项隐患文本信息。

5　结论

现如今油气藏型地下储气库已经成为了我国天然气行业发展的热点方向，在进行技术攻关和工程建设的同时，储气库全生命周期的安全风险管理同样不可忽略。本文结合了油气行业的数字化发展形势，通过建立并应用储气库风险管理系统，针对储气库“设计期－施工期－运行期－废弃期”的风险隐患，构建数据库收集、整理、提取、分析各阶段产生的安全风险数据，采用C－FRAM、NLP等计算分析方法对油气藏型储气库全生命周期的风险因素进行识别，再运用复杂网络完成风险因素关系联系与风险溯源，最后完成储气库全生命周期的风险评估管理，形成了一套适用于油气藏型地下储气库的全生命周期风险管理模式。能够有效解决如今油气藏型地下储气库数据量杂乱多、数据分析困难的问题，为油气藏型储气库建设在风险管理层面提供了技术保障和研究参考，奠定了储气库数字化管理坚实基础，促进储气库风险管理工作向数据驱动型、人工智能型发展。

参考文献

[1] 廖伟，魏路路，罗海涛等．微地震监测在油气藏型储气库地质体完整性评价中的应用［J］．石油地球物理勘探，2023，58（04）：913－921.

[2] 糜利栋，曾大乾，李遵照等．中国石化地下储气库智能化建设进展及展望［J］．世界石油工业，2023，30（06）：88－95.

[3] 杨石刚，方秦，张亚栋．盐岩地下储气库泄漏事故后果评价模型研究进展［J］．中国安全科学学报，2011，21（08）：108－115.

[4] 宋雨倩．含硫化氢储气库安全生产管理体系创新分析［J］．冶金管理，2023（11）：6－7.

[5] 阳小平．中国地下储气库建设需求与关键技术发展方向［J］．油气储运，2023，42（10）：1100－1106.

[6] 刘恒阳．“双碳”背景下天然气地下储气库机遇与挑战［J］．石油与天然气化工，2022，51（06）：70－76.

[7] 刘大伟，陈霈佳，郭莉辉等．天然气管道储运的安全管理探究［J］．中国石油和化工标准与质量，2024，44（01）：58－60.

[8] 王利军．成品油库安全风险评估及安全管理策略［J］．化学工程与装备，2023（12）：206－208.

[9] 孙文．石油天然气管道安全管理问题及对策研究［J］．中国石油和化工标准与质量，2022，42（20）：73－75.

[10] 马新华，丁国生．中国天然气地下储气库［M］．北京：石油工业出版社，2019.

[11] 张旭亮．储气库地下设施风险评价技术研究［D］.

北京：中国石油大学（北京），2020.
[12] 马曦，张来斌，胡瑾秋，等．基于 IRML 的油气加工系统多层次故障传播模型研究［J］．石油学报（石油加工），2015，31（5）：1193 - 1202.
[13] 曾大乾，张广权，杨小松等．复杂油气藏型地下储气库气藏工程关键参数设计方法［J］．天然气工业，2023，43（10）：24 - 33.
[14] 李静，孙明炬，金作良等．基于 C - FRAM 的油气藏型地下储气库设计期关键风险因素辨识方法［J］．安全与环境工程，2024，31（01）：88 - 95.
[15] Tao L，Yiqiang L，Guosheng D，et al. Simulation of pore space production law and capacity expansion mechanism of underground gas storage［J］. Petroleum Exploration and Development，2022，49（06）：1423 - 1429.

基于 nCode Designlife 的储气库注采管道疲劳寿命仿真

吴　娇　苏　畅　张　波　谭　红　龙俨丽

（西南油气田分公司重庆气矿）

摘　要　储气库是利用枯竭气藏储存天然气的场所，具有储气量大、机动性强、调峰范围广等优势。储气库注采管道在注气－采气流程中，长期承受压力周期性变化带来的交变载荷，可能导致疲劳失效、性能老化等风险。因此，本文以川东地区某储气库2号注采井为例，其注采管线材质为L360QS，管道规格为D168×22，注气期井口最高压力达37MPa，采气期井口压力7.5MPa。基于Ansys Workbench对局部注采管道进行了静力学分析，并结合nCode Designlife软件对不同工况下的注采管道进行了疲劳寿命评估。通过探究各参数对管道疲劳寿命的影响规律，为储气库注采工艺的优化、注采管道的选择提供了有利支撑。

关键词　储气库；注采管道；疲劳寿命；仿真模拟

Fatigue Life Simulation of Gas Storage Injection－Production Pipelines Based on Ncode Designlife

WU Jiao，SU Chang，ZHANG Bo，TAN Hong，LONG Yanli

（PetroChina Southwest Oil & Gasfield Company Chongqing Gas Mine）

Abstract：The gas storage reservoir is a place that uses depleted gas fields to store natural gas，characterized by large storage capacity，strong mobility，and peak shaving range. The gas storage reservoir injection－production pipelines are subjected to alternating loads due to long－term pressure changes in the injection－production process，which may lead to such as fatigue failure and performance aging. Therefore，this article takes the No. 2 injection－production well of a gas storage reservoir in eastern Sichuan as an example. The material of the injection－production pipeline is L360QS，and the pipeline specification is D168×22. The maximum pressure at the wellhead during the injection period is 37MPa，and the wellhead pressure during the gas production period is 7.5MPa. Based on Ansys Workbench，the static analysis of the local injection－production pipeline was carried out，and combined with nCode Designlife software，the fatigue life evaluation of the injection－production pipeline under different working conditions was conducted. By exploring the influence of various parameters on the pipeline's fatigue life，this study provides favorable support for the optimization of the gas storage reservoir's injection－production process and the selection of injection－production pipelines.

Key words：gas storage reservoir；Injection－production pipeline；Fatigue life；Simulation.

在储气库地面集输系统中，注采管道面临着高压和交变压力的交互作用。随着天然气管道服役年限的增长，管道脆弱性也随之增加，管道材料极易出现疲劳失效。当载荷超过某极限时会在应力集中处产生微裂纹，造成材料的几何不连续，并逐步发展至不稳定状态而导致突然失效容易，造成人员伤亡和财产损失等严重后果。因此，本文基于Ansys Workbench对局部注采管道进行了静力学分析，并结合nCode Designlife软件对不同工况下的注采管道进行了疲劳寿命评估。通过探究各参数对管道疲劳寿命的影响规律，为储气库注采工艺的优化、注采管道壁厚与焊缝坡口形式选择、管道疲劳失效防护提供科学依据。

1　有限元模型和疲劳仿真流程

1.1　有限元模型的建立

本文建立的注采管道实体模型如图 1 所示。管道模型几何参数为：外径 168.3mm，长度 500mm，壁厚 10～22.5mm，焊接接头坡口采用 V 型与 X 型两种形式。注采管道母材采用 L360QS 钢级作为模拟材料，

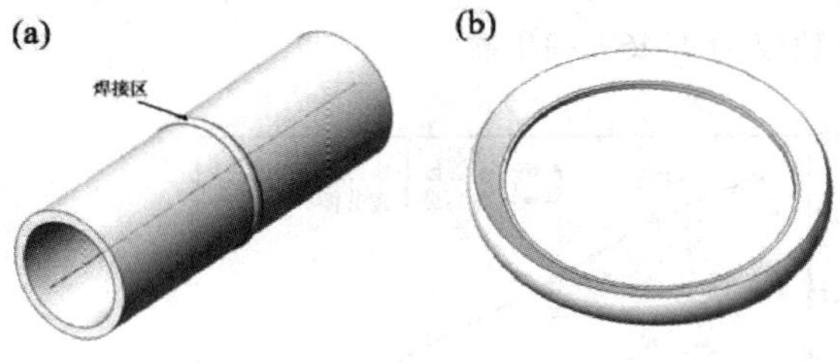

（a）焊件；（b）焊缝

图 1　注采管道有限元模型

焊条牌号为 CHE507SHA，其材料参数见表 1 所示。经网格单元尺寸敏感性分析后，母材单元尺寸选择 3mm，焊缝单元尺寸加密为 2mm。

表 1　注采管道材料参数

材料	密度（$g \cdot cm^{-3}$）	泊松比	杨氏模量（GPa）	屈服强度（MPa）	抗拉强度（MPa）
母材	7.85	0.3	200	429.7	534.4
焊缝	7.85	0.3	207	380.0	506.0

1.2　疲劳仿真流程

注采管道疲劳寿命分析流程如图 2 所示，先根据管道实际尺寸，在 Spaceclaim 中建立注采管道几何模型，在 Ansys 静力学模块中求解出等效应力等仿真结果，将有限元模型与仿真结果导入 nCode 软件中输入模块（FE Input），再设置载荷谱与材料疲劳寿命曲线，选择疲劳累计损伤理论与 SN 应力疲劳分析引擎，最终得出对应的疲劳寿命预测结果。

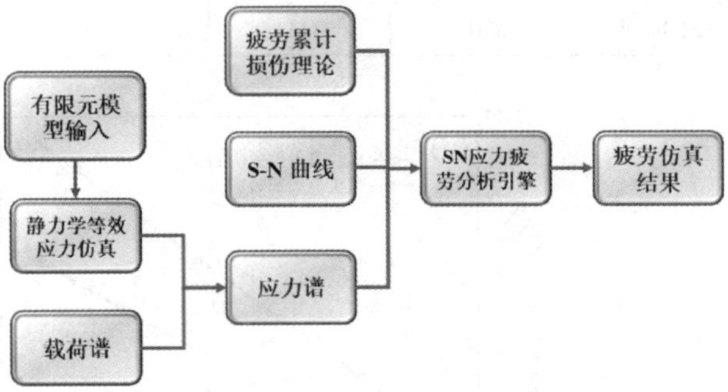

图 2　注采管道疲劳仿真模型的建立流程

1.3　模型验证

通过将疲劳试样模型中的最大等效应力和最小循环次数与计算理论名义应力和实际疲劳试验测得的结果进行对比。采用 LF5105 电液伺服疲劳试验机对 L360 母材与焊缝试样进行高载荷疲劳试验，峰值应力为 500MPa，应力比为 0.1。图 3 与表 2 为在相同工况 L360 母材与焊缝试样实验与仿真疲劳循环次数对比结果。对于 L360 母材，疲劳

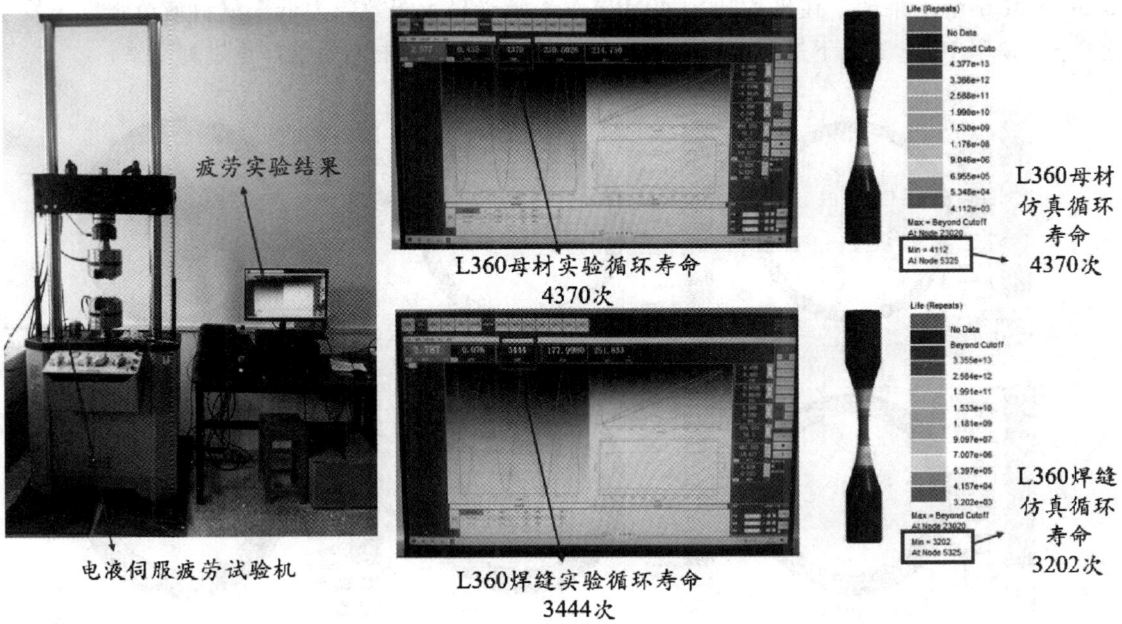

图 3　疲劳试验结果与疲劳仿真云图

仿真模型预测的循环次数为4112次，而实际疲劳试验得到的循环次数为4370次，寿命误差为5.9%；对于L360焊缝，仿真模型预测的疲劳寿命为3202次，实际试验结果为3444次，寿命误差为7.0%，仿真与试验结果吻合性较好。

表2　仿真与实验疲劳循环次数对比结果

材料	仿真疲劳循环次数	实验疲劳循环次数	寿命预测误差
L360－母材	4112	4370	5.9%
L360－焊缝	3202	3444	7.0%

2　结果与讨论

2.1　平均压力对注采管道疲劳寿命的影响

平均压力的变化会对注采管道承受最大等效应力与疲劳寿命产生影响。基于此，在载荷谱幅值0.3，频率10Hz时，平均压力在20～45MPa范围内分别设置6组水平值，经过计算得到平均压力对壁厚15mm注采管道疲劳寿命与最大等效应力的影响规律，结果如图4所示。当平均压力为45MPa时，最大等效应力为257.63MPa，而最小疲劳循环次数仅为4.469×10^7次。

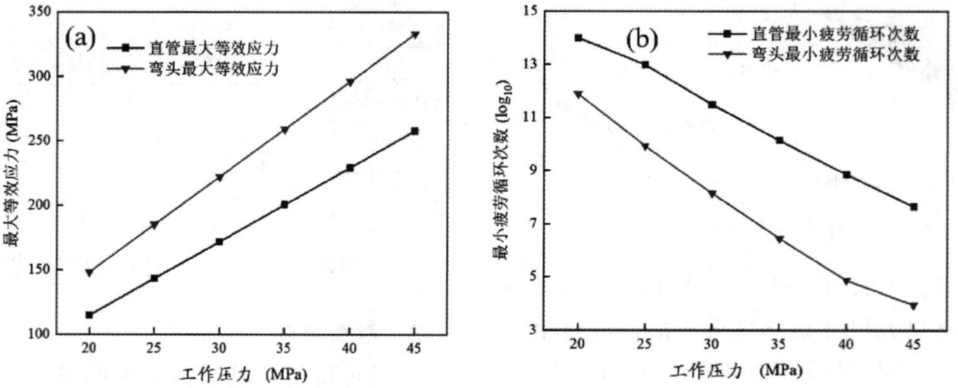

(a) 等效应力；(b) 疲劳循环次数

图4　交变幅值与频率对注采管道等效应力与疲劳寿命的影响曲线

2.2　壁厚对注采管道疲劳寿命的影响

壁厚作为注采管道设计中一个重要的参数，直接关系到管道的安全性和耐久性。为此，在管道外径168.3mm恒定时，壁厚从10～22.5mm每间隔2.5mm取6个水平值，在平均压力40MPa，载荷谱0.3，频率10Hz工况下进行疲劳仿真，结果如图5所示。当壁厚为10mm时，最小疲劳循环次数仅为2.084×10^4次，当壁厚为17.5mm时，最小疲劳循环次数增至2.672×10^{10}次，而当壁厚20mm、22.5mm时，注采管道截面径向部分区域承受最大等效应力低于材料疲劳强度未发生疲劳损伤，出现材料性能严重过剩现象。

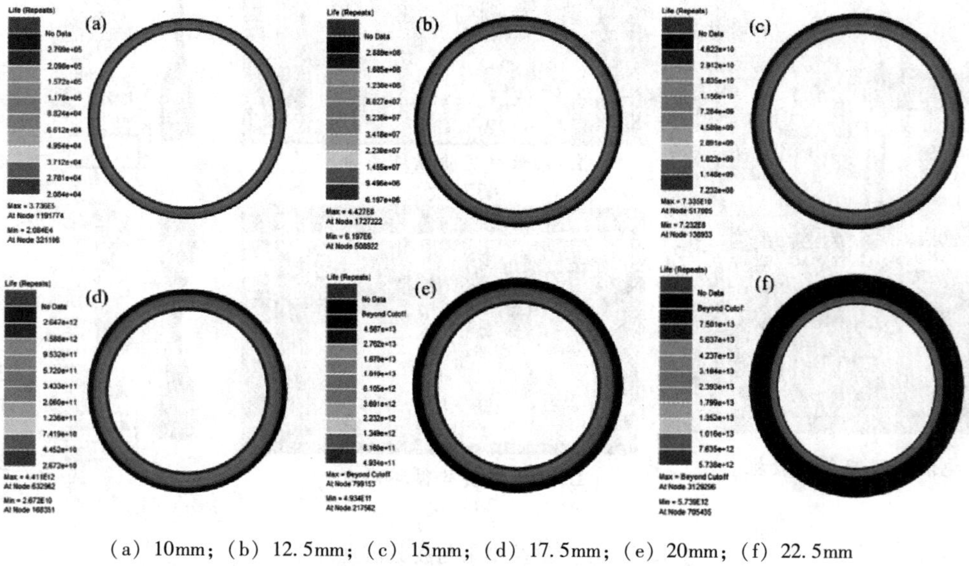

(a) 10mm；(b) 12.5mm；(c) 15mm；(d) 17.5mm；(e) 20mm；(f) 22.5mm

图5　不同壁厚注采管柱截面疲劳寿命云图

结果表明，随着壁厚的增大，管道承受最大等效应力不断减小，最小疲劳循环次数随之增大。当壁厚为 10mm 时，最小疲劳循环次数仅为 2.084×10^4次，当壁厚为 17.5mm 时，最小疲劳循环次数增至 2.672×10^{10} 次，而当壁厚 20mm、22.5mm 时，注采管道截面径向部分区域承受最大等效应力低于材料疲劳强度未发生疲劳损伤。

2.3 交变载荷幅值与频率对注采管道疲劳寿命的影响

经过计算得到交变幅值与频率对注采管道疲劳寿命的影响规律，结果如图 6 所示。注采管道疲劳寿命随着载荷谱幅值增大而大幅度下降，频率为 10Hz，幅值从 0.15 增大至 0.35 时，最小疲劳循环次数由 1.138×10^{13} 次下降至 8.432×10^7 次；在幅值为 0.10 时，不同交变频率下的疲劳寿命相同，这是由于幅值太低引起的应力幅低于 L360QS 材料的疲劳强度，不足以引起疲劳损伤，疲劳循环次数均达最大值，其余幅值水平下，交变频率与循环次数呈反比。

2.4 焊接坡口形式对注采管道焊缝疲劳寿命的影响

两种焊接坡口焊缝的疲劳寿命仿真结果如图 7

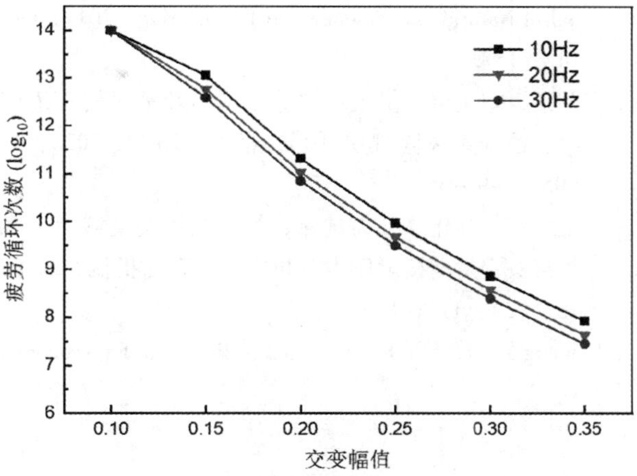

图 6 交变幅值与频率对注采管道疲劳寿命的影响曲线

所示。V 型坡口焊缝最小疲劳循环次数为 3.21×10^8，X 型坡口焊缝最小疲劳循环次数为 1.025×10^8，V 型坡口焊缝最小疲劳循环次数为 X 型坡口焊缝的近 3 倍，且 X 型坡口焊缝最大疲劳损伤部位在焊缝内壁焊趾处。这是由于 X 型坡口管壁内侧仍存在焊缝余高，易引起应力集中，且焊趾是焊缝与母材的几何形状转折处，增加了局部应力集中程度，因此积累的疲劳损伤更大，疲劳寿命最小。

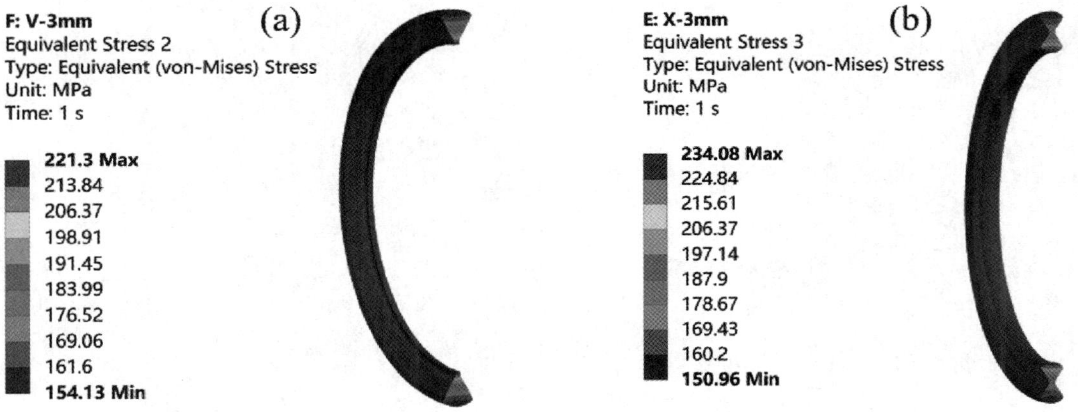

（a）V 型坡口；（b）X 型坡口

图 7 不同焊接坡口下焊缝等效应力云图

3 结论

（1）随着平均压力、交变载荷幅值与频率增大，管道疲劳寿命均会下降，其中较高水平的平均压力会大幅度损伤注采管柱的疲劳寿命，平均压力从 25MPa 增加到 45MPa 时，最小疲劳循环次数由 9.713×10^{12}次下降到 4.469×10^7次。

（2）管道壁厚增大可以降低其承受最大等效应力，提高疲劳寿命，但壁厚过大，会出现材料性能严重过剩现象；相较于 V 型坡口焊缝，X 型坡口焊缝造成应力集中程度大，疲劳循环次数更少，且最大疲劳损伤部位在焊缝内壁焊趾处。

参 考 文 献

[1] 阳小平．中国地下储气库建设需求与关键技术发展方向［J］．油气储运，2023，42（10）：1100－1106.

[2] Jelusic P，Kravanja S，Zlender B. Optimal Cost and Design of an Underground Gas Storage by ANFIS［J］. Jour-

nal of Natural Gas Science and Engineering, 2019, 61: 142 – 157.

[3] 刘猛，刘文会，温玉芬，等. 国内埋地长输管道应力腐蚀开裂风险现状 [J]. 腐蚀与防护，2022，43 (05): 49 – 55.

[4] 王建军，孙建华，高进伟，等. 拉压交变载荷下螺纹接头密封面接触压力分析 [J]. 石油机械，2018，46 (12): 111 – 116.

[5] Wang J – J, Sui X – F, Jia S – P, et al. Experimental Study on Sealing Failure Mechanism of Injection – Production String in Underground Gas Storage under Cyclic Loading [J]. Advances in Materials Science and Engineering, 2022, 2022: 5206149.

[6] Cai R, Gui J, Li M, et al. Corrosion Reason Analysis of 13Cr110 Tubing in an Injection and Production Well of the Suqiao Gas Storage Group [J]. International Journal of Photoenergy, 2021, 2021: 6639179.

现行储气库除油器低效原因分析与结构优化建议

王玲子[1]　张　超[2]　刘　洋[2]　冯健美[1]　彭学院[1]

(1. 能源与动力工程学院，西安交通大学；2. 中国石油集团长庆油田分公司第一采气厂)

摘　要　储气库作为天然气的储存方式，兼具有供气、调峰等作用，近十年来在我国迅速发展，作为重要的能源供储系统，集注站的注采系统安全平稳运行至关重要。注气时，压缩机将源头来的净化天然气从低压增至高压，注入气库中。注气压缩机多采用往复式结构，需通过注入润滑油来润滑气缸中的摩擦部件，并对缸内的高温气体进行降温，但排气时润滑油会随高压天然气一起排出，可能对压缩机下游管路及储气库注采能力造成影响。本文基于陕224储气库压缩机运行数据与除油器运行效果，对除油器回油率低的问题进行研究，分析了除油器底部腔体结构的临界分离效率及滤芯的工作运行特性，总结了现行除油器效率低的原因。首先，除油器底部的初分离腔体结构不合理。一方面筒体直径过小，储气库运行工况下计算所得的临界粒径太大；另一方面，初分离腔体中未设置任何折流结构，因此气流场分布不合理，腔体的分离效率低，进入的大液滴几乎全部随小液滴一起进入滤芯，使得滤芯载荷过大。其次，滤芯设计高度及结构形式均不利于液体分离与排出。滤芯过长，且立式放置，在储气库运行工况下，滤芯高度方向载荷不均匀，会造成大量液滴聚集在底部难以排出，使得滤芯无法在高度方向完全发挥作用，运行效率底下。所以，应针对储气库工况，重新设计除油器结构，通过扩大直径、增加档板结构等方式增强底部初分离腔的分离效果，并改进上部精分离滤芯的尺寸与安装方式，如减短高度、强化流场均匀性等方式，以促使滤芯高效的发挥作用。

关键词　储气库；注气；压缩机；除油器；初分离腔；滤芯

Analysis of the Low Efficiency of the Oil - Gas Separator in Current Gas Storage and Suggestions for its Structural Optimization

WANG Lingzi[1], ZHANG Chao[2], LIU Yang[2], FENG Jianmei[1], PENG Xueyuan[1]

(1. School of Energy and Power Engineering, Xi'an Jiaotong University;

2. The First Gas Plant of PetroChina Changqing Oilfield Company)

Abstract: As a natural gas storage method, gas storage has the functions of gas supply and peak regulation, so it has developed rapidly in China in the past ten years. As an important energy supply and storage system, the safe and stable operation of the injection and production system of the gathering station is essential. During gas injection, the compressor will purify natural gas from the source from low pressure to high pressure and inject it into the gas reservoir. Most gas injection compressors adopt a reciprocating structure and need to inject lubricating oil to lubricate the friction parts in the cylinder and cool the high - temperature gas in the cylinder. However, the lubricating oil will be discharged with high - pressure natural gas during exhaust, which may affect the injection and production capacity of the downstream pipeline and gas storage of the compressor. Based on the operation data of the compressor and the operation effect of the oil - gas separator in No. 224 gas storage in Shaanxi, the problem of low oil return rate in the oil - gas separator was studied. The critical separation efficiency of the bottom cavity structure in the oil - gas separator and the operating characteristics of the filter element were analyzed, and the reasons for the low efficiency of the current separator were summarized. First of all, the structure of the initial separation chamber at the bottom of the separator is unreasonable. On the one hand, the diameter of the cylinder is too small, so the critical particle size calculated under the operating condition of the gas storage is too large; On the other hand, there is no baffling structure in the initial separation cavity, so the distribution of airflow field is unreasonable, the separation efficiency of the cavity is low, and almost all the large droplets entering the filter with the small droplets enter the filter element, resulting in excessive load of the filter element. Secondly, the length and structural form of the filter element are not conducive to liquid separation and discharge. The filter element is too long and placed vertically, so the load in the height direction of the filter element is not uniform under the operating condition of the gas storage tank, which will cause a large number of liquid droplets to gather at the bottom and it is difficult to discharge so that the filter element cannot fully play a role in the height direction and the operating efficiency is low. Therefore, the structure of the oil - gas separator should be redesigned, the performance of the bottom initial separation chamber should be enhanced by expanding the diameter and increasing the baffle structure, and the size and installation mode of the upper fine separation filter element should be improved, such as reducing the height and strengthening the uniformity of the flow field, so as to promote the efficient play of the filter element.

Key words: Gas storage; Gas injection; Compressor; Oil - gas separator; Primary separation chamber; Filter element

1 引言

陕 224 储气库设计库从 2015 年 6 月正式开始注气生产，其注气工艺的流程图如图 1 所示，约 4.3MPa 的净产品气经注气分离器去除杂质后进入压缩机组增压至 15 ~ 28MPa，再通过注气管线注入地层。

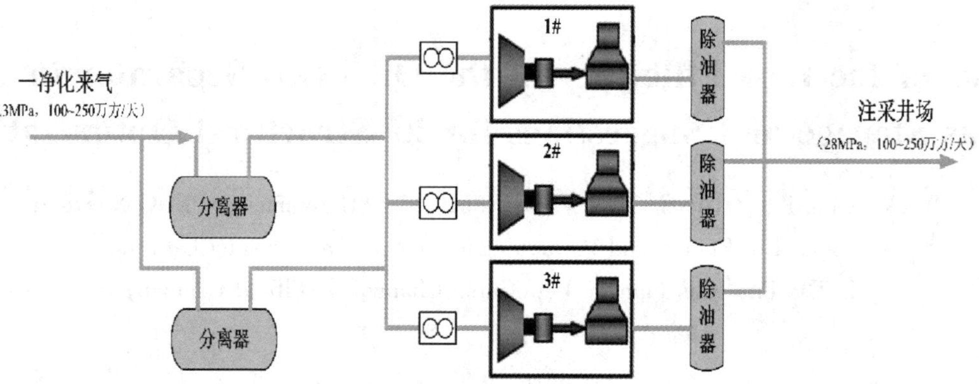

图 1 陕 224 储气库注气工艺流程图

增压设备为 3 台并联的六列对动往复式压缩机，往复式活塞压缩机运行过程中，需向气缸中喷入润滑油对活塞与气缸的接触摩擦部位进行润滑，同时也通过润滑油吸热带走部分压缩热，提高压缩机的过程效率。但是润滑油在为压缩机带来润滑、冷却、密封等作用的同时，也会混入压缩后的高压气体中。在储气库工艺流程中，润滑油会随高压天然气一起向压缩机下游管道流动，附着在管道内壁上，并进入储气库中，渗透到地层的缝隙里，改变储气库的孔隙率并减小地库的储气能力，严重影响注采井生产，因此在注气压缩机出口处，需要使用高效的除油器对排气端的含油天然气进行分离过滤。

在此以前国外都是采用乌克兰流程，即在压缩机出口先采用活性炭吸油蒸汽，然后再经陶瓷过滤器过滤掉活性炭粉尘的技术。通过对美国、法国地下储气库的考查发现，目前压缩机出口油蒸汽的吸附技术大有改进，仅需通过一个特制的分离器即可实现除油。目前呼图壁储气库、相国寺储气库及靖边陕 224 储气库地面工艺中均采用由加拿大 Propak 公司提供生产的分离器，其具体结构如图 2 所示。该种分离器为立式结构，底部有一定分离空间，进行气液两相的初步分离，上部垂直安装 6 根滤芯，对小液滴进行进一步精分离。

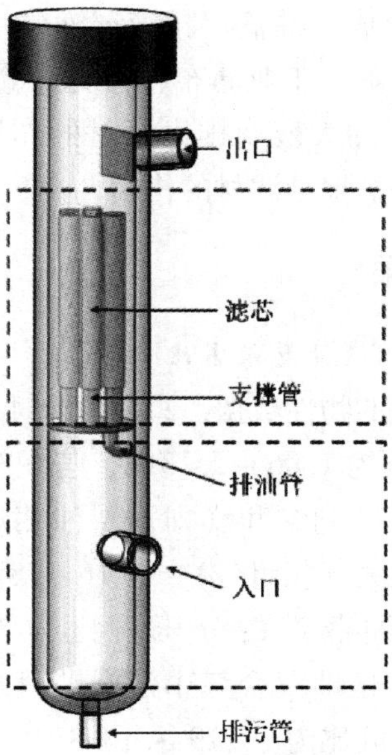

图2　除油器结构示意图

根据2015年到2023年的运行数据显示，陕224储气库9个注气周期内，润滑油回收率为35%～45%，单台压缩机每天的注油量为45L，则9个注气周期内，预计已有约90方润滑油进入储层。压缩机润滑油可能对储层造成污染，同时在采气过程中天然气将部分润滑油带出至井筒和地面管线、设备，造成测井仪器故障、地面节流阀堵塞、分离器液位计浮子卡阻等情况，严重影响采气的安全平稳运行。由于采用同样结构形式的除油器，相国寺储气库的除油器运行效果也较差，2019年时已在集注站注气球阀和注采站井口装置中发现大量润滑油。西南油气田曾对除油过滤器进行过两种形式的改进，分别为双滤筒设计和单筒设计。两种除油器后方润滑油含量均小于4ppm，但新型分离器结构较为复杂，且后续运行反馈表明除油效果仍不佳。

因此，需对除油器含油状态，以及初分离腔与滤芯的除油性能进行分析，以明确现有结构的问题，确定除油器除油性能的优化方法。

2　技术思路和研究方法

本研究分为四个部分，先从润滑油物性状态角度分析，明确了储气库运行工况下进入除油器的天然气中润滑油的含油状态。然后通过理论分析明确了初分离腔的临界分离粒径，又通过模拟得到初分离腔中的流场特性，分析分离腔的结构局限性。接着，根据聚结滤芯性能与过滤原理，重新设计加工一种新型滤芯进行实验室测试与现场运行测试。最后，分析初分离腔体模拟结果与滤芯实际运行结果，给出储气库除油器结构优化建议。

2.1　含油状态分析

陕224储气库的三台压缩机均使用雪佛龙生产的OEM Compressor Oil JPEC 220，460润滑油，其密度为877～928kg/m^3，根据中国科学院兰州化学物理研究所测试数据，在常压下，温度为10～60℃时，该润滑油饱和蒸汽压结果见表1所示。

表1　润滑油不同温度下饱和蒸汽压数据

温度/℃	10	20	30	40	50	60
饱和蒸汽压/Pa	0.81	1.06	1.25	1.38	1.59	2.13

2.2　除油器罐体中液滴临界粒径计算

临界粒径是指气液两相混合物在罐体中流动时，可在除油器罐体中沉降分离下来的最小液滴直径，临界粒径越小，除油器罐体中理论上能收集到的油越多，即初分离腔的除油效果越好。高压气体携带润滑油滴进入到除油器罐体中时，液滴在流场中主要受到三类力的作用，一种是来自流体的作用力，包括曳力、附加质量力、Basset力、Magnus力、Saffman力；第二种是场力，即液滴受到的重力、浮力和压力梯度力；第三种是液滴之间的作用力，包括液桥力、布朗力和范德华力等。分析估算过程中忽略破碎、聚并等液滴间行为，仅考虑液滴在流场中的运动特性。

液滴在流场中的各种力受到流速与液滴粒径的影响，且各个力量级差别较大。对于微米级液滴，其在流场中受到的量级较大的力为曳力与重力。当液滴在重力作用下下降时，会受到流体的粘滞阻力（曳力），当粘滞阻力与重力相同时，液滴将悬浮不再下落，悬浮的液滴会随气体流走而无法沉降去除。在筒体直径与筒内气体流速一定时，可以计算分离筒中分离液滴的临界粒径。

分离器罐体内径为D（m），进入罐体的天然气流量为q（m^3/s），罐体中气体的平均流速为$v(m/s)$，则：

$$\frac{1}{4}\pi D^2 v = q \qquad (1)$$

假设液滴均为球形，液滴在气流场中受到的曳力F_d的表达式为：

$$F_d = \frac{C_d A \rho_g v^2}{2} \qquad (2)$$

式中，A为液滴的投影面积（m^2），ρ_g为气体密度（kg/m^3），d 为液滴的直径。C_d 为曳力系数，是液滴雷诺数 Re 的函数：

$$Re = \frac{\rho_g v d}{\mu_g} \tag{3}$$

其中，μ_g 为气体黏度（Pas），且 C_d 与 Re 满足一定的半经验曲线关系。由于高压天然气密度较大，因此计算中还考虑了液滴的浮力。液滴所受到的浮力 F_b 与重力 F_g 之差为：

$$F_g - F_b = \frac{\pi d^3}{6}(\rho_l - \rho_g)g \tag{4}$$

式中，ρ_l 为液体密度（kg/m^3），g 是重力加速度（m/s^2），当 $F_d = F_g - F_b$ 时，流场中的液滴恰好可以被分离，综合式（1）－（4），通过迭代的方法可以计算得到从而可以得到临界粒径 d_c。

2.3　滤芯机理分析

气体过滤材料有多种类型，在制造过滤滤芯时，通常采用纤维型过滤材料，纤维材料结构易调整，过滤效率高，如早期使用的粗麻、石棉等。根据制备方法可分为：机织、针织和非织造过滤材料。非织造材料是指定向或者随机排列的纤维通过摩擦、抱合、粘结等方法相互结合成的片状、纤网或絮垫。非织造气体过滤材料纤维直径小、孔径小、孔隙率高等特点，因此其过滤效率更高、压降更低、容尘量更大，是纤维过滤材料中应用最为广泛的，约占整个市场份额的 70%。目前，应用和研究最为广泛的非织造过滤材料是：湿法成型的玻璃纤维、针刺过滤材料、熔喷过滤材料和静电纺过滤材料。

天然气除油器中的油气分离滤芯通常为立式结构，其结构示意如图 3 所示，过滤材料通常由凝聚层和排液层两部分组成。凝聚层通常由孔径较小的纤维层组成（如：玻璃纤维），其具有弯曲交错的孔隙流道，有利于小液滴的拦截与聚，并由

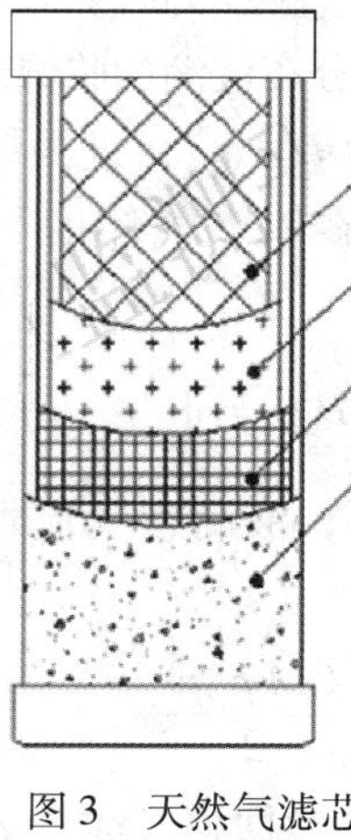

图 3　天然气滤芯结构示意图

小油滴扩散聚合成大油滴。排液层通常由大孔径纤维材料组成（如：工业滤布、针刺毡等），主要起到促进聚并后的大液滴排出滤材的作用，同时可在外侧起到保护聚结滤材的作用。

3　结果和效果

3.1　除油器中润滑油气液占比

根据润滑油的物性数据，20～60℃时，该润滑油的饱和蒸汽压为 1.06～2.13Pa，若润滑油在压缩天然气中蒸发达到饱和（即润滑油蒸汽在混合气中能达到的最大气相组分），在 16～28MPa 的混合气中，润滑油蒸汽的分压占比为（3.79～13.31）$\times 10^{-8}$，也即混合气中润滑油蒸汽与天然气的最大摩尔组分比为（3.79～13.31）$\times 10^{-8}$。

天然气的摩尔质量为 16g/mol，该润滑油由 C15～C50 组成，C15 分子量约为 180g/mol，C50 分子量约为 600g/mol，假设该润滑油分子量为 400g/mol，则计算可得混合气中润滑油蒸汽与天然气的质量比为（0.948～3.328）$\times 10^{-6}$。根据陕 224 储气库压缩机运行数据，每天（24 小时）注气量约为 60～120 万标方（20℃，0.1MPa，密度为 0.668kg/m^3），则润滑油蒸汽质量为 0.380～2.668kg/d。每日注油量为 45L，由于润滑油密度为 0.9kg/L，则油蒸汽与注油的质量比为 0.9%～6.6%。

每日注入压缩机的润滑油中，会有 0.9%～6.6% 的润滑油以油蒸汽的形式存在于压缩天然气中，该部分油由于是气态，无法通过气液两相的分离机理去除，即无法通过除油器去除，会随天然气直接到达除油器后方的管路或储气库中。从该数据分析，注入的润滑油至少有 93.4% 以液体的形式存在于高压天然气中，理论上讲，液态的油均可通过机械式分离与过滤滤芯组合成的除油器来去除。

3.2　初分离腔中油滴沉降特性

陕 224 储气库在注气周期内，压缩机进口压力维持在 4.3MPa 基本不变，从 3 月底到 10 月底，排气压力从初始的 16MPa 逐渐增加到 28MPa。压缩机排出的高压气体先经冷却器后再进入除油器中，冷却器后方气体温度变化范围为 30～58℃。由于不同压力温度下天然气密度变化较大，故选取两种压力温度的极端工况组合，即 30℃、28MPa 与 58℃、16MPa，该两种极端工况组合可计算得到整个储气库运行工况下，天然气密度黏度变化是的最大与最小值。见表 2 所示，根据 2.2 中公式

(1) – (4) 计算可得，初分离腔体的临界粒径范围为 241 ~ 2645μm，也即百微米级的大液滴也难以在初分离腔中沉积，而会被压缩天然气拖曳携带至滤芯中，成为滤芯工作的载荷。

表 2　储气库运行工况下初分离腔临界粒径

工况			天然气物性		临界粒径
温度（℃）	压力（MPa）	气量（万标方）	密度（kg/m^3）	黏度（Pas）	d_c（μm）
30	28	80	198.6	2.34×10^{-5}	397
30	28	120	198.6	2.34×10^{-5}	2645
58	16	80	104.9	1.64×10^{-5}	241
58	16	120	104.9	1.64×10^{-5}	1122

本团队还采用 Eulerian – Lagrangian 的方法对初分离腔中的气液两相流动状态进行分析，得到了初分离腔体中气流的速度场与液相分布特性，如图 4 所示。进入的气体直接冲击到筒体后方，再向上流动，由于筒体中没有任何挡板折流结构，因此流场十分不均匀，液滴沉积特性也不佳，这些都使得初分离腔效果较差。

由公式（1）可知，当筒体直径增大时，筒体中的平均气流速度会减小，则重力沉降作用会增强，分离效率提升。若能在初分离筒体中增加挡板结构或是将初分离腔改为旋风分离结构，则初分离腔的除油效率分别可从原模拟所得的 50% 增加到近 90%，使得大油滴在腔体底部沉积，有效减小滤芯的载荷。

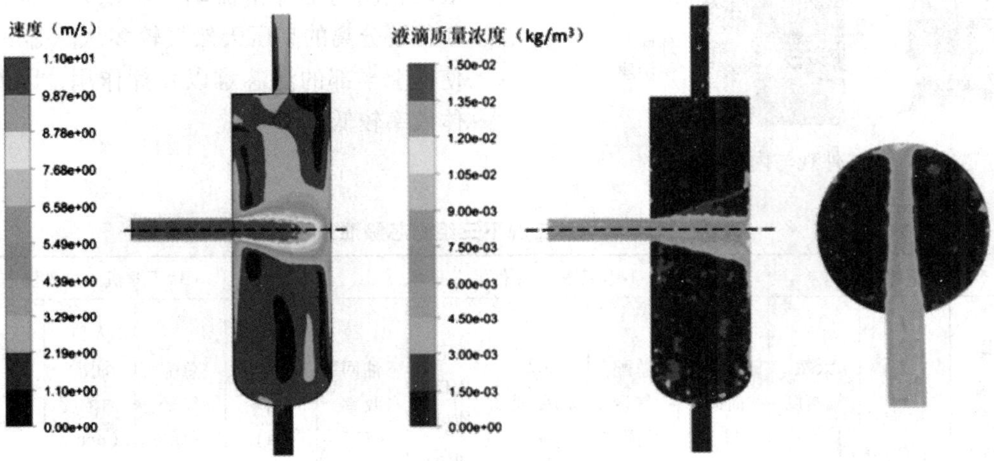

图 4　初分离腔体中的速度场与液滴浓度分布

3.3　新型滤芯试制及测试

聚结滤芯中通常控制气体的表面流速为0.03 ~ 0.12m/s，原除油器中，根据筒径空间尺寸，最大排布 6 支支撑管，每根管内径为 79.38mm，预留滤芯空间高度约 914mm，现场实际除油器中天然气流量为 0.0311 ~ 0.0884m^3/s，则实际中滤芯表面的气体流速为 0.023 ~ 0.065m/s，满足聚结滤芯的设计要求。

根据滤芯纤维结构中流场的理论分析可知，纤维越致密，纤维间气流涡旋的速度梯度和强度越大，液滴越容易发生聚合，因此过滤材料应选择克重大，固相体积分数高的材质。非织造材料成形时，纤维组织并非采用完全相同的同种直径效果最好，密疏结构对所有模拟粒径具有最高的过滤效率，且使用大量的细纤维可以提高所有粒径的过滤效率，不过这些均有可能导致更高的压降。对于单根纤维本身，并非纯圆型截面的纤维效果就最好，研究表明，具有椭圆截面的纤维介质可以提高过滤性能，其中无论是在高还是低表面流速下，细长纤维的过滤效果均更好。椭圆纤维长径比越大，质量因子越低，捕获效率越高，压降越高。此外，部分去除纤维段可以提高过滤性能。根据陈锋等人的研究，与孔径递减和孔径均匀分布滤材相比，孔径递增滤材具有较低的稳态压降和最高的稳态综合过滤性能（也即先密后疏），尤其对 0.8μm 以上不同粒径液滴均具有最高的稳态过滤效率，并且能够有效减少液滴二次夹带现象的发生。

根据滤芯厚度、尺寸以及过滤过程中纤维的优选分析，设计了一种滤芯，其外观及具体拆分结构如图 5 所示。取样件滤芯约 1/3 的长度进行了实验室测试，介质为空气，气体压力约为 0.56MPa，温度约为 80℃。当入口含油率体积浓度约为 120ppm，滤芯工作温度约为 80℃时，实验室测试所得的滤芯效率约为 94%。在陕 224 储气库 2024 年的注气周期内，将试制的一组 6 支样件滤芯进行测试，5 月至 9 月份的测试结果见表 3 所示。可以看出，更换改进后的滤芯后，每个月内润滑油的回收率均上升 10% ~14%，即滤芯材质的优选与改进可以有效的提升除油器的回油率。

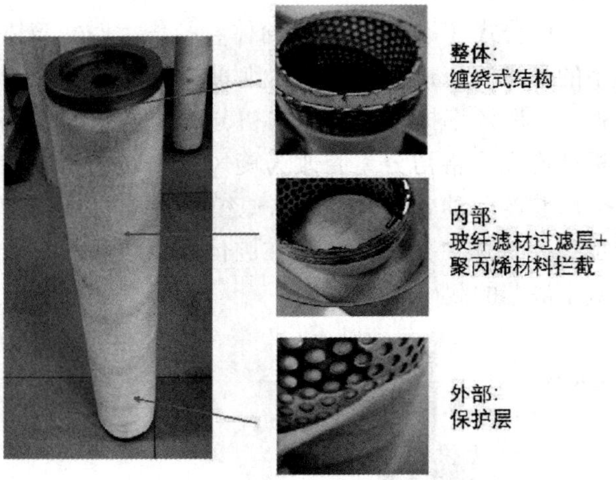

图 5　滤芯外观与内层结构

从表 3 中数据可知，虽然优化后的滤芯已使得回油率得到了提升，但其最高回油率仍不到 50%，且样件滤芯在储气库现场的使用效果远低于实验室测得的 94%。分析其原因，主要有两方面，一方面是前面所提到的，由于初分离腔结构不合理，因此滤芯承担整个除油器的载荷，负载过大，大量大液滴的进入可能阻碍滤芯的工作原理发挥作用；另一方面，储气库现场应用的滤芯高度较高，可能导致气液两相流场不合理，据此，采用数值模拟的方法对储气库滤芯中的流场进行模拟。在储气库实际运行工况下，每支滤芯入口速度约为 0.5 ~ 3m/s，在滤芯入口速度为 0.5m/s 和 3m/s 时，滤芯内部的速度场如图 6 所示，可以看出，滤芯的主流速度场主要集中在滤芯的下 1/3 处，即气液两相流向上冲击流动时难以到达滤芯上部，这使得要分离的高压天然气较多从滤芯底部逸散出，使得上半部的滤芯难以发挥作用，因此滤芯的整体效率较低。

表 3　2024 储气库工况下三组滤芯除油效率分析

时间	工况			1#压缩机 - 原件滤芯					3#压缩机 - 样件滤芯				
	平均排气压力（MPa）	平均出口温度（℃）	天然气密度（kg/m³）	总运行时间（h）	总配气量（万标方）	入口润滑油浓度（ppm，mL/m³）	滤芯入口速度（m/s）	油回收率（%）	总运行时间（h）	总配气量（万标方）	入口润滑油浓度（ppm，mL/m³）	滤芯入口速度（m/s）	油回收率（%）
5 月	21.5	46.9	147.8	514.0	2133.0	10.1	1.78	33.3	525.0	2442.2	8.2	1.99	43.2
6 月	23.2	49.3	155.7	299.5	1158.7	14.5	1.49	36.0	673.5	2994.5	10.5	1.78	49.6
7 月	23.6	45.2	161.6	—	—	—	—	—	45.5	187.1	23.3	1.65	23.3
8 月	25.4	47.9	168.5	298.0	1161.6	11.7	1.38	33.3	497	2170.2	10.4	1.63	47.0
9 月	27.5	43.0	183.8	479.0	1721.7	8.6	1.21	15.6	279.3	1265.3	23.5	1.57	28.3

根据滤芯的工作原理，过滤拦截聚并形成的大液滴会顺着拦截层向下流动，因此，也有其他研究者提出，滤芯底部聚集的油滴可能会形成液滴的卷吸夹带，这会使得滤芯的效率进一步降低。因此现有滤芯的结构本身并不合理，其长度过长，且立式布置的方式使得滤芯效率难以发挥到最大，应进行长度及结构上的改进。

4　结论

以陕 224 储气库为例，针对储气库除油器效率低的问题，对除油器结构形式进行理论分析与初分离效果评估，并拆分现有的滤芯，对精分离区域的效果和结构进行分析与优化。

根据天然气润滑油物性，结合分压定理分析可得，注入的润滑油至少有 93.4% 以液体的形式存在于高压天然气中，所以理论来讲几乎所有的润滑油均可通过机械式分离与过滤滤芯组合成的除油器来去除，而现有的除油器回收率仅有 40% 左右，因此除油器结构不合理，性能不完善，亟需进行结构改进。

其筒体结构区域分配基本符合常规的分离设备，底部为宽阔的初分离腔，上部为使用滤芯的

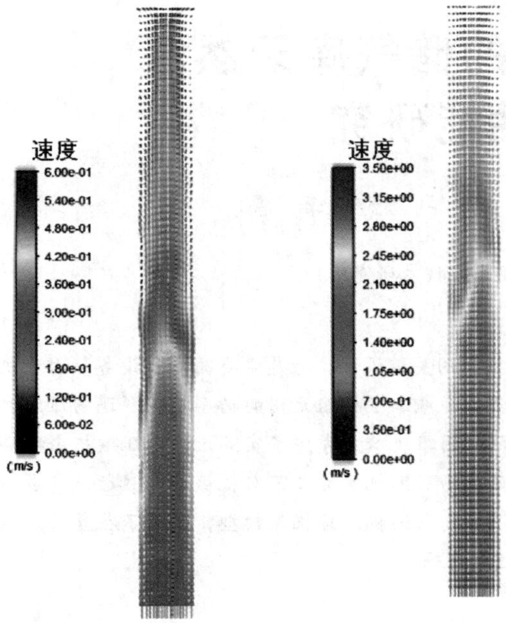

（a）入口速度为0.5m/s；（b）入口速度为3m/s

图6　滤芯内部速度场示意图

精分离区域，但其筒体尺寸不合理，筒体直径过小，气相流速太大，应增加筒体直径，提高液滴的沉降特性，并应适当增加折流结构，以进一步提高初分离的效果。

对于除油器上部空间的精分离滤芯，现有滤芯长度过长，再结合内进外出立式安装的方式，使得滤芯在储气库运行工况下，中下部负载过大且底部壁面可能发生液滴夹带与卷吸飞溅，因此应适当降低滤芯高度，并改进其结构形式，使得滤芯侧面的流场速度更加均匀。

参考文献

［1］李雪源，雷达，冷海默，etal. 相国寺储气库除油器运行效果分析［J］. 石油管材与仪器，2019，5（02）：66－68.

［2］禹贵成，黎明. 相国寺储气库新型除油器设计方案探讨［J］. 产业与科技论坛，2019，18（24）：59－61.

［3］张漫妮. 压力管路中气液两相流液滴聚并实验及数值模拟研究［D］，2021.

［4］工艺系统工程设计技术规定. 行业标准－化工.

［5］王哲. 多级结构微纳米纤维的结构调控及其空气过滤性能［D］，2017.

［6］Wang L，Hu T，Xue G，et al. Performance Investigation and Optimization of the Primary Separation Part of the Oil－Gas Separator［J］. Industrial & Engineering Chemistry Research，2023，62（25）：9797－9811.

［7］Cao B，Wang S，Dong W，et al. Investigation of the filtration performance for fibrous media：Coupling of a semi－analytical model with CFD on Voronoi－based microstructure［J］. Separation and Purification Technology，2020，251：117364.

［8］Li W，Shen S，Li H. Study and optimization of the filtration performance of multi－fiber filter［J］. Advanced Powder Technology，2016，27（2）：638－645.

［9］Jin X，Yang L，Du X，et al. Modeling filtration performance of elliptical fibers with random distributions［J］. Advanced Powder Technology，2017，28（4）：1193－1201.

［10］陈锋，姬忠礼，齐强强. 孔径梯度分布对亲油型滤材气液过滤性能的影响［J］. 化工学报，2017，68（04）：1442－1451.

［11］谢鹏. 储气库除油滤芯过滤性能实验研究［D］，2023.

气缸余隙调节工况下的储气库天然气压缩机关键性能研究

彭　阳　曲　林　戴志向　王　峰　别　沁　李　晶

（中国石油西南油气田公司集输工程技术研究所）

摘　要　往复式天然气压缩机是油气田、储气库生产流程中的关键设备，也是主要高能耗设备。由于机组设计余量、工艺变动等因素影响，压缩机实际容积使用率较低，增加了机组无用的功率消耗。现场压缩机的性能监测成本高、手段少，机组运行能耗、性能指标监测评估困难。本文考虑了实际应用中压缩机余隙调节工况，建立并优化了往复压缩机工作数学模型，结合储气库现场压缩机实际工艺与机械结构参数，完成仿真分析。计算了现场实际采集数据与仿真数据的误差，修正了往复压缩机工作机理模型，实现了往复压缩机关键性能参数动态评估，为往复压缩机高效、绿色运行奠定技术基础。

关键词　天然气压缩机；性能；余隙调节；数学模型

Research on Key Performance of Gas Compressor in Gas Storage Under Cylinder Clearance Regulation

PENG Yang，QU Lin，DAI Zhixiang，WANG Feng，BIE Qin，LI Jing

（1. Gathering and Transportation Engineering Technology Research Institute，PetroChina Southwest Oil & Gasfield Company）

Abstract：Reciprocating natural gas compressor is the key equipment in the production process of oil and gas field and gas storage，and it is also the core equipment with high energy consumption. Due to the influence of factors such as unit design margin and process change，the actual volume utilization rate of the compressor is low，which increases the useless power consumption of the unit. The performance monitoring of field compressors has high cost and few means，and it is difficult to monitor and evaluate unit operation energy consumption and performance index. In this paper，the working mathematical model of reciprocating compressor is established and optimized considering the working conditions of compressor clearance adjustment in practical application，and the simulation analysis is completed by combining the actual process and mechanical structure parameters of the compressor. The error between the actual data and the simulation data is calculated，the working mechanism model of the reciprocating compressor is modified，and the dynamic evaluation of the key performance parameters of the reciprocating compressor is realized，which lays a technical foundation for the efficient and green operation of the reciprocating compressor.

Key words：Natural gas compressor；Performance；Clearance regulation；Mathematical model

1　前言

往复式天然气压缩机广泛应用于大型储气库、油气田开发、新型储能及天然气集输等领域，是保障国家能源安全的“国之重器”。随着全球经济的增长和人口的持续增加，能源消耗需求不断上升，生产企业对设备性能、能耗情况也越来越关注。往复压缩机作为上述行业主要耗能设备，掌握机组能耗、热力性能状态需求迫切。

生产环节中的诸多因素可导致往复压缩机运

行性能下降，例如生产工艺的波动、调整，导致压缩机工况偏离设计工况，进而导致机组效率降低。机组故障、附属系统故障状态会导致压缩机能耗增加。通常情况下，往复压缩机热力学性能可基于动态压力数据进行详细计算与评估，动态压力数据不仅可以表征气缸周期性压力变化过程，分析压缩机的工作状态，还可为压缩机运动部件受力分析提供关键气体力参数，为运动部件受力计算分析奠定基础。气缸动态压力数据可通过安装动态压力传感器实时采集气缸内的压力数据，也可结合压缩机结构、工艺参数构建压缩机数学模型、CFD 模型，通过仿真模拟获取。应指出，动态压力传感器的实际安装存在一定困难和风险，尤其针对储气库高压机组，可能存在高压泄漏、改造施工困难、维护成本高昂等。因此，目前石油、石化行业大多数机组没有安装动态压力传感器。同时，构建 CFD 模型需要压缩机气缸、气阀、运动部件等零件的详细图纸，考虑到现场机组结构的差异性，需要为每台压缩机每个气缸构建 CFD，建模的时间成本大、难度高。

因此，针对上述实际动态压力采集以及 CFD 建模仿真存在的问题，本文结合压缩机实际运行工况建立并优化了往复压缩机工作数学模型，结合机组部分结构参数、工艺参数完成建模；同时，通过分析现场实际采集数据与仿真数据的误差修正数学模型，为评估往复压缩机性能状态奠定基础。

2　基于余隙调节工况下的往复压缩机数学模型

2.1　余隙调节系统

余隙容积调节的原理是：在现有往复压缩机气缸结构基础上，增加一个辅助余隙容积并与气缸行程容积连通；通过改变气缸的余隙容积，使往复压缩机气缸的容积系数减小，气缸吸入气体量发生变化，实现压缩机进气量的无级调节。余隙调节方式通常改造外侧气缸缸盖部分，无需改造内侧气缸和气阀，操作比较简单，因此在储气库机组上得到了广泛应用。余隙调节工况下气缸容积图如图 1 所示。

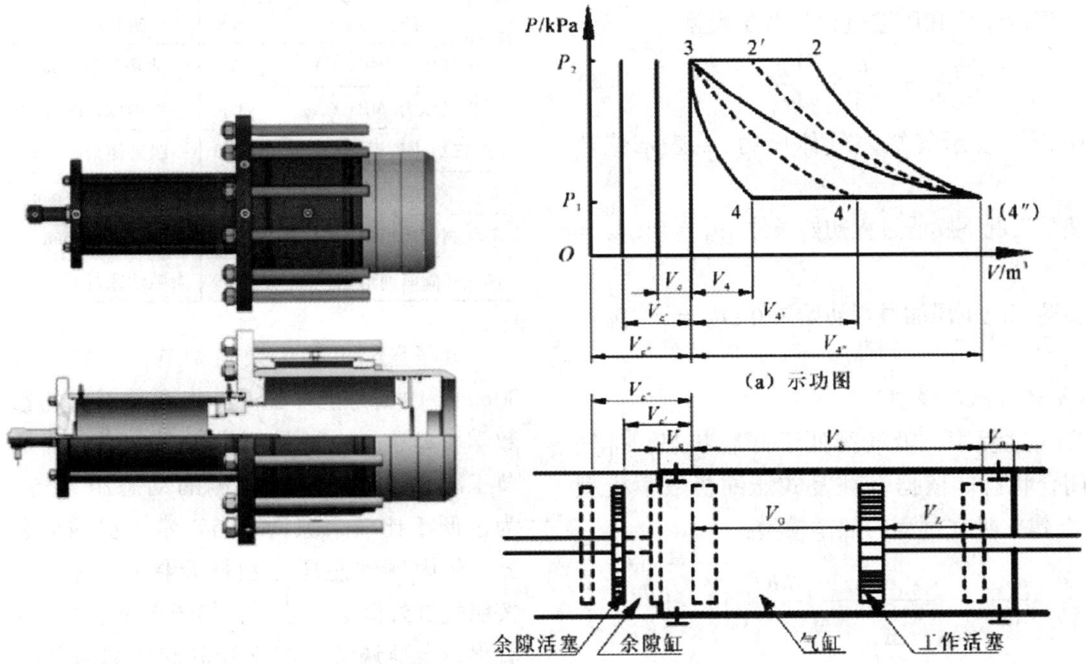

图 1　余隙调节结构及容积

余隙调节改变了气缸外侧余隙容积，余隙调节工况下的气缸余隙容积计算公式为：

$$V'_{c} = V_{c} + V_{cd} \tag{1}$$

$$V_{cd} = \frac{\pi}{4}D_{cd}^{2}L_{cd} \tag{2}$$

上式中，V_{cd} 为余隙腔的余隙调整容积，D_{cd} 为余隙腔的气缸直径，L_{cd} 为余隙腔的调整行程。

正常工况（100% 负荷）：余隙容积为 V_c，进气量长度为 4 – 1，排气量长度为 2 – 3。

调节工况（单侧 0 – 100% 负荷）：余隙容积为

V'_c，进气量长度为$4'-1$，排气量长度为$2'-3$。

气缸内气体体积可包括两部分，一部分是余隙容积，另外一部分体积随着活塞位置的变化而变化，气缸工作容积数学模型中需要考虑余隙容积的变化：

$$V_{cy} = V'_c + S_{pis} r_{crk}\left(1 - coos\theta + \frac{\lambda}{2} sin^2\theta\right) \quad (3)$$

上式中，V'_c 表示气缸余隙容积，S_{pis} 表示活塞截面积，r_{crk} 表示曲柄半径，V_{cy} 表示气缸容积，λ 表示曲柄连杆比，θ 表示曲柄转角。

2.2　膨胀及压缩过程数学模型

往复压缩机的物理过程复杂，为了能够用数学模型描述压缩机工作过程，需要提出假设以便构建数学模型：压缩介质为理想气体、稳定流动；忽略气缸、气阀内的气体与外界的热交换；忽略气体位能变化以及气体流入气阀的速度；忽略气缸内气体泄漏。上述假设的提出便于构建数学模型，但是也导致计算偏差的增大。本文将通过优化部分系数提高数学模型的准确性。

在膨胀和压缩过程中，往复压缩机气缸内的压力大于吸气管道内的压力，小于排气管道内的压力，故此时吸、排气阀不开启。根据热力学第一定律，可得膨胀和压缩过程的数学模型：

$$\frac{dp_{cy}}{d\theta} = -\frac{kp_{cy}}{V_{cy}}\frac{dV_{cy}}{d\theta} \quad (4)$$

式中，p_{cy} 表示气缸内气体压力，k 表示绝热系数。

满负荷工况下膨胀过程初始条件：$\theta_0 = 0$，$p_0 = p_{排气}$

满负荷工况下压缩过程初始条件：$\theta_0 = \pi$，$p_0 = p_{吸气}$

2.3　吸气过程数学模型

在吸气过程中，吸气阀处于开启状态，排气阀处于闭合状态。依据《往复式压缩机数学模型及应用[11]建立吸气过程的数学模型：

$$\frac{dp_{cy}}{d\theta} = -\frac{kp_{cy}}{V_{cy}}\frac{dV_{cy}}{d\theta} + \frac{kp_{svi}\alpha_{sv}A_{sv}}{\omega\left(\frac{p_{svi}}{p_{cy}}\right)^{\frac{1}{k}} V_{cy}}\sqrt{\frac{2kRT_{svi}}{k-1}\left[1-\left(\frac{p_{cy}}{p_{svi}}\right)^{\frac{k-1}{k}}\right]} \quad (5)$$

式中，p_{svi} 表示吸气阀入口压力，$\alpha_{sv}A_{sv}$ 表示吸气阀有效通流面积，ω 表示曲轴的角速度，T_{svi} 表示吸气阀入口温度。

满负荷工况下吸气过程初始条件：$\theta_0 = \theta_{膨胀}$，$p_0 = p_{膨胀}$。

2.4　排气过程数学模型

在排气过程中，排气阀处于开启状态，吸气阀处于闭合状态。依据《往复式压缩机数学模型及应用建立排气过程的数学模型：

$$\frac{dp_{cy}}{d\theta} = -\frac{kp_{cy}}{V_{cy}}\frac{dV_{cy}}{d\theta} - \frac{kp_{cy}\alpha_{dv}A_{dv}}{\omega V_{cy}}\left(\frac{p_{dvo}}{p_{cy}}\right)^{\frac{1}{k}}\sqrt{\frac{2kRT_{dvo}}{k-1}\left[\left(\frac{p_{cy}}{p_{dvo}}\right)^{\frac{k-1}{k}}-1\right]} \quad (6)$$

式中，p_{dvo} 表示排气阀出口压力，$\alpha_{dv}A_{dv}$ 表示排气阀有效通流面积，T_{dvo} 表示排气阀出口温度。

满负荷工况下排气过程初始条件：$\theta_0 = \vartheta_{压缩}$，$p_0 = p_{压缩}$。

3　仿真结果及性能分析

3.1　仿真结果

某储气库往复压缩机型号为 DTY1800M345 × 345 × 230 × 230，介质主要为 CH_4，其主要结构与工艺参数见表 1 所示：

表 1　压缩机主要参数

参数	额定数值	参数	额定数值
转速/rpm	1000	缸径/mm	345
进气压力/MPa（A）	2	活塞行程/mm	139.7
排气压力/MPa（A）	3.8	一级内侧余隙容积	10%
二级进气温度/℃	40.3	一级外侧余隙容积	10%
二级排气温度/℃	93	活塞杆直径/mm	63.5
吸气阀阀座通道面积/m^2	0.008	余隙缸径/mm	285.75
排气阀阀座通道面积/m^2	0.008	余隙活塞行程/mm	101.6

现场压缩机采用余隙调节，余隙调节行程为 30mm，内侧为正常工况。将两种工况的数据代入数学模型中，一种是正常工况，第二种是余隙调节工况，得到机组内外侧的动态压力仿真数据。为了便于比较余隙调节与正常工况的动态压力差异，将内侧动态压力数据及体积进行角度转化，按照气缸外侧进行绘制，如图 2 所示。由图 2 可以看出，余隙调节工况下膨胀和压缩时间要大于正常工况，这是由于余隙容积的增大，膨胀过程需要持续更长时间，进而导致吸气量降低，需要将较少的气体压缩到排气压力，则需要更长时间。

3.2　模型改进优化

现场压缩机安装了状态监测系统，具备动态压力在线监测功能。通过监测系统获取气缸的动

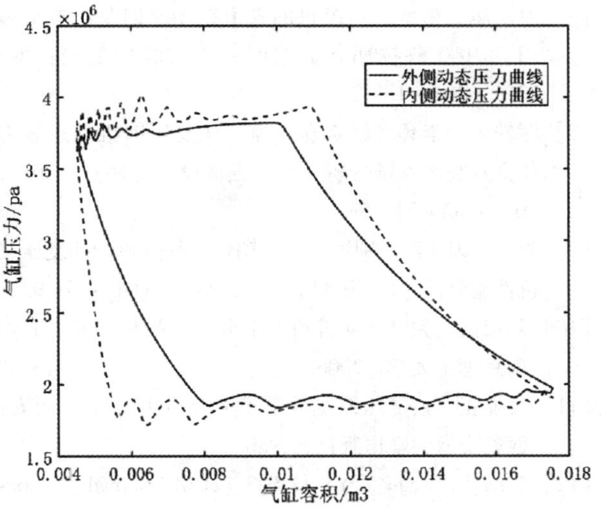

图2　内外侧动态压力仿真数据

态压力数据。同样为了便于比较余隙调节与正常工况的动态压力差异，将内侧动态压力数据及体积转化成外侧进行整体绘制，与仿真数据进行误差对比分析，如图3所示。

通过对比可知：膨胀及压缩阶段误差较大，原因在于往复压缩机的数学模型是建立在绝热传热模式的假设基础上，但是实际压缩机不可避免存在热交换，因此本文修正优化绝热系数减小仿真误差，使数学模型更加贴近实际机组工作环境。

修正绝热系数后，仿真数据与实际数据对比如图4所示。绝热指数越低，说明绝热效果越高，通过不同的绝热系数可以发现，当绝热系数为1.4时，实际数据与仿真数据误差较小。

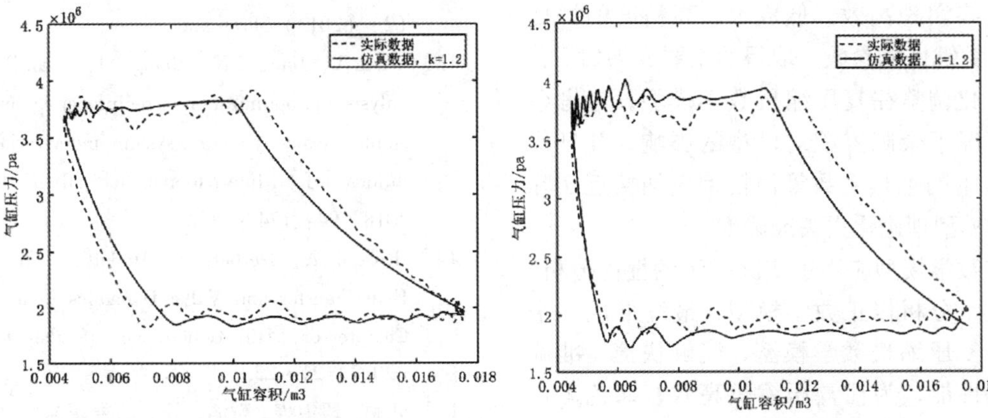

（a）外侧动态压力数据对比　　（b）内侧动态压力数据对比

图3　修正参数前的仿真数据与实际数据对比

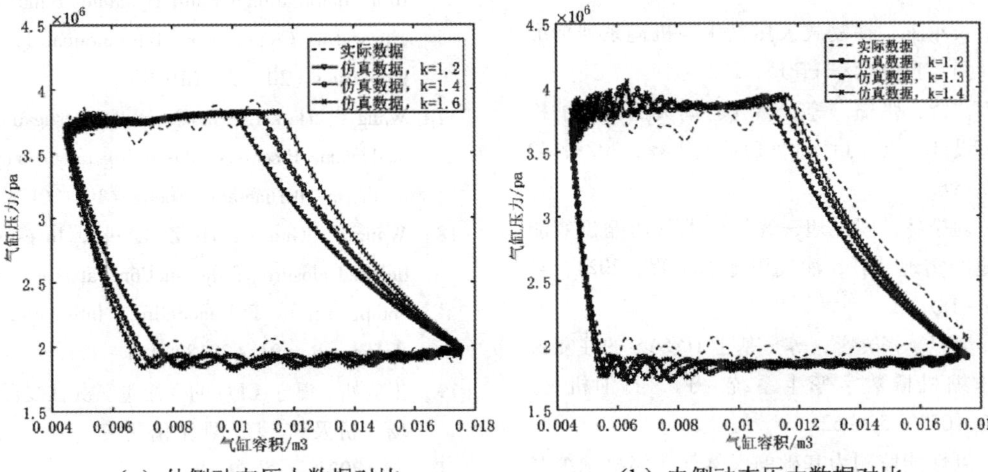

（a）外侧动态压力数据对比　　（b）内侧动态压力数据对比

图4　修正参数后的仿真数据与实际数据对比

3.3　性能分析

基于改进后的仿真数据，可以完成往复压缩机的气体指示功率计算，计算结果见表2所示，压缩机单缸的气体指示功率为：外侧258.09kW和297.83kW，而压缩机单缸的实际功率为1200kW（包含机械功及气体指示功率），压缩机单缸气体指示功率为555.92kW，因此压缩机的整体运行效率为46.33%，压缩机效率偏低，需要采取适当措施，例如增加余隙调节行程，改进工艺流程，提升压缩机效率，避免浪费电能。

表2 往复压缩机气体指示功率

名称	外侧指示功率/kW	内侧指示功率/kW
数值	258.09	297.83

4 结论及展望

目前，往复压缩机性能分析主要通过在线监测及建模分析，为解决实施难度、成本、工程化、工况多变等问题，本文构建了余隙变工况下的储气库往复压缩机工作数学模型，并对比现场实际采集数据与仿真数据的误差，修正往复压缩机数学模型，最终实现高效、低成本、高精度的评估往复压缩机关键性能参数。取得的主要成果如下：

（1）优化调整往复压缩机数学模型，考虑余隙调节变工况下余隙容积对模型的影响，并且优化数学模型中的绝热系数等使模型更加接近实际工况，避免模型理论化失去准确度。

（2）将数学模型应用于实际机组的性能分析，并且通过误差分析修正数学模型，最终形成一个高精度的往复压缩机数学模型，能够快捷、准确评估压缩机性能，为往复压缩机高效、绿色运行奠定技术基础。

参 考 文 献

[1] 志超黄，长军王．往复式天然气压缩机橇系列标准化研究［J］．工程技术与管理，2021.

[2] 付浩，雷文贤，张璐，等．燃气驱动天然气压缩机厂房通风设计要点［J］．油气田地面工程，2023，42（2）：92－96.

[3] 邱昌胜，刘松林，闫洪旭，等．天然气压缩机效能监控功能的实现［J］．油气田地面工程，2024，43（09）：9－13.

[4] 曹颜玉，李想，张笑影，等．基于HYSYS的往复式天然气压缩机橇数字孪生系统［J］．石油机械，2024，52（05）：53－62.

[5] 李长亮．以性能监测为基础的天然气压缩机预维修技术［J］．设备管理与维修，2018，（06）：72－73.

[6] 王宝龙，石文星，韩林俊，等．带制冷泄出功能的涡旋压缩机制冷系统［C］//全国暖通空调制冷学术年会．2008.

[7] 尹洪旭．活塞式压缩机的管道振动原因及防振措施［J］．中文科技期刊数据库（引文版）工程技术，2015（20）：1.

[8] 谢铁男，李辉，赵贺嘉，等．往复压缩机动态压力仿真及瞬态流场分析［J］．机械设计与制造，2015，（04）：52－54＋58.

[9] 彭阳，闪从新，别沁，等．耦合气阀故障的往复压缩机性能分析［J］．压缩机技术，2024，（04）：5－9.

[10] 刘成武．大型压缩机动力学分析与噪声预测［D］．南京理工大学，2006.

[11] 吴业正．往复压缩机数学模型及应用［M］．西安：西安交通大学出版社，1986.

[12] Tang B, Zhao Y Y, Li L S, et al. Thermal performance analysis of reciprocating compressor with stepless capacity control system［J］, Appl. Therm. Eng. 54（2）（2013）380－386.

[13] Wang Y, Jiang Z N, Zhang J J, et al. Performance analysis and optimization of reciprocating compressor with stepless capacity control system under variable load conditions［J］. International Journal of Refrigeration, 2018, 94: 174－185.

[14] Roland A, Herbert S, Modelling Fluid Dynamics, Heat Transfer and Valve Dynamics in a Reciprocating Compressor, 5th Conference of the EFRC March（2007）21－23.

[15] 郭鹏，段雪涛，贺滔，等．活塞压缩机缸内热力过程CFD仿真［J］．制冷技术，2014，42（7）：64－67.

[16] A. P. Peskin, The Effects of Different Property Models in a Computational Fluid Dynamics Simulation of a Reciprocating Compressor, International Journal of Thermophysics, 20（1）（1999）.

[17] Wang T, He Z L, Guo J, et al. Investigation of the Thermodynamic Process of the Refrigerator Compressor Based on the m－θ Diagram, Energies 10（2017）1517.

[18] Wang T, Guo Y, He Z L, et al. Investigation on the delayed closure of the suction valve in the refrigerator compressor by FSI modeling, International Journal of Refrigeration 91（2018）111－121.

[19] 王隽妍．基于CFD的变流量工况往复压缩机三维流场分析及气阀流型优化研究［D］．北京化工大学，2021.

[20] 张慧斌．基于CFD的往复机械阀门流场与故障特性分析研究［D］．北京化工大学，2023.

S 储气库采气系统工艺优化研究与应用

赵　春

（辽河油田（盘锦）储气库有限公司）

摘　要　S 储气库属枯竭油气藏型储气库，与国内其它气藏型储气库相比，采出井流物中除了湿气和凝液外，采出气中还携带有黏度较大的黑油和成分复杂的固体杂质，造成集注站采气系统前段预分离器和生产分离器气液分离效果不佳、乙二醇再生系统运行不平稳、乙二醇再生系统内部锈蚀严重、绕管换热器湿气管程冻堵偏流、外输气质时有不达标等问题。针对上述问题，深入细致分析问题产生的原因，从设计源头进行技术优化升级和整改治理后，通过 2021－2024 年三个采气期的运行实践表明，S 储气库采气系统工艺优化取得良好效果，现场生产运行趋于平稳，提质增效明显，员工劳动强度大大降低，较好地解决了上述问题。取得的认识和成果对 S 储气库技术提升和新建储气库地面工艺设计具有重要的指导意义，也可以为类似工艺情况提供借鉴。

关键词　S；储气库；采气系统；优化；研究；应用

Research and Application of Process Optimization for Gas Production System of Gas Storage Reservoir

ZHAO Chun

（Liaohe Oilfield（Panjin）Gas Storage Co.，Ltd）

Abstract: The S gas storage reservoir is a depleted oil and gas reservoir type of gas storage reservoir. Compared with other gas reservoir type gas storages in China, the production well flow not only includes wet gas and condensate, but also carries heavy crude oil and complex solid impurities, leading to gas－liquid separation effect in the pre－separator and production separator at the gathering station, unstable operation of the ethylene glycol regeneration system, severe rusting the ethylene glycol regeneration system, partial blockage and maldistribution in the wet gas tube of the shell and tube heat exchanger, and frequent failure meet the quality standards of the exported gas. To address these issues, a thorough analysis of the causes of the problems was conducted, and technical optimization and rectification carried out from the design source. The operation practice from 2021 to 2024 has shown that the process optimization of the S gas reservoir's gas production system has achieved good results, with the on－site production operation becoming stable, significant improvement in efficiency, and greatly reduced labor intensity for employees, solving the aforementioned problems. The insights and achievements obtained are of great significance for the technological enhancement of the S gas storage reservoir and the design of new gas storage reservoir processes, and can also provide a reference for similar process conditions.

Key words: S; gas storage; gas production system; optimization; research; application

1　引言

S 储气库属枯竭油气藏型储气库，与国内其它气藏型储气库相比，采出井流物中除了湿气和凝液外，采出气中还携带有黏度较大的黑油和成分复杂的固体杂质，与国内其它气藏型储气库不同，采出气中携带有黏度较大的黑油和成分复杂的固体杂质，受对前期地质气藏认知的局限和相关地面工艺设计经验的制约影响，S 储气库投产以来采气系统中集注站前段预分离器和生产分离器气液分离效果不佳、乙二醇再生系统运行不平稳、乙二醇再生系统内部锈蚀严重、绕管换热器湿气管程冻堵偏流、外输气质时有不达标等问题。因此做好S储气库采气系统工艺改进和技术升级工作，对S储气库技术提升、新建储气库地面工艺设计、保障国家能源安全和天然气冬季调峰保供具有重要意义。

2　采气系统存在问题

采气期，湿天然气从地层采出经采气集输管线进入到集注站的采气装置（如图1S储气库集注站天然气处理工艺流程图）。采气装置主要包括预分离器、生产分离器、三股流换热器、J－T阀、低温分离器、乙二醇富液和凝液分离器、乙二醇再生装置等。其中预分离器、生产分离器和低温分离器为卧式气液两相分离器，液相排放由中控室电脑根据液位在一定区间范围内自动控制。其液位显示通常选用技术相对成熟的磁翻板液位计、导波雷达液位计和双法兰差压液位计综合比对。

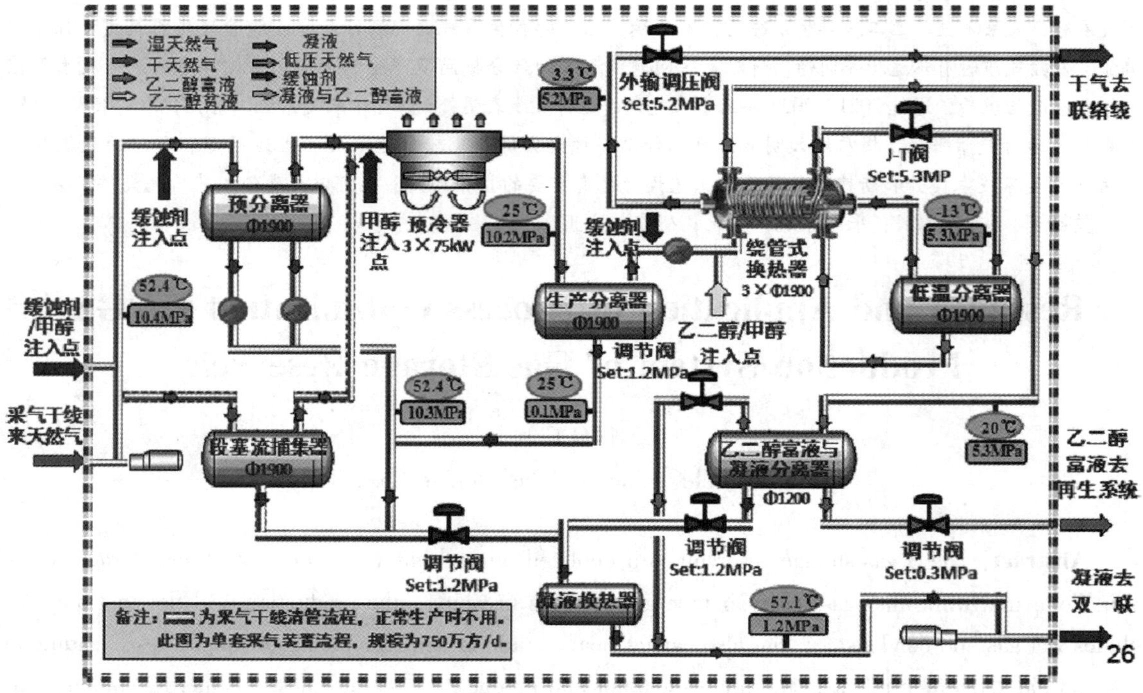

图1　S储气库集注站天然气处理工艺流程图

2.1　黑油和固体杂质进入下游生产系统

黏度较高的黑油和大量固体杂质从井底采出随湿气首先进入到预分离器，固体杂质逐渐在液位计的下步引压管内沉积，积累到一定程度致使引压管堵塞造成侧装的磁翻板液位计和导波雷达液位计失准，导致预分离器液位控制和液相排放无法正常运行，使黑油和固体杂质进入生产分离器。同样的也会造成生产分离器的液位控制和液相排放无法正常运行，从而影响预分离器和生产分离器的气液分离效果。

2.2　再生塔结焦、过滤器堵塞以及再生塔及加热盘

前端分离器未实现有效分离的原油和固体杂质通过凝富液分离器分离的乙二醇富液进入到乙二醇再生系统，导致黑油和固体杂质在再生塔结焦，进而堵塞过滤器，需要频繁更换滤芯。更换滤芯的同时，又造成乙二醇异常丢失。

此外乙二醇溶液在再生塔中属于高温环境，乙二醇含有羟基，长期在100～140℃的再生温度区间工作，乙二醇先被氧化成乙醇酸，再被氧化成草酸，造成乙二醇再生塔及导热油加热盘管严重被腐蚀（图2）。

2.3　湿气管束频繁冻堵

绕管换热器干湿气偏流，加上乙二醇雾化效果不佳，造成湿气管束频繁冻堵，操作员工不得不手动将干气冷流切出走旁通，采用湿气“暖管”方式缓解冻堵，劳动强度大，绕管式换热系统运行极不稳定，导致采气系统生产极不平稳。

2.4　下游管线和站场带液

绕管式分离器频繁堵塞，天然气湿气只能旁通直接去往J－T阀，由于天然气湿气未能与冷的天然气干气进行冷热交换，导致天然气湿气经J－T阀后不能降温至设计的－13至－15℃。同时低

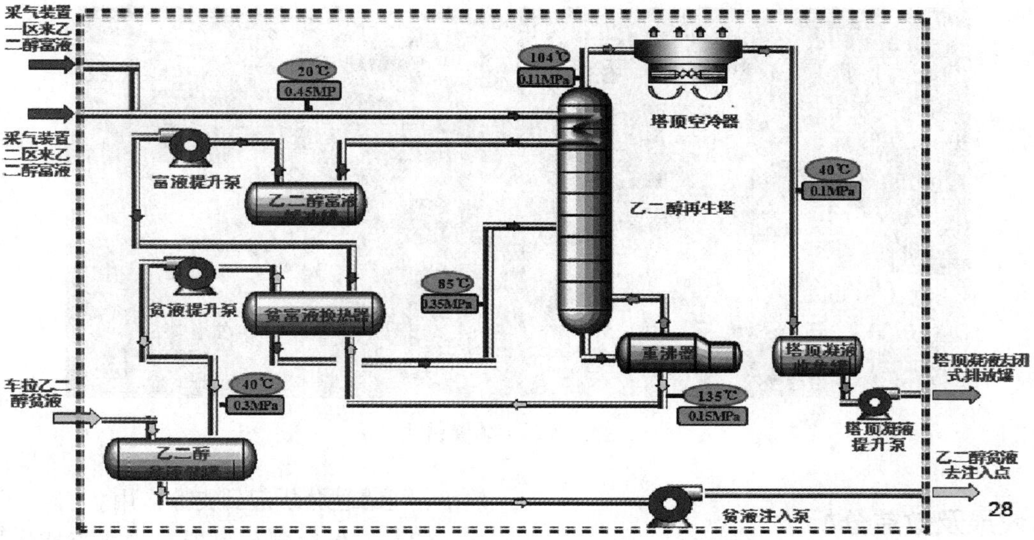

图2　双6储气库乙二醇再生工艺流程图

温分离器受前端原油未被彻底分离的影响，致使分离效率降低，气液界面频繁受扰动将液体混合物带至下游管线和站场。

3　研究内容及技术成果

针对以上问题，开展了S储气库工艺优化技术研究与升级工作，重点解决前段分离效果不佳、绕管换热器冻堵、乙二醇再生系统污染等技术难题，主要研究内容包括以下四方面。

成果一：形成反向拟合组分比例调节方法，拟合生产实际运行参数，消除黑油杂质对采气系统的影响。

形成了“一种储气库拟合组分比例调节计算方法”。推导出集注站进站天然气、水、烃类物质的原始组分和流量参数，建立与生产过程更加贴近的工艺模型，拟合出全部的生产数据，弥补工艺流程中尚未进行采集数据的不足，对开展各级分离器及处理设施的分离效率、可靠性分析起到支撑作用。

成果二：优化升级段塞流捕集器内部结构，预分离器与段塞流捕集器增设串联工艺。

（1）将段塞流捕集器由单腔改为前后腔，各增加一套排液流程。改造内部构件，增加旋流组件和捕雾网，增加了预分离功能。

（2）段塞流捕集器和预分离器原为并联设计建造，为增强该处的气液分离效果，在保留并联功能的基础上，将段塞流捕集器增加预分离功能串联在预分离器后，理论上使气液分离空间和时间都增加1倍，在没有额外投资增加情况下，利用现有设备大大增强了气液初步分离效果。具体作用有3个方面：正常采气时开启串联流程，进一步增强了进站湿气的分离效果；故障时段塞流捕集器和预分离器互为备用；通球扫线时并联运行，共同盛纳来液。

成果三：认清乙二醇溶液酸性腐蚀机理，优化再生装置材质选型。

固有认识认为乙二醇溶液不具有酸碱度和腐蚀性，经多次取样化验，连续运行多日后的乙二醇溶液呈酸性，经分析乙二醇分子结构和乙二醇再生系统处于高温等工况，乙二醇含有羟基，长期在100～140℃的再生温度区间工作，先被氧化成乙醇酸，再被氧化成草酸，是造成乙二醇再生塔及导热油加热盘管腐蚀的主要原因。结合乙二醇再生设备壁厚检测结果，经评估整个再生系统的剩余强度及寿命都不满足继续生产的最低要求，需要新建乙二醇再生系统。为避免出现前期严重锈蚀情况，将乙二醇再生撬的原有管材和设备材质由碳钢优化升级为304不锈钢，特别将导热油加热盘管升级为316L不锈钢，彻底消除设备管线被变为酸性后的乙二醇溶液腐蚀的问题（图3）。

成果四：优化升级过滤器撬组，有效解决雾化喷嘴堵塞、隔膜泵损坏等问题。

通过各段取样分析，多工况模拟乙二醇再生系统循环效果，增设大处理量乙二醇过滤器撬组，确保乙二醇循环系统平稳运行。一级采用滤芯式过滤工艺，精度5μm，主要过滤颗粒杂质。二级过滤采用活性炭滤芯式过滤工艺，精度5μm，主要过滤黑油。

图 3 乙二醇再生装置锈蚀严重

4 应用效果及效益分析

本项研究在《S 储气库冬季保供优化升级工程》项目中实现应用，于 2021 年 11 月 16 日投入运行，顺利解决了上述技术难题，下游站场气体带液为零、绕管换热器冻堵率为零、乙二醇再生系统污染率为零、过滤滤芯更换减少 90%。对比实施改造前的上个采气周期，节省更换滤芯 1541 根，节省乙二醇约 37.84t。平均每年降低因分离器手动排液、绕管换热器冻堵造成的人工操作率约 70%。

经济效益：统计 2021－2022 年、2022－2023 年、2023－2024 年三个采气期，少更换各种滤芯 XX 根，节省采购成本 YY 万元，节省人工成本 ZZ 万元，节省其它维修成本 SS 万元。节省乙二醇 TTt，节省乙二醇采购成本 RR 万元，累计节省成本约 HH 万元，经济效益显著，为 S 储气库的安全生产、节能降耗、降本增效做出了贡献。

社会效益：本研究使 S 储气库运行更加安全、平稳、高效，大大降低了运行风险和工人劳动强度，助力储气库群和中国石油天然气调峰保供顺利开展，社会效益显著。

5 总结

S 储气库工艺优化技术研究与升级是枯竭油气藏储气库地面采气工艺系统优化的成功典范，通过工艺优化、参数调整，助力企业降本增效，采用的分析方法及研究结论，对枯竭油气藏型储气库的建设具有一定的推广和借鉴意义。主要结论如下：

（1）拟合组分比例调节计算方法。建立与现场生产过程更加贴近的工艺模型，拟合出全部的生产数据，对开展各级分离器及处理设施的分离效率、可靠性分析起到支撑作用。

（2）在保留预分离器和段塞流捕集器并联工艺基础上，优化升级为串联工艺，正常采气时开启串联流程可以进一步增强进站湿气的气液分离效果；故障时段塞流捕集器和预分离器作为分离设备互为备用；通球扫线时并联运行，共同盛纳来液。

（3）优化再生塔不锈钢耐腐蚀工艺。将乙二醇再生撬整体升级为 304 不锈钢，加热盘管升级为 316L 不锈钢，整体设备耐腐蚀，有效应对乙二醇溶液高温变腐蚀性酸液。

（4）优化再生撬多级过滤工艺。将原单一滤芯过滤技术优化为滤芯过滤＋活性炭吸附双技术，有效吸附原油和过滤颗粒杂质，填补这一领域辽河空白。

（5）S 储气库采气系统工艺优化和技术升级研究成果将为行业内新建同类储气库地面工艺设计提供借鉴。

参 考 文 献

［1］商绍芬，严鸿，吴建，等．四川盆地长宁页岩气井生产特征及开采方式［J］．天然气勘探与开发，2018，41（4）：69－75.

［2］陈冠举．中国页岩气地面集输工艺技术研究［J］．现代化工，2018，38（8）：185－188.

［3］崔伟，宋学超，罗金华，等．顺北二区高含硫天然气脱水工艺技术研究［J］．石油与天然气化工，2022，51（03）：16－22.

［4］周军，肖瑶，孙建华，等．储气库地面脱水系统能耗优化方法比选［J］．天然气化工（C1 化学与化工），2022，47（02）：129－136.

［5］蒋洪，单永康，郭永刚，等．三甘醇脱水酸性组分分布研究［J］．天然气化工（C1 化学与化工），2018，43（03）：55－58.

[6] 诸林，邓骥，杨洋，等．基于响应面的天然气三甘醇脱水装置用能优化［J］．化学工程，2015，43（02）：40－43＋48.
[7] 王飞，付峻，苗建．HYSYS软件在某海上气田三甘醇脱水工艺中的应用［J］．石油与天然气化工，2019，48（04）：20－26.
[8] 蒋洪，王金波，单永康，等．基于回归正交试验设计的三甘醇脱水装置能耗优化［J］．现代化工，2020，40（01）：215－219.
[9] 王勇，闪从新，伍坤一．页岩气三甘醇脱水装置脱水效果评价研究［J］．石油与天然气化工，
[10] 陶晓东，郭安福，李辉，等．基于灵敏度分析的盘式开沟机性能分析及优化［J］．工程设计学报，2022，29（01）：59－65.
[11] 马同玲，张扬军，王正，等．基于正交试验的柔性联轴器设计灵敏度分析与优化研究［J］．推进技术，2022，43（02）：237－245.
[12] 李天斌．某海洋气田中心平台三甘醇脱水系统模拟研究［J］．石油与天然气化工，2019，48（06）：30－34.
[13] 陈月娥，张湘玮，徐长峰，等．呼图壁储气库天然气脱水工艺优化［J］．油气田地面工程，2021，40（06）：32－40.
[14] 王行．南山终端三甘醇脱水系统参数优化分析[J]．油气田地面工程，2017，36（12）：46－49.
[15] 蒋洪，郑贤英．低处理量乙二醇再生工艺改进．石油与天然气化工，2011.11.
[16] 董文浩，陶玉林．克拉美丽气田井口防冻工艺研究．石油工程建设，2015.04.
[17] 武喜怀．对真空相变加热炉运行故障的探讨和分析［J］．内蒙古石油化工，2013年13期．
[18] 秦红．浅层、低效气田地面集输工艺橇装模块化的应用［J］．石油工程建设，2009.35（3）：32－34.
[19] 丁国生，李春，王皆明，等．中国地下储气库现状及技术发展方向［J］．天然气工业，2015，35
[20] 冯鹏，王俊，侯晓犇．储气库用注采管汇腐蚀因素分析［J］．腐蚀研究，2013，27（4）：47－50.
[21] 高文玲．管道腐蚀检测及强度评价研究［D］．西安：西安石油大学，2011：21－24.
[22] 李林辉，李浩，屠海波，等．油气集输管线内防腐技术［J］．上海涂料，2011，49（5）：31－33.
[23] 中国腐蚀与防护学会，主编．腐蚀科学与防腐蚀工程新进展［M］，北京：化学工业出版社，1999.

S储气库先导阀泄露治理工艺技术研究与实践

黄剑华

（辽河油田（盘锦）储气库有限公司）

摘　要　历经若干轮次注采后S储气库首批注采井的国外品牌注气先导阀出现不同程度的天然气泄露，采取紧固、涂抹铸工胶等方式仍然泄露，存在较大安全隐患，给储气库的平稳运行带来一定风险。储气库高压易爆，按照隐患治理和工艺升级通常流程，须出具正式施工图纸等设计文件，国外物资到货时间不确定，约20天的平衡期肯定无法完成施工、监理和检测等任务，势必影响注采气和天然气季节调峰保供。通过计算复核支管台和先导阀攻丝后剩余壁厚和强度，及攻丝螺纹底孔直径和深度，成功应用国产工具对进口先导阀和支管台现场攻丝，按照国外厂家要求将测试隔离阀和先导阀一次回装成功，仅花销丝锥、隔离阀和先导阀购置费用6万元，节约其它物资采购和施工等升级改造费用130余万元，提前半年完成隐患治理。经历2022－2024年3个注气期先导阀运行良好，未再出现天然气泄露情况，彻底解决先导阀泄露问题。本项技术研究与实践可对油气田和地下储气库类似先导阀泄露问题治理提供借鉴参考。

关键词　S；储气库；先导阀；治理；工艺技术；研究；实践

Research and Practice on the Technology of Pneumatic Reservoir Pilot Valve Leakage Control

HUANG Jianhua

（Liaohe Oilfield（Panjin）Gas Storage Co.，Ltd）

Abstract：After several rounds of injection and production，the foreign－made pilot valves of the first batch of injection and production wells in gas storage reservoir showed varying degrees of natural gas leakage. Measures such as tightening and applying casting adhesive were taken but still resulted in leakage，posing significant safety hazards and certain risks to the stable operation of the gas storage reservoir. The gas storage reservoir is under high pressure and explosive，and according to the usual process of hidden danger and process upgrade，formal construction drawings and other design documents must be issued. The delivery time of foreign materials is uncertain，and the 20－day balancing period definitely unable to complete tasks such as construction，supervision，and testing，which will inevitably affect the injection and production of gas and the seasonal peak supply of natural. By calculating and checking the remaining wall thickness and strength of the branch pipe rack and pilot valve after tapping，and the diameter and depth of the bottom hole of tapping thread，we successfully applied domestic tools to tap the imported pilot valve and branch pipe rack on－site. According to the requirements of the foreign manufacturer，we successfullyinstalled the test isolation valve and pilot valve at once. We only spent 60，000 yuan on the purchase of taps，isolation valves，and pilot valves，saving more than 1.3 million yuan in other material purchases and construction costs for upgrades and transformations，and completed the hidden danger management half a year advance. After experiencing three injection periods from 2022 to 2024，the pilot valve operated well and no longer showed any natural gas leakage completely solving the problem of pilot valve leakage. This technical research and practice can provide reference for the treatment of similar pilot valve leakage problems in oil and gas fields underground gas storage reservoirs.

Key words：S；gas storage；pilot valve；governance；process technology；research；practice

1　引言

S储气位于辽宁省盘锦市境内，属枯竭油气藏型储气库，其功能定位为承担秦皇岛～沈阳输气管道、中俄东线输气管道和大连～沈阳输气管道的季节调峰、事故应急、战略储备等作用，辐射我国东北及京津冀环渤海地区，设计库容 $41.32\times10^8m^3$，年工作气量 $16\times10^8m^3$，运行压力 10～24MPa。主要工程包括双向输气管道、集注站、注采站、注采井场和注采井、注采集输管线等。运行系统主要包括注气系统、采气系统辅助系统及其它配套系统。

紧急切断先导阀是地下储气库注采气工艺流程上重要的压力监测防护设备，当先导阀检测到注采管线内压力高于或低于设定值时，能够自动按照中控上位机控制逻辑快速关闭紧急切断阀门，确保该注采管线和设备安全受控。S储气库首批设计采购了24套某国外品牌的紧急切断阀及其附件，分两种规格型号：（1）注气用先导阀，每个井场注气支线安装一台，316SS/Pressure（0－26MPa）；（2）采气用先导阀，316SS/Pressure（5.5～13MPa），单井角式节流阀后安装一台。经过若干轮次注采，6台注气先导阀出现不同程度的天然气泄露，采取紧固、涂抹铸工胶等方式仍然泄露，存在较大安全隐患，给储气库的平稳运行带来一定风险，被列为油田公司级安全隐患治理项目《XX储气库安全隐患整改及采气装置系统升级》工程限时整改，要求在2022年3月注气前完成隐患治理，确保储气库安全平稳运行。

2　技术思路和研究方法

按照2021年7月设计部门出具的1#－6#井场注气先导阀更换设计通知单，主要整改工作量包括管线更换、新支管台焊接、先导阀整换、仪表配套、系统吹扫、强度及严密性试压和氮气置换等，物资采购费、施工费、措施费、监理费、检测费等约130万元。由于注气先导阀升级改造只能在平衡期（约20天）进行，加上焊接支管台、测试隔离阀、先导阀均需重新从国外采购，采购量小、承压高，厂家需要重新设计，采购到货时间无法确定，所以在新注气期前完成先导阀更换基本是不可能的，只能打破常规、创新思维在短时间内彻底完成先导阀泄露治理。

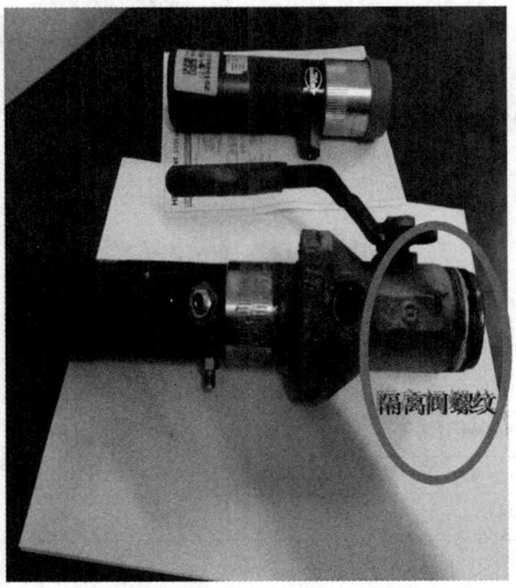

基于以上条件所限，储气库技术人员形成了利旧原先导阀采取现场攻丝重新安装的隐患治理思路。经查阅图纸和随厂技术文件，该批注气先导阀由焊接支管台、测试隔离阀和先导阀三部分组成，所用材质和制造工艺不同，其中焊接支管台采用锻件制造，测试隔离阀采用铸件造，先导阀采用不锈钢材质，测试隔离阀和先导阀与其底座皆采用锥管螺纹连接，国外厂家仅设计3扣NPT螺纹连接，厂家随箱提供了质量合格文件。同时发现每套先导阀泄露点均位于焊接支管台与测试隔离阀螺纹处、测试隔离阀与先导阀螺纹处。经与国外厂家函件确认其设计3扣NPT螺纹连接满足相关强度要求，但对NPT扣现场安装要求较高，初步判断先导阀泄露很可能是由于建设阶段安装时致使丝扣母扣一定程度受损，加上NPT螺纹仅有3扣，所以管线压力升高到一定程度时出现泄露。

储气库技术人员利用自编软件对支管台和测试隔离阀的剩余壁厚和强度进行计算复核，明确在现场对焊接支管台的2″NPT母扣和测试隔离阀1.5″NPT母扣原3扣基础上再攻丝3扣后回装测试阀和先导阀，整改工作量就可以大大降低，短时间就可以完成整改任务，还可大幅度降低原设计文件中的采购和施工费用，提高注采气时率。具体整改做法是：

（1）无论NPT公扣是否损坏，为保证整改效果，对焊接支管台及测试隔离阀座重新攻丝，将所有注气焊接支管台的2″NPT母扣和测试隔离阀的1.5″NPT母扣由3扣分别攻丝至6扣。依据GB50350－2015《油田油气集输设计规范》，钢管计算壁厚＝设计压力×管道外径÷（2×钢管最低屈服强度×设计系数×钢管焊缝系数×温度折减系数）＋管道腐蚀裕量，许用应力＝钢管最低屈服强度×设计系数×钢管焊缝系数，利用钢管壁厚及许用应力计算复核软件，分别计算钢管壁厚和许用应力。经计算焊接支管台和测试隔离阀最小壁厚须≥6.614mm即能满足强度要求。经现场测量和计算攻丝后测试隔离阀和焊接支管台的剩余壁厚分别为16.63mm、22.41mm，剩余壁厚和许用应力满足规范要求。

1、钢管壁厚计算（直管段）-油气集输设计规范					
设计压力，MPa	26	管道外径，mm	92	钢管最低屈服强度，MPa	360
设计系数	0.72	钢管焊缝系数	1	温度折减系数	1
管道腐蚀裕量，mm	2	钢管计算壁厚，mm	6.6142	许用应力，MPa	259.2

（2）计算复核现场攻丝深度及纹距。经与成都某工具公司充分结合，选用两款国产美标锥管直槽丝锥分别对焊接支管台的2″NPT母扣和测试隔离阀1.5″NPT母扣进行现场攻丝，采用铸铁及脆性金属经验公式计算确定螺纹底孔直径和深度：底孔（钻孔直径）直径D＝d－1.1t，式中d：螺纹外径（公称直径），t：螺距，单位：mm；钻孔深度＝需要螺纹深度＋0.7d，计算确定现场攻丝深度及螺距。

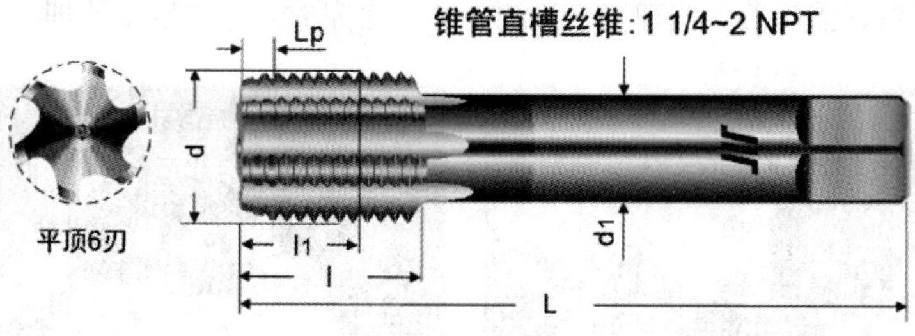

	规格代码	规格	英寸牙数 Pl	螺距 p	精度	切削锥长 Lp	螺纹直径 d	柄径 d1	螺纹长 i	总长度 L	柄方宽 口	可用长度 l1
1	1150290008	3/4 NPT	14	1.814	标准级	3P	26.57	20	32	96	16	21
2	1150290010	1 NPT	11.5	2.209	标准级	3P	33.23	25	40	109	20	26
3	1150290012	1 1/4 NPT	11.5	2.209	标准级	3P	41.99	31.5	42	119	25	27
4	1150290011	1 1/2 NPT	11.5	2.209	标准级	3P	48.05	35.5	42	125	28	27
5	1150290013	2 NPT	11.5	2.209	标准级	3P	60.09	40	45	140	31.5	28

3　结果和效果

为避免攻丝出现差错，2021年储气库技术人员通过绿色通道提前采购2套隔离阀和先导阀作为备用，航空运输到货。施工改造前精选高水平操作技能人员进行攻丝实验，精准掌握力度和攻丝深度。10月下旬利用注采平衡期在现场进行攻丝作业，过程中做好润滑和旁站监测，仅用1天时间成功将所有注气焊接支管台的2″NPT母扣和测试隔离阀1.5″NPT母扣由3扣攻丝至6扣，利用4天时间把测试隔离阀和先导阀按国外厂家要求回装一次成功，提前6个月完成所有注气先导阀泄露治理，未对2021年11月开始的采气保供任务造成影响。

经过2022年、2023年和2024年三个完整注气期的运行实践，注气压力最高达到26Mpa，先导阀运行良好，未再出现天然气泄露情况，消除了重大安全隐患，降低了储气库运行安全风险。对比设计文件和常规施工方案，通过强度计算复核及现场攻丝回装的方法，节省了采购、施工、监理和监测等费用约124万元，施工过程简便快捷，整改工期大大缩短，极大提高了注采气时率。

4　结论

S储气库先导阀泄露治理工艺技术研究与实践是现役储气库在用先导阀泄露治理的成功典范，先导阀各组件回装后历经三个注气期现场应用良好，彻底解决了先导阀泄露问题。主要结论如下：

（1）通过计算复核支管台和先导阀攻丝后剩余壁厚和强度，对现场攻丝作业提供技术支撑；

（2）采用铸铁及脆性金属经验公式计算得出攻丝螺纹底孔直径和深度，应用国产工具对进口先导阀和支管台现场攻丝，与国外产品拟合完好；

（3）采用现场攻丝方式解决先导阀泄露问题，可大幅度节约采购和施工等升级改造费用，极大缩短改造工期，提高注采气时率；

（4）S储气库先导阀泄露治理工艺技术研究与实践对油气田和地下储气库类似先导阀泄露问题治理提供借鉴参考。

参　考　文　献

[1] 商绍芬，严鸿，吴建，等．四川盆地长宁页岩气井生产特征及开采方式［J］．天然气勘探与开发，2018，41（4）：69－75.

[2] 陈冠举．中国页岩气地面集输工艺技术研究［J］．现代化工，2018，38（8）：185－188.

[3] 崔伟，宋学超，罗金华，等．顺北二区高含硫天然气脱水工艺技术研究［J］．石油与天然气化工，2022，51（03）：16－22.

[4] 周军，肖瑶，孙建华，等．储气库地面脱水系统能耗优化方法比选［J］．天然气化工（C1化学与化工），2022，47（02）：129－136.

[5] 诸林，邓骥，杨洋，等．基于响应面的天然气三甘醇脱水装置用能优化［J］．化学工程，2015，43（02）：40－43＋48.

[6] 马同玲，张扬军，王正，等．基于正交试验的柔性联轴器设计灵敏度分析与优化研究［J］．推进技术，2022，43（02）：237－245.

[7] 陈月娥，张湘玮，徐长峰，等．呼图壁储气库天然

气脱水工艺优化［J］．油气田地面工程，2021，40（06）：32－40.

［8］王行．南山终端三甘醇脱水系统参数优化分析［J］．油气田地面工程，2017，36（12）：46－49.

［9］蒋洪，郑贤英．低处理量乙二醇再生工艺改进．石油与天然气化工，2011.11.

［10］董文浩，陶玉林．克拉美丽气田井口防冻工艺研究．石油工程建设，2015.04.

［11］武喜怀．对真空相变加热炉运行故障的探讨和分析［J］．内蒙古石油化工，2013年13期．

［12］秦红．浅层、低效气田地面集输工艺橇装模块化的应用［J］．石油工程建设，2009.35（3）：32－34.

［13］丁国生，李春，王皆明，等．中国地下储气库现状及技术发展方向［J］．天然气工业，2015，35

［14］冯鹏，王俊，侯晓犇．储气库用注采管汇腐蚀因素分析［J］．腐蚀研究，2013，27（4）：47－50.

［15］高文玲．管道腐蚀检测及强度评价研究［D］．西安：西安石油大学，2011：21－24.

［16］李林辉，李浩，屠海波，等．油气集输管线内防腐技术［J］．上海涂料，2011，49（5）：31－33.

［17］中国腐蚀与防护学会，主编．腐蚀科学与防腐蚀工程新进展［M］，北京：化学工业出版社，1999.

缓蚀剂在S储气库采气系统中的分布规律研究

赵建国

（辽河油田（盘锦）储气库有限公司）

摘　要　STZ储气库为枯竭油气藏型储气库，存在CO_2腐蚀风险，采用加注缓蚀剂来控制腐蚀。为确定采气系统缓蚀剂的经济加注量及工况变化对缓蚀剂分布的影响，本文采用Fluent研究了不同加注量与工况条件下缓蚀剂在水平管道中的分布情况，通过数据拟合得到了管道末端缓蚀剂的浓度预测模型。结果表明，随着缓蚀剂加注量的增加，缓蚀剂在管道内的浓度变化规律为先上升后下降，超过$0.48L/10^4m^3$加注量时缓蚀剂在管道内有效浓度会有所减少；随着输气量的增加，缓蚀剂在管道内的分布会更加均匀，延长缓蚀剂在管道内的保护距离。

关键词　储气库；天然气；缓蚀剂加注；Fluent模拟；分布规律

Study on The Distribution Law of Corrosion Inhibitors in the Gas Production System of S Gas Storage

ZHAO Jianguo

(Liaohe Oilfield (Panjin) Gas Storage Co., Ltd)

Abstract: A certain gas storage facility is a depleted reservoir type gas storage facility with a risk of CO_2 corrosion, and corrosion control is achieved by adding corrosion inhibitors. To determine the economic injection amount of corrosion inhibitors in gas production systems and the impact of operating conditions on the distribution of corrosion inhibitors, Fluent was used to study the distribution of corrosion inhibitors in horizontal pipelines under different injection amounts and operating conditions. A concentration prediction model for corrosion inhibitors at the end of the pipeline was obtained through data fitting. The results show that as the amount of corrosion inhibitor added increases, the concentration of corrosion inhibitor in the pipeline changes first and then decreases. When the amount exceeds $0.48L/10^4m^3$, the effective concentration of corrosion inhibitor in the pipeline will decrease; With the increase of gas transmission, the distribution of corrosion inhibitors in the pipeline will become more uniform, extending the protection distance of corrosion inhibitors in the pipeline

Key words: Gas storage; Natural gas; Corrosion inhibitor filling; Fluent simulation; Distribution pattern

STZ储气库为枯竭油气藏型储气库，对采气系统进行气质检测时发现CO_2分压超过0.021MPa，存在一定腐蚀风险。近年来，缓蚀剂得益于其性价比在石油和天然气行业中应用最为普遍，决定采取缓蚀剂加注方案降低采气系统腐蚀风险。

曲国建、卓柯、Liu和杨露等学者借助Fluent软件研究了缓蚀剂的弯头倾角、加注量、管道斜率、气体流速、管内积液、缓蚀剂喷入速度、管道直径、缓蚀剂体积分数、黏度及液滴直径对缓蚀剂分布规律的影响。李延渊等同样借助数值模拟方法探究了缓蚀剂在管壁上的流动规律。史春建、Moor分别借助显微镜与水敏纸并使用统计方法与图像分析法得到了缓蚀剂雾滴的分布规律。扈俊颖等基于流体动力学理论，利用ANSYS-FLUENT建立不同角度弯头模型进行数值模拟并得到连续加注缓蚀剂在管道中的分布情况。高雪琦等人对管段内缓蚀剂预膜情况及气体流动对缓蚀剂膜造成的影响进行了研究；裴秀丽通过研究缓蚀剂在90°弯管集输管道的分布规律后发现缓蚀剂在弯管处受到二次回流后其分布会变得更加均匀。罗翀在研究带有下倾管道的管道时发现增大天然气输量有助于缓蚀剂的均匀分布。

现阶段对缓蚀剂分布影响因素进行研究时多从单因素变量着手，尚未同时对缓蚀剂加注量及天然气输量对缓蚀剂分布的影响进行过深入的研究。本文基于Fluent研究了不同缓蚀剂加注量与工况条件下缓蚀剂在水平管道中的分布情况，通过数据拟合得到了管道末端缓蚀剂的浓度预测模型，为现场生产提供一定参考。

1　数值模型建立

1.1　几何模型

以采气系统工艺区干线管线为研究对象，内径为666.6mm的，研究长度为10m，缓蚀剂加注口位于管道中部。其中，将管道截面以水平线按照内径三等分，分为管道顶部、中部与底部。具体模型尺寸与模型网格划分如图1所示。

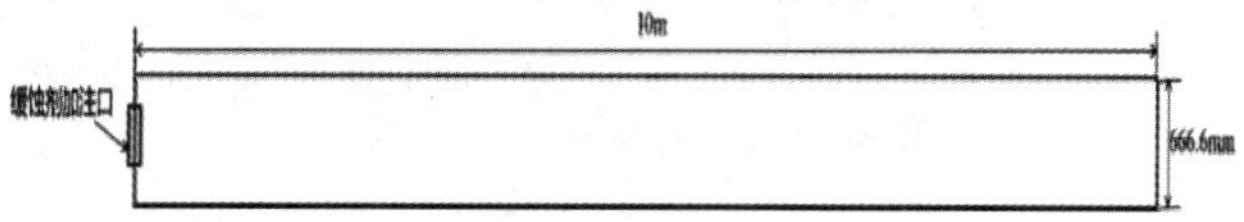

（a）几何模型图

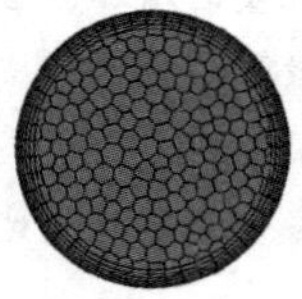

（b）模型侧视网格图

（c）模型俯视网格图

图1　模型图与模型网格图

1.2　模拟模型

（1）模型

模型选择组分输运模型（Species Transport），加注后的缓蚀剂为液滴雾状，因此采用拉格朗日粒子追踪模型（DPM）。综合考虑选择模拟选用组分输运（Species Transport）－拉格朗日（DPM）法耦合计算，湍流模型采用Realizable ε–k模型。

（2）壁面作用方式

壁面与液滴的作用方式设置为壁面液膜（wall－film），在模拟中液滴会直接与壁面相互作用，因此近壁面区域采用增强壁面处理法。

（3）边界条件

采用速度入口和压力出口的边界条件，进出口粒子类型为逃逸，流动状态糙度系数设为零，壁面采用无滑移边界条件，类型为壁面液膜（wall－film）。

（4）入口条件

气相进口速度由输气量决定，缓蚀剂加注量为0.18～0.54L/10^4m^3，梯度为0.09L/10^4m^3，缓蚀剂密度为900kg/m^3，缓蚀剂入口速度为4.5m/s，湍流强度 $I=5\%$，水力直径 $D=0.666$m，缓蚀剂最小液滴直径5－45μm。

（5）出口条件

自然出流（Outflow），直管段长度达到管径的10倍以上，满足充分发展条件。

（6）网格无关性验证

通过网格无关性验证，如图2所示，得其网格大于120×10^4时，模拟结果变化不大，网格数量增大到一定程度后计算结果趋于稳定。可以认为120万网格满足网格数量的无关性要求。

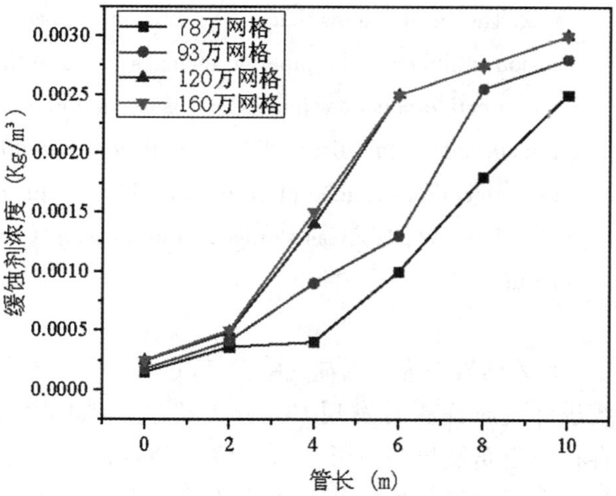

图2　模型网格无关性验证图

1.3　壁面捕获分析

本文选用拉格朗日粒子追踪模型（DPM）进行颗粒的运动模拟。该模型考虑了流体和颗粒之间的相互作用，可通过配置颗粒追踪的相关参数由求解器求解管道不同位置的缓蚀剂液滴捕获情况，粒子捕获情况可反映缓蚀剂在管道顶部、中部与底部壁面上的分布。

2 结果与讨论

2.1 模拟可靠性验证

为验证模拟结果的可靠性，天然气在 $800\times10^4m^3/d$、10MPa 和35℃的工况下流速为2.31m/s，缓蚀剂加注量为 $0.18L/10^4m^3$ 时，缓蚀剂体积分数为 2.25×10^{-5}；卓柯等人对缓蚀剂在U形管内的分布进行研究时选择工况条件为水平管道长20m、内径0.66m，进口流速2.35m/s、缓蚀剂体积分数为 9.5×10^{-7}。研究结果对比发现缓蚀剂在管道底部、中部与顶部的分布规律一致，认为模拟结果是可被接受的。

2.2 缓蚀剂加注量对缓蚀剂分布的影响

基于模拟计算结果完成加注量对缓蚀剂浓度分布规律影响研究。加注量范围：$0.18L/10^4m^3$ ~ $0.54L/10^4m^3$，梯度为 $0.09L/10^4m^3$。以 $340\times10^4m^3/d$的天然气输量，$0.18L/10^4m^3$ 的缓蚀剂加注量为例。设管道轴向为X轴，选取 X=0~10m，梯度1m及Z=0的截面，研究缓蚀剂在这些截面上的分布，分析缓蚀剂在管道中的分布规律。

不同截面上缓蚀剂浓度分布云图如图3（a）所示。

由图3（a）可看出，缓蚀剂由喷嘴喷入管道后即 X=0时，缓蚀剂在管道周向上分布比较均匀，缓蚀剂浓度分布规律为管道底部 > 管道中部 > 管道顶部，在管道5m前，缓蚀剂在底部大量集聚，造成后面管道缓蚀剂整体浓度有明显下降。

保持其他条件不变，增加缓蚀剂的加注量，缓蚀剂在管道内的浓度分布如图3（b）、（c）、（d）、（e）与（f）所示，缓蚀剂刚喷入管道内时，管道底部、中部与顶部的缓蚀剂浓度差不明显，约为 $0.002kg/m^3$，与图3（a）中X=0m时的浓度分布云图一致。以缓蚀剂加注量为 $0.18L/10^4m^3$ 时为例，缓蚀剂在管道底部入口浓度为 $0.0024kg/m^3$，在3m处，浓度达到最大值 $0.0064kg/m^3$，在3-7m间下降，7-10m内基本稳定，浓度为 $0.0036kg/m^3$。缓蚀剂在管道中部浓度 $0.0015kg/m^3$，之后逐渐下降，但浓度变化范围较小，最终稳定在 $0.00065kg/m^3$。缓蚀剂在管道顶部入口浓度为 $0.0021kg/m^3$，随后逐渐下降，在3m后缓蚀剂浓度几乎为0。

管道底部缓蚀剂浓度会缓慢上升，峰值在5m之前出现，后开始逐渐降低并保持相对稳定。管道顶部与中部缓蚀剂浓度则会持续下降，当管道顶部的浓度降到最低并基本保持不变时，管道底部的缓蚀剂浓度达到最大值，图3（a）中X=1、2、3、4和5m的云图印证了缓蚀剂的变化规律，缓蚀剂的浓度变化与参考文献［3］［6］和［9］的研究规律性一致。

2.3 天然气输量对缓蚀剂分布的影响

不同管输气量下，管道内天然气流速不同，会对缓蚀剂在管道中浓度分布造成影响。本节选取储气库常见的管输工况 $340\times10^4m^3/d$、$800\times10^4m^3/d$、$930\times10^4m^3/d$、$1350\times10^4m^3/d$、$1500\times10^4m^3/d$ 进行不同管输气量下的数值模拟。保持其他条件不变，改变输气量，研究缓蚀剂在管道内分布情况，模拟结果如图4所示。

（1）不同输气量、不同缓蚀剂加注量下管道底部缓蚀剂浓度分布

由图4可知，缓蚀剂由喷嘴喷入管道后，缓蚀剂迅速在管道内分散开，缓蚀剂在底部的浓度迅速上升并保持相对稳定，在6m至9m的范围内浓度开始下降，二次稳定后的缓蚀剂浓度在不同条件下会有不同。但其分布规律基本一致，均呈现“先升后稳终降”的趋势。

天然气输量的变化对管道底部缓蚀剂浓度的影响较小，随缓蚀剂加注量的降低其浓度也会发生变化，底部浓度基本为0.014、0.013、0.008、0.0075与 $0.0063kg/m^3$，降低并稳定后的底部浓度为 $0.009kg/m^3$、$0.00875kg/m^3$、$0.006kg/m^3$、$0.005kg/m^3$ 和 $0.00375kg/m^3$。

缓蚀剂浓度“先升后稳”的原因是管道顶部、中部体积较大的缓蚀剂液滴既受到重力作用又受到天然气气流冲击作用使缓蚀剂沉降的同时还随气流向前移动，体积大的缓蚀剂液滴率先沉积，较小的缓蚀剂液滴在移动过程中也开始沉积，导致管道底部一定范围内缓蚀剂液滴浓度较高。缓蚀剂液滴沉降完成后，缓蚀剂整体浓度较之前有所下降，造成了管道底部缓蚀剂浓度的下降并稳定。管输气量变大后天然气流速增加，可裹挟缓蚀剂液滴运动得更远，浓度下降转折点有所延后，下降后浓度基本保持不变，管道底部缓蚀剂高浓度区间随着天然气输量的增加而增大，说明随着输气量的增加管道底部缓蚀剂分布更加均匀。

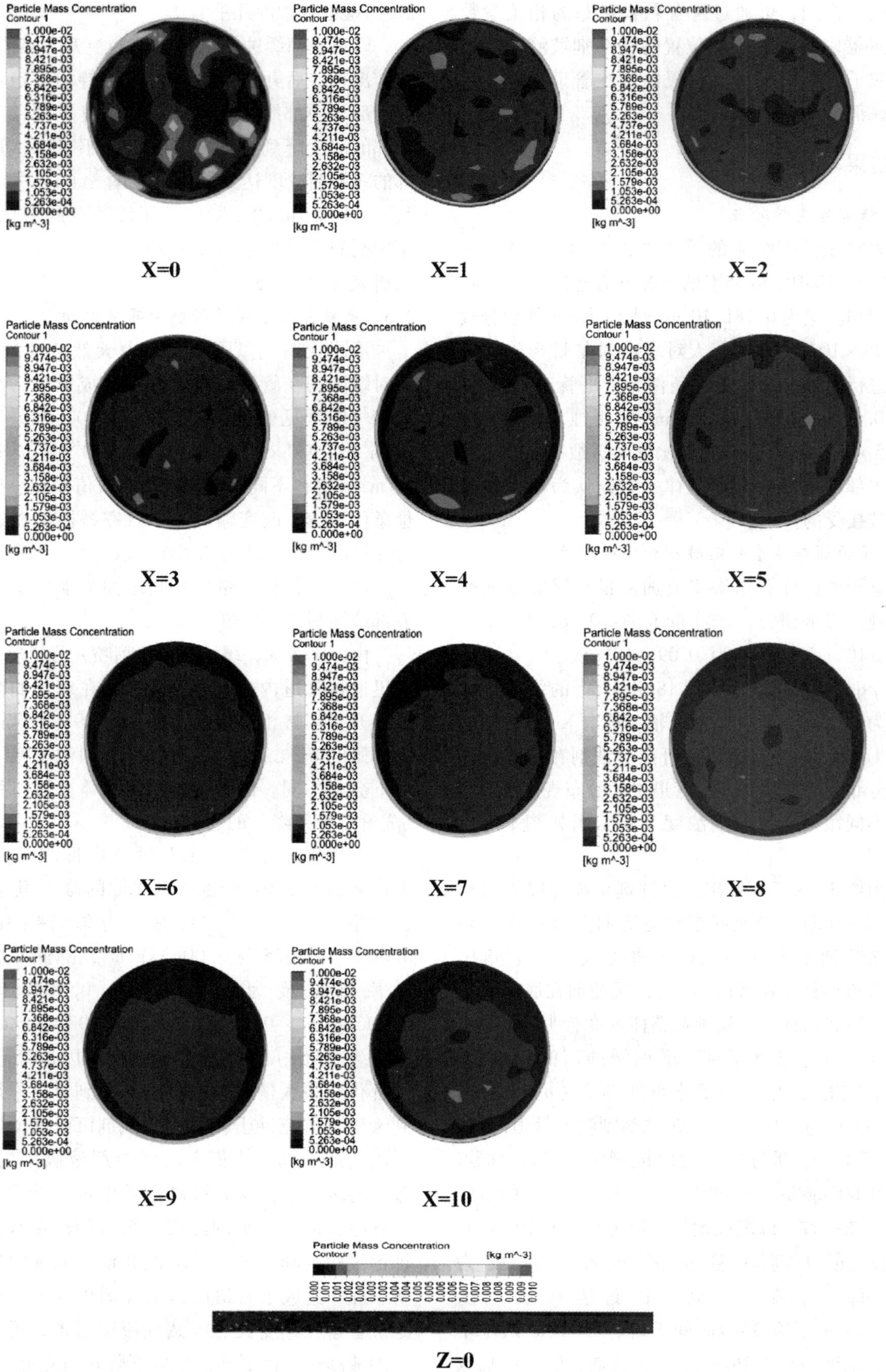

（a）缓蚀剂加注量为 0.18L/10⁴m³ 在水平管道上的浓度分布云图

图3　采气量为 $340\times10^4m^3/d$ 时不同缓蚀剂加注量下水平管道内的缓蚀剂浓度分布

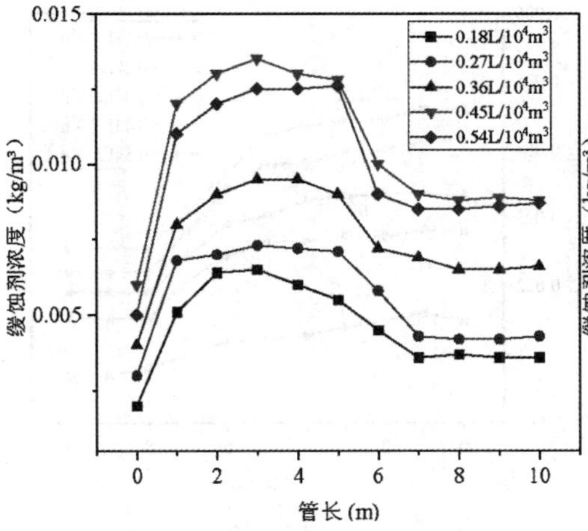

（a）340×10⁴m³/d

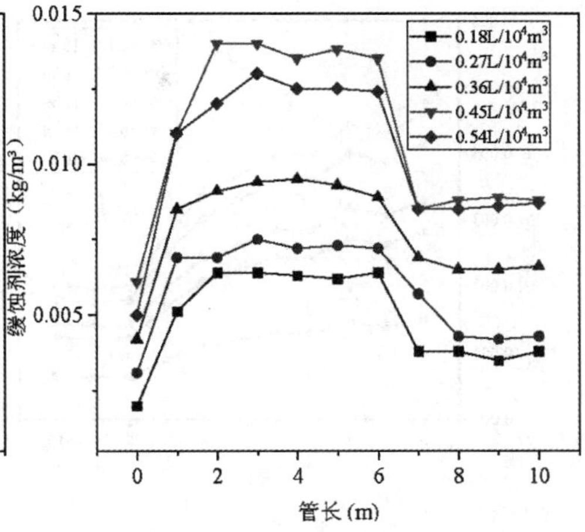

（b）800×10⁴m³/d

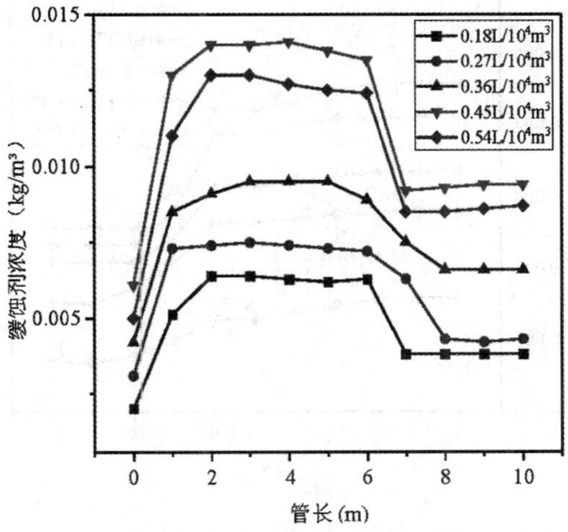

（c）930×10⁴m³/d

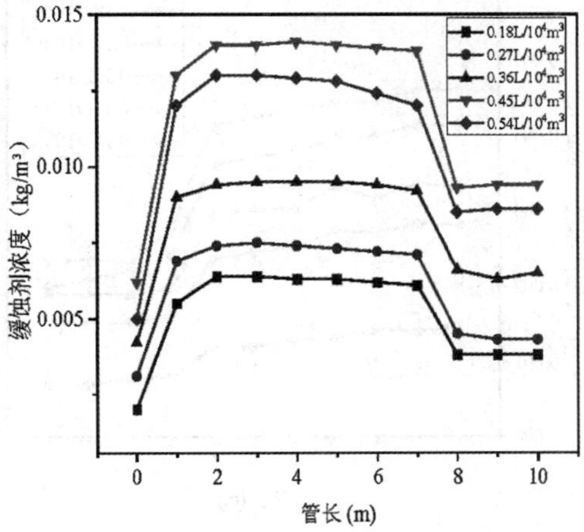

（d）1350×10⁴m³/d

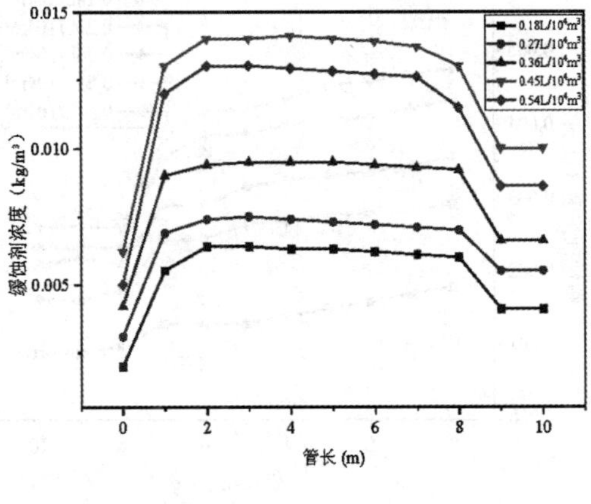

（e）1500×10⁴m³/d

图4 不同缓蚀剂加注量、不同输气量时水平管道内的底部缓蚀剂浓度分布

（2）不同输气量、不同缓蚀剂加注量下管道中部缓蚀剂浓度分布

从图5整体来看，缓蚀剂在管道中部的浓度变化的整体趋势是下降，在5－6m范围内下降明显，然后保持相对稳定，稳定后的缓蚀剂浓度在不同输气量和缓蚀剂加注量的影响下会有所不同，但其分布规律基本一致，浓度变化呈现“先降后稳”的趋势。

输气量为$340\times10^4m^3/d$时，缓蚀剂浓度下降较为明显，其他条件下管道浓度降低相对缓慢，

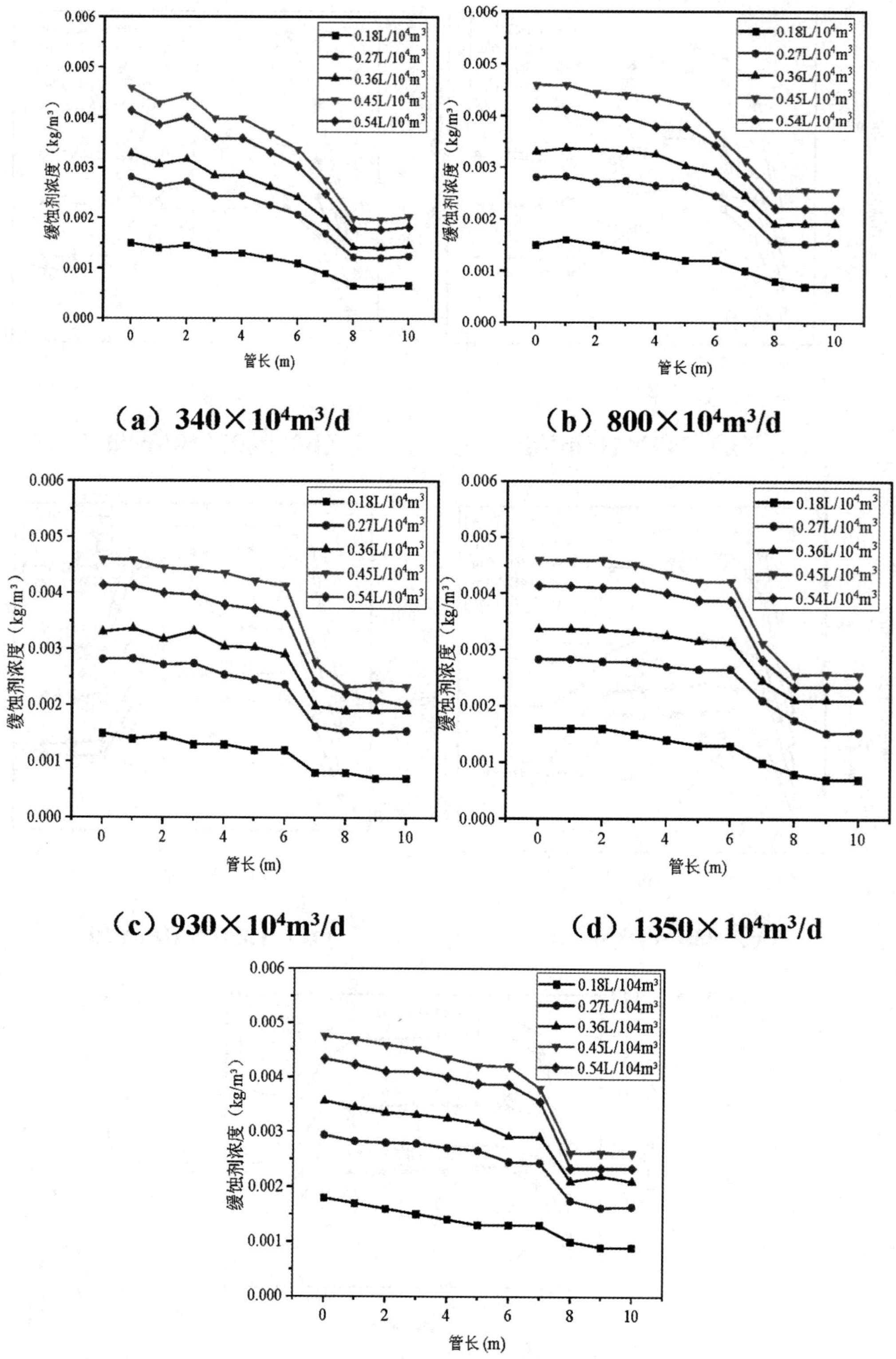

（a）$340\times10^4m^3/d$　（b）$800\times10^4m^3/d$

（c）$930\times10^4m^3/d$　（d）$1350\times10^4m^3/d$

（e）$1500\times10^4m^3/d$

图5　不同缓蚀剂加注量、不同输气量时水平管道内的中部缓蚀剂浓度分布

基本可以保持在0.0045、0.004、0.0035、0.003与0.0015kg/m³，浓度转折点在5～8m出现，自此缓蚀剂浓度开始显著降低，然后保持相对稳定。输气量为$340\times10^4m^3/d$时管道末端缓蚀剂较低，最大为0.002kg/m³，其他不同输气量的管道浓度下降后基本保持一致，浓度最大为0.0025kg/m³。

缓蚀剂浓度“先降”的原因是缓蚀剂的喷嘴位于管道中部，缓蚀剂从喷嘴喷出后，即可在管道中部充分分布，缓蚀剂随气流向前持续运动同时又受到重力作用，在运动过程中持续沉降，导致管道中部缓蚀剂浓度会出现降低，管道顶部缓蚀剂液滴也会发生沉降，当缓蚀剂液滴沉降经过管道中部时，相当于管道中部缓蚀剂得到了补充，所以管道中部缓蚀剂浓度缓慢下降。

（3）不同输气量、不同缓蚀剂加注量下管道顶部缓蚀剂浓度分布

由图6可知，缓蚀剂由喷嘴喷入管道后，缓蚀剂受气流影响充分扩散，此时管道顶部的缓蚀剂浓度与管道中部和底部相比差距不大，之后逐渐降低，最终缓蚀剂浓度趋近于零。在不同加注量、天然气输量的条件下，其分布规律基本一致，均呈现下降的趋势。

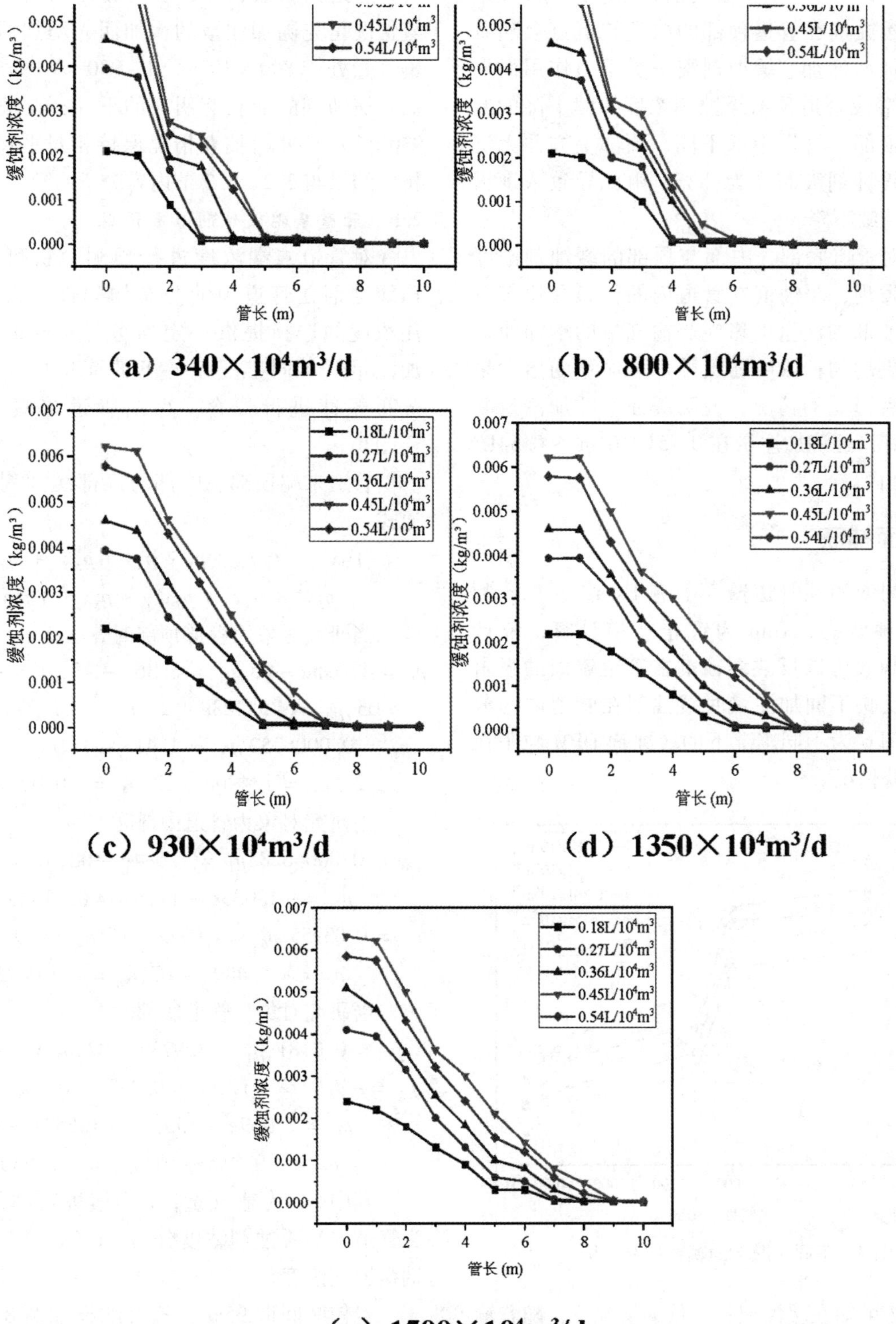

（a）340×10⁴m³/d　（b）800×10⁴m³/d

（c）930×10⁴m³/d　（d）1350×10⁴m³/d

（e）1500×10⁴m³/d

图6　不同缓蚀剂加注量、不同输气量时水平管道内的顶部缓蚀剂浓度分布

天然气输量的变化对管道顶部缓蚀剂浓度的影响较小，缓蚀剂浓度基本为 0.0065、0.0058、0.0052、0.0042 与 0.0025kg/m^3，在不同条件下，管道顶部的缓蚀剂浓度在 3 ~ 9m 范围内趋近于零。

从输量的角度看，输量一定时，缓蚀剂在管道顶部的浓度转折点会随着加注量的增加而延后，但超过 0.45L/10^4m^3 后又会提前；当缓蚀剂加注量一定时，缓蚀剂在管道顶部的浓度转折点会随着输量的增加而增加。缓蚀剂液滴受重力作用而发生沉降是造成管道顶部缓蚀剂浓度持续下降的原因，管道顶部与管道中部不同，顶部上方并无沉降下来的缓蚀剂液滴作为补充，由此导致浓度沿管道轴向持续下降。

通过对管道底部、中部与顶部的缓蚀剂浓度进行分析发现，缓蚀剂在管道内的分布受输气量变化和缓蚀剂加注量的影响。输气量的增加使缓蚀剂分布更均匀；浓度随缓蚀剂加注量的增大呈现先增大后降低的情况，说明缓蚀剂的加注量并非越大越好，经济加注量在 0.45L/10^4m^3 ~ 0.54L/10^4m^3 范围内。

2.4　壁面捕获

缓蚀剂液滴在管道壁面上有 Escape、Trap 和 Reflect 三种状态，Trap 为终止轨道计算，统计 Trap 的液滴数可以反映缓蚀剂在管道壁面的吸附情况。可反映不同加注量时缓蚀剂在管道内的分布情况，图 6 为不同工况下的缓蚀剂 DPM 粒子在壁面的捕获情况。

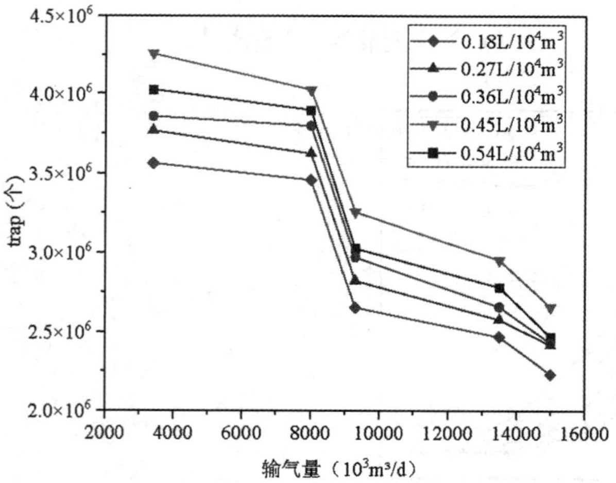

图 7　不同工况下的颗粒捕获分析

由图 7 可知在缓蚀剂一定量的情况下，随着输气量的增大，管壁捕获的颗粒数逐渐减少。这是由于输量增加造成管内天然气流速变大，在相同时间内流速大时缓蚀剂液滴沿管道轴向方向会有更大的移动距离，天然气带动更多的缓蚀剂液滴向前流动，使得其在整个管壁的沉积量小，从而延长了缓蚀剂的保护距离，与管道缓蚀剂的浓度分布相对应。随着缓蚀剂加注量的增大，管道壁面捕获数增加，当缓蚀剂的注入量为 0.54L/10^4m^3 时，管道捕获数减少，表明缓蚀剂在管壁上的附着情况是先随加注量的增加而先增加后减少；在输气量处于 $800\times10^4m^3/d\sim930\times10^4m^3/d$ 时，壁面对缓蚀剂的捕获有明显的下降，在输气量超过 $930\times10^4m^3/d$ 时捕获情况保持相对平稳。捕获分析的结果与 2.2、2.3 节内容分析一致。

2.5　管道末端缓蚀剂浓度预测

对管道末端浓度进行预测分析可直观表示出缓蚀剂在管道中的分布均匀性，为缓蚀剂加注浓度的选择提供一定参考。完成不同缓蚀剂加注量、不同工况条件下的模拟后，对缓蚀剂分布规律进行拟合，得出管道末端浓度分布云图。

管道末端顶部、中部与底部缓蚀剂浓度拟合通式：

$$f(x,y) = p_0 + p_1 + p_2y + p_3x^2 + p_4xy + p_5y^2 + p_6x^3 + p_7x^2y + p_8xy^2 + p_9y^3$$

当研究对象为管道顶部时，

$$p_0 = 1.095e-05, p_1 = 8.36e-23, p_2 = -8.901e-05, p_3 = -5.403e-27, p_4 = -1.943e-22$$
$$p_5 = 0.0006052, p_6 = 1.41e-31, p_7 = 3.747e-27, p_8 = 1.496e-22, p_9 = -0.0007073$$

当研究对象为管道中部时，

$$p_0 = 0.0004628, p_1 = 1.684e-08, p_2 = -0.0061, p_3 = -1.035e-11, p_4 = 6.613e-07$$
$$p_5 = 0.03955, p_6 = 4.097e-16, p_7 = -9.228e-12, p_8 = -5.489e-07, p_9 = -0.04755$$

当研究对象为管道底部时，

$$p_0 = 0.0181, p_1 = 3.973e-07, p_2 = -0.1702, p_3 = -7.027e-11, p_4 = 9.338e-07, p_5 = 0.5648,$$
$$p_6 = 2.969e-15 p_7 = -1.552e-11, p_8 = -9.956e-07, p_9 = -0.5304$$

其中，x 为输气量，y 为缓蚀剂添加浓度，z 为管道末端缓蚀剂浓度分布，f（x，y）为管道末端缓蚀剂浓度。

置信区间取 95%，拟合结果如图 8 所示。其中，管道末端底部缓蚀剂的浓度预测的和方差为 2.073×10^{-6}，R^2 为 0.9826；管道中端底部缓蚀剂的浓度预测的和方差为 2.285×10^{-7}，R^2 为 0.9757；管道末端顶部缓蚀剂的浓度预测的和方差为 5.878×10^{-11}，R^2 为 0.9547。和方差与标准差均小于 10^{-5}，R^2 均大于 0.95，说明拟合结果较好。

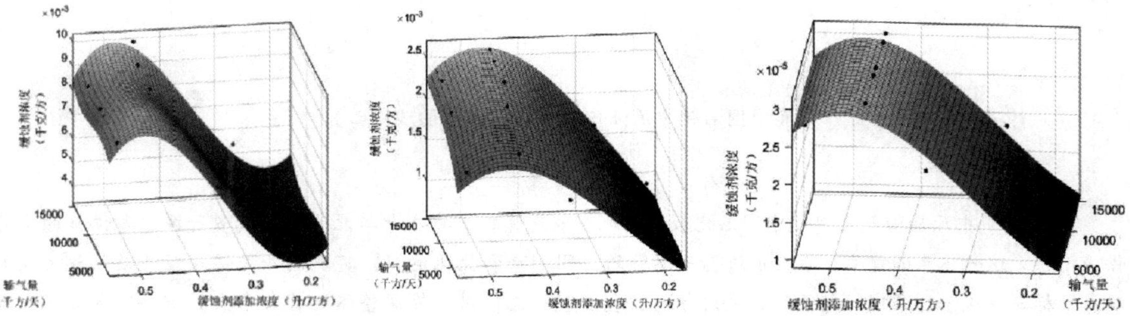

(a) 底部 (b) 中部 (c) 顶部

图 8　不同输气量与缓蚀剂加注量的管道末端缓蚀剂浓度预测

其整体规律与 2.2、2.3 节研究规律一致，结合图 8，发现在本文模拟条件前提下最优加注量处于 $0.45L/10^4m^3 \sim 0.54L/10^4m^3$ 之间，且加注量为 $0.48L/10^4m^3$ 时，缓蚀剂在管道内的分布情况最好；且天然气输量增加会延长缓蚀剂在管道内的分布距离。

3　结论

（1）研究发现，管道内缓蚀剂浓度底部 > 中部 > 顶部，缓蚀剂容易沉积在管道底部，可能是由于天然气为稳定层流状态导致。

（2）随着采气量的增加，天然气流速增大，管道底部、中部与顶部的缓蚀剂浓度保持较好，有助于缓蚀剂更好的分布，延长缓蚀剂在管道内的保护距离。缓蚀剂加注量的增加，整体上有利于增加缓蚀剂的浓度，但并非加注越多越好，加注量在一定范围内最优值为 $0.48L/10^4m^3$，既可以满足防腐要求，又具有经济性。

参　考　文　献

[1] 侯保山．新型高效嘧啶类缓蚀剂的开发、缓蚀性能及理论计算 [D]. 华中科技大学，2021.

[2] 曲国健．M 集输管道内缓蚀剂浓度分布规律研究 [D]. 西南石油大学，2019.

[3] 卓柯，邱伊婕，张引弟，等．缓蚀剂在输气管道中分布规律的数值模拟研究 [J]. 石油化工，2020，49 (6)：576－581.

[4] En－BinLiu，HaoTang，YinHuiZhang，et al. Experiment and numerical simula－tion of distribution law of water－based corrosion inhibitor in natural gas g－athering and transportation pipeline [J]. Petroleum Science，2023，Vol. 20 (3)：1857－1873.

[5] 杨露．龙岗气田低流速管线流动特征及缓蚀剂分布规律研究 [D]. 西南石油大学，2014.

[6] 李延渊，谭慧敏，王建军，等．湿天然气集输管线缓蚀剂分布的数值模拟 [J]. 油气田地面工程，2012，(1)：15－17.

[7] 史春建．植保机械雾化性能的图像检测方法研究 [D]. 江苏大学，2005.

[8] Moor A D E，Langenakens J，Vereecke E. Image processingfor water sensit－ive paper as a tool for the evaluation of spraydistribution of orchard sprayers [J]. Asp Appl Biology，2000，18 (2)：179－182.

[9] 刘宁，扈俊颖，钟显康，等．连续加注工艺下缓蚀剂在输气管道内的分布规律研究 [A]. 第二十二届全国缓蚀剂与水处理学术讨论会 [C]，2022.

[10] 罗嵩男，扈俊颖，钟显康．连续加注缓蚀剂在输气管道内的分布规律研究 [A]. 第十二届全国腐蚀与防护大会 [C]，2023.

[11] 高雪琦，张笑笑，王建军．缓蚀剂液膜分布规律的数值模拟 [J]. 排灌机械工程学报，2017，35 (1)：50－55.

[12] 裴秀丽，谭慧敏，王建军，等．正常加注工艺中缓蚀剂液滴在湿天然气集输管道内流动分布的数值研究 [J]. 化学工程与装备，2011，(4)：1－8.

[13] 罗翀．M 集输管线缓蚀剂分布数值模拟研究 [D]. 西南石油大学，2018.

基于业财融合模型的储气库生产运营优化技术研究

陈　惠

（中国石化中原油田分公司信息化管理中心）

摘　要　中原油田正在建设中国石化最大的地下储气库群，将在大华北地区形成多气源、多设施的资源供应体系。这一体系的建立，旨在通过储气库群的协同调峰和优化运行，实现调峰保供与经济效益最大化的双重目标。在这一过程中，储气库关键设备的成本控制和优化对于提高整体运营效率至关重要。本文深入探讨了储气库群标准成本体系，明确关键设备成本构成要素，通过 PCA 和散点矩阵图分析选取敏感性高的特征参数，再使用 SVR 和粒子群机器学习方法建立设备能耗数据、生产数据和成本要素的业财融合模型，能实时预测不同注采计划方案下的设备能耗成本，并测算出不同注气任务下压缩机各参数的最优配比方案，以实现关键设备的成本管控和优化。根据研究进行实际应用，基于优化方案调整压缩机进气压力，使压缩机单日每百万方耗电由9.89万度下降至8.51万度，降低13.8%。研究结果表明，通过应用关键设备能耗优化模型，不仅能够确保生产运行稳定性，还能有效降低能耗。特别是当设备进口压力、出口压力和运行时间等参数达到最优匹配时，能耗可以被有效地控制在一个相对最优的范围内。这一研究将业财融合的理念融入到管理制度和场景应用中，基于标准成本体系和模型应用实现成本的动态优化，对于后续实现储气库群的经济高效运行具有重要的可借鉴意义。

关键词　储气库；能耗；业财融合

Research on Optimization Technology of Gas Storage Production and Operation Based on the Integration of industry and Finance Model

CHEN Hui

(Information Management Center, Zhongyuan Oilfield Company, Sinopec)

Abstract: The Zhongyuan Oilfield is constructing the largest underground gas storage complex in China for Sinopec, which will form a multi - source and multi - facility resource supply system in the North China region. The establishment of this system aims to achieve the dual goals of peak shaving and supply guarantee, as well as maximizing economic benefits, through the coordinated peak shaving and optimized operation of the gas storage complex. In this process, cost control and optimization of key equipment in the gas storage are crucial for improving overall operational efficiency. This paper deeply explores the standard cost system of the gas storage complex, clarifies the cost elements of key equipment, and uses PCA and scatter plot matrix analysis to select feature parameters with high sensitivity. Then, by using SVR and particle swarm machine learning methods to establish a business - finance integration model of equipment energy consumption data, production data, and cost elements, it can predict the equipment energy consumption costs under different injection and extraction plans in real - time, and calculate the optimal matching scheme for various parameters of the compressor under different gas injection tasks, in order to achieve cost control and optimization of key equipment. Based on the actual application of the research, the compressor intake pressure was adjusted according to the optimized plan, reducing the compressor's daily power consumption per million cubic meters from 9. 89 million kWh to 8. 51 million kWh, a decrease of 13. 8%. The results show that by applying the key equipment energy consumption optimization model, not only can the stability of production operations be ensured, but energy consumption can also be effectively reduced. Especially when the parameters such as equipment import pressure, export pressure, and operating time are optimally matched, energy consumption can be effectively controlled within a relatively optimal range. This study integrates the concept of business – finance integration into the management system and scenario application, and achieves dynamic optimization of costs based on the standard cost system and model application, which has important reference significance for the subsequent economic and efficient operation of the gas storage complex.

Key words: gas storage; energy consumption; the integration of industry and finance

1　引言

储气库是将天然气重新注入天然或人工地下空间构造中形成的一种人工气田或气藏，是集季节调峰、应急保供、战略储备等功能于一体的储气设施。本文中研究的A储气库气藏类型属于复杂断块中孔中渗砂岩气藏，受气源及来气压力、注气及地层压力、设备及运行功率、达容达产周期等因素影响，成本管控难度大、盈利空间收窄，如何优化设备生产运行、降低生产成本，提升储气库运营的整体效益迫在眉睫。

储气库运行设备里的气体压缩机是用于将输气管线送来的天然气压缩增压后注入地下气藏，以实现天然气的储存和调节供应，其电费成本在注气成本中占比最大约87%，是影响储气库运营成本的关键设备。业内针对往复式压缩机节能的研究主要有两类：一是对压缩机本身性能的优化，文献对压缩机功率影响因素分析，研究了入口压力、出口压力、压缩机的行程容积、容积系数和气体绝热指数等因素，提出通过调整压缩机轴功率以实现能耗优化的目的。二是通过调节压缩机排量，实现节能降耗。文献提到旁路调节、改变转速、调节气缸余隙容积和选用单作用气缸等方法调节流量。

以上研究是从压缩机本身某个性能进行优化，没有结合财务成本、库容、注气量等要素之间的影响关系，从整体上进行统筹优化设计。本文将借鉴标准成本分析的思想，基于储气库标准成本体系，找出压缩机成本控制关键点，调整相关参数以实现能耗最优的目的。

2　技术思路与研究方法

标准成本体系法是将预算成本和实际成本进行比较，开展动因分析，建立适合自身运营成本管理标准的方法。国内已有煤炭生产企业和钢铁企业建立了企业标准成本体系。本文研究储气库标准成本体系则是将作业成本法和标准成本法融合，结合生产制度、成本消耗动因、消耗作业等因素，建立业财融合模型，通过持续动态调整，实现成本管理不断优化。

2.1　标准成本体系构建思路

储气库运行初期，达容达产率低，相对固定成本较高，单纯的注采气量主导和单一的成本控制无法满足要求。基于作业成本的储气库标准成本，理论核心是“成本驱动因素”，以“生产消耗作业、作业消耗资源”为原则，以设备为成本核算单元，通过比较标准成本与实际成本，计算和分析成本差异、揭示成本差异动因，结合储气库成本发生的动因找出成本控制关键点，通过注气量、设备设施运行参数和经营水平的一体化评价，将过程优化增效贯穿于每一个管理环节，从而实现业务链与价值链“双链”融合（图1）。

2.2　标准成本体系构建方法

（1）划分设备。按照注、采、容三个环节将设备进行划分，如压缩机、制氮机、干燥机等属于注气环节，建立设备与消耗作业、消耗资源、消耗成本的关联关系。

（2）制定标准成本。利用统计分析法、技术指标法、同类型对比等方法测算出设备的标准成本。

（3）设计成本库。按照标准成本、实际成本、作业类型，分别建立标准成本库、实际成本库和作业成本度。

（4）核算设备成本。依据设备消耗作业、作业消耗资源、资源消耗成本，可以核算出不同作业下设备的成本。

（5）对比分析标准成本与实际成本差额。利用设备、作业、资源和成本的关联关系，追溯成本动因，挖掘作业环节耗费因素，查找出无效或低效的成本控制关键点，并进行动态优化调整。（图2）

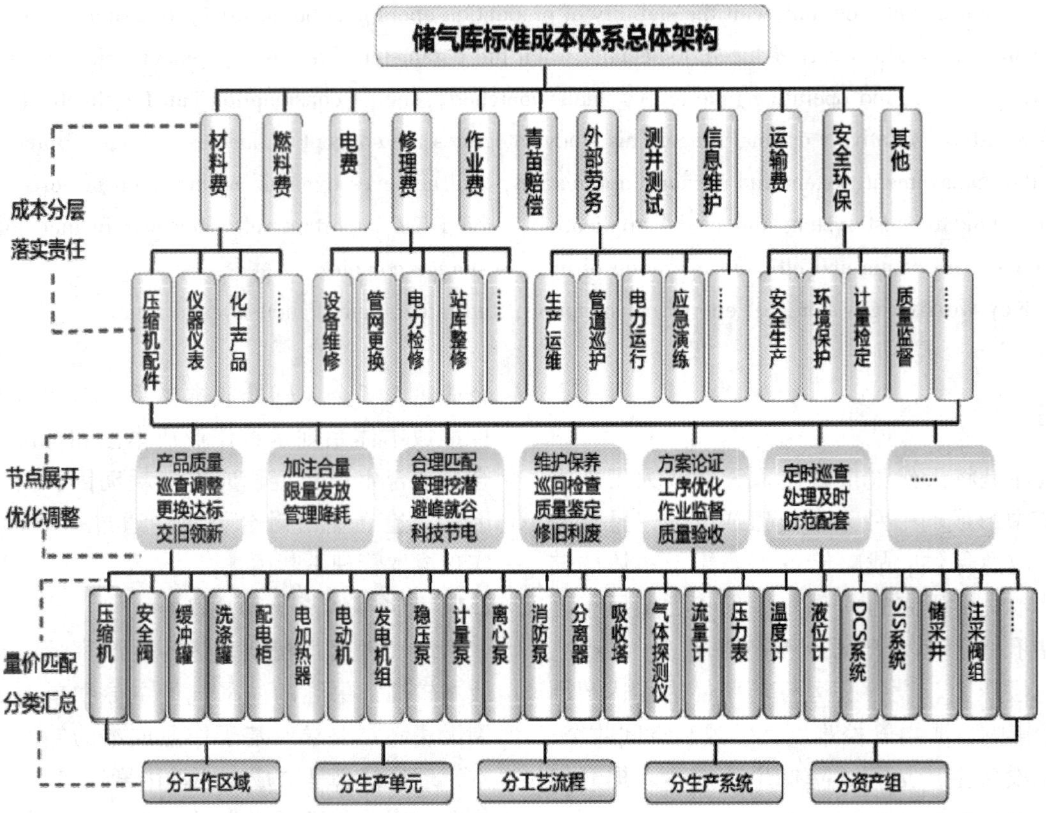

图 1　储气库标准成本体系架构

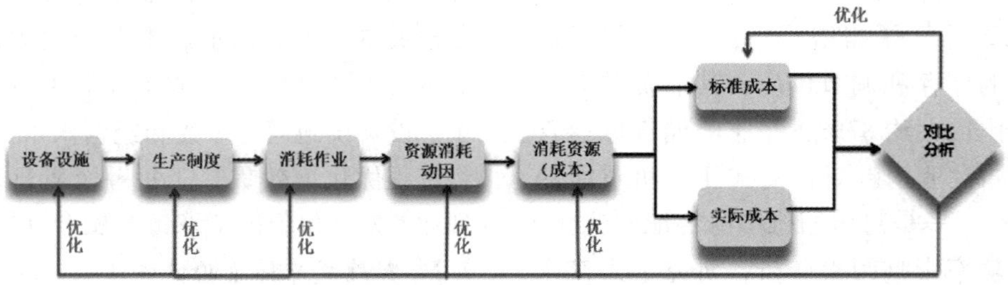

图 2　储气库成本优化流程

3　储气库气体压缩机能耗模型的建立与优化

3.1　压缩机成本构成分析

根据对注气成本构成、压缩机资源和动因消耗分析（如图 3，表 1），压缩机成本可划分为变动成本和固定成本，主要包含人工成本、材料费、电费等（如图 4）。

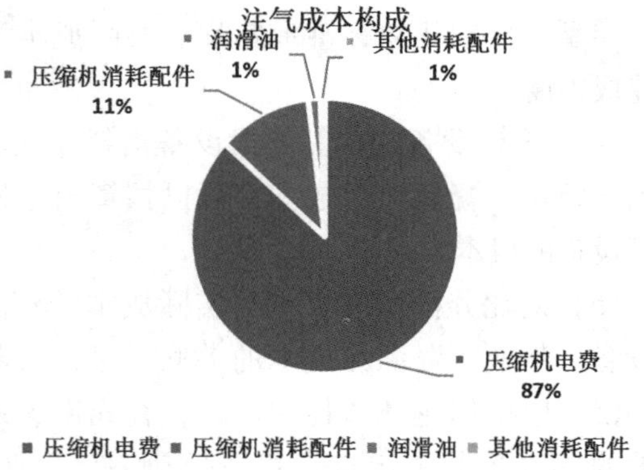

图 3　储气库注气成本构成

表 1　压缩机成本动因

设备	作业类别	一级动因	次级动因	资源消耗	成本要素
压缩机	注气	注气运行	注气量、耗电量、更换配件数量、更换机油量等	高压电、压缩机易耗件、压缩机备品件、润滑油等	电费、材料费

根据上述分析，本文主要对压缩机变动成本电费能耗成本进行研究，并建立基于业财融合的能耗优化模型。

经过对压缩机相关数据分析，选定日期、三台压缩机电量合计、三台压缩机电量累计、平均

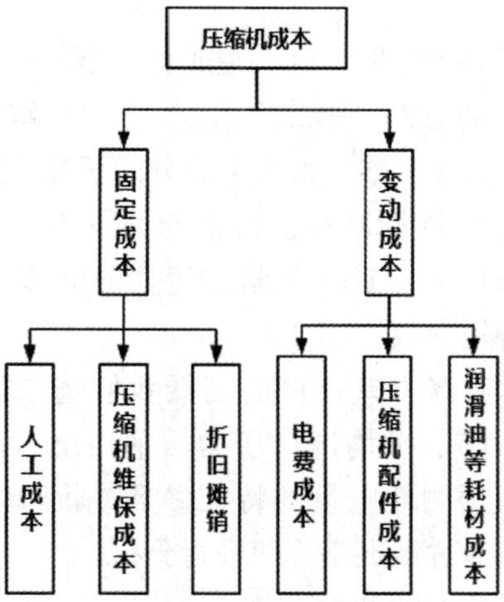

图4　压缩机成本构成

进口压力、平均进口压力累计、平均出口压力、平均出口压力累计、日注气量、累注（库容）、单耗（日电量/日注气量）、运行时间（三台累计）、进压、进温、排压、排量、功率、回流、天气为储气库注气阶段的影响电量的影响因素。

经过数据收集及数据预处理后形成18维“特征参数敏感性分析”数据集，共计184个样本数据。

使用主成分分析PCA（Principal Component Analysis）来选择特征，得到一组特征值和对应的特征向量（表2）。

表2　特征参数数据集

	Feature_ 1	Feature_ 2	Feature_ 3	Feature_ 4	Feature_ 5	Feature_ 6
0	1. 764052	0. 400157	0. 978738	2. 240893	1. 867558	-0. 977278
1	0. 313068	-0. 854096	-2. 55299	0. 653619	0. 864436	-0. 742165
2	1. 230291	1. 20238	-0. 387327	-0. 302303	-1. 048553	-1. 420018
……	……	……	……	……	……	……
183	-0. 028182	0. 428332	0. 066517	0. 302472	-0. 634322	-0. 362741
184	1. 139401	-1. 234826	0. 402342	-0. 68481	-0. 870797	-0. 57885

	Feature_ 7	Feature_ 8	Feature_ 9	Feature_ 10	Feature_ 11	Feature_ 12
0	0. 950088	-0. 151357	-0. 103219	0. 410599	0. 144044	1. 454274
1	2. 269755	-1. 454366	0. 045759	-0. 187184	1. 532779	1. 469359
2	-1. 70627	1. 950775	-0. 509652	-0. 438074	-1. 252795	0. 77749
……	……	……	……	……	……	……
183	-0. 67246	-0. 359553	-0. 813146	-1. 726283	0. 177426	-0. 401781
184	-0. 311553	0. 056165	-1. 16515	0. 900826	0. 465662	-1. 536244

	Feature_ 13	Feature_ 14	Feature_ 15	Feature_ 16	Feature_ 17	Feature_ 18
0	0. 761038	0. 121675	0. 443863	0. 333674	1. 494079	-0. 205158
1	0. 154947	0. 378163	-0. 887786	-1. 980796	-0. 347912	0. 156349
2	-1. 613898	-0. 21274	-0. 895467	0. 386902	-0. 510805	-1. 180632
……	……	……	……	……	……	……
183	-1. 630198	0. 462782	-0. 907298	0. 051945	0. 729091	0. 128983
184	1. 488252	1. 895889	1. 17878	-0. 179925	-1. 070753	1. 054452

每个特征（Feature_ 1到Feature_ 18）代表数据集中的一个维度，而每一行代表一个样本。使用这个数据集来进行PCA降维。

根据PCA分析的结果，我们可以看到每个主成分（从PC1到PC18）对数据集的解释能力。下面是分析的主要发现（表3）：

表3　特征参数解释方差比例

样本编号	特征编号	特征参数	解释方差比例
0	1	运行时间（三台累计）	0. 084882
1	2	平均进口压力	0. 077801
2	3	平均出口压力	0. 073891
3	4	日注气量	0. 069944

续表

样本编号	特征编号	特征参数	解释方差比例
4	5	排压	0.068599
5	6	进压	0.065453
6	7	平均出口压力累计	0.062982
7	8	平均进口压力累计	0.059189
8	9	累注（库容）	0.056066
9	10	单耗（日电量/日注气量）	0.054616
10	11	天气	0.050133
11	12	进温	0.049053
12	13	三台压缩机电量合计	0.045148
13	14	三台压缩机电量累计	0.042471
14	15	排量	0.041639
15	16	功率	0.036137
16	17	回流	0.031855
17	18	日期	0.03014

解释方差比例：第一主成分（PC1）解释了大约8.49%的方差，第二主成分（PC2）解释了大约7.78%，依此类推。每个主成分的解释方差比例随后的主成分逐渐减少。因此选取平均进口压力，平均出口压力，日注气量，运行时间作为分析耗电量的特征参数。

根据解释方差比例的高低我们选取运行时间（三台累计）、平均进口压力、平均出口压力、日注气量为预测耗电量的特征参数。将选取的特征参数的值通过散点矩阵图进行分析：

通过散点图和柱状图，我们可以看到这些数据点的分布、趋势以及它们之间的相关性。具体来说，它包括以下几个方面的信息（图5）：

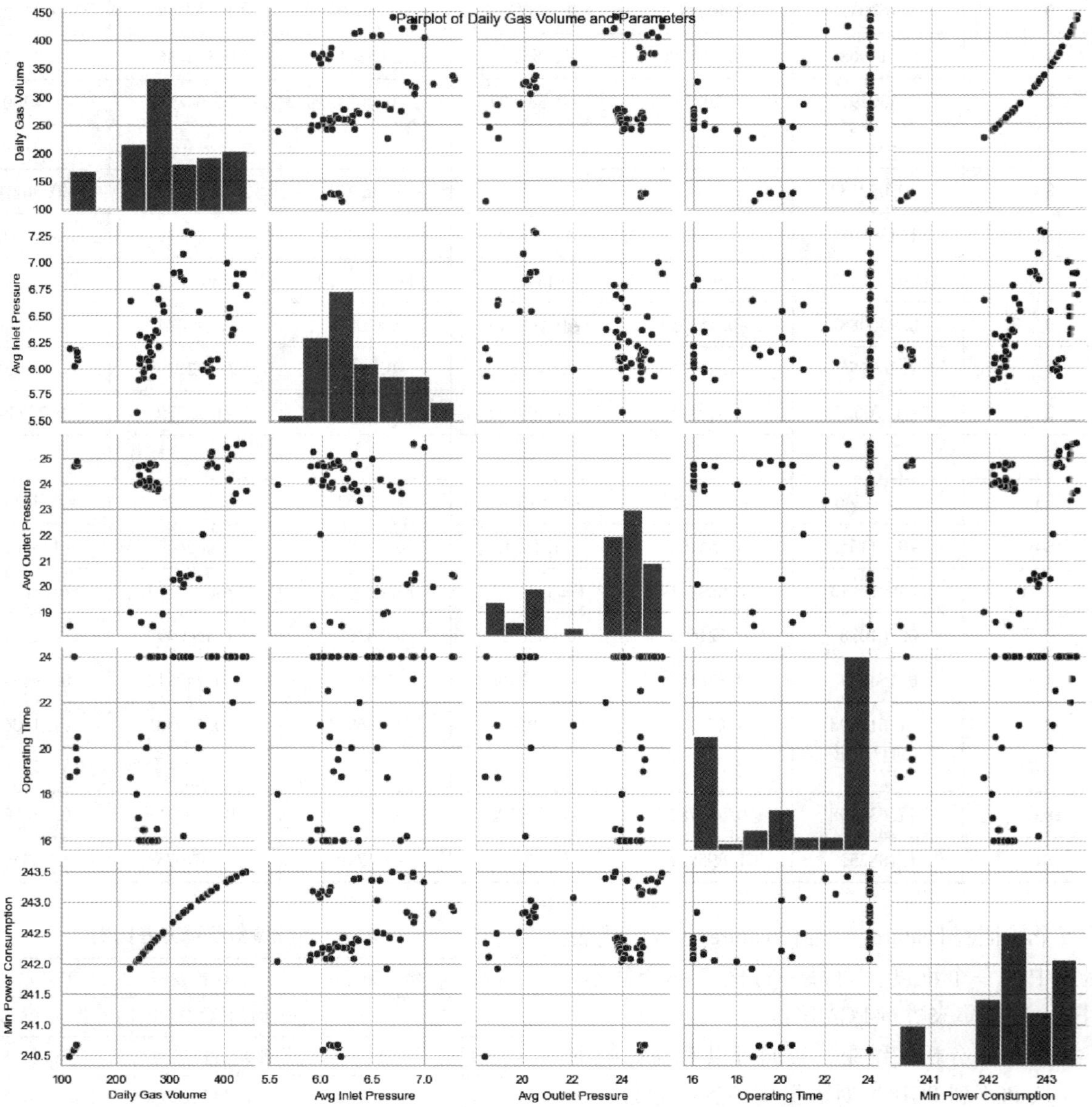

图5　特征参数散点矩阵图

日注气量与平均入口压力的关系：在左上角的图中，我们可以看到随着日注气量的增加，平均入口压力也有所上升，这表明两者之间可能存在正相关关系。

日注气量与平均出口压力的关系：在右上角的图中，我们看到了类似的模式，即随着日注气量的增加，平均出口压力也略有上升，但不如与平均入口压力的关系那么明显。

日注气量与操作时间的关系：在左下角的图中，日注气量似乎与操作时间没有明显的线性关系，操作时间的变化范围较大，而日注气量也随之变化，这表明两者之间可能是非线性的关系。

最小功率消耗与日注气量和操作时间的关系：在右下角的图中，最小功率消耗随着日注气量的增加而减少，但随着操作时间的增加而增加。这种关系可能表明能源效率随操作条件的变化而变化。

其他参数的关系：其余的图表显示了日注气量与其他参数（如平均入口温度、回流等）之间的关系，但这些关系并不十分显著。

3.2　业财融合模型建立

（1）业财融合是财务向业务环节纵深延伸的一种方式，主要是指企业内部的业务部门和财务部门通过机制建立、系统整合、流程再造，实现数据信息有机融合和流程业务融合发展，从而提升企业的管理效率，为企业的战略发展奠定坚实基础。

（2）按照储气库压缩机注气能力与地层吸气能力对比，将注气阶段划分为三个阶段。

第一阶段：储气库注气初始地层压力低，井底流压与地层压力的生产压差最大，近井地带与地层远端的扩散压差也最大，初始时井口压力较低可满足压缩机排量，单井吸气能力最高。随着注气开展，地层远端的压力上升，为满足两个压差的需要的，井口压力逐步上升提高流压，单井注气能力基本维持不变；井口压力升至最高值，地层压力进一步上升，生产压差减小，单井吸气能力开始降低，单井吸气能力之和小于压缩机全开排量，注气第一阶段结束。

第二阶段：随着注气开展，生产压差进一步减小、单井吸气能力开始逐步降低，压缩机开机逐台减少；当单机注气也无法满足时，第二阶段结束。在这一过程中，井口压力始终为最高值，作为动力源的井口压力+气柱压力达到最高值，随着单井注气量降低，主要阻力摩擦力也随之变小，流压进一步上升，其最大值是无限接近井口压力+气柱压力（注气量基本为0）。

第三阶段：通过关停，近井地带压力向地层远端扩散，扩散压差小于注气时；扩散时流压下降，油压也随之下降，当油压基本稳定时，扩散结束，开始间歇开单机注气。

本文中主要针对第二和第三阶段地层吸气能力小于注气能力时，开展压缩机能耗优化模型研究。将三台压缩机作为一个整体进行考虑

3.3　压缩机模型优化

本文将先通过支持向量机回归算法（support vector regression，SVR）实现压缩机多因素关系的建模，从而达到预测的需求。再通过粒子群优化算法（Particle Swarm Optimization，PSO）实现压缩机能耗消耗最优方案的测算。

3.3.1　支持向量机回归算法

本文采取机器学习的方式来构建代理模型，使用的是支持向量机SVR回归模型，是一种非线性回归方法，它通过将原始问题映射到高维空间，然后在该空间中寻找一个线性分离超平面，从而实现对非线性关系的建模。SVR的核心思想是通过寻找支持向量来构建一个分离超平面，从而实现对不确定的函数关系的建模。支持向量机回归的核心原理是通过最小化预测误差来拟合数据，并且在拟合过程中保持一个边界（间隔），使得大部分数据点都落在这个边界之内。SVR与分类问题中的支持向量机（SVC）有些相似，但其目标是拟合数据而不是分离数据。

使用步骤：

a. 数据准备：首先，将数据准备成特征矩阵和目标向量的形式。

b. 定义边界：在SVR中，我们需要定义一个边界，即间隔。这个间隔由用户根据数据集的特点预先设定。

c. 拟合数据：SVR尝试找到一个函数，使得大部分数据点都落在间隔之内，并且最小化间隔之外的数据点的预测误差。这通常通过优化算法（如梯度下降）来实现。

d. 模型评估：训练完成后，需要评估模型的性能。通常使用一些指标（如均方误差、R^2分数等）来评估模型对未见过的数据的预测能力。

e. 参数调优：在训练完成后，可能需要调整模型的参数，例如间隔的大小或核函数的选择，

以进一步提高模型的性能。

SVR 用来解决回归顶测的基本思想如下：对样本集为非线性的回归问题，首先寻找一个输入空间到输出空间的非线性映射，通过这个映射，将样本集中的数据映射到高维空间，并在特征空间中用下述线性函数在这个空间中进行线性回归，即：

$$f(x) = w \cdot \Phi(x) + b \; \Phi_{:} R^{*} \rightarrow F, w \in F \quad (1)$$

其中 b 是阀值。由于 Φ 固定不变，因此影响 w 的有经验风险的总和以及使其在高维空间平坦的 $\| w \|^2$，即：

$$R(w) = \frac{1}{2}\| w \|^2 + \sum_{i=1}^{t} \varepsilon(f(x_i) - y_i) \quad (2)$$

式中：k 表示样本的数目，$\varepsilon()$ 是损失函数．其定义如下：

$$\varepsilon(f(x_i) - y_i) = \begin{cases} 0, |f(x_i) - y_i| < \varepsilon \\ |f(x_i) - y_i| - \varepsilon, \\ |f(x_i) - y_i| \geqslant \varepsilon \end{cases} \quad (3)$$

为控制函数的复杂性应使线性回归函数尽量平坦，亦即使 w 的欧拉范数 $\| w \|^2$ 最小，并考灾可可能超出精度的拟合误差，引入松驰因子 $\xi_i, \xi_i^{+} \geqslant 0$，以处理未满足式（4）的数据点根据统计学习理论的结构风险化准则，支持向量回归方法通过极小化目标函数来确定式（1）中的 w 和 b。即求下式最小：

$$R(w,\xi_i,\xi_i^{*}) = \frac{1}{2}\| w \|^2 + C\sum_{i=1}^{k}(\xi_i + \xi_i^{*})$$

$$\text{s.t.} \begin{cases} y_i - w \cdot x_i - b \leqslant \varepsilon + \xi_i \\ w \cdot x_i + b - y_i \leqslant \varepsilon + \xi_i^{*} \\ \xi_i, \xi_i^{*} \geqslant 0 \end{cases} \quad (4)$$

式（4）中第 1 项是使回归函数更为平坦，泛化能力更好，第 2 项则为减少误差，常数 $C > 0$ 控制对超出误差 ε 的样本的惩罚程度。

建立拉格朗日方程：

$$L(w,\xi_i,\xi_i^{*}) = \frac{1}{2}\| w \|^2 + C\sum_{i=1}^{l}(\xi + \xi^{*}) - \sum_{i=1}^{l}\alpha_i((\varepsilon + \xi_i) + y_i + (w \cdot \Phi(x_i)) + b) - \sum_{i=1}^{l}\alpha_i^{*}((\varepsilon + \xi_i^{*}) + y_i + (w \cdot \Phi(x_i)) - b) - \sum_{i=1}^{l}(\lambda_i \cdot \xi_i + \lambda_i^{*} \cdot \xi_i^{*}) \quad (5)$$

要使上式取得最小值，对于参数 ω, b, ξ, ξ^{*} 的偏导都应等于零。即：

$$\frac{\partial L}{\partial w} = w - \sum_{i=1}^{l}(\alpha_i - \alpha_i^{*}) \cdot \Phi(x_i) = 0$$

$$\frac{\partial L}{\partial b} = \sum_{i=1}^{l}(\alpha_i - \alpha_i^{*}) = 0$$

$$\frac{\partial L}{\partial \xi_i} = C - \alpha_i - \lambda_i = 0$$

$$\frac{\partial L}{\partial \xi_i^{*}} = C - \alpha_i^{*} - \lambda_i^{*} = 0$$

代入式（5），可以得到对偶优化问题：

$$\min \frac{1}{2}\sum_{i,j=1}^{l}(\alpha_i - \alpha_i^{*})(\alpha_j - \alpha_j^{*})(\Phi(x_i) \cdot \Phi(x_j)) + \sum_{i=1}^{l}\alpha_i(\varepsilon - y_i) + \sum_{i=1}^{l}\alpha_i^{*}(\varepsilon + y_i)$$

$$s \cdot t \cdot \begin{cases} \sum_{i=1}^{l}(\alpha_i - \alpha_i^{*}) = 0 \\ \alpha_i, \alpha_i^{*} \in [0, C] \end{cases} \quad (6)$$

由此，支持向量机的函数回归问题就可以归结为二次规划问题（6）。求解该二次规划问题，可以得到用数据点表示的 w：

$$w = \sum_{i=1}^{l}(\alpha_i - \alpha_i^{*})\Phi(x_i) \quad (7)$$

其中 α_i 和 α_i^{*} 是最小化 $R(w)$ 的解。由此可求得线性回归函数：

$$f(x) = w \cdot \Phi(x) + b = \sum^{k}(\alpha_i - \alpha_i^{*})(\Phi(x_i) \cdot \Phi(x)) = \sum_{i=1}^{k}(\alpha_i - \alpha_i^{*})K(x,x_i) + b \quad (8)$$

其中 $K(X_i, x) = \Phi(x_i) \cdot \Phi(x)$ 称为核函数。选择不同形式的核函数就可以生成不同的支持向量机，常用的核函数有：径向基函数、多项式函数、感知器（Sigmoid）函数、线性函数等。

3.3.2　粒子群优化算法

粒子群优化（ParticleSwarm Optimization，PSO）算法最初是由 Kennedy 和 Eberhart 博士于 1995 年受人工生命研究结果启发，在模拟鸟群觅食过程中的迁徙和群集行为时提出的一种基于群体智能的演化计算技术。

3.3.2.1　算法原理

PSO 算法是每个粒子通过统计迭代过程中自身的最优值和群体的最优值来不断地修正自己的前

进方向和速度大小，从而形成群体寻优的正反馈机制。假设在一个 d 维的目标搜索空间中，有 m 个粒子组成一个群体，其中，在第 t 次迭代时粒子 i 的位置表示为 $X_i(t) = (x_{i1}(t), x_{i2}(t), \cdots, x_{id}(t))$，相应的飞行速度表示为 $V_i(t) = (v_{i1}(t), v_{i2}(t), \cdots, v_{id}(t))$。开始执行 PSO 算法时，首先随机初始化 m 个粒子的位置和速度，然后通过迭代寻找最优解，在每一次迭代中，粒子通过跟踪两个极值来更新自己的速度和位置：一个极值是粒子本身迄今搜索到的最优解，称为个体极值，表示为 $P_i(t) = (p_{i1}(t), p_{i2}(t), \cdots, p_{id}(t))$；另一个极值是整个粒子群到目前为止找到的最优解，称为全局极值，表示为 $P_g(t) = (p_{g1}(t), p_{g2}(t), \cdots, p_{gd}(t))$。具体地讲，在第 $t+1$ 次迭代计算时，粒子 i 根据下列规则来更新自己的速度和位置：

$$\nu_{ik}(t+1) = \omega \nu_{ik}(t) + c_1 \times rand1(0,1) \times (p_{ik}(t) - x_{ik}(t)) + c_2 \times rand2(0,1) \times (p_{gk}(t) - x_{ik}(t)) \quad (9)$$

$$x_{ik}(t+1) = x_{ik}(t) + \nu_{ik}(t+1) \quad (10)$$

式中 ω 为惯性权重；c_1、c_2 为两个学习因子；rand1（0，1）和 rand2（0，1）为两个均匀分布在（0，1）之间的随机数；$i = 1,2,\cdots,m$；$k = 1,2,\cdots,d$。另外，粒子在每一维的速度 V_i 都被一个最大速度 V_{max} 所限制。如果当前粒子的加速度导致它在某一维的速度超过该维上的最大速度 V_{max}，则该维的速度被限制为最大速度。式（9）中第 1 部分可理解为粒子先前的速度或惯性；第 2 部分可理解为粒子的“认知”行为，表示粒子本身的思考能力；第 3 部分可理解为粒子的“社会”行为、表示粒子之间的信息共享与相互合作。

3.3.2.2　算法流程

标准 PSO 算法流程如下：

（1）随机初始化粒子群体的位置和速度；

（2）计算每个粒子的适应值；

（3）对每个粒子，将其适应值与个体极值进行比较，如果较优，则更新当前的个体极值；

（4）对每个粒子，将其适应值与全局极值进行比较，如果较优，则更新当前的全局极值；

（5）根据式（1）、（2），更新每个粒子的位置和飞行速度；

（6）如未达到预先设定的停止准则（通常设置为最大迭代次数），则返回步骤 2，若达到则停止计算。

4　分析与应用实例

4.1　分析结果

通过对成本的构成进行分析，影响成本的因素最关键因素是电费。因此对电费产生的原因及电费的构成进行详细分析。

经过敏感性因素模型分析，最终确定压缩机的进口压力、压缩机出口压力、注气量、压缩机运行时间作为特征参数。

4.2　数据加载与预处理

（1）数据准备

由于注气期第二阶段的特征影响较为明显，我们选取 A 储气库第二注气期数据作为模型训练数据集行用于分析。同时，选取第三注气期的每天注气量用于每天注气计划的数据集，以便于通过模型排除最优的注气计划方案。

（2）数据清洗

删除数两个数据集中的据中的缺失值。以保证模型训练和预测的准确性，因为缺失值会影响模型的表现。数据清洗是数据预处理的重要环节，能够提高模型的可靠性和稳定性。下表是第二注气期 183 天实际进口压力、出口压力、日注气量等数据。

表 4　A 储气库第二注气期数据

日期	平均进口压力（MPa）	平均出口压力（MPa）	日注气量 $10^4 m^3$	运行时间（三台累计）	三台压缩机电量合计（kW·h）
2023/4/2	6.69	20.94	254.03	42.17	107600.00
2023/4/3	6.65	20.94	296.05	48.00	127800.00
2023/4/4	6.72	21.19	294.52	47.00	127400.00
2023/4/5	6.75	21.34	307.03	48.00	131500.00
2023/4/6	6.71	21.43	297.58	48.00	131600.00
2023/4/7	6.10	20.71	258.30	45.87	117700.00
2023/4/8	6.28	21.26	272.45	48.00	123800.00
2023/4/9	6.09	21.04	275.45	48.33	127200.00
2023/4/10	6.49	21.60	278.83	48.00	127000.00
2023/4/11	6.45	21.73	276.85	48.00	128400.00
2023/4/12	6.09	21.77	271.27	48.00	126800.00
2023/4/13	6.18	21.84	255.19	48.00	124500.00
2023/4/14	6.16	24.21	367.03	70.50	193500.00
……	……	……	……	……	……
2023/10/1	5.57	25.63	116.71	24.00	67300.00

续表

日期	平均进口压力（MPa）	平均出口压力（MPa）	日注气量 10^4m^3	运行时间（三台累计）	三台压缩机电量合计（kW·h）
2023/10/2	5.59	25.64	114.28	24.00	64900.00
2023/10/3	5.33	25.65	113.18	24.00	65200.00
2023/10/4	5.76	25.63	103.13	24.00	66600.00
2023/10/5	5.81	25.64	95.42	24.00	68600.00
2023/10/6	6.07	25.64	97.48	24.00	68300.00
2023/10/7	5.85	25.63	91.19	24.00	70000.00
2023/10/8	5.63	25.59	101.77	24.00	66600.00
2023/10/9	5.66	25.64	97.13	24.00	68300.00
2023/10/10	5.19	25.61	99.12	24.00	66600.00
2023/10/11	5.45	25.66	92.65	24.00	65100.00
2023/10/12	5.35	25.66	88.89	24.00	65800.00
2023/10/13	6.13	25.65	92.44	24.34	66000.00
2023/11/1	6.59	25.62	139.48	23.30	68300.00
2023/11/2	6.16	25.65	140.54	24.00	71800.00
2023/11/3	5.91	25.46	132.53	24.00	70700.00
2023/11/4	5.69	25.51	102.69	24.00	65900.00
2023/11/5	5.20	25.52	109.48	24.00	63000.00
2023/11/6	5.11	25.59	110.48	24.00	63500.00
2023/11/7	5.21	25.63	112.12	24.00	63500.00
2023/11/8	5.21	25.65	111.36	24.00	64000.00

（3）数据拆分

将用于模型训练的数据集中的特征和目标变量分开，并将数据集拆分为80%训练集和20%测试集。训练集用于训练模型，测试集用于评估模型的性能。并设置随机种子等于42，确保每次运行结果相同。

（4）数据标准化

由于不同的特征采参数的单位及数量级不同，需要通过归一化将不同特征的数据缩放到相同的尺度。使用标准化方法 StandardScaler，将特征数据转换为均值为0、标准差为1的标准正态分布，以提高模型的训练效率和效果。

4.3 模型训练与调优

（1）初始化模型

使用支持向量回归（SVR）模型，结合网格搜索（Grid Search）和交叉验证（Cross - Validation）方法，寻找最优的超参数组合。支持向量回归是一种基于支持向量机的回归方法，能够在高维空间中进行非线性回归。网格搜索通过遍历所有可能的参数组合，找到使模型性能最优的参数。

‘C’：[0.1，1，10，100]，

‘gamma’：[‘scale’，‘auto’，0.001，0.01，0.1，1]，

‘epsilon’：[0.1，0.2，0.5，1]

在网格搜索中，我们定义了一组可能的超参数值，然后通过遍历所有可能的组合来找到最优参数。这里定义了三个超参数 C、gamma 和 epsilon，每个超参数都有一组候选值。

C（正则化参数）：

作用：控制支持向量机的松弛变量（slack variable），即允许错误分类的程度。

值：[0.1，1，10，100]。较小的值（如0.1）表示对误分类的惩罚较轻，较大的值（如100）表示对误分类的惩罚较重。

gamma（核函数系数）：

作用：定义高斯径向基函数（RBF）核函数的影响范围。

值：[‘scale’，‘auto’，0.001，0.01，0.1，1]。‘scale’和‘auto’是两种自动计算的方法，其他数值则明确指定了 gamma 的值。较小的值（如0.001）表示高斯分布的影响范围较大，较大的值（如1）表示影响范围较小。

epsilon（epsilon 不敏感损失函数中的参数）：

作用：定义了模型在进行回归预测时的无效区间（即在预测值与实际值之间的容忍误差）。

值：[0.1，0.2，0.5，1]。较小的值（如0.1）表示对误差的容忍度较低，较大的值（如1）表示对误差的容忍度较高。

（2）网格搜索与交叉验证

网格搜索是一种系统的超参数优化方法，通过在预定义的参数网格上进行搜索，找到最佳参数组合。交叉验证是一种评估模型性能的方法，通过将数据集划分为多个子集，轮流使用其中一个子集作为验证集，其他子集作为训练集，从而对模型的性能进行评估。这两种方法结合使用，可以找到最优的模型参数，提升模型的泛化能力。在本例子中设置交叉验证的折数（k - folds）等于5，即5折交叉验证。数据将被分成5个子集，其中4个子集用于训练，1个子集用于验证，每个子集将轮流作为验证集进行验证。这样可以更稳定地评估模型性能。并指定评价指标，这里使用的

是负均方误差（neg_ mean_ squared_ error）。均方误差越小表示模型性能越好，但因为 GridSearch-CV 期望的是一个越大越好的评分，因此使用负数。n_ jobs = －1：设置使用的 CPU 核心数量。－1表示使用所有可用的 CPU 核心来并行计算，以加快网格搜索的速度。

4.4　模型评估

使用测试集对训练好的模型进行评估，计算模型在测试集上的 R^2 评分。R^2 评分是一个衡量模型拟合优度的指标，取值范围为 0 到 1，值越大表示模型对数据的拟合程度越高。通过评估模型在测试集上的表现，可以判断模型的泛化能力和实际应用效果。本实例最终的 R^2 评分为 0.9985784371373533，说明拟合效果优秀。

为了更全面的评估模型，本实例又采用均方误差（Mean Squared Error，MSE）进行来进行模型评估，均方误差是衡量模型预测值与真实值之间差异的常用指标，其定义为所有预测误差平方和的平均值。均方误差越小，表示模型预测值与真实值越接近，模型的性能越好。通过计算模型在测试集上的 MSE，可以有效评估模型的泛化能力和实际应用效果。均方误差较小的模型在新数据上的表现通常较好，因此在实际应用中具有较高的实用价值。本实例最终经过模型后的 MSE 为 0.001803409457675433。

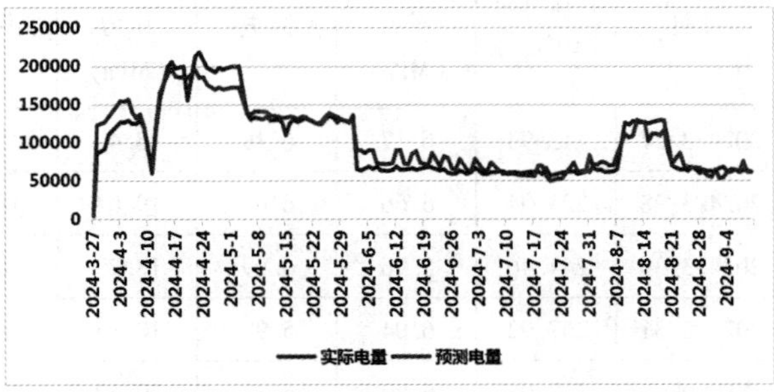

图 6　模型预测值与实际值曲线

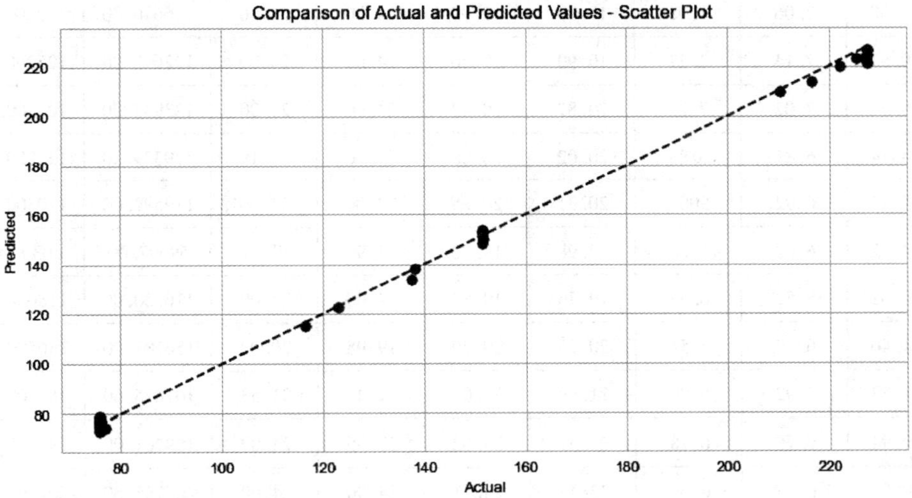

图 7　均方误差模型拟合图

4.5　优化注气策略

4.5.1　粒子群优化算法目标函数

目标函数用于评价每个解的优劣。在本研究中，目标函数是模型预测的电量消耗。通过调整注气方案中的各个参数（如进口压力、出口压力、运行时间等），找到使电量消耗最小的参数组合。

Minimize E（Pin，Pout，Q，T）

其中，

E 表示电量消耗，单位为千瓦时（kWh）

P_{in} 表示进口压力，单位为兆帕（MPa）

P_{out} 表示出口压力，单位为兆帕（MPa）

Q 表示日注气量，单位为万立方米（$10^4 m^3$）

T 表示运行时间，单位为小时（h）

具体来说，目标函数是模型在给定的注气参数下预测的电量消耗值。通过优化算法调整 P_{in}、P_{out}、Q 和 T 的值，使得电量消耗 E 达到最小。粒子群算法等进行求解，以找到最优的注气方案。

4.5.2　算法配置

在经过粒子群优化算法之前设置粒子群优化算法中粒子的数量，Swarmsize = 100。

粒子群优化算法的最大迭代次数，Maxiter = 500。

设定变量范围：定义了每个变量的合理范围，其中包括进口压力、出口压力和运行时间的上下限。

bounds = ［（5，7.5），（18，26），（18，24）］

（5，7.5）：进口压力的范围。

(18，26)：出口压力的范围。

(18，24)：平均运行时间的范围。

提取下界和上界：

lb = [b [0] for b in bounds]

ub = [b [1] for b in bounds]

lb：通过列表推导式从 bounds 中提取所有变量的下界。

ub：通过列表推导式从 bounds 中提取所有变量的上界。

表 5　能耗优化方案

注气优化方案										
日期	日注气量 (10^4m^3)	最佳进口压力 (MPa)	实际进口	最佳出口压力 (MPa)	实际出口	最佳运行时间 (h)	实际时间	最低能耗 (kW·h)	实际能耗	成本差异 (元)
2024/3/27	113.93	6.17	6.19	18.40	18.46	19.71	18.77	4537.40	4630.00	74.48
2024/3/28	225.94	6.66	6.64	19.04	18.98	18.71	18.71	83888.00	85600.00	1377.07
2024/3/30	244.46	5.96	6.09	18.23	18.60	22.02	20.50	89670.00	91500.00	1471.98
2024/3/31	267.02	6.04	5.92	18.85	18.49	24.00	24.00	108388.00	110600.00	1779.25
2024/4/3	318.06	6.89	6.87	20.30	20.24	24.00	24.00	124460.00	127000.00	2043.08
2024/4/4	315.66	6.93	6.91	20.55	20.49	24.00	24.00	127527.40	127400.00	-102.48
2024/4/5	322.30	7.06	7.08	19.93	19.99	24.00	24.00	126616.00	129200.00	2078.47
2024/4/6	329.53	7.14	7.29	19.99	20.40	24.00	24.00	122696.00	125200.00	2014.12
2024/4/7	336.54	7.02	7.27	20.87	20.47	24.00	24.00	123948.00	125200.00	1007.06
2024/4/8	324.14	6.81	6.83	20.02	20.08	17.00	16.19	129329.20	129200.00	-103.92
2024/4/9	304.77	6.92	900.	20.31	20.25	24.00	24.00	119592.00	120800.00	971.67
2024/4/1	284.82	6.62	6.60	18.98	18.92	11.95	12.17	59697.00	60300.00	485.03
2024/4/12	286.02	6.52	6.54	19.76	19.82	24.00	24.00	116820.00	118000.00	949.15
2024/4/13	351.46	6.59	6.54	20.25	20.29	19.98	20.02	156187.00	156500.00	251.77
2024/4/14	359.23	5.92	5.99	21.99	22.04	21.48	21.53	161875.60	162200.00	260.94
2024/4/15	419.94	6.76	6.78	23.57	23.62	23.95	24.00	199101.00	199500.00	320.94
2024/4/16	440.08	6.67	6.69	23.74	23.71	24.00	24.00	205746.60	205500.00	-198.36
2024/4/17	414.25	6.35	6.37	23.34	23.31	24.00	24.00	197636.88	197400.00	-190.54
2024/4/19	407.83	6.55	6.57	24.12	24.17	23.95	24.00	199101.00	199500.00	320.94
2024/4/20	406.45	6.47	6.49	24.90	24.95	23.95	24.00	155388.60	155700.00	250.48
2024/4/21	421.88	6.87	6.89	25.49	25.54	23.95	24.00	202993.20	203400.00	327.21
2024/4/22	433.45	6.87	6.89	25.56	25.57	24.00	24.00	21.33	21.30	-0.02
2024/4/23	402.75	6.97	6.99	25.44	25.41	24.00	24.00	218361.72	218100.00	-210.52
2024/4/24	411.74	6.30	6.32	24.89	25.15	23.76	24.00	205800.21	207900.00	1688.99
2024/4/25	385.22	6.07	6.09	24.40	24.65	23.76	24.00	196000.20	198000.00	1608.56
2024/4/27	366.49	6.04	6.06	24.65	24.70	23.95	24.00	191915.40	192300.00	309.36
2024/4/28	375.16	5.98	6.00	24.73	24.78	23.95	24.00	197604.00	198000.00	318.53
2024/4/29	368.35	5.95	5.97	24.69	24.74	23.95	24.00	195208.80	195600.00	314.67
2024/5/1	374.18	6.09	6.08	25.14	25.11	24.00	24.00	199739.40	199500.00	-192.56

续表

注气优化方案										
日期	日注气量（10^4m^3）	最佳进口压力（MPa）	实际进口	最佳出口压力（MPa）	实际出口	最佳运行时间（h）	实际时间	最低能耗（kW·h）	实际能耗	成本差异（元）
2024/5/3	375.19	5.85	5.92	25.27	25.24	24.00	24.00	200039.76	199800.00	-192.85
2024/5/5	274.00	6.27	6.34	23.48	23.72	16.34	16.50	137200.14	138600.00	1125.99
2024/5/6	267.40	6.39	6.45	23.54	23.78	23.76	24.00	129082.96	130400.00	1059.38
2024/5/7	276.72	6.67	6.66	23.67	23.92	23.76	24.00	131854.68	133200.00	1082.12
2024/5/9	273.09	6.70	6.77	23.99	24.04	15.97	16.00	130538.40	130800.00	210.42
2024/5/10	276.59	6.22	6.21	23.74	23.79	16.15	16.18	133831.80	134100.00	215.73
2024/5/11	265.48	6.23	6.30	23.84	23.89	23.95	24.00	129141.20	129400.00	208.17
2024/5/13	260.42	6.11	6.10	23.85	23.82	16.02	16.00	130156.00	130000.00	-125.48
2024/5/14	254.75	6.04	6.10	23.87	23.84	16.02	16.00	126952.16	126800.00	-122.39
2024/5/15	254.75	6.22	6.29	23.79	23.84	13.87	13.90	109580.40	109800.00	176.64
2024/5/16	260.29	6.00	6.07	23.81	23.86	16.10	16.14	125648.20	125900.00	202.54
2024/5/17	258.10	6.08	6.07	23.85	23.90	16.10	16.14	130239.00	130500.00	209.94
……	……	……	……	……	……	……	……	……	……	……
2024/5/18	251.07	5.93	6.00	23.68	23.93	16.25	16.41	126014.27	127300.00	1034.19
2024/5/19	259.68	6.31	6.25	24.44	24.20	24.00	24.00	127140.00	130000.00	2300.48
2024/5/20	259.68	5.95	6.02	23.89	24.13	15.8	16.00	129291.60	132200.00	2339.4
2024/5/21	247.50	5.89	5.90	24.04	24.09	15.68	16.22	127335.60	130200.00	2304.02
2024/5/23	237.51	5.58	5.57	24.00	23.96	17.10	16.37	122250.00	125000.00	2212.00
2024/5/24	241.17	6.04	6.05	24.28	24.33	15.20	16.00	121467.60	124200.00	2197.84
2024/5/25	258.70	6.20	6.21	24.53	24.58	15.20	16.00	128118.00	131000.00	2318.17
2024/5/26	270.77	6.37	6.36	24.80	24.75	17.12	16.00	131834.40	134800.00	2385.42
2024/5/27	265.20	6.12	6.13	24.66	24.71	17.12	16.00	130465.20	133400.00	2360.64
2024/5/28	260.72	6.22	6.16	25.05	24.81	24.00	24.00	124206.00	127000.00	2247.39
2024/5/29	248.19	5.90	5.96	24.46	24.71	17.00	16.40	131331.20	131200.00	-105.53
2024/5/30	239.23	5.90	5.89	24.74	24.70	17.34	16.43	126958.00	128500.00	1240.33
2024/5/31	242.04	6.31	6.32	23.95	24.00	23.52	24.00	124883.20	126400.00	1220.06
2024/6/1	242.04	6.11	6.10	24.08	24.03	24.00	24.00	134368.00	136000.00	1312.72
2024/6/2	124.48	6.16	6.17	24.70	24.75	12.08	12.10	65069.60	65200.00	104.89
2024/6/3	127.47	6.07	6.08	24.67	24.72	23.95	24.00	63173.40	63300.00	101.83
2024/6/4	121.34	6.01	6.02	24.65	24.70	23.95	24.00	65947.84	66080.00	106.30
2024/6/5	126.1	6.04	6.12	24.49	24.81	23.69	24.00	67708.20	68600.00	717.33
2024/6/6	127.13	6.08	6.16	24.57	24.89	23.69	24.00	64549.80	65400.00	683.87
2024/6/7	128.45	6.11	6.19	24.64	24.96	23.69	24.00	67431.84	68320.00	714.40
2024/6/8	124.82	5.41	5.94	22.65	24.86	21.86	24.00	58030.70	63700.00	4560.17

续表

注气优化方案										
日期	日注气量（10^4m^3）	最佳进口压力（MPa）	实际进口	最佳出口压力（MPa）	实际出口	最佳运行时间（h）	实际时间	最低能耗（kW·h）	实际能耗	成本差异（元）
2024/6/10	124. 24	5. 95	5. 96	24. 93	24. 98	23. 95	24. 00	62574. 60	62700. 00	100. 87
2024/6/11	127. 20	6. 30	6. 31	25. 16	25. 21	23. 95	24. 00	63872. 00	64000. 00	102. 96
2024/6/12	129. 42	6. 27	6. 28	25. 24	25. 29	23. 95	24. 00	68462. 80	68600. 00	110. 36
……	……	……	……	……	……	……	……	……	……	……

按照电费电的平均单价：0. 804 元/kW · h，最终优化方案预计可节约能耗约 146248kW · h，节省电费约 11 万元。

5　应用与效果

结合储气库标准成本体系以及上述研究结论，将压缩机标准电费和实际电费对比后有 700 万左右的差异，进而对差异进行分析。分析原因：一方面是标准成本核算标准不够准确；另一方面需要对生产制度进行优化。

生产部门根据数据分析进行生产制度的优化，通过实施节流阀调节压缩机进气压力，降低压缩机排量，使压缩机排量与气库吸气能力相匹配，减少打回流，提高压缩机运行效率、降低电量消耗。A 储气库气藏类型是复杂断块中孔中渗砂岩气藏，根据上述研究在第二注气阶段进行实际应用。原本每注 100 万方气消耗电量约 9. 87 万度，为正常电耗（5. 26 万度）的 1. 88 倍（最高时即单机最大回流量时）。经模型分析后，在运行时间和出口压力不变的情况下，对压缩机进口压力进行调节，由 6. 62 调整到 5. 89，100 万方注气量电量由 9. 87 万度下降到 8. 51 万度，同比降低电耗 1. 36 万度，为正常电耗的 1. 375 倍，实现了降低能耗。

6　结论

本文以储气库标准成本体系为理论基础，找出影响储气库运营成本的“关键节点”，通过构建压缩机业财融合能耗优化模型进行科学评估，将财务、生产、能耗多方面因素相结合，为生产制度、资源消耗、标准成本优化等管理提供数据支撑。主要研究创新点及结论如下：

（1）在储气库生产运行中建立独有的标成本体系，将精益管理贯穿于成本管理的全过程，增强成本的事前、事中控制能力，重视成本动因管理，找准成本优化点，提高整个经营活动的效益和效率，为公司提供客观、真实、全面、准确的成本信息。

（2）压缩机电费成本是注气期主要的成本消耗要素。尤其是注气期第二和第三注气阶段，是能耗消耗的主要期间，通过注气量、设备设施运行参数、进出口压力和经营水平等一体化模型评价，能够测算出不同参数情况下压缩机耗电情况，并根据注气计划、进出口压力等条件，给出合理优化方案。

综上，本文提出的方法是具有较高可行性，并通过实际生产制度调整，进一步证明了优化结果的有效性。后续研究可向地面地下一体化多因素业财融合方向延伸，通过更科学的方法给出注采优化方案。

参　考　文　献

[1] 郭洁琼，周韬，李刚等. 传统管理背景下中国地下储气库经营模式［J］. 油气储运，2022，41（09）：1005.

[2] 王玮，曲晓杰. 天然气往复压缩机节能运行分析［J］. 压缩机技术，2011，（06）：35－36.

[3] 王凌寒，车强. 往复式天然气压缩机现场应用的优化浅析［J］. 石油石化节能，2018，8（09）：39－42.

[4] 温素彬，韦海钦. 标准成本法：解读与应用案例［J］. 会计之友，2020，（24）：151－156.

[5] 宋密霞. 浅析基于价值链的全面预算管理［J］. 财务与会计，2015，（21）：61.

[6] 吕晋慧，业财融合背景下石化销售企业财务管理转型对策分析［J］. 中小企业管理与科技，2023（06），178－180.

[7] 丁世飞，齐丙娟，谭红艳. 支持向量机理论与算法研究综述［J］. 电子科技大学学报，2011，40（01）：3.

[8] 王定成，支持向量机回归理论与控制的综述［J］，

模式识别与人工智能，2003（06），193.
[9] 丁宏飞，基于智能优化算法的支持向量机回归及其应用［D］，西南交通大学，2011.
[10] 汪海燕，黎建辉，杨风雷．支持向量机理论及算法研究综述［J］．计算机应用研究，2014，31（05）：1281－1286.
[11] 王雷，张欣刚，王洪跃，等．基于支持向量回归算法的汽轮机热耗率模型［J］．动力工程，2007，(01)：20－21.
[12] 王雷，张瑞青，盛伟，等．基于支持向量机的回归预测和异常数据检测［J］．中国电机工程学报，2009，29（08）：93－95.
[13] 杨冬云，李数函．支持向量机核函数的构造方法研究与分析［J］．高师理科学刊，2010，30（02）：23－26.
[14] Kennedy J, Eberhart R. Particle swarm optimization［A］. Proceedings of IEEE Conference on Neural Networks［C］. Perth, Australia, 1995, 4: 1942－1948.
[15] 袁晓辉，王乘，张勇传，等．粒子群优化算法在电力系统中的应用［J］．电网技术，2004，(19)：14－19.
[16] Zwe－Lee Gaing. Particle swarm optimization to solving the economic dispatch considering the generator constraints［J］. IEEE Trans on Power Systems, 2003, 18 (3): 1187－1195.
[17] 刘佳星．基于网格搜索超参数优化的支持向量回归［J］．科学技术创新，2022，(13)：71－74.
[18] 范永东．模型选择中的交叉验证方法综述［D］．山西大学，2013.

储气库通过ISO体系建设确保安全运行与环境保护

王建新

（七星科贸发展有限公司）

摘 要 随着能源需求的增长，储气库作为重要的能源基础设施，其安全运行与环境保护的重要性日益凸显。本文探讨了如何通过ISO体系运行，确保储气库的安全管理和环境保护。

ISO体系认证是国际公认的质量、环境、职业健康安全管理等方面的标准，由于其对企业发展、减少贸易壁垒、增加企业公信力，帮助企业应对风险和挑战等方面的作用，越来越多的企业用ISO体系来支持、规范企业的运行和发展。在企业生产经营中，使用和运行ISO体系对企业的益处是多方面的，通过体系运行和认证能够显著提升企业的品牌形象和市场信任度，使企业在行业中树立起严谨、高效、安全、环保的形象。具体还包括但不限于以下几点：1. 提升企业形象和声誉 2. 增强市场竞争力 3. 规范企业管理体系，提高工作效率，优化资源配置，减少浪费，降低成本。企业ISO体系建设，更能够帮助企业打造一个环保、安全的经营模式和管理文化。储气库高压注采、压力交替变化的特性决定着储气库在运行过程中的高安全风险，一旦发生安全事故，不仅影响到储气库自身，对周围的环境和公共安全也会带来不可估量的损失。本文将简述如何通过ISO体系运行帮助企业确保储气库安全管理和做好环境保护。

关键词 储气库；ISO体系；安全管理；环境保护

Gas Storage Ensures Safe Operation Through ISO System Construction and Environmental Protection

WANG Jianxin

(Seven Star Science and Trade Development Co., Ltd.)

Abstract: With the growth of energy demand, gas storage, as an important energy infrastructure, is increasingly of great importance in safe operation and environmental protection. This paper discusses how to ensure the safety management and environmental protection of gas storage through the operation of ISO system. ISO system certification is an internationally recognized standard of quality, environment, occupational health and safety management and other aspects. Due to its role in enterprise development, reduce trade barriers, increase enterprise credibility, and help enterprises to deal with risks and challenges, more and more enterprises use ISO system to support and standardize the operation and development of enterprises. In the production and operation of enterprises, the use and operation of ISO system for the benefits of the enterprise is various, through the system operation and certification can significantly enhance the enterprise brand image and market trust, so that the enterprise to establish a rigorous, efficient, safe, environmental friendly image in the industry. Specifically, it also includes but is not limited to the following points: 1. Enhance corporate image and reputation 2. Enhance market competitiveness 3. Enterprise ISO system construction, more can help enterprises to create an environmental protection, safe business model and management culture. The characteristics of high pressure injection and pressure alternating change determine the high safety risk of the gas storage in the operation process. Once a safety accident occurs, it will not only affect the gas storage itself, but also bring incalculable losses to the surrounding environment and public safety. This paper will briefly describe how to help enterprises to ensure the safety management of gas storage and environmental protection through the operation of ISO system.

Key words: Gas Storage Facilities; ISO System; Safety Management; Environmental Protection

在全球化能源市场中，储气库作为关键的能源基础设施，承担着调节天然气供需、保障能源安全的重要任务。随着能源需求的日益增长，储气库作为调节天然气供需平衡、保障能源安全的重要基础设施，其安全运行与环境保护的重要性日益凸显。为确保储气库的高效、安全、环保运营，引入并严格执行ISO（国际标准化组织）体系、标准成为行业共识。

ISO体系，即国际标准化组织（International Organization for Standardization）制定的一系列国际标准，涵盖了质量、环境、职业健康安全等多个方面。这些标准为企业提供了一个统一的管理框架，帮助企业实现规范化、标准化管理，提高企业的运营效率和竞争力。在储气库的运营管理中，ISO体系的引入不仅有助于提升安全管理水平，还能够促进环境保护工作的开展，实现可持续发展。ISO体系的运用能够为储气库带来多方面的益处。首先，它有助于提升企业形象和声誉，增强市场竞争力。其次，通过规范企业管理体系，提高工作效率，优化资源配置，减少浪费，降低成本。更重要的是，ISO体系能够帮助企业建立起一个环保、安全的经营模式和管理文化，这对于储气库这样的高风险设施来说至关重要。

这里我们将结合ISO标准，从安全管理体系、环境监测制度、风险评估与预防、员工培训与教育、应急准备与响应、合规性审查以及持续改进与创新等七个方面，阐述储气库如何通过ISO体系建设来确保安全运行与环境保护。

1　国内储气库的安全管理及环境保护现状

中国在储气库的安全及环境保护方面已经取得了显著进展，但仍面临一些挑战。以下是一些关键点：

1.1　安全监管加强

中国政府对储气库的安全监管越来越严格，出台了一系列法规和标准、规范，如《油气长输管道安全监管规定》、GB 50350－2013《储气库设计规范》、GB/T 20368－2012《地下储气库安全评价方法》、GB/T 27525－2011《地下储气库运行安全技术规程》等等，要求企业严格遵守安全生产法规，加强风险评估和应急管理。

1.2　技术进步

随着技术的不断进步，储气库的设计与建设采用了更先进的技术和设备，提高了储气库的安全性和可靠性。

1.3　环境保护意识提升

环境保护意识的提高促使储气库运营商采取更有效的措施来减少对环境的影响，例如通过改进工艺减少温室气体排放，加强泄漏检测和修复。

1.4　应急响应能力增强

储气库运营商通常制定了详细的应急预案，并定期进行应急演练，以提高对突发事件的响应能力。

1.5　公众参与和信息公开

为了提高透明度和公众信任，一些储气库项目开始更加注重与当地社区的沟通，及时公开环境影响评估和安全记录。

从以上内容可以看到对储气库的管理有极大改善，但我们需要认识到挑战依然存在：尽管取得了进展，但储气库的安全及环境保护仍面临挑战，如地质条件的复杂性、设备老化、人为操作失误、应急能力不足等，这些都可能影响储气库的安全运行。

储气库的高压注采和压力交替变化的特性，决定了其在运行过程中存在着较高的安全风险。一旦发生安全事故，不仅会影响到储气库自身的稳定运行，还可能对周边环境和公共安全造成不可估量的损失。

近年来，国内外储气库安全事故时有发生，这些事故不仅造成了巨大的经济损失，也对环境和公共安全构成了严重威胁。通过对这些事故的分析，可以发现安全管理中存在的一些共性问题，如安全意识淡薄、安全责任不明确、安全措施落实不到位等。

储气库安全管理面临的挑战主要包括技术挑战、管理挑战和环境挑战。技术挑战涉及储气库的设计、施工、运行和维护等各个环节，需要不断地技术创新和改进。管理挑战则涉及安全管理体系的建立和完善，需要企业高层的重视和全员的参与。环境挑战则是指储气库在运行过程中可能面临的各种外部风险，如自然灾害、社会风险等。

为了应对这些挑战，储气库的管理需要不断寻求改进和完善，包括采用更严格的安全标准、更新设备、提高员工培训质量等。

同时积极参与国际合作，学习国际先进的储气库安全管理和环境保护经验，以提升国内储气库的整体水平。

2　ISO 体系概述

ISO 体系是由国际标准化组织（ISO）制定的一系列国际标准，涵盖了质量、环境、职业健康安全等多个方面。这些标准为企业提供了一个统一的管理框架，帮助企业实现规范化、标准化管理，提高企业的运营效率和竞争力。

2.1　ISO 体系的基本概念

ISO 体系的核心理念是“以顾客为中心”，通过持续改进企业的产品和服务质量，满足顾客的需求和期望。ISO 体系强调过程方法，即关注从输入到输出的整个流程，通过优化过程来提高产品和服务的质量。

2.2　ISO 体系在企业管理中的作用

ISO 体系在企业管理中的作用主要体现在以下几个方面：

（1）提高企业的管理水平。通过实施 ISO 体系，企业能够建立起一套完善的管理体系，实现规范化、标准化管理。

（2）增强企业的市场竞争力。ISO 体系的认证标志已经成为企业产品质量和服务质量的重要保证，有助于提升企业的品牌形象和市场竞争力。

（3）满足法律法规的要求。ISO 体系能够帮助企业更好地理解和遵守相关的法律法规，降低企业的法律风险。

（4）提高企业的公信力。ISO 体系的认证标志有助于提升企业的社会形象，增强消费者和合作伙伴的信任。

2.3　ISO 体系与储气库安全运行的关系

储气库作为天然气供应链中的重要设施，其安全运行直接关系到整个能源系统的稳定。通过实施 ISO 体系，储气库能够建立起一套完善的安全管理体系，有效预防和控制安全风险，确保储气库的安全运行。

3　储气库 ISO 管理体系运用

3.1　营造安全管理体系

储气库依据 ISO45001（职业健康安全管理体系）标准，建立全面的安全管理体系。ISO45001 是由 OHSAS18001 职业健康和安全管理体系演变而来的全球首个 ISO 职业健康安全标准，于 2018 年 3 月 12 日由国际标准化组织正式发布。ISO45001 的作用是为管理职业健康安全风险和机遇提供一个框架。ISO45001 的目的和预期结果是防止对工作人员造成与工作相关的伤害和健康损害，并提供健康安全的工作场所。ISO45001 为组织提供了一套基于“策划－实施－检查－改进（PDCA）”的控制风险管理方法。该体系明确了安全管理方针、目标、职责与权限，通过风险识别、评估与控制，实施安全作业程序，确保人员、设备、环境的安全。同时，建立安全绩效监测与评估机制，持续改进安全管理水平，预防事故发生。

ISO45001 标准要求组织高层管理者明确表达对职业健康安全管理的承诺，并通过制定政策、分配资源、定期评审等方式，确保这一承诺得以有效实施。在储气库安全管理中，这有助于建立自上而下的安全文化，使全体员工充分认识到安全生产的重要性，从而在日常工作中自觉遵守安全规程，减少事故隐患。

3.2　健全环境监测制度

ISO 14000 系列标准是由国际标准化组织制订的环境管理体系标准。是针对全球性的环境污染和生态破坏越来越严重，臭氧层破坏、全球气候变暖、生物多样性的消失等重大环境问题威胁着人类未来的生存和发展，顺应国际环境保护的发展，依据国际经济贸易发展的需要而制定的。

ISO 14000 是 ISO 推出的第二个管理性系列标准。为使用者提供了综合管理包括质量管理等体系兼容并蓄的环境管理的依据，规定了环境管理的共同语言和准则的要求。

ISO14001（环境管理体系）是环境管理体系的标准，它规定了环境管理的共同语言和准则的要求。

遵循 ISO14001（环境管理体系）要求，储气库建立严格的环境监测制度。定期对储气库周边空气、水质、土壤及噪声等环境要素进行监测，确保排放物符合国家和地方环保标准。储气库按照体系要求，对环境因素进行辨识，制定环境因素管理计划，编制应对措施。同时，建立环境风险预警系统，及时发现并应对潜在的环境污染风险，制定和实施环境因素管理策略，保护生态环境。

3.3　做好全过程风险评估与预防

ISO31000（风险管理原则与指南）是风险管理原则与指南的标准，它对风险、风险评估、风险管理与应对等提供了诠释及原则性指引。

ISO31000（风险管理原则与指南）对风险、风险评估、风险管理与应对等的诠释及原则性指引具有很好的借鉴意义。

基于ISO31000（风险管理原则与指南），储气库实施全面的风险评估与预防机制。通过识别、分析储气库运营过程中可能面临的安全与环境风险，制定针对性的风险应对措施和应急预案。实施定期的风险评审，确保风险管理的有效性和时效性，预防安全事故和环境污染事件的发生。

风险管理ISO45001强调基于风险的思维方法，要求将风险管理贯穿于整个职业健康安全管理系统，要求组织识别与其运营活动相关的职业健康安全风险，评估其严重程度和可能性，并采取相应的控制措施。对于储气库而言，这意味着需要全面分析储气、输气、维护等各种风险，如泄漏、火灾、爆炸、腐蚀等风险管理措施，确保储气库的安全稳定运行。

世界上，储气库发生的事故也不是少数。2001年1月17日，在美国堪萨斯州Hutchinson的Yaggy储气库，发生了一起气流喷涌引发的爆炸事故。事故殃及周边地区，次日又在一处居民区发生爆炸，造成2人死亡，1人受伤。当地居民紧急疏散直至3月份险情解除才返回住所。另一起影响较大的储气库事故是2015年10月23日发生在位于美国加利福尼亚州南部的Aliso Canyon储气库。该储气库建成于1973年，工作气量约24亿m^3，该储气库的SS－25气井发生泄漏，泄漏历时4个月的时间，大约9万吨甲烷泄漏到大气中，周围数千户居民被迫遣散。事故调查结果显示，微生物腐蚀造成273m处7生产套管外壁腐蚀减薄严重，致轴向破裂（因腐蚀承压能力降低）并沿环向开裂（温度降低致韧性降低）。2019年12月24日，辽河双6储气库集注站采气一区绕管式换热器B路天然气湿气进口立管第一道球阀下部配套带径法兰颈部（焊口上部约20mm处）发生断裂，导致现场1名员工死亡，4名员工轻伤。事故调查结果显示，该处的法兰材质不符合设计文件的要求。

因此，做好风险评估是完整性管理工作的重要内容，在生产运行阶段，要加强风险管理工作。在设计、施工、试运行、正式投入运行以及各个管理过程中，都运用风险思维的体系管理模式，采取有效的技术手段，全面开展储气库设施的完整性管理，确保设施、设备安全。

3.4　员工培训与教育

ISO45001强调对员工的培训与教育，以增强其职业健康安全意识、技能和知识。储气库通过ISO体系运行，重视员工的安全环保意识与技能培养，依据ISO标准开展系统的员工培训与教育。培训内容涵盖安全操作规程、环境保护知识、应急处理技能等，确保每位员工都能熟练掌握相关知识和技能。通过定期考核与复训，不断提升员工的安全环保素养和应急反应能力。

对于储气库员工而言，掌握正确的操作规程、应急处理技能以及个人防护装备的使用至关重要。通过定期的培训和教育活动，可以确保员工具备必要的安全知识和技能，有效预防事故的发生。

3.5　应急准备与响应

ISO45001要求组织建立并实施应急准备和响应程序，以应对可能发生的紧急情况。储气库作为高风险设施，必须制定详尽的应急预案，包括火灾、泄漏、爆炸等突发事件的应对措施，并进行定期演练，确保在紧急情况下能够迅速、有效地进行处置，减少损失和影响。

ISO22301（业务连续性管理体系）是业务连续性管理体系的标准，它提供了一套管理流程计划，使企业对潜在的灾难加以辨别分析，帮助其确定可能发生的冲击对企业运作造成的威胁，并提供一个有效的管理机制来阻止或抵消这些威胁，减少灾难事件给企业带来的损失。

根据ISO22301（业务连续性管理体系）及行业规范，储气库建立完善的应急准备与响应体系。制定详细的应急预案，明确应急指挥体系、应急资源调配、应急响应流程等关键要素。定期组织应急演练，检验应急预案的有效性和可操作性，提升应急响应速度和处置能力，确保在突发事件发生时能够迅速、有序地应对。

3.6　合规性审查

ISO45001标准要求组织遵守所有适用的职业健康安全法律法规和其他要求。储气库作为能源行业的关键设施，必须严格遵守国家及地方关于安全生产、环境保护等方面的法律法规，以确保其运营活动的合法性和合规性。通过实施ISO45001，储气库可以系统地识别并满足这些要求，降低法律风险。

储气库严格遵守国家法律法规、行业标准和国际惯例，定期开展合规性审查。通过内部审核、第三方审核等方式，对安全管理体系、环境监测制度、风险评估与预防、员工培训与教育、应急准备与响应等各个环节进行全面审查，确保各项活动和结果符合相关要求。针对审查中发现的问题，及时制定整改措施并跟踪落实，确保持续改进。

3.7　*持续改进与创新*

储气库将持续改进与创新作为提升安全管理水平和环境保护能力的关键途径。通过引入新技术、新工艺、新材料，优化储气库设计、建设和运营流程，提高能效、降低排放。同时，建立创新激励机制，鼓励员工提出合理化建议和改进意见，推动储气库管理水平的不断提升。

4　结论

综上所述，ISO45001 标准在储气库安全管理中发挥着至关重要的作用。通过增强安全承诺、实施风险管理、确保法律合规、加强培训与教育、完善应急准备、进行绩效评估、促进沟通与参与以及提升国际公信力等措施，ISO45001 为储气库构建了一个全面、系统的安全管理框架，有助于实现储气库的安全、高效、可持续发展。

通过构建并严格执行基于 ISO 标准的安全管理体系、环境监测制度、风险评估与预防、员工培训与教育、应急准备与响应、合规性审查以及持续改进与创新等机制，储气库能够有效确保安全运行与环境保护。这不仅有助于提升储气库自身的竞争力和可持续发展能力，也为保障国家能源安全和促进生态文明建设做出了积极贡献。

参 考 文 献

[1] 梁法春，陈婧，寇杰《油气储运安全环保技术》中国石化出版社，2017 - 07，7 - 15，8 - 91，280 - 282。306 - 310.

[2] 杨志伟、许雨桐、王宇鹏、张鲁钢、李健《胜利油田储气库技术进展及发展方向》（石油化工安全环保技术期刊）2024 年第 31 卷第 5 期.

[3] 糜利栋、曾大乾、李遵照、孙旭东、鲁春华、张广权、王佩弦《中国石化地下储气库智能化建设进展及展望》（石油化工安全环保技术期刊）2024 年第 1 期.

[4] 虞维超，薛鲁宁，黄维和，张也，温凯，宫敬《储气库可靠性一体化分析方法研究．石油科学通报》，2017，01：102 - 114.

[5] 王者超，李崴，刘杰，郭家繁，张宇鹏．地下储气库发展现状与安全事故原因综述［J］. 隧道与地下工程灾害防治，2019，1（02）：49 - 58.

[6] 完颜祺琪；王云；李东旭；胥洪成；李春；李康；李景翠；李丽锋《复杂地质条件下储气库建设安全运行技术进展》（《油气储运》）2023 - 10 - 25，1092 - 1099.

[7] GB/T24001 - 2015 idt ISO14001：2015 代替 GB/T24001 - 2004.

[8] GB/T 45001—2020/ISO 45001：2018.

[9] ISO 31000：2018 风险管理指南.

[10] ISO 22301：2012 业务连续性管理体系标准解读.

[11] ISO 45001：2018 职业健康安全管理体系要求及使用指南.

储气库热煨弯管开裂失效分析

赵昕铭 王思耀 崔 鹏 陈倩岚 陈 忻 罗 焕

（中国石油大港油田公司）

摘 要 通过理化性能检测、组织分析、残余应力分析等手段，并结合现场服役工况，系统分析了某储气库采气弯管外发生开裂泄漏的原因。结果表明：在加工过程中不当的热处理操作导致弯曲段材料出现了马氏体硬脆组织，外弧侧外表面硬度明显偏大且存在多处浅表裂纹，在残余拉应力、内压和温度变化产生的轴向应力联合作用下裂纹扩展至内表面，最终导致弯管失效。

关键词 储气库；管道；开裂；失效分析；应力

Failure Analysis of Cracking of Hot Bending Pipes in Gas Storage

ZHAO Xinming, WANG Siyao, CUI Peng, CHEN Qianlan, CHEN Xin, LUO Huan

(China National Petroleum Corporation Dagang Oilfield)

Abstract: By means of physical and chemical performance testing, organizational analysis, residual stress analysis, and combined with on – site service conditions, the causes of cracking and leakage outside the gas production bend pipe of a certain gas storage facility were systematically analyzed. The results showed that improper heat treatment during the processing led to the formation of martensitic hard and brittle structure in the bent section material. The outer surface hardness of the outer arc side was significantly higher and there were multiple shallow cracks. Under the combined action of residual tensile stress, internal pressure, and temperature changes, the cracks extended to the inner surface, ultimately resulting in the failure of the bent pipe.

Key words: gas storage; pipeline; crack; Failure analysis; stress

储气库作为季节调峰及天然气战略储备的作用越来越得到国家的高度重视，相比常规气田，储气库“多周期注采、高低压交替、长周期运行”的特点，对储气库的安全生产提出更高的要求。由于储气库的地面设施种类繁多、运行工况复杂、运行压力高，导致安全风险更大，尤其是注采系统涉及的管件类型、材质、规格、数量、供货商等庞杂繁多，近年来管件失效事故也频频爆出，直接威胁储气库的安全、高效生产，成为储气库地面系统安全管理的薄弱环节。

2022 年华北地区某储气库井场注采平台采气总阀后第二个弯管外弧侧发生开裂泄漏，如图 1 所示。该弯管运行时间为 21 年，失效时运行压力 6.02MPa，失效时环境温度为 –5℃，输送介质为天然气。该弯管为无缝钢管热煨而成，规格为 Φ273mm × 12mm，曲率半径 R = 4D，材质为 16Mn，母管执行标准为 GB 1591 – 88《低合金结构钢》，弯管执行标准为 SY 5257 – 91《钢制弯管》。

1 试验

通过磁粉探伤和超声波探伤检测，确定失效弯管是否存在其它开裂部位或超标缺陷。通过壁厚检测，确定钢管是否存在因腐蚀或冲蚀造成的壁厚减薄。依据 GB 1591 – 88 和 SY 5257 – 91，对失效弯管进行化学成分、拉伸性能、冲击韧性、全截面硬度、金相组织分析等理化性能检测，评判弯管理化性能是否满足标准要求。通过裂纹分析和断口分析，明确弯管开裂过程。综合运行工况和试验结果，明确弯管开裂失效原因，并提出针对性的风险管控建议。

图1　开裂弯管现场照片

2　试验结果与讨论

2.1　宏观形貌与壁厚检测

送检的弯管样品长约 1800mm，裂纹位于弯曲段，并沿环向开裂，长度约 200mm，如图 2 所示。依据 GB/T 11344－2008《无损检测接触式超声脉冲回波法测厚方法》，采用超声测厚仪，对送检的失效弯管进行壁厚检测。结果表明，该弯管壁厚符合 SY 5257－91 标准的要求，且开裂部位与其它位置的壁厚未见明显差异。

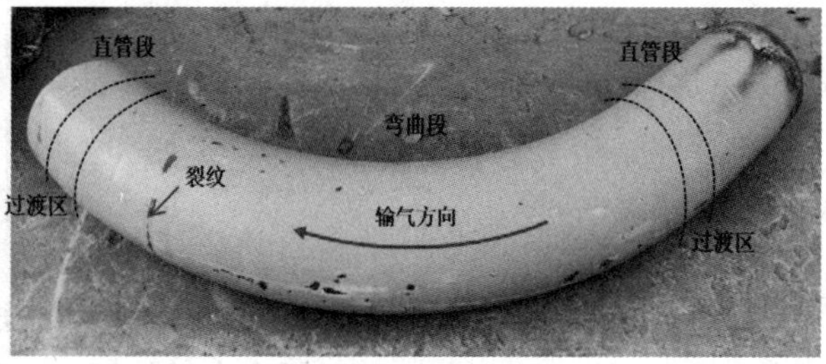

图2　开裂弯管宏观形貌

2.2　无损检测

依据标准 ASTM E 709－2021，采用磁粉探伤仪对弯管外表面进行了磁粉检测，依据标准 SY/T 4109－2020《石油天然气钢质管道无损检测》，采用超声波探伤仪对弯管表面进行 100% 超声波探伤检测。结果表明，除开裂位置外未见其他表面裂纹显示和其它超标缺陷显示。

2.3　理化性能检测

为了分析弯管的理化性能是否符合标准要求，依据标准 GB 1591－88 和 SY 5257－91，对失效弯管进行了化学成分、拉伸性能、夏比冲击、全截面硬度和金相组织等理化性能检测。

2.3.1　化学成分分析

依据标准 GB 4336－2016《碳素钢和中低合金钢多元素含量的测定火花放电原子发射光谱法（常规法）》，采用直读光谱仪对送检弯管直管段管体进行了化学成分检测。结果表明，失效弯管的化学成分符合 GB 1591－88《低合金结构钢》中对 16Mn 钢的要求。

表1　化学成分分析结果（单位：%）

项目	碳（C）	硅（Si）	锰（Mn）	磷（P）	硫（S）	铬（Cr）	钼（Mo）	镍（Ni）	铌（Nb）	钒（V）	钛（Ti）	铜（Cu）
直管段管体	0.16	0.31	1.47	0.013	0.0039	0.026	0.0078	0.022	<0.0008	0.0037	0.0055	0 13

2.3.2　拉伸性能检测

依据标准 GB/T 228.1－2010《金属材料拉伸试验第 1 部分：室温试验方法》，采用 SHT4106 材料试验机，对直管段、过渡区、外弧侧、内弧侧、中性区分别进行了拉伸性能检测。结果表明：（1）弯曲段中性区与内弧侧抗拉强度超过 GB 1591－88 要求的上限值；（2）弯曲段外弧侧抗拉强度超过 GB 1591－88 要求的上限值并明显高于弯管其他位置的抗拉强度，同时，外弧侧的延伸率明显低于其他位置，且不符合 GB 1591－88 中对 16Mn 的拉伸性能要求；（3）其余管段拉伸性能均满足规范要求。

表 2　弯管拉伸性能检测结果

试样编号	宽度×标距（mm）	$R_{t0.5}$（MPa）	R_m（MPa）	A（%）
直管段	38×50	405	548	40.5
过渡区	38×50	365	569	38.5
弯曲段内弧侧	38×50	538	783	30.5
弯曲段外弧侧	38×50	651	955	14.0
弯曲段中性区	38×50	592	817	31.0
GB 1591－88 对 16Mn 的拉伸性能要求		≥345	510～660	≥22%

2.3.3　夏比冲击检测

依据标准 GB/T 229－2007《金属夏比缺口冲击试验方法》，采用冲击试验机，对失效弯管的直管段、过渡区、外弧侧、内弧侧和中性线区进行了夏比冲击性能检测。结果表明：（1）过渡区试样的单个冲击吸收功结果不符合 GB 1591－88 的要求；（2）直管段、弯曲段外弧侧和过渡区的试样断口剪切面积不符合标准 SY/T 5257－2012 的要求；（3）以试样断口剪切面积为 50% 时的温度作为韧－脆转变温度（$FATT_{50CVN}$），弯管外弧侧试样的韧－脆转变温度 $FATT_{50CVN}$ 在 0℃左右。

表 3　热煨弯管夏比冲击试验结果

取样位置	试验温度（℃）	冲击吸收能量（J）		断口剪切面积（%）	
		单个试样	平均值	单个试样	平均值
直管段	－10	101 77 43	74	30 20 10	20
中性区	－10	71 71 69	71	50 50 50	50
外弧侧	－10	40 41 41	41	40 45 45	43
内弧侧	－10	77 72 71	73	55 50 50	52
过渡区	－10	139 12 23	58	40 0 0	13
标准要求		每组试验的最小平均吸收功应不低于27J；单个试件最小吸收功应不低于22J		三个试件断口剪切面积平均值应大于或等于50%，每个试件至少呈现40%剪切面积	

表 4　弯管外弧侧系列温度夏比冲击试验结果

试验温度（℃）	冲击吸收能量（J）		断口剪切面积（%）	
	单个试样	平均值	单个试样	平均值
20	48 57 48	51	65 67 60	64
0	49 59 59	56	50 50 50	50
－10	40 41 41	41	40 45 45	43
－20	35 31 29	32	40 30 20	30
－30	29 24 24	26	20 15 15	17

2.3.4　硬度试验

依据标准 GB/T 4340.1－2009《金属材料维氏硬度试验第 1 部分：试验方法》，对失效弯管的直管段、过渡区、弯曲段外弧侧、内弧侧和中性线区进行了维氏硬度检测。检测结果表明：（1）弯曲段的硬度值均呈现为外壁大于中部和内壁的特征；（2）由于 GB 1591－88 和 SY 5257－91 中未对材料硬度作详细要求，故本次依据 SY/T 5257－2012 标准的要求与试验结果进行比对，比对结果表明：弯曲段外弧侧靠近外壁的硬度值高于 SY/T 5257－2012 标准要求的 300 HV（10）。

表 5　弯管硬度检测结果（HV10）

直管段		161	158	160	160	158
		162	162	162	158	162
		161	162	163	162	162
过渡区		232	209	185	169	165
		222	204	208	167	165
		211	208	196	163	166
弯曲段	外弧侧	324	357	332	328	319
		279	280	278	270	277
		260	267	261	261	261
	中性区	252	244	247	257	259
		231	227	230	219	234
		219	220	211	216	220

续表

弯曲段	内弧侧	259 256 256 266 266 229 233 226 224 221 208 220 218 218 216

2.4 金相组织分析

2.4.1 管体金相组织

依据标准 GB/T 13298 - 2015、GB/T 4335 - 2013 和 ASTM E45 - 18a，采用激光共聚焦显微镜和金相显微镜及图像分析系统，检测了失效弯管直管段、过渡区、弯曲段外弧侧、内弧侧和中性线区的金相组织。从金相分析结果可知，直管段组织为珠光体和铁素体，弯曲段出现了马氏体组织，管体各部位内外壁组织晶粒度存在差异，内壁均存在不同程度的带状组织。

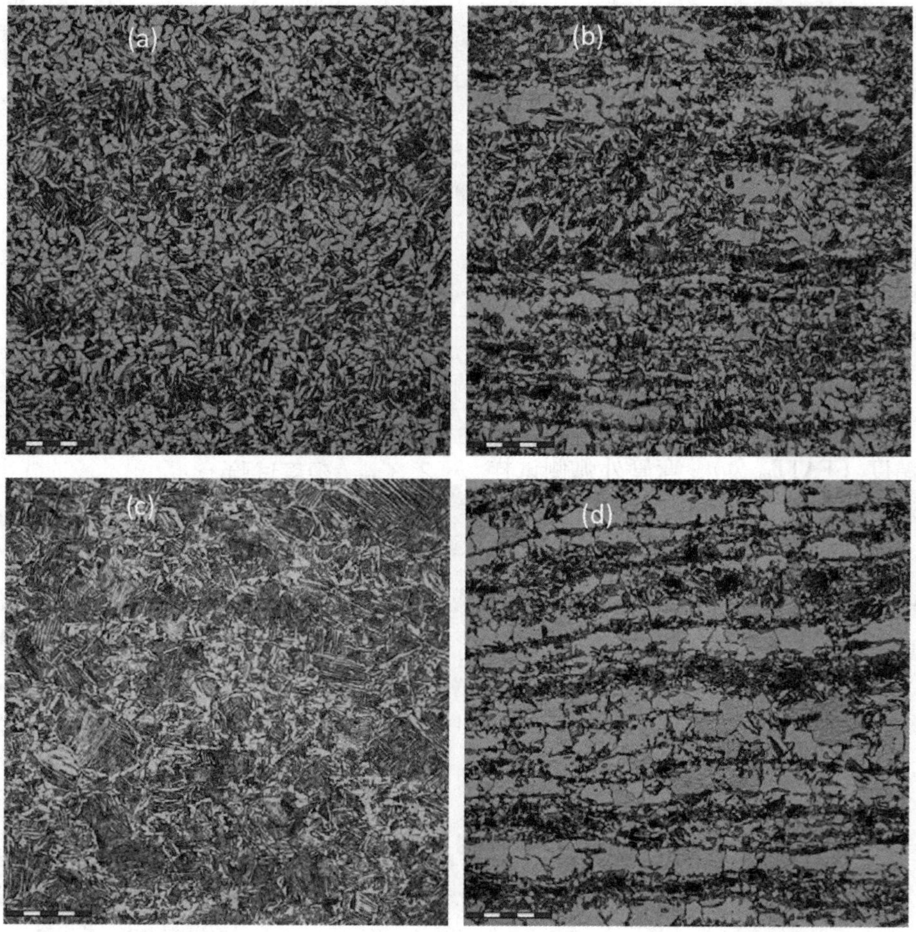

（a）过渡区弯管侧；（b）中性区内壁；（c）弯曲段外弧侧内壁；（d）弯曲段内弧侧内壁

图3 金相组织

2.4.2 裂纹金相组织

在开裂位置的端部处沿纵向切取金相试样，并进行金相组织分析，结果如图4所示。裂纹起裂于外壁，垂直向下扩展。靠近外壁的金相组织（图4（b））为马氏体，裂纹尖端处的金相组织（图4（c））主要为马氏体+铁素体，裂纹的扩展方式以穿晶为主沿晶为辅。

断口附近存在多处与失效裂纹平行的环向浅表裂纹，裂纹长度在20 - 150μm之间，且越靠近失效断口处浅表裂纹越密集，如图5所示。与失效裂纹相似，这些浅表裂纹起裂于外壁，起裂位置的组织为马氏体，扩展方式以穿晶为主沿晶为辅。

2.5 断口形貌

使用扫描电子显微镜（SEM）对断口进行形貌观察和表面物质分析，失效弯管宏观断口如图6所示。断口表面附着有黄褐色浮锈，未见明显的宏观塑性变形，断口平齐，靠近内壁有较薄的剪切唇，剪切唇为最后瞬断区。

将断口切割成6块进行详细观察，内壁剪切唇最薄的位置（3#断口）位于图7中的外弧侧，并向中性区逐渐增加，可判断3#断口处为最先穿透

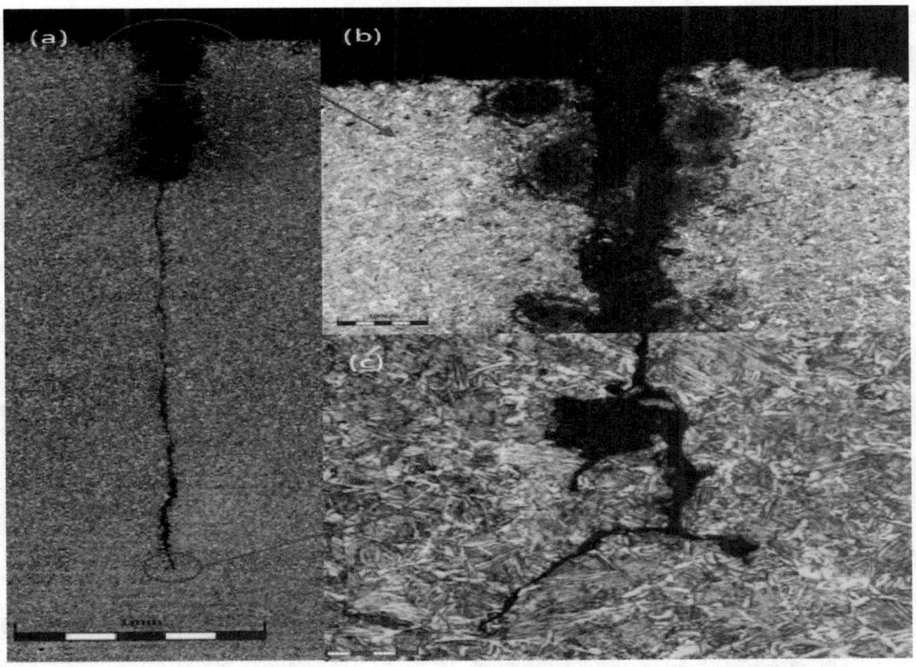

(a) 裂纹宏观；(b) 起裂位置；(c) 裂纹尖端

图4　裂纹组织形貌

图5　断口附近的浅表裂纹

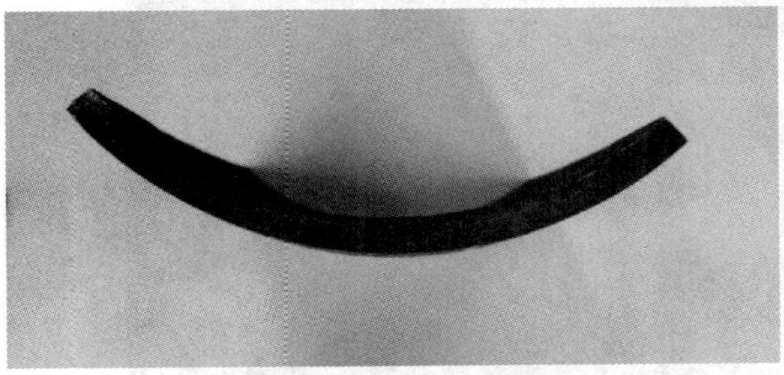

图6　失效弯管断口宏观形貌

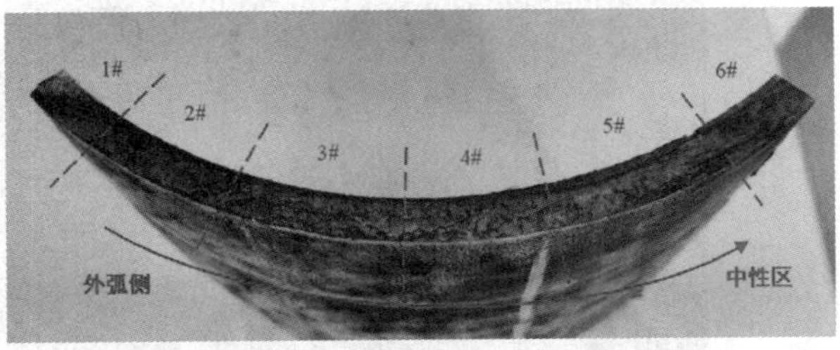

图7　失效弯管断口清理后形貌及线切割示意图

壁厚。各断口低倍下形貌如图8所示，可以看出：扩展区放射线和剪切唇特征明显，扩展区放射线未见明显收敛于外壁某一位置，但均指向外壁，表明开裂由外壁先起裂。

断口微观形貌观察结果表明：断口的源区为包含一些沿晶特征的解理形貌（图9）；扩展区可见两种典型的准解理形貌特征，包括高密度的撕裂棱（韧窝）和解理小断面同时存在的形貌（图10（a））、放射状的河流花样（图10（b）），未见

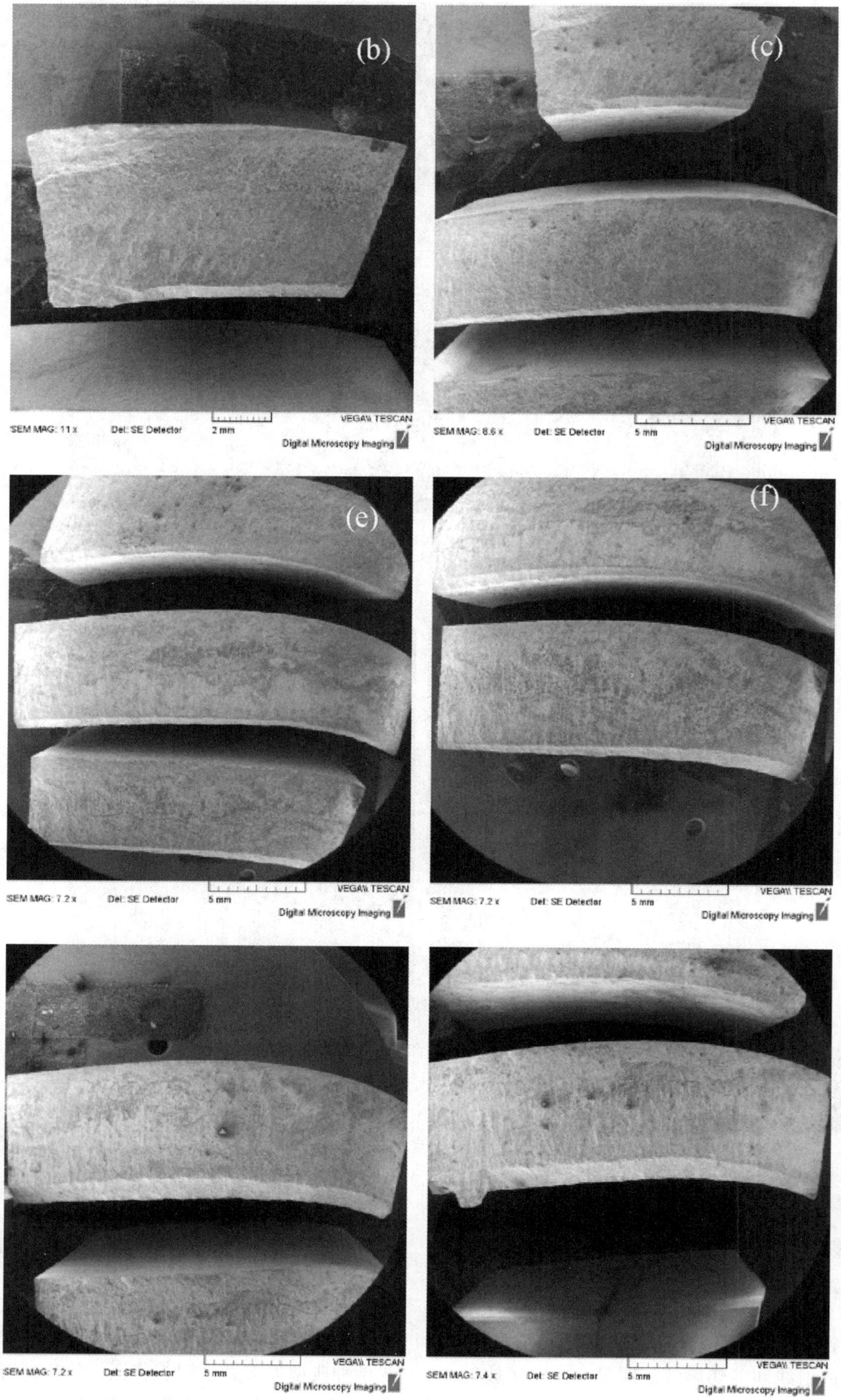

（a）1#断口；（b）2#断口；（c）3#断口；（d）4#断口；（e）5#断口；（f）6#断口

图 8　断口低倍下形貌

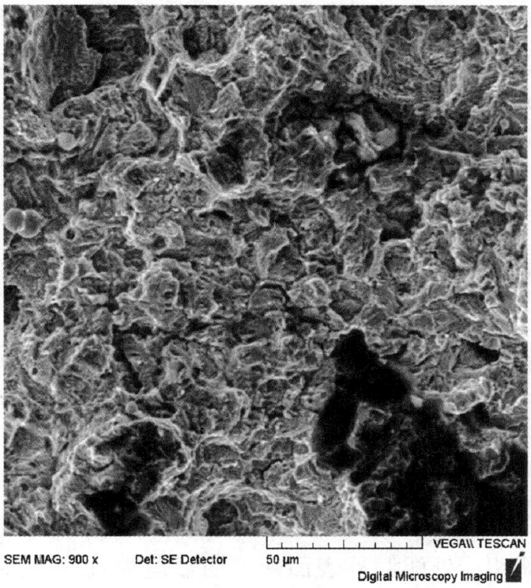

图 9 断口外壁的解理形貌

疲劳特征；瞬断区（剪切唇）为韧窝形貌（图 11）。这些微观形貌均指出断口为脆性开裂。

对断口进行能谱分析，结果表明，外壁源区和扩展区表面物质以铁的氧化物为主，瞬断区未见明显的铁的氧化物，从断口氧化程度来看进一步说明外壁最先起裂。

2.6 残余应力检测

为掌握失效弯管的外表面残余应力情况，依据 GB/T 32073－2015《无损检测残余应力超声临界折射纵波检测方法》，采用 M04 型多通道超声波法残余应力测量系统，对失效弯管靠近断口外弧侧试样进行了外表面轴向残余应力检测，检测结果见表 6 所示。结果表明：轴向残余拉应力最大测试值为 80.25MPa。

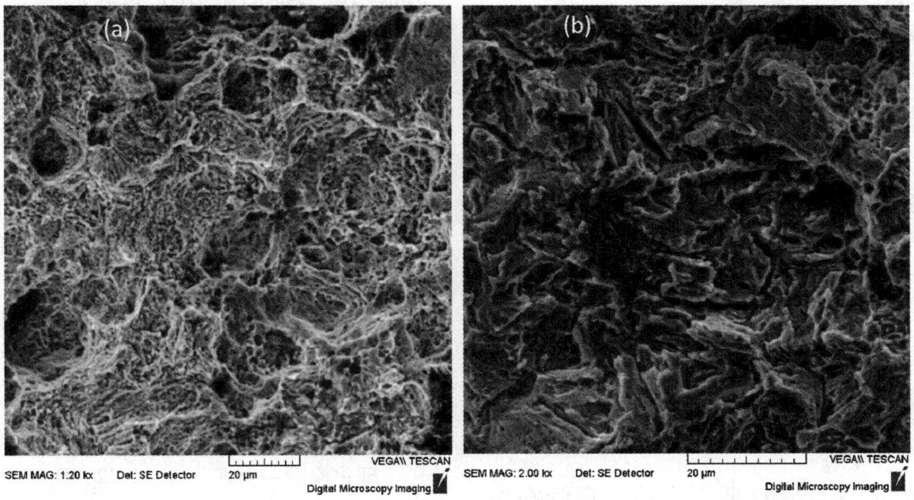

（a）高密度的撕裂棱和解理小断面同时存在；（b）放射状的河流花样

图 10 断口扩展区高倍下的准解理形貌

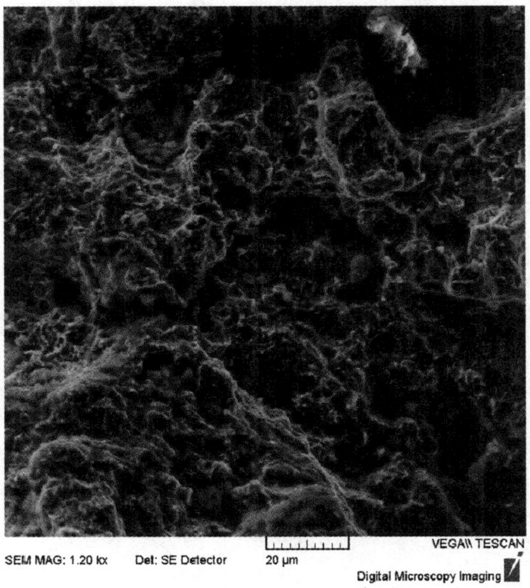

图 11 断口瞬断区（剪切唇）高倍下的韧窝形貌

表 6 超声法残余应力检测结果

测点名称	测点 1	测点 2	测点 3	测点 4	测点 5
轴向应力值（MPa）	35.02	37.50	40.05	80.25	37.5

2.7 综合原因分析

2.7.1 材质分析

由理化性能试验结果可知，失效弯管的化学成分符合 GB 1591－88 中对 16Mn 的要求，而拉伸性能和冲击性能不符合 GB 1591－88 的要求，表明该弯管材料质量不合格。其中，该弯管在弯曲段的抗拉强度超过标准要求的上限值，而且在外弧侧的抗拉强度和硬度最高、冲击功最低，加之金相组织分析中发现马氏体组织，表明该弯管在弯曲段外弧侧的脆性较大。同时，该弯管外弧侧在壁厚方向上的硬度呈现出内壁向外壁逐渐升高的特点，表明弯头外弧侧在外壁的韧性比内壁更低。一般情况下，不当的热处理温度和保温时间会使材料中产生马氏体硬脆相组织，还会造成材料淬透性差、晶粒粗大等不良影响，这些硬脆组织就是导致材料力学性能高强低韧的主要原因。

此外，根据该弯管外弧侧系列温度夏比冲击试验结果，其韧－脆转变温度在0℃左右，而该弯管在失效时的环境温度约－5℃，此时弯管的服役温度在低于其韧－脆转变温度时韧性进一步降低，更容易在外壁萌生裂纹，断口附近发现的浅表裂纹与之相印证。同时，裂纹及其断口微观分析也发现脆性特征，进一步证明了材料由于脆性较大而发生了开裂。

2.7.2　应力分析

在弯管热煨弯制过程中，其外弧侧外壁承受的拉应力最大，内弧侧外壁承受的压应力最大，而该弯管的残余应力检测结果也表明其外弧侧存在轴向残余拉应力，最大值为80.25MPa。同时，根据在注气到采气阶段管道内部压力由2.1MPa上升到6.16MPa，失效时管内介质温度23.5℃到环境温度－5℃，依据标准GB 50251－2003《输气管道工程设计规范》计算该弯管产生的轴向应力合计约为132.478MPa。因此，残余拉应力、内压和温度变化产生的轴向应力将会促进该弯管裂纹的萌生和扩展。

综上所述，采气弯管材质不合格，弯管在弯曲段外弧侧的脆性较大，外弧侧在外壁的韧性比内壁更低，服役环境温度低于弯管外弧侧材料的韧－脆转变温度，弯管外弧侧材料性能已由韧转脆，在与残余拉应力、内压和温度变化产生的轴向应力联合作用下，弯管外壁萌生裂纹并发生脆性开裂。

3　结论与建议

（1）该失效弯管化学成分符合GB 1591－88中对16Mn的要求；拉伸性能、和冲击性能不符合GB 1591－88要求，弯曲段硬度值高于直管段，在壁厚方向上的硬度呈现出内壁向外壁逐渐升高的特点；金相分析发现弯曲段各部位均出现了马氏体组织。

（2）该弯管开裂的原因为：在加工过程中不当的热处理操作导致弯曲段材料出现了马氏体硬脆组织，外弧侧外表面硬度明显偏大且存在多处浅表裂纹，在残余拉应力、内压和温度变化产生的轴向应力联合作用下裂纹扩展至内表面，最终导致弯管失效。

（3）建议对同批次弯管进行在线材质排查和外壁浅表裂纹排查，加强弯管质量检验。

参　考　文　献

[1] 刘建华．高压主蒸汽管焊缝裂纹原因分析及处理［J］．化工管理，2018（16）．

[2] 曲业民，曹小刚．压力容器和压力管道应力腐蚀开裂机理及影响因素［J］．化学工程与装备，2023，(09)：179－181.

[3] 李锐峰，赵旭，栾晖，等．油气管道开裂原因［J］．理化检验－物理分册，2022，58（12）：58－63.

[4] 王飞，周少坤，王海涛，等．L360N天然气管道弯管的开裂原因分析［J］．热加工工艺，2022，51（21）：144－147＋151.

弯管进气对离心压气机性能影响的实验研究

胡宗武[1,2]　张　洁[1,2]　赵　洋[3]　黄　宁[1,2]　陈冠言[1,2]

（1. 兰州大学土木工程与力学学院；2. 兰州大学中国西部灾害与环境力学重点实验室；
3. 中国北方发动机研究院柴油机增压技术国家重点实验室）

摘　要　离心压气机在设计及性能测试时往往以直管进气，而在实际使用中经常采用弯管进气方式，由于弯管弯曲结构的影响，会对压气机性能产生较大影响。采用自行设计的离心压气机实验装置测试了直管进气与弯管进气时离心压气的压比、效率和进口静压的变化，分析了弯管进气对离心压气机性能的影响规律。结果表明：相对于直管进气方式，弯管进气时，不同转速下离心压气机的压比和效率均下降，阻塞流量和喘振流量均降低，进口静压均出现不均现象。同一转速下，随着流量的增大，进口静压分布不均现象更加明显。随着转速的增大，压气机的压比下降幅度增大，进口静压分布不均现象更加明显。在高转速的大流量下，压气机的效率受到弯管影响更为明显。进气弯管会导致离心压气机性能恶化，进口静压分布不均。

关键词　离心压气机；进气弯管；性能；压比；效率

Experimental Study on the Impact of Elbow Intake on Centrifugal Compressor Performance

HU Zongwu[1,2], ZHANG Jie[1,2], ZHAO Yang[3], HUANG Ning[1,2], CHEN Guanyan[1,2]

(1. College of Civil Engineering and Mechanics, Lanzhou University
2. Key Laboratory of Mechanics on Disaster and Environment in Western China, Lanzhou University
3. National Key Laboratory of Diesel Engine Turbocharging Technology, China North Engine Research Institute)

Abstract: Centrifugal compressors are typically designed and tested with straight pipe intakes, but in practical applications, elbow intakes are often utilized. The curvature of the elbow can significantly impact compressor performance. This study employed a custom – designed experimental setup to compare the pressure ratio, efficiency, and variations in inlet static pressure between straight and elbow intakes. The results show that, in comparison to straight pipe intakes, both the pressure ratio and efficiency of the centrifugal compressor decrease across various rotational speeds when using elbow intakes. Additionally, both blockage flow and surge flow are reduced, and the inlet static pressure displays an uneven distribution. At the same rotational speed, as the flow rate increases, the uneven distribution of inlet static pressure becomes more pronounced.

As the rotational speed increases, the reduction in pressure ratio becomes more significant, further exacerbating the uneven static pressure distribution at the inlet. At high rotational speeds and large flow rates, the efficiency of the compressor is particularly affected by the elbow. Overall, the elbow intake leads to a decline in centrifugal compressor performance and contributes to an uneven inlet static pressure distribution.

Key words: Centrifugal compressor; elbowintake; performance; pressure ratio; efficiency

1　引言

离心压气机是涡轮增压器的核心部件，在车用动力、航空航天等方面应用广泛。离心压气机在车用涡轮增压系统中由于安装空间的限制，通常采用弯管导流进气，而非设计测试时的直管进气方式。这种设计导致实际使用中的性能因弯管中的二次流动导致的进气畸变而显著下降。为了解决这一问题，学者们进行了大量的研究。Kim 等人通过实验和数值模拟研究了不同类型直管、弯管对离心压气机性能的影响。Engeda 等在 Kim 等人的研究基础上，进一步研究了弯管进气导流形式与全通道离心叶轮和有叶扩压器的连接效果。Kammerer 通过实验研究了进气非对称流动时叶片受迫响应的非定常压力波动。Dickmann 等研究了弯管导致进口非对称流动条件下的离心压气机叶片激振。Sheoran 等人研究了辅助动力装置（APU）引起的总压和漩涡畸变对压气机喘振裕度的影响。佟鼎等通过数值仿真与台架试验相结合的方式，研究了弯管对离心压气机特性的影响规律及产生机理，并提出了在弯管内增加导流肋片的改进方法。研究结果表明，采用内部布置导流肋片的弯管结构，能够进一步规范弯管内部气流的流动特征，改善压气机进口流动状态，使流动变得相对均匀，从而使性能得到全方位的提升。Zhao 等通过数值模拟与实验法研究发现，压气机进口弯管进气会导致压气机性能下降，弯头的方向也会对压气机效率产生重要影响，建议在生产中应尽量避免对压气机性能不利的进口弯头方向。李聪等研究了进口弯管对压气机效率的影响，结果表明，在低转速时，弯管进气压气机性能与直管进气时基本一致，小流量工况下弯管进气对压气机效率的影响不太明显；随着流量的增加对效率的影响有所增大；随着转速的升高，弯管进气压比的不稳定性逐渐增大，对效率的影响也逐渐增大。

综上，目前国内外学者关于弯管进气对离心式压气机性能的影响进行了大量研究工作，也取得了一定的认识。采用的研究方法主要有数值模拟法和实验法，大多数研究者采用数值模拟的方法，实验法较少，对压气机进口弯管对性能的影响缺乏系统性研究。本文采用自行设计的实验装置，对比了直管进气和弯管进气时离心式压气机性能的变化，分析了弯管进气对压气机性能的影响。

2　实验装置及方法

2.1　实验装置

实验采用的某离心式压气机主要结构包括进口管路、叶轮、无叶扩压器、蜗壳等部分。进口管路把气体以一定方向引入工作叶轮。叶轮是离心压气机的主要部件，其作用是提供压缩气体的机械能，一般情况下包含主叶片和分流叶片，压气机的叶轮共有 10 个主叶片和 10 个分流叶片。压气机主要几何参数见表 1 所示。

表 1　压气机主要几何参数

参数	数值
叶片数/对	10
叶轮进口直径 D_1/mm	34
叶轮出口直径 D_2/mm	75
叶顶间隙/mm	0.5
扩压器进口直径 D_3/mm	80
蜗壳进口直径 D_4/mm	111

2.2　实验方法

在进行可视化实验测试前，首先对压气机进行了直管和 90°弯管进气方式下的压气机性能测试，压气机性能曲线包括压比－流量特性和效率－流量特性两部分，压比和效率的计算公式如式（1）－（2）所示。分别测试直管进气和弯管进气条件下离心压气机的性能，进口直管和弯管如图 1（a）所示，弯管为 90 度标准弯管，弯管的曲率半径是直径的 1.5 倍，弯管水平放置，其相对于蜗壳的位置如图 1（b）所示：

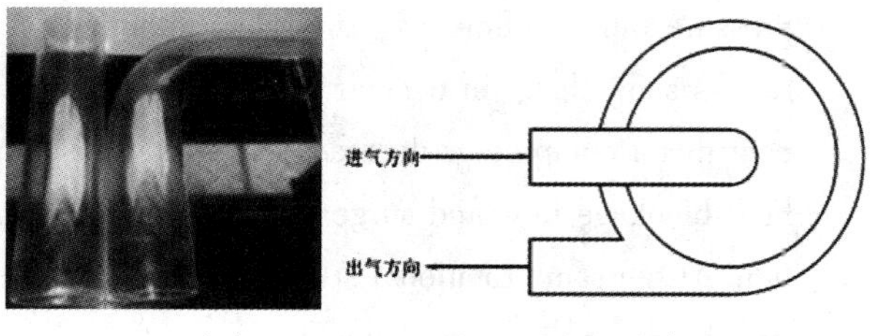

（a）　　　　　　　　（b）

（a）进口直管与弯管；（b）弯管相对于蜗壳的位置

图 1　进气直管和弯管及弯管相对于蜗壳的位置

$$\pi = \frac{p_2^*}{p_1^*} \tag{1}$$

$$\eta = \frac{T_1^*\left(\pi^{\frac{k-1}{k}} - 1\right)}{T_2^* - T_1^*} \tag{2}$$

式中：T_1^* 为进口总温，T_2^* 为出口总温，p_1^* 为

进口总压，p_2^* 为出口总压，k 为等熵系数，在空气中取 1.4。

总压、总温可通过静压、静温经折算获得，其折算公式如式（3）－（4）所示：

$$p^* = p + \frac{\rho c^2}{2} \tag{3}$$

$$T^* = T + \frac{c^2}{2010} \tag{4}$$

式中：p 为气体静压，T 为气体静温，ρ 为气体密度，c 为气体流速。

根据热力学定律，气体密度的计算公式如式（3）－（4）所示：

$$\rho = \frac{p}{RT} \tag{5}$$

式中：$R = 8.314\text{J/(mol}\cdot\text{K)}$ 为气体常数。

气体流速可由流量求得

$$c = \frac{M}{\rho A} \tag{6}$$

式中：M 为进口流量，A 为测量段管道截面积。

弯管进气时，在某一转速下，首先将压气机出口调节阀开到最大，确认阻塞点后，从阻塞点开始，逐步关小出口调节阀，减少流量，直至压气机接近喘振工况。在接近喘振工况的过程中，至少选取 6 个不同的工况点进行测试。测试时，除喘振点外，每个工况点需稳定运行运行 5min 待数据稳定后再记录数据。依次测试不同转速下（60000、70000、80000、90000 和 100000rpm）离心压气机的性能参数。弯管进气时的测试方法同直管进气。由于实际实验测试的环境气压、温度与标准环境状况不同，因此实测的压气机流量和转速应按照标准环境状况予以折算。折合转速和折合流量的计算公式如式（7）－（8）所示：

$$n_{cnp} = n\sqrt{\frac{298}{T_1^*}} \tag{7}$$

$$M_{cnp} = M\frac{100000}{p_0}\sqrt{\frac{T_1^*}{298}} \tag{8}$$

式中 p_0 为环境气压，n 为转速，T_1^* 为进口总温。

离心压气机结构及测点布置如图 2（a）所示，测点在周向上的布置如图 2（b）所示，其中进出口管路长度均为 1.5m，压力测点距进出口均为 0.4m，温度测点距进出口均为 0.6m。压气机实验平台中获取的变送器信号均由一 12 通道数采设备以 4Hz 的频率导入计算机，可以满足测试需求。针对离心压气机进口管道处易出现压力分布不均的现象，本文采用了多测点布置的方式，在测量截面上周向上均布六个测点对进口静压进行测量，在计算压比时取平均值为进口静压。

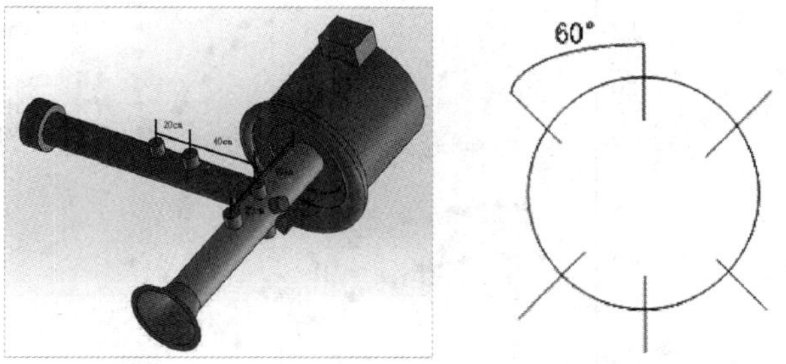

(a) 离心压气机示意图　　(b) 进口静压测点分布

图 2　离心压气机示意图及其测点分布

测试时，需要对压气机的转速和环境气压进行实时监控。压气机的转速通过压气机的控制软件进行实时控制和读取，转速的控制精度可达 0.1%。环境气压则可通过流量计系统的绝压变送器进行实时读取。

3　实验结果

3.1　压气机压比及效率变化

图 3 为直管和弯管进气压气机的压比、效率特性对比。由图 3（a）可知，相对于直管进气方式，压气机以弯管方式进气时压比在不同转速下均有所下降。随着转速的增大，压气机的压比下降程度也有所提高，但 80000rpm 的阻塞点出现了弯管进气方式压比较高的现象，这一现象与弯管进气方式下阻塞流量较小有关。由图 3（b）可知，弯管进气方式下离心压气机的效率在不同转速下均有所下降。与压比－流量特性相同的是，在大流量下，效率差别较大，而与压比－流量特性不同的是，在小流量范围内，效率下降程度也较为明显。同时，由图中可见，在高转速的大流量下，压气机的效率受到弯管影响更为明显。

表 2 为不同转速下最高效率点的压比、效率下降率及阻塞、喘振流量下降率。由表可知，压气机以弯管进气时，不同转速下，最高效率点的压比、效率下降率均为正值，也就是说弯管进气时不同转速下离心式压气机在最高效率点的压比和效率均降低。在折合转速为 70000rpm 时，压气机的效率下降程度最大。相对于直管进气，压气机以弯管进气方式进气时，阻塞流量和喘振流量的下降率均为正值，也就是说不同转速下，离心式压气机的阻塞流量和喘振流量均降低。在折合转速为 70000rpm 时，压气机的阻塞和喘振流量变化幅度相比其他转速更为明显。

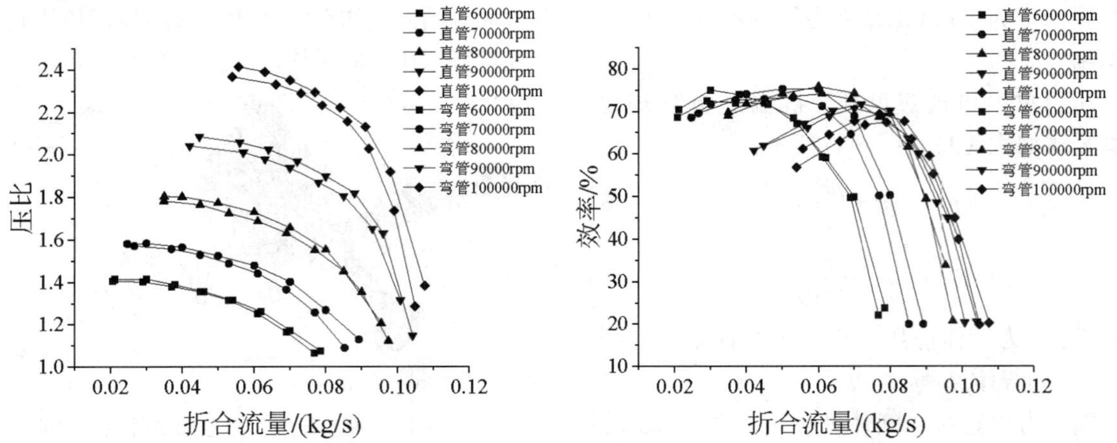

(a) 流量-压比曲线　　(b) 流量-效率曲线

图3　直管与弯管进口压气机压比和效率特性对比

表2　不同转速下最高效率点的压比、效率下降率及阻塞、喘振流量下降率

折合转速	压比下降率	效率下降率	阻塞流量下降率	喘振流量下降率
G260000rpm	0.8%	3.5%	2.3%	2.4%
70000rpm	2.4%	9.8%	4.5%	8.1%
80000rpm	2.5%	5.2%	2.1%	0.3%
90000rpm	1.6%	1.4%	3.2%	6.0%
100000rpm	2.7%	4.3%	2.5%	3.1%

3.2　进口管路静压变化

图4为压气机进口管路静压的分布，其中 $p/\bar{p}$ 为测点静压与截面静压平均值之比，θ 如图2所示，以竖直方向最上方的测点为0°，顺时针方向为正。从图中可以明显看出，当压气机采用弯管进气方式时，静压在周向上的分布呈现出显著的不均匀性。同一转速下，随着流量的增加，这种分布不均的现象变得更加明显，说明在较大的进气流量下，气体流过弯管导向时，直管段的进气分布不均性会加剧。特别地，在120°测点处，无论在何种工况下，都观察到静压较高的现象。这个位置位于弯管的外侧，其压力水平普遍高于弯管内侧。这一现象进一步证实了弯管进气方式会导致压气机进口处的入流分布不均。

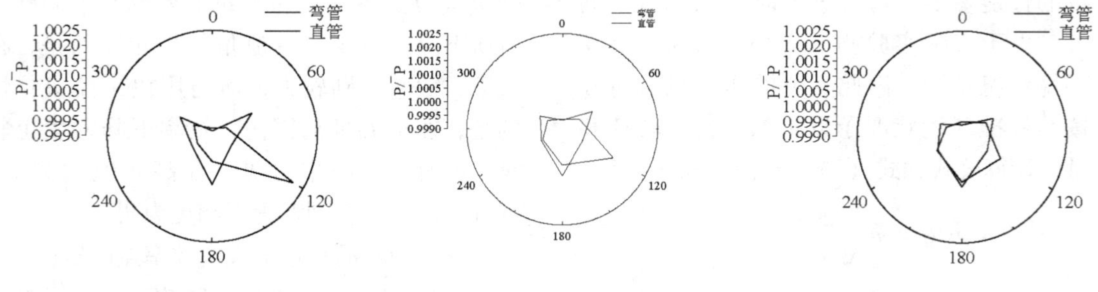

(a) 阻塞点　　(b) 最高效率点　　(c) 喘振点

(a) Choke point　　(b) Maximum efficiency point　　(c) Surge point

图4　直管与弯管进口静压分布实验结果对比（折合转速100000rpm）

为研究转速对进气静压不均程度的影响，分别测试了转速为80000rpm、90000rpm和100000rpm下压气机在最高效率点的进口管路静压分布，测试结果如图5所示，其中 $p/\bar{p}$ 为测点静压与截面静压平均值之比。由图可知，离心压气机的静压分布不均程度随着转速的提高而加剧。这暗示着转速的增加导致气体通过弯管导向时，在直管段产生的进气分布不均现象更加显著。在高转速条件下，这种不均匀性尤为突出。此外，在120°测点，即弯管外侧，观察到所有工况下的静压值均较高，明显高于弯管内侧的压力。这一发现进一步证实了弯管进气方式会在压气机进口处造成不均匀的入流现象。

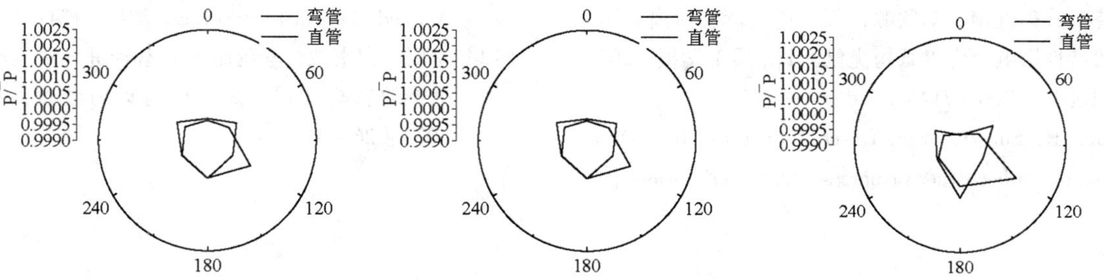

(a) 折合转速 80000rpm　　(b) 折合转速 90000rpm　　(c) 折合转速 100000rpm

(a) Reduced rotation: 80000rpm　　(b) Reduced rotation: 90000rpm　　(c) Reduced rotation: 100000rpm

图 5　各折合转速下直管与弯管进口静压分布实验结果对比

4　结论

本文通过试验研究了进口弯管对不同转速下离心压气机的性能的影响，通过特性试验和静压测量分析了进口弯管对压气机性能和进口静压的影响。主要结论如下：

（1）相对于直管进气方式，压气机以弯管方式进气时压比和效率在不同转速下均下降。随着转速的增大，压气机的压比下降程度也提高。在高转速的大流量下，压气机的效率受到弯管影响更为明显。

（2）压气机以弯管进气时，不同转速下，离心式压气机的阻塞流量和喘振流量均降低。在折合转速为 70000rpm 时，压气机的阻塞和喘振流量变化幅度相比其他转速更为明显。

（3）当压气机采用弯管进气方式时，静压在周向上的分布呈现出显著的不均匀性。同一转速下，随着流量的增加，这种分布不均的现象变得更加明显。特别地，在 120°测点处，无论在何种工况下，都观察到静压较高的现象。证实了弯管进气方式会导致压气机进口处的入流分布不均。

（4）压气机以弯管进气时，不同转速下离心式压气机进口均存在静压分布不均现象，且随着转速的增大，进口静压分布不均现象更加显著。

参 考 文 献

[1] Sun Z, Wang B, Zheng X, et al. Effect of bent inlet pipe on the flow instability behavior of centrifugal compressors [J]. hinese Journal of Aeronautics (CJA), 2020, 33 (8): 11.

[2] 王磊磊，侯红娟，杨策，等．弯扭管道引起的旋涡畸变对离心压气机气动性能的影响 [J]. 推进技术，2017，38（6）：1259－1269.

[3] 肖祥煜，马朝臣，施新，等．复杂进口边界对高压级压气机性能影响分析 [J]. 车用发动机，2020（6）：1259－1269.

[4] Kim Yunbae, Engeda Abraham, Aungier Ron, et al. The influence of inlet flow distortion on the performance of a centrifugal compressor and the development of an improved inlet using numerical simulations [J]. Proceedings of the Institution of Mechanical Engineers, Part A: Journal of Power and Energy, 2001, 215 (3): 323－338.

[5] Engeda Abraham, Kim Yunbae, Aungier Ronald, et al. The inlet flow structure of a centrifugal compressor stage and its influence on the compressor performance [J]. Journal of fluids engineering, 2003, 125 (5): 779－785.

[6] Kammerer Albert, Abhari Reza S. Blade forcing function and aerodynamic work measurements in a high speed centrifugal compressor with inlet distortion [J]. Journal of Engineering for Gas Turbines and Power, 2010, 132 (9): 092504.

[7] Dickmann Hans－Peter, Wimmel Thomas Secall, Szwedowicz Jaroslaw, et al. Unsteady flow in a turbocharger centrifugal compressor: 3D－CFD－simulation and numerical and experimental analysis of impeller blade vibration [C]. In: ASME Turbo Expo 2005: Power for Land, Sea, and Air, 2005, 1309－1321.

[8] Dickmann Hans－Peter, Wimmel Thomas Secall, Szwedowicz Jaroslaw, et al. Unsteady flow in a turbocharger centrifugal compressor: 3D－CFD simulation, impeller blade vibration and vaned diffuser－volute interaction [C]. In: ASME Turbo Expo 2009: Power for Land, Sea, and Air, 2009, 1471－1485.

[9] Sheoran Y, Bouldin B, Hoover R, et al. A centrifugal compressor operability correlation with combined total pressure and swirl distortion [C]. In: ASME Turbo Expo 2017: Power for Land, Sea, and Air. American Society of Mechanical Engineers, 2017, 50770: V001T01A015.

[10] 佟鼎，田红艳，刘欣源，等．进气弯管对离心压气机特性影响及弯管结构优化［J］．兵工学报，2021，42（4）：706－714.

[11] Zhao B，Sun H，Wang L，et al. Impact of Inlet Distortion on Turbocharger Compressor Stage Performance [J]. Applied Thermal Engineering，2017，124：393－402.

[12] 李聪，白书战，李延昭等．弯管进气对离心压气机效率的影响［J］．内燃机与动力装置，2020，37（03）：26－31.

离心压缩机在地下储气库工程中的应用探讨

代科敏　文韵豪　杨紫晴

（中国石油天然气股份有限公司规划总院）

摘　要　离心压缩机具有处理量大、无润滑油污染、运维工作量小等优点，在我国新建大中型地下储气库中作为注气压缩机应用日趋广泛。注气压缩机是地下储气库的心脏，合理的选型与可靠的运行控制方案是保障储气库安全平稳运行的关键。本文剖析了一缸一段、一缸两段、一拖二布置和磁力轴承一体机等多种型式离心压缩机的优缺点与适应性，结合我国地下储气库的运行特点提出了选型技术要点，深入探讨了多台一缸一段机组串/并联运行控制方案。探讨分析后发现，地下储气库离心压缩机选型应充分考虑运行工况范围，合理确定设计点，避免实际运行时大马拉小车。设计时需特别注意注气末期注气量小、注气压力高的特点，合理选择机组规模，必要时可考虑大、小搭配，或离心机搭配往复机；一拖二布置离心压缩机只能串联运行，存在并联运行工况的储气库不宜选择；一缸两段压缩机在压比较大条件下的效率较低，注气压比较大的储气库应慎重选择，避免因压缩机低效运行而增加注气成本。多机组串/并联运行时应进行负荷分配设计，建议采用等喘裕量负荷分配法，并联运行时合理分配流量，串联运行时合理分配压比。建议加强高压、大型离心压缩机国产化技术攻关，同时开展多台离心机、离心机＋往复机组合运行优化研究。

关键词　地下储气库；离心压缩机；选型要点；运行控制

Discussion on the Application of Centrifugal Compressors in Underground Gas Storage

DAI Kemin，WEN Yunhao，YANG Ziqing

(PetroChina Planning & Engineering Institute)

Abstract: Centrifugal compressors have the advantages of large processing capacity, no lubricating oil pollution, and small maintenance workload. They are increasingly widely used as gas injection compressors in newly – built large and medium – sized underground gas storage (UGS) facilities in China. The gas injection compressor is the heart of an UGS. Reasonable selection and a reliable operation control scheme are the keys to ensuring the safe and stable operation of the UGS. This paper analyzes the advantages, disadvantages, and adaptability of various types of centrifugal compressors. Combining the operating characteristics of UGS in China, the key technical points for compressor selection is presented, and the series/parallel operation control scheme of multiple units is discussed. It is found that the operating condition range should be fully considered for UGS compressor selection, and the design point should be reasonably determineed to avoid capacity overabundance. Special attention should be paid to the characteristics of small gas injection volume and high gas injection pressure at the end of gas injection. If necessary, combination of large and small units, or centrifuges combined with reciprocating compressors could be considered. Centrifugal compressor with two cylinders driven by one engine can only operate in series, which make it not suitable for UGS with parallel operation conditions. the compressor with one – cylinder & two – section should be used cautiously in UGS with large pressure ration to avoid increasing gas injection cost, because its efficiency is relatively low under conditions of large pressure ratios. . Load distribution control should be designed for multiple units operate in series or parallel. Equal surge margin load distribution method is recommended to distribute the flow for parallel operation, and distribute the pressure ratio for series operation. High – pressure and large scale centrifugal compressor localization technology research should be enhanced. And optimization for multiple compressors should be conducted.

目前，随着经济的快速复苏以及国家对节碳减排的要求，我国天然气消费量快速增长，天然气供热、发电还将刺激天然气消费了持续增长。为弥补我国天然气冬季调峰能力短板，我国近年来加大地下储气库建设力度，中国石油天然气集团有限公司计划在全国建成华北、中东部、东北、西南、西北和中西部六大储气中心，规划形成工作气量超过 600×10^8Nm。

离心式压缩机具有可靠性高、处理量大、无润滑油污染、运维工作量小等优点，在国外地下储气库工程中应用广泛。

表 1 国外典型储气库离心压缩机应用情况

储气库名称	机型	注气压力 MPa	功率 MW	所属公司
Norg 储气库	电驱离心机	30	38	荷兰 Shell 公司
Rehden 储气库	电驱离心机	21	10	德国 Wintershall 公司
	电驱离心机	21	9	
	电驱离心机	21	25	
	电驱离心机	26	12.5	
DOETLINGEN	燃驱离心机	28.3	17.1	
UAE（DUBAI）	电驱离心机	27.6	7.9	
GRONAU	电驱离心机	22	7.2	

随着我国离心压缩机制造技术日趋成熟，以及行业技术人员对地下储气库运行认识的加深，离心压缩机在我国新建大中型储气库中的应用日趋广泛。

表 2 国内储气库离心式压缩机应用情况

序号	项目名称	机型	台数	电机功率	气量及压力	使用情况	供货商
1	黄草峡储气库建设工程	高低压缸 异步电机	1	8000KW + 6000KW	600 万方 4 – 17MPa	运行	沈鼓
2	辽河油田双台子储气库群	高低压缸 异步电机	2	12500KW + 12500KW	800 万方 7 – 28MPa	运行	沈鼓
3	榆 37 储气库地面工程	高低压缸 异步电机	1	20000KW + 16000KW	700 万方 3.6 – 31MPa	在建	沈鼓
4	榆 37 储气库地面工程	高低压缸 异步电机	1	27000KW + 22000KW	1000 万方 3.6 – 31MPa	在建	沈鼓
5	辽河油田双台子储气库群	一缸两段 同步电机	2	23800KW	800 万方 7 – 28MPa	运行	MAN
6	呼图壁储气库	一缸两段 同步电机	1	24500KW	1000 万方 7 – 28MPa	在建	MAN
7	相国寺储气库扩容	一缸两段 同步电机	1	23000KW	1000 万方 6 – 30MPa	在建	新比隆

注气压缩机是地下储气库最重要的核心设备，合理的压缩机选型和优良的运行控制方案是地下储气库安全、平稳、高效、灵活运行的关键。本文剖析了一缸一段、一缸两段、一拖二布置和磁力轴承一体机等多种型式离心压缩机的优缺点与适应性，结合我国地下储气库的运行特点提出了选型要点，深入探讨了两台一缸一段机组串/并联运行时易出现的问题和相应的控制措施，对离心压缩机在地下储气库中的应用具有较好的指导意义。

1　储气库离心压缩机选型技术要点

1.1　常用地下储气库离心压缩机特点分析

应用于地下储气库的离心式压缩机包含一缸一段、一缸两段、一拖二布置和磁力轴承等型式。

（1）一缸一段式离心压缩机

一缸一段式，即一台压缩机包含一个壳体，壳体内布置1组叶轮，由1台电机驱动，布置示意图如图1所示。

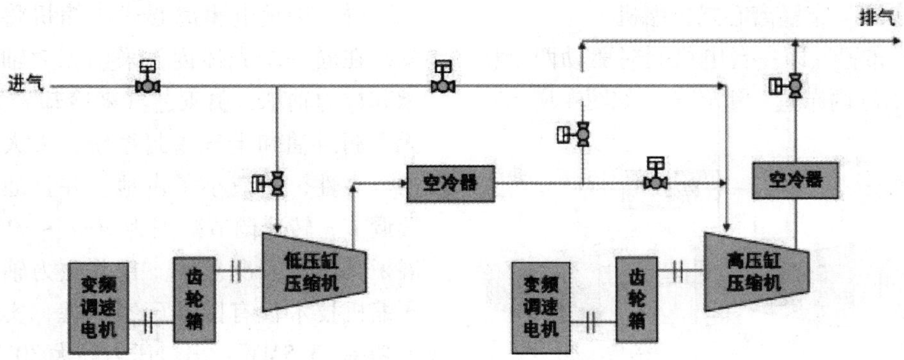

图1　一缸一段离心压缩机组合运行示意图

我国地下储气库运行压力较高，注气末期压缩机排气压力多在26～32MPa范围，最高达到41MPa，注气增压压比范围为4～14.8。受叶轮级数及排气温度限制，压缩机单段压比范围一般为1.2～2.5，多数储气库注气阶段需要两段增压。因此，我国部分储气库将两台压缩机组合使用，注气初期小压比时并联运行，注气中后期高压比时串联运行。双台子储气库和黄草峡储气库均采用了该种方式。该方案每台压缩机均可运行在高效区，有利于节能降耗；但压缩机台数相对较多，占地较大，运维工作量增加。

（2）一缸两段式离心式压缩机

一缸两段，即一台压缩机在同一个机壳内布置两组叶轮（两个压缩段），两组叶轮背靠背布置，活顺序排列，采用一套电机（或燃机）驱动，如图2所示。

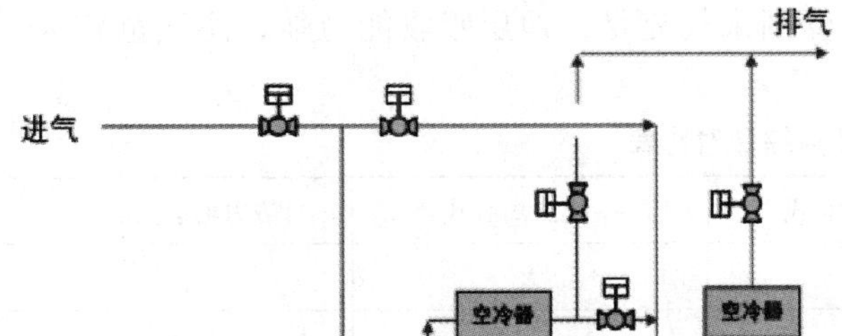

图2　一缸两段压缩机运行示意图

一缸两段压缩机的设计是尽可能使两个压缩段的压比接近，使得两个压缩段并联运行时，能找到相同转速和相同压比的区域宽，满足大排量小压比需求。随着排气压力增大，高压段容积流量减小，叶轮流道变窄，损失增加，压缩机效率逐渐降低。

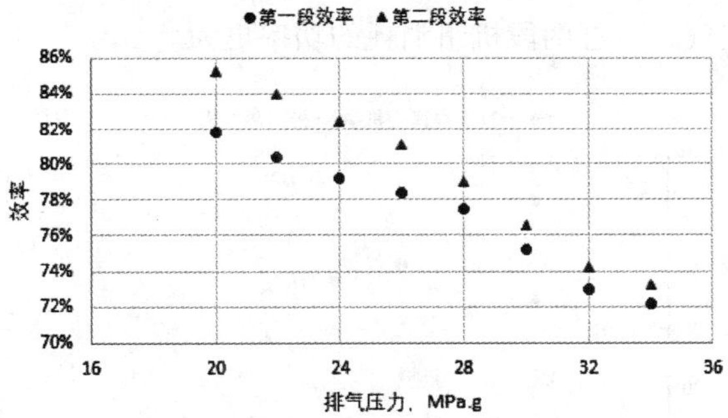

图3　一缸两段压缩机效率与排气压力的关系曲线

目前，一缸两段压缩机成熟应用控制排气压力在35MPaG以内，超过35MPaG后，机壳设计压力等级提高，壁厚增加，同时被压缩气体体积流量急剧变小，导致叶轮效率下降，整机压比减小，为达到相同压比，需要增加叶轮数，但会与压缩机转子的长径比要求相矛盾，难于满足转子动力学要求。

一缸两段离心式压缩机两段即可并联运行，又可串联运行，调节范围广，在一定的压比范围内具有较高效率，可有效节约占地和投资，减少运维工作量。欧洲储气库设计压力多在20－25MPaG之间，压缩机压比适中，广泛采用一缸两段离心式压缩机。我国新建的双台子储气库、呼图壁储气库扩建工程、相国寺储气库扩建工程均使用了该类型的压缩机。

目前，大型一缸两段压缩机技术均为国外公司掌握，我国尚无成熟的技术，建议加强技术攻关。

(3)“一拖二”布置离心式压缩机

“一拖二”布置，即一台电机同时驱动两个压缩缸，每个压缩缸内布置一组转子，如图4所示。

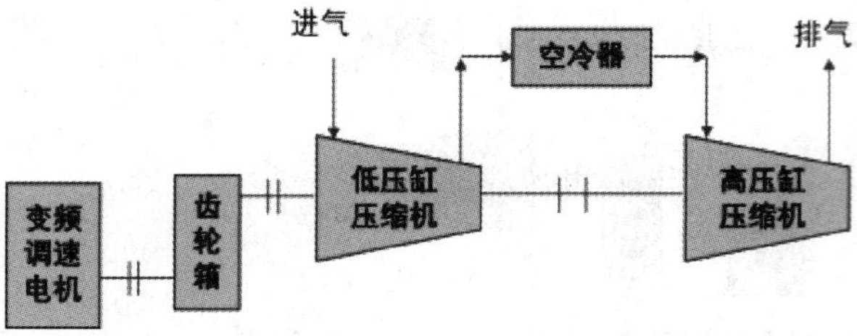

图4　“一拖二”布置离心压缩机示意图

为提高效率，设计过程中将两个压缩段压比调至最佳，通常第一段压比高于第二段压比，因此压缩机只能串联运行，不能并联运行。

在大压比工况下，“一拖二”布置机组效率高于“一缸两段”，如图7所示。进气压力7.4MPa，排气压力32MPa条件下，每压缩$1\times10^4Nm^3/d$天然气，一缸两段机组消耗的功率更大。

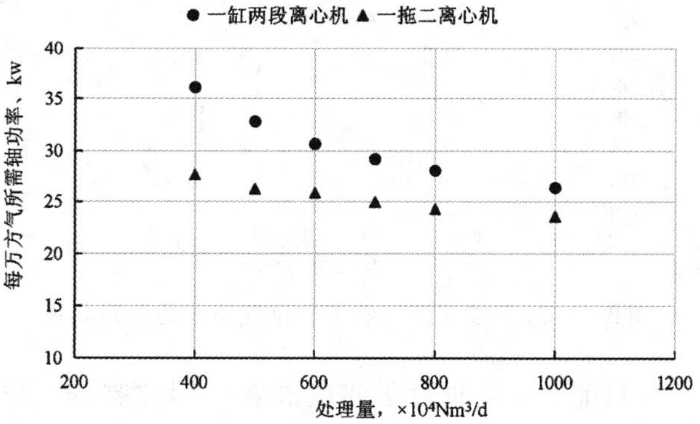

图5　一缸两段与一拖二机组对比

目前，大型、高压“一拖二”离心压缩机技术为国外公司掌握，常用于高压注气；我国尚处于技术攻关阶段，目前没有储气库使用该类型压缩机。

(4)磁力轴承电驱离心式压缩机

磁力轴承电驱离心式压缩机将电机和压缩机安装在同一个壳体内，采用磁力轴承作为支撑轴承和推力轴承，引工艺气来冷却磁力轴承和电机，无需润滑油和干气密封系统，大大提高了压缩机的可靠性，并减小了占地。并且通过变频调速装置调节，转速调节范围为30%～105%，极大地拓展了其运行工况范围。目前磁力轴承电驱离心式压缩机技术仅有国外厂家掌握，实际应用机组最大功率13.5MW，出口压力最大30MPa。

总体来说，一缸一段离心机通过串、并联组合运行，具有适应范围广、效率较高和国产化技术成熟的优势；一缸两段型式在中低压比下具有较高的效率，优势明显，但国产技术尚不成熟；一拖二型式无法应用于并联工况，无法适应采气增压等低压比工况；磁力轴承式离心机调节范围广，无需润滑油和干气密封系统，但最大功率和出口压力限制了其在我国储气库的应用。

1.2　选型技术要点

1.2.1　压缩机运行工况

地下储气库首先满足注气需求。我国地下储气库气源主要来自地方和国家骨干天然气管网，压缩机入口压力1.6～8.5MPa；注气初期压缩机排气压力多为10MPa左右，注气末期排气压力多在26～32MPa范围，最高达到41MPa；注气增压压比范围为4～14.8。我国典型气藏型储气库注气量及压力变化曲线如图6所示。一般来说，4月开始注气时，受来气量制约，注气量相对较小；5～8月，管网来气充足，地层吸收能力强，注气量较大；

表3　各类压缩机特点综合对比表

比较项目	一缸一段离心式	一缸两段离心式	一拖二离心式	磁力轴承离心式
单机排量	大	大	大	大
最大出口压力（MPa）	100	35	100	30
流量调节方式	转速调节（65%～105%）	转速调节（65%～105%）	转速调节（65%～105%）	转速调节（30%～105%）
运行方式	一段压缩	两段可串、可并	两段串联	两段可串、可并
润滑油系统	有	有	有	无
干气密封系统	有	有	有	无
润滑油污染	无	无	无	无

续表

比较项目	一缸一段离心式	一缸两段离心式	一拖二离心式	磁力轴承离心式
气流脉动	无	无	无	无
维护费用	较低	较低	较低	极低
设备可靠性	高	高	高	很高
占地面积	较大	较小	较小	最小

9~10月，地层压力已接近上限压力，注气量将逐步减小。此外，为最大限度利用库容，我国地下储气库设计下限压力较低，采气末期往往需要增压外输。因而注气压缩机在采气末期需要兼作采气增压外输压缩机。

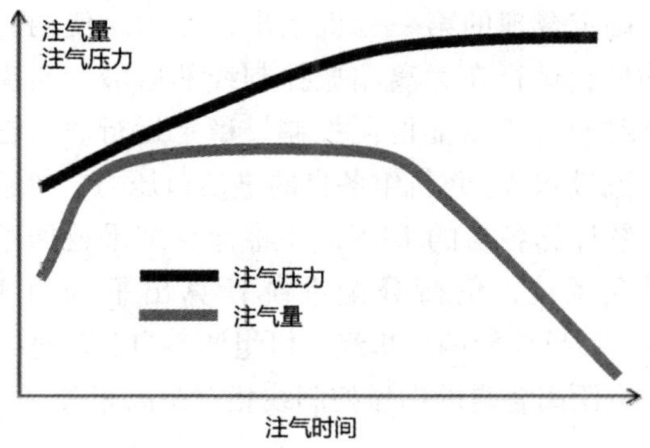

图6　我国典型气藏型储气库注气量及压力变化曲线

1.2.2　选型技术要点

（1）合理确定设计工况点

根据我国地下储气库注气特点，最大注气量工况与最高排气压力并不发生在同一时间。注气量最大的时间一般发生在注气中期，此时排气压力略低于最高排气压力；排气压力最高发生在注气末期，此时注气量已逐步降低。部分储气库设计过程中，设计工况点确定为同时达到最大排气量和最高排气压力，且最高排气压力依据《气藏型储气库地面工程设计规范》（SY/T7647）预留了1MPa~2MPa余量，导致驱动机选型过大。建议按照气藏工程提供的逐月注气参数合理确定设计工况点，复核最高注入压力工况下的运行情况。

（2）压缩机运行范围要能较好适应储气库运行需求

储气库压缩机运行范围广，需要特别注意注气末期注气量小、注气压力高的特点，合理选择机组规模。必要时可考虑大、小搭配，或离心机搭配往复机。就离心机型式而言，对于既有并联运行，又有串联运行的工况的储气库，不宜选择一拖二布置型式。

（3）重点考虑压缩机效率

地下储气库注气能耗巨大，较高的压缩机效率对节能降耗和提高储气库运行效益具有重要意义。如前所述，一缸两段压缩机在压比较大条件下的效率较低，应慎重选择。建议深入开展储气库压缩机运行优化研究，在保证安全的条件下，提高压缩机运行效率。

2　多机组运行控制技术

离心压缩机的控制主要包括单机组的控制和多机组的负荷分配控制。储气库多机组负荷分配控制包含两层含义：1）机组并联运行时，合理分配各机组流量；2）机组串联运行时，合理分配压比。地下储气库注气阶段，压缩机出口压力随地层压力升高而逐步升高，注气量受调度中心节制，因此，注气压缩机以控制流量、达到注气所需出口压力为目标。

1）多机组并联运行负荷分配控制

并联运行机组负荷分配控制方法包括基本负荷分配法、流量均分负荷分配法和等喘裕量负荷分配法，它们的原理和特点见表2所示。等喘余量负荷分配法，是指以各机组的喘振裕量为控制目标，使各机组的运行工况点保持在与喘振控制线距离相等的位置。

$$DEV = 1 - S_{op} - S_{scl}$$

式中：DEV 为防喘坐标系中的工况点与防喘控制线的相对距离；S_{op} 为运行工况点在防喘坐标系中的相对位置；S_{scl} 为喘振控制线在防喘坐标系中的相对位置。

表4　负荷分配基本方法

序号	负荷分配方法	工作原理	特点
1	基本负荷分配法	以一台机组作为基本负荷机组，另一台机组作为调节机组，通过调节机组实现负荷调整	调节机组扰动频繁，发生喘振风险大，可能存在回流，整体效率低，调节效果较差

续表

序号	负荷分配方法	工作原理	特点
2	流量均分负荷分配法	将流量均分至每台机组	适用于完全相同的机组之间的负荷分配，实际中机组总存在差异，该方法应用效果较差
3	等喘裕量负荷分配法	以各机组的喘振裕量为控制目标，将各机组的运行点控制在与喘振控制线等距离的点上	适用于不同机组之间的负荷分配

对于并联运行工况，压缩机进出口压力相同，负荷分配的任务是为两台机组分配合适的流量，保证系统稳定运行。两台机组并联运行时，根据工程师指定的控制流量，负荷分配系统首先将两台机组需要达到的总流量进行初步分配并传送给各自机组，机组计算各自的 DEV 值，并将计算结果 DEV1 和 DEA2 返回至负荷分配系统，负荷分配系统计算两台机组 DEV 平均值 DEVAVG，并将计算结果反馈给两台机组，机组调整自身转速，使 DEV1 = DEV2 = DEVAVG，也就是两台机组的工作点距离各自的喘振控制线相对距离相等。

2）机组串联运行负荷分配控制

目前，双台子储气库和黄草峡储气库采用了两台离心机串联运行的模式，但没有设置串联运行的负荷分配系统，两台机组的压比由操作人员人为调整。建议将等喘裕量负荷分配法用于串联工况，通过调整两台机组的压比，使机组运行在合适的位置。

对于串联运行工况，两台机组的质量流量相同，进出口压力不同，负荷分配的主要任务是根据第一台机组的进口压力和第二台机组的出口压力，确定合理的第一台机组出口压力，使两台机组均尽量运行在远离喘振控制线的区域，当流量变化时两台机组能协同控制、稳定运行。根据给定的流量和 A、B 机组各自的进出口压力，机组控制系统计算各自的 DEV，并将计算结果返回给负荷分配系统，负荷分配系统计算出平均值 DEVAVG 后反馈给两台机组，机组调整自身转速，使工作点距离各自的喘振控制线相对距离相等。

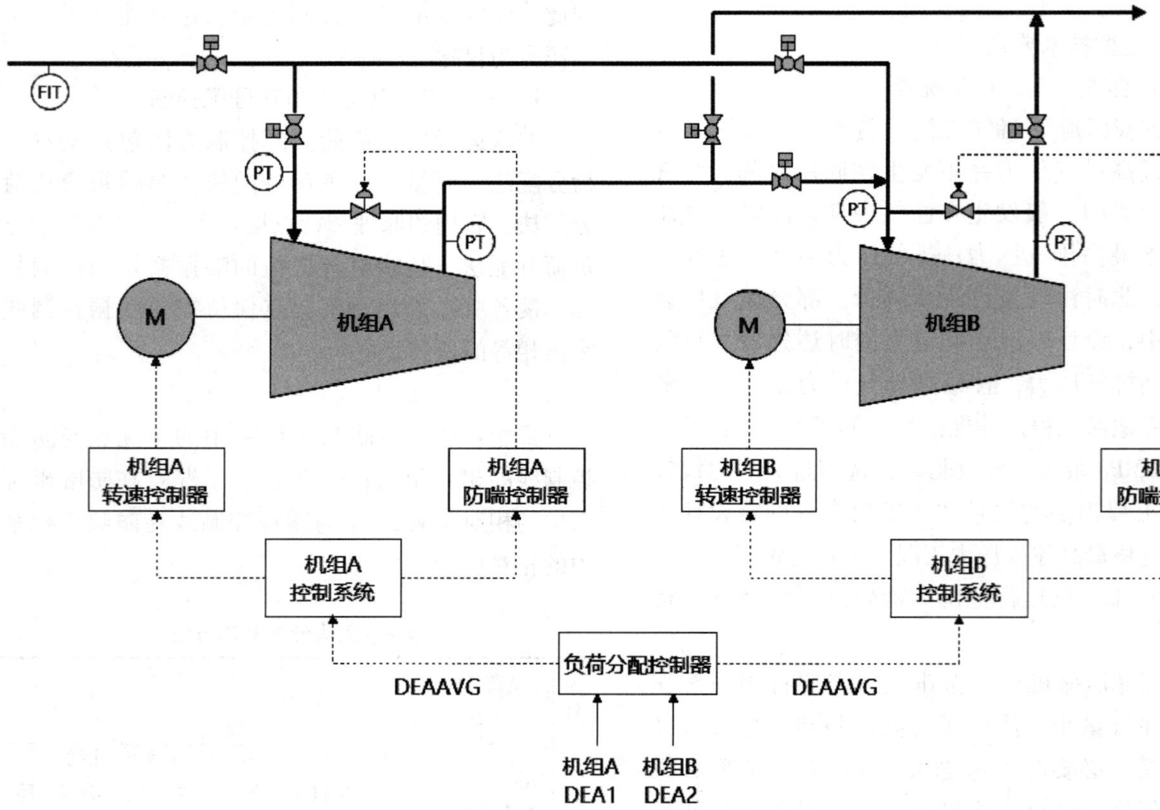

图 7 压缩机串/并联运行负荷分配原理示意图

通过负荷分配控制，两台机组的喘振、进出口超压风险最小，并且避免了不必要的回流，提高了系统的稳定性和经济性。

3　结论及建议

（1）地下储气库离心压缩机选型应充分考虑运行工况范围，建议按照气藏工程提供的逐月注气参数合理确定设计工况点，避免实际运行时大马拉小车。设计时需特别注意注气末期注气量小、注气压力高的特点，合理选择机组规模，必要时可考虑大、小搭配，或离心机搭配往复机。

（2）一拖二布置离心压缩机只能串联运行，存在并联运行工况的储气库不宜选择；一缸两段压缩机在压比较大条件下的效率较低，注气压比较大的储气库应慎重选择，避免因压缩机低效运行而增加注气成本。

（3）离心压缩机串/并联运行时应进行负荷分配设计，建议采用等喘裕量负荷分配法，并联运行时合理分配流量，串联运行时合理分配压比。

（4）建议加强高压、大型离心式压缩机技术攻关，特别是一缸两段、一拖二和磁力轴承压缩机技术，突破国外技术壁垒，为我国储气库心脏提供更多的选择。

（5）建议开展多台离心机、离心机 + 往复机组合运行优化研究，降低储气库运行能耗。

参 考 文 献

[1] 2060 年世界与中国能源展望（2021 版）［R/OL］. 中国石油经济技术研究院.

[2] 李建君. 中国地下储气库发展现状及展望［J］. 油气储运，2022，41（07）：780－786.

[3] 胡勇，王梦雨，罗瑜，等. “中国西南储气能力”建设的技术基础与发展思考［J］. 天然气工业，2024，44（02）：1－13.

[4] 孟凡彬，王峰. 板桥凝析气田地下储气库建造技术［J］. 石油规划设计，2006（02）：20－23＋27＋48.

[5] 李敏，熊文凌，罗晟. 地下储气库用高压离心式压缩机的应用探讨［J］. 天然气与石油，2023，41（01）：41－49.

[6] 刘烨，巴玺立，王念榕，等. 中国储气库地面工程技术现状及优化建议［J］. 油气与新能源，2021，33（06）：19－26.

[7] SY/T 7647－2021，气藏型储气库地面工程设计规范［S］.

[8] 陈欢. 并联压缩机组防喘和负荷分配控制策略研究与应用［J］. 能源工程，2023，43（2）：18－24.

[9] 杨爱军. 离心式压缩机组负荷分配控制技术研究［J］. 石油和化工设备，2023，26（12）：9－11.

[10] 曹开华，邢通. 压气站压缩机组负荷分配方案分析与实现［J］. 仪器仪表用户，2019，26（5）：4.

[11] 薛家瑞，孙长品，王鹏鹏. 输气管道压缩机加载卸载及负荷分配控制研究［J］. 石油和化工设备，2024，27（1）：13－15.

[12] 徐鑫金，王成琦，安占立. 串联压缩机组负荷分配控制优化［J］. 通用机械，2015（11）：5.

储气库往复式压缩机组节能增量改造研究与实践

陈 博[1] 卫 晓[1] 孙明慧[1] 陈飞宇[1] 赵景涛[2] 宋永成[2]

（1. 中国石油工程项目管理公司天津设计院；2. 中国石油吉林油田公司）

摘 要 中俄东线配套建设的某储气库注气期气源压力较原设计压力提升了3.5MPa~6.0MPa，有利于储气库高压运行注气，然而储气库已建的2台电驱往复式压缩机无法适应压力提升的工况，因此需对机组进行节能改造。本文通过对压缩机主机、电机、设备管路进行系统性分析，从适应性和安全可靠性角度进行论证，提出节能改造方案。改造后在压缩机入口压力为最高9.5MPa，出口压力为23MPa时，单位注气能耗较改造前从5.9×10⁻²kW.h/m³下降到4.8×10⁻²kW.h/m³。现场实施验证注气期能耗可降低24%，节能效果显著，为同类场站大型压缩机组提压改造提供了借鉴和指导。

关键词 往复式压缩机；节能改造

Research and Practice on Energy Saving Incremental Transformation of Reciprocating Compressor Unit for Gas Storage

CHEN Bo[1], WEI Xiao[1], SUN Minghui[1], CHEN Feiyu[1], ZHAO Jingtao[2], SONG Yongcheng[2]

(1. CPEC Project Management Company Tianjin Design Institute, Tianjin, China;
2. China Petroleum Jilin Oilfield Songyuan Gas Production Plant Ground Institute, Songyuan, Jilin, China)

Abstract: The gas source pressure of a gas storage constructed along the China – Russia East Route increased by 3.5MPa ~6.0MPa compared with the original design pressure during the gas injection period, which is conducive to the high pressure gas injection operation of the gas storage. However, the two electric drive reciprocating compressors built in the gas storage can not adapt to the pressure increase condition, so it is necessary to carry out energy – saving transformation of the unit. Through systematic analysis of compressor main engine, motor and equipment pipeline, and demonstration from the perspective of adaptability and safety and reliability, this paper puts forward the energy – saving transformation scheme. After the transformation, when the compressor inlet pressure is the highest 9.5MPa and outlet pressure is 23MPa, the energy consumption per unit gas injection decreases from 5.9×10^{-2}kW.h/m³ to 4.8×10^{-2}kW.h/m³ compared with before the transformation. The energy consumption during gas injection period can be reduced by as much as 24%, and the energy saving effect is remarkable. It provides reference and guidance for the pressure lifting transformation of large compressor units in similar stations.

Key words: Reciprocating compressor; Energy saving transformation

随着中俄东线天然气管道的建成，中国天然气进口通道格局进一步完善，管道途经东北地区、为地方经济和发展增添了能源动力。地下储气库是将长输管道输送来的商品天然气重新注入地下空间而形成的一种人工气田或气藏，“冬春采气，夏秋注气”是我国储气库典型的运作流程。由于地下储气库具有容积大、注采分期、大采大注的特点，可缓解因各类用户对天然气需求量的不同和负荷的变化而带来的供气不均衡性。

长输管道来天然气需要根据地质条件提升至特定压力后、克服管道及设备阻力并注入目标层位，达到储存天然气的目的，因此注气增压过程会产生动力能耗，目前国内多座储气库都存在压缩机注气能耗过大的问题。根据中国二氧化碳排放目标，2030年前达到峰值，2060年前实现碳中和，因此通过对现有注气能耗问题进行研究，有利于降低注气成本、提高能源利用效率，实现节能减排。

1　注气压缩机

1.1　已购电驱往复式压缩机组基本情况

中俄东线配套建设的S储气库注气压缩机组为Ariel公司的KBU－6型往复式压缩机组，压缩机结构分布情况详如图1。

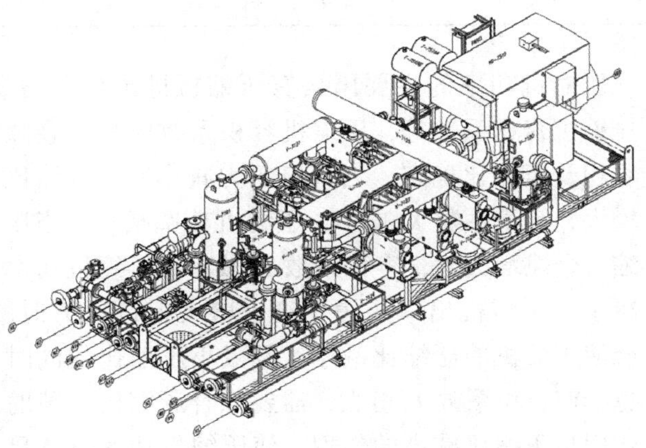

图1　KBU－6型往复式压缩机组总装图

KBU－6型高速往复式压缩机组为三级压缩，每级压缩有两个气缸，均分布在压缩机组两侧，一级、二级和三级气缸型号分别为9－5/8U、7－1/4U－VS和5－3/8U－VS，气缸作用形式为双作用，压缩机的基本参数详见表1。

表1　KBU－6型高速往复式压缩机组基本参数

名称	设备参数
单机排量（$10^4 m^3/d$）	100
入口压力（MPa）	3.0～5.0（设计点3.5）
出口压力（MPa）	10～25
进气温度（℃）	10～25
排气温度（℃）	65（空冷器出口）
额定转速（rpm）	1200
主电机额定功率（kW）	3500

图2为该压缩机组的性能图，主电机额定功率为3500kW的情况下，当出口压力为25MPa时，入口压力最高为4.3MPa；当出口压力为23MPa时，入口压力最高为4.7MPa。

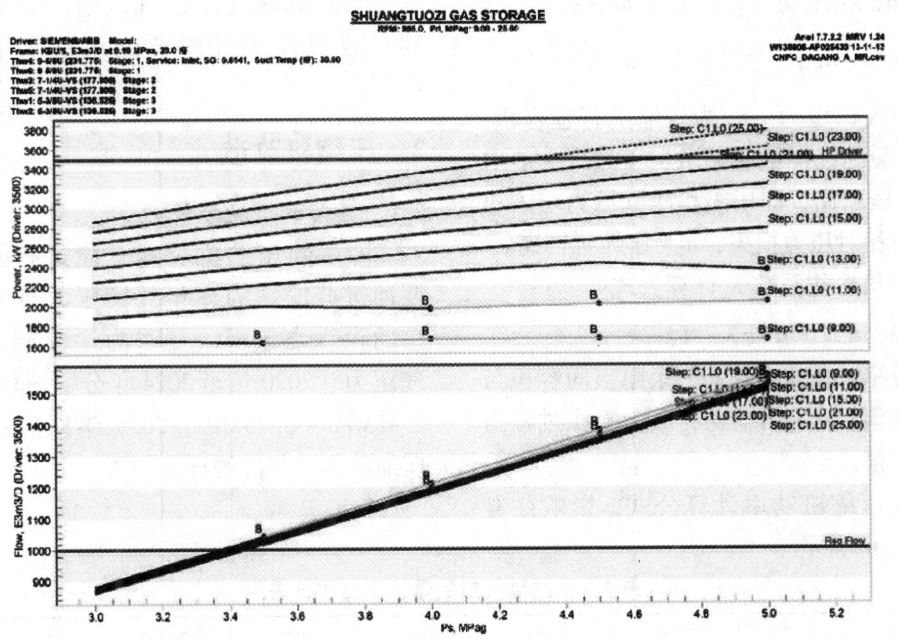

图2　KBU－6型高速往复式压缩机性能图

1.2　现有的问题

储气库项目原设计气源为气田气，气源压力为3.5MPa～5.2MPa，注气规模为$300\times10^4 m^3/d$；但随着中俄东线的引入，气源压力提升至7.38MPa～9.8MPa。根据机组性能图分析，当把气源气压力提升至高压工况23MPa～25MPa时，功率最大时入口压力仅为4.3MPa～4.7MPa，显然无法满足当前工况所需入口压力。

除此之外，单位注入气能耗也是评价压缩机性能的重要标准，单位注气量能耗＝注气能耗/注气量。经调研，与国内已建的5座储气库近3年有效工作气压缩机注入气能耗对比详见表2。

表2 储气库有效工作气利用率参数一览表

储气库	注气量 (10^8m^3)	进站压力 (MPa)	排气压力 (MPa)	压缩比	注气能耗 (10^7kW. h)	单位注气量能耗 (10^{-2}kW. h/m^3)
S储气库	2.7	3.5	23	6.57	1.59	5.9
大港板南	4.3	5.0	30	6.00	2.42	5.6
辽河双六	20.6	4.4	24	5.45	12.23	5.9
华北苏桥	23.4	4.9	38	7.76	15.36	6.6
新疆呼图壁	27.9	9.0	28	3.22	12.44	4.5
西南相国寺	24.9	7.5	28	3.73	14.93	6.0

通过表2的统计分析，进行对比的储气库进站压力为4.4MPa～11MPa，单位注气能耗一般为4.5×10^{-2}kW. h/m^3～6.6×10^{-2}kW. h/m^3，平均注气能耗为5.7×10^{-2}kW. h/m^3。同时可以观察到当排气压力相同，注气量处于相似水平时，压缩比越小，单位注气量能耗会显著减小；当单位注气量能耗相同时，压缩比小的具有更高的进站压力和排气压力。S储气库目前的进站压力为3.5MPa，注气能耗为5.9×10^{-2}kW. h/m^3，能耗消耗处于平均偏高水平，具有较大的节能潜力。

往复式压缩机指示功率计算公式如下：

$$N_i = 1.634 n p_s V_h \lambda_v \frac{k}{k-1}\{[\varepsilon(1+\sigma)]^{\frac{k-1}{k}} - 1\}$$

其中，p_s为入口压力；V_h为压缩机行程容积；λ_v为容积系数；k为气体绝热系数，天然气一般取1.2～1.4；ε为压缩比，即压缩机排气压力与入口压力比值；σ为相对压力损失；n为压缩机转速。

往复式压缩机容积系数λ_v计算公式如下：

$$\lambda_v = 1 - \alpha(\varepsilon^{\frac{1}{m}} - 1)$$

其中，α为相对余隙容积，为余隙空间容积与气缸总容积的比值；ε为压缩比；m为膨胀过程指数，一般为固定值。

根据往复式压缩机功率计算公式，影响往复式压缩机功率的主要因素有压缩机进出口压力、压缩机容积系数等，压缩机容积系数由相对余隙容积及压缩比确定。当入口压力减小时，压缩比增大，容积系数λ_v减小，压缩机功率减小；当压缩机余隙增大时，容积系数λ_v减小，压缩机功率减小。压缩机出口压力不变，增大入口压力时，会使压缩机的压缩比减小，但减小压缩比的同时也会使容积系数λ_v增大，需要综合压缩机余隙的作用与压缩比减小的作用，使压缩机功率整体呈现减小趋势。

因此对储气库注气进行节能增量研究，能够有效提高储气库节能运行水平，应用前景广阔。

2 压缩机改造

2.1 压缩机工况分析

考虑到压缩机长期节能运行及适应性，需要通过分输站的逐年外输压力点确认压缩机入口的设计点工况。夏季为注气期，根据管网注气压力，2020年至2024年分输站夏季外输压力为7.42MPa～8.73MPa，2025年以后达到9.09MPa。压缩机入口工况统计见表3。

表3 压缩机入口气量、压力统计表

年份	2019	2020	2021	2022	2023	2024	2025
最高日注气量 (10^4Nm^3/d)	86	144	195	259	286	314	335
压缩机入口压力 (MPa)	5～7.42	7.42	8.06	7.43	7.64	8.73	9.09

压缩机出口压力经水力计算可知，在地层压力下限、单井合理注气能力最小情况下，注气压缩机出口压力最低为9.41MPa；各断块在地层压力上限、单井合理注气能力最大情况下，注气压缩机出口压力最高为22.11MPa。在此基础上，考虑一定的余量确定压缩机的最高出口压力为23MPa。

2.2 压缩机节能改造方案

根据机组工况分析，出口压力保持不变，压缩机入口压力需提升至原设计点压力（3.5MPa）的2～3倍，因此节能改造主要分析压缩机的入口提压能力，同时在保持发动机功率不变的前提下提高注气能力，从而实现节能减排。本文主要从主体结构及附属部件两方面进行适应性分析和改造研究，并完成现场改造和参数验证。

1）压缩机主体结构改造

由于入口压力提升，而出口压力并未发生改变，总体压缩比减小，会使每一级压缩的压缩比重新分配或是通过减少压缩级数来适应新的工况，以保证发动机功率的最佳适配性。

压缩机气缸的作用形式可分为单作用气缸和双作用气缸，单作用气缸仅一端有活塞杆，从活塞一侧进气产生气压，气压推动活塞产生推力伸出，靠弹簧或自重返回；双作用气缸从活塞两侧交替进气，实现双向输出。相比于双作用气缸来说，单作用气缸结构更加简单，耗气量小。

因此压缩机主体部分气缸的改造可通过改变压缩机的气缸作用形式以及改变压缩级数实现。改造后需保证可满足 $300\times10^4m^3/d$ 的注气量，即单台 $150\times10^4m^3/d$。

根据改造原则和适应性分析结果，确定以下四种改造方案。

方案一：保持三级压缩，一个一级气缸改为单作用气缸；

方案二：改为二级压缩，一级气缸不做功；

方案三：保持三级压缩，两个一级气缸改为单作用气缸；

方案四：保持三级压缩，两个一级气缸在盖侧改为单作用气缸。

经过四种改造方案后，将改造结果总结于表4。

表4　不同方案改造后压缩机排量和功率

	入口压力（MPa）	出口压力（MPa）	流量（$\times10^4m^3/d$）	功率（kW）
方案一	7.8	23	164	3282
方案二	7.8	23	132	2305
方案三	7.8	23	140	2663
方案四	7.8	23	153	2951

由表4可知，在入口压力7.8MPa，出口压力23MPa时，方案一流量略高于目标流量（$150\times10^4m^3/d$），实际为电机额定功率的94%，运行安全性较差；方案二、三的流量明显低于目标流量，虽然所消耗功率相对较少但不满足工况需求，不予考虑；方案四流量和消耗功率均在注气设计的合理范围内，同时在保障安全条件下最大程度的使用现有压缩机主电机能力（为电机额定功率的84%），可用于压缩机改造。

通过方案四对压缩机进行改造后的性能曲线如图3。

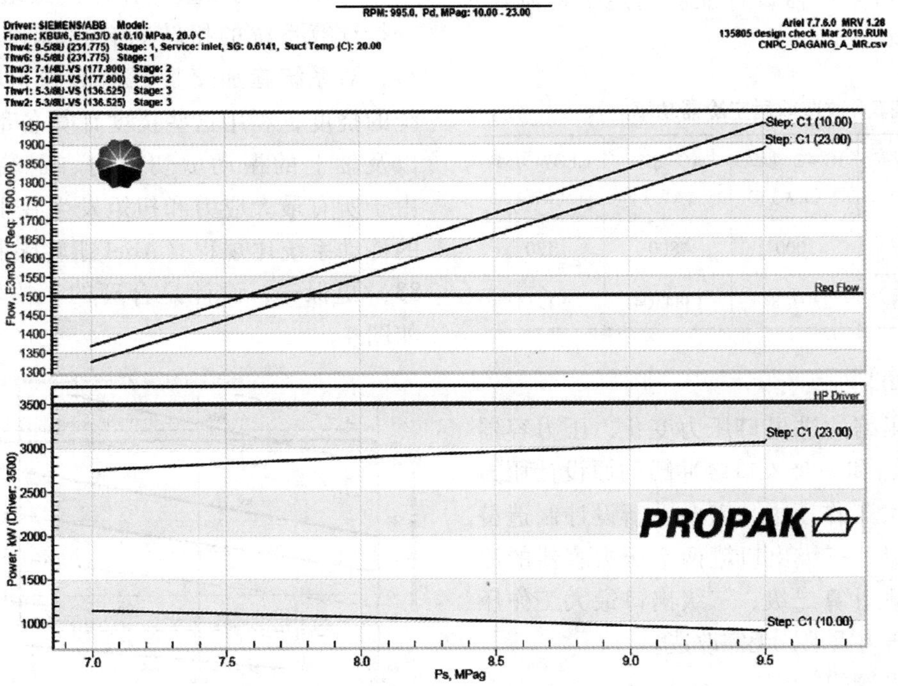

图3　改造后 KBU－6 型高速往复式压缩机性能图

由图3，经过改造后，压缩机的入口压力从改造前的 3.0MPa ~ 5.0MPa 增加到 7.0MPa ~ 9.5MPa，同时单机注气规模从改造前的 $100 \times 10^4 m^3/d$ 增长至 $150 \times 10^4 m^3/d$，提升了50%，单位能耗降低至 $4.64 \times 10^{-2} kW.h/m^3$（@7.8MPa 入口压力）。原设计气缸规格只需在气缸内加垫，减少气缸内余隙容积，适应新的入口压力，减小消耗功率。同时最大活塞杆负荷均小于最大允许活塞杆负荷的85%，活塞杆负荷定义和超负荷能力满足 API-618 相关要求。

2）压缩机附属部件改造

与压缩机气缸所适配的部件在压缩机的改造过程同样重要，要在保证压缩机适应性的情况下对改造的压缩机可靠性进行核实，充分保证压缩机整体适应性。改造方案要求对压缩机零部件和空冷器等辅助设备协同考虑，同时满足参数要求，且压缩机及空冷器改造后，不能发生机组脉动、扭振等问题，需通过计算分析、采取控制措施。

（1）电机

原压缩机组型号为 Ariel KBU-6，采用电机驱动，驱动电机额定功率为3500kW，设计入口压力下，出口排压23MPa时功率约2951kW，为额定功率的84%，满足新工况下机组安全运行要求。

（2）压缩机出口空冷器

压缩机出口空冷器设计能够满足工程需求，无需更换。

表5　改造前后空冷器功率

	IC-1 功率（kW）	IC-2 功率（kW）	AC 功率（kW）	CLOW 功率（kW）
改造前	380	3000	1800	120
改造后	290.16	2307.84	1384.04	91.14

（3）压力容器

由于每级压缩的进出口压力变化，压力容器一级入口分离器和一级入口缓冲罐的原设计压力小于现计算最大工作压力，需要重新设计制造替换；二级入口罐、三级出口罐两个压力容器的原设计压力大于现计算二级、三级出口最大工作压力，满足设计压力需求，无需改造。

（4）管道及阀门

压缩机一级入口进气压力由最高5.0MPa升高至9.5MPa，原入口管线设计压力为10MPa，可以满足新工况下的运行要求。

对各级安全阀进行校核，校核情况见下表6。

表6　安全阀校核情况

序号	名称	耐压 MPa	安全阀尺寸 mm	需求压力 MPa	需求尺寸 mm
1	入口安全阀	9.03	60	10.00	60
2	一级出口安全阀	13.55	60	11.60	60
3	二级出口安全阀	22.55	48	19.14	48
4	三级出口安全阀	37.58	33	23.40	48

由表6可知，一级入口安全阀压力等级无法满足现有工况要求；同时，由于压缩机排量增加，三级出口安全阀的尺寸和压力均无法满足泄放要求，需要更换入口和三级出口安全阀以适应新工况下的泄放所需的压力和尺寸要求。

（5）辅助系统

压缩机润滑油系统入口压力及气量变化较小，可继续适用。润滑油系统配套机组型号不变，无需改造。

通过以上对压缩机零部件和空冷器等辅助设备的校核和计算分析，完成对压缩机组的相应改造，以适应新工况。

根据压缩机、电机、联轴器的数据使用 ANSYS17.0 开发的质量-弹性模型组成，通过模拟分析计算系统的扭转固有频率和相关的模型振型，对系统施加交变载荷的强迫响应来计算系统的挠度，利用这些挠度计算各部的动态扭矩，以及轴上的振动剪切应力、副端位移和逗度。由于所有最大应力和扭矩发生在上限，1095rpm 的传动系统比规程（Ariel 扭转限制和指南 ER-83）更保守，设计是合理的，扭转共振干扰图如图4。

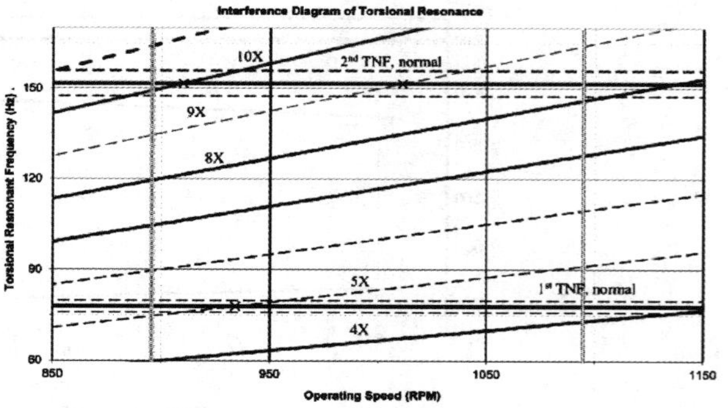

图4　额定转速995r/min下的扭转共振干扰图

一级吸气系统和总管的脉动水平低于 API618 第4版指南标准，振动低于允许的水平；三级排气系统和总管的脉动水平低于 API618 第4版指南标准，振动是可以接受的。改造后管道振动分析模型如图5。

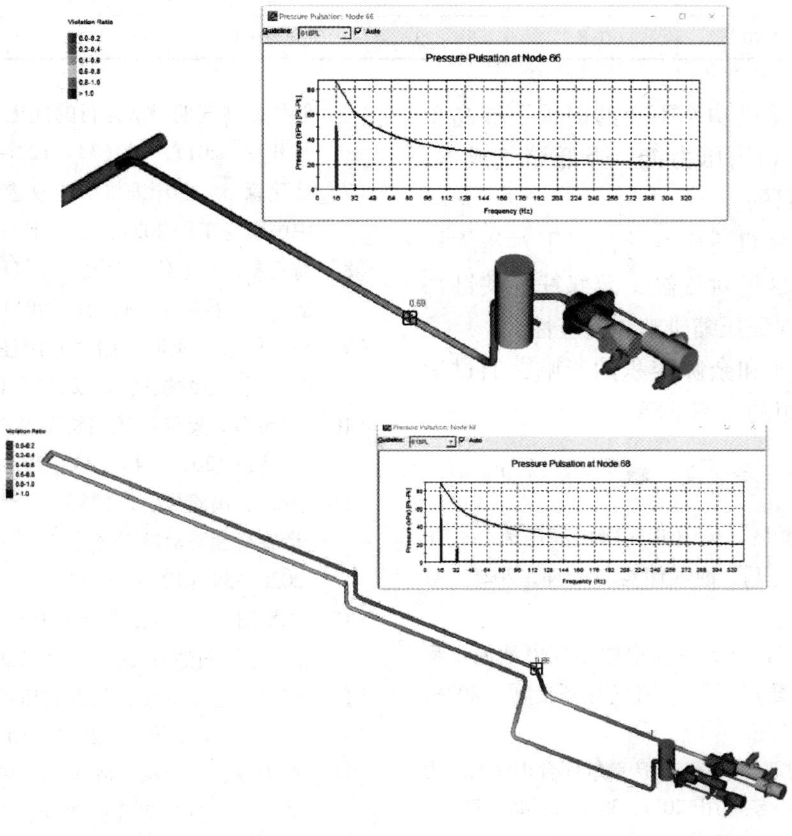

图5　改造后入口管道（上）和三级排气出口（下）管道振动分析模型

2.3　改造后压缩机适应性

压缩机组正式注气投产后进行连续运行性能考核，连续无故障运行60天，顺利完成试验注气任务。2022年10月压缩机实际运行监测曲线和运行消耗功率情况如图6所示。

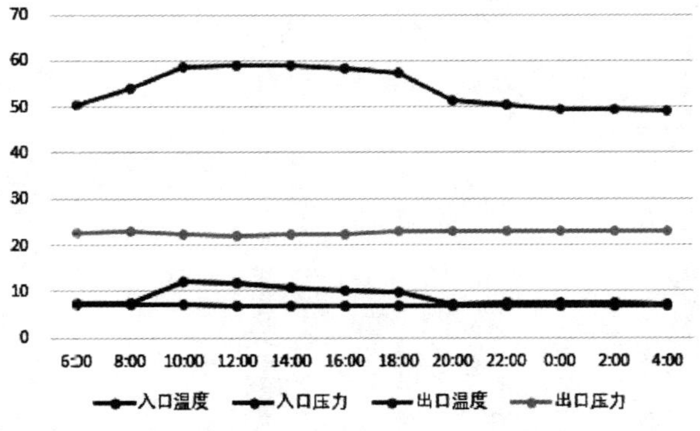

图6　2023年4月1日6时－4月2日4时
压缩机运行监测曲线

改造后在入口压力为7.8MPa，出口压力为16MPa时，经计算单位注气消耗减少至4.8×10^{-2}kW. h/m^3。与压缩机改造前注气消耗数据对比见表7。

经过改造，机组入口压力范围更宽（可调范围2.8MPa～9.5MPa），单机排量可调性更强（40×$10^4Nm^3/d$～150×$10^4Nm^3/d$）。单机排量的增加节约了1台注气机组的安装使用，减少设备功耗；同时改造后机组能耗大大降低，单位注气能耗下降了24%。根据实际工况注气能耗减少0.37×10^7kW. h，按照0.8元/度计算，每年可节电约296万元。

3　结语

注气压缩机组的改造实施，通过改造已有压缩机设备，最大程度的利用现有压缩机和主电机的设计能量，将两个一级气缸改造为盖侧单作用气缸，保持三级压缩不变进行了压缩机组的改造，可适应新工况下的要求，提升了压缩机有效提高了设备利用率。本次压缩机改造可总结如下：

表7 改造前后注气量及能耗计算对比表

	注气量 (10^8m^3)	进站压力 (MPa)	出口压力 (MPa)	压缩比	注气能耗 (10^7kW. h)	单位注气量能耗 (10^{-2}kW. h/m^3)
2019	2.70	3.5	23	6.57	1.59	5.9
2022	2.70	7.8	23	2.95	1.22	4.5

（1）在保持发动机功率不变的前提下提高单机注气能力，充分利用压力能、降低储气成本，以达到节能减排的目的。

（2）在保证压缩机适应性的情况下对压缩机可靠性进行核实，尽量对气缸、活塞杆等关键部件不予改造，充分保证压缩机整体适应性。

（3）综合压缩比和余隙容积的影响，通过适当的改造使压缩机组的功率下降。

参 考 文 献

[1] 李敏，熊文凌，罗晟．地下储气库用高压离心式压缩机的应用探讨［J］．油气储运与处理，2023，41（1）：41－49.

[2] 刘烨，巴玺立，王念榕，等．中国储气库地面工程技术现状及优化建议［J］，油气与新能源，2021，33（5）：19－26.

[3] 吕建，罗长斌，付江龙，等．长庆储气库合理注气压力的确定［J］．石油化工应用．2014，33（9）：46－50.

[4] 周磊，杨成，张晓花，等．一种地下储气库注气压缩机高效选型新技术［J］，现代化工，2015，35（10）：194－197.

[5] 王铁军，齐德珍，王赤宇，等．调峰型地下储气库注气压缩机选型配置建议［J］．油气储运与处理．2020，38（4）：9－13，23.

[6] 杨颖，李世兵，陈子玮，等．电驱式压缩机在地下储气库注气期经济运行的优化方案［J］．天然气勘探与开发，2017，40（3）：102－106.

[7] 狄建森．大型压缩机节能改造新技术应用分析［J］，中国设备工程 2021，06（上）：83－84.

[8] 翁乙友，常记佳，瞿强．注气压缩机气缸注油系统改造［J］．石油化工自动化．2014，50（02）：68－70.

[9] 周生伟．浅谈地下储气库用注气压缩机的研发与制造［J］．压缩机技术，2014（1）：46－48，52.

[10] 席治国．集气站压缩机节能改造分析［J］．石油工程建设．2017，43（3）：79－81.

[11] 游赟，禹贵成，周博涵，等．相国寺储气库压缩机活塞杆断裂故障分析研究［J］，天然气集输处理，2020，39（12）：30－34.

[12] 刘恒阳．“双碳’背景下天然气地下储气库机遇与挑战［J］．石油与天然气化工．2022，51（6）：70－76.

[13] 黄淋．乙二醇装置往复式压缩机余隙调节及节能改造［J］．山东化工．2021，50（10）：150－152.

[14] 李志卓，于长猛，陈久国，等．地下储气库注气用离心压缩机方案可行性分析［J］．机电产品开发与创新，2017，30（1）：45－46，49.

[15] 陈月娥，赵勇，王先朝．呼图壁储气库 KBU－6 注气压缩机适应性改造［J］．化工管理．2015，（11）：16.

[16] 赵勇，陈月娥，孙成，等．天然气压缩机气阀改进技术研究［J］．石油化工技术．2017，24（08）：79－80.

深挖数字化潜力，赋能智慧 LNG 气源站

赵鲁强

（粤海（番禺）石油化工储运开发有限公司）

摘　要　为迎接数字时代、激活数据要素潜能，推进网络强国建设，中华人民共和国国民经济和发展第十四个五年规划和 2035 年远景目标纲要中指出，迎接数字时代，激活数据要素潜能，充分发挥海量数据和丰富应用场景优势，促进数字技术与实体经济深度融合，赋能传统产业转型升级。LNG 作为新型清洁能源，其在十四五发展战略中起到了关键的作用，是国家大力发展推进的能源方式之一。现代工业是国民经济的主体，是实施《中国制造 2025》和互联网＋行动的主战场，新一代信息技术与流程工业的深度融合，推动流程工业企业实现自动化、数字化、网络化、智慧化的绿色生产是新一轮产业革命的核心。随着新一代信息技术及智能化软件在工程建设领域的广泛应用，推进数字化设计、数字化交付、建设数字化智慧工厂已成为 LNG 气源站的必然选择。在新技术发展环境下通过不断提升数字化设计和数字化交付的业务能力，进而提升 LNG 气源站带来的经济效益。打造基于数字化智慧工厂全生命周期的企业级解决方案，才能保证生产运营组织架构下数据管理和传递的一致性，同步实现过程优化与效率提升，为智慧 LNG 气源站的整个生命周期保驾护航。本文以广州 LNG 应急调峰气源站项目中所应用的数字化技术为探索点，总结在智慧 LNG 气源站建设中所取得的成果和经验。

关键词　数字化交付；BIM 技术；信息化；智慧 LNG 气源站

Dig Deep Into the Potential of Digitalization and Empower Smart LNG Gas Source Stations

ZHAO Luqiang

（Yuehai（Panyu）Petrochemical Storage and Transportation Co. , Ltd）

Abstract: To embrace the digital era and activate the potential of data lements, and to advance the construction of a network powerhouse, the Outline of the 14th Five – Year Plan for National Economic and Social Development and the Long – Range Objectives Through the Year 2035 of the People's Republic of China points out that to meet the digital era and unlock the potential of data elements, it is essential to fully leverage the advantages of massive data and diverse application scenarios, to promote the deep integration of digital technology with the real economy, and to empower the transformation and upgrading of traditional industries. LNG, as a new type of clean energy, plays a key role in the development strategy of the 14th Five – Year Plan and is one of the energy methods that the country vigorously develops and promotes. Modern industry is the mainstay of the national economy and the main battlefield for implementing "Made in China 2025" and the Internet Plus action. The deep integration of new generation information technology with process industry drives process industry enterprises to achieve green production that is automated, digitalized, networked, and smart, which is the core of the new round of industrial revolution. With the extensive application of new generation information technology and intelligent software in the field of engineering construction, promoting digital design, digital delivery, and the construction of digital smart factories has become an inevitable choice for LNG gas source stations. Under the new technology development environment, by continuously improving the business capabilities of digital design and digital delivery, the economic benefits brought by LNG gas source stations can be enhanced. Only by creating an enterprise – level solution based on the full life cycle of digital smart factories can the consistency of data management and transmission under the production and operation organization be ensured, and the optimization of processes and efficiency improvement can be achieved synchronously, safeguarding the entire life cycle of smart LNG gas source stations. This article takes the digital technology applied in the Guangzhou LNG emergency peak regulation gas source station project as a starting point to summarize the achievements and experience gained in the construction of smart LNG gas source stations.

Key words: Digital Delivery; BIM Technology; Informatization; Smart LNG Gas Source Station

1　项目背景

广州 LNG 应急调峰气源站项目是广州燃气集团有限公司为落实国家天然气保障要求的重大民生项目，也是落实《粤港澳大湾区发展规划纲要》中能源规划的重要组成部分，被列为国家、省、市三级“十三五”能源发展专项规划以及省、市两级供给侧结构性改革“补短板”重点项目。项目位于广东省广州市南沙区小虎岛东北侧，沙仔沥水道南岸沙仔沥水道口门南岸附近，原粤海（番禺）石油化工储运开发有限公司粤海石化厂站址，由储气库和配套码头组成。

储气库陆域占地面积约为 21 万平方米，建设两座 16 万立方米 LNG 储罐及配套工艺及公辅区。配套码头工程建设规模为拆除粤海小虎石化旧码头、新建 1 座 LNG 专用码头，海域使用面积约为 9.37 公顷，投产后可满足广州市 10 天应急保障供气需要，有利于提升广州地区燃气安全稳定供应能力。

为响应国家十四五发展计划中数字化转型的相关政策要求，积极推动数字化转型及智慧 LNG 气源站建设，公司建设了数字化 BIM 管理平台，其核心是通过利用三维数字化和 BIM 技术实现数字化交付，采用全专业全流程三维正向设计，实现项目在设计、采购、施工期的管理行为数字化。平台深度融合了工程管理领域的知识和经验，与数字化交付手段深度融合，连接项目参建各方，使工程执行过程看得清、管得住、控得好、把的严，同时也为智慧工厂运维服务打下坚实的数据基础。

2　数字化技术应用与实施

本项目综合运用 BIM、数字化交付等技术作为数字化 BIM 管理平台的底层基础，将 revit、bentley，PDS 等不同领域的软件有机结合，成功打造了广州 LNG 应急调峰气源站的综合模型。下面将应用情况介绍如下。

图 1　广州 LNG 应急调峰气源站综合模型

2.1　生产调度楼和消防楼的 BIM 应用

在项目生产调度楼和消防楼（简称两栋楼）的建设过程中，采用全过程、正向设计 BIM 技术指导施工，取得了显著成果。

（1）通过 BIM 技术、利用 revit 软件进行三维设计，优化设计过程，实现节约项目成本，提高设计质量的目的。同时 BIM 数据库实现数据链的传递，为项目实施节约了空间成本、时间成本、实体成本，最终带来较高的应用价值。

（2）设计阶段利用 BIM 技术进行三维设计，其可视化方案可以高效准确的表达设计人员的设计思路，使得设计方案更具说服力。在多专业协同 BIM 设计的过程中，设计更加直观、高效，避免了传统设计流程的弊端。

（3）BIM 的联动修正技术减少了方案调整的代价，以技术上的创新带来了体力上的解放，BIM 三维设计为方案的优化提供了最有利的支持，具有以下优势：

①设计同步可视化。

采用 BIM 技术进行三维设计的过程中，构件依托数据库和三维图形引擎进行表达。所有设计信息实时上载到远程服务器的数据库内。客户端软件通过共享服务器内的数据实现设计成果的协同审查和信息反馈。

②虚拟设计施工。

设计分析的过程中，可以实现多专业设计成果的实时分析；设计更新后，所有分析报告自动更新，无需按传统二维方式调整分析输入条件。其实效性高，方便实现设计成果及时对比，对施工流程进行预期分析。项目实施阶段还可依托数据库的支撑，对施工进度和成本进行跟踪及精准管理。

③运维保障及可视化诊断。

彻底解决传统的二维设计中隐蔽工程信息不足，无法进行后期修改核对等需求。而运用 BIM 技术进行的隐蔽工程可视化，为后期的改造运维提供了完整直观的信息支撑。同时重要设备管线等生产设计信息可形成数据链，为项目的数据化移交提供基础数据。

④轻量化模型预览及导航。

通过 BIM 技术完成三维设计的同时，借助虚拟增强技术，可提前感受到接近正式的体验。为生产调度楼和消防楼后期的运维提供技术支撑。同时借助室内 WIFI 技术与轻量化模型虚拟技术可以实现漫游及导航，为项目带来附加商业价值。

图 2　生产调度楼和消防楼 BIM 效果图

2.2　配套码头的 BIM 应用

本项目 LNG 码头现浇工作量大、桩基布置复杂，预制安装工程量大（预制率达到 70%）、工序复杂。取水口为异形现浇结构，内部流道、设备布置复杂，作业面窄、工期紧张，且上部工艺设施安装交叉作业，工作环境复杂，这些均对设计和施工组织提出了较高的要求。为了实现工程目标，码头全面应用 BIM 技术，不但实现了设计成果错误率小、可实施性高的目标，还通过施工顺序优化模拟等手段，实现了缩短工期、控制投资的目的。据初步估算，应用 BIM 技术后，设计工作量约节约 10% 左右，主要体现在校审时间的节约。应用亮点如下：

2.2.1　各专业模型构建

与传统的工作流程相比发生了如下变化：

(1) 传统流程中的设计准备环节能够提前实现。在设计阶段初期，各专业就开始依据方案模型展开工作。

(2) 综合协调工作贯穿于整个设计流程中。在各专业设计过程中可以实现及时的协调，在设计过程中可以解决大量的设计冲突问题。在建立各专业初步设计模型之后、设计审核之前的各关键节点，进行阶段性的总体综合协调。

2.2.2　模型成果

完成设计阶段 BIM 模型创建，复核二维设计成果，辅助深化设计方案，提前发现并解决复杂技术问题。为满足设计建模的各项要求，适应水运工程的技术衔接，符合本项目整体 BIM 要求，选取 Bentley 系列软件进行模型建立。

2.2.3　整合检查

对水工结构、给排水、电气、通导等专业建立的 BIM 模型进行整合，形成整体 BIM 设计模型，并按照施工工序进行整体检查，以消除设计中出现的错误，从而完成整个码头的 BIM 建模工作。

2.2.4　碰撞检测与三维综合管线

通过 BIM 模型，进行各专业之间和全专业之间的碰撞冲突检测及管线综合，并根据碰撞结果进行调整，得出优化方案，形成调整后的各专业模型及相关文档，达到避免空间冲突与碰撞，防止设计错误传递到施工阶段或造成安装工程的返工的目的。

2.2.5　工程标准出图

基于 BIM 的参数化设计方法，图纸作为三维模型成果输出的一部分，其主体仍然为 BIM 模型，对于平立剖面、三维视图以及明细统计表均作为附属输出。首先确定样板文件，然后按照标准统一制定单位级别的图框族、高程标注族、尺寸标注族、文字标识族、线样式等图纸辅助表达的族文件，以及相关项目设置，最后在制图过程中调用上述图纸相关的族，完成出图。

2.3　库区建设的数字化应用

库区采用三维集成设计平台进行设计，以鹰图 SmartPlant Enterprise（简称 SPE）平台为骨干，使用 SPE 平台、PDS 软件等完成工艺系统、仪表和布置管道专业的设计以及条件数据传递，并通过软件接口的开发实现了与建筑、结构、暖通、电气的专业设计软件的交互，在平台中集成各专业三维设计成果，实现了全专业三维集成设计，且采用了三维正向设计，彻底解决了数字化设计与数字化交付“两张皮”的问题。

本项目的数字化交付执行难点在于项目各干系方的数字化能力参差不齐，为保证项目最终数字化交付质量，采取了以下措施：

2.3.1　通过制定规范的工作流程，加强数字化项目执行各干系方（工程承包商、厂商等）的管理。如通过招投标要求、项目执行策划、各相关方的培训、执行阶段的监管等全过程的管理措施和技术支持，保障各相关方能保质保量完成数字化交付。

2.3.2　通过数字化重建，解决部分未能达到数字化交付标准的 EPC 承包商工程范围的数字化交付。

2.3.3　通过自动化手段提高 EPC 承包商的数字化交付质量和效率，减少重复性工作和手动工作，降低数字化交付成本。主要开发项如下：

(1) 从文档管理系统自动提取文件和属性，对文档管理平台做深化开发，从系统中自动生成符合数字化交付要求的文档交付物，包括目录结构、文档编码以及文档元数据。

(2) 从传统数据表中提取属性，将项目各专业的设计数据表模板标准化，开发程序从标准化数据表中提取数据，完成数据表中数据的结构化处理。可大幅减少手工填写工厂对象的数字化交付属性表工作，提高质量和效率，节约成本。

(3) 根据规范自动生成需填写的属性表格，由于数据源的限制，对于不能从软件集成发布和数据表中提取的属性，比如厂商的资料信息等，仍需要手工填写属性表上传。为提升该工作的效率和质量，基于数字化交付规范进行工具开发，根据工厂对象类型自动过滤属性，为各类工厂对象自动生成专用的供填写的属性表，表中的内容即是规范中需手工录入的属性范围，没有冗余内容。该方式改变了传统的手工进行规范查询、属性筛选和填表的工作，不仅可以大幅提升效率，也可避免人工查询导致的错漏，提高交付质量。

3　数字化 BIM 管理平台应用

为解决广州 LNG 应急调峰气源站项目设计、采购、施工、运维全生命周期管理中的各类重难点问题，项目以正向设计的三维模型为基础，将工厂模型 Digital Plant、建筑信息模型 BIM、生产调度及消防楼、配套码头模型等进行整合，建立数字化三维应用场景及数字孪生辅助模型。依托数字化交付技术要求及建模范围将不同类型的模型与数据进行整合，并结合工程管理的业务需求，创新完成了可视化的工程管理平台——“数字化 BIM 管理平台”。

平台以十大核心模块为依托，通过 PC 端、移动端和部署在本地网络的服务器作为云端，以双端一云的方式，将项目全生命周期的数据链贯通，并以可视化的方式为项目决策层提供精准高效的决策基础。下面从决策效率、质量/安全管理颗粒度，进度控制、经济性分析等方面进行阐述。

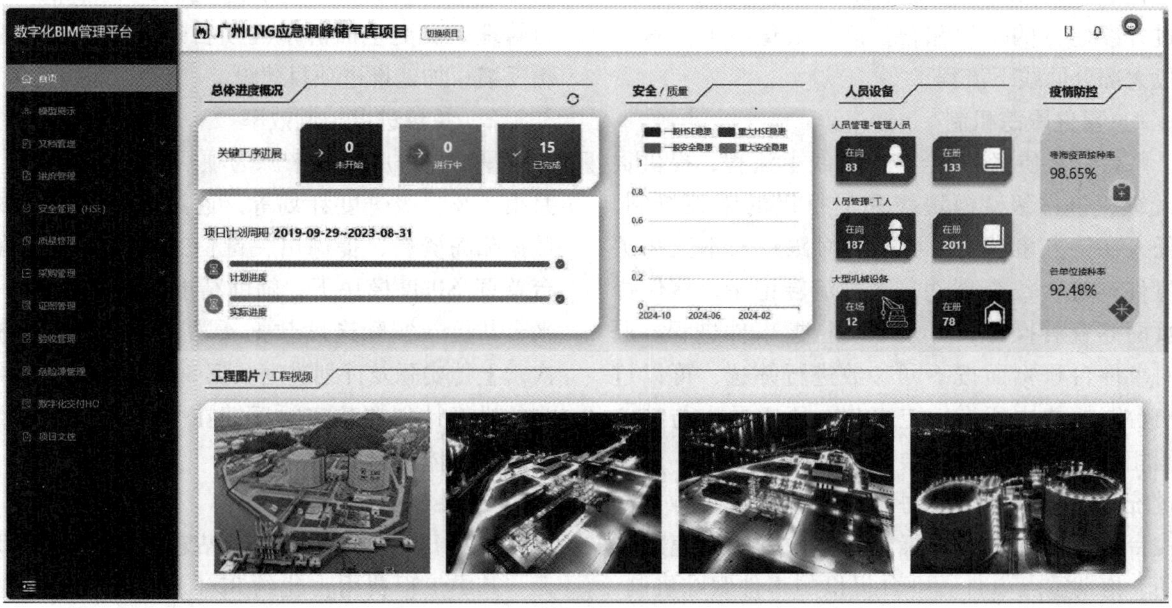

图 3　数字化 BIM 管理平台

3.1　决策效率

3.1.1　驾驶舱数据可视化技术

平台首页采用驾驶舱模式，将关键数据通过可视化的手段展示在首页，为决策层进行高效决策提供数据基础。同时针对施工过程中的技术交底和进度模拟等重难点方案，通过三维模型，利用 Navisworks，3dsMax、UE4 游戏引擎等软件相结合，进行施工进度全过程模拟，利用数据可视化大屏等方式将施工进度、施工顺序进行详细解读，提高技术交底质量，为现场施工提供可靠的技术保障。

3.1.2　关键信息集成

通过前期的详细调研，全面了解项目管理过程中的各项痛点需求，经过多版本的迭代，最终形成了目前平台的核心十大模块，针对项目建设期所产生的数据孤岛进行整合，集成关键信息，形成动态数据链。通过以安全/质量事件流程展示跟踪、项目实时进度数据绑定、项目现场视频流监控、验收管理、证照管理、技术方案管理等建设期关键节点为平台核心应用模块，实时收集项目过程中的动、静态数据，激活项目过程中的数据链孤岛，为辅助项目决策所使用的数据基础提供了有力支撑。

3.1.3　高效决策

平台上线后，通过打通项目建设管理期产生的数据链孤岛，形成由十大模块为核心的动态数据链运用机制，通过平台首页对十大模块关键数据进行再提炼，从而达到辅助管理层进行精准高效决策的目的。截至 2023 年 8 月，平台共更新各大模块关键数据 39 次，安全模块人员设备信息等关键数据更新精确到每日，保障关键事件数据采集填报的时效性，为公司领导对项目关键节点的高效掌控提供精准的决策数据。

3.2　质量/安全管理颗粒度

3.2.1　无纸化线上流程

平台针对项目建设管理期对于总包方质量/安全的线下纸质流程存在管理难、追溯难等痛点问题，重点开发了质量/安全管理两大模块，业主和监理可以在平台发起线上流程，通过收集发起流程中填报的责任单位、事由、编号等关键信息，并填入相应模板文件，自动生成原线下流转所需纸质单据的电子文件。线上事件生成后，业主、监理、总包方可在质量/安全台账页面下实时跟踪流转进度，并通过“待办事项”页面及时处理流转到本人账号下的事件。在流程推进的过程中，每位责任人的操作时间，反馈细节，及相应的台账文件都将在平台中留下可追溯的痕迹。平台线上流程的管理深度完全满足日常管理所需颗粒度，通过各参建方的一致配合，该无纸化线上流程可替代大部分原线下流程。

3.2.2 事件跟踪机制

平台针对质量/安全事件的线上流程，提供责任人级、事件级、模块级和项目级的跟踪机制，责任人在待办事项中，可以实时跟踪与本人相关的事件；对于每个事件，通过流转记录、事件详情页面等查看操作，可以准确把握事件进程。通过对事件台账页面按不同参数进行筛选，可以过滤出台账模块中所有特定事件，便于导出与特定范围相关的事件。管理层查看平台首页时，可以通过统计图表精准掌握每月平台产生事件数，同时在台账页面通过置顶标红事件，可以快速定位延期、拖期重点事件。平台提供的事件跟踪机制，完全满足了日常建设管理所需要的颗粒度。

3.2.3 高效管理

平台上线前普遍使用的线下纸质流程，由于建设管理期的文档过于繁杂，易产生数据孤岛现象，对于项目事件的跟踪深度较低。平台上线后，通过无纸化线上流程、高效的事件跟踪机制，打通了纸质流程的数据孤岛现象，极大程度地加强了项目的管理深度。截至2023年8月，平台共产生业务数据7，000余条，操作日志70，000余条，平台内事件数近200件；通过线上流程的跟踪机制，总包方对于事件的整改效率有显著提升，截至8月，线上事件数量较线下纸质流程数量相比多出近4倍到6倍，而总包的及时回复率大于80%，累计回复率为100%，整体管理效率提升超过300%，体现出了平台针对项目建设期管理的颗粒度细化程度，做到了高效管理。

3.3 进度控制

3.3.1 总体/分项进度可视化

平台针对库区、码头、两栋楼的设计、采购和施工进度，建立三个等级的填报机制，通过里程碑、关键工序和三级工序进度分享填报，精准录入项目建设期的进度数据。同时，有别于项目各参建方提供的项目周报、月报等易产生数据孤岛的进度控制机制，平台首页通过统计、提炼关键数据的方式，将总体进度、关键分项进度、里程碑等重要信息通过可视化手段集成在首页及进度管理模块下，直观清晰的展示了项目进度状态。平台还通过点击交互等手段，进一步分析该进度数据的深层次细节，如任务按期率，工序完成情况等。基于以上数据链贯通机制，平台帮助各项目管理人员更全面的掌握项目进度信息，及时作出反馈，加速推进项目建设。

3.3.2 关键进度控制效率

平台的进度数据来源为项目各参建方的周报、月报、及三级进度计划等，通过梳理大量的线下数据孤岛资料，提炼出关键信息并实时反馈在平台首页及进度模块下，辅助精准决策。截至3月，平台共更新实际进度数据4次，进度计划数据3次，上传实际及计划进度数据500余条，及时将业主的进度计划调整实时反馈在平台内部，做到线上线下一体化管理。

3.4 经济性分析

广州LNG应急调峰气源站建设投资约为20亿元，其中工程费用占比约82%，工程费用在总投资中的占比较高，预计建设期为3年，期间平均每年工程费用直接投入达数亿元，建设期利息总额与建设周期及工程费用直接相关。

利用数字化BIM管理平台，对项目建设期工程管理费用进行把控。主要策略是通过减少返工、决策辅助、提升工作效率、提高工程质量、降低安全风险以及防止结算缺漏项等方面进行综合控制，从而有效降低项目的管理成本。

平台正式上线前，项目管理落实主要由纸质单据完成，管理颗粒度较粗，管理效率较低。平台正式上线后，项目管理颗粒度提升了近50%，并通过可视化手段辅助决策，实施无纸化管理流程。据估算，平台的上线，可节约项目管理成本10%以上，折合金额达百万级，提升流程管理效率约70%，通过建设期的高效管理、隐患预警等关键信息流集成的手段，预估每年可节约20%左右的管理成本。

4 结语

数字化BIM管理平台是将码头及两栋楼应用的BIM技术、库区应用的数字化交付技术有机结合的产物，是本项目深挖数字潜力，赋能智慧

LNG 气源站探索过程中的重大举措和优秀成果。数字化 BIM 管理平台的实施应用，优化了资源配置，提高了项目管理效率，增加了项目管理的颗粒度级别，实现了项目管理“降本增效”以及“双增双降”，有利于推动项目内部管理，实现动态数据的互联互通，在“平台 + 数据 + 应用”的体系架构下，建设了一个“可预测、可监控、可分析、可优化”的大型 LNG 气源站，高水准地打造了数字化转型的行业典范，让数字化技术更好的为行业赋能，切实响应国家十四五规划中“加快数字化发展，建设数字中国，以数字化转型整体驱动生产方式、生活方式和治理方式变革”以及“打造数字化智慧工厂”的远景要求。

参　考　文　献

[1] 樊军锋．智能工厂数字化交付初探．石油化工自动化．2017，53（03）

[2] 陈思．建设工程项目数字化管理平台的研究．北京交通大学．2010 年第 02 期

[3] 尹毅．基于 SmartPlant Foundation 的工厂基础信息管理系统建设．当代化工．2013，42（05）

[4] 裴巧玲．BIM 技术在综合办公楼项目中的应用实践．浙江建筑．2019，36（05）

[5] 李薇．BIM 技术在高桩码头设计施工一体化建设中的应用．中国水运 2018，18（10）

浅析 LNG 应急调峰气源站的安全与节能管理

王相锟

（粤海（番禺）石油化工储运开发有限公司）

摘　要　随着中国经济快速发展和人口持续增长，天然气作为清洁能源的需求急剧增加。自 2006 年广东大鹏接收站的投产拉开了我国进口 LNG 资源的序幕，伴随着天然气使用需求的扩大，国内 LNG 接收站项目也日渐增多。这些 LNG 接收站中，有部分特殊的群体——LNG 应急调峰气源站，它们储气能力相较传统的接收站小了很多，服务定位于超大型城市的能源储备、应急保供。本文着重讨论分析广州 LNG 应急调峰气源站在安全管理、节能管理模式上比传统 LNG 接收站更具特殊性，具备一定研究的价值，为其他 LNG 应急调峰气源站的安全与节能管理提供参考依据。

关键词　LNG 应急调峰气源站；安全管理；节能管理；安全节能管理模式分析

Analysis of Safety and Energy – Saving Management in LNG Emergency Peaking Gas Supply Stations

WANG Xiangkun

（Yuehai（Panyu）Petrochemical Storage and Transportation Development Co.， Ltd.）

Abstract: With the rapid economic development and continuous population growth in China， the demand for natural gas as a clean energy source has increased sharply. The commissioning of the Guangdong Dapeng LNG Terminal in 2006 marked the beginning of China's imports of LNG resources. As the demand for natural gas expanded， the number of domestic LNG terminal projects also gradually increased. Among these LNG terminals， there is a special group – LNG emergency peaking gas supply stations. Their gas storage capacity is much smaller compared to traditional terminals， and their services are targeted at energy reserves and emergency supply guarantees for megacities. This paper focuses on discussing and analyzing the specificity of the Guangzhou LNG Emergency Peaking Gas Supply Station in terms of safety management and energy – saving management modes compared to traditional LNG terminals. It has certain research value and provides a reference basis for the safety and energy – saving management of other LNG emergency peaking gas supply stations.

Key words: LNG Emergency Peaking Gas Supply Station； Safety Management； Energy – Saving Management； Analysis of Safety and Energy – Saving Management Modes

1　引言

1.1　分析背景

随着中国经济快速发展和人口持续增长，天然气作为清洁能源的需求急剧增加。自 2006 年广东大鹏接收站的投产拉开了我国进口 LNG 资源的序幕，伴随着天然气使用需求的扩大，国内 LNG 接收站项目也日渐增多。截至目前国内累计投产的 LNG 接收站达 28 座，总接收能力约 12220 万吨/年。与之相对应的是，国内 LNG 进口量在 2021 年达到 7879 万吨，在当年超越日本成为全球第一大 LNG 进口国。近年来，国家对天然气基础设施建设的支持力度加大，不少燃气企业向产业链上游延伸，成为投资建设 LNG 接收站的“第二主力”，众多在沿海布局的项目陆续得到核准批复。但在上述这些 LNG 接收站中，有部分特殊的群体——LNG 应急调峰气源站。由于其储气能力相较传统的接收站小了很多，服务定位于超大型城市的能源储备、应急保供，在安全管理、节能管理方面比传统 LNG 接收站更具特殊性，具备一定的研究分析价值。本文着重分析讨论广州 LNG 应急调峰气源站的安全管理、节能管理的突出特点及优势。

1.2　国内 LNG 应急调峰气源站的概况

在 2018 年 4 月，国家发展改革委、国家能源局联合印发了《关于加快储气设施建设和完善储气调峰辅助服务市场机制的意见》，意见明确了政府、供气企业、城镇燃气企业等储气调峰责任与义务。供气企业到 2020 年要拥有不低于其年合同销售量 10% 的储气能力，县级以上地方人民政府到 2020 年至少形成不低于保障本行政区域日均 3 天消费量的储气能力，城镇燃气企业到 2020 年形成不低于其年用气量 5% 的储气能力。这个文件正式为 LNG 应急调峰气源站正名。

但其实国内早在 90 年代就有以应急调峰名义建设的气源站。最早建设的上海燃气的五号沟 LNG 站在 96 年就初露端倪，最早提出应急调峰的概念。上海五号沟 LNG 站项目首期始建于 1996 年，2000 年 4 月原站区正式投产，建有 1 座 2 万立方米 LNG 储罐和 1 套天然气液化装置，气源为东海平湖气田天然气，是国内最早的天然气液化装置和应急储备站。也是国内第一座天然气液化工厂。随后扩建一期于 2006 年 8 月开工，2008 年 11 月正式投产。扩建一期的建成后，使我国内河航道首次行驶 LNG 船，并使五号沟 LNG 站的储气能力达到 12 万立方米，具备了保障上海市 10 天左右的用气量能力。伴随上海市的经济发展和天然气使用需求的增加，扩建二期于 2014 年 6 月开始建设，2017 年 11 月正式投产。扩建二期的建成使上海五号沟项目的储气能力达到了 32 万立方米，能满足上海市（含近郊、远郊）天然气应急外输 20 天的要求。

深圳燃气的深圳华安项目 2014 年年初正式开工，2019 年 8 月竣工并完成首船的接卸。项目一座 8 万立方米 LNG 储罐，24 万立方米/小时的气化外输设施，5 座 LNG 槽车装车台，1 座 5 万吨级 LNG 码头，可装卸 1－9 万立方米 LNG 船，年周转量 80 万吨，为深圳市燃气用户提供应急保障。目前深圳市仍在建设新的液化天然气应急调峰站项目。

北京燃气的天津南港 LNG 应急储备项目分为三期建设，将分别于 2022 年底、2023 年底、2024 年底投产。项目共设计建造 10 座 LNG 储罐，一座 LNG 船泊位，215 公里外输管道，具备 12 亿立方米天然气应急储气能力。目前该项目二期已建成 4 座 22 万立方米的薄膜型 LNG 储罐，将整个站的储备能力提升至 10 亿立方米，二期已在试运行。

广州燃气承建的广州 LNG 应急调峰气源站 2019 年 9 月正式开工，项目一期建设 2 座 16 万立方米 LNG 储罐以及改建一座可靠泊 3 至 18 万立方米 LNG 船舶的接卸 LNG 专用码头，8 个 LNG 装车撬。二期建设 2 座 16 万立方米的 LNG 储罐。设计规模为 LNG 年周转量 100 万吨。一期项目已于 2023 年 7 月通过竣工验收。2023 年 8 月开展接卸首船开展试生产。项目一、二期投产后可满足广州市 15 天应急保障供气需要。项目建设之初就被列为广东省、广州市两级“十四五”能源发展专项规划及省、市两级供给侧结构性改革“补短板”重点项目。项目定位是为全广州市提供天然气应急保供，同时在保供广州的基础上，构建对珠三角地区、粤港澳大湾区提供天然气辐射供应的平台。

此外还有国内内陆城市同样建设部分 LNG 应急储备调峰场站。如：陕西杨凌、河南郑州、贵州贵阳等，但这些场站一般在气源地建液化工厂，或通过陆运 LNG 的方式进行储备调峰。

1.3　LNG 接收站与 LNG 应急调峰气源站的区别和联系

目前国内建成的主要的 LNG 接收站均分布在沿海大、中型城市或内河流域航运较为发达的城市，优质的岸线资源、深水码头及 8 万吨级以上的船舶通过能力是必要条件，储存能力普遍达 16 万立方米以上。建设单位多为中石油、中海油、中石化及国家管网等央企，或参股当地省属、市属的国有能源企业。LNG 接收站项目由于投资规模很大。

LNG 应急调峰气源站目前主要分布在国内大型城市，有岸线、码头资源或有多路气源的产地便于液化加工，管道输送等。储气能力大小不一，主要集中在 3－88 万立方米。在主要设备设施、工艺流程等方面无明显的差异。建设单位多为当地有实力市属能源企业、城镇燃气企业及大型能源企业。投资规模、储气能力、占地面积及设计规模相比 LNG 接收站都要小很多。

2　安全、节能管理模式的分析

广州 LNG 应急调峰气源站项目（以下简称：项目）设计规模为 LNG 年周转量 100 万吨，由储气库及配套码头两个部分组成，分为两期建设。一期项目已建成 2 座 16 万立方米 LNG 储罐以及一座可靠泊 3 至 17.5 万立方米 LNG 船舶的接卸 LNG 专用码头，可满足广州市 10 天的天然气应急保障需要。一期项目具备稳定高效的供气能力，最大气化高压外输能力每小时可输送 62 万立方米、9.2 兆帕压力的天然气，最大中压气态外输能力每小时可输送 5 万立方米、0.35 兆帕压力的天然气。同时设计 8 台装车撬（槽车），每小时总计可装卸 520 立方米的液态天然气。二期项目计划建设 2 座 16 万立方米的 LNG 储罐。

2.1　安全管理

（1）在项目设计阶段，建设单位就要求 EPC 总包单位按 LNG 接收站的设计规范进行设计，从项目本质安全入手，着重考虑安全控制系统：

①分散型控制系统（DCS）：基于微处理器技术，用于监视和控制工艺流程及设备运行状态，执行顺序控制和非安全联锁逻辑功能。作为整个场站控制系统的核心，其主要监控设备设置在 LNG 接收站的中心控制室（CCR）内，可以对各子控制系统的重要运行参数进行集中监视并发布控制命令。操作人员可以在中央控制室内通过 DCS 操作站对卸船码头及接收站各装置的操作过程进行监视和控制。为便于码头卸船操作、控制和管理，在码头控制室也设置 DCS 监控设备，用于码头卸船系统的监视和控制。

②安全联锁逻辑功能。安全仪表系统（SIS）：安全仪表系统独立于所有其它的系统，在可能发生危及人身、环境、设备安全或其它危险情况时，该系统将独立启动安全联锁并使生产过程处于安全状态。该系统独立于 DCS，独立完成安全联锁功能。SIS 用于人员、环境和设备的保护。SIS 的安全完整性等级（SIL），根据装置的 HAZOP 分析及对人员、过程、设备及环境的保护确定。SIS 软件包括所有操作系统软件、工程组态软件、开发工具、应用软件，与 DCS 系统的接口配置。SIS 系统通过通信接口接入到 DCS 专用网与其进行数据通信，提供报警和停车状态信号，与其他系统互连的安全系统信号，须通过硬线连接到输入/输出模块。此外，SIS 系统设置独立的辅助操作台，布置于中央控制室（CCR）和码头控制室内，用于安装工艺要求的急停按钮、工艺旁路开关、手动复位开关、闪光报警器等。

③气体检测系统（GDS）：是一个基于安全等级和可靠性考虑的，并与 DCS、SIS 分开且独立设置的安全系统系统，提供可燃气体、LNG 的泄漏报警。一旦检测到有危险情况，系统能够及时报警并自动执行相应的消防保护措施。在码头区、LNG 储罐区、工艺区等有可能发生可燃气体泄漏的地方设置低温探测器、可燃气体检测器。所有现场可燃气体检测、以及低温探测仪表的信号将接入到 GDS 系统。同时在码头区、工艺区、控制室设置区域声光报警器，当有相关区域出现可燃气体泄漏时，启动相应区域的声光报警器并根据现场情况执行相应的消防保护措施。GDS 是独立于 DCS 及 SIS 的系统，除配置有冗余结构的控制设备及其附件之外，还设置独立的监视站、系统电源、机柜等设备。

④成套设备控制系统：主要包括：罐表系统、卸船臂监视控制系统、装车撬控制系统、火炬控制系统等。这些成套设备控制系统将作为 DCS 的子系统，通过数据通信系统和硬线与 DCS 交换信息，并由 DCS 统一进行监视与管理。如需由 DCS/SIS 执行保护功能，应通过硬接线方式进行连接。各成套设备控制系统将采用 PLC 作为控制设备，以充分保证系统的运行速度、数据存储和传输，并保证系统的灵活性、可靠性和可操作性。PLC 的主要功能包括系统中所有可调节的过程控制和顺序控制以及过程报警、指示、联锁等。

设计单位在 2020 年 1 月初完成初步设计及安全设施设计专篇，但 1 月底突如其来的疫情，严重影响了项目的建设。建设单位、设计单位及监理单位共同克服重重困难，利用远程会议、远程办公、电话、视频会议等措施来推进工作，组织网络专家评审会完成安全设施设计专篇的评审（含 HAZOP 分析和 SIL 定级）。

（2）项目施工主要包括 LNG 储罐土建、LNG 储罐安装及码头上部设施（码头、栈桥水工结构除外）、工艺区、江水取排水区、公用工程区、槽车装车区、中高压计量、火炬、仓库及维修区（包括维修车间、化学品储存库）的设备、管道、电气、仪表、消防、防腐等的施工。在项目施工阶段，建设单位会同 EPC 单位结合施工现场的实际情况，制订专门的安全管理体系，建设单位组织成立项目建设安全委员会。建设单位总经理与施工单位项目经理均为安全第一责任人，建设单位安健环部、施工单位设 HSE 管理部。共同对现场施工各个环节进行安全控制和监督。从危险作业入手，参考执行《危险化学品企业特殊作业安全规范》对现场的动火、吊装、交叉、高处、短路及有限空间作业都实行作业票管理制度，作业负责人、安全监护人、方案的审核人缺一不可，同时重大危险的施工作业制订专项方案，经专家评审现场落实安全措施后，方可作业。最终历时 285 万安全人工时，平稳的完成整个项目的施工。

（3）在项目运营阶段，建设单位着重开展安全标准化建设工作，创新将《危险化学品从业单位安全生产标准化评审标准》和《城镇燃气经营企业安全生产标准化规范》（T CGAS002－2017）融合在一起取长补短，建立健全企业的安全制度、操作规程、设备管理规程、安全培训制度、重大危险源管理制度、应急管理程序等，以更严格的标准管理现场运行安全，落实安全措施。如：在危险作业管理方面，融合《危险化学品企业特殊作业安全规范》（GB 30871－2022）和《城镇燃气特殊作业安全规程》（T/GDRX1006—2024）将企业的特殊作业增加至 12 项，以危化企业标准规定了动火作业，高处作业、吊装作业、临时用电作业、盲板抽堵作业的安全措施，以城镇燃气企业的标准从严规定了有限空间作业、动土作业、带气作业、管网升压作业的安全措施。截止目前未发生人身伤亡、重大设备故障、火灾爆炸事故，未发生职工职业中毒和职业病，安全生产处于可控状态，总体安全状况平稳。

2.2　节能管理

（1）项目选址及周边环境。广州 LNG 应急调峰气源站选址在广州市南沙区黄阁镇小虎化工园区内。南沙地区处于珠江入海口，位于穗－港、穗－澳两条珠江三角洲经济圈发展辐射轴的支撑位置，是联接珠江两岸城市群的重要通道，区位优势极为明显。黄阁镇位于南沙区东北部，是南沙区的经济重镇。小虎岛隶属南沙区黄阁镇，位于南沙黄阁镇东南面，与黄阁镇通过小虎一桥和二桥相连。小虎岛南北长约 6.9 公里，东西宽约 1.9km，岸线长 19.92km，面积 9.6km^2。项目站址位于小虎岛的正北侧，沙仔沥水道南岸，陆路、水路交通便利。小虎化工区配套较为齐全，有成熟的供配电系统，供水系统、城镇燃气的接收门站距离约为 10 公里。这就为气源站 BOG“零排放、零燃烧”奠定了基础。

（2）项目功能定位。广州 LNG 应急调峰气源站的主要功能是接收、储存和加压、再气化 LNG，并主要通过外输天然气管道向用户供气，以达到应急调峰，保证广州市燃气供应稳定的需求。

按对液化天然气（LNG）储罐蒸发气（BOG）的处理方式不同，液化天然气接收站的工艺方法有直接输出和再冷凝两种。直接输出法是将蒸发气压缩到外输压力后直接送至输气管网；而再冷凝法是将蒸发气压缩到较低的压力与由 LNG 低压输送泵从 LNG 储罐送出的 LNG 在再冷凝器中混合，由于 LNG 加压后处于过冷状态，可以使蒸发气再冷凝，冷凝后的 LNG 经 LNG 高压输送泵加压后外输。

（3）节能工艺。本项目从设计之初就考虑既有中压外输管网又有高压外输管网，根据下游用户需求，采用直接输出工艺和再冷凝工艺相结合的 BOG 处理工艺。当中压外输管网接收能力小于 BOG 产生量时，采用直接输出和再冷凝相结合工艺；当中压管网接收能力大于 BOG 产生量时，BOG 优先采用直接输出工艺。高压天然气来自储罐内储存的 LNG，经罐内低压泵、高压泵两级加压并气化后送高压外输管网。根据项目建设地气候条件和水质情况，使用开架式气化器（ORV）采用贯流换热方式进行气化外输。中压天然气来自系统内卸船时体积置换、热量输入等产生的 BOG，经 BOG 压缩机加压、空温式加热器和电加热器加热并计量、调压、加臭后送中压外输管网直接进入城镇燃气市政管网，送至周边用户，产生经济效益。从而避免像其他 LNG 接收站那样产生的 BOG，只能通过火炬燃烧排放大气。具体工艺如下：

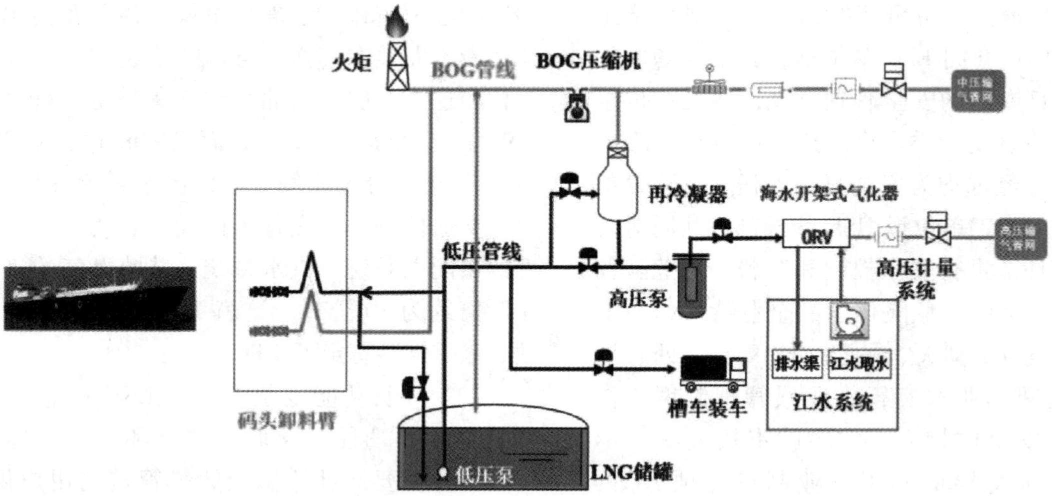

（4）节能效果。在试车阶段，建设单位运营团队从2023年8月7日开始通过LNG船靠泊前液氮预冷卸料管道、两座LNG储罐分别预冷等方式，实际仅用6.5天就完成了LNG储罐预冷和首船（8月8日靠泊码头）LNG接卸工作，减少LNG船舶在港作业费用50万元。同时用液氮代替LNG预冷卸料管道避免了天然气的火炬放空，节省成本约200万元；在预冷1号LNG储罐过程初期，完成BOG压缩机、中压外输复温系统和中压计量撬的调试，并于8月12日开始进行中压BOG外输，8月27日之前完成站内所有系统调试，开始进行LNG高压气化外输，减少天然气火炬排放约300万方，节省成本约1000万元。9月12日，完成第2座LNG储罐的预冷投用，通过精细化操作，两座储罐预冷合计消耗仅3000吨LNG，较国内同类项目节省LNG消耗30%以上。

3 结论

综上所述，结合广州LNG应急调峰气源站项目运行实践，在今后LNG应调峰气源站项目中，在项目选址时应统筹考虑中压、高压外输的情况，与当地城镇燃气企业充分沟通连接市政管网的事宜，这样仅BOG外输，不排放火炬燃烧这一项就大大降低了运营成本，产生经济效益非常可观。在建设期，参照执行《危险化学品企业特殊作业安全规范》（GB 30871－2022）对现场的动火、吊装、交叉、高处、断路及有限空间作业都实行作业票管理制度，落实安全措施，保障施工安全。

在运行期时，以《危险化学品从业单位安全生产标准化评审标准》、《城镇燃气经营企业安全生产标准化规范》（T CGAS002－2017）等，建立健全公司的安全管理体系，“谁严格、执行谁’的方针，满足政府主管部门的安全监管要求，实现气源站安全、平稳的运行，为地区天然气稳定供应提供充实的保障。

参考文献

［1］国家发改委国家能源局《“十四五”现代能源体系规划》（发改能源〔2022〕210号）
［2］国家发改委《天然气发展“十三五”规划》（发改能源［2016］2743号）
［3］国家能源局《中国天然气发展报告》（2022）
［4］广州LNG应急调峰气源站EPC项目管理工作总结
［5］广州LNG应急调峰气源站试生产运营报告

储气库放空汇管冻堵隐患防治技术研究与应用

褚祥龙

（中国石油大港油田公司天津储气库分公司）

摘　要　储气库生产作业区的放空系统连接作业区内各主要设备及管线，各设备放空时，天然气进入放空汇管，经过放空筒排入大气。采气期巡检过程中，发现放空汇管内极易出现冻堵。放空管线存在冷凝液体，在差压作用下推动冻堵物移动，存在较大隐患风险。放空时，极易造成放空不畅，甚至造成天然气超压爆管，具有较大的安全隐患。本文分析冻堵隐患原因，对冻堵隐患进行治理并针对性提出预防措施。结合工艺角度分析，认为低温气候、管道中存在残余水是产生冻堵隐患的主要原因。提出新增排液管线、增加电伴热、改变塔顶冷凝器方向等切实可行的防冻措施，为后期现场解堵提供经验指导。

关键词　储气库；冻堵；放空汇管；预防；乙二醇；判断

Research and Application of Freezing and Plugging Prevention and Control Technology for Gas Storage Reservoir Venting Sink Pipe

CHU Xianglong

(PetroChina Dagang Oilfield Company Tianjin Gas Storage Branch)

The blow - off system in the production area of the gas storage is connected to the main equipment and pipelines in the operation area. When the equipment is blow - off, the natural gas enters the blow - off manifold and is discharged into the atmosphere through the blow - off cylinder. During the inspection during the gas production period, it was found that freezing blockage was very easy to occur in the blow - off manifold. There is condensate liquid in the blowdown pipeline, which will push the frozen blockage to move under the action of differential pressure, and there is a big hidden risk. When it is discharged, it is easy to cause the discharge is not smooth, and even cause the natural gas to overpressure and burst the tube, which has a large safety hazard. This paper analyzes the causes of the hidden dangers of freezing blockage, carries on the treatment of the hidden dangers of freezing blockage and puts forward preventive measures. Combined with the process analysis, it is believed that the low temperature climate and residual water in the pipeline are the main causes of freezing blockage. Some practical anti - freezing measures, such as adding liquid discharge pipeline, adding electric heat tracing and changing the direction of condenser on top of tower, are put forward to provide experience guidance for plugging removal in the later stage.

Key words: Gas storage; Freeze plugging; Venting manifolds; Prevention; Glycol; Judgment

受华北地区冬季低温极寒天气影响，板中北/板中南储气库采气期运行时冻堵现象时有发生，造成管线、设备、仪表、阀门等堵塞，严重情况下极易造成停产现象，给冬季保供平稳安全生产带来一定挑战。其中放空汇管是储气库安全平稳运行不可或缺的一部分，放空汇管把管道、容器等设备中危害正常运行和维护保养的介质排放出去，保障采气期安全平稳运行和突发危险情况进行天然气放空。放空汇管出现冻堵危害后果不可想象，及时有效对放空汇管进行冻堵隐患防治十分必要。

1　技术思路

1.1　放空汇管冻堵隐患识别

在冬季低温极寒天气中，管线冻堵频繁发生且程度最为严重。如何有效识别冻堵风险成为亟待解决的问题。常见的管线冻堵有水合物冻堵、水堵和冰堵。水合物冻堵是由于天然气中某些气体分子（如小分子烃类和二氧化碳等酸性组分）与水在低温、高压环境下形成的笼型冰状固体化合物。水堵是由于管线低洼处存在积液且天然气携液能力差，无法将积液及时带出，造成管线流通截面减小，上游气体流通受阻。冰堵则是管线积液在低温条件下结冰而造成的管线堵塞。板中北/板中南作业区在冬季采气巡检过程中，发现装置区放空汇管存在支撑脱落、歪斜等现象，经排查统计作业区内其他管线支撑无异常。根据管线支撑歪斜、脱落的位置，初步判断放空管线出现过窜动，带动其相关支撑发生移动。可能原因为放空管线内出现冻堵，在差压作用下推动冻堵物移动。

图1　装置区放空汇管歪斜图

1.2　放空汇管冻堵隐患原因分析

产生冻堵物，分析原因主要受两个因素影响，一是管道或设备中含水，二是生产过程中运行温度低。受运行温度影响，多发生于采气初期温度场未形成之前，采出天然气温度低于水露点温度形成水化物从而形成冻堵。但此时放空速度在合理区间，放空管线仍发生大幅度移位，认为运行温度低非主要导致因素，而是管道或设备中含水。分析认为是闪蒸分离器和闭式排放罐放空的高温气体会携带水蒸汽进入放空管线，随着管线温度降低，冷凝积水。受环境影响设备运行时，采气中后期，从采气树到外输管线压差逐渐变小，天然气中含的饱和水逐渐变多，因此乙二醇再生系统蒸发出的水蒸气含量增多，当析出水蒸气未能充分冷凝，使得部分水蒸气进入放空管线，在放空管线中遇冷形成游离水，游离水在低温环境下形成冻堵物，使放空管线冻堵。

1.2.1　乙二醇再生系统产生水汽

储气库采气生产过程中用到的乙二醇再生系统，就是利用闪蒸、蒸馏原理，将来自低温分离器的乙二醇富液进行闪蒸分离和蒸馏分离，分离出烃类气体和水蒸气后，形成乙二醇贫液，进行循环利用。分离过程涉及的主要设备为闪蒸分离器、再生塔、再生釜、贫富液换热罐等。放空汇管产生冻堵，分析认为是低温分离器来富乙二醇含有大量烃类，经过再生塔、贫富液换热器两级换热进入闪蒸分离器，分离出大量烃类和水蒸气进入放空管线。

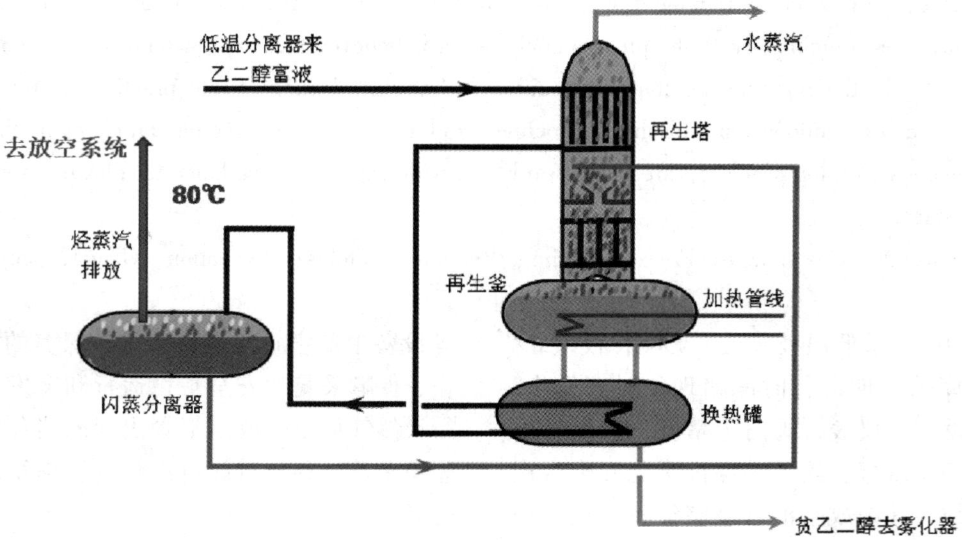

图2　闪蒸分离器气液进入放空管线途径

1.2.2　闭式排放罐放空管线产生水汽

再生塔蒸出高温流体，经过塔顶冷凝器散热，进入闭式排放罐。现有散热片为垂直结构，流体受重力影响快速下落流至闭排罐内，未能有效降温，闭排罐内的水汽蒸发到放空管线中。

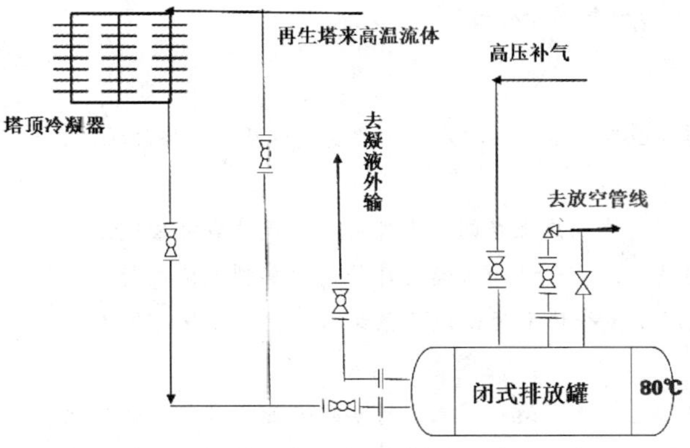

图3　闭式排放罐流程图

1.2.3　高温水汽冷凝积存

产生的高温水蒸气进入放空管线后，沿放空管线向放空筒方向移动，逐渐降温冷却成液态水，在C装置放空管线过路管廊架低点处聚集，冬季温度低，在低点处形成冻堵。

1.3　放空汇管冻堵隐患治理与防预

1.3.1　冻堵隐患判断与治理

掌握储气库装置区各个装置的基本原理是解决天然气冻堵的首先条件。通常情况下，通过压力、温度等参数的变化对管线设备是否发生冻堵进行初步判断分析，也可以通过现场巡检，及时发现已经出现管道位移或较为明显的异常现象。冻堵发生时，应先到现场检查设备是否故障、自控系统是否正常、是否参数误读或是否受其他外力挤压，造成参数异常或管线异位。然后在进一步判断冻堵可能发生的位置，对其附近的设备进行仔细分析。针对于放空汇管等管线治理冻堵时，可以新增排液管线，定期排液消除水蒸气是防止冻堵产生的方法之一。在放空管线低点处安装临时排污管线，将排污管线连接至临时接液罐处，冬季低温气候采气期定期排液，倒入临时接液罐接液口。增加电伴热、保温，提高温度防冻堵隐患发生。

1.3.2　冻堵隐患防预

提高冻堵位置温度，是防止冻堵发生的另一种手段。对最容易产生积液的管线增加电伴热和保温，能有效提高温度，进一步降低管线冻堵的概率。要彻底消防冻堵的风险，需从根本上阻止水汽进入放空管线，从水汽产生的位置入手，在闪蒸分离器放空处增加冷凝器及排液流程。塔顶冷凝器调整安装方式，塔顶冷凝器散热片水平放置，强迫介质走散热翅片，可有效降低闭排罐内废液温度，降低水汽蒸发量。在极端天气下，也要增加巡检次数，对生产区设备及时进行检查，对自控系统参数及时进行记录。

2　应用效果

板中北/板中南作业区从管线支撑歪斜现象查找原因，逐步判断出管线冻堵是问题的根本，采取安装排液管线定期排液、加电伴热带和保温等简单易行的方式。利用现有废旧管线，及时安装排液管线，新增电伴热带及保温20米，且塔顶冷凝器已横放，投用至今，冬季采气期未发生冻堵情况。消除了管线受冻胀力的影响，延长了管线使用寿命，降低天然气憋压、超压等风险问题，提升了设备设施的安全性和可靠性，保证平稳安全生产。

3　结论

放空系统连接作业区内各主要设备及管线，各设备放空时，天然气进入放空汇管，放空管线如存在冻堵，极易引发超压、爆管事故，增加电伴热和排液装置可有效解决冷凝水的产生，针对水汽进入放空管线的情况，在闪蒸分离器放空出口增加冷凝装置和回收装置，将水蒸气和轻烃提前液化，防止进入放空管线，从而消除冻堵风险，此方案能实现蒸汽提前液化，降低管线冻堵，对其他储气库作业区放空管线防冻堵具有参考借鉴意义。

参　考　文　献

[1] 张树伟，王文康，李政杰，等．天然气轻烃回收工艺中CO2冻堵防治技术研究［J］．石油工程建设，2024，50（03）：60－66.

[2] 姜云，李鹏，方大勇．液氮洗装置冻堵工况分析与对策［J］．氮肥与合成气，2023，51（10）：33－35＋43.

[3] 吴孟，吴学虎，卢冰，等．集注站场天然气冻堵原因分析及解堵技术［C］//宁夏回族自治区科学技术协会．第十三届宁夏青年科学家论坛石化专题论坛论文集．中国石油长庆油田分公司储气库管理处;，2017：4.

储气库数智化建设挑战与机遇下的创新之路

高　健

（中国石油大港油公司田天津储气库分公司）

摘　要　目的：本论文旨在深入探讨储气库数智化建设，明确其关键技术、重要意义以及所面临的挑战，为储气库的数智化发展提供有力的理论支持和实践指导。

方法：综合运用文献研究、案例分析和理论探讨等多种方法。广泛查阅国内外有关储气库数智化建设的文献资料，以了解该领域的发展现状与趋势。选取呼图壁储气库、大港油田储气库等国内典型案例进行深入剖析，总结成功经验。同时，结合物联网、人工智能、数字孪生等技术理论以及系统工程、信息管理等相关理论，全面探讨储气库数智化建设的可行性与实现路径。

结果：研究表明，储气库数智化建设意义重大。在保障生产平稳运行方面，可实现专业模型与一体化耦合，提升生产管理水平，如辽河储气库群通过数智化手段提高了注气规模和生产效率、降低了成本，协同优化生产实现资源高效配置。在提升安全管控水平方面，数智化管理手段借助在线监测与预警系统能及时发现和处理潜在安全风险，呼图壁储气库的安全管控能力提升便得益于完善的在线监测和预警系统以及风险管控系统的应用。

结论：储气库数智化建设是未来发展的必然趋势。尽管面临技术瓶颈和管理政策层面的挑战，但通过关键技术的应用与创新以及管理与政策的支持，储气库数智化建设将为能源供应的安全稳定和可持续发展提供坚实保障。未来应持续加强技术研发，突破技术难题，完善管理与政策体系，推动储气库数智化建设不断向前迈进。

关键词　储气库；数智化建设；挑战；成果；展望

Gas Storage Digital Intelligence Construction Innovative Paths Under Challenges and Opportunities

GAO Jian

（PetroChina Dagang Oil Company Field Tianjin Gas Storage Branch Company）

Abstract: Purpose: This paper is dedicated to an in – depth exploration of the digital and intelligent construction of gas storage, aiming to clarify its key technologies, significant importance, and the challenges it confronts. It intends to provide robust theoretical support and practical guidance for the modern development of gas storage.

Methods: A combination of various methods, including literature research, case analysis, and theoretical discussion, is employed. Extensively consulting domestic and foreign literature on the digital and intelligent construction of gas storage helps to understand the current development status and trends in this field. Selecting typical domestic cases such as Hutubi gas storage and Dagang Oilfield gas storage for in – depth analysis and summarizing successful experiences. Simultaneously, by integrating technical theories like the Internet of Things, artificial intelligence, and digital twins, as well as related theories such as system engineering and information management, a comprehensive discussion on the feasibility and implementation path of digital and intelligent construction of gas storage is conducted.

Results: The research indicates that the digital and intelligent construction of gas storage is of great significance. In terms of ensuring stable production operation, it can achieve professional model and integrated coupling, enhancing production management levels. For instance, the Liaohe gas storage group has increased gas injection scale and production efficiency and reduced costs through digital and intelligent means. Collaborative optimization of production realizes efficient allocation of resources. In terms of improving safety control levels, digital and intelligent management means can detect and handle potential safety risks in a timely manner through online monitoring and early warning systems. The improvement of the safety control ability of Hutubi gas storage benefits from its perfect online monitoring and early warning system and the application of risk control systems.

Conclusion: The digital and intelligent construction of gas storage is an inevitable trend in future development. Despite facing technical bottlenecks and challenges at the management and policy levels, through the application and innovation of key technologies and the support of management and policies, the digital and intelligent construction of gas storage will provide a solid guarantee for the safe, stable, and sustainable development of energy supply. In the future, continuous strengthening of technical research and development, breaking through technical difficulties, and improving the management and policy system are necessary to promote the continuous progress of digital and intelligent construction of gas storage.

Key words: gas storage; digital and intelligent construction; key technology; significance; challenge

1　引言

1.1　研究背景

能源作为国家经济发展的重要支撑，其稳定供应至关重要。天然气作为一种清洁、高效的能源，在能源结构中的地位日益凸显。储气库作为天然气“产、供、储、销”整体产业链中不可或缺的关键一环，在保障天然气稳定供应方面发挥着重要作用。

随着经济的快速发展和能源需求的不断增长，天然气供需矛盾日益突出。特别是在冬季用气高峰时期，天然气供应紧张的局面时有发生。为了有效缓解天然气供需矛盾，提高天然气供应的稳定性和可靠性，储气库的建设和运营显得尤为重要。

同时，随着信息技术的飞速发展，数智化建设已成为各个行业的发展趋势。在储气库领域，数智化建设可以实现对储气库的实时监测、智能控制和优化管理，提高储气库的运行效率和安全性，降低运营成本。因此，储气库数智化建设具有迫切的现实需求。

1.2　研究目的

储气库数智化建设是当前能源行业发展的必然趋势，其目的在于提升储气库的运营效率和安全性，更好地保障天然气的稳定供应。

关键技术方面，数智化建设涵盖了智能传感器技术、自动化控制技术和信息技术等。智能传感器能够实时监测储气库的压力、温度、液位等关键参数，实现数据的精准采集和传输。例如，呼图壁储气库通过加装烃、水露点分析仪和红外云台式激光可燃气体探测器，实现了对储气库的实时在线监测，有效管控了泄露风险。自动化控制技术可以实现对储气库的自动化控制，如压力调节、温度控制、阀门开关等操作。信息技术则对储气库的运行数据进行处理、分析和挖掘，为储气库的智能化管理和决策提供支持。例如，大港油田驴驹河储气库采用国内顶尖数智集散操作系统，实现了井站一体化全局智能管控。

数智化建设的意义重大。首先，是储气库生产平稳运行的保障。储气库生产运行压力高、介质物性不稳定、生产工况多变、运行参数波动大，数智化建设可以建立专业模型、集成更新数据并实现气藏－井筒－地面一体化耦合，协同并优化生产管理。其次，是储气库安全管控提升的手段。地下储气库安全管控兼备百余种不同注采工况，工况变化大，监测点多，安全防护数据类别多且复杂，在线监测、实时诊断、动态预警等智能化的管理手段及地质力学动态分析手段可以为安全管控及时、准确地提供预警及应急处置措施，完善气藏－井筒－地面风险管控系统。

然而，储气库数智化建设也面临着一些挑战。一方面，技术水平有待提高。虽然我国在储气库数智化建设方面取得了一定的成果，但与国外先进水平相比，仍存在一定差距，尤其是在核心技术和设备方面。另一方面，运营管理需要进一步提升。国外智能化储气库的规范化、专业化程度较高，而我国储气库的运营管理还有待进一步完善。此外，数智化建设的成本较高，也给企业带来了一定的压力。

2 储气库数智化建设面临的挑战

2.1 技术瓶颈与难题

2.1.1 数据采集与整合方面

数据质量问题：储气库内各类传感器和监测设备众多，但数据采集的准确性和稳定性可能受到环境干扰、设备故障等因素影响，导致采集到的数据存在误差、缺失或异常值，降低了数据的可用性。例如，在高温、高压、高湿度等恶劣的地下储气库环境中，传感器的精度可能会下降，影响数据的准确性。

数据标准不统一：不同厂家、不同类型的设备所采集的数据格式、单位、频率等各不相同，缺乏统一的数据标准，使得数据整合和分析变得困难。这增加了数据处理的复杂性和工作量，也容易导致数据在传输和转换过程中出现错误或丢失。

数据传输瓶颈：储气库通常位于偏远地区，网络基础设施相对薄弱，数据传输的带宽和速度有限。大量的实时监测数据和高清图像等信息在传输过程中可能会出现延迟、丢包等问题，影响数据的及时性和完整性。

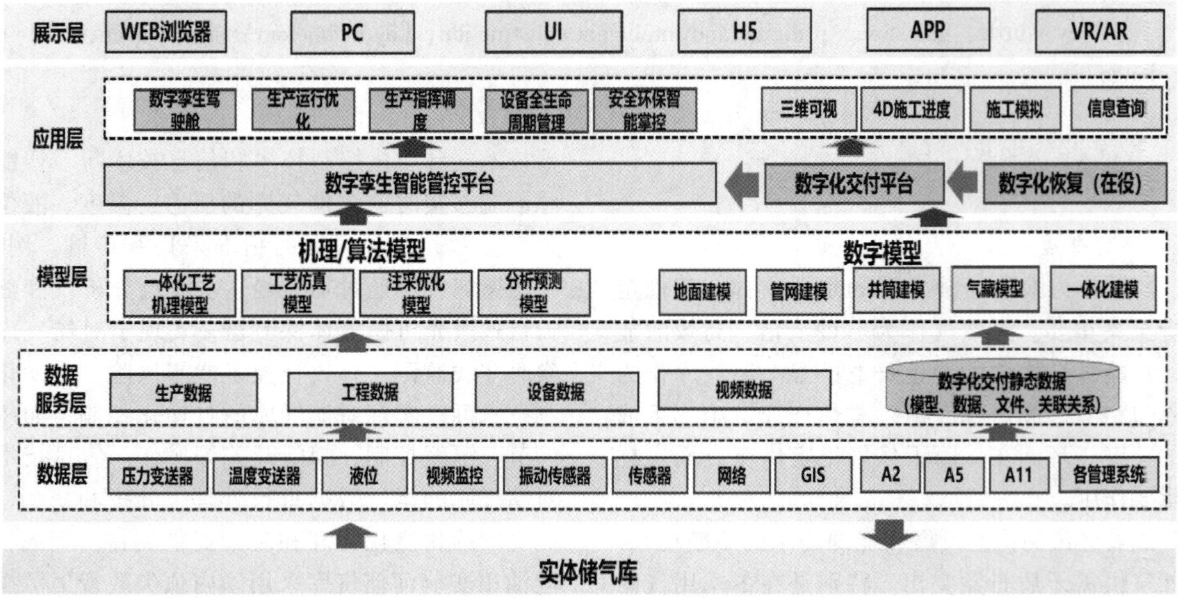

图1 储气库数据采集与整合架构

2.1.2 智能模型与算法方面

复杂工况的准确模拟：储气库的运行工况复杂多变，包括注气、采气、压力变化、温度变化等多种过程，且受到地质条件、储气库结构等因素的影响。建立能够准确模拟这些复杂工况的智能模型和算法具有很大的挑战，需要综合考虑多物理场耦合、流体力学、岩石力学等多个学科的知识，目前的模型和算法在准确性和可靠性方面还有待提高。

预测性分析的精度：数智化建设的一个重要目标是实现对储气库运行状态的预测性分析，以便提前发现潜在的问题和风险。然而，由于储气库系统的复杂性和不确定性，准确预测设备故障、气井性能变化、地质灾害等事件仍然存在困难，预测性分析的精度和可靠性需要进一步提升。

自主学习和优化能力：为了适应不断变化的运行环境和需求，智能系统需要具备自主学习和优化的能力。但目前的机器学习和人工智能算法在储气库领域的应用还处于初级阶段，如何让系统能够自动根据历史数据和实时反馈进行学习和优化，提高决策的准确性和效率，是一个亟待解决的问题。

2.2 数智储气库建设技术思路和方法

2.2.1 数据治理与集成

首先，应选用高精度、抗干扰的传感器和监测设备，如压力、温度、流量传感器等，并利用无线传感器网络技术提高数据采集的灵活性和可扩展性。同时，引入先进的数据采集终端，进行现场数据预处理和存储。

其次，建立统一的数据标准和规范，包括数据格式、单位、精度、采集频率等，以及数据命名和编码规范、传输协议和接口标准，确保不同设备数据兼容。

再者，加强数据质量管理，建立监测评估体系，识别并处理异常值、错误值和缺失值，采用数据清洗和修复技术，建立审核验证机制确保数据准确可靠。

最后，实现数据整合与共享，建立数据仓库或数据湖，整合不同数据源数据，搭建数据共享平台，开发数据分析和可视化工具，为决策提供支持。

2.2.2　模型搭建与算法优化

对于储气库智能模型的建立，要结合物理特性和运行规律，构建数学和仿真模型，同时引入机器学习和人工智能技术，建立数据驱动的智能模型，并不断优化更新，才能实现建立数字驱动，智能管理的新模式。

在应用智能算法进行优化决策方面，利用智能优化算法对运行参数进行优化，如注采气速度、压力控制等；应用智能预测算法对设备故障、气井性能变化等进行预测；采用智能决策支持系统为管理决策提供支持。

此外，强化模型与算法的验证和评估，建立体系对其准确性、可靠性和有效性进行验证，根据结果改进完善，并提高复杂模型算法的解释性和可理解性。

图2　数字驱动、智能管理模式

3　数智储气库建设技术研究结论

3.1　研究得到的成果

3.1.1　生产数据采集覆盖率的重要性

相国寺储气库作为我国数智化建设最先进储气库，目前生产现场已实现网络覆盖，关键参数、关键点位的生产数据采集覆盖率达到了100%。这一举措对生产管理有着至关重要的作用。通过全面的数据采集，工作人员能够实时掌握储气库的运行状态，为集中监测和远程调控提供了坚实的数据基础。例如，员工可以在生产指挥中心通过工控系统对生产参数进行集中监测，及时发现异常情况并进行处理，大大提高了工作效率。同时，数据的全面采集也有助于进行数据分析和挖掘，为储气库的智能化管理和决策提供支持，从而实现对储气库的优化管理，提高运营效率。

3.1.2　在线监测设备提升安全管控能力

在线监测设备在储气库的安全管控方面发挥着重要作用。以露点装置为例，在线露点仪能够实时监测空气或气体中的水蒸气浓度，以确定露点温度。它具有实时监测、精确性和准确性高、自动化操作、远程监控和报警、适应性强以及节省成本和资源等优点。在储气库中，在线露点仪可以及时发现气体中的水分变化情况，避免因水分过高而影响储气库的安全运行。

可燃气体探测器也是提升安全管控能力的重要设备。如 SOLAREx 系列 RTO 可燃气体 LEL 在线监测仪，采用氢火焰离子化检测器（FID）对有机可燃气体直接测量，响应时间小于 1 秒，能够实时监测废气中有机可燃气体的浓度。它具有高精度测量、实时监测、易于维护、数据存储和节能环保等优势，能够及时发现存在的危险情况，并通过报警功能进行提醒，保障工作人员的人身安全。光测 RTO 可燃气 LEL 在线监测系统同样具有专业的预处理系统，保证进入分析仪的气体中没有干扰测量的杂质，为测量精度提供保障。同时，该系统设备具有远程诊断、远程操作等功能，运行维护更加便捷，采用进口双红外宽频可燃气体探测器，测量精度高，响应时间快，检测灵敏度高，数据可靠。这些在线监测设备的应用，大大提升了储气库的安全管控能力，为储气库的稳定运行提供了有力保障。

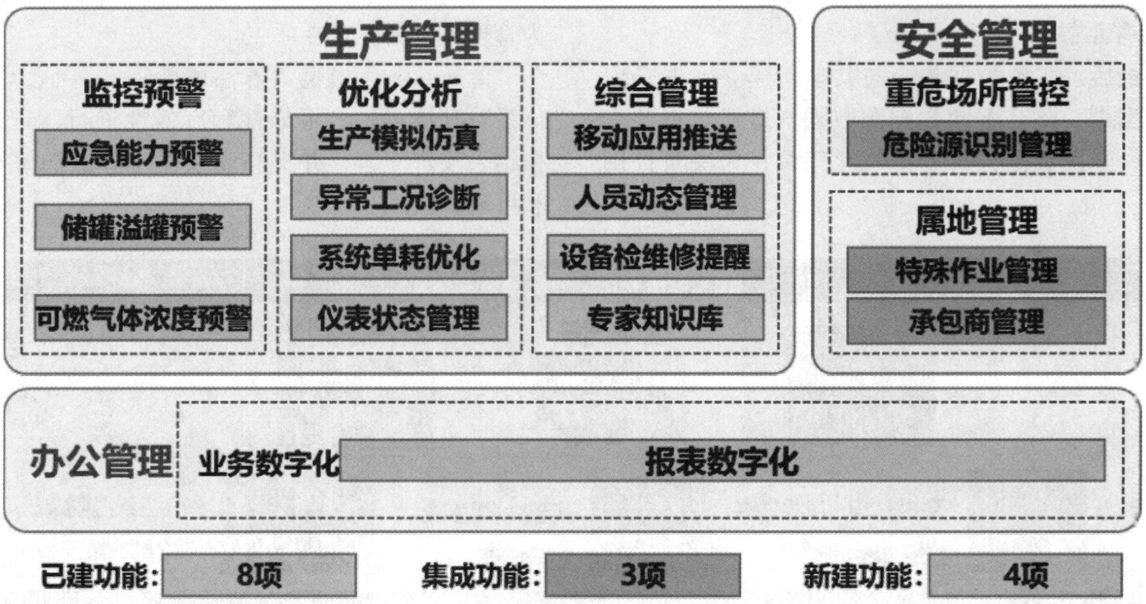

图 3　生产与安全管理平台功能架构

3.2　应用效果

3.2.1　智能监控提高工作效率

以驴驹河储气库为例，其采用国内顶尖数智集散操作系统，实现了井站一体化全局智能管控。这一系统能够对储气库进行全面的智能监控，实时掌握注采动态、设备运行状态等关键信息。例如，通过搭载的智能仪表管理系统、火气监控和自动停车系统，在紧急情况下可自动实现分级关断和能量隔离，确保天然气注采高效智能、安全平稳。同时，利用三维模型还原场站真实场景，通过在场站内接入防爆定位信标、定位基站等设备，人员佩戴定位卡终端的方式，实现人员在场站内的一体化全局智能管控。对进入场站的各岗位员工、施工人员、访客人员进行精准的实时位置监控，动态人数统计，历史轨迹查询、人员区域分布、人员状态管理等，便于掌握厂区人员动态情况，为储气库的安全高效运行提供了有力保障。这种智能监控极大地提高了工作效率，减少了人工巡检的工作量和风险，使工作人员能够更加专注于数据分析和决策制定，为储气库的优化运行提供支持。

3.2.2　远程操作实现高效流程切换

站控平台对站内阀门快速切换具有重要意义。以新疆油田储气库有限公司集注站为例，以前在流程切换操作时，需要 3 个人操作阀门上千匮，而现在运用数智化设备，一个人 30 秒就可以完成，实现了及时高效的操控。这种远程操作不仅提高了流程切换的速度，还降低了人工操作的错误率和劳动强度。同时，数智化远程控制可以实现井、站、气库、公司的四级联动控制和智能监控的远程操作，工作人员通过站控平台就能对站内阀门进行工艺流程的快速切换，大大提高了储气库的运行效率和管理水平。在面对突发情况时，能够迅速做出反应，保障储气库的安全稳定运行。例如，在储气库突发的井场异常情况下，工作人员通过远程操作，在 30 秒之内就完成了参数异常的处理工作。这种高效的远程操作和四级联动控制，为储气库的数智化建设提供了有力的技术支持，也为我国储气库行业的发展树立了标杆。

4　结论与展望

4.1　未来研究方向展望

随着能源行业的不断发展和数智化技术的持续进步，储气库数智化建设未来有着广阔的发展前景和研究方向。

在技术创新方面，应持续加大对智能传感器技术的研发投入，提高传感器的精度、可靠性和稳定性，使其能够更准确地监测储气库的各种参数，为决策提供更精准的数据支持；研发能够适应复杂地质条件和极端环境的传感器，提高对储气库内部压力、温度、液位等参数的监测精度，减少误差范围。同时，加强对自动化控制技术的创新，提高控制系统的智能化程度和响应速度，实现对储气库的更加精准和高效的控制；开发具有自主学习和优化功能的自动化控制系统，能够根据储气库的实际运行情况自动调整控制策略，提高运行效率和安全性。

在信息技术应用方面，进一步深化大数据、人工智能等技术在储气库数智化建设中的应用。利用大数据技术对储气库的海量运行数据进行深度分析和挖掘，发现潜在的规律和趋势，为储气库的优化管理和决策提供科学依据。通过对历史注采数据的分析，预测未来的用气需求和储气库的运行状态，提前制定合理的注采计划；利用人工智能技术实现对储气库的智能诊断和预警，及时发现潜在的安全隐患和运行问题，并提供相应的解决方案；通过人工智能算法对传感器数据进行实时分析，一旦发现异常情况立即发出预警，提醒工作人员及时处理。

总之，我们应紧紧围绕提高储气库的运营效率和安全性这一目标，持续加大对储气库数智化建设的研究和投入，为保障我国天然气的稳定供应和能源安全做出更大的贡献。

4.2　研究结论总结

储气库数智化建设是能源行业发展的必然趋势，一是保障储气库生产平稳运行，面对高压生产情况，数智化建设可建立专业模型、实现气藏－井筒－地面一体化耦合，协同优化生产管理。二是提升储气库安全管控手段，面对复杂的注采工况和多样的安全防护数据，在线监测、实时诊断、动态预警等智能化管理手段及地质力学动态分析手段，能为安全管控提供及时准确的预警及应急处置措施，完善风险管控系统。

综上所述，储气库数智化建设是一个长期而复杂的系统工程，需要持续进行技术创新和管理优化，以提高储气库的运营效率和安全性，为保障我国天然气稳定供应和能源安全做出更大贡献。

参　考　文　献

[1] 王晓明，张辉．物联网技术在储气库管理中的应用探讨［J］．油气储运，2022，41（5）．

[2] 刘志强，李丽．人工智能助力储气库智能化运行［J］．天然气工业，2023，43（3）．

基于数字孪生的储气库智能化管理平台建设探索与研究

王宏伋　庄　琦

（中国石油天然气股份有限公司长庆油田分公司第二采气厂）

摘　要　近年来国内外油气行业希望借助数字化、智能化实现石油石化企业提质增效，呈现能源行业信息数字化、智能化高速发展趋势。主要以实现供应链效率提升、生产运营优化与资产完整性完善为核心目标，并期望依靠新信息技术的利用充分发挥生产能力、提高效率、创造更高的价值。无人工厂、智慧工厂等概念广泛出现在油气田生产行业，建设基于数字孪生体为基础的储气库地上地下一体化智能管理平台尤为重要。目前正在大力推进地下储气库的信息化和数字化建设，但储气库的智慧化尚处于探索阶段。人工智能技术在地下储气库建设和运行的某些具体环节得到应用，但总体的智慧储气库建设路线尚未形成统一认识与标准。以榆37储气库为例，借助全覆盖的光传输生产网络和先进的自动化控制系统，在数字化交付数字孪生体的基础上，集成气藏、井筒、地面一体化的数值模型，利用物联网、大数据、云计算、人工智能、图像识别等先进技术，搭建一套支持数字孪生的智能储气库云平台，建立储气库动态模拟系统，实现智能化分析预测，“多周期注采”快速响应的运行方式。最终实现生产全业务流程闭环优化式管理的工厂新型运营模式，达到动态平衡、最优生产、效益最佳的目标，以期为今后智慧储气库的建设、改造及升级提供借鉴与参考。

关键词　储气库；数字孪生；智能化；体系架构

Exploration and Research on the Construction of Intelligent Gas Storage Management Platform Based on Digital Twins

WANG Hongli, ZHUANG Qi

(No. 2 Gas Production Plant of Changqing Oilfield Branch of China National Petroleum Corporation, Yulin City, Shaanxi Province)

Abstract: In recent years, the oil and gas industries at home and abroad hope to improve the quality and efficiency of petroleum and petrochemical enterprises with the help of digitalization and intelligence, showing a rapid development trend of information digitalization and intelligence in the energy industry. It mainly aims at improving supply chain efficiency, optimizing production operations and improving asset integrity as its core goals, and hopes to rely on the utilization of new information technology to give full play to production capacity, improve efficiency and create higher value. Concepts such as unmanned factories and smart factories widely appear in the oil and gas field production industry. It is particularly important to build an integrated intelligent management platform for gas storage above and underground based on digital twins. At present, the informatization and digital construction of underground gas storage is being vigorously promoted, but the intelligence of gas storage is still in the exploratory stage. Artificial intelligence technology has been applied in some specific aspects of the construction and operation of underground gas storage, but the overall smart gas storage construction route has not yet formed a unified understanding and standard. Taking the Yu 37 gas storage as an example, with the help of a full-coverage optical transmission production network and advanced automation control system, on the basis of digital delivery of digital twins, it integrates numerical models of gas reservoirs, wellbores, and ground integration, and uses advanced technologies such as the Internet of Things, big data, cloud computing, artificial intelligence, and image recognition to build an intelligent gas storage cloud platform that supports digital twins, establish a gas storage dynamic simulation system, and realize intelligent analysis and prediction. "Multi - cycle injection and production" quick response operation mode. Finally, the new factory operation mode of closed - loop optimized management of the whole production business process will be realized, and the goals of dynamic balance, optimal production and best benefits will be achieved, in order to provide reference for the construction, transformation and upgrading of smart gas storage in the future.

Key words: Gas storage; Digital twins; Intelligent; Architecture

中国的储气库建设起步较晚，2000 年建成了国内首座地下储气库。目前储气库信息化和自动化程度较高，基本实现了自动化远程监测、控制和管理，但储气库数字化转型基础薄弱，升级难度大。储气库“地质体 - 井筒 - 地面设备 - 管网 - 市场”一体化孪生技术尚未形成，全流程数字化模拟、多方联动优化运行、安全预警等系统及库群优化智能注采等软件平台仍处于空白。在发展过程中，深化数字储气库应用至关重要。

中国石油集团公司制定数字化转型的总体要求，提出“十四五”末初步建成“数智中国石油”，最终构建物理中国石油与数字孪生体融合交互系统的目标。长庆油田榆 37 储气库是国家天然气基础建设重点工程，承担着国家天然气战略储备、冬季调峰的重要功能，被列为国家发改委、陕西省“十四五”重点建设项目，是我国中西部最大的调峰 + 战略储气库，建成后将对京津冀地区、陕西省、榆林市及周边民生用气和应急调峰储气具有重要保障作用。本文以榆 37 储气库为例，介绍了储气库智能化管理平台，为未来储气库提供一定的借鉴意义。

1　数字孪生的定义和价值

1.1　数字孪生定义

数字孪生体是现实世界实体或系统的数字化体现，通过数字化手段构建一个与物理实体相对应的虚拟实体，以数字化方式创建物理实体的虚拟版本，通过数据连接保证物理状态和虚拟状态同步更新，提供物理实体或流程过程的整个生命周期的集成视图，有助于优化整体性能。

1.2　数字孪生的典型特点

互操作性：物理对象和数字空间能够双向映射、动态交互和实时连接。

可扩展性：具备集成、添加和替换数字模型的能力，能够针对多尺度、多物理、多层级的模型内容进行扩展。

实时性：以计算机可识别和处理的方式管理数据，对随时间轴变化的物理实体进行表征。

保真性：描述数字虚体模型和物理实体的接近性，要求虚体和实体在几何结构、状态、相态和时态上保持高度仿真。

闭环性：数字虚体用于描述物理实体的可视化模型和内在机理，实现对物理实体的监视、分析推理、优化工艺参数和运行参数，实现决策功能。

1.3　数字孪生的价值

1.3.1　智能化的运营管理

实时监控设备运行状态和关键参数记录监控，实时记录产品的生产过程满足质量追溯的要求，采用信息面板、数据标签、数据图表等形式对工厂的生产数据进行展示，查看生产计划执行状态、设备状态、质量状态、工艺参数、生产历史、生产绩效等生产实况和生产实绩，实现制造执行数据的可视化，展示信息和方式也可定制化调整，实现数字化智能运营。

1.3.2　高效的仿真模拟

既可以实现精细化的仿真模拟，还原复杂的实体结构和运行状态，又可以模拟工厂生产车间的整体运行状态，支持超高分辨率的渲染画面，并结合 IOT 数据采集的信息，实现仿真模型与实际工厂运营状态同步，模拟并及时发现生产过程中的问题缺陷，从而提高生产质量、工作效率。

1.3.3　虚实互联同步运行

基于三维虚拟模型，融合不同来源的数据，例如 MES、设备监控系统、维护历史数据等，实现实时生产数据驱动的三维虚拟可视化监控，可以通过物联网的数据采集和大数据处理，实现对当前状态的分析诊断，推断未来的发展趋势，为未来的决策提供有价值的参考数据。

2　榆37储气库数字孪生体构成

2.1　数字化交付全属性三维模型

按照《油气田地面建设数字化交付技术规范》（Q/SY 01015），结合生产运营期数据要求，形成以工程实体对象为核心的模型、属性、文件的数据体系，并通过数字孪生技术实现工程设计、采购、施工、竣工阶段的数据关联及检索查询。支撑全业务、全天候、全生命周期的管理覆盖。

图1　储气库数字孪生体

2.2　气藏-井筒-地面工艺设备一体化数理模型

模型采用国际主流油气藏建模软件，以一体化模型、井筒孪生、管线孪生以及站场孪生等四个部分构成气藏-井筒-地面工艺设备一体化模型关键核心，在此基础上搭建从气藏到地面的全生产/注入链条的模型，将气藏模型、井筒模型、管线模型及站场模型进行耦合，构成精确地一体化设备设施静态/动态数理模型。设计例如生产跟踪、水合物及冲蚀风险监测、管线实时监测、站场实时优化及压缩机健康监测功能来支撑智能井筒、智能管网及智能站场的应用。

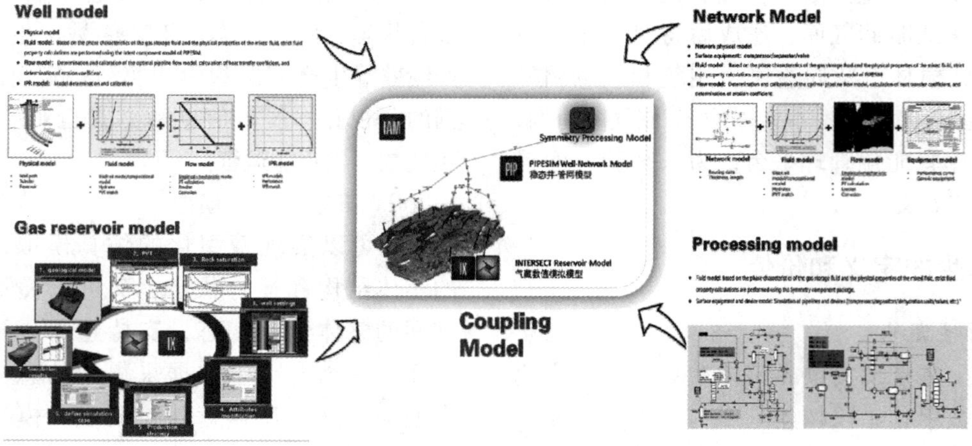

图2　气藏-井筒-地面工艺设备一体化

3　关键支撑技术

3.1　工艺系统模拟技术

建立高精度的系统模型是数字孪生技术在储气库智能化建设领域应用的关键，通过模型可以模拟装置中设备进出物料的温度、压力、流量和组分，表征出装置实际运行的基本情况。装置的过程模拟以工艺过程机理为基础，采用数学模型和机理模型表示工艺过程，通过计算机辅助计算，对注气和采气过程中油藏生产及注入能力的约束，井筒部分举升能力的约束，地面管网输送能力的约束以及站场处理能力的约束，都可以在一个模型中考虑到。同时可以进行装置经济性分析和设备工艺参数设计等。

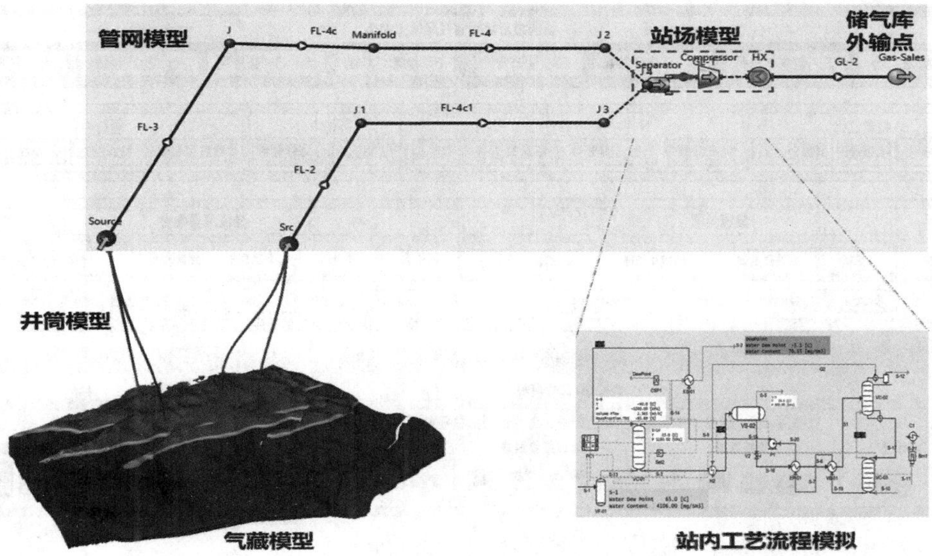

图3　系统拟合

3.2　传感和监测技术

数字孪生技术中虚拟模型镜像物理实体运行过程的基础：虚拟模型能够实时感知物理实体系统的运行状态。这需要利用传感和监测技术来实现，天然气生产装置已经配备了各种常规类型的传感器和监测设备，例如：温度、压力、流量、液位等变送器。为了能够真实反映物理实体系统的运行状态，以及监控一些如压缩机、脱水装置等大型核心设备的工作状态，还应考虑增加相关的特殊检测仪表，例如：振动、激光、噪音、水露点等传感器。

3.3　机器学习技术

对于大型复杂系统，例如：将气藏、井筒、地面管线、天然气处理增压系统装置等，随着生产持续进行将产生大量相互关联的数据，这些数据包括：气藏分析数据、井筒采/注气能力数据、管线输送能力数据、工艺装置运行数据等。数字孪生技术中需要利用机器学习技术，挖掘这些这些数据的内在联系，获得新的知识，用于实现对物理实体运行状态的诊断、特定性质的预测，并用于指导装置的生产运行。例如：按照既定的生产目标，分析气藏采出及注入能力的约束，井筒部分举升能力的约束，地面管网输送能力的约束以及站场处理能力的约束，制作科学的注采生产方案。

3.4　实时优化技术

通过物理工艺系统实体和虚拟数学模型进行实时数据交互，并根据虚拟模型优化计算的结果优化工艺参数的动态控制，使生产装置稳定性、高效性、安全性、经济性获得更大提升，是数字孪生技术重要的应用方向，实时优化系统运行技术的应用可以实现该功能。该技术利用数学和机理模型以及大数据分析策略，驱动例如工业控制网中的执行机构、设备、控制系统，为上层云计算提供装置运行的相关数据和状态，并接收上层信息用于装置的优化和控制。为用户提供交互操作环境，通过各种对业务数据的分析和展示，实现装置的数字孪生应用。

3.5　基于数字孪生的软件微服务平台技术

数字孪生技术的应用建立在智能化微服务软件平台基础之上的，可以充分利用云平台技术，云技术架构支撑集成应用管理、数据管理和模型管理等多个类型功能模块，结合现场智能化应用需求，将云平台系统架构设计为IaaS，SaaS和PaaS以及边缘层四部分构成。其中：IaaS层建立计算资源、存储资源、网络资源和安全设备相互协作，为云计算平台提供有效资源支撑；SaaS层包含模型库、大数据和云服务，为装置优化和控制的计算提供相关服务；PaaS层部署一体化协同、生产管理、完整性管理、QHSE管理、生产经营等应用软件，为用户提供交互操作环境，通过各种对业务数据的分析和展示，实现数字孪生体应用；边缘层工业控制网中的设备、仪表、控制系统、执行机构等，接收云计算提供装置运行的相关数据和状态，并接执行装置的优化和控制运算结果。

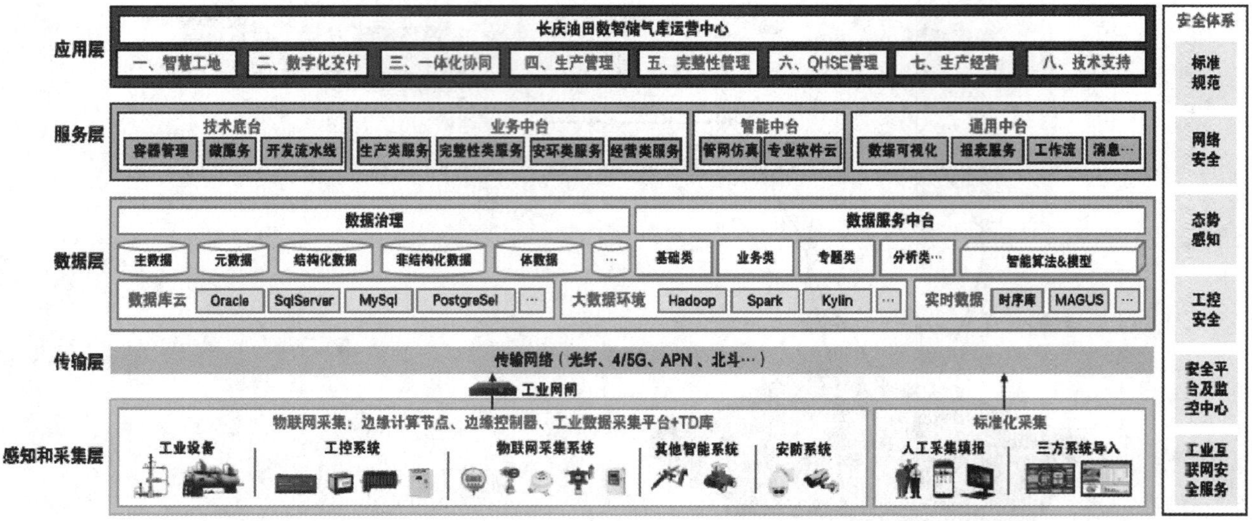

图4 云化平台部署

4 储气库智能化管理平台建设

4.1 架构设计

长庆油田储气库智能化管理平台遵循云技术架构体系，充分复用板块共建共享模块、米脂气田智能化建设成果和油田公司已建数智成果，通过打造“气藏－井筒－管网”一体化耦合模型，融合数字化交付数字孪生体成果建成一体化协同、生产管理、完整性管理、QHSE 管理、生产经营五个智能化场景，实现储气库数字化转型，助力油田率先实现高质量发展。

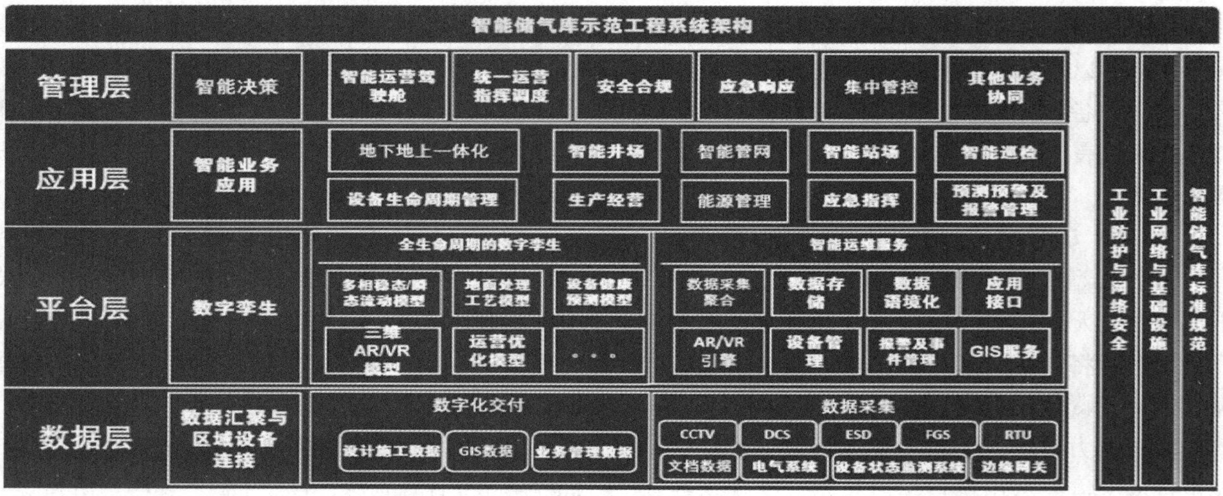

图5 总体构架

4.2 技术设计

在集团公司上游智能化顶层设计指导下，按照集团公司统一平台技术架构满足集团一朵云的规划要求，长庆油田完成了云计算中心建设与云平台基础组件的部署，为云化部署提供良好的基础环境。依托云技术架构，面向储气库业务构建服务中台共享能力体系，研发基于微服务、组件化的技术架构，实现标准化设计，模块化封装，场景化装配。

4.3 数据设计

智能平台提供结构化和非结构化数据采集、存储、分析、访问的能力。数据从设备采集，依次经过工控系统、数据治理和存储、数据口台、AI 中台、抵达应用。应用形成的业务数据一方面作为数据资产存储，另一方面对现场设备进行远程管控，实现数据流的闭环。

平台边缘层结合数字化建设，实现对各类数据的大范围、深层次采集和连接，完成油气生产实时数据的接入，主要包括实时/时序库数据接

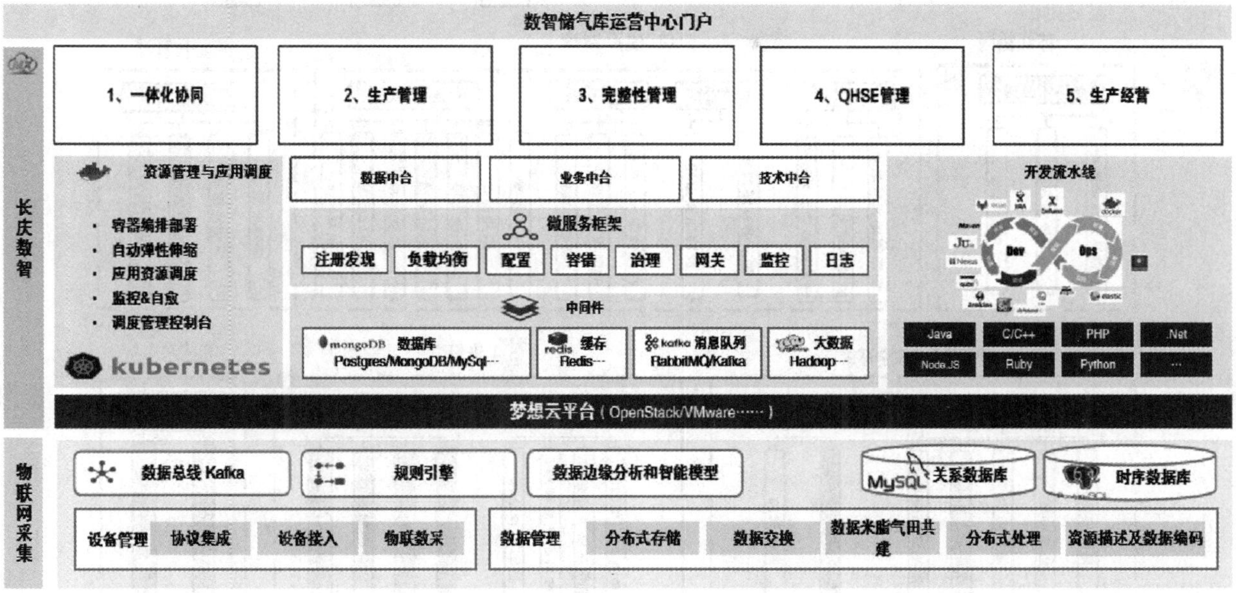

图6　技术设计

入，设备数据接入。

平台数据中台按照不同应用场景集成数据分析工具，提供统一数据服务的大数据存储与处理架构。需要设计平台大数据存储与处理架构，并进行平台层面的环境搭建，包括大数据集群、数据采集处理工具、大数据计算工具、调度工具及数据库工具的部署。

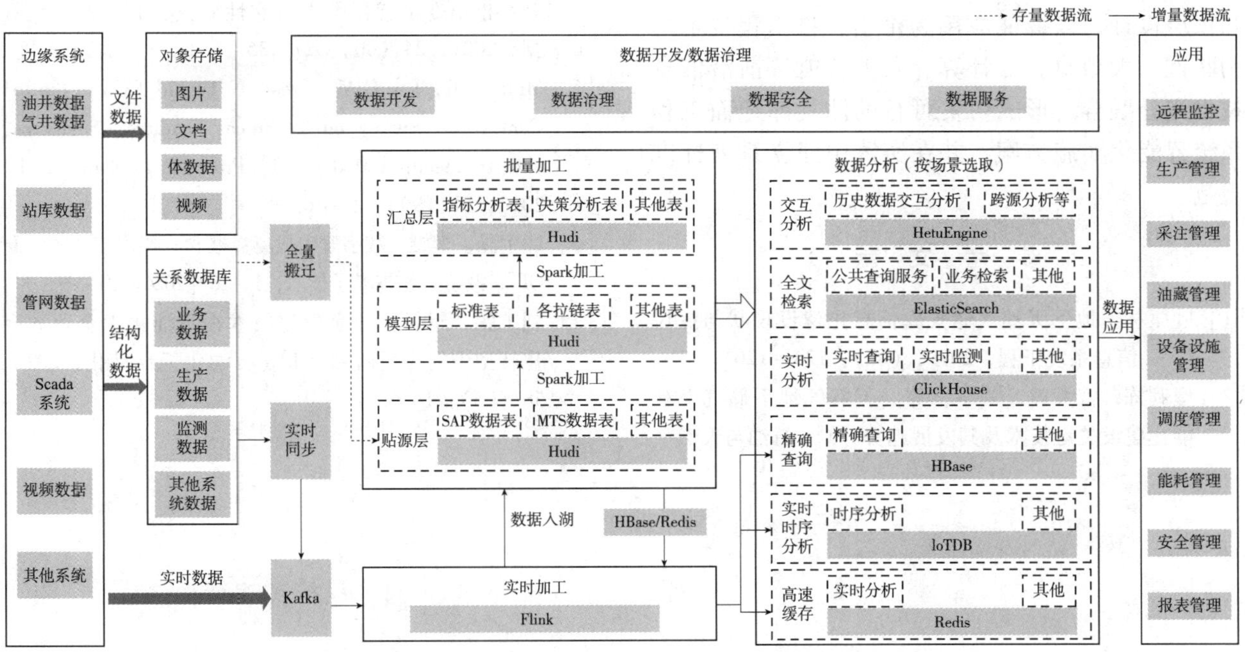

图7　数据架构

4.4　功能设计

充分结合长庆油田储气库智能化需求，归纳形成了6类场景、39个一级模块，包括21个新建，18个复用模块。

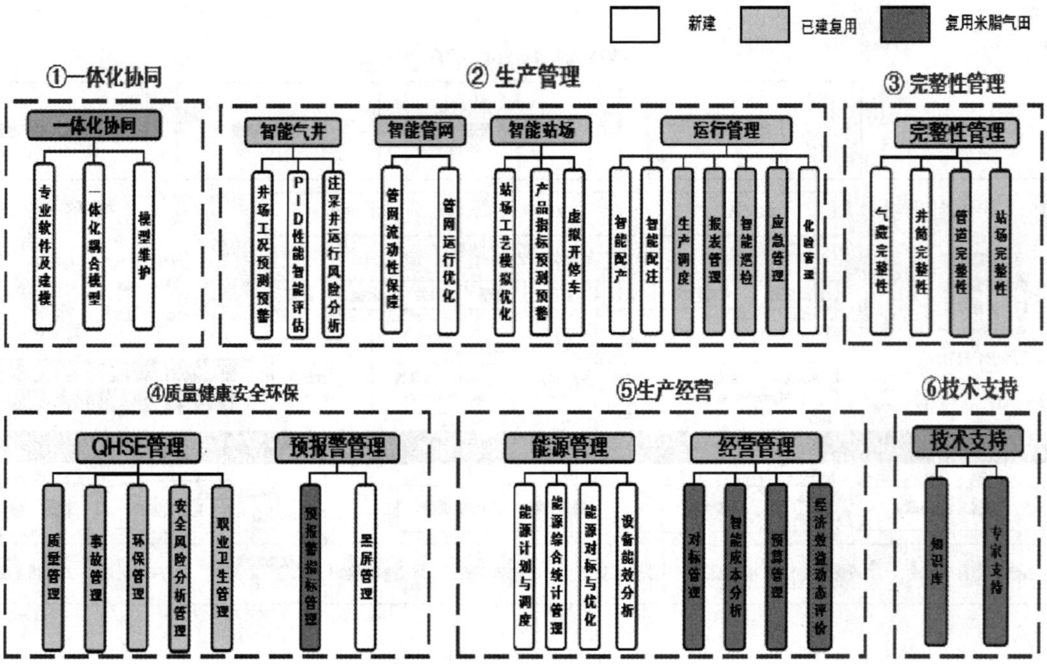

图 8 功能设计

5 结束语

当今油气行业智能化建设应以物联网和数字孪生体为基础，储气库地面工程智能化需求分析和顶层设计，以智能应用为牵引，将工程技术与物联网、大数据、云计算、人工智能等前沿信息技术充分融合，形成切实可行的储气库地面工程系统智能化实施方案，并在实践中建立系列标准规范。

参 考 文 献

[1] 叶康林. 地下天然气储气库信息化建设现状与探讨 [J]. 信息系统工程，2019，(07)：124 - 126.

[2] 糜利栋，曾大乾，刘华，等. 天然气地下储气库智能化建设关键技术及其发展趋势 [J]. 石油与天然气地质，2024，45 (02)：581 - 592.

[3] 李志金. 智慧电厂数字孪生体系架构研究及应用 [J]. 贵州电力技术，2022 (001)：025.

[4] 王瑞果，丁健，王颖舒，等. 基于数字孪生的配电开关柜温度传感器数据可靠性研究 [J]. 电力大数据，2021，24 (06)：27 - 35.

[5] Minerva R，Lee G M，Crespi N. Digital Twin in the IoT Context：A Survey on Technical Features，Scenarios，and Architectural Models [J]. Proceedings of the IEEE，2020，PP (99)：1 - 40.

[6] 熊宇涵，李雄. 数字孪生战场：概念、架构与技术 [J/OL]. 系统工程与电子技术，1 - 16 [2024 - 10 - 09].

[7] 刘志鹏，赵毅. 数字孪生技术在石油化工企业数字化转型中的应用研究 [J]. 石油化工自动化，2022，58 (05)：1 - 6.

压差发电技术在储气库中的应用

肖罗坤[1]　陈加松[1]　范丽林[1]　赵东辉[2]　陈丽帆[1]　鲁　俊[1]　多堂坤[1]　孟　红[2]

（1. 国家管网集团储能技术有限公司；2. 中国石油工程建设有限公司华北分公司）

摘　要　本文阐述了天然气输送管网及储气库注、采气期天然气能量利用情况，论述了天然气压差发电的工艺原理，对比分析了常用膨胀发电机的性能，以某盐穴储气库为例，提出了盐穴储气库压差发电工艺方案，估算了项目的经济效益。研究认为：①在该储气库实施压差发电后，预计年发电量373×104kW·h，与储气库采气期用电负荷基本相当，发电量不足时可由市电补充。同时，年节约标准煤1173吨，减少CO_2排放量3584.3吨。压差发电是天然气行业实现节能降耗、提质增效、绿色发展的重要技术手段。②储气库采气期存在压力能浪费，未来可在储气库开展压差发电方面的研究及工程实践。

关键词　天然气；压力能；压差发电；膨胀机

Application of Natural Gas Pressure Differential Power Generation Technology in Underground Gas Storage

XIAO Luokun[1], CHEN Jiasong[1], FAN Lilin[1], ZHAO Donghui[2], CHEN Lifan[1], LU Jun[1], DUO Tangkun[1], MENG Hong[2]

(1. PipeChina Energy Storage Technology Co., Ltd; 2. China Petroleum Engineering Construction Co., Ltd.)

Abstract: This paper expounds the utilization of natural gas energy in the natural gas transmission pipeline network and gas storage injection and gas production periods, discusses the process principle of natural gas differential power generation, compares and analyzes the performance of commonly used expansion generators, takes a salt cavern gas storage as an example, proposes a process scheme for differential pressure power generation of salt cavern gas storage, and estimates the economic benefits of the project. The study concludes that: (1) After the implementation of differential pressure power generation in the gas storage, the annual power generation is expected to be 373×104kW·h, which is basically equivalent to the electricity load during the gas production period of the gas storage, and the power generation can be supplemented by the mains when the power generation is insufficient. At the same time, it saves 1, 173 tons of standard coal and reduces CO2 emissions by 3, 584.3 tons per year. Differential pressure power generation is an important technical means for the natural gas industry to achieve energy saving, consumption reduction, quality and efficiency improvement, and green development. (2) There is a waste of pressure energy during the gas production period of the gas storage, and the research and engineering practice of differential pressure power generation can be carried out in the gas storage in the future.

Key words: Natural Gas; Pressure Energy; Pressure Difference Power Generation; Expansion Machine

天然气压差发电技术充分利用天然气的压力能进行发电，该技术可有效解决天然气调压过程中产生的管道振动、噪音和急速降温产生冰堵等问题，充分利用天然气内能且不产生污染，满足零排放标准。

国内外关于天然气管网压力能利用技术的理

论研究较多，主要包括将电能及冷能用于发电、调峰、制冷和天然气管网调压等。近些年，我国天然气消费量快速增长，天然气消费的季节性、区域性差异显著，采用地下储气库进行应急调峰和战略储备。采气期井口压力高，需要节流降压。若回收这部分能量，将会提高能量利用率和管网运行的经济性，符合国家节能减排的基本政策，具有良好的经济效益和社会效益。

目前天然气压力能回收后能量利用的方式主要有冷量利用和机械能利用。其中冷量利用主要包括制冷，机械能利用主要是通过膨胀机发电机组进行压差发电。

1　天然气压差发电技术

1.1　压差发电工艺原理

压差发电的基本原理就是利用高压天然气降压时体积膨胀产生的机械能来驱动发电机发电。高压天然气经过膨胀机膨胀，膨胀机通过转轴输出机械能，拖动发电机进行发电，将天然气压力能转换为电能。膨胀做功后的天然气温度降低，需采用前加热、后复热或两级膨胀中间加热的工艺使天然气温度满足管输要求。

1.2　膨胀剂性能对比

膨胀机和发电机组是天然气压差发电的关键设备。膨胀机将天然气的内能转化为机械能，其性能直接影响发电效率。膨胀机分为容积式和透平式两大类，透平式膨胀机适用于流量大、负荷稳定的场合，容积式膨胀机适用于小流量、负荷波动大场合。常用膨胀机的性能对比分析见表1所示，需按照膨胀机进出口压力等级、流量和气质组成进行设备选型。

表1　膨胀剂性能对比

序号	对比项目	螺杆膨胀机	双转子膨胀机	透平膨胀机
1	实物图			
2	结构形式及原理	主要部件是阴阳螺杆转子，转子为非接触式的容积式动力机，气体在槽道内边膨胀边做功	主要部件是一对双转子，通过转子上的凹凸齿槽啮合形成密封腔的容积式动力机，气体在槽道内边膨胀边做功	主要部件是叶轮及轴承，结构和气轮机类似，蒸汽在喷嘴内膨胀产生超音速的气流推动叶轮高速旋转的速度型的动力机
3	对做功介质的污染	机内无需喷油，排气无需油气分离装置，不会污染做功介质	机内需要喷油润滑，排气需要加装油气分离装置，长时间运行会存在分离效果下降，污染做功介质的可能性	机内无需喷油，排气无需油气分离装置，不会污染做功介质
4	设备转速	转速为1500－3000rpm，转速较低，没有飞车风险	转速为1500－3000rpm，转速较低，没有飞车风险	透平转子的转速为15000－30000rpm/min，转速超高，飞车风险很大
5	机内流速	35－60m/s，机内流速低	机内流速较低	400－600m/s，机内流超过音速340m/s，如气体中带有水珠，将直接将叶片击穿
6	技术成熟度稳定性	自主研发，至今已20多年，国内外300多台套成功运行案例，技术成熟性高，安全稳定	2018年开发出的样机，案例较少，应用于压差发电领域技术成熟度、稳定性及耐久性尚待考察	最早为国外产品技术，国内近几年才开始发展，案例较少，应用于压差发电领域技术成熟度、稳定性及耐久性尚待考察

续表

序号	对比项目	螺杆膨胀机	双转子膨胀机	透平膨胀机
7	机组效率	根据不同压力等级，等熵效率65%～82%（容积式）	等熵效率65%～82%（容积式）	等熵效率65%～86%（速度式）
8	机组功率	最大可至1MW左右，一般在300kW～500kW	最大可到MW级别；最小可至10kW以下	应用时至少为500kW，最高可达几十MW；500kW以下成本高，经济性较差
9	适用范围	对气源品质没有要求，适用各种流态均可使用，包含：气、液、气液两相混合物，最高可成承受4MPa，400℃流体直接进入	适用于气、液、气液两相混合物进入做功	对气源品质有严格要求，过热蒸汽，干饱和蒸汽，严禁带水运行，且做功末级排气湿度不能超过7%
10	除垢自洁	适用于低品质不清洁的热源作为做功介质，具有除垢自洁的能力	不能适用低品质，不清洁的热源作为做功介质，没有除垢自洁的能力，怕结垢	不能适用低清洁的热源作为做功介质，没有除垢自洁的能力，怕结垢
11	维护	操作简单，维护方便	操作简单，维护方便	转速超高，设备维护精度高，高级钳工才可胜任

2 储气库余压能利用分析

以某储气库为例，分析储气库注采气期可利用压差发电的工艺环节，储气库注采工艺流程如图1。

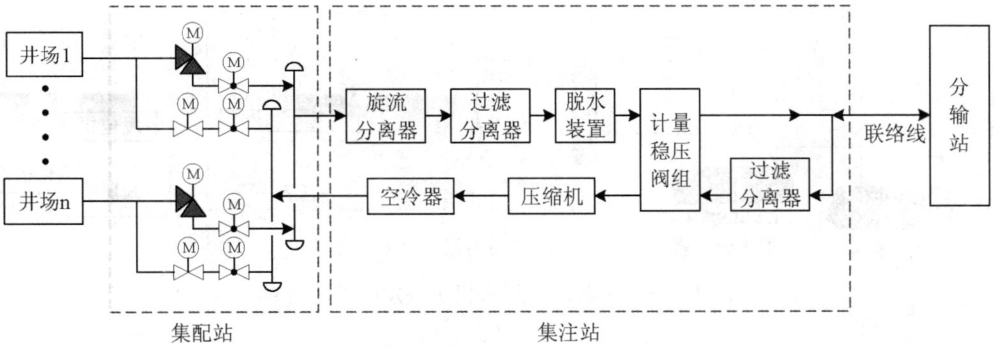

图1　某储气库注采工艺流程框图

注气期工艺流程：天然气从分输站经联络线输送到集注站，经过滤分离器除去粉尘和杂质，然后经流量计计量，稳压阀稳压后进入压缩机组。天然气增压后经过压缩机空冷器将天然气冷却至50℃以下，通过注气管道分别输送至各集配站，计量后通过单井管道注入井口。针对已建储气库，联络线来气压力可能高于压缩机入口运行压力，需要在稳压阀进行降压，此时可考虑压差发电。注气期集注站有压缩机余热可利用，通过前加热或后复热方式优化工艺流程，能使膨胀机发电量最大化。

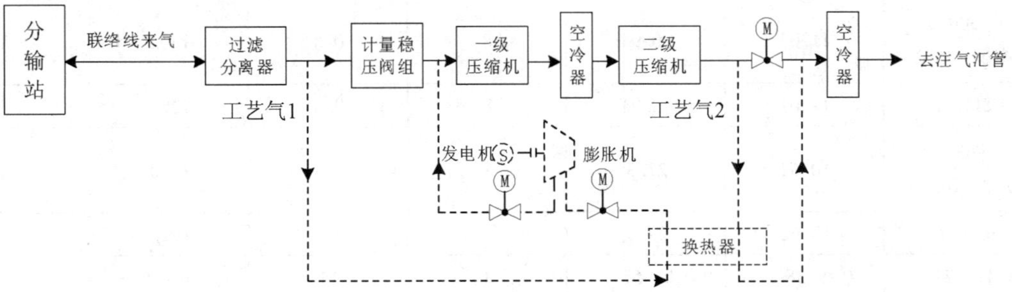

图2　某储气库注气期压差发电工艺流程框图

采气期工艺流程：各井场来气在集配站内汇集节流后输送至集注站，经站内旋流分离器、过滤分离器除去原料气中夹带的机械杂质及游离水后，再进入脱水装置，水露点满足外输要求后，经计量稳压后通过联络线输送至分输站。井口具有充足的压力能，可采用的脱水工艺有：J－T阀＋乙二醇防冻的脱水工艺、三甘醇装置脱水。

当采用J－T阀＋乙二醇防冻的脱水工艺时，集配站节流阀和J－T阀处存在压力能可利用，当采用三甘醇装置脱水时，脱水后天然气的压力若高于分输站节点压力，也存在利用压差发电的可能性。

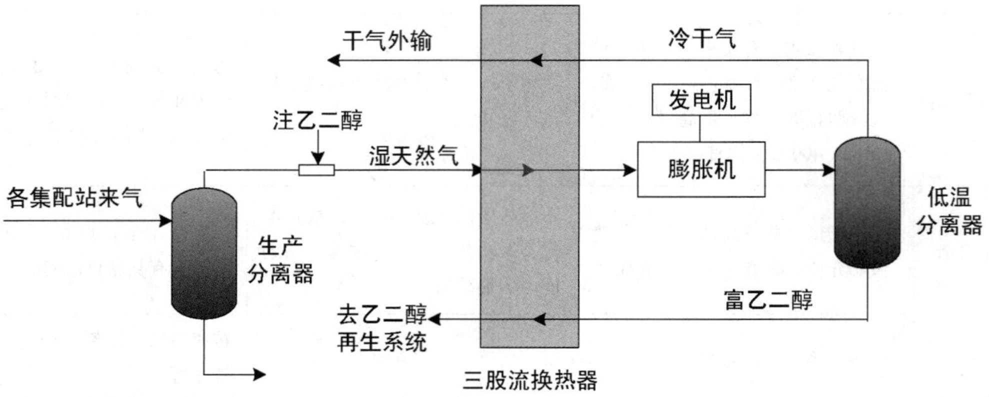

图3　乙二醇防冻＋膨胀机压差发电的脱水工艺流程

采用三甘醇脱水工艺时，各集配站来气经预分离器、过滤分离器、三甘醇脱水后外输。若节点压力较低，可通过提高集配站节流后的压力，在三甘醇脱水装置后设置膨胀发电机。

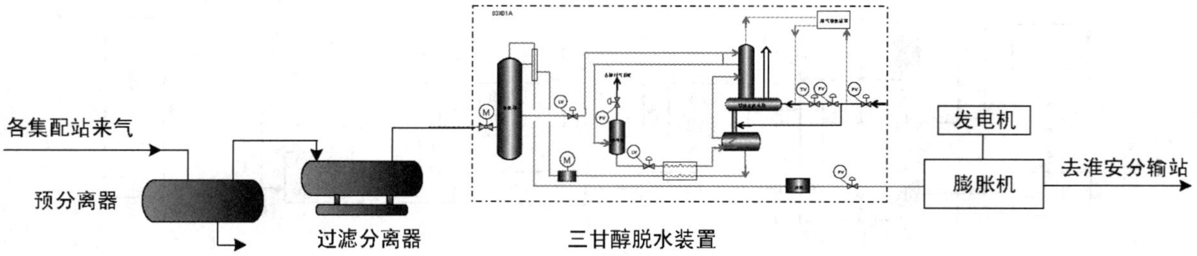

图4　三甘醇脱水＋膨胀机压差发电工艺流程

3　某盐穴储气库余压能利用

某盐穴储气库拟采用三甘醇装置脱水，脱水后利用膨胀机压差发电，压差发电情况如下表2：

表2　某盐穴储气库采气期压力能利用情况

月份	气量（104m³/d）	进口压力（MPa）	进口温度（℃）	出口压力（MPa）	出口温度（℃）	发电功率（kW）	采气期储气库用电负荷（kW）
11	387.96	11.24	20.74	8	0.3	1091	1698
12	800（旁通335.2）	11.07	20.94	8	0.8	1702	1698
	G21135.2	11.07	20.94	8	0.8	2251	1698
1	800（旁通120.76）	10.62	27.3	8	9.4	1710	1698
	920.76	10.62	27.3	8	9.4	1920	1698
2	474.24	9.38	25.58	8	14	615.4	1698

根据储气库逐月调峰气量，12月份、1月份发电量高于采气期用电负荷，为避免弃能，选择1台 $800 \times 104m^3/d$ 的膨胀发电机，操作弹性下限25%，透平膨胀机为单级径流透平＋齿轮箱＋同步励磁发电机。

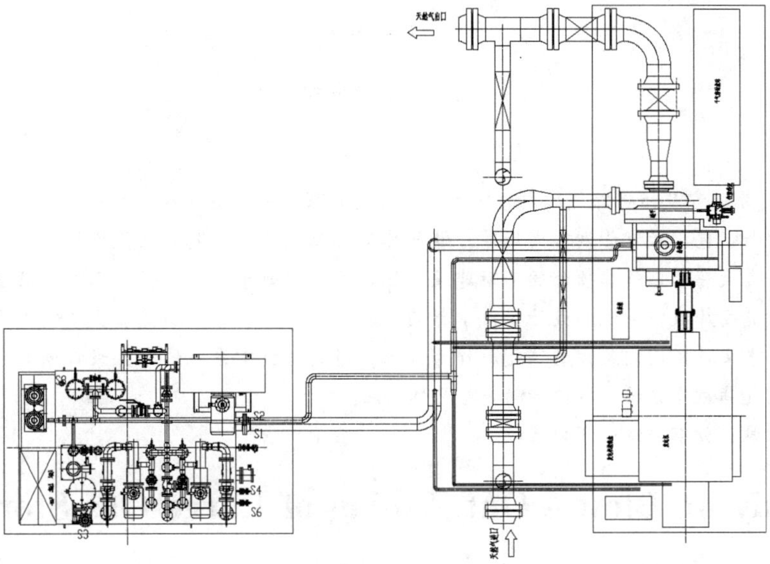

图5　膨胀机设备布置图

在集注站三甘醇脱水装置后设置膨胀发电机，预测年发电量 $373 \times 10^4 kW \cdot h$，与储气库采气期用电负荷基本相当，发电量不足时可由市电补充。若按照火电煤耗（标准煤）314g/kW·h，预计年节约标准煤1173吨，减少 CO_2 排放量3854.36吨。

综上所述，与常规天然气管网调压相比，储气库具有注采气量大、压差大的优点，且注采运行周期存在压力能浪费，未来可在储气库领域开展压差发电方面的研究和工程实践。

4　结论

1）集气站压差发电项目具有投资少、经济效益较好的特点，是天然气行业实现节能降耗、绿色发展、提质增效的重要技术手段，该项目具有较好的示范效应和较好的推广价值。

2）针对已建储气库注气期压缩机入口调节阀处存在压力能浪费，可进行压差发电。采气期压力能回收范围较大，但采气期储气库自身用电量少，需解决储气库发电富余电力的销售问题。

3）储气库注采气期存在压力能浪费，如果能将这部分能量回收，将极大地提高天然气能量利用率和天然气管网运行的安全性，未来可开展储气库压差发电方面的研究和工程实践。

参　考　文　献

[1] 李京文，杨镜非．燃机电厂天然气差压余能利用项目［J］．科技展望，2017，27（18）：106.

[2] 梁东，徐天宇，张荣伟，丁际昭，钟胜．天然气压差发电技术应用［J］．广东化工，2017，44（07）：97－98＋73.

[3] 高顺利，颜丹平，张海梁，李夏喜，孙宝跃，徐文东，等．天然气管网压力能回收利用技术研究进展［J］．煤气与热力，2014，34（10）：1－5.

[4] 俞光灿，李琦芬，宋丽斐，潘登宇，谢伟，王朝龙，等．LNG冷能利用方式分类及其工艺流程［J］．油气储运，2019，38（07）：728－737.

[5] 魏江东，李治东，朱英如，徐源，成庆林．天然气膨胀压差发电回收余能技术研究进展［J］．化工机械，2021，48（05）：644－647.

[6] 朱力洋，熊波，王志军，邹银，钟明朗．天然气压差发电技术在地下储气库的应用［J］．天然气工业，2021，41（03）：142－146.

[7] 王尧，杨海红，何力，杜德飞，赵靓．天然气压差发电技术在调压门站的应用［J］．石油石化节能，2018，8（05）：9－11＋8.

[8] 荣少杰，陈浦，王怀波，刘百春，陈云涛．压差发电技术在天然气浅冷处理中的应用探讨［J］．新疆石油天然气，2023，19（02）：88－94.

[9] 王金燕．气田天然气压差发电技术研究及适用性分析［D］．东北石油大学，2018.

[10] 刘泽坤，焦文玲．多级膨胀天然气压差发电模拟及发电能力分析［J］．煤气与热力，2022，42（07）：37－42.

大型储气库放空分区研究

王继辉

（大庆油田设计院有限公司）

摘　要　储气库放空是指将储气库内的气体通过特定的系统和设备释放到大气中，以降低库内压力，确保储气库的安全运行，包括放空管网和火炬等。储气库集注站放空，主要包括设备检修放空、安全阀保护放空、事故放空。随着大库容储气库项目的不断建设，注采气量不断攀升，现代工艺处理装置在设计与操作方面愈来愈复杂，对储气库放空系统的设计提出了新的考验，装置的能量级别更突出了精心设计可靠的压力泄放系统的重要性。本文选用国内某大型储气库作为案例，通过对放空系统的分区设计研究，放空系统的规模计算，探讨大型储气库放空系统分区设计的一些具体做法。

关键词　集注站；放空系统；压力泄放

Study on Blow – Out Zoning of Large Gas Storage

WANG Jihui

(Daqing Oilfield Design Institute Co. , Ltd)

Air storage refers to the release of gas in the gas storage into the atmosphere through specific systems and equipment to reduce the pressure in the storage and ensure the safe operation of the gas storage, including air storage pipe network and torch. The blow – off of gas storage gathering station mainly includes equipment maintenance blow – off, safety valve protection blow – off and accident blow – off. With the continuous construction of large capacity gas storage projects, the injection and production volume keeps rising, and the design and operation of modern process treatment devices are becoming more and more complicated, which puts forward a new test for the design of gas storage blow – off systems. The energy level of devices highlights the importance of elaborately designed and reliable pressure relief systems. In this paper, a large gas storage in China is selected as a case, through the study of the zoning design of the blow – off system and the calculation of the scale of the blow – off system, some specific methods of the zoning design of the large gas storage system are discussed.

1　引言

放空系统是保障天然气压缩机组设备安全的最后一道保护设施，也是压缩机组的重要系统之一。随着储气库集注站规范不断增大，放空量相应增多，集注站可征用地越发紧张，从而对放空条件提出更为苛刻的要求。地下储气库放空系统具有地面设施多，装置规模大，压力等级高，瞬时泄放量远大于平均泄放量等特点。地下储气库放空系统不应按全量放空设计，放空量与站场压力系统分级及分区设计相关联。现代集注站放空系统设定采用了分区放空的思路，合理设置安全仪表系统及超压泄放设施来保障整个系统的安全。放空系统分区设计，有效降低了最大瞬时放空量，为放空时间、放空管高度和管径、放空管与站场安全距离等相关因素提供了更宽松的选择条件。

下面以国内某大型储气库作为案例，探讨大型储气库放空系统分区设计的一些具体做法。

2　集注站放空量的确定

储气库集注站设置放空火炬，可以满足注采集输管线、集注站、双向输气管道的放空要求。各种放空工况不叠加。

集注站高压放空系统和低压放空系统分开设置。来自进出站阀组、重力分离器、过滤分离器、压缩机、三甘醇脱水装置等需要紧急放空的高压放空气体经放空分液罐分离出液滴后进入火炬筒体，在其顶部的火炬头处燃烧放空；来自三甘醇再生装置、燃料气缓冲罐等需要紧急放空的低压放空气体进入火炬筒体。

集注站放空主要包括站内火灾 BDV 放空、站外管道检修放空、设备安全阀放空、设备检修放空，各种放空工况不叠加，量其中设备检修放空较小，其他工况放空量如下：

（1）站外管道主要包括双向输气管道、注采集输管道，主要考虑在管道事故情况下，10～12h 将管道气泄放，通过计算双向输气管道、注采集输管道放空量分别为 369 万方/天、21 万方/天。集注站内设置放空气回收流程，在正常检修过程将集输管道和双向输气管道中存气回收至低压运行的气田集气干线中，减少天然气放空，绿色环保。

（2）设备安全阀放空主要考虑火灾工况，站内最大设备（三甘醇吸收塔）的火灾安全阀放空量为 193 万方/天。

（3）火灾 BDV 放空

集注站进出站均设置紧急切断阀，放空系统的规模按站内工艺设备及管道的储气量在火灾情况下的紧急放空计算。

3　集注站火灾 BDV 放空分区计算

火灾情况下，为确保压力设备和人身安全，将启动 SIS 系统，关闭装置进出口紧急截断阀，开启紧急泄放阀。根据 API RP521《泄压和放空系统》规定，火灾泄压放空通常根据是否含有轻烃设置降压率。对于不含轻烃的装置，考虑 15min 内降至压力容器设计压力的 50%。该储气库按照 15min 内将装置内压力降至设计压力 50% 计算泄放量。全厂共分为 5 个独立放空区，各区之间间距满足《石油天然气工程设计防火规范》GB50183－2004 中装置间的防火间距要求。

3.1　注气期各区放空参数

a. 进出站阀组区

进出站阀组区水容积为 266.41 方，按照 15min 内将装置内压力降至设计压力一半计算，最大泄放量为 735 万方/天。

b. 分离及脱水装置Ⅰ区和Ⅱ区

分离及脱水装置Ⅰ区水容积为 161.47 方，按照 15min 内将装置内压力降至设计压力一半计算，最大泄放量为 277 万方/天。

c. 增压装置Ⅰ区和Ⅱ区

增压装置Ⅰ区和Ⅱ区水容积均为 79.83 方，根据技术交流情况，在紧急工况下两台离心式压缩机组的最大泄放量为 381 万方/天。

注气期各区放空量见表 1。

表 1　某工程注气期各区放空量表

分区	设备名称/管道名称	容积 m^3	总容积 m^3	放空量，$\times 10^4 m^3$/天
进出站阀组区	注气管汇	7.21	266.41	735
	DN1000 管道	12.27		
	DN800 管道	45.58		
	DN400 管道	111.22		
	DN300 及以下管道	90.13		
分离及脱水装置Ⅰ区	重力分离器	58.72	161.47	277
	过滤分离器	22.69		
	DN400 管道	80.07		
分离及脱水装置Ⅱ区	同分离及脱水装置Ⅰ区		161.47	277
增压装置Ⅰ区	压缩机组及管道	79.83	79.83	381
增压装置Ⅱ区	压缩机组及管道	79.83	79.83	381

3.2　采气期各区放空参数

a. 进出站阀组区

进出站阀组区水容积为 310.72 方，按照 15min 内将装置内压力降至设计压力一半计算，最大泄放量为 540.6 万方/天。

b. 分离及脱水装置Ⅰ区和Ⅱ区

分离及脱水装置Ⅰ区和Ⅱ区水容积均为 317.59 方，按照 15min 内将装置内压力降至设计压力一半计算，最大泄放量为756.5万方/天。

c. 增压装置Ⅰ区和Ⅱ区

增压装置Ⅰ区和Ⅱ区水容积均为79.83方，根据技术交流情况，在紧急工况下两台离心式压缩机组的最大泄放量为146.2万方/天。

采气期各区放空量见表2。

表2　采气期各区放空量表

分区	设备名称/管道名称	容积 m^3	总容积 m^3	放空量 $\times 10^4 m^3$/天
进出站阀组区	采气管汇	12.81	310.72	540.6
	注气管汇	7.21		
	DN1000管道	12.27		
	DN800管道	45.58		
	DN400管道	219.99		
	DN300及以下管道	12.96		
分离及脱水装置Ⅰ区	重力分离器	58.72	317.59	756.5
	空冷器	1.63		
	过滤分离器	22.69		
	三甘醇吸收塔	84.55		
	净化气分离器	41.00		
	DN400管道	109.01		
分离及脱水装置Ⅱ区	生产分离器	58.72	317.59	756.5
	空冷器	1.63		
	过滤分离器	22.69		
	三甘醇吸收塔	84.55		
	净化气分离器	41.00		
	DN400管道	109.01		
增压装置Ⅰ区	压缩机组及管道	79.83	79.83	146.2
增压装置Ⅱ区	压缩机组及管道	79.83	79.83	146.2

以该储气库放空量最高的分离脱水Ⅰ区为例模拟放空曲线，15min降系统压力降至5.75MPa，放空量峰值为756.5万方/天。

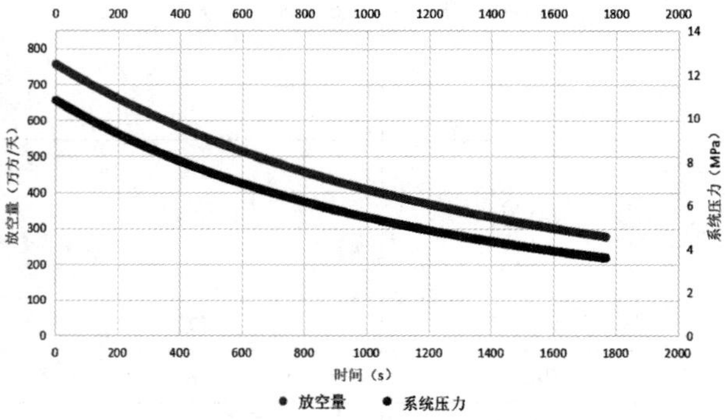

图1　分离脱水Ⅰ区BDV放空曲线图

集注站放空各分区不考虑叠加，放空量峰值为756.5万方/天。因此该储气库集注站高压放空规模确定为760万方/天。该储气库单独新建1套$760\times10^4 m^3/d$高压放空系统，放空气温度-27℃，低压放空量为$8.5\times10^4 m^3/d$，放空气温度为常温。此外设置1具高压放空分液罐。

4　火炬辐射热计算

经计算高压火炬出口直径为DN750时，放空气马赫数为0.43。低压火炬出口直径为DN150。

火炬高度计算执行《石油化工可燃性气体排放系统设计规范》SH3009-2013中公式9.3.4：

$$h_s = \sqrt{\frac{\varepsilon Q_f}{4\pi K} - (X - X_C)^2} - Y_C$$

式中：h_s——火炬高度（m）；

Q_f——火焰产生的热量（kW）；

ε——热辐射系数；

K——允许的火炬热辐射强度（kW/m^2）；

X——火炬筒体中心线至计算点的水平距离（m）；

X_c——在风速作用下火焰中心的水平位移（m）；

Y_c——在风速作用下火焰中心的垂直位移（m）。

从公式可以看出火炬附近区域的允许热辐射强度直接影响火炬高度。允许热辐射强度执行《石油化工可燃性气体排放系统设计规范》SH3009－2013中规定：

（1）厂外居民区、公共福利设施、村庄等公众人员活动的区域，允许热辐射强度应小于等于1.58kW/m^2。

（2）相邻同类企业及油库的人员密集区域、石油化工企业内的行政管理区域的允许热辐射强度应小于2.33kW/m^2。

（3）相邻同类企业及油库的人员稀少区域、厂外树木等植被的允许热辐射强度应小于等于3.00kW/m^2。

（4）石油化工厂内部的各生产装置的允许热辐射强度应小于等于3.20kW/m^2。

以火炬区外植被允许热辐射强度应小于等于3.00kW/m^{2}计算得出火炬高度为76.5m，因此火炬高度取80m。

火炬高度80m时，事故状态下高压火炬的热辐射值见表3。

表3 高压火炬的热辐射值表

序号	距火炬根部水平距离（m）	热辐射（kW/m^2）	备注
1	25	2.91	火炬与厂外植被距离
2	152	1.32	火炬与变电站距离
3	220	0.73	火炬与压缩单元空冷器间距
4	510	0.15	火炬与综合公寓间距
5	1172	0.03	火炬与厂外居民区间距

从计算结果可以看出，火炬热辐射强度符合《石油化工可燃性气体排放系统设计规范》SH3009－2013中相关规定。

5 放空系统的设置

该储气库集注站设置一座80m，DN750的放空火炬。高低压火炬头分别设置，火炬筒体顶部设有速度密封，密封气介质为氮气。火炬采用高空电点火方式，火炬配置4套高空电点火装置（包括引火燃烧器和高能点火器）和4支长明灯，长明灯设置手动和自动点火功能，每支长明灯顶部均配有一支铠装热电偶用于对长明灯火焰进行检测，并在地面上安装4只远距离紫外火焰监测器对火炬头的火焰进行监测，火焰状态信号实时上传站场DCS；放空管道上设置微动流量开关检测放空气排放，以实现火炬全自动点火功能。火炬点火采用远程遥控（控制室点火）和就地点火方式相结合的方法。

6 结论

1）集注站内高低压放空系统分开设置。可以满足注采集输管线、集注站、双向输气管道的放空要求，各种放空工况不叠加。

2）集注站高压火灾BDV放空系统的规模按站内工艺设备及管道的储气量在火灾情况下的紧急放空计算。根据API RP521《泄压和放空系统》规定，火灾泄压放空通常根据是否含有轻烃设置降压率。对于不含轻烃的装置，考虑15min内降至压力容器设计压力的50%；对于所有处理轻烃的设备在15min内进行进行减压，并设定降压速率，把压力降到690kPa（1001b/in^2）或降到容器设计压力的50%（取其中较低的压力）。

3）根据集注站各装置功能划分高压放空分区，注气期、采气期分别计算各区放空量，集注站放空各分区不考虑叠加，依据放空量峰值确定高压放空规模。

参考文献

［1］杨旭光．分区分时放空方案在压气站的应用［J］．石油工程建设，2021，6：52－54.

［2］王东军，孟凡彬，齐德珍．地下储气库放空技术探讨［J］．油气田地面工程，2012，031：89.

［3］熊建嘉，文明，毛川勤，等．相国寺储气库建设与运行管理实践［M］．北京：石油工业出版社，2020：145.

［4］［5］API521－2007石油、石化和天然气工业－泄压和减压系统，2007：28.

地下含水层压缩空气储能循环注采特性研究

王宇鹏[1] 廖成锐[2] 杨志伟[1] 李 健[1] 李 雷[2] 张鲁钢[1] 吴 满[1]

（1. 胜利油田勘探开发研究院；2. 胜利油田油气开发管理中心）

摘 要 利用地下圈闭资源进行多元储存是未来产业发展的重点方向，油气田有大量的圈闭资源和丰富的地质资料，为改建压缩空气储能库提供了资源便利。为研究油气田圈闭改建压气储能库可行性开展了含水层改建压缩空气储能库高频注采循环特性研究研究。含水层压缩空气储能技术（CAESA）是一种新型的大规模储能方式，具有分布广、造价低、储气空间大等优点，具有广阔的应用前景，但是至今尚未有实际工程应用。本文利用CMG软件建立了一个含水层数值模型，模拟了含水层压缩空气储能地下部分注气缓冲期以及日循环全过程，对系统的注采周期、井筒的注采速度以及含水层的孔隙度和渗透系数做了敏感性分析，揭示了注采井底部压力和温度变化规律，结果表明：由于含水层背斜式结构的特殊构造，随着时间的推移，注采过程的井底压力差和温度差逐渐缩小，日循环过程中的压力和温度变化幅度也逐渐趋于稳定；日循环过程中注气量保持一致的情况下注采速度越慢越有利于整个系统的稳定运行；注采周期越长含水层中缓冲气体越多，注采循环过程越稳定；孔隙度越小井底压力就相对较高，但是注采过程井底部日循环温差小；渗透系数越大井底压力越高，压差也大，但是日循环过程温差相对较低。此研究为CAESA的实际应用提供了基础。

关键词 含水层压缩空气储能；数值模拟；注采过程；敏感性分析

Research on the Characteristics of Cyclic Injection and Production for Compressed Air Energy Storage in Aquifers

WANG Yupeng[1], LIAO Chengrui[2], YANG Zhiwei[1], LI Jian[1], LI Lei[2], ZHANG Lugang[1], WU Man[1]

(1. Exploration and Development Research Instituteof Shengli Oilfield,
2. Oil and Gas Development Management Centerof Shengli Oilfield)

Abstract: Utilizing underground trap resources for diversified storage is a key direction for future industrial development, Oil and gas fields have abundant trap resources and rich geological data, Provided resource convenience for the renovation of compressed air energy storage facilities. In order to study the feasibility of converting oil and gas field traps into compressed gas energy storage facilities conducted research on the high - frequency injection and production cycle characteristics of compressed air energy storage reservoirs for aquifer reconstruction. Compressed air energy storage in aquifers (CAESA) is a new large - scale energy storage method, which has the advantages of wide distribution, low cost, large gas storage space, etc, and has broad application prospects, but it has not been applied in practical engineering so far. In this paper, CMG software is used to establish an aquifer numerical model, simulate the gas injection buffer period and the whole daily circulation process of the compressed air energy storage in aquifers, perform sensitivity analysis on the injection and production cycle of the system, the injection and production speed of the wellbore, and the porosity and permeability coefficient of the aquifer, and reveal the change law of the bottom pressure and temperature of the injection and production well. The results show that: Due to the special structure of aquifer anticlinal structure, with the passage of time, the pressure difference and temperature difference at bottom hole are gradually reduced, and the variation range of pressure and temperature during daily circulation is gradually stable. The slower the gas injection rate is, the better the stable operation of the whole system. The longer the injection - production cycle, the more buffer gas in the aquifer, the more stable the injection – production cycle process. The bottom hole pressure is higher when the porosity is small, but the diurnal cycle temperature difference is small. The higher the permeability coefficient, the higher the bottom hole pressure, the larger the pressure difference, but the temperature difference is relatively low. This study provides the basis for the practical application of CAESA.

Key words: Compressed air energy storage in aquifers; Numerical simulation; Injection and production process; Sensitivity analysis

随着全球气候变暖问题的日益严重，国内以及国际上对于温室气体排放提出了更为严格的要求，为应对能源短缺和环境恶化，世界各国纷纷出台政策推动能源结构转型，减少对化石燃料的依赖，大力发展可再生能源。可再生能源在近年得到了迅速地发展，风力发电、太阳能发电技术得到了广泛的应用，但其存在间歇性和不稳定性的缺点，因此储能技术的发展就变的尤为重要。目前已经能够商业化应用的大规模储能技术主要有抽水蓄能（PHS）和压缩空气储能（CAES），由于建立抽水电站需要独特的地理条件，投资高，建设周期长，因此同为大规模储能的压缩空气储能的发展就变得尤为重要。压缩空气储能具有对功率和能量的长时间迁移能力、良好的平稳输出和调频调峰能力、友好的环境适应力和接入系统能力等众多优点，它的发展旨在解决弃风弃光等问题，实现电网削峰填谷。由于压缩空气储能系统能快速响应电网需求变化，因此压缩空气储能被广泛应用于电力系统中。利用地下深部空间进行大规模储能是储能的主要方法之一。盐穴是最适合 CAES 项目的储层之一，具有较低的资金成本和建设周期，然而，盐穴的蠕变变形可能导致结构的破坏，可能存在坍塌和破裂的风险。而含水层相较于其他地下储气库，具有分布广、造价低、储气空间大的优点，并且更适合于季节性压缩空气储能。因此地下含水层压缩空气储能以其独特的技术优势逐渐受到关注。

地下含水层压缩空气储能（CAESA）是一种新型大规模储能技术。基本原理是利用电力在电网负荷低谷时将高压空气存储于地下含水层中，在电力需求高峰期，通过释放高压空气驱动发电机组发电，从而产生电能。这种方式不仅能够平衡电力供应和需求，还能为电力系统提供稳定的备份电源，缓解电力负荷波动对电网的冲击。含水层是地球上广泛存在的一种地下储层，其天然的封闭性和稳定性使其成为理想的空气储存介质。相比传统的压缩空气储能系统，地下含水层具有很高的储存容量以及对环境影响很低，因为它避免了对地表环境的干扰，并能够在较大范围内进行空气存储。总体而言，地下含水层压缩空气储能技术在全球能源转型的背景下展现出了巨大的发展潜力。Yang 等人通过数值模拟研究了含水层的特性对 CAESA 关键设计参数的影响。Li 等人建立了含水层压缩二氧化碳储能的数值模型，并且做了系统的模拟。Guo 等人，从效率以及经济性方面对含水层压缩空气储能可行性进行了分析，提出将 CAESA 与储热相结合。通过学者们进一步的技术创新和实践应用，CAESA 有望实现可再生能源的高效利用，并能够给电力系统的稳定性提供有力支持。

基于以上原因，我们建立了地下含水层压缩空气储能数值模型，模拟了日常注采过程井筒底部压力和温度的变化，并对能够影响系统稳定运行的几个重要参数（包括注气速度、注采周期、含水层孔隙度、渗透系数）进行了敏感性分析，希望通过对比能得到利于系统稳定运行的规律。

1　概念模型

地下含水层压缩空气储能地下部分示意图如图 1 所示。该部分主要由注气井、生产井、含水层

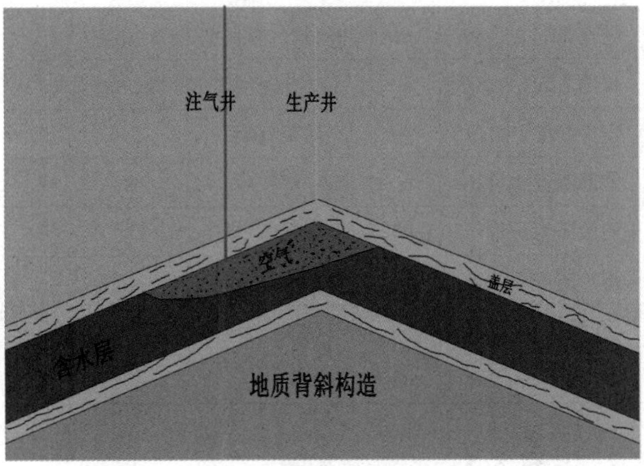

图 1　含水层压缩空气储能地下部分示意图

以及注入的空气组成。在 CAESA 系统建设开始阶段，需要通过注气井向含水层中注入大量空气，形成垫层，保证在生产阶段能够释放足够的高压空气。研究人员发现背斜结构对气泡的容纳性能最好，因此含水层设计为背斜式结构，注入的空气经过一段时间会位移到生产井附近，这样能保证生产井抽气过程有足够的缓冲气体，能够使注采日循环过程顺利进行。

2　仿真模型与建模方法

2.1　仿真模型

含水层网格设计为水平方向 400m，储存厚度 30m，储层最顶部深度为 1185m，最底部深度为 1264m，前后距离为 100m，为模拟真实地质情况水平方向边界设置为无限大边界，其余边界为限制边界。含水层模型初始压力设置为 1200m 处压力 11.8MPa，含水层初始温度设置为 60℃，注气温度为 45℃，注采井设计为水平井，注气井在水平方向 150m 处，生产井在水平方向 200m 处坡顶。注气井在含水层顶部，模拟的井筒半径为 0.15m，井筒相对粗糙度为 1×10^{-5}，注气井注气速度为 28.76kg/s，注气井和生产井初始参数一致，注采周期为 5 天，为了系统正常运行，需要在含水层注入缓冲气体，因此注气井在模拟第 1 天就开始注气，每天注气 8 小时，生产井在第 5 天开始工作，此时含水层内已经产生了较好的缓冲气体，可以保证生产井能顺利抽出气体。含水层孔隙度为 0.25，渗透系数为 500md，注入气体为空气。

表 1　含水层网格以及重要参数设定

含水层网格参数	数值	单位	其它参数	数值	单位
水平方向	400	m	井半径	0.15	m
竖直方向	30	m	井筒相对粗糙度	1×10^{-5}	-
深度方向	100	m	注气速度	28.76	kg/s
顶部深度	1185	m	注采周期	5	天
底部深度	1264	m	注入气体（N_2）	79	%
初始压力	11.8	MPa	注入气体（O_2）	21	%
初始温度	60	℃			
孔隙度	0.25	-			
渗透率	500	md			

2.2　建模方法

数值模拟采用加拿大计算机模拟集团开发的数值模拟器 CMG 软件中的 STARS 模拟器，CMG 软件是一个综合性的油藏工程软件，集成了数值模拟、地质建模、生产优化等功能。利用软件强大的功能做了完整的压缩空气储能地下部分日循环过程，研究了空气注采过程对含水层以及注采井压力和温度的影响。

3　设计工况下的系统性能

设计工况下注气井注气速度为 28.76kg/s，生产井抽气速度也是 28.76kg/s，日循环流量图如图 2 所示。注采周期为 5 天，先向含水层注气 4 天用来产生缓冲气体，每天注气 8 小时，生产井在第 5 天开始工作，此时含水层内已经产生了较好的缓冲气体，可以保证生产井能顺利采出。

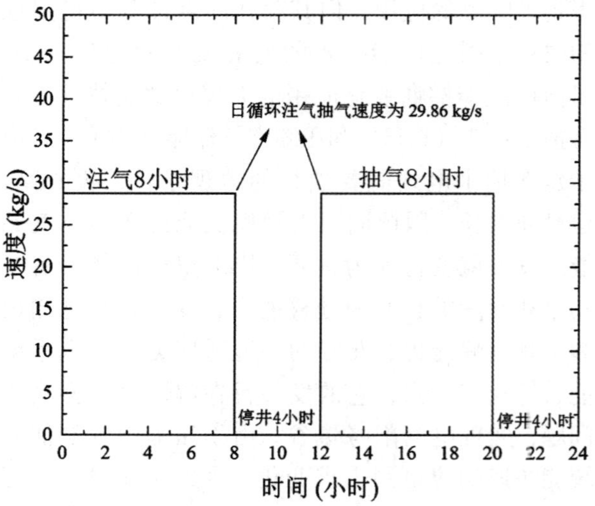

图 2　设计工况下的日循环流量图

3.1　设计工况下的井底压力

图 3 显示了模拟 30 天内注气井和生产井底压力变化图。注气开始后，在第 1 天内注气井压力达到最高 14242kPa，此后逐渐呈现降低的趋势，注采循环开始后注气井底部压力变化呈现有规律的波动；生产井压力在第 3 天达到最高 13521kPa，模拟 20 天以后，生产井底日循环压力变化才会出现规律性的波动，此时注采循环压力达到稳定，稳定后注气井底部日循环工作压力差为 1381kPa，生产井底部日循环工作压力差为 1542kPa。

3.2　设计工况下的井底温度

图 4 显示了注气井和生产井井底温度变化曲线图。由于含水层温度 60℃，注入空气温度为 45℃，因此注气井井底温度随着注气开始会从 60℃ 变化到 45℃附近，最后随着注采循环的进行，温度会周期性波动，注气前 5 天波动幅度相对较大超过 1℃，

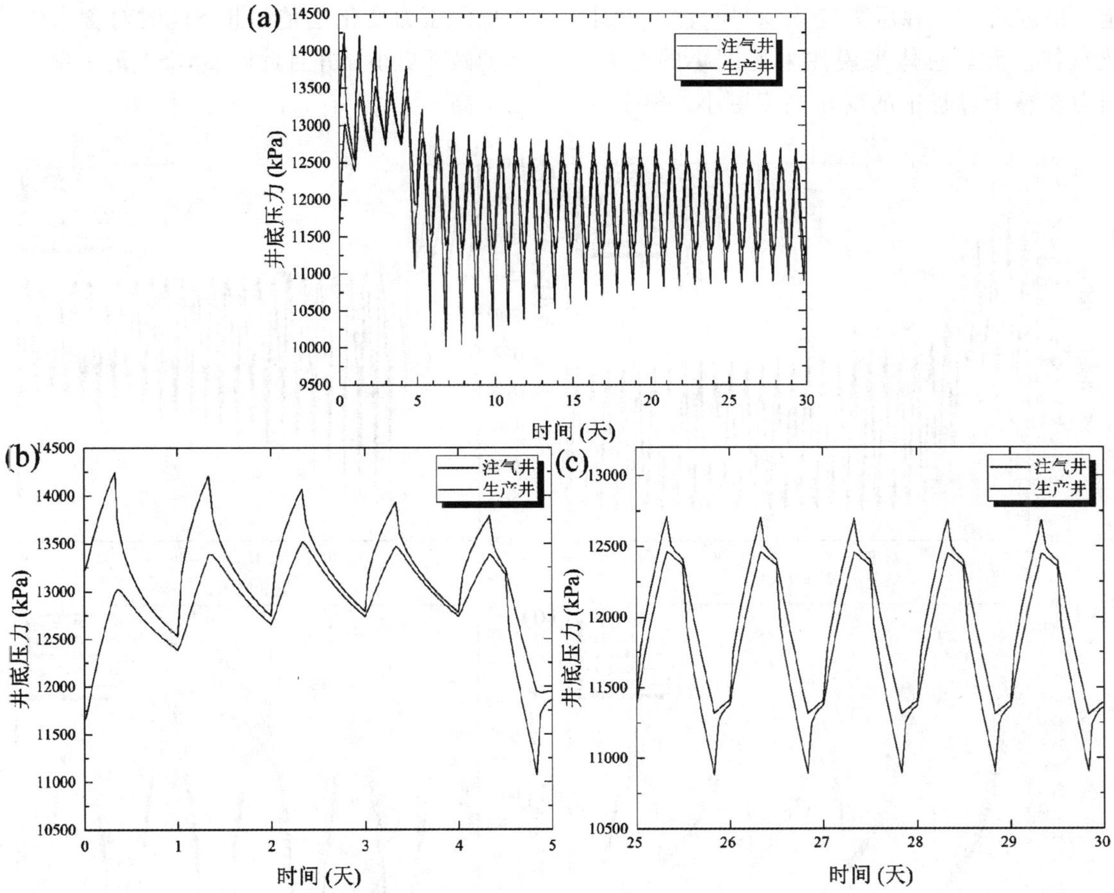

(a) 0－30 天，(b) 0－5 天，(c) 25－30 天

图 3　模拟周期 30 天内注采井底压力变化

20 天后，注采循环稳定，注气井附近形成了良好的气体缓冲，温度波动幅度在 0.3℃以内。生产井由于前四天没有工作，温度波动很小，注采循环开始后，井底温度也会随着注采过程而产生周期性变化，温差总是控制在 0.3℃以内。综合来看，井底温度对整个系统的影响相对较小，主要的温度变化取决于含水层本身的温度以及注入空气的

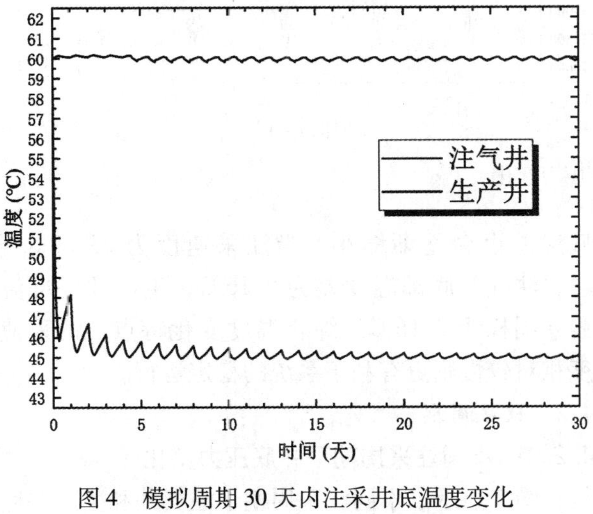

图 4　模拟周期 30 天内注采井底温度变化

温度，要想最小程度的减小对含水层地质结构的破坏以及防止温差对于井筒的影响，在不考虑其他因素的影响下，注气温度应与含水层初始温度接近。

4　敏感性分析

4.1　注采速度

4.1.1　不同注采速度下井底压力变化

图 5 显示了注气井和生产井底部压力变化曲线图。为了讨论注采速度对整个地下含水层压缩空气储能系统的影响，在每天的注气总量保持不变的前提下，模拟了五种不同的注采井的注采速度，注采速度分别为 23.89kg/s、26.54kg/s、29.86kg/s、34.13kg/s、39.81kg/s，相对应的每天注采时间分别为 10 小时、9 小时、8 小时、7 小时、6 小时。通过对比观察发现，注采速度越大，注气井井底压力越大，并且注气井底部压力差也会随着注采速度增大而增大。观察生产井压力发现，注采速度过快时，在刚开始进行注采循环时，生产井井底压力差会较大，随后慢慢变小，20 天左右会达

到稳定，稳定后生产井压力变化趋势与注气井压力变化规律一致。总体来说注采速度小的时候，井底压力在整个过程中的变化幅度更小，整个含水层的压力变化也是如此，此时对含水层地质结构的破坏更小，并且此时 CAESA 地下部分的效率会更高。

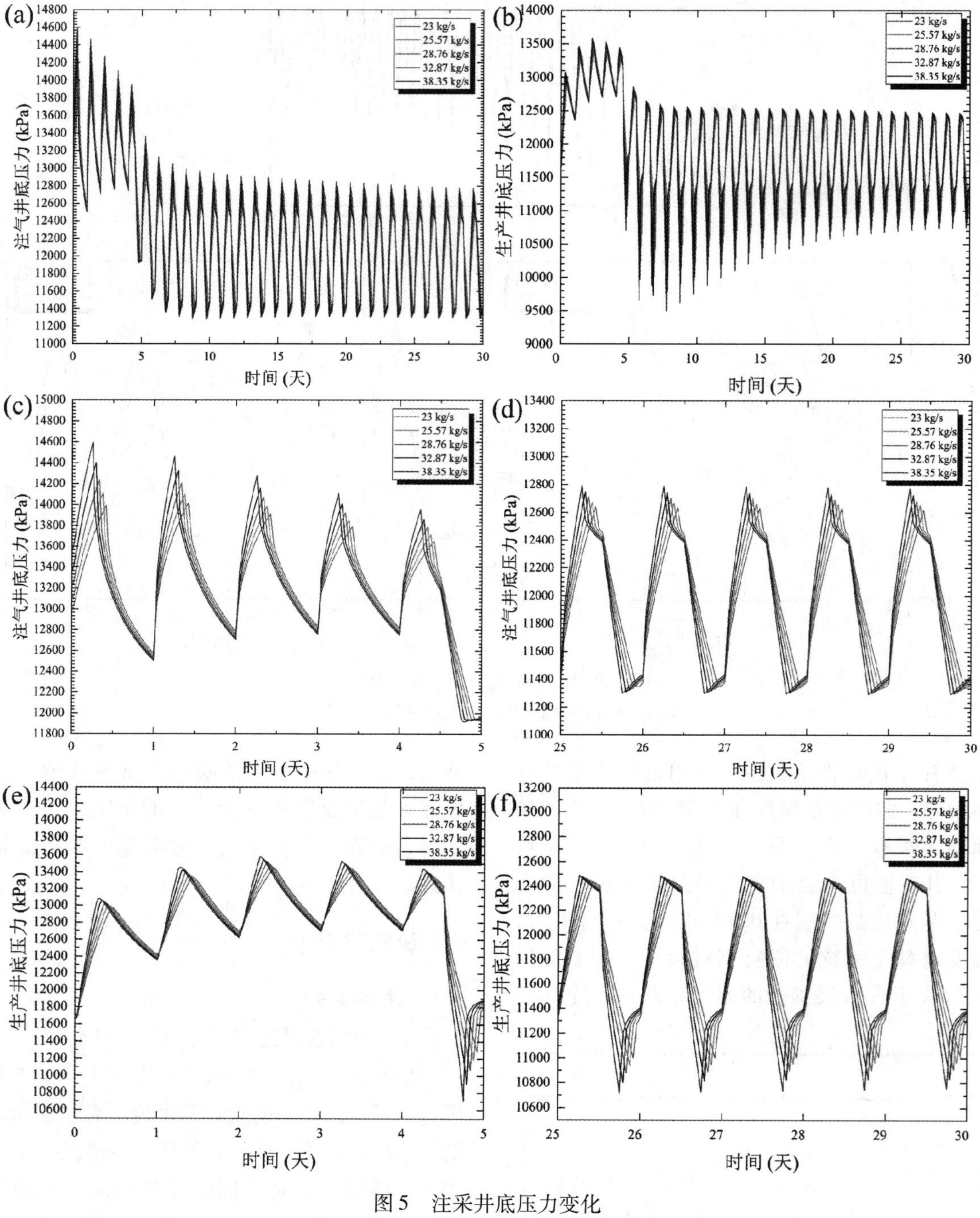

图5　注采井底压力变化

4.1.2　不同注采速度下井底温度的变化

图6显示了模拟30天内注气井和生产井井底温度变化曲线图。注采速度越快，井底温度越高；注采速度越慢，井底温度越低并且注采过程的温差也相对较小。模拟的最后一天，当注采速度为39.81kg/s时，注气井底部温度差为0.23℃，生产井底部温度差为0.19℃，注采速度变慢以后，井底温差也会逐渐缩小，当注采速度为23.89kg/s时，注气井底部温度差为0.16℃，生产井底部温度差同样为0.16℃。综合温度变化特点，注采速度相对较慢则更有利于系统的稳定运行。

4.2　注采周期

4.2.1　不同注采周期下井底压力变化

图7显示了不同注采周期下注气井和生产井底

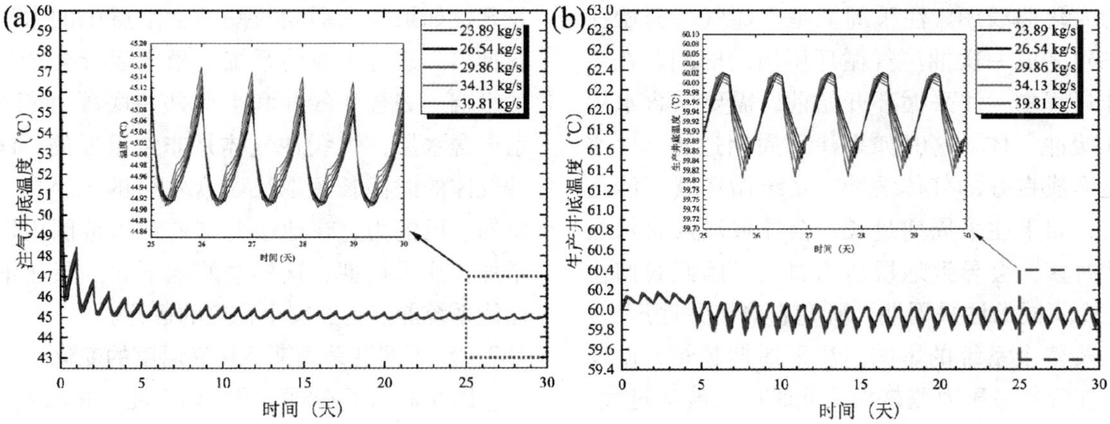

图 6　注采井底温度变化

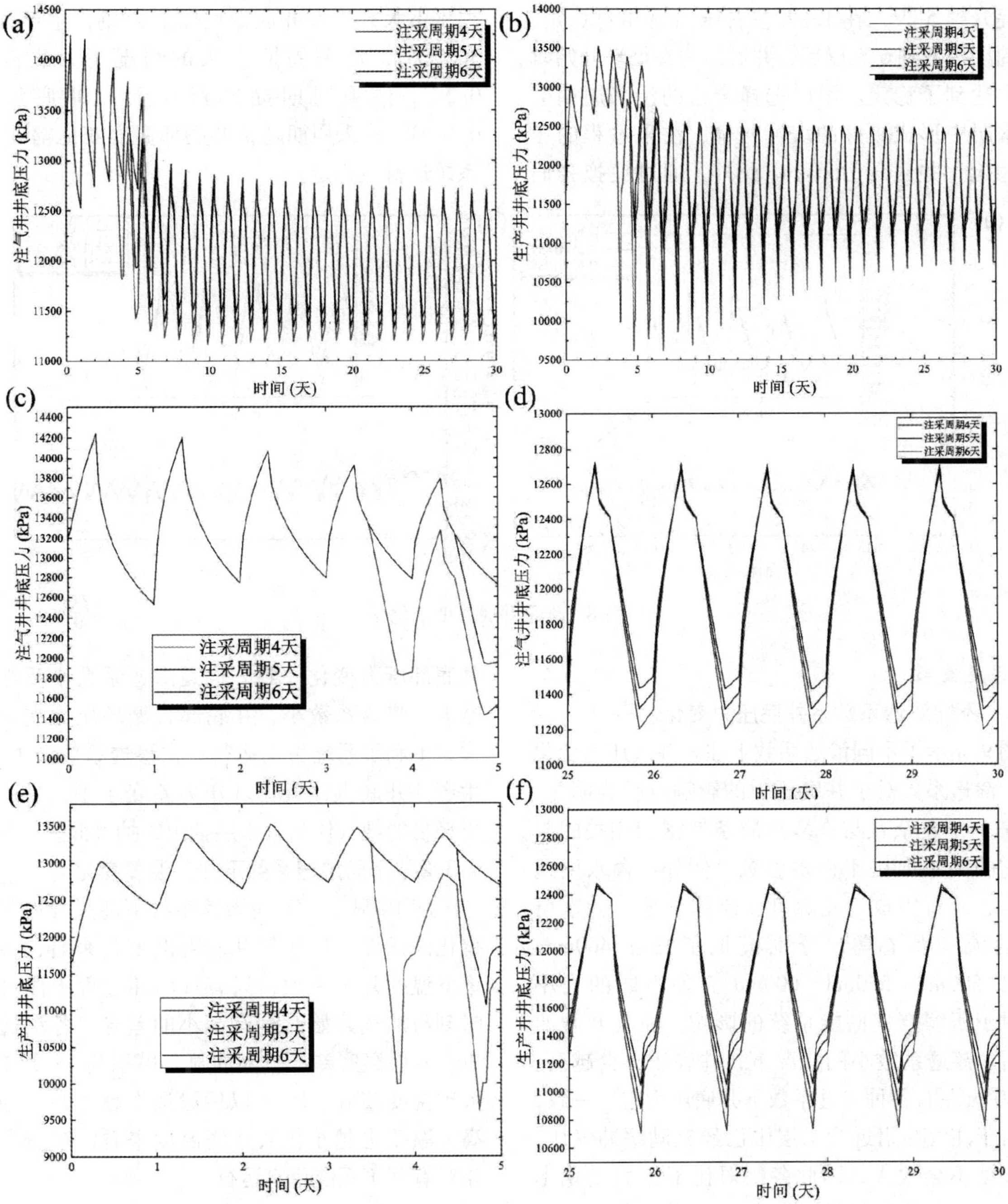

图 7　注采井底压力变化

部压力变化曲线图。注采周期是指注气井开始注气时刻到完成一次抽注气循环所用的时间。在系统工作过程中，注采循环开始前，需要向含水层中注入缓冲气体，这时如果注采周期过短，含水层不能形成良好的气体缓冲，系统循环就不能正常进行，如果注采周期过长，会导致注入含水层的气体过多，会导致地层压力过大。因此我们模拟了三个不同的注采周期，研究它对于井底压力、温度以及整个系统的影响。注采周期越短，循环稳定后注气井底压力差越大，此时压力波动过大，不易于系统稳定运行。当注采周期为4天时，注采循环进行到20天左右压力才会相对稳定，当注采周期提升到5天，在15天左右压力就相对稳定，注采周期提升到6天以后，井底压力在循环开始时就基本达到了稳定。因此选择合适的注采周期会使含水层中形成更好的缓冲气体，注采过程的压力更稳定，井底压力差小。此外，通过模拟我们发现，如果注采周期过短，含水层中的水可能会被抽出，这对于我们系统的稳定运行会产生较大的影响。综合注气井和生产井井底压力来看，提前向含水层注入缓冲气体是非常重要的，注入缓冲气体的时间长短取决于含水层的大小，以及地层的承压能力，在地层允许的承压范围内需要尽量加长注采周期，这样会使地下含水层压缩空气储能系统能够更加安全稳定的运行。

4.2.2　不同注采周期下井底温度的变化

图8显示了不同注采周期下注气井和生产井底部温度变化曲线图。注采周期短井底温度相对较低，注采循环稳定后各注采周期下注气井底温度差别不大，生产井底温度略有差别，生产井在第30天时，注采周期4天的情况下井底温差为0.2℃，注采周期提升到6天时井底温差为0.16℃，注采周期越长井底部温度变化幅度越小，系统运行更稳定。

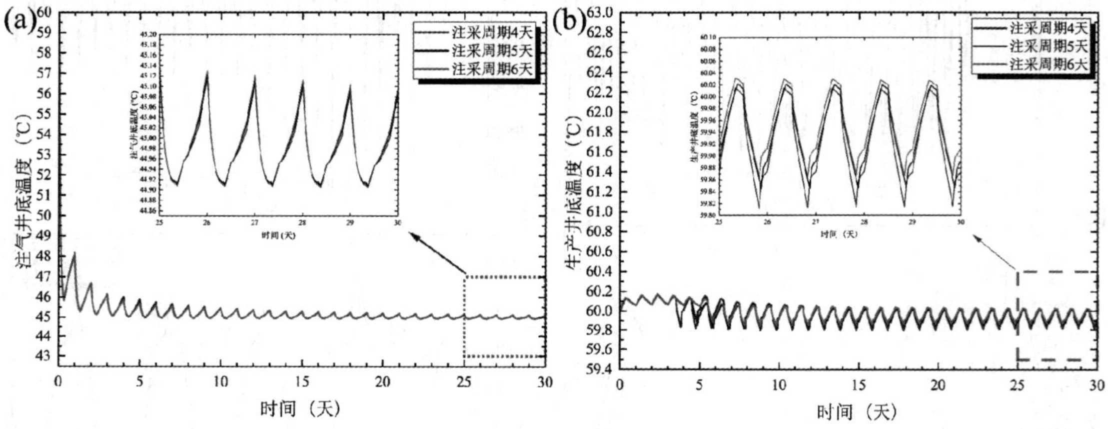

图8　注采井底温度变化

4.3　渗透系数

4.3.1　不同渗透系数下井底压力变化

图9显示了不同渗透系数下注采井底压力变化曲线。渗透系数对于井底压力的影响也较为明显，它是是一个复杂且与许多地质条件密切相关的参数。它的大小取决于许多参数，例如：含水层地质结构、岩石组成、孔隙度、流体性质、含水层中水的流动状态等。分别模拟了其在400md、450md、500md、550md、600md五种不同的大小下，对于压缩空气储能系统的影响。注气井开始注气后，渗透系数小的情况下，井底压力会越高，在第20天左右各种渗透系数下井底压力趋于一致，这是由于注气井附近含水层中已经充满缓冲气体，压力波动不会太大，因此各组对比下压力变化不明显；生产井注气开始阶段井底压力变化与注气井底部压力变化一致，也是渗透系数小反而压力略大；渗透系数小，井底部日循环压力差显著增大，不利于系统稳定运行；在渗透系数增大以后，生产井井底抽注气循环压力差变小了，生产井能更轻易的把气体从含水层抽出，抽气效率会提高。

4.3.2　不同渗透系数下井底温度变化

图10显示了不同渗透系数下注采井底部温度变化曲线图。从注气井底温度变化来看，各渗透率下温度几乎一致，只有日循环过程中注气于始时刻与抽气开始时刻有微小的差异。各渗透率下生产井底温度差异较为明显，模拟前15天渗透率大则温度较低，15天以后渗透率越大井底温度越高，温差也越小，从井底温度来看，渗透率越大相对有利于系统稳定运行。

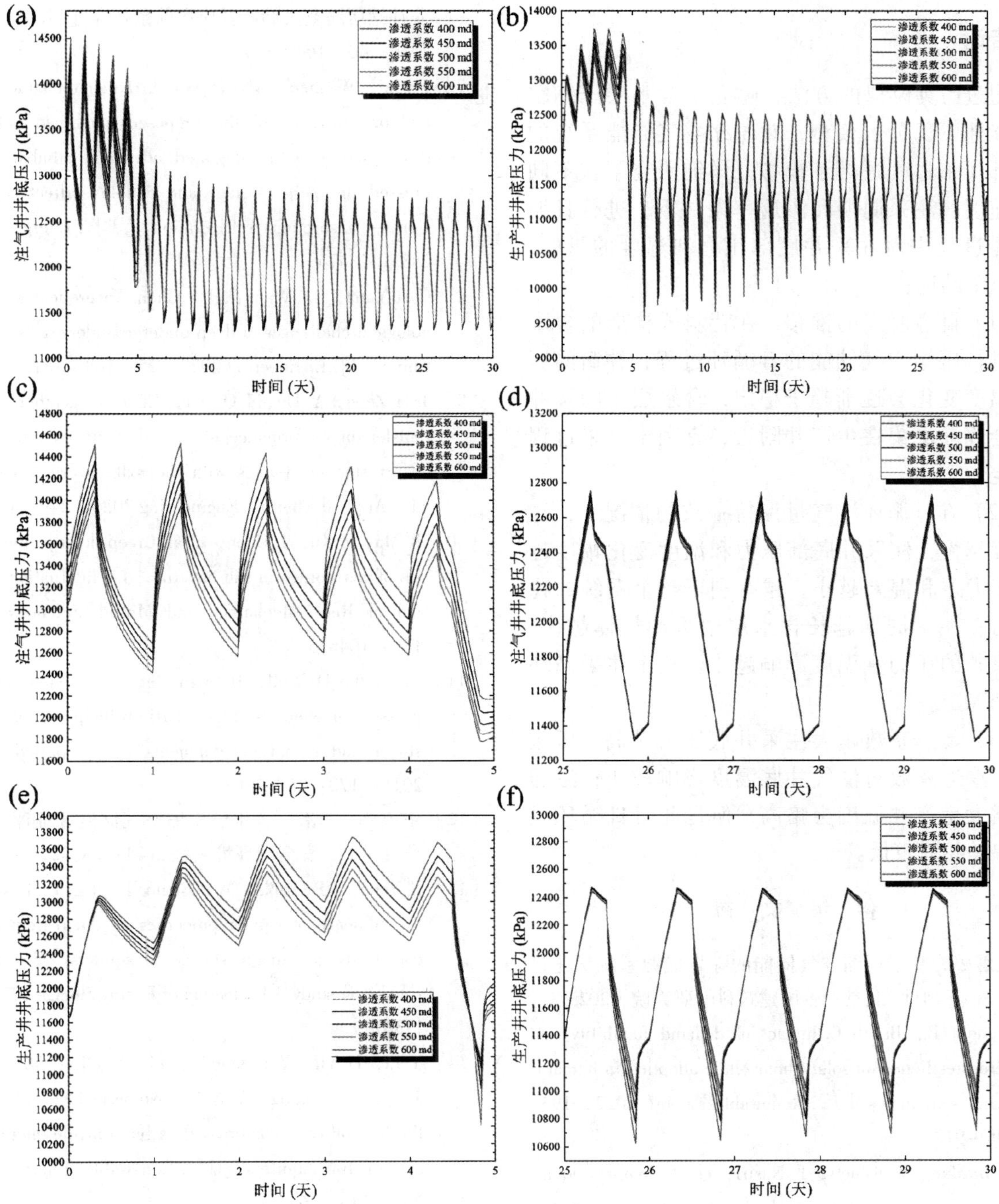

图 9　注采井底压力变化

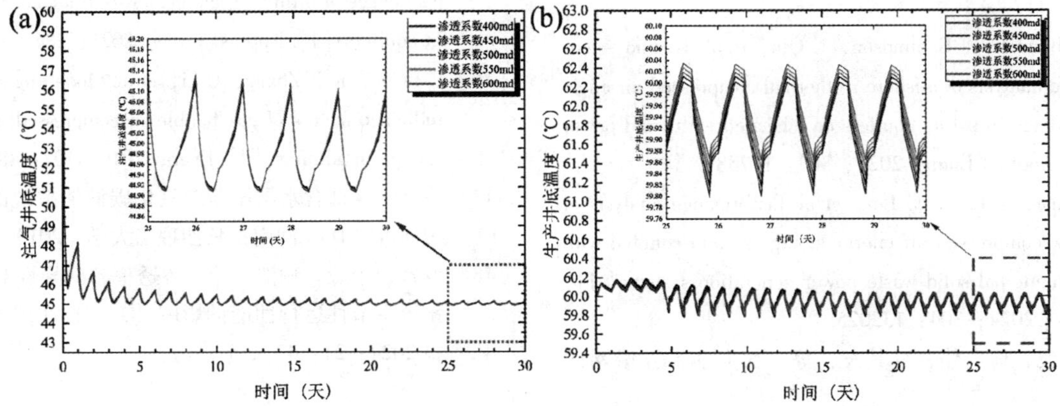

图 10　注采井底温度变化

5　结论

通过仿真模拟的方法，建立了含水层压缩空气储能地下部分的模型，对压缩空气储能系统的日循环注采过程进行了模拟。详细研究了在不同注采速度、注采周期和渗透率条件下，进行日循环储能过程中对注采井底部压力和温度的影响，得出以下结论：

（1）随着时间的推移，在背斜式构造的含水层中进行压缩空气储能的日循环过程，井筒的压力和温度变化会逐渐趋于稳定，含水层中的缓冲空气会逐渐汇集在生产井附近，有利于注采过程的稳定。

（2）在日循环注气量保持一致的情况下，注采速度越慢，注采井底部压力和温度变化幅度越小，压力差和温差越小，越有利于整个系统的稳定运行；注采周期越长含水层中缓冲气体越多，对注采井的压力和温度影响越小，整个注采循环过程越稳定。

（3）渗透系数越大注采井底压力越高，压差也大；渗透系数对注气井底温度影响较小；渗透系数增大生产井温度会略高，但是此时日循环过程的温差相对较低。

参　考　文　献

[1] 孔舒婷．基于压缩空气储能的综合能源系统优化设计研究［D］．北京：中国建筑科学研究院，2023.

[2] Manojit R, Basab C. Impact of demand flexibility and tiered resilience on solar photovoltaic adoption in humanitarian settlements [J]. Renewable Energy 2022; 193: 895 – 912.

[3] E Bazdar, M Sameti, F Nasiri, et al. Compressed air energy storage in integrated energy systems: a review [J]. Renewable and Sustainable Energy Reviews 2022; 167: 112701.

[4] J A Bennett, J G Simpson, C Qin, et al. Techno – economic analysis of offshore isothermal compressed air energy storage in saline aquifers co – located with wind power [J]. Applied Energy 2021; 303: 117587.

[5] X JXue, Y Li, S G Liu, et al. Performance analysis of a new compressed air energy storage system coupled with the municipal solid waste power generation systems [J]. Energy 2024; 304: 132025.

[6] 薛小代，梅生伟，林其友，等．面向能源互联网的非补燃压缩空气储能及应用前景初探［J］．电网技术 2016；40：164 – 171.

[7] J SBai, W Chen, NNXie, et al. Dynamic characteristics and optimizations of the proposed combined cold and power system with integrated advanced adiabatic compressed air energy storage and double – effect compression – absorption refrigeration [J]. Energy 2023; 283: 128474.

[8] C H Yang, TT Wang, H S Chen. Theoretical and technological challenges of deep undergroundenergy storage in China [J]. Engineering 2023; 25: 168 – 181.

[9] T H Zhao, Y He, J Q Deng. Effect of geothermal heat transfer on performance of the adiabatic compressed air energy storage systems with the salt cavern gas storage [J]. Applied Thermal Engineering 2024; 249: 123386.

[10] X Ma, Z Xu, L Chen, et al. Creep deformation analysis of gas storage in salt caverns [J]. International Journal of Rock Mechanics and Mining Sciences 2021; 139: 104635.

[11] M Budt, D Wolf, R Span, et al. A review on compressed air energy storage: basic principles, past milestones and recent developments [J]. Applied Energy 2016; 170: 250 – 268.

[12] 董家伟，李毅．含水层压缩空气储能选址评价方法研究［J］．安全与环境工程 2021；28：228 – 239.

[13] X Yang, J P Czapla, M B Clennell, et al. Understanding the influence of aquifer properties on the performance of compressed air energy storage in aquifers: A numerical simulation study [J]. Journal of Energy Storage 2024; 99: 113202.

[14] Y Li, H Yu, Y L Xiao, Y Li, Y J Liu, X Luo, D Tang, G J Zhang, Y N Liu. Numerical verification on the feasibility of compressed carbon dioxide energy storage in two aquifers [J]. Renewable Energy 2023; 207: 743 – 764.

[15] C B Guo, C Li, K N Zhang, et al. The promise and challenges of utility – scale compressed air energy storage in aquifers [J]. Applied Energy 2021; 286: 116513.

[16] C BGuo, K N Zhang, C Li, et al. Modelling studies for influence factors of gas bubble in compressed air energy storage in aquifers [J]. Energy 2016; 107: 48 – 59.

[17] 喻浩．深部含水层压缩二氧化碳储能系统的数值模拟研究［D］．湖南：长沙理工大学，2019.

[18] 罗贤，李毅，喻浩，等．渗透率各向异性对 CAESA 系统季节性运行性能的影响［J］．长沙理工大学学报 2024；21：42 – 55.

基于数字孪生技术的智能储气库生产与决策支持解决方案

宗振宁[2]　阳小平[1]　王　婷[1]　徐彬彬[2]　王　新[2]　付亚平[1]
赵　鑫[2]　成　凡[3]　段　冲[3]　钱　苏[3]

（1. 国家石油天然气管网集团有限公司生产部；2. 国家石油天然气管网集团有限公司北京智网数科公司；3. 国家管网集团储能技术有限公司）

摘　要　本文主要围绕基于数字孪生的智能储气库生产与决策支持解决方案展开。地下储气库作为天然气储备调峰的最佳选择，在我国天然气供应体系中作用重大，但我国储气库面临地质条件复杂、运行工况跨度大等诸多挑战。全球已建地下储气库众多，我国也在不断发展，截至2022年初已建成34座地下储气库，并预计到2030年新建30座。通过国内外储气库案例引出数字孪生技术，其通过数字化手段构建与物理实体等价的数字孪生体，核心技术是数字建模和仿真模拟，具有全生命周期、实时、双向等特点，在当前形势下成为油气开发数字化的必然选择，动态数字化孪生系统不受地域限制，具有灵活的现场开发等优势，能实现全方位监控工艺系统生产运行状态等功能。解决方案总体思路是构建与物理储气库实体1∶1的地上地下一体化全流程储气库模型，接入现场实时生产数据，实现对储气库生产实时在线仿真，为现场操作提供科学决策依据，主要架构包括一套储气库地面一体化数字孪生高精度动态机理模型和一套智能储气库生产管理与辅助决策系统，建设方案涵盖模型和应用系统的具体内容，如真实工艺系统数字化建模、自动识别与自动建模、生产数据校正与模型校准等，以及应用系统的七大类功能和三种模式。该解决方案能有效解决我国储气库运行挑战，提高安全、经济、高效运行水平，对保障我国天然气供应安全意义重大，未来将不断完善优化，为储气库行业发展提供强大支持。

关键词　数字孪生；智能储气库；生产与决策支持

Solution for Intelligent Gas Storage Production and Decision Support Based on Digital Twin Technology

ZONG Zhenning[2], YANG Xiaoping[1], WANG Ting[1], XU Binbin[2], WANG Xin[2], FU Yaping[1], ZHAO Xin[2], CHENG Fan[3], DUAN Chong[3], QIAN Su[3]

(1. Production Department of National Petroleum and Natural Gas Pipeline Network Group Co., Ltd 2. Beijing Intelligent Network Data TechnologyCompany of National Petroleum and Natural Gas Pipeline Network Group Co., Ltd 3. PipeChina Energy Storage Technology Co., Ltd)

Abstract: This paper mainly focuses on the production and decision support solution of intelligent gas storage based on digital twin. As the best choice for natural gas reserve and peak shaving, underground gas storage plays a significant role in China's natural gas supply system. However, China's gas storage faces many challenges such as complex geological conditions and large operating condition span. There are many underground gas storages built globally. China is also constantly developing. As of the beginning of 2022, 34 underground gas storages have been built, and it is expected that 30 new ones will be built by 2030. Digital twin technology is introduced through domestic and foreign gas storage cases. It constructs a digital twin equivalent to a physical entity through digital means. The core technologies are digital modeling and simulation simulation. It has characteristics such as full life cycle, real - time, and two - way. Under the current situation, it has become an inevitable choice for the digitalization of oil and gas development. The dynamic digital twin system is not restricted by region and has advantages such as flexible on – site development. It can realize functions such as comprehensive monitoring of the production and operation status of the process system. The overall idea of the solution is to build a 1：1 on – ground and underground integrated full – process gas storage model of the physical gas storage entity, access on – site real – time production data, realize real – time online simulation of gas storage production, and provide a scientific decision – making basis for on – site operations. The main architecture includes a set of high – precision dynamic mechanism model of gas storage ground integrated digital twin and a set of intelligent gas storage production management and auxiliary decision – making system. The construction plan covers the specific contents of the model and application system, such as digital modeling of the real process system, automatic identification and automatic modeling, production data correction and model calibration, etc. , as well as seven major functions and three modes of the application system. This solution can effectively address the operational challenges of China's gas storage, improve the level of safe, economic, and efficient operation, and is of great significance for ensuring the safety of China's natural gas supply. In the future, it will be continuously improved and optimized to provide strong support for the development of the gas storage industry.

Key words：digital twin；intelligent gas storage；production and decision support

1　引言

地下储气库作为天然气储备调峰的最佳选择，在我国天然气供应体系中发挥着重要作用。“十三五”期间，我国基本形成了以地下储气库和沿海LNG接收站储罐为主的综合调峰体系。国家陆续出台政策，推动储气设施的投资和建设。2021年两会报告指出，要加快地下储气库建设，补足储气能力短板，加强应急储备调峰能力。

2　行业背景与业务痛点

全球已建地下储气库715座，截至2022年初，我国已建成34座地下储气库，并形成多个储气库群。预计到2030年还将新建30座储气库。与国外相比，中国储气库具有地质条件复杂、注采压力高、采出物组分复杂、注采系统弹性小等特点，储气库安全、高效运行面临诸多挑战，具体包括运行工况跨度大、全流程生产状态难以全局把控、注采计划调整缺少科学决策依据和数据支撑、井流物组成复杂存在流动保障风险、计量难度大监控点位不足以及部分点位设备缺失或损坏、压缩机等重点设备运行效率及能耗有待优化等问题。

3　相关案例

3.1　中石化XX储气库

由中石化科技部发起的国际合作课题，康士伯数字与中石化大连石油化工研究院联合承接。项目目标是建立储气库井筒 – 注采管道 – 注采站一体化数字孪生动态机理模型，并结合储气库生产运行特点进行相关专题优化研究与试验，形成可推广的系统解决方案。项目建设内容包括高精度一体化储气库动态模型、基于“数字孪生”的储气库辅助决策系统和技术服务报告。

3.2　荷兰Bergermeer储气库

Bergermeer储气库是欧洲最大的储气库之一，由TAQA与荷兰政府共同投资。该储气库处理厂设计初衷为建设零排放工厂，对系统自动化、智能化要求高，且环评要求严格，处理装置异地建设，与气库使用多相流管线连接。其面临的生产与流动保障挑战包括气量调峰调配、柔性生产与回注天然气以及根据订单按小时确保外输量等。

4　数字孪生技术概述

4.1　数字孪生的定

数字孪生是针对物理实体，通过数字化手段构建一个与其完全等价的数字孪生体，借此来实现对物理实体的了解、分析和优化。数字孪生最核心的技术是数字建模和仿真模拟，其特点包括全生命周期、实时、双向。

4.2　数字孪生的必然性

利用数字化新技术促进生产方式和管理模式的变革是最有效甚至是唯一的举措。数字孪生技术体系是数字化智能化最具潜力的技术措施，因其能实现有效的全息全真、远程监控、自动优化、情境智能和高度自治运营，成为油气开发数字化的必然选择。在当前低油价和疫情的情况下，数字化趋势加速推进，降本增效、节能减排、安全生产成为重点，储气库数字化趋势包括井口平台无人化、中心平台少人化以及远程决策支持中心覆盖所有类型储气库。

4.3　选择动态数字化孪生系统的原因

动态数字化孪生系统不受地域限制，具有灵活的现场开发、跨部门合作、提高决策质量、优化生产降低能耗、自动化工作流程、缩短停机时间、提高人员利用率、增强安全减少环境影响等优势。

4.4　数字孪生所实现的功能

数字孪生系统能够实现全方位监控工艺系统的生产运行状态，通过对全系统的实时监测以及专家系统的计算辅助，确保生产系统稳定运行，提升操作效率，减少意外关停等工况，优化启/停工况，实现异常工况的早期预警，通过虚拟计量系统减少冗余的物理计量器。其具体功能包括性能监测、物流规划、概念评估、设计与验证、维护和后勤、控制策略与测试、集成与测试、虚拟调试、生产优化、虚拟生产、场景测试、培训等。

5　总体思路与主要架构

5.1　总体思路

基于高精度动态模拟软件，构建与物理储气库实体 1∶1 的地上地下一体化全流程储气库模型，接入现场实时生产数据，实现对储气库生产实时在线仿真，支持依据需求完成工况的前瞻预测和条件预测，改变传统管理模式，实现储运库运行状态全局把控，为现场操作提供科学的决策依据及数据支撑。总体目标包括监控全局化、计量精准化、风险定量化、管理精细化和决策科学化，具体体现为生产状态实时监控预警、虚拟计量、流动保障定量跟踪、设备健康与能耗在线监测、全流程工艺模拟仿真等。

5.2　主要架构

基于动态模拟的智能储气库生产管理与辅助决策系统建设内容主要涵盖“两个一”：一套储气库地面一体化数字孪生高精度动态机理模型和一套智能储气库生产管理与辅助决策系统。

5.2.1　模型

（1）真实工艺流程的数字化：

对气井、注采管线、过滤分离器、调压撬、阀门、干燥器、管线、汇管等工艺设备以及各种电动/手动阀门、压力表、温度表、流量计等仪表进行全系统工艺流程建模，1 比 1 还原现场工艺流程，支撑储气库全系统和各工艺单元的高精度模拟，实现沿线节点工况、组分、单井注采气量的实时监测、预测、计划分析等功能。

（2）自动识别与自动建模：

利用专门的工艺系统数字化建模套件，实现储气库的数字化建模，支持基于 P&ID 图纸的模型自动搭建。该功能使用图象识别技术和机器学习算法，对 P&ID 图纸进行扫描和学习后，自动将模型库中的各工艺设备模块放置到图纸中的对应位置并进行连接，同时支持用户定义命名规则，算法自动根据规则命名模块，大幅度加快了对已有设施或新建设施的数字孪生搭建速度。

生产数据校正与模型校准：通过源数据过滤、记录以及关联工艺段进行数据校正计算，全工艺段进行数据校正计算，校正结果用于校准模型精度，循环迭代，以提高模型的准确性。

5.2.2　应用系统

智能储气库生产管理与辅助决策系统基础功能涵盖全息化情景应用、实时监测预警、工艺模拟优化、流动保障跟踪、虚拟计量、动设备监测及操作员培训等。具体功能包括虚拟计量、设备能耗效率监测、水合物监测预警、清管作业周期预测、段塞流追踪、泄露监测定位、腐蚀冲蚀速率检测、组分追踪、井筒积液、外输气质量监测、全息化情景应用、工况在线监测预警、应急模拟、启停车分析、调峰能力评估、工况复盘计算、注气方案规划、脱水工艺优化、采气方案规划、水合物抑制剂追踪等。

6　建设实施方案

6.1　一套模型

储气库地面一体化数字孪生高精度动态机理模型包括真实工艺系统的数字化建模、自动识别与自动建模以及生产数据校正与模型校准等内容。

6.2　一套应用系统

智能储气库生产管理与辅助决策系统具有七大类功能和三种模式，包括虚拟计量、设备能耗效率监测、水合物监测预警、清管作业周期预测、段塞流追踪、泄露监测定位、腐蚀冲蚀速率检测、组分追踪、井筒积液、外输气质量监测、全息化情景应用、工况在线监测预警、应急模拟、启停车分析、调峰能力评估、工况复盘计算、注气方案规划、脱水工艺优化、采气方案规划、抑制剂追踪等功能。

系统将过去基于仪表位置的“点监控”升级为可以查看任意位置数据的“线监控”，采集关键节点数据，模拟计算整个工艺链的线状工艺参数信息，包括基础工艺参数压力、温度、流量的监控，注采指标计算，管存量计算，组分参数以及原油密度，积液计算，关键位置的参数监控，各种定制KPI指标，随时间变化的趋势图等。同时，系统还具备工况在线预警功能，对控制系统中传统报警进行补充，报警由模型计算或专家系统触发，包括泄漏报警、压力报警、清管球到达报警、气量报警、设备报警等，这些报警可以通过在线系统专家或集成进控制系统的操作员站进行报警。此外，系统还能进行工艺模拟及优化，如采气规划分析和注气规划分析，辅助制定采气和注气规划方案，输出地层压力、各井产量、累计采气量、可采气量、总库存量等趋势曲线，指导现场生产规划。

系统还能进行水合物检测与抑制剂追踪、积液管理、组分追踪、清管管理、腐蚀冲蚀速率监测等功能，实时计算各相的管存积液量，追踪水合物抑制剂浓度与存量，实时追踪各组分在管网中的分布情况，与DCS系统的发球信号同步追踪并可视化清管球位置，监测全线的腐蚀速率和最大腐蚀点位置等。系统的虚拟计量功能包括虚拟仪表、实际物理仪表的软仪表冗余、无法测量物理量的在线直接观测、物理仪表状态监测与分析、工艺多参数的多元统计分析等，还能利用机器学习计算井流流量。

关键设备状态监测功能包括关键设备运行健康度诊断、机理模型识别并预警上下游的工艺偏差、机理模型计算出运行效率等。操作演练培训功能基于数字孪生提供安全真实的环境，培训操作员在各种工况条件下的安全操作，内置的评估工具可以根据操作员长期培训的表现进行打分，输出评估报告指导下一阶段的培训。

全息化情景化应用功能实现二维和三维结合、动态数据与静态数据结合，快速点位查找所需信息，一个物理实体能够链接与之相关所有信息，包括属性信息、结构信息、动态工艺参数、视频等，还包括关联性，实现现场日常操作指导、工单作业管理、大数据分析场景、跨专业协作、可视化、生产监控等功能。三维可视化展示基于可视化系统场景并叠加各类数据，将日常关注的信息通过系统一目了然全部展示。

7 结论

基于数字孪生的智能储气库生产与决策支持解决方案通过构建高精度的储气库模型和智能应用系统，能够实现对储气库生产的全面监控、优化和决策支持，有效解决我国储气库运行中面临的诸多挑战，提高储气库的安全、经济、高效运行水平，对于保障我国天然气供应安全具有重要意义。未来，随着数字化技术的不断发展，该解决方案将不断完善和优化，为我国储气库行业的发展提供更强大的支持。

参 考 文 献

[1] 国内外智能化储气库现状及展望［J］文韵豪；王秋晨；巴玺立；李庆；班兴安；李昱江．油气与新能源 2022（02）
[5] 中国储气库业务发展前景及运营模式发展路径探析［J］杨义；陈进殿；王露；张晗；倪杰清；张毅；李虎．油气与新能源 2021（04）
[6]“十四五”期间我国储气库建设面临的挑战及对策建议［J］刘烨；何刚；杨莉娜；王念榕；巴玺立；张红燕．石油规划设计 2020（06）
[7] 地下天然气储气库信息化建设现状与探讨［J］叶康林．信息系统工程 2019（07）
[8] 凝心聚力 持续创新 打造储气库高效运行模式［J］汤林；何刚；李彬；张刚雄；毛川勤．石油人力资源 2019（02）

文 96 储气库动态监测技术探究

腰世哲　杨炎鑫　丁世浩

（中石化储气库分公司）

摘　要　文 96 储气库经历十一个完整注采周期，动态监测技术为其安全运行提供了重要技术保障。本文介绍了文 96 储气库动态监测系统的基本内容和具体实施情况。基于储气库注采运行特点，结合注采气工艺现有流程，文 96 储气库在完成常规监测资料录取的基础上，积极开展针对地质体、注采井、地面工艺设施的动态监测资料录取工作，进而形成了一套包括微地震监测、套损－固井检测与储层饱和度综合测井（CCFET）、分布式光纤监测等技术在内的枯竭气藏型储气库动态监测技术体系。有效指导了文 96 储气库扩容达产和高效调峰工作，取得了良好的应用效果。

关键词　储气库；库容；动态分析；动态监测；工作气量

Research on Dynamic Monitoring Technology in Wen 96 UGS

YAO Shizhe，YANG Yanxin，DING Shihao

（Sinopec Gas Storage Company）

Abstract：Wen 96 Understand Gas Storage has experienced eleven complete injection and production cycles. This paper introduces the basic contents and implementation of the dynamic monitoring system of Wen 96 gas storage. Dynamic monitoring technology plays an important role in ensuring its safe operation. Based on the existing injection – production process and operation features，Wen 96 gas storage has completed the routine monitoring data. Routine monitoring data include temperature，pressure，oil，gas and water analysis. In addition，the acquisition of dynamic monitoring data，including geological bodies，injection – production Wells and surface process facilities，has been carried out. This has resulted in the formation of a dynamic monitoring technology system for understand gas storage in depleted reservoir. Dynamic monitoring technology system includes technologies such as Microseismic Monitoring，Casing Cementing Formation Evaluation Tool（CCFET）and Distributed Fiber Optic Sensing. The injection – production wells and observation wells constitute the dynamic monitoring well – network system. Monitoring well – network system has effectively guided the capacity expansion，production achievement，and efficient peak shaving operations of Wen 96 UGS，and has achieved favorable application results.

Key words：Understand Gas Storage；Storage Capacity；Dynamic analysis；Dynamic monitoring；Working capacity

1　概况

文 96 储气库属于枯竭气藏型储气库，由原文 96 气藏改建而成，含气层位为沙二下 1－4、8 砂组（$S_{2X}^{1-4、8}$）和沙三上 1－3 砂组（S_{3S}^{1-3}），天然气分布主要受构造控制；文 96 储气库投产后已经历十一个完整注采周期，自投产初期逐步建立规范的气藏监测体系，并及时开展气藏动态监测新技术跟踪、研究及应用，较好地支撑了气库的多周期注采运行，逐步实现达容、达产。

2　动态监测体系

2.1　动态监测内容

由于储气库采取高速注采且注采频繁交替，

不同的注采周期内注采速度和注采量会有差异，加上储层非均质性的影响，每个注采周期内，地下油气水分布都不可能完全相同，因此为了保障地下储气库安全、有效运行，及时掌握储气库运行动态，必须建立系统化的监测体系，而科学、合理地部署储气库监测井系统，是实现这一目标最重要的方式。文96储气库库动态监测分为注采井、监测井、利用井和封堵井四部分监测内容，详情如图1，根据《Q/SH 1025 0979—2022 油气藏型储气库动态监测资料录取规范》开展监测工作。

（1）注采井监测内容分为常规监测和重点监测两大类。常规监测包括流体量监测、压力监测、温度监测、常规流体监测；重点监测包括高压物性检测、含气饱和度监测、注（采）气剖面监测、试井、井筒完整性监测及非常规检测等项目。

（2）监测井监测分为压力监测和含气饱和度监测。

（3）利用井监测分为压力监测和流体量监测。

（4）封堵井监测主要指压力监测。

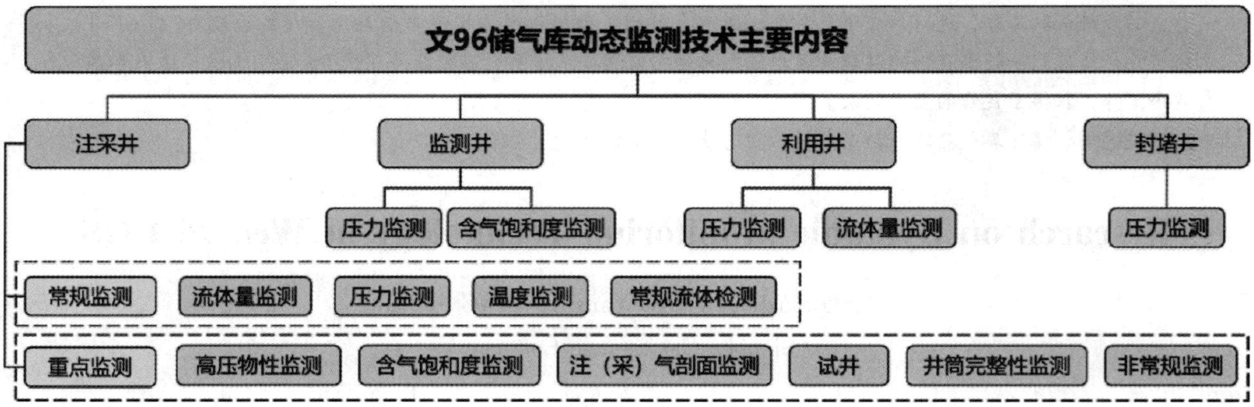

图1　文96储气库动态监测技术主要内容

2.2　动态监测目的

动态监测工作主要通过注采井来开展，明确储气库气藏区域内的注采动态、流体性质、气液界面和流体运移、注采气产能，掌握单井的注采气能力、储层物性、流体性质变化等，指导储气库扩容达产，优化配产配注等生产任务。文96储气库动态监测目的包括三个方面：

（1）掌握储气库生产运行动态。

（2）根据监测资料及生产统计数据进行盘库核算。

（3）评价储气库的封闭性。

动态监测技术在满足上述功能和要求的前提下，应当同时具备安全可靠性高、投资成本低的特点。由注采井和观察井共同构成的监测井网系统，及时掌握储气库运行动态，保障全生命周期安全运行。

2.3　动态监测资料

文96储气注采运行动态分析所需动态监测资料，见下表1。

表1　储气库动态监测资料统计表

类别	项目	监测目的
温压测试	静压及梯度	获取地层压力变化情况
	流压及梯度	获取注气流压及梯度
试井测试	不稳定试井	获取储层渗流参数变化
	稳定试井	评价气井注气能力
流体分析	天然气全组分分析	分析气源组分，监测储层、井筒可能存在的天然气
气水界面		获取储气库气水界面变化，监测储气库运行过程中流体运移及气液界面变化情况
密封性	盖层压力监测	获取盖层压力变化情况，监测盖层可能出现的天然气漏失
	井工程监测	获取井口及井筒密封性，监测套管、接箍损伤、腐蚀内径变化、射孔质量和井下管柱状况
	微地震监测	评价储气库动态密封性

3　动态监测技术优选

3.1　常规资料录取

3.1.1　注采井产量监测

注采井气、水产量要以单井计量为基础，采用连续计量的方法，计量误差不得超过 5%；实现不了单井计量的井，采用轮流计量方式，连续计量时间不小于 24 小时；对产量异常的气井应连续计量观察。采气井计量生产时间、产气量、产油量、产水量，其中产气量包括瞬时产气量、日产气量、累计产气量、放空气量；注气井计量注气时间、注气量，其中注气量包括瞬时注气量、日注气量、累计注气量。

3.1.2　压力监测

压力监测包括井口油压、套压；集气站压力；气井井底静止压力及梯度、流动压力及梯度。

（1）油（套）压

注气井：新投时每 2 小时录取一次油套压，井口压力稳定以后注气井油（油套、技套）压每 4 小时录取一次，开、关井前应录取油套压。

采气井：由注气转为采气时每 2 小时录取一次油套压，井口压力稳定以后采气井油（油套、技套）压每 4 小时录取一次，开、关井前应录取油套压。

观察井、停产井和封堵井每日录取一次压力，若有异常，加密监测。

利用井按照油水井资料录取规定录取相关资料，若有异常，及时反应。

（2）注采站压力

压缩机出口压力、单井进站压力、分离器压力、汇管压力等要求每 2 小时录取一次。

（3）流压、静压

下入永置式井下压力计的气井连续监测压力，其余注采井每一个月测一次压力及梯度，特殊井可加密录取。采用压力计录取压力时应相应录取温度。注采井开井时测流压，关井时所测为静压。根据气库运行需要，停气期为 3 月 15 日 –3 月 25 日，共 11 天；11 月 1 日 –11 月 14 日，共 14 天。注采井在停注（采）气 7 天以后，录取地层压力，每年测 2 次。2 口监测井（文 92–62 井、文 96–储 5 井）由于下带永置式压力计不需再测静压。实测有困难的井，可采用井口压力折算的方法；注气期关井的气井每月均应测静压。

3.1.3　温度监测

包括地面温度和气层温度及梯度。地面温度录取气井进站温度、计量温度、大气温度、水套炉温度、分离器温度、压缩机出口温度、井口温度、气嘴后温度等；正常生产气井应每 2 小时录取一次计量温度、分离器温度，新投气井、产状异常气井应加密录取；气井进站温度、大气温度、水套炉温度根据需要随时录取。记录温度精确到 0.5℃，平均温度取整数。地层温度及梯度录取，原则上和地层压力录取同时进行。

3.1.4　流体性质监测

（1）天然气分析

由注气井转为采气井后应在生产后的一个月内定期取得稳定条件下的气样进行全分析（不少于 3 个），第一注采周期内每月取样做全分析 1 次，以后每季度取样做全分析 1 次，特殊情况可加密。

（2）水分析

由注气井转为采气井时，每周取水样做全分析一次，每日进行一次氯根含量测定，直到水性稳定，转为正常分析密度，以后每月取水样全分析一次，每周进行一次氯根含量测定。对有出水预兆的气井，每周取水样全分析一次，每日进行一次氯根含量测定。

（3）凝析油分析

由注气井转为采气井时，应在生产后一个月内取压力、产量稳定条件下的凝析油做物性分析、组分分析。以后每气井每季度取油样做全分析一次。

3.1.5　其他应录取的资料

（1）开关井时间、改变工作制度时间及原因；

（2）取气、油、水样时间及位置；

（3）放空时间、原因及气油水量；

（4）换压力表时间、校流量计时间及有关数据；

（5）测（试）井日期及类别；

（6）井下作业简况；

（7）气井出水时间、依据及简况：排水的方式与效果；

（8）试验项目的时间、目的、内容及效果分析；

（9）油藏利用井油气比突变时间及原因分析。

3.2　地质体动态监测

地质体动态监测内容包括注采动态、内部温压和流体性质、气水界面和流体运移、注采井单井最大产能等。

3.2.1　注采气剖面

气库在投产初期开展剖面测试，后每轮次注

采周期选择1－2口注采井开展注（采）气剖面测试。主要录取资料包括：井号、层位、井段、测井时间、测井仪器型号或测井系列、流体密度、压力、温度、磁定位、自然伽马、涡轮流量、持液率、持气率等。

3.2.2　剩余气饱和度

观察井在每轮次注气开始前和阶段注气结束后分别开展1次剩余气饱和度测试；每年选择1－2口主力注采井剩余气饱和度测试。通过开展长、短源距计数率交会、中子伽马曲线、孔隙度指数曲线、含气饱和度曲线综合对比，分析评价储层注气效果和气水界面变化。主要录取资料包括：井号、层位、井段、测试时间、测试仪器型号、厚度、泥质含量、孔隙度、俘获截面、中子伽马、自然伽马、连续井温、含气饱和度、射孔情况等。

3.2.3　高压PVT测试

每年采气初期，选择1－2注采井在生产层位中深部，通过PVT高压单相物性取样，进行高压物性分析。分析资料包括：井流物组分组成分析数据、地层温度下单次脱气数据、不同温度条件下恒质膨胀实验数据。

3.2.4　微地震监测

应用WDZⅢ微地震气相前缘实时监测系统，开展微地震事件监测。

（1）井筒监测：以井筒为监测中心，开展停注15小时以上的背景监测3小时、正常注采监测3小时和停注监测3小时；

（2）追踪监测：沿注采优势方向轴线，以轴线上到井筒的距离750m处为新的监测中心，开展停注15小时以上的背景监测3小时、正常注采监测3小时，直至监测到注采气体前缘位置，后再停注监测3小时；

（3）油环段追踪监测：以井筒为监测中心，开展停注15小时以上的背景监测3小时、正常注采监测3小时。

主要录取资料包括：微地震事件及空间位置、井口位置坐标、检波器位置坐标、检测时间、采气量。

3.2.5　浅层地球化学监测

利用高精度甲烷传感器，结合静态箱痕量甲烷捕集装置，实现地表微渗漏气体高精度监测，监测区域覆盖文96储气库工区与背景区。主要录取资料包括：监测点位GPS、时间、点位描述、周围环境数据以及甲烷监测数据。

3.2.6　注采井试井

（1）稳定试井（产能试井）

选取重点生产井，测量在3－5个工作制度（小产量到大产量）下，稳定生产12小时的产量数据和流压数据，回归地层稳定渗流方程。

（2）不稳定试井

在投产初期、新井投产初期、实施增产措施前后应展不稳定试井，重点注采井每轮次注采周期末期，进行1次压力恢复和压力降落试井，并根据注采运行状况合理安排干扰试井等。主要录取资料包括：井号、测点深度、监测时间、井筒流静压、流静温等数据。

3.3　注采井完整性监测

储气库注采井完整性监测内容包括采气树/井口装置完整性监测、套管/油管管柱完整性监测、水泥环完整性监测。注采井套管柱完整性通过地球物理方法进行监测（表2）。

表2　套管/油管管柱完整性地球物理方法检测内容

检测内容	检测方法及仪器	
	不提升油管	提升油管
套管损坏检测	磁脉冲探伤法—厚度测量法（电磁探伤测井仪）	井径测井仪（二十四臂井径仪）；套管检测仪；小直径井壁超声波成像测井仪
套管壁厚检测	磁脉冲探伤法—厚度测量法（电磁探伤测井仪）	电磁探伤测井仪
井下设备位置检测	磁脉冲探伤法—厚度测量法（电磁探伤测井仪）	磁性定位器
油管探伤	磁脉冲探伤法—厚度测量法（电磁探伤测井仪；噪声测井仪；小直径井壁超声波测井仪）	电磁探伤测井仪；噪声测井仪；小直径井壁超声波成像测井仪
管接头位置	磁脉冲探伤法—厚度测量法（电磁探伤测井仪；套管检测仪	电磁探伤测井仪；套管检测仪；磁性定位器

续表

检测内容	检测方法及仪器	
	不提升油管	提升油管
井筒液面深度	中子伽马测井	—
套管外空间状态（套管外空气聚集地层段、地层层间串流、水淹情况）	高灵敏度测温法;；噪声测量法；放射性测量法（伽马测井 + 中子伽马测井；感应测井；固定式伽马测井）	中子脉冲测井；伽马光谱测定法；噪声测量法—光谱测定法；放射性同位素检查；水流动定位

3.3.1　环空保护液液面测试

每年应进行 1 次油套环空保护液液面检测，根据液面变化情况，及时采取措施。结合井筒温度场变化、注采制度变化、环空压力变化以及泄放测试等资料，综合分析判断环空压力异常变化原因。

3.3.2　噪声找漏测井

环空起压井在停气期间，可依次放喷 A、B、C 环空，开展噪声找漏测试，确定油套管环空泄漏位置。

3.3.3　电磁探伤、多臂井径测井

选择 1 – 2 口注采井每年可同步开展多臂井径测井和电磁探伤测井，确定油管壁厚变化及油管结盐、结垢情况，明确套管管柱在役状态。

3.3.4　管柱腐蚀监测

采用挂片失重法开展井下管柱腐蚀现场监测。

3.3.5　套损 – 固井检测与储层饱和度综合测井（CCFET）

套损 – 固井诊断 – 储层评价综合测井通过一次下井获得储层、套管损伤和水泥填充情况等多方面的信息。2023 年，文 96 储气库实施了文 96 – 储 8、储 9 井两口井 CCFET 测试，对油、套管腐蚀情况，固井质量、储层物质变化情况进行评价，为研究分析环空起压原因提供数据资料。

CCFET 测井曲线包括：120 条电动感应势衰减曲线、井温曲线、压力曲线、自然伽马曲线、2 条中子 – 中子曲线 1 个自然伽马能谱、3 个中子伽马能谱等。

3.3.6　钢丝光纤测井

注采井在关井状态下，多次放空 A、B、C 环空气体，持续监测声波能量信号（DAS）和 DTS 信号变化，定性描述泄露点分布情况。与噪声找漏测试结果相互印证井筒管柱完整性，准确发现环空泄漏位置，落实环空起压原因。

2022 年，文 96 储气库实施了文 96 – 储 10 井钢丝光纤测试，结合 DAS 与 DTS 综合分析，判断 312.6m 处附近存在泄露。

3.3.7　可视化测井

可视化测井应用 VLTW – 40A 前视全景可视化井下仪直接监测分析掌握井下安全阀开启状态、油套管完整性以及井筒结盐情况。

3.3.8　井口装置监测

储气库注采井投产后，5 年内对井口装置进行首检。在首检之后的 10 个注采周期内，根据首检结果和生产运行情况开展第二次井口装置的检测。井口装置检测项目包括工作性能检测、装置缺陷检测、壁厚监测、密封性检测等。根据需要可开展表面硬度检测。

表 3　采气树和井口装置检测项目及内容

检测项目	监测内容	监测技术
工作性能检测	阀门可操作性、阀门密封性、气封的密封性、增压阀和润滑器性能、压力表底部阀门性能	直接观察法
装置缺陷检测	裂纹、缩孔、砂眼、气孔、脊状凸起、鼠尾、冷隔、褶皱、割疤、结疤、撑疤、焊疤、表面粗糙	磁粉探伤技术
壳体厚度测量	采气树和井口装置零部件壁厚	超声波测厚技术
密封性无损检测	套管头壳体、闸阀壳体、封头壳体、管接头、连通件（四通）	超声波无损检测技术
硬度检测	套管头壳体、闸阀壳体、封头壳体、管接头、四通、螺栓、螺帽	硬度检测技术

3.4　地面工艺系统监测

为确保地面设施的完整性和安全运行，地面工艺系统监测内容包括地面设备腐蚀监测、工艺管道压力监测、地面泄露监测等。

3.4.1　工艺腐蚀监测

可燃气体报警仪采用激光甲烷泄露监控系统,，其工作原理为激光吸收光谱。激光甲烷泄露仪最快响应时间为0.05秒，能够将工艺区气体泄露数据传输至中控室的DCS系统，从而实现甲烷泄露第一时间在中控室产生报警信息。

3.4.2　泄漏检测与修复（LDAR）

在泄露检核和修复中，采用主动检漏程序，通过有毒挥发气体分析仪发现找到挥发性有机化合物的漏气点，并将检测结果通过蓝牙传输到现场数据采集记录仪。操作操作人员针对存在泄漏的设备，跟踪修复及修复后重新检测。

3.4.3　压力容器及工业管道年检、定检

针对注采站、井场站内设备、压力容器、工艺管道定期开展超声波壁厚测试，检验工艺设备的均匀腐蚀和冲刷腐蚀情况。

（1）对于新投用的设备，应在投用前确定固定壁厚检测点的点位，经现场测量后取得原始壁厚数据。

（2）对于管线冲刷严重、管线低洼易积液、压力容器中积水、积污等易腐蚀或易冲刷、外观产生明显腐蚀的部位进行重点固定壁厚检测，并根据腐蚀速率大小确定检测频率。

（3）当设备停用、放空备用以及设备重新启用时应对设备壁厚进行重新测试。

表4　超声波壁厚检测周期

腐蚀速率	<0.1mm/a	0.1～0.3mm/a	0.3～0.5mm/a	大于0.5mm/a
检测周期	3个月	1个月	15天	15天

针对壁厚检测结果，纳入风险管理、隐患管理，制定并实施有效管控措施。每季度对现场壁厚检测台账检测执行情况进行备案登记审核。

3.5　现场实施效果

自2012年建成投产，已累计开展重点监测100井次、日常监测1074井次，油气水化验352井次，具体情况见表5。

表5　文96储气库监测测试统计表

年度	常规监测			油气水化验			重点监测					
	静压	流压	通井	油分析	气分析	水分析	注采气剖面	含气饱和度	井况测试	腐蚀检测	PVT测试	试井
2012	73		2					1				
2013	89	16	6				4	2				
2014	89	20	2				2	2	1	2		
2015	71	17	2	19	25	19	6	2			1	1
2016	66	28		10	18	10	3	2				2
2017	51	27	3	9	15	11	4	2	1			
2018	68	28	3	15	18	16	2	5	2		1	
2019	51	46	5	11	11	13	3	3	3		1	
2020	33	43		5	23	5	6	2	2			
2021	55	39	2	6	13	19	3	2	2			
2022	55	39		9	15	23	2	1	4			
2023	42	2	1	5	6	4	2	1	4			

文96储气库重点监测项目发挥作用主要有两方面：一是为深化储层地质认识、评价注采效果，提供坚实数据支撑，并在此基础上不断优化注采生产制度，为储气库达容达产措施的制定发挥重要作用；二是评价井筒完整性，及时了解井筒腐蚀、套变、结盐状况，通过及时采取相应措施确保井控安全。各类重点测试满足了对储气库气藏地质、井控、注采工艺等方面的分析、研究、管理的需求。

4　结论与建议

1）储气库动态监测技术的综合应用分析能够

有效评价注采效果，诊断注采动态异常，监测气库的密封性，为地下储气库动态分析、达容达产、运行管理提供科学技术支撑；

2）研究测试数据的应用，实现储气库的精细化管理，保障运行安全的前提下，不断提高注采效率；

3）文 96 储气库动态监测技术体系能够为我国同类型储气库监测技术体系完善和进步提供科学参考。

参 考 文 献

[1] 王起京，张余，刘旭．大张坨地下储气库地质动态及运行效果［J］．天然工业，2003，23（2）：89－92.

[2] 王皆明，胡旭健．凝析气藏型地下储气库多周期运行盘库方法［J］．天然气工业，2009，29（09）：100－102.

[3] 韩为．涪陵页岩气田主要动态监测技术概论［J］．江汉石油职工大学学报，2024，37（02）：45－47.

[4] API Spec 5CT 10th，套管和油管规范［S］.

[5] 朱礼萍．国内外地下储气库监测技术概述［J］．石油管材与仪器，2022，8（04）：1－7.

[6] 胥洪成，刘君兰，丁国生，等．气藏型地下储气库天然气损耗量研究进展与建议［J］．天然气工业，2023，43（10）：149－155.

[7] 廖伟，刘国良，陈如鹤，等．气藏型地下储气库动态密封性评价——以新疆 H 地下储气库为例［J］．天然气工业，2021，41（03）：133－141.

地下储气库完井工艺及参数优化设计研究

王 佳 来思俣 王 波 刘 涛 池 明 刘海龙 陈 进 高 涵

（中国石油新疆油田公司采油工艺研究院）

摘 要 地下储气库建设与天然气的合理配置、供气的安全平衡等息息相关。但储气库井在注采过程中往往面临着出砂、井眼破坏风险，而出砂特征、井壁稳定性与完井工艺及参数优化密切相关，完井工艺及参数的选择对储气库注采能力起着至关重要的作用。故基于储气库建设、生产、盈利等实际需求确定评价指标，将不同的完井方式形成量化参数，利用模糊数学法确定各评价指标的权重系数、加和计算综合评分来优选完井方式。构建水平井产能预测模型，并提出表皮系数非耦合迭代求解方法，利用数值模拟分析优选完井方式下的完井参数（筛管割缝宽度、密度、打开面积、打开程度等）对注采能力的影响，获得最优完井参数。研究结果表明：（1）通过熵值法和层次分析法计算井筒稳定、注采能力、控砂能力、成本指标、增产阻碍的综合权重系数，结合密切值法，优选出K储气库水平井注采最优完井方式为割缝筛管完井；（2）构建的K储气库水平井注采产能预测模型与实际产能平均误差仅3.81%、非耦合迭代求解气体注入速率仅差0.6%，子迭代次数仅为耦合方法的1/10；（3）采用割缝筛管完井时，通过数值模拟优化筛管缝宽为0.6mm、割缝密度为36条/周、打开程度控制为60%、3级间隔策略－渐变中端压制策略的完井参数可满足地质要求、最大产能与经济性。

关键词 地下储气库；水平井；割缝筛管完井；表皮系数；数值模拟

Research on Completion Technology and Parameter Optimization Design of Underground Gas Storage

WANG Jia, LAI Siyu, WANG Bo, LIU Tao, CHI Ming, LIU Hailong, CHEN Jin, GAO Han

(Institute of oil production technology of PetroChina Xinjiang OilField Company, Karamay)

Abstract: The construction of underground gas storage is closely related to the rational allocation of natural gas and the safety balance of gas supply. However, gas storage wells often face the risk of sand production and wellbore damage in the process of injection and production. Sand production characteristics and wellbore stability are closely related to completion technology and parameter optimization. The selection of completion technology and parameters plays a vital role in the injection and production capacity of gas storage. Therefore, based on the actual needs of gas storage construction, production and profitability, the evaluation index is determined, and different completion methods are formed into quantitative parameters. The fuzzy mathematics method is used to determine the weight coefficient of each evaluation index, and the comprehensive score is added to optimize the completion method. The productivity prediction model of horizontal wells is constructed, and the non－coupling iterative solution method of skin factor is proposed. The influence of completion parameters (screen slotted width, density, open area, open degree, etc.) on injection－production capacity under optimized completion mode is analyzed by numerical simulation, and the optimal completion parameters are obtained. The results show that: (1) The comprehensive weight coefficients of wellbore stability, injection－production capacity, sand control capacity, cost index and production increase obstruction are calculated by entropy method and analytic hierarchy process. Combined with osculating value method, the optimal completion method of horizontal well injection－production in K gas storage is slotted screen completion. (2) The average error between the injection – production productivity prediction model and the actual productivity of horizontal wells in K gas storage is only 3. 81% , the gas injection rate calculated by uncoupled iteration is only 0. 6% , and the number of sub – iterations is only 1/10 of the coupling method. (3) When using slotted screen completion, the completion parameters of the screen width of 0. 6mm, the slotted density of 36 / week, the opening degree of 60 % , the three – stage interval strategy – the gradual middle end suppression strategy are optimized by numerical simulation, which can meet the geological requirements, maximum productivity and economy.

Key words: Underground gas storage; Horizontal well; Completion of slotted screen pipe; Skin coefficient; Numerical simulation

地下储气库是国际上保障区域供气安全和天然气季节调峰的主要手段，为天然气的平稳供气发挥至关重要的作用。典型的储气库类型包括枯竭油气藏储气库、含水层储气库、盐穴储气库及废弃矿坑储气库，其中枯竭气藏最具有优势且改建储气库最为广泛，如果能够改造成为储气库，不但对天然气储运具有重要意义，对整个油田的经济开发和运行都具有重要意义。

综合考虑地质、资源、管网等因素，K 气藏具有良好的改建储气库的潜力，但储气库井在注采过程中都面临着出砂与井眼破坏的风险，防范出砂与井眼破坏是降低生产风险、延长井身寿命的关键。而出砂特征、井壁稳定性与完井工艺及参数优化密切相关，故优选水平井完井工艺并优化完井参数，对 K 气藏成功改建储气库起决定性作用。

本文基于储气库井完井方式要点（井筒稳定、注采能力、控砂能力、成本指标、增产阻碍），采用模糊数学法，通过熵值法和层次分析法计算权重系数，再利用密切值对各完井方式进行综合评价，优选出适用于 K 储气库水平井注采完井方式。后开展数值模拟，构建水平井产能预测模型，并根据优选的完井方式分析完井参数对注采能力的影响，得出最优完井参数，最大限度释放储层产能。

1　K 储气库水平井注采完井方式优选

通过调研国内储气库技术现状，注采水平井主要采用割缝筛管完井和套管固井射孔完井两种方式。完井方式评价优选是油气井提高单井产能和整体开发效益、满足增产改造措施实施的关键。随着油气田开发难度的加大和科学技术水平的提高，完井方式趋于多样化，但各完井方式均有特定的适用条件，不同的完井方式有不同的风险、效益、成本、注采能力，优选完井方式就是要在多个决策因素之间进行取舍和平衡。在评价方法中，首先要选取合适的指标将不同的完井方式形成量化参数，再利用数学方法，通过数据挖掘完井方式的优劣，并结合现场经验，综合判断完井方式，最终进行决策。

首先，基于 K 气藏储气库建设、生产、盈利等实际要求，确定了井筒稳定、注采能力、控砂能力、成本指标、增产阻碍五大评价指标。其中，注采能力利用 IPR 二项式方程求取、成本指标由钻采成本，净现值和回收周期组成、增产阻碍通过表皮系数表征、井筒稳定性通过集值统计法来定量计算，而出砂预测方法众多，本文选择岩心观察、DST 测试、邻井状态、声波时差法、斯伦贝谢 G/Cb 比法、组合模量法和力学计算法，各方法的权重比例为（2：4：4：4：1：1：1），并将出砂预测公式定义为：

$$W_t = \sum Get(i) \times w_i \times x_i \tag{1}$$

其中，Get（i）为第 i 种方法是否存在，存在的时候其值等于 1，否则为 0；w_i 为第 i 种方法的权重；x_i 为出砂指标，如果出砂那么它的值就取 1，否则为 0。通过文献调研，确定定量化井筒稳定指标和控砂能力指标见表 1 所示。

表 1　不同完井方式的井筒稳定及控砂能力指标定量化

评价指标	固井射孔	管内砾石	优质衬管	割缝筛管
井筒稳定	9. 5	6	7. 5	9
控砂能力	4. 8	5. 8	5	5. 3

然后利用模糊数学法确定井筒稳定、注采能力、控砂能力、成本指标、增产阻碍五个评价指标的权重。权重确定方法包括基于数据分布的熵值法和基于专家经验的层次分析法，结果见表 2。并采用平均法（图 1）和 PCA 降维法（图 2）将两

套权重综合为一套权重，最大程度保留两套评价体系所代表的信息（表3）。

表2　各评价指标权重

	层次分析指标权重	熵权分析指标权重
井筒稳定	0.409	0.170
注采能力	0.312	0.213
出砂风险	0.166	0.200
钻采成本	0.070	0.248
增产能力	0.042	0.169

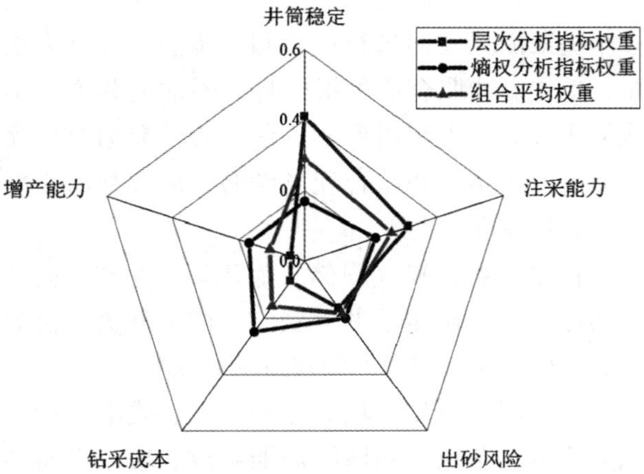

图1　平均法权重雷达图

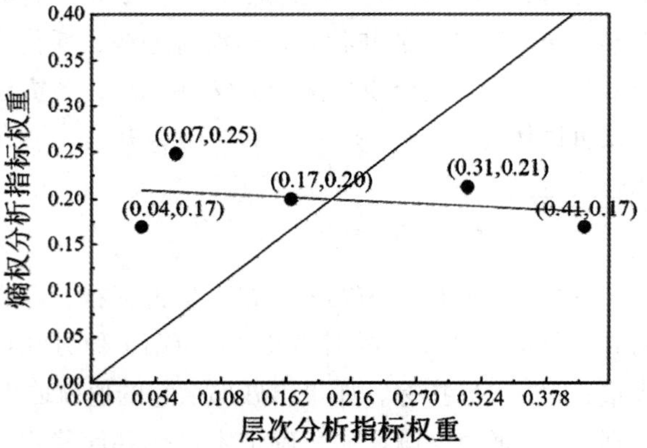

图2　PCA降维权重

表3　PCA法和平均法下的组合权重

	层次分析指标权重	熵权分析指标权重	PCA组合权重	平均权重
井筒稳定	0.409	0.170	0.411	0.290
注采能力	0.312	0.213	0.311	0.263
出砂风险	0.166	0.200	0.166	0.183
钻采成本	0.070	0.248	0.067	0.159
增产能力	0.042	0.169	0.044	0.106

故每个指标的综合评分为：

$$U_i = w_i \times a_i \tag{2}$$

其中，U_i是第i个指标加权评价的综合得分；w_i是第i个指标的权重系数；α_i是归一化后的第i个评价指标的值。计算完成后能够得到一个规范化权值评价矩阵U，其中的元素为U_{ij}，表示第j个方案在第i个指标的得分。

最后，通过密切值法，采用欧式距离度量不同方案与理想最优方案和理论最劣方案的距离。由表4可得，K储气库水平井注采割缝筛管完井密切值最接近0，为最优方案。

2　K储气库水平井注采产能预测模型

2.1　模型的建立

达西定律是模拟气藏其他区域气流的有用工具，但在储气库中，水平井附近气体流动的特点是高速和湍流，达西定律并不适用。因此，Forchheimer方程通常用于解释达西定律公式中产生的附加惯性力项。然而，由于非线性流动方程的复杂性和较高的计算要求，在油藏数值模拟中使用非线性流动方程具有挑战性，运算难以收敛。在油藏数值模拟中，更常见的做法是在油井产能指数中加入表皮系数S，以考虑井筒附近的额外压降，从而简化计算并提高计算效率。

表4　K储气库水平井注采完井方式密切值评价结果

完井方案	井筒稳定	注采能力	控砂能力	成本指标	增产能力	密切值（0最好）		排序
						基于PCA权重	基于平均权重	
水平井_固井射孔	9.5	817436.6	4.8	1.1932	8.5536	2.0393	0.8769	4
水平井_管内砾石	6	771901.7	5.8	0.8272	9.45056	1.3715	0.5680	3
水平井_优质衬管	7.5	610762.3	5	0.4387	13.6987	0.2523	0.1753	2
水平井_割缝筛管	9	649094	5.3	0.6398	12.4970	-0.1007	0.0174	1

本文将考虑重力的达西方程带入质量守恒方程可得：

$$\nabla\{\lambda_\alpha\rho_\alpha[\nabla(P_\alpha-\rho_\alpha gZ)]\}+q_\alpha^w=\frac{\delta}{\delta t}(\phi\rho_\alpha S_\alpha) \tag{3}$$

其中，α 为相态；w 为水平井井筒；λ 为相流度，D/（Pa－s）；ρ 为储层条件下的相密度，kg/m^3；g 为重力加速度，取 9.8N/kg；Z 为深度，m；S 为相饱和度，分数；φ 为孔隙度，分数；t 为时间，s；q 代表水平井－地层耦合质量源项，kg/（$m^3\cdot s$），表示为：

$$q_\alpha^w=J_w\lambda_\alpha\rho_\alpha[P_{bh}-P_\alpha-\rho_\alpha g\Delta Z] \tag{4}$$

其中，P_{bh}为井筒单元压力，J_w为井指数，m^3/（s·Pa）。在笛卡尔坐标系中，水平井井指数可表示为：

$$J_w=\frac{\theta kh}{\ln(r_e/r_w)+S} \tag{5}$$

其中，kh 是有效渗透率与净厚度的乘积，D·m；r_w是水平井半径，m；r_e是等效半径，m；无量纲参数 θ 是随井筒与基质之间的耦合关系而变化。S 是表皮系数，无量纲。表皮系数不同，井和地层的沟通程度不同，所表现的流动特性和产注气能力也不一致。不同的射孔和筛管的设计参数下，所求得的表皮系数也有变化，使得注采气能力发生变化。对于割缝筛管，表皮系数可表示为：

$$S_{SL}=s_{fo}+S_{SL,l}+S_{SL,r}/k_{DS}+(f_{t,SL,l}+\beta_{DS}f_{t,SL,r})F \tag{6}$$

k_{Ds}是原始地层的 k 与钻井液损害区的 k 之比；f_o代表钻井液造成的渗透率再降低的表皮系数，它是渗透率和各向异性的函数；t 代表湍流；SL 代表割缝筛管；l 和 r 分别代表线性流和径向流。F 是与流速有关的福赫海默数，表示为：

$$F=\frac{\beta\rho k}{\mu}\left(\frac{q}{2\pi r_w L}\right) \tag{7}$$

其中，q 是储层条件下的气体流速，m^3/s。L 是井筒单元的长度，m。

2.2　表皮系数非耦合迭代求解

当水平井注入气体处于恒压时，每个井筒单元储层条件下的流量 q 是未知的。因此无法确定 F 和相应的表皮系数。因此，提出了一种在每隔一个时间步额外进行非耦合迭代的方法，图 3 中 t 和 n 分别代表时间步和迭代步。在初始时间步长（$t=1$）开始时，首先需要输入假定流量 q_{guess}，然后确定 S 值。然后计算更新流量 $q_{1,1}$，并在下一个迭代步长中用于计算下一个 S 值，直到 $q_{1,n+1}$与上一个迭代步长中计算的 $q_{1,n}$之间的差值在可接受范围内时，将当前迭代步长中计算的 $q_{1,n+1}$作为该时间步长中确定的 q 值。当时间步长大于 2 时，则使用前一时间步长的去确定 q 值 $q_{t-1,n+1}$。控制方程采用两点通量近似法离散化。离散方程组由 MATLAB 储层模拟工具箱求解，工具箱会根据相应的储层、井筒和生产条件求解相应的井筒流量 q。

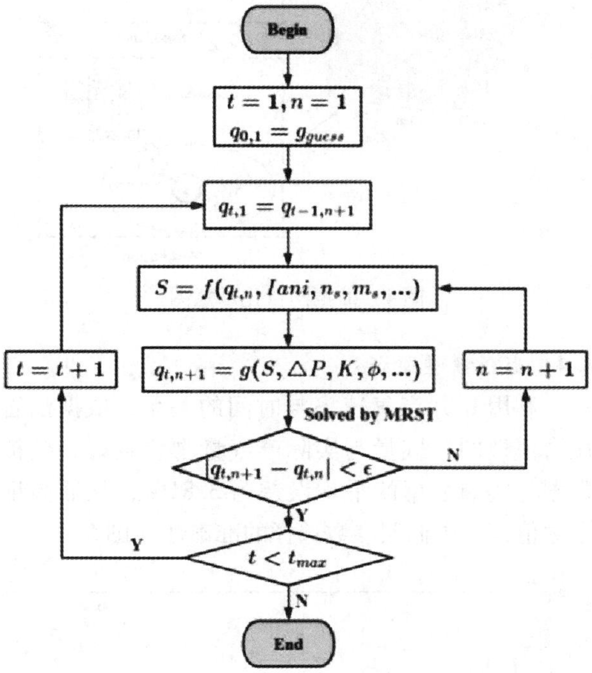

图 3　表皮系数迭代求解流程表

2.3　数值模型建立

在油藏数值模拟中，将储层划分为若干个网格，以划分的油藏网格切割水平井，将水平井分为若干个离散的单元。把水平井视为独立且相互连接的单元（cell），以拓扑连接方式规定各单元间的流动关系；在水平井内彼此单元的连接采用管流方程，管流压降考虑摩擦系数；在水平井和油藏连接单元，考虑表皮系数，即每一个离散井单元都对应一个表皮系数。当油藏采用射孔/不射孔，筛管/盲管组合时，则使不射控/盲管对应的油藏网格和井筒网格之间连接的“阀门”关闭，阻止其与油藏产生流动交换。此外，在筛管中采用盲管时，盲管自身不和油藏沟通，但其外部一般是裸眼完井，气体会通过盲管流向两端的筛管，故建模时适当增大与盲管接触油藏网格的沿水平井方向的渗透率（图 4）。

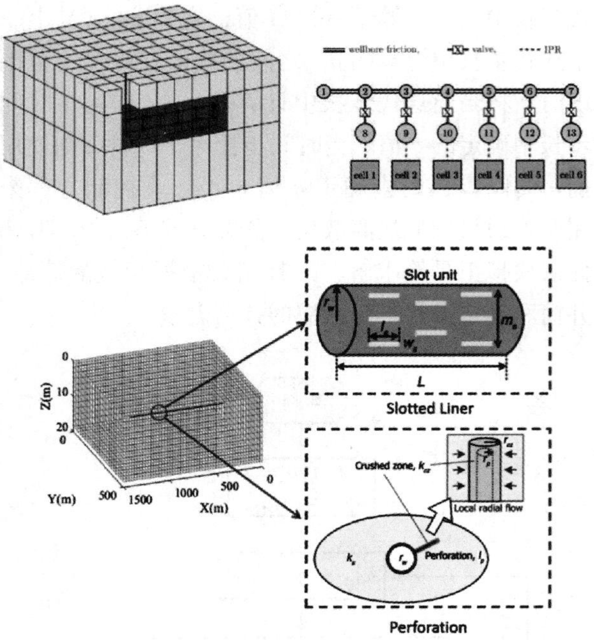

图 4　油藏网格化示意图

2.4　数值模型验证

利用 K 井产气速率与时间的关系，根据油管压力模拟的产气量与实际产气量吻合较好，模拟数据与实测数据的平均误差为 3.81%，从而验证了数值模型中储层参数选择的准确性（图 5）。

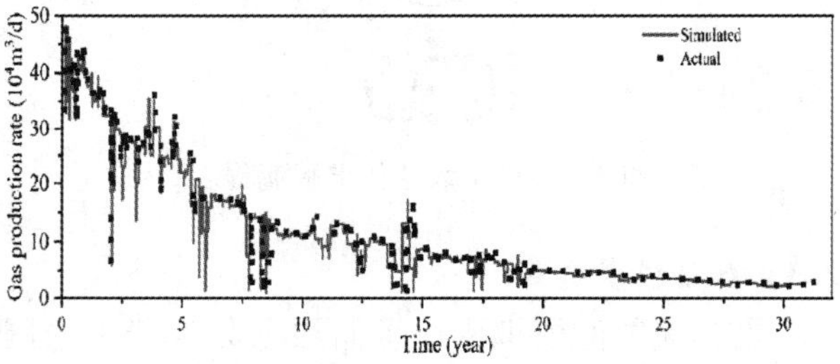

图 5　K 井数值模拟与实际数据比较

此外，使用耦合方法和非耦合方法计算的气体注入速率仅差 0.6%，且非解耦方法中的子迭代次数仅为耦合方法的 1/10，证明了该模型可以通过精确有效的非耦合迭代方法计算湍流损伤对注气能力的影响（图 6）。

3　K 储气库水平井注采完井工艺参数优化

模糊数学法优选出 K 储气库水平井注采完井方式为割缝筛管完井，故开展割缝筛管完井方式下的参数优化。割缝筛管参数设计应在考虑筛管的强度和使用寿命情况下，确保筛管具有最大的过流面积，以满足最大注、采气量。本文将割缝筛管参数转化为表皮系数，总表皮分为地层伤害、

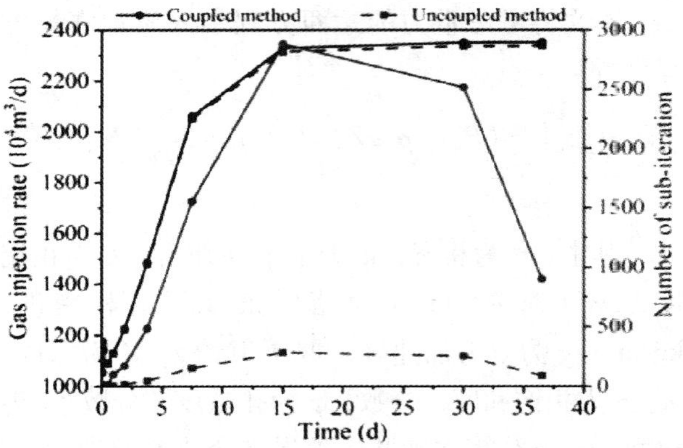

图 6　耦合法和非耦合法计算的注气速率和子迭代次数

筛管堵塞、湍流效应，与筛管表皮系数相关参数主要包括割缝缝宽，割缝长，割缝分布，打开面积比等。

3.1　割缝缝宽优化

根据 K 井区 KX4 井岩心粒度分析结果，利用粒度分析筛析法，得到反映地层砂分布特征的粒径与累积重量百分数关系曲线（图 7），作为设计防砂筛管依据。根据 Corly&Wagner 法防砂原则，割缝筛管的缝宽应略小于最小砾石尺寸，则优选割缝缝宽为 0.6mm，满足控砂要求。

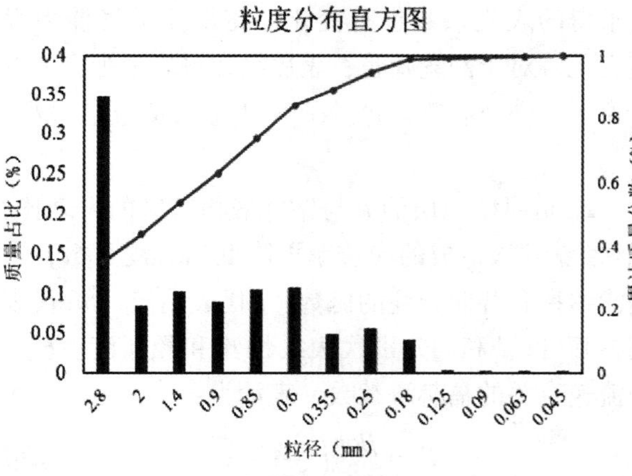

图 7　K 区块粒径累积分布曲线

3.2　割缝密度优化

当割缝长度为 90mm，缝宽为 0.6mm 时，模拟割缝密度从 10 条/周到 70 条/周时的水平井注采气能力。从图 8、图 9 可以看出，随割缝密度的增加，注采气量不断增加，表皮系数逐渐降低；当密度增加至 35 条/周后，注采气能力增加幅度较小，此时表皮系数较低，可以满足产能要求。通过调研管材公司、中海油等筛管的应用情况，割缝密度优化为 36 条/周。

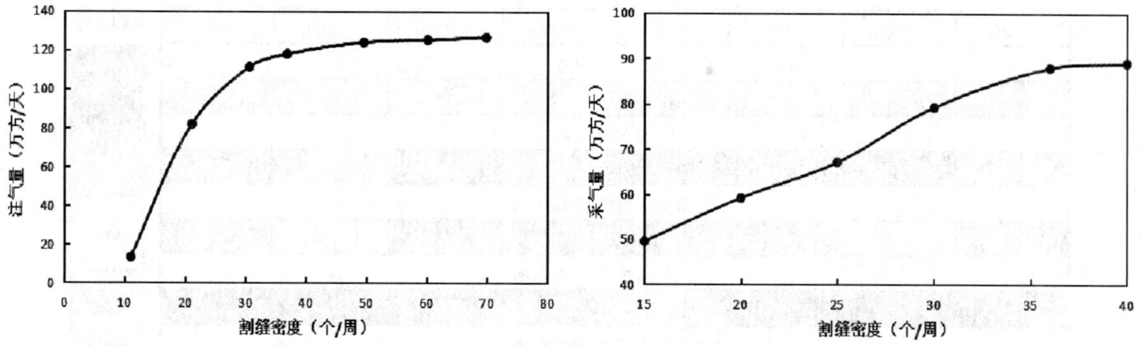

图8　注采气能力随割缝密度变化曲线

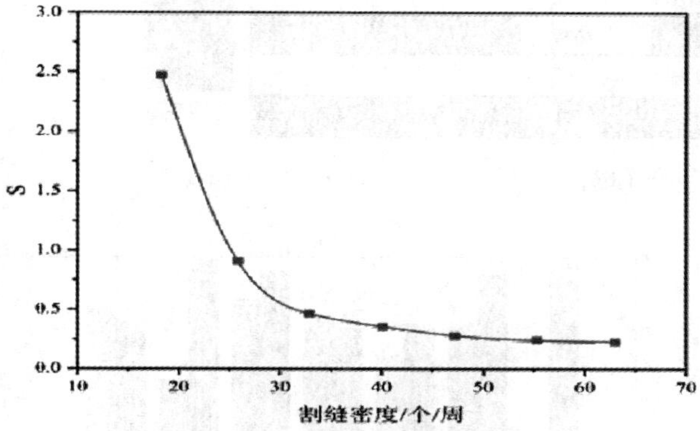

图9　表皮系数随割缝密度变化曲线

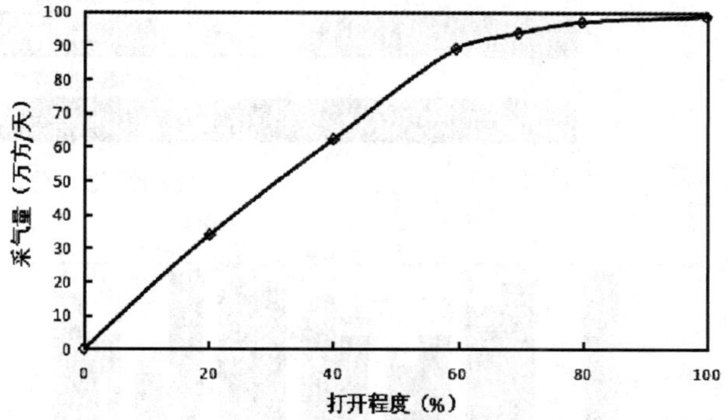

图11　采气速率随打开程度变化曲线

3.3　打开面积及打开程度优化

设计割缝缝长为90mm、缝宽0.6mm、割缝密度36条/周、缝间距40mm，模拟不同盲筛组合下打开程度对注采能力的影响（图10，图11）。可知打开程度越小，注采气量越低，但在筛管占比为60%时产能为最大产能的80%，减少的注采气能力有限。

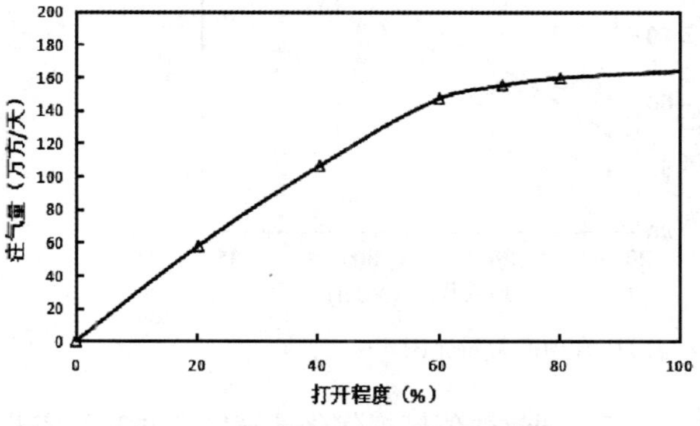

图10　注气速率随打开程度变化曲线

3.4　不同打开方式优化

将水平段均分为8段，合理分布盲筛管组合60%的打开策略，以实现最大注采气能力（图12）。采气时流体流动的方向一定是从趾端流向跟端的，受摩擦力影响，井筒跟端压力小于趾端压力，故跟端采气速率>趾端采气速率；同理，注气时的流体流动的方向都是从根端流向趾端，摩擦力使跟端注入压力>趾端注入压力，故跟端注气速率>趾端注气速率。同时，由于趾端和油藏的接触面积更大，比中间段的注采气能力更高。因此，当以最大注采气量为目标时，最优的生产策略是将占30%的未打开盲管置于水平井中心（3级间隔策略－中端压制策略），此时注采气能力较弱的中段被抑制，两端注采气能力强的根端和趾端不受影响。而相比绝对的中间压制，渐变中间压制注采气能力略大于绝对压制，是更为合理的生产制度（图13）。因此推荐优选100/80/40/20/20/40/80/100的完井方式。

3.5　参数优化结果

设计K储气库水平井注采完井工艺参数：割缝缝长为90mm、缝宽0.6mm、割缝密度36条/周、缝间距40mm、60%打开程度、3级间隔策略－中端压制策略（100/80/40/20/20/40/80/100），实现注采剖面优化。如图14，通过模拟注气量与采气量随压力的关系，计算值略大于合理产量，满足地质要求，故K储气库水平井注采完井工艺参数优化合理。

4　结论与认识

（1）基于储气库建设、生产、盈利等实际需求，

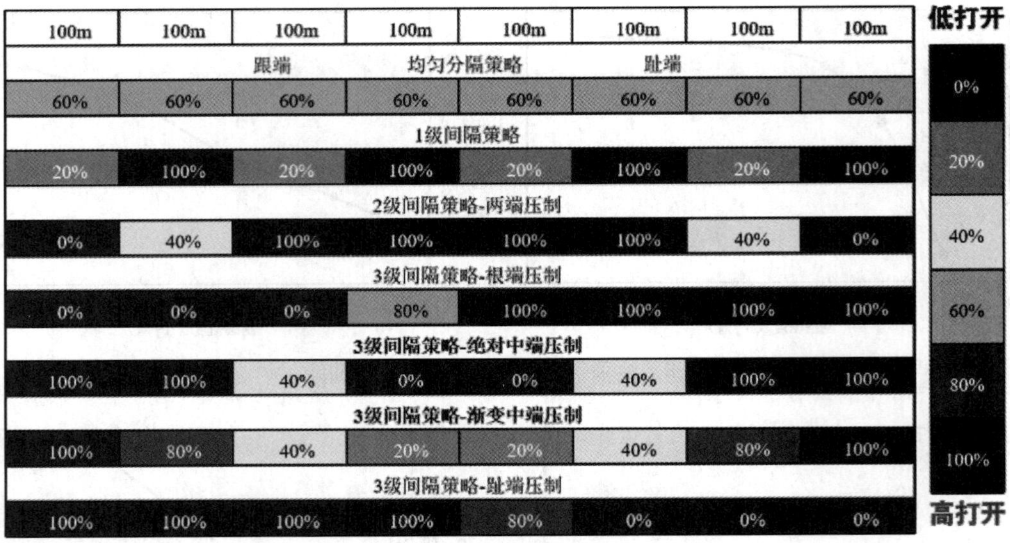

图 12　分段盲筛组合策略图

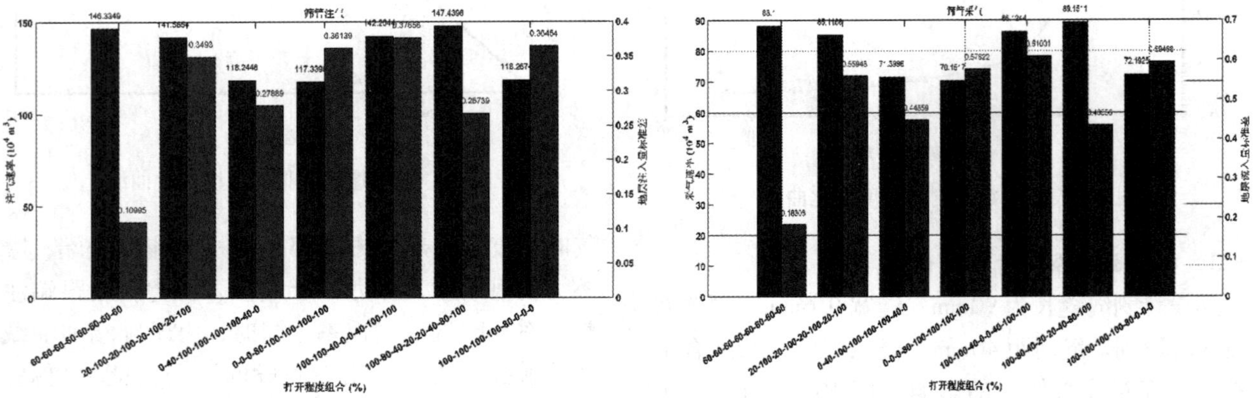

图 13　不同打开策略下筛管注采气速率和地层流入量标准差

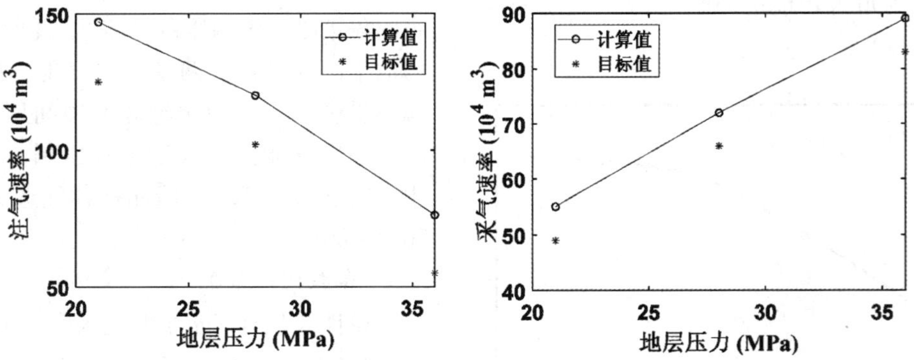

图 14　模拟数值产能计算结果与地质合理产量对比图

利用模糊数学法确定井筒稳定、注采能力、控砂能力、成本指标、增产阻碍的综合权重系数，结合密切值法，K 储气库水平井注采割缝筛管完井密切值最接近 0，为完井最优方案；

（2）构建了 K 储气库水平井注采产能预测模型，预测值与实际值平均误差仅 3.81%；提出了表皮系数非耦合迭代求解法，非耦合迭代求解气体注入速率仅差 0.6%，子迭代次数仅为耦合方法的 1/10；

（3）通过数值模拟优化了筛管完井时的完井参数，即筛管缝宽 0.6mm、割缝密度 36 条/周、打开程度控制 60%、3 级间隔策略－渐变中端压制策略的完井参数可以实现最大注采气能力，满足地质产能要求。

参　考　文　献

[1] 刘恒阳．“双碳”背景下天然气地下储气库机遇与挑战

[J]. 石油与天然气化工, 2022, 51 (06): 70 - 76.

[2] 刘进博, 王明锋, 赵楠, 等. 地下储气库油管轴向变形安全评价研究 [J]. 新疆石油天然气, 2017, 13 (04): 86 - 91 + 6.

[3] Tang, Y.; Ozkan, E.; Kelkar, M.; Sarica, C.; Yildiz, T. Performance of horizontal wells completed with slotted liners and perforations. In Proceedings of the SPE/CIM International Conference on Horizontal Well Technology, Calgary, AB, Canada, 6 November 2000; OnePetro: Richardson, TX, USA, 2000.

[4] 谢俊辉, 唐晓川, 陶苏勤, 等. 北 10 井区侏罗系头屯河组油藏出砂规律分析 [J]. 新疆石油天然气, 2021, 17 (1): 78 - 82.

[5] Forchheimer, P. Wasserbewegung durch boden. Z. Des Ver. Dtsch. Ing. 1901, 45, 1781 - 1788.

[6] Whitaker, S. Flow in porous media I: A theoretical derivation of Darcy's law. Transp. Porous Media 1986, 1, 3 - 25. [CrossRef]

[7] Ahmed, T. Reservoir Engineering Handbook; Gulf Professional Publishing: Houston, TX, USA, 2018.

[8] Furui, K. A Comprehensive Skin Factor Model for Well Completions Based on Finite Element Simulations; The University of Texas at Austin: Austin, TX, USA, 2004.

注气提采与储气库协同开发数值模拟研究

——以新疆 K75 油气藏为例

赵晶磊　王　彬　王　泉　张　艺　邬　敏　哈斯亚提·萨依提

（中国石油新疆油田分公司勘探开发研究院）

摘　要　注气提采与储气库协同建设可以有效提高油藏采收率、同时提升储气库应急调峰和战略保供能力，是一种油气全产业链效益最大化的尝试，也是保障国家油气能源安全的新举措，是低油价形势下实现效益发展的有效途径。为进一步明确带油环贫凝析气藏注气提采协同储气机理，确保储气库周期安全、高效运行。通过储气库库址筛选标准，优选新疆 K75 油气藏作为注气提采与储气库协同建设试验区，并建立高精度多组分三维数值模型，开展了 K75 油气藏注气驱油提高油藏采收率与储气库协同建设数值模拟研究。结果表明：①储气库上限压力为 36MPa，下限压力为 19MPa，库容量为 $25\times10^8m^3$，工作气量为 $10\times10^8m^3$；②储气库运行 15 年后，油藏采出程度较不注气开发提高 1.48%，增幅 20.8%；③储气库运行阶段，油气压差较小，油气界面稳定，具有良好的动态封闭性，确定气窜的压差界限为 2.23MPa，油侵的压差界限为 2.45MPa。该研究有力推进新疆油田 K75 油气藏注气提采与储气库协同建设进程，不仅拓展新疆储气库建设新理念和新模式，而且为国内同类型带气顶油气藏改建储气库与油藏提采协同建设提供参考。

关键词　储气库；协同建设；数值模拟；提高采收率；油气界面运移

Numerical Simulation of Gas Injection and Recovery and Gas Storage Cooperative Development: A Case Study of K75 Reservoir in Xinjiang

ZHAO Jinglei, WANG Bin, WANG Quan, ZHANG Yi, WU Min, Hasyati Saiti

(Exploration and development research institute, Petrochina Xinjiang Oilfield Company)

Abstract: the cooperative construction of gas injection recovery and gas storage can effectively improve oil recovery, and at the same time enhance the emergency peak shaving and strategic supply capacity of gas storage, which is an attempt to maximize the benefits of the whole oil and gas industry chain, it is also a new measure to ensure national oil and gas energy security and an effective way to realize benefit development under the situation of low oil price. In order to further clarify the mechanism of gas injection and recovery cooperation in condensate gas reservoir with oil ring, and to ensure the safe and efficient operation of gas storage cycle. Based on the site selection criteria of gas storage, the K75 reservoir in Xinjiang is selected as the pilot area of gas injection and recovery and gas storage construction, and a high - precision multi - component three - dimensional numerical model is established, a numerical simulation study of K75 oil and gas reservoir is carried out to enhance oil recovery by gas injection and to build a gas storage. The results show that: (1) the upper limit pressure is 36MPa, the lower limit pressure is 19MPa, the reservoir capacity is $25\times10^8m^3$, the working gas capacity is $10\times10^8m^3$. (2) after 15 years of operation, the recovery degree of the reservoir is 1.48% higher than that of the development without gas injection, 3 during the operation stage of the gas storage, the pressure difference between oil and gas is small, the oil - gas interface is stable and has good dynamic sealing, the pressure difference limit of gas channeling is 2.23 MPA, the pressure difference limit of oil invasion is 2.45 MPA. This research will promote the process of gas injection and recovery and gas storage construction in K75 reservoir of Xinjiang oilfield, and not only expand the new concept and model of gas storage construction in Xinjiang, it also provides a reference for the reconstruction of gas storage and recovery of the same type of gas cap reservoirs in China.

Key words: gas storage; cooperative construction; numerical simulation; enhanced oil recovery; oil – gas interface migration

注气提采与储气库协同建设是近年发展起来的一种新的储气库建库模式（图 1），是指将天然气重力驱开发油藏与注气形成储气库两项工程协同起来，进行一体化建设，不仅能够大幅度提高油藏采收率，还能建成战略储气库，促进天然气安全保供，保障国家能源安全，实现注气提采与天然气调峰双赢结果。

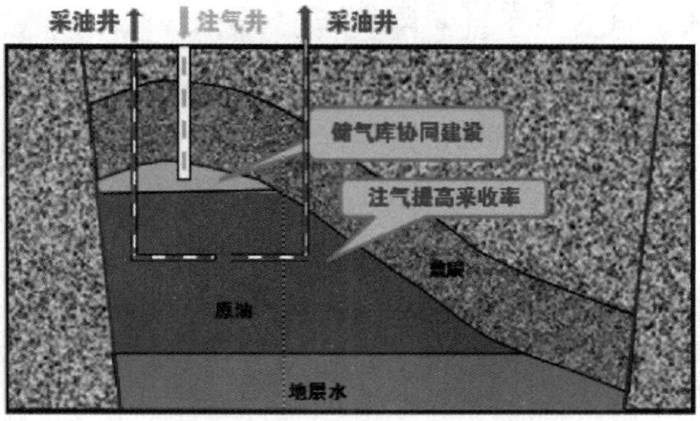

图 1　储气库协同建设示意图

基于储气库库址筛选标准，优选距离北疆环网近，地质储层条件优，开发生产现状好的 K75 油气藏作为改建储气库，通过顶部注气提高油藏采收率，协同建设规模储气库，旨在进一步挖掘油藏的开发潜力，同时提高北疆环网天然气调峰保供能力。

K75 油气藏位于准噶尔盆地西部隆起中拐凸起北部玛南斜坡区（图 2），气油水分布按重力分异，属于带油环的贫凝析油凝析气藏。气藏储层平均孔隙度为 8.82%，平均渗透率为 6.06mD，为低孔、中渗储层；油藏储层平均孔隙度为 10.53%，平均渗透率为 9.94mD，为低孔、特低渗储层。气藏于 1992 年投入开发，采用衰竭式开发，采出程度 60.3%；底部油藏于 1993 年投入开发，注水效果不理想，1998 年转入衰竭式开发阶段，采出程度仅为 6.59%，开发难度大，亟待转变开发方式。

本文基于 K75 油气藏高精度多组分数值模型，开展了顶部不同注气方式对提高油藏采收率的影响效果，评价了顶部气藏改建储气库的库容参数和运行指标，同时研究了气库多周期运行后油气

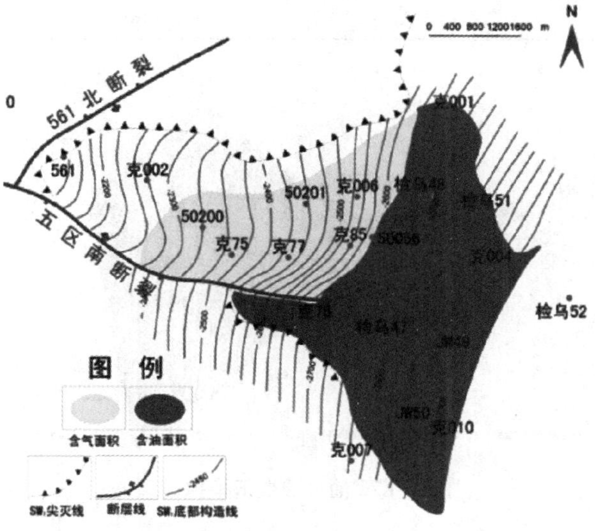

图 2　新疆油田 K75 油气藏平面构造图

界面运移规律，划定气窜、油侵参数界限，确保储气库动态密封性，为国内同类油气藏注气提采与储气库协同开发提供借鉴。

1　油藏数值模拟模型构建

1.1　数值模拟模型的建立

（1）K75 油气藏基础参数

K75 油气藏物性基础参数见表 1 所示。

表 1　K75 油气藏物性数据表

类型	参数	类型	参数
油水界面（m）	−2940	油气界面（m）	−2610
油区中深（m）	−2775	气区中深（m）	−2465
油区地层压力（MPa）	38.5	气顶地层压力（MPa）	36.91
油区温度（℃）	82.9	气顶温度（℃）	76
地面原油密度（g/cm^3）	0.895	天然气相对密度	0.596
原始油气比（m^3/m^3）	138	偏差因子（地层条件）	0.999

（2）数值模型

利用 Petrel 三维地质建模软件建立模型，粗化后网格维数为 140 × 163 × 14，网格总数为 319480 个。K75 油气藏数值模型网格参数见表 2 所示。经相态拟合后，得到符合 K75 油气藏基本情况的数值模拟模型如图 3 所示。

表 2　K75 油气藏数值模型网格参数

类型	参数
网格类型	角点网格
平面网格步长（m）	50 × 50
垂向网格步长（m）	1 ~ 10
网格规模	140 × 163 × 14

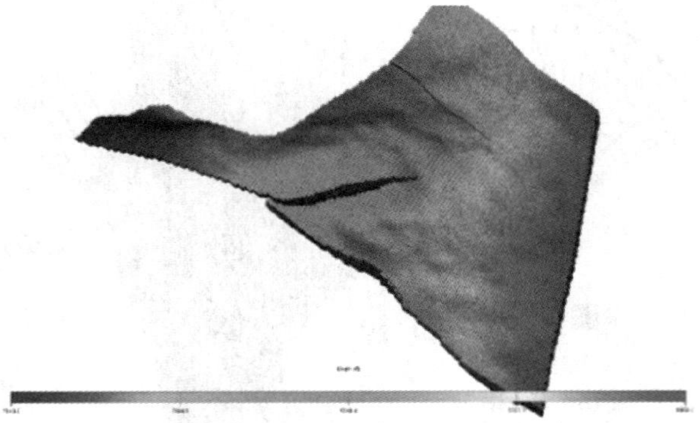

图 3　K75 油气藏数值模拟模型

1.2　生产历史及储量拟合

（1）生产历史拟合

通过参数调整，使得数值模型与地下流体分布、运移以及实际生产更加符合。全区天然气以及原油产量拟合结果如图 4、图 5 所示，单井历史拟合符合率达到 90% 左右，生产井的产量变化规律与实际情况较为接近，经拟合调整后的模型能够满足后续研究的需要。

（2）地质储量拟合

气区的储量平均误差仅 0.27%；油区储量误差 1.15%，拟合精度高，能够满足后续数值模拟的要求。

2　储气库库容参数确定

根据《砂岩气藏型储气库库容参数设计方法》（Q/SY 01021－2018），结合气藏工程方法和油藏数值模拟技术，开展砂岩气藏型储气库库容参数

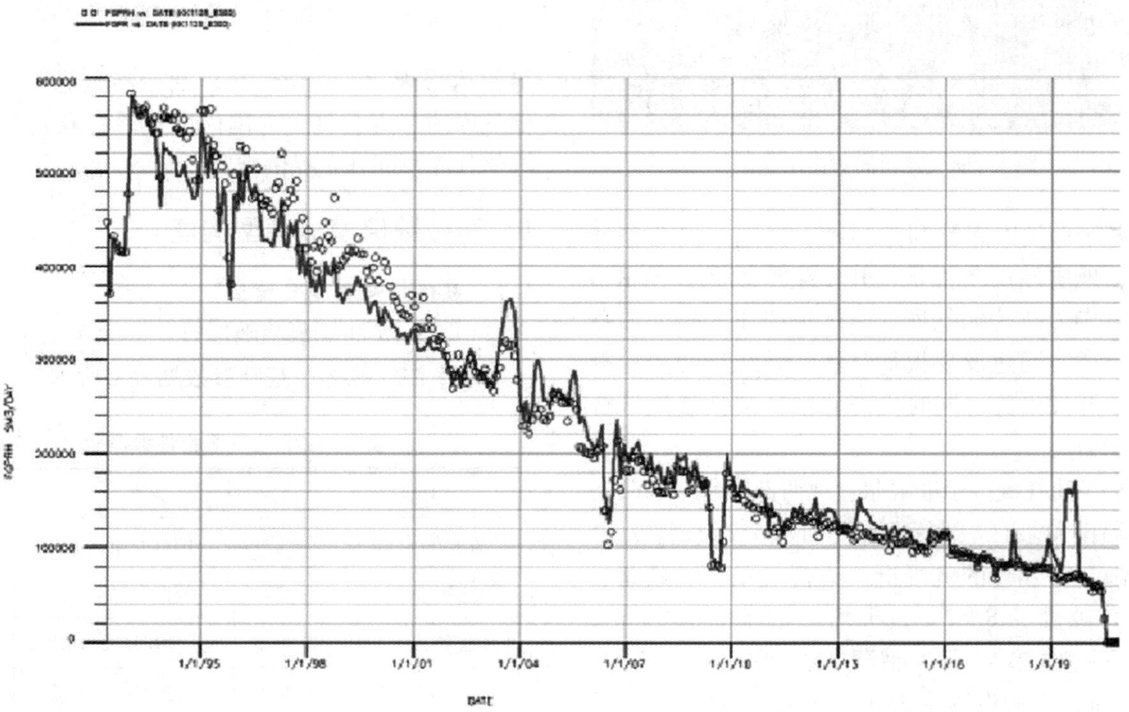

图 4　全区天然气日产量拟合结果

设计，包括建库有效孔隙体积设计、上限压力设计、下限压力设计、库容量设计、工作气量和垫底气量设计等，共同确定顶部气藏改建储气库库容参数及运行指标。

（1）上限压力

储气库上限压力确定原则：地下储气库上限压力不宜超过气藏原始地层压力。K75 气藏原始地层压力为 36.35MPa，因此储气库上限压力一般取整即 36MPa。

（2）下限压力

储气库下限压力确定主要有四个原则：保证储气库采气末期最低调峰能力和维持单井最低生产能力；采气末期井口压力满足地面系统压力要求；具有一定工作气规模，确保储气库经济效益。

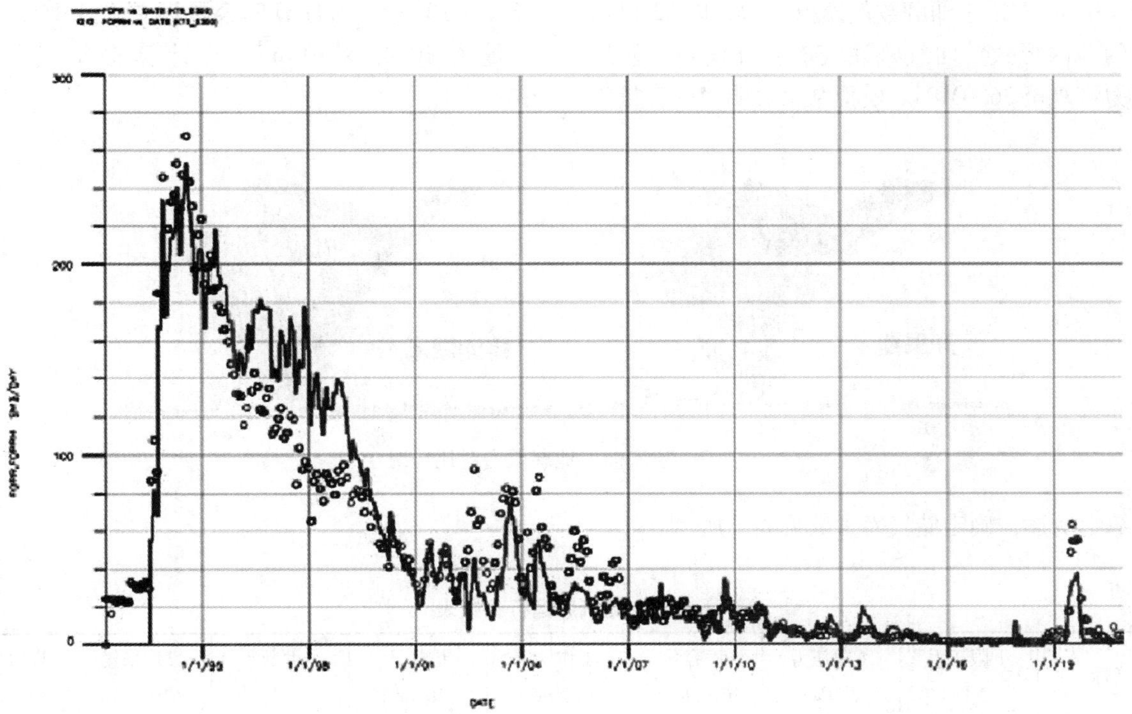

图 5　全区原油日产量拟合结果

根据地面工程管输要求，井口最低压力为 6.0MPa，10×10^4 m^3/d 最小合理采气量对应的地层压力为 19MPa。

（3）库容量

凝析气藏型储气库库容量计算公式：

$$G_{max}=(V_{gm})_{P_{max}}/10000\ (B_g)_{P_{max}} \qquad (1)$$

式中：G_{max}—库容量，10^8 m^3；P_{max}—上限压力，MPa；V_{gm}—建库有效孔隙体积，10^4 m^3；$B_{g(Pmax)}$—上限压力对应的体积系数。

储气库上限压力为 36MPa，上限压力下体积系数为 0.0034699，建库有效体积为 $868\times10^4m^3$，计算克 75 气藏改建储气库库容量为 $25.02\times10^8m^3$。

（4）工作气量

基于物质平衡方法计算了不同地层压力下的工作气量（表 4），当地层压力为 19MPa 时，工作气量为 $10\times10^8m^3$，占库容量的 40%。

表 4　库容量计算参数表

下限压力（MPa）	视地层压力（MPa）	垫底气量（10^8m^3）	工作气量（10^8m^3）
19	21.1	15.0	10.0
20	22.2	15.7	9.3
21	23.2	16.4	8.6
22	24.2	17.1	7.9
23	25.1	17.8	7.2
24	26.1	18.5	6.5
25	27.2	19.3	5.7
26	28.1	19.9	5.1
27	28.9	20.5	4.5
28	29.7	21.1	3.9

由上述参数可得，克 75 气藏改建储气库库容参数设计如图 6 所示。

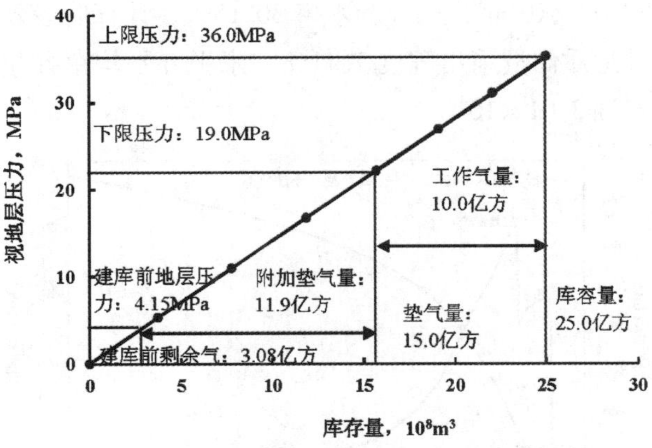

图 6　有效库存量与地层压力关系曲线

（5）数值模拟

气藏目前地层压力为 4.15MPa，剩余天然气为

$3.08\times10^8\mathrm{m}^3$，基于油藏数值模拟模型，以22口水平井的井网形式，向气藏注气以补充能量，使地层压力恢复至36.0MPa。模拟结果表明，库容量为$25.8\times10^8\mathrm{m}^3$，与计算库容量误差在3.1%；工作气量为$10.45\times10^8\mathrm{m}^3$，与计算工作气量误差在4.5%。

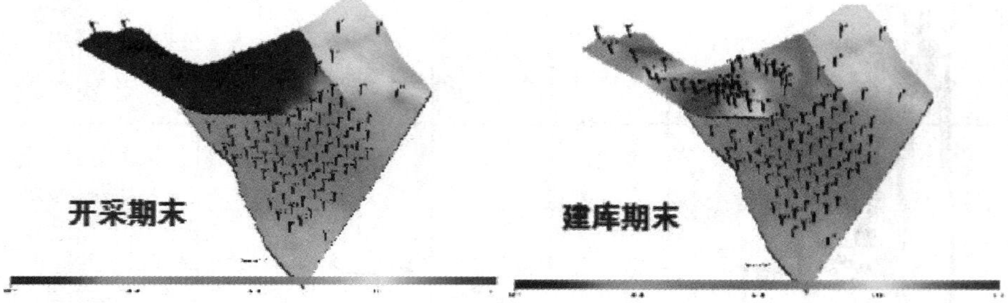

图7　建库前后地层压力对比情况

综上所述，确定储气库参数见表5所示。

表5　储气库运行参数表

指标	上限压力（MPa）	下限压力（MPa）	库容量（$10^8\mathrm{m}^3$）	工作气量（$10^8\mathrm{m}^3$）	垫气量（$10^8\mathrm{m}^3$）	井数（口）	日均采气（$10^4\mathrm{m}^3$）	日均注气（$10^4\mathrm{m}^3$）
参数	36	19	25	10	15	22	850	480

3　注气驱油提高油藏采收率可行性分析

依据油藏储量动用状况、剩余油分布情况，开发方案共部署31口水平井（分3批实施），以提高油藏采收率。同时，利用油藏数值模拟手段，研究了气藏顶部不注气、连续注气、循环注气3种情况下油藏的采收率，提高油藏开发经济效益。

3.1　气区不注气

模拟K75油气藏气区不注气时油区31口水平井的开发情况，结果图8所示。气区不注气时，15年预测期末新井累产油93.63×10^4t，累产水$39.08\times10^4\mathrm{m}^3$，综合含水率30.15%，计算阶段新井地质储量采出程度7.11%，水平井平均单井累产油3.01×10^4t。

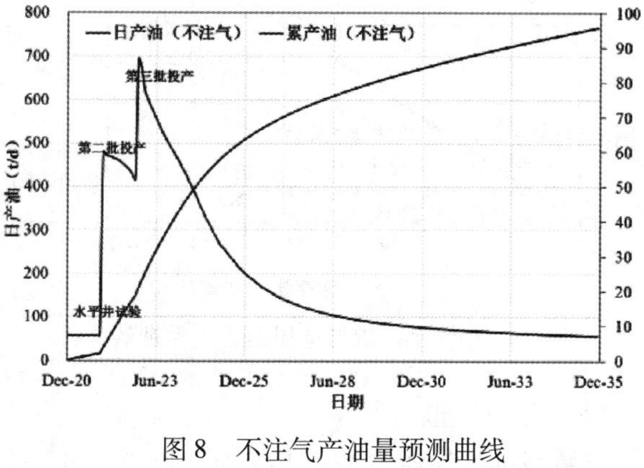

图8　不注气产油量预测曲线

3.2　循环注气

模拟K75油气藏气区循环注气时油区31口水平井的开发情况，结果如图9所示。气区循环注气时，15年预测期末新井累产油112.29×10^4t，累产水$62.14\times10^4\mathrm{m}^3$，综合含水率35.35%，计算阶段新井地质储量采出程度8.59%，水平井平均单井累产油3.64×10^4t。

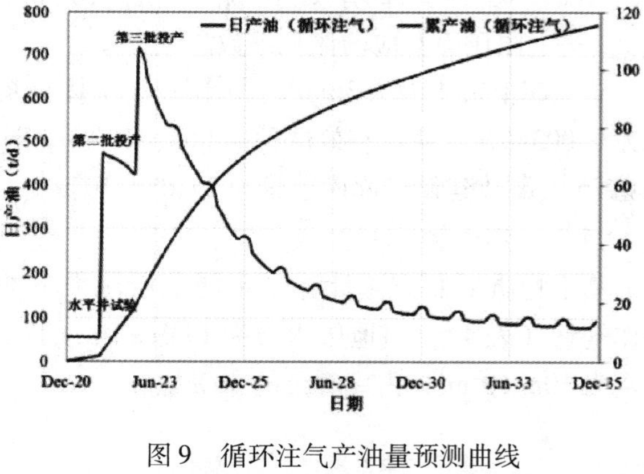

图9　循环注气产油量预测曲线

3.3　连续注气

模拟K75油气藏气区连续注气时油区31口水平井的开发情况，结果如图10所示。气区连续注气时，15年预测期末新井累产油118.19×10^4t，累产水$64.32\times10^4\mathrm{m}^3$，综合含水33.01%，计算阶段新井地质储量采出程度8.99%，水平井平均单井累产油3.81×10^4t。

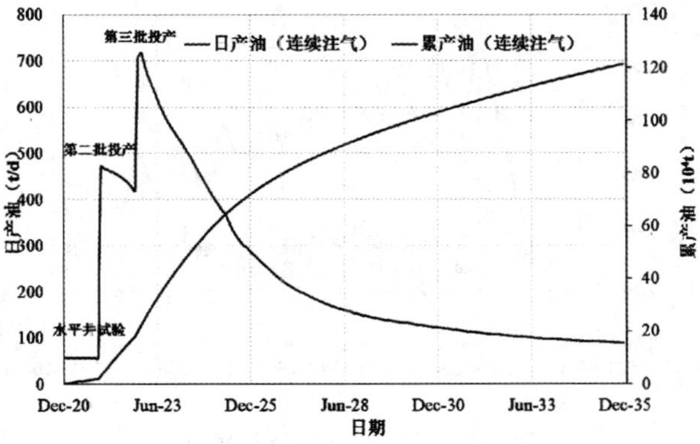

图 10　连续注气产油量预测曲线

3.4　开发指标对比

对比气区注气与否对油区 31 口水平井开发效果的影响，结果见表 6 和图 11 所示。

表 6　开发指标预测结果表（15 年）

方案	井数（口）	累产油（10^4t）	累产水（10^4m^3）	新井采出程度（%）	平均单井累产（10^4t）
不注气	21	93.36	39.08	7.11	3.01
循环注采	21	112.92	62.14	8.59	3.64
连续注气	21	118.19	64.32	8.99	3.81

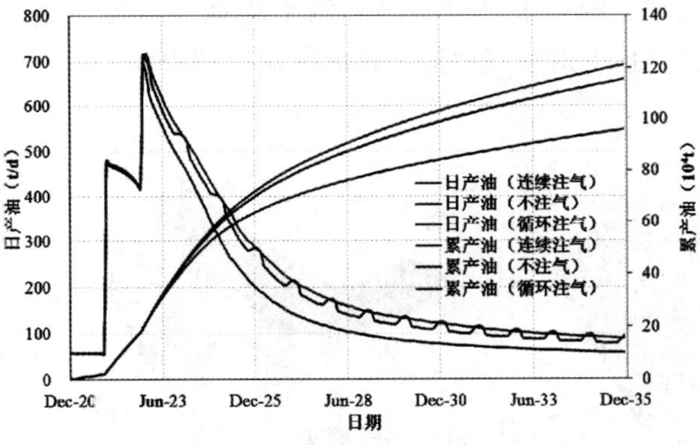

图 11　不同生产方式产油量对比

与不注气的方案相比，循环注气方案 15 年预测期末 31 口水平井产油量可累计增加 19.56×10^4 t，平均单井增加 0.63×10^4 t，阶段新井采出程度可提高 1.48%，增幅 20.8%。

连续注气方案 15 年预测期末 31 口水平井产油量可累计增加 24.83×10^4 t，平均单井增加 0.80×10^4 t，阶段新井采出程度可提高 1.88%，增幅 26.4%。

综上所述，在气区注气，油区地层能力能够得到一定程度的补给，可有效提高油区采收率。

4　油气界面运移规律研究

油气界面运移是影响油藏开发效果和储气库建设的关键因素，是储气库封闭性及驱油能力的重要评价依据。若出现气窜，油井生产气油比增大，产油量下降；若出现油侵，原油进入气顶，很难再采出来，通过避免气窜、油侵现象的出现，可以保障储气库运行并大幅提高油藏采收率。

因此，基于油藏数值模拟方法，对油气界面运移规律展开研究，分析储气库协同建设过程中油气界面运移规律以及确定气窜、油侵界限。

4.1　建库及运行阶段油气运移规律

通过油藏数值模拟，预测储气库运行阶段油气界面的运移规律、油侵气窜量以及油气区平均地层压力，分析其对储气库运行的影响效果。

（1）地层压力

建库注气过程中，气区压力升高至 36MPa，油区压力提高至 29MPa 左右；循环注采过程中气区压力在 19 ~ 36MPa 呈周期变化，油区压力基本保持不变。

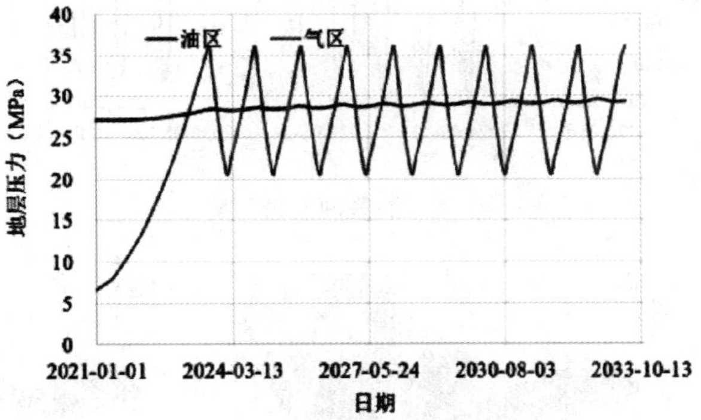

图 12　地层压力预测

（2）气窜量

建库过程中，油区累计气窜量约为 0.67 亿方；循环注采过程中，油区将发生周期性气窜，单个注采周期中气窜量为 0.06 ~ 0.12 亿方。

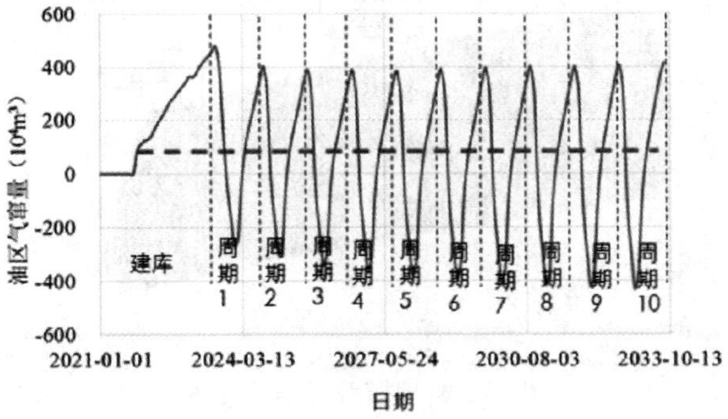

图 13　油区气窜量预测

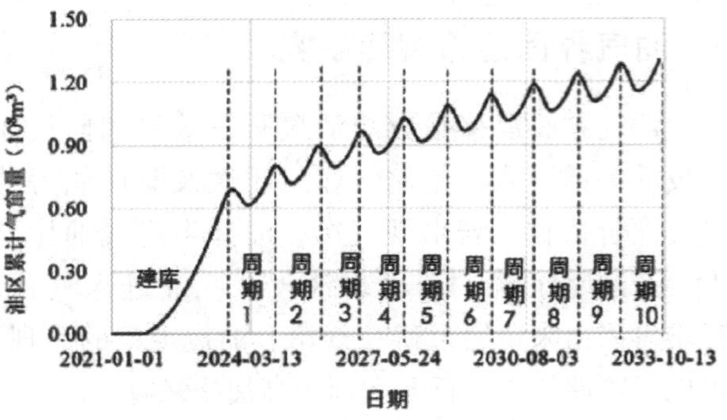

图 14　油区累计气窜量预测

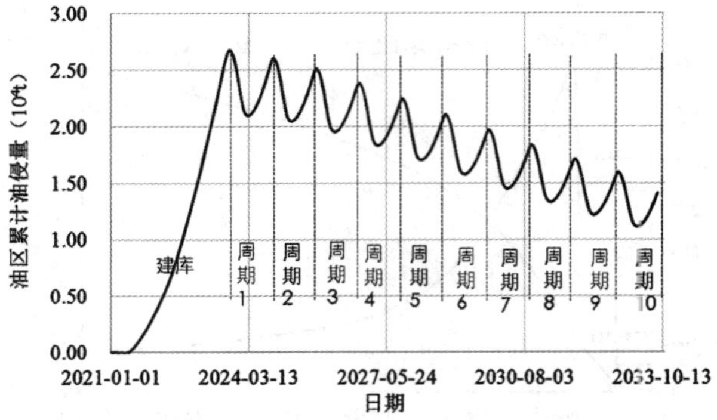

图 16　油区累计油侵量预测

（3）油侵量

建库注气过程中，原油由气区侵入油区，累计侵入量为 2.68 万吨；循环注采过程中，油区原油流出量大于侵入量，单个注采周期内油区原油流出 0.08 ~0.2 万吨。

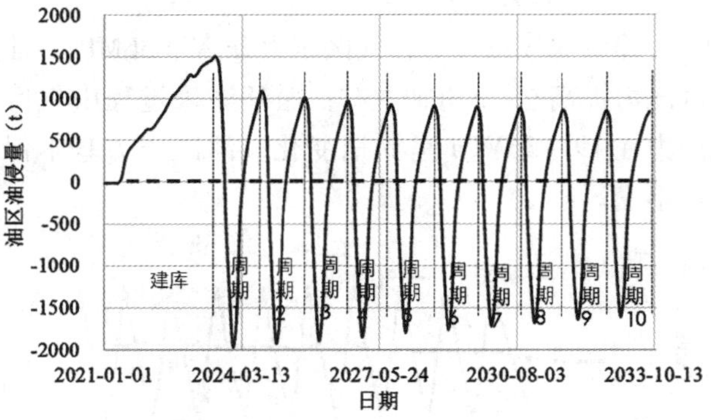

图 15　油区油侵量预测

（4）油气界面运移

建库过程中，油气界面平面运移距离平均 50m 左右，垂向运移距离 2 ~7m；循环注采过程中，注气、采气周期均较短，油气区压差较小，单个注采周期内气窜、油侵现象弱，油气界面稳定。

4.2　气窜、油侵参数界限确定

选取典型井区建立机理模型（图 18），定量评价油气压差对油气界面运移的影响，并确定油气过渡带气窜、油侵参数界限。

（1）油侵

在气区设定采气井 1 口，模拟气区采气过程，直到气区平均地层压力降至 5MPa 左右。根据模拟结果，统计采气过程油气区平均地层压力，评价油气压差对油气界面运移的影响（图 19）。

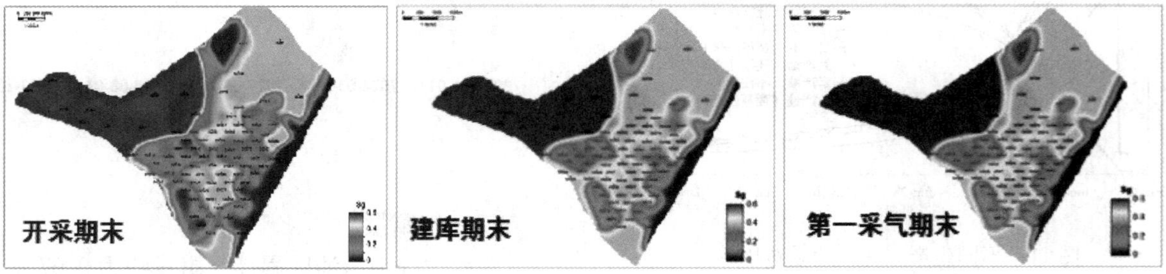

图 17　循环注采过程中油气界面运移

图 18　机理模型三维示意图

图 19　油气界面分布（油侵）

表 7　机理模型参数表

类型	参数
平面网格尺寸（m）	20
垂向网格尺寸（m）	1～2
模型网格规模（个）	78×39×70
有效网格数（个）	123558

随着气区天然气的采出，油气界面压差增大，油气界面向上运移。根据模拟结果，进一步统计油气界面压差与油气界面垂向运移距离的关系（图 20）。当油气界面压差超过 2.45MPa 后，将出现油侵现象，油气界面向气区运移。

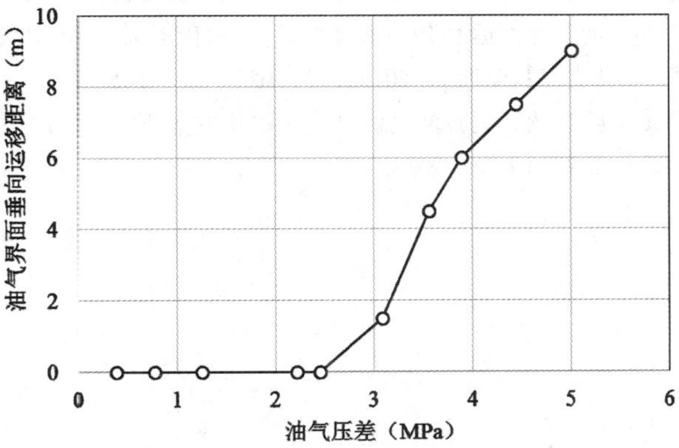

图 20　不同压差油下气界面运移距离（采气过程）

（2）气窜

采气过程模拟结束后，在气区进行注气，直到气区平均地层压力升至 36MPa 左右。根据模拟结果，统计采气过程油气区平均地层压力，评价油气压差对油气界面运移的影响（图 21）。

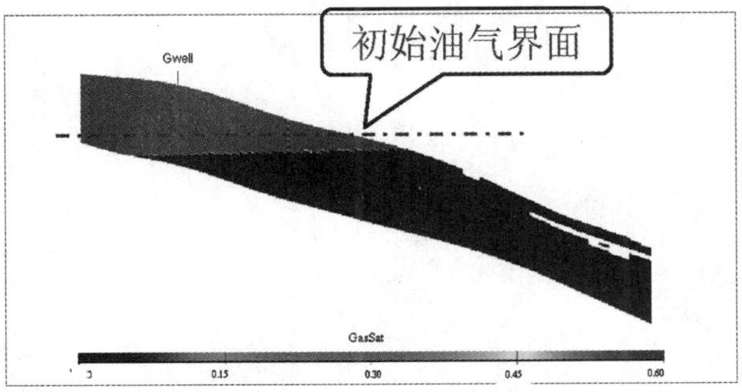

图 21　油气界面分布（气窜）

随着注气量的增加，气区压力不断上升，油气界面压差增大，油气界面向下运移。根据模拟结果，统计注气过程油气界面压差与油气界面垂向运移距离的关系（图 22）。当油气界面压差超过 2.23MPa 后，将出现气窜现象，油气界面向油区运移。

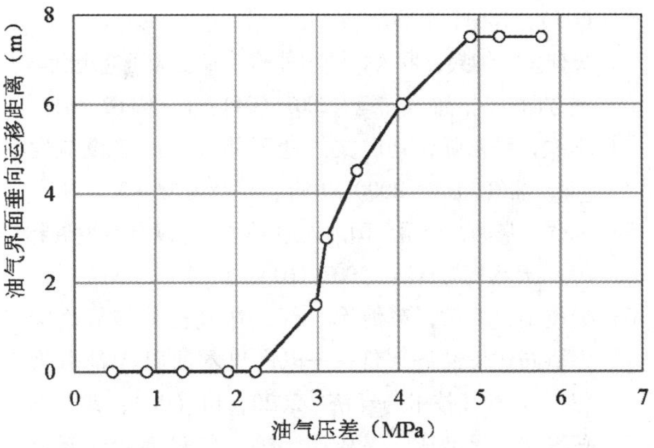

图 22　不同压差油下气界面运移距离（注气过程）

综上所述，油气界面在整个模拟过程中，建库阶段会下降 2～7m；循环注采过程中没有明显的运移，未出现大面积的油侵、气窜现象。可以充分发挥天然气顶部驱油的能力，并有效保障储气库的封闭性，有利于储气库的运行。结合气窜、油侵的压差界限，可进一步指导储气库建设。

5　结论

（1）结合气藏工程方法和油藏数值模拟技术，确定了储气库上限压力为 36MPa，下限压力为 19MPa，库容量为 $25\times10^8m^3$，工作气量为 $10\times10^8m^3$ 等参数。

（2）模拟分析了气区循环注气对油区开采的影响，结果表明气区循环注气可以补充油区地层能量，有效提高油区采收率，相比不注气方案，采出程度提高 1.48%，增幅 20.8%。

（3）基于油藏数值模拟方法，分析 K75 油气藏的建库及循环注采过程，结果表明油气界面运移稳定，没有明显的气窜、油侵现象，明确储气库运行阶段具有良好的封闭性；并确定气窜的压差界限为 2.23MPa，油侵的压差界限为 2.45MPa，为储气库运行提供技术支撑。

（4）明确了 K75 油气藏改建储气库，不仅能促进天然气安全保供，还能提高油藏的采收率，充分说明 K75 油气藏适合进行注气提采与储气库协同建设。

参　考　文　献

［1］江同文，王锦芳，王正茂，等．地下储气库与天然气驱油协同建设实践与认识［J］．天然气工业，2021，41（09）：66－74.

［2］江同文，王正茂，王锦芳．天然气顶部重力驱油储气一体化建库技术［J］．石油勘探与开发，2021，48

(05)：1061－1068.
[3] 吴建发，钟兵，罗涛．国内外储气库技术研究现状与发展方向［J］．油气储运，2007（04）：1－3＋62－63.
[4] 李铁，张永强，刘广文．地下储气库的建设与发展［J］．油气储运，2000（03）：1－8＋58－3.
[5] 苏欣，张琳，李岳．国内外地下储气库现状及发展趋势［J］．天然气与石油，2007（04）：1－4＋7＋66.
[6] 杨俊丰，罗敏，彭海军，等．注气提采与战略储气库协同建设经济评价——以塔里木油田A油藏为例［J］．天然气技术与经济，2020，14（06）：72－78.
[7] 郑得文，胥洪成，王皆明，等．气藏型储气库建库评价关键技术［J］．石油勘探与开发，2017，44（05）：794－801.
[8] 马新华，郑得文，申瑞臣，等．中国复杂地质条件气藏型储气库建库关键技术与实践［J］．石油勘探与开发，2018，45（03）：489－499.
[9] 姜凤光，王皆明，胡永乐，等．有水气藏改建地下储气库运行下限压力的确定［J］．天然气工业，2013，33（04）：100－103.
[10] 张中伟．凝析气藏改建储气库渗流机理及应用研究［D］．西南石油大学，2017.
[11] 朱思南，孙军昌，魏国齐，等．水侵气藏型储气库注采相渗滞后数值模拟修正方法［J］．石油勘探与开发，2021，48（01）：166－174.
[12] 殷代印，何超，董秀荣．储气库调峰能力数值模拟研究［J］．特种油气藏，2015，22（01）：95－98＋155.
[13] 王雨，雷源，江聪，等．渤海小气顶油藏油气界面下移规律及应用［J］．断块油气田，2021，28（01）：100－103.
[14] 腰世哲．文96地下储气库边水运移规律［J］．天然气技术与经济，2019，13（06）：56－61.
[15] 刘佳，程林松，范子菲，等．气顶油环协同开发下油气界面运移规律研究［J］．西南石油大学学报（自然科学版），2015，37（05）：99－105.
[16] 路建欣．喇嘛甸北块储气库扩建方案研究［D］．东北石油大学，2013.

单井增产潜力定量评价方法及提产措施优选

——以新疆H储气库为例

邬 敏 王 泉 李道清 仇 鹏 赵晶磊 哈斯亚提

（中国石油新疆油田分公司勘探开发研究院）

摘 要 针对新疆H型储气库前四周期注采运行过程中，同一构造区域内单井产能差异大、前期优化注采界限增产幅度有限的问题。首先根据动态产能将30口注采井分为三类井，进而分析产能影响因素以筛选出产能主控因素，再以产能主控因素和构造位置为标准将气库平面区域划分为三类区带，最终依据动、静态特征对注采井进行分类评价，目的是为了筛选出气库具有增产潜力的井；其次，依托稳定点二项式产能方程，创新建立了一种基于修正有效渗透率的增产定量评价模型及图版，从而实现对单井增产潜力进行定量描述。依据单井增产潜力的定量评价结果，分析认为应选择改善近井地带渗透率的增产增注措施，以提高中、低产井的单井产能。综合考虑储层敏感性和井身结构特殊性、装置保护及边底水等因素，对三种主要增产增注措施及四种酸化工艺开展分析对比及适应性分析，确定低排量+井口保护器的笼统酸化工艺作为气库针对性增产措施）。根据地面施工条件和井筒工况优选具备提产潜力的4口中产井实施酸化措施的同时，选择采气不出的5口低产井作为实验井同步开展酸化措施作业。截至第六周期采气末期，使用增产潜力评价图版指导的现场9口措施井已完成酸化作业，累计增产 $238\times10^4m^3/d$，模型预测符合率达92%，气库整体调峰能力提升至 $1738\times10^4m^3/d$、工作气量增加 $3.6\times10^8m^3$。

关键词 储气库；增产潜力分析；增产定量评价；现场酸化措施

Quantitative Evaluation Method of Single Well Stimulation Potential and Optimization of Stimulation Measures – Taking Xinjiang H Gas Storage as an Example

WU Min, WANG Quan, LI Daoqing, QIU Peng, ZHAO Jinglei, Hasiyati

(Petrochina, Xinjiang oilfield branch, exploration and Development Research Institute)

Abstract: in the first four cycles of injection – production operation of H – type gas storage in Xinjiang, single well productivity difference in the same structural region is large, the early optimization of injection – production limit limited increase in production. Firstly, 30 injection – production wells are divided into three types according to their dynamic productivity, and then the factors affecting productivity are analyzed to screen out the main factors controlling productivity, then the reservoir area is divided into three zones according to the main control factors of productivity and the structural location, and finally the injection – production wells are classified and evaluated according to the dynamic and static characteristics, secondly, based on the binomial productivity equation of stable point, a quantitative evaluation model and chart of increasing production based on modified effective permeability are innovatively established, thus, the quantitative description of single well stimulation potential can be realized. Based on the quantitative the quantitative description of single well stimulation potential can be realized. Based on the quantitative evaluation results of single well stimulation potential, it is suggested that the measures of stimulation and injection should be selected to improve the permeability of near well zone in order to improve the single well productivity of medium and low production wells. Considering the factors of reservoir sensitivity, well structure particularity, device protection and Edge and bottom water, three main stimulation measures and four acidizing processes are analyzed and compared, and their adaptability is analyzed, the general acidizing process of low displacement + wellhead protector is determined as a targeted stimulation measure of gas storage). According to the surface construction condition and wellbore working condition, 4 medium production wells with production potential are selected to carry out acidizing measures, while 5 low production wells with no gas production are selected to carry out acidizing measures simultaneously as experimental wells. By the end of the sixth cycle of gas production, nine measure wells in the field have completed acidizing operation under the guidance of the production potential evaluation chart, with a cumulative production increase of $238 \times 10^4\ m^3/d$, and the model prediction coincidence rate reaches 92%. The overall peak shaving capacity of the gas reservoir increases to $1738 \times 10^4\ m^3/d$, and the working gas volume increases by $3.6 \times 10^8\ m^3$.

Key words: gas storage; potential analysis of increasing production; quantitative evaluation of increasing production; field acidizing measures

目前，新疆H型储气库作为国内最大的地下储气库，其设计库容量$107.0 \times 10^8 m^3$、工作气量$45.1 \times 10^8 m^3$，自改建至2017年3月已完成四个周期的注采运行，在国内天然气冬季调峰中发挥了重要作用，但气库仍处于建库的早期阶段，存在以下问题：（1）储气库单井采气能力差异大，增产潜力定量评价方法缺失。30口注采井中有16口未能达到设计产能的最大值$80 \times 10^4 m^3/d$，单井产能分布在$30 \times 10^4 m^3/d \sim 70 \times 10^4 m^3/d$。（2）注采井现有增产对策单一，缺乏增产潜力的定量评价方法。仅有的强注强采方式以清除近井地带污染提高注采井采气能力，但相应增产能力有限，需要进一步挖掘注采井增产潜力，制定量化标准。因此，针对气库四周期运行过程中的基本特征及存在的问题，依据稳定点二项式产能方程，创新形成了修正有效渗透增产定量评价模型及图版，实现对单井产能增产潜力进行定量评价，并制定相应针对性提产措施，进一步提升气库整体调峰能力和工作气量，为天然气冬季保供夯实基础。

1　动静结合的注采井分类评价技术

针对气库平面构造区域内单井产能差异较大的问题，首先根据动态产能将30口注采井分为三类井，进而分析产能影响因素以筛选出产能主控因素；其次，以产能主控因素和构造位置为标准将气库平面区域划分为三类区带，最终依据动、静态特征对注采井进行分类评价，目的是为了筛选出气库具有增产潜力的井。

1.1　注采井动态分类

依照气库生产动态特征和节点分析法计算单井合理产能，将30口注采井分为三大类：将采气能力大于$70 \times 10^4 m^3/d$，井控半径大于390m划分为高产井，共14口，占47%，主要分布在构造高部位；将采气能力大于$30 \times 10^4 m^3/d$、小于$70 \times 10^4 m^3/d$，井控半径大于220m、小于390m的划分为中产井，共9口，占30%，主要为初期高压层污染导致，分布在构造高部位局部；将采气能力小于$30 \times 10^4 m^3/d$，井控半径大于220m的划分低产井，共有7口，占23%，主要分布在构造位置相对低的气藏边部，受储层边水、污染、环境敏感等因素的影响，部分井不能正常注采（表1）。

表1　高、中、低产井分类标准及注采气能力表（生产压差3.5MPa）

类别	注采能力/($10^4 m^3/d$)		井控半径/m		井数/口	占比/%	分布特征
	采气	注气	采气	注气			
高产井	>70	>55	>390	>400	14	47	构造高部位、污染轻
中产井	30－70	30－55	220－390	230－400	9	30	局部高构造、污染较重
低产井	<30	<30	<220	<230	7	23	构造低部位、污染严重
合计					30	100	

此外，从气库整体范围看，低产井主要集中在气库的西区及东部等构造边部区域，但在气库中、高部位，高产井与中产井的分布并没有明显规律，相邻井间存在产能差异较大的情况（图1），因此有必要进一步开展单井产能影响因素分析研究。

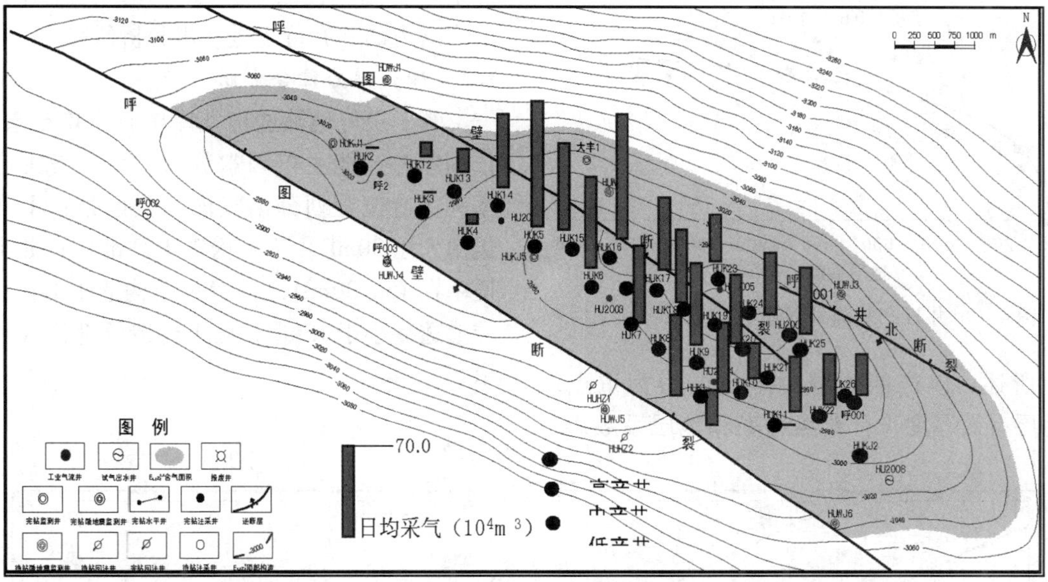

图1　30口注采井在气库平面构造分布图

1.2　产能影响主控因素分析

（1）有效厚度对产能的影响

由图2可知，高、中产井的储层有效厚度主要分布在24.0～33.0m之间，采气能力整体都比较大，分布均匀，并无明显差异；低产井有效厚度在15～20m之间，受地层污染、边底水的影响，采气能力较小，30口注采井的有效厚度与采气能力关系性不大、相关性较差。分析认为，生产实际过程中有效厚度受隔夹层分布、地层非均质性和储层污染等影响因素，使有效厚度同采气能力之间的关系性较差。

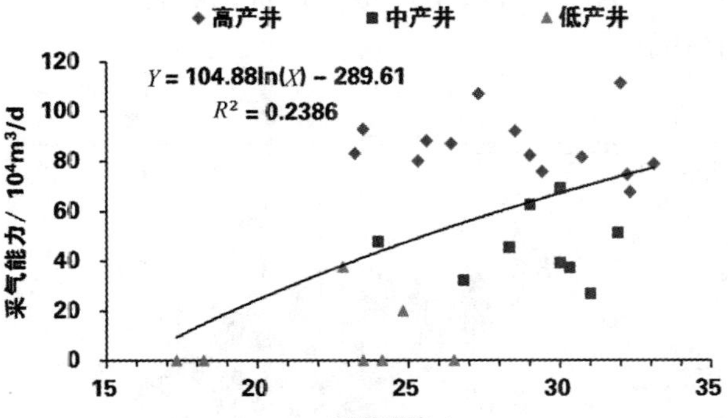

图2　单井日产气与有效厚度散点图

（2）有效渗透率对产能影响

由图3可以看出，随着有效渗透率的增加，单井产能增长趋势逐渐变缓，增长幅度变小，二者之间呈现出良好的对数关系。这是由于低产井在气库东部及西区边部区域，受地层能力和边底水影响，部分井采气能力较小；随着渗透率的增加，中、高产井采气能力逐渐增大，但受储层污染、地层非均质性和井筒能力的限制，使得采气能力增幅逐渐减缓，渗透率与采气能力趋于对数关系。

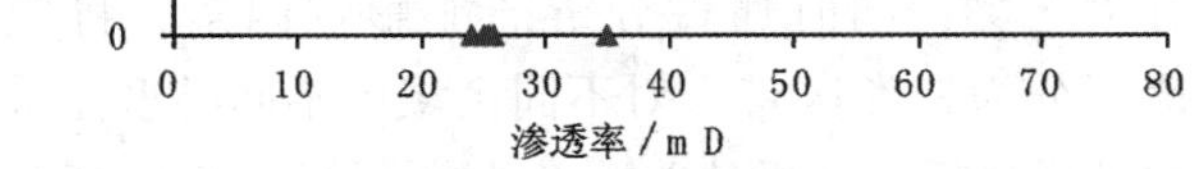

图3　单井日产气与有效渗透率散点图

（3）地层系数对产能影响

如图4所示，随着地层系数的变大，产能增长趋势逐渐变缓，增长幅度变小，二者之间呈现出一定的对数关系。地层系数同采气能力之间的对数关系亦说明地层能力受到限制，考虑到有效厚度与采气能力关系性较差，而渗透率与采气能力之间呈对数关系，而地层系数为有效厚度和渗透之间的乘积，因此认为地层系数与产能之间的关系更受有效渗透率的影响。

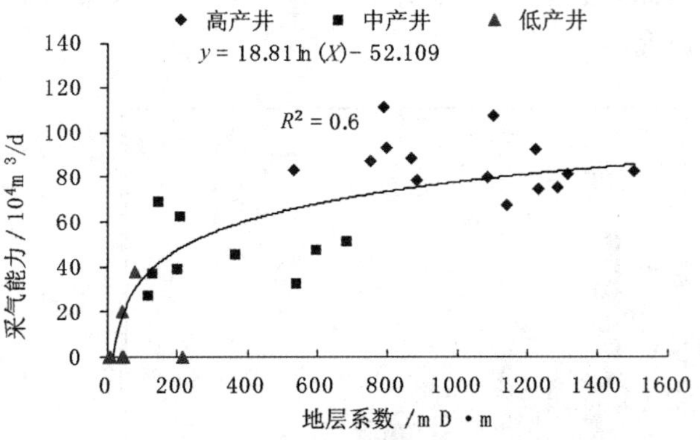

图4　单井日产气与地层系数散点图

综上所述，以产能方程中地质能力为重点，分别对地层有效厚度、有效渗透率和地层系数影响产能的控制因素进行分析，认为有效渗透率与生产实际采气能力呈良好的对数关系，故将有效渗透率是作为影响采气能力的主控因素。因此，需结合产能主控因素，对单井产能差异大、具备增产潜力的井有待于进一步分析研究。

1.3　增产潜力综合分析

为了更好地筛选出气库中具有增产潜力的井，依据单井产能主控因素分析，综合考虑有效渗透率和构造位置划分出气库三类区带：Ⅰ类区域渗透率大于30mD，位于构造中高部位；Ⅱ类区域渗透率在15～30mD之间，位于构造中部位；Ⅲ类区域渗透率小于15mD，位于构造低部位（如图5所示）。

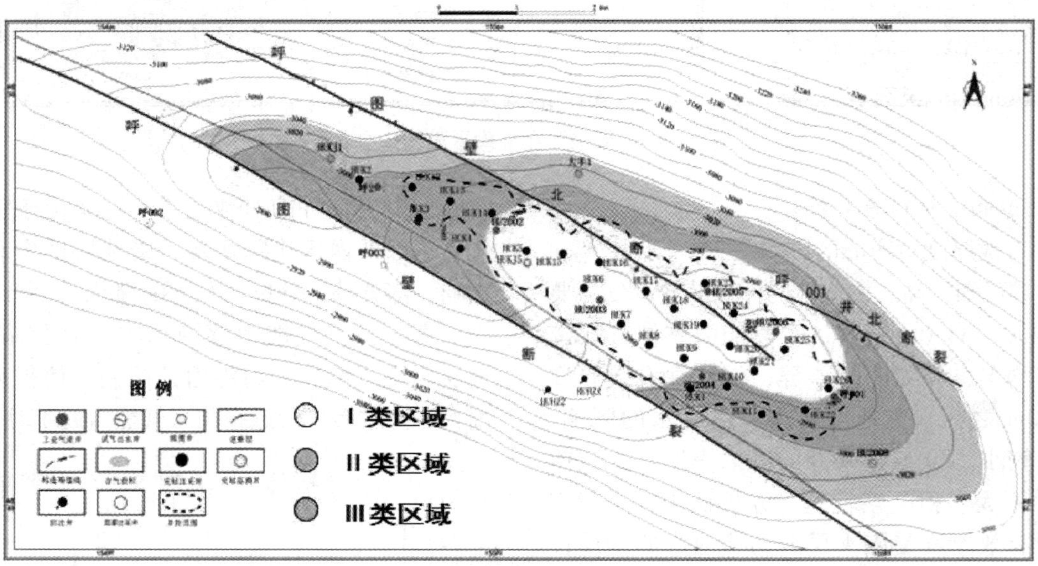

图5　$E_{1-2}z_2{}^1$平面分类区域划分图

如图6所示，基于动静结合的注采井分类评价技术，从动态生产特征方面将30口注采井分为三类，同时通过分析产能影响因素，将气库划分为三类区带。对不同区域中不同类型注采井进行分析。分析认为，在Ⅰ类区域内应以高产井为主，产能大于$70 \times 10^4 m^3/d$，而实际生产中存在8口中产井，产能小于$70 \times 10^4 m^3/d$，在相同的地质条件下，该区域内中产井具有一定增产潜力；而在Ⅱ类区域内应以中产井为主，产能应在$30 \times 10^4 m^3/d \sim 70 \times 10^4 m^3/d$之间，而实际生产中有7口低产井，产能小于$30 \times 10^4 m^3/d$，具备一定增产潜力，基于以上分析确定了Ⅰ类区域的中产井和Ⅱ类区域的低产井具备一定增产潜力。由于前期的增产措施方法提升能力有限，因此需对区域内的中、低产井开展增产定量评价，以制定相应提产措施。

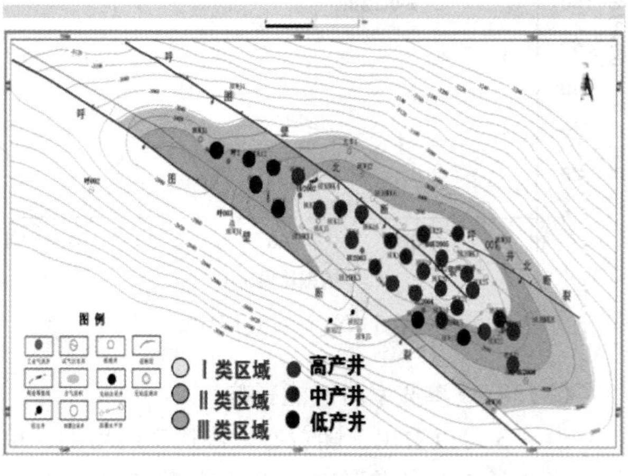

图6　动态、静态结合的注采井分布图

2　基于有效渗透率的增产定量评价方法

采用动静结合的注采井分类评价技术，筛选出气库具有增产潜力的井，同时，依托稳定点二项式产能方程，创新建立一种基于有效渗透率的增产定量评价方法，对单井产能增产潜力进行定量描述，为提出针对性提产措施奠定理论基础。

2.1　修正有效渗透率 K' 函数

根据径向流裘比公式可知，单井采气能力同渗透率之间呈线性关系，即随着有效渗透率的增大，单井产能随之增大；但在实际生产过程中，单井产能受制于储层污染、地层和井完善程度等因素，使得采气能力与渗透率之间呈一定对数关系。为建立基于有效渗透率的增产定量评价模型，指导气库实际生产，因而首先建立含有一定对数关系的修正有效渗透率 K' 函数，使修正后理论产能与有效渗透率也呈一定对数关系（1）。

$$K' = Kln(\alpha K)/(1+\beta K) \tag{1}$$

2.2　产能模型及图版的建立

以稳定点二项式产能方程为理论基础，当气体流动进入拟稳态后，压力与产量关系式满足经典渗流理论：

$$P_R{}^2 - P_{wf}{}^2 = \frac{36.846\times10^3\,\overline{\mu_g}\,\overline{Z}\,\overline{T}p_{sc}q_g}{KhT_{sc}}\left(lg\frac{0.472r_e}{r_w} + S_a\right) \tag{2}$$

式中：

$$S_a = S + Dq_g \tag{3}$$

将上式转换成二项式产能方程：

$$P_R{}^2 - P_{wf}{}^2 = Aq_g + Bq_g{}^2 \tag{4}$$

则有：

$$A = \frac{29.22\,\overline{\mu_g}\,\overline{Z}\,\overline{T}}{Kh}\left(lg\frac{0.472r_e}{r_w} + \frac{S}{2.302}\right) \tag{5}$$

$$B = \frac{12.69\,\overline{\mu_g}\,\overline{Z}\,\overline{T}}{Kh}gD \tag{6}$$

其中，q_g 代表天然气采气量，单位为 m^3/d；P_R 代表地层原始压力，单位为 MPa；P_{wf} 代表井底流压，单位为 MPa；μ_g 代表气体平均黏度，单位为 mPa·s；Z 代表地层条件下平均气体偏差系数；T 代表地层条件下平均温度，单位为 K；r_e 代表井控半径，单位为 m；r_w 代表井筒半径，单位为 m；K 代表地层的理论渗透率，单位为 mD；h 代表气层有效厚度，单位为 m；S 代表气井的综合表皮系数；S_a 代表气井的视表皮系数；P_{sc} 代表临界大气压力，单位为 MPa；T_{sc} 代表临界温度，单位为 K。

将修正有效渗透率 K' 函数（式 1），引入稳定点二项式产能方程中：

$$P_R{}^2 - P_{wf}{}^2 = A'q_g + B'q_g{}^2 \tag{7}$$

其中：

$$A' = \frac{29.22\,\overline{\mu_g}\,\overline{Z}\,\overline{T}}{K'h}\left(lg\frac{0.472r_e}{r_w} + \frac{S}{2.302}\right) \tag{8}$$

$$B' = \frac{12.69\,\overline{\mu_g}\,\overline{Z}\,\overline{T}}{K'h}gD \tag{9}$$

进而

$$A' = \frac{29.22\,\overline{\mu_g}\,\overline{Z}\,\overline{T}}{Kln(\alpha K)/(1+\beta K)h}\left(lg\frac{0.472r_e}{r_w} + \frac{S}{2.302}\right) \tag{10}$$

$$B' = \frac{12.69\,\overline{\mu_g}\,\overline{Z}\,\overline{T}}{Kln(\alpha K)/(1+\beta K)h}gD \tag{11}$$

最终建立采气能力 q_g 和地层有效渗透率 K 存在如下关系式：

$$q_g = \frac{\sqrt{\begin{array}{l}\left[29.22\,\overline{\mu_g}\,\overline{Z}\,\overline{T}(1+\beta K)\left(lg\frac{0.472r_e}{r_w}+\frac{S}{2.302}\right)\right]^2 gK^{0.94}\varphi^{1.06}r_w{}^2h^2 \\ +6.85\times10^{-6}\gamma_g\,\overline{Z}\,\overline{T}(1+\beta K)(P_R{}^2-P_{wf}{}^2)K^{1.47}\varphi^{0.53}r_w hln\alpha K\end{array}} - 29.22\,\overline{\mu_g}\left(lg\frac{0.472r_e}{r_w}+\frac{S}{2.302}\right)K^{0.47}\varphi^{0.53}r_w h^2}{3.43\times10^{-6}\gamma_g} \tag{12}$$

结合试井解释和不稳定产量分析，确定式 1 中修正有效渗透率 K' 函数中 $\alpha=0.32$、$\beta=6.88$；根据修正产能与有效渗透率之间的关系（式 11、式 12），建立生产压差分别为 2.0MPa、2.5MPa、3.0MPa、3.5MPa、4.0MPa、4.5MPa、5.5MPa、6.0MPa 修正渗透率增产潜力评价模型图版（图 7）。

根据增产潜力评价模型图版，修正后的有效渗透率与单井采气能力呈一定对数关系，且随着生产压差的增大，采气能力随渗透率增大的幅度

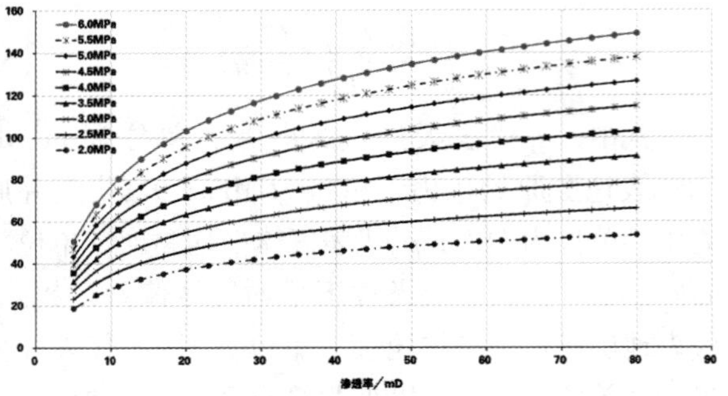

图 7　基于修正有效渗透率的产能模型图版

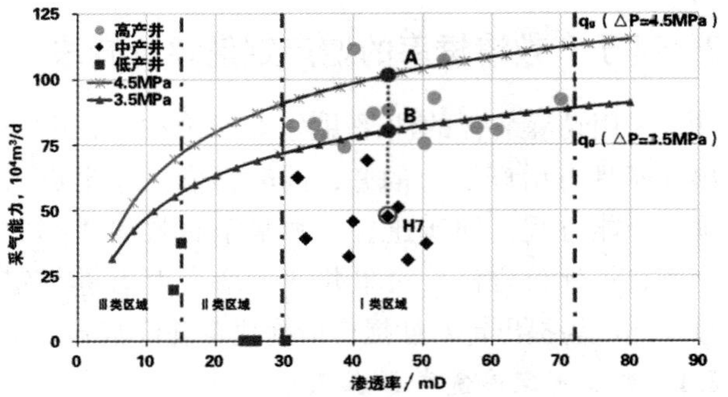

图 8　注采井理论产能与实际产能对比图

也逐渐提高。

2.3　单井增产潜力定量描述

首先，抽稀合理生产压差 3.5～4.5MPa 产能预测曲线，将 30 口注采井投射到图版上；其次，利用动静结合的注采井分类评价技术，划分出三类区域和高、中、低产三类井（图 8）。当生产压差控制在 3.5～4.5MPa 时，Ⅰ类区域的中产井单井产能应介于生产压差 3.5MPa 和 4.5MPa 的预测产能之间，但中产井实际产能均位于该区域之外，因此在气库Ⅰ类区域的中产井具有一定增产潜力。分析认为，由不稳定试井解释出Ⅰ类区域的中产井综合表皮系数在 5～15 之间，也正说明这部分增产潜力是由于近井地层污染导致渗透率下降、地层能力受限而引起的。

以 H7 井为例，当生产压差控制在 3.5MPa 时，解除近井地带污染后预测产能应在 A 点，增产潜力在 $33\times10^4m^3/d$，通过放大生产压差至 4.5MPa 时，解除近井污染后预测产能应在 B 点，增产潜力在 $53\times10^4m^3/d$。同理，统计了中、低产井在生产压差 3.5～4.5MPa 条件下相应的模型预测产能范围，得出单井产能增产潜力区间（表 2）。通过计算得到，该类中产井平均产能为 $45.8\times10^4m^3/d$，假设修正模型中最小生产压差为 3.5MPa，计算得到修正后的中产井平均产能应为 $80.8\times10^4m^3/d$，即Ⅰ类区域的中产井单井增产潜力至少应为 $35.0\times10^4m^3/d$，因此有必要进一步开展相应的增产措施。

表 2　模型预测产能与实际产能增产潜力对比表

类别	序号	井号	实际生产压差/MPa	实际产能/（$10^4m^3/d$）	预测产能/（$10^4m^3/d$）	预测增产潜力/（$10^4m^3/d$）	实施批次
中产井	1	H7	3.6	45.0	77.9～98.3	34.6～52.8	第一批
	2	H10	3.7	37.0	77.6～97.9	40.6～60.9	第一批
	3	H18	3.7	66.0	80.9～102.1	14.9～36.1	第一批
	4	H23	3.5	42.0	82.5～104.2	40.5～62.2	第一批
	5	H15	3.6	47.8	80.2～101.2	34.6～53.4	第二批
	6	H17	3.8	27.0	81.5～102.8	56.7～75.8	第二批
	7	H27	3.5	69.0	78.9～99.6	12.1～30.6	第二批
	8	H28	3.7	62.5	73.3～92.5	13.1～30.0	第二批
	9	H29	4.0	39.3	74.1～93.5	37.0～54.2	第二批
	中产井按最小生产压差 3.5MPa 下，预测平均产能 $80.5\times10^4m^3/d$，增产潜力 $35.0\times10^4m^3/d$						
低产井	1	H1	4.4	37.6	59.1～71.7	21.6～34.1	第一批
	2	H3	4.5	0.0	22.5～33.5	22.5～33.5	第一批
	3	H11	4.5	0.0	20.2～30.0	20.2～30.0	第一批
	4	H12	4.5	0.0	20.5～30.4	20.5～30.4	第一批
	5	H13	4.7	19.8	57.2～69.3	37.4～49.4	第一批
	6	H2	4.0	0.0	20.7～30.7	20.7～30.7	第二批
	7	H4	4.0	0.0	20.6～30.5	20.6～30.5	第二批
	低产井最小生产压差 3.5MPa 下，预测平均产能 $31.5\times10^4m^3/d$，预测平均增产 $23.3\times10^4m^3/d$						

由于前期通过优化注采界限提升单井增产的能力有限，所以需要根据单井增产潜力的定量评价结果，有针对性地优选改善近井地带渗透率的增产措施，以提高中、低产井的单井产能。

3　增产方法优选及现场实施效果

3.1　增产措施优选评价

前期通过优化注采界限以提升单井产能，但相应增产能力有限；因此，依据单井增产潜力的定量评价结果，分析认为应选择改善近井地带渗透率的增产增注措施（表3），以提高中、低产井的单井产能。综合考虑储层敏感性和井身结构特殊性、装置保护及边底水等因素，对三种主要增产增注措施及四种酸化工艺开展分析对比及适应性分析，确定低排量 + 井口保护器的笼统酸化工艺作为气库针对性增产措施（表4）。根据地面施工条件和井筒工况优选具备提产潜力的4口中产井实施酸化措施的同时，选择采气不出的5口低产井作为实验井同步开展酸化措施作业。根据9口井的现场实施条件及难易程度分为两批次实施。

表3　三种增产增注措施原理及优缺点对比表

项目	酸化	压裂	酸压
反应类型	以化学反应为主	以物理力学为主	以化学反应和物理造缝相结合
波及范围	解除近井地带污染	人工造缝形成近井渗流通道	刻蚀裂缝和人工造缝，对储层改造较充分
水窜风险	不易沟通水流动通道	易沟通水层引起水窜	岩心酸溶蚀率要高，更易沟通水层引起水窜
气库适用性	满足气库近井地带使用	气库高渗地层易出砂	气库井筒结构不满足酸化高压措施
推荐度	推荐	不推荐	不推荐

表4　四种酸化工艺措施优缺点对比表

酸化工艺	笼统酸化	化学暂堵	自转向酸化	分层酸化
管柱结构	井口保护器 + 原井身结构			井口防喷器 + 连续油管 + 封隔器 + 锚定装置
作业条件	不动管柱操作简单	施工难度大工序复杂	针对低渗地层适应性低	作业复杂，排量小，施工时间较长
经济评价	仅保护器费用	井口保护器 + 化学暂堵剂	井口保护器 + 化学配方	连续油管和工具按井次结算
成功率	高	中	低	中
推荐度	推荐	不推荐	不推荐	不推荐

3.2　现场实施效果评价

（1）基于修正模型指导的措施井，产能得到大幅提升

根据增产定量评价方法对中产井和低产井产能进行定量评价，结合地面施工条件和井筒工况优选9口井进行笼统酸化措施，截至2019年9月，措施井已经全部实施完毕，其中4口中产井酸化措施增产共 $166.0\times10^4m^3/d$，5口低产井和边部未利用井酸化措施增产共 $72.0\times10^4m^3/d$，合计增产 $238.0\times10^4m^3/d$（图9、图10、表5）。

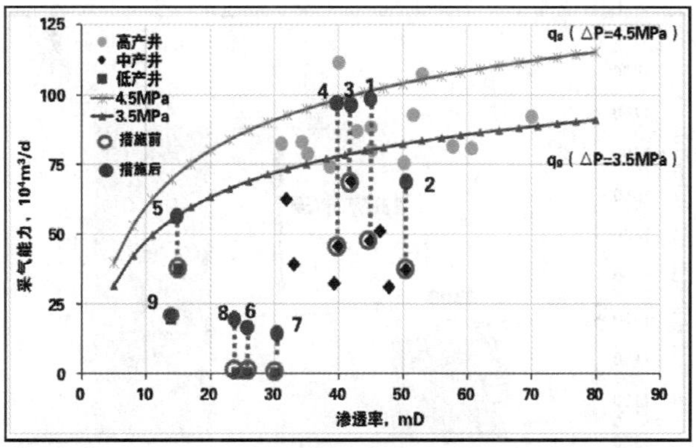

图9　9口井措施前后单井产能对比图

（2）措施后产能与模型预测产能基本一致，模型符合率为92%

由表5可知，Ⅰ类区域的中产井措施后单井产能与模型预测产能符合率为100%，由于H10井地层砂体亏空导致酸化作业调整为酸洗作业，作业强度降低，增产能力低于预测产能。3口边部未利用井受现场开采条件和地层能力的影响，符合率在75%左右，其中H13由于井筒积液影响日产气量，导致增产效果不明显。此外，措施后中产井平均产能增加 $41.5\times10^4m^3/d$，与修正模型预测中产井平均增产潜力 $35.0\times10^4m^3/d$ 增加 $6.5\times10^4m^3/d$，分析认为在构造高部位的Ⅰ类高渗区域，近井渗透率对单井生产能力的影响较大。而

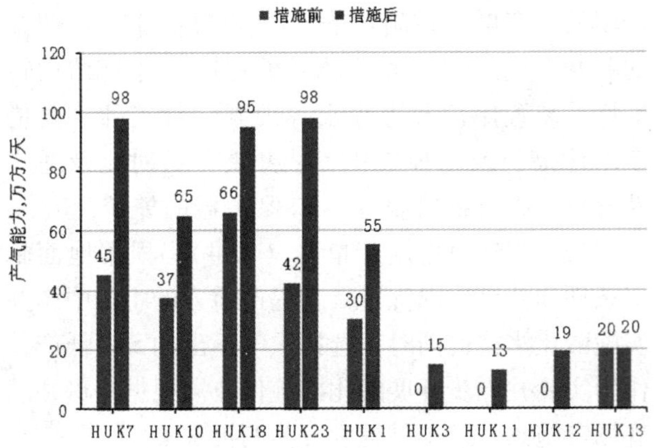

图 10　措施前后 9 口产能对比柱状图

受边底水、构造位置等限制，低产井平均单井产能仅增加 $18.0\times10^4m^3/d$，约为预测模型产能的 75%，说明储层近井地带渗透率对构造低部位的单井产能影响较小，低产井产能提升有待于进一步研究。

（3）提高了气库整体调峰能力和工作气量

截至第六周期采末，基于有效渗透率的增产定量评价方法所开展的针对性提产措施已完成，气库整体调峰能力得到提升，由第五周期的$1500\times10^4m^3/d$ 提升至 $1738\times10^4m^3/d$（图 11），最大工作气量较第五周期增加 $3.6\times10^8m^3$（图 12）。进一步提高了气库应急调峰能力和工作气量，为天然气冬季保供夯实基础。

表 5　新疆 H 储气库 9 口措施井增产效果评价

类别	序号	井号	生产压差 /MPa	酸化前日产气/（$10^4m^3/d$）	酸化后日产气/（$10^4m^3/d$）	措施增产幅度/（$10^4m^3/d$）	预测增产潜力/（$10^4m^3/d$）	模型符合率 /%	备注
中产井	1	H7	3.6	45.0	98.0	53.0	34.6～52.8	100.0	
	2	H10	3.7	37.0	65.0	28.0	40.6～60.9	69.0	
	3	H18	3.7	66.0	95.0	29.0	14.9～36.1	100.0	
	4	H23	3.5	42.0	98.0	56.0	40.5～62.2	100.0	
	合计/平均					166.0/41.5			
低产井	5	H1	4.4	34.0	59.0	25.0	21.6～34.1	100.0	
	6	H3	4.5	0.0	15.0	15.0	22.5～33.5	66.7	间开 18 天
	7	H11	4.5	0.0	13.0	13.0	20.2～30.0	64.4	间开 30 天
	8	H12	4.5	0.0	19.0	19.0	20.5～30.4	92.7	间开 21 天
	9	H13	4.7	20.0	20.0	0.0	37.4～49.4	0	效果不明显
	合计/平均					72.0/18.0			
	累计		243.0	481.0	238.0				

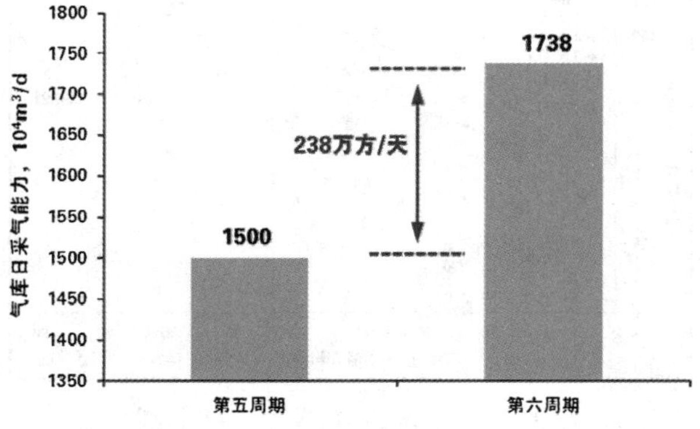

图 11　第六周期与第五周期调峰能力对比图

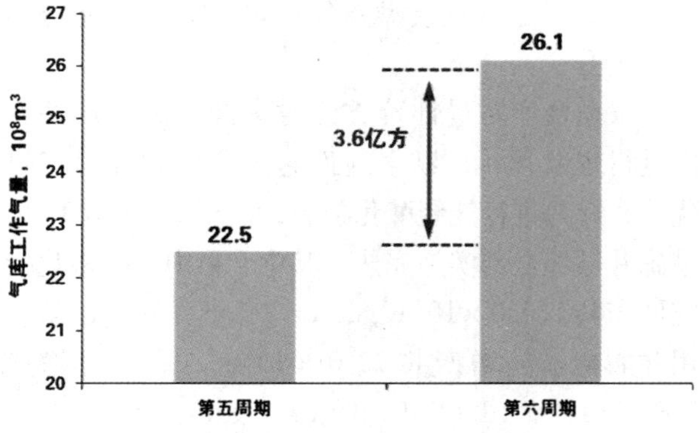

图 12　第六周期与第五周期工作气量对比图

4　结论及建议

4.1　结论

（1）创新形成了一种基于有效渗透率的增产定量评价方法，对气库注采井单井产能进行定量评价并提出针对性提产措施。经过酸化后的 9 口井合计增产 $238\times10^4m^3/d$，中产井的模型符合率达 92%，低产井的模型符合率为 75%。

（2）截至六周期采末，通过增产定量评价模型指导的现场提产措施，单井产能得到大幅提升，储气库整体调峰能力提升至 $1738\times10^4m^3/d$，工作气量增加 $3.6\times10^8m^3$，为冬季天然气保供奠定了基础。

4.2 存在问题

（1）针对低产井增产效果不理想的问题，需要分析酸化强度对低渗储层的改造效果，对边部未利用井采取进攻性增产措施，进一步提升低产井产能。

（2）Ⅰ类区域的中产井措施后得到提产，说明近井地带地层受钻井液污染；下一步可对Ⅰ类区域中动态解释表皮系数较大的高产井，提出酸化措施，进一步增加高产井产能；此外，为避免钻井液对近井地带污染，在气库新钻水平井投产前，及时开展酸化解堵措施。

参考文献

[1] 李士伦．天然气工程［M］．北京：石油工业出版社，2000；

[2] 王彬，陈超，李道清，等．新疆 H 型储气库注采气能力评价方法［J］．特种油气藏，2015，22（5）；

[3] 王彬，邱恩波，庞晶，等．新疆 H 型储气库改建关键问题测井评价［J］．西南石油大学学报，2016（1）；

[4] 吕建，罗长斌，付江龙，等．长庆储气库合理注气压力的确定［J］．石油化工应用，2014，33（9）；

[5] 何顺利，门成全，周永胜．大张坨储气库储层注采渗流特征研究［J］．天然气工业，2006，26（5）；

[6] 吴建发，钟兵，冯曦，等．相国寺石炭系气藏改建地下储气库运行参数设计［J］．天然气工业，2012，32（2）：91－94.

[7] 李明川，黄全华，孙雷．节点分析在地下储气库注气动态分析中的应用［J］．油气储运，2011，30（6）；

[8] 戚志林，雷登生，李志军，等．倾斜气井井筒携液临界流量计算方法［J］．大庆石油地质与开发，2012，31（1）；

[9] 丁云宏，张倩，郑得文，等．微裂缝－孔隙型碳酸盐岩气藏改建地下储气库的渗流规律［J］．天然气工业，2015，35（1）：109－114.

[10] 陈元千．油气藏工程计算方法［M］．北京：石油工业出版社，1990；

[11] 庄惠农．气藏动态描述和试井（第二版）［M］．北京：石油工业出版社，2009；

[12] Blasingame TA，Johnston，JL，Lee WJ. Type curve analysis using the pressure integral method［C］//SPE California Regional Meeting，5－7 April 1989，Bakersfield，California，USA.

[13] 孙贺东．油气井现代产量递减分析方法及应用［M］．北京：石油工业出版社，2013.

[14] 孙贺东，朱忠谦，施英，等．现代产量递减分析 Blasingame 图版制作之纠错［J］．天然气工业，2015，35（10）：71－77.

[15] Agarwal RG，Gardner DC，Kinsteiber SW. Analyzing well production data using combined type curve and decline curve concepts［J］. SPE Reservoir Evaluation & Engineering，1999，2（5）：479－485.

基于微重力监测技术的地下储气库圈闭动态密封性评价

廖　伟[1]　张士杰[1]　何国林[2,3]　邓申申[2]　罗海涛[1]　蒋　恬[1]　艾广申[3]

（1. 中国石油新疆油田分公司新疆油田储气库有限公司；2. 北京中科地物能源技术有限公司；
3. 湖北省地质局第三地质大队）

摘　要　储气库库容量变化情况及盖层密封性关系到注采安全，新疆H储气库运行过程中仍存在气水边界变化不清、盖层是否漏失问题。为此，本文利用高精度微重力监测技术，通过监测储气库强注强采过程中流体变化引起的密度变化，有效评价储气库库容动用效果、盖层密封性。研究结果表明：①高精度地面重力测量能监测到三千多米深储气库注末阶段气驱替水所产生的密度变化；②综合利用深度递推剩余重力异常提取法和水平方向导数法获取的结果，可以对气库气藏范围进行有效刻画，最终确定目标层气藏范围；③通过建立气水边界模型，正演确定气水边界阈值，对西区气水边界进行划定，气水边界海拔约为 -3043.6m，评价两次监测过程中气驱前缘的动态变化，相对第八周期采末气水边界位置向下推移6.1m；④通过时移微重力监测，对比分析重力异常的变化，评价了储气库强注强采过程中圈闭动态密封性。结论认为，本次微重力监测储层及上覆盖层密封性好，未见漏失，为储气库后期安全运行提供技术支持。

关键词　地下储气库；微重力监测；库容动用；动态密封性；气驱前缘；气水界面

Dynamic Sealing Evaluation of Underground Gas Storage Traps Based on Microgravity Monitoring Technology

LIAO Wei[1], ZHANG Shijie[1], HE Guolin[2], DENG Shenshen[2], LUO Haitao[1],
JIANG Tian[1], AI Guangshen[3]

(1. Operation District of Hutubi Gas Storage, PetroChina Xinjiang Oilfield Company,;
2. Beijing Zhongke Energy Geophysical Technology Co., Ltd.,;
3. Third Geological Brigade of Hubei Geological Bureau)

Abstract: The change of gas storage capacity and the tightness of the caprock are related to the safety of injection and production. During the operation of Xinjiang H gas storage, there are still unclear changes in the gas - water boundary and whether the caprock is leaking. To this end, this paper uses high - precision microgravity monitoring technology to effectively evaluate the production effect of the gas storage and the sealing performance of the caprock by monitoring the density change caused by the fluid change during the strong injection and recovery process of the gas storage. The research results show that: First, The high - precision ground gravity measurement can monitor the density change caused by gas flooding at the end of the injection stage of the gas storage over 3, 000 meters deep; Second, Combining the results obtained by the depth recursive residual gravity anomaly extraction method and the horizontal directional derivative method, the gas reservoir extent can be effectively portrayed, and the target layer gas reservoir extent can be finally determined; Third, By establishing a gas - water boundary model, forward modeling determines the gas - water boundary threshold, and delineates the gas - water boundary in the western area. The elevation of the boundary is about -3043.6m, and the dynamic changes of the gas flooding front during the two monitoring processes are evaluated, and the position of the gas - water boundary at the end of the eighth cycle is moved downward by 6. 1m; Fourth, Through time - lapse microgravity monitoring, comparative analysis of gravity anomalies The dynamic sealing performance of the trap during the strong injection and production process of the gas storage is evaluated. It is concluded that the microgravity monitoring reservoir and overburden have good sealing performance and no leakage, which provides technical support for the safe operation of the gas storage in the later stage.

Key words: Underground gas storage; Microgravity monitoring; Utilization of storage capacity; Dynamic sealing; Gas drive front; Gas water boundary

目前储气库作为长输管道的配套工程，具有储气压力高、储存量大、机动性强、调峰范围广等突出优势，在季节调峰和保障供气安全上具有不可替代的作用，但也因其高压力强注强采、多周期应力交变等特点，可能导致各种类型的安全事故，其中储气库注采过程中的库容动用情况及圈闭动态密封性在储气库注采运行安全管理起到至关重要的作用。新疆H储气库已完成九个周期注采运行，历史最高注末库存量接近满库存状态，且风险管控手段缺少有效的预警监测，一旦注采运行期间发生天然气泄漏将导致严重的后果。因此，亟需利用先进的圈闭动态密封性监测技术，评估储气库注采运行过程中天然气在地层内的气水边界情况和圈闭动态密封性，提高风险识别能力，建立风险预警，保障储气库安全高效调峰运行。

随着重力学的发展以及21世纪高精度CG6重力仪的出现，研究微伽（μgal）级精度重力场及其变化成为现实，进一步加深对地球重力场的了解，评价地下密度异常体的结构、形态、分布更具有理论与实用意义。传统重力勘探主要应用区域重力调查，研究大地及区域地质构造、划分构造单元、圈定沉积盆地范围、划分成矿远景区、寻找有利于储存油气或煤的各种构造等勘查工作，研究对象目标大，观测精度低。用传统的重力测量难以发现密度变化小的地质体产生的重力异常，而微重力监测技术可以对其进行探测和做出估计，因而具有特殊的意义。

国外90年代，微重力监测技术被应用监测荷兰格罗宁根气田的油气开采取得不错成效，此后，微重力监测技术受到石油天然气领域重视，微重力监测以密度变化为基础。油（气）藏随着逐年开采，油或气逐渐被水所替代，密度差异明显，重力值变化显著。当利用重力仪监测到这种变化之后，则可以利用场值的变化反推地下密度的变化，从而达到监测目的。美国普拉德霍湾油田运用微重力监测技术获得注水运移示意图，与观察井中探测到的注入水运移基本相似，验证该技术的可行性。之后在挪威北海的Troll油田、Slepner油田、美国盐湖谷等地区进行微重力监测和实验，均取得了较好的效果。

近几年来，国内微重力监测技术在油气藏领域的应用研究取得了很大进展，主要应用稠油开发区蒸汽腔体发育形态描述、储层剩余油分布刻画、开发区气窜漏点监测以及气藏气水边界刻画、剩余气开发潜力评价等，从调研看，辽河油田SAGD开发、火驱开发微重力时移监测、长庆油田开发监测、CO_2微重力监测、新疆油田SAGD开发蒸汽腔发育形态刻画的地面微重力监测，均取得显著效果，表明该技术在油气藏领域具有很大的应用研究前景。

目前国内枯竭气藏改建为地下储气库的关键问题一是气水界面的稳定性，常用数值模拟和井探边测试方法来分析储气库气水边界变化情况，2021年首次采用微重力监测技术对储气库西区边界进行刻画，并取得了较好的应用效果。因此，本次通过对新疆H储气库全区微重力监测，利用微重力技术对实测资料进行处理，圈定储气库注采运行阶段注末储层气藏范围，优选最佳滤波方式对储气库西部和东部气水边界进行有效刻画，评价储气库动态密封性，保证储气库安全运行。

1　研究区地质概况

新疆H储气库所在的背斜位于准噶尔盆地南缘冲断带霍玛吐背斜带东段，该区经历了多期构造运动，造成深浅层构造有差异。该背斜主要形成于喜马拉雅期，气库主要集中分布在古近系紫泥泉子组地层，区域盖层为新近系安集海河组泥岩。研究区内，紫泥泉子组主要发育有4条近东西向南倾的逆断裂，其中断穿紫泥泉子组地层的断裂有3条：H断裂、H_ N断裂及H001_ N断裂，H断裂是该区最主要的断裂。

2　边界识别方法及气水边界模型建立

2.1　微重力监测边界识别原理

研究发现，在地质体边界附近，重力场的变化率较大。因此，本文基于目标层剩余重力异常计算不同方向、不同阶次的重力异常导数，利用重力场变化率在地质体边界处变化大的特点，判定出目标层地质体边界，从而解决实际问题。目前常用的不同方向、不同阶次求取重力异常导数的方法有水平总梯度模法和不同方向求导法。

通过前期研究，深度递推法具备重力异常分离不偏移、形态完整、多尺度性和能反映异常深度的优势。本文综合利用深度递推法和不同方向求导法，先采用深度递推法进行目标层位场数据分离，获取目标层剩余重力异常，然后利用不同方向求导法对剩余重力异常进行处理，以此突出异常突变的边界特征，即异常梯级带的平面位置，从而获得高分辨率的构造边界信息。

2.2　气水边界模型建立

2.2.1　气水边界正演模型建立

为定性解释所研究对象因密度变化产生重力异常响应特征，通过建立特定研究对象正演模型，模拟特定模型因密度变化产生的重力异常响应特征，总结出所研究对象物理特征与重力异常变化特征对应关系。一般情况下存在4种气水边界正演模型（图1）。

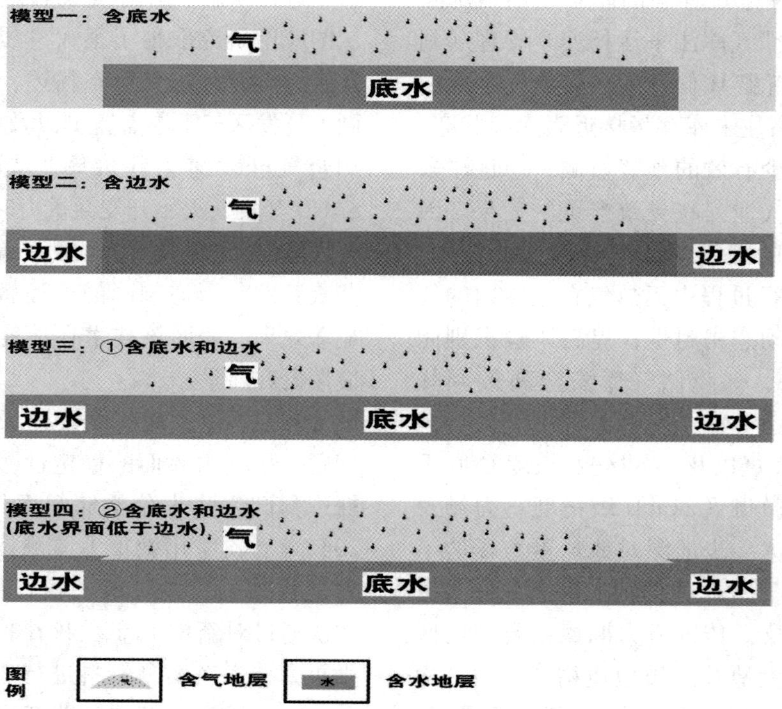

图1　气水边界模型示意图

（模型一：只含底水；模型二：只含边水；模型三：同时含边水和底水，其中边水和底水同一界面；模型四：同时含边水和底水，其中边水界面高于底水界面）

2.2.2　气水边界模型正演计算

H储气库注采交替过程中，气库储层含气饱和度存在一定差异，为此，结合气库实际情况，选取含气饱和度范围为：50% ~75%，通过正演计算，确定气水边界阈值（表1、图2）。

表1（a）　气水边界模型一正演结果统计表

模型	含气饱和度（%）	叠加异常极值（μgal）	气藏边界重力异常（μgal）	叠加相对密度异常极值	气藏边界相对密度异常	占比（%）
含底水	50	-72.8	-41.2	35.5	20.1	56.68
	55	-75.4	-42.8	38.6	21.9	56.74
	60	-78.1	-44.4	41.7	23.7	56.78

续表

模型	含气饱和度（%）	叠加异常极值（μgal）	气藏边界重力异常（μgal）	叠加相对密度异常极值	气藏边界相对密度异常	占比（%）
含底水	65	-80.8	-45.9	44.9	25.5	56.83
	70	-83.4	-47.5	48.0	27.3	56.87
	75	-86.1	-49.0	51.2	29.1	56.91

表1（b）　气水边界模型二正演结果统计表

模型	含气饱和度（%）	叠加异常极值（μgal）	气藏边界重力异常（μgal）	叠加相对密度异常极值	气藏边界相对密度异常	占比（%）
含边水	50	-88.2	-51.5	53.7	31.3	58.31
	55	-90.9	-53.0	56.8	33.1	58.30
	60	-93.6	-54.6	60.0	35.0	58.30
	65	-96.3	-56.1	63.1	36.8	58.29
	70	-98.9	-57.7	66.2	38.6	58.29
	75	-101.6	-59.2	69.4	40.4	58.28

表1（c）　气水边界模型三正演结果统计表

模型	含气饱和度（%）	叠加异常极值（μgal）	气藏边界重力异常（μgal）	叠加相对密度异常极值	气藏边界相对密度异常	占比（%）
①含底水和边水复合（底水与边水同界面）	50	-113.8	-69.0	83.7	50.8	60.63
	55	-116.5	-70.5	86.9	52.6	60.57
	60	-119.1	-72.1	90.0	54.5	60.52
	65	-121.8	-73.6	93.2	56.3	60.46
	70	-124.5	-75.2	96.3	58.2	60.41
	75	-127.1	-76.8	99.4	60.0	60.37

表1（d）　气水边界模型四正演结果统计表

模型	含气饱和度（%）	叠加异常极值（μgal）	气藏边界重力异常（μgal）	叠加相对密度异常极值	气藏边界相对密度异常	占比（%）
②含底水和边水复合（底水界面低于边水）	50	-113.3	-68.6	83.1	50.4	60.57
	55	-116.0	-70.2	86.3	52.2	60.51
	60	-118.6	-71.7	89.4	54.1	60.46
	65	-121.3	-73.3	92.6	55.9	60.41
	70	-124.0	-74.8	95.7	57.8	60.36
	75	-126.6	-76.4	98.9	59.6	60.31

通过对H储气库进行调研，H储气库第九周期含气饱和度约为60%，主要含边水和底水，结合正演模型，在60%含气饱和度条件下，气水边界阈值约为60.49%。

3　应用实例

3.1　研究区气藏范围预测

应用深度递推剩余重力异常提取技术，根据深度与尺度对应关系，结合H储气库气库监测区气库基础资料信息，获得气库深度范围内剩余重力异常平面分布结果，剩余重力异常高值区，地下流体富集程度低，说明地下流体相对丰度低；剩余重力异常低值区，地下流体富集程度高，说明地下流体相对丰度高，表明储气库注末阶段气驱替水所产生的密度变化。

不同方向的导数，可以突出垂直方向的断裂

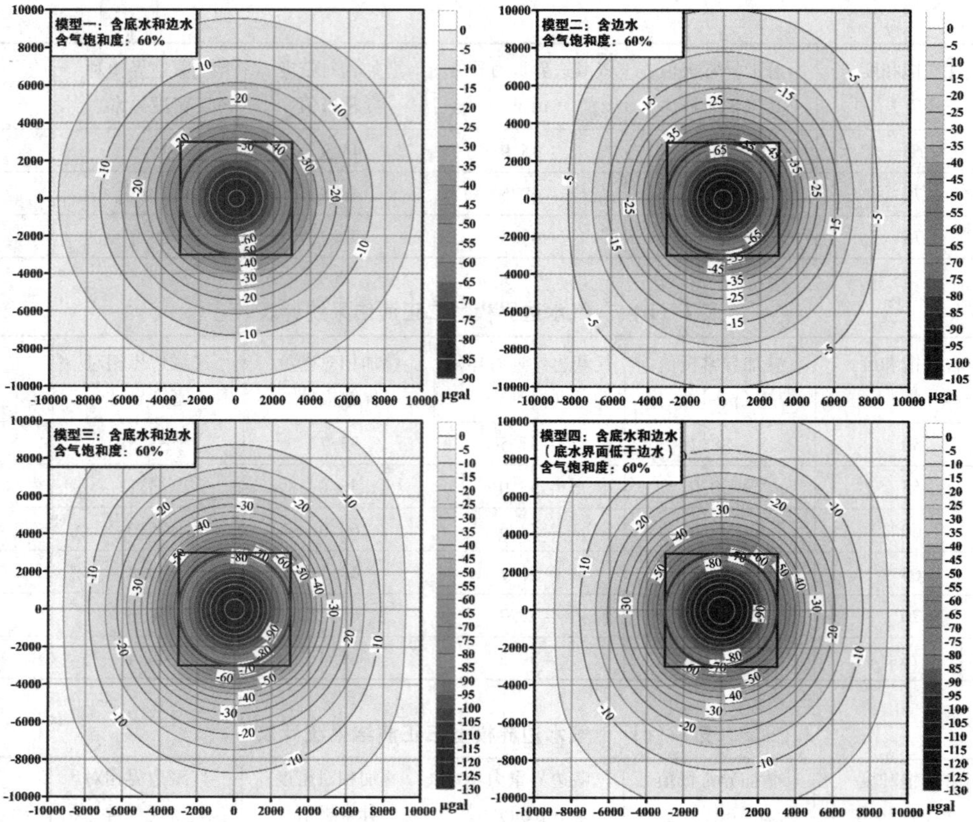

图2　气水边界模型正演结果示意图（H储气库第九周期含气饱和度约为：60%）

构造和岩性分解分布情况，在深度递推法获取的目标层深度剩余重力异常平面结果的基础上，进行不同方向一阶导数滤波，其结果如图3。图3（a）是沿水平方向45°一阶导数滤波处理结果，研究区内北西南东向线性异常特征明显，结合目标层段构造特征，区内存在3条北西南东向断裂构造，与图中线性异常位置吻合。图3（b）是沿水平方向135°一阶导数滤波处理结果，研究区内北东南西向线性异常特征明显，结合目标层段储层特征，区内存在北东南西向岩性分界，预测图中线性异常与岩性及流体边界有关。图3（c）是水平总梯度模数滤波处理结果，研究区内北东南西向和北西南东向线性异常特征明显，其中北西南东向线性异常可能与断裂构造有关，北东南西向线性异常与岩性边界有关。

根据上述研究结果，结合气库地质条件，开展研究区含气分布范围预测，图3（d）中黑色虚线位置为预测 z_2^1 气藏范围，黄色虚线位置为预测 z_2^2 气藏范围。

3.2　气水边界变化

由于层密度反演相当于是密度与格林函数的褶积，层密度反演过程是进行反褶积处理，而褶积相当于滤波，去低频保高频，所以密度界面反演结果更能准确刻画边界范围。根据微重力勘探基本原理可知，剩余重力异常与剩余密度成正比关系，因此，可以利用气水界面模型确定的气水界面阈值结果，在层密度反演平面结果上对气水界面进行刻画。

结合H库建库期气水界面埋深情况，选取目标层（z_2^{1-2}）深度范围内层密度反演边缘检测成果图进行气库边界刻画，以极值的60.49%作为刻画气水边界的阈值，圈划出研究区目标层（z_2^{1-2}）西部气水边界，图4中蓝色虚线为气水边界。

为了确定气库连续两期注采气水界面变化情况，引用第一期西区气水边界构建数学几何模型，推算出气水边界海拔约为－3043.6m左右。本次微重力监测采集时间正好处于储气库注气末阶段，受注气因素影响，本次圈定气水边界位置相对第八周期采末气水边界位置－3037.5m向下推移6.1m。

3.3　盖层密封性评价

结合气库地质条件和储层发育情况，选取气库监测区域HUKJ5井底埋深至气库盖层顶埋深段为研究目标层，通过研究目标层段剩余重力异常层密度反演结果进行对比分析来确定密封性情况。两期监测结果展示目标层深度范围内，HUKJ5井

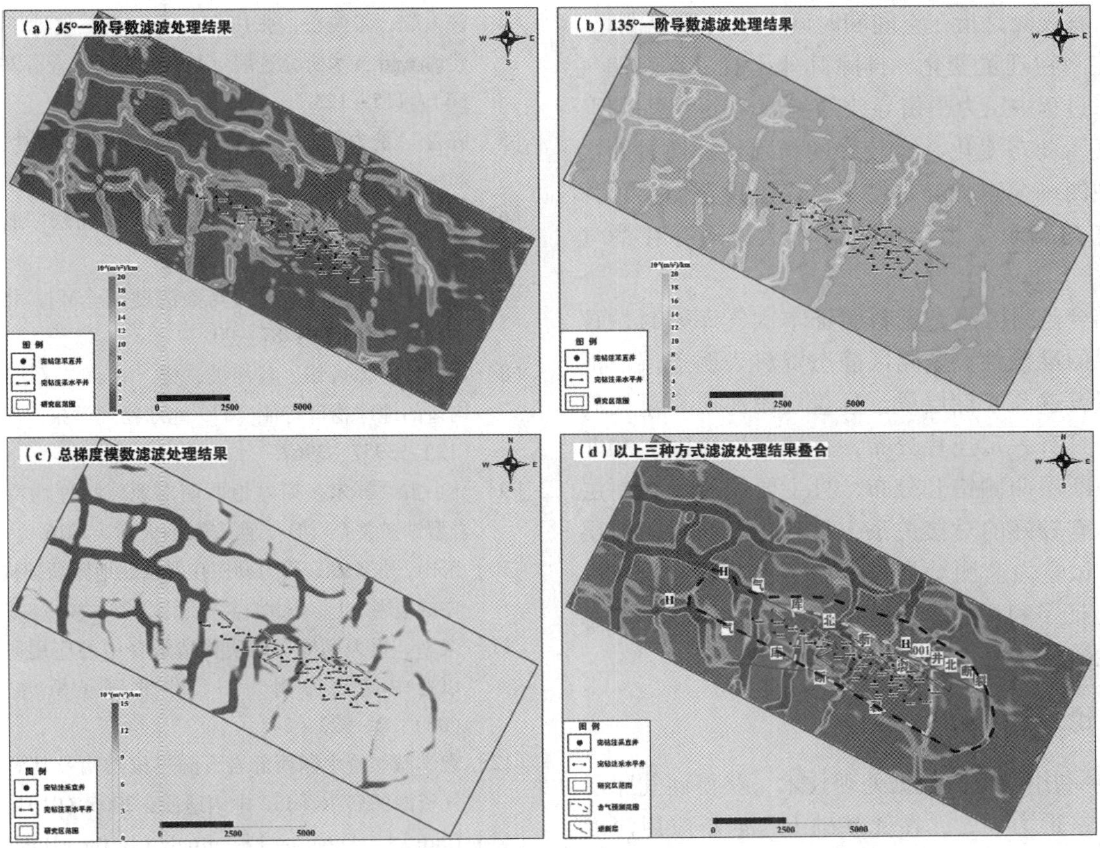

图3　实测布格重力异常处理结果

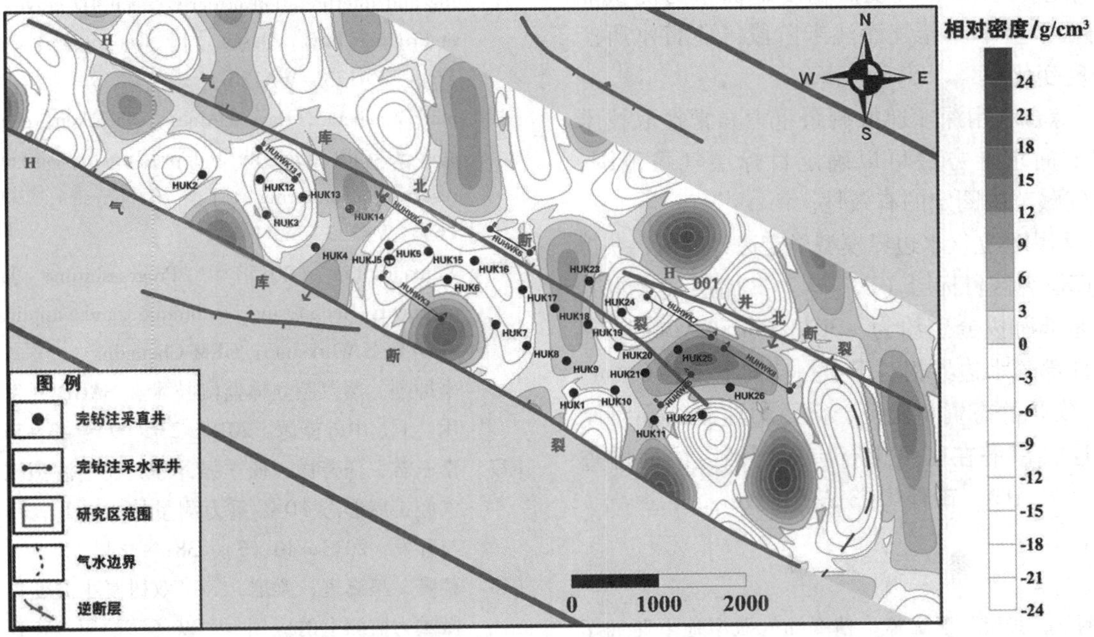

图4　注采层密度反演边缘检测平面等值线图

位于低密度区，为库存气富集区。

假设目标层上覆盖层存在漏气，盖层顶至目标层深度范围层密度反演结果 HUKJ5 井附近应为低密度区，两期监测结果深度范围 HUKJ5 井均为高密度区，说明盖层密封性好，不漏气。

结合气库注采井资料，通过 HUKJ5 井附近层密度反演结果进行密度标定，并对比两次研究目标层范围层密度反演结果，密度变化为 0.016g/cm^3，远小于研究目标层含气密度，进一步验证盖层具有较好密封性。

时移观测是指在空间和时间上进行重复测量，动态监测物理量变化，排除其他干扰，反映储气库注采过程中压力平衡导致的流体动态平衡过程，对储气库动态变化具有较好的指示性。通过两次时移观测剩余重力异常结果，盖层顶至储层顶深度范围内剩余重力异常变化不大，不存在漏气情况。

结合监测区静态资料验证本次气库密封性评价成果的准确性。监测区静态资料表明盖层段泥质含量普遍高于储层段，且盖层段泥质含量较高的部分具有一定连片分布，直接盖层段泥岩和非泥岩在断层两侧错开分布，且主要泥岩段在断层两侧具有较好的对接关系，具有较好的封闭断层特征。微重力监测结果与气库静态分析吻合，进一步验证了利用微重力监测技术评价储气库动态密封性的准确性。

4　结论

1）利用微重力数据处理技术，获得储气库研究区布格重力异常，在此基础上，创新应用深度递推剩余重力异常提取技术获得储气库研究区目标层剩余重力异常，说明高精度地面重力测量能监测到三千多米深储气库注末阶段气驱替水所产生的密度变化。

2）综合利用深度递推剩余重力异常提取技术和不同方向求导方法可以确定目标层气藏范围，提高了气藏范围圈定的有效性。

3）利用建立气水边界模型确定边界阈值，获得了储气库研究区目标层（$E_{1-2}z_2^{1-2}$）储层气水边界西部和东部海拔分别约为 -3043.6m 和 -3043.7m 左右，西部气水边界相对于上一期向下推移 6.1m。

4）实际静态资料验证，微重力监测结果对储气库盖层气窜潜在区可进行有效判断，协助排查储气库气窜风险，确保生产安全高效。

参考文献

[1] 谢丽华，张宏，李鹤林．枯竭油气藏型地下储气库事故分析及风险识别［J］．天然气工业，2009，29（11）：116－119.

[2] 廖伟，刘国良，陈如鹤，等．气藏型储气库交变应力下圈闭动态密封性评价——以新疆 H 储气库为例［J］．天然气工业．2021，41（03）：133－141.

[3] 廖伟，刘国良，何国林，等．基于微重力监测技术的地下储气库库容动用评价方法［J］．天然气工业．2022，42（03）：106－113.

[4] 曾大乾，张俊法，张广权，等．中石化地下储气库建库关键技术研究进展［J］．天然气工业，2020，40（6）：115－123.

[5] 陈善．重力勘探［M］．北京：地质出版社，1986：96－101.

[6] 曾华霖．重力场与重力勘探［M］．北京：地质出版社，2006：118－125.

[7] 焦新华，吴燕冈．重力与磁法勘探［M］．北京：地质出版社，2009：87－90

[8] 夏少红，郭兴伟，黄海波，等．南海岩石层及边界构造的地球物理特征［J］．地球物理学报，2014，57（12）：3957－3967.

[9] 马小雷．鄂尔多斯盆地西南部地球物理场特征与砂岩型铀矿关系［D］．西安石油大学，2016.

[10] 郝山，张亚峰．重力勘探在晋西北地区断裂构造分析中的应用［J］．华北自然资源，2021，（03）：37－38.

[11] 荣幸．重力勘探在地质构造解释中的应用研究——以晋中盆地为例［J］．华北国土资源，2018，（06）：21－22＋24.

[12] 袁学诚．论中国西部岩石圈三维结构及其对寻找油气资源的启示［J］．中国地质，2005（01）：1－12.

[13] Hare J L，Ferguson J F，Brady J L. The 4D microgravity method for waterflood surveillance：Part IV：Modeling and interpretation of early epoch 4D gravity surveys at Prudhoe Bay，Alaska［J］. Geophysics，2008，73（6）：WA173－WA180.

[14] Mark Zumberge，Havard Alnes，Ola Eiken，et al. Precision of seafloor gravity and pressure measurements for reservoir monitoring［J］. Geophysics，2008，73（6）：WA133－WA141.

[15] Yunxiang Liu.（2015）．"Progressintime－lapse microgravity monitoring technique and application." SEG/CGS Workshop：GEM Chengdu.

[16] 辛坤烈．蒸汽腔立体监测技术在 SAGD 开发中的应用［J］．中外能源，2018，23（09）：43－51.

[17] 李玉君，任芳祥，杨立强，等．稠油注蒸汽开采蒸汽腔扩展形态 4D 微重力测量技术［J］．石油勘探与开发，2013，40（3）：381－384.

[18] 蔡赟，王真理，梁瑶，等．双树复小波变换在时移微重力监测上的应用——以辽河油田 SAGD 区为例［J］．地球物理学进展，2021，36（02）：549－558.

[19] 蔡宁骁，王真理，周大胜，等．注蒸汽稠油热采开发区浅层汽窜的微重力勘探方法［J］．石油地球物理勘探，2019，54（01）：235－242＋14.

[20] 冯强汉，魏千盛，江磊，等．微重力监测技术在气藏开发中的应用［J］．天然气地球科学，2021，32（10）：1571－1580.

[21] Qijun Lv，Aiping Zheng，Xiangjin Liang，et al. Research

on Remaining Oil Characterization in Superheavy Oil Reservoir by Microgravity Exploration, Geofluids, Article ID 1210780, 2022.

[22] 牛传凯，谭羽非. CO_2做低渗气藏储气库垫层的气水边界稳定性分析［J］. 哈尔滨工业大学学报，2016，48（08）：154－160.

[23] 伍藏原，罗敏，罗浩渝，等. 利用数值模拟分析不同气藏边界类型在压力恢复试井曲线中的特征［C］//2015油气田勘探与开发国际会议论文集.，2015：136－146.

[24] Kehinde D, lkwan U, Oghene N et al. Modeling gas water contact effects in pressure transient behavior using analytical aquifer modeling and numerical simulation, SPE 167582, 2013.

[25] Carter R. D, Tracy G. W, An improved method for calculating water influx. JPT (Dec 1960) 415－17. Trans., AIME, 219.

[26] 王真理. 一种获得剩余重力异常的方法及装置［P］. 专利号：201711216885.9，2017.

[27] 李勇，李正文，李志荣，等. 储层密度预测技术研究［J］. 石油地球物理勘探，2007，42（2）：216－219，225.

储气库用双金属复合管失效分析及风险管控措施研究

张庶鑫[1] 张海明[2] 徐长峰[2] 王明锋[2] 张 哲[2] 李丽锋[1] 罗金恒[1]

（1. 中国石油集团工程材料研究院有限公司油气钻采输送装备全国重点实验室；2. 中国石油新疆油田储气库有限公司）

摘 要 针对某储气库用双金属复合管内衬塌陷失效，取管样进行分析，系统研究了储气库用双金属复合管运行风险，并提出了风险管控措施，储气库用双金属复合管在运行过程中存在内衬塌陷（collapse）、内衬开裂（crack）、腐蚀风险（corrosion），简称3C风险。复合管运行存在内衬开裂风险，由于弯折疲劳所致，载荷源于运行过程中的压力波动。当内衬开裂后，基液进入基管－衬管夹层，存在电偶腐蚀风险。针对三种风险，宜采用以下管控措施，采用新型双金属复合管制造工艺、胶黏双金属复合管或冶金复合管，提高基管－衬管结合力，提升管子本质安全。应确保注气、采气期压力平稳，开展完整性检测，如内窥镜检测，及时发现内衬开裂，消除风险。针对腐蚀风险，宜合理选材，保证衬管完好；其次，针对环焊缝腐蚀，应选择合适的焊材；提高衬管壁厚，避免环焊缝错边，发生电偶腐蚀；合理的焊接工艺；管端封焊。

关键词 双金属复合管；内衬塌陷；内衬开裂；腐蚀；运行风险；管控措施

Research on the Risks Control Measures and Failureanalysis of Bi－Metal Composite Pipes in Underground Gas Storage

ZHANG Shuxin[1], ZHANG Haiming[2], XU Changfeng[2], WANG Mingfeng[2], ZHANG Zhe[2], LI Lifeng[1], LUO Jinheng[1]

(1. Tubular Goods Research Institute, China National Petroleum Corporation & State Key Laboratory for Performance and Structure Safety of Petroleum Tubular Goods and Equipment Materials. 2. Xinjiang Oilfield Gas Storage Company)

Abstract: In response to the failure of the liner collapse in dual－metal composite pipes used in a certain gas storage facility, samples were taken for analysis. This study systematically investigates the operational risks of dual－metal composite pipes in gas storage facilities and proposes risk control measures. Three main risks, termed as the "3C risks," are identified during the operation of dual－metal composite pipes in gas storage facilities, including liner collapse, liner cracking, and corrosion risks. The operation of composite pipes poses a risk of liner cracking due to fatigue from bending, with the load originating from pressure fluctuations during operation. After liner cracking, the base fluid enters the interlayer between the base pipe and the liner, posing a risk of galvanic corrosion. To address these three risks, the following control measures are recommended: adopting new manufacturing processes for dual－metal composite pipes, using adhesive－bonded dual－metal composite pipes or metallurgically bonded composite pipes to enhance the bonding strength between the base pipe and the liner, and improving the intrinsic safety of the pipes. It is essential to ensure stable pressure during gas injection and extraction periods, conduct integrity testing such as endoscopy to promptly detect liner cracking and eliminate risks. For corrosion risks, appropriate material selection to ensure the integrity of the liner is crucial. Additionally, suitable welding materials should be chosen to address corrosion at circumferential welds. Increasing the thickness of the liner wall to avoid misalignment of circumferential welds and subsequent galvanic corrosion, as well as implementing proper welding techniques and end welding of pipe ends, are recommended.

Key words: bimetal composite pipe; liner collapse; liner crack; corrosion; operation risk; control measure; bend fatigue

1　前言

双金属复合管因其经济效益和良好的耐腐蚀性，被广泛应用于石油化工、海底管道行业。基管使用碳钢或低合金钢制成的焊管或无缝管，用以承受压力，内管采用不锈钢、铁镍基合金、镍基合会或其他耐腐蚀合金材料，以提高管道的耐腐蚀性。根据粘接方式，双金属复合管可分为冶金复合管和机械复合管。冶金复合管是指内管与基管进行冶金结合，而机械复合管是指内管与基管进行机械配合。机械式双金属复合管的制造工艺简单、成本低，在海管、西部油田集输管道、储气库注采合一管道领域被广泛使用。虽然机械式双金属复合管解决了内部腐蚀的问题，但也出现了一些新问题。李发根等总结了机械式双金属内衬管的失效案例，内衬管的主要失效模式是CRA（crack - resistant alloy）层塌陷、CRA层腐蚀和接头失效。付安庆等人研究了机械式内衬管的环焊缝开裂的失效案例，发现其根本原因是由于焊接不良，在焊缝处形成了马氏体组织，在拉应力、弯曲应力和剪切应力的作用下，裂纹从基体金属中萌生。Yuan等研究了海上双金属复合管在卷曲过程中的内衬屈曲行为，发现内衬在弯曲到一定曲率时，会发生屈曲，管径越大，内衬越容易发生屈曲，内压会阻止内衬弯曲。D. Vasilikis等人建立了一个有限元模型来模拟内衬管在弯曲时的起皱行为，数值模拟的起皱形状与实验观察结果一致。

储气库用输气管线与传统油气田管线不同，具有注采转换、压力波动大等特点，本研究系统分析了某储气库用双金属复合管失效案例，明确了其失效模式，并提出管控措施建议。

某储气库在用内窥镜对管道进行内部检查时，发现机械式双金属复合管注采管道有内衬塌陷，部分塌陷的内衬有疑似裂纹，取现场两根失效管段开展试验分析研究（图1）。其中，1#管段规格为Φ114mm×（2mm+10mm），长度为1.5m，有内衬塌陷无裂纹；2#管段规格为Φ168mm×（2mm+14mm），长度为5.4m，有内衬塌陷及疑似裂纹。两条管线均建设于2013年5月，基管材质为L415QB，衬管材质为316L不锈钢，设计压力为32MPa。近三年的最高运行压力为28.6MPa，运行温度为43℃，管道输送介质为天然气，主要成分为CH_4。这两条管线日常用于向储层注入天然气，并在冬季进行天然气采出作业。

2　实验

为理清双金属复合管运行风险，首先通过试验分析研究内衬塌陷原因，进一步分析管道内衬塌陷后的其他风险。

试验包括：依据ASTM E94 - 2017标准要求，对两根管段两侧的环焊缝进行射线检测。依据ASTM A751 - 14a，采用ARL4460直读光谱仪对基管和衬管进行化学成分分析。依据GB/T 228.1—2010，采用SHT4106材料试验机对基管进行拉伸性能测试，采用UTM5305材料试验机对衬管进行拉伸性能测试。依据GB 232—2010标准要求，采用WZW - 1000弯曲试验机对衬管进行弯曲试验测试。依据ASTM E3 - 11（2017）、ASTM E112 - 13及ASTM E45 - 18a标准要求，采用MEF4M金相显微镜及图像分析系统和OLS4100激光共聚焦显微镜对管段进行组织、非金属夹杂物分析检测。分别从送检1#、2#管段内衬取横向和纵向试样进行晶间腐蚀试验。为了保证试验可靠性，每组试验设置2个平行试样。首先将试样在650℃敏化处理2小时，空冷后，对试样表面进行打磨，随后将试样置于铜 - 硫酸铜 - 16%硫酸腐蚀液中，在微沸状态下连续腐蚀16小时后取出清洗，吹干后采用WZW - 1000弯曲试验机将其弯曲，弯轴直径5mm，弯曲角度180°。为了明确衬里塌陷的驱动力，以及衬里塌陷是否能在内部压力下恢复，进行了压力试验。1#管样内衬存在塌陷，2#管样内衬无塌陷鼓包。在1#管样两端进行倒坡口焊接堵头，从一侧加压，升压达到运行压力29MPa，试验完成后进行泄压，沿轴线剖开试样观察内壁内衬塌陷情况。2#管样首先将内衬与基管进行管端封焊，再在基管外壁上钻孔至内衬深度，在焊接水嘴处加压，观察外压作用下内衬塌陷情况。为了验证

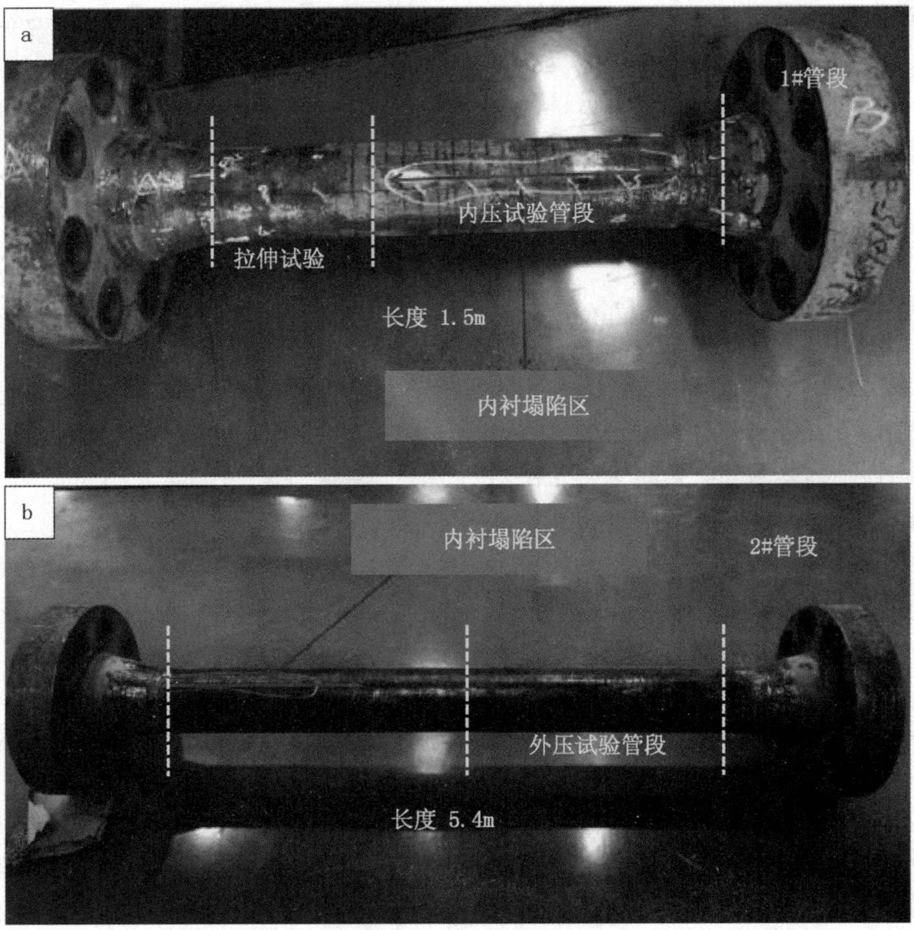

（a）1#管段；（b）2#管段

图 1　双金属复合管宏观形貌

断裂特性，还进行了低周弯曲试验，并对衬里裂纹断裂、弯曲试验断裂和拉伸试验断裂进行了对比分析。

3　试验结果

3.1　目视检查

压力测试后的 1#内衬的宏观形态如图 2 所示。可以看出，1#管样内衬在内压试验后，塌陷并未恢复，塌陷位于管段中部，轴向分布，长约 300mm，宽约 30mm。塌陷中部变形最大位置出现一条轴向裂纹，从内衬内壁观察，裂纹长约 25mm，从外壁观察，裂纹长约 70mm，两侧还分布有微裂纹。

内衬的宏观形态如图 3 所示。2#管样内衬内壁光滑，呈现金属光泽，未见腐蚀痕迹。内壁存在一处“心形”塌陷，该塌陷分布在管端一侧，总长约 620mm。塌陷鼓包高约 25mm，宽约 70mm。内衬塌陷处还可以观察到 2 处纵向裂纹，从内衬外壁观察可见裂纹两侧存在微裂纹。

3.2　无损检测

射线检测采用双壁单影法，曝光时间为 1.2min，每条环焊缝平均分为 6 个部分进行检测。结果显示，2 个送检管样的 4 道环焊缝均未发现焊接缺陷。焊缝评定级别为 Ⅰ 级。

3.3　材料检测

表 1 和图 4 显示了 1#衬管的弯曲试验结果。弯曲试验的目的是考察衬管弯曲后是否开裂。结果表明，1#管段衬管横向弯曲试验符合 GB/T 37701—2019 标准要求，未发生开裂。

表 1　弯曲试验结果

样品编号	弯轴直径/mm	试验条件	试验结果
1#衬管	5	面弯弯曲 180°	未见表面裂纹
		背弯弯曲 180°	未见表面裂纹
GB/T 37701—2019 标准要求		无裂纹	

3.4　裂纹分析

1#、2#衬管裂纹的显微组织如图 5、图 6 所示。内衬开裂位置组织均存在明显的变形，在主裂纹

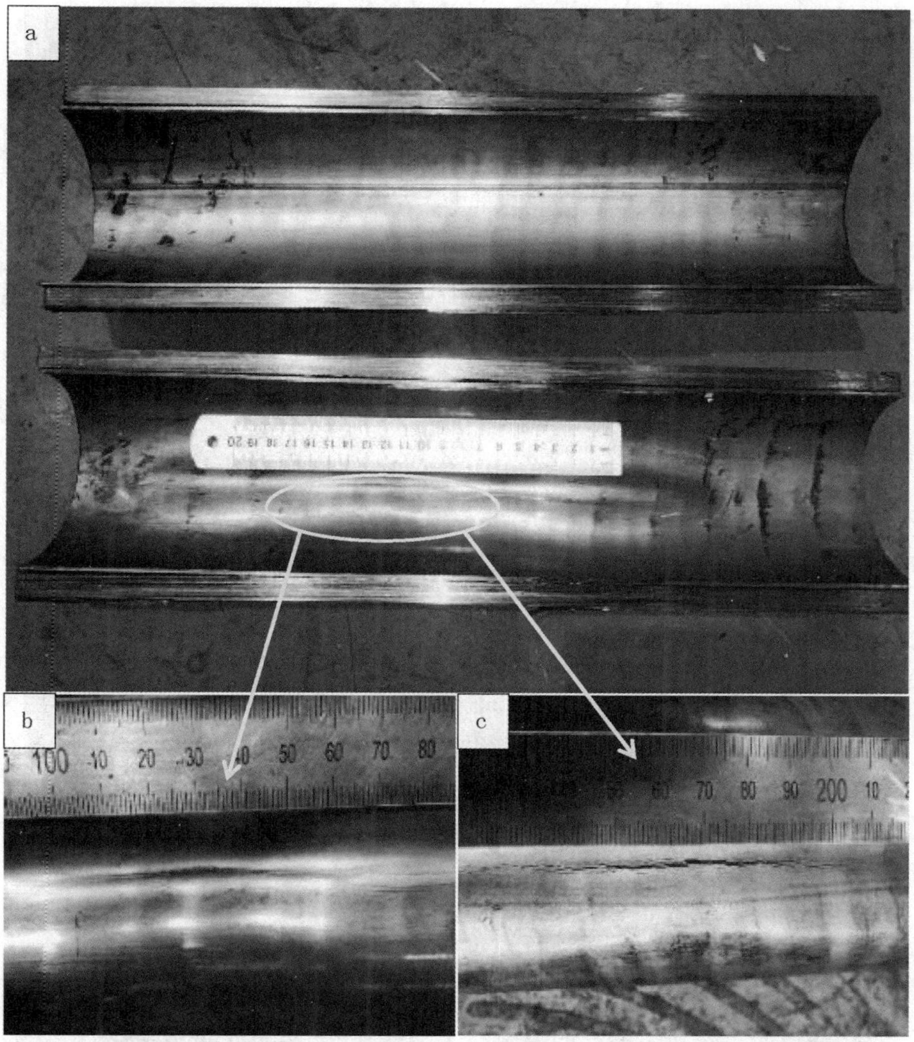

（a）管样内壁形貌；（b）塌陷裂纹内衬内壁形貌；（c）塌陷裂纹内衬外壁形貌

图2 1#管样试压后宏观形貌

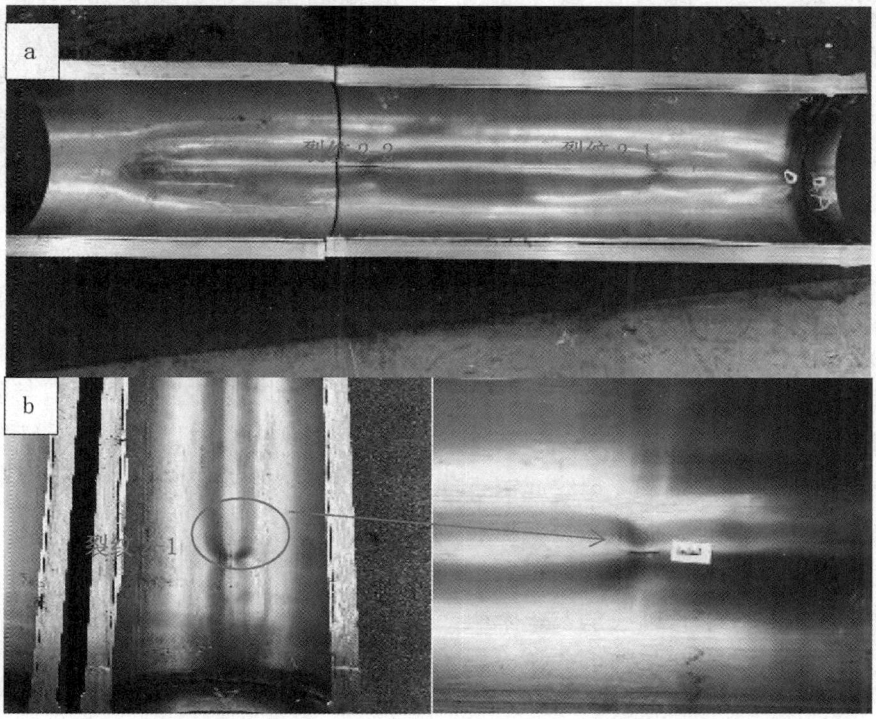

（a）管样内壁形貌；（b）内衬塌陷裂纹 2－1 内壁形貌；（c）内衬塌陷裂纹 2－2 内壁形貌；（d）塌陷截面形貌

图 3　2#管样宏观形貌

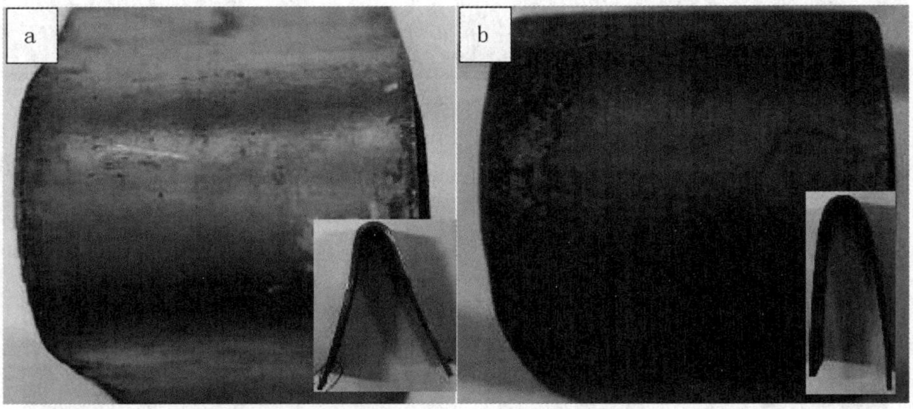

（a）试验后面弯弯曲试样；（b）试验后背弯弯曲试样

图 4　弯曲试验

旁存在若干微裂纹，微裂纹起源于外壁，垂直于壁厚方向。同时，断裂处均存在壁厚减薄现象，1#管样、2#管样剩余壁厚分别为 1mm、0.7mm。

图 7 为 1#衬管断口的微观形貌。裂纹起源于外壁，呈现多源外壁起裂特征，源区平整，扩展区存在粗大的疲劳辉纹，与管道轴向方向平行，高倍下，可以看到断口存在“长圆”韧窝，表明试样受到切应力。瞬断区呈 45°方向的剪切唇形貌。

3.5　拉伸试验断口

将 1#衬管的拉伸试验断口与裂纹断口进行对比。由图 8 可以看出，拉伸断口表面布满大量韧窝，为典型的韧性断口，与衬管裂纹断口的形貌明显不同。

3.6　弯折试验及断口形貌分析

经过 10 次反复弯曲试验后，试样断裂。弯折试验示意图如图 9 所示。试验后试样宏观形貌如图 10 所示。可以看出弯折试验后断口两侧存在微裂

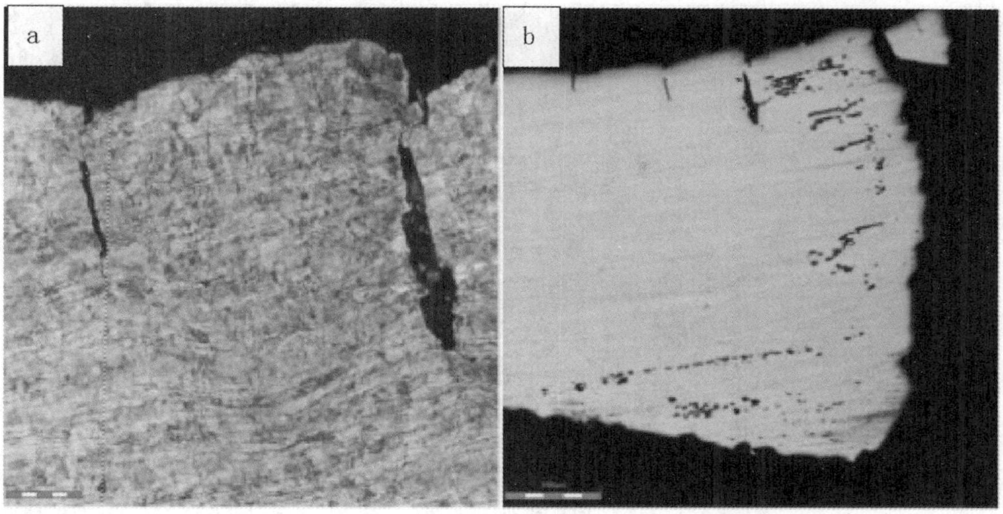

（a）1#衬管裂纹；（b）衬管减薄特征图 5　1#衬管裂纹金相组织

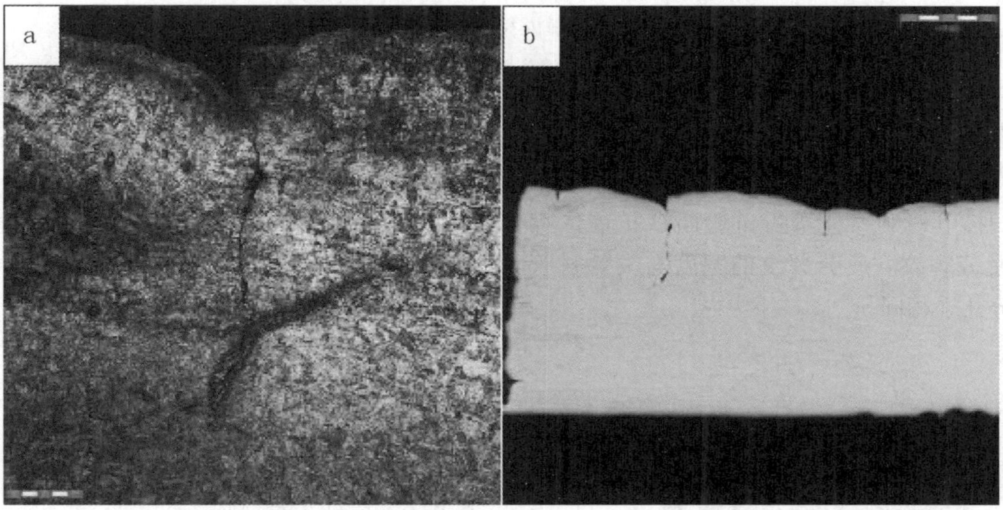

（a）2#衬管裂纹；（b）衬管减薄特征

图 6　2#衬管裂纹金相组织

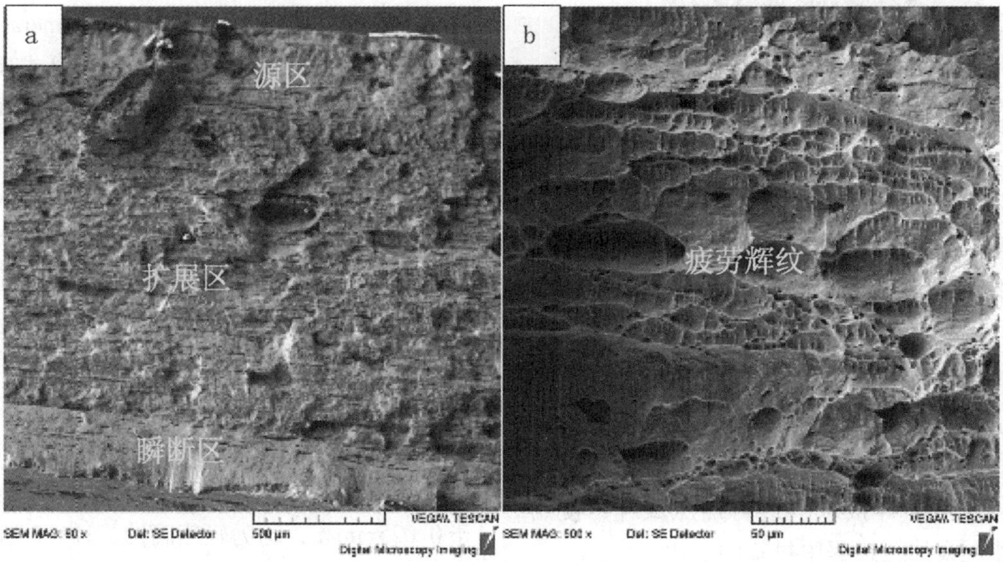

（a）断口宏观形貌；（b）断口微观形貌

图 7　断口 SEM 图

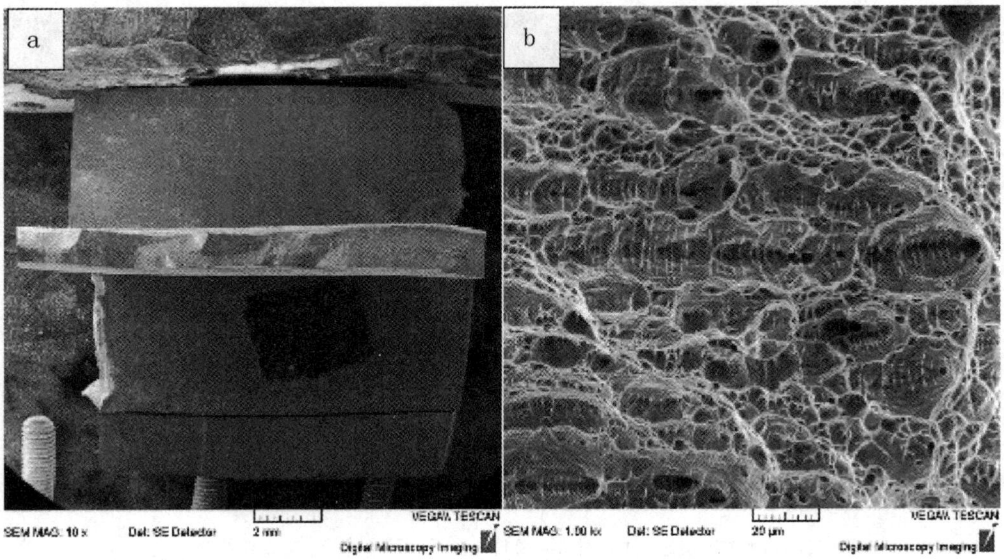

（a）拉伸断口宏观形貌；（b）拉伸断口微观形貌

图 8　1#管样内衬拉伸断口 SEM 图

纹，断口平坦，与内衬开裂断口相似，从侧面观察，可见断裂塑性变形区存在轻微的壁厚减薄，如图 11 所示。

通过扫描电镜观察，弯折试验断口扩展区存在粗大的疲劳辉纹。疲劳辉纹的宽度与失效衬管的裂纹部分几乎相同。

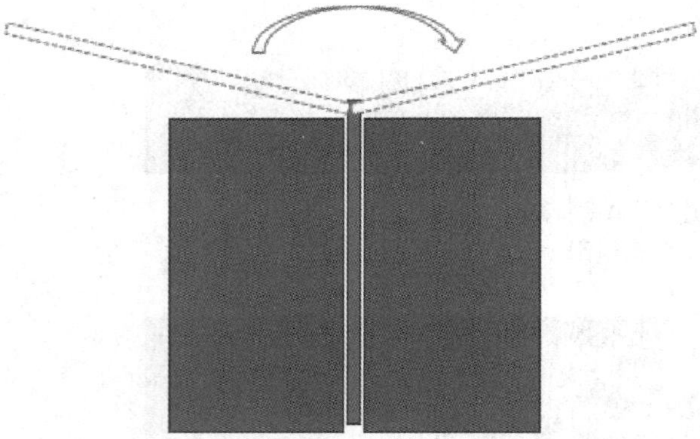

图 9　弯折试验示意图

3.7　压力试验

分别对 1#和 2#管段进行内压和外压试验。1#管样内衬存在塌陷，2#管样内衬无塌陷鼓包。在 1#管样两端进行倒坡口焊接堵头，从一侧加压，升压达到运行压力 29MPa，试验完成后进行泄压，沿轴线剖开试样观察内壁内衬塌陷情况。2#管样首先将内衬与基管进行管端封焊，再在基管外壁上钻孔至内衬深度，焊接水嘴进行加压试样，使用视频监视器观察加压过程中衬管的变化。

1#管样内压试验，首先升压至 12.89MPa，保压 18min，压力稳定，表明管样密封良好，进而升压到最大服役压力 29.55MPa。试验前后内衬塌陷（图 12）变化不明显，未恢复贴合状态。

2#管样外压试验，在外壁升压，压力逐渐上升，当达到 1.76MPa 后，内衬在直焊缝处出现塌陷（图 13），塌陷形状与失效管段相同。

3.8　腐蚀分析

3.8.1　晶间腐蚀

图 14 为 1#、2#管 316L 内衬的横向和纵向晶间腐蚀试验结果。未见晶间腐蚀裂纹，符合 GB/T 4334—2020 标准的要求。

3.8.2　腐蚀失重试验

分别从送检 1#、2#管段基管、内衬上取纵向试样，依据 ASTM G111—97（R2013）Standard Guide for Corrosion Tests in High Temperature or High Pressure Environment, or Both（高温或高压环境或两者兼有的腐蚀试验的标准指南）对试样进行腐蚀失重试验，介质为模拟凝析水，取一组腐蚀挂片浸没于介质中，一组置于气相中。试样尺寸为 50mm×10mm×2mm，试验介质参照 2019 年闪蒸汽分离器水相出口介质，试验温度取近年来的最高运行温度 60℃，CO_2 分压取近年来最大运行压力×最大 CO_2 浓度，取值为 0.32MPa。试验结果见表 2。根据 NACE RP0775－91 标准对平均腐蚀程度分类的规定（表 3），可以看出，1#、2#衬管在现场介质气相、液相环境中，平均腐蚀速率远小于 0.025mm/a，均为轻度腐蚀。1#、2#基管在现场介质液相中腐蚀速率大于气相腐蚀速率，其中在液相中呈中度腐蚀，在气相中为轻度腐蚀。

图 10　弯折试验试样断后宏观形貌

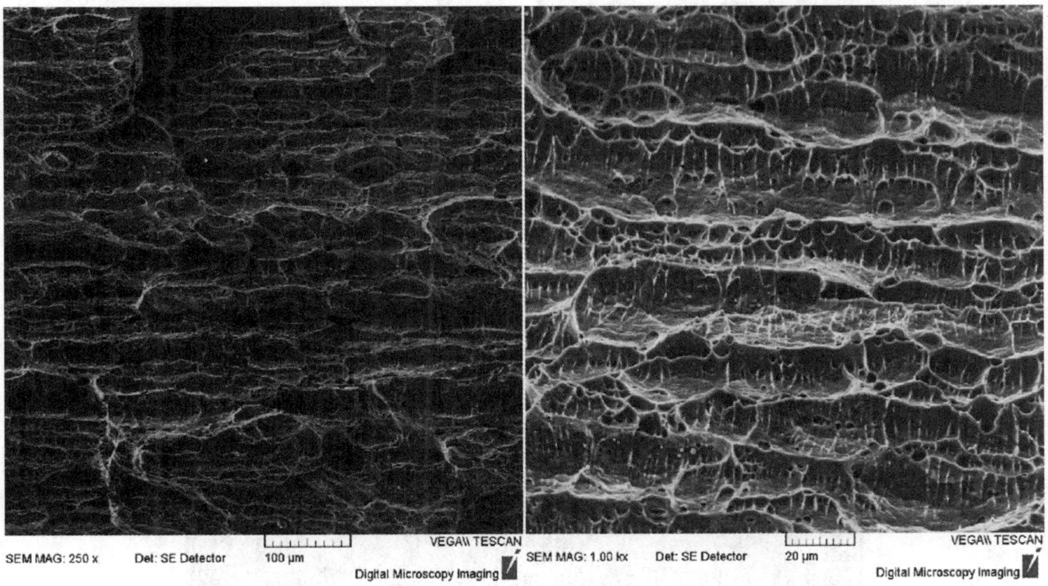

(a) 断口宏观形貌；(c) 断口微观形貌

图 11　疲劳弯折试验断口 SEM 图

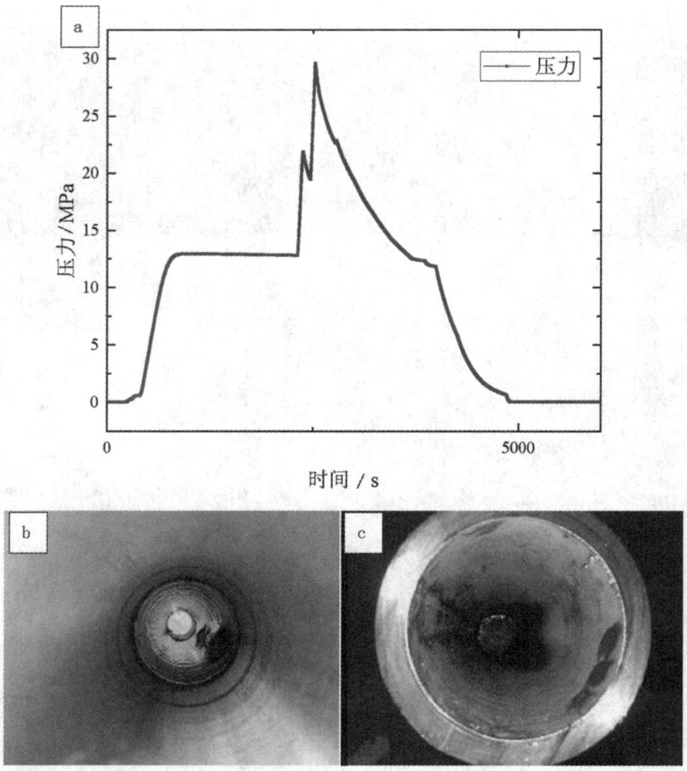

（a）压力 - 时间曲线；（b）试验前内衬塌陷情况；（c）试验后内衬塌陷情况

图 12　1#管样内压试验

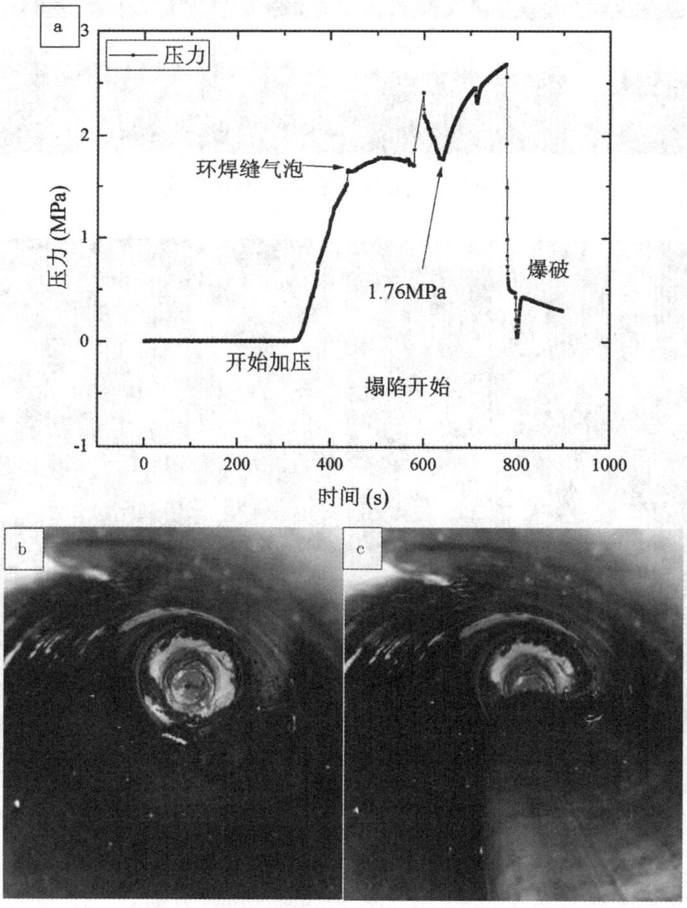

（a）压力 - 时间曲线；（b）衬管开始塌陷；（c）衬管塌陷逐渐变大

图 13　2#管样外压试验

（a）1#内衬纵向试样；（b）1#内衬横向试样；（c）2#内衬纵向试样；（d）2#内衬横向试样

图 14　晶间腐蚀试验结果

表 2　腐蚀失重试验结果

介质	试样	腐蚀速率/（mm/a）			平均腐蚀速率/（mm/a）
液相	1#衬管	0.0006	0.0011	0.0017	0.0017
	2#衬管	0.0011	0.0023	0.0029	0.0021
气相	1#衬管	0.0011	0.0017	0.0023	0.0017
	2#衬管	0.0028	0.0023	0.0028	0.0027
液相	1#基管	0.0881	0.0902	0.0881	0.0888
	2#基管	0.0981	0.1011	0.0971	0.0988
气相	1#基管	0.0223	0.0178	0.0167	0.0189
	2#基管	0.0257	0.0322	0.0322	0.0300

表 3　NACE RP0775 对均匀腐蚀程度的规定

均匀腐蚀速率/（mm/a）	分类
<0.025	轻度腐蚀
0.025～0.125	中度腐蚀
0.125～0.254	严重腐蚀
>0.254	极严重腐蚀

3.8.3　电偶腐蚀

分别从送检 1#、2#管段基管、内衬上取 10mm×10mm×t 块状试样，采用电化学工作站，依据 T/CSTM 00046.12—2018，T/CSCP 0035.12—2017《低合金结构钢腐蚀试验》进行电偶腐蚀试验。试验介质参照 2019 年闪蒸汽分离器水相出口介质，温度为 25℃。结果如图 15、图 16 所示。

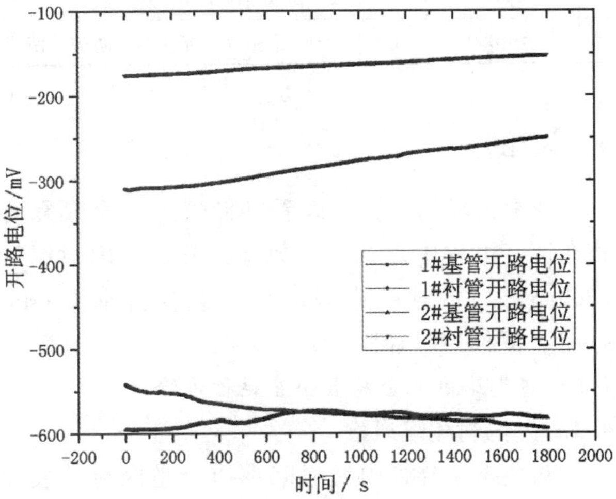

图 15　开路电位－时间图

图中 16 可知，1#、2#试样基管－衬管开路电位差分别为 245mV、416mV，标准规定，当电偶电位差不超过 50mV，可认为不发生电偶腐蚀，因此

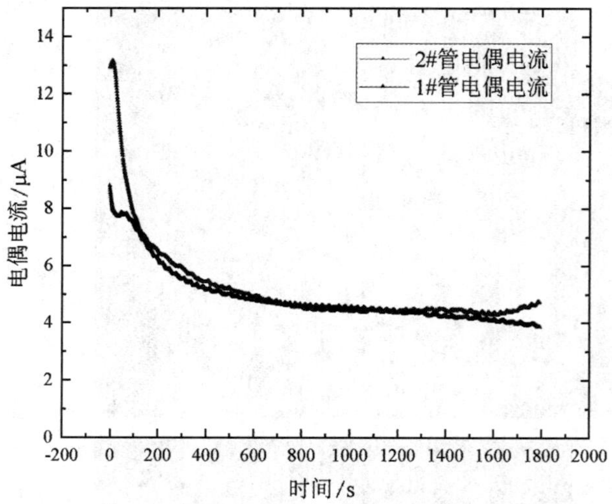

图16　电偶电流－时间图

可知1#、2#试样基管－衬管存在电偶腐蚀倾向。

进一步，采用电偶腐蚀电流密度进行电偶腐蚀等级评定。1#、2#基管－衬管电偶腐蚀电流随时间变化几乎相同，取趋于稳定值4.3mA进行电偶腐蚀倾向评定，电偶腐蚀电流密度为4.3mA/cm^2，根据标准要求（表4）可知，基管－衬管电偶腐蚀等级为较严重腐蚀。

表4　电偶腐蚀等级评定

序号	电偶电流腐蚀密度/（μA/cm^2）	级别	腐蚀等级	使用建议
1	I≤0.3	A	可忽略腐蚀	可以接触
2	0.3＜I≤1.0	B	较轻微腐蚀	在一定条件下接触
3	1.0＜I≤3.0	C	轻微腐蚀	不能接触，防护后使用
4	3.0＜I≤10.0	D	较严重腐蚀	不能接触，防护后使用
5	I≥10.0	E	严重腐蚀	不能接触，防护后使用

4　讨论

从上述案例中，可以看到储气库双金属复合管在运行过程中存在三大风险，分别为内衬塌陷（collapse）、内衬开裂（crack）、基管腐蚀（corrosion），简称3C风险。

4.1　储气库用双金属复合管运行风险

4.1.1　内衬塌陷风险

双金属复合管内衬塌陷本质上是内衬外表面受到的外压大于内衬塌陷临界失稳载荷。根据以往文献，复合管内衬塌陷临界载荷估算经验公式：

$$P_{临界}=\frac{14.1\sigma_y}{(D/t)^{1.5}[1+1.2(\delta_0+2g)/t]}$$

D为衬管的外径；t为衬管的壁厚；g为基衬管间隙；δ_0为衬管的初始凹度（无缝管取0）；复合管复合后允许的最大基/衬间隙0.5mm；内衬屈服强度（316L）为330MPa。表5计算了衬管鼓包的临界压力。

表5　内衬失稳塌陷临界外压力值

样品	衬管外径/mm	壁厚/mm	估算鼓包临界外压/MPa
1#Φ114.3*（10+2）	94.3	2	8.98
2#Φ168.3*（14+2）	139.9	2	4.97

当内衬管外表面（即基衬间隙）所受的压应力或者内衬管内表面所受的拉应力大于鼓包临界载荷压力时，就会出现内衬塌陷失稳的现象。2# Φ168管样压力试验结果显示，内衬塌陷的临界失稳压力为1.76MPa，小于估算值4.97MPa。可能的原因有（1）P临界压力计算公式中，衬管的初始凹度采用无缝管取0，实际上衬管为直缝焊管。（2）复合管复合后允许的最大基/衬间隙0.5mm，而实际在直焊缝存在情况下，基/衬间隙大于0.5mm。（3）复合管在制造过程中，内衬通过扩径与基管贴合，当压力卸载后，内壁存在残余压应力。综上可知，当内衬受到的外压大于内压与临界失稳压力之和时，即可以产生内衬塌陷，临界失稳压力与壁厚、管径、衬/基管间隙、衬管类型、衬管屈服强度等因素有关。管径越大，临界失稳压力越小，从此次检测结果来看，100% Φ168管段（投运时间大于2年）出现塌陷，42.9% Φ114管段出现塌陷，这一现象与研究结果相符。

内衬受到的外压即塌陷产生驱动力来源可以从机械复合管制造过程、服役条件两个方面进行分析。

机械双金属复合管制造过程中，内衬的扩径通常采用水传递压力来进行，与基管相配合，如图17所示。膨胀过程中，由于密封不良，介质水会进入间隙。当管材制造三层结构聚乙烯（3PE）防腐层时，需要将管材加热到200℃，间隙中的水被加热形成蒸汽压应力，压力将作用在衬管的外表面上。而且基管和衬管材质热膨胀系数不同，衬管材质热膨胀系数较大。当温度升高时，衬管受热膨胀变形幅度明显超过基管，衬管受到基管的约束，这将增加塌陷的趋势。在蒸气压应力和热压应力双重因素作用下，强度性能不足的薄壁衬管外表面一旦承受的压力超过鼓包临界压力，便可能会导致鼓包、塌陷现象。李发根等将约10mL的水注入基管/衬管间隙，并将其加热至250℃，保温5min冷却后复合管出现内衬鼓包现象。

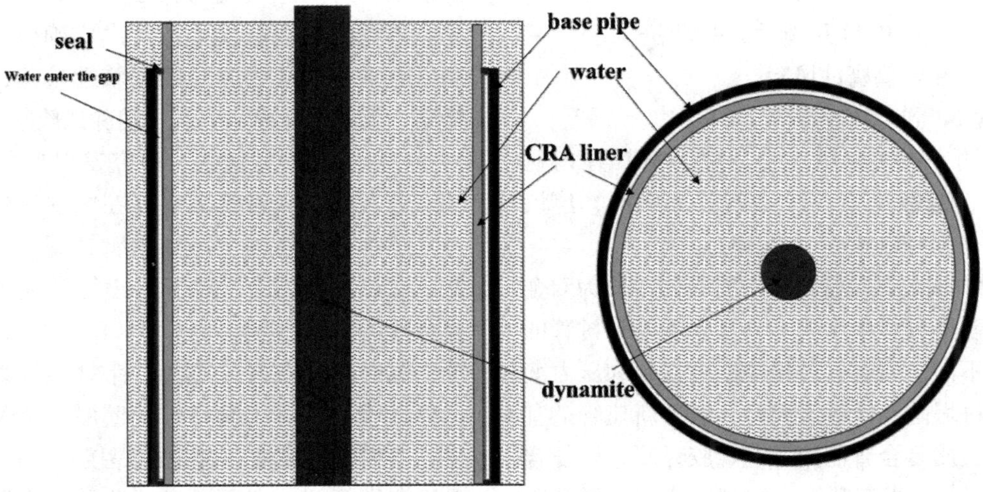

图17　双金属复合管水压法制造工艺二维示意图

机械双金属复合管在服役过程中，可能受到轴向压缩、弯曲应力的作用以及环焊缝腐蚀开裂问题，均可能导致内衬塌陷。Lin Yuan等人研究表明，在弯曲载荷下，内衬会发生椭圆度变化，导致基管－衬管分离，压缩侧的内衬产生周期性折皱，进而形成塌陷。在压缩载荷下，当应变较小时，内衬发生轴对称的屈曲折皱，当应变较大时，内衬出现“心形”塌陷。从送检管段内衬塌陷形貌来看，内衬并未出现周期性折皱，因此，可知送检管段内衬塌陷原因与轴向压缩、弯曲应力无关。

X射线检测表明环焊缝未见超标缺陷，因而排除环焊缝腐蚀原因造成气体进入夹层产生塌陷这种情况。

综上所述，内衬塌陷原因可能是双金属复合管在制造过程中水进入夹层，基管和衬管的热膨胀系数不同。当运行过程中温度变化，存在内衬塌陷风险。

4.1.2　内衬开裂风险

1#、2#管样均存在贯穿性裂纹，因此存在内衬开裂风险。

从弯曲试验结果来看，管样在弯折至180°时，最大变形处，均未发生开裂，可以排除塑性变形导致的开裂。从裂纹的金相组织看，不存在“支裂纹”等应力腐蚀开裂特征，可以排除应力腐蚀开裂。断口呈现多源外壁起裂特征，扩展区存在粗大的疲劳辉纹，高倍下，可以看到断口存在“长圆”韧窝，表明试样受到切应力，这与管道受到弯折载荷相符。同时，从断口宏观截面来看，开裂处发生组织变形以及壁厚减薄。管样弯折开裂受力情况与连续油管服役过程相似，当连续油管经过多次弯折后，在最大受力方向会出现壁厚减薄，这与开裂位置壁厚减薄现象一致。研究表明，316L材质发生低周疲劳时，试样表面出现多条裂纹，而高周疲劳，试样表面出现塑性流动，管样断裂处存在多条裂纹，符合低周疲劳特征。

结合服役情况，1#、2#管道均为注采管道，近三年运行压力为15.5～27.8MPa。在内衬失稳塌陷情况下，压力波动导致内衬塌陷程度不断变化，造成低周应变疲劳。

综上可知，复合管运行存在内衬开裂风险，由于弯折疲劳所致，载荷源于运行过程中的压力波动。

4.1.3　腐蚀风险

当内衬开裂后，基液会进入基管衬管夹层，存在腐蚀风险，从腐蚀试验结果来看：

（1）316L内衬的横向和纵向晶间腐蚀试验，未见晶间腐蚀裂纹，符合GB/T 4334—2020标准的要求，不存在晶间腐蚀风险；

（2）由于储气库气质相对洁净，衬管在现场介质气相、液相环境中，平均腐蚀速率远小于0.025mm/a，均为轻度腐蚀。基管在现场介质液相中腐蚀速率大于气相腐蚀速率，其中在液相中呈中度腐蚀，在气相中为轻度腐蚀；

（3）依据T/CSTM 00046.12—2018、T/CSCP 0035.12—2017《低合金结构钢腐蚀试验》进行电

偶腐蚀试验，从开路电位和腐蚀电流密度评判电偶腐蚀风险，结果发现基管－衬管电偶腐蚀等级为较严重腐蚀。

因此可知，当内衬开裂后，基液进入基管－衬管夹层，存在电偶腐蚀风险。

4.2　管控建议

研究表明，储气库用双金属复合管存在内衬塌陷、开裂、腐蚀风险，针对该三大风险，建议从以下方面采取控制措施（图18）。

（1）内衬塌陷风险管控。内衬塌陷本质为双金属复合管在制造过程中水进入夹层，基管和衬管的热膨胀系数不同，当运行过程中温度变化和压力变化，造成内衬塌陷。针对该风险，对于新建管道宜采用新型双金属复合管制造工艺、胶黏双金属复合管或冶金复合管，提高基管－衬管结合力，提升管子本质安全；对于在役管道宜开展内窥镜检测或泡沫测径，及时发现塌陷并进行监测。

（2）开裂风险管控。当内衬塌陷后，受到压力波动，易发生低周弯折疲劳。针对该风险，首先应避免内衬塌陷发生；其次应确保注气、采气期压力平稳；最后应开展完整性检测，如内窥镜检测，及时发现内衬开裂，消除风险。

（3）腐蚀风险管控。研究发现当内衬开裂后，基液进入基管－衬管夹层存在电偶腐蚀风险。此外，还有衬管腐蚀、环焊缝腐蚀失效等案例，因此，针对该类风险，对于新建管道应根据工况选择合适的内衬材料，例如316L、2205、不锈钢衬管，保证衬管完好；其次，针对环焊缝腐蚀，应选择合适的焊材；提高衬管壁厚，避免环焊缝错边，发生电偶腐蚀；合理的焊接工艺；管端封焊。对于在役管道，应开展腐蚀监测，确保基管剩余壁厚满足强度要求。

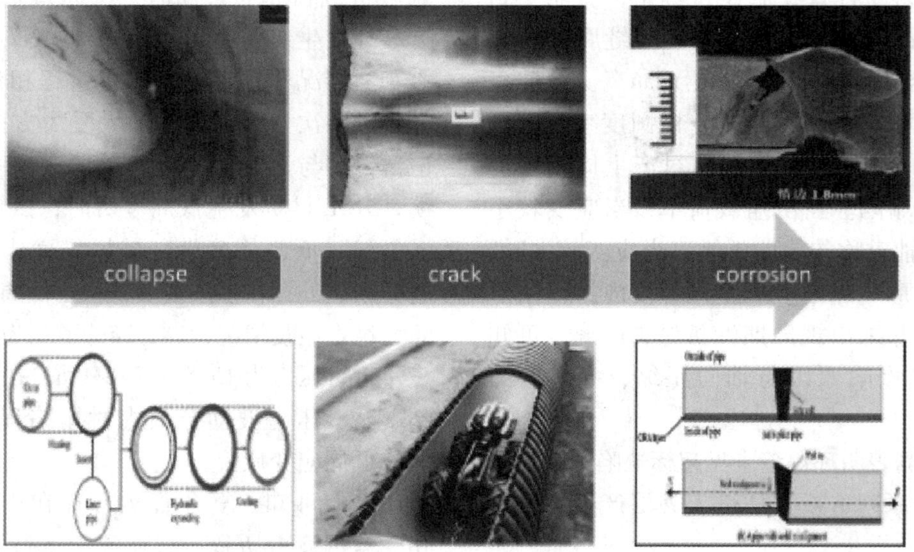

图18　储气库用双金属复合管运行风险及管控措施研究

5　结论与建议

针对某储气库用双金属复合管内衬塌陷失效，取管样进行分析，系统研究了储气库用双金属复合管运行风险，并提出了风险管控措施，得到如下结论：

（1）储气库用双金属复合管在运行过程中存在3C风险，包括内衬塌陷、内衬开裂、腐蚀风险。

（2）复合管运行存在内衬开裂风险，由于弯折疲劳所致，载荷源于运行过程中的压力波动。

（3）当内衬开裂后，基液进入基管－衬管夹层，存在电偶腐蚀风险。

针对三种风险，宜采用以下管控措施：

（1）针对内衬塌陷风险，新建管道采用新型双金属复合管制造工艺、胶黏双金属复合管或冶金复合管，提高基管－衬管结合力，提升管子本质安全；在役管道宜开展内窥镜检测或泡沫测径，及时发现塌陷并进行监测。

（2）针对内衬开裂风险，应确保注气、采气期压力平稳，开展完整性检测，如内窥镜检测，及时发现内衬开裂，消除风险。

（3）针对腐蚀风险，新建管道宜合理选材，保证衬管完好；其次，针对环焊缝腐蚀，应选泽合适的焊材；提高衬管壁厚，避免环焊缝错边，发生电偶腐蚀；合理的焊接工艺；管端封焊。在役管道，应开展腐蚀监测，确保基管剩余壁厚满足强度要求。

参 考 文 献

[1] X. –L. Yang, S. –H. Wang, Y. Gong, Z. –G. Yang, Effect of biological degradation by termites on the abnormal leakage of buried HDPE pipes, Engineering Failure Analysis. 124 (2021) 105367.

[2] C. R. de Farias Azevedo, H. Boschetti Pereira, S. Wolynec, A. F. Padilha, An overview of the recurrent failures of duplex stainless steels, Engineering Failure Analysis. 97 (2019) 161 –188.

[3] P. Zhang, L. Su, G. Qin, X. Kong, Y. Peng, Failure probability of corroded pipeline considering the correlation of random variables, Engineering Failure Analysis. 99 (2019) 34 –45.

[4] Li, F. G., Li, X. J., Li, W. W., Wang, F. S., & Li, X. M., Failure Analysis and Solution to Bimetallic Lined Pipe. Materials Science Forum, 993 (2020) 1265 –1269.

[5] A. Q. Fu, X. R. Kuang, Y. Han, C. H. Lu, Z. Q. Bai, C. X. Yin, J. Miao, Y. R. Feng, Y. G. Wei, Q. Tang, Y. Yang, Failure analysis of girth weld cracking of mechanically lined pipe used in gasfield gathering system, Engineering Failure Analysis. 68 (2016) 64 –75.

[6] L. Yuan, S. Kyriakides, Liner buckling during reeling of lined pipe, International Journal of Solids and Structures. 185 –186 (2020) 1 –13.

[7] D. Vasilikis, S. A. Karamanos, Wrinkling of Lined Steel Pipes Under Bending, in: Volume 4B: Pipeline and Riser Technology, American Society of Mechanical Engineers, Nantes, France, 2013: p. V04BT04A027.

[8] D. Vasilikis, S. A. Karamanos, Buckling Design of Confined Steel Cylinders Under External Pressure, Journal of Pressure Vessel Technology. 133 (2011) 011205.

[9] L. Yuan, S. Kyriakides, Liner wrinkling and collapse of bi – material pipe under bending, International Journal of Solids and Structures. 51 (2014) 599 –611.

[10] L. Yuan, S. Kyriakides, Liner wrinkling and collapse of bi –material pipe under axial compression, International Journal of Solids and Structures. 60 –61 (2015) 48 –59.

[11] Tipton, S. M. 1997. Low – Cycle Fatigue Testing of Coiled Tubing Materials. Presented at the World Oil Coiled Tubing and Well Intervention Technology Conference, Houston, Texas, USA, 4 –6 February.

[12] Y. Kim, W. Hwang, High –Cycle, Low –Cycle, Extremely Low –Cycle Fatigue and Monotonic Fracture Behaviors of Low – Carbon Steel and Its Welded Joint, Materials. 12 (2019) 4111.

地面沉降对储气库注气管道球阀安全影响研究

邹阳帆[1] 王明锋[2] 徐长峰[2] 张海明[2] 王 帅[1] 李丽锋[1] 罗金恒[1]

（1. 中国石油集团工程材料研究院有限公司油气钻采输送装备全国重点实验室；
2. 中国石油新疆油田储气库有限公司）

摘 要 以某储气库沉降地段的注气管道球阀为研究对象，考虑重力因素，建立ABAQUS有限元模型并进行数值计算，得到均匀沉降与非均匀沉降条件下，不同沉降高度时的应力分布云图。针对结构不连续等危险区域，采用应力线性化理论校核一次局部薄膜应力（P_L）强度和一次加二次应力（P_L+P_b+Q）强度，获取临界沉降高度。结果显示：在均匀沉降条件下，最大应力均位于球阀与管道连接处，注气管道球阀的临界沉降高度为9.5mm；在非均匀沉降条件下，最大应力位置会发生变化，但临界沉降高度主要由局部薄膜应力P_L限定，当左球阀沉降量分别为0mm、2mm、4mm、6mm、8mm、9mm、10mm时，右球阀的临界沉降量分别为8.3mm、8.6mm、8.8mm、9.0mm、9.3mm、9.4mm和9.5mm。

关键词 注气管道球阀；临界沉降高度；应力线性化；有限元法

Study on the Influence of Ground Subsidence on the Safety of Ball Valve of Gas Injection Pipeline in Gas Storage

ZOU Yangfan[1], WANG Mingfeng[2], XU Changfeng[2], ZHANG Haiming[2],
WANG Shuai[1], LI Lifeng[1], LUO Jinheng[1]

(1. Tubular Goods Research Institute, China National Petroleum Corporation & State Key Laboratory for Performance and Structure Safety of Petroleum Tubular Goods and Equipment Materials
2. Xinjiang Oilfield Gas Storage Company)

Abstract: The ball valve of gas injection pipeline in the settlement section of a gas storage is the object of this study. The finite element model was established by ABAQUS software. The numerical calculation was carried out with considering the gravity factor. The stress distribution under uniform and non－uniform settlement conditions with different settlement heights was obtained. For the dangerous areas such as structural discontinuity, the stress linearization theory is used to check the primary local member stress (P_L) and the primary plus secondary stress (PL + Pb + Q) to obtain the critical settlement height. The results show that under the condition of uniform settlement, the maximum stress is located at the connection between the ball valve and the pipeline, and the critical settlement height of the ball valve in the gas injection pipeline is 9.5mm. Under the condition of non－uniform settlement, the maximum stress position will change, but the critical settlement height is mainly limited by the local member stress P_L. When the left ball valve settlement height is 0mm, 2mm, 4mm, 6mm, 8mm, 9mm and 10mm, the critical settlement height of the right ball valve is 8.3mm, 8.6mm, 8.8mm, 9.0mm, 9.3mm, 9.4mm and 9.5mm, respectively.

Key words: Ball valves of the gas injection pipeline, Critical Settlement Value, Stress linearization theory, Finite element method

1　前言

注气管道球阀是储气库调峰和保障供气安全的关键部件。但是，球阀相对质量大，在地质条件恶劣的地段，容易发生地基沉降，导致局部变形甚至发生破裂，影响运行安全。因此，为保障天然气管道运营的安全，针对潜在具有沉降风险的部件进行应力分析并确定临界沉降高度，对管道的检测及安全评估具有重要的参考价值。

针对地基沉降问题，相关人员在应力分析、状态监测、风险评估等方面开展了大量研究。例如，高红利等采用有限元计算方法分析了基础不均匀沉降对球罐应力的影响；黄思等通过对不均匀沉降架空管道桁架桥进行数值模拟，获取了最大应力值随沉降深度的变化关系，估算出桁架桥立柱的临界沉降值。李玉坤等基于激光测距技术开发出一套基础沉降远程在线检测评价系统，通过比较位置信息的差异实现了检测标识物所在基础沉降的监测。

但是现有沉降相关研究，主要集中在应力分析和沉降量监测方面。少有的临界沉降量分析，也主要参考最大应力值进行估算，导致评价结果过于保守。为给管道管理人员提供直接的参考信息，需要针对临界沉降量进行系统分析。本文以某储气库中的管廊架下注气管道球阀为研究对象，采用有限元模拟方法，分析不同沉降情况下的应力分布规律。针对结构不连续等危险区域，采用应力线性化理论校核一次局部薄膜应力（P_L）强度和一次加二次应力（P_L+P_b+Q）强度，获取临界沉降高度。

2　注气管道球阀的载荷工况

研究对象为某储气库中的管廊架下注气管道球阀，管道及球阀材料为L415钢，管道内介质为天然气。工作压力为9MPa，工作温度为40℃。设计参数和工艺条件见表1所示。鉴于设计参数中的腐蚀裕量不起抵抗强度破坏的作用，在相关的应力分析与强度校核时，需要去除相应的腐蚀裕量，最终获取的用于模拟分析的结构详细尺寸如图1和表2。

表1　注气管道球阀设计参数和工艺条件

工作压力/MPa	操作温度/℃	腐蚀裕量/mm	管道及球阀材料
9	40	≥1	L415

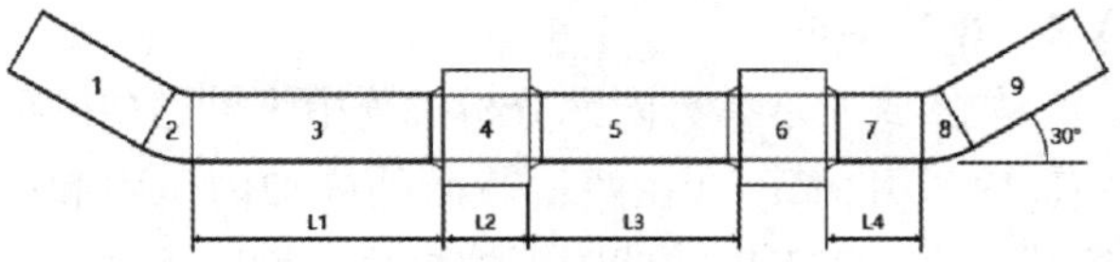

图1　注气管道球阀局部尺寸标注示意

表2　管廊架下注气管道球阀处详细尺寸说明

位置	厚度/mm	外径/mm	分段	长度/mm
1－3	24	850	L1	3100
4，6	294	1410	L2	1060
5	24	850	L3	2600
7，8，9	24	850	L4	1200

3　有限元分析模型

3.1　几何模型与网格划分

采用ABAQUS软件进行注气管道球阀的有限元分析，建模过程中统一使用N－mm－MPa单位制。依据表2中所给尺寸数据，建立的注气管道球阀几何模型如图2（a）所示，其中X方向为下端管道的轴向方向，Z方向重力方向，Y方向为垂直于XZ面的方向。由于仅球阀重力对计算结果有很大影响，而球阀结构对结果的影响基本可以忽略，因此在建模过程中为简化起见，并没有建立特点的球阀结果而是通过施加相应的重力来表达球阀的作用。

针对管廊架下注气管道球阀处，进行六面体网格划分，所选单元为C3D8R单元——8节点六面体线性减缩积分单元，共划分为108000个单元和128320个节点，为确保壁厚方向的应力计算结果的可靠性，沿壁厚方向划分为四层网格，具体的网格模型如图2（b）所示。

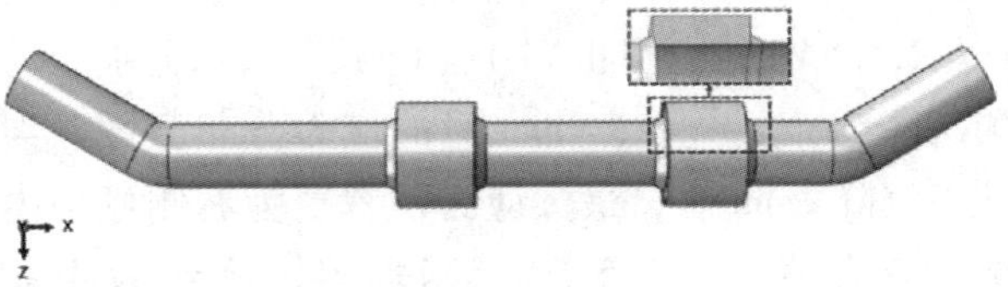

（a）几何模型

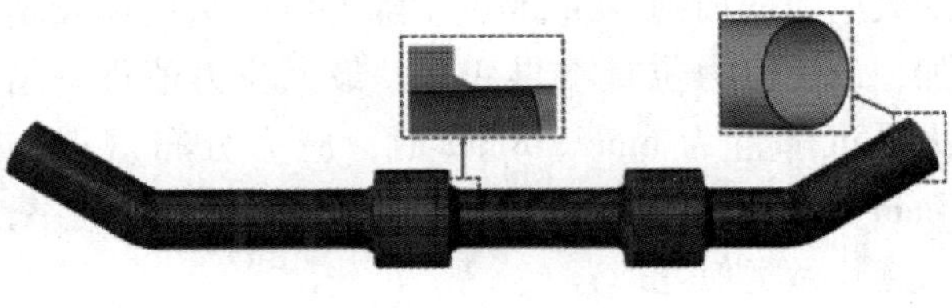

（b）网格划分

图2　注气管道球阀有限元模型

3.2　边界条件

如图3所示，有限元分析过程中，管道内壁面施加内压力9MPa；在两端截面处施加内压引起的等效拉应力73MPa；球阀下端根据实物图施加固定约束或沿Z向的位移约束以模拟沉降效果；整个模型施加重力加速度以计算重力的影响。

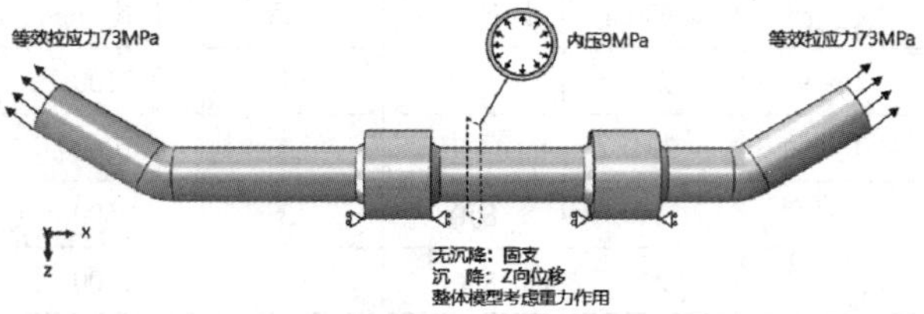

图3　注气管道球阀力学模型及边界条件设置

3.3　本构模型

参照JB4732—1995（R2005）《钢制压力容器——分析设计标准》规定，在有限元模拟过程中，材料的应变只考虑弹性变形，变形由管道中的内压及管道自身的重力所引起，表达式公式（1）所示：

$$\varepsilon_{\text{total}} = \varepsilon^{e} \tag{1}$$

式中，$\varepsilon_{\text{total}}$ = 为材料变形过程中的总的应变，ε^{e} 为材料的弹性应变。材料的弹性应变由广义胡克定律计算获得。管道材料为L415，40℃下该材料的弹性模量为200GPa，密度为7800kg/m^3，重力为9.8N/kg。

4　模拟结果与分析

4.1　应力分析

4.1.1　均匀沉降条件下的应力分布

不考虑地基沉降时，注气管道球阀处的Mises应力分布如图4（a）所示。应力集中主要发生在两侧弯头的内侧，且在左侧弯头内侧应力最大（达215.8MPa）。图4（b）、（c）、（d）分别为均匀沉降2mm、4mm、9mm时的应力分布云图。当地基沉降2mm时，最大应力位置变为右侧弯头内侧，应力值为217.5MPa。当均匀沉降量为4mm时，最大应力位置变为右侧球阀与管道连接处，最大应力增加到245.2MPa。随着沉降量的继续增加，最大应力位置不再变化，最大应力值逐渐增大（沉降量为6mm、8mm时，应力分布规律与4mm、9mm时的类似，为节省篇幅此处未再列举，后续均做类似处理）。

4.1.2　非均匀沉降条件下的应力分布

相比于均匀沉降，非均匀沉降情况复杂很多。

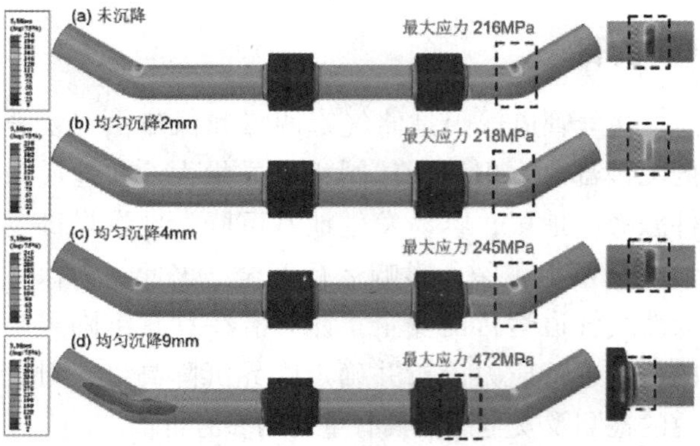

图4　地基均匀沉降时注气管道球阀的应力分布

本文采用见表3所示的组合形式模拟非均匀沉降下的球阀应力分布规律。为节省篇幅，选用如图5、图6所示的组合作为代表性结果进行应力分析。图5为左侧球阀沉降2mm，右侧球阀沉降4mm、6mm、8mm、9mm时的应力分布情况。由于右侧球阀沉降量大于左侧球阀沉降量，最大应力均位于右侧球阀与管道连接处的下侧。最大应力的数值随着右侧球阀沉降量的增加而明显增大。图6为右侧球阀沉降2mm，左侧球阀沉降4mm、6mm、8mm、9mm时的应力分布情况。由于左侧球阀连接的管道长度大于右侧球阀连接的管道长度，相对的约束作用较小。因此，在球阀相对沉降量一致的情况下，最大应力值明显下降（左球阀沉降2mm，右球阀沉降9mm时，最大应力为503.2MPa；右球阀沉降2mm，左球阀沉降9mm时，最大应力为292.5MPa），最大应力的位置也随着相对沉降量的增加，逐渐由左侧弯头内侧转移到左球阀右侧与管道连接处。

表3　非均匀沉降模拟工况

组号	左球阀沉降量/，mm	右球阀沉降量/mm
1	0	2、4、6、8、9、10
2	2	0、4、6、8、9、10
3	4	0、2、6、8、9、10
4	6	0、2、4、8、9、10
5	8	0、2、4、6、9、10
6	9	0、2、4、6、8、10
7	10	0、2、4、6、8、9

4.2　临界沉降量分析

为明确球阀所能承受的临界沉降量，分别针对不同沉降条件下的球阀进行强度校核。强度校核方法依据JB 4732—1995（R2005）《钢制压力容

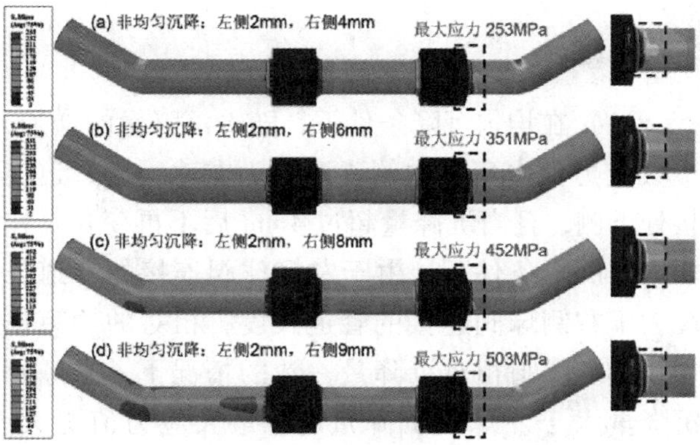

图 5　左球阀沉降 2mm，右球阀沉降 4mm、6mm、8mm、9mm 时的应力分布

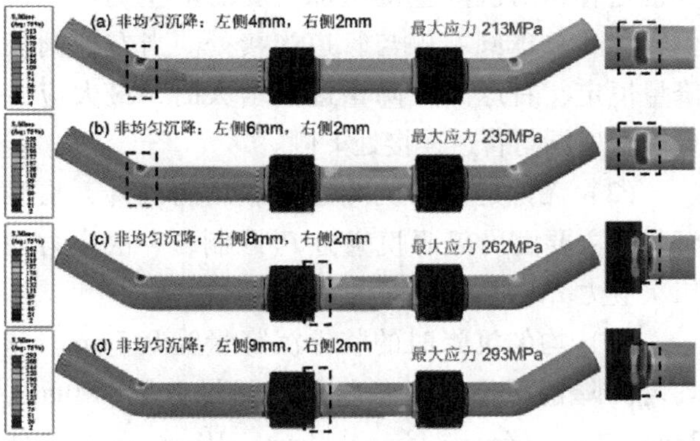

图 6　右球阀沉降 2mm，左球阀沉降 4mm、6mm、8mm、9mm 时的应力分布

器——分析设计标准》进行，查阅文献获取的 L415 材料的设计应力强度 $Sm = 277MPa$。该标准中需要针对应力进行线性化，分别提取出薄膜应力和弯曲应力，然后根据应力的分类和性质，与相应的许用应力进行对比评定是否满足强度要求。

应力线性化路径的选取原则是：

（1）通过应力强度最大节点，并沿壁厚方向的最短距离设定线性化路径。

（2）对于相对高应力强度区沿壁厚方向设定路径。

（3）模型进行应力强度评定时，对工作工况进行评定。

根据 4.1 中的应力分析，选定的应力线性化路径如图 7 所示，总共选取 7 条路径。需要注意的是，路径 7 的选取依赖于具体的应力分布结果，可能位于右侧球阀与管道连接处也可能位于左侧球阀与管道连接处。

4.2.1　均匀沉降下的临界沉降量

路径 1～路径 7 处于结构不连续区，也是上述应力分析的危险区，需要校核一次局部薄膜应力（P_L）强度和一次加二次应力（$P_L + P_b + Q$）强度，校核判据如下：

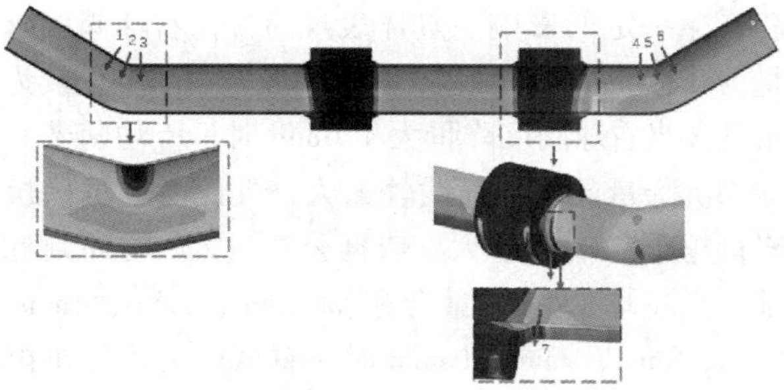

图 7　注气管道球阀应力线性化路径

$$P_L \leqslant 1.5Sm \tag{2}$$

$$P_L + P_b + Q \leqslant 3Sm \tag{3}$$

分析结果显示，沉降量对路径 7 上的线性化应力影响最大，其他路径上的线性化应力不影响最终强度校核结果。因此，后续分析中均以路径 7 上的线性化应力进行分析。

图 8 为计算获取的均匀沉降量与路径 7 线性化应力关系曲线。可以看出在均匀沉降量小于 6mm 时，P_L 与 $P_L + P_b + Q$ 出现一定波动，但整体仍是随着沉降量的增加而增大。这是因为此时最大应力位置还在发生变化，应力分布不够稳定。当均匀沉降量大于 6mm 时，最大应力固定在球阀与管道连接处，P_L 与 $P_L + P_b + Q$ 均随着沉降量的增加快速线性增加。当沉降量为 9.5mm 时，P_L 值达到 1.5Sm，即临界沉降量为 9.5mm。

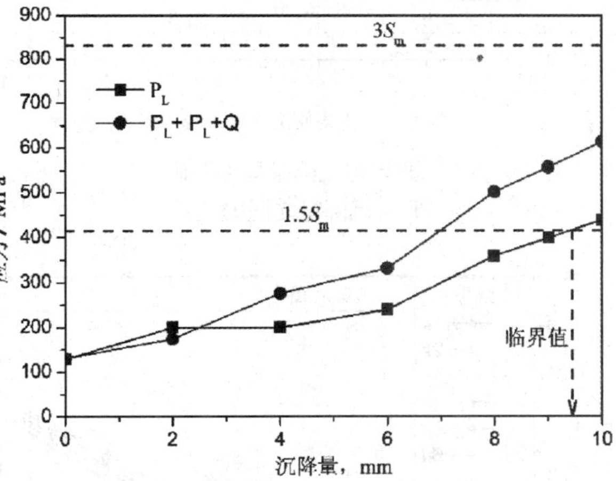

图 8　均匀沉降量与路径 7 线性化应力关系曲线

4.2.2　非均匀沉降下的临界沉降量

由于非均匀沉降的组合条件复杂，本文按照表 3 所示的模拟工况分别进行强度校核。不同组合组号下的 P_L 与 $P_L + P_b + Q$ 随沉降量的变化关系分别如图 9 和图 10 所示。图 9 显示，仅在右球阀的沉降量小于 6mm 时，左球阀的沉降量会对

P_L产生一定的影响。具体表现为：在右球阀沉降量为0～6mm的范围内，局部薄膜应力的变化较为杂乱。当右球阀沉降量大于6mm时，P_L均随着右球阀沉降量的增加而线性增大，且此时左球阀沉降量越小，P_L值越大。依据公式（2）的评判标准，当左球阀沉降量分别为0mm、2mm、4mm、6mm、8mm、9mm、10mm时，右球阀的临界沉降量分别为8.3mm、8.6mm、8.8mm、9.0mm、9.3mm、9.4mm和9.5mm。

图10显示，P_L+P_b+Q随右球阀沉降量的变化规律与图9类似——在右球阀沉降量为0～6mm的范围内，一次应力加二次应力的变化较为杂乱。当右球阀沉降量大于6mm时，P_L+P_b+Q均随着右球阀沉降量增加而线性增大。但在本文献的模拟工况下（沉降量在10mm以内），均未超过3Sm。这表明临界沉降量主要由局部薄膜应力P_L限制，一次应力加二次应力P_L+P_b+Q对其无影响。

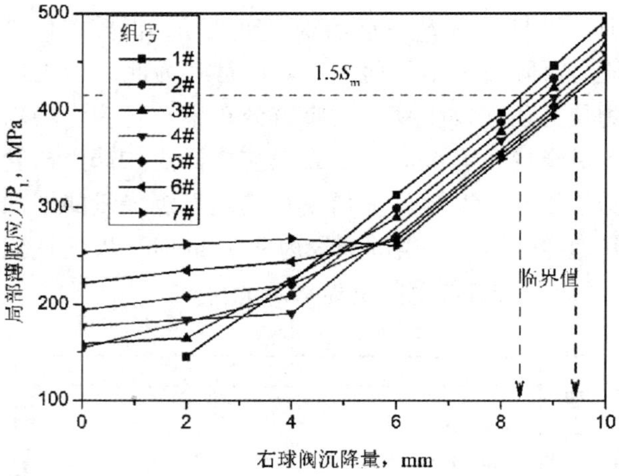

图9　非均匀沉降是局部薄膜应力PL与沉降量之间的关系

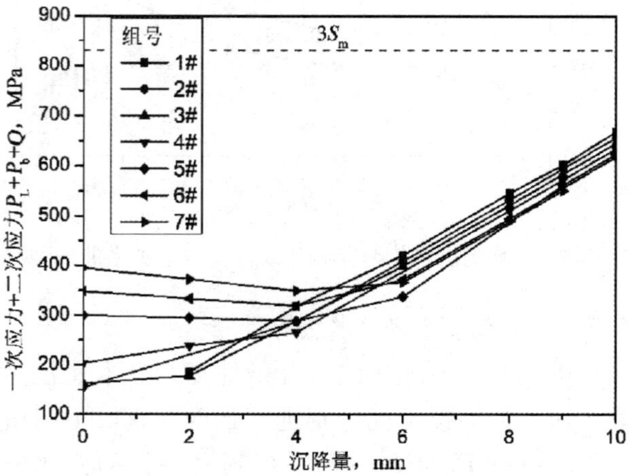

图10　非均匀沉降时一次应力与二次应力之和与沉降量之间的关系

5　结论

（1）在均匀沉降条件下，随着沉降量的增加，最大应力值由弯头内侧逐渐变为右球阀与管道连接处下侧，且当沉降量超过4mm后不再变化。在非均匀沉降条件下，由于左侧球阀连接的管道长度大于右侧球阀连接的管道长度，相对的约束作用较小。球阀相对沉降量一致的情况下，右球阀沉降量大于左球阀沉降量时，最大应力值更大。当右球阀沉降量恒定，左球阀沉降量逐渐增大时，在球阀相对沉降量一致的情况下，最大应力的位置也随着相对沉降量的增加，逐渐由左侧弯头内侧转移到左球阀右侧与管道连接处。当左球阀沉降量恒定，右球阀沉降量逐渐增大时，最大应力位于右球阀与管道连接处下侧。

（2）无论是均匀沉降还是非均匀沉降，临界沉降量主要由局部薄膜应力P_L限制，一次应力加二次应力P_L+P_b+Q对其无影响。

（3）均匀沉降时的临界沉降量为9.5mm。非均匀沉降情况下，当左球阀沉降量分别为0mm、2mm、4mm、6mm、8mm、9mm、10mm时，右球阀的临界沉降量分别为8.3mm、8.6mm、8.8mm、9.0mm、9.3mm、9.4mm和9.5mm。

参考文献

[1] 谢鹏，常江涛，肖卓临．天然气水合物开采区内海床不均匀沉降对管道力学性能的影响［J］．海洋工程，2020，38（6）：1－10.

[2] 陈志华，徐帅，王小盾，等．支座不均匀沉降对铝合金单层网壳结构性能的影响［J］．空间结构，2014，20（4）：48－53.

[3] 常方强，贾永刚．黄河水下三角洲海底管线差异沉降的安全性分析［J］．中国海洋大学学报，2009，39（2）：281－284.

[4] 刘成禹，陈博文，林炜，等．地下管道破损诱发沉降的预测模型及试验验证［J］．岩土工程学报，2021，43（3）：416－424.

[5] 高红利，李伟军，李志海．多基础不均匀沉降球罐的应力分析［J］．压力容器，2013，30（1）：40－44

[6] 黄思，张聪，徐征南，等．不均匀沉降架空管道桁架桥的有限元计算分析［J］．压力容器，2019，36（6）：34－40.

[7] 李玉坤，陈帅，廖昌建，等．管道站场基础沉降远程在线监测评价系统设计［J］．中国安全生产科学技术，2021，17（7）：65－70.

高流速作用下地下储氢库管柱冲蚀规律研究

朱丽霞[1] 罗金恒[1] 李丽锋[1] 宋成立[1] 李新宏[2] 谢书懿[1]

（1. 中国石油集团工程材料研究院有限公司油气钻采输送装备全国重点实验室；2. 西安建筑科技大学）

摘 要 地下储氢库是一种新型的储能方式，为保障地下储氢库管柱的安全运行，基于计算流体动力学方法构建高流速作用下地下储氢库管柱冲蚀计算模型，研究了高速气流冲刷作用下储氢库管柱的冲蚀磨损规律，分析气体流速、颗粒粒径、管材及管壁腐蚀缺陷等参数对管柱沿程流动状态和冲蚀磨损速率的影响。结果表明，流场压力最大值随流体速度增大而增大，随管径和粒径的增大而减小，P110 管材的最大压力大于 N80，离心力对流体牵引作用使得管柱内侧到外侧压力值呈递增趋势；弯管段外侧壁面长期发生高冲击角直接碰撞，具有较高冲蚀磨损速率；由于蚀坑回流区效应，含三腐蚀缺陷弯管的最大冲蚀速率最大，应定期检查管柱是否存在多腐蚀缺陷并及时做好防护措施，避免泄漏事故的发生。

关键词 地下储氢库；管柱；冲蚀；压力分布；最大冲蚀速率

Study on Erosion Law of Pipe Column of Underground Hydrogen Storage Under High Flow Velocity

ZHU Lixia, LUO Jinheng, LI Lifeng, SONG Chengli, LI Xinhong, XIE Shuyi

(1. Tubular Goods Research Institute of CNPC, State Key Laboratory of Oil and Gas Equipment, 2. School of Mechanical and Electrical Engineering, Xi'an University of Architecture and Technology, No. 13 Yanta Road)

Abstract: As a new type of energy storage method, ensuring the safe operation of pipe columns is the key to the safety of underground hydrogen storage. Based on the analysis of the process and erosion influencing factors of underground hydrogen storage pipe column, a model of hydrogen storage pipe column is constructed with numerical simulation to present the erosion law. The influences ofparameters, including velocity, particle size, material and corrosion defects were analyzed and compared. The results show that the maximum pressure of the flow field increases with the increase of fluid velocity, and decreases with the increase of pipe diameter and particle size. In terms of pipes, the maximum pressure of P110 pipe is greater than that of N80. Due to the centrifugal force on the fluid traction, the pressure value from the inside to the outside of the string shows an increasing trend. Due to the long – term direct collision with high impact angle, the outer wall surface of the bending section has a high erosion rate. The maximum erosion rate occurs in the bend with three corrosion defects, so the pipe column should be checked regularly for multiple corrosion defects to avoid leakage accidents.

Key words: underground hydrogen storage; pipe column; erosion; pressure distribution; maximum erosion rate

当前，能源供需矛盾和环境污染问题已成为全球性难题，保证能源供应安全以及清洁绿色发展已成为许多国家能源战略的重要组成部分。在此背景下，可再生能源得到了迅速的发展。长期以来，国内外不断探索氢气作为二次能源体系的大规模存储，利用地下储气库开展压缩氢气储能是大规模储能极具潜力的发展方向之一，德国、法国、英国等发达国家已建成了地下储氢库，以满足化学工业及石油化工产业的需要，我国也在积极探索采用地下盐穴储气库的氢能存储。

地下储氢库注采管柱担负着注采生产的重要任务，考虑到储层保护与保证能源供应，要求尽量延长注采管柱使用寿命，减少修井次数。相较于地面储氢，地下盐穴具有储量大、储气成本低、密封性高等优点，如金坛储气库和江汉储气库，是我国主要地下储能库类型。储氢库注采过程中往往挟带着一定量的砂粒，在饱和运行或调峰时随着造斜段管柱流速、井下压力、温度的不断变化，携带砂粒的高速气流会对管柱造成冲蚀磨损。盐穴储能库运营周期通常为 30 年，一些投产较早的储氢库如英国盐穴储氢库群已运营超 25 年，当冲蚀磨损超过管柱的承载极限，不仅降低储能用管柱的使用年限，甚至会引发管柱变形、挤毁、破裂甚至全井报废等恶性事故。因此，构建储氢库管柱造斜段冲蚀数值模型，分析管柱沿程流动状态、冲蚀磨损规律，对确保高流速储氢库管柱的安全平稳运行具有重大意义。

地下储氢库管柱的冲蚀磨损速率是限制注采能力的关键因素，高速气流冲刷对管柱造成一定的冲蚀破坏，现有研究主要通过数值方法研究高速气流对管柱结构的冲蚀行为和沿程流动状态分析。Liu 等从稳定性、密封性和适用性分析了江苏金坛储氢盐穴可行性及储氢库冲蚀行为评估；伍丽娟等构建管柱冲蚀磨损预测模型，通过试验对比进行抗冲蚀结构优化设计；孟文波等搭建高温高压冲蚀 - 腐蚀耦合装置，分析多功能盐穴储氢库管柱的冲蚀 - 腐蚀耦合速率及两者相互作用关系；Sletfjerding 等设计气体流动状态对比试验分析管路沿程近壁压力分布基本规律；刘铭刚等通过数值试验计算分析造斜段管柱内沿程速度、涡量和近壁压力分布，评估注采压差、井斜角及油管内径等参数对管柱近壁压力的影响规律；Zeng 等构建弯曲管路流体冲蚀模型提出了高速管流常用计模型和参数取值范围。确定管柱最大冲蚀磨损率和管柱沿程流动状态是确保在饱和运行或调峰时储氢库安全运行的前提，但目前国外关于氢气储氢库注采管柱冲蚀相关资料较少，上述研究大多只针对冲蚀条件变化对冲蚀过程的影响，未考虑含腐蚀缺陷管柱的高速气流冲蚀磨损；国内气井管柱冲蚀磨损研究主要为高压采气条件下的天然气储能用管柱冲蚀，尚未有地下储氢气库管柱冲蚀磨损特性相关的报道；此外小尺度实验也是研究管柱冲蚀磨损规律的重要手段，而储氢库管柱所处环境较为复杂，大量的实验参数如气流状态、砂砾物性参数等会影响冲蚀试验的精度，在实际情况下很难控制。

基于上述分析，本文充分考虑地下储氢车管柱的冲蚀特征和研究现状，构建高流速作用下地下储氢库管柱冲蚀计算模型，研究高速气流冲刷作用下造斜段管柱内近壁压力分布，分析气体流速、颗粒粒径、管材及管壁腐蚀缺陷等参数对管柱沿程流动状态和冲蚀磨损速率的影响，为高速气流作用下储氢库管柱冲蚀磨损研究提供理论基础和方法支撑，进一步完善和丰富我国储氢库管柱冲蚀风险评估方法体系。

1 数值模型建立

1.1 控制方程

地下储氢技术是利用地下盐穴进行大规模氢能储存，削峰时于电解室内制出氢气，经压缩机注入储氢库内，填谷时则将储氢库氢气经膨胀后穿过涡轮机带动发电机完成发电。由于储氢库管柱在注采过程中受单向流体冲击，因此假设管柱内运动流体为单相可压缩流体，选择 Renormalization - group（RNG）涡黏湍流模型进行数值计算，该模型的连续方程和运动方程分别为：

$$\frac{\partial \rho}{\partial t} + \frac{\partial \rho U_j}{\partial x_j} = 0 \tag{1}$$

$$\frac{\partial \rho U_i}{\partial t} + \frac{\partial \rho U_i U_j}{\partial x_j} = -\frac{\partial p}{\partial x_i} + \frac{\partial}{\partial x_j}\left[\mu_{eff}\left(\frac{\partial U_i}{\partial x_j} + \frac{\partial U_j}{\partial x_i}\right)\right] + S_M \tag{2}$$

式中，$x_{i,j,k}$对应空间坐标系中的 i、j、k 方向的距离，m；$U_{i,j,k}$表示流体在 i、j、k 方向上的瞬时速度分量，m/s；S_M为体积力，N；ρ 为相对密度，kg/m^3；μ_{eff}为有效动力黏度，数值上等于分子（动力）黏度 μ 与湍流黏度 μ_t的和，μPa · s；p 为静压，MPa；对实际可压缩流体作如下修正：

$$p = p_0 + \frac{2}{3}\rho k + \frac{2}{3}\mu_{eff}\frac{\partial U_k}{\partial x_k} \tag{3}$$

式中，p_0为流体不可压缩时的静压，本文中对应计算工况中的入口压力，MPa。

根据梯度扩散假定，上述黏涡模型的雷诺应力 $\rho\,\overline{u_i u_j}$ 可由流体速度梯度和湍流黏度表示：

$$\rho \overline{u_i u_j} = -\mu_{eff}\left(\frac{\partial U_i}{\partial x_i}+\frac{\partial U_j}{\partial x_j}\right)+\frac{2\delta_{ij}}{3}\left(\rho k+\mu_{eff}\frac{\partial U_k}{\partial x_k}\right) \tag{4}$$

式中，Kronecker 积分项 δ_{ij} 在 $i=j$ 时，$\rho \overline{u_i u_j}$ 为正应力，在 $i \neq j$ 时，$\rho \overline{u_i u_j}$ 为切应力，MPa。

湍动能 k 和湍动能耗散率 ε 分别由式（5）和式（6）描述的传递方程得到，至此方程（1）、（2）封闭。

$$\frac{\partial(\rho k)}{\partial t}+\frac{\partial(\rho k U_j)}{\partial x_j}=\frac{\partial}{\partial x_j}\left[\left(\mu+\frac{\mu_t}{\sigma_{kRNG}}\right)\frac{\partial k}{\partial x_j}\right]+G_k+G_b-Y_M-\rho\varepsilon \tag{5}$$

$$\frac{\partial(\rho \varepsilon)}{\partial t}+\frac{\partial(\rho \varepsilon U_j)}{\partial x_j}=\frac{\partial}{\partial x_j}\left[\left(\mu+\frac{\mu_t}{\sigma_{\varepsilon RNG}}\right)\frac{\partial \varepsilon}{\partial x_j}\right]+\frac{\varepsilon}{k}\left(C_{\varepsilon 1RNG}G_k-C_{\varepsilon 2RNG}\rho\varepsilon+C_{\varepsilon 1RNG}G_{\varepsilon b}\right) \tag{6}$$

式中，i 和 j 表示坐标方向；k 表示单位质量气体的湍动能；ε 表示相对湍动能耗散率；σ_{KRNG} 为 k 方程湍流模型常数，取 0.7179；σ_{KRNG} 为 ε 方程湍流模型常数。

1.2　物理模型

如图 1 所示，储氢库管柱模型由三段组成，分别是进口段、出口段和弯管段，采用三维建模软件 Design Modeler 构建造斜段管柱三维物理模型。其中模型采用 60°弯管，弯管内径 D，为了保证进入弯管段前流体充分发展，进口段和出口段分别取 10D，初始弯径比为 $R/D=2$。将储氢库管柱三维物理模型导入前处理软件 Gambit 中采用四面体网格整体划分，考虑到弯管段为主要的研究对象，故对弯管处进行局部加密，网格数为 481771 个。

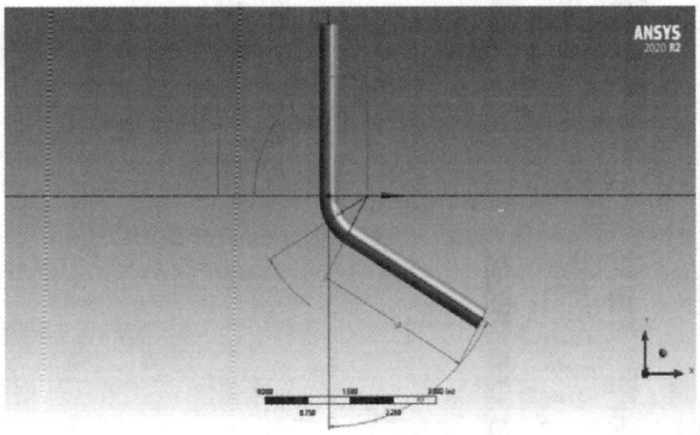

图 1　储氢库管柱模型

选用压力 - 速度稳态求解器对边界条件进行求解，利用 SIMPLE 算法，为了得到较好的收敛效果，压力、动量、湍动能采用二阶迎风算法，设置监视器中残差范围为 10^{-4}，模型边界及条件设置见表 1 所示。

表 1　模型及边界条件设定

边界	连续相	离散相
模型	$\kappa-\varepsilon$ 模型	DPM 模型
入口	速度入口	逃逸
出口	自由出流	逃逸
壁面	无滑移边界	反射

1.3　计算参数和工况设置

以我国某地盐穴地下储气库为例，设计管柱注采压力为 13.77 ~ 12.5MPa，管径分为 0.27m 和 0.34m 两种，最大储气压力为 17MPa，井口处空气流量为 276.3t/h，含砂粒径为 50 ~ 200μm，具有含砂比高、使用周期长等特点。因此考虑气体流速、颗粒粒径、管材及腐蚀缺陷因素，分析对管柱沿程流动状态和冲蚀磨损速率的影响。具体模拟工况参数见表 2 所示。

表 2　管柱冲蚀模拟工况参数表

工况	管径 /m	管材	颗粒粒径 /μm	流速 /m/s	腐蚀缺陷因素
1	0.27	N80	200	48	无腐蚀缺陷
2	0.34	N80	200	48	无腐蚀缺陷
3	0.27	P110	200	48	无腐蚀缺陷
4	0.27	N80	50	48	无腐蚀缺陷
5	0.27	N80	100	48	无腐蚀缺陷
6	0.27	N80	500	48	无腐蚀缺陷
7	0.27	N80	200	24	无腐蚀缺陷
8	0.27	N80	200	36	无腐蚀缺陷
9	0.27	N80	200	60	无腐蚀缺陷
10	0.27	N80	200	72	无腐蚀缺陷
11	0.27	N80	200	84	无腐蚀缺陷
12	0.27	N80	200	48	弯管段双腐蚀缺陷
13	0.27	N80	200	48	弯管段三腐蚀缺陷
14	0.27	N80	200	48	弯管段大面积腐蚀缺陷

2　管柱沿程流动状态分析

（1）流速。选取弯管 $\Phi 0.27\times 0.02$，固体颗粒体积分数选取 1%，颗粒直径为 2×10^{-4}m，图 2 为 60°弯管内部在 24m/s、36m/s、48m/s、60m/s、72m/s、84m/s 流速下的压强分布情况。垂直管段的压力基本稳定，由于流体经过弯管处时固体颗粒发生碰撞并反弹，且流体在弯管处产生离心力，对弯管内侧的牵引作用使得流动方向发生改变，内侧出现负压，从内侧到外侧压力值呈递增趋势，且流场压强最大值随流体速度增大而增大。

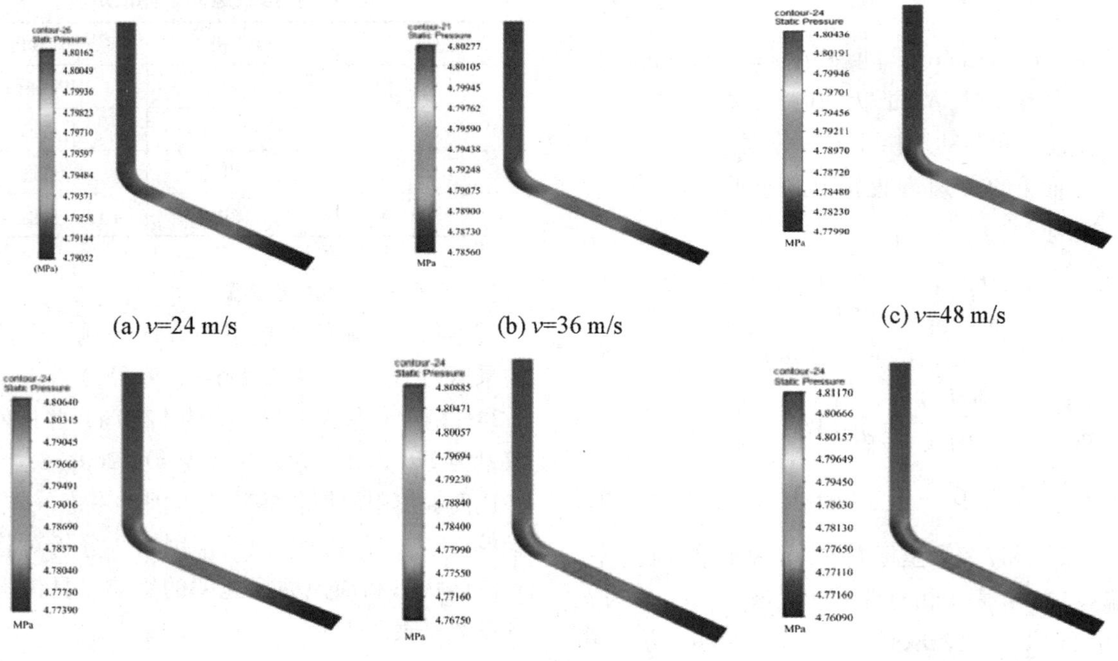

(a) v=24 m/s　(b) v=36 m/s　(c) v=48 m/s

(d) v=60 m/s　(e) v=72 m/s　(f) v=84 m/s

图 2　不同流速下管柱压力分布

(2) 颗粒粒径。选取弯管 $\Phi0.27 \times 0.02$，固体颗粒体积分数选取 1%，流速为 48m/s，从图 3 中可以看出 60°弯管内部在粒径 5×10^{-5}m、1×10^{-4}m、2×10^{-4}m、5×10^{-4}m 下的压强分布情况，压力场中弯管最外侧流体压强明显大于弯管内侧压力，且流场压力最大值随粒径增大而减小，呈现下降趋势。同时，无论管径多大，压力最大值始终发生在弯管最外侧位置附近，其中当粒径为 5×10^{-5}m 时压力最大，最大值为 4.8103MPa。

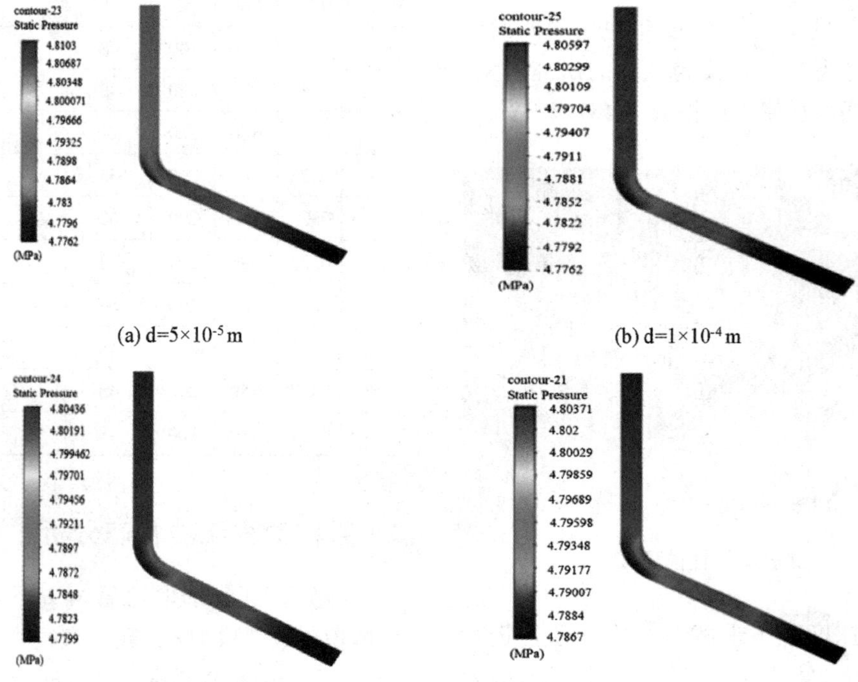

(a) d=5×10^{-5} m　(b) d=1×10^{-4} m

(c) d=2×10^{-4} m　(d) d=5×10^{-4} m

图 3　不同粒径下管柱压力分布

（3）管材。选取弯管 $\Phi 0.27\times0.02$，固体颗粒体积分数选取 1%，颗粒直径为 2×10^{-4}m，流速为 48m/s，从图 4 中可以看到 60°弯管管径在 N80、P110 下的压力分布情况，压力场中弯管最外侧流体压强明显大于弯管内侧压力。同时，两种管材下压力最大值始终发生在弯管最外侧的位置附近，其中当管材为 P110 时最大压力大于管材为 N80 时，P110 管材压力最大值为 4.80451MPa。

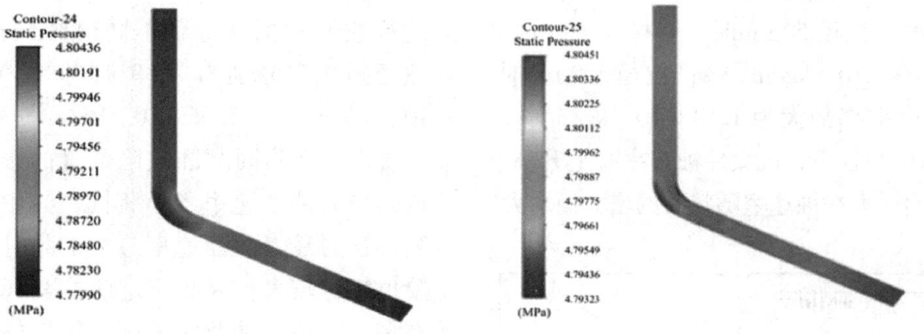

(a) N80　　　　(b) P110

图 4　不同管材下管柱压力分布

（4）腐蚀缺陷因素。选取弯管 $\Phi 0.27\times0.02$，固体颗粒体积分数选取 1%，流速为 48m/s，颗粒直径为 2×10^{-4}m，分别添加弯管段双腐蚀缺陷、弯管段三腐蚀缺陷及弯管段大面积腐蚀缺陷等不同的腐蚀缺陷到弯管模型中进行数值模拟，得到不同腐蚀缺陷影响下的压力分布图。图 5 中可以看到 60°含腐蚀缺陷弯管内部不同腐蚀缺陷下的压力分布情况，压力场中所有工况中，垂直管道的压力分布较为稳定，其中压力较大处出现在弯管外侧，此时流体在弯管处产生离心力，对弯管内侧的牵引作用使流动方向发生改变，内侧出现负压，从内侧到外侧压力值呈递增趋势。

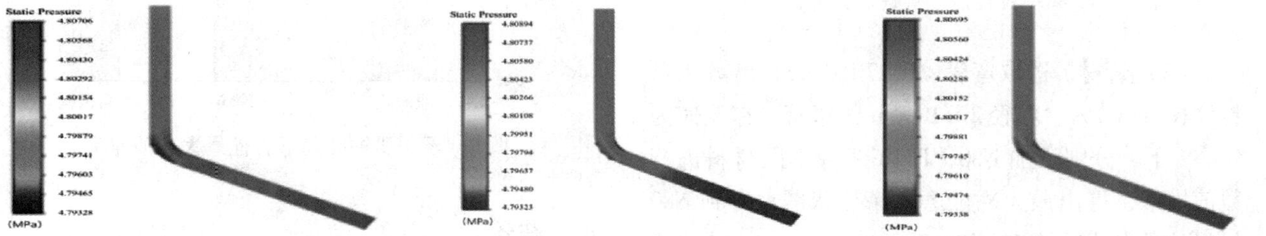

(a) 弯管段双腐蚀缺陷　　(b) 弯管段三腐蚀缺陷　　(c) 弯管段大面积腐蚀缺陷

图 5　含不同腐蚀缺陷下管柱压力分布

3　管柱冲蚀磨损速率分析

（1）流速。选取管径 $\Phi 0.27\times0.02$，离散相颗粒体积分数 1%，粒径 2×10^{-4}m 的弯管，在流速为 24m/s、36m/s、48m/s、60m/s、72m/s、84m/s 六种流速下得到最大冲蚀磨损率曲线图。其最大冲蚀率分别为 1.12×10^{-4}kg/m²·s、3.06×10^{-4}kg/m²·s、5.67×10^{-4}kg/m²·s、1.10×10^{-3}kg/m²·s、1.71×10^{-3}kg/m²·s、2.42×10^{-3}kg/m²·s。由图 6 可知，最大冲蚀率随流速的增大而增大，随着颗粒速度的增大，冲蚀增加的程度也越来越大，冲蚀速率逐渐增加，且在高流速下冲蚀速率增加较大。

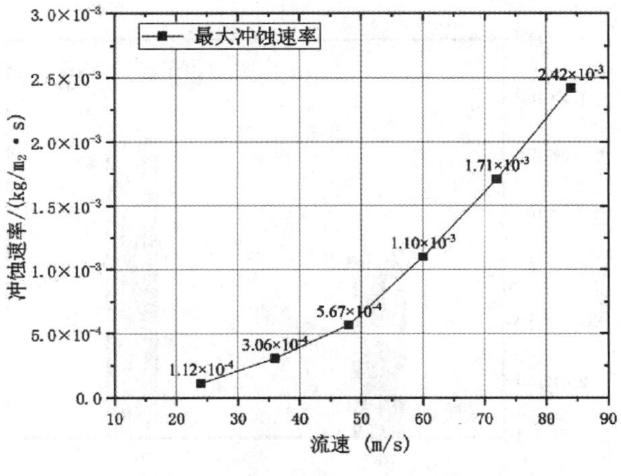

图 6　不同流速下管柱最大冲蚀速率

（2）颗粒粒径。选取弯管 $\Phi 0.27 \times 0.02$，离散相颗粒体积分数 1% 的弯管，在速度为 48m/s 下，分别添加 5×10^{-5}m、1×10^{-4}m、2×10^{-4}m、5×10^{-4}m 四种不同粒径进行数值模拟，得出最大冲蚀磨损率曲线图。从图 7 中可以看出，在速度等外界条件固定时，粒径 50μm 时，管柱最大冲蚀磨损率最小为 4.63×10^{-4}kg/m^2·s；粒径 500μm 时，管柱最大冲蚀磨损率最大为 1.10×10^{-3}kg/m^2·s；在100～200μm 的粒径下，最大冲蚀速率有上升幅度较小，可以看出最大冲蚀速率随粒径的增大而增大。

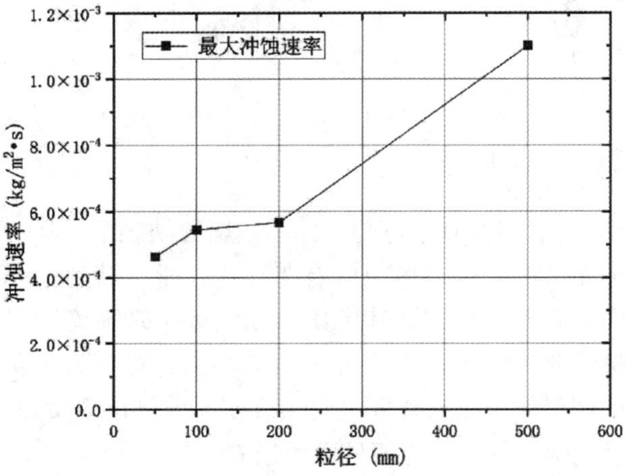

图 7　不同颗粒直径下管柱最大冲蚀速率

（3）管材。选取弯管 $\Phi 0.27 \times 0.02$，离散相颗粒体积分数 1%，粒径 2×10^{-4}m 的弯管，在流速为 48m/s 下，分别添加 N80，P110 两种不同材料进行数值模拟，得出最大冲蚀磨损率柱状图。得到 N80 材料的最大冲蚀速率为 5.67×10^{-4}kg/m^2·s，P110 材料的最大冲蚀速率为 1.03×10^{-3}kg/m^2·s。从图 8 中可以看出，氢气介质下 P110 管材较 N80 管材更易被侵蚀。

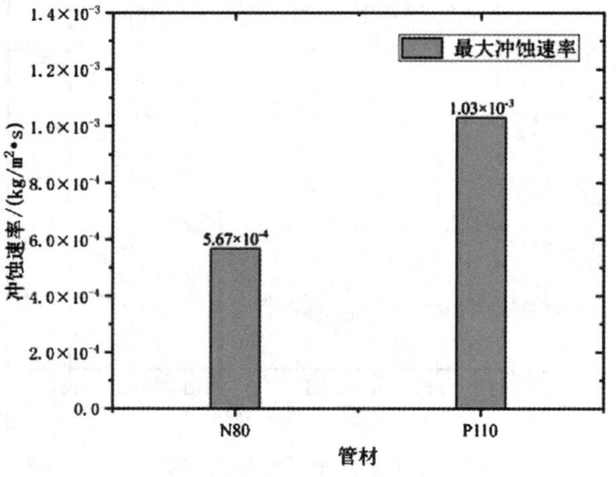

图 8　不同管材下管柱最大冲蚀速率

（4）腐蚀缺陷因素。选取弯管 $\Phi 0.27 \times 0.02$，固体颗粒体积分数选取 1%，流速为 48m/s，颗粒直径为 2×10^{-4}m，分别添加弯管段双腐蚀缺陷、弯管段三腐蚀缺陷及弯管段大面积腐蚀缺陷等不同的腐蚀缺陷到弯管模型中进行数值模拟，得到不同腐蚀缺陷下的最大冲蚀磨损速率分别为 7.39×10^{-4}kg/m^2·s、1.02×10^{-3}kg/m^2·s、5.06×10^{-3}kg/m^2·s。从图 9 中可以看出，受不同腐蚀缺陷数量的影响，对管道造成的最大冲蚀速率各不相同。其中，含三腐蚀缺陷弯管的最大冲蚀速率最大，此时发生失效的风险也相对较大，因此应定期检查管道内部是否存在多腐蚀缺陷并及时做好防护措施，以免泄漏事故的发生。

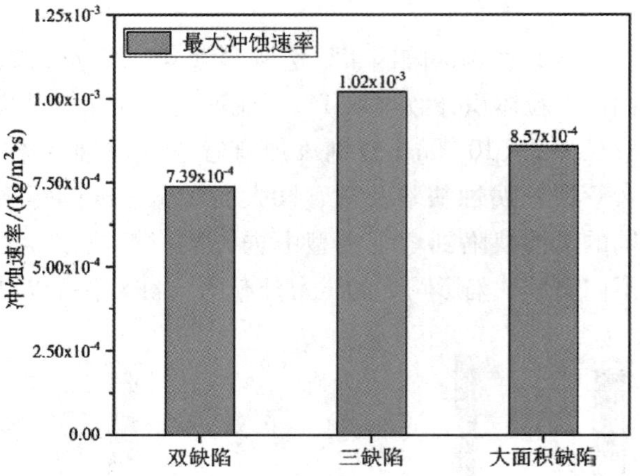

图 9　不同腐蚀缺陷下管柱最大冲蚀速率

4　结论

（1）基于地下储能管柱注采工艺及冲蚀影响因素分析，构建储能管柱高速气流流动模型与地下储能管柱冲蚀磨损模型，考虑到管内流速、颗粒粒径、管材及管壁腐蚀缺陷等影响因素，分析高速气流冲刷作用下造斜段管柱内近壁压力分布与最大冲蚀磨损率的影响。

（2）受流速、颗粒直径及管材的影响，储能管柱压力场中呈现相同的分布趋势，弯管处最外侧流体压强明显大于弯管内侧压强。流场压强最大值随流体速度增大而增大，随颗粒直径的增大而减小。同时，最大冲蚀速率随着颗粒速度的增大，冲蚀增加的程度也越来越大，冲蚀速率逐渐增加。N80 管材的最大冲蚀速率为 5.67×10^{-4} kg/m^2·s，P110 管材的最大冲蚀速率为 1.03×10^{-3}kg/m^2·s，P110 管材较 N80 管材更易被侵蚀。

（3）地下储能管柱受腐蚀缺陷因素的影响，垂直管道的压力分布较为稳定，其中压力较大处出现在弯管外侧，此时流体在弯管处产生离心力，对弯管内侧的牵引作用使流动方向发生改变，内侧出现负压，从内侧到外侧压力值呈递增趋势。同时，弯管段双腐蚀缺陷、弯管段三腐蚀缺陷及弯管段大面积腐蚀缺陷的最大冲蚀磨损速率分别为 $7.39\times10^{-4}\,kg/m^2\cdot s$、$1.02\times10^{-3}\,kg/m^2\cdot s$、$8.57\times10^{-4}\,kg/m^2\cdot s$。其中，含三腐蚀缺陷弯管的最大冲蚀速率最大，此时发生失效的风险也相对较大，因此应定期检查管道内部是否存在多腐蚀缺陷并及时做好防护措施，以免泄漏事故的发生。

参 考 文 献

[1] 柏明星，宋考平，徐宝成，等．氢气地下存储的可行性、局限性及发展前景［J］．地质论评，2014，60（4）：748－754.

[2] 李建君．中国地下储气库发展现状及展望［J］．油气储运，2022，41（07）：780－786.

[3] 方琰藜，侯正猛，岳也，等．一种应用于氢能产业一体化的新型多功能盐穴储氢库［J］．工程科学与技术，2022，54（01）：128－135.

[4] 付盼，罗淼，夏焱，等．氢气地下存储技术现状及难点研究［J］．中国井矿盐，2020，51（06）：19－23.

[5] 王志远，杨贺民，张洋洋，等．储气库管柱冲蚀理论及预测研究进展［J］．表面技术，2022，1－25.

[6] 许瑞琪．垂直气井生产管柱冲蚀模型仿真分析［J］．全面腐蚀控制，2020，34（06）：58－66.

[7] 何祖清，伊伟锴，李军，等．文23储气库注采管柱冲蚀规律与极限注采气量分析［J］．石油管材与仪器，2020，6（05）：46－49.

[8] LIU Wei，ZHANG Zhixin，CHEN Jie，et al. Feasibility evaluation of large－scale underground hydrogen storage in bedded salt rocks of China：A case study in Jiangsu Province［J］. Energy，2020，198：117348.

[9] 伍丽娟，向斐，史宝成，等．基于数值模拟的输气弯管抗冲蚀结构优化［J］．材料保护，2021，54（10）：50－57.

[10] 孟文波，张佳旋，张崇，等．井下管柱钢材冲蚀－CO2腐蚀耦合试验［J］．中国石油大学学报（自然科学版），2021，45（03）：104－110.

[11] Sletfjerding E，Gudmundsson J S. Friction factor directly from roughness measurements［J］. J. Energy Resour. Technol.，2003，125（2）：126－130.

[12] 刘铭刚，王建军，闫怡飞，等．地下储气库井管柱沿程流体状态数值模拟［J］．石油钻采工艺，2017，39（04）：449－454.

[13] ZENG L，ZHANG G A，GUO X P. Erosion－corrosion at different locations of X65 carbon steel elbow［J］. Corrosion Science，2014，85：318－330.

[14] Michalski，J.，Bünger，U.，Crotogino，F.，et al. Hydrogen generation by electrolysis and storage in salt caverns：Potentials，economics and systems aspects with regard to the German energy transition［J］. International Journal of Hydrogen Energy，2017，42（19），13427－13443.

[15] 周庆凡，张俊法．地下储氢技术研究综述［J］．油气与新能源，2022，34（04）：1－6.

交变载荷下储气库用封隔器力学响应及密封失效评价研究

李丽锋 罗金恒 武 刚 朱丽霞 张庶鑫 宋成立

（中国石油集团工程材料研究院有限公司油气钻采输送装备全国重点实验室）

摘 要 封隔器作为储气库井第一井屏障的主要部件，其密封性关系第一井屏障完整性。采用数值模拟辅以实验验证的方式对比研究封隔器在交变载荷下的力学响应和密封特性。通过橡胶材料的试验数据拟合，采用 Yeoh 模型作为封隔器胶筒超弹性橡胶材料的本构方程，以罚函数法和 Coulomb 摩擦模型计算胶筒与套管之间的粘－滑摩擦接触问题，验证模型显示吻合度良好。基于 ABAQUS 显式动力学有限元方法计算模拟封隔器坐封过程的力学行为，探究密封胶筒部位应力危险点；考虑到封隔器的日常注采工作环境，施加径向交变内压和轴向交变环空压力，分析不同类型封隔器对交变载荷的力学响应规律；提出滑动密封失效、接触应力密封失效及剪切密封失效三种联合密封失效判据，对比了不同封隔器的应力状态及密封性能差异，研究结果可为储气库封隔器密封失效控制提供参考。

关键词 储气库；封隔器；管柱密封；交变载荷

Mechanical Response and Sealing Property Assessment of Packer Under a Cyclic Loading

LI Lifeng, LUO Jinheng, WU Gang, ZHU Lixia, ZHANG Shuxin, SONG Chengli

(Tubular Goods Research Institute of CNPC, State Key Laboratory of Oil and Gas Equipment)

Abstract: The packer, as the main component of the first well barrier in a gas storage well, its sealing property is closely related to the integrity of the first well barrier. The mechanical behavior and sealing property are comparatively studied in this paper by the numerical simulations and experimental verification. First of all, through the experimental data fitting, the Yeoh equation is adopted as the material constitutive model of the hyper－elastic rubber used in the packers. The penalty function and Coulomb friction model are taken to solve the viscosity－slip frictional contact problem. Excellent agreement is shown in the verification between the numerical and experimental data. Based on the ABAQUS explicit FEM algorithm, the mechanical behaviors of the packer during the setting process are discussed and the stress risky spots of the sealing rubber are investigated. In addition, considering the gas injection and production conditions where the packers are working in, a cyclic loading is applied on the tube and the packers' mechanical responses are studied. Further, a joint method is proposed from the three criteria of seal failure which are slip seal failure criterion, contact seal failure criterion and shear seal failure criterion. The differences on the sealing properties of the A and B packer are compared and discussed based on the joint method. The result shows that, in same conditions, The research results can provide reference for the control of seal failure of gas storage reservoir isolation valves.

Key words: gas storage; packer; string sealing; cyclic loading

1　前言

封隔器作为一种用于石油天然气勘测开发、储存中密封环空面积、隔离目的层段、控制注入及采出流体的井下工具，其密封性能的好坏、承受的工作压差大小直接影响着石油天然气开采及调控效率。封隔器作为储气库井第一井屏障的主要部件，其密封性关系第一井屏障完整性。胶筒作为封隔器的唯一密封部件，其在坐封压力下有限变形的力学性能及与井壁的接触状态决定着封隔器的密封能力，胶筒在井下环境常发生失效。研究封隔器的密封性能重点在于胶筒的变形与受力状态。

本文以某储气库井用封隔器为研究对象，对其坐封过程及交变载荷下的密封性进行研究，提出封隔器密封失效判据，对比了不同封隔器的应力状态及密封性能差异，研究结果可为储气库封隔器密封失效控制提供参考。

2　橡胶材料的本构方程及摩擦机制

橡胶作为一种典型的超弹性材料，具有复杂的本构关系。在大量的实验数据的基础上，多个理论模型被建立用来描述橡胶的力学特征。本文选用 ABAQUS 中的 Yeoh 模型，如公式（1）所示，并通过拟合实验数据，确定所选本构方程中的系数。

对于各向同性材料，应变能密度分解成应变偏量能和体积应变能两部分，分别由公式（1）中右侧两部分表示。

$$W = \sum_{i=1}^{N} C_{i0}(\widehat{I}_1 - 3)^i + \sum_{k=1}^{N} \frac{1}{D_k}(J-1)^{2k} \quad (1)$$

式中，N 为选择的多项式阶数；J 是橡胶变形前后的体积比；$\widehat{I}_1$ 为 Cauchy - Green 张量的第一不变量；C_{i0} 和 D_k 为输入参数。

考虑到高阶模型在有限元计算中不易收敛，对封隔器所用丁晴橡胶的材料本构关系开展实验与数值模拟，图 1 为试验机、数值模型及各本构方程拟合曲线与初始试验曲线对比，可见 Yeoh 模型拟合最优，在相关系数达 0.9998。

采用罚函数方法和 Coulomb 摩擦模型计算胶筒与套管之间的粘 - 滑摩擦接触问题，罚函数法通过法向接触刚度控制接触面的法向穿透，法向力为：

$$f_n = \begin{cases} K_n d & d < 0 \\ 0 & d > 0 \end{cases} \quad (2)$$

(a) 橡胶试验机压缩过程

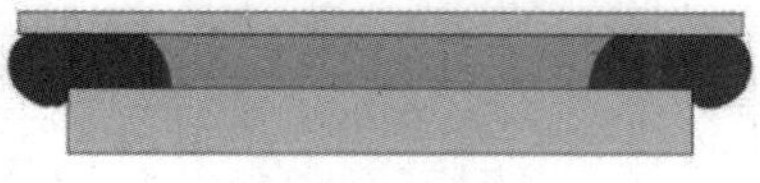

(b) 橡胶压缩有限元模型

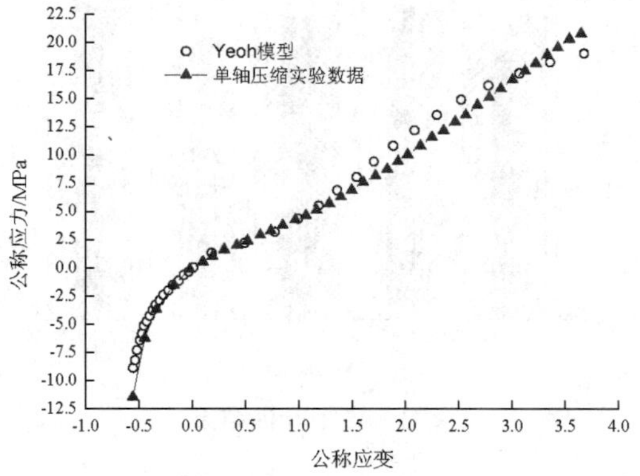

(c) 丁晴橡胶 Yeoh 本构方程与实验数据拟合曲线

图 1　丁晴橡胶材料本构关系试验与模拟

式中 K_n 为法向接触刚度；d 为接触节点与接触平面间的距离。

Coulomb 摩擦模型为：

$$f_t = \begin{cases} K_t s & 粘结 \\ \mu f_n & 滑动 \end{cases} \quad (3)$$

式中 K_t 为切向接触刚度；s 为接触节点相对接触面的弹性变形；μ 为摩擦系数。

3　方法验证

为验证本文对封隔器数值仿真中的关于材料、接触、载荷等方法及模型应用的准确性，本文建立与文献中的简易二维封隔器模型，计算结果与该文献中的实验及仿真结果进行对比，图 2 为本文建立的二维封隔器简易有限元模型，与 Gang Hu 等人模型一致。

验证模型中应用本文所用橡胶材料本构方程、材料接触模型，计算对比结果如图 3 所示。通过验证计算结果可见，本文验证模型与文献中的实验及模拟数据平均差值分别为 4.86%、1.18%，吻合良好。

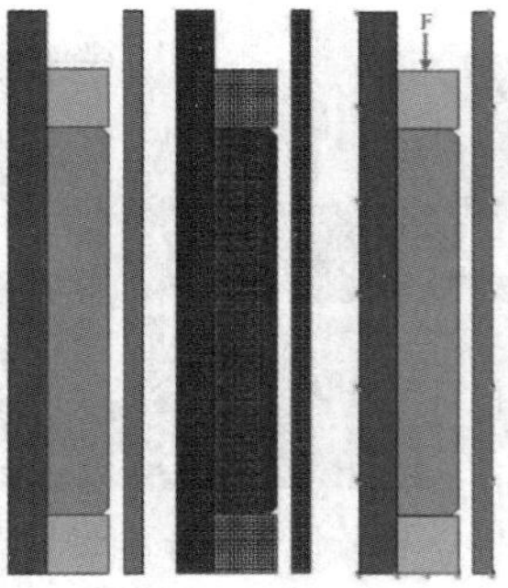

图 2　简易封隔器二维验证模型

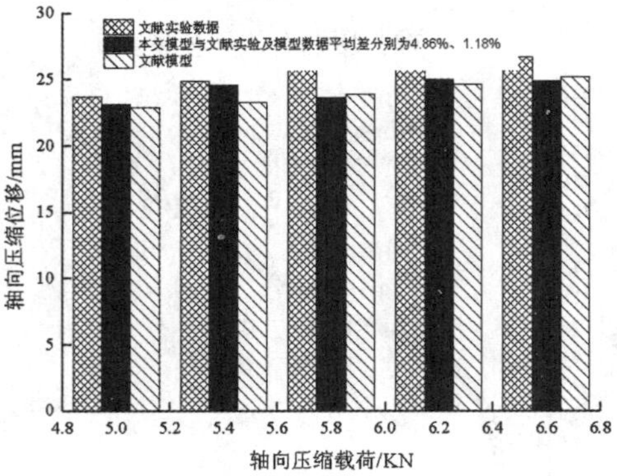

图 3　模型验证结果

4　A 型/B 型有限元模型的建立

4.1　模型及边界条件

封隔器是由多个零部件装配而成，本文仅针对密封部位，即中间胶筒部位进行建模计算。胶筒密封部位主要包括胶筒、油管、套管、隔环、支撑环等零件，图 4 给出了各个零部件的装配结构以及网格划分图。因为涉及到的零部件均为旋转体，为了节省计算时间、减少计算量，将胶筒、中心管、套管、隔环简化为轴对称模型，A 型模型采用 1/2 模型，总网格数量为 59.02w，B 型采用 1/4 模型，总网格数量为 77.22w。

边界条件中，对套管外表面进行全位移约束，对油管侧截面的轴向及法向位移约束，对隔环、胶筒、支撑环采用侧截面的法向约束，另外，两种封隔器的下隔环采用位移全约束。表 1 为封隔器不同部位的材料参数。

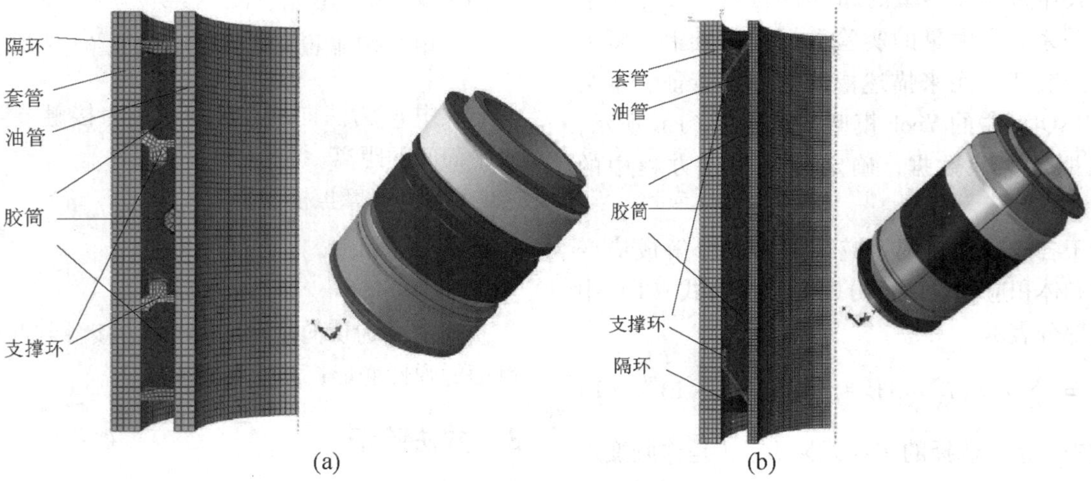

图 4　A 型（a）及 B 型（b）封隔器仿真模型整体装配图

表 1　模型不同部位材料物理参数

模型部位	材料	密度（kg/m^3）	杨氏模量（MPa）	泊松比	屈服应力（MPa）
套管/油管/隔环/支撑环（A 型）	钢	7800	2.0E5	0.28	600
支撑环（B 型）	黄铜	8980	9.0E4	0.343	110
胶筒（超弹性材料）	橡胶	C10：－8.4373；C01：11.439；C20：－0.1102；C11：0.496；C02：2.7311；D1：0；D2：0；			

4.2　载荷施加

由 A 型和 B 型封隔器设计资料，二者的最大坐封压力分别为 46.0MPa 和 40.0MPa，计算设置坐封压力为自零连续变化至最大坐封压力，载荷随时间增加的线性斜率相同，即同一时刻二者施加坐封压力相同，以便对结果进行对比分析。

为研究油管内部交变压力变化（即鼓胀效应）对封隔器胶筒密封性能的影响，在油管内壁施加周期载荷，周期型幅值曲线用傅里叶（Fourier）级数表示，其表达式为：

$$\alpha = A_0 + \sum_{n=1}^{N}[A_n\cos n\omega(t-t_0) + B_n\sin n\omega(t-t_0)]\ t \geqslant t_0$$
$$\alpha = A_0 t \geqslant t_0 \quad (4)$$

式中：N 为傅里叶级数项的个数；ω 为圆频率（circular frequency）；t_0 为起始时刻（starting time）；A_0为初始幅值（initial amplitude）；A_n为 cos 项的系数；B_n为 sin 项的系数。

对于本项目所研究内容，我们选用参数为：时间跨度为分析步时间，由储气库注采井底压力变化 13.0～28.0MPa 设置周期载荷，圆频率为 100000HZ，幅值为 20.5MPa，系数 A 和 B 均 5.36。载荷幅值曲线如图 6。

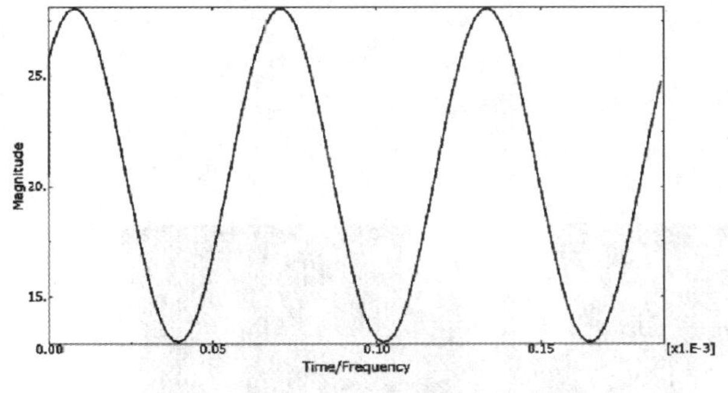

图 5　交变载荷施加频谱图

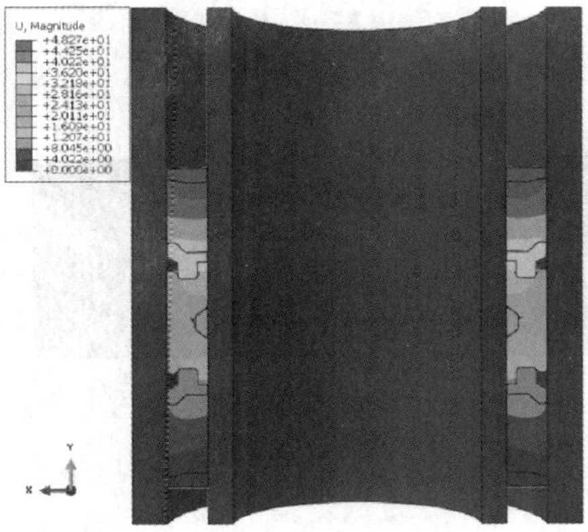

图 6　A 型封隔器完封压力（46MPa）下压缩位移云图

5　结果分析

5.1　坐封受力状态及应力危险点

图 6 和图 7 分别显示了 A 型封隔器和 B 型封隔器在完封压力下的受压缩状态。A 型封隔器上胶筒在初始坐封压力 10MPa 下开始向下压缩，随着坐封压力的增加，胶筒轴向压缩变形增加，与套管及油管间的接触应力增加，从而起到密封作用。其中，上胶筒受压缩产生的位移最大，中胶筒次之，下胶筒压缩位移相对最小，这是由于随着坐封压力的增加，胶筒与套管、油管相接触产生摩擦力，从而使抵消部分坐封压力，从而导致下部胶筒受到的轴向压缩力减小，最终呈现较小的压缩位移。

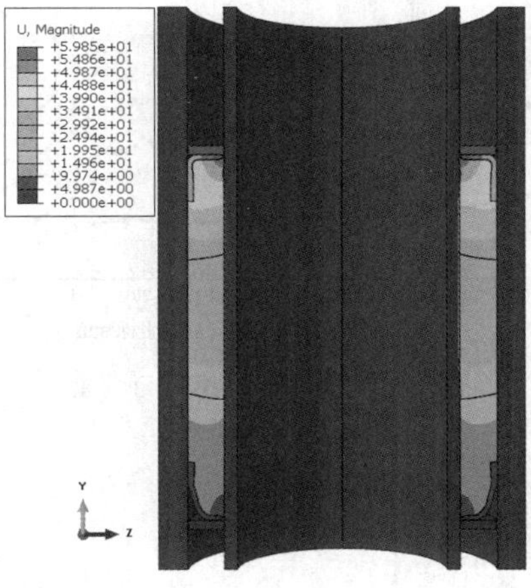

图 7　B 型封隔器完封压力（40MPa）下压缩位移云图

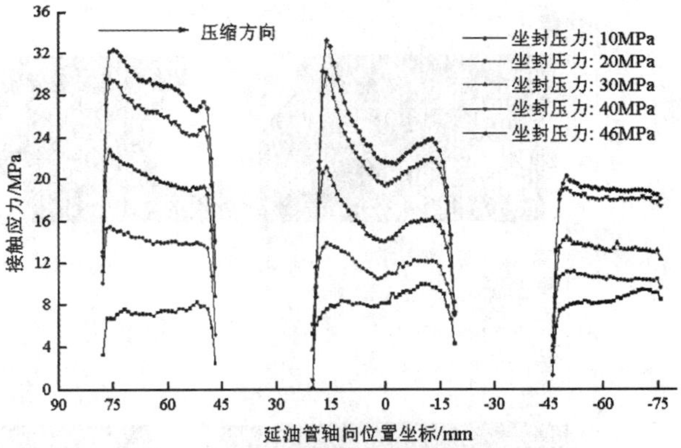

图 8　A 型封隔器胶筒与套管接触应力分布

与 A 型封隔器不同的是，B 型封隔器胶筒两端设置了黄铜材质的支撑环，支撑环在压缩过程中会发生塑性变形，起到防止胶筒局部肩突的作用，图 7 中明显可见支撑环由初始的 45°倾斜转为 90°直角形状，当然，下支撑环受到的轴向压缩力较上支撑环要小（原因是由于胶筒的变形与接触摩擦力而部分被抵消），因此变形相比较而言不够充分。

图 8 和图 9 显示了两种封隔器胶筒轴向路径上的单元与套管内壁的接触应力分布。不难看出（1）上胶筒接触应力最高，下胶筒接触应力相对最小；（2）A 型中间胶筒接触应力总体呈“驼峰”

形，即两端接触应力较大，中间接触应力较小，这是由于中胶筒两端在隔环的挤压下发生轻微突出变形，从而出现两端接触应力较大的情况；（3）B型封隔器三个胶筒边界值很高，即胶筒相互接触点接触应力值较大。

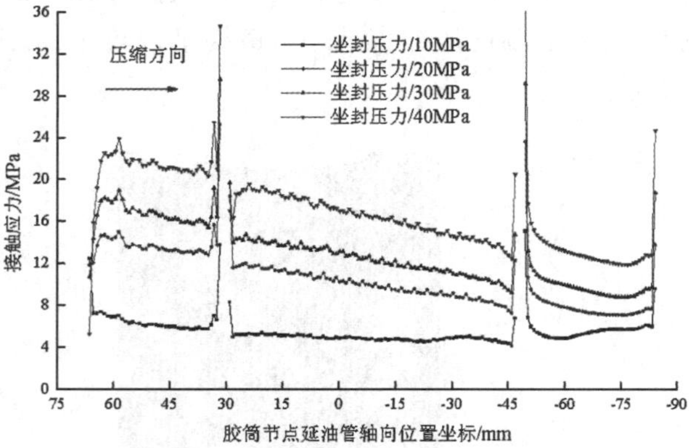

图9　B型封隔器胶筒与套管接触应力分布

由图10两种封隔器胶筒的等效应力分布图可见，A型封隔器中间胶筒的压缩方向的上肩突与隔环接触的部位始终存在一定的应力集中，该处橡胶等效应力在300MPa以上，该部位为高度易损部位；此外，A型封隔器上隔环与上胶筒接触的凸点等效应力值最大，在46MPa坐封压力下，该点最大等效应力值高达572.3MPa，与所设定的屈服应力值600MPa接近，安全系数仅为1.048，可见，该点是隔环失效的关键点，在封隔器的设计方面应该着重注意，为隔环选用高强度材料或改进形状设计。B型封隔器上胶筒与上支撑环底角接触位置应力集中最为严重，最大值已达269MPa，而此时中心部位应力值在30MPa左右，同时伴随局部"鼓起"，即胶筒与油管外壁出现部分脱离现象，这对密封效果极为不利。同时，支撑环的上角在与胶筒接触位置同样存在应力集中。由于封隔器长期在恶劣的环境下服役，胶筒应力集中点容易最先出现失效。

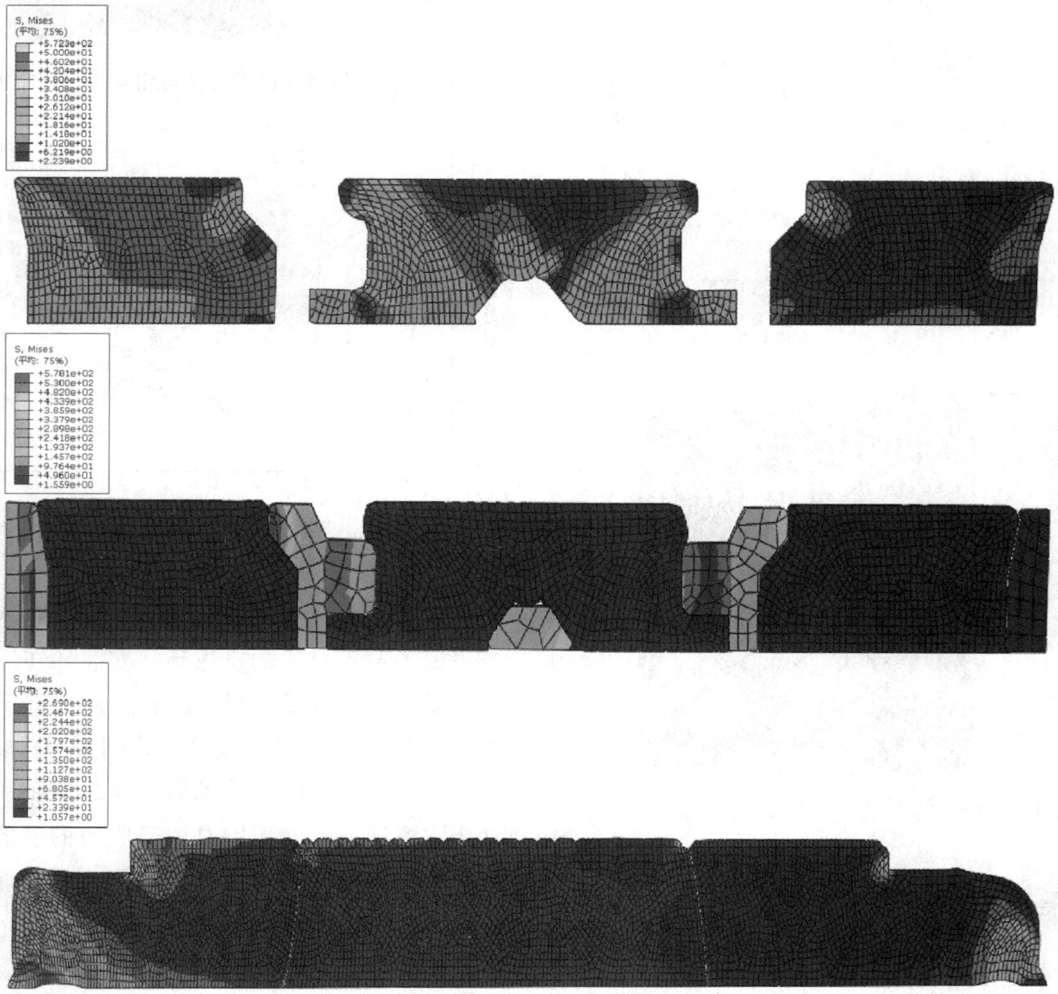

图10　完封压力下A型封隔器（上和中）与B型封隔器（下）胶筒等效应力分布

5.2 封隔器胶筒密封失效判据

封隔器的密封失效判据由封隔器密封失效机理推断而来：

（1）接触应力判据

高压工况下，一般压裂用封隔器胶筒主要密封面上的接触压力要大于密封压差，PH同时考虑胶筒表面粗糙度等微观形貌、载荷受力或工作过程中的环境影响，需加入安全系数 n 判断胶筒是否达到密封，即：

$$P_{max} \geqslant n\triangle P \tag{5}$$

（2）剪切应力判据

为了预防胶筒在长期的高压环境中发生肩部纹裂和磨损，考虑橡胶材料的许用剪切使用条件下，胶筒的剪切应力评价准则为：

$$\tau_{max} \leqslant [\tau] \tag{6}$$

（3）滑动失效判据

当胶筒所受轴向载荷大于胶筒与油管、套管的摩擦力及卡瓦咬合抗剪切力之和时，胶筒发生滑移，此时判断为胶筒密封失效。而胶筒所受轴向载荷为胶筒上下压差导致的轴向力以及油管与套管所受轴向力之差两部分组成，即：

$$\triangle P \cdot A + \triangle F \leqslant f + F_a \tag{7}$$

$$f = f_t + f_c$$

式中，A 为油管与套管环空截面积，$\triangle F$ 代表油管与套管轴向力只差，f 为胶筒与管壁摩擦力，f_t为胶筒与油管摩擦力，f_c为胶筒与套管摩擦力，F_a为卡瓦咬合抗轴向剪切力。

5.3 滑动密封失效判断

在计算分析交变载荷对两种封隔器密封特性影响时，均在40MPa最大坐封压力下施加相同的交变载荷，目的其二即为A型和B型两种封隔器在相同载荷环境下进行对比。

图11给出了两种封隔器胶筒与管壁法向接触总力变化对比，可见（1）取胶筒与管壁摩擦系数0.1，A型封隔器胶筒与管壁的摩擦力稳定值为f=4.9t，B型封隔器该值为3.9t，参考卡瓦咬合抗剪切力公式推算卡瓦咬合抗轴向滑动力约为32.2t，因此A型和B型封隔器油套管轴向力之差与胶筒上下压差导致的环空轴向力的和值分别大于37.1t和36.1t时胶筒发生滑移；（2）在交变压力的影响下（压力在13.0～28.0MPa变化），A型封隔器接触力受到影响较为明显，摩擦力降低至3.8t，下降幅值达22.4%，B型封隔器摩擦力降低至1.7t，下降幅值达56.4%，可见在判定胶筒是否发生滑移密封失效时应充分考虑交变应力的影响。

此外，在稳定阶段（t<0.006s）及交变载荷阶段（t>0.006s）A型封隔器接触总力（49.0左右）均高于B型封隔器接触总力（39.0t），高出比例约为20.5%。因此可以得出对比结论：相同外部条件下，A型封隔器要比B型封隔器更不易发生滑动密封失效。

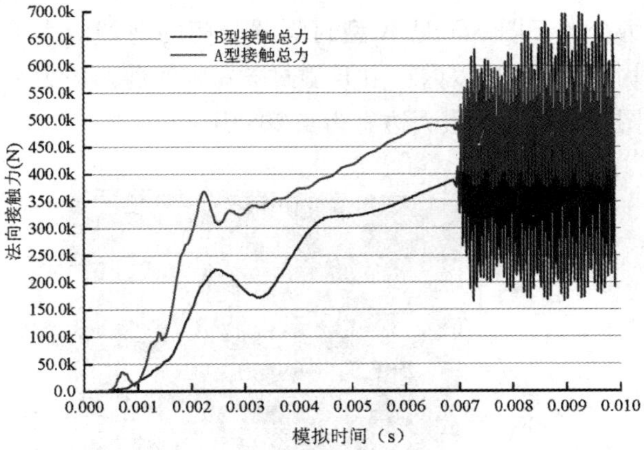

图11　两种封隔器管壁法向接触总力变化对比

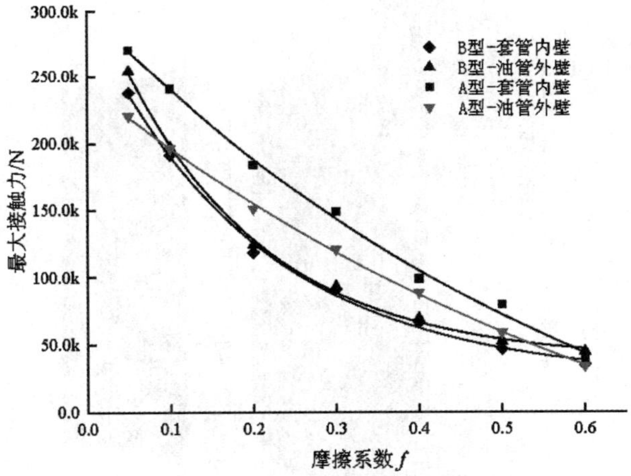

图12　A型与B型封隔器胶筒与管壁最大径向接触力随摩擦系数变化曲线

摩擦系数影响胶筒的接触力及受压缩位移，A型和B型封隔器胶筒与井壁接触力规律如图12所示。总体上A型封隔器胶筒与套管的接触力要大于B型封隔器；（2）除摩擦系数小于0.1时及大于0.54时，A型封隔器胶筒与油管的接触力大于B型封隔器；（3）A型和B型封隔器胶筒与管壁的接触力均为摩擦系数的指数函数，对结果数据进行拟合，得公式（8）。

$$F_c = m \cdot e^{-f/n} + C \tag{8}$$

公式（4-2）的相关系数见表2。

表 2　拟合公式系数

	接触	$m/10^3$	n	$C/10^3$
A 型	套管	427. 25	0. 649	－125. 76
	油管	377. 84	0. 745	－134. 09
B 型	套管	272. 08	0. 203	24. 15
	油管	286. 72	0. 173	37. 79

5.4　剪切密封失效判断

图 13 为 A 型和 B 型封隔器胶筒主方向剪切应力分布云图，可见 A 型封隔器胶筒的剪切应力值均在 3. 0MPa 以内；由 B 型封隔器胶筒剪切应力云图边界值可见最大边界为 4. 208MPa。

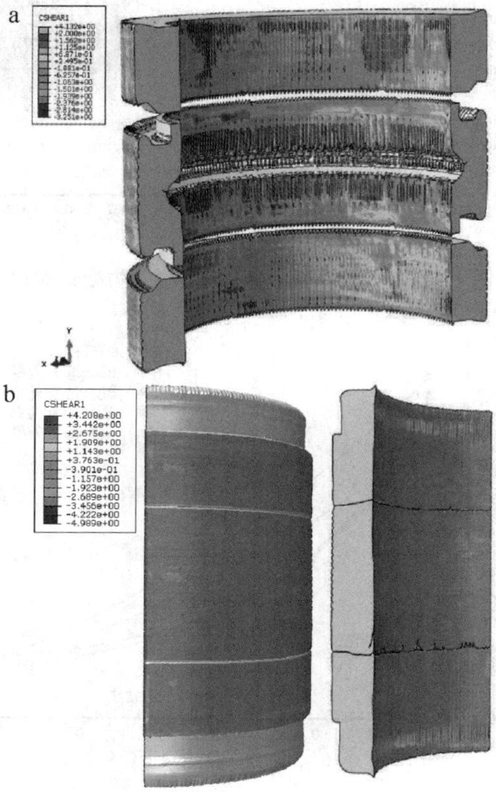

图 13　A 型（a）和 B 型（b）封隔器胶筒剪切应力分布云图

根据文献资料，氢化丁晴橡胶的抗拉强度在 30MPa 以上，按照剪切强度大约为 0. 6 ~ 0. 8 倍抗拉强度来估算，氢化丁晴橡胶的抗剪切度在 20 ~ 24MPa 左右。由此判断，A 型和 B 型封隔器均不易发生剪切密封失效。

5.5　接触密封失效判断

由于封隔器的上胶筒与管壁的接触应力最高，因此选用上胶筒进行分析更具代表性。图 14 给出了 A 型封隔器上胶筒环向路径上单元在 40MPa 坐封压力下与管壁的接触应力。

由图 14 所示，在 40MPa 坐封压力下，A 型封隔器上胶筒外壁的接触应力要小于内壁接触应力，外壁平均接触应力为 28. 69MPa，并在 25. 8 ~ 31. 1MPa 范围内呈现波动性分布；而内壁与油管的平均接触应力为 32. 71MPa，并在 30. 8 ~ 34. 2MPa 范围内呈波动性分布。因此，40MPa 坐封压力下，胶筒上下压差应控制在 25. 8MPa 以内，以免发生密封失效。

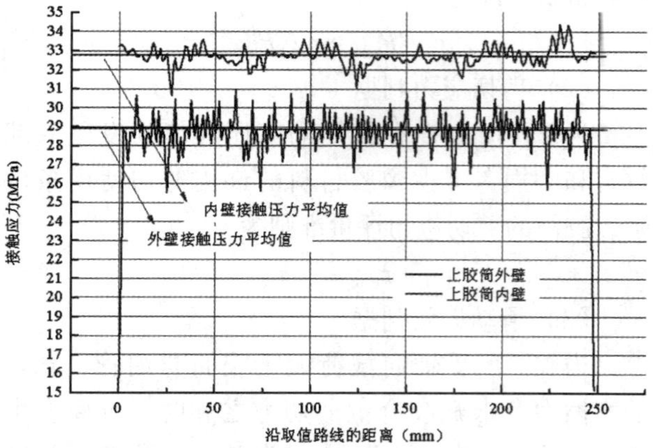

图 14　A 型封隔器上胶筒表面取值路径单元接触应力分布

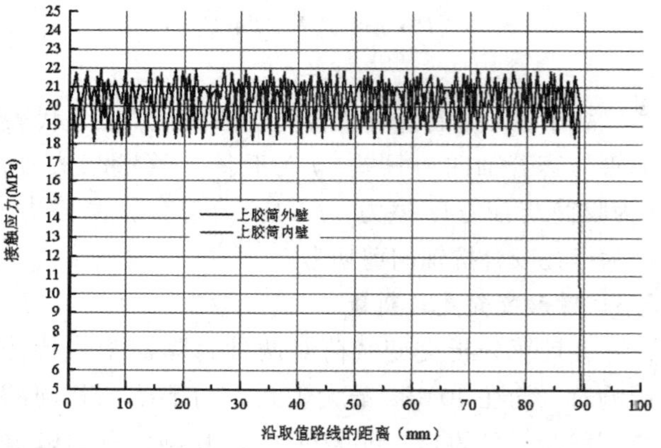

图 15　B 型封隔器上胶筒表面取值路径单元接触应力分布

由图 15 所示，在 40MPa 坐封压力下，与 A 型封隔器不同，B 型封隔器上胶筒外壁的接触应力与内壁接触应力非常接近，平均值为 21. 66MPa，并在 19. 7 ~ 24. 6MPa 范围内呈波动性分布，内壁接触应力波动范围稍小一些，大概范围为 19. 7 ~ 23. 0MPa。因此，无交变载荷下，40MPa 坐封压力下，B 型封隔器胶筒上下压差应控制在 19. 7MPa 以内，以免发生密封失效。

图 16 给出了交变载荷下两种封隔器的内外壁与管壁的最大接触应力曲线对比。不难发现：（1）相同载荷下，B 型封隔器接触应力值要小于 A 型

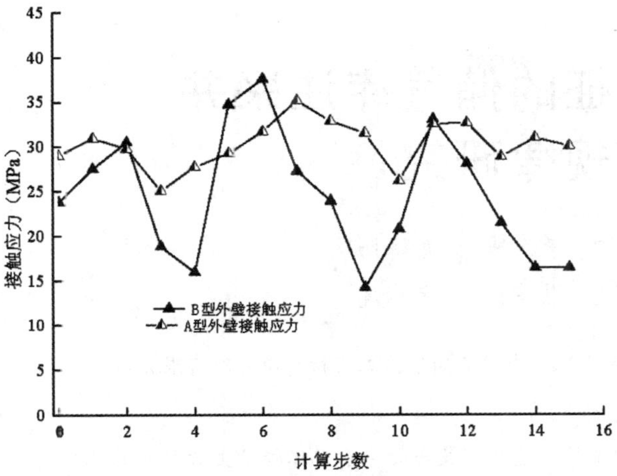

图 16　两种封隔器管壁最大接触应力对比

封隔器；（2）在相同交变载荷影响下，B 型封隔器接触应力波动范围更大，即受到的交变载荷影响更大。

因此可以得出对比结论：相同外部条件下，B 型封隔器要比 A 型封隔器更易发生接触应力密封失效，即更易发生气液上下串通。稳定坐封压力下，A 型封隔器平均最大接触应力（30.25MPa）要高于 B 型封隔器（24.40MPa）23.97%；而交变载荷下，以最大值为参考，A 型封隔器与 B 型封隔器较为相近。

6　结论

本文针对储气库常用 A 型和 B 型两种封隔器进行了坐封过程及交变载荷下的力学行为及密封状态有限元模拟，得到以下结论：

（1）封隔器上胶筒接触应力较中、下胶筒更高，且胶筒边界处接触应力最大。

（2）A 型封隔器中间胶筒的压缩方向的上肩突与隔环接触的部位、上隔环与上胶筒接触的凸点等效应力值存在较大的应力集中，且上隔环安全系数较低；B 型封隔器上胶筒与上支撑环上角、底角接触位置应力集中最为严重，中心部位存在局部“鼓起”，对密封效果极为不利；摩擦系数的变化会改变二者的接触应力相对大小。

（3）得到 40MPa 下的 A 型和 B 型封隔器防止发滑动密封失效的临界轴向载荷差值；相同外部条件下，A 型封隔器要比 B 型封隔器更不易发生滑动密封失效。

（4）交变载荷下 A 型和 B 型封隔器均不易发生剪切密封失效。

（5）得到 40MPa 下的 A 型和 B 型封隔器上下压差密封临界值及对交变载荷的应力响应规律；相同外部条件下，A 型封隔器要比 B 型封隔器更不易发生接触密封失效。

参　考　文　献

[1] 张付英，李天天，张玉飞．初封载荷下封隔器胶筒表面自由变形特性分析．应用数学和力学，2019，40（4）：419－432.

[2] 刘洪涛，沈新普，刘爽，等．高温高压气井多封隔器管柱完整性分析方法及应用实例．天然气工业，2020，40（7）：83－89.

[3] 贾善坡，闫相祯，杨丽．封隔器胶筒大变形摩擦接触的有限元分析．润滑与密封，2005，4：71－74.

[4] 王传谣．永久型封隔器胶筒密封性能及影响因素研究，重庆大学，2018.

[5] 孙莎莎，唐立根．多周期交变载荷工况下地下储气库密封性评价．科学技术与工程，2016，16（6）：23－28

[6] Lan W.，Wang H.，Zhang X.，et al. Sealing properties and structure optimization of packer rubber under high pressure and high temperature. Petroleum Science，2019，16：632－644.

[7] Liu Y.，Lian Z.，Chen J.，et al. Design and Experimental Research on Sealing Structure for a Retrievable Packer. Shock and Vibration，2020，2020：1－15.

[8] G. Hu，G. Wang，M. Li，X. He，& W. Wu，(2018).“Study on sealing capacity of packing element in compression packer”. Journal of the Brazilian Society of Mechanical Sciences and *Engineering*，40（9），438.

[9] Q. Liu，Z. Wang，Y. Lou，& Z. Suo，(2014).“Elastic leak of a seal”. *Extreme Mechanics Letters*，1，54－61.

[10] 左亮，肖绯雄．橡胶 Mooney－Rivlin 模型材料系数对轴向刚度影响分析．弹性体，2008，18（3）：54－56.

[11] 李丽锋，罗金恒，赵新伟，等．盐穴地下储气库风险评估技术与控制措施．油气储运，2010，29（9）：648－651.

[12] Tang Y.，Sun P.，Wang G.，et al. Analysis of pressure－bearing performance and optimization of structural parameters of the slip in a compression packer. Science Progress，2019，2019：1－19.

[13] Zhang F.，Shui H. and Zhang Y，Parameter optimization of sealing performance for packer rubber. Industrial Lubrication and Tribology，2019，71（5）：664－671.

[14] 窦益华，陈家元，曹银萍，等．高温高压井完井封隔器卡瓦力学分析及有限元数值模拟．石油矿场机械，2015，44（4）：51－54.

考虑固井质量定量表征的储气库注采井传热及抬升规律研究

李　磊[1]　闫家帅[1]　王进芝[2]　李　军[1]　武庭阳[1]
王庆宝[1]　李昊辰[1]　孙泽良[1]　卫俊杰[1]　崔永建[1]

（1. 中国石油华北石油管理局有限公司河北储气库分公司；2. 中国石油集团工程材料研究院有限公司）

摘　要　针对储气库注采井生产过程中井筒多级结构不均匀热变形及套管－水泥环胶结失效引起的井口抬升问题，提出一种新的、改进的研究方法。首先对于井筒结构径向剖面，基于多级传热理论，引入钢－水泥跨界传热中的界面热阻影响，获得油管－保护液－多级套管及固井水泥环－地层的多级传热规律；进一步针对井筒轴向剖面，基于套管－水泥顶出试验及测井资料，提出一种套管－固井水泥环胶结界面抗剪切强度折减的固井质量定量表征方法，考虑界面摩阻演化，求解井筒轴向热变形，并对井筒结构热变形差异导致的井口抬升进行预测。结果表明，本文提出的研究方法预测井口抬升与实际情况吻合度良好；表套胶结质量对井口抬升的影响非常关键，胶结质量对井口抬升的影响呈现三次多项式函数规律；表层套管下入深度较大时，井口抬升的发生对胶结质量的要求降低，一开井深存超过700m时不发生井口抬升。研究工作及结论可为储气库注采井热失效理论及控制提供参考，为油气井相关热问题研究提供借鉴。

关键词　井口抬升；固井质量；界面热阻；注采井；储气库

Investigation on Heat Transfer and Wellhead Uplift for Gas Storage Wells Considering Quantized Cementing Quality

LI Lei[1], YAN Jiashuai[1], WANG Jinzhi[2], LI Jun[1], WU Tingyang[1], WANG Qingbao[1],
LI Haochen[1], SUN Zeliang[1], WEI Junjie[1], CUI Yongjian[1]

(1. *Hebei Gas Storage Branch, North China Petroleum Administration Co., Ltd.*
2. *CNPC Tubular Goods Research Institute*)

Abstract: To address the issue of wellhead uplift caused by uneven thermal deformation of the multi－layers of the wellbore and the failure of the casing－cement ring bonding during the production of gas storage injection and production wells, a new and improved research method is proposed. First, for the radial profile of the wellbore structure, based on multi－layers heat transfer theory, the influence of interface thermal resistance in the steel－cement interfacial heat transfer is introduced, resulting in the multi－stage heat transfer laws of the tubing－protective fluid－multi－stage casing and the cement ring－formation. Furthermore, regarding the axial profile of the wellbore, based on casing－cement push－out tests and logging data, a method for the quantitative characterization of cementing quality is proposed, which considers the reduction in shear strength at the casing－cement bonding interface, accounts for the evolution of interface friction, solves for the axial thermal deformation of the wellbore, and predicts the wellhead uplift caused by differences in thermal deformation of the wellbore structure. The results indicate that the proposed research method predicts the wellhead uplift with good agreement to the actual situation; the quality of the surface casing cementing plays a crucial role in wellhead uplift, and the influence of cementing quality on wellhead uplift follows a cubic polynomial function pattern. When the depth of the outer casing is relatively deep, the occurrence of wellhead uplift requires a lower quality of bonding, and uplift does not occur when the well depth exceeds 700 meters. The research work and conclusions provide a reference for the thermal failure theory and control of gas storage injection and production wells and offer insights for related thermal issues in oil and gas wells.

Key words: wellhead uplift, cementing quality, interface resistance; production well; gas storage

储气库注采井井筒是保证天然气注入、采出的安全通道，注采井受力与变形事关储气库的运行效率与安全。注采井的受力与变形与多种因素有关，其中井筒温度变化引起的热变形进而井口抬升是注采井热失效的一种常见形式。

注采井的多级传热结构是一门复杂的交叉性科学，Ramey 等人率先开展井筒温度分布的相关研究，建立了随单相流体注入时间与深度变化的井筒温度分布计算模型；Hasan 等人在 1991—1994 年间，提出了不同于 Ramey 经典理论的井筒温度计算模型。国内张允真等采用有限元方法研究了井筒内部温度分布情况，提出了不稳定温度场的计算方法；郑友志等通过研究超深井钻井时温度分布情况，分析钻井工况的特点，建立了瞬态温度压力计算模型。王照亮等分析了油管接箍对井筒传热的影响，采用有限元计算方法并修正地层热阻计算方法，建立了更加精确的井筒温度分布计算模型。刘明君对各种稠油热采井温度分布进行研究，分析了不同因素对温度分布的影响，并进一步研究得到了井筒温度计算模型。张琦在不考虑摩擦阻力的影响下，分析温度变化特征，建立井筒温度压力预测模型。此外，多位学者对储气库井筒由热变形引起的完整性失效问题及风险评价展开了研究，完善了储气库注采井井筒完整性失效致因理论。

多位学者聚焦于井筒温度分布进行研究，为本文研究提供了大量经验，但仍存在有待进一步研究之处。少有学者将水泥环本体与套管、与岩层壁面胶结的完整性与井筒温度场内容相结合，其中胶结面的界面传热特点及固井质量的考虑仍有欠缺。

1　井筒多级传热理论

1.1　井筒结构及传热理论

对于典型储气库注采井，如图 1（a）所示，油管 - 保护液 - 多级套管及固井水泥环 - 地层的井筒结构具有多级传热特点，由于油套管、环空保护液、水泥环及地层的热力学参数差异，井筒径向温度剖面呈现非线性，此外各级固井质量差异甚至水泥环的缺失让温度剖面变得更加复杂。

以简化的套管 - 水泥环 - 地层结构而言，传热规律可用多级圆筒壁稳态导热理论解释，如图 1（b）所示。

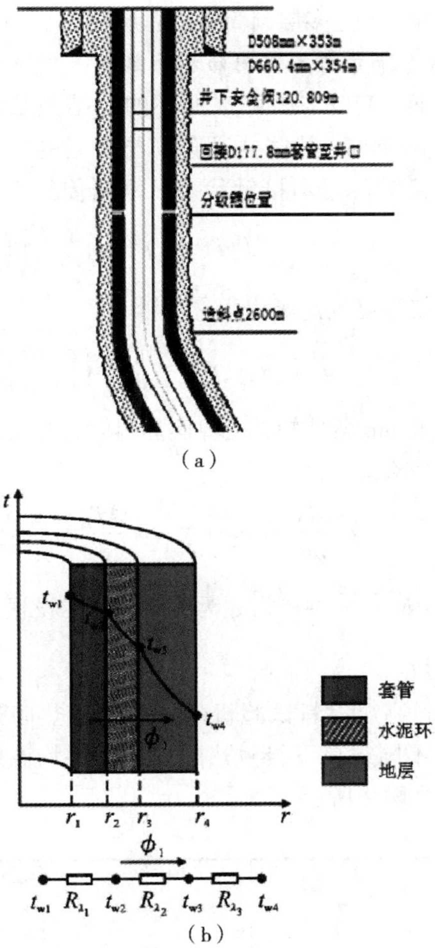

图 1　井筒结构及多级圆筒壁稳态导热示意图

将各级套管、水泥环及地层导热率分别视为 λ_1、λ_2 和 λ_3，内、外壁面维持均匀恒定的温度 t_{w1}、t_{w2}、t_{w3} 及 t_{w4}。由于通过各层圆筒壁的热流量相等，且总导热热阻等于各层导热热阻之和。因此，单位长度圆筒的导热热流量为

$$\varphi_1 = \frac{t_{w1} - t_{w4}}{R_{\lambda_1} + R_{\lambda_2} + R_{\lambda_3}} = \frac{t_{w1} - t_{w4}}{\frac{1}{2\pi\lambda_1}\ln\frac{r_2}{r_1} + \frac{1}{2\pi\lambda_2}\ln\frac{r_3}{r_2} + \frac{1}{2\pi\lambda_3}\ln\frac{r_4}{r_3}} \tag{1}$$

式中：φ_1 为单位长度圆筒的导热热流量，W；$R_{\lambda i}$ 为多层圆筒壁中第 i 层圆筒壁的导热热阻，℃/

W；r_i为第 i 层圆筒壁的半径，m；λ_i代表多层圆筒壁中第 i 层圆筒的导热率，W/（m·℃）；t_{wi}为多层圆筒壁中第 i 层圆筒内外壁面的温度，℃。

以此类推，对于多层不同材料组成多层圆筒壁的稳态导热，单位长度圆筒的导热热流量为

$$\varphi_1 = \frac{t_{w1} - t_{w(n+1)}}{\sum_{i=1}^{n} R_{\lambda_i}} = \frac{t_{w1} - t_{w(n+1)}}{\sum_{i=1}^{n} 0.5\pi\lambda_i \ln(r_{i+1}/r_i)} \quad (2)$$

式中：n 是多层圆筒壁的总层数。

1.2　套管与固井水泥间的界面热阻

然而，套管与固井水泥环的胶结质量沿井深呈现差异分布，某些井段套管与水泥的胶结存在不完全接触甚至不接触状态。根据传热理论，两个物体交界面的不完全接触会引起接触热阻，即界面热阻。由第三类边界条件即 Robin 条件知，在交界面由于接触热阻的存在，界面两侧热流是连续的，但却存在明显的温度跃变。

接触热阻的定义为：

$$R = \frac{\Delta T_i}{q} \quad (3)$$

采用有限元法分析温度场时，在交界面处引入了接触热阻单元，通过接触单元中 $\hat{k}$ 和 $\hat{\alpha}$ 的改变，将接触热阻引入，$\hat{k}$ 和 $\hat{\alpha}$ 分别为接触单元结线上的热传导系数和边界面上的换热系数。

稳态温度场接触单元的泛函为：

$$J[T(x,y)] = \iint_D \frac{2}{-}\left[\left(\frac{\partial T}{\partial x}\right)^2 + \left(\frac{\partial T}{\partial y}\right)^2\right]dxdy + \oint_\Gamma \alpha\left(\frac{1}{2}T^2 - T_f T\right)ds \quad (4)$$

瞬态温度场泛函为：

$$J[T(x,y,t)] = \iint_D \frac{2}{-}\left\{\left[\left(\frac{\partial T}{\partial x}\right)^2 + \left(\frac{\partial T}{\partial y}\right)^2\right] + \rho c_p \frac{\partial T}{\partial t}T\right\}dxdy + \oint_\Gamma \alpha\left(\frac{1}{2}T^2 - T_f T\right)ds \quad (5)$$

由 Robin 条件知，交界面热阻时，热流连续而温度不连续。

$$k_1 \frac{\partial T_1}{\partial n} = k_2 \frac{\partial T_2}{\partial n} = \hat{k}\frac{\Delta T_k}{\xi} \quad (6)$$

得：$R = \frac{\xi}{\hat{k}} + \frac{2}{\hat{a}}$，$\xi$ 为与热阻单元设置长度相关的系数。

通过高温材料试验机的高温接触热阻试验装置测定不同载荷下接触热阻随界面平均温度的变化情况如图 2 所示

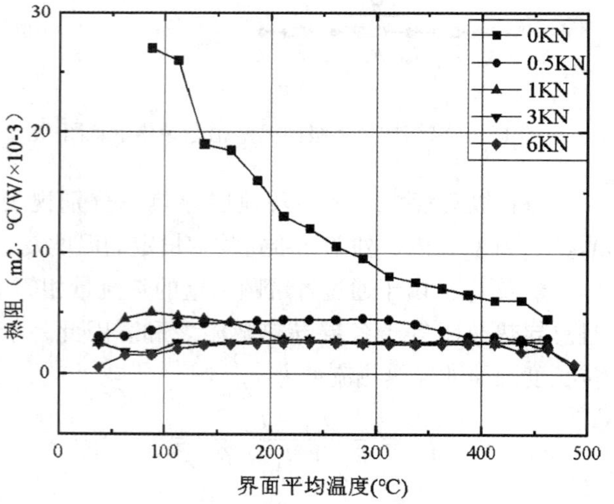

图 2　不同载荷下试件接触热阻随界面平均温度的变化情况

储气库井筒各级结构径向受到井内压力、地应力等载荷的综合作用，套管与水泥环界面始终处于受荷状态。界面热阻值在工程上一般区平均值，建议取值为 0.0028m^2·℃/W，期望 μ = 0.002783，标准差 $\sigma = 8.3826 \times 10^{-4}$。

2　固井质量定量表征方法

在井筒结构的轴向剖面上，各级井筒结构的热变形突破界面约束则会引起井口抬升问题，而界面约束由固井承担，固井界面约束为胶结与摩阻的共同作用。因此，固井质量对井口抬升的影响至关重要。水泥环对套管的界面轴向胶结作用体现在胶结的临界剪切强度，临界剪切强度通常由顶出试验测得。

2.1　套管－水泥顶出试验

实际上，套管与水泥环的界面抗剪切强度受多种因素影响，如温度、是否受液体浸泡及浸泡时间、有效胶结面积比值等，多位学者在此方面也进行了不少的试验研究，本文重点关注室温及浸泡状态下对界面抗剪切强度的影响。套管－水泥的顶出试验原理如图 3（a）所示，制备试验样品如图 3（b）所示。

试验结果如图 4 所示，可见浸泡可大幅降低界面胶结强度，浸泡状态下界面抗剪切强度为干燥状态下的 30% 左右。

在数值模型中，为对应固井测井数据，根据固井质量对应有效胶结面积比值（胶结失效面积占总界面面积比值，R_A），根据 R_A 等比例折减试验所测抗剪切强度，即实用抗剪切强度 $S_u = S_t$·

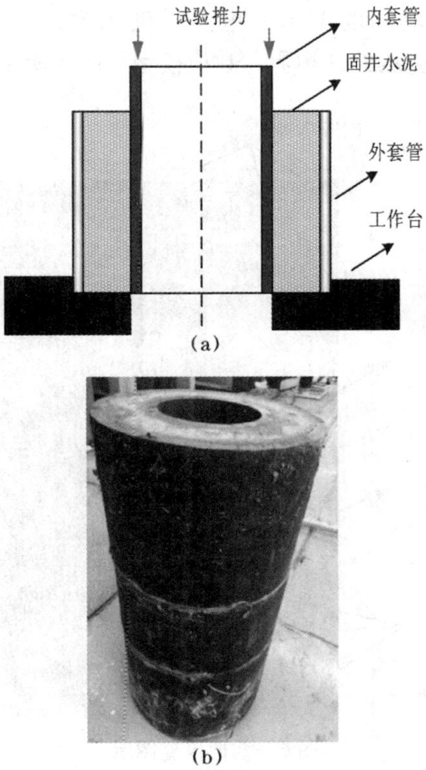

图 3　顶出试验原理及试样

R_A；此外当环空存在带压情况时，假设此时套管与水泥环界面受到液体浸泡，参考试验数据，抗剪切强度折减 50%，即 $S_u = 0.3S_t \cdot R_A$。

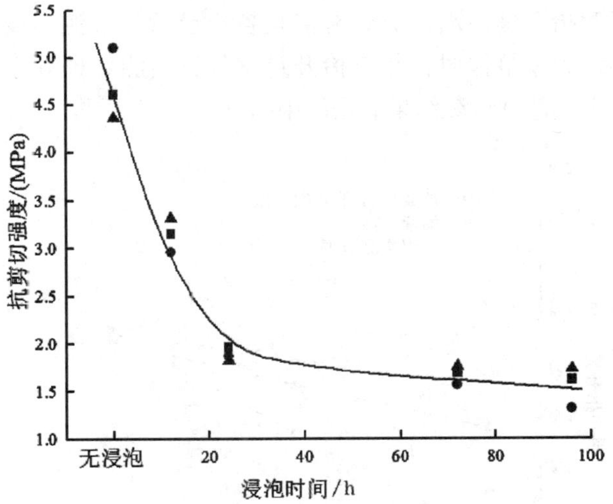

图 4　浸泡下界面抗剪切强度试验结果

2.2　固井质量的定量表征方法

固井质量的检查主要是水泥环胶结质量的检查，即检查套管与水泥环（第一界面）、水泥环与地层（第二界面）的胶结情况。目前国内的固井质量的测井评价方法一般有声幅测井（CBL）、变密度测井仪（VDL）、超声脉冲反射法测井等多种，其中声波测井中的声幅变密度测井（CBL/VDL）应用最为广泛，此处以该方法为例解释用于本文数值求解研究中的固井质量的定量表征方法。

声幅变密度测井得到的两个参数分别是声幅和经灰度处理后的声波变密度，根据相对幅度进行固井质量评价，相对幅度 A_r 即为

$$A_r = A/A_0 * 100$$

式中 A 为目的层段的套管波首波幅度值，MV；A_0 为自由套管段套管首波幅度值，MV。

固井质量的测井评价结果如图 5 所示。基于固井质量的测井评价结果与室内试验测得套管水泥环界面抗剪切强度进行对应折减，以实现测井资料与数值模型的关联，对应示例见表 1 所示。

表 1　与测井资料对应的抗剪切强度折减方案

测井固井质量评价 A_r		有效胶结面积比值 R_A
胶结良好	<20%	0.8～1.0
胶结中等	20%～30%	0.7～0.8
胶结差	>30%	0～0.7

此外，水泥环与套管的胶结面一旦破坏，二者在综合作用下的接触力将产生摩擦阻力，在胶结面不发生相对滑移时为静态摩阻作用，发生滑移后摩擦力下降，为动态摩阻作用。因此，考虑界面的摩阻指数演化，如公式（7）所示。

$$\mu = \mu_k + (\mu_s - \mu_k)e^{-d_c \gamma_{eq}} \tag{7}$$

式中 μ 为计算采用摩擦系数，μ_k 为动摩擦系数，μ_s 为静摩擦系数，d_c 为衰减系数，γ_{eq} 为衰减速度。

3　数值模型及求解

3.1　数值模型及边界条件

数值模型数据基于实井参数，垂向长度为表层套管下入深度 353.01m，见表 2 所示；材料物性参数见表 3。

表 2　数值模型尺寸参数

尺寸/管柱	油管	生产套管	技术套管	表层套管
外径/mm	114.30	177.80	273.10	508.00
壁厚/mm	6.88	12.65	11.43	12.70

油套间为环空保护液，为避免边界效应的过度影响，地层尺寸设定为井眼尺寸的 10 倍（厚度 3.3m）；井口环境温度 15℃，地温梯度 1.5℃/（100m）；油管内气体温度梯度来自理论求解结果，采用值 2.74℃/（100m）；模型中深度方向为垂

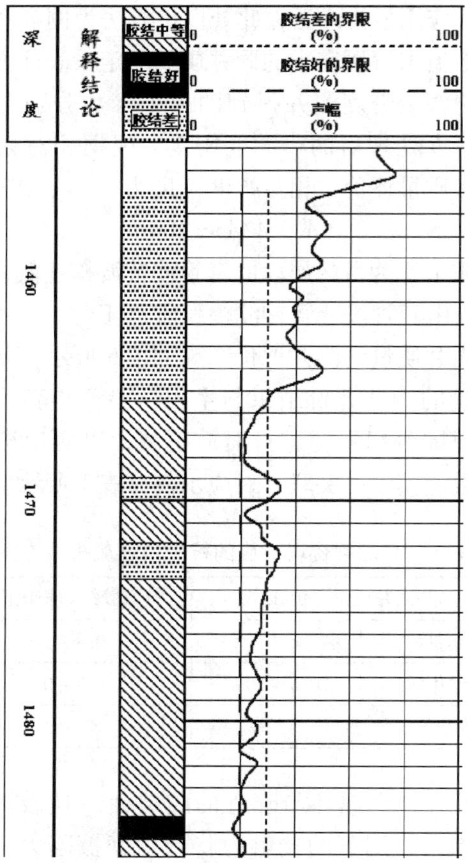

图5　声波变密度测井固井质量评价结果示例

向，模型底部为深度零边界。

表3　材料物性参数

材料	密度	导热系数	线膨胀系数	弹性模量	泊松比
管柱	7.85	43.27	1.2	210	0.3
水泥环	1.9	0.81	0.5	2.1	0.15
环空保护液	1.05	0.62	0	1.0	0.49
地层	2.5	0.6	0.1	1.2	0.2

注：密度单位 g/cm^3 导热系数单位 W/（m·℃）线膨胀系数单位 $10^{-5}℃^{-1}$ 弹性模量单位 GPa。

假设条件：

①表套深度范围内井眼轨迹垂直，模型轴向垂直；

②所用部件均为均质材料；

③油套的相互锚定由井深 4653m 左右的永久封隔器作用，因此在本算例的井深范围内，油套垂向变形不相关。

套管与水泥环界面设置一层热阻单元以体现界面热阻效应；模型底部边界无垂向位移，径向自由；地层外部边界位移自由度为零，体现无穷边界对模型的约束作用，地层外侧温度边界为地温，上端温度 15℃，地温梯度 1.5℃/（100m），其他边界为绝热边界，数值模型如图 6 所示。

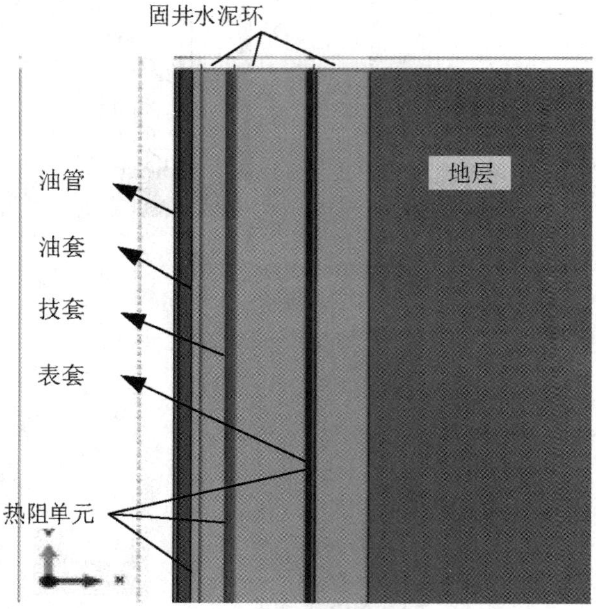

图6　数值模型图示

3.2　求解结果分析

3.2.1　井筒传热特性及摩阻影响

图 7 可见，在表套胶结失效的假设条件下（模型 353m，各级水泥环回返至井口），井口抬升量随井口温度的升高而增高，油套相互自由时油管抬升量最高；油套卡接且各级套管、水泥环胶结为一整体时，井口抬升量偏低，实测数据处于上述两种情况结果数据的中间。

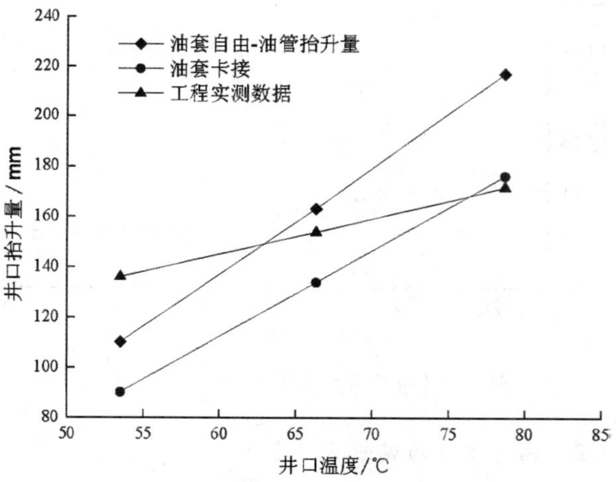

图7　井口抬升量随井口温度变化规律（表套胶结失效）

图 8 为井口位置地层及井筒剖面径向温度分布，初始温度为井口温度，终点温度为环境温度；温度沿井筒至地层逐渐下降，各级套管、水泥环

由于传热系数的不同温度下降速率不同；另一方面，界面热阻的引入会影响热量的传递，根据图8所示，在各层套管与水泥环界面引入界面热阻后温度在界面传递时会出现0.5～1.5℃的下降，热传递径向间距缩短200～600mm，即径向方向会更快降低至地层环境温度。结果可见，界面热阻会影响套管及水泥环温度场，在胶结失效情况下应当考虑界面热阻影响。

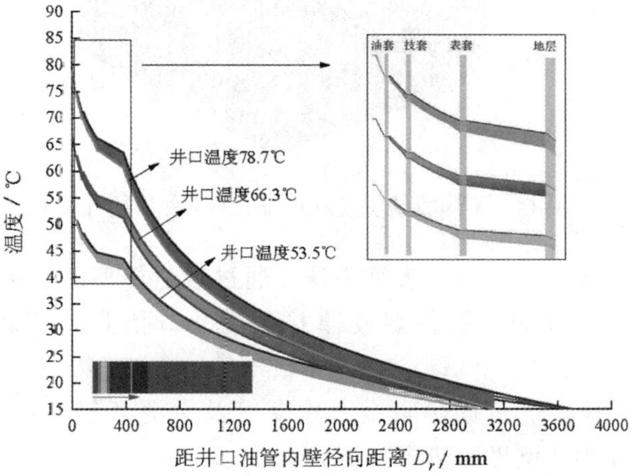

图8　井口位置地层及井筒剖面径向温度分布
（填充色为界面热阻引起的温度下降）

套管－水泥环界面剪切应力克服胶结抗剪切强度后，摩擦阻力影响二者的相对滑动。考虑界面的摩阻指数演化，动摩擦系数$f=0.1$时各井深井口提升量一致，由抬升滑移量随井深的分布发现，在$f=0.1$的情况下仅有距井口51.3m的井段有滑移量，如图9所示；此处将界面克服摩擦阻力并开始滑移时的井深（距井口距离）称作临界滑动井深，可见摩擦系数一定时，不同井深模型临界滑移井深一致。

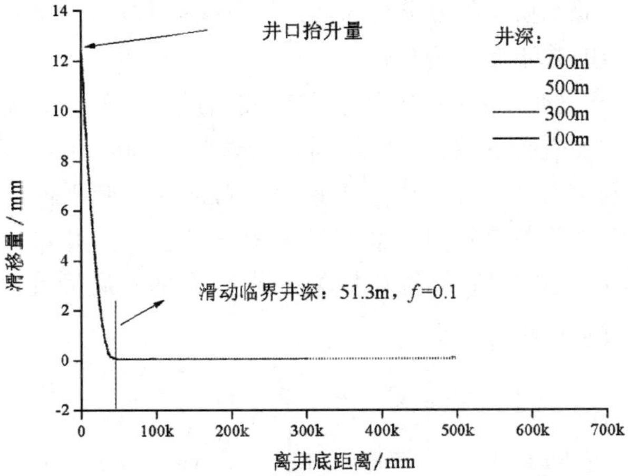

图9　$f=0.1$时不同井深的表套外表面滑移量曲线

临界滑动井深与摩擦系数f相关，计算f不同时的表套滑移量及井口抬升量如图10。可见摩擦系数对套管滑移抬升影响较大，井下部热应力小于静摩擦剪切应力的井段不发生抬升，上部井段表套外表面剪切力克服静摩擦力后发生滑移抬升。

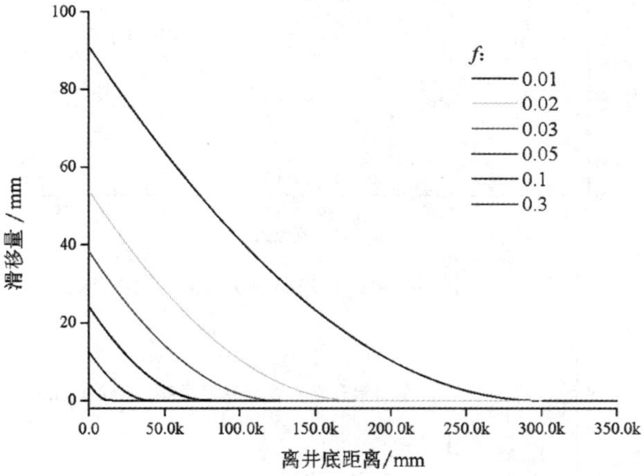

图10　f不同时的表套临界滑移井深

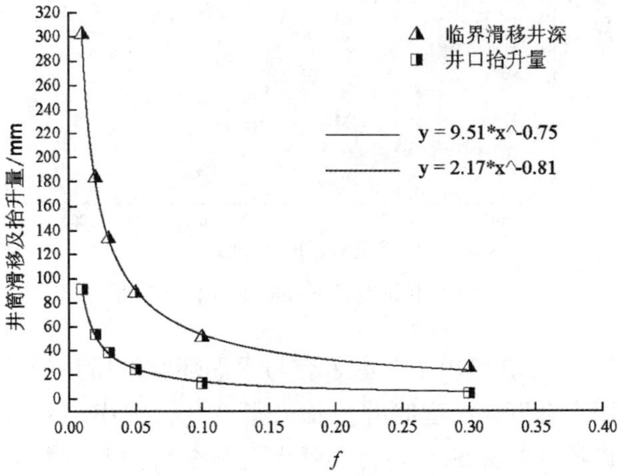

图11　井口抬升量和临界滑移井深与
摩擦系数的变化规律

由图11可知，摩擦系数f与井口抬升量及临界滑移井深均呈指数函数形式变化，当$f<0.05$并减小时井口抬升量及临界滑移井深数值呈快速上升趋势。

3.2.2　固井质量定量表征的影响

理论可知，表套不发生失效时井口不发生抬升，因此，除摩擦力外，井口抬升与表套胶结质量相关性最大。

采用300m井深并针对不同胶结质量进行求解，由图12可见，胶结质量对井口抬升的影响非常关键，在文中假设条件下，胶结质量对井口抬升的影响呈现三次多项式的函数规律；且对于

300m 井深模型，胶结质量为中等（$R_A>0.7$）以上时井口不会发生抬升，反之则会发生抬升。

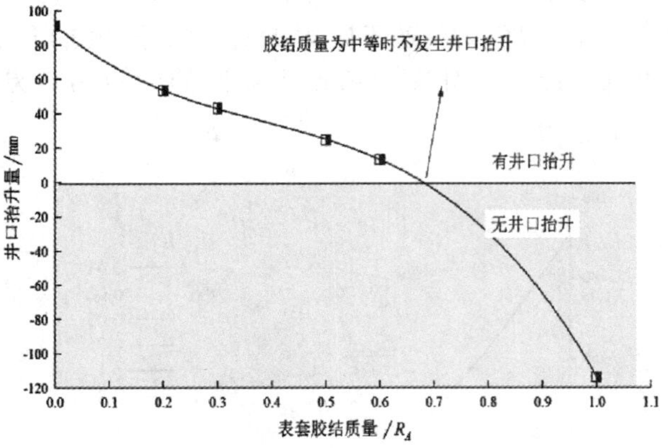

图 12　不同胶结质量下井口抬升量，井深 300m

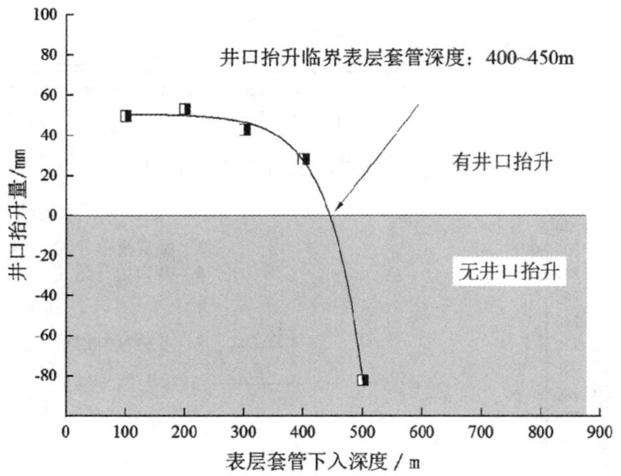

图 13　不同表套下深时下井口抬升量

图 13 给出了考虑表套与水泥环胶结质量的不同表套下入深度时井口抬升量变化，图中“有井口抬升”区域为表套克服水泥与套管的胶结抗剪切强度、摩阻力后发生井口抬升现象，在此处的假设条件下，井口抬升临界表套下入深度为 400 ~ 450m，表套下入深度超过该值时不会发生井口抬升现象。

扩展模拟算例，得到井深 - 胶结质量与井口抬升量的关系数据并绘制井深 - 胶结质量 - 井口抬升量的三维图，如图 14 所示。

图 14 可以综合显示井口抬升量受胶结质量及井深的影响规律，同图 12 和图 13 数据规律一致。

4　结论

本文引入钢 - 水泥跨界传热中的界面热阻影响，基于套管 - 水泥顶出试验及测井资料，提出一种套管 - 固井水泥环胶结界面抗剪切强度折减

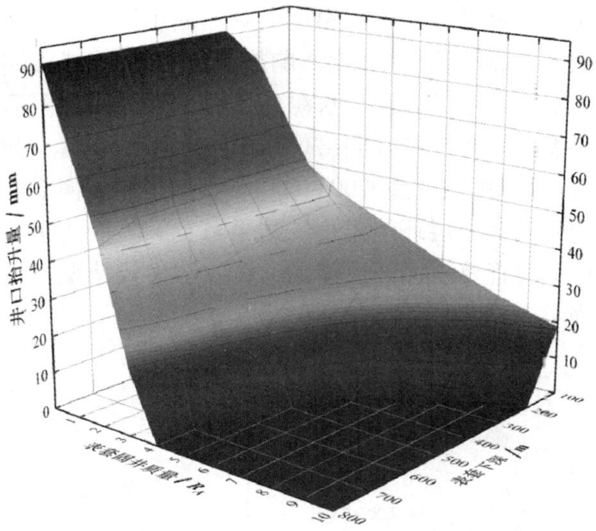

图 14　不同胶结质量及井深下的下井口抬升量

的固井质量定量表征方法，通过数值模型的求解获得井筒多级传热规律并预测井口抬升，结论如下：

（1）界面热阻会影响套管及水泥环温度场，文中算例界面热阻降温幅值为 0.5 ~ 1.5℃，在胶结失效情况下应当考虑界面热阻影响。

（2）表套胶结失效且不考虑表套 - 水泥环界面摩擦时，井口抬升量随井深的增加而增长，但井深超过 700 后井口抬升量不再增加；而考虑界面摩擦时，套管 - 水泥环界面滑动存在临界滑动井深；摩擦系数 f 一定时，临界滑动井深一定，f 越小，临界滑动井深越大。

（3）表套胶结质量对井口抬升的影响非常关键，在文中假设条件下，胶结质量对井口抬升的影响呈现三次多项式的函数规律；对于 300m 井深模型，胶结质量为中等以上时井口不会发生抬升，反之则会发生抬升；超过 300m 下深时，井口抬升对胶结质量的要求会降低，如 800m 时胶结质量较差时就不发生抬升。

（4）总之，①如能保证胶结质量良好，无需增加表套下深；②胶结质量较差时，700m 下深不发生抬升；胶结质量更差时，需加深表套下深才会消除井口抬升；③胶结失效时，会发生井口抬升，但超过临界滑动井深（最大 700m）后最大抬升量稳定。

参　考　文　献

[1] Ramy H J, JR. Wellbore Heat Transmission [J]. Journal of Petroleum Technology, 1962, 14 (04): 427 - 435. Flow (includes associated papers 30226 and 30970)

[J]. SPE Production and Facilities, 1994. 77 – 82.
[2] Holst P H, Flock D L. Wellbore Behaviour During Saturated Steam Injection [J]. 1966, 5 (04): 184 – 193.
[3] Hasan A R, Kabir C S. Heat Transfer During Two – Phase Flow in Wellbores; Part I – Formation Temperature [C]. the 66th Annual Technical Conference and Exhibition of theSociety of Petroleum Engineers, Dallas, USA, 1991.
[4] 郑友志，辜涛，舒刚，等．高温定向井井筒瞬态温度计算模型及其应用 [J]. 天然气工业，2021，41 (03)：119 – 126.
[5] 王照亮，王杏花，梁金国．注汽井井筒温度分布的模拟计算 [J]. 石油大学学报：自然科学版，2003，27 (1)：4.
[6] 刘明君．稠油油藏机采井井筒温度场分布研究 [D]. 大庆石油学院，2008.
[7] Zhang N, Ma L, Wang M, et al. Comprehensive risk evaluation of underground energy storage caverns in bedded rock salt [J]. Journal of Loss Prevention in the Process Industries, 2017, 45: 264 – 76.
[8] 任垒，杜远宗，陈元强，等．地下储气库封堵井起压原因分析及处置对策 [J]. 天然气技术与经济，2019，13 (01)：39 – 42 + 82.
[9] 闫怡飞，张胜跃，闫相祯．储气库注采井失效模式与风险评估技术 [J]. 石油管材与仪器，2019，5 (02)：8 – 12 + 25.
[10] 郑雅丽，邱小松，赖欣，等．气藏型地下储气库地质体注采运行风险分级与管控 [J]. 天然气工业，2022，42 (03)：114 – 9.
[11] 李力民，姚泳汐，蒋华全，等．浅析相国寺储气库地质风险及管控措施 [J]. 石油管材与仪器，2019，5 (02)：54 – 8.
[12] 齐金平，周亚辉，李少雄，等．基于超椭球贝叶斯网络的制动系统可靠性研究 [J]. 重庆交通大学学报（自然科学版），2021，40 (12)：124 – 9.
[13] 蒲宏斌，汪鑫，焦建．金坛储气库井筒风险因素识别及结构重要度分析 [J]. 油气储运，2022，41 (09)：1014 – 20.
[14] 双妙．高温下钢管混凝土接触热阻研究 [D]，北方工业大学，2011.
[15] 张宏涛，徐冰，白玉星，等．钢混凝土界面接触热阻试验研究．土木建筑与环境工程，2015，37 (2)：34 – 37.
[16] 吕学涛，杨华，张素梅．接触热阻对火灾下组合结构构件截面温度场的影响分析．自然灾害学报，2011，20 (5)：111 – 118.
[17] 韩林海．钢管混凝土结构 – 理论与实践 [M]. 2 版．北京：科学出版社，2007.
[18] Ferreira M V D, Hafemann T E, Barbosa Jr J R, et al. A Numerical Study on the Thermal Behavior of Wellbores [J]. SPE Production & Operations, 2017, 31 (4): 564 – 574.
[19] Zhao X, Guan Z, Xu M, Shi Y, Liao H, Sun J (2015) The Influence of Casing – Sand Adhesion on Cementing Bond Strength. PLoS ONE 10 (6): e0130892.
[20] J. F. Berthet, I. Yurtdas, Y. Delmas, A. Li. Evaluation of the adhesion resistance between steel and concrete by push out test. International Journal of Adhesion & Adhesives, 2011, 31: 75 – 83.

小接箍特殊螺纹套管接头 CAL Ⅳ评价试验研究

潘志勇　王建军　申昭熙　杨思齐　朱丽霞

（中国石油集团工程材料研究院有限公司，油气钻采输送装备全国重点实验室）

摘　要　油套管特殊螺纹接头采用试验评价的方法验证产品设计的适用性和可靠性。目前 ISO13679－2002 和 API RP 5C5－2017 国际评价标准被油田和生产厂家广泛接受。根据小接箍特殊螺纹套管接头特点参考 ISO13679－2002 试验标准，对套管螺纹接头进行了密封完整性和结构完整性Ⅳ级试验研究，结果显示套管螺纹接头能够承受载荷和温度要求，产品性能满足设计要求。

关键词　小接箍；特殊螺纹接头；套管；评价；试验研究

Experimental Research on CAL Ⅳ Evaluation of Premium Connection With Narrow Coupling

PAN Zhiyong, WANG Jianjun, SHEN Zhaoxi, YANG Siqi, ZHU Lixia

(State Key Laboratory of Oil and Gas Equipment, CNPC Tubular Goods Research Institute)

Abstract: The applicability and reliability of product are verified by test evaluation method for tubing and casing premium connection. ISO13679－2002 and API RP 5C5－2017 international standards are widely accepted by oilfields and manufacturers at present. The four grade sealing integrity and structural integrity of the casing premium connection with narrow coupling are studied according to ISO13679－2002 test standard. The results show that the casing premium connection can withstand load and temperature requirements, and product performance meets design requirements.

Key words: narrow coupling; premium connection; casing; evaluation; experimental research

1　引言

近年来，随着高温高压气井的增多，管柱螺纹接头发生泄漏导致密封失效的事件增多，国内外的高温高压气井环空带压呈普遍现象，螺纹接头的密封能力亟待提高。根据统计，螺纹是油套管失效的主要部位，国外油套管失效事故中螺纹部位失效占比为 60% 左右，而国内接近 80%，所以，油套管螺纹接头的安全可靠是保证油气井安全的关键。对于石油管材螺纹接头一直是石油工作者研究的重点和热点，而螺纹接头适用的评价检验方法是保证油套管经济可靠服役的关键。

由于螺纹参数多且都存在加工公差，内外螺纹上扣连接后更增加了受力的复杂性，理论分析难以准确得出螺纹接头的极限承载能力，而通过试验评价的方法可以验证产品设计的可靠性。1980 年以前的实验程序以单纯静态载荷作为评判螺纹接头性能的标准，1990 年以后改为用动态循环复合载荷评判特殊螺纹接头的性能。目前被广泛接受的国际评价标准为 ISO 13679—2002 和 API RP 5C5－2017。

ISO 13679—2002 标准采用 8 根试样，A 系试验和 B 系试验条件均为室温，未考虑高温弯曲和挤毁，试验载荷基于 95% VME 管体屈服强度包络线。API RP 5C5－2017 采用 5 根试样，A 系试验和 B 系试验条件均包含高温，载荷计算复杂，涉及室温 80% VME、90% VME、95% VME，另外涉及高温 90% VME，试验更复杂，周期更长。为保证抗拉安全系数要求，很多深井底部采用悬挂生产尾管的工艺，为保证油管和生产尾管环空间隙的要求，生产尾管采用外径较小的小接箍连接。生产尾管管体较厚，高温弯曲和挤毁不是考虑的重点，故本文参考 ISO 13679—2002 试验标准，对小接箍特殊螺纹套管接头进行了密封完整性和结构完整性Ⅳ级试验研究。

2 试验包络线 VME 计算

根据套管技术协议，套管螺纹接头名义屈服强度为 3368kN，套管最小管体屈服强度为 4675kN，则套管螺纹接头轴向拉伸或压缩效率值为 3368/4675 = 72%；套管螺纹接头最小内屈服压力为 114.9MPa，根据套管名义外径和名义壁厚计算套管管体名义抗内压屈服强度为 137MPa，则套管接头抗内压屈服效率值为 114.9/137 = 83.9%。接头连接效率取以上两个效率值的较小者为 72%，参照 ISO 13679 标准中加载点包络线 VME 取 95% 的推荐值，计算小接箍套管螺纹接头试验包络线 VME 值为 72% ×95% = 68.4%，圆整后试验包络线 VME 采用 68%，实际加载点载荷依据实测的材料机械性能数据进行计算确定。

3 试验程序

ISO 13679 试验标准规定，套管接头级别Ⅳ适用工况最苛刻的用途，主要适用于气井生产和注采用的套管。其试验程序是使接头承受各种循环载荷，包括内压、外压，拉伸、压缩与弯曲作用。另外，使接头经受 180℃ 高温和气体内压下的热/压力—拉伸循环。在压力—轴向力图的四个象限里都要进行极限载荷试验。根据 ISO 13679 试验标准，小接箍特殊螺纹套管接头Ⅳ级试验内容及条件见表 1。

表 1　套管接头Ⅳ级试验内容及条件

试验级别	A 系试验（四个象限循环载荷）	B 系试验（两个象限循环载荷）	C 系热循环试验（热/内压—拉伸循环）	烘干和热循环温度	压力介质
Ⅳ级 8 个试样	室温	室温下弯曲	5 次室温下载荷循环 5 次内压/拉伸下热循环 5 次高温下载荷循环 5 次内压/拉伸下热循环 5 次室温下载荷循环	180℃	内压为气体 外压为水
	试样 2#、4#、5#、7#	试样 1#、3#、6#、8#	试样 1#、2#、3#、4#		

根据套管接头Ⅳ级试验内容，制定试验流程见表 2，其中螺纹表面处理在生产厂家进行，每根套管试样的试验从试样编号列上端到下端依次进行。

表 2　套管接头Ⅳ级试验流程

1#	2#	3#	4#	5#	6#	7#	8#
试样准备	试样准备	试样准备	试样准备	试样准备	试样准备	试样准备	试样准备
螺纹参数测量	螺纹参数测量	螺纹参数测量	螺纹参数测量	螺纹参数测量	螺纹参数测量	螺纹参数测量	螺纹参数测量
螺纹表面处理	螺纹表面处理	螺纹表面处理	螺纹表面处理	螺纹表面处理	螺纹表面处理	螺纹表面处理	螺纹表面处理
A 端外螺纹台肩刻槽	A 端外螺纹台肩刻槽	A 端外螺纹台肩刻槽	A 端外螺纹台肩刻槽	—	—	—	—
A 端上扣	A 端上扣	A 端上扣	A 端上扣	A 端上扣	A 端上扣	A 端上扣	A 端上扣
—	B 端循环上/卸扣	B 端循环上/卸扣	—	B 端循环上/卸扣	B 端循环上/卸扣	—	—
—	—	—	B 端抗粘扣上/卸扣	—	—	B 端抗粘扣上/卸扣	B 端抗粘扣上/卸扣
B 端最终上扣	B 端最终上扣	B 端最终上扣	B 端最终上扣	B 端最终上扣	B 端最终上扣	B 端最终上扣	B 端最终上扣
烘干	烘干	烘干	烘干	烘干	烘干	烘干	烘干

续表

1#	2#	3#	4#	5#	6#	7#	8#
—	A 系试验	—	A 系试验	A 系试验	—	A 系试验	—
B 系试验	—	B 系试验	—	—	B 系试验	—	B 系试验
C 系试验	C 系试验	C 系试验	C 系试验	—	—	—	—
高内压 + 拉伸至失效试验	压缩 + 外压至失效试验	拉伸至失效试验	外压 + 压缩至失效试验	拉伸 + 内压至失效试验	内压 + 压缩至失效试验	外压挤毁试验	低内压 + 拉伸至失效试验

4　试样选用

套管螺纹接头设计参数有尺寸公差、力学性能、表面处理、上扣扭矩和螺纹脂的类型与数量等，不同的参数匹配对螺纹接头的密封性能和连接性能产生较大的影响。为保证相应参数在极限之内的产品其性能达到或超过试验试样，对试验试样设计参数取极限值的情况下进行试验，试验套管接头配对原则见表3。根据内外螺纹密封面直径偏差、内外螺纹中径偏差、内外螺纹锥度确定试样配对结果见表4。

表3　套管接头配对原则

试样编号	上扣条件	螺纹过盈量	密封过盈量	外螺纹锥度	内螺纹锥度	最终上/卸扣扭矩
1#	最小密封过盈量	高	低	缓	陡	最小
2#	最大台肩扭矩	低	低	缓	陡	最大
3#	最大机紧	高	高	正常	正常	最大
4#	最大密封过盈量	低	高	陡	缓	最大
5#	最小密封过盈量	高	低	缓	陡	最小
6#	最小密封过盈量	高	低	缓	陡	最大
7#	最大密封过盈量	低	高	陡	缓	最小
8#	最大密封过盈量	低	高	陡	缓	最小

表4　套管试样参数

试样编号	密封面直径偏差/mm		中径偏差/mm		锥度/mm/25.4mm	
	最大	最小	最大	最小		
1#	管体 A	-0.02	-0.03	0.05	0.03	1.55
	管体 B	-0.03	-0.04	0.05	0.03	1.55
	接箍 A	0.04	0.01	-0.02	-0.04	1.61
	接箍 B	0.03	0.02	-0.03	-0.05	1.61
2#	管体 A	-0.03	-0.04	-0.02	-0.03	1.54
	管体 B	-0.02	-0.04	-0.02	-0.03	1.54
	接箍 A	0.04	0.01	0.04	0.02	1.61
	接箍 B	0.03	0.02	0.03	0.02	1.61
3#	管体 A	0.03	0.02	0.04	0.03	1.57
	管体 B	0.04	0.02	0.04	0.03	1.58
	接箍 A	-0.03	-0.06	-0.01	-0.04	1.58
	接箍 B	-0.03	-0.06	-0.03	-0.05	1.58
4#	管体 A	0.03	0.02	-0.03	-0.04	1.61
	管体 B	0.03	0.02	-0.03	-0.04	1.61
	接箍 A	-0.03	-0.06	0.04	0.01	1.55
	接箍 B	-0.04	-0.06	0.05	0.03	1.54

续表

试样编号	密封面直径偏差（mm）		中径偏差（mm）		锥度（mm/25.4mm）	
	最大	最小	最大	最小		
5#	管体 A	-0.03	-0.04	0.04	0.03	1.55
	管体 B	-0.03	-0.04	0.05	0.04	1.54
	接箍 A	0.04	0.02	-0.02	-0.03	1.61
	接箍 B	0.06	0.03	-0.01	-0.05	1.62
6#	管体 A	-0.03	-0.04	0.05	0.03	1.55
	管体 B	-0.03	-0.04	0.05	0.04	1.55
	接箍 A	0.04	0.02	-0.02	-0.03	1.61
	接箍 B	0.05	0.03	-0.02	-0.05	1.61
7#	管体 A	0.04	0.03	-0.02	-0.03	1.61
	管体 B	0.04	0.02	-0.02	-0.03	1.61
	接箍 A	-0.03	-0.06	0.06	0.03	1.54
	接箍 B	-0.03	-0.05	0.06	0.04	1.55
8#	管体 A	0.03	0.02	-0.03	-0.05	1.61
	管体 B	0.04	0.03	-0.02	-0.03	1.62
	接箍 A	-0.03	-0.06	0.04	0.02	1.55
	接箍 B	-0.03	-0.07	0.06	0.01	1.54

5 实物试验

5.1 上/卸扣试验

在 1#～4#试样管体 A 端扭矩台肩上进行刻槽，目的是模拟接头在现场运输过程中的可能损伤，消除台肩的密封作用，有利于验证螺纹密封部位的密封性能。对 1#～8#试样在扭矩试验系统上进行上/卸扣试验，A 端上扣采用最大螺纹脂量上扣，B 端抗粘扣上/卸扣和抗粘扣循环上/卸扣均采用最小螺纹脂量上扣，B 端最终上扣采用最大螺纹脂量上扣，每次上扣测量螺纹脂用量并记录。上/卸扣时，试样垂直于地面，背钳夹持接箍，动力大钳带动管体。试样上/卸扣试验过程中均未发生粘扣现象。

5.2 A 系试验

对 2#、4#、5#、7#试样进行室温下的轴向载荷和内外压循环试验，试验加载载荷及路径如图 1。载荷及管体 VME 应力计算时采用的强度值和尺寸值为：材料屈服强度选用室温条件下实测管体和接箍材料屈服强度的较小值、管体外径选用名义外径，壁厚选用 95% 管体名义壁厚与实测管体最小壁厚的较小值。内压介质采用干燥氮气，外压介质采用洁净水，试验载荷路径试验时按逆时针、顺时针、再逆时针方向进行 3 次循环加载，2#、4#、5#、7#试样在 A 系试验过程中未发生泄漏或结构失效。

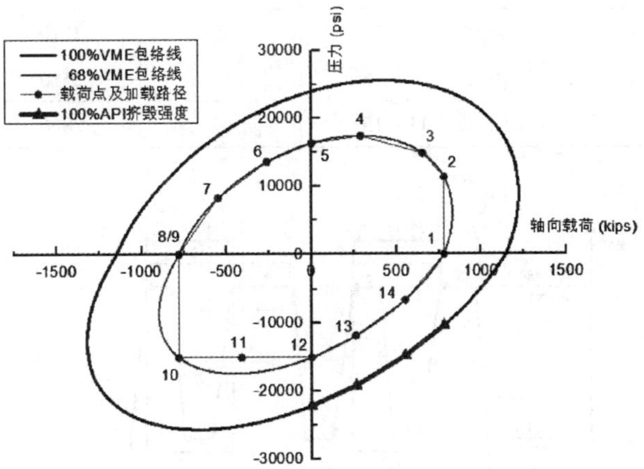

图 1　套管 A 系试验加载载荷及路径

5.3 B 系试验

对 1#、3#、6#、8#试样进行室温下带弯曲的轴向载荷和内压循环试验，试验加载载荷及路径如图 2。载荷及管体 VME 应力计算时采用的强度值和尺寸值为：材料屈服强度选用室温条件下实测管体和接箍材料屈服强度的较小值、管体外径选用名义外径，壁厚选用 95% 管体名义壁厚与实测管体最小壁厚的较小值。内压介质采用干燥氮气，试验载荷路径试验时按逆时针、顺时针、再逆时针方向进行 3 次循环加载，1#、3#、6#、8#试样在 B 系试验过程中未发生泄漏或结构失效。

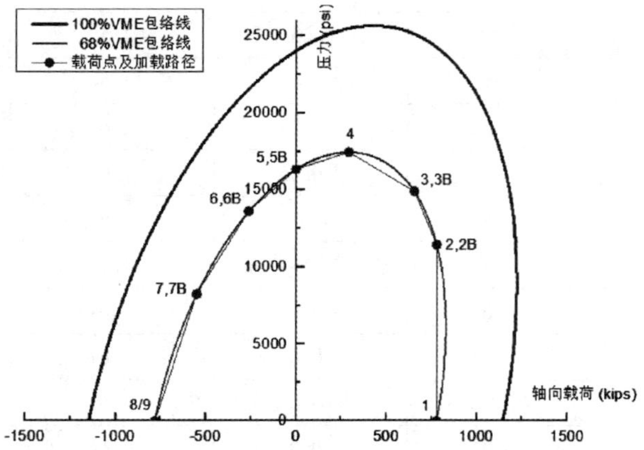

图 2　套管 B 系试验加载载荷及路径

5.4　C 系试验

对 1#、2#、3#、4#试样进行高温下拉伸载荷和内压循环试验，试验载荷点见表 5，试验加载路径如图 3。载荷及管体 VME 应力计算时采用的强度值和尺寸值为：材料室温屈服强度选用室温条件下实测管体和接箍材料屈服强度的较小值，材料高温屈服强度选用 180℃ 条件下实测管体和接箍材料屈服强度的较小值，管体外径选用名义外径，壁厚选用 95% 管体名义壁厚与实测管体最小壁厚的较小值。内压介质采用干燥氮气，1#、2#、3#、4#试样在 C 系试验过程中未发生泄漏或结构失效。

表 5　套管 C 系试验载荷点

循环号	轴向拉伸总载荷 /%	轴向拉伸总载荷 /kN	内压 /MPa	温度 /℃	VME /%	保载时间 /min
内压/拉伸循环 1－5	57	2866	101	室温	68	5
保温	57	2510	82	180	65	60
热循环 1－5	50	2510	82	≤52	57	5
	57	2510	82	180	65	5
内压/拉伸循环 6－10	57	2510	82	180	65	5
热循环 6－10	50	2510	82	≤52	57	5
	57	2510	82	180	65	5
内压/拉伸循环 11－15	57	2866	101	室温	68	5

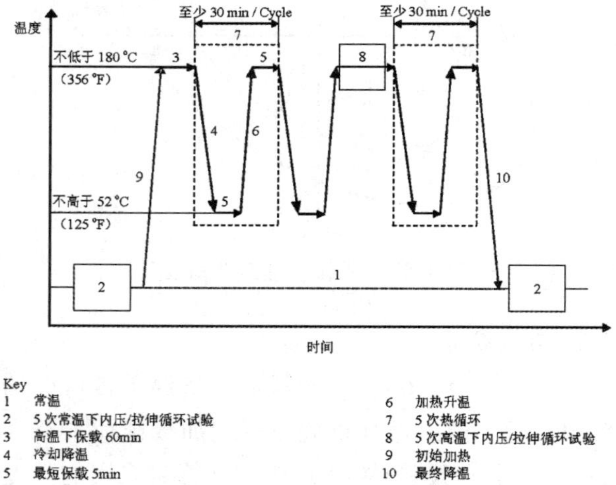

图 3　套管 C 系试验加载路径

5.5　极限载荷试验

极限载荷试验的目的是验证套管螺纹接头结构和密封的极限性能，试验结果通常用于说明接头的性能是否符合标准的要求。同时，极限载荷试验结果可用于修订制造厂规定的试样极限承载能力。对 1#～8#试样进行极限载荷试验，试验加载载荷和路径如图 4，结果显示试样的极限载荷能力满足厂家规定的标准要求。

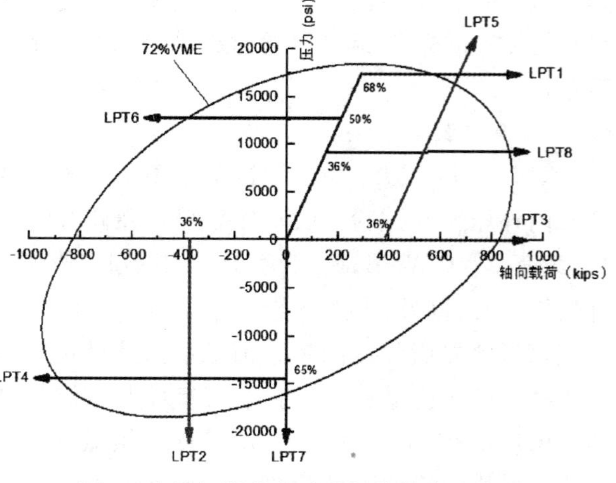

图 4　套管极限载荷试验加载载荷及路径

6 结论

（1）ISO13679 标准采用极限公差配合螺纹接头，综合考虑了内压、外压、拉伸、压缩、弯曲及温度变化对套管螺纹接头密封完整性和结构完整性的影响，有力于保证螺纹接头工况下的适用性和可靠性。

（2）小接箍特殊螺纹套管接头参考 ISO13679 标准进行了 CAL Ⅳ验证评价试验，结果显示套管螺纹接头满足设计要求。

参 考 文 献

[1] 张智，顾南，杨辉，等．高含硫高产气井环空带压安全评价研究［J］．钻采工艺，2011，34（1）：42－44.

[2] 车争安，张智，施太和，等．高温高压含硫气井环空流体热膨胀带压机理［J］．天然气工业，2010，30（2）：88－90.

[3] 齐俊林，罗维东，张宏，等．圆螺纹套管接头上扣与滑脱的数值模拟［J］．石油大学学报（自然科学版），1998，24（4）：68－71.

[4] 潘志勇，韩礼红，王建军，等．长圆螺纹套管接头工厂端滑脱失效原因分析［J］．钢管，2018，47（3）：72－75.

[5] 潘志勇，燕铸，刘文红，等．两起套管脱扣失效的典型案例分析［J］．钻采工艺，2012，35（5）：83－86.

[6] 潘志勇，陈鹏，王建军，等．某井偏梯形螺纹接头脱扣原因分析［J］．金属热处理，2012，37（4）：124－127.

[7] 潘志勇，宋生印，刘文红，等．某井圆螺纹套管接头滑脱事故分析［J］．石油矿场机械，2011，40（12）：20－24.

[8] 潘志勇，韩新利，王新虎，等．某油井圆螺纹套管接头脱扣原因分析［J］．理化检验－物理分册，2015，51（2）：143－146.

[9] 潘志勇，梁明华，朱丽霞，等．长圆螺纹套管接头滑脱原因分析［J］．理化检验－物理分册，2013，49（5）：320－326.

[10] 潘志勇，韩礼红，王建军．稠油热采井用特殊螺纹接头：中国，201210115159.9［P］．2014－06－04.

[11] 潘志勇，佘伟军，宋生印．一种螺纹连接结构：中国，201210382862.6［P］．2015－01－21.

[12] 潘志勇，林凯，杨扬．一种油井管特殊螺纹接头：中国，201611229820.3［P］．2019－01－18.

[13] 潘志勇，申昭熙，宋生印．一种接箍：中国，201310017792.9［P］．2016－03－09.

[14] 潘志勇，宋生印，王建军．套管接头：中国，201210288711.4［P］．2014－09－03.

[15] 潘志勇，宋生印，刘文红．提高圆螺纹油管和套管抗粘扣性能和连接强度的控制方法：中国，201110353448.8［P］．2015－09－09.

[16] 潘志勇，王建军，宋生印．地下储气库注气和采气用特殊螺纹接头：中国，201210316578.9［P］．2014－06－04.

某储气库注采井油套环空温度及压力分析

申昭熙[1] 张 超[2] 刘 洋[2] 刘蕊祎[2] 王建军[1]

（1. 中国石油集团工程材料研究院有限公司，油气钻采输送装备全国重点实验室；
2. 中国石油长庆油田分公司第一采气厂）

摘 要 某储气库井位于中国北方，在又关井转到注气或采气的初期，油套环空压力均逐渐升高，采气时压力升高更多，给环空压力管理带来困惑。为了解该储气库注采井的油套环空压力升高原因，本文建立了二维轴对称有限元模型，分析了注气和采气两种作业工况下不同流速时环空内的温度分布场，并以此温度场为基础，研究了不同注气和采气作业参数条件下的环空压力升高值。结果表明，注气和采气两种工况下温度场变化有较大区别，注气时井筒上部温度升高，下部降低；采气时，井筒内温度均处于升高状态，越靠近井口，压力升高越大；注气、采气的流速越大，温度变化越大，但流速到一定程度后变化趋于稳定；环空内气柱高度和原有环空压力对环空压力升高也有影响。本文研究内容为储气库环空压力管理和注采参数合理设置提供了技术支持。

关键词 储气库；注采井；环空压力；温度

Analysis of Temperature Field and Pressure in the Annulus of an Injection and Production Well of Gas Storage Facility

SHEN Zhaoxi[1], ZHANG Chao[2], LIU Yang[2], LIU Ruiyi[2], WANG Jianjun[1]

(1. State Key Laboratory of Oil and Gas Equipment, CNPC Tubular Goods Research Institute,;
2. The First Gas Plant of PetroChina Changqing Oilfield Company)

Abstract: A gas storage well is located in northern China. Its A – annular pressure gradually increases during the initial stage of gas injection or production, and during gas production, the pressure increases even more, causing confusion in the A – annular pressure management. To find the increase path of annular pressure in a gas storage well, a 2Daxial – symmetry FEA model was established in this paper. The temperature distributions in the annular under different flow rates of gas injection and production was analyzed, and based on this temperature field, the increase of A – annular pressure under different gas injection and production parameters was studied. The results show that there is a significant difference in temperature change between gas injection and production. During the gas injection, the temperature in the upper part of the wellbore increases while the temperature in the lower part decreases; During gas production, the temperature inside the wellbore is constantly rising, and the closer it is to the wellhead, the greater the pressure rise; The higher the injection and production gas flow rate, the greater the temperature change, but the change tends to stabilize after the flow rate reaches a certain degree; The height of the gas column inside the annulus and the original annulus pressure also have an impact on the increase of annulus pressure. The research of this article provides technical support for the management of annular pressure and the reasonable setting of injection and production parameters in gas storage facilities.

Key words: gas storage facility, injection and production well, annular pressure, temperature

随着经济快速发展，人民生活水平提高，工业生产和居民生活对天然气能源的需求迅速增加，天然气地下储气库也开始了大规模建设。地下储气库注气与采气均在高压高速高产状态进行，某储气库自投入生产以来，已开展“八注七采”生产运行，其中一个储气库井场共有4口井，3口注采井在注采过程中出现环空异常带压（>5MPa），采气期油套环空压力最大已达12.05MPa，困扰储气库安全平稳运行。

由于环空压力对油管柱的结构完整性有较大影响，针对高温高压气井油套环空压力升高，已有很多研究，对环空压力的产生机理及压力来源、压力预测计算模型、井筒完整性影响等进行了系统的分析，注采交变载荷对储气库水泥环密封完整性的损伤也有较多研究，合理控制环空压力是必要的，为储气库管柱安全运行提供了技术支持。根据研究，油套环空压力升高原因较多，包括井筒泄漏、井筒温度场变化及井筒内压力的变化等，在储气库设计初期就考虑在内。对高温高压井来说，温度场及压力改变是影响油套环空压力的最常见原因。对环空压力升高来源进行分析预测的基础就是获得井筒温度场分布，排除井筒温度场与注采压力带来的油套环空压力变化，再判断井筒泄漏对环空压力升高的影响。因此，井筒温度与注采压力变化时油套环空压力的升高计算准确度直接影响环空压力升高原因分析结果、井筒完整性管理措施及储气库注采生产参数的调整。

对已有的井筒温度及注采压力改变导致的油套环空压力升高计算模型分析发现，计算模型温度场不符合实际，如假设井筒内均匀升高，或假定按直线分布等，导致油套环空变化计算不准确。本文以某储气库注采井为例，建立有限元分析模型，研究了不同注采参数状态下油管柱温度分布，并以此模型分析的温度场为基础，使用迭代求解方法分析计算了不同注采参数作用下油套环空压力变化，为储气库井筒完整性管理提供更准确的数据参考和决策支持。

1　储气库注采井概况

待分析的注采井概况见表1，注采参数见表2。由于封隔器以上井段井斜角较小，可按直井段计算。储气库一般从10月底开始采气，到第二年的3月底停止采气，开始注气，至当年的10月底。天然气相对密度范围为0.5648～0.6090，平均0.5916。注采井的井口油压和油套环空压力监测记录显示，采气时环空压力较注气时高。

表1　注采井概况

封隔器深度/m	油管规格			套管规格		
	外径/mm	壁厚/mm	钢级	外径/mm	壁厚/mm	钢级
2803.87	114.30	7.37	80S	177.8	9.19	110Cr13S

表2　注采参数

注气阶段最大值				采气阶段最大值			
油压/MPa	套压/MPa	温度/℃	气量/$10^4m^3/d$	油压/MPa	套压/MPa	温度/℃	气量/$10^4m^3/d$
27.99	3.40	53.0	76.62	27.20	12.05	70.00	86.55

2　温度场数值分析模型

为提高计算速度，计算模型只考虑天然气柱、油管、环空保护液、生产套管及其水泥环、地层，考虑井口装置部分影响（油管与套管伸出地面，水泥环和地层最高处为地面），不考虑技术套管和表层套管的影响，忽略较小的井斜角，按直井建立轴对称模型计算，如图1所示。各种材料的热力学参数见表3。为便于计算，做出如下假设：

①套管及外层水泥环与地层为整体刚性，忽略温度与压力变化时的变形；

②注采过程中，井口与封隔器的位置不发生变化；

③地面温度保持不变，井筒天然气热量向周围地层和空中传导；

④油管柱在井口和封隔器位置为固定约束，长度不变，其他变形都在弹性范围内；

⑤管柱内气体适用理想气体状态方程，具有可压缩性，在体积变化过程中不向外散热。

表3　各种材料热力学参数

材质	比热 /［J/（kg. K）］	导热系数 /W/（m^2·s）	膨胀系数	备注
油管、套管	500	45	0.000012	油管内表面粗糙度0.015mm
环空保护液	4200	0.6	0.000021	对流传热系数5×105W/（m^2·℃）
水泥环	780	0.58	0.00001	—
地层	830	0.9	0.000005	—
天然气（标准状态）	2150	0.029	气体状态方程	动力黏度（动力黏度=运动黏度×密度）：14.50×10－6m^2/s

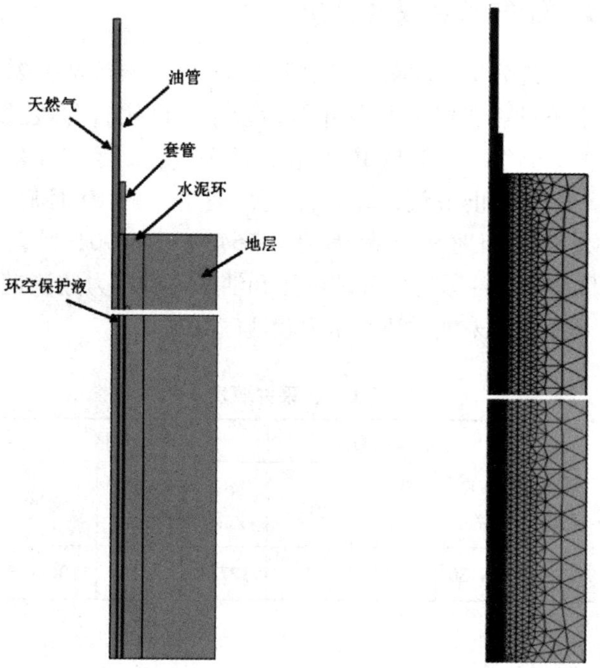

（a）几何模型　　（b）单元网格

图1　井筒几何模型与单元网格

3　注采井温度场

利用图1模型进行不同注采流量条件下的井筒环空内温度分布分析。地面以上露在空气中的部分边界温度为空气温度（25℃），地层边界温度按0.032℃/m的温度梯度设置，井底温度105℃，计算参数见表1、表2（最大值）和表3。油管柱内温度场计算结果如图2。

从计算温度场分布可看出，注气过程中，由于天然气压缩温度升高，传热后的环空上部（约井深800m以上）温度比地层温度高，井深继续增加，地层温度逐渐升高，逐渐高于注入的天然气，受注入天然气低温冷却，传热后的环空温度降低，低于地层温度。采气过程中，储层温度高，采出的高温天然气将油管柱及环空保护液加热，在天然气上升过程中，环空同时受流动高温天然气和上部低温地层作用，最终温度高于地层。在注采气过程中，井筒的温度分布均为非线性，与注气温度及注采气速率直接相关。

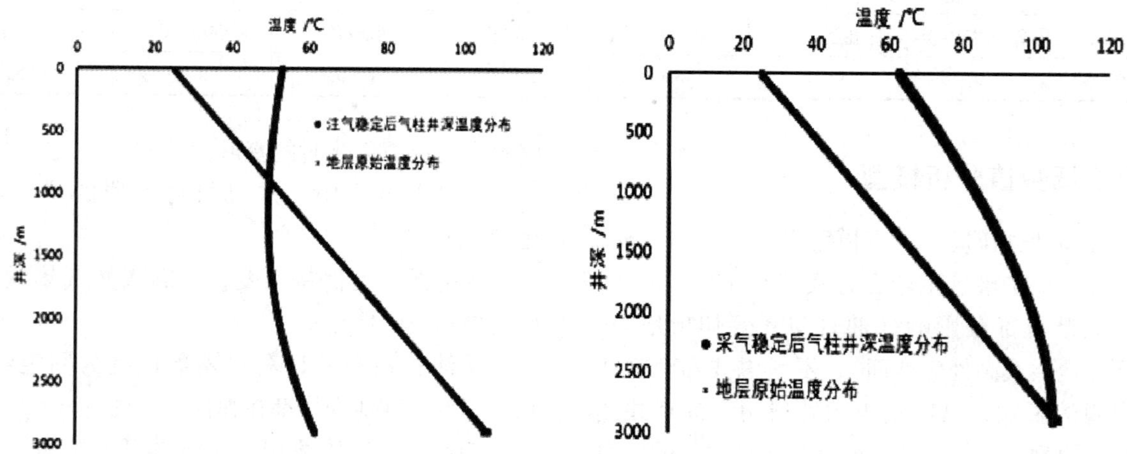

（a）注气过程　　（b）采气过程

图2　注气和采气过程中的油管柱温度场分布

随注气速率增加，开始时井底温度降低比较快，但气量增加一定数值时，温度逐渐稳定下来（图3（a）、图4）。采气过程也类似（图3（b）、图5），采气速率增加时，开始井口温度增加较快，到一定程度后，井口温度增加也变缓，逐渐稳定下来。由于在用有限元软件模拟时，假定地面温度为20℃不变，该计算结果反应了温度变化的趋势，但还不能直接和实测井口温度比较，井口实测温度在一天24h内是逐渐变化的，且随外界气温降低而降低。

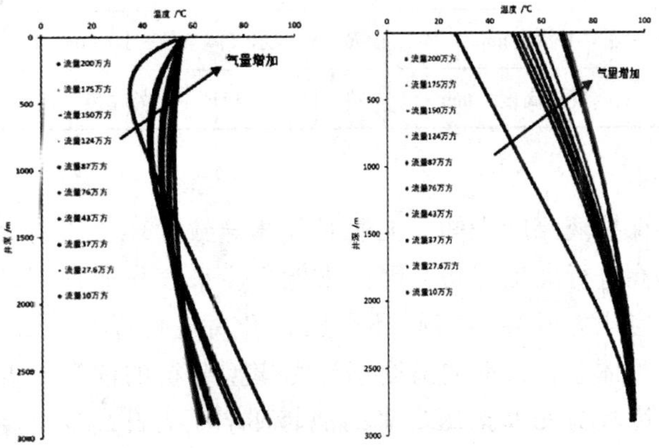

（a）注气过程　　　　（b）采气过程

图3　不同注/采气速率下油套环空温度分布

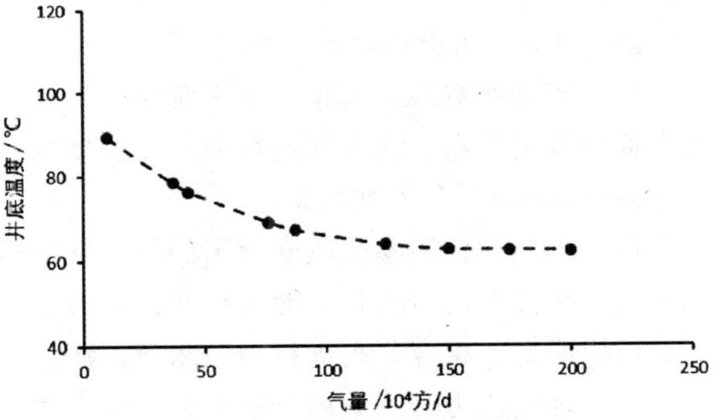

图4　不同注气速率下封隔器位置温度变化

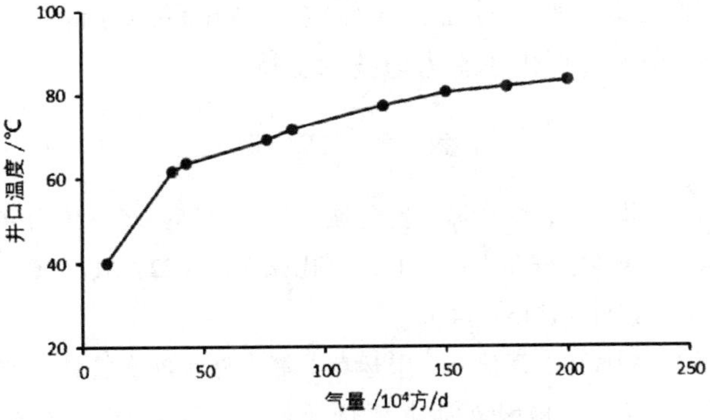

图5　不同采气速率下井口温度变化

4　油套环空压力升高

针对完全密封的油套环空，不存在漏失与气侵，内部有气体和环空保护液，依据变形相容原则，以本文有限元模型计算所得温度场和实测注采参数为变量，分析油套环空压力变化。由于储气库注采井不同井深位置压力和温度不同，对井口到封隔器位置的全井段进行计算时采用积分方法。

考虑内压和外压压力变化后油管柱的体积变化：

$$\Delta V_p = \int_0^H \frac{2\pi r_2 a \Delta T}{E(r_2^2 - r_1^2)} [(1-2\mu)(r_1^2\Delta p_i - r_2^2\Delta p_o) + r_1^2(\Delta p_i - \Delta p_o)]dx \quad (1)$$

温度作用变化导致的油管柱体积变化：

$$\Delta V_T = \int_0^H 2\pi r_2 a \Delta T \frac{1+\mu}{1-\mu}\frac{r_2^2 - r_1^2}{2r_2}dx \quad (2)$$

环空保护液（含上部气体）因温度与压力变化引起的体积变化：

$$\Delta V_{wt} = \int_0^{L_w} a_L \Delta T \pi (r_3^2 - r_2^2)dx \quad (3)$$

$$\Delta V_{wp} = \int_o^{L_w} \frac{-\Delta p_o \pi (r_3^2 - r_2^2)_w}{E_w}dx \quad (4)$$

$$\Delta V_g = \int_0^{L_g} \frac{R\pi(r_3^2 - r_2^2)\rho}{m_{mol}}\left(\frac{T_1 + \Delta T}{p_1 + \Delta p_o} - \frac{T_1}{p_1}\right)dx \quad (5)$$

$$\rho = \frac{p_1 m_{mol}}{T_1 R} \quad (6)$$

由变形协调原则：

$$\Delta V_{wp} + \Delta V_{wT} + \Delta V_g = \Delta V_T + \Delta V_p \quad (7)$$

对公式（7）求解，即可得到环空压力值。

为加快求解速度，对公式（7）采用了迭代方法计算机编程求解。

以本文第3节有限元计算温度场为基础，不同初始压力条件下，关井转采气及注气后的油套环空压力升高计算结果如图6和图7所示。结果显示，初始环空压力越高，环空内气柱高度越小（液面深度越小），采气温度升高带来的环空压力升高越大；当环空内液面深度超过100m后，采气带来的环空压力已经比较小。由于注气过程中管柱上部500m左右温度升高，下部2000多米管柱温度降低，注气带来的环空压力升高较小，且注气压力越小，环空压力升高越小；在环空内液面深度50m时，环空压力升高已可忽略。根据计算结果，可在油套环空内预先设置200m长的氮气柱，可缓解管柱内温度与压力改变导致的环空压力升高，氮气柱具体长度可依据注采井实际参数进行分析确定。

式中符号说明见表4。

表4　式中符号说明

符号	说明	符号	说明	符号	说明
Δp_i	油管内压变化，MPa	a	油管材料热膨胀率	l_w	环空内保护液高度，mm
Δp_o	油管外压（油套环空压力）变化，MPa	a_L	环空保护液热膨胀率	m_{mol}	气体的摩尔质量，g/mol
ΔT	温度变化，K	μ	油管材料泊松比	p_1	油套环空初始压力，MPa
ΔV_p	压力带来的油管体积变化，mm^3	ρ	油套环空上部气体密度，g/mm^3	r_1	油管内径，mm
ΔV_T	温度带来的油管体积变化，mm^3	E	油管材料弹性模量	r_2	油管外径，mm
ΔV_g	油套环空内气体体积变化，mm^3	E_w	环空保护体积模量，MPa	r_3	生产套管内径，mm
ΔV_{wp}	油套环空内压力带来的保护液体积变化，mm^3	H	封隔器井深，mm	R	摩尔气体常数，J/（mol. K）
ΔV_{wT}	油套环空内温度带来的保护液体积变化，mm^3	l_g	环空上部气柱高度，mm	T_1	油套环空初始温度，K

注：上述压力及温度、油管内径与外径均为井深x处的数据。

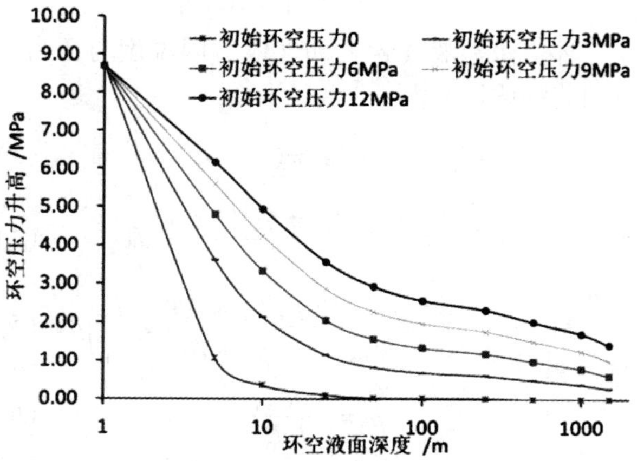

图6　关井转采气后油套环空压力升高

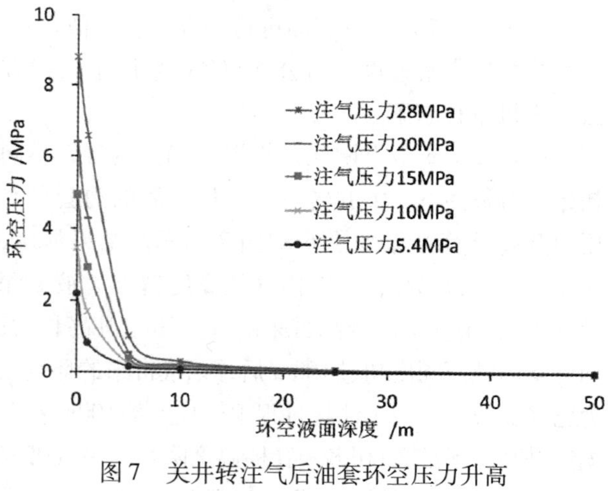

图7　关井转注气后油套环空压力升高

2022年度，该储气库注采井在关井转注气、关井转采气过程中，实测油套环空井口压力变化分别为2.6MPa和7.6MPa，均处于计算范围内。该储气库注采井的油套环空曾进行过放气降压，表明有泄漏气体导致的环空压力升高。由于环空保护液深度未知，无法对气体导致的环空压力升高进行准确分析，因此未能将注采气作业计算环空压力升高与实测环空压力升高进行详细比较。整体上看，本文温度场计算模型分析的油管柱温度场分布及热压带来的油套环空压力升高计算结果可满足工程需求。

5　结论与建议

综上所述，可得到如下结论：

（1）可使用有限元模拟方法求解储气库注采井井筒温度场分布，注采气过程中井筒温度分布为非线性，与注采气参数相关；

（2）储气库注采参数改变带来的油套环空压力变化，在获得较为准确温度场和井口压力情况下，可依据变形相容原则进行数值求解，计算结果可用于环空压力升高原因分析，为储气库注采参数调整提供技术支持；

（3）下一步同时考虑气体泄漏速率，计算注采气参数改变时油套管环空压力升高，为储气库安全运行提供更有力地技术支持。

参考文献

[1] 滕振超，隋晓凤，贾善坡，等. 油气井环空压力来源诊断研究进展［J］. 当代化工，2022，51（06）：1411－1415＋1470.

[2] 刘毅璠，闫怡飞，宋运存，等. 储气库套管柱环空压力影响因素动态评价［J］. 石油管材与仪器，2022，8（05）：51－56.

[3] 隋晓凤，滕振超，贾善坡，等. 气藏型储气库井环

空压力计算模型及其应用［J］. 东北石油大学学报，2022，46（02）：86－97＋106＋136－137.

［4］Oudeman P，Kerem M. Transient Behavior of Annular Pressure Build－up in HP/HT Wells［J］. SPE Drilling & Completion，2006，21（4）：234－241.

［5］Oudeman，M. Kerem. Transient Behavior of Annular Pressure Build－up in HP/HT Wells［J］. SPE 88735，2004.

［6］Ettehadi Osgouei R，Miska S Z，Ozbayoglu M E，et al. Annular Pressure Build Up（APB）Analysis－optimization of Fluid Rheology［C］. SPE 170262，2014.

［7］熊万里，李遵照，腰世哲，等. 文 96 储气库井油套环空压力预测新模型［J］. 当代化工，2023，52（10）：2457－2461.

［8］王志雷. 高温高压油气井环空压力预测及水泥环完整性分析［D］. 北京化工大学，2023.

［9］Yang J，Tang H，Liu Z，Yang L，et al. Prediction Model of Casing Annulus Pressure for Deepwater Well Drilling and Completion Operation［J］. Pet. Explor. Dev，2013，40（5）：661－664.

［10］李帅，练章华，丁亮亮等. 多因素耦合作用下的气井持续环空压力预测模型［J］. 中国安全科学学报，2023，33（02）：166－172.

［11］Ai S，Cheng L，Huang S，et al. A Critical Production Model for Deep HT/HP Gas Wells［J］. J. Nat. Gas Sci. Eng.，2015，22：132－140.

［12］赵密锋，胡芳婷，耿海龙. 高温高压气井环空压力异常原因分析及预防措施［J］. 石油管材与仪器，2020，6（06）：52－58.

［13］周浪，曾青松，汪传磊，等. 地下储气库注采井不同井段水泥环密封性能实验［J］. 天然气工业，2020，40（05）：104－108.

［14］Arash S，Jerome S，Mahmood A，et al. Using Fatigue－Failure Envelope for Cement－Sheath－Integrity Evaluation［J］. SPE Drill & Compl 30（1）：68－75.

［15］Sultan N W，Faget J B P，Fjeldheim M，et al. Real－time Casing Annulus Pressure Monitoring in a Subsea HP/HT Exploration Well［C］. OTC 19286，2008.

［16］隋晓凤. 储气库井环空带压机制及水泥环密封完整性分析［D］. 东北石油大学，2023.

［17］Thiercelin M，Baumgarte C，Guillot D. A Soil Mechanics Approach to Predict Cement Sheath Behavior［C］. SPE 47375，1998.

［18］刘洋，严海兵，余鑫，等. 井内压力变化对水泥环密封完整性的影响及对策［J］. 天然气工业，2014，34（04）：95－98.

［19］Goodwin K J，Crook，R J. Cement Sheath Stress Failure［J］. SPE Drill Eng，1992，7（4）：291－296

［20］Li Z Y，Zhang K，Guo X Y，et al. Study of the Failure Mechanisms of a Cement Sheath based on an Equivalent Physical Experiment［J］. Journal of Natural Gas Science and Engineering，2016，：331－339.

［21］Li Z Y，Sun J F，Luo P Y，et al. Research on the Law of Mechanical Damage－induced Deformation of Cement Sheaths of a Gas Storage Well［J］. Journal of Natural Gas Science and Engineering，2017，43：48－57.

［22］Skorpa R，Øia T，Taghipour A，et al. Laboratory Set－up for Determination of Cement Sheath Integrity During Pressure Cycling［C］. OMAE 78696，2018.

［23］Shadravan A，Schubert J，Amani M，et al. Using Fatigue－Failure Envelope for Cement－Sheath－Integrity Evaluation［J］. Spe Drilling & Completion，2015，30（1）：68－75.

［24］Gomez S P，Sobolik S R，Matteo E N，et al. Investigation of Wellbore Microannulus Permeability under Stress via Experimental Wellbore Mock－up and Finite Element Modeling［J］. Computers and Geotechnics，2017，83：168－177.

［25］Wang W，Dahi A. Three－dimensional Analysis of Cement Sheath Integrity around Wellbores［J］. Journal of Petroleum Science and Engineering，2014，121：38－51.

［26］李忠庆，李传武，朱达江. 利用环空压力测试数据评价高温高压气井固井水泥环的密封完整性［J］. 钻探工程，2021，48（06）：15－21.

［27］Hasan R，Izgec B，Kabir S. Sustaining Production by Managing Annular－Pressure Buildup［J］. SPE Production and Operations，2010，25：195－203.

［28］Feng Y C，Li X R，Gray K E. Development of a 3D Numerical Model for Quantifying Fluid－driven Interface Debonding of an Injector Well［J］. International Journal of Greenhouse Gas Control，2017，62：76－90

［29］Zeng Y J，Liu R G，Li X J，et al. Cement Sheath Sealing Integrity Evaluation under Cyclic Loading using Large－scale Sealing Evaluation Equipment for Complex Subsurface Settings［J］. Journal of Petroleum Science and Engineering，2019，176：811－820

［30］Hossain M M，Rahman M K. Rahman. Numerical Simulation of Complex Fracture Growth during Tight Reservoir Stimulation by Hydraulic Fracturing［J］. Journal of Petroleum Science and Engineering，2008，60（2）：86－104.

［31］王建军，孙建华，薛承文等. 地下储气库注采管柱气密封螺纹接头优选［J］. 天然气工业，2017，37（05）：76－80.

［32］汪雄雄，樊莲莲，刘双全等. 榆林南地下储气库注采井完井管柱的优化设计［J］. 天然气工业，2014，

34 (01): 92 -96.

[33] 蒋敏，檀朝东，李隽，等. 储气库井油套环空注保护液和氮气柱对比 [J]. 石油学报，2017，38 (10): 1210 -1216

[34] 张智，蔡楠，赵苑瑾等. 控制地下储气库强采强注井环空超压的氮气柱长度计算方法 [J]. 天然气工业，2021，41 (06): 83 -88.

[35] Halal A S. , Mitchell R F. Casing Design for Trapped Annular Pressure Build - Up [J]. SPE Drill. Complet. , 1994, 9 (2): 107 -114.

[36] 孙军昌，胥洪成，王皆明等. 气藏型地下储气库建库注采机理与评价关键技术 [J]. 天然气工业，2018，38 (04): 138 -144.

[37] Ramy H J, JR. Wellbore Heat Transmission [J]. Journal of Petroleum Technology, 1962, 14 (04): 427 -435.

[38] Holst P H, Flock D L. Wellbore Behaviour During Saturated Steam Injection [J]. 1966, 5 (04): 184 -193.

[39] Sui D, Horpestad T, Wiktorski E. Comprehensive Modeling for Temperature Distributions of Production and Geothermal Wells [J]. Journal of Petroleum Science and Engineering, 2018, 167: 426 -446.

[40] Ferreira M V D, Hafemann T E, Barbosa Jr J R, et al. A Numerical Study on the Thermal Behavior of Wellbores [J]. SPE Production & Operations, 2017, 31 (4): 564 -574

[41] Adams A J. How to Design for Annulus Fluid Heat - Up [C]. SPE Annual Technical Conference and Exhibition, Society of Petroleum Engineers, 1991.

[42] 张弘，申瑞臣，梁奇敏，等. 地下储气库注采井温度压力耦合分析 [J]. 科学技术与工程，2017，17 (31): 66 -73.